제2판

RF 회로설계 이론과 응용

Reinhold Ludwig · Gene Bogdanov 지음
김기래 · 윤중한 · 이영철 옮김

PEARSON

자유아카데미

RF Circuit Design:

Theory and Applications

Reinhold Ludwig
Worcester Polytechnic Institute

Gene Bogdanov
Worcester Polytechnic Institute

PEARSON

Authorized Translation from the English language edition, entitled **RF CIRCUIT DESIGN: THEORY & APPLICATIONS**, 2nd Edition by LUDWIG, REINHOLD; BOGDANOV, GENE, published by Pearson Education, Inc, publishing as Prentice Hall, Copyright © 2009

KOREAN language edition published by PEARSON EDUCATION KOREA and FREEDOM ACADEMY PUB CO, Copyright © 2013

Prentice Hall
is an imprint of

PEARSON

www.pearsonhighered.com

머리말

고주파 회로 설계는 수많은 RF 및 마이크로파(M/W) 관련 제품들 때문에 계속해서 산업적인 관심을 갖게 한다. 개선된 반도체 소자, 새로운 기판 재료들, 향상된 제조 공정기술들은 디지털 및 아날로그 시스템에서 회로가 고속으로 동작할 수 있게 하였으며, 이러한 고속동작 특성은 무선통신분야, GPS, 레이더, 원격 감지 시스템 및 전자공학과 컴퓨터 공학 등의 관련분야에 매우 많은 영향을 미치게 되었다. 결과적으로 여러 분야에서 고주파 회로 설계에 대한 전문적인 지식을 갖추고 훈련 받은 RF 엔지니어들을 요구하게 되었다. 2000년 1월 이 책이 처음으로 출판된 이후, 많은 RF 교육 전문가들로부터 교재로 널리 사용되었고, 개정판에 대한 필요성이 있어 적절한 시기에 완성하게 되었다.

개정판의 주요 목적은 전자장에 대한 이론을 많이 사용하지 않고 기본적인 분포 회로이론과 RF 회로 설계 이론을 설명하고자 한다. 그러므로 대학물리 수준의 전자기학과 파동 이론 이상의 기초 지식을 요구하지 않는다. 기초 전기회로 이론 또는 마이크로 전자회로 정도의 지식을 갖고 있는 학생들은 본 교재를 충분히 이해할 수 있도록 하였고, 수동소자, 능동소자, 전송선로, 필터, 증폭기, 믹서, 발진기 등을 포함하는 전반적인 고주파 회로 설계 과정을 이해하도록 하였다. 복잡한 수학적 유도과정 등은 부록이나 연습문제로 다루었으며 본 교과내용과는 별도로 취급하여 무미건조한 이론적인 내용설명을 생략하고, 중요한 RF 회로의 개념을 중심으로 교과목을 전개하였다. 중요성이 떨어지는 이론은 본문 전개에 있어 어떤 손실을 가져오지만 읽어나가는 데 도움을 주기 때문에 관련된 보충적인 이론들을 본문 중간에 별도 공간으로 설명한다.

본 책은 초판과 비교하여 어떤 부분이 개정되었는가? 개정판에서는 오류나 이론적 모순을 정리하는 것 외에 여러 가지 중요한 방법들을 시도하였다.

첫째, 각 장의 마지막 부분에 "실용적인 설명"이란 절을 추가하여, 주요한 설계 개념과 측정 절차를 자세히 다루었다. 이 절에서는 감쇄기, 마이크로스트립 필터, 바이어스와 임피던스 매칭 회로를 갖는 RF 저잡음 증폭기에 대한 시뮬레이션 등이 자세히 다루어지며, 장비와 시뮬레이션 도구를 갖추면 바로 회로의 해석과 제작이 가능하도록 설명하였다.

둘째, 본문과 관련된 관심 주제, 도움이 되는 정의, 그리고 주목할 점을 본문 여백에 음영으로 처리하여 두었다. 이것은 그것의 중요성을 강조하는 것 외에 본문의 흐름에 직접적으로 적합하지 않은 내용을 보다 효과적으로 설명할 수 있다. 예를 들어, 위상고정루프(PLL) 시스템은 본 책의 내용의 범주를 벗어나서 본문에는 포함시킬 수 없지만, PLL에 대한 간단한 설명은 기본적인 고주파 회로 설계에 부가적으로 관심과 동기 부여를 제공하여 스스로 이 주제에 대한 연구를 할 수 있도록 한다.

셋째, 발진기나 관련된 공진기 회로 등과 같은 비선형 회로 설계 원리에 대해 강조하였다. 독자들로 하여금 선형과 비선형 회로 설계에 대한 고도의 설계경험을 간접적으로 체험하도록 RF 설계과정에서 나타나는 다양한 현상에 대하여 상세하게 설명하였으며, 설계의 논의 내용을 깊이 있고 다양하게 예제를 통하여 나타내었다. 선형 S 파라미터 시뮬레이션은 어떤 조건만으로 충분한 해석이 가능하지만, 예를 들어 하모닉 밸런스(harmonic balance) 해석과 같은 비선형 시뮬레이션은 더 복잡한 설계조건을 필요로 한다. 발진기, 믹서 그리고 증폭기 설계는 비선형 회로 해석을 하게 되면 여러 장점을 갖게 된다. RF 회로를 설계할 때 적절한 시뮬레이션 도구를 사용하려면 그것의 설계능력, 정확도, 처리속도, 적지 않은 비용 등을 고려하여 선택해야 한다. 최근 수년간 RF 회로 시뮬레이션 소프트웨어 도구가 지속적으로 증가되어 왔다. 저자들은 특별한 제한 조건 속에서 뛰어난 성능을 나타내는 시뮬레이터를 일반적으로 다루게 된다. 어떤 특정한 시뮬레이션 도구의 보증이나 평가를 하는 것이 본 책의 목적이 아니다 (저자는 어떤 회사와 상업적으로나 직업적으로 아무런 관계가 없다). 일반적으로 전문적인 고주파 회로 시뮬레이션 도구들은 그들을 효과적으로 사용하기 위해 다양한 부가적 패키지를 필요로 하고, 가격이 매우 비싸다. 수년 전, WPI (Worcester Polytechnic Institute)의 전자-컴퓨터공학과(ECE)에서는 다양한 검토 결과, 학부 및 대학원 학생들의 고주파 회로 설계용으로 Agilent Technologies사의 Advanced Design System (ADS)을 사용하기로 결정하였다. 이런 배경과 이것이 산업에서 넓게 사용하고 있기 때문에 본 책의 회로 설계를 ADS를 이용하여 수행하였다. 그러나 이런 고가의 상업적인 시뮬레이터를 사용할 수 없는 독자를 위해 표준 매트랩(Matlab)용 M-파일을 제공한다. 부록 G에 이것의 목록을 나열하였으며, 웹사이트로부터 다운받을 수 있다. 매트랩은 대중화되어 있고 상대적으로 저렴한 수학 프로그램 도구이기 때문에, 이 책에서 다룬 많은 예제들을 짧은 시간에 실행하고, 결과를 그래프적으로 나타낼 수 있다. 특별히 임피던스 변환에 대한 스미스 차트 계산은 매우 독자들에게 강조할 만하다.

우리의 목적은 RF 회로 설계에 있기 때문에 본 책에서는 고속 디지털 회로들과 코딩, 변조 부분은 생략하였다. 이들 주제들이 중요할지라도 너무 많은 분량이 소요되고, 제공하고자 하는 본래의 주제에서 많이 벗어나며, 한 두 학기에 본 책의 RF 회로 설계를 강의하기 위해서 제외하였다. WPI의 전자-컴퓨터공학과(ECE)에서는 이런 주제들은 통신 시스템공학 교과목에서 가르치기 때문에 생략하여도 관계가 없었다.

이 책의 구성은 다음과 같다. 제1장에서는 동작주파수가 증가하여 전파의 파장이 독립된 RF 소자 길이에 비교할만한 정도로 작아지게 되면, 왜 기본적인 회로이론 관계식을 적용할 수 없는가를 설명하였으며, 제2장에서는 전송이론을 저주파수 회로 모델에 대치할 수 있도록 전압파와 전류파의 특성을 적용한 전송선로 이론으로 발전시켰다. 제3장에서는 일반적으로 많이 이용하는 스미스 차트(Smith chart)를 도입하여 기본적인 반사계수 관계에 대한 임피던스 동작 특성을 나타내었다. 제4장에서는 2단자 회로망에 대한 신호전달 관계를 나타내었으며, 이것을 산란계수로 어떻게 표현할 수 있는가에 대하여 나타내었다. 이러한 회로 모델과 산란계수 파라미터 표현 관계는 제5장에서 이용하게 되며, RF 능동소자를 설명하기 전에 RF 필터 형태를 설명한다. 제6장에서는 주요 RF 반도체에 대하여 기본적인 내용을 검토한 후, 제7장에서 능동회로 표현관계를 나타내었다. 임피던스 정합과 RF용 쌍극자 트랜지스터(BJT)와 전계효과트랜지스터(FET)의 바이어스 관계는 제8장에서 다루었으며, 이 장에서 잠정적으로 전파의 반사관계를 제거하여 최적전력전달을 나타내는 특성관계를 다루었다. 제9장에서는 주요 고주파 증폭기 형태, 즉 저잡음 증폭기에서 전력 증폭기 응용까지 증폭기의 중요 특성에 대하여 설명하였다. 마지막으로 제10장에서는 독자들에게 비선형 시스템으로 발진기와 믹서회로의 설계에 대하여 설명하였다.

본 교재는 WPI 대학교 전기정보공학부 강의에 도입하였으며, 표준 7주(35시간, 일주일에 5시간 강의) 과정의 RF 회로설계(EE3113, RF 회로설계 입문)과목이다. 이 교과는 기본적으로 마이크로 전자공학을 이수한 학부 3학년 또는 4학년 학생들에게 매력적인 과목이다. 이 교과목은 별도의 실험을 포함하고 있지 않으며, 본문에 있는 전체 6개의 실제 회로들을 학생들에게 설명하고, RF 회로 측정에서는 벡터 네트워크 분석기를 이용하여 측정하는 것을 지도하였다. 부가적으로 ADS 시뮬레이션을 정규 강의에 포함시켰다. 각 장은 본 교과 내용을 결정하는 데 광범위한 편의성을 갖도록 공히 자체적으로 설정하여 보았다. WPI 대학에서 대략 한 학기 3시간 강의 시수의 내용을 7주(총 25～28의 강의시수)로 압축시켰으며 교과목은 아래 표와 같다.

• EE3113 RF 회로 설계 입문

chapter 1, Introdution	Sections 1.1～1.6
chapter 2, Transmission Line Analysis	Sections 2.1～2.12
chapter 3, Smith Chart	Sections 3.1～3.5
chapter 4, Single-and Multi-Port Neworks	Sections 4.1～4.5
chapter 7, Active RF Component Modeling	Sections 7.1～7.2
chapter 8, Matching and Biasing Network	Sections 8.1～8.4
chapter 9, RF Transistor Amplifier Designs	Sections 9.1～9.4

나머지 부분은 후반부 기간(7주)의 강의 내용으로 마이크로파 필터, 등가회로모델, 발진기와 믹서와 같은 고급내용을 다루었다. 구체적인 계획은 다음 표와 같다.

그러나 완전한 교과내용은 전체 강의시수와 학생들의 기본적인 지식정도 및 관련교과목과의 관계에 따라 변할 수 있다. 본 교재의 5장에서 10장까지 내용에 일반적으로 대학원과정의

• RF 회로설계의 고급교과내용

chapter 5, A Brief Overview of RF Filter Design	Sections 5.1~5.5
chapter 6, Active RF Components	Sections 6.1~6.6
chapter 9, Active RF Component Modeling	Sections 7.3~7.5
chapter 9, RF Transistor Amplifier Designs	Sections 9.5~9.8
chapter 9, Oscillators and Mixers	Sections 10.1~10.4

전자기학 내용을 결합하면 새로운 대학원용 교과과정이 만들어진다. Pearson 출판사는 많은 재품들을 전 세계에 제공하고 있다. 미국 외의 나라에서는 본 책과 관련한 어떤 제품과 서비스들은 저작권과 사용 허가권 때문에 제공받기 어려울 수 있다. 어떤 문제가 있으면 웹사이트 http://www.pearsonhighered.com/international을 방문하거나 거주 지역의 Pearson 출판사 대리점에 문의하면 지원을 받을 수 있을 것이다.

감사의 글

저자는 참여한 많은 동료들과 학생들 그리고 실제적으로 도움을 준 엔지니어에게 감사를 드린다. WPI 대학의 ECE 학과장인 Fred Looft 교수는 본 교과목을 강의 개설할 수 있도록 앞장서 주셨으며, ADS 시뮬레이션 도구와 측정 장비인 네트워크 분석기를 구입하는 데 경제적으로 지원해 주신 데 대해 감사드린다. 또 기술적 전문적 조언을 해 주고, 4학년 프로젝트를 지도해 주었으며, 측정 장치를 이용하게 도와주신 Korne Vennema, Jarek Lucek 및 XNP(필립스 반도체)사의 Scott Blum에게 감사드린다. Sergey N. Makarov 교수는 기술적인 토의를 통하여 도와 주셨고, 현 대학원생과 졸업생들인 Brian Foley, Peter Serano, Shaileshkumar Raval, Dr. Rostislav Lemdiasov, Agohgho Obi, Souheil Benzerrouk, Dr. Funan Shi 군들이 풍부한 EM과 RF 실험에 도움을 준 것에 감사드린다.

WPI의 CIS 센터의 도움에 감사드린다. 저자는 특별히 WPI의 금속처리연구소의 소장인 Diran Apelian에게 감사를 드리며, 재료의 처리에서 RF의 원리와 마이크로웨이브 영상의 중요성을 깨닫게 해준 GM의 Scott Biederman에게 감사를 드린다. 저자 R. L.은 2판의 기초를 놓아주었고, 본문의 형태를 잡는데 많은 노력과 수고를 하였던 전 공동 저자인 Dr. Pavel Bretchko에게 감사를 드린다. 그리고, 1판의 출판자였던 Tom Robbins에게 그의 지속적인 지원과 7년 이상의 출판에 관한 노하우로 도와주신 데 대해 감사를 드린다.

Prentice-Hall의 직원들, 특히 이 책을 만드는 과제에 지원해주신 Alice Dworkin, Rose Kernan 그리고 인도의 Laser Private Limited의 수석 과제 책임자인 G. Muthukumar 에게 감사드린다.

차례

CHAPTER 01

개 요

지난 여러 해 동안에 걸쳐 아날로그 회로 또는 디지털 회로를 전문적으로 설계하는 엔지니어들은 기술 발전에 따라 높은 주파수에서 동작하는 회로를 개발하거나 또는 시스템이 고속 동작을 할 수 있도록 기술을 발전시켰다. 기가-헤르츠(GHz)대역의 무선통신에 적용되는 아날로그 회로와 마찬가지로 고성능 컴퓨터도 GHz 대역의 클럭 속도로 고속 동작되고 있으며, 워크스테이션 및 개인 컴퓨터에서의 클럭 속도 역시 지속적으로 고속 동작되도록 발전시켰다. GPS(Global Positioning System) 시스템은 1227.60 MHz와 1575.42 MHz의 반송주파수를 사용하고 있으며, 무선 LAN(Local Area Network)과 Hiper-LAN 시스템은 2.4 GHz에서 동작하고, 광통신 채널은 40 Gbps (gigabits per second)까지 데이터를 전송할 수 있다.

개인용 휴대통신 시스템에서의 저잡음증폭기는 1.9 GHz에서 동작하나 그 크기는 10 센트 동전 크기보다 작다. C-대역 위성방송 시스템은 4 GHz의 상향전송주파수(up-link)와 6 GHz의 하향전송주파수(down-link)로 구성된다. 무선통신기술의 급속한 발전으로 시스템에 적용되는 각종 증폭기, 필터, 발진기 및 믹서 등의 회로는 집적화되어 아주 작은 크기로 설계되고 있으며, 특히 1 GHz 이상의 시스템에서 아주 효율적으로 적용되고 있다. 이러한 소형화 설계 경향은 계속적으로 확대될 것이 분명하다. 결과적으로 이런 경향에 따라 특수한 성능을 갖는 시스템에서 뿐만 아니라 기존의 저주파 대역에서도 예전에 적용하지 않았던 특별한 회로설계의 시도가 요구될 것이다.

본 장에서는 저주파수 대역부터 고주파수 대역까지 회로 동작의 발달과정에 대해 분석하여 통신공학에 대한 RF 동작회로의 적용법과 필요성을 유발함으로써 회로 동작의 합리성을 분석하고 회로를 다시 설계하거나 최적화시킬 수 있게 하고자 한다. 이러한 회로 구성요소들은 좀 더 자세히 분석하기로 한다. 한 예로서 휴대전화 회로를 본 교재의 목적과 목표 및 교재의 구성을 나타내는 매개체로서 이용할 것이다.

본 장에서는 직류 전류(DC)에서 고주파 동작 모드로 변화되는 동작과정을 간략하게 논의하기로 한다. 주파수가 점차 높아질수록 이에 상응하는 전자파의 파장은 회로 소자, 즉 저항, 커패시터, 인덕터 소자의 물리적 크기와 비교되고 이러한 소자의 전기적 특성이 고주파에서는 변형된 특성을 나타낸다. 본 장은 고주파에서의 이러한 수동소자의 특성을 이해하는 것이 목적이다. 특히 정밀측정 장비를 이용하는 엔지니어는 고주파에서의 동작 특성이 저주파에서 나타나는 현상과 어떻게 다르고 왜 다른가에 대하여 정확히 알아야 고성능 시스템의 특별한 조건들을 이해할 수 있으며 시스템을 발전시킬 수가 있다.

집중 이론(Lumped Theory)
회로의 소자가 공간적인 확장이 없는 점 형태인 것으로 간주하고 해석하는 이론

분포 이론(Distributed Theory)
회로 소자가 동작 주파수의 파장에 비해 제한된 크기를 갖는 것으로 간주하고 모델링 하는 이론

1.1 RF(radio frequency) 설계의 중요성

전기회로 설계는 18세기 말에서 19세기 초반, 최초로 배터리를 사용하기 시작했던 때부터 시작되었다고 추정된다. 배터리의 개발자는 A. Volta(1745~1827)이며, 볼타전지는 회로에 전원을 최초로 공급한 DC 에너지로서 인정되었다. 그러나 곧 저주파수의 교류 전력원으로 전기를 효율적으로 전송시키게 되면서 일정한 거리에서 전력을 전송시킬 때 전기적인 손실이 매우 작아졌고 전송된 전기에너지도 패러데이(Faraday)의 유도법칙에 따라 동작하는 변압기를 통하여 편리하게 이용할 수 있게 되었다. Charles

Steinmetz, Tomas Edison, Werner Siemens와 Nikola Tesla와 같은 저명한 엔지니어들이 개발한 업적에 의하여 전력발전(generation)과 배전(distribution)은 아주 급속도로 우리들의 일상생활 속에 도입되었다. James Maxwell(1831~1879)은 1864년 런던의 왕립학술원(Royal Society in London)에서 발표한 논문에서 자유공간을 통한 전계와 자계의 결합은 전파의 전달을 일으킬 수 있다는 가정을 처음 발표하였으며, 1887년에 Heinrich Hertz는 전파의 복사(radiation)와 자유공간을 통하여 전자파 에너지를 수신하는 과정을 실험으로 증명하였다. 이와 같은 증명은 1920년대 및 1930년대의 무선, TV 전송에서 1980년대와 1990년대의 셀룰러폰, GPS 등 무선통신을 급속하게 확장시키는 선구자적 역할을 하게 되었다.

새 천년을 맞아 3세대(3G) 무선통신 시스템과 고속 광통신 시스템이 등장하면서 이것을 위한 고주파 및 초고주파용 부품, 모듈, 시스템들이 매우 빠르게 개발되어 공급되기를 기대했지만, 불행하게도 오늘날의 정보통신 시스템에 응용하기에 적합한 고주파 회로의 설계와 소자는 기술의 발달에 따라 곧바로 개발되어 제공되지 못했다.

차후에 자세히 설명하겠지만, 저학년 전기-전자공학 과정에서 배우는 기존의 키르히호프(Kirchhoff) 전압 및 전류법칙 해석은 저항, 커패시터 및 인덕터로 구성되는 회로에서 DC와 저주파에 대해서만 적용된다. 이와 같은 방법들은 전자파 전달을 다루는 고주파 회로에는 적용할 수 없다. 본 교재의 주요 목적은 **RF 및 마이크로파**(MW) 영역의 주파수 대역에서 동작하는 아날로그 회로에 대하여 이론적이고 실제적인 지식을 독자들에게 제공하는 데 있다. 보통 수백 kHz부터 시작되는 RF 및 마이크로파는 일반적인 낮은 주파수에 비해 파장이 짧고 동작 특성이 다르기 때문에 키르히호프 법칙과 같은 일반적 회로 이론을 적용할 수 없다.

> **휴대전화 구성 소자들**
> (a) 안테나
> (b) RF 스위치
> (c) 전력증폭기(PA)
> (d) 저잡음증폭기(LNA)
> (e) 주파수혼합기(Mixer)
> (f) 전압제어발진기(VCO)
> (g) 필터(BPF, LPF)
> (h) 변환기(ADC, DAC)
> (i) 디지털 신호 처리부

회로설계 엔지니어들은 실제적인 관점에서 다음과 같은 문제를 만나게 된다.

- 주파수가 어느 정도로 높을 때 기존의 회로해석 방법이 적합하지 않게 되는가?
- 전기소자가 고주파에서 동작할 때 낮은 주파수대에서의 동작과 어떻게 다른 특성을 나타내는가?
- 키르히호프 법칙을 대신할 새로운 회로 이론은 무엇인가?
- 이 이론을 실제 고주파회로 설계에 어떻게 적용할 수 있는가?

본 교재에서는 예제 및 설계 프로젝트를 통하여 이론적인 배경뿐 아니라 이러한 의문

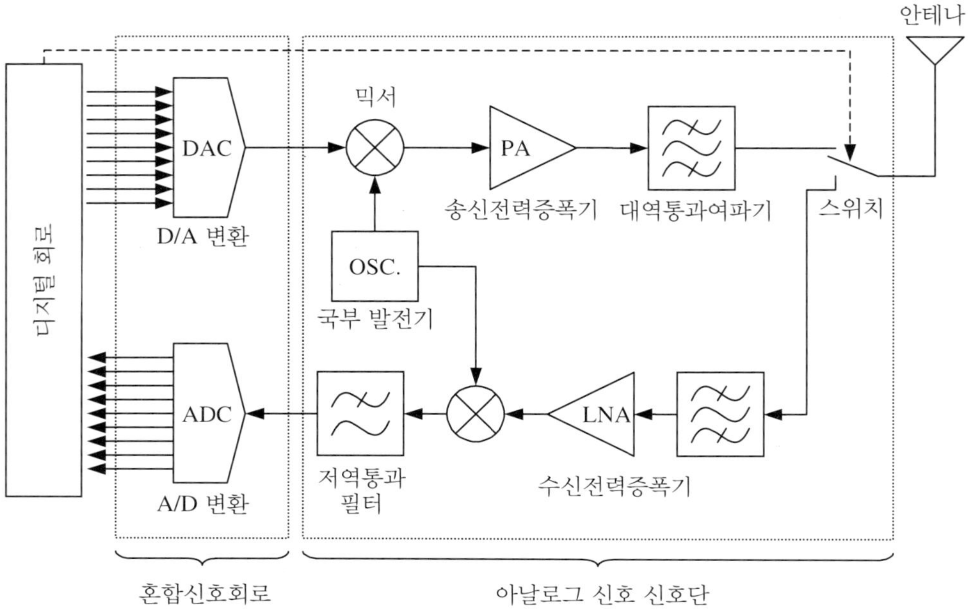

그림 1-1 • 일반적인 RF 시스템의 구성도

점에 대한 포괄적인 해답과 실제적인 응용법도 제공하고자 한다.

앞으로 우리가 취급하고자 하는 주제를 명확하게 하기 위하여 그림 1-1에 일반적인 RF 시스템을 예로 들어보았다. 이런 형태는 대표적으로 **휴대전화**와 **무선 랜**(WLAN)과 같은 시스템에 응용되고 있다.

그림 1-1과 같은 전체 구성도를 **송수신기(transceiver)**라고 한다. 송신회로와 수신회로가 동시에 존재하며, 통신을 하기 위하여 하나의 안테나를 사용한다. 이 회로에서 입력신호(음성 또는 컴퓨터에서 나오는 디지털 신호)는 먼저 디지털화 과정을 통한다. 만약 입력신호가 휴대전화에서와 같이 음성신호라 하면 이 신호는 우선 디지털화 과정을 통하여 디지털형태의 신호로 변환되며, 이 신호는 전송시간을 감소시키기 위하여 압축된다. 최종적으로 이 디지털 신호는 잡음과 통신상의 에러를 억제하기 위하여 적합한 상태로 코드화된다. 입력된 신호가 디지털 과정으로 처리된 후에 **디지털 신호**는 **아날로그 신호 변환**(DAC)과정을 통하여 다시 아날로그 신호로 변환된다. 낮은 주파수의 신호는 국부발진기에 의하여 고주파 반송신호와 혼합되며, 혼합된 신호는 **전력증폭기**(PA)를 통하여 신호가 증폭되고 안테나를 통하여 전달된다. 안테나는 인코딩된 정보를 자유공간에 전자파로 복사시키는 동작을 한다.

그림 1-1의 구성도에서 송신부분의 전력증폭기에 대하여 분석해보기로 하자. 이러한 회로는 2단 증폭회로이며 2 GHz 대역의 휴대전화 전력증폭기이다. 전력증폭기의 첫 번째 단에 대한 자세한 회로는 그림 1-2(a)와 같다. 입력신호는 DC 차단 커패시터를 관통하여 입력정합회로에 인가되며, 이 때 입력정합회로는 트랜지스터(NXP의 BFG425W)의 입력 임피던스와 정합하고 트랜지스터는 이미터 접지증폭기 동작을 한다. 정합회로는 에너지 최적 전력전달을 위하여 필요하며 성능을 저하시키는 반사특성을 제거한다. 증폭단 사이의 정합회로는 첫째 단 트랜지스터의 출력 임피던스와 둘째 단 트랜지스터의 입력 임피던스 사이의 임피던스를 정합시킨다. 그림 1-2(a)에서 정합회로의 주요 소자성분은 마이크로스트립 선로이며 그림에서는 사각 음영으로 나타내었다. 고주파 영역에서 분포소자(distributed elements)는 저주파수 대역의 집중회로 소자(lumped circuit elements)와 아주 다른 고유한 전기적 특성을 나타낸다. 회로 구성에서 트랜지스터의 입력단과 출력단에는 바이어스 회로가 부가되었음을 알 수 있다. DC 바이어스 조건으로부터 고주파 신호의 분리는 이른바 **RFC(radio frequency coil)**로 구성된 두 개의 RF 차단회로에 의하여 이루어진다.

> **단일 칩 휴대전화 송수신기**
> 휴대전화에 대한 많은 연구가 이루어졌지만 단일 칩(SoC) 설계 문제는 아직 한 웨이퍼 위에 아날로그와 디지털 혼재 회로를 결합하는 것과 고품질 필터 소자를 적용하는 것 때문에 잘 완성되지 않고 있다.

실제적인 2단 증폭회로의 구성은 그림 1-2(b)와 같이 수행되며, 마이크로스트립 선

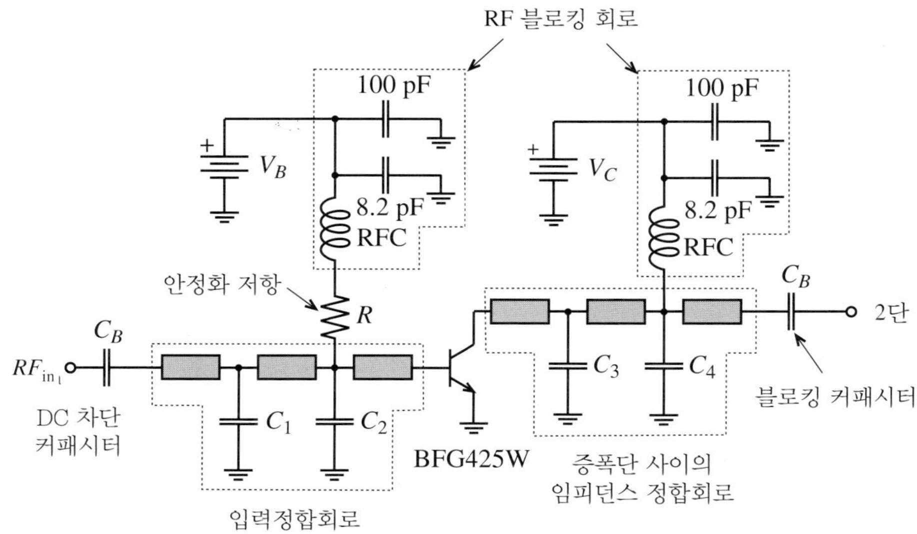

그림 1-2(a) • 2 GHz의 휴대전화 전력증폭기의 첫째 단에 대한 간략화시킨 회로

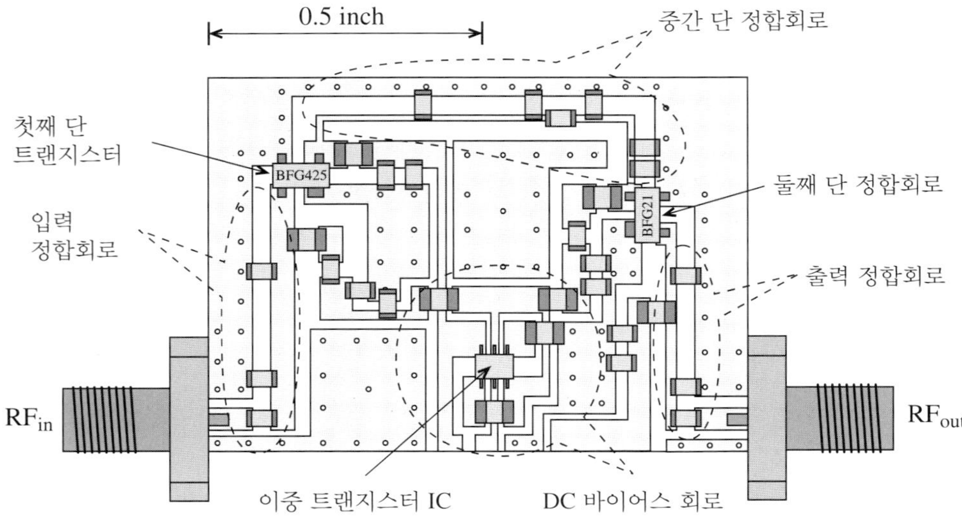

그림 1-2(b) • 전력증폭기의 PCB 구현

로는 구리 선로를 임피던스에 알맞도록 특정한 길이와 폭으로 구성시켰음을 보여주고 있다. 마이크로스트립 선로에 부착된 것은 칩 저항, 칩 커패시터 및 칩 인덕터이다.

전력증폭기에 대하여 이해, 분석하고 궁극적으로 회로를 제작하기 위하여 본 교재에서 논의된 주요한 RF 주제는 다음과 같다.

- 마이크로스트립 선로의 임피던스 동작은 제2장 "전송 선로해석"에서 논의되며, 마이크로스트립 선로의 정량적인 특성은 제3장 "스미스 차트"에서 고려하였다.
- 입력-출력에 대한 복잡한 회로를 단순화시키는 방안은 2단자 회로망를 통하여 이루어지며, 이와 같은 내용은 제4장 "단일-다단 회로망"에서 논의된다.
- 특정 임피던스와 주파수에 대한 개발 전략은 필터설계에서 논의하게 되며, 제5장의 "RF 필터설계"에서 기본 이산형(discrete) 및 분포형 필터 이론을 요약한다. 제8장 "정합회로"는 그림 1-2(b)에 보여준 것과 같은 자세한 회로 구현방법을 다룬다.
- 고주파 BJT(쌍극자 트랜지스터), FET(전계효과트랜지스터) 및 RF 다이오드에 대하여 제6장 "능동 RF소자"에서 논의하며, 물리적인 기본특징은 제7장 "능동회로 소자 모델"에서 취급하고 능동소자의 소-신호모델과 대-신호 모델도 함께 분석한다.
- 전체적으로 증폭기의 증폭이득, 선형성, 잡음 및 안정도와 관련된 충족조건은 제9장 "RF 트랜지스터 증폭기 설계"에서 기본적으로 논의한다.

- 증폭기 설계에 이어서 제10장에서는 "발진기와 믹서"를 논의하며, 이러한 소자는 그림 1-1에서와 같이 RF 회로설계의 중요한 개념이 된다.

우수한 RF 회로 설계 엔지니어는 이러한 개념을 적용하여 회로설계, 제작은 물론 특정한 RF 회로를 시험할 수도 있어야 한다. 본 교재에서는 예제를 통하여 아날로그 RF 회로 이론과 응용을 중점적으로 나타내었다. 송수신기의 구성도에서 아날로그-디지털 혼합부, 디지털 신호 처리부, 변조 및 코딩에 관련한 부분은 본 교재에서 다루고자하는 관점에서 벗어나고 교재의 분량도 고려하여 제외하였다.

페이서(Phasors)

고조파(Harmonic) 신호들은 다음과 같이 지수함수에서 실수를 취함으로써 나타낼 수 있다.

$$E_x = \mathrm{Re}\left(E_{0x}e^{-j\beta z}e^{j\omega t}\right)$$

여기서, 일반적인 회로 이론과는 다르게 페이서 $E_{0x}e^{-j\beta z}$는 공간적인 요소를 포함하고 있다.

1.2 전자파의 입체적 차원과 단위

기존의 회로 이론을 전기회로 시스템을 분석하는 데 적용해보자. 전자파의 표현식에 대하여 돌이켜보면, 자유공간에서 z-방향으로 전달되는 평면 전자파를 정현파 형태로 표현하면 다음과 같은 형태가 된다.

$$E_x = E_{0x}\cos(\omega t - \beta z) \tag{1.1a}$$

$$H_y = H_{0y}\cos(\omega t - \beta z) \tag{1.1b}$$

이 때 E_x와 H_y는 x 방향의 전계와 y 방향의 자계 벡터 성분이며 그림 1-3에 정성적으로

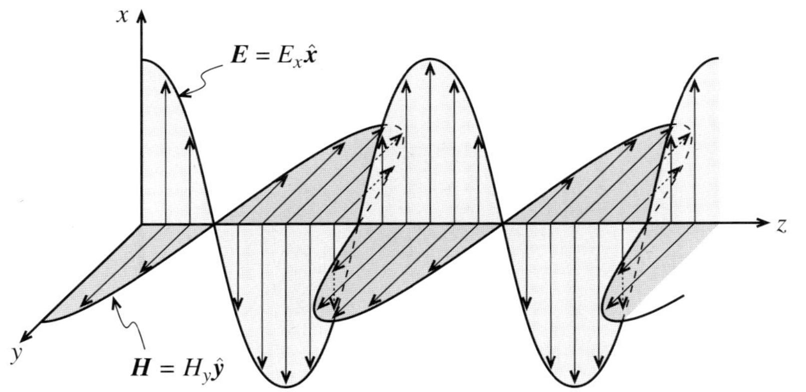

그림 1-3 • 자유공간에서의 전자파 전파. 전계와 자계는 공간함수로서 시간적으로 고정시켰다. ($\hat{\boldsymbol{x}}$과 $\hat{\boldsymbol{y}}$은 x와 y방향의 단위 벡터이다.)

TEM모드

이 모드는 자유공간이나 마이크로 웨이브 전송 선로를 따라 진행하는 파에서 일어난다. 전송속도는 유전체의 성질(예: 동축 케이블)과 경우에 따라 기하학적 구조(예: 마이크로스트립)에도 의존한다. 후자의 경우에 대해 이 파를 quasi-TEM으로 분류한다(정확한 TEM은 아니지만 TEM과 유사한 특성을 갖는다)

TE와 TM 모드

이들 모드는 도파관이나 광섬유에서 일어나며, 이것은 도파관의 벽에서 반복적으로 반사되는 파동으로 생각할 수 있다. 이 파동은 매질의 차단주파수보다 낮은 주파수는 전파되지 못한다. TEM 전송 선로들은 TE나 TM모드를 지원하지만 그들의 차단 주파수는 보통 동작주파수보다 매우 높다.

표현되었다. 여기에서 E_{0x}와 H_{0y}는 일정한 크기 성분으로 단위는 각각 V/m, A/m이다.

이러한 파는 각속도 ω와 전파상수 β를 가지고 있으며, 전파상수는 **파장** λ와 관련된 확장자로 정의되고 $\beta = 2\pi/\lambda$의 관계가 있다. 고전적인 맥스웰 방정식의 전자계 이론은 전계와 자계 성분 사이의 비율로서 **고유임피던스** Z_0를 다음 식과 같이 정의한다.

$$\frac{E_x}{H_y} = Z_0 = \sqrt{\mu/\varepsilon} = \sqrt{(\mu_0\mu_r)/(\varepsilon_0\varepsilon_r)} = 377\ \Omega\sqrt{\mu_r/\varepsilon_r} \quad (1.2)$$

앞의 식에서 매질에 관련한 상수는 투자율 $\mu = \mu_0\mu_r$와 유전율 $\varepsilon = \varepsilon_0\varepsilon_r$이다. μ_0는 자유공간에서의 절대투자율이고 ε_0는 자유공간에서의 절대유전율(이 값은 부록 A 참조)이며 μ_r과 ε_r은 물질에 따라 달라지는 비투자율과 비유전율이다. 위 식에서 전계와 자계 성분은 상호직교하며 진행축에 대하여 직교(orthogonal)함을 알 수 있다. 이와 같은 전달모드를 **TEM모드(transverse electromagnetic mode)**라 하며, TEM모드 전자파의 전달은 **TE모드(transverse electric mode)**와 **TM모드(transverse magnetic mode)**의 전달과 현저하게 대조된다. 마이크로파 통신과 광 통신에서는 TE모드, TM모드에 의하여 기본적인 파의 전달 원리를 나타내며, 이러한 모드에서 전자계 벡터는 파의 진행방향에 더 이상 직교하지 않는다.

비자성 매질($\mu_r = 1$)에서 TEM파의 위상속도 v_p는 다음 식으로 표현된다.

$$v_p = \frac{\omega}{\beta} = \frac{1}{\sqrt{\varepsilon\mu}} = \frac{1}{\sqrt{\varepsilon_0\mu_0}} \cdot \frac{1}{\sqrt{\varepsilon_r}} = \frac{c}{\sqrt{\varepsilon_r}} \quad (1.3)$$

앞의 식에서 c는 빛의 속도를 나타낸다. 본 교재에서 사용하는 물리량과 단위 및 기호는 부록에 있는 표 A-1과 표 A-2에 요약하였다. 현재 우리가 여기에서 전자파의 정량적으로 추상적인 개념에 대하여 다루고 있지만 식 (1.1)은 회로 파라미터에 직접적으로 관계되며, 전계에 대하여는 V/m 단위의 의미에서 직감적으로 정규화된 전압파임을 이해할 수 있고, 자계는 단위 A/m에 의하여 정규화된 전류파를 알 수 있다.

RF&MW

예제 1-1 • 고유 파동 임피던스, 위상속도 및 파장

자유공간과 비유전율이 4.6인 인쇄회로기판(PCB)에서 주파수 f = 30 MHz 및 3 GHz의 전자파에 대하여 고유 파동 임피던스, 위상속도 및 파장을 계산하여라.

풀이:

(1) 고유 임피던스

자유공간에서의 비유전율과 비투자율은 1이므로 식 (1.2)에 의하여 고유 임피던스는 다음 식과 같이 계산된다.

$$Z_0 = \sqrt{\frac{\mu}{\varepsilon}} = \sqrt{\frac{\mu_0}{\varepsilon_0}} = \sqrt{\frac{4\pi \times 10^{-7}}{8.85 \times 10^{-12}}} = 377\ \Omega$$

그리고 비유전율(ε_r)이 4.6일 때는 고유 임피던스는 $Z_0/\sqrt{4.6} = 175.77\ \Omega$이다.

(2) 위상속도, 고유 파장

자유공간($\mu_r = \varepsilon_r = 1$)에서 위상속도는 식 (1.3)에 의하여 다음과 같다.

$$v_p = \frac{1}{\sqrt{\varepsilon\mu}} = \frac{1}{\sqrt{\varepsilon_0\mu_0}} = 2.999 \times 10^8\ \text{m/s}$$

이 때 위상속도는 광속도와 같음을 알 수 있다. 즉, $v_p = c$이다. 비유전율(ε_r)이 4.6일 때 위상속도는 $v_p = c/(\sqrt{\varepsilon_r}) = 1.4 \times 10^8$ m/s가 된다. 파장은 다음 식으로 계산된다.

$$\lambda = \frac{2\pi}{\beta} = \frac{2\pi v_p}{\omega} = \frac{v_p}{f} \qquad (1.4)$$

여기서 f는 동작주파수이다. 식 (1.4)를 이용하면 자유공간에서 주파수 30 MHz로 전파되는 전자파의

인쇄회로기판(PCB) 재질

온도 150~250°C까지 사용 가능한 PCB 재질로 대표적인 것은 FR4(ε_r = 4.6), 에폭시(ε_r = 3.9), 폴리마이드(ε_r = 4.5) 등이 있다. 그리고 polytetrafluoroethylene(PTFE) 기판의 재질은 낮은 유전상수를 갖고 300°C 이상에서 사용이 가능하다. 대표적인 것으로는 PTFE(ε_r = 2.1), themoset PTFE(ε_r = 2.8), glass-based PTFE(ε_r = 2.4) 등이 있다. 현대의 PCB 제작기술은 40층 이상의 적층이 가능하며, 비아(via)를 통해 각 층끼리 상호 연결이 이루어진다. 대부분 보드의 온도 전도도가 0.5 W/m°C 이하로 좋지 않다.

파장은 $\lambda = 10$ m이며 3 GHz의 주파수에서는 $\lambda = 10$ cm이다. 그러나 유전체 매질($\varepsilon_r = 4.6$)에서 주파수가 30 MHz일 때 4.67 m이고 3 GHz일 때 4.67 cm로 줄어든다.

이 예제에서 주파수 함수에 따라 파장이 어떻게 변화되는가를 이해할 수 있다. 주파수가 증가할수록 그 파장은 회로 보드의 크기 또는 개별적으로 구분된 회로소자에 비교할만한 크기로 감소된다. 이와 같은 사실의 의미는 제2장에서 분석하기로 하자.

1.3 주파수 스펙트럼

이동통신의 주파수 재사용

동작 주파수는 전자파의 방사 효과와 지향 패턴을 다루는 안테나 설계자에게는 중요하다. 효율적인 통신을 위해 정보는 단일 반송파나 주파수 대역으로 변조되어야 한다. 이동통신 시스템에서 많은 사람이 동시에 사용하기 위해 주파수를 재사용한다. 세 가지 대표적인 다중처리 기술이 이용되고 있다.

- TDMA(시분할 다중접속)
- FDMA(주파수분할 다중접속)
- CDMA(코드분할 다중접속)

전파의 응용범위가 매우 다양하고 주파수 대역이 넓기 때문에 엔지니어들은 광범위한 주파수대역의 회로에 대하여 다루어야 한다. 전자파 스펙트럼은 오랜 시일을 통하여 주파수 분류가 이루어졌으며, 산업계와 정부조직에서 처음 지정된 주파수 대역은 짧게는 제2차 세계대전 이후 미국의 국방부에서 도입되었다. 그러나 오늘날 사용되고 있는 대부분의 공통 주파수 스펙트럼의 분류는 표 1-1에서와 같이 **미국 전기전자공학회**(IEEE)에 의하여 만들어졌다. 미국의 **연방통신위원회**(FCC)에서 모든 사설 및 상업적인 주파수 활용에 대해 주파수 대역을 배정하고 관리한다. 지정된 주파수 대역의 목록과 그것의 대표적 응용분야를 표 1-1에 나타내었다.

표 1-1과 예제 1-1에 의하면, 대표적으로 텔레비전에서 접하게 되는 VHF/UHF 대역의 파장은 전자시스템의 물리적인 크기에 비교할 수 있는 치수에 도달한다. 이 주파수 영역에서부터는 전자회로에 대한 각각의 전압신호와 전류신호는 전파의 특성을 고려하여 나타낼 필요가 있다. 이런 상황은 SHF와 X에서 Ka에 이르는 대역에서는 확실하게 나타날 것이다. 정확한 제한이 없는 상태에서 RF 주파수 대역의 범위는 관례적으로 VHF 대역에서 SHF 대역까지로 한정하여 정의되고 있으며, 마이크로파 대역의 범위는 전통적으로 레이더가 동작하는 X-대역과 그 이상 대역으로 분류되어 왔다.

표 1-1 • 미국 전기전자공학회(IEEE) 분류 주파수 스펙트럼

주파수 대역명	주파수 범위	대표적 응용분야
VHF (Very High Frequency)	88∼108 MHz	FM 방송
UHF (Ultrahigh Frequency)	824∼894 MHz 810∼956 MHz	CDMA 휴대전화 서비스 GSM 휴대전화 서비스
UHF (Ultrahigh Frequency)	2,400 MHz	무선 랜(WLAN)
SHF (Superhigh Frequency)	5,000∼5,850 MHz	비면허 국가정보망
SHF (Superhigh Frequency)	6,425∼6,523 MHz	케이블 TV
SHF (Superhigh Frequency)	3,700∼4,200MHz	고정 위성 지구국
X Band	8∼12.5 GHz	해상, 항공 레이더
Ku Band	12.5∼18 GHz	원격감지 레이더
K Band	18∼26.5 GHz	레이더
Ka Band	26.5∼40 GHz	원격감지 레이더

1.4 수동소자의 고주파 동작

기존의 AC 회로 분석으로부터 저항 R은 주파수에 무관하게 동작하며, 커패시터 C와 인덕터 L의 리액턴스(reactance)값은 각각 X_C와 X_L로 다음 식과 같다.

$$X_C = -\frac{1}{\omega C} \tag{1.5a}$$

$$X_L = \omega L \tag{1.5b}$$

식 (1.5)의 의미를 예로 들면 커패시터 $C = 1$ pF와 인덕터 $L = 1$ nH는 낮은 주파수에서 각각 개방(open)과 단락(short)조건이 된다. 이것을 주파수 60 Hz에서 쉽게 다음과 같이 증명할 수 있다.

$$|X_C(60\text{ Hz})| = \frac{1}{2\pi \cdot 60 \cdot 10^{-12}} = 2.65 \times 10^9\ \ \Omega \approx \infty\ (\text{개방}) \tag{1.6a}$$

리액턴스(Reactance)

커패시터의 리액턴스는 전압-전류 관계식으로부터 유도된다.

$$v_c = \frac{1}{C}\int i(t)dt$$

이것을 페이서로 표현하면

$$V_C = \frac{1}{C}\left(\frac{I}{j\omega}\right) = jX_C I$$

같은 방법으로 인덕터는

$$v_L = L\left(\frac{di}{dt}\right)$$

페이서로 표현하면

$$V_L = j\omega LI = jX_L I$$

여기서 커패시터의 리액턴스(X_C)는 음수이고, 인덕터의 리액턴스(X_L)는 양수이다.

$$|X_L(60\ \text{Hz})| = 2\pi \cdot 60 \cdot 10^{-9} = 3.77 \times 10^{-7}\ \Omega \approx 0\ (\text{단락}) \tag{1.6b}$$

저항, 커패시터와 인덕터는 기존의 낮은 주파수 대역에서와 같이 와이어, 코일 및 전극판에 의하여 만들어진다는 점이 매우 중요하다. PCB **기판** 레이아웃에서는 단일 직선 와이어 또는 구리선의 일부분이라도 주파수에 따라 저항성과 인덕턴스를 가지고 있다. 예를 들면 반경이 a이고 길이가 l, 도전율이 σ_{cond}인 원통형 구리 전도체의 DC 저항성분은 다음과 같다.

$$R_{\text{DC}} = \frac{l}{\pi a^2 \sigma_{\text{cond}}} \tag{1.7}$$

DC 신호의 경우 전도체 단면 전체를 이용하여 균일하게 전류를 흐르게 하지만, AC의 경우는 교류 전하 캐리어 흐름이 자계성분을 일으키며 패러데이 법칙에 의하여 초기전류에 대해 반대방향의 전류밀도를 갖는 전계가 유도된다는 사실 때문에 복잡한 상태가 된다. 도선의 반경 $r = 0$인 점에서 매우 강하게 이러한 효과가 나타나므로 도체의 중앙에서 매우 큰 저항성이 나타난다. 그 결과 주파수가 높아질수록 도체 반경의 바깥쪽 면에 한정되어 전류가 흐르게 된다. 부록 B에서 유도한 바와 같이 z-방향의 전류밀도 J_z는 다음 식과 같다.

$$J_z \cong \frac{pI}{2\pi a j\sqrt{r}} \exp\left(-(1+j)\frac{a-r}{\delta}\right) \tag{1.8}$$

여기에서 $p^2 = -j\omega\mu\sigma_{\text{cond}}$, I는 도체에 흐르는 전체전류이다. 위 식에서 δ는 **표피깊이(skin depth)**로서 다음과 같이 정의된다.

$$\delta = \frac{1}{\sqrt{\pi f \mu \sigma_{\text{cond}}}} \tag{1.9}$$

위 식은 전류밀도가 주파수(f), 투자율(μ), 전도도(σ)의 함수로 공간적인 감소를 나타낸다. 완전도체에서 전류밀도는 깊이에 따라 지수 함수적으로 감소한다. 도체 저항을 계산할 때는 편리를 위해 표피깊이(δ)까지 전류밀도가 균일한 층으로 간주한다.

고주파 조건($f \geq 500$ MHz)에서 정규화된 저항값과 인덕터값을 계산하면 다음 식과 같다.

$$R/R_{\text{DC}} \cong a/(2\delta) \tag{1.10}$$

$$(\omega L_{\text{in}})/R_{\text{DC}} \cong a/(2\delta) \tag{1.11}$$

내부 인덕턴스는 선로의 내부 자계에 의해 발생한다. 식 (1.10)과 식 (1.11)은 $\delta << a$로 가정하였다. 대부분의 경우에서, 전도체의 비투자율은 $\mu_r = 1$과 같다. 도체에서 표피깊이는 주파수 제곱에 역비례하여 동작하므로 저주파수에서는 그 값이 크며, 주파수를 증가시킬수록 표피깊이의 값은 작아진다. 그림 1-4는 구리, 알루미늄, 순금 및 전형적인 납땜용 납-주석과 같은 물질의 도전율에 대하여 주파수에 대한 표피깊이의 관계를 예시하고 있다.

만약 구리의 전도율에 대해서만 고려한다면, 그림 1-5(a)와 같이 축에 대칭인 선로의 경우에 DC 전류밀도 $J_{z0} = I/(\pi a^2)$으로 정규화된 AC 전류밀도의 식 (1.8)을 그래프로 만들 수 있다.

반경을 고정시켜 $a = 1$ mm인 선로의 경우, 여러 가지 주파수에 대한 반경 r 함수에 대한 $|J_z|/J_{z0}$의 관계를 나타내면 그림 1-5(b)와 같다. 이 그림은 부록 B에서 유도된 정확한 이론적 결과를 바탕으로 하였으며, $\delta > a$인 경우에서도 정확한 결과를 갖는다.

그림 1-5(b)에서 1 MHz 이하의 주파수에서 도선의 외곽에서 전류의 흐름이 증가됨

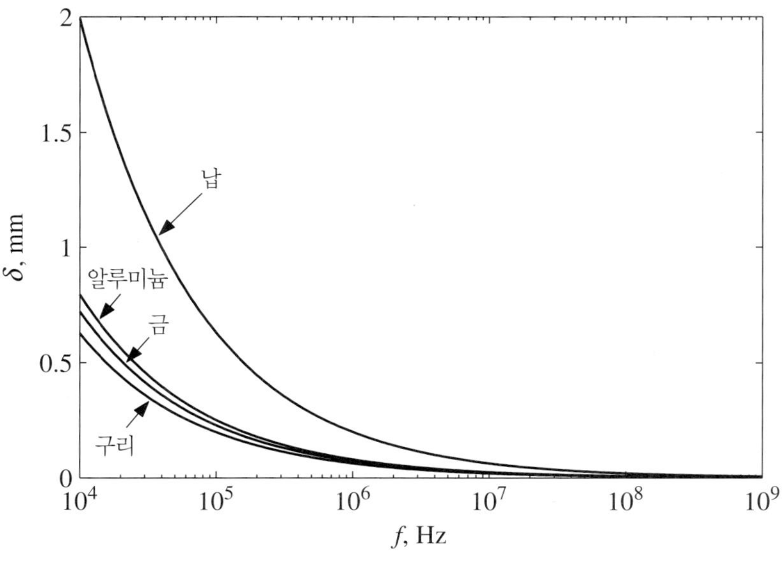

그림 1-4 • 구리 $\sigma_{\text{Cu}} = 64.5 \times 10^6$ S/m, 알루미늄 $\sigma_{\text{Al}} = 40.0 \times 10^6$ S/m, 순금 $\sigma_{\text{Au}} = 48.5 \times 10^6$ S/m, 전형적인 납 $\sigma_{\text{solder}} = 6.38 \times 10^6$ S/m의 표피깊이 동작

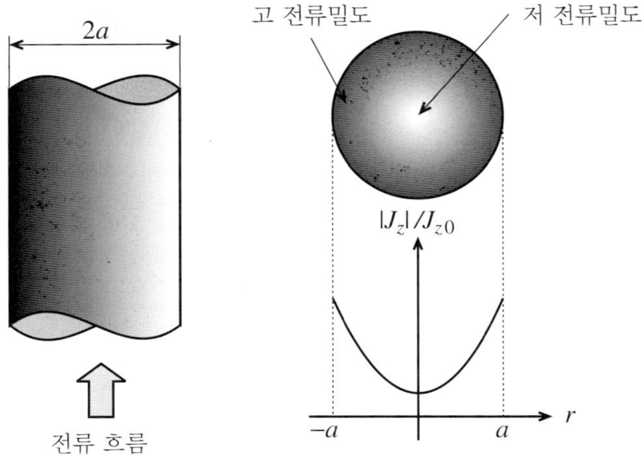

그림 1-5(a) • DC 전류밀도값으로 정규화된 AC 전류밀도의 입체적 단면도형

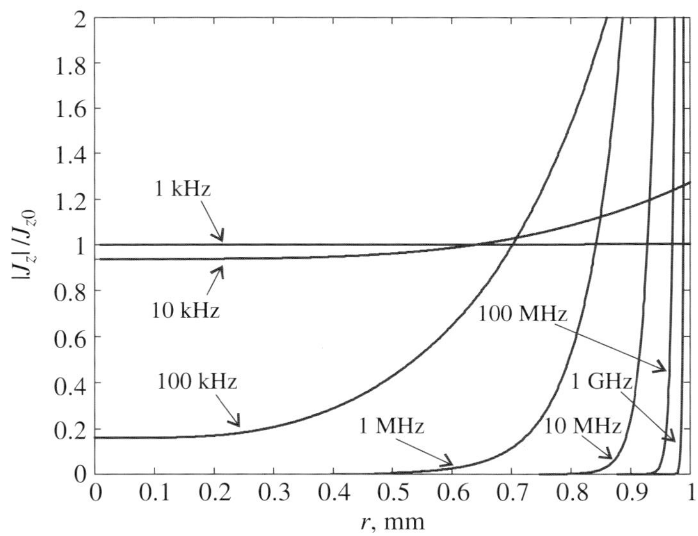

그림 1-5(b) • 반경 $a = 1$ mm인 구리 선로의 정규화 AC 전류밀도에 대한 주파수 동작 특성

을 알 수 있다. 1 GHz의 주파수대에서 전류는 선로의 표면을 통하여 흐르고 반경 내부로는 흐르지 않는다. 식 (1.8)과 그림 1-5(a)를 참고하면 표피깊이 δ는 간단하게 물리적 의미를 나타낼 수 있다. 전류밀도는 도체 표면에서 최대가 되고 속으로 갈수록 지수적

으로 감소하여 표피깊이에서 초기값의 e^{-1}(약 37%)로 감소된다. 식 (1.10)을 다시 쓰면 다음과 같다.

$$R = R_{DC}\frac{a}{2\delta} = R_{DC}\frac{\pi a^2}{2\pi a\delta} \tag{1.12}$$

이 방정식으로부터 저항성은 그림 1-6에 점선으로 나타낸 바와 같이 도체의 단면적에 반비례하여 증가됨을 그림 1-6과 같이 나타낼 수 있다. 이 그림의 저항 특성은 부록 B에서 유도된 원기둥 도체에 대한 정확한 표피 방정식에 의해 나타내었다.

도체에 대해 내부 인덕턴스값을 구할 수 있더라도, 부품이나 회로의 주된 유도성분은 외부 인덕턴스에 의해 결정되기 때문에 대부분의 회로 설계에서는 외부 인덕턴스(L_{ex})가 사용된다. 외부 인덕턴스를 계산하기 위해 도체 외부의 인덕턴스를 결정하는 자계를 구하여야 한다. 반경이 a이고 길이가 l인 도선에 대해 개략적인 외부 인덕턴스 식을 유도하면 다음과 같다.

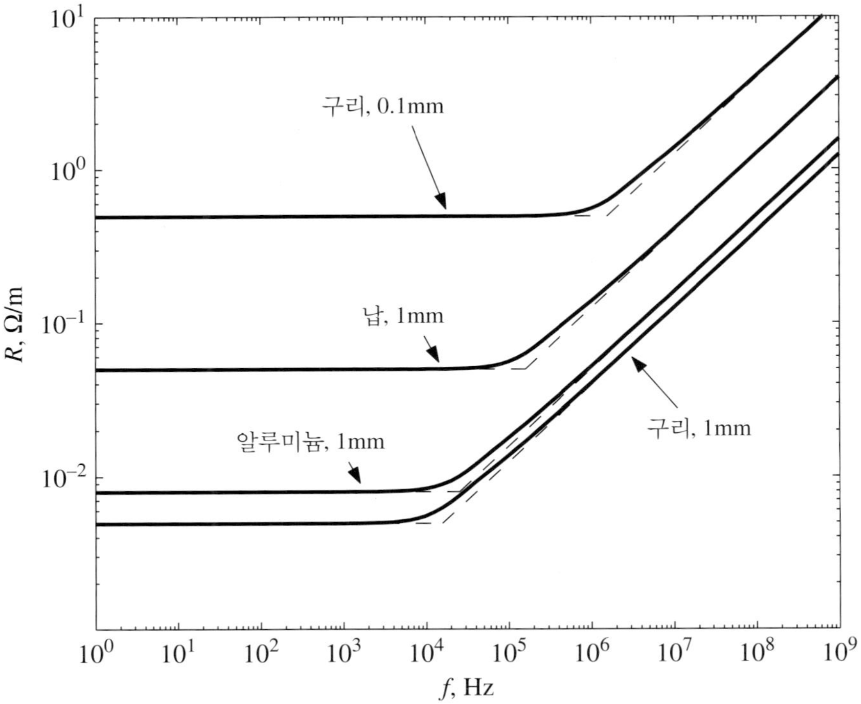

그림 1-6 • 여러 재질과 반경의 도선에 대해 주파수에 따른 단위 길이당 이론적 저항 특성. 점선은 개략적인 DC값과 표피깊이를 나타낸다.

$$L_{ex} \cong \frac{\mu_0 l}{2\pi}\left[\ln\left(\frac{2l}{a}\right) - 1\right] \tag{1.13}$$

이 식에 대한 자세한 것은 본 장의 마지막에 수록되어 있는 참고문헌을 참조하기 바란다. 내부 인덕턴스와 외부 인덕턴스의 상대적인 크기를 살펴보기 위해 예제 1-2에 나타내었다. 해석의 간편성을 위해 식 (1.13)에서와 같이 외부 인덕턴스에 대한 주파수 변화를 고려하지 않는다.

RF&MW→

예제 1-2 • 내부 인덕턴스와 외부 인덕턴스의 비교

인덕턴스(inductance)

내부 인덕턴스(L_{in})는 전류가 흐르는 도체 내부의 자계에 의해 만들어진다. 외부 인덕턴스(L_{ex})는 전류가 흐르는 도체의 외부 자계에 의해 형성된다. 전체 인덕턴스는 두 개의 합이다. 대부분의 회로 구성에서는 인접한 도체 사이의 자계적인 결합을 고려해야한다. 이 경우 한 도체의 전류가 다른 도체로 유기되는 상호(mutual) 인덕턴스 개념을 사용한다. 상호 인덕턴스는 누화(crosstalk) 해석이나 무결성(integrity) 연구에 중요한 역할을 한다.

길이가 2 cm인 AWG 26의 구리 도선에서 주파수 100 MHz, 2 GHz, 5 GHz에 대해 내부 인덕턴스와 외부 인덕턴스를 계산하여 비교하라.

풀이:

부록 B를 보면, AWG 26은 직경 $d = 16$ mil이다. 그러므로 반경은

$$a = 8\text{ mil} = 8 \times (2.54 \times 10^{-5}\text{ m}) = 0.2032\text{ mm}$$

식 (1-11)로부터 내부 인덕턴스를 계산할 수 있다.

$$L_{in} \cong \frac{a}{2\delta}\frac{R_{DC}}{\omega}$$

여기서 $R_{DC} = l/(\pi a^2 \sigma_{cond}) = 2.39 \times 10^{-3}\ \Omega$이다. 식 (1-13)으로부터 외부 인덕턴스는 다음과 같다.

$$L_{ex} = \frac{\mu_0 l}{2\pi}\left[\ln\left(\frac{2l}{a}\right) - 1\right] = 17.1\text{ nH}$$

위 식으로부터 각 주파수에 대한 인덕턴스의 결과를 표 1-2에 요약하였다.

표 1-2 • 여러 주파수에서 내부 인덕턴스와 외부 인덕턴스의 비교

주파수, GHz	δ, μm	L_{ex}, nH	L_{in}, nH	L_{in}/L_{ex}
0.1	6.266	17.1	0.0617	3.60×10^{-3}
2	1.40	17.1	0.0138	8.05×10^{-4}
5	0.886	17.1	0.00872	5.09×10^{-4}

이 예제는 외부인덕턴스가 종종 크기의 두 단계 이상 내부인덕턴스를 초과할 수 있다는 것을 명확히 보여준다.

1.4.1 고주파 저항

저주파 전자회로에서 가장 일반적으로 이용되는 회로소자는 저항이며, 저항 양단에서 전압을 형성하면 어느 정도의 전기 에너지는 열로 변환된다. 이 저항은 다음과 같이 몇 가지 형태로 구분된다.

- 고밀도 유전분말에 의한 탄소-복합저항
- 니켈과 같은 금속도선에 의한 권선형 저항
- 온도 안정물질의 금속 필름체 저항
- 알루미늄 또는 베릴륨을 기반으로 하는 박막 칩 저항

이러한 형태의 저항체에서 주로 박막형 칩 저항이 오늘날 RF 분야 및 마이크로파 분야의 **표면실장소자(SMDs: surface mount devices)**로서 응용되고 있다. 이와 같은 현상은 그림 1-7에 나타난 것처럼 크기가 아주 작게 제작할 수 있기 때문이다.

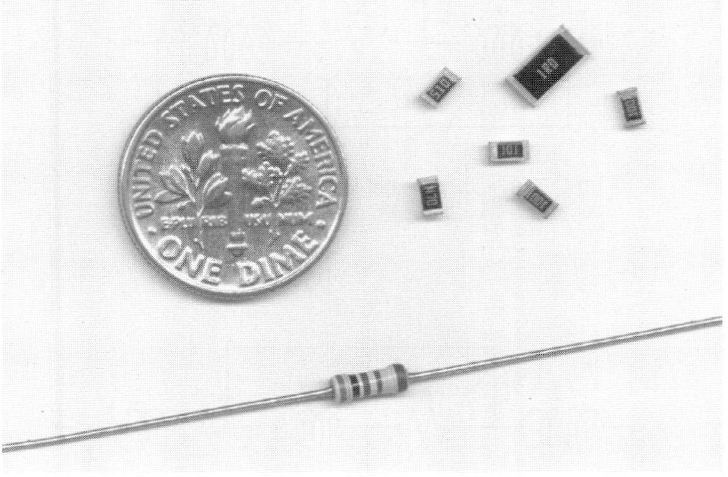

그림 1-7 · 기존의 저항과 1 및 1/4 와트 박막 필름 칩 저항의 비교

정확한 회로 모델링

앞에서 언급한 바와 같이, 저항은 주파수에 따라 변한다. 그림 1-8, 1-9와 같은 저항 모델링이 일반적으로 사용되지만 여기에 정확성을 위해 $R = R(f)$라고 추가해야 한다.

모델링 값은 측정조건과 장비에 따라 변하므로 여러 제조회사에 의해 정확하고 정교한 회로 모델링이 연구된다.

이미 앞 절에서 나타낸 바와 같이, 직선 도선 자체도 인덕턴스 성분을 가지고 있으므로 저항값이 R인 고주파 저항체의 전기적 등가회로의 표현은 복잡하며, 저항은 일정한 크기의 리드 선 및 기생저항을 고려하여 나타내야 한다. 이와 같은 상태를 고려하여 그림 1-8에 고주파 저항에 대한 등가회로를 보여주고 있다.

두 개의 인덕턴스 L은 저항 도선의 리드 선을 모델링한 것이며, 커패시턴스는 실제 도선 정렬을 설명하는 데 필요하고, 커패시턴스 C_a는 전하분리의 효과, C_b는 리드 선 사이의 커패시턴스를 나타낸다. 리드 선 저항은 실제 저항 R에 비하여 매우 작으므로 무시하였다. 금속도선 권선형 저항의 경우는 매우 복잡하며 그림 1-9에서 등가회로를 보여주고 있다.

리드 인덕턴스 및 접촉 커패시턴스에 부가하여 금속도선 권선형 저항의 L_1이 요구되며, 이 값은 코일로서 동작한다. 표류(stray) 커패시턴스 C_1은 권선 사이에서 형성된다. 리드 선 사이의 커패시턴스 C_2 (또는 그림 1-8에서 C_b)는 내부 또는 표류 커패시턴스에 비하여 매우 작으며, 일반적으로 그 값은 무시한다.

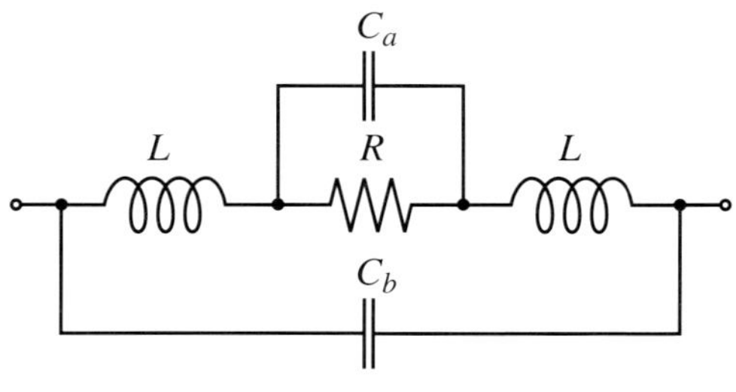

그림 1-8 • 저항에 대한 전기적 등가회로 표현

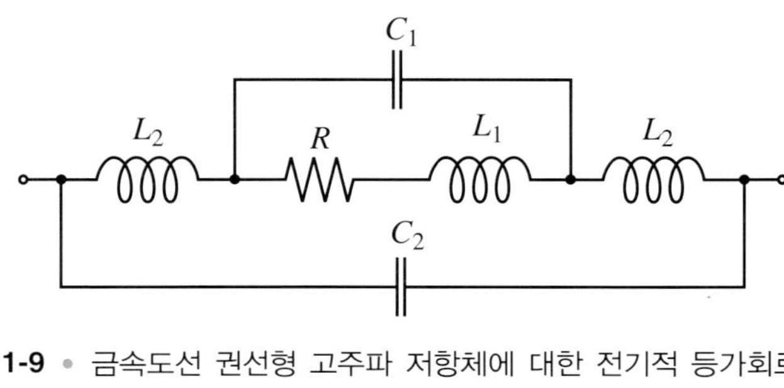

그림 1-9 • 금속도선 권선형 고주파 저항체에 대한 전기적 등가회로 표현

예제 1-3 • 금속필름저항에 대한 RF 임피던스 동작 특성

표류 커패시턴스 C_a가 5 pF이고 AWG 26가 연결된 2.5 cm 구리 선로의 2 kΩ 금속필름저항의 고주파 임피던스의 동작 특성을 구하라(그림 1-8 참조). 구리의 전도도는 $\sigma_{\text{Cu}} = 64.5 \times 10^6 \times \Omega^{-1} \cdot \text{m}^{-1}$이다.

풀이:

예제 1-2에서 AWG 26의 반경은 $a = 2.032 \times 10^{-4}$ m임을 알았다. 식 (1.13)에 의하여 고주파에서 직선 도선의 인덕턴스는 개략적으로 다음과 같다.

$$L_{\text{ex}} = \frac{\mu_0 l}{2\pi}\left[\ln\left(\frac{2l}{a}\right) - 1\right] = 52.0\ \text{nH}$$

여기서 l은 저항 양쪽에 있는 리드 선의 길이다. 리드 선의 인덕턴스를 계산하기 위해 앞 식을 적용할 때 표피깊이가 리드 선의 반경보다 작게 되는 주파수에 대해서만 적용 가능하다. 즉 $\delta = (\pi f \mu \sigma)^{-1/2} << a$를 만족시키는 주파수 또는 $f >> 1/(\pi \mu \sigma_{\text{Cu}} a^2) = 95$ kHz일 때에 대하여 응용이 가능하다. 리드의 인덕턴스를 구함으로써 전체회로의 임피던스를 계산하면

$$Z = j\omega L_{\text{ex}} + \frac{1}{j\omega C_a + 1/R}$$

이며 계산의 결과를 그림 1-10에 나타내었다. 여기에서 저항 임피던스의 절대값은 주파수의 함수로 표현되었다.

그림에서와 같이 저주파에서 저항의 임피던스는 R과 같으나 주파수가 증가됨에 따라 5 MHz를 초과하면 표류 커패시턴스가 주도하게 되어 저항의 임피던스가 감소하게 되며, 약 300 MHz에서 공진을 일으키고 그 이상의 주파수에서는 리드 인덕턴스에 의하여 임피던스가 증가하게 된다. 매우 높은 주파수대에서 저항은 개방회로(open circuit) 상태로 되거나 무한 임피던스를 나타낸다.

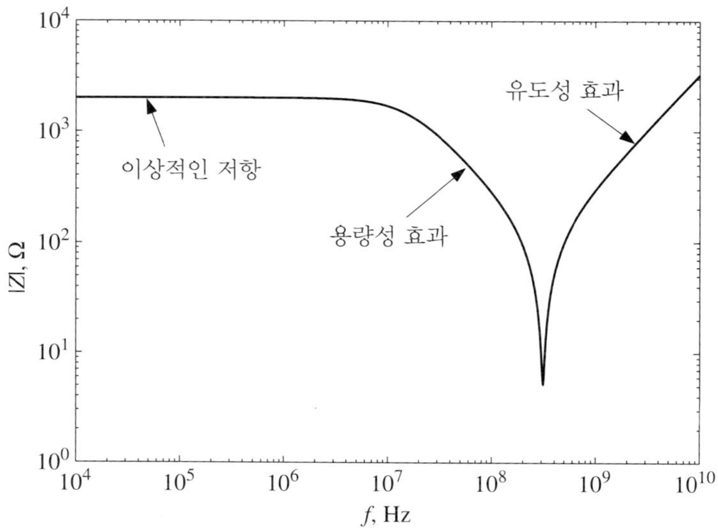

그림 1-10 • 2000 Ω 박막형 저항의 주파수 함수에 대한 절대 임피던스값

이 예제는 주파수에 무관한 것처럼 보이는 저항의 임피던스를 취급할 때 주의해야 한다는 것을 의미한다. 모든 저항은 정확하게 그림 1-10과 같은 주파수 응답을 보이고 있으며 종종 주파수가 GHz대역에 도달할 때까지 하나 또는 여러 개의 공진점이 일어나기도 한다.

1.4.2 커패시터의 고주파 동작 특성

RF 회로에서 칩 커패시터는 필터의 튜닝, 정합회로, 트랜지스터의 바이어스 회로 등에서 응용되고 있으므로 커패시터의 고주파 동작 특성을 정확하게 이해하는 것이 매우 중요하다. 기본적으로 커패시터를 구성하는 두 개의 평행판 크기가 평행판 간격보다 매우 클 때 커패시턴스는 다음 식과 같다.

$$C = \frac{\varepsilon A}{d} = \varepsilon_0 \varepsilon_r \frac{A}{d} \tag{1.14}$$

여기에서 A는 평행판의 면적이며 d는 평형판 사이의 간격을 의미한다. 이상적으로는 두 개의 평행판 사이에는 전류가 흐르지 않으나 고주파에서 유전체 물질은 전도 전류 밀도가 시간에 따라 변하는 양이 존재한다. 커패시터의 임피던스는 컨덕턴스 G_e와 서

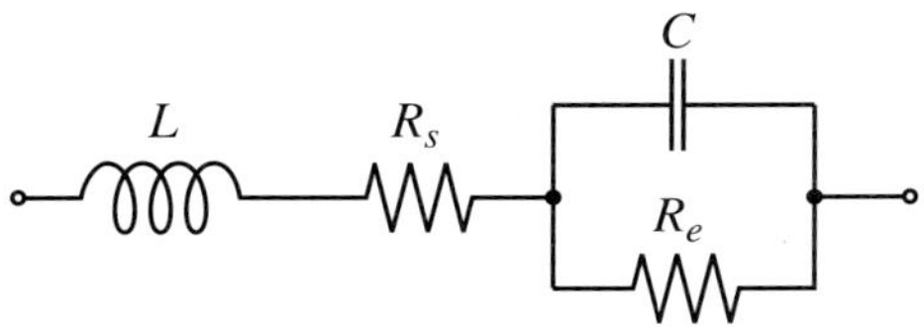

그림 1-11 • 고주파 커패시터의 전기적 등가회로

셉턴스 ωC의 병렬조합으로 다음과 같다.

$$Z = \frac{1}{G_e + j\omega C} \tag{1.15}$$

이 식에서 DC 상태에서의 전류흐름은 $G_e = \sigma_{\text{diel}} A/d$에 의하며 나타나며, 이때 σ_{diel}은 유전체의 전도율이다. 직렬 **손실 탄젠트(loss tangent)**를 도입하여 $\tan\Delta = \sigma_{\text{diel}}/(\omega\varepsilon)$을 G_e 식에 대입하면 다음과 같다.

$$G_e = \frac{\sigma_{\text{diel}} A}{d} = \frac{\omega\varepsilon A}{d}\tan\Delta = \omega C \tan\Delta \tag{1.16}$$

손실 탄젠트에 대한 실제적인 값은 표 A-3에 나타내었다. 커패시터의 구조에서 기생 리드 인덕턴스 L, 리드 도체의 손실을 나타내는 직렬저항 R_s 및 유전체 손실저항 $R_e = 1/G_e$를 나타낼 때 커패시터의 등가회로는 그림 1-11과 같다.

RF&MW→

예제 1-4 • 커패시터의 RF 동작 특성

10^{-4}의 손실 탄젠트인 산화알루미늄(Al_2O_3)의 유전체와 1.25 cm의 AWG 26 구리($\sigma_{\text{Cu}} = 64.516 \times 10^6\ \Omega^{-1} \cdot \text{m}^{-1}$)로 리드 선을 만든 47 pF 커패시터의 고주파 임피던스를 구하라.

풀이:

예제 1-3에서와 비슷하게 식 (1.13)에 의해 리드에 관련된 인덕턴스는 다음과 같다.

$$L_{\text{ex}} = \frac{\mu_0 l}{2\pi}\left[\ln\left(\frac{2l}{a}\right) - 1\right] = 22.5\ \text{nH}$$

여기서 $l = 2 \times 1.25$ cm이고, 반경 $a = 2.032 \times 10^{-4}$ m이다. 리드 선의 직렬저항은 식 (1.12)에 의하여 다음과 같다.

$$R_s = R_{DC}\frac{a}{2\delta} = \frac{1}{2\pi a\sigma_{Cu}}\sqrt{\pi f\mu_0\sigma_{Cu}} = \frac{l}{2a}\sqrt{\frac{\mu_0 f}{\pi\sigma_{Cu}}}$$

$$= 4.84\sqrt{\frac{f}{\text{Hz}}}\ \mu\Omega$$

식 (1.16)에 의하여 병렬 누설저항(leakage resistance)은 다음과 같다.

$$R_e = \frac{1}{G_e} = \frac{1}{2\pi fC\tan\Delta} = \frac{3.39 \times 10^7}{f/\text{Hz}}\ \text{M}\Omega$$

커패시터에 대한 그림 1-11의 등가회로 모델을 기초로 하여 구한 임피던스 크기의 주파수 특성은 그림 1-12와 같다.

누설저항 R_e을 계산할 때 손실 탄젠트 $\tan\Delta$는 주파수에 무관한 것으로 가정하였다. 그러나 실제적으로는 동작주파수에 의존한다. 불행하게도 낮은 주파수에서 손실 탄젠트의 데이터 시트가 종종 공개되지만 RF 특

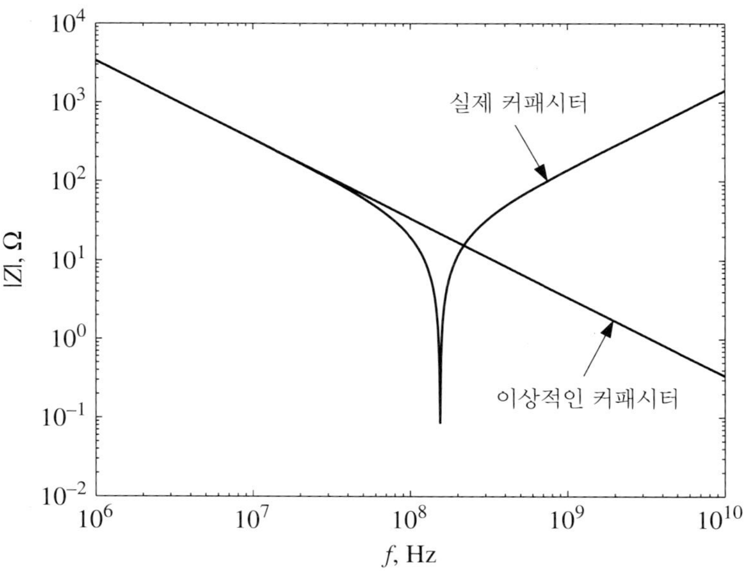

그림 1-12 • 주파수 함수에 대한 커패시터 임피던스의 절대값

성은 거의 나타내지지 않는다.

손실 탄젠트는 커패시터의 리액턴스에 대한 **등가직렬저항(ESR: equivalent series resistance)**의 비로 정의할 수 있으며, 많은 데이터 시트가 tanΔ 대신 ESR로 나타낸다. ESR값은 다음과 같이 주어진다.

$$\text{ESR} = \frac{\tan\Delta}{\omega C}$$

여기에서 $\tan\Delta \to 0$이면 $\text{ESR} \to 0$이 됨을 알 수 있다.

예제 1-3의 RF 저항 임피던스 동작 특성에서 이미 알아본 바와 같이 커패시터는 유전체 손실과 일정한 크기의 리드 선을 갖기 때문에 비슷한 공진 특성이 나타남을 알 수 있다.

표면실장형 세라믹 커패시터의 구조는 그림 1-13과 같다. 커패시터는 세라믹 유전체 물질을 금속전극면 사이에 삽입시켜 샌드위치 형태로 여러 겹층(interleaved)을 이룬 직사각형 구조로 만들어진다. 이러한 형태의 목적은 전극면을 최대로 하여 단위체적당 높은 커패시턴스 값을 갖게 하기 위함이다. 일반적으로 16 V에서 63 V 사이의 동작전압 범위에서 커패시턴스 값은 0.47 pF에서 100 nF의 범위이다. 일반적으로 손실 탄젠트는 1 MHz를 기준으로 $\tan\Delta \leq 10^{-3}$와 같이 제조사에서 그 값을 제공한다. 이와 같은 손실 탄젠트는 주파수가 GHz 대역으로 올라가면 그 값이 매우 커진다.

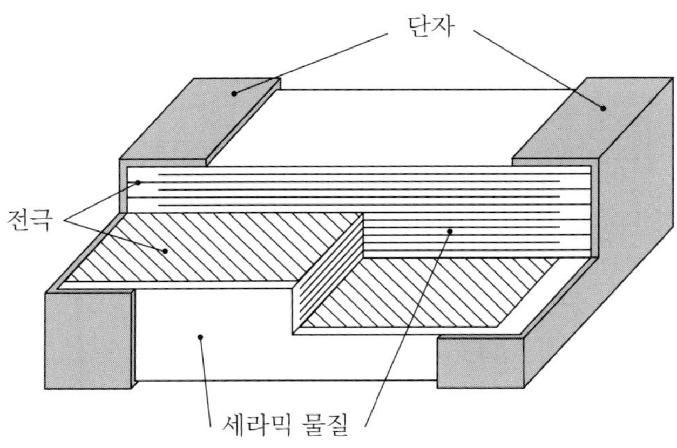

그림 1-13 • 표면실장 세라믹 다층 커패시터의 실제 구조

커패시턴스와 손실 탄젠트 이외에 제조회사는 특정 동작온도(예를 들면 $T \le 85°C$)에서 특정 전압을 초과하지 않도록 정격전압을 제시한다. 커패시턴스는 온도 의존이며, 이에 대한 논의는 본 장의 뒷부분에 있는 문제에서 취급하기로 한다.

1.4.3 고주파 인덕터 동작 특성

인덕터는 저항이나 커패시터와 같이 트랜지스터의 바이어스 회로에서 자주 이용되지는 않지만 **RF 코일**(RFCs)로 이용되는 소자로서 DC 전압조건에서 단락회로를 구성한다. 코일은 일반적으로 곧은 도선을 원통 형태로 감아 권선으로 만들며, 앞 절에서 논의한 바와 같이 권선은 인덕터와 주파수 의존형 저항성으로 나타낸다. 한편 근접해 있는 권선은 별도의 이동전하를 형성하므로 그림 1-14에서와 같이 근접된 도선 사이에서 기생 커패시턴스가 발생한다.

인덕터의 등가 모델은 그림 1-15와 같으며, 기생단락 커패시턴스 C_s와 직렬저항 R_s는 분포 커패시턴스 C_d와 저항 R_d을 포함하여 각각의 복합효과로 나타내었다.

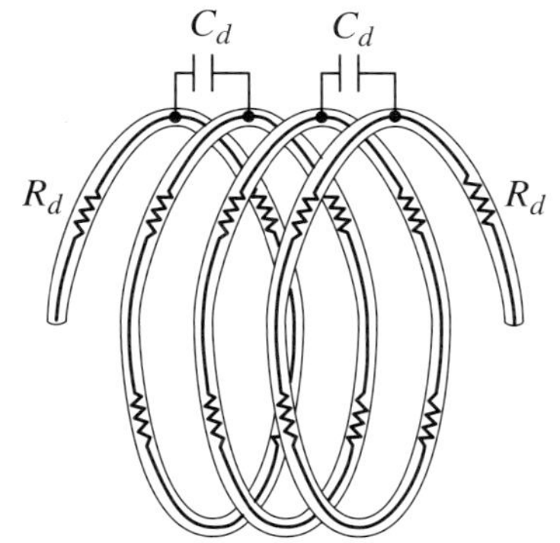

그림 1-14 ● 인덕터 코일에서의 분포 커패시턴스와 직렬저항

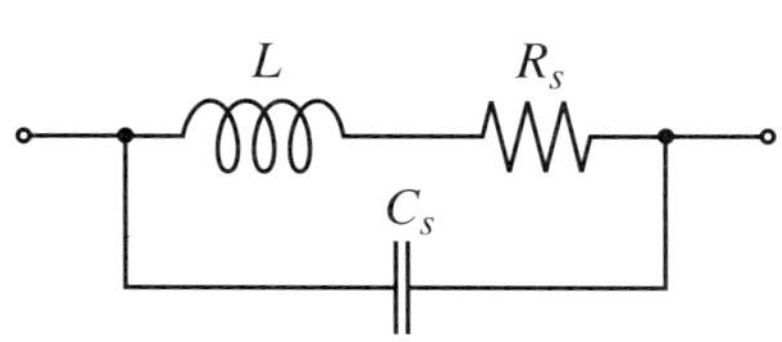

그림 1-15 ● 고주파 인덕터의 등가회로

예제 1-5 • RFC의 RF임피던스 특성

AWG 36 구리동선을 0.1 인치 공기 코어에 $N = 3.5$회 감아 형성한 RFC의 주파수 특성을 예상해 보자. 이때 코일의 길이는 0.05 인치로 가정한다. 이 RFC에서 병렬 기생 커패시턴스는 대략 0.3 pF이다.

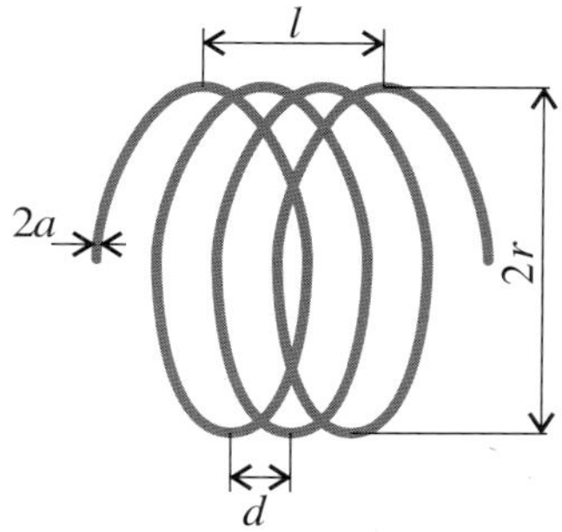

그림 1-16 • 공기 코어 코일에 대한 인덕터 구조

풀이:

코일의 크기와 치수는 그림 1-16과 같다. 부록 A의 표 A-4로부터 AWG 36 도선의 반경은 $a = 2.5$ mils = 63.5 μm임을 알 수 있다. 코일 코어의 반경은 $r = 50$ mils = 1.27 mm, 코일 길이는 $l = 50$ mils = 1.27 mm이다.

코일의 인덕턴스를 계산할 때, 잘 알려진 솔레노이드 코일에 대한 식 $L = \pi r^2 \mu_0 N^2/l$을 사용하지 않는다. 왜냐하면 이 경우는 $r << l$ 조건을 만족하지 않는다. 대신 이 경우는 $l > 0.8r$이므로 짧은 공기 코어에 대한 솔레노이드의 인덕턴스 식은 다음과 같다.

$$L = \frac{10\pi r^2 \mu_0 N^2}{9r + 10l} \tag{1.17}$$

식 (1.17)은 인덕턴스에 대한 정확한 값을 나타내지 못하므로 개략적인 값만 구할 수 있다. 주어진 값을 식 (1.17)에 대입하면 $L = 32.3$ nH가 된다. 표피효과를 무시하고 선의 DC 저항으로서 직렬저항 R_s를 계산하면

$$R_s = \frac{l_{\text{wire}}}{\sigma_{\text{Cu}}\pi a^2} = \frac{2\pi r N}{\sigma_{\text{Cu}}\pi a^2} = 0.034\ \Omega$$

분석된 RFC 임피던스의 주파수 특성은 그림 1-17과 같다.

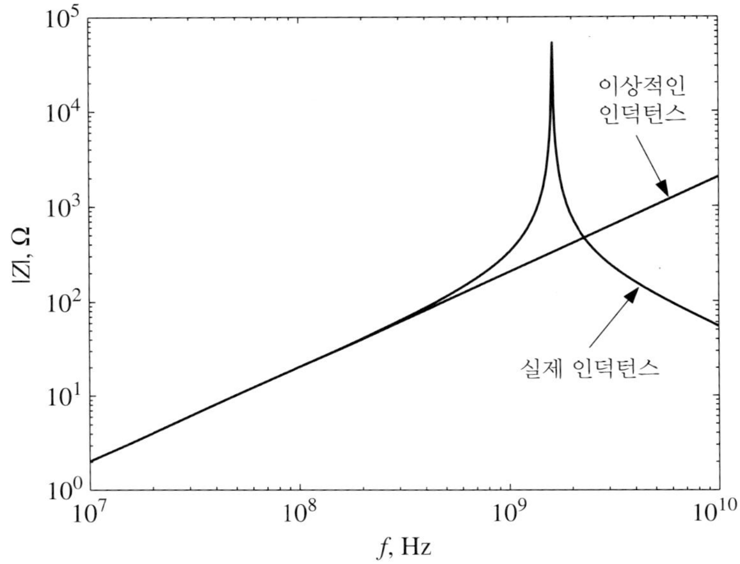

그림 1-17 • RFC 임피던스의 주파수 특성

RFCs는 RF 바이어스 회로에서 광범위하게 이용되고 있다. 그러나 그림 1-17에서 나타난 것과 같이 주파수 의존성으로 RF 시스템에서 부가되는 소자와 함께 복잡한 공진조건을 형성할 수 있다. 어떤 경우는 정합회로에서 RFCs를 튜닝소자로 이용하는 경우도 있다.

그림 1-17에서 본 바와 같이 RFC의 동작 특성이 고주파에서 이상적인 인덕턴스의 동작 특성과 다르게 나타내는 이유는 첫째, 주파수가 공진주파수에 도달하면 RFC의 임피던스가 급격히 증가하고 둘째, 주파수가 계속해서 증가하면 기생 커패시터 C_s의 영향이 주도하며 코일의 임피던스가 감소하기 때문이다.

RFC의 직렬저항 값이 영이 된다면, 공진 시에 전체 임피던스는 무한값이 된다. 그러나 R_s의 값은 영이 아니므로 임피던스는 유한한 최대값을 갖는다. 코일저항의 특징을 나타내기 위하여 Q값(quality factor)을 이용한다.

$$Q = \frac{|X|}{R_s} \tag{1.18}$$

위 식에서 X는 리액턴스이며 R_s는 코일의 직렬저항이다. Q값의 정의는 단순히 집중소자 시스템에서만 정확하게 적용된다. Q값의 중요한 개념은 5장에서 포괄적으로 다루게 될 것이다. Q값은 수동소자에서 저항 손실로 특성지을 수 있으며, 튜닝 목적의 경우 이 값은 가능한 한 크게 하는 것이 바람직하다. 인덕터의 Q는 일반적으로 주파수에 따라 증가하며, 자체 공진주파수 근처에서 급격히 줄어든다. 높은 Q의 인덕터를 제조하는 회사는 일반적으로 데이터 시트에서 주파수에 따른 Q값의 측정 데이터를 제공한다.

1.5 칩 소자 성분과 회로기판의 고찰

프린트 회로기판 위에 수동소자와 능동소자를 실제로 구현하는 것은 기본적으로 칩 형태를 만들어 특별하게 제조한 플라스틱 또는 세라믹 기판 위에 실장함으로써 이루어진다. "프린트"라는 말은 PCB 제작 초기의 공정에서 얇은 구리 층 위에 절연 매질의 패턴을 올려두고 처리하는 과정으로부터 유래되었다. 회로 패턴에 의해 덮어지지 않은 부분은 에칭 되어 없어지고 회로 패턴 뒤의 부분은 남아 있게 된다. 오늘날은 정교한 사진석판술 과정을 이용하여 아주 좁은 회로 패턴을 작은 오차 범위 내에서 가공할 수 있다.

다음 절에서는 세 가지 칩 소자의 크기와 전기적 특성에 관하여 알아보기로 하자.

1.5.1 칩 저항

RF 전력증폭기에서 0.05 W 전력에 대하여 칩 저항의 크기는 가로세로가 각각 40 및 20 mil(여기에서 1 mil은 0.001 인치 = 0.0254 mm)로 작으며, 500 W에 대하여 최대 가로 1 인치에 세로 1인치 크기이다. 회로에서 수백 와트의 전력까지 동작하는 칩 저항의 크기는 표 1-3과 같다.

저항 크기의 코드로부터 칩 성분의 크기를 결정하는 방법은 다음과 같다. 저항코드에서 처음 두 숫자는 10 mil 단위의 길이 L을 나타내며 나머지 두 숫자는 소자의 폭 W를 나타낸다. 칩 저항의 두께는 표준화되지 않았으나 특정 성분에 따라 달라진다.

저항값은 0.1 Ω에서 수 MΩ까지 만들 수 있으며 저항값이 커질수록 제조하기 어렵고 그 오차가 매우 크다. 일반적으로 저항의 오차는 ±0.01%에서 ±5% 범위이며 큰 저항에

표 1-3 • 칩 저항의 표준크기

구조	크기 코드	길이 *L*, mils	폭 *W*, mils
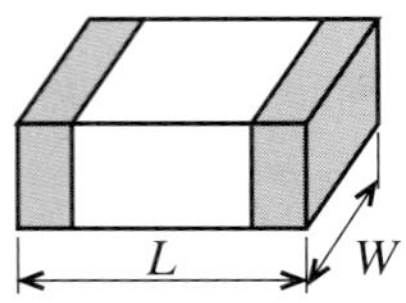	0402	40	20
	0603	60	30
	0805	80	50
	1206	120	60
	1812	180	120

서 저항성에 대한 주파수 동작 특성이 선형적 특성에 역행하는 기생효과를 억제하지 못하는 어려운 점이 있다. 기존의 칩 저항은 그림 1-18과 같다.

금속필름(일반적인 경우 니크롬)층은 세라믹(일반적으로 산화알루미늄) 위에 부착된다. 이 저항성 층은 길이를 축소시켜 지정한 저항값이 되도록 정제시키고 내부 전극을 삽입시킨다. 접촉면은 저항체 양쪽 끝에 만들며, 회로기판에 납땜할 수 있도록 크기를 형성한다. 저항필름은 주변 환경으로부터 전기적 방해를 방지하기 위하여 보호막으로 코팅한다.

1.5.2 칩 커패시터

칩 커패시터는 기존의 그림 1-19와 같이 단일 판 형태이거나 그림 1-13에서와 같이 다층구조로 설계된다. 단일 층 커패시터는 그림 1-20과 같이 단일 유전물질과 공통전극

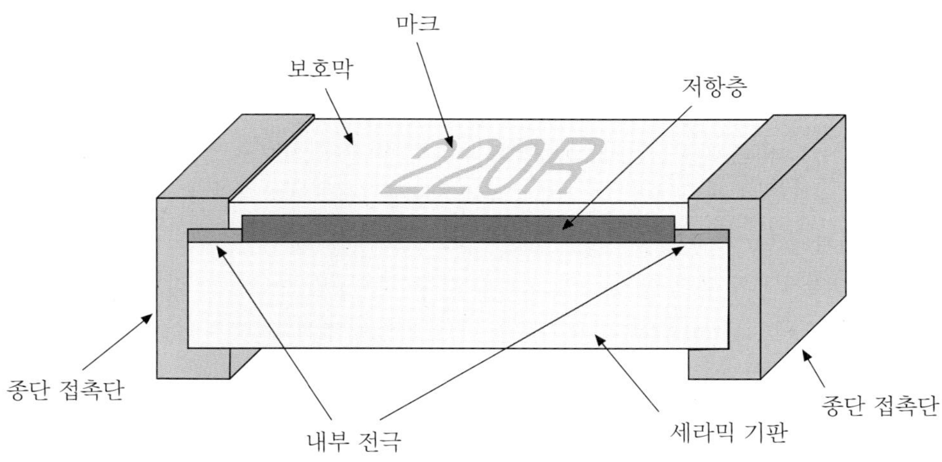

그림 1-18 • 대표적인 칩 저항의 단면구조

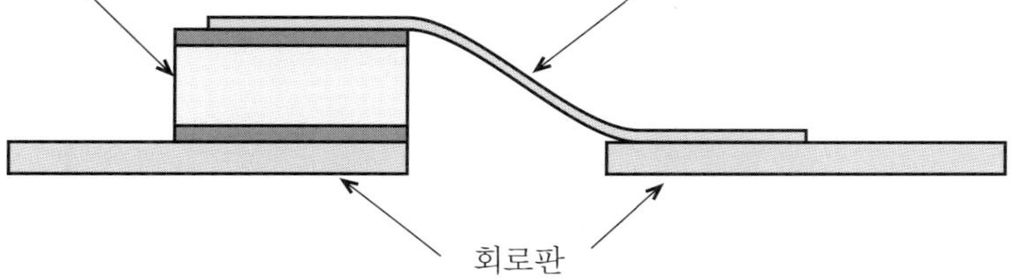

그림 1-19 • 회로기판에 연결된 대표적인 단일 판 커패시터의 단면

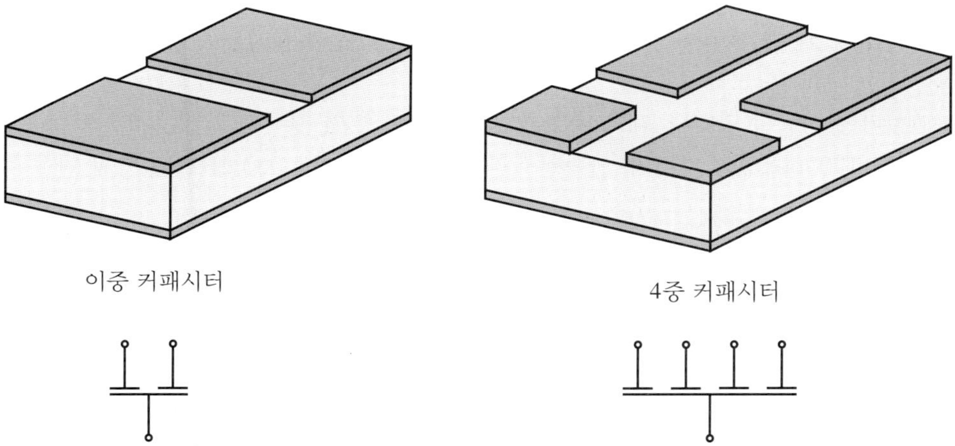

그림 1-20 • 공동유전물질을 구분한 단일 판 커패시터의 집단구조

을 갖는 두 개 또는 네 개의 구분된 집단으로 되어 있다.

단일 층 커패시터의 표준 크기는 최소 15 mil 제곱으로, 최대 400에서 425 mils이다. 상품화된 커패시터는 0.1 pF에서 수 μF의 값을 가지며, 오차는 ±2%에서 ±50%이다. 작은 커패시턴스의 오차는 퍼센트로 표현하기보다는 pF로 표현된다. 예를 들면 (0.5 ± 0.25) pF와 같이 표시되는 커패시터를 볼 수 있다.

1.5.3 표면실장형 인덕터

표면실장 인덕터를 구현하는 가장 일반적인 방법은 도선을 감는 권선코일을 형성하는 것이다. 이러한 공기 코어를 갖는 인덕터의 대표적인 예는 그림 1-21과 같다. 현대의 제조기술에 의하여 크기가 아주 작은 인덕터를 만들 수 있으며, 크기는 칩 저항이나 칩

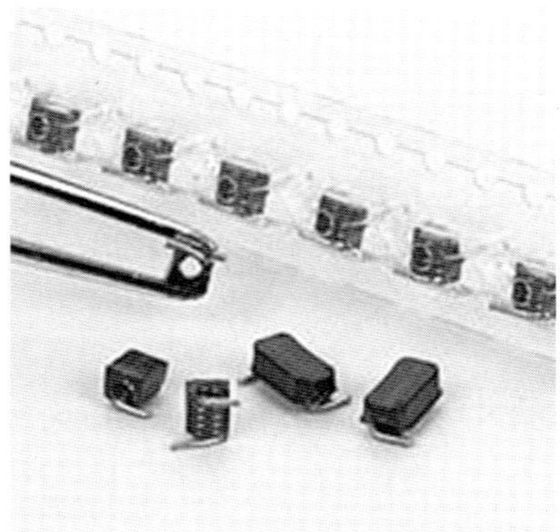

그림 1-21 • RF 권선 에어코어 인덕터의 대표적 크기(Courtesy of Coilcraft, Inc.).

커패시터에 비교할 만하다. 대표적인 표면실장 권선형 인덕터의 크기는 60~30 mils에서 180~120 mils의 범위이며, 인덕턴스의 값은 1 nH에서 1,000 μH 정도까지 만들 수 있다.

회로에서 두께가 중요할 때는 평면 인덕터를 이용하며 마이크로스트립 선로와 함께 집적화시킬 수 있다. 평면 인덕터의 구조는 그림 1-22와 같으며, 이러한 엷은 선로 코일은 비교적 인덕턴스의 값이 작아 1 nH에서 500 nH 정도이다. GHz 대역의 주파수에서 1 kΩ 이상의 리액턴스를 대신할 수 있다. 실제 크기는 가로세로 각각 2 mm 정도이다.

평면코일은 집적회로 또는 **하이브리드 회로**에서 이용할 수 있으며, 하이브리드 회로는 일반적인 회로와 매우 유사하나 분리된 반도체 소자(discrete semiconductor device)를 다이 형태(die form)의 유전체 기판 위에 장착시키고 본딩 와이어를 이용하여 보드 회로의 전도부분에 연결시킨다. 전체 회로가 제작된 후 주변 환경으로부터 나타나는 간섭 등 방해로부터 보호하기 위하여 별도의 케이스 안에 장착시킨다.

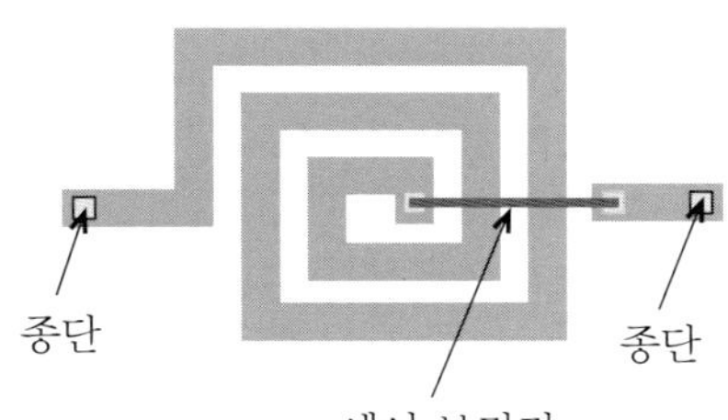

그림 1-22 • 평면코일의 형태. 그림에서 에어 브리지(air bridge)는 전도성 리본이나 도선을 이용하여 형성시킨다.

하이브리드 회로에서 저항과 커패시터는 보드 상에 직접 금속필름을 장착시켜 형성시킬 수 있으며 이러한 방법으로 회로의 크기를 아주 작게 감소시킬 수 있다.

1.6 RF 회로 제작 공정

오늘날 회로 제작에 대한 기술이 많이 발전되었음에도 불구하고 아직도 많은 RF 회로 제작에서는 전통적인 방법이 사용되고 있다. 이는 제작 비용이 낮고 유용한 레이아웃 도구들이 개발되어 있기 때문이다. FR **(fire retardent)** 에폭시와 유리 재질을 이용하여 만든 **FR-4**는 단층과 다층 구조의 기본적인 기판이다. FR-4 기판은 5 mil 정도의 선 굵기와 간격으로 회로를 제작할 수 있으나, 높은 손실 탄젠트(1 GHz에서 0.03)로 인해 2 GHz 이상의 주파수에서는 사용을 제한한다.

보다 정교한 하이브리드 **마이크로파 집적회로(microwave integrated circuits, MIC)**는 알루미나(Al_2O_3), 알루미늄 나이트라이드(AIN), 베릴리아(BeO)와 같은 0.001 이하의 손실 탄젠트를 갖는 세라믹 기판을 사용하기 때문에 20 GHz까지 동작할 수 있다. 그리고 회로 제작에서 더 큰 유전 강도(25 kV/mm 이상)와 $5 \times 10^{-6}°C^{-1}$이하의 낮은 열적 팽창계수를 갖는 기판을 사용하면 고밀도 회로를 제작할 수 있다. 능동소자와 수동소자들은 세라믹 기판에 와이어 본딩하거나 직접 금속 패턴(트레이서)에 접속한다. 이 경우 1 mil 이하의 선 굵기와 간격으로 제작할 수 있다.

MIC 제조 공정에서 가장 주목할 연구 성과는 소위 "동시소성 세라믹(cofired ceramic)" 기술이다. 특히 **저온 동시소성 세라믹**(LTCCs)과 **고온 동시소성 세라믹**(HTCCs)은 불연소 세라믹 테이프들을 사용한다. 그것에는 비아 홀(via hole)들로 구멍이 뚫어져 있고 R, L, C 등의 수동소자들이 스크린 인쇄 되어 있다. 여러 장의 테이프들을 가지런히 정렬하여 차곡차곡 쌓은 후, LTCC는 900°C에서, HTCC는 1500°C에서 연소시킨다. 이런 과정을 통해 20층 이상의 3차원 구조를 갖는 모듈이 만들어진다.

이것을 **멀티 칩 모듈-세라믹(Multichip Modules-Ceramic, MCMs-C)**이라고 부른다. 금속의 녹는 온도가 다르기 때문에 금, 구리, 은으로 만든 회로 배선은 900°C에서, 텅스텐은 녹는점이 다소 높아 1500°C에서 점화한다. 그림 1-23은 3차원 모듈의 제작에 관한 기본 개념을 설명하고 있다. 여러 세라믹 층들과 방열을 위한 금속판으로 구성되어 있다.

웨이퍼 제작

Si 또는 GaAs 반도체 재료로 된 반경 200 mm (6 인치) 또는 300 mm (8 인치)의 수 피트 길이 원기둥 잉곳을 수 마이크로미터 두께로 자르면 웨이퍼가 된다.

이 원형 웨이퍼는 마스크 위에 형성된 회로 패턴을 이용해 화학적 방법으로 회로구성을 에칭(etching)한다. 회로의 최상부에 있는 금속 층은 회로 소자의 연결통로를 만든다.

"wafer fab"이라 부르는 특수한 공정처리 후에 와이어-본딩, 패키징, 칩 조립 등의 과정을 거쳐 완성된다.

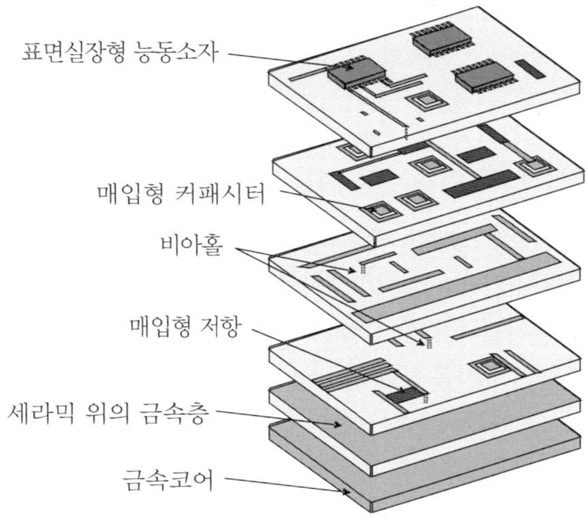

그림 1-23 • 3차원 구조의 LTCC/HTCC 모듈 제작. 각 층의 세라믹 테이프들을 정렬하고 쌓은 뒤 적정 온도로 가열하여 만들어진다.

최고 수준의 집적화 기술은 **초고주파 모놀리식 집적회로(Microwave Monolithic Integrated Circuit, MMIC)**를 설계할 때 사용된다. 여기서 소자 배치나 배선은 웨이퍼 위에서 직접 처리한다. Si, GaAs, InP와 같은 웨이퍼에 반도체 제작 과정을 거치고 여러 마스크 층에 대해 사진 석판술을 접목한 에피택셜 성장법이나 철 착상(이식)법을 이용해 트랜지스터, 다이오드, 저항, 커패시터, 인덕터를 조립하여 제작한다. 분명히 MMICs는 저잡음 레벨에서 높은 동작 주파수를 얻어낸다. 마이크로 전자 제조 공정은 아주 복잡하고 고비용이 들기 때문에 대량으로 회로를 만들어야만 제조비용을 적당한 수준으로 유지할 수 있을 것이다.

RF&MW→

실용적인 설명: 코일의 임피던스 측정

저항, 커패시터, 인덕터의 전기적 특성은 최대 주파수가 25 MHz 이하로 높지 않다면 전통적으로 LCR 미터를 이용하여 측정한다.

그림 1-24에는 원형 코어 인덕터의 임피던스와 Q값을 LCR 미터(HP

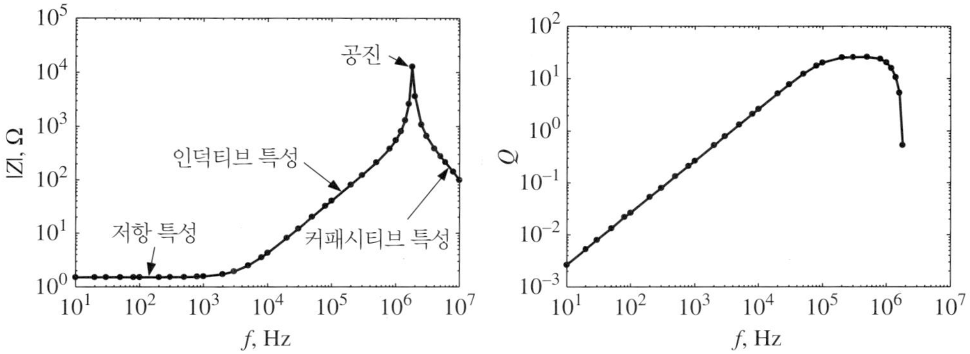

그림 1-24 ● HP4192A LCR 미터로 측정한 비자성 코어 인덕터의 임피던스와 Q값의 실제적 특성

4192A)로 측정한 결과를 나타내고 있다. 특성에서 주목할 것으로는 낮은 주파수에서는 저항 특성이 나타나고, 주파수 5 kHz에서 1 MHz 사이에서는 임피던스가 주파수에 비례하는 선형 인덕티브 특성이 나타나고, 주파수 2 MHz 근처에서는 임피던스의 허수 부분이 영에 근접되어(전체 리액턴스가 영이 되어) 자체 공진이 일어난다. 다음은 코일의 커패시티브 효과 때문에 임피던스가 주파수에 따라 급격히 감소함을 나타낸다. $Q(=\omega L/R)$값은 자체 공진점까지 거의 선형적으로 증가한다. 공진점 근처에서 30정도 값을 유지하고 주파수 1 MHz를 초과하면 급격히 감소한다. 그림 1-25에 LCR

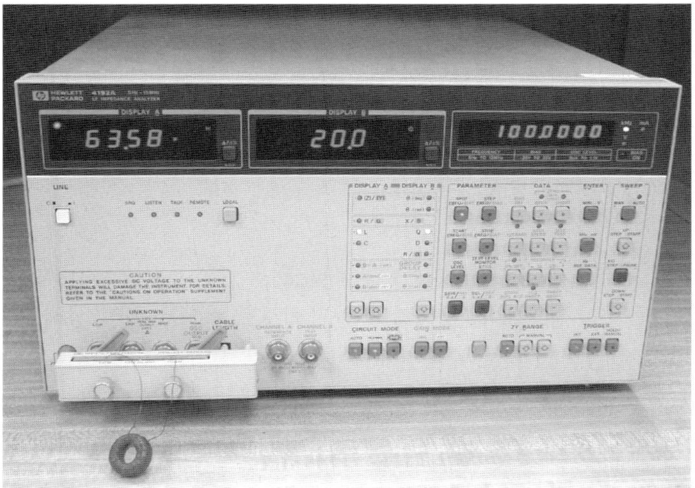

그림 1-25 ● 원형 코어 인덕터를 LCR 미터에 연결하여 100 kHz 주파수에서 측정

미터와 원형 인덕터의 측정 사진을 나타내고 있다. 100 kHz의 측정 주파수에서 인덕턴스값은 63.58 μH를 나타내고 Q값은 20.0을 나타내고 있다.

RF 응용으로 특별히 설계된 1 nH~60 nH 범위의 공기 코어 인덕터는 자체 공진주파수가 3~5 GHz 정도에 이르고, Q값은 300 정도에 이른다.

1.7 요 약

본 장에서는 저주파에서 고주파 시스템으로 발전하는 과정에 대하여 논의하였다. 고주파 응용에서의 주요 개념은 고주파에서는 키르히호프의 전류법칙과 전압법칙보다 전자파의 특성이 주종을 이루고 있다는 점이다. 이와 같은 전자파의 전파상수와 위상정수는 매우 중요하다.

$$\beta = 2\pi/\lambda \quad \text{그리고} \quad v_p = \frac{\omega}{\beta} = \frac{1}{\sqrt{\varepsilon\mu}} = \frac{c}{\sqrt{\varepsilon_r}}$$

전자파 특성의 결과는 표피효과(skin effect)이며 전류가 도체의 표면에 근접되어 흐르게 한다. 표피효과에 의하여 표면으로부터 침투되는 침투깊이는 다음과 같다.

$$\delta = \frac{1}{\sqrt{\pi f \mu \sigma}}$$

표피 침투깊이 식으로부터 RF 주파수에서 주파수에 따른 수동소자의 저항성과 리액턴스의 동작 특성을 나타낼 수 있다. 예를 들면, 간단한 원통형 리드도선은 다음 식과 같이 주파수 함수로서 저항성과 리액턴스를 보여준다.

$$R \approx R_{\text{DC}}\frac{a}{2\delta} \text{ and } X = \omega L_{\text{in}} \approx R_{\text{DC}}\frac{a}{2\delta}$$

R, C및 내부 인덕턴스 L_{in}와 외부 인덕턴스 L_{ex}를 포함하고 있는 이러한 도선들은 이상적인 각 소자의 동작 특성으로부터 전기적 등가회로를 유도하여 형성시킬 수 있다. 저주파에서 주어진 저항값은 고주파에서는 더 이상 일정한 값이 아니며 공진 딥(resonance dip)을 갖는 시스템 특성을 보여준다. 커패시터에서의 유전물질은 고주파에서 손실을 나타내며(즉 매우 작은 양의 전도전류가 흐름) 손실의 정도는 손실 탄젠트로 특성이 설명되고 공학적으로 이용되는 물질에 대하여 수치화된다. 결국 커패시터의 임피던스는 저

주파에서만 주파수에 역비례함을 알 수 있다. 마지막으로 인덕터의 경우, 저주파에서 임피던스 특성은 선형적으로 증가하고 주파수가 증가됨에 따라 인덕턴스가 공진 피크 점에 도달할 때까지 이상적인 동작 특성으로부터 변형되어 증가되며, 그 후 용량성(커패시티브) 특성으로 변한다.

인덕터나 커패시터의 Q 특성은 매우 중요한 성능이다. 이것은 손실 탄젠트 또는 손실지수와 역비례 관계에 있다. Q값이 크면 손실 탄젠트는 낮아진다. 이 역비례 관계는 커패시터의 경우를 예를 들어 설명하면 명확하게 된다. 평판 구조의 커패시터에서 면적이 A, 간격이 d, 유전율이 ε이면 기본적인 회로 이론으로부터 커패시턴스는 $C = \varepsilon A/d$이고, 병렬저항은 $R_p = d/(\sigma A) = 1/G_p$이다. 결과적으로 병렬회로에서 다음과 같이 된다.

$$Q = \frac{B}{G_p} = \frac{\omega C}{G_p} = \frac{\omega\varepsilon}{\sigma} = \frac{1}{\tan\Delta}$$

비슷한 방법으로 인덕터에 대해서도 동일한 역비례 관계를 보일 수가 있다.

수동 RF 소자 제조사들은 저항, 커패시터 및 인덕터의 크기를 가능한 한 작게 하려고 하며, 이런 시도는 고주파에 의한 전압파와 전류파의 파장이 점점 작아지고 있기 때문에 바람직한 일이다. 결과적으로 파장이 전자소자 부품의 실제 크기에 이르게 될 것이다. 이런 이유로 하이브리드 MIC, MMIC 설계에서는 풋프린트(footprint), 전원, 새로운 회로 제작기술들을 적용하여 부품 크기를 최소화하려고 노력하고 있다. 다음 장에서 계속적으로 깊이 있게 설명하겠지만, 주파수가 높아져서 파장이 개별 전자 부품의 실제 크기에 근접하게 되면 기본적인 회로 이론은 더 이상 적용할 수 없다.

참고문헌

J. Israelsohn, "The ABCs of Integrated Ls and Cs," *EDN Magazine*, July 11, 2002, pp. 51–60.

B. Beker, C. Cokkinides, and M. Sechrest, "Field, Circuit, and Visualization based Simulation Methodology of Passive Electronic Components," *IEEE Proceedings of 33rd Annual Simulation Symposium*, 2000, pp. 157–164.

V. F. Perna, "A Guide to Judging Microwave Capacitors," *Microwave*, Vol.9, 1970, pp. 40–42.

R. G. Arnold and D. J. Pedder, "Microwave Lines and Spiral Inductors in MCM-D Technology," *IEEE Trans. on Components, Hybrids, Manufact. Tech.*, Vol. 15, 2001, pp. 1038–1043.

S. Chaki, S. Andoh, Y. Sasaki, N. Tanino, and O. Ishihara, "Experimental Study on Spiral

Inductors," *IEEE MTT-S Digest*, 1995, pp. 753–756.

F. Zandman, P.-R. Simon, and J. Szwarc, *Resistor Theory and Technology*, Scitech Publishing, Park Ridge, NJ, 2001.

I. Bohl and P. Bhartia, *Microwave Solid State Design*, John Wiley, New York, 1988.

C. Bowick, *RF Circuit Design*, Newmes, Newton, MA, 1982.

D. K Chen, *Fundamentals of Engineering Electromagnetics*, Addison-Wesley, Reading, MA, 1993.

R. A. Chipman, *Transmission Lines*, Schaum Outline Series, McGraw-Hill, New York, 1968.

L. N. Dworsky, *Modern Transmission Line Theory and Applications*, Robert E. Krieger, Malabar, FL, 1988.

M. F. Iskander, *Eletromagnetic Fields and Waves*, Prentice Hall, Upper Saddle River, NJ, 1992.

T. S. Laverghetta, *Practical Microwaves*, Prentice Hall, Upper Saddle River, NJ, 1996.

K. F. Sander, *Microwave Components and Systems*, Addison-Wesley, 1987.

K. F. Sander and G. A. L, Read, *Transmission and Propagation of Electromagnetic Waves*, 2nd ed. Cambridge University Press, Cambridge, UK, 1986.

W. Sinnema, *Electronic Transmission Line Technology*, 2nd ed., Prentice Hall, Upper Saddle River, NJ, 1988.

F. T. Ulaby, *Fundamentals of Applied Electromagnetics*, Prentice Hall, Upper Saddle River, NJ, 1997.

F. W. Grove, *Inductance Calculations, Working Formulas and Tables*, Van Nostrand Company, 1946.

연습문제

1.1 비유전율이 4.6인 FR4 PCB 기판에서 주파수 1.92 GHz로 동작시킬 때 위상속도와 파장을 계산하여라.

1.2 마이크로스트립 선로의 전류 흐름은 $i(t) = 0.6\cos(9 \times 10^9 t - 500z)$으로 나타낸다. (a) 위상속도, (b) 주파수, (c) 파장 및 (d) 전류의 페이저를 구하여라.

1.3 무손실 동축 케이블은 740 MHz에서 전자계의 파장이 $\lambda = 18$ cm이다. 절연체의 비유전율은 얼마인가?

1.4 비유전율 $\varepsilon_r = 4$인 매질에 z방향으로 전계파가 진행한다. 주파수가 5 GHz에서 다음 식과 같다.

$$E_x = E_{0x}\cos(\omega t - kz) \text{ V/m}$$

(a) 전계가 $E_{0x} = 10^6$ V/m일 때 자계를 구하라.

(b) 위상속도와 파장을 구하라.

(c) $t_1 = 3\ \mu s$와 $t_2 = 7\ \mu s$의 시간차에서 진행파의 공간적 진행을 계산하라.

1.5 다음과 같은 직렬과 병렬 *LC* 회로에 대하여 임피던스 크기에 대한 주파수 특성을 구하라.

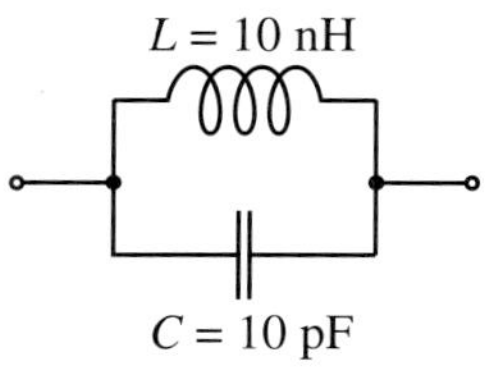

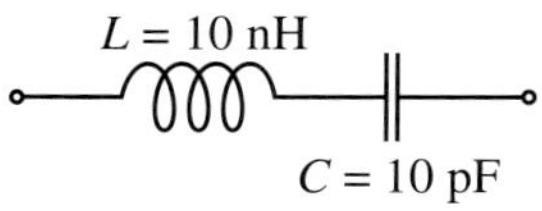

이상적인 인덕터를 동일한 인덕턴스와 5 Ω 저항을 직렬로 연결시켜 대치시켰을 때의 계산결과와 비교하라. 이 회로들은 30~3,000 MHz의 VHF/UHF 대역에서 동작시키는 것으로 가정한다.

1.6 그림의 회로에서 공진주파수를 유도하고 저항 R에 대한 주파수 동작 특성을 도시하라.

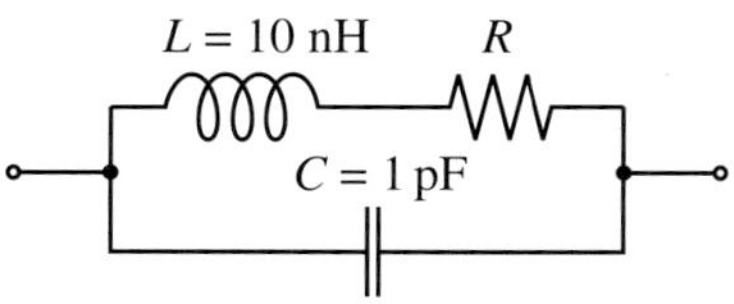

1.7 다음 회로에 대하여 문제 1.6을 반복하라.

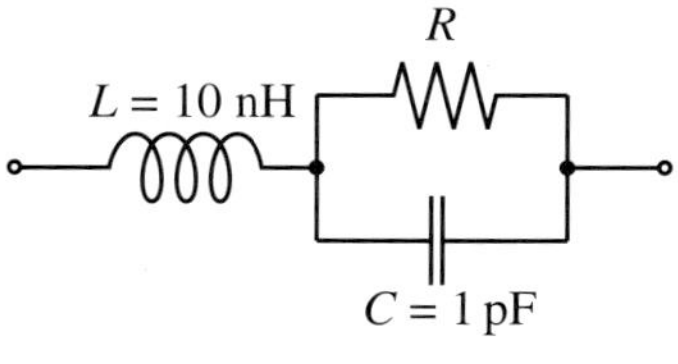

1.8 다음 회로에 대하여 $R << ((\sqrt{L/C})/2)$로 설정하였다.

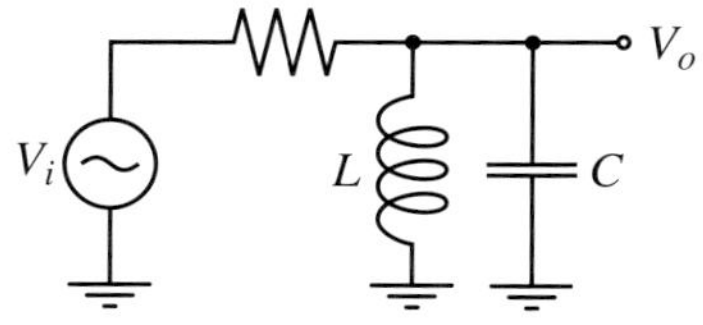

주파수 함수에 대한 $|V_o/V_i|$를 구하고 회로의 소자 중 저주파수대, 중간 주파수대 및 고주파수대에 대하여 회로를 주도하는 부분을 입증하라.

1.9 (a) 5 mm 공기 코어에 AWG 26인 구리도선을 10회 감은 코일의 인덕턴스를 계산하라. (b) 코일에 대해 동작 주파수가 1.98 GHz이고, 고정 DC 등가저항으로 가정할 때 Q값을 계산하라.

1.10 RF 회로에서 저항의 리드 선은 AWG 크기가 14인 알루미늄($\sigma_{\text{Al}} = 4.0 \times 10^7$S/m) 도선이며 길이는 5 cm이다. (a) DC 저항을 구하라. (b) 100 MHz, 1 GHz, 10 GHz 주파수에 대한 AC 저항과 인덕턴스를 구하라.

1.11 구리($\sigma_{\text{Cu}} = 64.5 \times 10^6$ S/m), 알루미늄($\sigma_{\text{Al}} = 40 \times 10^6$ S/m) 및 순금($\sigma_{\text{Au}} = 48.5 \times 10^6$ S/m)에 대해 주파수 2 GHz와 12 GHz에서 표피깊이를 각각 구하고, 직경 1.4 mm인 12 cm 길이의 도선에 대한 저항을 구하라.

1.12 AWG 크기가 36인 구리 도선에 대해 주파수 범위 100 kHz~1 GHz에서 단위 길이(m)당 저항을 계산하고 그래프로 그려라. 정확한 이론적 결과를 DC와 표피 깊이에 근거한 개략식의 결과와 비교하면 어떻게 나타나는가? 부록 B에서 주어진 도선의 전류밀도분포 식을 사용하라.

$$J_z(r) = \frac{pI}{2\pi a}\frac{J_0(pr)}{J_1(pa)}$$

여기서 $p^2 = -j\omega\mu\sigma$, r은 전류의 반경, a는 도선의 반경이다. **힌트**: 전력 분산 관계식을 사용하고, 매트랩(Matlab)에서 수학적 적분을 하라. 부록의 Matlab help에 들어있는 "besselj" 와 "quadl" 파일을 이용하라.

1.13 일반적으로 PCB 기판은 비유전율이 10이고 10 GHz에서 손실 탄젠트가 0.0004인 산화알루미늄(Al_2O_3)으로 만든다. 이 기판의 전도율을 구하라.

1.14 직렬 RLC 회로에서 $R = 1\ \Omega$, $L = 1$ nH 및 $C = 1$ pF이다. 공진주파수를 구하고 공진주파수의 ±10%에서 품질계수 Q를 구하라. 저항이 공진주파수에 영향을 미치는가?

1.15 비유전율이 4.6이고 직렬 손실 탄젠트가 0.003인 4.7 pF의 커패시터가 10 GHz에서 이용되고 있다. 길이가 1 cm이고 직경이 0.5 mm인 구리 리드가 연결되어 있을 때 (a) 리드 저항과 리드 리액턴스를 구하라 (b) 컨덕턴스와 전체 임피던스를 구하라. 구리의 도전율은 $\sigma_{\text{Cu}} = 64.5 \times 10^6\ \Omega^{-1} \cdot \text{m}^{-1}$이다.

1.16 유전체 $BaTiO_3$는 유전율이 1200으로 최고의 유전 상수를 갖는 유전체 중의 하나이다. 그러나 손실 탄젠트와 온도 안정도가 매우 좋지 않다. 예를 들어 100 MHz에서 $\tan\Delta = 0.03$, 1 GHz에서 $\tan\Delta = 0.1$이다. 이것의 임피던스 변화는 몇 %를 기대할 수 있는가?

1.17 제조사의 데이터에서 커패시터의 직렬 손실 탄젠트는 5 GHz에서 10^{-4}이다. 커패시

터의 판 면적이 10^{-2} cm^{2}이고 판 사이 간격이 0.01 mm, 비유전율이 10일 때 컨덕턴스를 구하라.

1.18 두 개 소자의 임피던스 형태는 $Z = R + jX$이며, 등가 어드미턴스로 변환시키면 $Y = 1/Z$로 $Y = G + jB$이다. 저항 R과 리액턴스 X에 의하여 컨덕턴스 G와 서셉턴스 B를 구하라.

1.19 병렬로 R_p와 C_p가 연결되어 있고 Q는 $Q_p = \omega C_p R_p$이다. 이 회로를 R_s와 C_s가 직렬로 연결된 구조의 등가회로로 변환하라. 답을 $R_s = f(R_p, C_p)$와 $C_s = f(C_p, R_p)$와 같이 Q_p의 함수로 나타내라.

1.20 커패시터의 상세한 모델은 다음 그림과 같이 표현된다.

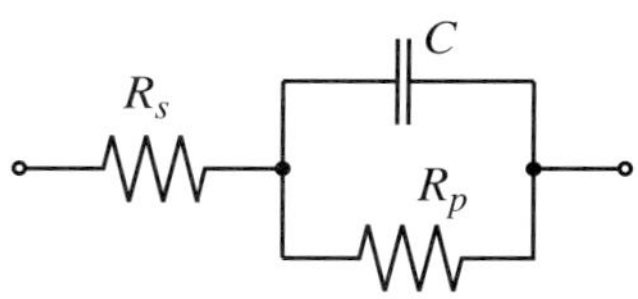

여기에서 손실 탄젠트는 병렬회로 어드미턴스 $Y_p = 1/R_p + j\omega C$에서 손실 탄젠트 $\tan\Delta_p = |\mathrm{Re}(Y_p)/\mathrm{Im}(Y_p)|$ 와 직렬회로 임피던스 $Z_s = R_s + 1 + (j\omega C)$의 손실 탄젠트 $\tan\Delta_s = |\mathrm{Re}(Z_s)/\mathrm{Im}(Z_s)|$를 포함하여 두 부분으로 구분된다($R_s$는 예제 1-4와는 다름을 주의해야 한다). 저손실 커패시터의 경우, 손실 탄젠트는 대략 $\tan\Delta \approx \tan\Delta_s + \tan\Delta_p$ 관계를 얻을 수 있음을 증명하라. 이때 $\tan\Delta = |\mathrm{Re}(Z)/\mathrm{Im}(Z)|$이며 Z는 전체 임피던스이다.

1.21 병렬 PLC 회로의 최대 임피던스는 공진주파수 $\omega_0 = 1/(\sqrt{LC})$에서 일어난다. 공진각주파수와 공진점에서 $Q = \omega_0 CR = R\sqrt{C/L}$ 을 사용하여 다음을 계산하라. (a) 공진점에서 3 dB 떨어진 각주파수($\omega_{1,2}$)를 ω_0와 Q의 함수로 나타내라. (여기서 서셉턴스는 컨덕턴스와 같다) (b) Q값을 측정으로 구하기 위한 식 $Q = \omega_0/(\omega_2 - \omega_1)$는 위의 회로적인 정의에 의한 것과 일치함을 보여라.

1.22 2 GHz와 5 GHz의 3 dB 점들 사이에서 모든 고조파 신호가 통과하는 직렬 공진회로의 LC 소자 값을 계산하라. 회로는 내부 저항이 없는 전압 소스와 50 Ω 부하 사이에 연결되어 있다. 임피던스의 크기와 위상을 그려라.

1.23 문제 1.7에 주어진 회로에 대해, 저항이 $R = 2$ kΩ이라고 할 때, 임피던스 특성을 그래프로 그려라. 만일 저항이 $R = 200$ kΩ 으로 증가하면 어떻게 되는가?

1.24 장비 측정으로 커패시턴스를 기록할 때, 실험자들은 적당한 회로 표기법을 사용한다. 직렬회로에서는 R_s와 C_s로, 병렬회로에 대해서는 R_p와 C_p로 표현한다. 만일 큰 커패시터가 측정되었다면 어느 모드가 선택되어야 하는가? 그리고 이 모드는 적은 값에

대해서도 적합한가? 설명하라.

1.25 커패시터를 통하여 표현되는 전하를 축적하는 능력은 동작온도에 따른다. 이와 같은 동작 특성은 $C = C_0[1 + \alpha(T - 20°C)]$의 관계로 정성화시킬 수 있다. 이때 C_0는 지정된 커패시턴스이며 α는 온도계수로서 양 또는 음으로 표현된다. $T = 20°C$에서 커패시턴스 C가 4.6 pF으로 기록되었다면 $T = 40°C$에서는 4.8 pF으로 증가한다. 온도계수 α는 얼마인가? 0°C와 80°C에서의 커패시턴스를 구하라.

1.26 저주파에서 임피던스를 측정할 때는 한 쌍의 리드 선을 이용하여 측정하려는 소자와 계측기를 연결하며, 계측된 값을 시험소자(device under test)의 임피던스로 판독한다. 본 장에서 공부한 것과 같이 고주파에서는 기생소자의 영향을 고려해야만 하므로 측정 장치에 대한 회로 표현은 다음과 같이 나타낼 수 있다.

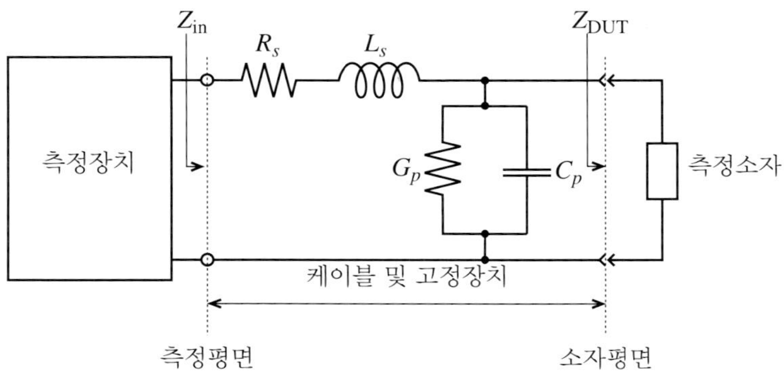

여기에서 테스트 구조장치(fixture)와 케이블은 리드 임피던스($R_s + j\omega L_s$)와 표류 어드미턴스($G_p + j\omega C_p$)의 등가회로로 대치하였으며 측정소자 점에서 측정한다고 하자. 그러나 측정 테스트구조장치의 영향으로 측정 점은 DUT에서부터 이동하게 된다. DUT의 임피던스를 정확하게 측정하기 위하여 테스트구조장치에는 연결 케이블이 있음을 고려해야 한다. 대부분의 제조사에서 채택하는 측정법에서는 이러한 원하지 않는 효과들과 개방 및 단락회로의 정밀교정(calibration)을 통해 테스트구조장치와 관련된 영향에 대하여 보상한다. 첫 번째 단계는 DUT를 단락회로(short circuit)로 대치하여 임피던스를 기록한다. 테스트구조장치의 영향에 의하여 측정된 임피던스는 영(제로)이 되지 않는다. 다음으로 단락회로를 개방회로(open circuit)로 대치하고 임피던스를 다시 기록한다. 두 가지 방법으로 임피던스를 측정하면 테스트구조장치의 기생영향을 정성적으로 해석할 수 있다.

정밀교정을 한 다음, DUT를 연결하고 입력 임피던스를 측정한다. 이 경우 등가회로는 다음과 같다.

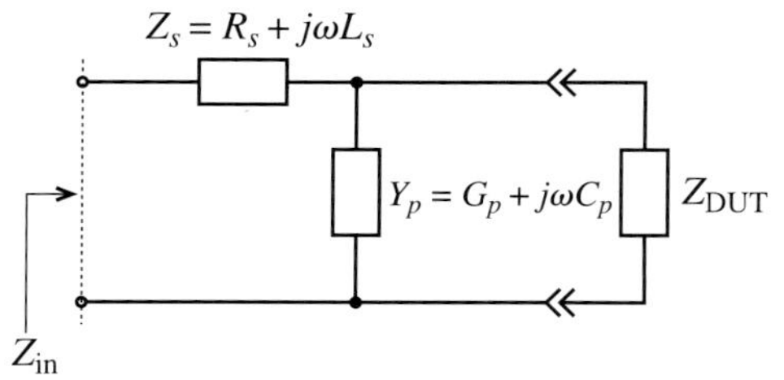

기생소자 값(Z_s와 Y_p)을 알고 있으므로 DUT의 실제 임피던스를 계산할 수 있다. 필요한 수식을 이용하여 과정을 설명하고, 테스트구조장치가 없을 때 원하는 DUT의 임피던스를 알아내기 위한 공식을 개발해라.

1.27 미지의 수동소자의 주파수 대 임피던스의 결과는 아래 그림과 같다.

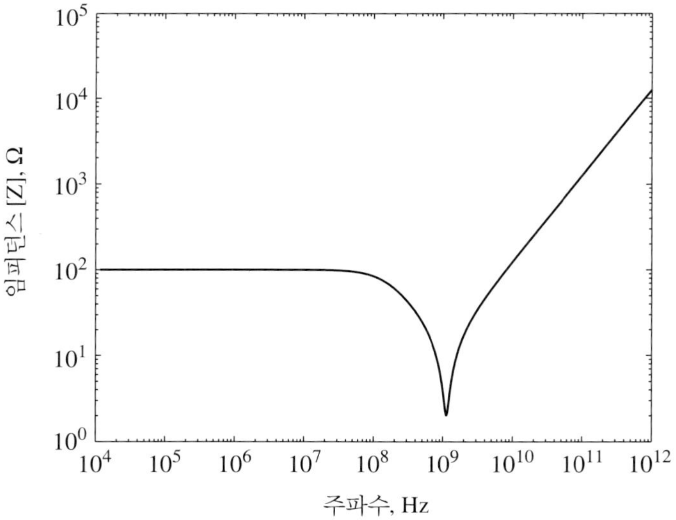

임피던스 특성의 형태를 기준으로 실험에 의해 미지소자를 나타낼 수 있는 등가회로를 개발하라. 저항, 인덕터 또는 커패시터 중에서 어떤 소자가 될 수 있는가?

1.28 RF 주파수에서 수동소자의 임피던스를 측정하는 것은 매우 새로운 도전이다. 기존의 브리지 회로나 공진기법은 수 MHz의 주파수를 넘으면 이용할 수 없다. 여러 측정계측기 제조사들이 추구하는 기법은 다음과 같은 간략화된 회로를 기본으로 전류 전압을 기록하는 방법이다.

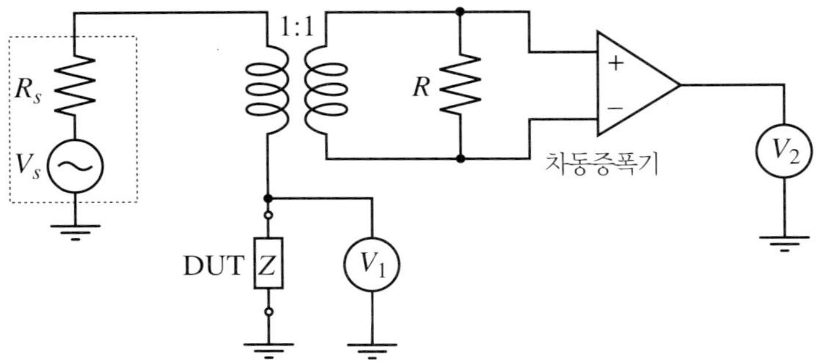

여기에서 전압은 벡터 볼트미터로 크기와 위상을 기록한다. 시험하려는 소자의 임피던스를 어떻게 결정하는가에 대하여 설명하고, 회로에서 변압기와 OP 앰프를 사용한 목적을 논의하라.

1.29 AWG 38 구리도선을 직경 2 mm, 길이 1 mm의 세라믹($\mu_r = 1$) 코어에 4번 감아 RFC를 만들었다. 예제 1-5에 따라 인덕턴스, 표류 커패시턴스, 저항, 공진주파수를 예측하라. RFC의 기생 커패시턴스는 0.2 pF이다. 여기서 주파수 독립적인 DC 등가저항이라고 가정한다.

1.30 소자가 DC 조건에서 1 Ω, 100 GHz에서 12.5 Ω이라 할 때, 앞 문제에서 구한 데이터와 등가회로를 이용하여 임피던스의 값에 대한 등가회로 파라미터 값을 구하여라. 공진은 주파수 1.125 GHz에서 일어난다고 가정한다.

1.31 그림 1-18에서 나타낸 것과 같은 4중 커패시터에서 공동평면 위의 매질은 비유전율이 11인 유전체이며 전극과의 간격은 5 mils이다. 면적이 25 mil × 25 mil인 동일 크기의 전극 네 개로 구성하였을 때 각각의 커패시턴스와 전체 커패시턴스를 구하여라.

1.32 다음 다이오드 회로를 고려하자.

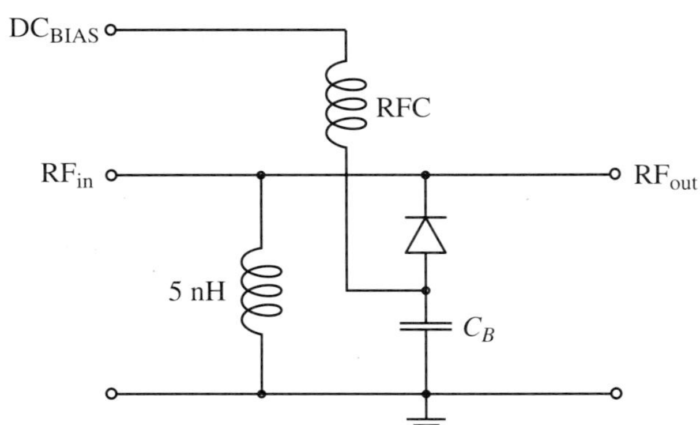

제6장에서 공부하겠지만, 다이오드를 반대로 연결하는 것은 저항 R_s와 접합 커패시터 C를 직렬로 연결한 것으로 나타낼 수 있으며, 이때 커패시턴스는 바이어스 전압에 따라 달라진다. 커패시턴스의 값은 다음 식과 같이 개략적으로 주어진다.

$$C = C_0\left(1 - \frac{V_{\text{bias}}}{V_{\text{diff}}}\right)^{-1/2}$$

RFC와 블로킹 커패시터 C_B를 무한값으로 가정하여 회로가 1 GHz에서 공진을 하도록 바이어스 전압을 구하여라. 다이오드는 $C_0 = 10$ pF, $R_s = 3\ \Omega$이며, 전위 장벽전압 (barrier voltage)은 $V_{\text{diff}} = 0.75$ V인 특성 파라미터를 갖는다.

CHAPTER 02

전송 선로 해석

제 1장에서 설명한 바와 같이 주파수가 높아질수록 파장은 작아진다. 파장의 길이를 RF 수동소자의 기하학적인 크기와 비교하면 RF 회로에서 나타나는 전압과 전류 신호는 더 이상 공간적으로 저주파에서와 같이 균일하지 않게 되며 진행파로 취급되어야 한다. 이와 같은 현상 때문에 RF 회로에서는 키르히호프의 전류, 전압법칙으로 전압과 전류파의 공간적 변화를 설명할 수 없으므로 기존의 저주파에서 적용되는 집중(lumped)형 회로 분석방법을 바꾸어야 한다.

본 장에서는 집중형 회로표현에서 분포형(distributed) 회로표현으로 전환시키는 물리적인 설정과 전환과정 및 관련된 수식의 표현 등을 설명한다. 즉 일반적인 RF 전송 선로에 대한 공간에 따른 임피던스 표현과 관계식을 적용하여 RF 회로를 설계하고 해석하는 것이 본 교재의 가장 중요하고 핵심적인 내용이다.

본 장에서는 전송 선로에 대한 기본이론을 전개함에 있어서 전자기학적인 표현 수식에 의존하는 것을 의도적으로 최소화시키고자 한다. 전자파에 대해 이론적으로 분석하고자 하는 독자들은 본 장 뒷부분에 기록한 주요 참고서적을 적극적으로 참고하기 바란다.

2.1 전송 선로 이론의 적용 이유는?

$+z$ 방향으로 진행하는 전압파를 $V(z,t) = V_0 \sin(\omega t - \beta z)$라고 표현하자. 이 전압파의 진행축과 전계의 방향이 서로 직교(orthogonal)되어 자유공간으로 전달한다고 하자.

정현파적 동작으로 z축을 따라 파장 λ로 나타낸 이 식은 시간적으로 공간적으로 연계된다. 더욱, 정현파적 순간동작은 시간축을 따라 주기 $T = 1/f$로 나타낼 수 있으며 수학적으로는 일정한 시간에서 공간적으로 미소 변화되는 곳을 속도로 나타내므로 여기에서는 위상속도 v_p로서 주어진다.

$$v_p = \frac{\omega}{\beta} = \lambda f = \frac{1}{\sqrt{\varepsilon\mu}} = \frac{c}{\sqrt{\varepsilon_r \mu_r}} \tag{2.1}$$

주파수 $f = 1$ MHz에 대하여 유전율 $\varepsilon_r = 10$, 비투자율 $\mu_r = 1$일 때($v_p = 9.49 \times 10^7$

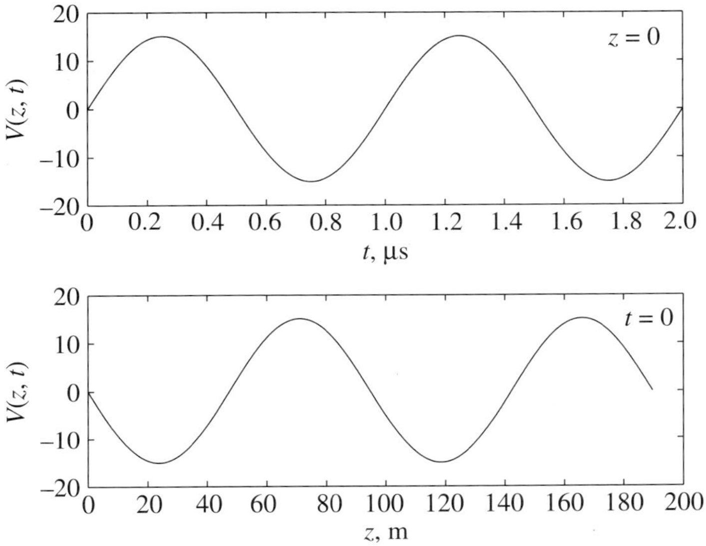

그림 2-1 • 시간함수($z = 0$)와 공간함수($t = 0$)에 대한 전압분포관계

m/s) 파장은 $\lambda = 94.86$ m가 된다. 이런 조건에 대한 공간적 및 시간적 함수로서의 표현은 그림 2-1과 같다.

다음은 간단한 전기회로에 대하여 생각해 보자. 부하저항 R_L이 내부저항 R_G를 갖는 전압원 V_G와 1.5 cm의 구리도선으로 연결되었고 도선은 z축으로 정렬되었으며 도선저항은 무시하기로 한다. 전압원의 주파수를 1 MHz로 설정하면 앞에서 계산한 것과 같이 파장은 94.86 m가 된다. 1.5 cm의 도선으로 전압원과 부하를 연결하였으므로 아주 무시할 정도로 작은 공간적인 전압변화를 알 수 있다. 만약 주파수를 10 GHz로 증가시킨다면 아주 다른 상황이 일어난다. 파장은 $\lambda = v_p/10^{10}$ m = 0.949 cm가 되며, 도선길이의 약 2/3가 된다. 결과적으로 1.5 cm의 도선 길이에서 전압측정을 할 수 있으므로 이 점의 위치는 신호의 위상을 결정하는 데 매우 중요하다.

차세대 마이크로프로세서

마이크로프로세서의 클럭 속도가 발전하여 2010년까지 5 GHz에 이를 것으로 예측된다. 그러므로 준밀리미터 웨이퍼 위에 전송 선로 효과의 문제가 발생할 것으로 생각된다. 예를 들어 실리콘 CMOS 기판 (ε_r = 11.7)에서 5 GHz의 파장은 17.6 mm이다. 분명히 여기서 신호를 전송하면 전송 선로 현상이 중요한 역할을 하기 시작한다.

그림 2-2에서와 같이 Z축을 따라 1.5 cm의 도선 A-B 사이에서 오실로스코프로 임의점을 측정할 수 있다면 시작점(점 A)에서의 전압과 종점(점 B)에서의 전압파형을 쉽게 나타낼 수 있다.

여기에서 우리는 딜레마에 직면하게 된다. 길이가 l이고 도선저항을 무시할 수 있는

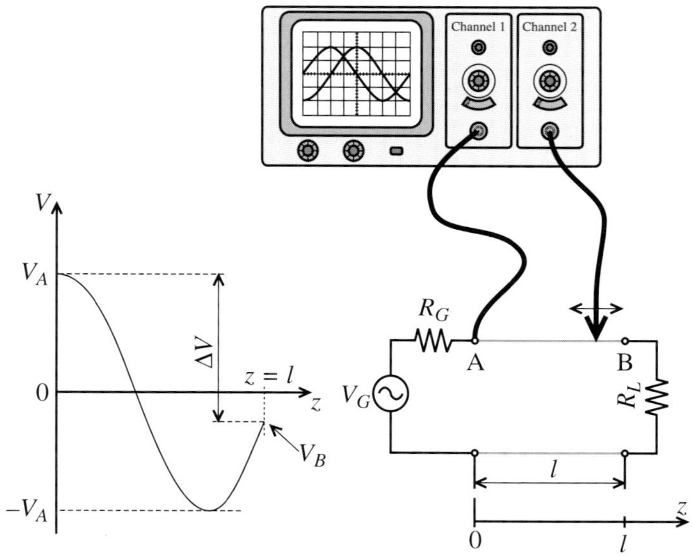

그림 2-2 • 전압원과 부하 사이를 연결한 점 및 시작점(점 A)에서의 10 GHz 전압파의 크기측정

도선에 부하저항 R_L과 내부저항 R_G를 갖는 전압원 V_G 사이를 연결한 그림 2-2의 간단한 회로에서 키르히호프(Kirchhoff)의 전압법칙을 적용하여 해석하면

$$\sum_{i=1}^{N} V_i = 0 \tag{2.2}$$

이며, 여기에서 부하와 전압원을 연결한 도선은 저주파에서와 같이 공간적인 전압변화를 갖지 못한다. 식 (2.2)에서 $V\,(i = 1, 2, \ldots, N)$은 N번째의 소자에 형성된 전압을 나타낸다. 전압, 전류의 공간적 동작 특성을 고려하는 아주 높은 주파수에서 키르히호프의 회로법칙은 직접적으로 적용할 수 없다. 그러나 이러한 상황을 수정하여 도선을 매우 작은 미세크기로 세부 분할한다면, 수학적으로 미소크기의 길이에 대한 전압과 전류는 일정한 상태로 있다고 가정할 수 있으므로 그림 2-3과 같이 나타낼 수 있다.

Δz만큼의 각각의 길이에 대하여 등가회로를 유도할 수 있다. 제 1장의 내용을 고려하여 미소길이에 대한 직렬저항과 인덕턴스를 구할 수 있으며 두 도선의 근접으로 인하여 커패시턴스를 유추할

오실로스코프 측정

양채널 오실로스코프는 다음과 같은 방법으로 순간적인 신호 응답을 기록할 수 있다. 예를 들어 10 GHz 반송파 신호의 고조파응답을 측정한다면, 채널 1의 프로브 팁은 A지점에서 파형을 측정하고, 신호의 부분적인 이동, 즉 파의 전달을 측정하기 위해 채널 2의 프로브 팁을 A지점에서 B지점으로 이동하면 이동된 파형을 측정할 수 있다. 스코프 두 채널의 시간 기준이 같이 때문에 이동한 사인파를 표시할 수 있다.

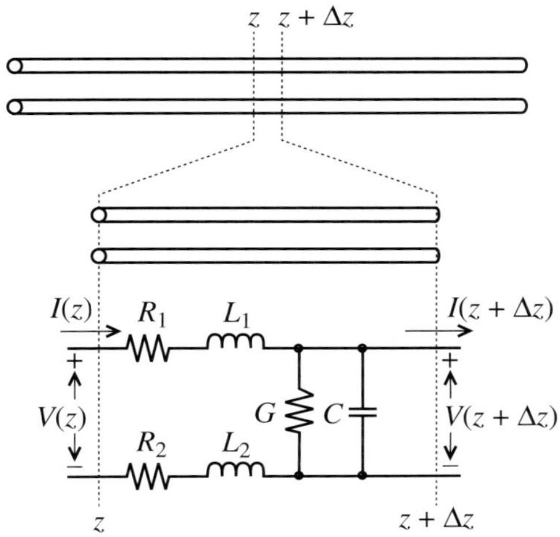

그림 2-3 • 미세크기 Δz로 세분화한 전기도선의 분할. 일정한 전압과 전류의 키르히호프 법칙을 적용할 수 있다.

집중이론에서 분포이론으로 전환
회로 소자의 특성적인 크기가 전자파의 파장의 1/10을 초과하면 키르히호프 집중(lumped) 회로 이론은 분포(distributed)파 이론으로 전환하여 해석되어야 한다.

수 있고 완전한 절연체는 존재할 수 없으므로 유전체를 통하여 미소한 전류가 흐른다고 볼 수 있다. 이러한 효과에 대한 정밀한 분석은 2.2절에서 공부하기로 한다. 현시점에서는 간단하게 묘사된 선로의 미소길이를 나타내는 등가소자에 대해 중점적으로 강조할 필요가 있다. 전 선로에 대한 완전한 모델을 구하기 위하여 Δz를 수없이 반복해야만 하므로 일반적인 전송 선로는 집중소자 파라미터로서 표현할 수 없으며 단위길이당 분포소자 파라미터 R, L, C 및 G로서 나타내어야 한다. 도선 또는 분포소자를 전송 선로로서 취급할 때 문제는 단일 수치로 그 해를 정확하게 구할 수 없다는 데 있다. 키르히호프 법칙에 의한 집중회로분석으로부터 전압파와 전류파형을 포함한 분포회로 이론으로의 변환은 평균 소자크기에 비교한 파장에 따라 달라진다. 변환은 파장이 회로소자에 비교할 수 있을 정도가 되는 것 같이 점증적으로 일어난다. **회로소자의 평균크기 l_A가 파장의 10분의 1 정도가 될 때 전송이론을 적용할 수 있다**($l_A \geq \lambda/10$). 1.5 cm의 도선에 대한 주파수는 다음 식과 같이 결정할 수 있다.

$$f = \frac{v_p}{10l} = \frac{9.49 \times 10^7 \text{ m/s}}{0.15 \text{ m}} = 633 \text{ MHz}$$

RF 엔지니어는 그림 2-2의 간단한 회로에 대하여 700 MHz의 주파수에 대하여 집중소

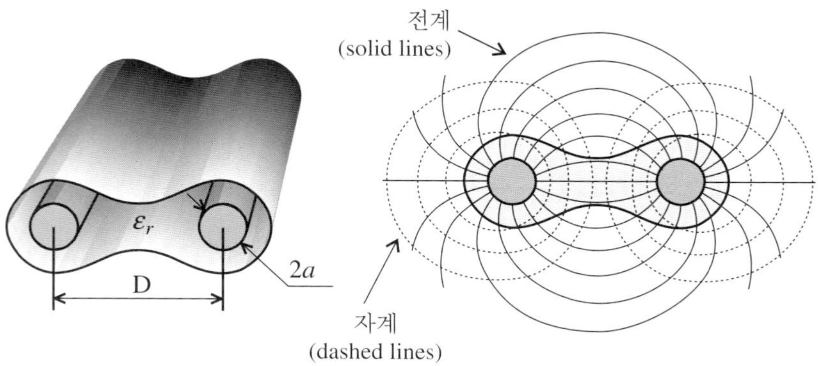

그림 2-4 • 평행2선식 전송 선로의 기하학적 구조와 전자계 분포

> **디지털 가입자 회선:–DSL**
> 수십 년 동안 전 세계 전화회사에 의해 2선식 구리 전화선이 설치되었다. 이 회선을 광대역 인터넷 서비스에 효율적으로 사용하기 위해, 기존 회선에서 고속 디지털 데이터를 전송할 수 있는 특별한 모뎀이 개발되었다. 비동기식 디지털 가입자회선(ADSL)은 2 Mbps 이상의 전송속도를 갖고, 정상적인 64 kbps보다 더 많은 데이터를 빠르게 전송할 수 있다.

자를 표현할 수 있는지, 그리고 키르히호프 법칙을 1 GHz의 회로에 적용하면 어떻게 되는지 궁금하며 또 이러한 의문에 대한 정확한 해는 심각한 전송손실을 고려하지 않고는 해결할 수 없음을 알게 된다. 이와 같은 관계의 해석은 전송 선로 이론을 사용하여 구할 수 있음을 다음 절에서 논의하기로 한다.

2.2 전송 선로의 예제

2.2.1 평행 2선 선로

2.1절에서 논의한 평행 2선 선로는 한 점에서 다른 점까지 고주파 에너지를 전송할 수 있는 선로 시스템 중의 하나이다. 불행하게도 이러한 방법은 고주파 전압파 또는 전류파를 전송하는 데 적합하지 않다. 그림 2-4에서와 같이 일정한 거리만큼 떨어져 있는 두 개의 선로도체는 전계와 자계가 도체로부터 발산되어 선로에 근접한 전자장치에 영향을 미치는 단점이 있다.

더욱이 평행 선로는 큰 안테나와 같이 작용을 하여 방사손실이 매우 크므로, 평행2선 선로를 RF에서 응용하는 것은 매우 제한되며(예: 수신 안테나에 TV세트를 연결할 때) 50～60Hz의 전력선과 지역 전화선 등으로 이용되고 있다. 이러한 선로는 주파수가 비록 낮더라도 선로길이를 수 킬로미터까지 쉽게 연장시킬 수 있으므로 파장에 비교할 만한 선로를 형성시킬 수 있다(예: 60 Hz에 대한 공기 중의 파장은 $\lambda = c/f = 3 \times 10^8/60 = 5000$ km). 다시 한 번 분포소자의 동작 특성을 염두 해 둘 필요가 있다. 일반적으로 도선을 헬리컬 모양으로 만들어 두선을 서로 꼬아 놓으면 방사와 선로 간의 누화(cross-talk)

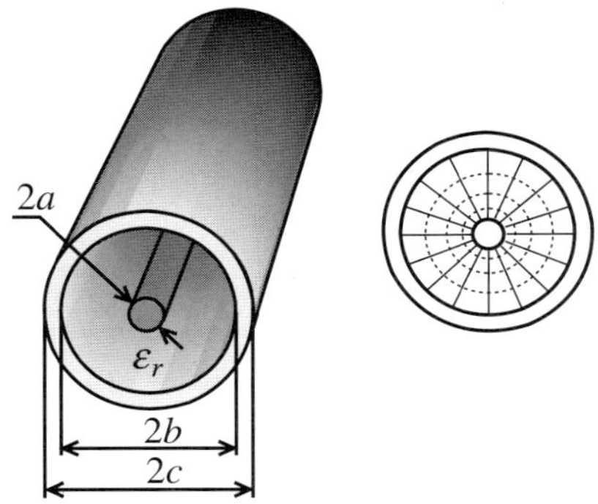

그림 2-5 • 동축케이블 전송 선로

를 최소화할 수 있는 일반적인 방법이다.

> **동축 케이블**
> 동축케이블은 1887년경에 Heinrich Hertz가 정재파 효과를 실험적으로 설명할 때 이미 사용되었다. 일반적인 RG-58A 케이블은 10 MHz에서 1 dB/100ft의 낮은 전송손실 특성을 갖고 있으며, 심지어 1 GHz에서도 20 dB/100ft 정도의 상대적으로 양호한 전송손실을 갖는다.

2.2.2 동축 선로(coaxial line)

전송 선로에 대한 더 일반적인 예는 동축케이블이다. 동축케이블은 40 GHz 이내의 주파수에서 RF 시스템이나 측정 장비를 연결할 때 거의 모든 경우에서 이용되고 있다. 그림 2-5에 보인 바와 같이 대표적인 동축케이블은 반경이 a인 내부 원통형 도체와 반경이 b인 외부 도체, 그리고 그 사이의 유전체 물질로 구성된다. 외부 도체는 전자계를 완전히 차단하여 방사손실과 전자계의 간섭을 최소화한다. 일반적으로 polystyrene($\varepsilon_r = 2.5$, $\tan\Delta = 0.0003$ at 10 GHz), polyethylene ($\varepsilon_r = 2.3$, $\tan\Delta = 0.0004$ at 10 GHz) 또는 teflon($\varepsilon_r = 2.1$, $\tan\Delta = 0.0004$ at 10 GHz) 등과 같은 유전물질이 주로 사용된다.

2.2.3 마이크로스트립 선로(microstrip line)

> **마이크로스트립 선로**
> 마이크로스트립 선로의 손실은 일반적으로 도체손실, 유전체 손실, 방사 손실 등이 포함되며, 높은 주파수에서 더욱 심해진다. 이것은 필터, 공진기, 정합회로, 다이플렉서 등과 같은 수동소자의 설계에 다양하게 이용된다.

대부분의 전자회로 시스템은 만들 때 기본적으로 평면 PCB 기판을 주로 사용한다. 실제적으로 RF 회로를 취급함에 있어서 그림 2-6과 같이 PCB 위에 도선을 에칭시켰을 때 고주파동작 특성에 대하여 고려할 필요가 있다. 설계된 도선회로의 아래에 있는 접지평면은 전자계의 누설을 방지하며 방사손실을 감소시킨다.

PCB의 이용은 회로기판 위에 능동소자와 수동소자를 쉽게 취급할 수 있게 하며 제조공정에서 경비를 줄이는 효과가 있다. PCB는

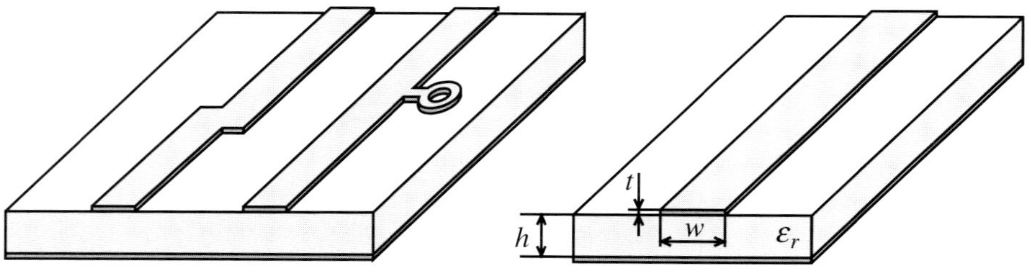

(a) PCB형 (b) 마이크로스트립 선로

그림 2-6 • 마이크로스트립 전송 선로의 형태

> **다층 기판**
> 유전체 위에 놓인 마이크로스트립 선로의 방사 손실과 누화/상호간섭 효과는 접지면을 추가함으로써 줄일 수 있다. 다층기판에서 추가적인 접지면을 삽입하면 샌드위치 구조를 만들 수 있고, 이것은 1장에서 설명한 LTCC와 HTCC 제조 기술로 이어진다.

소자의 위치를 변화시켜 회로를 간단히 튜닝할 수 있으며 튜닝 커패시터나 인덕터를 가변시켜 수동적으로 조절할 수 있다. 단층 PCB의 단점은 방사손실이 크다는 것과 이웃 회로도선 사이에 누화(간섭)가 일어나기가 쉽다는 점이다. 그림 2-7에서 테플론(ε_r = 2.55)과 알루미나(ε_r = 10.0) 유전체에 대한 전속 밀도를 정성적으로 보여준 것과 같이 전자계 누설은 비유전상수에 따라 달라진다. 전속 밀도는 전계에 대한 유전 매질 상수의 곱으로 결정된다($D = \varepsilon_0\varepsilon_r E$). 그림 2-7에서 직접적으로 전기력선을 비교하면 도체 선로의 레이아웃의 경우 유전상수가 큰 보드에서 전계밀도가 조밀하게 나타나므로 전자계의 누설을 작게 하고 도선 간의 교차결합에 의한 간섭을 작게 하기 위하여 큰 유전상수 물질을 사용해야 함을 알 수 있다. 방사손실과 간섭을 줄이는 또 다른 방법으로는 다층기법을 적용하여 마이크로스트립 선로를 접지면 사이에 샌드위치로 층을 만들어 회로를 설계하는 방식이 있다.

그림 2-8은 3층 마이크로스트립 선로의 구조를 보여 준다. 마이크로스트립의 형태는 기본적으로 낮은 임피던스값에 대하여 사용하며 고전력 응용은 평행판 선로를 이용한다. 여기에서 전류와 전압의 형성은 유전체 물질에 의해 분리된 두 판 사이에 한정되며 이러

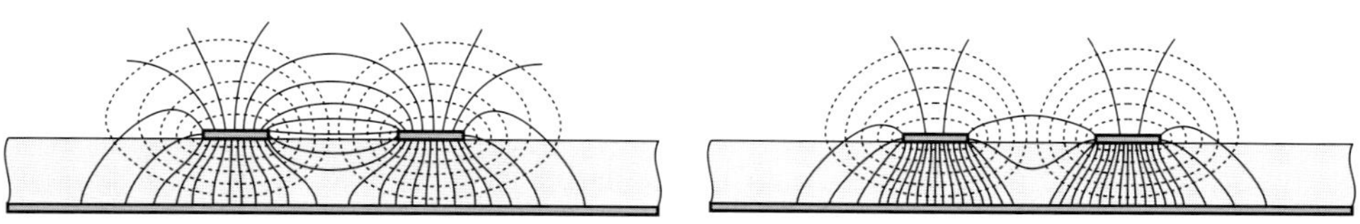

(a) 테플론(ε_r = 2.55) (b) 알루미나(ε_r = 10.0)

그림 2-7 • 유전상수에 따른 전계누설

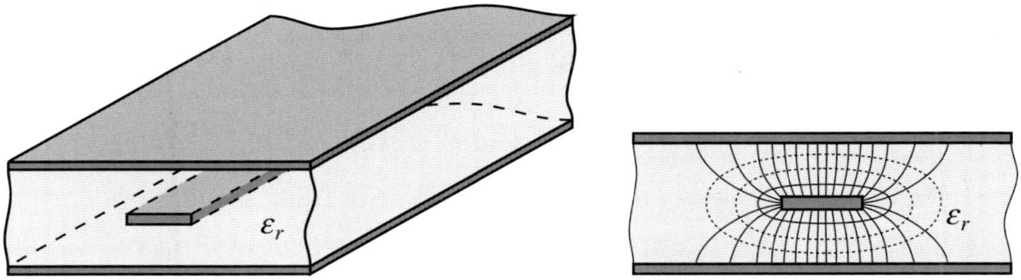

(a) 샌드위치 구조($\varepsilon_r = 2.55$)　　　(b) 단면 전자계분포

그림 2-8 • 3층 구조의 전송 선로 형태

한 형태의 테플론 유전체 물질에 대한 전자계분포는 그림 2-9와 같다. 특수한 목적으로 응용하기 위하여 사용되는 전송 선로의 형태는 매우 다양하지만 구체적인 응용 선로에 대한 자세한 내용은 본 교재의 목적을 벗어나므로 다루지 않는다.

앞에서 다룬 모든 전송 선로에는 공통점이 있다. 전류가 흐르는 도체 사이의 전계와 자계는 횡단방향(또는 편파)으로 존재한다. 즉 그림 1-3에 나타낸 것과 같이 TEM 형태를 취한다. 제1장에서 이미 언급한 바와 같이 TEM 동작은 가이드 모드와 대조되는 것으로 볼 수 있으며 전자파의 전파는 도체판 또는 광섬유의 유전체 매질 사이에서 반사와 굴절을 통하여 이루어진다. 이러한 해석은 TM 모드와 TE 모드로 구분되는데, 이러한 모드 동작은 위성통신, 레이더 및 원격 탐사 응용 등 마이크로파 응용에서 주요 관심사이다. RF 주파수보다 매우 높은 주파수 동작에서 도파관 또는 광섬유는 특별한 전자파 처리가 요구되므로 더 이상 고려하지 않기로 한다. 관심이 있는 독자는 본 장의 뒷부분에 있는 참고문헌을 참고하기 바란다.

동축케이블의 L, C 값

RG-58A와 같은 대표적인 동축케이블은 0.193인치의 외경과 0.116인치의 유전체 직경을 갖는다. 커패시턴스는 위상속도가 빛의 속도의 66%일 때 30.8 pF/ft의 값을 갖는다. 위상속도의 정의 식에서 $v_p = 1/\sqrt{LC}$이므로 인덕턴스는 77 nH/ft 값을 갖는다. 폴리에틸렌 유전체는 최대 1,400 V의 실효 전압에서 사용가능하다.

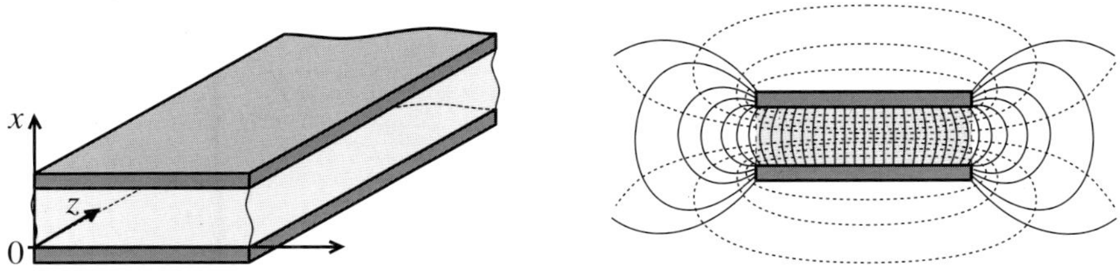

(a) 기하학적인 구조　　　(b) 전자계분포($\varepsilon_r = 2.55$)

그림 2-9 • 평행판 전송 선로

2.3 등가회로 표현

이미 앞에서 언급한 바와 같이 RF 회로 엔지니어의 관점에서 전압파와 전류파는 더 이상 공간적으로 일정하지 않으므로 키르히호프의 전압법칙과 전류법칙은 거시적인 관점에서 선로에 적용할 수 없다. 그러나 전송 선로를 매우 작게 세분(무한히 작게)하면 이 문제를 해결할 수 있다. 세분화된 선로는 유도성, 용량성 효과뿐만 아니라 손실과 같은 전기적 특성을 취급하는 데 충분하다. 미세 표현에 대한 주요 이점은 분포형 파라미터 표현을 도입하여 미세크기에 대한 키르히호프 법칙을 적용할 수 있다는 것이다. 제4장에서 언급하겠지만, 2단자회로 해석 방안이 도입된다. 전기적인 모델을 개발하기 위하여 평행2선식 전송 선로를 고려하자. 그림 2-10에서와 같이 미소길이 Δz인 전송 선로가 z축으로 정렬되었다고 하자. 전송 선로에서 z에서 $z + \Delta z$ 사이로 한정하여 단일구간만을 고려하면 각 도선(1과 2)은 저항과 인덕터(R_1, L_1 및 R_2, L_2)의 직렬연결로 볼 수 있고, 도선 1과 2에 의하여 형성된 전하에 의하여 커패시턴스 C가 형성된다. 유전체에서 손실이 발생(1.4.2에서 논의했음)됨을 인지하고 컨덕턴스 G를 도입한다. 회로 파라미터 R, L, C 및 G는 단위길이당 값으로 나타난다는 것에 주목하기 바란다.

평행2선 전송 선로와 유사하게 그림 2-11의 동축케이블은 집중 파라미터의 표현으로 2도선 전송 선로와 동일하게 나타낼 수 있다. 동축케이블에 대한 전기적 등가회로는 그림 2-12와 같이 묘사할 수 있으며 여기에서 두 도체에 대한 저항성과 인덕턴스는 단일 소자로서 연결된다. 이와 같은 표현이 모든 전송 선로 응용에 적합하지는 않다.

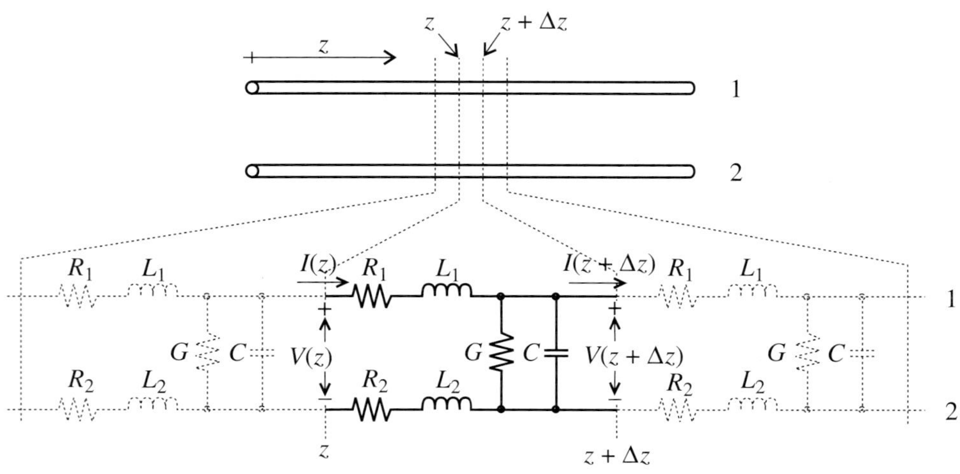

그림 2-10 ● 집중 파라미터 분석에 적합한 미소길이 Δz의 평행2선 전송 선로 구간

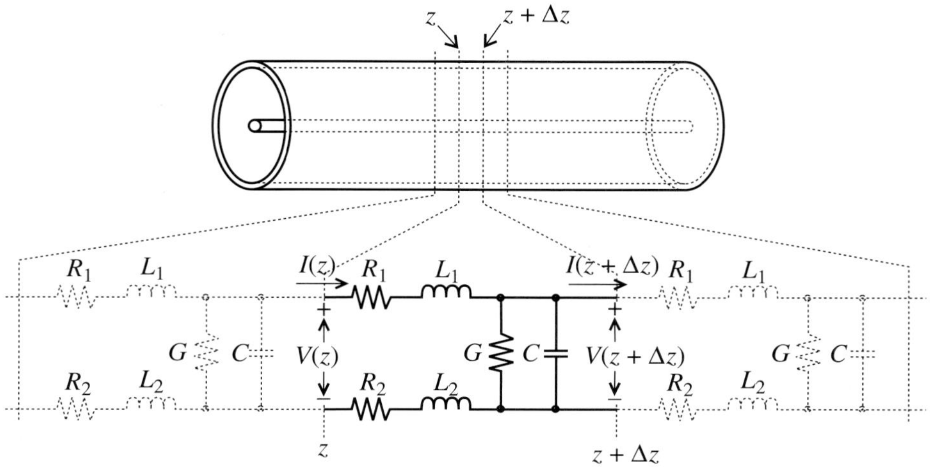

그림 2-11 • 집중 파라미터 해석에 적합한 미소길이 Δz의 동축케이블 선분

한 예로 전파의 전달을 취급할 때와 유도성 누화와 용량성 누화의 관점으로 신호를 집중시킬 때는 그림 2-11에서 보인 파라미터의 표현을 계속 유지하기가 매우 어려우므로 전송 선로를 취급할 때 등가회로는 그림 2-12에서 나타낸 모델을 사용하기로 한다.

제1장에서 논의한 바와 같이 R, L, C 및 G는 주파수 종속 파라미터로서 동작 주파수에 따라 값이 변하며 전송 선로 형태에 따라서 사용된다. L은 선로의 인덕턴스(제1.4.3절에서의 자기 인덕턴스) 뿐만 아니라 선로 사이의 상호 인덕턴스도 고려해야 한다. 일반적으로 내부 인덕턴스는 전체 인덕턴스에 비하여 그 값은 매우 작아 거의 무시할 정도가 된다. 전기적 등가회로의 이점을 요약하면 다음과 같다.

- 명백하고 직감적인 물리적 그림을 제공한다.
- 표준화된 2단자 회로망을 제공한다.

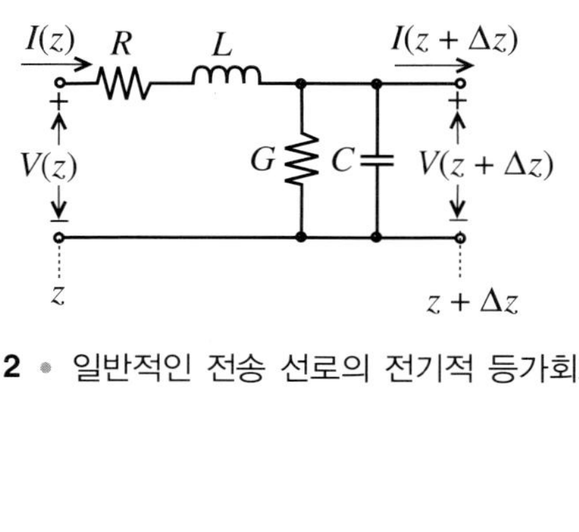

그림 2-12 • 일반적인 전송 선로의 전기적 등가회로 표현

- 키르히호프 전압 및 전류법칙을 적용한 해석이 가능하다.
- 미시적인 형태에서 거시적인 형태로 전환할 수 있는 구조이다.

한편 다음과 같은 단점도 있다.

- 1차원 해석이므로 전달방향에 직교하는 평면의 가장자리에서의 전자계를 고려하지 않아 회로의 다른 성분과의 간섭을 예측할 수 없다.
- 이력(히스테리시스) 효과에 의한 물질의 비선형성은 무시되었다.
- 직접적인 시간 영역 해석에 적합하지 않다.

이러한 단점에도 불구하고 등가회로는 전송 선로의 특성을 나타내는 수학적인 모델로서 매우 유용하며, 이 모델을 이용하여 일반적인 전송 선로 방정식을 유도하게 된다.

2.4 이론적인 기초

2.4.1 기본 법칙

맥스웰 방정식

미분형 맥스웰 방정식은 다음과 같다.

1) 패러데이의 법칙

$$\nabla \times \boldsymbol{E} = -\frac{\partial(\mu \boldsymbol{H})}{\partial t}$$

2) 암페어의 법칙

$$\nabla \times \boldsymbol{H} = \boldsymbol{J} + \frac{\partial(\varepsilon \boldsymbol{E})}{\partial t}$$

3) 전속의 발산

$$\nabla \cdot (\varepsilon \boldsymbol{E}) = \rho$$

4) 자속의 발산

$$\nabla \cdot (\mu \boldsymbol{H}) = 0$$

여기서 ρ는 전하밀도이다. 위의 방정식들은 적분 이론을 적용하여 적분형으로 바꿀 수 있다.

전송 선로의 물리적인 크기와 전기적 특성을 알고 있다면 어떻게 분포회로의 파라미터를 결정할 수 있는가에 대하여 우리들 스스로에게 질문해 보자. 이것은 두 개의 법칙, 즉 패러데이(Faraday)의 법칙과 암페어(Ampère) 법칙을 이용하여 구할 수 있다. 실험 관찰에 의하여, 패러데이의 법칙과 암페어 법칙은 전계와 자계가 서로 연계되는 기본적인 관계식을 만들 수 있다. 이와 같이 두 개의 법칙은 이른바 전자계 원천과 전자계와 관련된 맥스웰(Maxwell) 방정식의 근간을 이루고 있다. 다르게 표현하면, 원천으로서의 시변 전계는 회전하는 자계를 일으킨다. 역으로 원천으로서의 시변자계는 시변 전계를 발생시키며 자계의 변화비율에 비례한다. 전계와 자계 사이 상호연계는 궁극적으로 RF 회로에서 파를 전파(propagation)시키고 전압파와 전류파가 전달되게 한다. 패러데이 법칙과 암페어 법칙의 미분형과 적분형으로 시작하여 선로 파라미터 R, L, C 및 G를 계산하는 데 필요한 수식을 나타낸다. 이러한 수식은 다양한 전송 선로의 특성을 분석하는 데 필요하다. 수식의 결과를 계산함으로써 추상적인 이론법칙이 특별한 형태의 전송 선로에 대한 실제적인 회로 파라미터를 유도하는 시작점으로서 이용될 수 있다는 것을 알 수 있다.

암페어 법칙(*Ampère's law*)

전류밀도 **J**에 의하여 전류를 설명하는 법칙과 전류는 주위에 회전하는 자계 **H**에 의하여 발생한다는 것을 수학적으로 표현하면 다음과 같다.

$$\oint \mathbf{H} \cdot dl = \iint \mathbf{J} \cdot d\mathbf{S} \tag{2.3}$$

여기에서 선적분은 미소선분 dl 로 나타내는 경로를 택하며 미소선분은 회전하는 자계가 이루는 면적 **S**의 가장자리로 정의된다. 식 (2.3)에서 총 전류밀도는 $\mathbf{J} = \sigma\mathbf{E} + \partial(\varepsilon\mathbf{E})/\partial t$ 로 쓸 수 있다. 이 식은 두 가지 항으로 구성되어 있다. (a) 도체에서 전계 E에 의하여 유도되며 전도손실을 일으키는 전도전류 $\sigma\mathbf{E}$와 (b) 방사손실과 용량성 저장을 일으키는 변위전류밀도 $\partial(\varepsilon\mathbf{E})/\partial t$ 이다. 여기서 또한 다음 방정식에서 고딕체로 표현된 것은 벡터량을 나타내는 것이다.

$$\mathbf{E}(\boldsymbol{r}, t) = E_x(x, y, z, t)\hat{\boldsymbol{x}} + E_y(x, y, z, t)\hat{\boldsymbol{y}} + E_z(x, y, z, t)\hat{\boldsymbol{z}}$$

여기에서 E_x, E_y, E_z는 벡터성분이며 $\hat{\boldsymbol{x}}, \hat{\boldsymbol{y}}, \hat{\boldsymbol{z}}$ 는 직각좌표계에서 x, y, z 방향의 단위벡터이다. 그림 2-13은 식 (2.3)의 의미를 보여주고 있다.

식 (2.3)의 적분형태보다는 덜 직감적이지만 식 (2.3)과 동일한 암페어 법칙의 미분형은 다음과 같다.

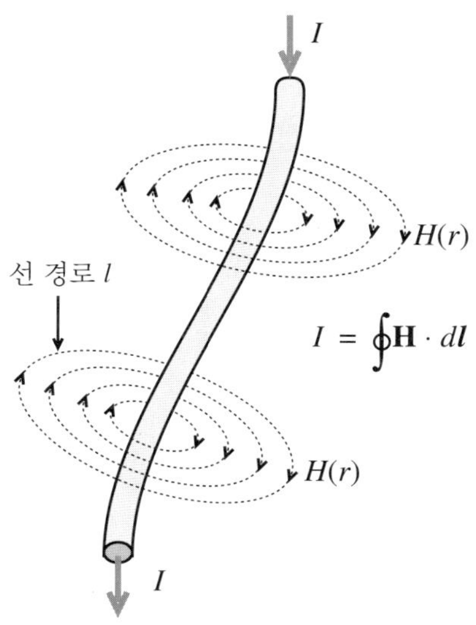

그림 2-13 • 자계에서 전류흐름을 연계하는 암페어 법칙

$$(\nabla \times \mathbf{H}) \cdot \mathbf{n} = \lim_{\Delta S \to 0} \frac{1}{\Delta S} \oint \mathbf{H} \cdot dl = \lim_{\Delta S \to 0} \frac{1}{\Delta S} \iint_{\Delta S} \mathbf{J} \cdot d\mathbf{S} = \mathbf{J} \cdot \mathbf{n} \tag{2.4}$$

여기에서 $\nabla \times$은 컬(*curl*) 연산자이며, **n**은 미소면 ΔS에 수직인 단위벡터이다. 직각좌표계의 벡터 성분을 이용하여 미분 연산자를 매트릭스 형태로 표현하면 다음과 같다.

$$\nabla \times = \begin{bmatrix} 0 & -\frac{\partial}{\partial z} & \frac{\partial}{\partial y} \\ \frac{\partial}{\partial z} & 0 & -\frac{\partial}{\partial x} \\ -\frac{\partial}{\partial y} & \frac{\partial}{\partial x} & 0 \end{bmatrix} \tag{2.5}$$

여기에서 벡터 H에 컬을 적용하면

$$\nabla \times \mathbf{H} = \begin{bmatrix} 0 & -\frac{\partial}{\partial z} & \frac{\partial}{\partial y} \\ \frac{\partial}{\partial z} & 0 & -\frac{\partial}{\partial x} \\ -\frac{\partial}{\partial y} & \frac{\partial}{\partial x} & 0 \end{bmatrix} \begin{Bmatrix} H_x \\ H_y \\ H_z \end{Bmatrix} = \begin{Bmatrix} J_x \\ J_y \\ J_z \end{Bmatrix} \tag{2.6}$$

이 되며 H_x, H_y, H_z와 J_x, J_y, J_z는 자계벡터 **H**와 전류밀도 **J**의 x, y, z 성분이다.

예제 2-1 ● 도체에 일정한 전류가 흐를 때 형성되는 자계

z축으로 정렬된 반경 $a = 5$ mm인 무한길이 도선에 DC 5 A가 흐른다. 도선의 내부와 외부에 형성되는 방사형 자계 $H(r)$을 모양을 그려라. 도선의 주변은 자유공간으로 가정한다.

풀이:

식 (2.3)에 주어진 암페어 적분법칙의 전형적인 예제이다. 도체 내부에 흐르는 전류밀도 **J**는 균일하며 $\mathbf{J} = I/(\pi a^2)\hat{z}$ 이다. 식 (2.3)의 적용하면 다음과 같다.

$$H 2\pi r = \frac{I}{\pi a^2}\pi r^2 \qquad \Rightarrow \qquad H = \frac{Ir}{2\pi a^2}$$

여기에서 $0 \le r \le a$이다. 도체외부에서 전류밀도는 영(제로)이며 식 (2.3)의 면 적분에서 도체를 통하여 흐르는 총 전류는 I이므로 도선 외부의 자계 H는 다음과 같다.

$$H2\pi r = I \qquad \Rightarrow \qquad H = \frac{I}{2\pi r}$$

여기에서 $r \ge a$이다. 그러므로 무한길이 도선의 내부와 외부에서의 총 자계는 다음 식과 같으며 방사방향 자계분포는 그림 2-14와 같다.

$$H(r) = \begin{cases} \dfrac{Ir}{2\pi a^2}, \ r \le a \\ \dfrac{I}{2\pi r}, \ r \ge a \end{cases} = \begin{cases} 31.83r \text{ kA/m}^2, \ r \le 5 \text{ mm} \\ 0.796/r \text{ A}, \ r \ge 5 \text{ mm} \end{cases}$$

전류가 많이 흐르면 자계도 많이 형성되므로 도선 내부에서 자계는 도체의 중심에서부터 외부주변 방향으로 선형적으로 증가한다는 중요한 관찰을 할 수 있다.

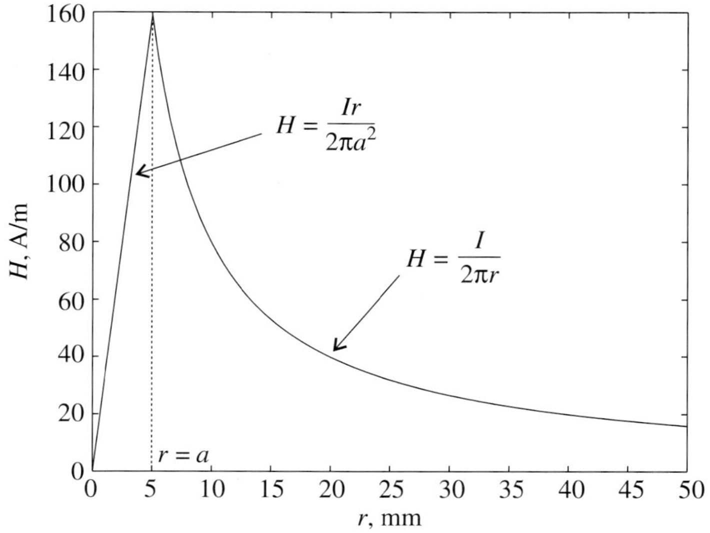

그림 2-14 • 반경 $a = 5$ mm인 무한길이 도선에 DC 5 A의 전류가 흐를 때 도체 내부와 외부에서의 자계분포

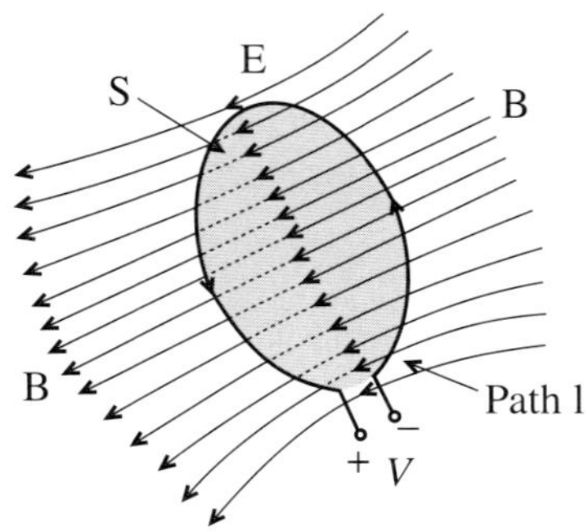

그림 2-15 • 자속밀도의 시간적 변화에 의한 유기전압

패러데이 법칙(*Faraday's Law*)

이 법칙은 자속밀도 $\mathbf{B} = \mu\mathbf{H}(\mu = \mu_0\mu_r)$가 시간적으로 변화하면 회전하는 전계를 일으키는 원천으로서 작용함을 의미한다.

$$\oint \mathbf{E} \cdot d\boldsymbol{l} = -\frac{d}{dt}\iint \mathbf{B} \cdot d\mathbf{S} \tag{2.7}$$

선 적분은 앞에서 언급한 암페어 법칙으로 묘사되는 면 **S**의 가장자리 선에 대한 적분 경로를 택한다. 그림 2-15와 같이 도선 루프에 따라 전계를 적분하면 유기전압 $V = -\oint \mathbf{E} \cdot d\boldsymbol{l} = \frac{d}{dt}\left(\iint \mathbf{B} \cdot d\mathbf{S}\right)$을 얻을 수 있다. 암페어 법칙과 유사하게 식 (2.7)을 미분형으로 전환하면 다음과 같다.

$$\nabla \times \mathbf{E} = -\frac{\partial \mathbf{B}}{\partial t} \tag{2.8}$$

식 (2.8)은 전계를 구하기 위하여 시간종속 자속밀도를 필요로 하며, 또 암페어 법칙에 따라 자계가 발생함을 의미한다.

예제 2-2 • 정지루프에서 유기전압

자유공간에서 시변자계 $H = H_0 \cos(\omega t)$가 존재할 때 반경 $a = 5$ mm인 엷은 도선루프에 형성되는 유기전압을 구하여라. $H_0 = 5$ A/m이고 동작주파수가 $f = 100$ MHz이다.

풀이:

루프에 유기되는 전압은 전계 **E**에 대하여 루프에 따라 선 적분한 것과 같다. 식 (2.7)의 패러데이 법칙을 이용하면 다음 식과 같다.

$$V = -\oint \mathbf{E} \cdot d\boldsymbol{l} = \frac{d}{dt}\iint \mathbf{B} \cdot d\mathbf{S}$$

매질주변은 자유공간이므로 비투자율 μ_r은 1이며 자속밀도 $\mathbf{B} = \mu_0\mathbf{H} = \mu_0 H_0 \cos(\omega t)\hat{z}$이다.

B를 적분항에 대입하면 루프에서의 유기전압 V에 대한 식을 나타낼 수 있다.

$$\begin{aligned} V &= \frac{d}{dt}\iint \mathbf{B} \cdot d\mathbf{S} = \frac{d}{dt}\mu_0 H_0 \cos(\omega t)\pi a^2 \\ &= -\pi a^2 \omega \mu_0 H_0 \sin(\omega t) \end{aligned}$$

위 식을 계산하면 $V = -0.31\sin(6.28 \times 10^8 t)$V이 된다.

이 예제의 결과는 패러데이 법칙의 트랜스포머 형이라 한다. 1차측 코일에 의하여 형성되는 시변 자계는 2차측 코일루프에서 반응하는 유기전압을 만든다.

2.5 평행 도체판 전송 선로의 회로 파라미터

그림 2-16과 같은 전송 선로에 대한 R, L, C 및 G 파라미터를 계산하기로 하자. 혼동을 피하기 위하여 σ_{cond}를 도체의 전도율, σ_{diel}을 유전체의 전도율이라 명칭하자.

해석을 위하여 도체판의 폭 w는 판 사이의 간격 d에 비하여 매우 크다고 가정하며 파라미터를 유도하기 위하여 표피깊이 δ는 도체판의 두께 d_p에 비하여 매우 작다고 가정한다. 이러한 조건에서 도체판의 전계와 자계는 다음 식과 같이 표현할 수 있다.

$$\mathbf{E} = \hat{\boldsymbol{z}} E_z(x, z) e^{j\omega t} \tag{2.9a}$$

$$\mathbf{H} = \hat{\boldsymbol{y}} H_y(x, z) e^{j\omega t} \tag{2.9b}$$

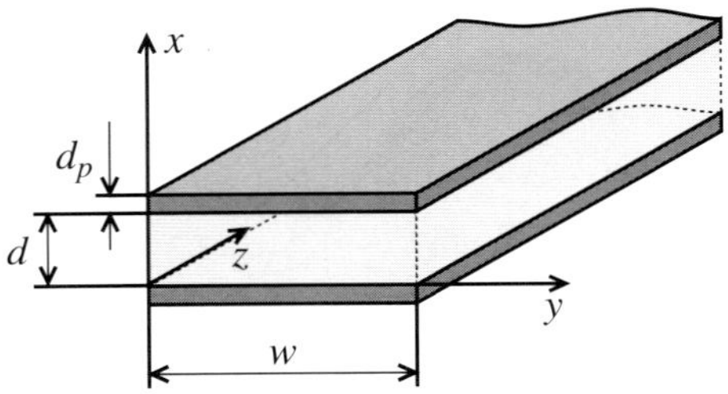

그림 2-16 • 평형 도체판 전송 선로의 구조. 도체판의 폭*w*는 판 사이의 간격 *d*에 비하여 크다.

항 $e^{j\omega t}$는 정현파적 전계와 자계의 시간종속함수를 나타내며 페이서 $E_z(x, z)$와 $H_y(x, z)$는 공간변화를 나타낸다. 여기에서 y에 대하여 아무런 종속함수를 표시하지 않은 이유는 도체판이 무한히 넓어 전자계는 y축으로 감지할 만한 변화가 없는 것으로 가정하였기 때문이다. 밑에 있는 도체판에 대해 패러데이 법칙과 암페어 법칙의 미분형을 적용하면 다음과 같다.

$$\nabla \times \mathbf{E} = -\mu \frac{\partial \mathbf{H}}{\partial t} \tag{2.10}$$

$$\nabla \times \mathbf{H} = \sigma_{\text{cond}} \mathbf{E} \tag{2.11}$$

두 개의 미분방정식을 나타낼 수 있다.

$$\begin{bmatrix} 0 & -\frac{\partial}{\partial z} & \frac{\partial}{\partial y} \\ \frac{\partial}{\partial z} & 0 & -\frac{\partial}{\partial x} \\ -\frac{\partial}{\partial y} & \frac{\partial}{\partial x} & 0 \end{bmatrix} \begin{Bmatrix} 0 \\ 0 \\ E_z \end{Bmatrix} = -\frac{\partial E_z}{\partial x}\hat{\mathbf{y}} = -\mu \frac{d}{dt} \begin{Bmatrix} 0 \\ H_y \\ 0 \end{Bmatrix} = -\mu \frac{dH_y}{dt}\hat{\mathbf{y}} = -j\omega\mu H_y \hat{\mathbf{y}} \tag{2.12}$$

및

$$\begin{bmatrix} 0 & -\frac{\partial}{\partial z} & \frac{\partial}{\partial y} \\ \frac{\partial}{\partial z} & 0 & -\frac{\partial}{\partial x} \\ -\frac{\partial}{\partial y} & \frac{\partial}{\partial x} & 0 \end{bmatrix} \begin{Bmatrix} 0 \\ H_y \\ 0 \end{Bmatrix} = \frac{\partial H_y}{\partial x}\hat{\mathbf{z}} = \sigma_{\text{cond}} \begin{Bmatrix} 0 \\ 0 \\ E_z \end{Bmatrix} = \sigma_{\text{cond}} E_z \hat{\mathbf{z}} \tag{2.13}$$

식 (2.13)을 x에 대하여 미분하고 식 (2.12)에 대입하면

$$\frac{d^2H_y}{dx^2} = j\omega\sigma_{\text{cond}}\mu H_y = p^2 H_y \tag{2.14}$$

를 구할 수 있으며, 여기에서 $p^2 = j\omega\sigma_{\text{cond}}\mu$이다. 위와 같은 2계 상미분방정식 (2.14)의 일반해는 $H_y(x) = Ae^{-px} + Be^{px}$이다. A와 B는 적분상수이다. 다음과 같이 수식을 정리하면

$$p = \sqrt{j\omega\sigma_{\text{cond}}\mu} = \sqrt{j}\sqrt{\omega\sigma_{\text{cond}}\mu} = (1+j)\sqrt{(\omega\sigma_{\text{cond}}\mu)/2} = (1+j)/\delta \tag{2.15}$$

이 되며, 여기에서 $\delta = \sqrt{2/(\omega\sigma_{\text{cond}}\mu)}$는 표피깊이다. p는 양의 실수이므로 상수 A는 아래 측 도체평면에서 자계는 $-x$에 대해 크기가 감소되어야 한다는 조건을 만족시키기 위하여 영이 되어야 하며, 위 측 도체판에 대하여 유사한 조건으로 상수 $B = 0$을 만들 수 있다. 그러므로 아래 측 도체판에서 자계에 대하여 다음과 같이 간단한 지수함수로 해를 구할 수 있다.

$$H_y = H_0 e^{px} = H_0 e^{(1+j)x/\delta} \tag{2.16}$$

여기에서 상수 $B = H_0$는 상수항으로 결정되는 값이다. 전류밀도는 다음 식과 같이 나타낼 수 있으므로

$$J_z = \sigma_{\text{cond}} E_z = \frac{\partial H_y}{\partial x} = \frac{(1+j)H_0}{\delta} e^{(1+j)x/\delta} \tag{2.17}$$

전류밀도 J_z를 다음 식과 같이 아래 측 도체판에 흐르는 총 전류 I와 관련시킬 수 있다.

$$I = \iint_S J_z\,dx\,dy = w\int_{-d_p}^{0} J_z\,dx = wH_0 e^{(1+j)x/\delta}\Big|_{-d_p}^{0} = wH_0\left(1 - e^{-(1+j)d_p/\delta}\right) \tag{2.18}$$

여기에서 S는 아래 도체판의 단면적이며 d_p는 판의 두께이다. $d_p >> \delta$으로 가정하였으므로 식 (2.18)에서 지수항을 제거하면 $I = wH_0$가 된다. 이 식으로부터 $H_0 = I/w$임을 알 수 있다. $x = 0$ 도체표면에서의 전계를 구하면 다음과 같다.

$$E_z(0) = \frac{J_z(0)}{\sigma_{\text{cond}}} = \frac{(1+j)H_0}{\sigma_{\text{cond}}\delta} = \frac{1+j}{\sigma_{\text{cond}}}\frac{I}{\delta w} \tag{2.19}$$

식 (2.19)에서 전류 I를 없애면 단위길이당 표면저항 Z_s을 구할 수 있다.

z-방향 전계

z축 방향 전류 밀도 흐름과 그것과 관련된 길이 방향의 전계에 대한 설명은 엄밀히 말하자면 완전도체에 대한 경계조건($E_z = 0$)에 위반되고, 또한 전계와 자계가 진행 방향에 수직이 되는 RF 전송 선로에서 TEM 개념과 모순된다. 그러나 공학적인 견지에서, 도체의 전도도, σ_{cond}가 매우 큰 경우(구리; $5.8 \times 10^7 \sim 6.4 \times 10^7$ S/m)라고 한다면 길이 방향의 전계성분이 작기 때문에 위의 모순은 방어될 수 있다.

$$Z_s = E_z(0)/I = \frac{1}{w\sigma_{\text{cond}}\delta} + \frac{j}{w\sigma_{\text{cond}}\delta} = R_s + j\omega L_s \tag{2.20}$$

단위길이당 표면 저항과 표면 인덕턴스는 다음 식과 같다.

$$R_s = \frac{1}{w\sigma_{\text{cond}}\delta} \tag{2.21}$$

$$L_s = \frac{1}{w\sigma_{\text{cond}}\omega\delta} \tag{2.22}$$

두 식은 표피깊이 δ함수이며 식 (2.21)과 식 (2.22)는 단일 도체에도 적용할 수 있다는 점이 중요하다. 여기에서 두 개의 도체판(상측도체판과 하측도체판)을 적용하므로 단위길이당 총 직렬저항과 인덕턴스는 R_s와 L_s의 두 배가 된다. 전송 선로 상호결합의 유도성과 용량성 특성을 구하기 위하여 커패시턴스와 인덕턴스의 정의 식을 이용하면

$$C = \frac{Q}{V} = \frac{\int \mathbf{D} \cdot dl}{V} = \frac{\varepsilon \int E_x dy}{\int E_x dx} = \frac{\varepsilon E_x w}{E_x d} = \frac{\varepsilon w}{d} \tag{2.23}$$

및

$$L = \frac{\int \mathbf{B} \cdot dl}{I} = \frac{\int \mu H_y dx}{I} = \frac{\mu H_y d}{H_y w} = \frac{\mu d}{w} \tag{2.24}$$

이다. 여기에서 전류 $I = wH_y$를 구하기 위하여 식 (2.18)의 결과를 이용하였다. 식 (2.23)과 식 (2.24)는 단위길이당 커패시턴스와 인덕턴스이다. 마지막으로 식 (2.23)에서 유도된 바와 같이 컨덕턴스 G를 구하면 다음과 같다.

$$G = \frac{\int \mathbf{J} \cdot dl}{V} = \frac{\sigma_{\text{diel}} \int E_x dy}{\int E_x dx} = \frac{\sigma_{\text{diel}} E_x w}{E_x d} = \frac{\sigma_{\text{diel}} w}{d} \tag{2.25}$$

평행도체 전송 선로에 대한 파라미터를 구했다. 실제 RF 주파수 응용에서 L_s는 L보다 매우 작아 무시된다.

예제 2-3 • 평행판 전송 선로의 선로 파라미터

평행한 구리도체판 전송 선로가 1 GHz에서 동작하고 있다. 도체판의 폭과 간격 및 비 유전율이 각각 $w = 6$ mm, $d = 1$ mm, $\varepsilon_r = 2.25$이고 $\sigma_{\text{diel}} = 0.125$ mS/m이다. 단위길이당 R, L, G 및 C를 구하여라.

풀이:

주파수 1 GHz에서 전도율 $\sigma_{\text{cond}} = 64.5 \times 10^6\ \Omega^{-1}\text{m}^{-1}$인 구리에 대한 표피깊이는 $\delta = 1/\sqrt{\pi\sigma_{\text{cond}}\mu_0 f} = 1.98\ \mu\text{m}$이다. 이 값은 도체의 두께에 비하여 매우 작은 것으로 간주된다. 그러므로 각 도체에서의 저항은 $R = 2R_s = 2/(w\sigma_{\text{cond}}\delta) = 2.6\ \Omega/\text{m}$이다. 표피효과에 의하여 직렬 인덕턴스는 $L_s = 2/(w\sigma_{\text{cond}}\omega\delta) = 0.42$ nH/m이며 여기에서 두 개의 도체판을 고려하여 2배로 하였다. 두 도체판 사이의 상호 인덕턴스는 식 (2.24)에 의하여 구해지며 $L = 209.4$ nH/m가 된다. 이와 같이 직렬 인덕턴스는 상호 인덕턴스보다 무척 작으므로 그 값은 무시해도 된다. 식 (2.23)에 의하여 선로의 커패시턴스는 $C = (\varepsilon_0\varepsilon_r w)/d = 119.5$ pF/m이다. 마지막으로 컨덕턴스 G는 식 (2.25)로부터 구할 수 있으며 $G = 0.75$ mS/m가 된다.

일반적으로 표피깊이 현상에 의한 RF 저항은 DC 저항에서보다 선로 손실에 더 크게 작용한다.

2.6 서로 다른 전송 선로 형태에 대한 요약

앞에서의 계산은 평행도체 전송 선로와 같이 비교적 간단한 경우에 대하여 수행하였다. 동축케이블, 평행 2선식 케이블과 같은 더 복잡한 전송 선로를 취급할 때도 유사한 해석이 적용된다. 표 2-1은 세 가지 전송 선로 형태에 대하여 요약하였다.

2평행 도선(D, a)과 동축케이블(a, b) 및 평행 판(w, d)에 대한 기하학적인 관계는 그림 2-4, 그림 2-5 및 그림 2-6에 나타나 있다. 더 복잡한 전송 선로의 형태의 경우, 수학적으로 많은 노력이 요구되며 종종 수치해석적인 과정이 해답을 구하는 유일한 방법이다. 이와 같은 것은 마이크로스트립 전송 선로(2.8절)를 다룰 때 취급하기로 한다.

표 2-1 ● 세 가지 형태의 전송 선로 파라미터 값

파라미터	2선 선로	동축 선로	평행판 선로
R Ω/m	$\dfrac{1}{\pi a \sigma_{\text{cond}} \delta}$	$\dfrac{1}{2\pi \sigma_{\text{cond}} \delta}\left(\dfrac{1}{a}+\dfrac{1}{b}\right)$	$\dfrac{2}{w \sigma_{\text{cond}} \delta}$
L H/m	$\dfrac{\mu}{\pi}\cosh^{-1}\left(\dfrac{D}{2a}\right)$	$\dfrac{\mu}{2\pi}\ln\left(\dfrac{b}{a}\right)$	$\mu\dfrac{d}{w}$
G S/m	$\dfrac{\pi \sigma_{\text{diel}}}{\cosh^{-1}(D/(2a))}$	$\dfrac{2\pi \sigma_{\text{diel}}}{\ln(b/a)}$	$\sigma_{\text{diel}}\dfrac{w}{d}$
C F/m	$\dfrac{\pi \varepsilon}{\cosh^{-1}(D/(2a))}$	$\dfrac{2\pi \varepsilon}{\ln(b/a)}$	$\varepsilon\dfrac{w}{d}$

2.7 일반적인 전송 선로 방정식

2.7.1 키르히호프의 전압법칙 및 전류법칙 표현

이론적 파라미터의 검증

전송 선로 파라미터들이 널리 알려져 있지만, 이것들은 가정을 포함하는 개략적인 값이다. 예를 들어, 평판 선로에서 넓이와 높이 비가 작다면 가장자리영역의 휘어진 필드를 무시할 수 없기 때문에 정확하지 않게 된다. 또한, 평형 2선식 선로에 대한 저항은 전류밀도가 균일하다고 가정하였으므로, 매우 근접한 선로의 경우에서는 정확하지 않게 된다.

앞 절(2.4.1)에서는 패러데이 법칙과 암페어 법칙을 기본으로 내용을 전개하였다. 이제 회로의 관점에서 두 방정식을 이용하는 단계로 들어간다. 그림 2-17에서 루프와 노드 a에 키르히호프의 전압법칙(KVL)과 전류법칙(KCL)을 적용하자.

페이서 표현법을 채택하면, 키르히호프의 전압법칙을 적용하여 다음과 같이 나타낼 수 있다.

$$(R + j\omega L)I(z)\Delta z + V(z+\Delta z) = V(z) \tag{2.26}$$

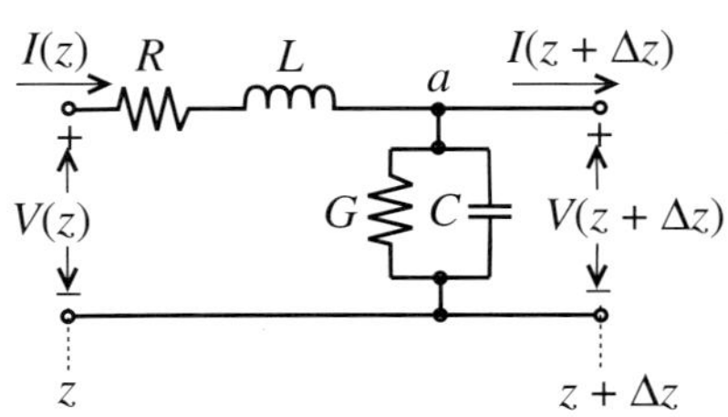

그림 2-17 ● 전압루프와 전류노드를 갖는 전송 선로의 표현

앞의 식에 대하여 미소 전송 선로 양단에서 전압차와 미소구간에 대하여 극한을 취하여 미분식으로 다시 정리하면

$$\lim_{\Delta z \to 0}\left(-\frac{V(z+\Delta z)-V(z)}{\Delta z}\right) = -\frac{dV(z)}{dz} = (R+j\omega L)I(z) \tag{2.27}$$

또는

$$-\frac{dV(z)}{dz} = (R+j\omega L)I(z) \tag{2.28}$$

여기에서 R과 L은 두 선로의 저항과 인덕턴스이다. 그림 2-17에서 노드 a점에 키르히호프의 전류법칙을 적용하면

$$I(z) - V(z+\Delta z)(G+j\omega C)\Delta z = I(z+\Delta z) \tag{2.29}$$

이며 식 (2.27)과 같이 미분식으로 변환하면

$$\lim_{\Delta z \to 0}\frac{I(z+\Delta z)-I(z)}{\Delta z} = \frac{dI(z)}{dz} = -(G+j\omega C)V(z) \tag{2.30}$$

이 된다. 식 (2.28)과 식 (2.30)은 제1계 미분방정식이다. 앞에서 해석한 평행–도체판 전송 선로에 대하여 예제 2-4에서 다시 논의한 것과 같이 R, G, C 및 L의 정의를 나타내는 기본적인 관점으로부터 미분식을 유도할 수 있다.

RF&MW

예제 2-4 • 평행–도체판 전송 선로 방정식의 유도

다음 평행-도체판 전송 선로에 대하여 전송 선로 방정식을 설정하라.

풀이:

이 예제의 목적은 패러데이 법칙과 암페어 법칙의 기본적인 물리적 개념으로부터 전송 선로 방정식 (2.28)과 식 (2.30)을 유도하는 데 있다. 식 (2.7)의 패러데이 법칙을 우선 고려하자. 면적분과 선적분이 수행되는 면적 소에 대하여 그림 2-18에서 음영부분으로 나타내었다.

식 (2.7)에서 선 적분은 그림 2-18에서 화살표로 표시된 음영부분의 가장자리를 따라 이루어지며 선 적분 결과는 다음 식과 같다.

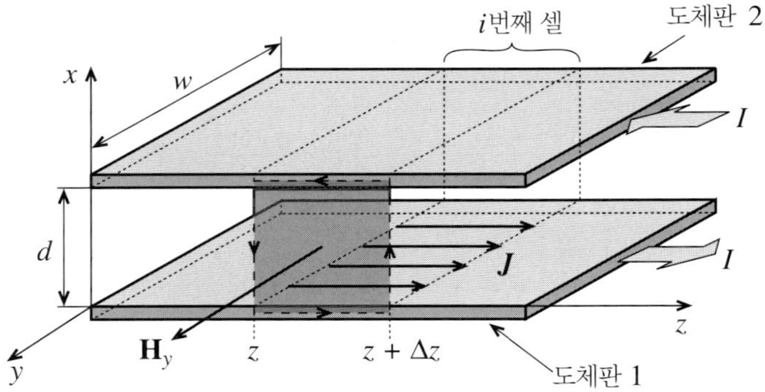

그림 2-18 ● 패러데이 법칙 응용을 위한 적분 면적소

$$\oint_i \mathbf{E} \cdot d\boldsymbol{l} = \mathbf{E}^1 \cdot \hat{z}\Delta z + \mathbf{E}(z+\Delta z) \cdot \hat{\boldsymbol{x}}d + \mathbf{E}^2 \cdot (-\hat{z})\Delta z + \mathbf{E}(z) \cdot (-\hat{\boldsymbol{x}})d$$

여기에서 $E_z^1 = \mathbf{E}^1 \cdot \hat{\boldsymbol{z}}$와 $E_z^2 = \mathbf{E}^2 \cdot (-\hat{z})$는 아래 측 도체판(1로 표시)과 위 측 도체판(2로 표시)에서의 전계이다. $E_x(z) = \mathbf{E}(z) \cdot \hat{\boldsymbol{x}}$ 및 $E_x(z+\Delta z) = \mathbf{E}(z+\Delta z) \cdot \hat{\boldsymbol{x}}$는 z와 $z+\Delta z$ 사이의 유전체 매질에서의 전계이다. 위 측 도체판에서 전계의 방향은 아래 측 도체판에서의 전계방향과 반대방향이다. 유전체에서의 전계의 방향은 위치에 관계없이 같은 방향이다. 단위벡터 앞에 있는 마이너스 부호는 적분이 반시계방향으로 이루어졌다는 것을 의미한다. 이와 같은 점을 고려하여 적분을 수행하면 다음과 같다.

$$\oint_i \mathbf{E} \cdot d\boldsymbol{l} = E_z^1\Delta z + E_z^2\Delta z + E_x(z+\Delta z)d - E_x(z)d$$

유전체에서 자계는 균일하다고 가정하므로 식 (2.7)에서 면 적분관계는

$$\iint \mu\mathbf{H} \cdot d\mathbf{S} = \mu H_y \Delta z d$$

이며 두 개의 적분관계식을 식 (2.7)에 대입하면 다음과 같다.

$$E_z^1\Delta z + E_z^2\Delta z + E_x(z+\Delta z)d - E_x(z)d = -\frac{d}{dt}\mu H_y \Delta z d$$

제2.5절에서 논의한 바와 같이 유전체에서의 자계성분은 $H_y = 1/w$로 표현되며 고주파의 경우 도체 내에서 전계는 표피효과에 의하여 $E_z^1 =$

$E_z^2 = I/(w\sigma_{\text{cond}}\delta) + jI/(w\sigma_{\text{cond}}\delta) = E_z$ 이다. 한편 낮은 주파수에서 표피효과는 전계 동작 특성에 아무런 영향을 미치지 않으며 도체판의 DC 저항과 전류에 의하여 결정된다. 즉 $E_z = I/(w\sigma_{\text{cond}}d_p)$이다. 기본적으로 고주파동작 성능에 관하여 논의하므로 표피깊이 δ는 도체판의 두께에 비하여 무척 작은 것으로 간주하며 d_p는 δ를 대신한다. H_y와 E_z의 식과 도체판 사이의 전위차 $V = E_x d$를 고려하여 다음 식을 나타낼 수 있다.

$$2\left(\frac{I}{w\sigma_{\text{cond}}\delta} + \frac{jI}{w\sigma_{\text{cond}}\delta}\right)\Delta z + V(z+\Delta z) - V(z) = -\mu\frac{d\Delta z}{w}\frac{dI}{dt}$$

$$= -j\omega\mu\frac{d\Delta z}{w}I$$

또는

$$2R_s I + j\omega I(L + 2L_s) = -\frac{V(z+\Delta z) - V(z)}{\Delta z} = -\frac{\partial V}{\partial z}$$

여기에서 $R_s = 1/(w\sigma_{\text{cond}}\delta)$는 도체판의 표면 저항, $L_s = 1(w\sigma_{\text{cond}}\omega\delta)$는 도체판의 자기인덕턴스, $L = \mu d/w$는 도체판 사이의 상호 인덕턴스이다.

식 (2.3) 암페어 법칙 응용을 위하여 그림 2-19와 같은 면적소를 고려하자.

유전체매질에서 전류밀도 $\mathbf{J}$의 면적분의 결과는 다음과 같다.

$$\iint \mathbf{J}\cdot d\mathbf{S} = J_x \Delta z w = \sigma_{\text{diel}} E_x w\Delta z + \varepsilon\frac{\partial E_x}{\partial t}w\Delta z$$

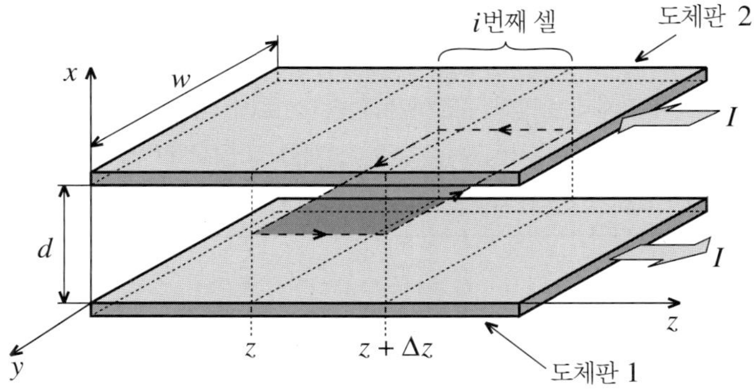

그림 2-19 • 암페어 법칙 응용을 위한 면적소

여기에서 $\sigma_{\text{diel}}E_x w\Delta z$은 매질에서의 전도전류이며 $\varepsilon(\partial E_x/\partial t)w\Delta z$은 변위 전류이다. 자계에 대한 선적분은 다음과 같다.

$$\oint \mathbf{H}\cdot d\boldsymbol{l} = -H_y(z+\Delta z)w + H_y(z)w = -I(z+\Delta z) + I(z)$$

전계와 z와 Δz 사이의 전위차 관계를 고려하면 $E_x = V/d$이며, 두 적분으로부터

$$\frac{\sigma_{\text{diel}}w}{d}V + \frac{\varepsilon w}{d}\frac{dV}{dt} = -\frac{I(z+\Delta z) - I(z)}{\Delta z}$$

또는 미분 항을 도입한 후에

$$-\frac{\partial I}{\partial z} = \frac{\sigma_{\text{diel}}w}{d}V + \frac{\varepsilon w}{d}\frac{dV}{dt} = \frac{\sigma_{\text{diel}}w}{d}V + \frac{\varepsilon w}{d}j\omega V$$
$$= (G + j\omega C)V$$

을 얻는다. 평행 도체판 전송 선로에 대한 방정식을 유도해냈으면 이제 선로의 전압과 전류 분포를 얻기 위하여 다음과 같은 제1계 미분방정식을 풀어야 한다.

$$\begin{cases} -\dfrac{\partial V}{\partial z} = [2R_s + j\omega(L + 2L_s)]I \\ -\dfrac{\partial I}{\partial z} = (G + j\omega C)V \end{cases}$$

일반적으로 표피효과에 의한 내부인덕턴스 L_s는 상호인덕턴스 L에 비하여 매우 작으므로 무시된다.

이 예제는 평행-도체판 전송 선로에 대한 정확한 표현을 개발하기 위하여 요구되는 가정과 수학적 전개를 바탕으로 이루어졌으나 w가 크기 d에 비교할 만하다면 유도 과정은 달라지며 수치해석적인 방법을 시도해야 한다.

2.7.2 전압 및 전류 진행파

식 (2.28)과 식 (2.30)은 제1계 미분방정식을 풀어 쉽게 해결할 수 있다. 식 (2.28)의 양변을 공간적으로 미분하고 전류의 공간 미분에 식 (2.30)을 대입하면 제2계 미분방정

식이 되며 다음과 같다.

$$\frac{d^2V(z)}{dz^2} - \gamma^2 V(z) = 0 \tag{2.31}$$

위 식은 페이서 형태의 전압동작 특성을 나타내며 여기에서 γ는 복소 전파상수로서 다음 식과 같다.

$$\gamma = \alpha + j\beta = \sqrt{(R + j\omega L)(G + j\omega C)} \tag{2.32}$$

이 값은 전송 선로의 형태에 따라 달라진다. 간단한 선로의 경우, 표 2-1에서 특성 파라미터를 보여주고 있다. 식 (2.30)을 미분하고 식 (2.28)에 대입하면 전류에 대한 동일한 미분방정식의 결과를 얻게 된다.

$$\frac{d^2I(z)}{dz^2} - \gamma^2 I(z) = 0 \tag{2.33}$$

이와 같은 미분방정식의 해는 지수함수로 나타내며 전압의 경우

$$V(z) = V^+ e^{-\gamma z} + V^- e^{+\gamma z} \tag{2.34}$$

이며 전류의 경우 다음 식과 같다.

$$I(z) = I^+ e^{-\gamma z} + I^- e^{+\gamma z} \tag{2.35}$$

식 (2.34)와 식 (2.35)는 z축을 따라 정렬된 전송 선로의 일반해를 나타내고 있다. 수식에서 첫 번째 항은 $+z$ 방향으로 진행하는 진행파면을 나타내며, 둘째 항은 $-z$ 방향으로 진행하는 파를 의미한다. β, $\alpha \geq 0$과 함께 −표시는 $+z$ 방향으로 전달되는 진행파의 진폭이 지수함수적으로 감소됨을 나타낸다. 반대의 경우, 음 방향으로 전달되는 진행파 역시 지수함수적으로 감소된다.

2.7.3 특성 임피던스

식 (2.35)는 식 (2.34)에 관련이 있으며 식 (2.34)을 식 (2.28)에 대립하여 미분하고 정리하면 다음과 같은 전류에 관한 식을 구할 수 있다.

$$I(z) = \frac{\gamma}{R + j\omega L}(V^+ e^{-\gamma z} - V^- e^{+\gamma z}) \tag{2.36}$$

전압과 전류는 임피던스와 관계가 있으므로 **전송 선로의 특성 임피던스(characteristic line impedance)** Z_0를 다음과 같이 정의한다.

$$Z_0 = \frac{R + j\omega L}{\gamma} = \sqrt{\frac{R + j\omega L}{G + j\omega C}} \tag{2.37}$$

전류에 관한 식 (2.35)를 식 (2.36)의 왼쪽에 대입하여 다음 식을 구할 수 있다.

$$Z_0 = \frac{V^+}{I^+} = -\frac{V^-}{I^-} \tag{2.38}$$

특성 임피던스를 이용하면 식 (2.36)을 다음과 같이 간략하게 표현할 수 있다.

$$I(z) = \frac{1}{Z_0}(V^+ e^{-\gamma z} - V^- e^{+\gamma z}) \tag{2.39}$$

Z_0의 중요성은 다음 절에서 명백하게 나타난다. 여기에서는 Z_0는 기존의 회로에서 취급하는 임피던스와는 아주 다르다는 점을 지적하자. 이 특성 임피던스는 양과 음의 방향으로 진행하는 전압파와 전류파를 기본으로 정의되며, 이 정의에서와 같이 기존의 회로 임피던스를 정의하는 전체 전압과 전류표현식과는 공통점을 가지고 있지 않다.

2.7.4 무손실 전송 선로 모델

식 (2.37)과 같이 정의된 전송 선로의 특성 임피던스는 일반적으로 복소수형태이며 실제적으로 전송 선로를 취급할 때 항상 나타나는 손실에 대하여 고려해야 한다. 그러나 RF 및 마이크로파 회로에서 자주 접하는 회로는 전송 선로의 길이가 매우 작은 경우이므로 무손실 전송 선로의 조건으로 취급해도 감지할 만한 오차를 발생시키지 않는다. 이와 같은 무손실이란 $R = G = 0$을 의미하며 식 (2.37)의 특성 임피던스는 다음과 같이 간단하게 표현된다.

$$Z_0 = \sqrt{L/C} \tag{2.40}$$

이 식에서는 Z_0가 주파수에 무관하므로 전류 및 전압파는 균일하게 나타난다. 특정한 전송 선로의 형태에 대하여 직감적으로 그 파라미터를 대입함으로써 특성 임피던스를 구할 수 있다. 평행도체판 전송 선로의 경우 표 2-1에 주어진 L과 C값을 이용하면 다음 식과 같다.

$$Z_0 = \sqrt{\frac{\mu}{\varepsilon}\frac{d}{w}} \tag{2.41}$$

여기에서 제곱근($\sqrt{}$)항은 파동 임피던스라 하며 자유공간($\mu = \mu_0$, $\varepsilon = \varepsilon_0$)에서는 약 377 Ω이다. 이 값은 안테나에서 전자파 에너지를 자유공간에 방사하는 복사시스템을 취급할 때 대표적인 값으로 이용된다. 그러나 자유공간에서의 전자파와는 다르게 전송 선로에서의 전자파는 평행 도체판 전송 선로의 형태의 경우 폭 w와 폭 d로 나타나는 기하학적 제한성을 가지고 있다. 전송계수는 순수한 허수 $\gamma = j\beta$이고, 여기서 $\beta = \omega\sqrt{LC}$ 이다.

2.8 마이크로스트립 전송 선로

그림 2-6과 2-7에서와 같이, 스트립 선로를 간단하게 취급하여 표 2-1에서 C를 계산하는 기초로 이용한 평행 도체판 커패시터 방식은 일반적으로는 적용되지 않는다. 기판의 두께 h가 증가되거나 도체폭 w가 감소된다면 선로의 가장자리에서의 전자계가 주로 작용하게 되며 수학적인 모델에서 가장자리의 효과를 무시할 수 없게 된다. 많은 세월 동안 연구자들은 전송 선로의 특성 임피던스를 도체의 두께와 폭을 고려하여 계산하는 개략적인 표현식을 개발해왔다. 공학에서는 종종 계산의 정확성과 수식의 복잡성 사이의 균형을 맞추어야만 한다. 마이크로스트립 선로를 묘사하는 가장 정밀한 표현식은 **등가도형(conformal mapping)**에 의하여 유도되었으나 이 표현식 역시 매우 복잡하고 많은 계산시간을 요구한다. 전송 선로의 파라미터에 대해 빠르고 일반적으로 신뢰할 수 있을 정도의 근접한 수식을 구하려면 보다 간단하고 경험적인 공식이 더욱 요구된다. 우선 첫 번째 근사식으로 선로를 형성하는 도체의 두께 t는 기판의 높이 h에 비하여 매우 작아($t/h < 0.005$) 무시할 정도라 가정하자. 이 경우 경험적 공식은 선로의 치수(w와 h) 및 비유전율(ε_r)에 따른다. 이 공식은 w/h가 1보다 큰 경우와 1보다 작은 경우로 나누어 적용해야 한다. $w/h < 1$인 협폭의 선로에 대하여 다음과 같이 선로 임피던스를 구할 수 있다.

$$Z_0 = \frac{Z_f}{2\pi\sqrt{\varepsilon_{\text{eff}}}} \ln\left(8\frac{h}{w} + \frac{w}{4h}\right) \tag{2.42}$$

여기에서 $Z_f = \sqrt{\mu_0/\varepsilon_0} = 376.8\ \Omega$ 은 자유공간의 파동 임피던스이며, ε_{eff}는 **실효 유전 상수**로서 다음 식과 같다.

$$\varepsilon_{\text{eff}} = \frac{\varepsilon_r + 1}{2} + \frac{\varepsilon_r - 1}{2}\left[\left(1 + 12\frac{h}{w}\right)^{-1/2} + 0.04\left(1 - \frac{w}{h}\right)^2\right] \tag{2.43}$$

$w/h > 1$인 경우, 앞 식과는 다르게 선로 특성 임피던스 식을 나타낼 수 있다.

$$Z_0 = \frac{Z_f}{\sqrt{\varepsilon_{\text{eff}}}\left(1.393 + \frac{w}{h} + \frac{2}{3}\ln\left(\frac{w}{h} + 1.444\right)\right)} \tag{2.44}$$

$$\varepsilon_{\text{eff}} = \frac{\varepsilon_r + 1}{2} + \frac{\varepsilon_r - 1}{2}\left(1 + 12\frac{h}{w}\right)^{-1/2} \tag{2.45}$$

식 (2.42)와 식 (2.44)와 같이 주어진 특성 임피던스는 근삿값이며 w/h의 전 구간에 대하여 연속한 수가 아니다. 특별히 $w/h = 1$일 경우, 식 (2.42)과 (2.44)에 따라 계산된 특성 임피던스는 미소한 불일치를 보여준다. 이와 같은 불연속에 의한 오차는 0.5%를 넘지 않으므로 그림 2-20과 그림 2-21에서 보인 바와 같이 두 개의 특성 임피던스식과 실효유전율의 계산식을 이용할 수 있다. 그림에서 Z_0와 ε_{eff}의 양은 w/h와 ε_r의 함수로 구성되며 w/h와 ε_r의 범위 파라미터는 실제적으로 자주 접하게 되는 적절한 회로 값의 영역에서 선택한다.

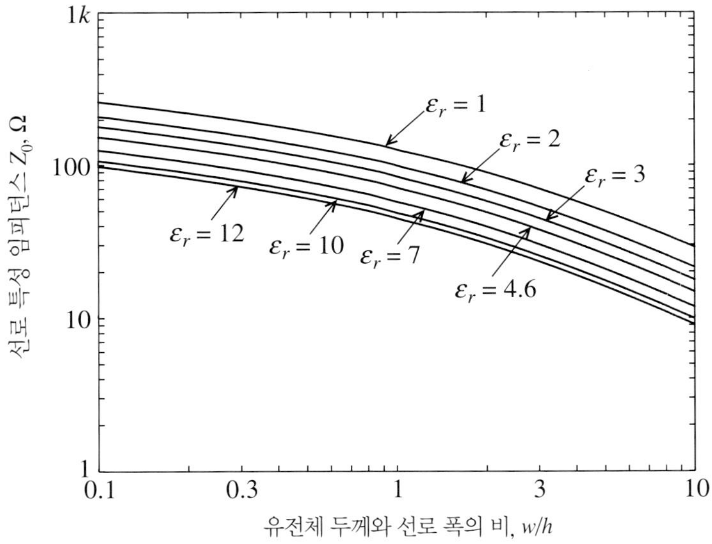

그림 2-20 • w/h에 따른 선로의 특성 임피던스

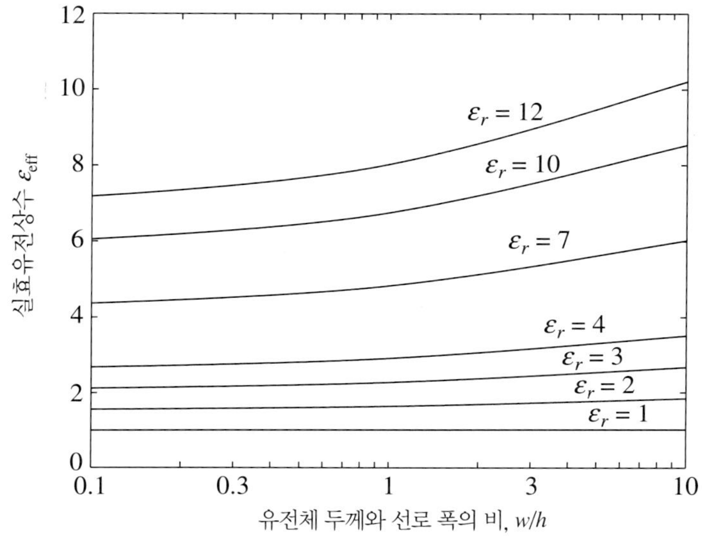

그림 2-21 • 서로 다른 유전율에 대한 *w/h* 실효 유전상수 함수관계

공식을 진행하면서 실효유전상수를 유전체기판과 주변공간 대신 선로 주위의 전체 공간을 채우는 등방성 물질의 유전상수로서 볼 수 있다. 실효유전상수에 의하여 스트립 선로의 위상속도를 $v_p = c/\sqrt{\varepsilon_{\text{eff}}}$ 로 계산할 수 있으며 이 식으로 파장을 다음과 같이 구할 수 있다.

$$\lambda = \frac{v_p}{f} = \frac{c}{f\sqrt{\varepsilon_{\text{eff}}}} = \frac{\lambda_0}{\sqrt{\varepsilon_{\text{eff}}}}$$

여기에서 c는 광속도, f는 동작주파수, λ_0는 자유공간에서의 파장이다.

설계목적으로, 주어진 특성 임피던스 Z_0와 기판의 유전상수 ε_r에 의하여 w/h를 계산할 수 있다. 무한히 얇은 도체라 가정하여 (본 장의 뒷부분의 참고문헌 중 Sobol 교재 참고) $w/h \leq 2$의 경우

$$\frac{w}{h} = \frac{8e^A}{e^{2A} - 2} \tag{2.46a}$$

여기서,

마이크로스트립 기판

일반적인 마이크로스트립 기판은 부드러운 재질과 딱딱한 재질로 분류된다.

RT-Duroid 5870, 5880과 같은 부드러운 재질은 가공하기가 쉽지만 열적 안정도가 낮다. 수정, 사파이어, 알루미나와 같은 딱딱한 재질은 열적 팽창계수가 낮지만 가공하기가 쉽지 않다.

$$A = 2\pi\frac{Z_0}{Z_f}\sqrt{\frac{\varepsilon_r+1}{2}} + \frac{\varepsilon_r-1}{\varepsilon_r+1}\left(0.23+\frac{0.11}{\varepsilon_r}\right)$$

$w/h \geq 2$의 경우

$$\frac{w}{h} = \frac{2}{\pi}\left\{B-1-\ln(2B-1)+\frac{\varepsilon_r-1}{2\varepsilon_r}\left[\ln(B-1)+0.39-\frac{0.61}{\varepsilon_r}\right]\right\} \tag{2.46b}$$

여기서,

$$B = \frac{Z_f\pi}{2Z_0\sqrt{\varepsilon_r}}$$

RF&MW

예제 2-5 • 마이크로스트립 선로의 설계

특정한 RF 회로에서 50 Ω의 선로 임피던스를 유지할 필요가 있다. 선정한 PCB 기판은 FR-4로서 비유전율은 4.6이고 두께는 40 mil이다. 선로의 폭은 얼마인가? 주파수 2 GHz에서 위상속도와 파장을 구하라.

풀이:

우선 그림 2-20을 이용하여 w/h 비율을 개략적으로 결정한다. $\varepsilon_r = 4.6$에 해당하는 곡선을 선택하고 $Z_0 = 50\ \Omega$에 대한 값을 구한다. w/h는 약 1.9이다. 그러므로 식 (2.46)에서 $w/h \leq 2$를 선정해야 하며 다음 식과 같다.

$$A = 2\pi\frac{Z_0}{Z_f}\sqrt{\frac{\varepsilon_r+1}{2}} + \frac{\varepsilon_r-1}{\varepsilon_r+1}\left(0.23+\frac{0.11}{\varepsilon_r}\right) = 1.5583$$

이 식의 결과를 식 (2.46a)에 대입하면

$$\frac{w}{h} = \frac{8e^A}{e^{2A}-2} = 1.8477$$

이며 식 (2.45)를 이용하면 실효유전상수를 다음과 같이 구한다.

$$\varepsilon_{\text{eff}} = \frac{\varepsilon_r+1}{2} + \frac{\varepsilon_r-1}{2}\left(1+12\frac{h}{w}\right)^{-1/2} = 3.4575$$

식 (2.44)의 선로 특성 임피던스의 결과를 증명하기 위하여 다음과 같이 계산할 수 있다.

$$Z_0 = \frac{Z_f}{(\varepsilon_{\text{eff}})^{1/2}\left(1.393 + \frac{w}{h} + \frac{2}{3}\ln\left(\frac{w}{h} + 1.444\right)\right)} = 50.2243\ \Omega$$

위 식은 목표로 설정한 50 Ω의 임피던스에 매우 근접하므로 계산식이 올바름을 알 수 있다.

이 식에서 구한 w/h를 이용하여 선로의 폭을 구하면 $w = 73.9$ mil이며, 실효유전상수를 이용하여 마이크로스트립 선로의 위상속도를 다음과 같이 구할 수 있다.

$$v_p = c/\sqrt{\varepsilon_{\text{eff}}} = 1.61 \times 10^8\ \text{m/s}$$

2 GHz에서 실효파장은 다음과 같다.

$$\lambda = v_p/f = 80.67\ \text{mm}$$

엄격하게 말하면, 이 예제는 단일 무한길이 선로에 집중하고 있다. 실제로 이웃한 선로와의 근접성과 선로의 구부림은 RF/MW CAD 프로그램으로 쉽게 설명되지만 실제적으로는 중요한 관심사항이다.

많은 응용에서 스트립 선로의 두께를 영으로 가정하는 것은 명확하지 않으며 수식의 수정이 요구된다. 두께가 영이 아닌 구리도체 스트립 두께는 가장자리에서 전자계가 일어나므로 도체의 **실효폭** w_{eff}을 근사화시킬 수 있다. 다르게 표현하면 유한 두께는 식 (2.42)~식 (2.45)에서 스트립의 폭을 실효폭으로 간단히 대신하여 모델 식을 만든다. 이때 실효폭의 계산은 다음과 같다.

$$w_{\text{eff}} = w + \frac{t}{\pi}\left(1 + \ln\frac{2x}{t}\right) \tag{2.47}$$

여기에서 t는 도체의 두께이며 $w > h/(2\pi) > 2t$에서 $x = h$이고, $h/(2\pi) > w > 2t$에서 $x = 2\pi w$이다.

$h = 25$ mil인 표준 FR-4 기판에 대한 특성 임피던스에서 영이 아닌 두께의 영향은 그림 2-22와 같이 나타난다. 그림에서 보는 바와 같이 매우 협소한 폭일 때 효과는 주지할 만하며 폭이 유전체의 두께보다 클 경우 거의 무시할 수 있다.

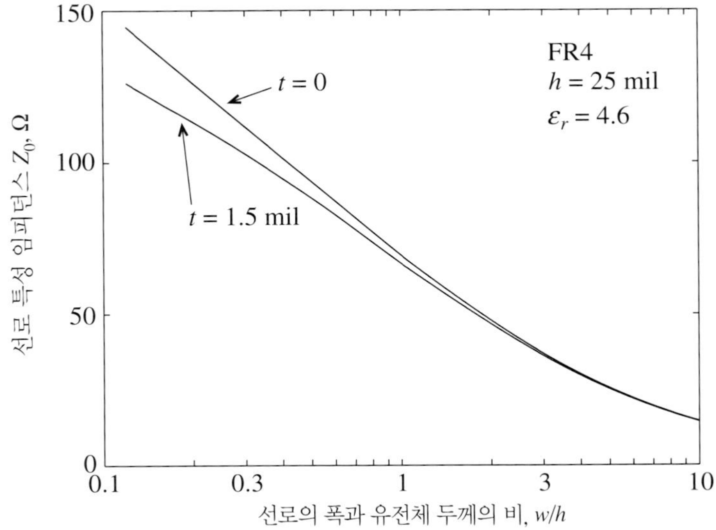

그림 2-22 • 25 mil 두께의 FR-4 PCB 기판에 형성된 마이크로스트립 선로의 특성 임피던스와 도체 두께의 영향

2.9 종단된 무손실 전송 선로

2.9.1 전압반사계수

고주파회로는 여러 가지의 능동소자 및 수동소자가 연결된 유한 길이의 전송 선로의 집합체로 볼 수 있다. 그림 2-23과 같이 유한길이 l인 전송 선로에 부하 임피던스가 연결된 간단한 형태회로를 면밀히 고려해야 한다. 이 회로에서 $+z$축을 따라 전달되는 입사 전압

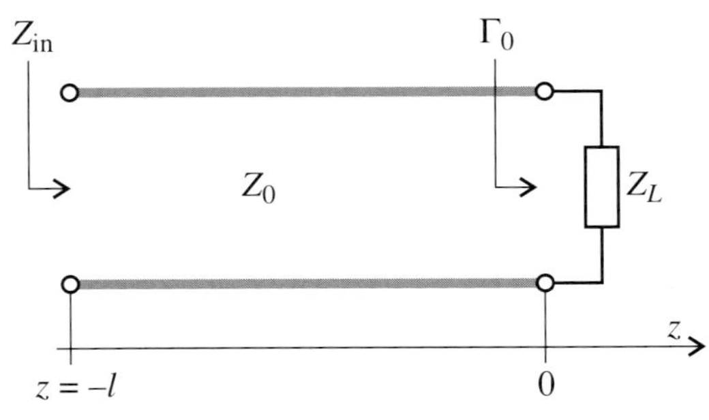

그림 2-23 • $z = 0$인 위치에서 종단된 전송 선로

파가 선로 종단을 나타내는 부하 임피던스와 어떻게 작용하는가에 대하여 알아보자.

일반적인 손실이 없이 부하는 $z = 0$점에 놓여 있고 전압파가 $z = -l$에서 선로에 결합되었다고 가정하자. 알고 있는 바와 같이 선로를 따라 임의의 점에서 전압파는 식 (2.34)와 같이 주어지며 식 (2.34)의 두 번째 항은 $z < 0$에 대하여 종단 부하 임피던스로부터 반사되는 반사파를 의미한다. 입사파에 대한 반사파의 비를 나타내는 **전압반사계수** Γ_0를 도입하자. $z = 0$에서 전압 반사계수는

$$\Gamma_0 = \frac{V^-}{V^+} \tag{2.48}$$

이며 반사계수의 정의 결과로부터 전압파와 전류파는 반사계수를 도입하여 다음과 같이 표현할 수 있다.

$$V(z) = V^+(e^{-\gamma z} + \Gamma_0 e^{+\gamma z}) \tag{2.49}$$

$$I(z) = \frac{V^+}{Z_0}(e^{-\gamma z} - \Gamma_0 e^{+\gamma z}) \tag{2.50}$$

만약 식 (2.49)를 식 (2.50)으로 나누면, 임피던스는 z축 $-l \le z \le 0$을 따라 거리함수 $Z(z)$임을 알 수 있다. $z = -l$에서 입력 임피던스는 Z_{in}가 되며, $z = 0$에서 임피던스는 부하 임피던스가 된다. 즉

$$Z(0) = Z_L = Z_0 \frac{1 + \Gamma_0}{1 - \Gamma_0} \tag{2.51}$$

식 (2.51)에서 반사계수 Γ_0를 구하면 다음과 같다.

$$\Gamma_0 = \frac{Z_L - Z_0}{Z_L + Z_0} \tag{2.52}$$

위 식은 특정 전압파의 크기의 비에 무관하게 이미 알고 있는 회로의 임피던스를 포함하고 있기 때문에 식 (2.48)보다 더 유용한 표현식이 된다. 이 식에서 개방회로($Z_L \to \infty$)의 경우, 반사계수는 1이 되며 반사된 파는 입사 전압파와 같이 동일한 극성으로 반사된다는 것을 의미한다. 반대로 단락회로($Z_L = 0$)의 경우, 반사파는 크기가 반전되어 반사되므로 $\Gamma_0 = -1$이 된다. 부하 임피던스가 선로 임피던스와 정합된다면, $Z_0 = Z_L$가 되어 반사가 일어나지 않으며 $\Gamma_0 = 0$이 된다. 반사가 없다는 것은 입사 전압파가 완전히 부하에 흡수되었을 때 일어나는 경우이다. 이와 같은 것은 동일한 특성 임피던스를 갖는 무한길이

두 번째 전송 선로가 $z=0$에 부착된 것과 같이 볼 수 있다.

2.9.2 전파상수와 위상속도

복소 전파상수에 관한 정의식 (2.32)를 무손실 전송 선로($R=G=0$)에 대한 형태로 가정하자. 이 식을 정리하면 다음과 같다.

$$\gamma = \alpha + j\beta = j\omega\sqrt{LC} \tag{2.53}$$

일반적인 공학적 표기법을 적용하면 다음과 같다.

$$\alpha = 0 \tag{2.54}$$

$$\beta = \omega\sqrt{LC} \tag{2.55}$$

여기서, α는 감쇄상수, β는 위상정수이다. 위상정수는 순수 허수이므로 다음 식과 같다.

$$V(z) = V^{+}(e^{-j\beta z} + \Gamma_0 e^{+j\beta z}) \tag{2.56}$$

$$I(z) = \frac{V^{+}}{Z_0}(e^{-j\beta z} - \Gamma_0 e^{+j\beta z}) \tag{2.57}$$

특성 임피던스는 식 (2.40)과 같이 주어진다. 식 (2.1)에서 파장 λ는 파장과 위상속도 v_p 관계로부터

$$\lambda = v_p/f \tag{2.58}$$

이며 위상속도 v_p는 선로파라미터 L, C에 의하여 다음과 같이 주어진다.

$$v_p = \frac{1}{\sqrt{LC}} \tag{2.59}$$

식 (2.55)에 의하여, 위상 정수는 위상속도와의 관계에서

$$\beta = \frac{\omega}{v_p} \tag{2.60}$$

표 2-1의 적합한 선로 파라미터를 대입하면, 세 가지 형태의 전송 선로 모두의 위상속도는 주파수에 무관함을 알 수 있다. 이것의 의미는 다음과 같다: 펄스 전압신호가 선로를 따라 전달돼 간다면 펄스를 주파수 성분으로 분리할 수 있으며 각 주파수 성분은

동일 위상속도로 전파되므로 원래의 펄스의 형태는 변화됨이 없이 다른 위치에 나타난다. 이 현상은 **무분산(dispersion free)** 전송이라 한다. 그러나 실제적으로는 어느 정도 위상속도의 주파수 의존성이 있게 되어 신호의 왜곡을 발생시킨다.

2.9.3 정재파(standing wave)

단락 선로($\Gamma_0 = -1$)의 반사계수를 식 (2.56)의 전압 식에 대입하고 회로에서 좌표의 표기를 변경하여 새로운 좌표축 길이 d를 도입하자. 예전 좌표의 $z = 0$ 점은 새로운 좌표의 시작점과 일치하나 그림 2-24와 같이 $-z$축에 반대로 나타낸다.

식 (2.56)은 다음과 같으며

$$V(d) = V^+(e^{+j\beta d} - e^{-j\beta d}) \tag{2.61}$$

식의 괄호 안의 내용은 $2j\sin(\beta d)$가 되고 페이서 표현을 시간함수로 전환시키면 다음과 같다.

$$\begin{aligned} v(d, t) &= \mathrm{Re}(Ve^{j\omega t}) = \mathrm{Re}(2jV^+\sin(\beta d)e^{j\omega t}) \\ &= 2V^+\sin(\beta d)\cos(\omega t + \pi/2) \end{aligned} \tag{2.62}$$

그림 2-25를 보면 sin항에서 모든 시간에 대하여 전압은 $d = 0$의 단락회로 조건을 유지하고 있음을 확인할 수 있으며 시간과 거리가 분리되므로 제1장에서 논의한 바와 같이 전압파는 전파되지 않는다. 이 현상은 물리적으로 다음과 같이 설명할 수 있다. 입사파는 반사파의 위상에 비하여 180° 위상차가 있으며 공간적으로 0, $\lambda/2$, λ, $3\lambda/2$ 등등에서 파가 고정된 0점을 지나는 영점교차(zero crossing) 현상이 일어난다.

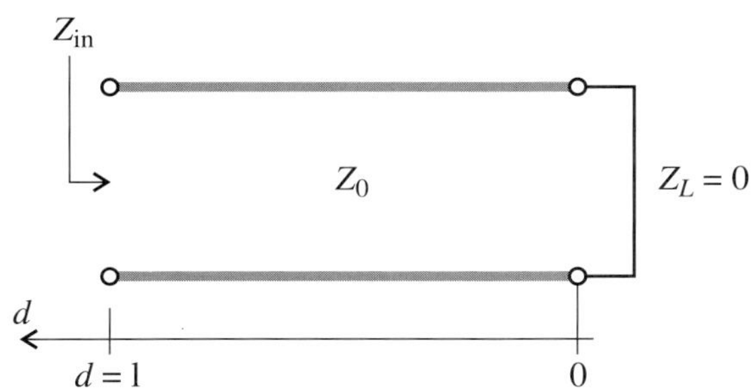

그림 2-24 ● 단락전송 선로와 새로운 길이 축 시스템 d

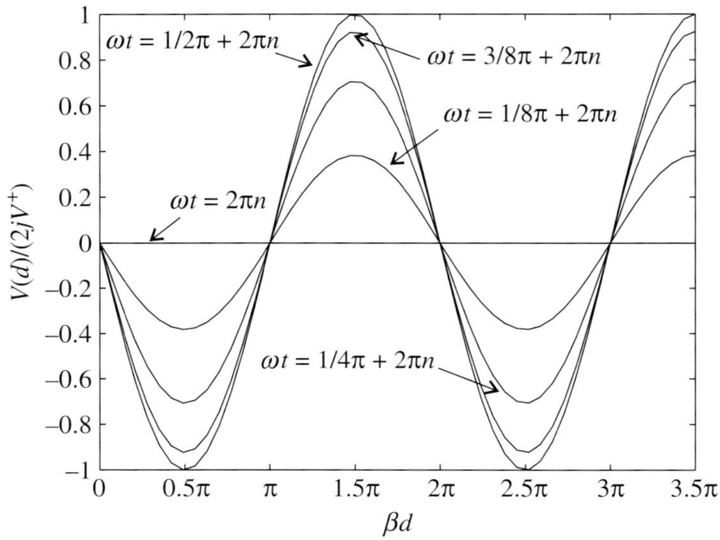

그림 2-25 • 시간에 대한 다양한 경우의 정재파 형태

새로운 좌표 d를 식 (2.56)에 도입하면 다음과 같다.

$$V(d) = V^+ e^{+j\beta d}(1 + \Gamma_0 e^{-j2\beta d}) = A(d)[1 + \Gamma(d)] \tag{2.63}$$

여기에서 $A(d) = V^+ e^{+j\beta d}$라 하고 반사계수를 정의하면

$$\Gamma(d) = \Gamma_0 e^{-j2\beta d} \tag{2.64}$$

는 선로 길이 d를 따라서 어디에서나 존재함을 알 수 있다. 식 (2.64)는 스미스 차트를 나타내는 한 부분으로서 제3장에서 배우게 된다. 유사하게 새로운 공간적 기준형태에서 전류파는 다음과 같이 나타낼 수 있다.

$$I(d) = \frac{V^+}{Z_0} e^{+j\beta d}(1 - \Gamma_0 e^{-j2\beta d}) = \frac{A(d)}{Z_0}[1 - \Gamma(d)] \tag{2.65}$$

정합조건($\Gamma_0 = 0$) 아래에서 반사계수 $\Gamma(d)$는 영(zero)이며, 우측으로 전파되는(진행파) 파만이 존재함을 의미한다. 부정합의 정도를 정성적으로 나타내기 위하여, 최소 전압(또는 전류)에 대한 최대전압(또는 전류)의 비로 다음 식과 같이 정의되는 **정재파비 (standing wave ratio, SWR)**를 도입해야 한다.

$$\text{SWR} = \frac{|V_{\max}|}{|V_{\min}|} = \frac{|I_{\max}|}{|I_{\min}|} \tag{2.66}$$

식 (2.64)의 $\Gamma(d)$의 최고값은 단지 1이므로 식 (2.66)은 다음과 같은 형태가 된다.

$$\text{SWR} = \frac{1+|\Gamma_0|}{1-|\Gamma_0|} \tag{2.67}$$

> **증폭기의 VSWR 사양**
>
> VSWR 사양은 많은 데이터 북과 RF 장비 제조사들의 응용 노트 등에서 발견할 수 있다. 예를 들면, 3.4GHz W-CDMA용 저잡음증폭기의 MMIC인 NXP사의 BGA2003은 입력 VSWR은 1.4, 출력 VSWR은 1.6의 사양을 갖는다.

여기서, SWR의 크기는 그림 2-26에서와 보는 바와 같이 $1 \le \text{SWR} < \infty$이다.

많은 경우 엔지니어들은 RF를 취급함에 있어서, SWR 대신에 최소 절대전압에 대한 최대 절대전압의 비율로 정의되는 **전압정재파비(voltage standing wave ratio, VSWR)**을 사용한다. 이것은 전력정재파비($\text{PSWR} = \text{VSWR}^2$)와는 구분된다. 식 (2.66)의 정의와 그림 2-26으로부터 종단에서 정합된 이상적인 경우에 SWR은 1이 되며 최악의 경우, 즉 종단이 단락되었을 때는 SWR이 무한대(∞)가 된다. 엄격하게 말하면, SWR은 무손실 선로에만 적용할 수 있다. 이것은 손실 선로에서는 SWR을 정의할 수 없기 때문이다. 전압 또는 전류의 크기가 감쇠 때문에 거리함수에 따라 점점 감소하며 결국 식

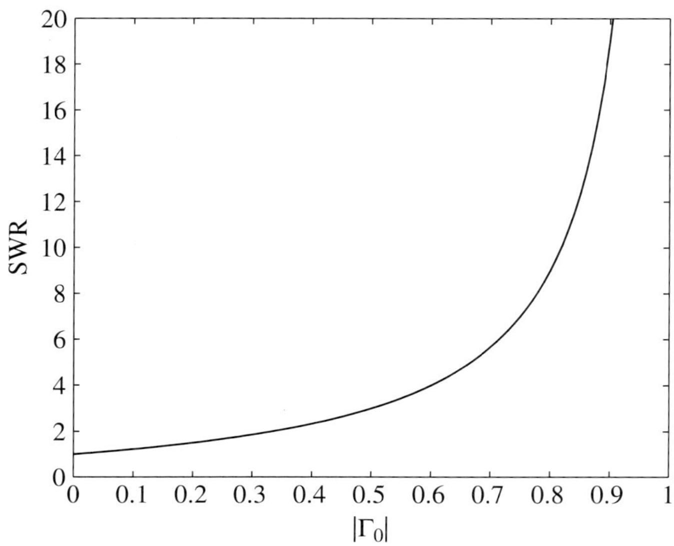

그림 2-26 • 부하 반사계수 $|\Gamma_0|$ 함수에 대한 SWR

(2.67)이 무의미하게 된다. 이와 같은 현상을 단적으로 서술하면 전송 선로를 따라 측정을 하는 곳에 무관하게 된다는 것이다. RF시스템에서는 매우 작은 손실이 나타나므로 식 (2.67)을 안전하게 적용할 수 있다. 식 (2.64)의 지수함수를 조사해 보면 반사계수의 최대점과 최소점 사이의 거리는 $2\beta d = \pi$ 또는 $d = \lambda/4$이며 두 최대점 사이의 거리는 $d = \lambda/2$이다.

2.10 특수한 종단조건

2.10.1 종단된 무손실 선로의 입력 임피던스

부하로부터 d만큼 떨어진 점에서의 입력 임피던스는 다음 식과 같이 주어진다.

$$Z_{\text{in}}(d) = \frac{V(d)}{I(d)} = Z_0 \frac{V^+ e^{j\beta d}(1 + \Gamma_0 e^{-2j\beta d})}{V^+ e^{j\beta d}(1 - \Gamma_0 e^{-2j\beta d})} \tag{2.68}$$

여기에서 식 (2.63)과 식 (2.65)의 전압과 전류파에 대한 표현을 이용하였다. 식 (2.68)은 다음 식과 같이 나타낼 수 있으며

$$Z_{\text{in}}(d) = Z_0 \frac{1 + \Gamma(d)}{1 - \Gamma(d)} \tag{2.69}$$

Γ_0 대신 식 (2.52)를 이용하면 다음과 같다.

$$\begin{aligned} Z_{\text{in}}(d) &= \frac{e^{j\beta d} + \left(\frac{Z_L - Z_0}{Z_L + Z_0}\right) e^{-j\beta d}}{e^{j\beta d} - \left(\frac{Z_L - Z_0}{Z_L + Z_0}\right) e^{-j\beta d}} Z_0 \\ &= \frac{Z_L(e^{j\beta d} + e^{-j\beta d}) + Z_0(e^{j\beta d} - e^{-j\beta d})}{Z_L(e^{j\beta d} - e^{-j\beta d}) + Z_0(e^{j\beta d} + e^{-j\beta d})} Z_0 \\ &= \frac{Z_L \cos(\beta d) + jZ_0 \sin(\beta d)}{Z_0 \cos(\beta d) + jZ_L \sin(\beta d)} Z_0 \end{aligned} \tag{2.70}$$

위 식의 항을 cos항으로 나누면 종단된 전송 선로의 입력 임피던스의 최종 표현식을 구할 수 있다.

$$Z_{\text{in}}(d) = Z_0 \frac{Z_L + jZ_0 \tan(\beta d)}{Z_0 + jZ_L \tan(\beta d)} \tag{2.71}$$

이와 같은 중요한 결과는 부하 임피던스 Z_L이 특성 임피던스 Z_0와 길이 d인 전송 선로를 따라 어떻게 변환되는가를 예측할 수 있다. 위상정수 β를 통하여 동작하는 주파수를 알 수 있으며 응용에 따라서 β는 주파수와 위상속도에 관련시켜 나타낼 수 있다. 즉 $\beta = (2\pi f)/v_p$, 또는 파장으로는 $\beta = 2\pi/\lambda$이다.

2.10.2 단락 전송 선로

만약 부하 $Z_L = 0$(단락회로를 의미함)일 때 식 (2.71)을 간단하게 정리하면

$$Z_{\text{in}}(d) = jZ_0 \tan(\beta d) \tag{2.72}$$

가 되며 또한 식 (2.72)는 단락회로조건($\Gamma_0 = -1$)에서 전류파를 전압파로 나누어 유도할 수 있다.

$$V(d) = V^+[e^{+j\beta d} - e^{-j\beta d}] = 2jV^+\sin(\beta d) \tag{2.73}$$

$$I(d) = \frac{V^+}{Z_0}[e^{+j\beta d} + e^{-j\beta d}] = \frac{2V^+}{Z_0}\cos(\beta d) \tag{2.74}$$

$Z_{\text{in}}(d) = V(d)/I(d) = jZ_0 \tan(\beta d)$이 된다. 전압, 전류 및 임피던스를 선로 길이에 대한 함수로 표현하면 그림 2-27과 같다.

부하 점으로부터 거리를 증가시키면 임피던스는 주기적 변화가 일어남을 알 수 있으며 $d = 0$에서는 임피던스가 부하 임피던스와 같다면 영이 된다. d가 증가되면 선로의 임피던스는 순수 허수가 되며 그 크기는 점점 증가된다. 이 위치에서 임피던스의 + 부호는 선로가 유도성(inductive) 동작 특성을 나타냄을 보여주고 있으며 d가 $\lambda/4$의 거리에 도달하게 되면 임피던스는 무한대가 되며 회로는 개방조건을 나타낸다. 거리를 조금 더 증가시키면 (–)값의 임피던스가 유도되며 이것은 용량성(capacitive) 동작 특성을 의미한다. 또한 거리 $d = \lambda/2$에서 임피던스는 영(0)이 된다. 이와 같이 거리에 따른 주기적인 과정은 $d > \lambda/2$ 동안에 반복되며, 실제적인 견해에서 전송 선로를 따라 여러 점에서 측정을 한다는 것은 매우 어려우므로 미소길이의 선로가 군집된 것으로 생각하여 미소구간에서 측정된다.

쉽게는 회로망 분석기를 사용하여 주파수의 함수로서 임피던스를 기록하는 방식이 있다. 이때 거리 d는 고정시키며 주파수를 특정 범위 내에서 소인(sweep)시킨다. 다음 예제에서 논의하기로 한다.

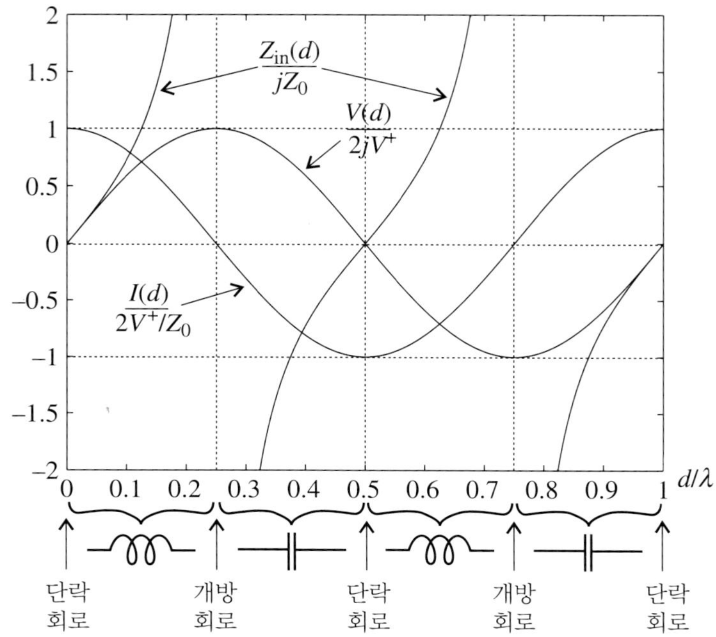

그림 2-27 • 종단을 단락시킨 선로길이에 따른 전압, 전류 및 임피던스 관계

예제 2-6 • 단락 전송 선로에서 주파수함수에 대한 입력 임피던스

l = 10 cm인 단락 전송 선로에서 주파수를 f = 1 GHz에서 4 GHz까지 가변시켰을 때 입력 임피던스의 크기를 계산해라. 선로 파라미터는 예제 2.3에서와 같다(L = 209.4 nH/m, C = 119.5 pF/m).

풀이:

선로 파라미터 L과 C에 의하여 특성 임피던스는 $Z_0 = \sqrt{LC} = 41.86\ \Omega$임을 알 수 있다. 또 위상속도는 $v_p = 1/\sqrt{LC}$로 주어지며 1.99×10^8 m/s이다. 주파수 함수로서 전송 선로의 입력 임피던스 $Z_{in}(d = l)$는 다음과 같은 형태로 나타낸다.

$$Z_{in}(d = l) = jZ_0 \tan(\beta l) = jZ_0 \tan\left(\frac{2\pi f}{v_p} l\right) \tag{2.75}$$

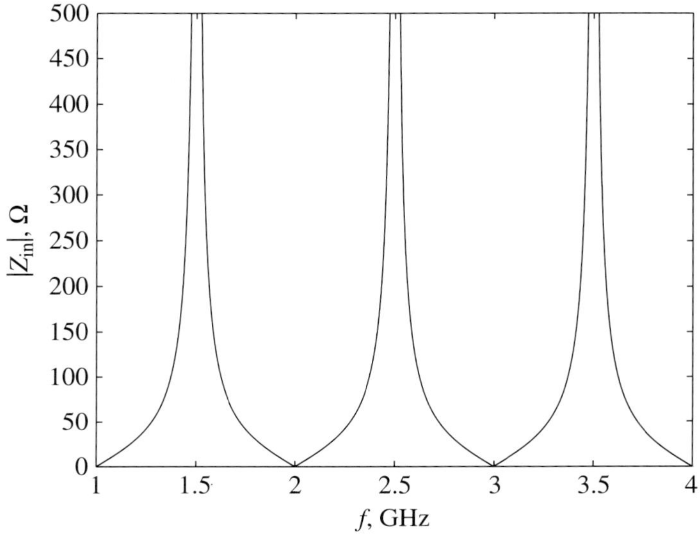

그림 2-28 • 10 cm 길이의 전송 선로의 입력 임피던스 크기

임피던스의 크기는 주파수 1 GHz에서 4 GHz의 범위에서 그림 2-28과 같다. 그림에서 전송 선로 구간의 주기적인 단락회로와 개방회로 동작 특성이 이루어짐을 알 수 있다. 다르게 표현하면 주파수에 따라 전송 선로는 개방회로 동작 특성(1.5 GHz에서)과 단락회로 동작 특성(2 GHz에서)을 보이고 있다.

회로망분석기로 실제 측정하면 그림 2-28과 같은 그래프 동작을 나타내며 주파수를 고정시키고 전송 선로의 길이를 가변하면 동일한 결과를 얻게 된다.

2.10.3 개방회로 전송 선로

만약 $Z_L \to \infty$라고 하면 식 (2.71)의 입력 임피던스는 다음 식과 같이 간단하게 표현된다.

$$Z_{\text{in}}(d) = -jZ_0 \frac{1}{\tan(\beta d)} \tag{2.76}$$

이 식은 개방회로 조건($\Gamma_0 = +1$)에 대한 전압파 식 (2.63)에 대하여 전류파 식 (2.65)를 직접적으로 나누어 유도할 수 있다. 즉

$$V(d) = V^{+}[e^{+j\beta d} + e^{-j\beta d}] = 2V^{+}\cos(\beta d) \tag{2.77}$$

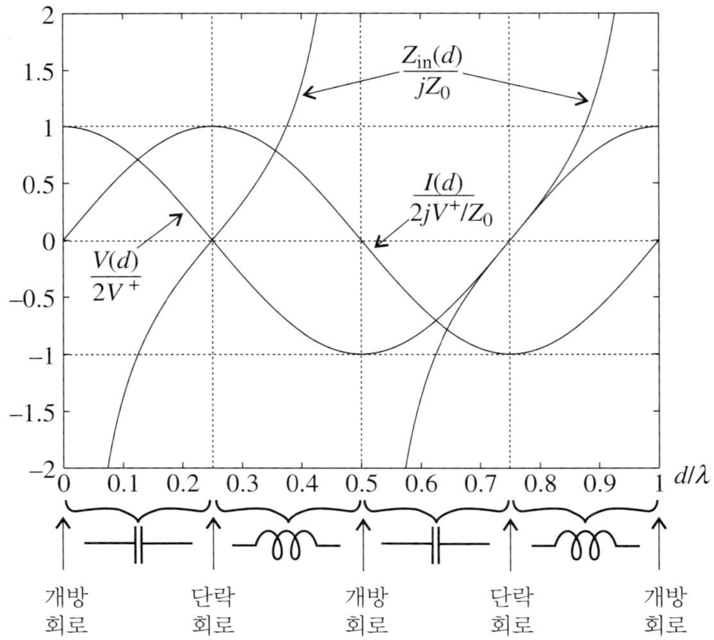

그림 2-29 • 종단이 개방된 전송 선로 길이에 대하여 전압파, 전류파 및 임피던스의 관계

$$I(d) = \frac{V^+}{Z_0}[e^{+j\beta d} - e^{-j\beta d}] = \frac{2jV^+}{Z_0}\sin(\beta d) \tag{2.78}$$

에서 $Z_{in} = V(d)/I(d) = -jZ_0 \cot(\beta d)$이다. 그림 2-29에 전송 선로 길이에 대하여 전압파, 전류파 및 임피던스의 관계를 나타내었다.

길이 d를 일정하게 고정하고 주파수를 특정 범위 내에서 소인시키면 다음 예제에서와 같다.

RF&MW→

예제 2-7 • 개방 전송 선로의 주파수함수에 대한 입력 임피던스

길이가 l = 10 cm인 개방 전송 선로에 대하여 예제 2-6에서의 계산을 반복하라.

풀이:

모든 계산은 동일하나 입력 임피던스는 다음 식과 같이 변경된다.

$$Z_{\text{in}}(d = l) = -jZ_0\cot(\beta l) = -jZ_0\cot\left(\frac{2\pi f}{v_p}l\right) \tag{2.79}$$

임피던스의 크기를 주파수 1 GHz에서 4 GHz의 범위에서 나타내었다. 코탄젠트가 무한대에 접근하는 점은 90°, 180°, 270° 등등에 상응되는 값이 된다. 실제적으로 R과 G의 존재로 인한 미소한 손실은 크기를 유한 최대점으로 제한한다. 이러한 최대점에 대한 물리적인 이유는 전압파와 전류파 사이의 위상전이(phase shift)로 나타난다. 특별히 전류파가 영(0)에 접근하면 전압은 유한값이 되며 선로 임피던스값은 최대가 된다. 이와 같은 현상은 기계적인 효과와 동일하다. 예를 들면 특정한 주파수(이른바 고유주파수)에서의 음파는 일정한 간격으로 제한된 구조물의 벽 사이에서 정재파를 형성한다.

그림 2-28과 2-30은 특정 임피던스값에 대한 임피던스 정합은 일정한 주파수에서만 가능함을 가르쳐 주고 있으며, 만일 주파수가 변하면 임피던스도 따라 변화하게 된다.

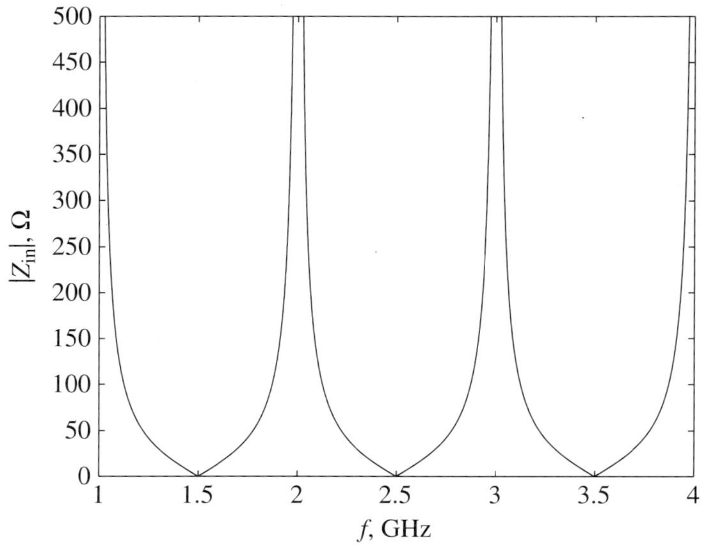

그림 2-30 • 10 cm 길이의 개방 전송 선로에 대한 임피던스의 크기와 주파수 관계

2.10.4 $\lambda/4$ 길이 전송 선로

식 (2.70)으로부터 전송 선로가 정합된다면 $Z_L = Z_0$가 되며 $Z_{in}(d) = Z_0$로서 전송 선로 길이에 상관없음을 알 수 있다. 이때 전송 선로의 입력 임피던스를 부하 임피던스와 동일하게 $Z_{in}(d) = Z_L$로 만들 수 있을까 하고 의문을 제기할 수도 있다. 그 답은 길이 $d = \lambda/2$(일반적으로 $d = m(\lambda/2)$, $m = 1, 2, \ldots$)로 놓으면 된다. 즉,

$$Z_{in}(d = \lambda/2) = Z_0 \frac{Z_L + jZ_0 \tan\left(\frac{2\pi}{\lambda} \cdot \frac{\lambda}{2}\right)}{Z_0 + jZ_L \tan\left(\frac{2\pi}{\lambda} \cdot \frac{\lambda}{2}\right)} = Z_L \tag{2.80}$$

만약 선로를 정확하게 반파장 길이라 하면 입력 임피던스는 부하 임피던스와 같으며 전송 선로의 특성 임피던스 Z_0에 무관하게 된다.

만약 길이를 줄여서 다음과 같이 하면 $d = \lambda/4$ (또는 $d = \lambda/4 + m(\lambda/2)$, $m = 0, 1, 2, \ldots$) 입력 임피던스는 다음 식과 같다.

$$Z_{in}(d = \lambda/4) = Z_0 \frac{Z_L + jZ_0 \tan\left(\frac{2\pi}{\lambda} \cdot \frac{\lambda}{4}\right)}{Z_0 + jZ_L \tan\left(\frac{2\pi}{\lambda} \cdot \frac{\lambda}{4}\right)} = \frac{Z_0^2}{Z_L} \tag{2.81}$$

식 (2.81)은 **$\lambda/4$ 변환기**를 유도함을 의미하며 실제적으로 부하 임피던스와 원하는 입력 임피던스를 $\lambda/4$ 길이의 전송 선로를 선택하여 정합시킬 수 있음을 나타낸다. 이때 $\lambda/4$ 길이의 전송 선로의 특성 임피던스는 부하와 입력 임피던스를 이용하여 계산할 수 있다. 즉

$$Z_0 = \sqrt{Z_L Z_{in}} \tag{2.82}$$

그림 2-31에 이러한 관계를 나타내었다. Z_{in}과 Z_L은 알고 있는 임피던스값이며 Z_0는 식

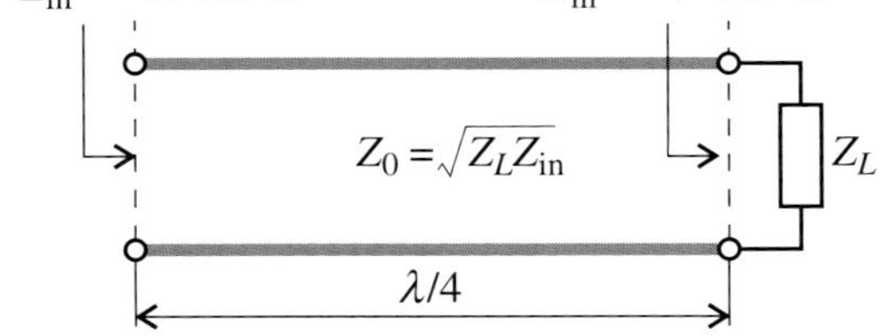

그림 2-31 ● Z_0인 $\lambda/4$ 전송 선로를 이용한 부하 임피던스와 입력 임피던스의 정합

(2.82)에 의하여 결정된다.

임피던스 정합의 아이디어는 실제적 설계에서 매우 중요하며 제8장에서 광범위하게 논의하였다. 간단한 예제에서 앞의 공식을 반사계수와 관련된 공식으로 대치해 보겠다.

RF&MW→

예제 2-8 • $\lambda/4$ 변환기에 의한 임피던스 정합

$Z_L = 25\ \Omega$을 갖는 트랜지스터의 입력 임피던스는 동작주파수 500 MHz(그림 2-32 참조)에서 50 Ω과 정합시켜야 한다. 정합을 시키기 위하여 $\lambda/4$ 평행 도체판 전송선 변환기의 특성 임피던스, 길이, 폭을 구하라. 유전체 두께는 $d = 1$ mm이고 물질의 비유전율은 $\varepsilon_r = 4$이다. 표면저항 R과 컨덕턴스 G는 무시한다(표 2-1참조).

풀이:

문제에서 주어진 임피던스를 식 (2.81)에 직접 이용할 수 있다. 선로 임피던스는 다음과 같다.

$$Z_{\text{line}} = \sqrt{Z_0 Z_L} = 35.355\ \Omega$$

평행도체 전송 선로의 특성 임피던스는 다음 식과 같다.

$$Z_{\text{line}} = \sqrt{L/C} = (d_p/w)\sqrt{\mu/\varepsilon}$$

선로의 폭은

$$w = \frac{d_p}{Z_{\text{line}}}\sqrt{\frac{\mu_0}{\varepsilon_0 \varepsilon_r}} = 5.329\ \text{mm}$$

평판 전송 선로에서 위상속도는 $v_p = \dfrac{c}{\sqrt{\varepsilon_r}}$이므로, 전송 선로 길이 l은 다음 조건식에 의하여

$$l = \frac{\lambda}{4} = \frac{v_p}{4f} = \frac{c}{4f\sqrt{\varepsilon_r}} = 74.95\ \text{mm}$$

이다. 그림 2-32에서 보여준 전송 선로와 부하 임피던스가 연결된 입력 임피던스는 다음과 같다.

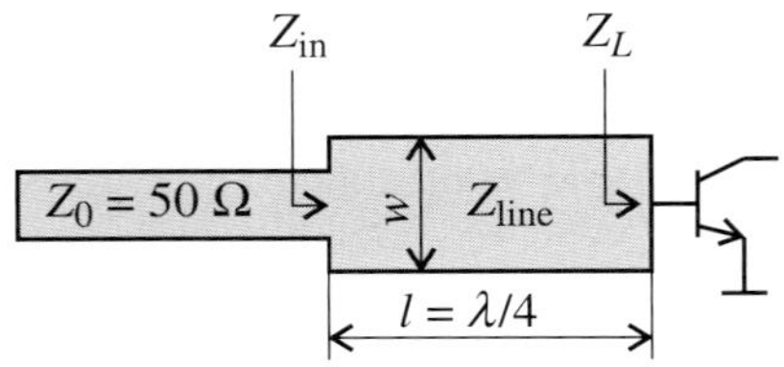

그림 2-32 • $\lambda/4$ 길이 변환기의 입력 임피던스

$$Z_{in} = Z_{line}\frac{Z_L + jZ_{line}\tan(\beta d)}{Z_{line} + jZ_L\tan(\beta d)} = Z_{line}\frac{1+\Gamma(d)}{1-\Gamma(d)}$$

여기에서 $d = l = \lambda/4$이며 반사계수는 다음과 같이 주어진다.

$$\Gamma(d) = \Gamma_0 e^{-2j\beta d} = \frac{Z_L - Z_{line}}{Z_L + Z_{line}}\exp\left(-j2\frac{2\pi f}{v_p}d\right)$$

그림 2-33에서 임피던스의 크기를 그래프로 나타내었다.

Z_{in}은 50 Ω의 선로 임피던스와 500 MHz 및 1.5 GHz에서 정합됨을 볼 수 있다. $\lambda/4$ 변환기는 특정 전송 선로 길이 l에 대하여 500 MHz에서만 정합이 되도록 설계되었다. 500 MHz에서 멀리 떨어진 주파수에서는 정

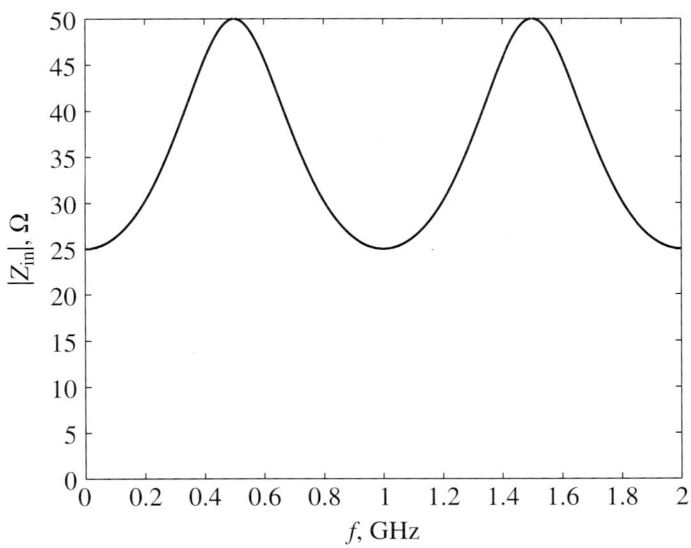

그림 2-33 • 주파수 0에서 2 GHz 범위와 고정길이 d에서 입력 임피던스의 크기

합이 이루어지는 것을 예측할 수 없다. 사실 회로가 넓은 주파수대역에서의 동작이 요구되면 $\lambda/4$ 변환기는 적합하지 않다.

$\lambda/4$ 변환기는 만들기가 쉬우며 협대역 정합회로에서 많이 응용되므로 중요한 역할을 한다.

2.11 입력과 출력단에 임피던스가 연결된 전송 선로

지금까지는 전송 선로와 종단의 부하 임피던스 연결 상태에 대하여 논의하였다. 우리는 종종 전송 선로의 입력단에 신호원(source)을 연결하였을 때에 나타나는 현상에 대하여 논의할 필요가 있다. 전송 선로의 입력단에 신호원을 연결함으로써 전송 선로와 부하단 사이의 임피던스 부정합관계 뿐만 아니라 전송 선로와 신호원 사이에서 나타날 수 있는 부정합 등에 대하여 고려해야 한다.

2.11.1 신호원에 대한 페이저 표현

그림 2-34는 신호원 V_G와 신호원 임피던스 Z_G로 구성된 전압원을 전송 선로에 연결한 회로를 보여주고 있다.

전송 선로 시작점에서의 입력 전압원에 대한 식은 다음과 같이 나타낼 수 있다.

$$V_{\text{in}} = V_{\text{in}}^{+} + V_{\text{in}}^{-} = V_{\text{in}}^{+}(1 + \Gamma_{\text{in}}) = V_G\left(\frac{Z_{\text{in}}}{Z_{\text{in}} + Z_G}\right) \tag{2.83}$$

여기에서 마지막 부분은 전압분배법칙을 적용하였다. 입력반사계수 Γ_{in}는 길이 $d = l$인 전송 선로를 신호원에서 보았을 때의 반사계수이므로

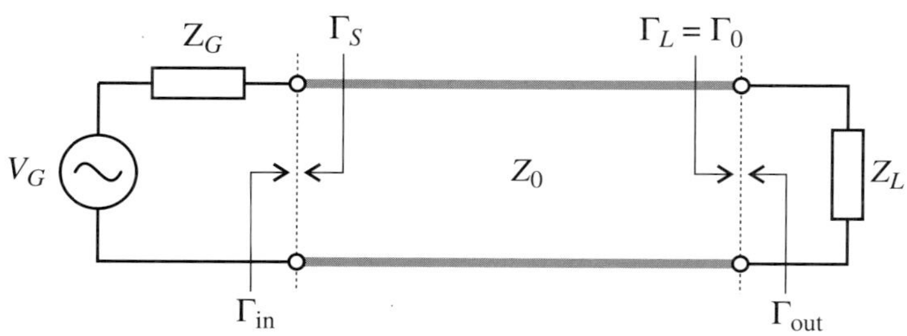

그림 2-34 • 종단부하와 신호원이 연결된 전송 선로

$$\Gamma_{\text{in}} = \Gamma(d = l) = \frac{Z_{\text{in}} - Z_0}{Z_{\text{in}} + Z_0} = \Gamma_0 e^{-2j\beta l} \tag{2.84}$$

이며 식 (2.84)에서 Γ_0는 식 (2.52)에서 정의한 부하반사계수이다. 반사계수와 전송계수에 관한 논의에서, 신호원의 연결에 또 다른 어려움이 있다. 부하에서 반사된 전압파는 신호원을 향하여 전달되므로 당연히 전송 선로와 신호원 임피던스 사이의 임피던스 부정합을 고려해야 한다. 전송 선로에서 신호원을 보았을 때 신호원 반사계수를 다음 식과 같이 정의할 수 있다.

$$\Gamma_S = \frac{Z_G - Z_0}{Z_G + Z_0} \tag{2.85}$$

그림 2-34에서 출력단 반사계수는 식 (2.84)와 유사하게 계산된다. 그러나 방향을 반대로 하면 $\Gamma_{\text{out}} = \Gamma_S e^{-j2\beta l}$이 된다.

2.11.2 전송 선로의 전력에 대한 고찰

시평균 전력의 정의는 다음과 같다.

$$P_{\text{av}} = \frac{1}{2}\text{Re}(VI^*) \tag{2.86}$$

전송 선로의 시작점에서 총 전력을 계산할 수 있으며 복소 입력전압 $V_{\text{in}} = V_{\text{in}}^+(1 + \Gamma_{\text{in}})$과 전류 $I_{\text{in}} = (V_{\text{in}}^+/Z_0)(1 - \Gamma_{\text{in}})$를 식 (2.86)에 대입하면

$$P_{\text{in}} = P_{\text{in}}^+ + P_{\text{in}}^- = \frac{1}{2}\frac{|V_{\text{in}}^+|^2}{Z_0}(1 - |\Gamma_{\text{in}}|^2) \tag{2.87}$$

가 된다. 전압과 전류파에서와 같이, 전력 역시 양과 음의 방향으로 진행하는 파의 개념으로 고려한다.

식 (2.87)에서 V_{in}^+을 직접적으로 다룰 수 없으므로 식 (2.87)을 신호원전압 V_G에 대한 식으로 다시 정리하는 것이 더 유용하다.

$$V_{\text{in}}^+ = \frac{V_{\text{in}}}{1 + \Gamma_{\text{in}}} = \frac{V_G}{1 + \Gamma_{\text{in}}}\left(\frac{Z_{\text{in}}}{Z_{\text{in}} + Z_G}\right) \tag{2.88}$$

여기에서 식 (2.83)을 이용하였다. 식 (2.69)에서 이미 알고 있는 것과 같이 입력 임피던스를 다시 쓰면 다음과 같다.

$$Z_{in} = Z_0 \frac{1 + \Gamma_{in}}{1 - \Gamma_{in}} \tag{2.89}$$

식 (2.85)에서 신호 임피던스 Z_G를 구하면

$$Z_G = Z_0 \frac{1 + \Gamma_S}{1 - \Gamma_S} \tag{2.90}$$

이므로 식 (2.89)와 식 (2.90)을 식 (2.88)에 대입하고 정리하면 다음과 같다.

$$V_{in}^{+} = \frac{V_G}{2} \frac{(1 - \Gamma_S)}{(1 - \Gamma_S \Gamma_{in})} \tag{2.91}$$

식 (2.87)에 식 (2.91)을 이용하면 입력전력에 대한 식은 다음과 같다.

$$P_{in} = \frac{1}{8} \frac{|V_G|^2}{Z_0} \frac{|1 - \Gamma_S|^2}{|1 - \Gamma_S \Gamma_{in}|^2} (1 - |\Gamma_{in}|^2) \tag{2.92}$$

위 식에 식 (2.84)를 이용하면 무손실 전송 선로에서의 입력전력에 대한 식은 다음과 같다.

$$P_{in} = \frac{1}{8} \frac{|V_G|^2}{Z_0} \frac{|1 - \Gamma_S|^2}{\left|1 - \Gamma_S \Gamma_0 e^{-2j\beta l}\right|^2} (1 - |\Gamma_0|^2) \tag{2.93}$$

전송 선로가 무손실이므로 부하에 전달된 전력은 입력전력과 같다. 만약 신호원과 부하 임피던스가 전송 선로 임피던스에 정합되었다면($\Gamma_S = 0$, $\Gamma_0 = 0$), 식 (2.93)은 다음과 같이 간단하게 된다.

$$P_{in} = \frac{1}{8} \frac{|V_G|^2}{Z_0} = \frac{1}{8} \frac{|V_G|^2}{Z_G} \tag{2.94}$$

위 식은 완전한 정합조건 아래 신호에서 형성된 전력을 나타내며, **신호원에서 제공되는 최대가용전력**(*maximum available power*)이 된다. 부하 Z_L이 전송 선로에 정합되었고 신호원임피던스 Z_G가 부정합되었다면 전력의 일부분은 반사될 것이며 최대가용전력의 일부분만 전송 선로 $d = l$ 점에 전달될 것이다.

$$P_{in} = \frac{1}{8} \frac{|V_G|^2}{Z_0} |1 - \Gamma_S|^2 \tag{2.95}$$

신호원과 부하단 양쪽에서 임피던스 부정합되었다면 반사는 전송 선로의 양쪽에서 나타나며 부하에 전달된 전력은 식 (2.93)과 같이 정의된다. RF 회로에서 전력의 단위는 W(watt) 이외에 dBm을 사용하며 다음과 같이 정의한다.

$$P[\mathrm{dBm}] = 10\log\frac{P}{1\ \mathrm{mW}} \tag{2.96}$$

즉, RF에서 전력은 1 mW를 기준으로 비례하여 측정된다.

RF&MW

예제 2-9 • 전송 선로의 전력에 대한 고찰

50 Ω 동축케이블

동축케이블 중에 50 Ω이 대중화되어 있다. 이것은 외부도체와 내부도체의 비가 1.65이고 $\varepsilon_r = 1$인 조건에서 최소 감쇄특성을 갖는 77 Ω과 최대 전력을 얻을 수 있는 33 Ω의 특성을 고려하여 결정된 것이다. 이 두 특성의 기하평균 $Z_0 = \sqrt{30 \cdot 77}\,\Omega$이 50 Ω이다.

그림 2-34의 회로에서 $Z_0 = 75\ \Omega$, $Z_G = 50\ \Omega$, $Z_L = 40\ \Omega$인 무손실 전송 선로로 가정한다. 입력전력과 부하에 전달된 전력을 계산하라. 답을 W와 dBm으로 각각 표현하라. 선로의 길이는 $\lambda/2$이며 신호원 전압은 $V_G = 5$ V이다.

풀이:

무손실 전송 선로이므로 부하에 전달된 전력은 입력전력과 정확히 동일하다. 입력전력을 구하기 위하여 식 (2.93)을 이용한다. 전송 선로의 길이가 $\lambda/2$이므로 식 (2.93)에서 지수함수 항은 1과 같다. 즉 $e^{-2j\beta l} = e^{-2j(2\pi/\lambda)(\lambda/2)} = 1$이다. 식 (2.93)을 다시 쓰면

$$P_{\text{in}} = \frac{1}{8}\frac{|V_G|^2}{Z_0}\frac{|1-\Gamma_S|^2}{|1-\Gamma_S\Gamma_0|^2}(1-|\Gamma_0|^2)$$

여기에서 신호원에서 반사계수는 $\Gamma_S = (Z_G - Z_0)/(Z_G + Z_0) = -0.2$이며 부하에서 반사계수는 $\Gamma_0 = (Z_L - Z_0)/(Z_L + Z_0) = -0.304$이다. 이 값들을 위식에 대입하고 정리하면

$$P_L = P_{\text{in}} = 61.7\ \mathrm{mW}$$

또는 다음과 같다.

$$P_L = P_{\text{in}} = 17.9\ \mathrm{dBm}$$

대부분의 RF 데이터 표와 응용회로에서는 출력전력을 dBm으로 나타낸다. 그러므로 mV와 dBm의 크기 관계를 아는 것이 중요하다.

전력 표기법

10^{-7} mW =	– 70 dBm
0.1 mW =	– 10 dBm
1 mW =	0 dBm
10 mW =	10 dBm
1 W =	30 dBm
10 W =	40 dBm

앞에서의 해석을 손실전송 선로에도 쉽게 적용할 수 있다. 손실전송 선로에서는 입력전력은 신호의 감쇄 때문에 부하전력과 같지 않다. 그러나 그림 2-34를 참고하면 부하에 흡수된 전력은 식 (2.87)와 유사하게 표현되며 다음과 같다.

$$P_L = \frac{|V_L^+|^2}{2Z_0}(1 - |\Gamma_0|^2) \tag{2.97}$$

여기에서 손실 선로에서의 전압 $|V_L^+|$은 $|V_L^+| = |V_{\text{in}}^+|e^{-\alpha l}$이며, α는 감쇄상수이다. 식 (2.91)을 식 (2.97)에 대입하면 다음과 같다.

$$P_L = \frac{1}{8}\frac{|V_G|^2}{Z_0}\frac{|1 - \Gamma_S|^2}{|1 - \Gamma_S\Gamma_{\text{in}}|^2}e^{-2\alpha l}(1 - |\Gamma_0|^2) \tag{2.98}$$

여기에서 모든 파라미터는 신호원 전압, 반사계수, 그리고 $\Gamma_{\text{in}} = \Gamma_0 \exp(-2\gamma l)$와 관련되어 정의하였다.

2.11.3 입력 임피던스의 정합

그림 2-34의 전송 선로에 대한 전기적 등가회로는 신호원을 전송 선로에 정합시키는 최적조건을 조사할 수 있게 한다.

집중소자 파라미터의 표현은 그림 2-35와 동일하며 식 (2.93)은 다음과 같이 나타낼 수 있다.

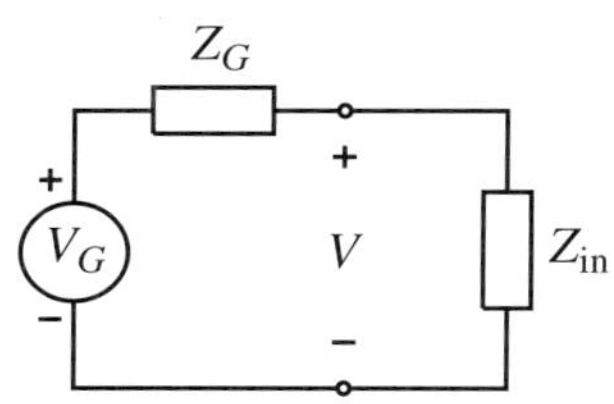

그림 2-35 • 전송 선로 형태에서 입력단 등가회로

$$P_{\rm in} = \frac{1}{2}{\rm Re}\left(V_{\rm in}\frac{V_{\rm in}^*}{Z_{\rm in}^*}\right) = \frac{1}{2}\frac{|V_G|^2}{{\rm Re}(Z_{\rm in}^*)}\left|\frac{Z_{\rm in}}{Z_G + Z_{\rm in}}\right|^2 \tag{2.99}$$

신호원의 임피던스를 $Z_G = R_G + jX_G$의 복소수 값으로 표현하면 전송 선로에 전달되는 최대 전력을 구하기 위하여 $Z_{\rm in}$에 부여해야 하는 조건을 구할 수 있다. $P_{\rm in}$을 두 개의 독립변수 $R_{\rm in}$과 $X_{\rm in}$의 함수로 취급하고 $P_{\rm in}$을 $R_{\rm in}$와 $X_{\rm in}$에 대하여 미분하여 그 값을 영(0)으로 놓으면 최대 전력값을 구할 수 있다. 즉

$$\frac{\partial P_{\rm in}}{\partial R_{\rm in}} = \frac{\partial P_{\rm in}}{\partial X_{\rm in}} = 0 \tag{2.100}$$

두 조건식에 따라 결과는 다음 식과 같다.

$$R_G^2 - R_{\rm in}^2 + (X_G^2 + 2X_GX_{\rm in} + X_{\rm in}^2) = 0 \tag{2.101a}$$

및

$$X_{\rm in}(X_G + X_{\rm in}) = 0 \tag{2.101b}$$

식 (2.101b)를 풀면 $X_{\rm in} = -X_G$를 구하며 이 결과를 식 (2.101a)에 대입하여 $R_{\rm in} = R_G$를 구한다. 이와 같은 유도는 전송 선로와 신호 임피던스 사이에 최적전력전달은 공액 복소수 정합을 해야 함을 의미한다.

$$Z_{\rm in} = Z_G^* \tag{2.102}$$

이것은 신호원과 입력 임피던스 사이의 정합에 대한 것이지만 동일한 정합에 대한 해석이 출력 임피던스와 부하 임피던스 사이의 정합에서도 이루어질 수 있다. 최대 전력전달을 위하여 공액복소수 정합을 얻는 데 필요한 임피던스는 다음과 같다.

$$Z_{\rm out} = Z_L^*$$

여기에서 $Z_{\rm out}$은 부하 측으로부터 전송 선로를 본 임피던스이다.

삽입손실과 반사손실

다음 표는 dB 단위의 삽입손실(IL)과 반사손실(RL), 그리고 전압 정재파비(VSWR)의 관계를 제공한다.

IL [dB]	RL [dB]	VSWR
0.01	26.4	1.10
0.50	9.64	1.98
1.00	6.87	2.66
3*	3*	5.83
5.00	1.65	10.6

* 주 : 3 dB 반사손실, 삽입손실은 일반적으로 반전력점이라고 부른다. 정확하게 3.0103 dB이다.

2.11.4 반사손실과 삽입손실 (return loss and insertion loss)

실제회로 구현에서는 항상 가용신호전력과 전송 선로에 전달된 전력 사이에 어느 정도의 임피던스 부정합이 일어난다. 즉, 식 (2.89)

에서 Γ_{in}이 영(0)이 아님을 의미한다. 이와 같은 부정합을 **반사손실(return loss, RL)**이라 정의하며, 입사전력 $P_i = P_{in}^{+}$에 대한 반사전력 $P_r = P_{in}^{-}$의 비로서 다음 식과 같다.

$$\text{RL[dB]} = -10\ \log\left(\frac{P_r}{P_i}\right) = -10\ \log|\Gamma_{in}|^2 = -20\ \log|\Gamma_{in}| \tag{2.103a}$$

$$\text{RL[Np]} = -\ln|\Gamma_{in}| \tag{2.103b}$$

여기에서 식 (2.103a)는 반사손실을 데시벨(dB)로 나타내며 식 (2.103b)는 RL을 네이퍼(Np)로 나타낸다. dB는 베이스 10에 대한 로그값이며 네이퍼는 자연 대수에 대한 로그값이다. Np와 dB 사이의 변환은 다음 식과 같이 이루어진다.

$$\text{RL[dB]} = -20\ \log|\Gamma_{in}| = -20(\ln|\Gamma_{in}|)/(\ln 10) = -(20\ \log e)\ln|\Gamma_{in}| \tag{2.104}$$

그러므로 1 Np = 20 log$e$ = 8.686 dB이다. 식 (2.104)에서와 같이 $\Gamma_{in} \to 0$, $R_L \to \infty$전송선로는 정합된다.

RF&MW→

예제 2-10 • 전송 선로에서의 반사손실

그림 2-35의 회로에서 20 dB의 반사손실이 측정되었다. 임피던스 값이 실수만으로 구성되었다고 가정하고, 전송선로의 임피던스가 $Z_0 = R_{in} = 50\ \Omega$이 되기 위한 신호원저항 R_G를 구하여라. 이 구한 값은 유일한 해인지 판단하라.

풀이:

반사계수는 식 (2.103a)으로부터 다음과 같다.

$$|\Gamma_{in}| = 10^{-\text{RL}/20} = 10^{-20/20} = 0.1$$

신호원저항은 식 (2.89)을 이용하여 계산된다.

$$R_G = R_{in}\frac{1 + \Gamma_{in}}{1 - \Gamma_{in}} = 50\frac{1 + 0.1}{1 - 0.1}\ \Omega = 61.1\ \Omega$$

계산을 진행하면서, 반사계수 Γ_{in}가 양수이면 절대값과 같으나 음수가 될 때 신호저항은 다음과 같다.

$$R_G = R_{\text{in}}\frac{1+\Gamma_{\text{in}}}{1-\Gamma_{\text{in}}} = 50\frac{1-0.1}{1+0.1}\ \Omega = 40.9\ \Omega$$

회로분석기로 기록되는 반사손실은 반사계수를 즉각적으로 알 수 있으므로 전송 선로와 신호원 사이의 임피던스 부정합의 정도를 알 수 있다.

반사전력을 포함하는 회귀손실 외에 **삽입손실(insertion loss, IL)**을 도입하는 것이 매우 유용하다. 삽입손실은 입사전력 P_i에 대한 전송된 전력 P_t의 비율로서 정의되며 실제적으로 삽입손실은 다음 공식에 따라 dB로 측정된다.

$$\text{IL[dB]} = -10\ \log\frac{P_t}{P_i} \approx -10\ \log\frac{P_i - P_r}{P_i} = -10\ \log(1-|\Gamma_{\text{in}}|^2) \tag{2.105}$$

식 (2.105)의 의미는 회로 설계에서 나타난다. 명칭에서 의미하듯, 부정합된 회로가 RF 신호에 연결된다면 반사가 일어나며 회로에 전달될 때 전력손실이 일어난다. 예를 들어 회로가 개방회로 또는 단락회로를 나타내면 삽입손실은 최대($\text{IL} \to \infty$)가 되며, 회로가 신호원과 정합되었다면 모든 전력은 회로에 전달되고 삽입손실은 최소($\text{IL} = 0$)가 된다.

RF&MW→

실용적인 설명: 종단된 동축 선로의 임피던스 측정

커넥터를 갖고 있는 RF 부품의 임피던스, 반사계수는 10 kHz에서 100 GHz 주파수 범위(대부분 장비의 주파수 대역은 이것의 일부분만 담당한다)의 네트워크 분석기(network analyzer)를 이용하여 측정한다. 그러므로 실제적인 측정은 저항에 의해 종단된 동축케이블을 이용하게 된다.

예로써, 네트워크 분석기(HP 8714ES)의 포트1에 접속된 54 cm의 케이블에 100 Ω 저항이 연결되어 있다. 주파수 300 kHz부터 1 GHz 대역에서 측정된 임피던스의 크기를 그림 2-36(a)에 나타내었다.

이론적으로 임피던스를 예측하려면 케이블의 특성 임피던스와 위상속도를 알아야 한다. 여기서, 특성임피던스는 50 Ω이고 위상속도는 빛의 속도의 71%이다. 그러므로 식 (2.69)와 식 (2.58)에 의하여 예측되는 입

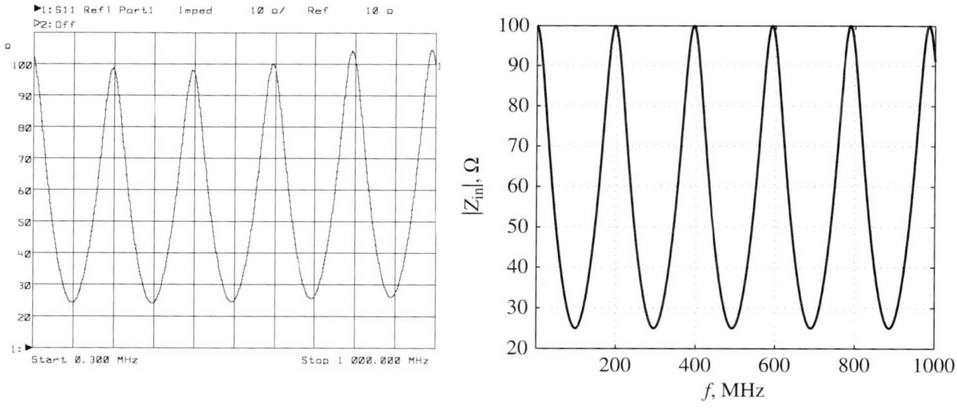

그림 2-36 • 100 Ω 저항으로 종단된 동축 선로의 임피던스. (a)네트워크 분석기 측정 (b) 이론적인 예측 결과

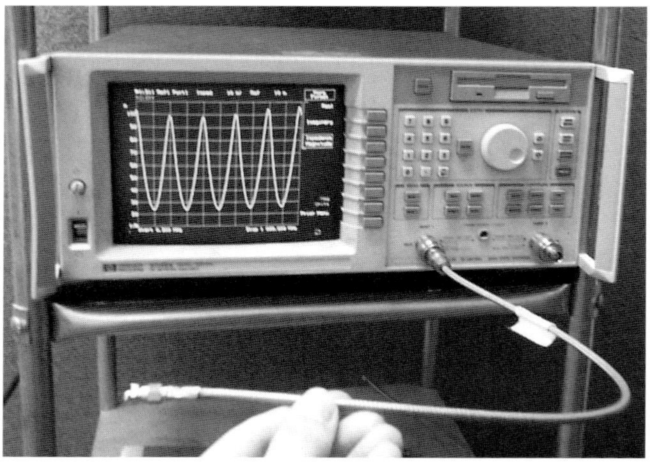

그림 2-37 • 100 Ω 부하 저항이 연결된 네트워크 분석기

력 임피던스는 그림 2-36(b)에 나타낸 것과 같다. 우리는 여기서 다음과 같은 것을 알 수 있다. 낮은 주파수에서 입력 임피던스는 100 Ω으로 시작하여, 약 200 MHz 주기마다 입력 임피던스가 25 Ω과 100 Ω 사이를 진동한다. 주파수가 증가함에 따라 기생효과에 의해 발생하는 영향으로 측정에 있어서 약간의 편차를 발견할 수 있다. 임피던스 측정 결과를 나타내고 있는 네트워크 분석기를 그림 2-37에 나타내었다.

2.12 요 약

본 장에서는 분포회로 이론의 기본개념에 대하여 자세히 논의하였다. 전압파와 전류파의 파장이 회로소자의 실제 크기의 거의 10배 정도가 될 때 키르히호프의 법칙을 적용한 집중소자의 해석을 전파의 원리에 입각한 분포형 해석 이론으로 바꿀 수 있다는 사실에 주지할 필요가 있다. 저주파회로 이론에서 고주파회로 이론으로의 분석 방법의 전환은 1/10 λ 이하이거나 동일할 때에 적용가능하다는 것에 대하여 명확한 근거는 없으며 실제적으로 애매모호함이 존재한다. 그러나 의미 있는 설계결과를 얻으려면 특정 주파수에서 시작되는 전환이 필요한다.

분포형 이론의 개념은 전송 선로의 미소한 부분에 대하여 등가회로로 표현(제2, 3절)하는 것을 개발함으로써 가장 잘 이해할 수 있다. 일반적인 세 가지 전송 선로형태(제2.6절)를 회로로 표현할 때 요구되는 단위길이당 R, L, G, C 파라미터는 자세한 분석 없이 표 2-1에서 얻을 수 있다. 그러나 이러한 파라미터 값을 어떻게 구하는가에 관심이 많은 독자를 위하여 제2.4절에서 패러데이 법칙과 암페어 법칙의 필요한 방안을 소개하였고 제2.5절에서 평행 도체판 전송 선로에 대한 네 개의 필요한 파라미터를 유도하였다.

두 경우에서 궁극적으로 회로 파라미터에 의하여 전송 선로의 특성 임피던스와 전송계수를 다음 식과 같이 유도하였다.

$$Z_0 = \sqrt{\frac{R+j\omega L}{G+j\omega C}}, \quad \gamma = \alpha + j\beta = \sqrt{(R+j\omega L)(G+j\omega C)}$$

이 식으로부터 무손실 전송 선로에서 종단된 전송 선로의 입력 임피던스를 구할 수 있으며, 이 결과는 RF에서 중요한 방정식 중의 하나로서 다음과 같다.

$$Z_{\text{in}}(d) = Z_0 \frac{Z_L + jZ_0 \tan(\beta d)}{Z_0 + jZ_L \tan(\beta d)}$$

종단이 개방되었을 때와 단락되었을 때, 그리고 부하 임피던스에 정합되었을 때에 대한 이 식의 응용으로 거리에 대한 공간적 특성 및 주파수 반응 특성에 대하여 공부하였다. 또한, 사분파장(λ/4) 임피던스 변환기가 부하와 원하는 입력 임피던스 사이의 정합을 얻는 방안으로 도입되었다. 입력 임피던스 식에 대한 또 다른 방안으로는 부하와 신호원단에서의 반사계수로 선로 임피던스를 나타내는 유용한 방법이 있다.

$$\Gamma_0 = \frac{Z_L - Z_0}{Z_L + Z_0} \qquad\qquad \Gamma_S = \frac{Z_G - Z_0}{Z_G + Z_0}$$

길이가 d인 무손실 전송 선로의 반사계수는 거리에 대하여 다음 식과 같이 된다.

$$\Gamma(d) = \Gamma_0 e^{-j2\beta d}$$

반사계수의 개념은 전력의 흐름을 고려할 때 간결하게 나타낼 수 있다. 입력 임피던스와 유사하게 입력전력은 다음과 같이 나타낸다.

$$P_{\text{in}} = \frac{1}{8}\frac{|V_G|^2}{Z_0}\frac{|1-\Gamma_S|^2}{\left|1-\Gamma_S\Gamma_0 e^{-2j\beta l}\right|^2}(1-|\Gamma_0|^2)$$

이 식을 통해 신호단 및 부하단에서 임피던스의 다양한 정합관계와 부정합조건을 알 수 있다. 제2장은 회귀손실과 삽입손실을 간략하게 논의하면서 결론을 맺었다.

참고문헌

R. G. Medhurst, "High Frequency resistance and capacity of single-layer solenoids," *Wireless Engineering*, p. 35, 1947.

H. M. Greenhouse, "Design of planar rectangular microelectronic inductors," *IEEE Trans. on Parts, Hybrids, Packing*, Vol. 10, pp. 101–109, 1974.

I. J. Bahl and D. K. Trivedi, "A designer's guide to microstrip line," *Microwaves*, pp. 90–96, 1977.

P. R. Geffe, "The design of single-layer solenoids for RF filters," *Microwave Journal*, Vol. 39. pp. 70–76, 1996.

V. F. Perna, "A guide to judging microwave capacitors," *Microwaves*, Vol. 9. pp. 40–42, 1970.

T. G. Bryant and J. A. Weiss, "Parameters of microstrip transmission lines and of coupled pairs microstrip lines," *IEEE Trans. on Microwave Theory Techniques (MTT)*, Vol. 16, pp. 1021–1027, 1968.

B. Bhat and S. K. Koul, "Unified approach to solve a class of strip and microstrip-like transmission lines," *IEEE Trans. on Microwave Theory Techniques (MTT)*, Vol. 30, pp. 679–686, 1982.

R. Collin, *Foundations of Microwave Engineering*, McGraw-Hill, New York, 1966

G. Gonzales, *Microwave Transistor Amplifiers, Analysis and Design*, 2nd edition, Prentice Hall, Upper Saddle River, New Jersey, 1997.

H. A. Haus and J. R. Melcher, *Electromagnetic Fields and Energy*, Prentice Hall, Englewood Cliffs, NJ, 1989.

M. F. Iskander, *Electromagnetic Fields and Waves*, Prentice Hall, Upper Saddle River, New Jersey, 1992.

C. T. A. Johnk, *Engineering Electromagnetic Fields and Waves*, 2nd ed., John Wiley & Sons, New York, 1989.

J. A. Kong, *Electromagnetic Wave Theory*, 2nd ed., John Wiley & Sons, New York, 1996.

S. Y. Liao, *Engineering Applications of Electromagnetic Theory*, West Publishing Company, St. Paul, MN, 1988.

P. A. Rizzi, *Microwave Engineering, Passive Circuits*, Prentice Hall, Englewood Cliffs, New Jersey, 1988.

H. Sobol, "Applications of Integrated Circuit Technology to Microwave Frequencies," *Proceedings of the IEEE*, August 1971.

D. H. Staelin, A. W. Morgenthaler, and J. A. Kong, *Electromagnetic Waves*, Prentice Hall, Upper Saddle River, New Jersey, 1994.

연습문제

2.1 전송 선로에서 사용되는 유전체의 실효 비유전율 ε_r을 예측하기 위하여, 그림 2-2와 유사한 구성으로 전송 선로에 따라 전압분포를 측정해야만 한다. 1 GHz의 동작주파수에서 측정한 결과 케이블에서 신호의 파장은 10 cm였다. 이 관계를 이용하여 물질의 실효 유전율을 계산하여라. 이 실험장치가 어떻게 감쇄상수 α를 측정하는 데 이용될 수 있는지에 대하여 논의하여라.

2.2 본 장에서 논의한 것과 같이 PCB 위의 단일 신호 선로는 전송 선로로 취급할 수 있으며 그림 2-12에서와 같이 등가회로로서 모델화시킬 수 있다. 그럼에도 불구하고 PCB의 크기가 작아지면 신호전송로 사이의 간격이 감소되어 별도의 전송 선로로서 취급할 수 없게 되므로 신호전송로 사이의 상호작용을 고려해야 한다. 그림 2-7에 보여준 그림을 참고하여 두 개의 신호전송로 사이의 상호작용을 고려하였을 때 새로운 등가회로를 나타내어라.

2.3 식 (2.32)에서 α와 β를 L, C, G, R 과 ω의 함수로 구하라.

2.4 본문에서 평판 선로에 대해 전송 선로 파라미터(R, L, G, C)를 유도하였다. 그림 2-4와 같은 두 평행 도선에 대해 전송 선로 파라미터를 유도하라. 여기서 $D >> a$라고 가정한다.

2.5 그림 2-5의 동축 선로에 대해 문제 2.4와 같이 유도하라.

2.6 RG6A/U 케이블의 특성 임피던스는 75 Ω이다. 0.5 m 케이블의 커패시턴스를 측정하

여 33.6 pF이었다. 전송 선로 케이블이 무손실 선로라 할 때, 단위길이당 인덕턴스는 얼마인가?

2.7 전송 선로에서 유전체 손실과 전도손실이 매우 작다고 가정한다(즉 $G << \omega C$, $R << \omega L$). 전파상수 γ가 다음 식과 같음을 증명하라.

$$\gamma = \alpha + j\beta = \frac{1}{2}\left(\frac{R}{Z_0} + GZ_0\right) + j\omega\sqrt{LC}$$

여기에서 $Z_0 = \sqrt{L/C}$는 무손실 선로의 특성 임피던스이다.

2.8 위 식의 결과와 표 2-1의 전송 선로 파라미터를 이용하여

(a) 손실이 작은 동축케이블에서 감쇄상수가 다음 식과 같음을 증명하라.

$$\alpha = \frac{1}{2}\frac{1}{\sigma_{\text{cond}}\delta}\sqrt{\frac{\varepsilon}{\mu}}\frac{1}{\ln(b/a)}\left(\frac{1}{a} + \frac{1}{b}\right) + \frac{\sigma_{\text{diel}}}{2}\sqrt{\frac{\mu}{\varepsilon}}$$

여기에서 σ_{diel}과 σ_{cond}는 각각 유전체와 도체의 전도율이다.

(b) 이 경우 감쇄는 $x = b/a$에서 도체의 반경이 $x \ln_x = 1 + x$일 때 최소가 됨을 증명하라.

(c) 비유전상수가 $\varepsilon_r = 1$인 동축케이블에서 최소손실의 조건은 $Z_0 = 76.7\ \Omega$의 특성 임피던스에서 나타남을 증명하라.

2.9 동축케이블의 특성이 다음과 같을 때 전송 선로의 파라미터를 계산하라.

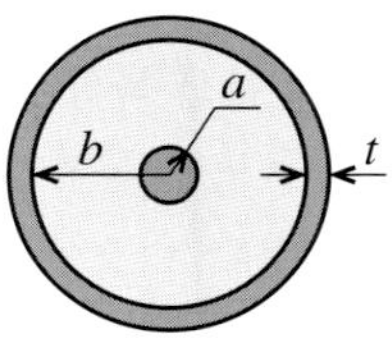

내부도체: 구리

$a = 0.5$ mm, $\sigma_{\text{Cu}} = 64.5 \times 10^6$ S/m

유전체: 폴리에틸렌(polyethylene)

$b = 1.5$ mm, $\sigma_{\text{Poly}} = 10^{-14}$ S/m, $\varepsilon_r = 2.25$

외부도체: 구리

$t = 0.5$ mm, $\sigma_{\text{Cu}} = 64.5 \times 10^6$S/m

2.10 RG58A/U 케이블의 특성 임피던스는 50 Ω이다. 이 동축케이블의 일정구간을 측정한 결과는 다음과 같다.

- 케이블 1 m당 커패시턴스: 101 pF
- 위상속도: 광속의 66%
- 1GHz에서 감쇄: 0.705 dB/m
- 절연유전체층은 폴리에틸렌이며 $\sigma_{\text{Poly}} = 10^{-14}$S/m

이 데이터를 이용하여 다음을 구하여라.

(a) 케이블을 무손실 선로라 가정할 때 단위길이당 인덕턴스 L

(b) 무손실 케이블일 때 케이블의 특성 임피던스 Z_0를 구하라.

(c) 유전체의 비유전율(ε_r)을 구하라.

(d) 동작주파수 1 GHz에서 동축케이블의 단위길이당 저항성 R(힌트: 문제 2.8에서 구한 감쇄상수의 공식을 이용한다)

(e) 단위길이당 유전체의 컨덕턴스 G

2.11 앞 문제의 동축케이블을 이용하여 복소수 특성 임피던스를 구하라. 특성 임피던스의 실수부와 허수부의 주파수 동작 특성을 주파수 10 kHz~1 GHz에 대해서 그림으로 나타내어라. 이 결과가 예상한 것과 일치하는가? 차이점을 설명하라.

2.12 $R = G = 0$이면 무왜곡 전송 선로가 되며, $\gamma = j\omega\sqrt{LC} = \alpha + j\beta$ 또는 $\alpha = 0$, $\beta = \omega/v_p$가 되고, 위상속도는 주파수에 무관하다[$v_p = 1/(\sqrt{LC})$]. 전송 선로를 따라가는 신호의 전달은 펄스의 왜곡이나 감쇄가 나타나지 않는다. 만약 $R \neq G \neq 0$이라면 $\alpha = \sqrt{RG}$, $\beta = \omega\sqrt{LC}$가 되는 조건을 구하라. 다르게 표현하면 전송 선로는 감쇄는 있으나 왜곡은 나타나지 않는다.

2.13 50 Ω의 전송 선로를 구축하려 한다. 비유전율은 2.23이고 유전체 판의 높이는 h = 0.787 mm이다. 구리동판의 두께를 무시할 때, 폭, 파장 및 실효 유전상수를 구하여라. 동작주파수는 1 GHz로 가정한다.

2.14 본문 표 2-1에 평형 2선 선로에 대한 선로 파라미터가 표현되어 있다. 이것을 참고하여 선로의 반경은 a이고, 중심으로부터 h만큼 위에 접지면이 있는 경우에 대해 특성 임피던스 식을 유도하라. 무손실 선로이고 균질의 유전체라고 가정한다.

2.15 마이크로스트립 선로(무손실로 가정)는 매우 높은 주파수에서 분산 특성이 나타나기 시작한다. 이것은 주파수에 따라 위상속도가 변함을 의미한다(또한 특성임피던스도 약간 변한다). 마이크로스트립 선로에서 분산이 일어나는 이유와 비슷한 크기의 동축 선로에서는 분산이 일어나지 않는 이유를 설명해보라. 여기서 모든 유전 상수는 주파수에 독립적인 것으로 간주한다.

2.16 다음과 같은 정재파비(SWR)에 대한 정의식으로부터

$$\text{SWR} = \frac{|V_{\max}|}{|V_{\min}|} = \frac{|I_{\max}|}{|I_{\min}|}$$

다음과 같이 표현할 수 있음을 증명하라.

$$\text{SWR} = \frac{1 + |\Gamma_0|}{1 - |\Gamma_0|}$$

2.17 동축케이블의 특성 임피던스가 50 Ω이며 무손실 선로라 가정한다. 부하 단을 단락시켰을 때 케이블 길이 2파장, 0.75파장, 0.5파장에 대한 입력 임피던스를 구하라.

2.18 그림 2-2에 보인 바와 유사한 실험을 시행하여 다음과 같은 결과를 얻었다. 연속적인 최소전압 사이의 거리는 2.7 cm, 부하 임피던스로부터 첫 번째 최소 전압점까지 거리는 1.1 cm이었으며 부하의 SWR은 2.5였다. Z_0가 60 Ω일 때 부하 임피던스를 구하

여라.

2.19 본 장에서 무손실 선로의 부하가 종단되었을 때 입력 임피던스식 (2.71)을 유도하였다. 동일한 유도방법을 이용하여 손실 부하 전송 선로(즉 $R \neq 0$, $G \neq 0$)에서 입력 임피던스가 다음과 같음을 증명하라.

$$Z_{\text{in}}(d) = Z_0 \frac{Z_L + Z_0 \tanh(\gamma d)}{Z_0 + Z_L \tanh(\gamma d)}$$

여기에서 γ는 복소 전파상수이며 tanh은 다음과 같다.

$$\tanh(x) = \frac{e^x - e^{-x}}{e^x + e^{-x}}$$

2.20 문제 2.19의 결과를 이용하여 10 cm 길이의 손실 동축케이블에 부하 임피던스 $Z_L = (45 + j5)\ \Omega$가 연결되어 있을 때 입력 임피던스를 구하라. 이 시스템은 1 GHz에서 동작하며 동축케이블은 다음과 같은 파라미터를 갖는다.

$R = 123\ \mu\Omega/\text{m}$, $L = 123$ nH/m, $G = 123\ \mu\text{S/m}$ 및 $C = 123$ pF/m이다.

2.21 RG-58 A/U 동축 케이블의 길이가 3λ이고 부하 저항이 5 Ω인 경우 1 GHz에서 입력 임피던스를 계산하라. 케이블에 대한 데이터 시트는 특성 임피던스 $Z_0 = 50\ \Omega$, 위상 속도 $v_p = 0.659c$ 그리고 감쇄 특성은 1 GHz에서 97 dB/100 m이다. 손실과 무손실의 두 조건에 대해 모두 계산하고, 차이점을 설명하라.

2.22 무손실 전송 선로의 입력 임피던스는 매 반파장[즉 $Z_{\text{in}}(l_d) = Z_{\text{in}}(l_d + m(\lambda/2))$]마다 자체 값이 반복됨을 증명하라. 여기에서 l_d는 임의의 길이이며 m은 정수로 $m = 0, 1, 2, \ldots$ 이다.

2.23 무선 송신기의 출력전력은 3 W이고 송신기는 특성 임피던스가 75 Ω인 안테나에 연결되어 있다. 안테나와의 연결은 특성 임피던스가 50 Ω인 동축케이블을 사용하였다면 신호원의 임피던스가 45 Ω이고 케이블의 길이가 11λ일 때 안테나에 전달된 전력을 구하여라.

2.24 개방회로 임피던스에 관한 RF 프로젝트에서 비유전율이 10, 두께가 31 mil인 회로 보드 위에 75 Ω의 마이크로스트립 선로로 만들어야 한다. 동작 주파수는 1.96 GHz이며 선로의 다른 쪽은 단락회로로 종단되어 있다. 다른 한 쪽에서 무한대의 임피던스값을 측정하기 위하여 얼마만큼의 길이를 잘라야 하는가?

2.25 $Z_0 = 85\ \Omega$이고 (3/4) λ의 길이를 갖는 단락회로의 마이크로스트립 선로가 집중회로 소자로서 이용된다. 선로를 무손실로 가정할 때 입력 임피던스는 얼마인가?

2.26 다음 그림의 시스템에서 입력전력, 부하에 전달된 전력, 삽입손실을 계산하라. 전송 선로는 무손실로 가정한다.

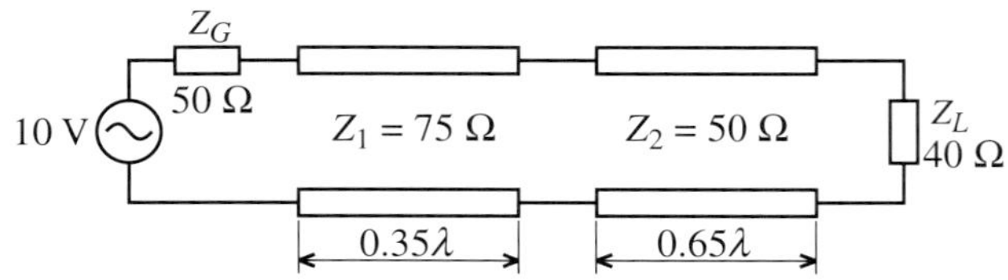

2.27 50 Ω 부하 임피던스에 대하여 문제 2.26을 다시 풀어라.

2.28 복소수 부하 임피던스 $Z_L = (75 - j50)\ \Omega$이 특성 임피던스가 100 Ω이고, 길이가 50 cm 인 무손실 전송 선로에 부착되어 있다. 주파수는 파장이 30 cm가 되도록 선정한다. 다음을 계산하라. (a) 입력 임피던스를 구하라. (b) 부하에서 10 cm 떨어진 점에서 부하 쪽을 본 점에서의 임피던스, (c) 부하 점 및 부하에서 10 cm 떨어진 점에서의 전압반사계수를 구하라.

2.29 100 Ω 마이크로스트립 선로가 75 Ω의 선로와 연결되어 있다. 반사계수(Γ), SWR, 반사된 전력의 백분율, 반사손실, 전달된 전력의 백분율, 삽입손실을 구하라.

2.30 50 Ω 전송 선로가 신호원과 정합되어 있고 부하 임피던스 Z_L= 75 Ω에 연결되어 있다. 선로의 길이가 3.4 λ이고 감쇄상수는 $\alpha = 0.5$ dB/λ이다. 다음을 계산하라. (a) 신호원에 의하여 전달된 전력, (b) 선로에서의 손실전력, (c) 부하에 전달된 전력. 전원에서 발생하는 신호원의 크기는 10 V이다.

2.31 신호발생기가 그림과 같이 주어진 회로에서 두 개의 부하에 신호를 전달하기 위하여 사용된다. 신호원에서 공급되는 각 전력을 계산하고, 각 부하에 전달되는 전력을 계산하라.

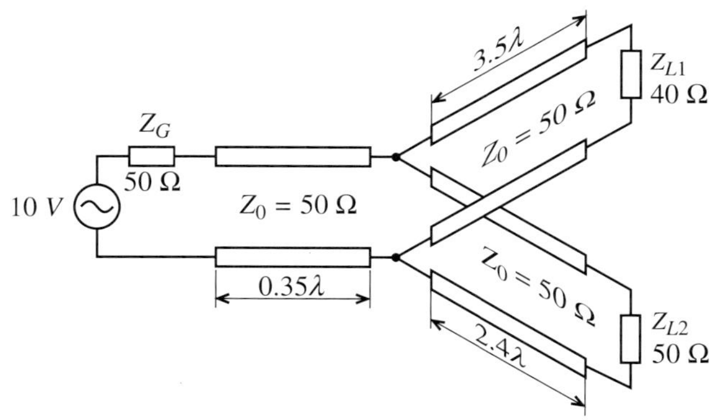

2.32 무손실 60 Ω 마이크로스트립 전송 선로가 60 μS인 어드미턴스의 부하로 종단되었다. (a) 입력 임피던스가 60 Ω이 되기 위하여 부하단에 병렬로 얼마의 임피던스를 연결해야 하는가? (b) 정합된 신호원의 입력전압이 12 V라면 연결된 부하에 흡수된 전력, 전압, 전류를 구하라.

2.33 반사손실과 삽입손실을 전압 정재파비(SWR)로서 다음과 같이 나타낼 수 있음을 증명하여라.

$$\text{RL} = 20\log\frac{\text{SWR}+1}{\text{SWR}-1} \text{ 과 } \text{IL} = 20\log\frac{\text{SWR}+1}{2\sqrt{\text{SWR}}}$$

2.34 어떤 손실 전송 선로에서 복소수 특성 임피던스 Z_0의 허수 값이 적다고 하면, 대부분의 경우 허수 부분은 계산에 미치는 영향이 적기 때문에 무시할 수 있다. 그러나 전송 선로를 집중소자(L, C)로 대체하여 사용한다면 Q(quality factor)값은 상당한 차이가 있게 된다. RG-58 동축 케이블이 길이가 $\lambda/8$이고, 끝이 단락되어 있으며 1 GHz에서 집중소자 인덕턴스를 나타낸다. 다음을 사용하여 Q 값을 계산하라. (a) 실수의 $Z_0 = 50\ \Omega$, (b) 복소수 Z_0, 여기서 케이블 손실(유전체 손실은 무시하고)은 순수한 저항 성분만 존재하는 것으로 한다. 이 케이블의 선로 파라미터는 문제 2.21에서 구할 수 있다.

CHAPTER 03

스미스 차트

전송 선로를 구성하는 물질의 특성과 기하학적 선로 크기에 따라 전송 선로의 임피던스값은 달라진다. 대표적인 전송 선로로서 마이크로스트립 선로, 동축케이블 및 평행–도체판 등이 있으며 전송 선로의 길이와 동작주파수에 따라 입력 임피던스가 변한다. 앞 장에서 종단된 전송 선로에서의 입력 임피던스를 나타내는 기본적인 방정식에 대하여 유도하였다. 이러한 방정식은 선로의 특성 임피던스, 부하 임피던스 및 탄젠트함수, 선로의 길이, 동작주파수 등으로 구성됨을 알 수 있었으며 제2.9절에서는 입력 임피던스를 등가적으로 거리에 따른 반사계수를 이용하여 표현하였다. 한편 반사계수를 쉽게 이해하기 위하여 P. H. Smith는 등각도형(conformal mapping) 원리에 기초를 두고 그래프로 표현하는 방안을 개발하였다. 이 방법은 하나의 그래프로 반사계수와 선로 임피던스를 쉽고 직감적으로 나타낼 수 있다. 이 방법은 스미스 차트라고 알려져 있으며 컴퓨터시대보다 훨씬 앞선 1930년대에 그래프과정을 통하여 개발되었다. 스미스 차트는 그 명성과 같이 수동소자, 능동소자 및 RF/MW 소자와 시스템의 특성을 나타내기 위하여 지금까지도 이용되고 있다. 마이크로파 CAD 프로그램에 의하여 회로의 임피던스 해석, 정합회로의 설계, 잡음지수, 이득 및 안정도 등을 계산하기 위하여 스미스 차트를 이용하고 있다. RF/MW의 모든 분야에서 사용되는 회로망분석기(network analyzer)를 비롯한 계측기에서도 데이터 값을 스미스 차트로 나타내기도 한다.

본 장에서는 스미스에 의하여 개발된 특정한 등각 변환법(conformal transformation)을 통하여 입력 임피던스를 복소 반사계수 표현법으로 변환하는 데 필요한 절차를 알아본다. 새로운 복소수 평면상에 나타난 반사계수를 그래프로 표현하여 전송 선로의 입력 임피던스를 구하는 데 직접적으로 이용한다. 특히 스미스 차트는 다음 장에서 공부하는 필터, 능동소자에 대한 정합회로 설계 등 복잡한 마이크로파 회로를 분석하는 데 이용된다. 다음 절에서는 스미스 차트에 대한 유도과정을 단계별로 나타내었으며 여러 예제를 통하여 수동소자의 임피던스를 계산하는 데 그래프 설계 도구가 어떻게 이용되는가를 나타내었다.

3.1 반사계수에서부터 부하 임피던스까지

제2.9절에서 반사계수는 전송 선로를 따라 어떤 점에서 입사 전압파에 대한 반사된 전압파의 비로서 정의하였다. 특별히 고려해야 할 점은 부하 점 $d = 0$에서의 반사계수이다. 물리적인 관점에서 이 반사계수 Γ_0는 식 (2.52)에서와 같이 특성 임피던스 Z_0와 부하 임피던스 Z_L 사이의 임피던스 부정합을 나타낸다. 양(+)의 d방향으로 부하 점에서 전송 선로의 시작점을 향하여 이동하면, 식 (2.64)에서와 같이 $\Gamma(d)$는 반사계수 Γ_0에 지수함수 항 $\exp(-j2\beta d)$를 곱해야 한다. 이와 같이 Γ_0에서 $\Gamma(d)$로 변환하는 것은 그래프로 설계하는 **스미스 차트**의 주요한 내용 중의 하나이다.

3.1.1 페이서 형태의 반사계수

반사계수 Γ_0의 표현은 다음과 같은 복소수 표현법으로 나타낼 수 있다.

$$\Gamma_0 = \frac{Z_L - Z_0}{Z_L + Z_0} = \Gamma_{0r} + j\Gamma_{0i} = |\Gamma_0| e^{j\theta_L} \quad (3.1)$$

여기에서 $\theta_L = \text{atan2}(\Gamma_{0i}, \Gamma_{0r})$이다. 식 (3.1)에서 순수 단락회로와 개방회로에서의 조건은 Γ_0의 값 -1과 $+1$이며, 복소수 Γ평면에서 실수 측에 놓이는 것을 알 수 있다.

RF&MW→

예제 3-1 • 반사계수의 표현

$Z_0 = 50\ \Omega$의 특성 임피던스를 갖는 전송 선로에 다음과 같은 부하가 종단되어 있다. 각각의 반사계수를 구하고 복소수 Γ 평면상에 나타내어라.

(a) $Z_L = 0$ (단락회로)
(b) $Z_L \to \infty$ (개방회로)
(c) $Z_L = 50\ \Omega$
(d) $Z_L = (16.67 - j16.67)\ \Omega$
(e) $Z_L = (50 + j150)\ \Omega$

풀이:
식 (3.1)에 의하여 반사계수를 구하면 다음과 같다.

(a) $\Gamma_0 = -1$ (단락회로)
(b) $\Gamma_0 = 1$ (개방회로)
(c) $\Gamma_0 = 0$ (정합된 회로)
(d) $\Gamma_0 = 0.54\angle 221°$
(e) $\Gamma_0 = 0.83\angle 34°$

그림 3-1에 극좌표 형태로 각각의 값을 나타내었다.

반사계수는 기초회로 이론에서 기존의 전압과 전류를 취급할 때와 같이 페이서 형태로 나타낸다.

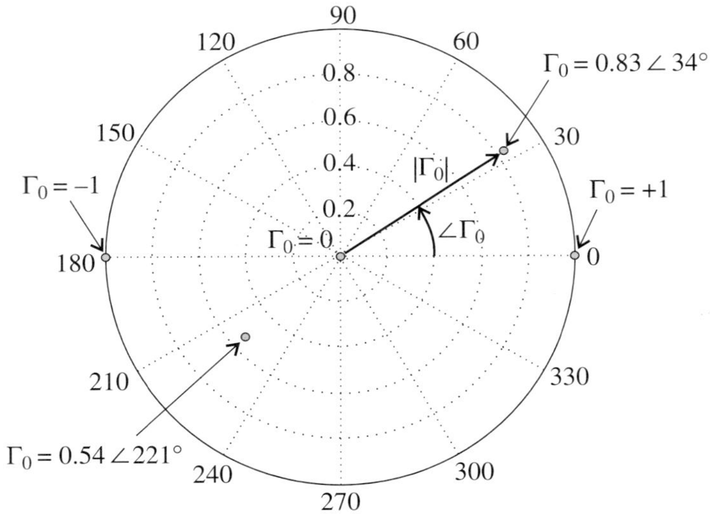

그림 3-1 • 복소수 Γ 평면과 다양한 Γ_0값의 위치

3.1.2 정규화된 임피던스의 방정식

식 (2.69)의 일반적인 입력 임피던스 표현식에 다음 반사계수식을 대입하자.

$$\Gamma(d) = |\Gamma_0| e^{j\theta_L} e^{-j2\beta d} = \Gamma_r + j\Gamma_i \tag{3.2}$$

그 결과는 다음과 같다.

$$Z_{\text{in}}(d) = Z_0 \frac{1 + \Gamma_r + j\Gamma_i}{1 - \Gamma_r - j\Gamma_i} \tag{3.3}$$

계속되는 유도과정을 일반화시키기 위하여 식 (3.3)을 특성 임피던스로 다음과 같이 정규화시킨다.

$$Z_{\text{in}}(d)/Z_0 = z_{\text{in}} = r + jx = \frac{1 + \Gamma(d)}{1 - \Gamma(d)} = \frac{1 + \Gamma_r + j\Gamma_i}{1 - \Gamma_r - j\Gamma_i} \tag{3.4}$$

이 식은 하나의 복소평면, 즉 z_{in} 평면에서 두 개의 복소평면인 Γ 평면으로 도시(mapping)함을 나타낸다. 식 (3.4)에서 분모의 공액 복소수 값을 분모와 분자에 곱하고 반사계수에 관련된 z_{in}을 실수부와 허수부로 구분하여 나타낼 수 있다.

$$z_{\text{in}} = r + jx = \frac{1 - \Gamma_r^2 - \Gamma_i^2 + 2j\Gamma_i}{(1 - \Gamma_r)^2 + \Gamma_i^2} \tag{3.5}$$

위 식의 실수부는

$$r = \frac{1 - \Gamma_r^2 - \Gamma_i^2}{(1 - \Gamma_r)^2 + \Gamma_i^2} \tag{3.6}$$

이며 허수부는 다음과 같다.

$$x = \frac{2\Gamma_i}{(1 - \Gamma_r)^2 + \Gamma_i^2} \tag{3.7}$$

식 (3.6)과 식 (3.7)은 반사계수를 Γ_r 및 Γ_i와 관련해 구체화시키는 z_{in}을 구하는 규칙이다. 복소 Γ 평면에서 z_{in} 평면으로 표현하는 것을 다음 예제에서 보였다.

RF&MW

예제 3-2 • 종단된 전송 선로의 입력 임피던스

$Z_L = (30 + j60)\ \Omega$인 부하 임피던스가 2 cm 길이의 50 Ω 전송 선로에 연결되어 있으며 동작주파수는 2 GHz이다. 반사계수의 개념을 이용하여 입력 임피던스 Z_{in}을 구하라. 위상속도는 광속의 50%로 가정한다.

풀이:

부하 반사계수를 구하면 다음과 같다.

$$\begin{aligned}\Gamma_0 &= \frac{Z_L - Z_0}{Z_L + Z_0} = \frac{30 + j60 - 50}{30 + j60 + 50} = 0.2 + j0.6 \\ &= \sqrt{0.4}\, e^{j71.56^\circ}\end{aligned} \tag{3.8}$$

다음을 고려하여 $\Gamma(d = 2\text{ cm})$을 계산한다.

$$\beta = \frac{2\pi}{\lambda} = \frac{2\pi f}{v_p} = \frac{2\pi f}{0.5c} = 83.77\ \text{m}^{-1}$$

이 결과는 $2\beta d = 192.0^\circ$이므로 반사계수를 구하면 다음과 같다.

$$\Gamma = \Gamma_0 e^{-j2\beta d} = \Gamma_r + j\Gamma_i = -0.32 - j0.55$$
$$= \sqrt{0.4}\, e^{-j120.4°}$$

반사계수를 구함으로써 이에 해당하는 입력 임피던스를 구할 수 있다.

$$Z_{\text{in}} = Z_0 \frac{1+\Gamma}{1-\Gamma} = R + jX = (14.7 - j26.7)\ \Omega$$

부하 점에서 반사계수 Γ_0의 페이서 표현에는 전기적 길이 βd의 두 배에 해당하는 회전자가 곱해진다. 이와 같은 수학적인 상태에서 입력 임피던스를 정의하기 위하여 전압파와 전류파는 부하로 진행되며 신호원으로 되돌아와야만 된다는 생각을 할 수 있다.

예제 3-2는 제2.9절에서 유도한 식 (2.65)의 임피던스 방정식을 이용함으로써 효율적으로 풀 수 있다.

3.1.3 매개 반사계수 방정식

본 절에서는 입력 임피던스를 계산하는 또 다른 접근 방안을 추구해보자. 새로운 방법은 식 (3.6)과 식 (3.7)을 대수적으로 정리하여 나타낸 것이다. 다르게 말하면, 정규화된 실수 r과 허수 x성분을 통하여 표현된 z_{in} 영역에서 한 점이 반사계수의 실수부 Γ_r과 허수부 Γ_i로 표현할 수 있는 복소수 Γ 평면에 어떻게 나타날 수 있는지 알아보자. Γ는 분모, 분자에서 나타나고 있으므로 임피던스 평면 z_{in}의 직선은 Γ 평면에서 직선으로 나타낼 수 없다는 점을 생각할 수 있다. 이 시점에서 전송 선로 임피던스 $Z_{\text{in}} = Z_0$ 또는 $z_{\text{in}} = 1$에 대하여 부하 임피던스를 정합시키면 반사계수는 제로가 되며(즉 $\Gamma_r = \Gamma_i = 0$) Γ 평면의 중심에 있게 된다. 식 (3.6)에 대하여 수학적 정리를 하면 다음과 같다.

$$r[(1-\Gamma_r)^2 + \Gamma_i^2] = 1 - \Gamma_r^2 - \Gamma_i^2 \tag{3.9a}$$

$$\Gamma_r^2(r+1) - 2r\Gamma_r + \Gamma_i^2(r+1) = 1 - r \tag{3.9b}$$

$$\Gamma_r^2 - \frac{2r}{r+1}\Gamma_r + \Gamma_i^2 = \frac{1-r}{r+1} \tag{3.9c}$$

여기에서 Γ_r에 대해 완전 제곱 항으로 나타내기 위하여 함수를 정리(부록 C 참조)하면

$$\left(\Gamma_r - \frac{r}{r+1}\right)^2 - \frac{r^2}{(r+1)^2} + \Gamma_i^2 = \frac{1-r}{r+1} \tag{3.9d}$$

이며 원의 함수로 나타내면 다음과 같다.

$$\left(\Gamma_r - \frac{r}{r+1}\right)^2 + \Gamma_i^2 = \left(\frac{1}{r+1}\right)^2 \tag{3.10}$$

앞에서 한 방법과 동일하게 식 (3.7)에 대하여 수식을 정리하면 정규화된 리액턴스에 대한 결과는 다음과 같다.

$$(\Gamma_r - 1)^2 + \left(\Gamma_i - \frac{1}{x}\right)^2 = \left(\frac{1}{x}\right)^2 \tag{3.11}$$

식 (3.10)과 식 (3.11)은 복소 Γ 평면에서 원의 방정식을 나타내는 매개 함수이며 일반적인 원의 함수는 $(\Gamma_r - a)^2 + (\Gamma_i - b)^2 = c^2$으로 나타낸다. 여기에서 a, b는 복소수 Γ 평면에서 원의 중심점 좌표를 나타내며 c는 원의 반지름이다.

그림 3-2는 식 (3.10)의 원의 방정식을 다양한 저항값에 대하여 나타내었다. 한 예로 정규화된 저항이 영(0)이면, 식 (3.10)은 원의 방정식 $\Gamma_r^2 + \Gamma_i^2 = 1$ 이며 원은 원점인 중심에 위치하고 반지름은 1이다. 또 저항이 $r = 1$이면 $(\Gamma_r - 1/2)^2 + \Gamma_i^2 = (1/2)^2$으로 원의 중심이 1/2만큼 $+\Gamma_r$ 축을 이동하고 반지름은 1/2인 원을 나타낸다. r을 증가시킬수록 원의 반지름은 계속 감소하며 원의 중심도 실수축의 1인 점에 가깝게 접근되고 있음을 알 수 있다. $r \to \infty$의 극한값이 되면 이동점은 $r/(r+1) \to 1$인 점에 수렴하게 되며 원의 반지름은 $1/(r+1) \to 0$에 접근하게 된다.

이와 같은 도시법은 x를 포함시키지 않고 고정값 r만 변환을 시킨 것이다. 그러므로 z평면에서 직선으로 나타내는 것과 같이 고정값 r에 대하여 리액턴스 x의 무한 범위는 동일한 저항에 의한 원 안에 나타낼 수 있다. r 자체를 포함한 표현은 점–대–점에 상응되는 유일한 값이 아니다.

식 (3.11)의 원의 방정식을 그래프로 나타내면, 정규화된 리액턴스 값을 포함한다. 여기에서 모든 원의 중심은 $\Gamma_r = 1$ 점에 수직인 선을 따라 놓이게 된다. 예를 들어 $x = \infty$이면 $(\Gamma_r - 1)^2 + \Gamma_i^2 = 0$이 되고 반지름이 영(0)이며, $\Gamma_r = 1$, $\Gamma_i = 0$인 점에 위치한다. $x = 1$이면, $(\Gamma_r - 1)^2 + (\Gamma_i - 1)^2 = 1$ 원의 방정식이 되며, $x \to 0$이면 반지름과 양(+)의 허수축을 따라 이동하는 점은 무한대에 접근한다. 흥미로운 것은 원 중심의 이동점은 음(−) 허수축을 따라 나타낼 수 있다는 것이다. 즉 $x = -1$인 경우, $(\Gamma_r - 1)^2 + (\Gamma_i + 1)^2 = 1$ 원

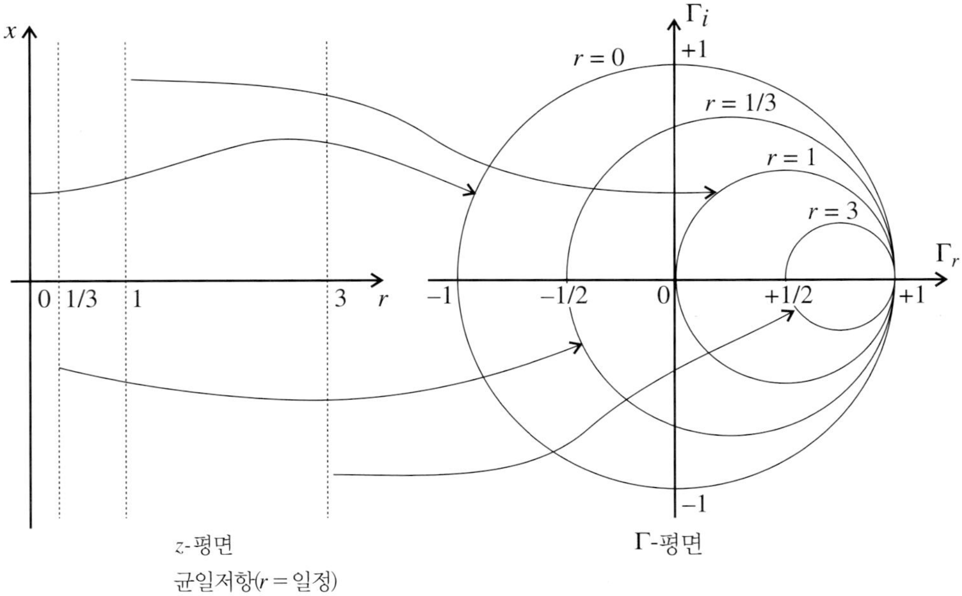

그림 3-2 • 복소수 Γ 평면에서 정규화 저항값에 따른 매개변수의 표현

의 방정식이 되며 $\Gamma_r = 1$, $\Gamma_i = -1$에 중심이 위치한다. 음의 x값은 커패시티브 특성의 임피던스로서 Γ 평면의 아래 측 반원이다. 그림 3-3은 정규화 허수 임피던스의 매개형태를 보여주고 있다. 더 확실한 이해를 위하여 원은 반지름이 1인 원의 내부만을 나타내었다. 그림 3-2와는 대조적으로, 임피던스 평면에서 직선으로 나타낸 고정값 x를 $0 \le r < \infty$의 저항에 대하여 Γ 평면상에 도시하였다.

개별적으로 나타낸 식 (3.10)과 식 (3.11)의 변환은 정규화 임피던스를 반사계수 평면으로 변환시키는데 고유한 도시과정을 구성하지 않는다. 다르게 표현하면, 식 (3.10)과 식 (3.11)에 의해 Γ 평면상에 도시된 임피던스는 원래 임피던스점으로 고유하게 다시 복원되지 않는다. 그러나 각각은 변환에서 상보작용을 하므로 유일한 도시방안은 다음 절에 논의하는 두 개의 변환을 결합하여 나타낼 수 있다.

3.1.4 그래프 표현

$|\Gamma| \le 1$에 대하여 정규화된 저항값과 리액턴스 값에 의한 원(즉 그림 3-2와 그림 3-3)의 매개적인 표현을 결합하면 그림 3-4에서와 같이 스미스 차트가 된다. 스미스 차트에

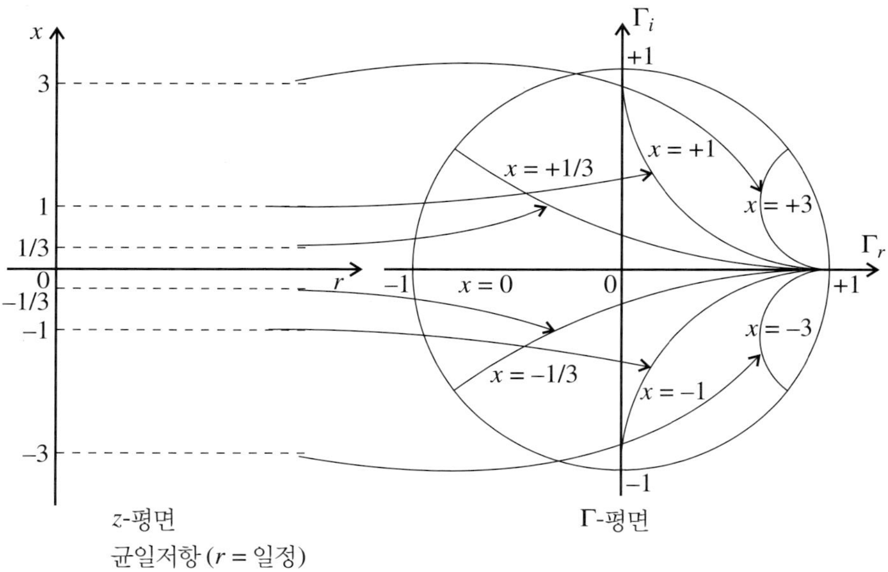

그림 3-3 • 복소수 Γ 평면에서 정규화 리액턴스값에 따른 매개변수의 표현

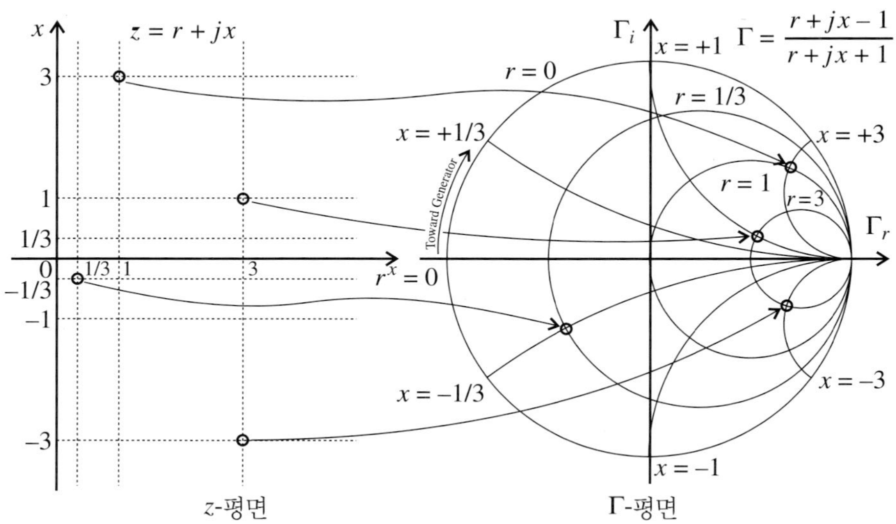

그림 3-4 • $|\Gamma| \leq 1$에서 r과 x를 결합시킨 스미스 차트의 표현

서 중요한 점은 정규화된 임피던스 평면과 반사계수 평면 사이에 **일–대–일로 구성된다**는 점이다. 저항 r 원의 범위는 $0 \le r < \infty$이고 리액턴스 x 원의 범위는 $-\infty < x < +\infty$이며 음(커패시티브) 또는 양(인덕티브)의 값으로 나타낸다. 반사계수는 $|\Gamma| \le 1$를 만족시킬 수 없음을 알 수 있다. 음의 저항값은 공진기에서 발진조건을 만족시키는 특성으로 나타나며, 이 경우 $|\Gamma| > 1$이 된다. 그 결과 단위원의 바깥쪽의 점으로 나타낸다.

반사계수가 1보다 큰 그래프 표현을 **압축 스미스 차트(compressed Smith Chart)**라 한다. 그러나 이 차트는 RF/MW 설계에서 매우 제한된 경우에만 이용되며 본 교재에서는 더 이상 언급하지 않기로 한다. 관심이 있는 독자는 특정한 교재를 참조하면 된다(본 장 뒷부분에 있는 참고 교재 중 Hewlett-Packard 응용노트 참고).

그림 3-4에서 전송 선로의 길이에 의하여 나타나는 $2\beta d$만큼의 각 회전은 $\Gamma_0 = |\Gamma|_0 e^{j\theta_L}$의 페이서 위치점으로부터 식 (3.2)의 반사계수에서 음의 지수($-2j\beta d$)에 의하여 시계방향(수학적으로는 음의 방향)으로 측정된다. 종단된 전송 선로의 입력 임피던스 계산을 위하여 항상 부하 점으로부터 신호원 방향으로 이동하며, 이와 같은 회전은 차트의 원 주변의 화살표로 나타낸다. 원 주위의 완전한 한 바퀴 회전은

$$2\beta d = 2\frac{2\pi}{\lambda}d = 2\pi$$

이며 $d = \lambda/2$ 또는 180°이다. βd는 선로의 **전기적 길이(electric length)**라고 한다.

3.2 임피던스 변환

3.2.1 부하에 대한 임피던스 변환

고주파회로에서 임피던스 동작은 RF 설계자에게는 매우 중요한 과제이다. 임피던스 동작 특성에 대해 정확하게 알고 있으면 RF/MW 시스템의 성능을 충분히 예측할 수 있다. 본 절에서는 스미스 차트를 도입하여 임피던스값을 효율적이고 쉽게 결정할 수 있는 방안에 대하여 자세히 다루고자 한다. 특성 임피던스가 Z_0이고 길이가 d인 전송 선로에 부하 임피던스 Z_L이 연결된 스미스 차트의 계산과정은 다음 여섯 단계에 따라 이루어진다.

1. 특성 임피던스 Z_0로 정규화시킨 부하 임피던스 Z_L의 값 z_L을 결정한다.
2. 스미스 차트에서 z_L의 위치를 구한다.

3. 이에 상응되는 부하 반사계수 Γ_0의 크기와 위상을 스미스 차트에서 구한다.
4. Γ_0를 전기적 길이 βd의 두 배 만큼 회전하여 $\Gamma_{in}(d)$를 구한다.
5. 공간적으로 길이 d에서 정규화된 입력 임피던스 z_{in}를 기록한다.
6. 정규화된 임피던스 z_{in}을 실제 임피던스 Z_{in}으로 전환한다.

예제 3-3에서 위 과정을 통해 이 방법은 그래프로 임피던스를 구하는 통상적인 과정을 나타내었다.

RF&MW

예제 3-3 • 스미스 차트에 의한 전송 선로 입력 임피던스 결정

앞의 리스트에 나타난 6단계 스미스 차트 계산과정에 따라 예제 3-2를 구하라.

풀이:

부하 임피던스 $Z_L = (30 + j60)\ \Omega$에서부터 시작하여 앞에서 설정한 과정에 따라 진행한다.

1. 부하 임피던스의 정규화 값은 다음과 같다.

$$z_L = (30 + j60)/50 = 0.6 + j1.2$$

2. 그림 3.5에서와 같이 $r = 0.6$인 일정한 저항 원과 $x = 1.2$인 리액턴스 곡선의 교차점 위치를 스미스 차트에서 확인한다.
3. 원점과 점 z_L을 잇는 직선거리로 부하 반사계수 Γ_0를 구한다. 이 때 양(+)의 실수축으로부터 상응되는 각도를 기록한다.
4. 스미스 차트의 바깥 측 원은 크기가 1인 반사계수($|\Gamma_0| = 1$)에 대응됨을 기억하여 원점과 부하 점 z_L을 잇는 벡터의 길이로 반사계수의 크기를 구할 수 있다. 이 벡터를 선로의 전기적 길이의 두 배(즉 $2\beta d = 2 \times 96° = 192°$)만큼 회전시켜 입력반사계수 Γ_{in}을 구한다.
5. 이 점은 유일하게 정규화된 입력 임피던스 $z_{in} = 0.3 - j0.53$에 대응되는 점을 확인한다.
6. 앞에서의 정규화된 임피던스 값을 실제 부하 임피던스 값으로 변환하기 위하여 Z_0를 곱해 주면 $Z_{in} = (15 - j26.5)\ \Omega$로 최종 해를 구할 수 있다.

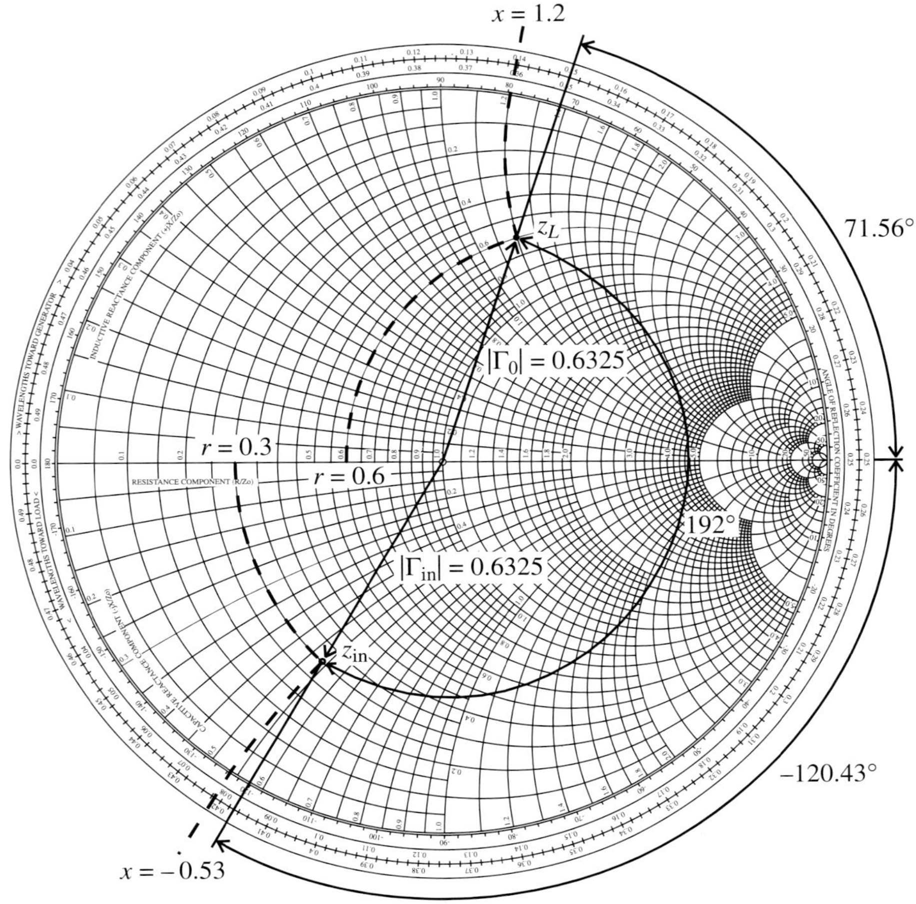

그림 3-5 ● 예제 3-3의 입력 임피던스를 구하기 위한 스미스 차트 이용

예제 3-2에서 구한 입력 임피던스의 정확한 값은 $(14.7 - j26.7)\ \Omega$임을 알 수 있다. 스미스 차트의 개괄적인 과정에서 어느 정도는 오차가 발생된다. 부하를 연결한 선로의 입력 임피던스를 구하는 전체적인 과정을 그림 3-5에 보였다.

이러한 과정은 처음에는 귀찮은 것처럼 보이며 손으로 수행한다면 상당한 오차가 발생하기 쉽다. 그러나 수학적인 정산표를 이용하고 컴퓨터

측정에서 스미스 차트 표시형식

중요한 RF 측정 장비중의 하나인 네트워크분석기는 결과를 스미스 차트로 표시할 수 있는 기능이 있다. 이것은 설계자가 회로의 인덕티브와 커패시티브 특성과 매칭 정도를 직접적으로 판단할 수 있게 한다.

등의 도구를 이용하면 계산은 매우 짧은 시간 내에 이루어지며 정확도가 높다.

3.2.2 정재파비

제2.8.3절에서 기본적인 SWR의 정의로부터, 전송 선로에서 임의의 거리 d에 대한 정재파비는 다음 식과 같다.

$$\text{SWR} = \frac{1+|\Gamma(d)|}{1-|\Gamma(d)|} \tag{3.12}$$

여기에서 $\Gamma(d) = \Gamma_0 \exp(-j2\beta d)$이다. 식 (3.12)를 역으로 정리하면

$$|\Gamma(d)| = \frac{\text{SWR}-1}{\text{SWR}+1} \tag{3.13}$$

이다. 반사계수를 나타내는 이 식으로부터, 원점은 정합된 조건 $\Gamma(d) = 0$ (또는 SWR = 1)을 의미하므로 스미스 차트상의 원으로 SWR을 나타낼 수 있다.

식 (3.12)는 반사계수가 주어질 때 임피던스를 구하는 다음 식과 매우 유사하게 표현된다.

$$Z(d) = Z_0\frac{1+\Gamma(d)}{1-\Gamma(d)} \tag{3.14}$$

이와 같은 유사함은 $|\Gamma(d)| \le 1$일 때 SWR은 1보다 크거나 같다는 사실과 함께 SWR에 대한 실제적인 값은 스미스 차트에서 실수축의 오른쪽과 $|\Gamma(d)|$ 반경의 원이 교차되는 점으로 구할 수 있음을 나타낸다.

예제 3-4 • 반사계수, 전압정재파비(VSWR) 및 반사손실(return loss)

다음 네 개의 부하 임피던스 (a) $Z_L = 50\ \Omega$, (b) $Z_L = 48.5\ \Omega$, (c) $Z_L = (75 + j25)\ \Omega$, (d) $Z_L = (10 - j5)\ \Omega$이 $50\ \Omega$ 전송 선로에 연결되어 있다. 반사계수 SWR 원을 구하고 반사손실(dB)을 구하여라.

풀이:

정규화 부하 임피던스, 반사계수, 반사손실 및 SWR 값의 계산은 다음과 같다.

(a) $z_L = 1$, $\Gamma = (z_L - 1)/(z_L + 1) = 0$, RL = ∞ dB, SWR = 1

(b) $z_L = 0.97$, $\Gamma = (z_L - 1)/(z_L + 1) = -0.015$, RL = 36.3 dB, SWR = 1.03

(c) $z_L = 1.5 + j0.5$, $\Gamma = (z_L - 1)/(z_L + 1) = 0.23 + j0.15$, RL = 11.1 dB, SWR = 1.77

(d) $z_L = 0.2 - j0.1$, $\Gamma = (z_L - 1)/(z_L + 1) = -0.66 - j0.14$, RL = 3.5dB, SWR = 5.05

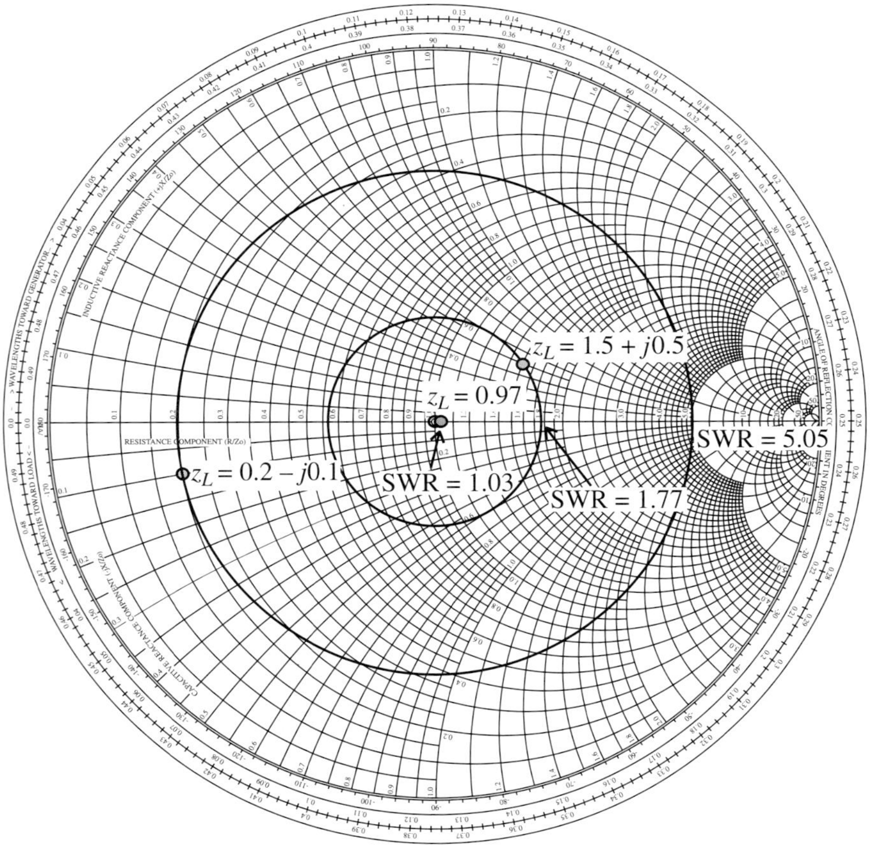

그림 3-6 ● 여러 반사계수에 대한 SWR 원

SWR의 개략적인 값을 구하기 위하여 이미 앞에서 구한 바와 같이 입력 임피던스와 유사성을 찾아야 한다. 우선 그림 3-6과 같이 스미스 차트에 정규화 임피던스를 나타낸다. 그 후 원점을 중심으로 하고 앞에서 구한 각각의 임피던스 점의 길이를 반지름으로 하여 원을 그린다. 이 원으로부터 부하의 리액턴스가 영(0)일 때($x_L = 0$) 부하 반사계수를 다음과 같이 구할 수 있다.

증폭기의 VSWR 사양

2장에서 MMIC의 입력과 출력 포트의 VSWR은 각각 1.4와 1.6으로 주어진다고 말하였다. 그림 3-6은 어떻게 이것이 정규화 임피던스로 바로 변환되는지를 명확하게 한다. 예를 들어, 50 Ω으로 정규화한다면 출력임피던스 (75 – j15) Ω은 그림에서 VSWR 1.6과 만나게 된다.

$$\Gamma_0 = \frac{z_L - 1}{z_L + 1} = \frac{r_L - 1}{r_L + 1} = \Gamma_r$$

SWR은 Γ 실수축을 따라 반사계수의 실수값에 의하여 결정할 수 있다.

$$\text{SWR} = \frac{1 + |\Gamma_0|}{1 - |\Gamma_0|} = \frac{1 + \Gamma_r}{1 - \Gamma_r}$$

여기에서 $|\Gamma_0| = \Gamma_r \geq 0$이어야 하며, 다르게 표현하면 $\Gamma_r \geq 0$에서 $r_L \geq 1$을 만족시켜야 한다. 실수축과 오른손 방향의 원의 교차점으로 SWR값을 정의함을 의미한다.

그래프적 설계방안인 스미스 차트에서는 선로와 부하 임피던스 사이의 부정합정도를 SWR 원의 반지름으로 나타냄으로써 즉각적으로 관찰할 수 있다.

3.2.3 특정한 변환조건

스미스 차트에서 정규화된 전송 선로 임피던스점의 회전의 정도는 선로의 길이에 따라 또는 동작주파수에 따라 결정된다. 결과적으로 인덕티브(스미스 차트의 상반부)와 커패시티브(하반부) 특성의 임피던스는 주어진 주파수에서 선로길이와 종단조건에 따라 나타낼 수 있다. 이러한 집중회로 파라미터 표현은 분포회로 해석기법으로 실현되지만 실제적으로 매우 중요하다. 선로 종단의 개방과 단락회로는 인덕티브 및 커패시티브 동작 특성을 나타낼 때 매우 관심을 집중할 만하며, 자세한 내용은 다음과 같다.

개방회로 변환

순수하게 인덕티브 또는 커패시티브한 임피던스 동작을 나타내기 위하여 $r = 0$ 원을 따라 동작시킬 필요가 있다. 시작점은 시계방향으로 신호원 쪽으로 회전하는 오른쪽 위치 ($\Gamma_0 = 1$)에서 시작한다. 커패시티브한 임피던스 $-jX_C$는 다음 조건으로부터 얻을 수 있다.

$$\frac{1}{j\omega C}\frac{1}{Z_0} \equiv z_{\text{in}} = -j\cot(\beta d_1) \tag{3.15}$$

식 (2.70)과 직접적인 비교가 되며 선로길이 d_1는 다음과 같이 구한다.

$$d_1 = \frac{1}{\beta}\left[\cot^{-1}\left(\frac{1}{\omega C Z_0}\right) + n\pi\right] \tag{3.16}$$

여기에서 $n\pi(n = 0, 1, 2, \ldots)$는 코탄젠트함수의 주기성을 의미한다. 한편 인덕티브한 특성의 임피던스 jX_L은 다음 조건을 통하여 구할 수 있다.

$$j\omega L\frac{1}{Z_0} \equiv z_{\text{in}} = -j\cot(\beta d_2) \tag{3.17}$$

선로길이 d_2는 다음 식과 같이 구해진다.

$$d_2 = \frac{1}{\beta}\left[\pi - \cot^{-1}\left(\frac{\omega L}{Z_0}\right) + n\pi\right] \tag{3.18}$$

두 가지 조건을 그림 3-7에 나타내었다. 커패시티브 또는 인덕티브한 동작 특성을 나타내는 특정 개방회로 선로길이를 어떻게 선정하는가는 다음 예제에서 논의한다.

예제 3-5 • 전송 선로를 통한 수동회로 소자의 표현

3 GHz 및 광속의 77%인 위상속도로 동작하는 종단이 개방된 50 Ω 전송 선로에서 2 pF의 커패시터와 5.3 nH 인덕터를 만들기 위한 전송 선로의 길이를 구하라. 식 (3.16)과 식 (3.18)에 의한 방법과 스미스 차트에 의한 방법으로 계산하여라.

풀이:

주어진 위상속도 값에서 전파상수는 다음과 같다.

$$\beta = 2\pi f/v_p = 2\pi f/(0.77c) = 81.6\ m^{-1}$$

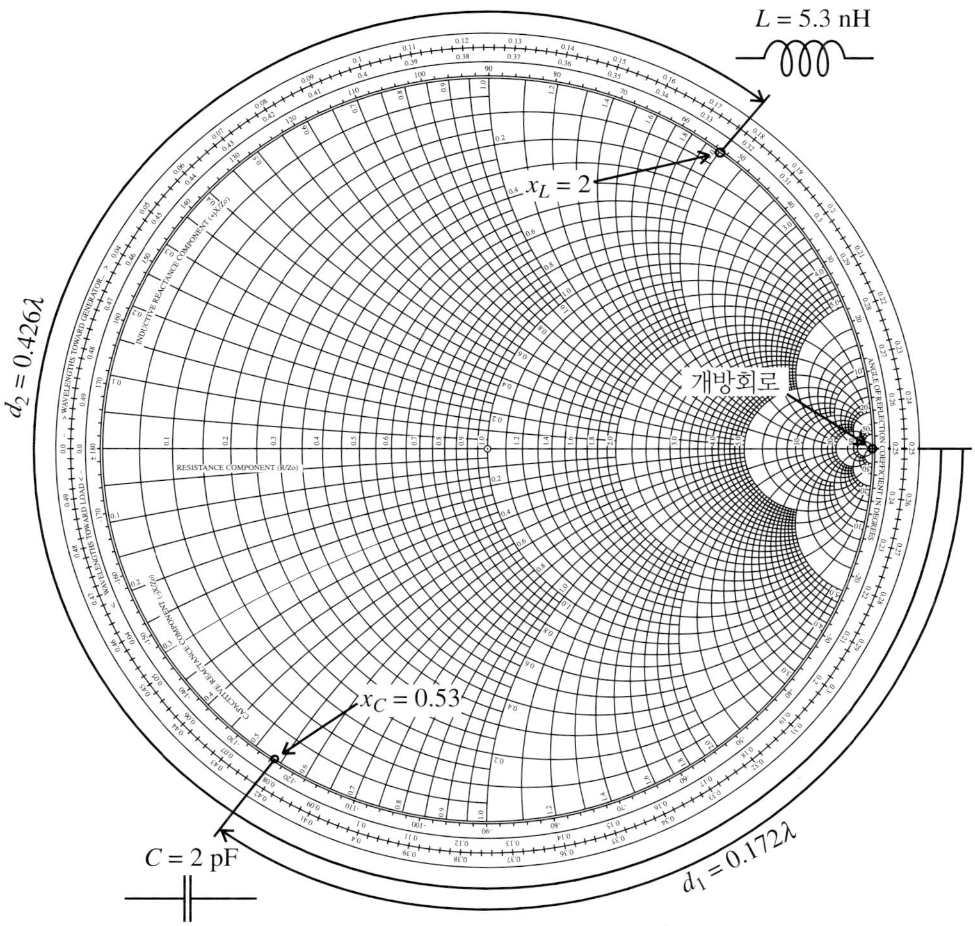

그림 3-7 • 개방회로 전송 선로를 이용한(@ 3 GHz) 커패시티브 및 인덕티브 임피던스 특성 형성

이 값을 식 (3.16)과 식 (3.18)에 대입하면 2 pF 커패시터를 나타내기 위하여 개방 선로 회로 또는 $d_1 = 13.27 + n38.5$ mm의 선로길이의 스텁(stub)을 필요로 함을 알 수 있다. 5.3 nH의 인덕터를 실현하기 위하여 $d_2 = 32.81 + n38.5$ mm의 스텁이 요구된다.

또 다른 방법은 스미스 차트를 통하여 요구하는 스텁의 길이를 계산(그림 3-7)하는 것이다. 3 GHz 주파수에서 2 pF의 리액턴스는 $X_C = 1/(\omega C) = 26.5\ \Omega$이다. 이에 상응하는 정규화된 임피던스는 $z_C = -jX_C = -j0.53$이다.

스미스 차트로부터 필요로 하는 전송 선로의 길이를 추론하면 대략 0.172 λ여야 한다. 주어진 위상속도로부터 파장은 $\lambda = v_p/f = 77$ mm이므로 선로길이 $d_1 = 13.24$ mm는 앞에서 구한 길이 13.27 mm에 매우 근접한 값임을 알 수 있다. 같은 방법으로 인덕턴스의 경우, $z_L = j2$이고 선로길이는 0.426 λ이며 32.8 mm와 같다.

회로는 앞의 예제에서와 같이 전송 선로 선분으로 전환시키기 이전에는 집중소자로서 설계된다.

단락회로 변환

단락회로의 경우, 그림 3-8에서와 같이 스미스 차트상의 실수축 $\Gamma_0 = -1$인 점에서 시작하는 것을 제외하면 앞에서 이미 배운 개방회로의 경우와 비슷한 과정을 따른다.

커패시티브한 임피던스 $-jX_C$는 다음 조건식으로 구하며

$$\frac{1}{j\omega C}\frac{1}{Z_0} \equiv z_{\text{in}} = j\tan(\beta d_1) \tag{3.19}$$

여기에서 식 (2.66)과 같다. 선로길이 d_1은 다음 식과 같다.

$$d_1 = \frac{1}{\beta}\left[\pi - \tan^{-1}\left(\frac{1}{\omega C Z_0}\right) + n\pi\right] \tag{3.20}$$

유사하게 인덕티브한 임피던스 jX_L은 다음 조건식으로 구하며

$$j\omega L\frac{1}{Z_0} \equiv z_{\text{in}} = j\tan(\beta d_2) \tag{3.21}$$

선로길이 d_2는 다음 식과 같다.

$$d_2 = \frac{1}{\beta}\left[\tan^{-1}\left(\frac{\omega L}{Z_0}\right) + n\pi\right] \tag{3.22}$$

고주파에서는 온도의 변화, 습도, 개방회로 주변 매질의 여러 가지 파라미터 등에 의하여 완전한 개방회로 조건을 유지하는 것이 어렵다. 이러한 이유로 실제 응용에서는 단락회로를 더 선호한다. 그러나 종단 단락회로조차도 고주파에서는 PCB에서 관통(through-hole)연결로 기생 인덕턴스가 부가되는 등 문제점이 있다. 가장 짧은 선분길

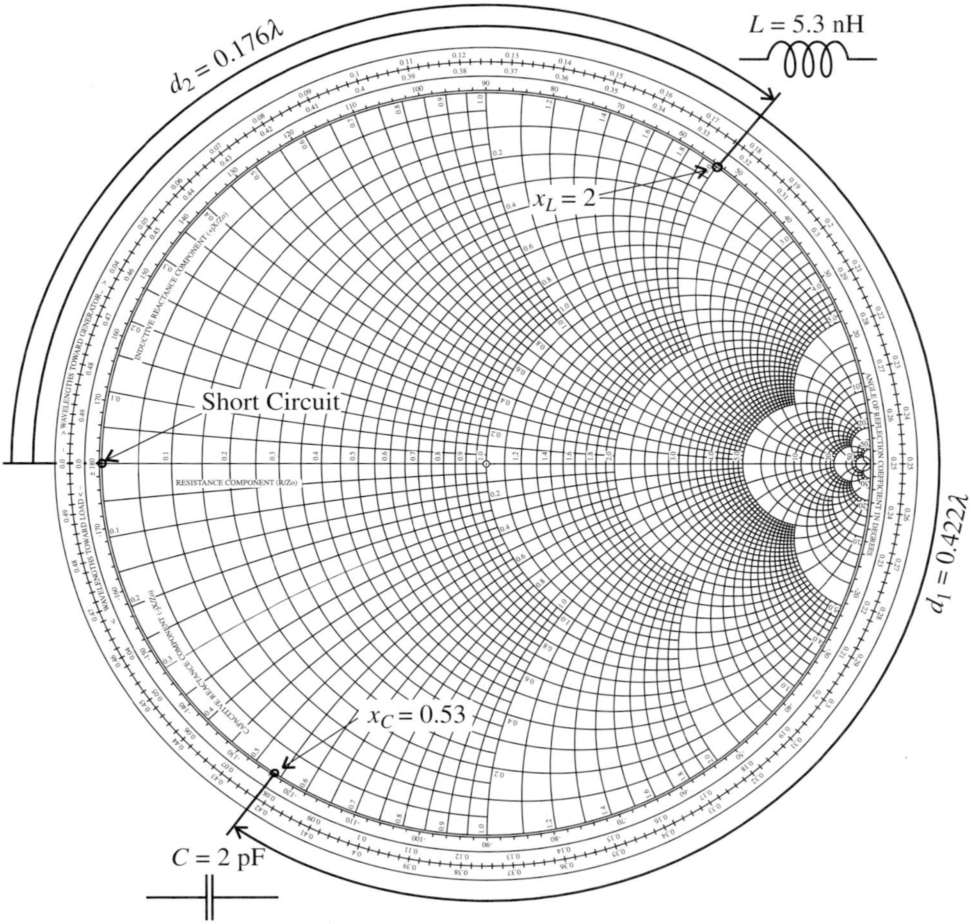

그림 3-8 • 단락회로 전송선로(3 GHz)를 이용한 커패시티브 및 인덕티브 임피던스 특성 형성

이를 선정하여 회로의 레이아웃 면적을 최소화시키는 설계를 한다. 예를 들면 커패시터는 항상 가장 짧은 길이의 개방회로 선로를 이용하여 만든다.

3.2.4 컴퓨터 시뮬레이션

RF/MW 회로설계와 모의실험에 이용되는 **CAD**(Computer aided design) 프로그램은 많이 있다. 이러한 프로그램은 다목적으로 사용되며, 간단한 임피던스의 계산에서부터 복잡한 회로 최적화 및 회로보드 레이아웃까지 수행한다. 상업용 소프트웨어 중의 하나로 본 교재에서 사용되는 프로그램은 미국 에질런트 테크놀로지(Agilent Technology, CA, USA) 사의 **ADS**(Advanced Design System)프로그램으로 선형, 비선형해석과 최적화기능을 가지고 있다. 본 교재에서는 현재 상업용이나 대학연구용으로 이용되는 다양한 CAD 프로그램을 품평하고 성능 평가하는 것이 목적이 아니다. 다만 연속적인 모의실험 결과를 나타내기 위하여 부록1에서 Matlab의 기본적인 형태를 도입하였으며 본 교재에서 제시된 대부분의 모의실험을 수행하기 위한 방안으로 선택하였다.

Matlab을 사용하는 주요 이유는 수학적으로 쉽게 프로그램할 수 있고 직접 그래프로 나타낼 수 있으며, 광범위하게 이용되고 있기 때문이다. 이것은 소수 몇 명만이 이용하는 복잡하고 경제적으로 비싼 프로그램에 의존할 필요가 없다. 동작주파수의 범위 내에서, 또는 선로길이에 따라서 반복적으로 이루어져야 하는 스미스 차트의 계산 과정을 Matlab을 이용하여 즉각적으로 명쾌하게 처리할 수 있다. 본 절에서는 부하가 연결된 전송 선로의 입력 임피던스와 입력 반사계수를 계산하는 예제 3-2를 다시 고려하자. 이 예제에서 주파수와 전송길이를 한정하지 않고 확대하고자 한다. 주파수의 범위를 0.1 GHz에서 3 GHz까지 가변시키고, 선로길이를 0.1 cm에서 3 cm까지 가변시켰을 때 나타나는 효과에 대하여 알아보고자 한다. 2 GHz의 고정주파수에서 전송 선로의 길이를 0.1 cm에서 3 cm까지 변화시켰을 때에 대한 Matlab의 예는 다음과 같다.

Matlab 프로그램

```
smith_chart;              % plot smith chart
Set_Z0(50);               % set characteristic impedance to 50 Ohm
s_Load(30+j*60);          % set load impedance to 30+j60 Ohm
vp=0.5*3e8;               % compute phase velocity
f=2e9;                    % set frequency to 2 GHz
d=0.0:0.001:0.03;         % set the line length to a range from 0 to
                          % 3 cm in 1 mm increments
beta=2*pi*f/vp;           % compute propagation constant
Gamma=(ZL-Z0)/(ZL+Z0);    % compute load reflection coefficient
rd=abs(Gamma);            % magnitude of the reflection coefficient
alpha=angle(Gamma)-2*beta*d;        % phase of the reflection
                                    % coefficient
plot(rd*cos(alpha),rd*sin(alpha)); % plot the graph
```

Matlab 코드 (웹사이트에서 파일 fig3_9.m 참조)의 첫 번째 줄에서 필요한 저항과 리액턴스 원에 의한 스미스 차트를 만들 수 있다. 다음 줄은 특성 선로 임피던스 $Z_0 = 50\ \Omega$, 부하 임피던스 $Z_L = (30 + j60)\ \Omega$, 동작주파수 $f = 2$ GHz 및 위상속도 $v_p = 0.5 \times\ 3 \times\ 10^8$

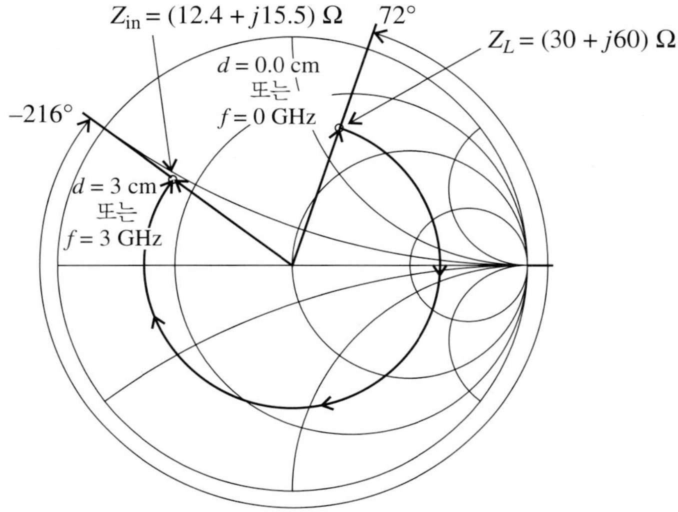

그림 3-9 ● 주파수를 0.0 GHz에서 3.0 GHz까지 소인시켰을 때 부하가 종단된 2 cm 길이의 전송 선로의 입력 임피던스의 표현. 동작주파수가 2 GHz로 고정되면 선로길이는 0에서 3 cm까지 가변되며 동일한 임피던스 곡선을 구할 수 있다.

m/s를 정의하며 `d=0.0:0.001:0.03` 명령어는 0에서 3 cm까지 1 mm씩 증가하는 전송선로 길이를 나타내는 d를 구성한다. 모든 파라미터가 정의된 다음 입력반사계수의 크기와 위상이 계산되어야 하며, 파라미터는 전파상수 $\beta = 2\pi f/v_p$, 부하반사계수 $\Gamma_0 = (Z_L - Z_0)/(Z_L + Z_0)$ 및 크기 $|\Gamma_0|$와 위상 $\alpha = \angle(\Gamma_0) - 2\beta d$의 값이 결정되어야 한다. 최종적으로 스미스 차트의 일부분으로서 임피던스를 나타내는 것은 plot 명령어를 가지고 수행되며 이 명령어는 실수와 허수의 위상증분 $|\Gamma_0 \cos(\alpha)$ 및 $|\Gamma_0| \sin(\alpha)$를 필요로 한다. 그림 3-9에 최종 결과를 보여주고 있다.

선로길이가 2 cm로 고정되고 주파수가 0.0에서 3 GHz까지 소인될 때 위의 입력파일은 `d=0.02`로 설정하고 주파수 범위를 10 MHz씩 증가시키도록 규정해야 한다(즉, `f=0.0:1e7:3e9`). 두 가지 경우에서 선로의 전기적 길이 βd는 0°에서 144°까지 변화하는 것을 알아야 한다. 그러므로 두 가지 경우에 대한 임피던스 그래프는 동일하다. 회전의 끝에서는 주파수를 고정시키고 선로길이를 가변시켰을 때 또는 그 반대의 경우에 대하여 입력 임피던스는 $Z_{in} = (12.4 + j15.5)\ \Omega$임을 알 수 있다. 고정주파수 $f = 2$ GHz 이하 선로길이 $d = 0, \ldots 2$ cm에 대하여 재확인하면, 궁극적으로 동일한 입력 임피던스 $Z_{in} = (14.7 - j26.7)\ \Omega$으로 예제 3-2에서 구한 값과 같다.

3.3 어드미턴스 변환

3.3.1 어드미턴스 매개 방정식

정규화 임피던스에 대한 식 (3.4)의 표현에서 정규화 어드미턴스를 다음과 같이 간단히 구할 수 있다.

$$y_{\text{in}} = \frac{Y_{\text{in}}}{Y_0} = \frac{1}{z_{\text{in}}} = \frac{1-\Gamma(d)}{1+\Gamma(d)} \tag{3.23}$$

여기에서 $Y_0 = 1/Z_0$이다. 식 (3.23)을 스미스 차트상의 그래프로 표현하기 위하여 몇 가지의 선정조항이 있다. 기존의 스미스 차트 또는 **Z-스미스 차트**에 어드미턴스를 나타내는 데 직감적인 방법은 식 (3.23)을 다음 과정을 통하여 식 (3.4)의 표준 표현식으로부터 구할 수 있음을 인지하는 것이다.

$$\frac{1-\Gamma(d)}{1+\Gamma(d)} = \frac{1+e^{-j\pi}\Gamma(d)}{1-e^{-j\pi}\Gamma(d)} \tag{3.24}$$

다르게 표현하면, 정규화된 입력 임피던스 식의 반사계수에 $-1 = e^{-j\pi}$를 곱하는 것이며, 이 식은 복소수 Γ 평면에서 임피던스값을 180° 회전시킨 것과 동일함을 나타낸다.

RF&MW

예제 3-6 • 스미스 차트를 이용해 임피던스를 어드미턴스로 변환

정규화 임피던스 $z_{\text{in}} = 1 + j1 = \sqrt{2}e^{j(\pi/4)}$를 정규화 어드미턴스로 변환하고 스미스 차트에 나타내어라.

풀이:

어드미턴스는 역변환하여 다음과 같이 구할 수 있다.

$$y_{\text{in}} = \frac{1}{\sqrt{2}}e^{-j(\pi/4)} = \frac{1}{2} - j\frac{1}{2}$$

스미스 차트에서 z_{in}에 상응되는 반사계수를 180° 회전시킴으로써 어드미턴스를 구한다. 수치적인 값은 그림 3-10에 보여준 y_{in}과 동일하며 정규화를 풀기 위하여 임피던스 정규화인수의 역수를 곱하여 구한다. 즉

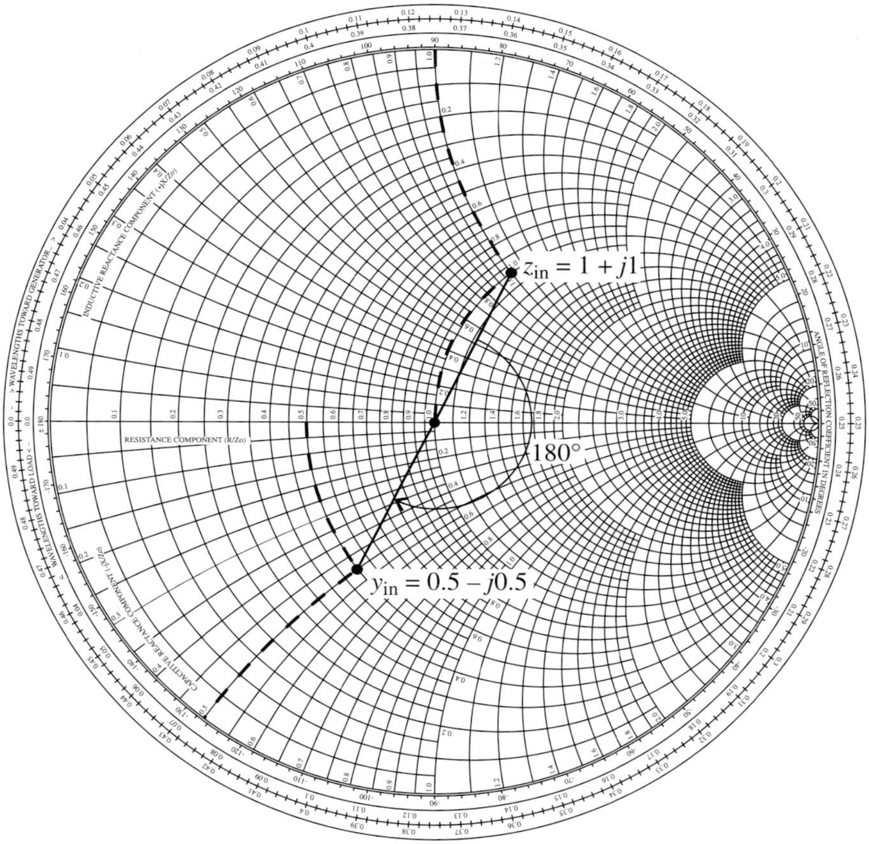

그림 3-10 ● 180°회전에 의한 임피던스에서 어드미턴스로 변환

$$Y_{in} = \frac{1}{Z_0}y_{in} = Y_0 y_{in}$$

반사계수 평면(Γ평면)에서 원점에 대한 반사계수만 알면 그것의 임피던스로부터 180도 회전함으로써 어드미턴스를 표현할 수 있다.

앞에서의 변환 동작은 더불어 광범위하게 이용된다. Z–스미스 차트에서 180° 만큼 반사계수를 회전시키는 대신 스미스 차트를 회전시킬 수 있으며 이러한 변환에서 얻어진 차트를 **어드미턴스 스미스 차트** 또는 **Y-스미스 차트**라고 한다. 정규화된 저항은 정규화 컨덕턴스로 대응되고 정규화 리액턴스는 정규화 서셉턴스로 대응된다. 즉

$$r = \frac{R}{Z_0} \Rightarrow g = \frac{G}{Y_0} = Z_0 G$$

및

$$x = \frac{X}{Z_0} \Rightarrow b = \frac{B}{Y_0} = Z_0 B.$$

이와 같이 재해석한 것을 그림 3-11에서 특정한 정규화 임피던스 $z = 0.6 + j1.2$에 대하여 나타내었다.

그림 3-11에서와 같이 변환은 (a) 측정된 반사계수의 각의 방향과 (b) 회전방향(신호원 방향 또는 멀어지는 방향)을 유지한다. 극한점을 적절히 인식하기 위하여 주의해야 할 점은 다음과 같다: Z-스미스 차트에서 $z_L = 0$인 단락회로조건은 Y-스미스 차트에서 $y_L = \infty$가 되고 역으로 Z-스미스 차트에서 $z_L = \infty$인 단락회로 조건은 Y-스미스 차트에서 $y_L = 0$이 된다는 점이다. 음(−)의 서셉턴스는 차트의 상반부에 구성되고 인덕티브 동작 특성에 대응되며, 양(+)의 값은 하반부에 나타나며 커패시티브 동작 특성으로 대응된다. 어드미턴스의 실수값은 오른쪽에서 왼쪽으로 증가된다. Y-스미스 차트를 완성시키기 위하여 어드미턴스 차트의 정의에서 채택한 특성을 나타내어야 하며, 어드미턴

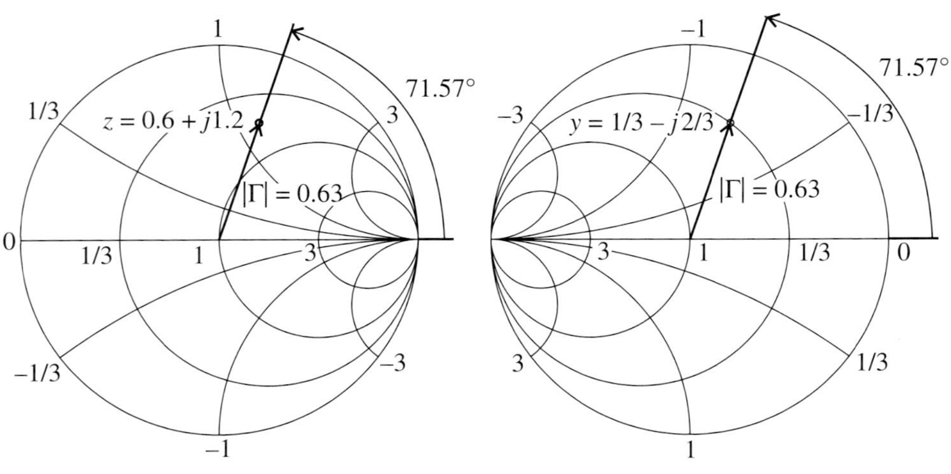

(a) Z-스미스 차트 (b) Y-스미스 차트

그림 3-11 • Y-스미스 차트로서 Z-스미스 차트의 재해석

스는 180°회전시킨 것을 제외하면 정확하게 임피던스와 동일하게 나타낸다. 이 경우 반사계수 위상각도는 차트의 반대편 끝으로부터 측정된다(본 장의 끝에 제시된 참고문헌 Gonzalez의 책을 참고 바람).

3.3.2 추가적인 그래프 표현

실제 설계응용에서 임피던스에서 어드미턴스로 변환시키거나 또는 역 변환시키는 경우를 자주 접하게 된다. 이러한 상황을 다루기 위하여 두 가지 현상을 합한 ***ZY*-스미스 차트**가 있으며 Z-및 Y-스미스 차트를 겹쳐 그림 3-12와 같이 나타낼 수 있다.

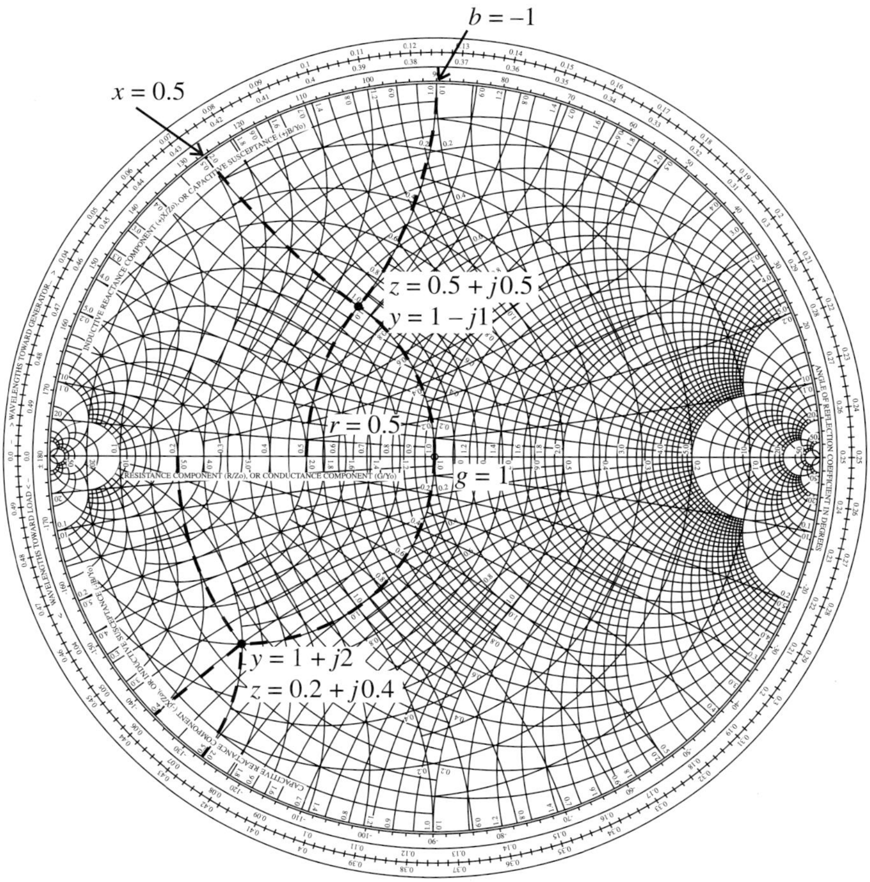

그림 3-12 • Z- 및 Y-스미스 차트를 중첩시킨 ZY-스미스 차트의 그래프 표현

이와 같은 *ZY*-스미스 차트는 임피던스와 어드미턴스 사이의 직접변환을 할 수 있다. 다르게 표현하면 결합된 차트에서의 점은 *Z*-차트 또는 *Y*-차트 표현 중 어느 것을 선택하느냐에 따라 두 가지 해석을 할 수 있다.

RF&MW

예제 3-7 ● 결합 *ZY*-스미스 차트의 이용

결합 *ZY*-스미스 차트에서 (a) 정규화 임피던스 $z = 0.5 + j0.5$와 (b) 정규화 어드미턴스 $y = 1 + j2$를 확인하고 정규화 어드미턴스와 임피던스 값을 구하여라.

풀이:
우선 정규화 임피던스 $z = 0.5 + j0.5$를 고려하자. *ZY*-스미스 차트에서 저항 $r = 0.5$인 원과 $x = 0.5$인 리액턴스 원을 이용하여 그림 3-12와 같이 위치를 나타낼 수 있다. 두 원 사이의 교차점이 특정 임피던스 $z = 0.5 + j0.5$를 나타낸다. 이에 상응되는 어드미턴스를 구하기 위하여 일정한 컨덕턴스 값 g와 서셉턴스 b의 원을 따라 이동시키면 $g = 1$과 $b = -1$이 된다(즉 예제에서 (a)의 어드미턴스는 $y = 1 - j1$이다). 정규화된 어드미턴스 $y = 1 + j2$값에 대한 해는 동일한 방법으로 구할 수 있으며 그림 3-12에 나타내었다.

ZY-스미스차트에 익숙하기 위해서는 많은 연습을 필요로 한다. 외관상 복잡하고, 임피던스와 어드미턴스 차트에 따라 인덕터와 커패시터의 값이 음과 양의 단위를 갖기 때문에 복잡하게 느껴진다.

3.4 직렬 및 병렬연결 회로

다음 절에서는 직렬과 병렬의 기본회로 형태에 대하여 분석하고 주파수에 따라 나타나는 그 임피던스 동작 특성을 스미스 차트 상에 나타내고자 한다. 서로 다른 집중회로 파라미터의 조합에 의하여 일정한 주파수 범위에서 어떠한 임피던스/어드미턴스 동작 특성이 나타나는지에 대하여 관찰하는 것이 목적이다. 이러한 회로 반응에 대한 실제적 이해는 뒤에서 배울 정합회로 설계(제8장)에서 필요하며 등가모델을 개발하는 데 필요로 한다.

3.4.1 *R-L* 소자의 병렬연결

그림 3-13을 참고하여, 병렬연결회로에서 $g = Z_0/R$, $b_L = -Z_0/(\omega L)$을 상기하면서 특정 값에 대하여 *Y*-스미스 차트의 상반부에 정규화된 어드미턴스 값을 나타낼 수 있다. 특정한 각속도 ω_L에서 고정된 정규화 컨덕턴스는

$$y_{\text{in}}(\omega_L) = g - j\frac{Z_0}{\omega_L L} \tag{3.25}$$

각속도가 상한점 ω_U까지 증가하면 컨덕턴스 g 궤적을 따라 곡선을 그린다. 그림 3-13에 여러 개의 컨덕턴스 값 $g = 0.3, 0.5, 0.7, 1$과 주파수 500 MHz에서 4 GHz까지 주파수에 따른 어드미턴스의 동작 특성에 따른 궤적을 나타내었다. $L = 10$ nH의 고정 인덕턴스와 특성 임피던스가 $Z_0 = 50\ \Omega$인 경우, 서셉턴스는 항상 -1.59 (500 MHz)에서 시작하여 -0.20 (4 GHz)에서 끝마친다. 그림 3-13과 다음 세 절(3.4.2~3.4.4)에서는 전송선로의 특성 임피던스를 $Z_0 = 50\ \Omega$의 특성 임피던스로 나타내었다. 우리의 관심이 부하 임피던스와 어드미턴스 동작 특성을 나타내는 것이므로 이 경우에 선로의 특성 임피던스는 정규화 정수로서 작용한다.

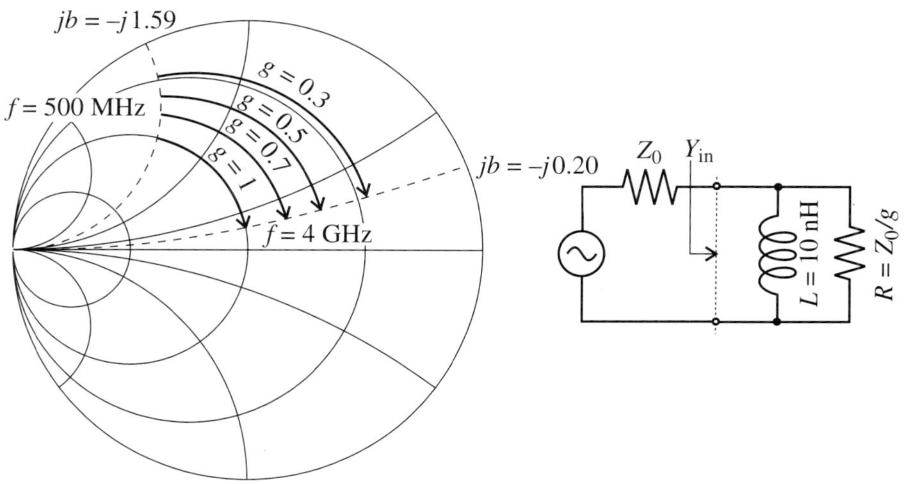

그림 3-13 • 일정한 컨덕턴스 $g = 0.3, 0.5, 0.7, 1$에서 $\omega_L \le \omega \le \omega_U$ 동안 병렬 *R-L*의 어드미턴스 동작

3.4.2 *R-C* 소자의 병렬연결

여기에서 서셉턴스 $b_C = Z_0\omega C$가 양의 값이므로 *Y*-차트의 하반부에서 동작한다. 정규화 컨덕턴스 g와 각속도 ω_L의 특정한 정규화 어드미턴스 값을 나타내기 위한 어드미턴스는 다음과 같다.

$$y_{\text{in}}(\omega_L) = g + jZ_0\omega_L C \tag{3.26}$$

일정한 컨덕턴스값 $g = 0.3$, 0.5, 0.7 및 1에 대하여 주파수에 따른 어드미턴스의 동작 특성을 그림 3-14에 나타내었다. $C = 1$ pF의 정규화된 서셉턴스와 $Z_0 = 50\ \Omega$ 특성 임피던스에 대한 동작궤도는 항상 0.16 (500 MHz)에서 시작되어 1.26 (4 GHz)에서 마친다.

3.4.3 *R–L* 소자의 직렬연결

직렬연결회로에서 임피던스를 나타내기 위하여 *Z*-스미스 차트를 선택하였다. 정규화 리액턴스 소자가 $x_L = \omega L/Z_0$로 표기됨을 상기하고 주어진 각속도 ω_L에서 정규화된 고정 저항값 r로 주어지는 특정한 값에 대한 정규화 임피던스의 위치를 직접적으로 다음과 같이 나타낼 수 있다.

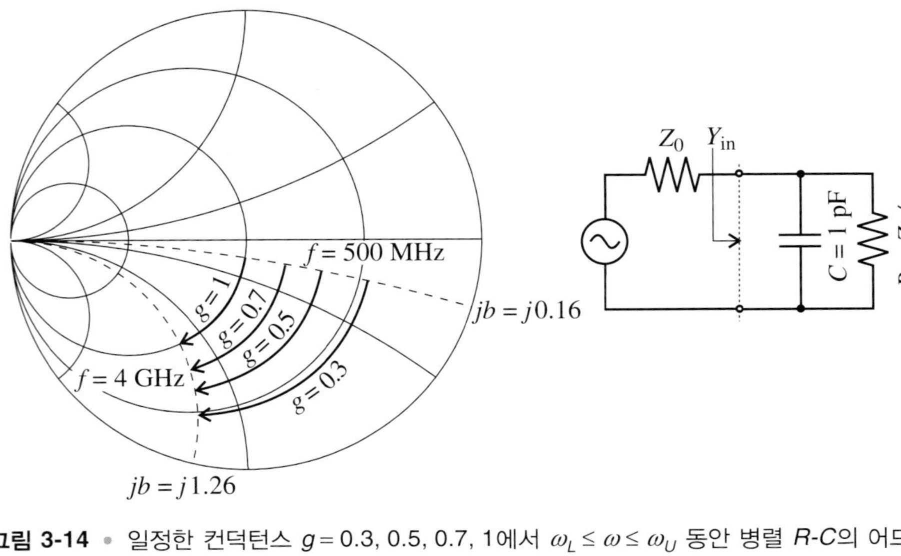

그림 3-14 • 일정한 컨덕턴스 $g = 0.3$, 0.5, 0.7, 1에서 $\omega_L \leq \omega \leq \omega_U$ 동안 병렬 *R-C*의 어드미턴스 동작

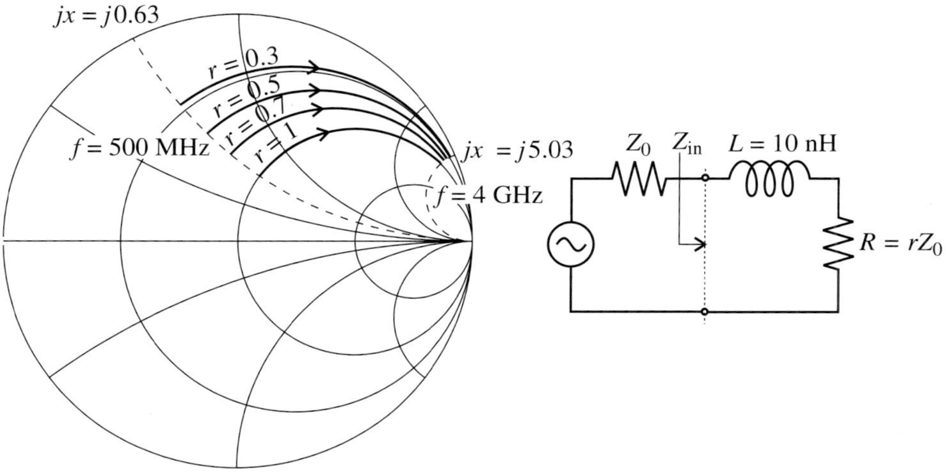

그림 3-15 • 일정한 저항 $r = 0.3, 0.5, 0.7, 1$과 $\omega_L \le \omega \le \omega_U$ 동안 직렬 *R-L*의 임피던스 동작 특성

$$z_{\text{in}}(\omega_L) = r + j\omega_L L/Z_0 \tag{3.27}$$

그림 3-15에서 $r = 0.3, 0.5, 0.7$ 및 1일 때, 여러 개의 일정한 저항 값에 대한 주파수에 따른 임피던스 동작 특성의 궤적을 보여 주고 있다. 그림 3-13에서와 같이 10 nH의 인덕턴스와 $Z_0 = 50\ \Omega$ 특성 임피던스에 대하여, 리액턴스 곡선 $x = 0.63$ (500 MHz)와 $x = 5.03$ (4 GHz)를 선택한다. 리액턴스가 양의 값이고 *Z*-스미스 차트를 이용하므로 모든 임피던스 값들은 차트의 상반부에 존재하게 된다.

3.4.4 *R-C* 소자의 직렬연결

임피던스를 나타내기 위하여 다시 *Z*-스미스 차트를 선정한다. 정규화 리액턴스는 $x_C = -1/(\omega C Z_0)$이고 모든 곡선은 스미스 차트의 하반부에 존재한다. 각속도 ω_L에서 고정 저항값 r로 주어진 특정한 정규화 임피던스는 다음과 같다.

$$z_{\text{in}}(\omega_L) = r - j\frac{1}{\omega_L C Z_0} \tag{3.28}$$

그림 3-16은 여러 개의 일정한 저항값 $r = 0.3, 0.5, 0.7$ 및 1에 대한 주파수에 따른 임피던스 동작 특성의 궤적을 보여준다. $Z_0 = 50\ \Omega$ 특성 임피던스에 가변저항과 직렬연결된 1 pF의 커패시터에 대하여 $x = -6.03$ (500 MHz)과 $x = -0.8$ (4 GHz)에 대응되는 리

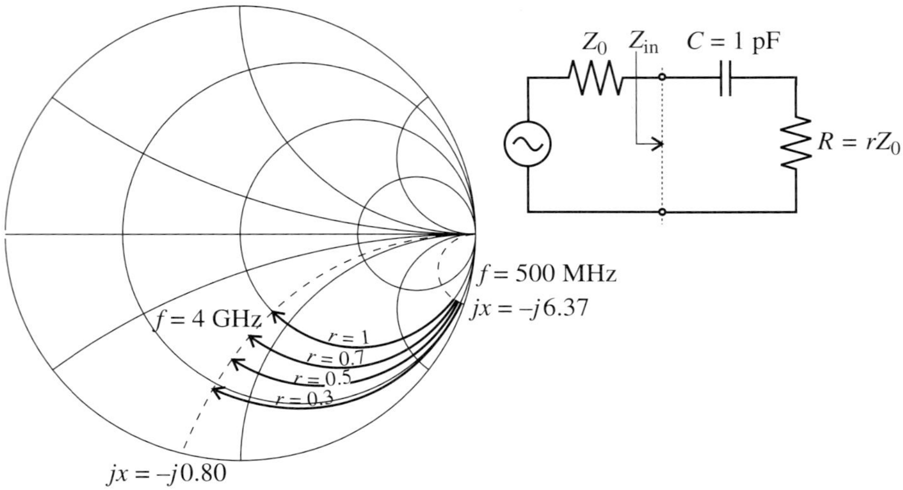

그림 3-16 ● 일정한 저항 $r = 0.3, 0.5, 0.7, 1$과 $\omega_L \leq \omega \leq \omega_U$ 동안 직렬 *R-C*의 임피던스 동작

액턴스 궤적을 나타내었다. 이 궤적은 네 개의 저항원과 교차되고 있으며 임피던스의 최고값 및 최하값을 결정한다.

3.4.5 T-형 회로의 예

앞의 예제에서는 순수 직렬 또는 단락형태에 대하여만 해석하였다. 그러나 두 개의 형태가 합쳐진 회로를 종종 접하게 된다. *ZY*-차트에 의하여 직렬과 병렬연결 사이의 전환이 얼마나 쉽게 이루어지는지 쌍극자 트랜지스터에 연결된 **T-형 회로**의 동작 특성에 의하여 알아보기로 하자. 트랜지스터의 입력 단은 그림 3-17에서와 같이 병렬 *R-C*회로로서

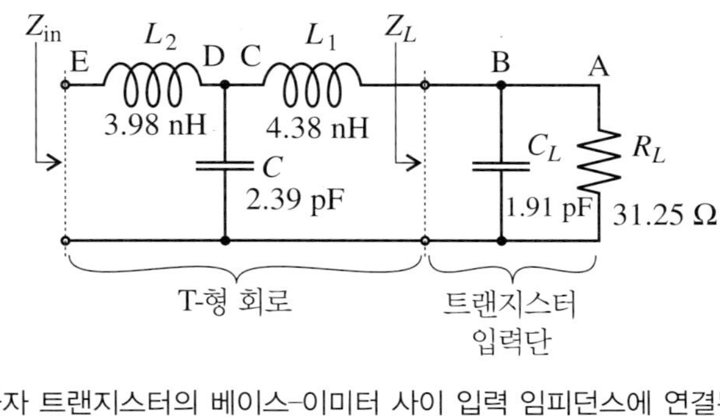

그림 3-17 ● 쌍극자 트랜지스터의 베이스-이미터 사이 입력 임피던스에 연결된 T-형 회로

모델링하였다. 제6장에서 공부하겠지만 R_L은 베이스–이미터 사이의 저항이며 C_L은 베이스–이미터 사이의 접합 커패시턴스이다. 이 각각의 소자 값을 그림 3-17에 나타내었다.

이와 같은 복잡한 회로의 입력 임피던스의 계산에 스미스 차트를 이용하기 위하여 2 GHz에서 이 회로에 대하여 분석하고 ADS 프로그램을 이용하여 주파수 500 MHz부터 4 GHz의 범위에서 전체적인 회로의 동작을 알아보자.

부하 임피던스, 즉 트랜지스터의 입력 임피던스를 구하기 위하여, 부하저항 R_L = 31.25 Ω에 상응되는 컨덕턴스 점을 확인하는 *Y*-스미스 차트를 이용한다. 선로의 특성 임피던스를 50 Ω으로 가정하면 이 경우 정규화 어드미턴스는 $g_A = 1.6$으로 결정되며, 그림 3-18에서 점 *A*가 된다.

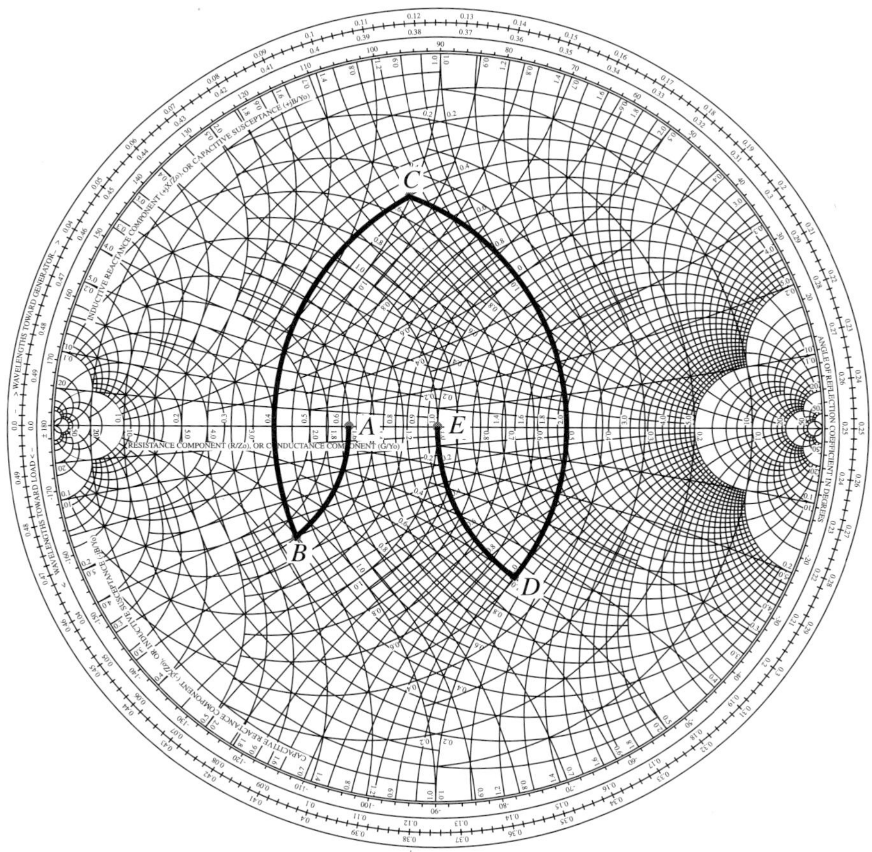

그림 3-18 ● 중심주파수 2 GHz에서 그림 3-17의 *T*–회로의 정규화 임피던스의 계산

다음 단계는 $C_L = 1.91$ pF를 저항 R_L에 병렬로 연결하는 것이다. $\omega_L = 2\pi 2 \times 10^9\ \text{s}^{-1}$의 각속도에서 커패시터에 의한 서셉턴스는 $B_{C_L} = \omega_L C_L = 24$ mS가 된다. 이 값은 원점 A에서 새로운 점 B로 회전했을 때 상응되는 값이다. 회전의 양은 커패시터의 정규화 서셉턴스 $b_{C_L} = B_{C_L} Z_0 = 1.2$로 결정되며 Y-스미스 차트에서 일정한 컨덕턴스의 원을 따라서 이동된다(그림 3-18 참조). Z-스미스 차트로 점 B를 다시 구하면, 저항 R_L과 커패시터 C_L이 병렬로 연결된 $z_B = 0.4 - j0.3$인 정규화 임피던스를 구하게 된다. L_1은 직렬 연결에 따라 새로운 점 C로 이동하게 된다. 이 점은 $x_{L_1} = \omega_L L_1 / Z_0 = 1.1$에 의하여 3.4.3절에서 논의한 것과 같이 Z-스미스 차트 $r = 0.4$인 균일저항 원을 따라 $x_B = -0.3$에서 $x_C = 0.8$까지 회전시켜 구하며 점 C를 Y-스미스 차트의 값으로 변환시키면 $y_C = 0.5 - j1.0$ 이다. 회로에서 병렬로 연결된 커패시터에 의하여 정규화 서셉턴스 $b_C = \omega C Z_0 = 1.5$를 더하여 어드미턴스 값 $y_D = 0.5 + j0.5$가 되며 Y-스미스 차트에서 D점을 얻게 된다. 마지막으로 점 D를 임피던스 값으로 전환시키면 Z-스미스 차트에서 $z_D = 1 - j1$이며 직렬 인덕터에 의하여 $r = 1$인 원을 따라 정규화 리액턴스 $x_{L_2} = \omega_L L_2 / Z_0 = 1$ 값을 더하면 그림 3-18에서 $z_{\text{in}} = 1$인 점 E가 된다. 이 값은 주어진 주파수 2 GHz에서 선로의 특성 임피던스 50 Ω과 정합하게 되어 $Z_{\text{in}} = Z_0 = 50\ \Omega$이 된다.

주파수가 변하면 앞에서와 동일한 과정을 해야 하며 입력 임피던스 z_{in}은 다른 지점에 도달하게 될 것이다. 주파수 범위에서 동일한 계산과정을 반복하는 것은 무척 지루

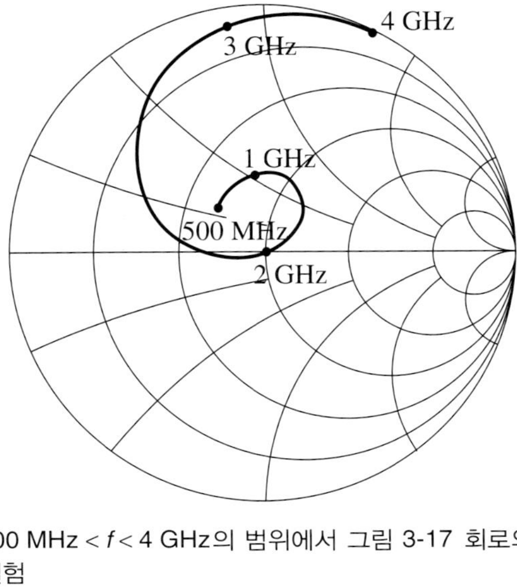

그림 3-19 • 주파수 500 MHz < f < 4 GHz의 범위에서 그림 3-17 회로의 정규화 입력 임피던스 Z_{in}에 대한 CAD 모의실험

한 작업이 될 것이므로 컴퓨터를 이용하는 것이 더욱 효율적이다.

앞에서 언급한 ADS CAD 프로그램에 의하여 주파수를 10 MHz씩 증가시키며 주어진 주파수 범위에 대하여 Z-스미스 차트에서 입력 임피던스를 그림 3-19와 같이 나타낼 수 있다. 이 그림은 또한 Matlab 프로그램을 사용하여 만들 수도 있다(매트랩 파일 fig3_18.m 참조).

주파수 0.5 GHz에서 4 GHz까지 임피던스 궤적은 2 GHz에서 구한 임피던스와 일치됨을 알 수 있다. 주파수가 4 GHz에 도달할수록 커패시터 $C = 2.39$ pF의 동작 특성은 단일 인덕터 L_2와 직렬로 연결된 단락회로와 같은 작용을 한다. 이러한 이유로 정규화 저항은 영(0)에 접근하게 되며 리액턴스는 큰 양의 값으로 점점 증가된다.

RF&MW→

실용적인 설명: 스미스 차트 표시

실제적인 RF 소자의 주파수에 따른 임피던스 동작 특성은 다음의 예제에서 설명하는 것처럼 스미스 차트를 이용하여 쉽게 나타낼 수 있다.

본 예제에서는 자기공명영상(MRI)에 사용되는 RF 코일의 임피던스 특성을 네트워크 분석기를 이용하여 측정하였다. 앞 장에서 언급한 바와 같이 네트워크 분석기는 반사계수와 RF 소자의 임피던스를 측정할 수 있다. 그림 3-20은 부하(MRI 코일)의 반사계수를 측정하기 위한 네트워크 분석기의 내부적인 동작과정을 나타내고 있다. 내부 RF 소스는 특정 주파수의 RF 전력을 연속적으로 공급한다. 신호는 방향성 결합기(directional coupler)를 통과하면서 전력의 일부가 표준 측정 포트 R로 분배된다. RF 신호는 측정 소자 (device under test)인 코일에서 반사되어 다시 방향성 결합기로 돌아오면서 일부 전력이 측정 포트 A에 분배되고, 나머지 반사 전력은 정합된 RF 소스에 흡수된다. 개략적으로 교정 변수(calibration parameter)에 의해 정해지는 A/R 비는 반사계수를 나타낸다. 측정 시 여러 가지 기생적으로 발생하는

MRI에서 RF기술의 중요성

MRI 시스템은 해상도와 신호 대 잡음비를 개선하기 위해 인체에 대해 3 테슬라, 동물에는 11.7 테슬라까지 강한 중심자석을 사용한다.

중심자계는 Lamor 방정식에 의해 생물체 부하의 세포핵 세차주파수를 결정한다. 3 테슬라 자석은 128 MHz, 4.7 테슬라는 200 MHz, 11.7 테슬라는 500 MHz의 세차주파수를 나타낸다. 세포핵의 재배열을 얻기 위해 RF펄스 송출이 차단되자마자 이완 세포핵에 의해 유도된 전압을 측정해야 하는데, 전문화된 코일기술이 필요하다. 그림 3-21은 내부가 유전체이고 외부는 차폐된 마이크로스트립 코일을 보여주고 있다.

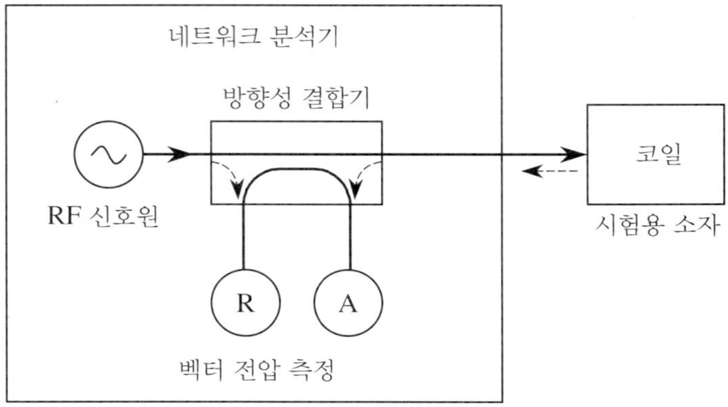

그림 3-20 ● 반사계수 측정을 위한 네트워크 분석기의 내부 동작 과정

요소와 불완전한 요소를 보상하기 위해 네트워크 분석기의 내부적인 교정이 많이 수반된다.

그림 3-21은 네트워크 분석기 포트1에 동축케이블을 이용하여 접속된 MRI 코일(InsightMRI, Worcester, MA)을 나타내고 있다. 이런 형태의 코일은 코일 내부에 삽입된 생물학적 샘플의 수소 핵을 자극하기 위해 강하고 회전하는 자계를 발생시키는 데 사용된다. MRI 절차에 의해, 이 코일

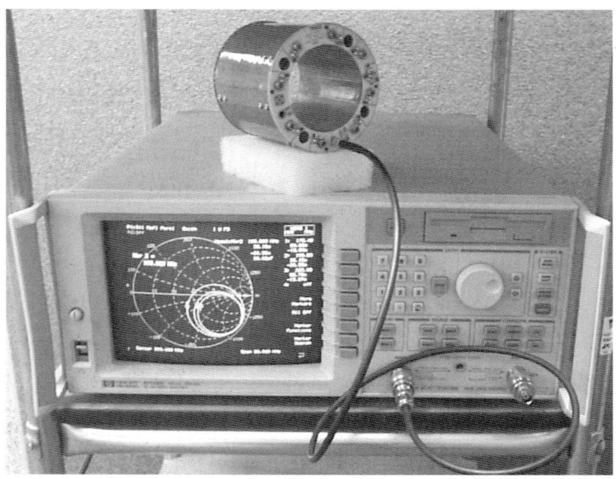

그림 3-21 ● MRI RF 코일이 접속된 네트워크 분석기

은 생물학적 샘플에 의해 방사되는 약한 RF 신호를 받는다. 이 신호로부터 영상을 만들어 낸다. 전기적으로 RF 코일은 유도성과 용량성 소자로 구성된 공진기이다. 인덕티브 스트립은 자계를 발생시키고 커패시터는 원하는 주파수에서 공진이 발생하도록 하며, RF 소스에 정합된다.

그림의 네트워크 분석기는 175~225 MHz의 주파수에서 반사계수를 측정하기 위하여 설치되었다. 코일은 자체적으로 200 MHz에서 공진이 일어나도록 되어있다.

그림 3-22는 네트워크 분석기에 의해 측정된 결과를 나타내었다. 그림의 왼쪽에는 반사계수 크기(dB)특성을 나타내고 있는데 세 개의 깊은 계곡이 178.5 MHz, 200 MHz 그리고 222 MHz에서 나타나고 있다. 이것들은 서로 다른 코일 5개의 공진 모드에 의해 발생하는 것의 일부(두 개는 더 높은 주파수에서 발생)이다. 그러나 코일의 공진 모드 중에서 하나는 200 MHz에서 공진이 일어나고 정합되어 매우 낮은 반사계수를 나타내고 있다. 그림 3-22의 오른쪽은 반사계수를 스미스 차트 상에 나타내고 있다. 여기서 공진 모드는 원으로 나타난다. 주파수가 스미스 차트 상에서는 잘 나타나지 않기 때문에, 세 개의 삼각형 마크가 세 공진 모드를 지적하기 위해 위치하고 있다. 공진에서 반사계수 그래프는 중심점을 지나감을 알 수 있다. 특별히 모드 2는 임피던스가 $(50.26 + j0.266)\ \Omega$으로 거의 50 Ω 선로에 완전 정합되어 있음을 나타낸다. 그러나 코일은 대부

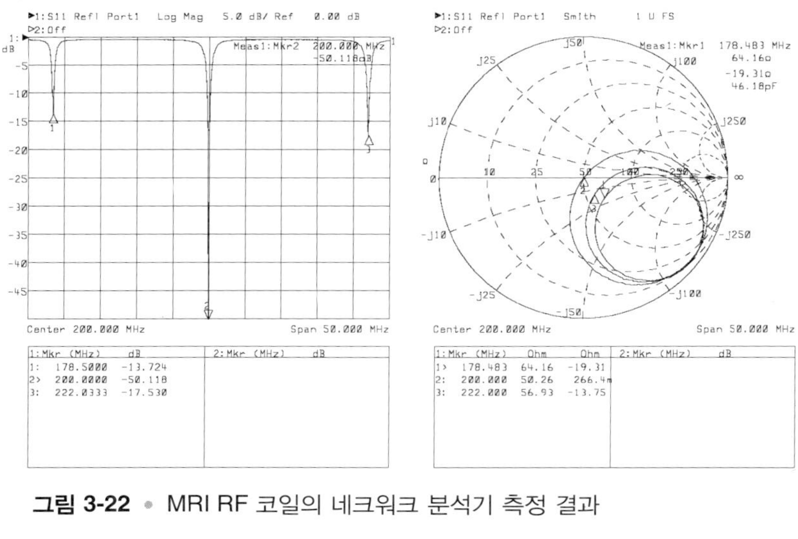

그림 3-22 • MRI RF 코일의 네크워크 분석기 측정 결과

분의 주파수에 대해 반사계수 궤적이 스미스차트의 하반부에 분포하므로 용량성(capacitive) 임피던스로 동작한다.

3.5 요 약

본 장에서는 RF를 **그래프로 설계하는 방안**으로서 주파수 또는 선로의 전기적 길이의 함수와 관련되어 선로의 임피던스의 동작 특성을 나타내는 **스미스 차트**를 유도하였다. 종단된 전송 선로의 정규화 임피던스를 나타내는 다음 식으로부터

$$z_{\text{in}} = r + jx = \frac{1+\Gamma(d)}{1-\Gamma(d)} = \frac{1+\Gamma_r + j\Gamma_i}{1-\Gamma_r - j\Gamma_i}$$

이며 위 식에서 식 (3.10)과 식 (3.11)의 원의 방정식을 만들기 위하여 반사계수의 식으로 변환시켜 정규화된 저항 r에 대하여 다음 식과 같으며

$$\left(\Gamma_r - \frac{r}{r+1}\right)^2 + \Gamma_i^2 = \left(\frac{1}{r+1}\right)^2$$

리액턴스 x에 대하여 다음 식과 같다.

$$(\Gamma_r - 1)^2 + \left(\Gamma_i - \frac{1}{x}\right)^2 = \left(\frac{1}{x}\right)^2$$

단위원 안의 복소수 반사계수 평면상에서 두 방정식에 의해 그려지는 두 원들을 중첩시켜 나타내면 스미스 차트가 된다. 꼭 알아두어야 점은 반사계수식 (3.2)에서 지수함수의 $2\beta d$에 의하여 원 주위를 한 바퀴 회전하면 **반파장**과 같아진다는 점이다. 임피던스 동작 특성을 고려하여 스미스 차트 상에서 식 (3.12)의 **정재파비**(SWR)에 의한 부정합의 정도를 직접 구할 수 있다.

$$\text{SWR}(d) = \frac{1+|\Gamma(d)|}{1-|\Gamma(d)|}$$

스미스 차트를 컴퓨터를 이용하여 평가하기 위하여 매우 다양한 상업용 프로그램을 이용할 수 있다. 본 장에서는 비교적 덜 복잡한 회로만을 분석하였으나 *Mathematica*, *Matlab* 및 *Mathcad*와 같은 프로그램의 수학적 조견표에 의하여 자체적인 스미스 차트

를 만들 수 있고 간단한 계산을 할 수 있다. 이와 같은 과정을 증명하기 위하여 Matlab 모듈을 개발하였으며 *m.file*을 이용하여 스미스 차트 계산을 제3.2.4절에서 증명하였다.

어드미턴스 또는 *Y*-스미스 차트 변환에는 다음 식이 이용된다.

$$y_{\text{in}} = \frac{Y_{\text{in}}}{Y_0} = \frac{1}{z_{\text{in}}} = \frac{1 - \Gamma(d)}{1 + \Gamma(d)}$$

식 (3.4)와의 차이점은 반사계수 앞의 부호가 반대된다는 점이며 결과적으로 *Z*-스미스 차트에서의 반사계수의 180° 회전으로 *Y*-스미스 차트가 된다. 실제적으로 차트 자체를 돌림으로써 이와 같은 회전을 피할 수 있다. 본래의 *Z*-스미스 차트에 회전된 차트를 중첩시켜 결합 *ZY*-스미스 차트를 나타낼 수 있으며 이와 같은 표현의 이점은 회로 설계에 있어서 병렬에서 직렬로 연결을 쉽게 변환시킬 수 있다는 데 있다. 이와 같이 쉽게 변환하는 것을 *R*-*C* 병렬회로로 구성된 쌍극자 트랜지스터의 입력부분과 연결한 *T*-형 회로형태를 이용하여 증명하였다. 주파수 소인의 함수로서 임피던스 동작 특성을 조사하는 것은 CAD 프로그램을 이용하여 쉽게 달성할 수 있다.

참고문헌

B. C. Wadell, "Smith Charts are easy. I. - III.," *Instrumentation and Measurement Magazine, IEEE*, Vol. 2, Issues 1, 2, 3, March, June, and September, 1999.

J. W. Verzino, "Computer Programs for Smith-Chart Solutions," *IEEE Trans. on Microwave Theory and Techniques*, Vol. 17, Issue 8, pp. 649–650, 1969.

H. J. Delgada and M. H. Thursby, "Derivation of the Smith Chart equations for use with MathCAD," *IEEE Trans. on Antennas and Propagation*, pp. 99–101, 1999.

M. Vai and S. Prasad, "Computer-aided Microwave Circuit Analysis by a Computerized Numerical Smith Chart," *IEEE Microwave and Guided Wave Letters*, Vol. 2, Issue 7, pp. 294–296, 1992.

G. Gonzalez, *Microwave Transistor Amplifiers: Analysis and Design*, 2nd ed., prentice Hall, Upper Saddle River, NJ, 1997.

K. C. Gupta, R. Garg, and I. J. Bohl, *Microstrip Lines and Slotlines*, Artech House, Dedham, MA, 1979.

J. Helszajn, *Passive and Active Microwave Circuits*, John Wiley, New York, 1978.

Hewlett-Packard Application Note 154, "S-Parameter Design," 1972.

H. Howe, *Stripline Circuit Design*, Artech House, Dedham, MA, 1974.

S. Y. Liao, *Microwave Devices and Circuits*, Prentice Hall, Englewood Cliffs, NJ, 1980.

MMICAD for Windows, Reference Manual, Optotek, Ltd., 1997.

D. M. Pozar, *Microwave Engineering*, 2nd edition, John Wiley, New York, 1998.

P. A. Rizzi, *Microwave Engineering, Passive Circuits*, Prentice Hall, Englewood Cliffs, NJ, 1988.

P. H. Smith, *Electronic Applications of the Smith Chart*, Noble publishing, 1995.

P. H. Smith, "Transmission-Line Calculator," *Electronics*, Vol. 12, pp. 29−31, 1939.

P. H. Smith, "An Improved Transmission-Line Calculator," *Electronics*, Vol. 17, p. 130. 1944.

연습문제

3.1 부하 임피던스 $Z_L = (80 + j40)\ \Omega$가 다음과 같은 특성 임피던스를 갖는 손실 전송 선로와 연결되어 있다고 하자.

$$Z_0 = \sqrt{\frac{0.1 + j200}{0.05 - j0.003}}$$

반사계수 및 부하에서의 SWR을 구하라.

3.2 특성 임피던스가 $Z_0 = 75\ \Omega$인 동축케이블이 부하 임피던스 $Z_L = (40 + j35)\ \Omega$로 종단되어 있다. 다음과 같이 주파수 f와 선로길이 d에 대하여 입력 임피던스를 구하라. 단 전파속도는 광속의 75%로 가정한다.

(a) $f = 1$ GHz 및 $d = 50$ cm

(b) $f = 5$ GHz 및 $d = 25$ cm

(c) $f = 9$ GHz 및 $d = 5$ cm

3.3 전송 선로의 감쇄상수는 부하측을 단락시키고 선로의 시작점에서 VSWR을 기록하여 구할 수 있다. 손실 전송 선로의 반사계수는 $\Gamma(d) = \Gamma_0\exp(-2\gamma l) = \Gamma_0\exp(-2\ \alpha l)$ $\exp(-2j\beta l)$이다. 선로의 길이가 100 m이고 VSWR이 3이다. 감쇄상수 α를 Np/m 및 dB/m로 구하라.

3.4 특성 임피던스 $Z_0 = 75\ \Omega$인 5 cm의 전송 선로에 $Z_L = (150 - j50)\ \Omega$의 부하 임피던스가 연결되어 있다. 파장이 6 cm일 때 다음을 구하여라.

(a) 입력 임피던스

(b) 위상속도가 광속의 77%일 때 동작주파수

(c) SWR

3.5 다음의 정규화 임피던스와 어드미턴스의 위치를 스미스 차트에서 확인하고 반사계수 및 SWR을 구하라.

(a) $z = 0.1 + j0.7$

(b) $y = 0.3 + j0.5$

(c) $z = 0.2 + j0.1$

(d) $y = 0.1 + j0.2$

3.6 미지의 부하가 길이가 0.3 λ이고 50 Ω의 무손실 전송 선로에 연결되어 있다. 전송 선로의 입력에서 SWR, 반사계수의 위상을 측정하였더니 각각 2.0과 −20°였다. 스미스 차트를 이용하여 입력과 부하 임피던스를 구하라.

3.7 제3.1.3절에서 정규화 저항에 대한 원의 방정식 식 (3.10)을 식 (3.6)으로부터 유도하였다. 식 (3.7)에서 시작하여:

$$x = \frac{2\Gamma_i}{(1-\Gamma_r)^2 + \Gamma_i^2}$$

원의 방정식이 다음과 같음을 증명하라.

$$(\Gamma_r - 1)^2 + \left(\Gamma_i - \frac{1}{x}\right)^2 = \left(\frac{1}{x}\right)^2$$

3.8 정규화된 어드미턴스 식으로부터 시작하여

$$y = g + jb = \frac{1-\Gamma}{1+\Gamma}$$

Y-스미스 차트의 원의 방정식이 다음 두 개의 공식과 같이 주어짐을 증명하라.

(a) 일정한 컨덕턴스 원의 경우

$$\left(\Gamma_r + \frac{g}{1+g}\right)^2 + \Gamma_i^2 = \left(\frac{1}{1+g}\right)^2$$

(b) 일정한 서셉턴스 원의 경우

$$(\Gamma_r + 1)^2 + (\Gamma_i + 1/b)^2 = (1/b)^2$$

3.9 특성 임피던스 50 Ω인 무손실 전송 선로의 길이가 10 cm이다($f = 800$ MHz, $v_p = 0.77c$). 입력 임피던스가 $Z_{\text{in}} = j60\ \Omega$일 때

(a) 스미스 차트를 이용하여 Z_L을 구하여라.

(b) Z_L을 대신하기 위하여 단락회로 전송 선로의 길이가 얼마나 필요한가?

3.10 특성 임피던스 $Z_0 = 50\ \Omega$, 길이가 0.15 λ인 전송 선로에 부하 임피던스 $Z_L = (25 - j30)$이 종단되어 있다. Γ_0, $Z_{\text{in}}(d)$및 Z-스미스 차트를 이용하여 SWR을 구하라.

3.11 단락된 50 Ω 전송 선로가 1 GHz에서 광속의 75%의 위상속도로 동작하고 있다. 전송 선로가 (a) 5.6 pF 커패시터 (b) 4.7 nH 인덕터의 특성을 얻기 위하여 요구되는 가장 짧

은 거리를 해석적 계산방법과 스미스 차트 이용방법을 각각 사용하여 구하여라.

3.12 100 Ω의 부하가 특성 임피던스 75 Ω인 0.5 λ 길이의 무손실 전송 선로에 연결되어 있다. (a) 선로의 입력에서와 부하에서의 반사계수를 구하라. (b) VSWR을 계산하라 (c) 입력 임피던스를 계산하라.

3.13 50 Ω의 개방 전송 선로가 3.2 GHz의 동작주파수에서 4.8 pF의 커패시터를 얻기 위하여 요구되는 가장 짧은 거리는 얼마인가? 위상속도는 광속의 77%로 가정한다.

3.14 회로의 동작주파수는 1.9 GHz이고 50 Ω의 무손실 전송 선로가 25 Ω의 리액턴스를 만들기 위하여 단락되어 있다. (a) 위상속도가 광속의 3/4일 때 이 임피던스를 실현하기 위하여 가장 짧은 전송 선로의 길이가 얼마인가? (b) 25 Ω의 등가 커패시티브 특성의 부하가 요구될 때 동일 위상속도에서 가장 짧은 길이를 구하라.

3.15 50 Ω의 특성 임피던스를 갖는 마이크로스트립 선로가 200 Ω의 저항과 5 pF의 커패시터가 병렬연결되어 구성된 부하 임피던스에 종단되어 있다. 선로의 길이가 10 cm 이고, 위상속도가 광속의 50%일 때 (a) 500 MHz, 1 GHz 및 2 GHz에 대하여 스미스 차트 상의 입력 임피던스를 구하라 (b) Matlab 파일(3.2.4절 참조)을 사용하고 스미스 차트에 100 MHz에서 3 GHz까지 주파수 동작 특성을 나타내어라.

3.16 100 MHz로 동작하는 FM 방송국에서, 출력 임피던스가 250 Ω인 증폭기가 75 Ω인 다이폴 안테나에 정합되어 있다.

(a) $v_p = 0.7c$인 $\lambda/4$ 임피던스 변환기의 특성 임피던스와 길이를 구하라.

(b) AWG 26 도선 및 폴리스티렌(polystyrene) 유전율($\varepsilon_r = 2.55$)로 구성된 2선식 무손실 전송 선로의 간격 D를 구하라.

3.17 $\lambda/4$ 임피던스 변환기를 이용하여 73 Ω의 부하를 50 Ω 선로와 정합시키려 한다. 중심주파수 $f_C = 2$ GHz에서 정합시킨다고 가정하여 주파수 범위 $1/3 \le f/f_c \le 3$에서 SWR 관계를 그려라.

3.18 75 Ω 특성 임피던스가 $R = 30$ Ω와 $L = 10$ nH 및 $C = 2.5$ pF로 직렬연결된 부하 임피던스로 종단되었다. 입력 임피던스가 특성 임피던스(75 Ω)와 정합을 이루기 위한 SWR과 선로의 최소길이를 구하라. 이때 주파수는 다음과 같다. (a) 100 MHz, (b) 500 MHz, (c) 2 GHz

3.19 2 GHz 동작주파수에서 50 Ω의 무손실 케이블($\varepsilon_r = 2.8$)에 75 Ω의 안테나가 연결되어 있다. 케이블의 길이가 25 cm라면 식 (2.71)을 이용한 해석적 방법과 Z-스미스 차트를 이용한 방법으로 입력 임피던스를 구하라.

3.20 바룬(balun; **bal**anced to **un**balanced)에 의한 임피던스 변환기는 다이폴안테나(balanced)와 동축케이블(unbalanced) 사이의 연결에 종종 사용된다. 기본적인 개념

은 다음 그림과 같다.

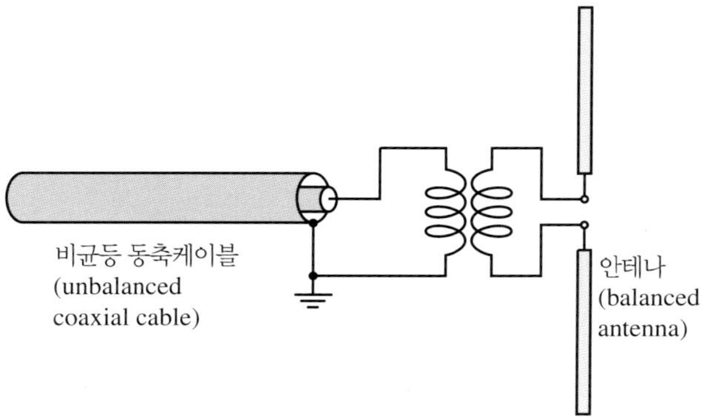

변환기를 바꾸어서 다음 그림과 같이 안테나를 연결하기도 한다.

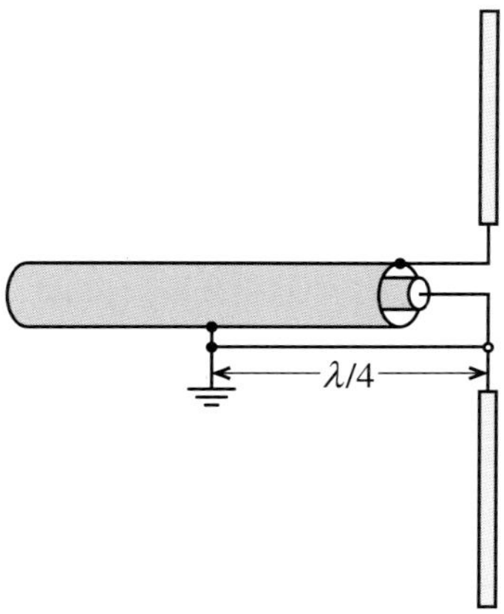

(a) 다이폴 안테나의 한쪽을 동축 케이블의 끝에서 $\lambda/4$ 거리만큼 떨어진 점과 연결했는지 설명하라.

(b) 주파수 88 MHz에서 108 MHz인 FM 방송대역 안테나에 임피던스 변환기의 연결을 완성시켰다면 케이블의 평균길이를 구하라($\varepsilon_r = 2.25$).

3.21 *ZY*-스미스 차트를 이용하여 2 GHz에서 다음 회로의 입력 임피던스를 구하라.

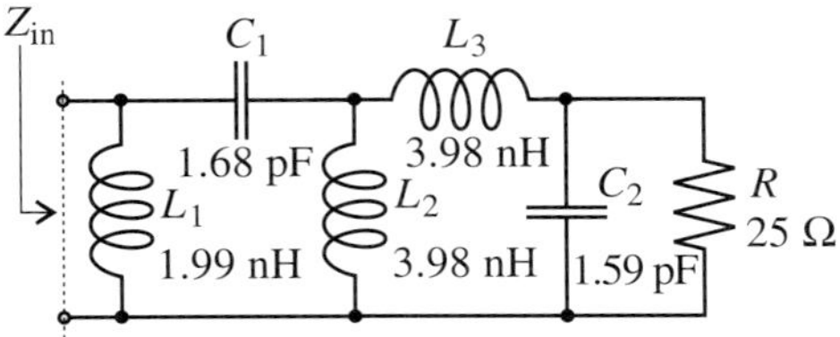

그림에서 1 GHz의 입력 임피던스는 얼마인가?

3.22 $Z_0 = 50\ \Omega$인 전송 선로의 길이가 0.5 λ이고 부하 임피던스 $Z_L = (50 - j30)\ \Omega$로 종단되어 있다. 부하에서 0.35 λ만큼 떨어진 점에서 $R = 25\ \Omega$ 저항이 그림과 같이 단락되어 있다. *ZY*-스미스 차트를 이용하여 입력 임피던스를 구하라.

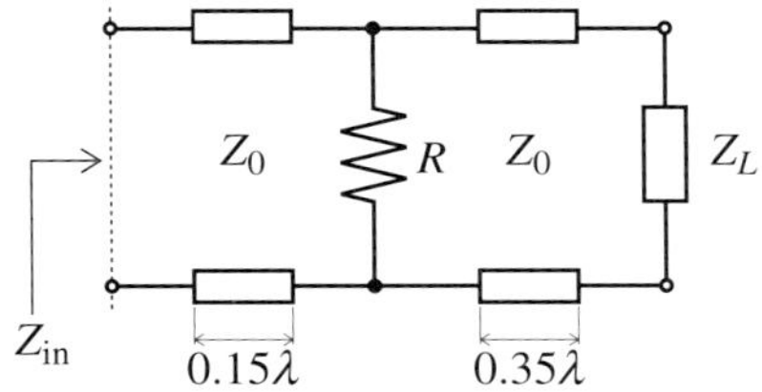

3.23 길이가 3/4 λ인 50 Ω 전송 선로에 하나의 선로길이는 0.86 λ이고 다른 하나의 선로길이는 0.5 λ인 75 Ω의 전송 선로 두 개가 그림과 같이 연결되어 있다.

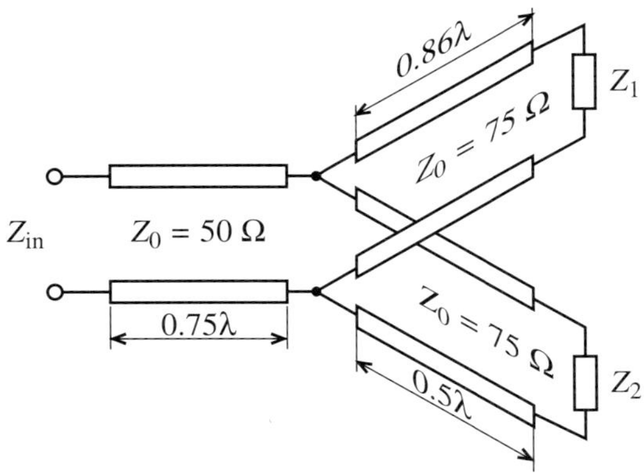

선로 1의 종단에 $Z_1 = (30 + j40)\ \Omega$이 연결되어 있고 선로 1의 종단에 $Z_2 = (75 - j80)\ \Omega$이 연결되어 있다면 스미스 차트를 이용하여 입력 임피던스를 구하라.

3.24 모든 특성 임피던스가 $Z_0 = 50\ \Omega$이고 모든 전송 선로의 길이가 $\lambda/4$일 때 문제 3.23를 다시 풀어라.

3.25 3 GHz의 동작주파수에 대하여 입력 임피던스가 50 Ω이 되기 위한 L과 C 값을 구하라.

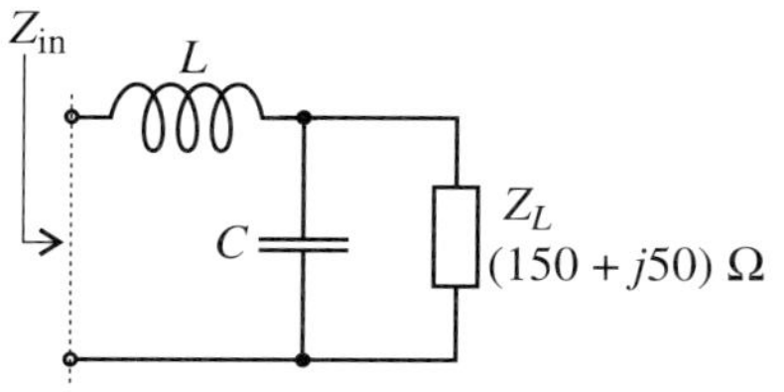

3.26 50 Ω 전송 선로의 개방회로가 600 MHz($v_p = 0.7c$)에서 동작하고 있다. 선로길이가 70 cm일 때 ZY-스미스 차트를 이용하여 입력 임피던스 Z_{in}을 구하라. 어드미턴스가 $Y_{in} = -j500$ mS가 되는 가장 짧은 거리를 구하라.

3.27 특성임피던스가 $Z_{0a} = 75$ Ω인 전송 선로에 부하가 $Z_L = 25$ Ω인 것이 연결되었다. 선로길이가 증가함에 따라 입력 반사계수(Γ_{in})는 $Z_0 = 50$ Ω 스미스 차트에서 중심을 실수(Γ_{in})축에 두고 원을 그리며 변한다. Γ_{in}평면($Z_0 = 50$ Ω 스미스 차트)에서 이 원의 반경과 중심을 구하라. (힌트): $\lambda/4$ 변환기(transformer)를 기억하라.

3.28 무손실 전송 선로의 길이만을 변화시켜, 부하 임피던스 $Z_L = (120 - 75j)$ Ω을 $Z_{in} = 50$ Ω으로 변환시키고자 할 때 다음을 구하라. (a) 전송 선로의 특성 임피던스 Z_0 (b) 전송 선로의 최소길이는 몇 파장(λ) 인가? (힌트): 반사계수의 크기(또는 SWR)가 Z_{in}과 Z_L에 대해 같다면 변환이 가능하다. 이 문제는 문제 3.27의 개념을 적용하여 스미스 차트 상에서 그래프를 이용하여 풀 수 있다.

3.29 특성 임피던스가 $Z_0 = 50$ Ω인 $\lambda/2$ 길이의 마이크로스트립 선로에 $Z_L = (80 + 100j)$ Ω인 부하가 연결되어 있다. 전송 선로의 입력 임피던스(Z_{in})가 50 Ω이 되도록 병렬 커패시터를 삽입하고자 할 때, 그것의 위치와 값을 스미스 차트를 이용하여 구하라. 주파수는 2 GHz, 위상속도는 빛의 속도의 60%이다. 이 기술을 이용하면 적당한 SWR을 갖는 어떤 부하를 50 Ω으로 변환할 수 있는가?

3.30 문제 3.29에서 선로의 길이를 $\lambda/4$, Z_L =10 Ω로 바꾸고, 목표로 하는 입력 임피던스가 $Z_{in} = 75$ Ω이 되도록 변경하고, 위 문제를 다시 풀어라.

3.31 다음 그림에서 입력 임피던스가 50 Ω이 되는 l_1과 l_2의 최소길이를 파장 단위로 계산하라.

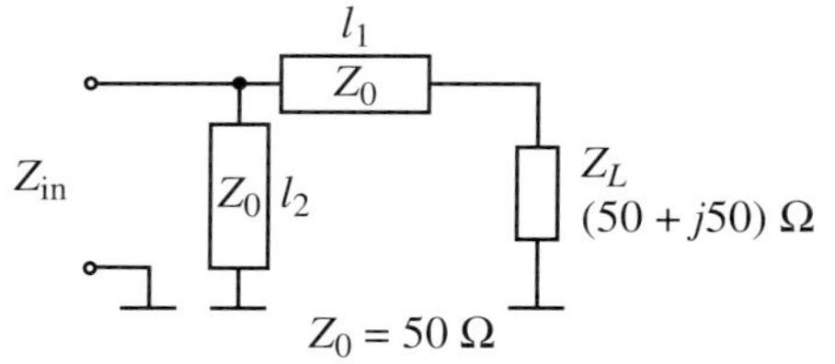

3.32 다음 회로가 950 MHz로 동작할 때 입력 임피던스의 크기와 위상을 구하여라.

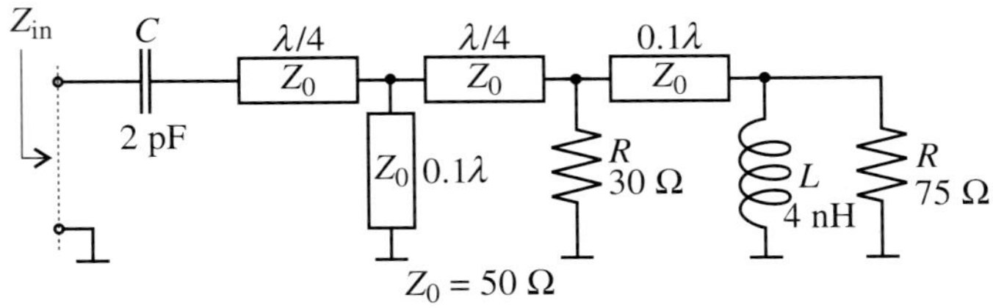

3.33 동작주파수가 1.5 GHz일 때 문제 3.32를 계산하고 차이점을 설명하라.

3.34 특정한 전송 선로의 형태가 그림과 같다.

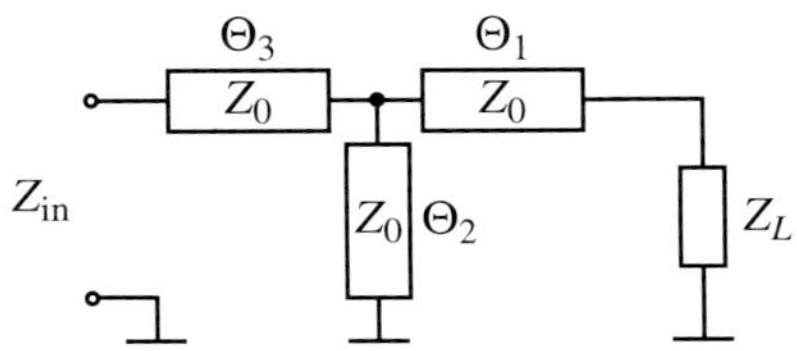

세 개 선분소자의 특성 임피던스는 $Z_0 = 50$ Ω이고 부하 임피던스는 $Z_L = (20 + j40)$ Ω이다. 선분의 전기적 길이는 각각 $\Theta_1 = 164.3°$, $\Theta_2 = 57.7°$, $\Theta_3 = 25.5°$이다.

(a) 입력 임피던스를 구하라.

(b) 전송 선로 선분 Θ_2가 개방회로일 때 입력 임피던스를 구하라.

(이 문제와 문제 3.31은 제8장에서 부하 임피던스와 원하는 임피던스 사이의 임피던스 정합에 대하여 논의할 때 중요하게 취급하는 내용 중의 일부이다).

CHAPTER 04

단일 및 다단 회로

단일 및 다단 회로에 대한 이론은 Guillemin과 Feldkeller에 의하여 전기공학분야에 도입한 이후 복잡한 회로를 단순화시키거나 또는 재구성시켜 전자회로에서 능동소자 및 수동소자의 성능을 관찰하는 데 간편한 원리를 제공해주는 필수불가결한 도구가 되었다. 더욱 회로 모델링의 중요성은 전자공학 이외에서도 매우 광범위하게 응용되고 있으며 진동해석, 기계공학 및 의용공학 등 다양한 분야에서도 모델링의 영향이 미치고 있다. 예로 오늘날 광범위하게 이용되는 의료용 압전 트랜듀서 소자와 전기-기계적 변환 메커니즘은 쉽게 3-단 회로망으로 모델링할 수 있다.

수동소자 및 능동소자를 감소시키는 방안은 회로의 복잡성과 비선형 동작 등에 관계없이 입력과 출력의 관계를 간단하게 모델링하도록 해주며, 회로 해석에서 많은 장점이 있다. 장점 중에서 주요한 것을 살펴보면, 시스템의 내부구조가 어떻게 만들어졌는지에 대한 사전정보 없이도 입력단과 출력단의 파라미터를 실험적으로 결정하는 것이 있으며, 소위 블랙-박스 방법은 회로를 구성하는 각각의 소자에 대한 분석보다는 회로 전체 성능에 관하여 관심을 갖는 엔지니어들에게 크게 환영받는 방안이다. 블랙박스와 같이 시스템을 해석하는 방법은 RF 및 MW 분야에서 매우 중요하다. 이런 분야에서는 맥스웰 방정식의 완전한 전자파 이론적 해를 유도하기가 너무 어렵고, 시스템에 적용되는 필터, 공진기 또는 증폭기와 같은 것에 대해 기능적이고 실제적인 설계를 하려면 정상적으로 필요한 것보다 더 많은 관련 정보를 제공하여야 하기 때문에 이런 해석 방법이 중요하다.

단일,이중,다중 포트 회로망
단일포트 회로망의 예들은 전압원과 전류원을 포함하는 반면, 전통적인 이중 포트 회로망은 트랜스포머, 트랜지스터 모델을 포함한다. 일반적인 다중 포트 RF 회로망은 전압 분배기, 서큘레이터(3포트 소자), 하이브리드(4포드 소자) 등이다.

다음 절의 목적은 기본적인 선형 회로에서 입력과 출력 파라미터의 관계를 Z-파라미터, Y-파라미터, h-파라미터 및 $ABCD$-파라미터로 만드는 것이며 또한 각각의 파라미터 사이의 변환관계를 알아보는 것이다. 복잡한 회로들을 어떻게 각각의 회로 블록과 직렬 및 병렬접속에 의하여 구축할 수 있는가를 증명하여 회로 연결의 규칙을 나타내고자 한다. 이 장의 마지막에는 단자 사이의 전력비 관계를 이용하여 RF/MW 회로와 소자들의 특성을 결정짓는 중요하고 실제적인 방법인 산란계수(S)에 대해 나타내었다.

4.1 기본적인 정의

논의를 시작하기 전, 전압과 전류의 극성과 방향을 나타낸 일반적인 정의 관계를 다시 확인해 보자. 그림 4-1은 기존의 사용방법을 나타내었다. 단일-단 회로 또는 N-단 회로를 다루느냐에 상관없이 각 단에서의 전류는 각각의 단자에 입력하는 것으로 가정하며 이에 관련된 전압은 지시하는 방향으로 기록한다.

다양한 파라미터를 설정하기 위하여 전압-전류 관계에 의하여 이중으로 첨자화시킨 임피던스 계수 Z_{nm}로부터 시작하자. 이때 첨자 n과 m은 1과 N 사이의 값이다. 각 단자 $n = 1\ldots N$에서 전압은 1-단의 경우

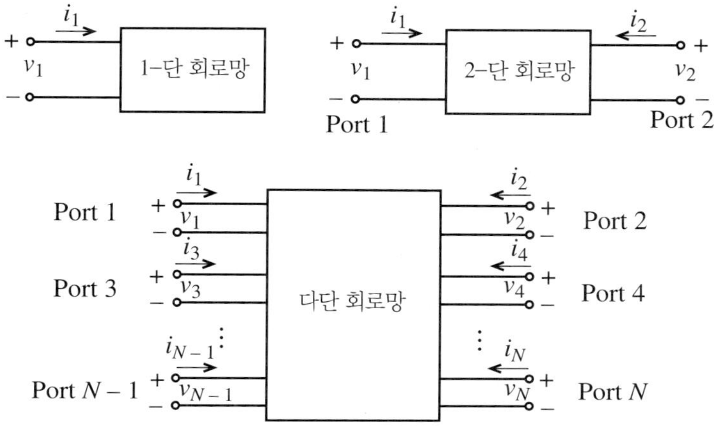

그림 4-1 • 단일-단 및 다단 회로에 대한 기본적 전압과 전류 정의

$$v_1 = Z_{11}i_1 + Z_{12}i_2 + \ldots + Z_{1N}i_N \tag{4.1a}$$

으로 주어지며 2-단에 대하여

$$v_2 = Z_{21}i_1 + Z_{22}i_2 + \ldots + Z_{2N}i_N \tag{4.1b}$$

이며 N-단에 대하여 다음과 같다.

$$v_N = Z_{N1}i_1 + Z_{N2}i_2 + \ldots + Z_{NN}i_N \tag{4.1c}$$

각각의 n-단자는 자체의 임피던스 Z_{nn} 뿐만 아니라 다른 단 전체로부터 선형 중첩에 의하여 영향을 받고 있음을 알 수 있다. 식 (4.1)을 간략하게 표현하면, **임피던스 행렬**, 즉 **Z-**행렬 형태로 전환시킬 수 있다.

$$\begin{Bmatrix} v_1 \\ v_2 \\ \vdots \\ v_N \end{Bmatrix} = \begin{bmatrix} Z_{11} & Z_{12} & \cdots & Z_{1N} \\ Z_{21} & Z_{22} & \cdots & Z_{2N} \\ \vdots & \vdots & \ddots & \vdots \\ Z_{N1} & Z_{N2} & \cdots & Z_{NN} \end{bmatrix} \begin{Bmatrix} i_1 \\ i_2 \\ \vdots \\ i_N \end{Bmatrix} \tag{4.2}$$

또는 행렬로 표현하면 다음과 같다.

$$\{\mathbf{V}\} = [\mathbf{Z}]\{\mathbf{I}\} \tag{4.3}$$

여기에서 $\{\mathbf{V}\}$와 $\{\mathbf{I}\}$는 각각 $v_1, v_2, \ldots, v_N$의 전압벡터와 $i_1, i_2, \ldots, i_N$의 전류벡터이며 $[\mathbf{Z}]$는 임피던스 행렬이다.

식 (4.2)에서 각 임피던스는 다음과 같은 프로토콜에 의하여 구할 수 있다.

가역(reciprocal) 회로망

어떤 2단자 회로망이 선형이고, 자계나 전계 히스테리시스 효과가 나타나지 않고, 내부 공진이 발생하지 않으면, 이런 시스템은 입력과 출력이 서로 바뀌어도 되는 가역적이라고 한다. 이와 같은 2단자 회로망은 송신기와 수신기에 모두 사용할 수 있는 안테나 시스템이다.

$$Z_{nm} = \left.\frac{v_n}{i_m}\right|_{i_k = 0\ (\text{for } k \neq m)} \tag{4.4}$$

이 식에서 전압 v_n은 단 m이 전류 i_m으로 구동되는 동안에 단 n에서의 전압이며 이때 나머지 단은 개방된 상태(즉, $i_k = 0$, $k \neq m$)를 유지함을 의미한다.

독립변수로서 전압 대신에 전류에 대하여 다음과 같이 나타낼 수 있다.

$$\begin{Bmatrix} i_1 \\ i_2 \\ \vdots \\ i_N \end{Bmatrix} = \begin{bmatrix} Y_{11} & Y_{12} & \cdots & Y_{1N} \\ Y_{21} & Y_{22} & \cdots & Y_{2N} \\ \vdots & \vdots & \ddots & \vdots \\ Y_{N1} & Y_{N2} & \cdots & Y_{NN} \end{bmatrix} \begin{Bmatrix} v_1 \\ v_2 \\ \vdots \\ v_N \end{Bmatrix} \tag{4.5}$$

또는

$$\{\mathbf{I}\} = [\mathbf{Y}]\{\mathbf{V}\} \tag{4.6}$$

여기에서 식 (4.4)와 같이 개별적 소자에 대하여 **어드미턴스 행렬** 또는 **Y-행렬**을 다음과 같이 정의한다.

$$Y_{nm} = \left.\frac{i_n}{v_m}\right|_{v_k = 0\ (\text{for } k \neq m)} \tag{4.7}$$

식 (4.2)와 식 (4.5)를 비교하면, 임피던스와 어드미턴스 행렬은 서로 역함수 관계가 있다.

$$[\mathbf{Z}] = [\mathbf{Y}]^{-1} \tag{4.8}$$

RF&MW

예제 4-1 • Pi-회로에 대한 매트릭스 표현

그림 4-2와 같이 임피던스 Z_A, Z_B 및 Z_C로 구성된 Pi-회로(이 회로의 명칭은 그리스 문자 Π의 형태로부터 유래됨)에 대하여 임피던스 행렬과 어드미턴스 행렬을 구하라.

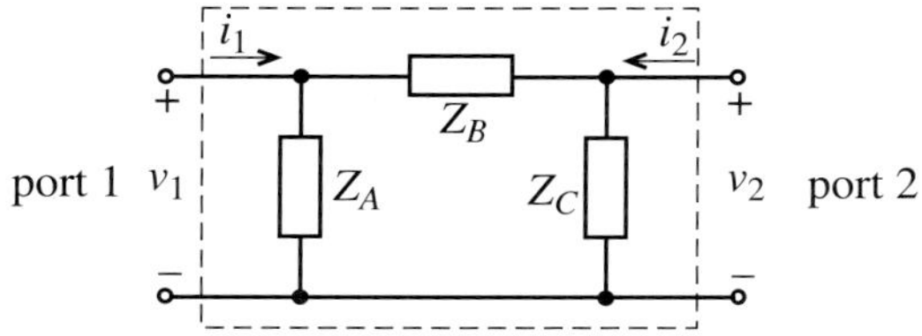

그림 4-2 ● 2-단회로의 Pi-회로

풀이:

식 (4.4)와 적합한 개방 및 단락 단자조건을 이용하여 임피던스 값을 구할 수 있다.

Z_{11}을 구하기 위하여 단자 2의 전류가 영($i_2 = 0$)일 때 단자 1에 흐르는 전류 i_1에 대한 양단전압 v_1의 비를 계산해야 한다. $i_2 = 0$의 요구조건은 개방회로조건과 같으므로 임피던스 Z_{11}은 Z_A와 $Z_B + Z_C$의 병렬조합과 같다.

$$Z_{11} = \left.\frac{v_1}{i_1}\right|_{i_2 = 0} = Z_A \| (Z_B + Z_C) = \frac{Z_A(Z_B + Z_C)}{Z_A + Z_B + Z_C}$$

Z_{12}의 값은 단자 1에서 전류 i_2에 대한 양단전압 v_1의 비로 구할 수 있으며 이때 i_1은 영(0)이어야 한다(단자 1이 개방). 전압 v_1은 임피던스 Z_A의 양단전압과 같으며 다음과 같이 전압분배법칙에 의하여 구할 수 있다.

$$v_1 = \frac{Z_A}{Z_A + Z_B} v_{AB}$$

이때 v_{AB}는 Z_A와 Z_B가 직렬로 연결된 임피던스 양단전압으로 $v_{AB} = i_2 [Z_C \| (Z_A + Z_B)]$와 같다. 그러므로

$$Z_{12} = \left.\frac{v_1}{i_2}\right|_{i_1 = 0} = \frac{Z_A}{Z_A + Z_B}[Z_C \| (Z_A + Z_B)] = \frac{Z_A Z_C}{Z_A + Z_B + Z_C}$$

같은 방법으로 임피던스 행렬의 나머지 두 파라미터를 구하면 다음과 같다.

$$Z_{21} = \left.\frac{v_2}{i_1}\right|_{i_2 = 0} = \frac{Z_C}{Z_B + Z_C}[Z_A \| (Z_B + Z_C)] = \frac{Z_A Z_C}{Z_A + Z_B + Z_C}$$

$$Z_{22} = \left.\frac{v_2}{i_2}\right|_{i_1 = 0} = Z_C \| (Z_A + Z_B) = \frac{Z_C(Z_A + Z_B)}{Z_A + Z_B + Z_C}$$

그러므로 Pi-회로에 대한 임피던스 행렬은 다음과 같이 표현된다.

$$[\mathbf{Z}] = \frac{1}{Z_A + Z_B + Z_C}\begin{bmatrix} Z_A(Z_B + Z_C) & Z_A Z_C \\ Z_A Z_C & Z_C(Z_A + Z_B) \end{bmatrix}$$

어드미턴스에 대한 계수는 식 (4.7)을 이용하여 유도할 수 있다. Y_{11}은 단자 2를 단락시켰을 때(즉, $v_2 = 0$) 단자 1에 나타난 양단전압에 대한 전류의 비로서 구한다.

$$Y_{11} = \left.\frac{i_1}{v_1}\right|_{v_2 = 0} = \frac{1}{Z_A} + \frac{1}{Z_B}$$

어드미턴스 행렬 Y_{12} 계수는 단자 1은 단락시키고($v_1 = 0$) 단자 2 양단전압에 대한 전류 i_1의 비를 측정하여 구하며 단자 2에 양(+)의 전압을 인가하면 전류 i_1은 단자 1로부터 밖으로 흐르는 음(−) 전류로 나타난다.

$$Y_{12} = \left.\frac{i_1}{v_2}\right|_{v_1 = 0} = -\frac{1}{Z_B}$$

어드미턴스 행렬의 나머지는 같은 방법으로 구하며 최종적으로 다음과 같은 형태가 된다.

$$[\mathbf{Y}] = \begin{bmatrix} \frac{1}{Z_A} + \frac{1}{Z_B} & -\frac{1}{Z_B} \\ -\frac{1}{Z_B} & \frac{1}{Z_B} + \frac{1}{Z_C} \end{bmatrix} = \begin{bmatrix} Y_A + Y_B & -Y_B \\ -Y_B & Y_B + Y_C \end{bmatrix}$$

여기에서 $Y_A = Z_A^{-1}$, $Y_B = Z_B^{-1}$ 및 $Y_C = Z_C^{-1}$이다.

직접적으로 임피던스와 어드미턴스 행렬은 식 (4.8)의 명확성을 나타내는 상호 역함수의 관계가 있음을 보여주고 있다.

행렬 계수의 실제적인 결정은 개방 및 단락회로 조건을 이행함으로써 쉽게 이룰 수 있으나 주파수가 *RF*에 도달하면 단자의 기생효과를 더 이상 무시할 수 없으므로 이에 적합한 다른 측정법으로 측정되어야 한다.

예제 4-1은 임피던스와 어드미턴스가 서로 대칭적 관계임을 나타내고 있다. 이와 같은 관계는 선형, 수동회로에 대하여 일반적으로 적용된다. 수동이란 어떠한 전류나 전압원을 포함하고 있지 않은 것을 의미한다. 대칭관계를 표현하면 다음과 같다.

$$Z_{nm} = Z_{mn} \tag{4.9}$$

식 (4.8) 관계로부터 어드미턴스에도 적용할 수 있다. 사실, 임의의 상호작용(비능동적, 선형적)과 무손실 N-단 회로는 대칭적임을 증명할 수 있다.

임피던스와 어드미턴스 회로 표현 이외에 전압과 전류를 어떻게 정렬하느냐에 따라 유용한 파라미터 두 개가 더 존재한다. 논의 사항을 단자 2 회로망으로 한정하여 그림 4-1을 참고하면 다음과 같이 **체인** 또는 **ABCD 행렬**을 정의할 수 있다.

$$\begin{Bmatrix} v_1 \\ i_1 \end{Bmatrix} = \begin{bmatrix} A & B \\ C & D \end{bmatrix} \begin{Bmatrix} v_2 \\ -i_2 \end{Bmatrix} \tag{4.10}$$

그리고 **하이브리드(hybrid)** 파라미터는 다음 식과 같다.

$$\begin{Bmatrix} v_1 \\ i_2 \end{Bmatrix} = \begin{bmatrix} h_{11} & h_{12} \\ h_{21} & h_{22} \end{bmatrix} \begin{Bmatrix} i_1 \\ v_2 \end{Bmatrix} \tag{4.11}$$

각 행렬에 대한 계수의 결정은 임피던스와 어드미턴스 행렬에서 도입한 방법과 같다. 예로 식 (4.11)의 h_{12}를 구하기 위하여 i_1을 영(0)으로 놓아야 하며 v_2에 대한 v_1의 비를 계산해야 한다. 즉

$$h_{12} = \left.\frac{v_1}{v_2}\right|_{i_1 = 0}$$

하이브리드 파라미터 h_{21}과 h_{12}는 순방향 전류이득과 역방향 전압이득으로 정의된다. 나머지 두 파라미터는 회로의 입력 임피던스(h_{11})와 출력 어드미턴스(h_{22})를 결정한다. 하이브리드 표현식의 특성은 저주파 트랜지스터 모델에서 자주 이용한다. 다음의 예제는 **쌍극자 트랜지스터**(BJT)가 저주파에서 동작할 때 하이브리드 표현식의 유도를 보여준다.

RF&MW→

예제 4-2 • BJT에 대한 저주파 하이브리드 회로 표현

이미터접지 BJT 트랜지스터에 대한 저주파, 소신호 모델을 그림 4-3과 같이 나타낼 때, 하이브리드 파라미터를 구하여라.

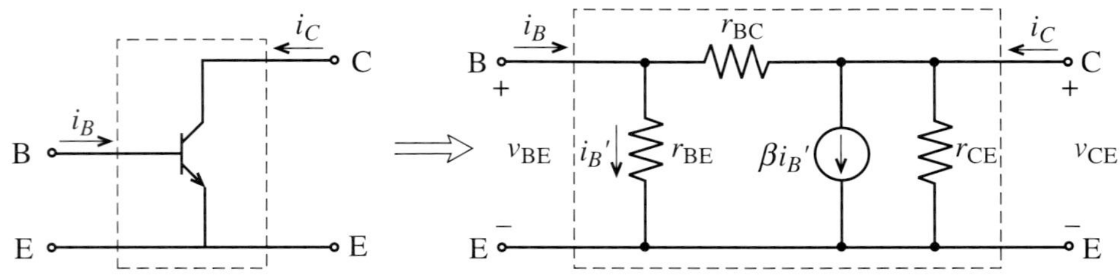

그림 4-3 • 이미터 접지 트랜지스터에 대한 저주파, 소신호 모델

풀이:

그림 4-3과 같은 트랜지스터 모델에서, r_{BE}, r_{BC} 및 r_{CE}는 베이스–이미터 사이, 베이스–콜렉터 사이 및 콜렉터–이미터 사이의 내부저항을 나타낸다. 전류제어 전류원을 통한 전류는 베이스–이미터 저항을 통하여 흐르는 i_B'전류에 종속된다.

식 (4.11)에 따라 하이브리드 행렬의 h_{11} 파라미터를 평가하기 위하여 콜렉터와 이미터 단자를 단락시켜야 하므로, $v_2 = v_{CE} = 0$으로 놓고 베이스 전류에 대한 베이스–이미터 사이 전압의 비를 계산한다. 그림 4.3에 있는 표기법을 이용하며, h_{11}은 r_{BE}와 r_{BC}의 병렬로 조합된 것과 같음을 알 수 있다.

$$h_{11} = \left.\frac{v_{BE}}{i_B}\right|_{v_{CE}=0} = \frac{r_{BC}r_{BE}}{r_{BE}+r_{BC}} \qquad \text{(입력 임피던스)}$$

동일한 전개과정을 통하면 나머지 세 개 하이브리드 파라미터 표현은 다음과 같다.

$$h_{12} = \left.\frac{v_{BE}}{v_{CE}}\right|_{i_B=0} = \frac{r_{BE}}{r_{BE}+r_{BC}} \qquad \text{(전압귀환비)}$$

$$h_{21} = \left.\frac{i_C}{i_B}\right|_{v_{CE}=0} = \frac{\beta r_{BC}-r_{BE}}{r_{BE}+r_{BC}} \qquad \text{(소신호 전류이득)}$$

$$h_{22} = \left.\frac{i_C}{v_{CE}}\right|_{i_B=0} = \frac{1}{r_{CE}} + \frac{1+\beta}{r_{BE}+r_{BC}} \qquad \text{(출력 어드미턴스)}$$

실제적으로 모든 트랜지스터 설계의 주안점은 전류 증폭도 β가 1보다 크며 콜렉터–베이스 저항은 베이스–이미터 저항보다 매우 크다는 점이다. 이러한 관점을 주지하면서, 트랜지스터의 **h**-행렬 표현에 대한 표현식을 다음과 같이 간략화시킬 수 있다.

$$h_{11} = \left.\frac{v_{\mathrm{BE}}}{i_B}\right|_{v_{\mathrm{CE}}=0} = r_{\mathrm{BE}} \qquad \text{(입력 임피던스)}$$

$$h_{12} = \left.\frac{v_{\mathrm{BE}}}{v_{\mathrm{CE}}}\right|_{i_B=0} = \frac{r_{\mathrm{BE}}}{r_{\mathrm{BC}}} \qquad \text{(전압 귀환비)}$$

$$h_{21} = \left.\frac{i_C}{i_B}\right|_{v_{\mathrm{CE}}=0} = \beta \qquad \text{(소신호전류이득)}$$

$$h_{22} = \left.\frac{i_C}{v_{\mathrm{CE}}}\right|_{i_B=0} = \frac{1}{r_{\mathrm{CE}}} + \frac{\beta}{r_{\mathrm{BC}}} \qquad \text{(출력 어드미턴스)}$$

하이브리드 회로 표현은 *BJT*의 특성을 분석하는 데 가장 일반적인 방법이며 *h*-파라미터 계수는 트랜지스터 데이터 표에 수록한다.

예제 4-2에서 전류원의 존재에 인하여, **h**-행렬은 더 이상 대칭적이지 않으며($h_{12} \neq -h_{21}$) 트랜지스터 모델은 비상호관계(nonreciprocal)가 된다. 저주파 전자회로에서 하이브리드 파라미터 표현은 다음과 같이 나타낼 수 있다. h_{11}은 h_{ie}, h_{12}는 h_{re}, h_{21}은 h_{fe}에 해당하며 h_{22}는 h_{oe}로 대치된다.

지금까지는 주어진 회로 형태와 소자 값으로부터 행렬 표현식을 유도하는 문제였다. 그러나 실제적인 회로 설계에 있어서는 자주 이와 반대의 방법, 즉 측정으로부터 등가회로 모델을 구하는 문제를 해결하여야 한다. **역 모델링(inverse modeling)**이라 부르는 이 방법은 부품을 제조하여 공급하는 사람들이 고객에게 부품의 내부적인 성분과 특성을 알려주어야 하기 때문에 중요하다. 고객의 응용이 다양하기 때문에 시스템의 성능은 매우 자세히 설명되어야 하는데, 이런 경우에 등가회로를 사용하면 매우 편리하다. 이것은 설계자에게 동작조건을 바꾸어도 소자나 회로의 정확한 동작을 예측할 수 있게 한다. 다음 예제에서는 주어진 **h**-행렬 파라미터로부터 BJT의 내부저항을 유도하는 과정을 공부한다.

파라미터 산출

측정된 소자의 특성 데이터로부터 등가회로 모델을 찾는 것이 파라미터 산출이다. 이것은 외부 측정에 의해 유도해야 하는 회로소자의 수가 하나가 아니고, 종종 동작점 주변에서 선형화와 주파수 제한 등의 단순화 과정이 필요하고, 과정이 복잡하기 때문에 여전히 연구자들이 노력하고 있는 분야이다. 그러나 기본적인 표준 회로 모델들은 계산을 단순화할 수 있고 이런 작업의 복잡성을 줄일 수 있다.

RF&MW

예제 4-3 • h-파라미터 측정에 의한 BJT의 내부저항과 전류이득 값의 결정

그림 4-3에 보여준 BJT의 등가회로를 이용하여 다음과 같은 측정된 하이브리드 파라미터를 가지고 트랜지스터의 내부저항 r_{BE}, r_{BC}, r_{CE}를 구하고 전류이득 β를 구하라. $h_{ie} = 5\ k\Omega$, $h_{re} = 2 \times 10^{-4}$, $h_{fe} = 250\ \Omega$ 및 $h_{oe} = 20\ \mu S$ (이 파라미터는 모토롤라 2n3094 트랜지스터의 특성이다.)

풀이:

예제 4-2에서 유도한 것과 같이 그림 4-3에 나타난 등가회로의 **h**-행렬의 값은 다음과 같이 네 개의 식으로 주어진다.

$$h_{ie} = \frac{r_{BC} r_{BE}}{r_{BE} + r_{BC}} \quad \text{(입력 임피던스)} \tag{4.12}$$

$$h_{re} = \frac{r_{BE}}{r_{BE} + r_{BC}} \quad \text{(전압귀환비)} \tag{4.13}$$

$$h_{fe} = \frac{\beta r_{BC} - r_{BE}}{r_{BE} + r_{BC}} \quad \text{(소신호전류이득)} \tag{4.14}$$

$$h_{oe} = \frac{1}{r_{CE}} + \frac{1 + \beta}{r_{BE} + r_{BC}} \quad \text{(출력 어드미턴스)} \tag{4.15}$$

식 (4.12)를 식 (4.13)으로 나누면 베이스–콜렉터 사이의 저항은 h_{re}에 대한 h_{re}의 비와 동일함을 알 수 있다. 문제의 공식에서 주어진 값에 따라, $r_{BC} = h_{ie}/h_{re} = 25\ M\Omega$이 된다. 이 값을 식 (4.12) 또는 식 (4.13)에 대입하면 $r_{BE} = h_{ie}/(1 - h_{re}) = 5\ k\Omega$을 구하며 r_{BC}와 r_{BE}값을 알고 있으므로 식 (4.14)에 대입하여 전류이득은 $\beta = (h_{re} + h_{fe})/(1 - h_{re}) = 250.05$가 된다. 마지막으로 콜렉터–이미터 간의 저항은 식 (4.15)에 의하여 다음과 같이 구한다.

$$r_{CE} = \frac{h_{ie}}{h_{oe} h_{ie} - h_{re} h_{fe} - h_{re}} = 100.4\ k\Omega$$

위에서 구한 값으로부터 r_{BE}는 r_{BC}에 비하여 매우 작음을 알 수 있다.

이 예제는 측정된 *h*-파라미터를 어떻게 *BJT* 회로 등가모델을 특성화시키는 데 사용할 수 있는가를 나타내는 아이디어이다. 도치관계의 개념으로 회로모델을 결정하는 측정은 제7장에서 상세히 분석하기로 한다.

4.2 회로의 상호 연결

4.2.1 회로의 직렬연결

두 개의 2-단자 회로에 대한 직렬연결은 그림 4-4와 같다. 각각의 회로는 임피던스-행렬로 표현되어 있다.

이 경우, 각각의 전압은 합해지나 전류는 동일한 값으로 존재하므로 다음 식과 같다.

$$\begin{Bmatrix} v_1 \\ v_2 \end{Bmatrix} = \begin{Bmatrix} v_1{}' + v_1{}'' \\ v_2{}' + v_2{}'' \end{Bmatrix} = [\mathbf{Z}]\begin{Bmatrix} i_1 \\ i_2 \end{Bmatrix} \tag{4.16}$$

여기에서 새로이 합성된 회로 **[Z]**는 다음과 같다.

$$[\mathbf{Z}] = [\mathbf{Z}'] + [\mathbf{Z}''] = \begin{bmatrix} Z_{11}{}' + Z_{11}{}'' & Z_{12}{}' + Z_{12}{}'' \\ Z_{21}{}' + Z_{21}{}'' & Z_{22}{}' + Z_{22}{}'' \end{bmatrix} \tag{4.17}$$

회로를 연결할 때 공통모드(common mode) 신호들이 존재하므로 각 단자를 잘 분별하고 주의해야 한다. 2단자 회로망에서는 각 포트에서 차동 모드(differential mode)만을 고려한다. 이러한 상황을 그림 4-5(a)에 나타내었다. 그림 4-5(b)에 보여준 것과 같이 변환기를 도입하여 이러한 문제점을 피하였으며 변환기는 제2차 회로의 입력과 출력단을 분리시킨다. 그러나 이 방법은 변환기가 고역통과필터로서 작용하고 DC 성분을 없애기 때문에 AC 신호에서만 적용된다.

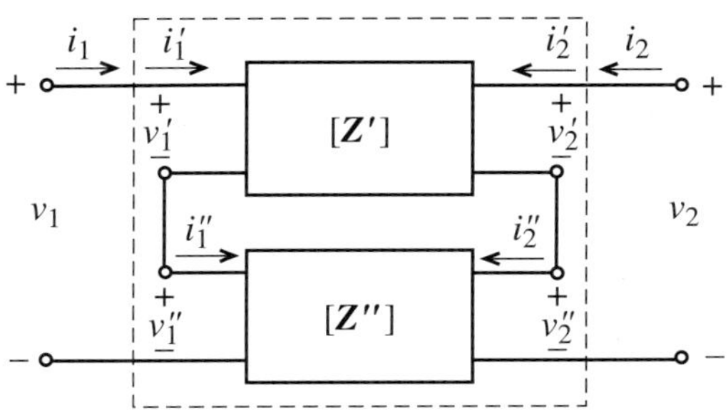

그림 4-4 • 두 개의 2-단자 회로에 대한 직렬연결

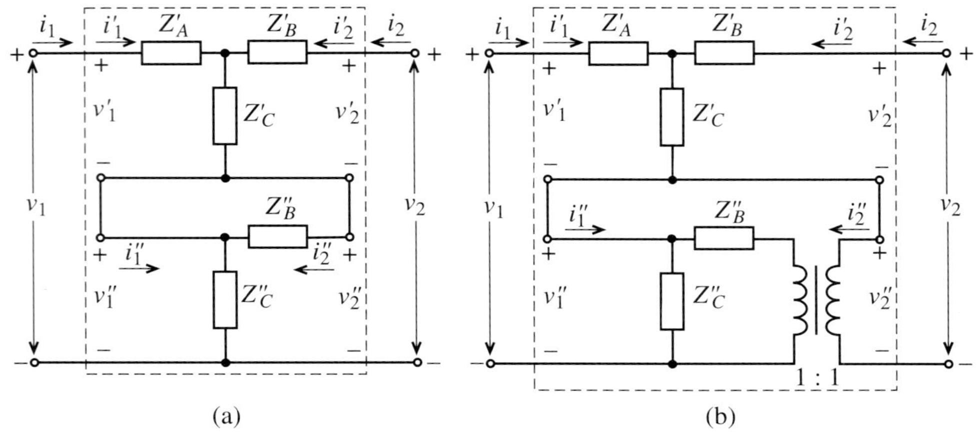

그림 4-5 • (a) 직렬연결에서의 단락회로 (b) 단락회로를 피하기 위한 변환기의 도입

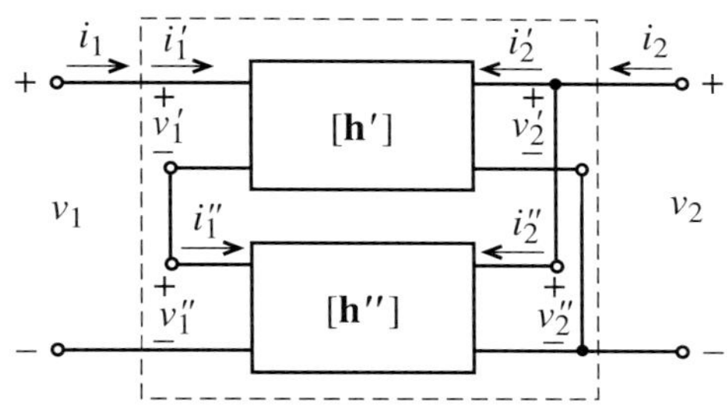

그림 4-6 • 하이브리드 표현에 적합한 2-단자 회로의 연결

그림 4-6과 같이 두 개 회로의 출력단을 서로 교환하여 연결하였다면 가장 알맞은 표현식은 하이브리드 파라미터에 의한 표현이다. 그림 4-6에 보여준 회로의 연결에 대하여 입력단의 전압과 출력단에서의 전류는 합해지며(즉 $v_1 = v_1' + v_1''$ 및 $i_2 = i_2' + i_2''$), 출력단에서의 전압과 입력단에서의 전류는 동일하다(즉 $v_2 = v_2' = v_2''$ 및 $i_1 = i_1' = i_1''$). 이와 같은 관계로 전체 시스템에 대한 **h**-행렬은 회로 각각의 **h**-행렬 합과 같다.

$$\begin{Bmatrix} v_1 \\ i_2 \end{Bmatrix} = \begin{Bmatrix} v_1' + v_1'' \\ i_2' + i_2'' \end{Bmatrix} = \begin{bmatrix} h_{11}' + h_{11}'' & h_{12}' + h_{12}'' \\ h_{21}' + h_{21}'' & h_{22}' + h_{22}'' \end{bmatrix} \begin{Bmatrix} i_1 \\ v_2 \end{Bmatrix} \tag{4.18}$$

이러한 연결 구조의 예는 그림 4-7에서와 같이 두 개의 트랜스포머 회로이다. 이 트랜스포머 쌍의 연결 구조에 대한 자세한 것은 본 장의 끝 부분에서 설명한다. 트랜스포머

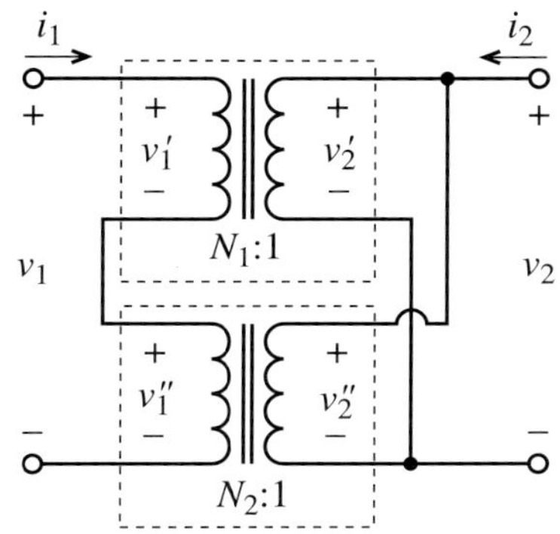

그림 4-7 • 두 하이브리드 회로의 직렬연결

는 차동 입력과 출력을 갖고 있기 때문에, 공통 모드 문제를 다루는 식 (4.18)의 **h**-행렬로는 표현할 수가 없다.

4.2.2 회로의 병렬연결

두 개의 2-단자 회로의 어드미턴스 **Y′**과 **Y″**에 대한 병렬연결은 그림 4-8과 같다. 여기에서 식 (4.16)과 다르게 전류가 합해지므로 다음과 같다.

$$\begin{Bmatrix} i_1 \\ i_2 \end{Bmatrix} = \begin{Bmatrix} i_1' + i_1'' \\ i_2' + i_2'' \end{Bmatrix} = [\mathbf{Y}]\begin{Bmatrix} v_1 \\ v_2 \end{Bmatrix} \tag{4.19}$$

새로운 어드미턴스 행렬은 각각의 어드미턴스 파라미터의 합으로 정의되며 다음과 같다.

$$[\mathbf{Y}] = [\mathbf{Y}'] + [\mathbf{Y}''] = \begin{bmatrix} Y_{11}' + Y_{11}'' & Y_{12}' + Y_{12}'' \\ Y_{21}' + Y_{21}'' & Y_{22}' + Y_{22}'' \end{bmatrix} \tag{4.20}$$

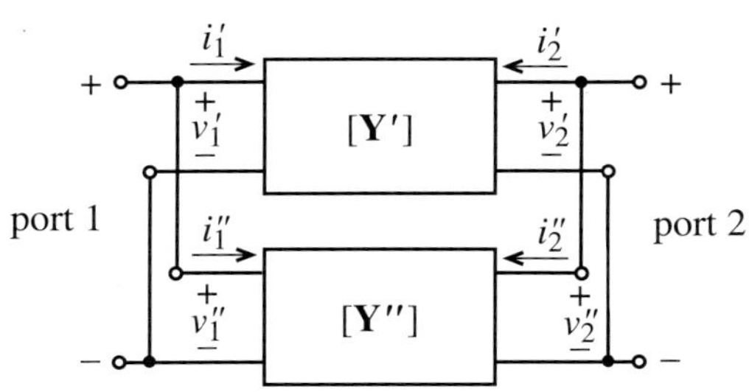

그림 4-8 • 두 개의 2-단자 회로의 병렬연결

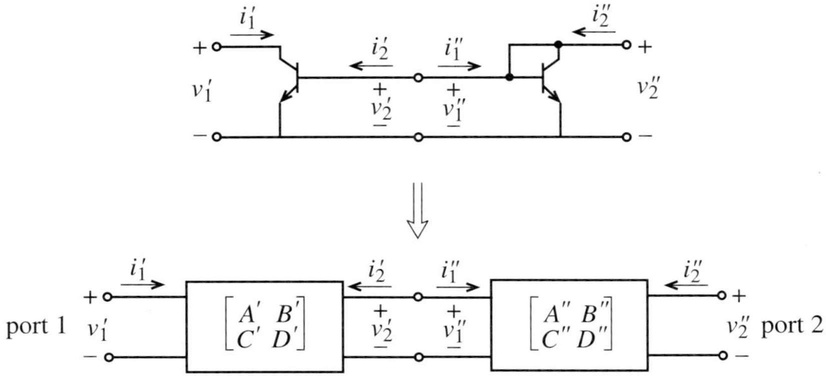

그림 4-9 • 두 개 회로의 캐스케이드 결합

4.2.3 회로의 다단 종속 접속

ABCD-파라미터 표현은 그림 4-9의 예에서와 같이 두 개의 트랜지스터를 연결한 캐스케이드(cascade) 결합에 가장 적합한 파라미터이다. 이 경우, 첫 번째 회로의 출력단 전류의 값은 두 번째 회로의 입력전류와 크기가 같으나 방향이 반대이다(즉, $i_2' = -i_1''$). 첫 번째 회로의 출력 양단 전압 v_2'은 두 번째 회로의 입력단 전압 v_1''과 같으므로 다음 관계식으로 표현할 수 있다.

$$\begin{Bmatrix} v_1 \\ i_1 \end{Bmatrix} = \begin{Bmatrix} v_1' \\ i_1' \end{Bmatrix} = \begin{bmatrix} A' & B' \\ C' & D' \end{bmatrix} \begin{Bmatrix} v_2' \\ -i_2' \end{Bmatrix} = \begin{bmatrix} A' & B' \\ C' & D' \end{bmatrix} \begin{Bmatrix} v_1'' \\ i_1'' \end{Bmatrix}$$
$$= \begin{bmatrix} A' & B' \\ C' & D' \end{bmatrix} \begin{bmatrix} A'' & B'' \\ C'' & D'' \end{bmatrix} \begin{Bmatrix} v_2'' \\ -i_2'' \end{Bmatrix} \tag{4.21}$$

ABCD-행렬의 전체 시스템은 회로 각각의 **ABCD**-행렬을 곱한 것과 같다.

4.2.4 *ABCD* 회로 표현식의 요약

앞으로 계속해서 이용하겠지만, 마이크로파 회로는 캐스케이드를 연결시킨 회로로서 많이 표현된다. 복잡한 형태의 회로를 간단하게 블록화시키고 2-단자 회로에 대한 **ABCD**-파라미터 표현식을 개발하는 것이 매우 중요하다. 본 절에서는 여러 개의 예를 들어 전송선로, 직렬 임피던스, 수동 T-회로에 대하여 **ABCD**-파라미터를 유도한다. 병렬 임피던스, 수동 Pi-회로 및 변환기와 같은 유용한 회로에 대하여 본 장 뒤에 있는 연습문제로 남겨 놓았다(문제 4-10, 4-11). 모든 계산의 결과를 본 절의 마지막 부분에 표 4-1에서 요약하였다.

예제 4-4 • 임피던스 소자에 대한 *ABCD* 회로 표현

다음 회로에 대한 **ABCD**-파라미터를 계산해라.

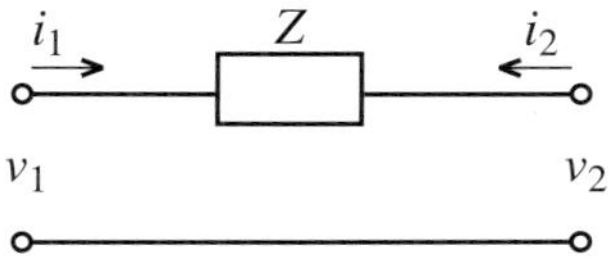

풀이:

식 (4.10)에 의하여, 파라미터 A의 결정은 단자 2를 연결시키지 않고 단자 2로 들어가는 전류가 영(0)일 때 단자 2의 양단전압에 대한 단자 1의 양단전압의 비를 계산해야 한다. 각 단에서의 전압은 그 비율과 같다는 조건에서 비율은 1과 같다.

$$A = \left.\frac{v_1}{v_2}\right|_{i_2 = 0} = 1$$

B값을 구하기 위하여 단자 2를 단락시킨 상태에서 단자 2에 입력되는 전류에 대한 단자 1 양단전압의 비를 구해야 한다. 회로 토폴로지에서 이 비율은 임피던스 Z와 같다.

$$B = \left.\frac{v_1}{-i_2}\right|_{v_2 = 0} = Z$$

나머지 두 개의 파라미터는 *ABCD* 표현식 (4.10)에 따라 구할 수 있으며 다음과 같다.

$$C = \left.\frac{i_1}{v_2}\right|_{i_2 = 0} = 0 \text{ and } D = \left.\frac{i_1}{-i_2}\right|_{v_2 = 0} = 1$$

ABCD-행렬은 앞에서 논의한 **Z**-, **Y**- 및 **h**-행렬의 계수와 유사하게 결정할 수 있다. 계수에 대한 정확한 측정은 단자의 개방 및 단락회로 조건을 어떻게 하는가에 따른다.

다음 예제는 수동 T-회로에 대하여 *ABCD*-행렬을 구한다. 이때 행렬의 유도에서 임피던스의 직렬연결과 병렬연결에 대한 *ABCD*-행렬 관계를 이용한다.

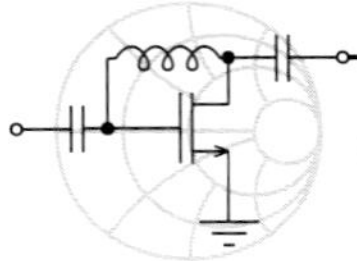

RF&MW→

예제 4-5 • T-회로에 대한 ABCD-행렬의 계산

T-회로에 대한 **ABCD**-행렬을 계산해라.

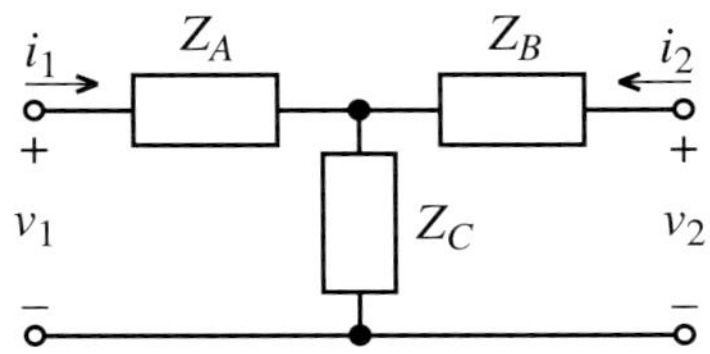

풀이:

이 문제는 두 가지 방법으로 접근하여 해를 구할 수 있다. 첫 번째 방법은 **ABCD**-행렬 계수의 정의를 직접 적용하여 구하는 방법으로 앞의 예제에서 구한 방식으로 계산된다. 두 번째 방법은 단일 임피던스 소자에 대하여 직렬과 병렬로 연결한 *ABCD*-행렬을 이용하는 방법이 있다. 두 번째 풀이 방법을 선정한다면, 초기의 회로를 아래와 같이 세분시켜 나누어야 한다.

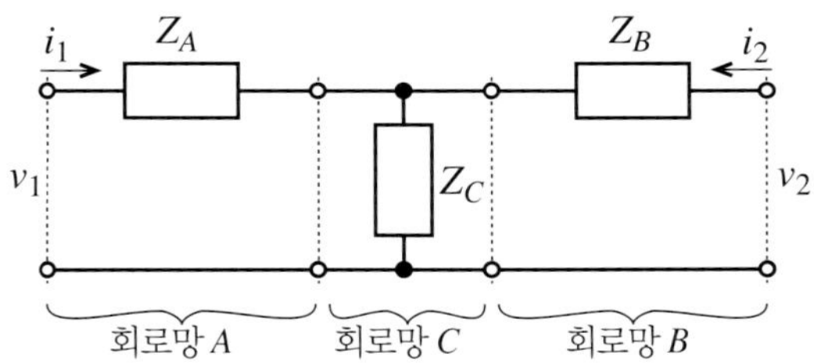

앞에서 논의한 것과 같이, 전체 회로에 대한 **ABCD**-행렬의 표현은 각 세부 **ABCD**-행렬을 곱한 것과 같다. 예제 4-4와 문제 4.8의 결과를 이용하면 다음과 같이 표현할 수 있다.

$$[\mathbf{ABCD}] = \begin{bmatrix} 1 & Z_A \\ 0 & 1 \end{bmatrix} \begin{bmatrix} 1 & 0 \\ Z_C^{-1} & 1 \end{bmatrix} \begin{bmatrix} 1 & Z_B \\ 0 & 1 \end{bmatrix} = \begin{bmatrix} 1 + \dfrac{Z_A}{Z_C} & Z_A + Z_B + \dfrac{Z_A Z_B}{Z_C} \\ \dfrac{1}{Z_C} & 1 + \dfrac{Z_B}{Z_C} \end{bmatrix}$$

여기에서 복잡한 회로는 단순한 블록회로를 곱하여 재구성시킬 수 있으므로, **ABCD**-행렬 표현식을 이용한 장점을 볼 수 있다.

마지막의 예제에서 전송 선로에 대한 *ABCD*-행렬의 계산을 고려하기로 하자.

예제 4-6 • 전송 선로 선분에 대한 ABCD-행렬 계수 계산

특성 임피던스가 Z_0이고 전파상수는 β, 길이가 l인 전송 선로에 대한 **ABCD**-행렬을 계산하여라.

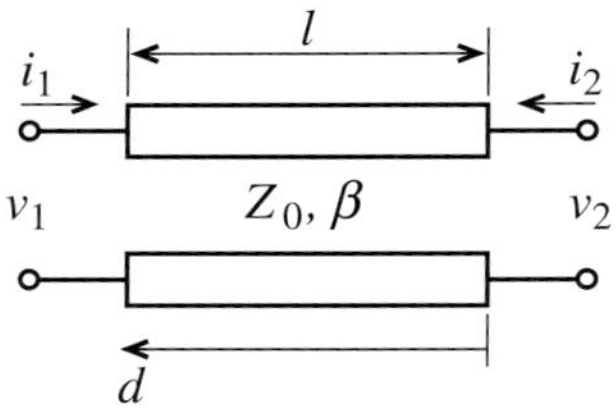

풀이:

예제 4-4에서와 같이 단자 2에서 개방회로조건과 단락회로조건을 적용해야 한다. 전송 선로에 대한 이러한 조건은 개방 스텁(open stub)과 단락 스텁(short stub)의 해석과 동일하다. 이와 같은 선로는 제 2.10.2절과 제 2.10.3절에서 논의한 개방 및 단락 전송 선로 표현식이 되며, 이러한 선분에서 개방회로 스텁의 경우 전압과 전류는 다음 식으로 주어진다[식 (2.77)과 식 (2.78) 참조].

$$V(d) = 2V^{+}\cos(\beta d),\ I(d) = \frac{2jV^{+}}{Z_0}\sin(\beta d)$$

여기에서 거리 d는 개방단에서부터 측정된 길이이다(문제에서는 단자 2로부터의 거리).

길이가 l인 단락회로 스텁의 경우, 전압과 전류는 식 (2.73)과 식 (2.74)에 의하여 결정되며,

$$V(d) = 2jV^{+}\sin(\beta d),\ I(d) = \frac{2V^{+}}{Z_0}\cos(\beta d)$$

여기에서 거리 d는 단자 2에서 단자 1까지의 측정거리이다. 이러한 관계에 부가하여, 전류는 **부하를 향하여** 흘러간다고 정의하는 것이 중요하다. 그러므로 전류는 단자 1에서 i_1과 같으며 단자 2에서는 $-i_2$와 같다.

전압과 전류에 대한 관계식을 결정함으로써, 전송 선로에 대한 $ABCD$-행렬에 대한 방정식을 세울 수 있다. 파라미터 A는 단자 2가 개방된 상태(개방회로 스텁의 공식을 이용함)에서 단자 1과 단자 2에서의 전압비로 정의되므로

$$A = \left.\frac{v_1}{v_2}\right|_{i_2=0} = \frac{2V^+\cos(\beta l)}{2V^+} = \cos(\beta l)$$

이며 여기에서 단자 2에는 $d = 0$, 단자 1에는 $d = 1$을 적용하였다. 파라미터 B는 단자 2가 단락상태일 때 단자 2에 들어오는 전류에 대한 단자 1의 양단전압의 비로서 정의된다. 이 경우, 단락회로 스텁에 대하여 정의된 전압과 전류의 공식을 사용하면 다음과 같다.

$$B = \left.\frac{v_1}{-i_2}\right|_{v_2=0} = \frac{2jV^+\sin(\beta l)}{2V^+/Z_0} = jZ_0\sin(\beta l)$$

나머지 두 개의 파라미터는 같은 방법으로 다음과 같이 구할 수 있다.

$$C = \left.\frac{i_1}{v_2}\right|_{i_2=0} = \frac{\dfrac{2jV^+}{Z_0}\sin(\beta l)}{2V^+} = jY_0\sin(\beta l)$$

$$D = \left.\frac{i_1}{-i_2}\right|_{v_2=0} = \frac{\dfrac{2V^+}{Z_0}\cos(\beta l)}{\dfrac{2V^+}{Z_0}} = \cos(\beta l)$$

그러므로 특성 임피던스가 Z_0, 전파상수는 β, 길이가 l인 전송 선로는 다음 파라미터로 표현된다.

$$\begin{bmatrix} A & B \\ C & D \end{bmatrix} = \begin{bmatrix} \cos(\beta l) & jZ_0\sin(\beta l) \\ jY_0\sin(\beta l) & \cos(\beta l) \end{bmatrix}$$

$ABCD$ 전송 선로 표현은 제2장에서 유도한 입력 임피던스 공식과 유사한 주기적인 파라미터 동작 특성을 예측할 수 있다.

표 4-1에서 일반적으로 많이 사용되는 6개의 회로형태에 대하여 *ABCD* 2-단자 회로 표현식을 요약하였다. 기본적 회로를 적합하게 연결함으로써 6개의 기본모델로부터 복잡한 회로를 쉽게 재구축할 수 있다.

N-포트 회로망의 일반화

여러 종류의 2단자 회로시스템은 간단한 2x2 행렬 계산을 수반한다. 회로망이 3포트 이상일 때 3x3 행렬 또는 그 이상의 행렬식 계산으로 해석을 확장할 수 있다.

표 4-1 • 유용한 2-단자 회로의 *ABCD*-파라미터

회로	*ABCD*-파라미터	
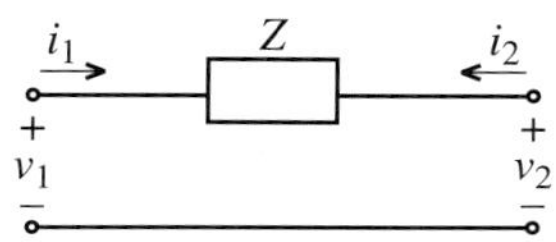	$A=1$	$B=Z$
	$C=0$	$D=1$
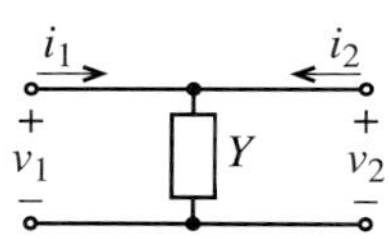	$A=1$	$B=0$
	$C=Y$	$D=1$
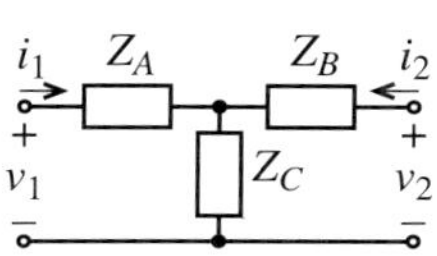	$A = 1+\dfrac{Z_A}{Z_C}$	$B = Z_A+Z_B+\dfrac{Z_A Z_B}{Z_C}$
	$C = \dfrac{1}{Z_C}$	$D = 1+\dfrac{Z_B}{Z_C}$
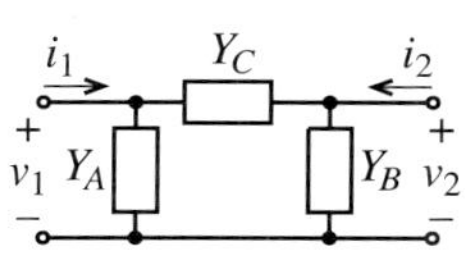	$A = 1+\dfrac{Y_B}{Y_C}$	$B = \dfrac{1}{Y_C}$
	$C = Y_A+Y_B+\dfrac{Y_A Y_B}{Y_C}$	$D = 1+\dfrac{Y_A}{Y_C}$
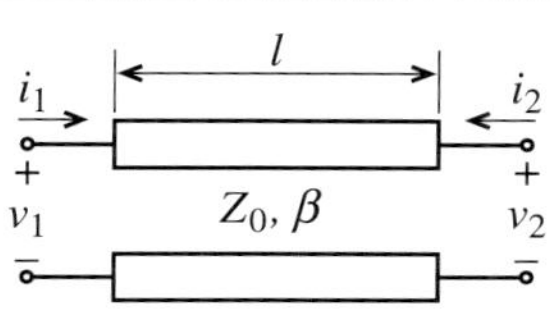	$A = \cos(\beta l)$	$B = jZ_0\sin(\beta l)$
	$C = \dfrac{j\sin(\beta l)}{Z_0}$	$D = \cos(\beta l)$
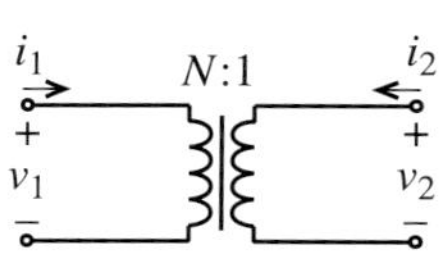	$A=N$	$B=0$
	$C=0$	$D = \dfrac{1}{N}$

4.3 회로의 특성과 응용

4.3.1 파라미터 사이의 상호관계

특정한 회로 형태에 따라 특별한 입력과 출력관계를 도출하기 위하여 회로의 파라미터를 다른 파라미터로 변환할 필요가 있다. 예를 들면 저주파 트랜지스터의 파라미터는 종종 **h**-행렬로 나타내지만 이 트랜지스터에 부가회로를 첨부하여 캐스케이드를 결합시켰다면 **ABCD**-행렬이 매우 유용한 방법이 될 것이다. 그러므로 **h**-행렬을 **ABCD**-형태로 전환시킴으로써 해석을 아주 간단하게 할 수 있다.

각각의 파라미터들 사이의 변환이 어떻게 이루어졌는지를 나타내기 위하여 주어진 **h**-행렬의 **ABCD**-행렬 표현식을 찾아보자. 정의식 (4.11)로부터, 파라미터 A는 다음과 같이 주어진다.

$$A = \left.\frac{v_1}{v_2}\right|_{i_2=0} = \frac{h_{11}i_1 + h_{12}v_2}{v_2} \tag{4.22}$$

이 표현식에서, $i_2 = 0$이므로 식 (4.11)의 i_1은 v_2와 관련하여 다시 나타낼 수 있다. 그 결과는

$$A = \left.\frac{v_1}{v_2}\right|_{i_2=0} = \frac{h_{11}\left(-\frac{h_{22}}{h_{21}}v_2\right) + h_{12}v_2}{v_2} = \frac{1}{h_{21}}(-h_{22}h_{11} + h_{12}h_{21}) = -\frac{\Delta h}{h_{21}} \tag{4.23}$$

이 되며, 여기에서 $\Delta h = h_{11}h_{22} - h_{12}h_{21}$은 **h**-행렬의 행렬식이다. 유사하게 나머지 계수에 대하여 계산하면 다음과 같다.

$$B = -\left.\frac{v_1}{i_2}\right|_{v_2=0} = -\frac{h_{11}i_1}{i_2} = -\frac{h_{11}\left(\frac{i_2}{h_{21}}\right)}{i_2} = -\frac{h_{11}}{h_{21}} \tag{4.24}$$

$$C = \left.\frac{i_1}{v_2}\right|_{i_2=0} = \frac{\frac{-h_{22}}{h_{21}}v_2}{v_2} = -\frac{h_{22}}{h_{21}} \tag{4.25}$$

$$D = -\left.\frac{i_1}{i_2}\right|_{v_2=0} = -\frac{\frac{i_2}{h_{21}}}{i_2} = -\frac{1}{h_{21}} \tag{4.26}$$

위 식은 h-파라미터를 **ABCD**형으로 전환시킬 수 있음을 나타낸다. 유사한 과정으로 $ABCD$-파라미터 값을 **h**-행렬 형태로 전환시킬 수도 있다.

$ABCD$-파라미터 값으로부터 **Z**-표현식으로의 전환을 조사해 보자. 식 (4.2)와 식 (4.10)을 이용하여 다음과 같은 관계식을 만들 수 있다.

$$Z_{11} = \left.\frac{v_1}{i_1}\right|_{i_2 = 0} = \frac{Av_2}{Cv_2} = \frac{A}{C} \tag{4.27}$$

$$Z_{12} = \left.\frac{v_1}{i_2}\right|_{i_1 = 0} = \frac{Av_2 - Bi_2}{\frac{C}{D}v_2} = \frac{Av_2 - \frac{BC}{D}v_2}{\frac{C}{D}v_2} = \frac{AD - BC}{C} = \frac{\Delta ABCD}{C} \tag{4.28}$$

$$Z_{21} = \left.\frac{v_2}{i_1}\right|_{i_2 = 0} = \frac{v_1/A}{Cv_2} = \frac{A(v_2/A)}{Cv_2} = \frac{1}{C} \tag{4.29}$$

$$Z_{22} = \left.\frac{v_2}{i_2}\right|_{i_1 = 0} = \frac{v_2}{Cv_2/D} = \frac{D}{C} \tag{4.30}$$

여기에서 $\Delta ABCD = AD - BC$는 **ABCD**-행렬의 행렬식이다.

각각 정의한 전압과 전류의 관계에 의하여, 모든 파라미터의 변환이 가능하다. 표 4-2에 이미 정의한 네 개의 파라미터 집합에 대한 변환공식을 요약하였다(부록 H에서 변환공식의 완전한 관계식을 참조하라).

4.3.2 마이크로파 증폭기의 해석

본 절에서는 비교적 복잡한 회로를 해석하기 위하여 회로-파라미터를 전환시키는 예를 고려해 보자. 해석을 위하여 그림 4-10에서와 같은 특정 마이크로파 증폭기 회로를 선정하였다.

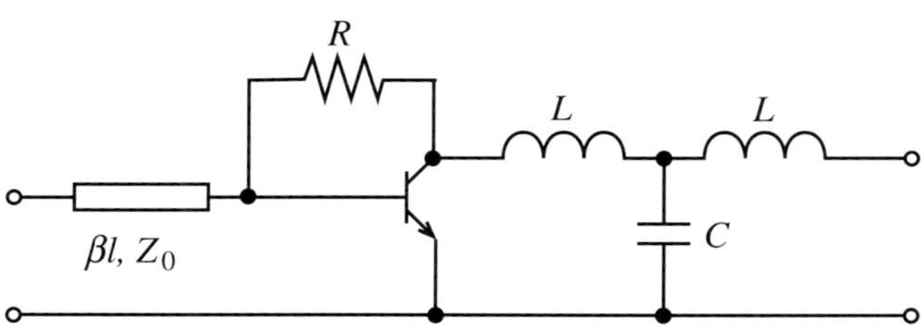

그림 4-10 • 마이크로파 증폭기 회로 구성도

표 4-2 ● 서로 다른 회로 표현식 사이의 파라미터 변환관계

	[Z]	[Y]	[h]	[ABCD]
[Z]	$\begin{bmatrix} Z_{11} & Z_{12} \\ Z_{21} & Z_{22} \end{bmatrix}$	$\begin{bmatrix} \frac{Z_{22}}{\Delta Z} & -\frac{Z_{12}}{\Delta Z} \\ -\frac{Z_{21}}{\Delta Z} & \frac{Z_{11}}{\Delta Z} \end{bmatrix}$	$\begin{bmatrix} \frac{\Delta Z}{Z_{22}} & \frac{Z_{12}}{Z_{22}} \\ -\frac{Z_{21}}{Z_{22}} & \frac{1}{Z_{22}} \end{bmatrix}$	$\begin{bmatrix} \frac{Z_{11}}{Z_{21}} & \frac{\Delta Z}{Z_{21}} \\ \frac{1}{Z_{21}} & \frac{Z_{22}}{Z_{21}} \end{bmatrix}$
[Y]	$\begin{bmatrix} \frac{Y_{22}}{\Delta Y} & -\frac{Y_{12}}{\Delta Y} \\ -\frac{Y_{21}}{\Delta Y} & \frac{Y_{11}}{\Delta Y} \end{bmatrix}$	$\begin{bmatrix} Y_{11} & Y_{12} \\ Y_{21} & Y_{22} \end{bmatrix}$	$\begin{bmatrix} \frac{1}{Y_{11}} & -\frac{Y_{12}}{Y_{11}} \\ \frac{Y_{21}}{Y_{11}} & \frac{\Delta Y}{Y_{11}} \end{bmatrix}$	$\begin{bmatrix} -\frac{Y_{22}}{Y_{21}} & -\frac{1}{Y_{21}} \\ -\frac{\Delta Y}{Y_{21}} & -\frac{Y_{11}}{Y_{21}} \end{bmatrix}$
[h]	$\begin{bmatrix} \frac{\Delta h}{h_{22}} & \frac{h_{12}}{h_{22}} \\ -\frac{h_{21}}{h_{22}} & \frac{1}{h_{22}} \end{bmatrix}$	$\begin{bmatrix} \frac{1}{h_{11}} & -\frac{h_{12}}{h_{11}} \\ \frac{h_{21}}{h_{11}} & \frac{\Delta h}{h_{11}} \end{bmatrix}$	$\begin{bmatrix} h_{11} & h_{12} \\ h_{21} & h_{22} \end{bmatrix}$	$\begin{bmatrix} -\frac{\Delta h}{h_{21}} & -\frac{h_{11}}{h_{21}} \\ -\frac{h_{22}}{h_{21}} & -\frac{1}{h_{21}} \end{bmatrix}$
[ABCD]	$\begin{bmatrix} \frac{A}{C} & \frac{\Delta ABCD}{C} \\ \frac{1}{C} & \frac{D}{C} \end{bmatrix}$	$\begin{bmatrix} \frac{D}{B} & -\frac{\Delta ABCD}{B} \\ -\frac{1}{B} & \frac{A}{B} \end{bmatrix}$	$\begin{bmatrix} \frac{B}{D} & \frac{\Delta ABCD}{D} \\ -\frac{1}{D} & \frac{C}{D} \end{bmatrix}$	$\begin{bmatrix} A & B \\ C & D \end{bmatrix}$

첫 번째 단계에서는 회로를 세분화시켜 더 작은 세부회로로 나눈다. 세분화시키는 방법은 여러 가지가 있으며 그 중 하나의 방법은 그림 4-11과 같다.

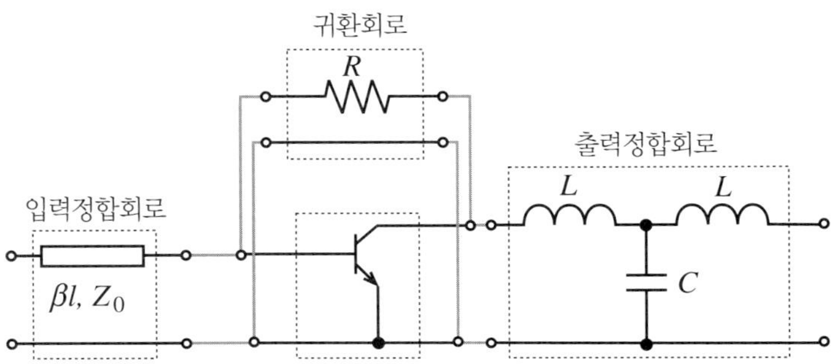

그림 4-11 ● 마이크로파 증폭기의 세분화 표현

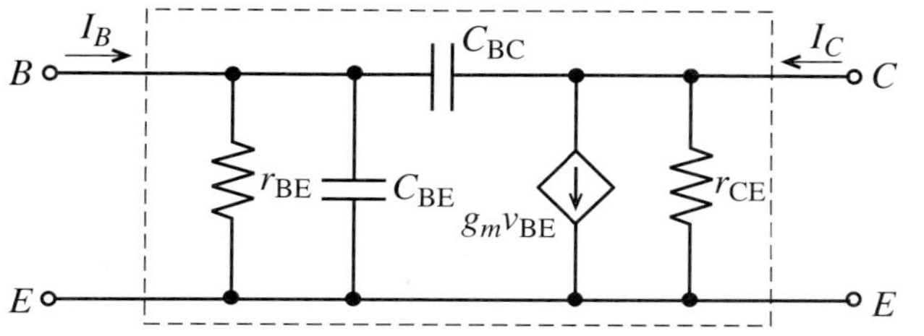

그림 4-12 • 고주파 하이브리드 트랜지스터의 등가모델

그림에서와 같이 증폭기는 네 개의 세분화된 회로로 나누어진다. 입력정합회로는 전송 선로(편의상 상단부만 나타내었음)로 구성되었으며, 트랜지스터와 귀환회로를 병렬로 연결한 후 입력정합회로와 캐스케이드 결합을 시키고 있다. 그리고 출력단 정합회로와 다시 캐스케이드 결합을 나타내고 있다. 트랜지스터의 경우, 고주파 하이브리드 Pi-등가모델(제7장 참조)을 사용하며 그림 4-12와 같다.

등가모델에 대한 h-파라미터의 유도는 연습문제(문제 4.12)로 남겨 놓았으며 여기서는 단지 트랜지스터의 **h**-행렬 결과식을 다음과 같이 나타내었다.

$$h_{11} = h_{ie} = \frac{r_{BE}}{1 + j\omega(C_{BE} + C_{BC})r_{BE}} \tag{4.31a}$$

$$h_{12} = h_{re} = \frac{j\omega C_{BC} r_{BE}}{1 + j\omega(C_{BE} + C_{BC})r_{BE}} \tag{4.31b}$$

$$h_{21} = h_{fe} = \frac{r_{BE}(g_m - j\omega C_{BC})}{1 + j\omega(C_{BE} + C_{BC})r_{BE}} \tag{4.31c}$$

$$h_{22} = h_{oe} = \frac{1}{r_{CE}} + \frac{j\omega C_{BC}(1 + g_m r_{BE} + j\omega C_{BE} r_{BE})}{1 + j\omega(C_{BE} + C_{BC})r_{BE}} \tag{4.31d}$$

트랜지스터와 귀환루프 저항의 병렬조합에 대한 행렬을 계산하려면 **h**-행렬을 **Y**-행렬로 전환시키고 식 (4.20)의 합산규칙을 적용해야 한다. 트랜지스터의 **Y**-파라미터를 $[\mathbf{Y}]_{tr}$이라 하자. 표 4-2의 공식에 따라 귀환저항의 **Y**-행렬과 합할 수 있다. 귀환저항의 어드미턴스 행렬은 **Y**-행렬 정의식을 이용하여 구하거나, 예제 4-4에서와 같이 *ABCD*-행렬을 **Y**-행렬로 변환함으로써 직접 유도할 수 있다. 귀환저항에 대한 계산 결과는 다음과 같다.

$$\begin{bmatrix} Y_{11} & Y_{12} \\ Y_{21} & Y_{22} \end{bmatrix}_R = \begin{bmatrix} R^{-1} & -R^{-1} \\ -R^{-1} & R^{-1} \end{bmatrix} \tag{4.32}$$

어드미턴스를 합산한 후, 트랜지스터의 Y-파라미터와 귀환저항의 Y-파라미터의 병렬 조합에 따라 $[\mathbf{Y}]_{\mathrm{tr}+R}$을 구하였다.

만약 귀환저항을 트랜지스터 등가 모델의 C_{BC}와 병렬로 연결시켜 계산해도 동일한 결과를 얻게 된다. 귀환저항과 트랜지스터와의 병렬조합의 어드미턴스 행렬을 얻기 위하여 트랜지스터의 **h**-행렬에서 C_{BC} 대신에 $C_{\mathrm{BC}} + 1/(j\omega R)$을 대치시켜야 하며 그 결과 Y-표현의 행렬을 얻을 수 있다. 분석에서 최종단계는 입력단정합회로(첨자: IMN), 트랜지스터와 귀환저항(첨자: tr + R) 및 출력정합회로(첨자: OMN)에 대한 **ABCD**-행렬을 곱하는 것이다.

$$\begin{bmatrix} A & B \\ C & D \end{bmatrix}_{\mathrm{amp}} = \begin{bmatrix} A & B \\ C & D \end{bmatrix}_{\mathrm{IMN}} \begin{bmatrix} A & B \\ C & D \end{bmatrix}_{\mathrm{tr}+R} \begin{bmatrix} A & B \\ C & D \end{bmatrix}_{\mathrm{OMN}} \tag{4.33}$$

여기에서 정합회로에 대한 **ABCD**-행렬은 표 4-1을 이용하여 다음과 같이 구한다.

$$\begin{bmatrix} A & B \\ C & D \end{bmatrix}_{\mathrm{IMN}} = \begin{bmatrix} \cos\beta l & jZ_0 \sin\beta l \\ \dfrac{j\sin\beta l}{Z_0} & \cos\beta l \end{bmatrix} \tag{4.34}$$

$$\begin{bmatrix} A & B \\ C & D \end{bmatrix}_{\mathrm{OMN}} = \begin{bmatrix} 1-\omega^2 LC & 2j\omega L - j\omega^3 L^2 C \\ j\omega C & 1-\omega^2 LC \end{bmatrix} \tag{4.35}$$

계산이 복잡하고 길기 때문에 증폭기에 대한 전체 $ABCD$-파라미터의 최종 결과를 제시하지는 않았으나 관심이 많은 독자는 프로그램(MathCad, Matlab, Methematica 등)을 선택하여 수학적 수표에 의하여 계산을 실행할 수 있다. 이러한 계산 결과 중의 하나는 그림 4-13에 나타냈으며 출력단을 단락시킨(D 계수의 역관계이다) 증폭기의 소신호 전류이득을 여러 귀환 저항값에 따라 주파수 함수관계로 나타내었다.

그림 4-11에서 회로에 대한 계산은 $L = 1$ nH, $C = 10$ pF, 전송 선로 길이 $l = 5$ cm, 위상속도는 광속의 65%이고 특성 임피던스 $Z_o = 50\ \Omega$이다. 트랜지스터의 모델링 값은 $r_{\mathrm{BE}} = 520\ \Omega$, $r_{\mathrm{CE}} = 80\ \mathrm{k}\Omega$, $C_{\mathrm{BE}} = 10$ pF, $C_{\mathrm{BC}} = 1$ pF 및 $g_{\mathrm{m}} = 0.192$ S였다.

4.4 산란계수

RF에 관련된 모든 자료집이나 기술적 자료를 보면 산란계수(**scattering** 또는 ***S*-파라미**

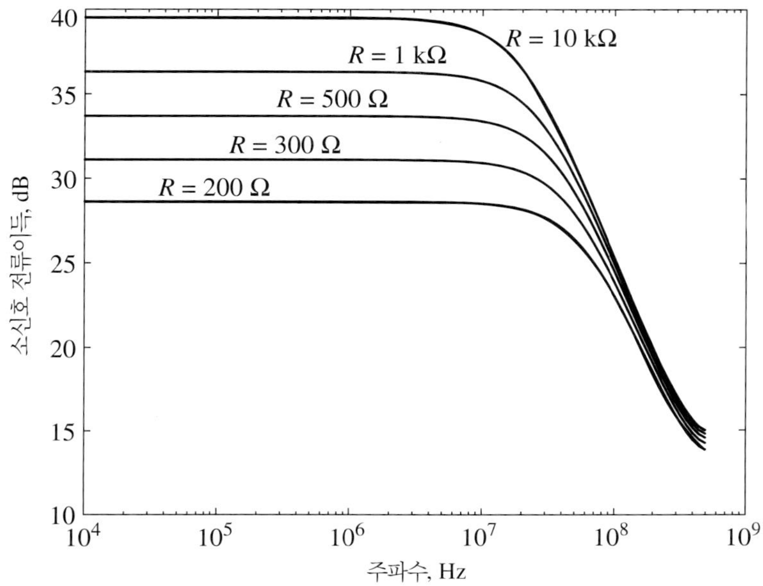

그림 4-13 • 여러 저항값에 대한 주파수 대 증폭기의 소신호 전류이득관계

터)의 표현식이 가장 중심적인 역할을 하고 있음을 볼 수 있다. 4장의 첫 부분에서 논의한 것처럼 기존의 저주파수 대역 응용에서 관례적으로 해왔던 것과 같은 단순한 개방회로 또는 단락회로 측정을 통해서는 실제적인 시스템 특성을 나타낼 수 없다는 사실에 산란계수의 중요성이 나타난다. 도선으로 단락회로를 만들었을 때 어떤 현상이 일어나는지 상기해 보자. 도선 자체는 높은 주파수에서 어느 정도의 크기를 나타내는 인덕턴스 특성을 가지고 있으며 도선을 개방시켰을 때는 단자에서 커패시티브한 특성을 나타낸다. 두 가지 경우에서, *Z*-, *Y*-, *h*- 및 *ABCD*-파라미터를 결정하는 데 필요로 하는 개방회로와 단락회로조건은 더 이상 보증할 수 없으며, 특히 전자파의 전파현상을 다룰 때 크기가 1인 반사계수를 도입하는 것은 바람직하지 않다(개방회로의 경우 거의 반사됨). 한 예로, 단자에서 임피던스 불연속은 원하지 않는 전압파/전류파의 반사를 일으키며 이로 인하여 발진을 일으키고 원하지 않는 소자의 파괴를 가져올 수도 있다. RF 엔지니어는 앞에서 배운 파라미터와 달리, 실제적으로 불가능한 단자의 조건을 필요로 하거나 **시험소자**를 파손시킬 위험성 없이 단지 *S*-파라미터만을 가지고 모든 RF 소자들의 2-단자 회로 특성을 실제적으로 나타낼 수 있다. *S*-파라미터는 한 포트에서 입력 전력이 반사되어 돌아온 전력과 다른 포트로 전달된 전력의 비를 이용하여 나타

낸다. 위상에 관한 정보를 추가하면 어떤 선형 회로에 대해서도 완전한 표현이 이루어진다.

4.4.1 산란계수(s-parameter)의 정의

간단하게 말해 산란 파라미터는 전자파의 전력 형태에 관한 것이며 입사 전력파와 반사 전력파에 관련되어 회로의 입력과 출력관계를 정의할 수 있다. 그림 4-14를 참고하여 **정규화된** 입사 전력파를 a_n이라 하고 **정규화된** 반사 전력파를 b_n으로 정의할 때 각각은

$$a_n = \frac{1}{2\sqrt{Z_0}}(V_n + Z_0 I_n) \tag{4.36a}$$

$$b_n = \frac{1}{2\sqrt{Z_0}}(V_n - Z_0 I_n) \tag{4.36b}$$

이며 첨자 n은 입력과 출력단의 단자 1, 2를 의미한다. 임피던스 Z_0는 회로의 입력단과 출력단을 연결하는 선로의 특성 임피던스이다. 일반적인 조건에서 입력단에서의 선로 임피던스는 출력단에서의 선로 임피던스와 다를 수도 있다. 전송 선로나 도파관들에서 임피던스 변화를 S-파라미터가 표현할 수 있지만, 여기서는 초보적인 단계이므로 간단하게 두 임피던스는 동일하다고 가정한다.

식 (4.36)을 바꾸면 다음과 같이 전압과 전류 표현식을 유도할 수 있다.

$$V_n = \sqrt{Z_0}(a_n + b_n) \tag{4.37a}$$

$$I_n = \frac{1}{\sqrt{Z_0}}(a_n - b_n) \tag{4.37b}$$

전력에 대한 관계식을 상기하면 식 (4.36)의 물리적 의미를 명확하게 알 수 있다.

$$P_n = \frac{1}{2}\mathrm{Re}\{V_n I_n^*\} = \frac{1}{2}\left(|a_n|^2 - |b_n|^2\right) \tag{4.38}$$

식 (4.37)에서 순방향 진행파와 역방향 진행파 성분을 분리하면 다음과 같다.

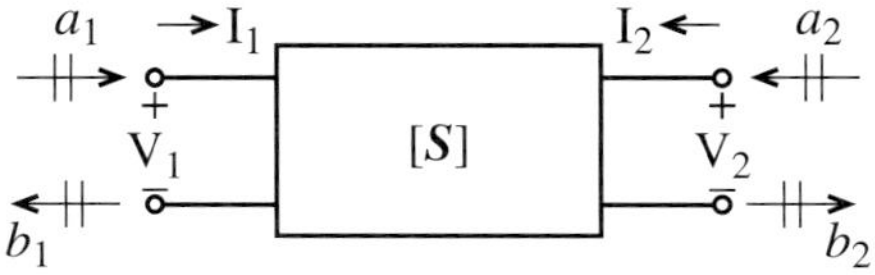

그림 4-14 · 2-단회로의 S-파라미터 정의를 위하여 사용된 표현

$$a_n = \frac{V_n^+}{\sqrt{Z_0}} = \sqrt{Z_0} I_n^+ \tag{4.39a}$$

$$b_n = \frac{V_n^-}{\sqrt{Z_0}} = -\sqrt{Z_0} I_n^- \tag{4.39b}$$

위 식은 다음의 관계로부터 식 (4.37)과 일치함을 알 수 있다.

$$V_n = V_n^+ + V_n^- = Z_0 I_n^+ - Z_0 I_n^- \tag{4.40}$$

그림 4-14에서 나타난 방향성분에 의하여 S-파라미터를 정의하면 다음과 같다.

$$\begin{Bmatrix} b_1 \\ b_2 \end{Bmatrix} = \begin{bmatrix} S_{11} & S_{12} \\ S_{21} & S_{22} \end{bmatrix} \begin{Bmatrix} a_1 \\ a_2 \end{Bmatrix} \tag{4.41}$$

여기에서 S-파라미터의 각 항목은 다음과 같다.

$$S_{11} = \left.\frac{b_1}{a_1}\right|_{a_2 = 0} \equiv \frac{\text{단자 1에 반사된 전력}}{\text{단자 1에 입사된 전력}} \tag{4.42a}$$

$$S_{21} = \left.\frac{b_2}{a_1}\right|_{a_2 = 0} \equiv \frac{\text{단자 2에 전송된 전력}}{\text{단자 1에 입사된 전력}} \tag{4.42b}$$

$$S_{22} = \left.\frac{b_2}{a_2}\right|_{a_1 = 0} \equiv \frac{\text{단자 2에 반사된 전력}}{\text{단자 2에 입사된 전력}} \tag{4.42c}$$

$$S_{12} = \left.\frac{b_1}{a_2}\right|_{a_1 = 0} \equiv \frac{\text{단자 1에 전송된 전력}}{\text{단자 2에 입사된 전력}} \tag{4.42d}$$

$a_2 = 0$과 $a_1 = 0$ 조건은 단자 2와 단자 1에서 회로로 되돌아오는 전력파가 없다는 것을 의미함을 알 수 있다. 그러나 이러한 조건은 연결된 전송 선로가 선로의 특성 임피던스에 종단되었을 때 확신할 수 있다.

S-파라미터는 전력과 매우 밀접하게 관련되어 있으므로 시평균 전력에 관련된 정규화 입력파와 출력파로 표현할 수 있다. 제2.11.2절을 참고하면 단자 1에서의 평균전력은 다음 식과 같이 주어진다.

$$P_1 = \frac{1}{2}\frac{|V_1^+|^2}{Z_0}(1 - |\Gamma_{\text{in}}|^2) = \frac{1}{2}\frac{|V_1^+|^2}{Z_0}(1 - |S_{11}|^2) \tag{4.43}$$

여기에서 입력 측의 반사계수는 다음 논의에 따라 출력단을 정합시킨 조건 아래 S_{11}로 표현된다.

$$\Gamma_{in} = \frac{V_1^-}{V_1^+} = \left.\frac{b_1}{a_1}\right|_{a_2 = 0} = S_{11} \tag{4.44}$$

이 식은 단자 1에서 VSWR을 S_{11}에 의하여 다음과 같이 다시 정의할 수 있다.

$$\text{VSWR} = \frac{1 + |S_{11}|}{1 - |S_{11}|} \tag{4.45}$$

식 (4.39a)에 의하여 식 (4.43)의 입사전력을 인지할 수 있고 그것을 a_1으로 표현하면

$$\frac{1}{2}\frac{|V_1^+|^2}{Z_0} = P_{inc} = \frac{|a_1|^2}{2} \tag{4.46}$$

이 된다. 이것이 신호원으로부터 나타나는 최대가용전력(maximum avaliable power)이다. 식 (4.46)과 식 (4.44) 및 식 (4.43)을 이용하면 단자 1에서 총 전력(출력단이 정합된 조건 아래)은 입사전력과 반사전력의 조합으로 다음과 같이 표현된다.

$$P_1 = P_{inc} + P_{ref} = \frac{1}{2}(|a_1|^2 - |b_1|^2) = \frac{|a_1|^2}{2}(1 - |\Gamma_{in}|^2) \tag{4.47}$$

만약 반사계수 즉 S_{11}이 영(0)이라 하면 신호원으로부터 나타나는 모든 가용전력은 회로의 단자 1로 전달된다. 단자 2에 대하여 동일하게 분석하면 다음과 같다.

$$P_2 = \frac{1}{2}(|a_2|^2 - |b_2|^2) = \frac{|a_2|^2}{2}(1 - |\Gamma_{out}|^2) \tag{4.48}$$

4.4.2 *S*-파라미터의 의미

앞 절에서 이미 언급한 바와 같이 *S*-파라미터는 입력단 또는 출력단에서 완전한 정합이 이루어진 조건에서 결정할 수 있다. 예로 S_{11} 또는 S_{21}값을 기록하기 위하여 그림 4-15에 나타난 것과 같이 $a_2 = 0$이 되기 위하여 출력단에서는 선로 임피던스 Z_0로 정합되어야 한다.

이 형태는 입력반사계수를 구하여 S_{11}을 계산할 수 있게 한다.

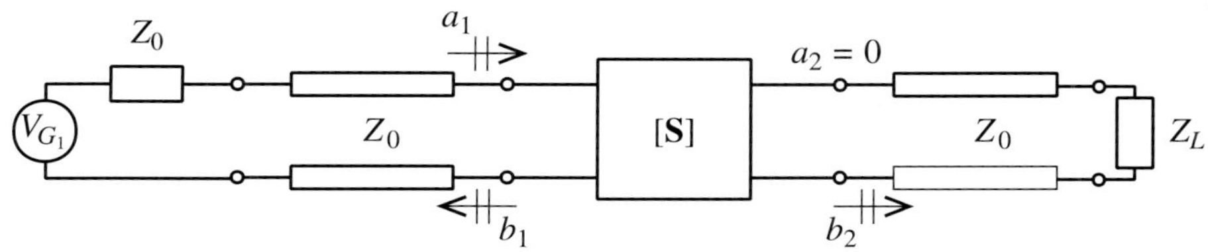

그림 4-15 ● 부하 임피던스 $Z_L = Z_0$인 단 2에서 선로 임피던스 Z_0에 정합시켜 S_{11}과 S_{21} 측정

$$S_{11} = \Gamma_{\text{in}} = \frac{Z_{\text{in}} - Z_0}{Z_{\text{in}} + Z_0} \tag{4.49}$$

S_{11}의 크기에 대한 로그를 취하여 반사손실(return loss)을 dB로 나타내면

$$\text{RL} = -20\log|S_{11}| \tag{4.50}$$

이며 단자 2에서 적합한 종단으로

$$S_{21} = \left.\frac{b_2}{a_1}\right|_{a_2=0} = \left.\frac{V_2^-/\sqrt{Z_0}}{(V_1 + Z_0 I_1)/(2\sqrt{Z_0})}\right|_{I_2^+ = 0,\, V_2^+ = 0} \tag{4.51}$$

이 되며 $a_2 = 0$이므로 단 2에서 양(+)의 방향으로 진행하는 전압파 및 전류파를 영(0)으로 놓을 수 있다. V_1을 신호원전압 V_{G1}에서 신호원 임피던스 Z_0 양단전압을 뺀 값, 즉 $V_{G1} - Z_0 I_1$으로 대치하면 다음과 같다.

$$S_{21} = \frac{2V_2^-}{V_{G1}} = \frac{2V_2}{V_{G1}} \tag{4.52}$$

여기에서 단자 2에 나타난 전압은 신호원전압에 직접 관련되며 회로의 **순방향 전압이득**의 특성을 나타낸다. **순방향 전력이득**을 구하기 위하여 식 (4.52)를 제곱한다.

$$G_0 = |S_{21}|^2 = \left|\frac{V_2}{V_{G1}/2}\right|^2 \tag{4.53}$$

G_0는 보통 dB 단위로 표현된다. 이것은 손실 회로에서는 삽입손실로 사용된다(G_0의 역수).

$$\text{IL[dB]} = -10\log|S_{21}|^2 = -20\log|S_{21}| \tag{4.54}$$

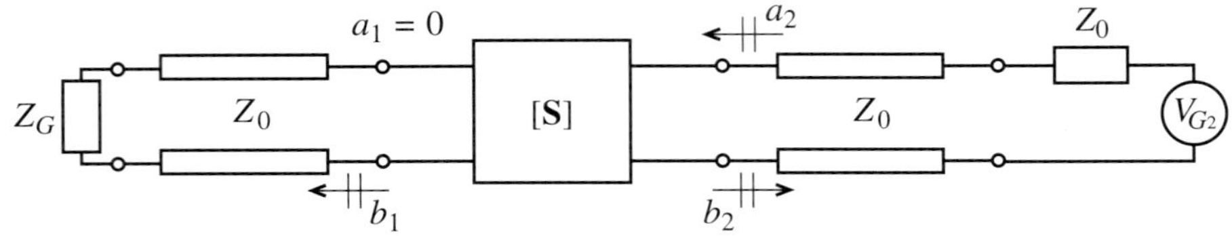

그림 4-16 • 입력 임피던스 $Z_G = Z_0$인 단 1에서 선로 임피던스 Z_0에 정합시켜 S_{22}와 S_{12} 측정

그림 4-16과 같이 측정순서를 반대로 해서 신호원전압 V_{G2}를 단자 2에 붙이고 단자 1을 적합하게 종단시키면 나머지 2개의 S-파라미터 S_{22}와 S_{12}를 구할 수 있다.

S_{22}를 계산하기 위하여 이미 앞에서 S_{11}을 구할 때 논의한 방법과 유사하게 출력반사 계수 Γ_{out}을 구해야 한다.

$$S_{22} = \Gamma_{\text{out}} = \frac{Z_{\text{out}} - Z_0}{Z_{\text{out}} + Z_0} \tag{4.55}$$

그리고 S_{12}는

$$S_{12} = \left.\frac{b_1}{a_2}\right|_{a_1 = 0} = \left.\frac{V_1^- / \sqrt{Z_0}}{(V_2 + Z_0 I_2)/(2\sqrt{Z_0})}\right|_{I_1^+ = 0,\, V_1^+ = 0} \tag{4.56}$$

가 된다. S_{12}항은 V_2를 $V_{G2} - Z_0 I_2$로 대치하고 정리하면 다음 식과 같이 된다.

$$S_{12} = \frac{2V_1^-}{V_{G2}} = \frac{2V_1}{V_{G2}} \tag{4.57}$$

이 식은 **역방향 전압이득**으로 알려져 있으며 제곱값 $|S_{12}|^2$은 **역방향 전력이득**이 된다. S_{11}과 S_{22}를 임피던스 정의의 일부로서 직접 계산할 수 있는 반면, S_{12}와 S_{21}은 알맞은 회로 파라미터에 의하여 정의하는 전압을 대치할 필요가 있다. 다음 예제에서 간단한 세 소자 회로에 대하여 S-파라미터를 계산한다.

RF&MW

예제 4-7 • T-회로 소자의 S-파라미터 결정

그림 4-17(a)와 같이 3 dB 감쇠회로에 대하여 S-파라미터와 저항소자 값을 구하라. 회로 특성 임피던스 $Z_0 = 50\Omega$인 전송 선로 선분에 놓인다고 가정한다.

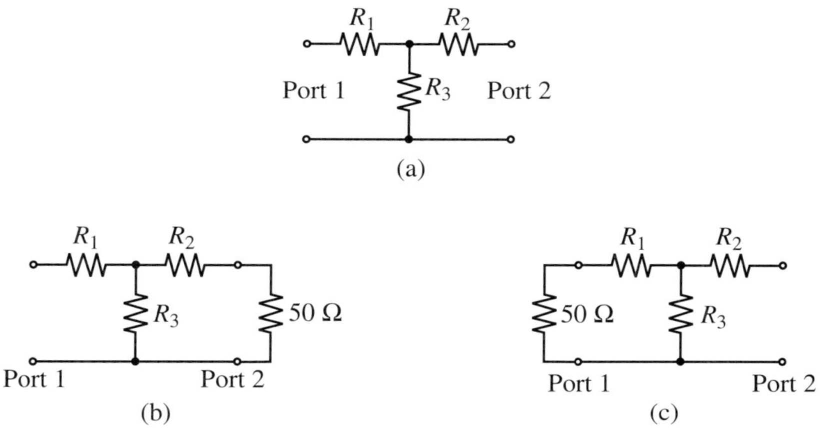

그림 4-17 ● T-회로에 대한 산란계수의 계산. (a) 회로도 (b) S_{11}과 S_{22} 측정을 위한 회로 (c) S_{12} 와 S_{22}를 측정하기 위한 회로.

풀이:

감쇠기는 선로 임피던스와 정합을 이루어야하므로 입력과 출력단에서 $S_{11} = S_{22} = 0$이어야 한다. 그 결과 그림 4-17(b)와 식 (4.49)에 의하여 다음과 같이 놓을 수 있다.

$$Z_{\text{in}} = R_1 + \frac{R_3(R_2 + 50\ \Omega)}{(R_3 + R_2 + 50\ \Omega)} = 50\ \Omega$$

대칭성에 의하여 $R_1 = R_2$가 된다. $V_1 = V_1^+$에 관하여 단자 2에서 $V_2 = V_2^-$를 알아보자. 그림 4-17(c)의 회로에 의하여 다음 식을 얻을 수 있다.

$$V_2 = \left(\frac{\dfrac{R_3(R_1 + 50\ \Omega)}{R_3 + R_1 + 50\ \Omega}}{\dfrac{R_3(R_1 + 50\ \Omega)}{R_3 + R_1 + 50\ \Omega} + R_1} \right) \left(\frac{50\ \Omega}{50\ \Omega + R_1} \right) V_1$$

3 dB 감쇠에 대하여

$$S_{21} = \frac{2V_2}{V_{G1}} = \frac{V_2}{V_1} = \frac{1}{\sqrt{2}} = 0.707 = S_{12}$$

이 되며, 입력 임피던스와 조합으로 R_1과 R_3를 구하기 위하여 V_2/V_1를 0.707로 놓고 정리하면 다음과 같은 식을 얻게 된다.

$$R_1 = R_2 = \frac{\sqrt{2}-1}{\sqrt{2}+1}Z_0 = 8.58\ \Omega$$

$$\text{and } R_3 = 2\sqrt{2}\cdot Z_0 = 141.4\ \Omega$$

저항회로의 선택은 입력과 출력단에서 50 Ω의 임피던스가 유지되어야 함을 확실히 하고 있다. 이것은 원하지 않는 반사를 일으키지 않고 원하는 삽입손실을 갖게 될때 만 이 회로를 50 Ω 전송 선로 선분 사이에 삽입시킬 수 있음을 의미한다.

S-파라미터에 대한 정의는 적합한 종단을 필요로 한다. 예를 들어 S_{11}을 원할 때, 단자 2에 연결된 전송 선로는 그 선로의 특성 임피던스로 종단되어야 한다. 이것은 회로의 출력 임피던스 Z_{out}이 특성 임피던스 Z_0로 종단되어야 한다는 것을 의미하지 않는다. $a_2 = 0$이 의미하는 것처럼 선로 임피던스는 부하로부터 파가 반사되지 않도록 정합되어야 한다. 이러한 경우가 아니라면 어떻게 S_{11}을 바꾸어야 하는지 제4.4.5절에서 공부한다.

4.4.3 체인 산란 행렬(chain scattering matrix)

S-파라미터의 개념을 캐스케이드 결합회로에 확장하여 적용해보자. 입력과 출력단에 관련되어 전력파를 다시 표현하는 데 매우 효율적이다. 이와 같은 것은 다음과 같은 **체인 산란 행렬** 표기법으로 나타낸다.

$$\begin{Bmatrix} a_1 \\ b_1 \end{Bmatrix} = \begin{bmatrix} T_{11} & T_{12} \\ T_{21} & T_{22} \end{bmatrix} \begin{Bmatrix} b_2 \\ a_2 \end{Bmatrix} \tag{4.58}$$

두 개의 이중–단 회로의 캐스케이드 결합은 간단하게 곱으로 처리된다는 것을 즉각적으로 알 수 있다. 그림 4-18에서 회로 A(행렬 $[\mathbf{T}]_A$로 주어짐)와 회로 B(행렬 $[\mathbf{T}]_B$로 주어짐)의 연결을 명백하게 보여주고 있다. 만약 회로 A가 다음과 같이 표기되고

$$\begin{Bmatrix} a_1^A \\ b_1^A \end{Bmatrix} = \begin{bmatrix} T_{11}^A & T_{12}^A \\ T_{21}^A & T_{22}^A \end{bmatrix} \begin{Bmatrix} b_2^A \\ a_2^A \end{Bmatrix} \tag{4.59a}$$

회로 B는 다음과 같이 표기된다면

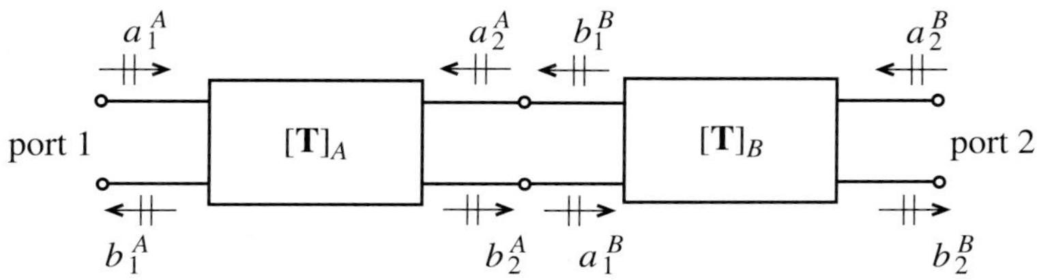

그림 4-18 ● 두 개의 회로 *A*와 *B*의 캐스케이드 결합

$$\begin{Bmatrix} a_1^B \\ b_1^B \end{Bmatrix} = \begin{bmatrix} T_{11}^B & T_{12}^B \\ T_{21}^B & T_{22}^B \end{bmatrix} \begin{Bmatrix} b_2^B \\ a_2^B \end{Bmatrix} \tag{4.59b}$$

그림 4-18에서 보여준 파라미터 표기에 의하여 다음과 같음을 알 수 있다.

$$\begin{Bmatrix} b_2^A \\ a_2^A \end{Bmatrix} = \begin{Bmatrix} a_1^B \\ b_1^B \end{Bmatrix} \tag{4.60}$$

그러므로 결합한 결과는 다음과 같다.

$$\begin{Bmatrix} a_1^A \\ b_1^A \end{Bmatrix} = \begin{bmatrix} T_{11}^A & T_{12}^A \\ T_{21}^A & T_{22}^A \end{bmatrix} \begin{bmatrix} T_{11}^B & T_{12}^B \\ T_{21}^B & T_{22}^B \end{bmatrix} \begin{Bmatrix} b_2^B \\ a_2^B \end{Bmatrix} \tag{4.61}$$

위 식은 행렬의 곱셈을 나타내며 체인 산란 행렬은 앞에서 논의한 **ABCD**-행렬과 유사한 역할을 한다. **S**-행렬에서 체인행렬로 전환하는 것은 제4.3.1절에 있는 단계와 동일한 과정을 따른다. 예를 들어 T_{11}을 계산하면 다음과 같으며

$$T_{11} = \left.\frac{a_1}{b_2}\right|_{a_2 = 0} = \frac{a_1}{S_{21}a_1} = \frac{1}{S_{21}} \tag{4.62}$$

같은 방법으로

$$T_{12} = -\frac{S_{22}}{S_{21}} \tag{4.63}$$

$$T_{21} = \frac{S_{11}}{S_{21}} \tag{4.64}$$

$$T_{22} = \frac{-(S_{11}S_{22} - S_{12}S_{21})}{S_{21}} = \frac{-\Delta S}{S_{21}} \tag{4.65}$$

이 된다. 반대로 T-행렬이 주어졌을 때 S-파라미터로 변환하면 다음과 같은 관계를 알 수 있다.

$$S_{11} = \frac{b_1}{a_1}\bigg|_{a_2=0} = \frac{T_{21}b_2}{T_{11}b_2} = \frac{T_{21}}{T_{11}} \tag{4.66}$$

$$S_{12} = \frac{T_{11}T_{22} - T_{21}T_{12}}{T_{11}} = \frac{\Delta T}{T_{11}} \tag{4.67}$$

$$S_{21} = \frac{1}{T_{11}} \tag{4.68}$$

$$S_{22} = -\frac{T_{12}}{T_{11}} \tag{4.69}$$

다음 절에서 논의되는 것과 같이 각 행렬에 대한 변환과정은 동일한 결과를 갖도록 수행되어야 한다.

4.4.4 *Z*-와 *S*-파라미터 사이의 전환

임의의 회로에서 입력과 출력 임피던스로 어떻게 *S*-파라미터를 정의할 수 있는지를 이미 공부하였다[즉, 식 (4.49)과 식 (4.54)]. 본 절에서는 *Z*-파라미터와 *S*-파라미터 사이의 공식적인 변환관계를 알아보자. 이러한 변환 관계를 설정한 후에, 모든 6개의 회로 파라미터(*S, Z, Y, ABCD, h, T*) 사이의 변환관계를 공식화할 수 있다.

앞에서 정의한 *S*-파라미터와 *Z*-파라미터 사이의 전환 관계를 구하기 위하여 행렬 형태로 정의된 *S*-파라미터 관계로부터 시작하자[즉, 식 (4.41)].

$$\{\mathbf{b}\} = [\mathbf{S}]\{\mathbf{a}\} \tag{4.70}$$

이 식에 $\sqrt{Z_0}$을 곱하면

$$\sqrt{Z_0}\{\mathbf{b}\} = \{\mathbf{V}^-\} = \sqrt{Z_0}[\mathbf{S}]\{\mathbf{a}\} = [\mathbf{S}]\{\mathbf{V}^+\} \tag{4.71}$$

이 되며 양변에 $\{\mathbf{V}^+\} = \sqrt{Z_0}\{\mathbf{a}\}$을 더하고 정리하면 다음과 같다.

$$\{\mathbf{V}\} = [\mathbf{S}]\{\mathbf{V}^+\} + \{\mathbf{V}^+\} = ([\mathbf{S}] + [\mathbf{E}])\{\mathbf{V}^+\} \tag{4.72}$$

여기에서 $[\mathbf{E}]$는 identity 행렬이다. 이 형태를 임피던스 표현식 $\{\mathbf{V}\} = [\mathbf{Z}]\{\mathbf{I}\}$와 비교하기 위하여 $\{\mathbf{V}^+\}$는 $\{\mathbf{I}\}$로 표현되어야 한다. 이와 같은 과정은 $\{\mathbf{V}^+\} = \sqrt{Z_0}\{\mathbf{a}\}$ 양단에서 우선 $[\mathbf{S}]\{\mathbf{V}^+\}$를 빼줌으로써 구할 수 있다.

$$\{\mathbf{V}^+\} - [\mathbf{S}]\{\mathbf{V}^+\} = \sqrt{Z_0}(\{\mathbf{a}\} - \{\mathbf{b}\}) = Z_0\{\mathbf{I}\} \tag{4.73}$$

$\{\mathbf{V}^+\}$을 따로 구하면 다음과 같다.

$$\{\mathbf{V}^+\} = Z_0([\mathbf{E}]-[\mathbf{S}])^{-1}\{\mathbf{I}\} \tag{4.74}$$

식 (4.74)를 식 (4.72)에 대입하면 원하는 결과를 구할 수 있다.

$$\{\mathbf{V}\} = ([\mathbf{S}]+[\mathbf{E}])\{\mathbf{V}^+\} = Z_0([\mathbf{S}]+[\mathbf{E}])([\mathbf{E}]-[\mathbf{S}])^{-1}\{\mathbf{I}\} \tag{4.75}$$

또는

$$[\mathbf{Z}] = Z_0([\mathbf{S}]+[\mathbf{E}])([\mathbf{E}]-[\mathbf{S}])^{-1} \tag{4.76}$$

이 식은 다음과 같다.

$$\begin{aligned}\begin{bmatrix} Z_{11} & Z_{12} \\ Z_{21} & Z_{22} \end{bmatrix} &= Z_0\begin{bmatrix} 1+S_{11} & S_{12} \\ S_{21} & 1+S_{22} \end{bmatrix}\begin{bmatrix} 1-S_{11} & -S_{12} \\ -S_{21} & 1-S_{22} \end{bmatrix}^{-1} \\ &= \frac{Z_0\begin{bmatrix} 1+S_{11} & S_{12} \\ S_{21} & 1+S_{22} \end{bmatrix}}{(1-S_{11})(1-S_{22})-S_{21}S_{12}}\begin{bmatrix} 1-S_{22} & S_{12} \\ S_{21} & 1-S_{11} \end{bmatrix}\end{aligned} \tag{4.77}$$

이제 개별적으로 파라미터의 각 항에 대한 확인은 쉽게 할 수 있다. 모든 회로 계수에 대한 완전한 요약은 부록 C에 수록하였다.

4.4.5 신호 흐름도 모델링

RF 회로의 분석 및 회로 전체의 상호연결은 시스템 및 제어이론에서 주로 사용되는 신호흐름도(signal flow chart)를 이용하면 매우 편리해진다. 이 신호흐름도는 원래 지진학 또는 원격탐사에 도입되었으며 파의 전달은 지향된 경로와 이 경로를 연결하는 노드(node)에 관련된다. 본 절에서 신호 흐름 회로를 분석하기 위하여 필요한 주요 원리를 간략하게 요약하기로 하자. 흐름도를 구축하기 위하여 필요로 하는 주요 개념은 다음과 같다.

1. **노드**는 S-파라미터를 다룰 때 a_1, b_1, a_2, b_2와 같은 회로 파라미터를 확인한다.
2. **연결 가지**(브랜치)는 회로 파라미터를 연결할 때 필요로 한다.
3. 연결 가지(브랜치)의 방향에 따라 가지 값이 가감한다.

이러한 세 개의 항목에 대하여 상세히 논의하기로 하자. 그림 4-19에서와 같이 부하 임피던스 Z_L로 종단된 전송 선로의 선분을 생각하자.

노드확인으로 전압값을 사용할 수 있을지라도 광범위하게 사용되는 S-파라미터 표현으로 구해 보자. 그림 4-19(b)에서 노드 a와 b는 부하 반사계수 Γ_L로 연결되어 있다. 반사계수가 b/a임을 알 수 있으며, 노드 b는 노드 a에 반사계수 Γ_L을 곱하는 것으로 간단하게 구할 수 있다. 그림 4-20에서는 이러한 포괄적인 형태를 묘사하고 있다.

표기와 관련하여 그림 4-20에 보여준 상태를 다음과 같이 나타낼 수 있다.

$$b = \Gamma a \tag{4.78}$$

그림 4-19에서 보여준 전송 선로회로에 그림 4-21에서와 같이 신호원을 포함하여 좀 더 구체적으로 만들 때 보다 복잡한 회로 형태로 나타내어진다.

그림 4-19와는 달리, 노드 a와 b는 a'과 b'으로 표현된 두 개의 노드를 추가하여 분석한다. b'/a'비는 제2.11절에서 논의한 바와 같이 신호원의 반사계수 Γ_S로 정의하며 b'은 a'에 신호원 반사계수를 곱하여 주어지는 것을 알 수 있다. 합산 개념에 따라서 b'을 b_S와 $a'\Gamma_S$의 합으로 정의한다. 그러므로 신호원의 b_S는 다음과 같다.

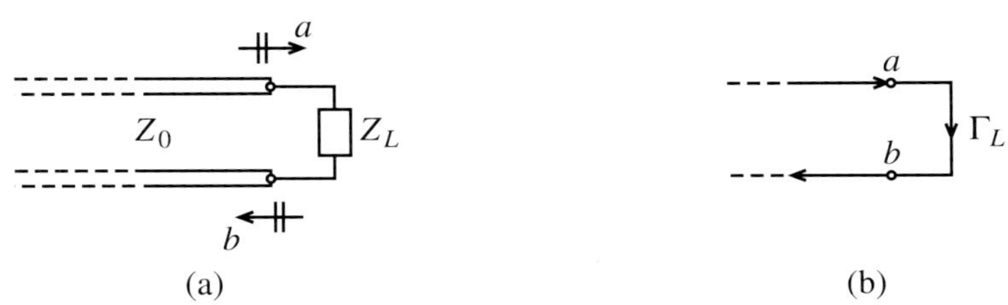

그림 4-19 ● 입사와 반사 S-파라미터로 표현된 종단된 전송 선로 선분. (a) 종래의 표기 (b) 신호흐름 형태

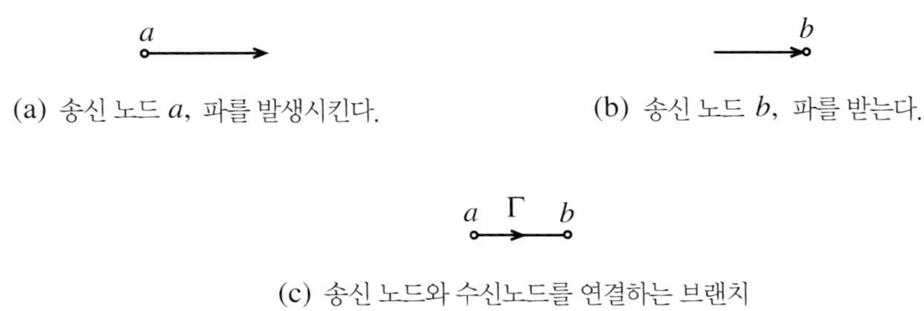

그림 4-20 ● 포괄적인 원형노드. (a) 송신 노드 (b) 수신 노드 (c) 관련된 가지연결

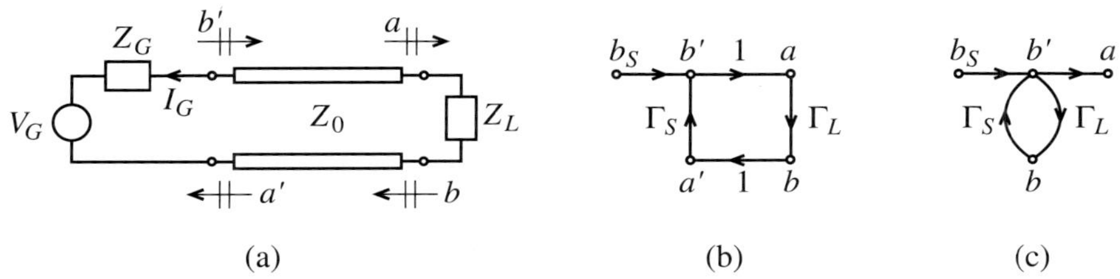

그림 4-21 ● 종단된 신호원을 포함한 전송 선로. (a) 기존 형태 (b) 신호흐름 형태 (c) 단순화된 신호흐름 형태

$$b_S = b' - a'\Gamma_S \tag{4.79}$$

b_S에 대한 표현은 다음 식을 주지하여 얻을 수 있다.

$$V_S = V_G + I_G Z_G \tag{4.80}$$

외부로 흐르는 전류 개념에 따라서(그림 4-21 참조), 다음과 같은 식의 형태로 바꿀 수 있다.

$$V_S^+ + V_S^- = V_G + Z_G\left(\frac{V_S^+}{Z_0} - \frac{V_S^-}{Z_0}\right) \tag{4.81}$$

위 식을 정리하고 $\sqrt{Z_0}$로 나누면 다음과 같다.

$$\frac{\sqrt{Z_0}}{Z_G + Z_0}V_G = \frac{V_S^-}{\sqrt{Z_0}} - \Gamma_S\frac{V_S^+}{\sqrt{Z_0}} \tag{4.82}$$

식 (4.82)와 식 (4.79)를 비교하면 다음 식과 같다.

$$b_S = \frac{\sqrt{Z_0}}{Z_G + Z_0}V_G \tag{4.83}$$

식 (4.79)에서 a'을 $\Gamma_L b'$으로 표현할 때 다음과 같은 중요한 식을 얻을 수 있다.

$$b' = b_S + \Gamma_L\Gamma_S b' = \frac{b_S}{1 - \Gamma_L\Gamma_S} \tag{4.84}$$

이 식은 자기루프 또는 귀환루프(그림 4-22 참조)이며 노드 b_S와 b'을 식 (4.84)의 값을 갖는 단일 가지(branch)로 나타낼 수 있다.

모든 신호 흐름도의 원리는 표 4-3에 요약된 6개의 구성도로 감소될 수 있다. 예제를 통하여 신호원 및 이중-단자 회로로 종단된 복잡한 RF 회로를 분석해 보자.

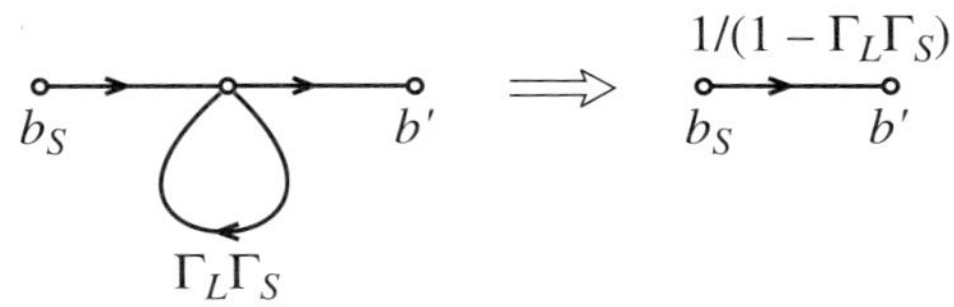

그림 4-22 ● 단일 가지로 흡수되는 자기루프

표 4-3 ● 신호흐름도 구성도

표현항목	그래프적 표현 방법
노드 할당	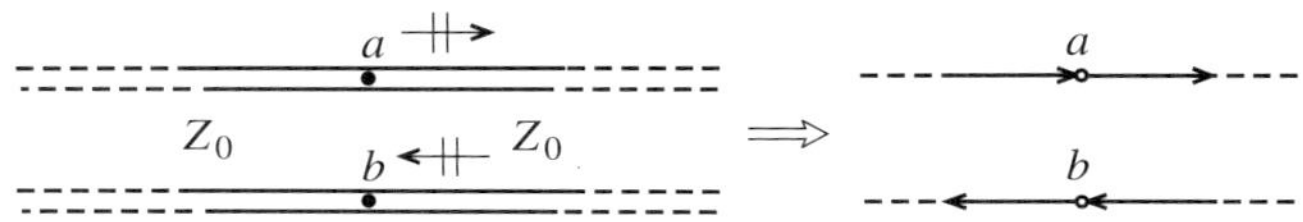
브랜치	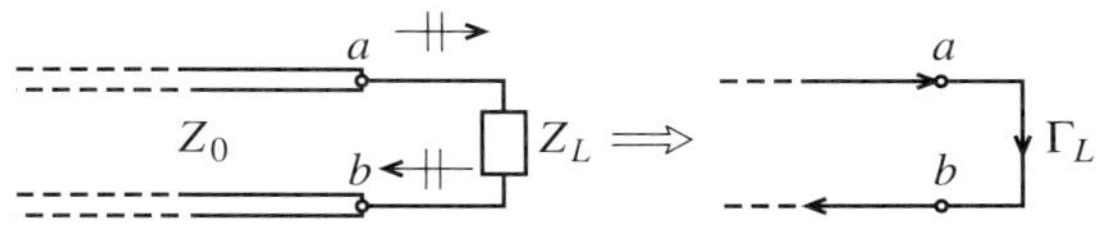
직렬연결	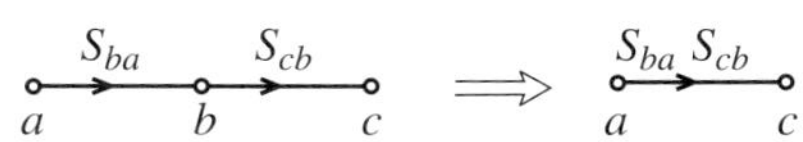
병렬연결	
브랜치의 분리	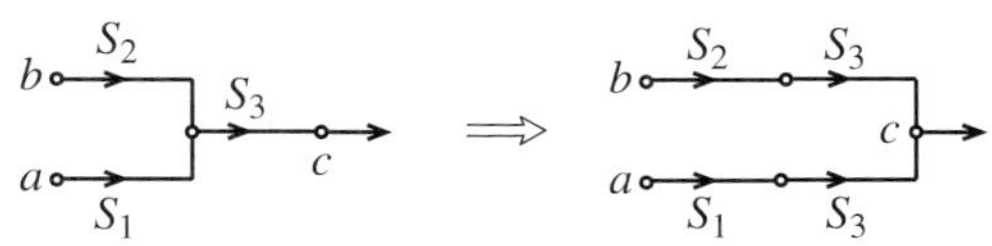
자체-루프	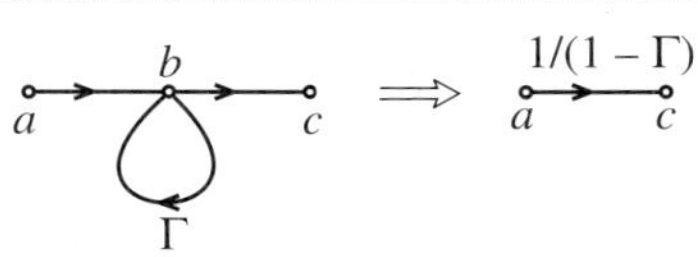

RF&MW

예제 4-8 • 이중-단자 회로의 흐름도 해석

그림 4-23의 회로에서 b_1/a_1 및 a_1/b_S의 비를 구하라. 전송 선로 선분의 곱셈인수는 1로 가정한다.

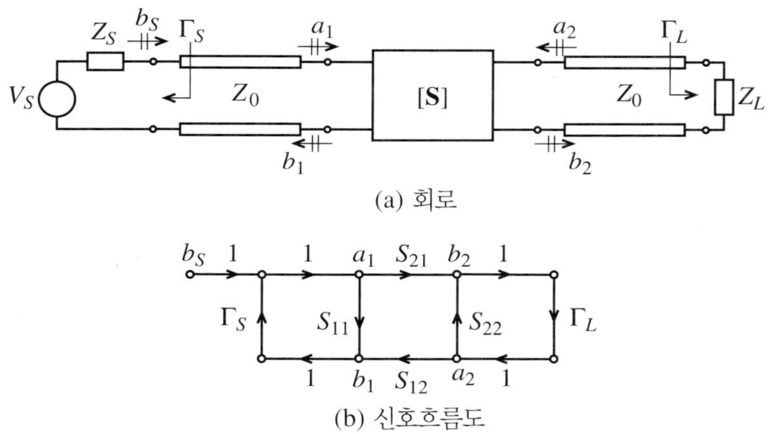

그림 4-23 ● 신호단 및 부하단에 종단된 2-단자 회로.

풀이:

각각의 비를 설정하는 과정은 표 4-3에 요약된 규칙에 따라서 a_1/b_S에 대하여 단계별로 진행시키면 된다. 그림 4-24가 다섯 단계를 묘사하고 있다.

제1단계: b_2와 a_2 사이의 가장 오른쪽을 분리시켜 자기루프 $S_{22}\Gamma_L$을 만든다.

제2단계: 가지 a_1과 b_2 사이 자기루프를 분리하고 곱셈인수 $S_{21}/(1 - S_{22}\Gamma_L)$을 만든다. 다시 이 값은 Γ_L과 S_{12}와 결합할 수 있다.

제3단계: a_1과 b_1 사이의 직렬과 병렬연결로 입력반사계수는 다음과 같이 된다.

$$\Gamma_{\text{in}} = \frac{b_1}{a_1} = S_{11} + \frac{S_{12}S_{21}}{1 - S_{22}\Gamma_L}\Gamma_L$$

제4단계: 루프를 자기루프로 분리시키고, 곱셈인수를 다음과 같이 만든다.

$$\left(S_{11} + \frac{S_{12}S_{21}}{1 - S_{22}\Gamma_L}\Gamma_L\right)\Gamma_S$$

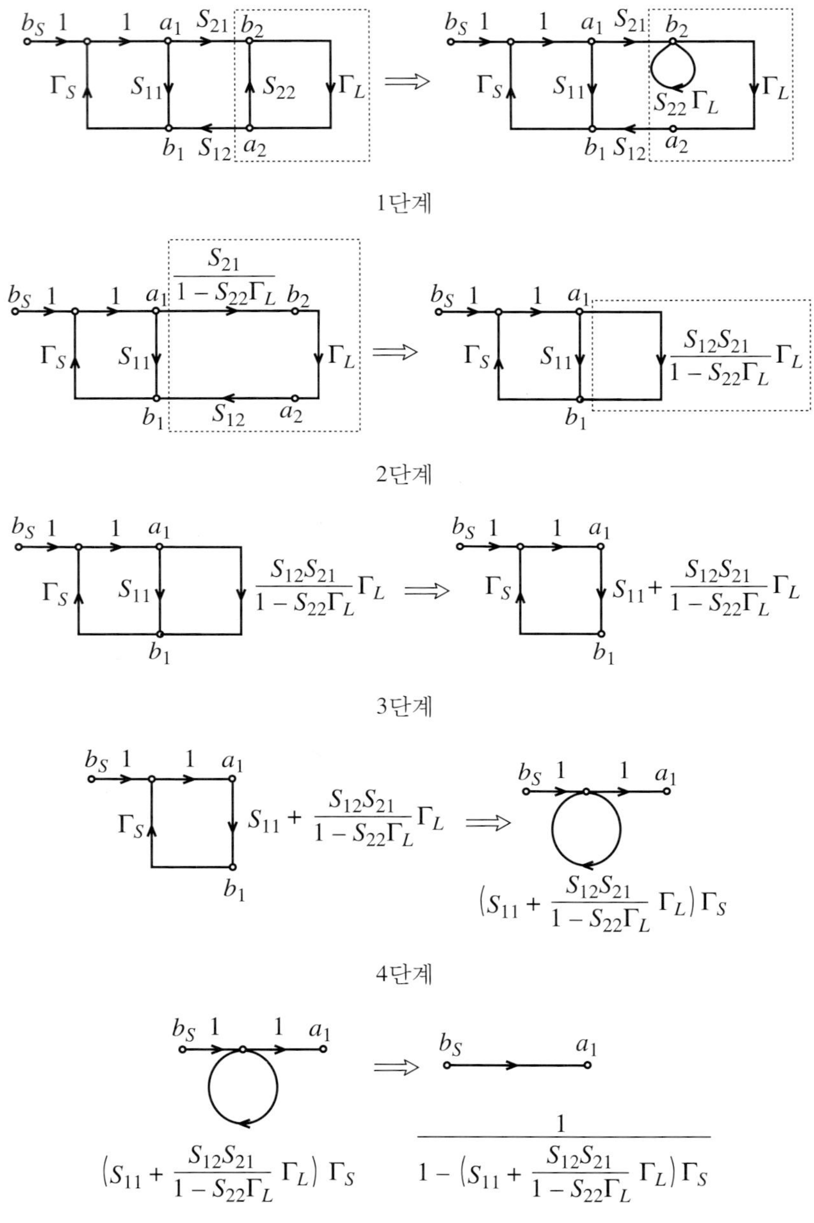

1단계 … 5단계

그림 4-24 • a_1/b_S를 구하기 위한 단계별 단순화 과정

제5단계: a_1에서 자기루프를 분리하여 다음과 같은 식을 나타낼 수 있다.

$$a_1 = \frac{1}{1-\left(S_{11}+\dfrac{S_{12}S_{21}}{1-S_{22}\Gamma_L}\Gamma_L\right)\Gamma_S} b_S$$

수식을 정리하고 간략화시키면 최종적으로 다음과 같다.

$$\frac{a_1}{b_S} = \frac{1-S_{22}\Gamma_L}{1-(S_{11}\Gamma_S+S_{22}\Gamma_L+S_{12}S_{21}\Gamma_S)+S_{11}S_{22}\Gamma_S\Gamma_L}$$

이러한 과정의 유도는 제어시스템 또는 신호처리의 전달함수를 구하는 것과 유사한 형태를 따른다. 복잡한 회로라 할지라도 효과적으로 또 신속히 복잡성을 축소시켜 노드 의존성을 확립할 수 있다.

앞의 예제는 기록된 S-파라미터가 정합조건을 만족하지 못하면 어떤 현상이 일어나는지를 설명한다. 아는 바와 같이 일반적으로 $a_2 = 0$라는 가정 하에 S_{11}이 계산된다. 그러나 앞의 예제에서처럼 $a_2 \neq 0$인 경우는 S_{11}에 $S_{12}S_{21}\Gamma_L/(1-S_{22}\Gamma_L)$ 항을 추가하여야 한다.

4.4.6 *S*-파라미터의 일반화

지금까지 논의한 것은 양단에서 특성 임피던스가 Z_0로 동일하다고 가정하였다. 그러나 RF 회로에서 양단의 특성 임피던스가 동일한 경우만 있는 것은 아니다. 단자 1이 선로 임피던스 Z_{01}으로 연결되어 있으며 단자 2가 Z_{02}로 연결되어 있다고 가정하자. 각 단자 $(n = 1, 2)$에 대하여 전압파와 전류파를 나타내면

$$V_n = V_n^+ + V_n^- = \sqrt{Z_{0n}}(a_n + b_n) \tag{4.85}$$

및

$$I_n = \frac{V_n^+}{Z_{0n}} - \frac{V_n^-}{Z_{0n}} = \frac{a_n}{\sqrt{Z_{0n}}} - \frac{b_n}{\sqrt{Z_{0n}}} \tag{4.86}$$

이며 여기에서 다음 식과 같음을 알 수 있다.

$$a_n = \frac{V_n^+}{\sqrt{Z_{0n}}},\ b_n = \frac{V_n^-}{\sqrt{Z_{0n}}} \tag{4.87}$$

이러한 식은 S-파라미터를 다음과 같이 정의할 수 있게 한다.

$$S_{ij} = \left.\frac{b_i}{a_j}\right|_{a_n = 0(n \neq j)} = \left.\frac{V_i^- / \sqrt{Z_{0i}}}{V_j^+ / \sqrt{Z_{0j}}}\right|_{V_n^+ = 0(n \neq j)} \tag{4.88}$$

앞에서 정의한 S-파라미터와 비교하면, 적합한 선로 임피던스에 의한 스케일링을 고려해야 함을 알 수 있다. 여기에서 유도하려는 관점은 2-단 회로망이지만 이러한 유도 과정은 N-단 회로($n = 1, 2, \ldots, N$)에도 적용할 수 있음을 알 수 있다.

두 번째 고려사항은 실제측정의 경우 유한한 길이의 전송 선로를 통하여 회로의 S-파라미터를 결정한다는 것이다. 이러한 경우에는 그림 4-25와 같이 실제회로보다 많이 편이된(shifted) 측정평면을 갖는 시스템에 대하여 분석할 필요가 있다.

신호원으로부터 진행되는 입사 전압파는 단자 1에 도달하기 위하여 거리 l_1를 진행해야 한다. 제2.9절에서 도입한 표기법에 일치시키기 위하여 단자 1에서의 입사 전압파는 다음과 같이 나타내야 한다.

$$V_{\text{in}}^+(z_1 = 0) = V_1^+ \tag{4.89}$$

신호원에서는 다음과 같다.

$$V_{\text{in}}^+(z_1 = -l_1) = V_1^+ e^{-j\beta_1(-l_1)} \tag{4.90}$$

단자 1에서의 반사 전압파는 다음 식과 같이 나타난다.

$$V_{\text{in}}^-(z_1 = 0) = V_1^- \tag{4.91}$$

및

$$V_{\text{in}}^-(z_1 = -l_1) = V_1^- e^{j\beta_1(-l_1)} \tag{4.92}$$

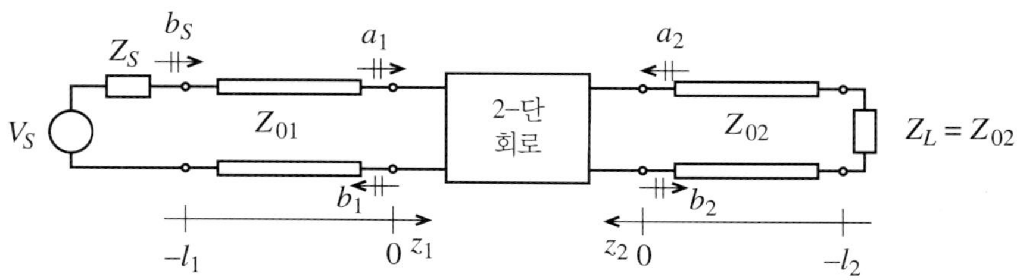

그림 4-25 • 유한길이 전송 선로 선분을 갖는 2-단자 회로망

여기에서 β_1은 선로 1의 무손실 전파상수를 의미한다. 동일한 형태로 단자 2에서 전압파는 간단하게 V_{in}은 V_{out}과, V_1은 V_2와 관련지어 공식화시킬 수 있으며 β_1도 β_2에 관련되어 나타난다. 이러한 식들의 관계는 행렬 형태로 나타내면

$$\begin{Bmatrix} V_{in}^+(-l_1) \\ V_{out}^+(-l_2) \end{Bmatrix} = \begin{bmatrix} e^{j\beta_1 l_1} & 0 \\ 0 & e^{j\beta_2 l_2} \end{bmatrix} \begin{Bmatrix} V_1^+ \\ V_2^+ \end{Bmatrix} \tag{4.93}$$

이며 이것은 부착된 전송 선로 선분의 전기적 길이에 의하여 편이된 상응 전압파를 회로 단에 주입되는 파와 관련짓는다. 반사 전압파는 다음과 같은 행렬식으로 나타난다.

$$\begin{Bmatrix} V_{in}^-(-l_1) \\ V_{out}^-(-l_2) \end{Bmatrix} = \begin{bmatrix} e^{-j\beta_1 l_1} & 0 \\ 0 & e^{-j\beta_2 l_2} \end{bmatrix} \begin{Bmatrix} V_1^- \\ V_2^- \end{Bmatrix} \tag{4.94}$$

제4.4.1절에서 공부한 바와 같이 S-파라미터는 계수 a_n 및 b_n과 관련되어 있으며 전압($Z_{01} = Z_{02}$로 가정) 관련 식으로 표현하면 다음과 같다.

$$\begin{Bmatrix} V_1^- \\ V_2^- \end{Bmatrix} = \begin{bmatrix} S_{11} & S_{12} \\ S_{21} & S_{22} \end{bmatrix} \begin{Bmatrix} V_1^+ \\ V_2^+ \end{Bmatrix} \tag{4.95}$$

전송 선로 선분이 부가된다면 위에서 구한 전압에 이미 유도한 관련식을 대입하여 정리할 경우 다음 식과 같이 된다.

$$\begin{Bmatrix} V_{in}^-(-l_1) \\ V_{out}^-(-l_2) \end{Bmatrix} = \begin{bmatrix} e^{-j\beta_1 l_1} & 0 \\ 0 & e^{-j\beta_2 l_2} \end{bmatrix} \begin{bmatrix} S_{11} & S_{12} \\ S_{21} & S_{22} \end{bmatrix} \begin{bmatrix} e^{-j\beta_1 l_1} & 0 \\ 0 & e^{-j\beta_2 l_2} \end{bmatrix} \begin{Bmatrix} V_{in}^+(-l_1) \\ V_{out}^+(-l_2) \end{Bmatrix} \tag{4.96}$$

이 식에서 편이된 회로의 S-파라미터는 세 개의 행렬로 구성되어 있음을 알 수 있다. 계수에 관련되어 다음과 같다.

$$[\mathbf{S}]^{\text{SHIFT}} = \begin{bmatrix} S_{11}e^{-j2\beta_1 l_1} & S_{12}e^{-j(\beta_1 l_1 + \beta_2 l_2)} \\ S_{21}e^{-j(\beta_1 l_1 + \beta_2 l_2)} & S_{22}e^{-j2\beta_2 l_2} \end{bmatrix} \tag{4.97}$$

이 형태의 공식에 대하여 물리적인 의미는 쉽게 이해할 수 있다. 첫 번째 행렬 계수는 $2\beta_1 l_1$를 고려해야 하며 입사전압파가 단자 1에 도달하는 데 진행되는 시간의 두 배이다.

유사하게 단자 2에 대하여 위상편이는 $2\beta_2 l_2$임을 알 수 있다. 순방향이득과 역방향이득에 밀접하게 관련되며 입력/출력 형태는 양단 선분으로 구성되므로 전송 선로 1($\beta_1 l_1$)과 전송 선로 2($\beta_2 l_2$)에 관련되어 부가적인 위상편이가 나타난다.

RF&MW

예제 4-9 • 신호흐름도를 이용한 전송 선로의 입력 임피던스 계산

그림 4-26과 같이 특성 임피던스가 Z_0이고 길이가 l인 무손실 전송 선로 시스템에 부하 임피던스 Z_L이 종단되어 있으며 신호원 V_G와 신호 임피던스 Z_G가 부착되어 있다. (a) 신호 흐름도를 구성하여라 (b) 신호 흐름도 표현으로부터 단자 1에서 입력 임피던스를 유도하여라.

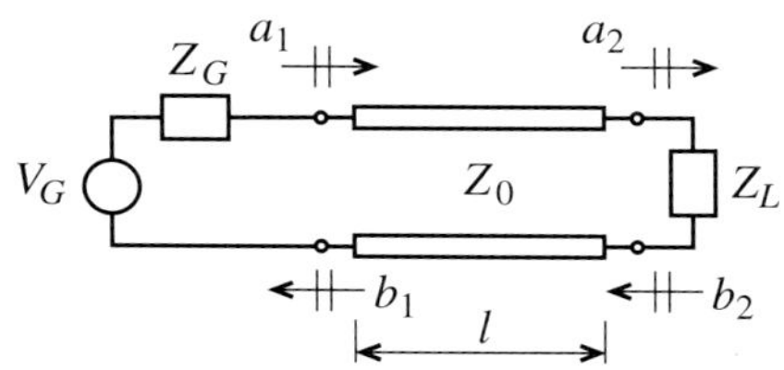

그림 4-26 • 신호 전압원이 연결되어 있으며 부하 임피던스가 종단된 전송 선로

풀이:

(a) 앞에서 배운 신호흐름도 표현식과 일치시켜 그림 4-26을 그림 4-27과 같이 쉽게 신호흐름도로 변경시킬 수 있다.

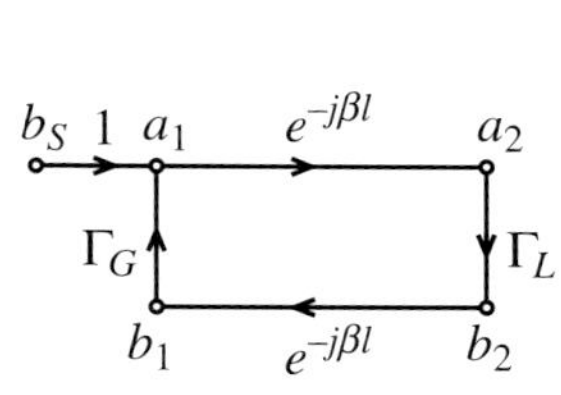

그림 4-27 • 그림 4-26의 전송 선로에 대한 신호 흐름 구성도

(b) 단자 1에서의 입력 반사계수는 다음과 같이 주어진다.

$$b_1 = \Gamma_L e^{-j2\beta l} a_1$$

위 식은 $\Gamma_L = \Gamma_0$이고 $l = d$일 때 제3.1절에서 주어진 형태와 동일하다. 그러므로

$$\Gamma_{\text{in}}(l) = \Gamma_L e^{-j2\beta l} = \frac{Z_{\text{in}} - Z_0}{Z_{\text{in}} + Z_0}$$

이며 Z_{in}에 대하여 풀면 다음과 같이 된다.

$$Z_{\text{in}} = Z_0 \frac{1 + \Gamma_L e^{-j2\beta l}}{1 - \Gamma_L e^{-j2\beta l}}$$

이 예제는 신호흐름도 개념을 이용하여 전송 선로의 입력 임피던스를 어떻게 빠르게, 그리고 용이하게 구할 수 있는지 보여주는 예이다.

4.4.7 *S*-파라미터의 실제적인 측정

2-단자 회로의 *S*-파라미터 측정은 양단에서 진행파의 반사와 전달에 대한 분석을 필요로 한다. 가장 많이 쓰는 방법 중의 하나는 벡터회로분석기(vector network analyzer)를 이용하는 것이다. 벡터회로분석기는 전압파의 크기와 위상을 측정하는 장비로서 보통 하나의 출력단을 가지고 RF 신호는 자체 신호원을 이용하거나 외부에서 신호를 인가시키며, 그림 4-28에서와 같이 *R*, *A* 및 *B* 단자로 세 개의 측정채널을 명명한다.

RF 신호원은 보통 특정주파수 범위를 소인(sweep)하도록 설정된다. 측정채널 *R*은 입사파를 측정하도록 하며, 채널 *R*은 기준단(reference port)으로서 작용하고, 채널 *A*와 채널 *B*에서는 반사파와 전달파를 측정한다. 일반적으로 측정 채널 *A*와 *B*는 단일측정을 설정하여 두 개의 파라미터를 측정할 수 있도록 한다. 한 예로 그림 4-28에서 보여준 것처럼 시험 측정 장치에서 S_{11}과 S_{21}을 측정할 수 있다.

이 경우, S_{11}값은 *A/R* 비율로서 구할 수 있으며 S_{21}은 *B/R*을 계산하여 구한다. S_{12}와 S_{22}를 측정하기 위하여 시험소자(DUT)를 제거해야 한다. 그림 4-28에서 이중 방향성 결합기는 시험소자(DUT)의 입력단에서 입사파와 반사파를 분리한다. 바이어스 티(tee)는 시험소자(DUT)의 동작점과 같은 필요한 바이어스 전압을 인가하도록 한다.

일반적으로 회로분석기는 2-단자 소자의 특성분석에 가장 많이 사용되며, 바이어스 tee, 방향성 결합기 및 RF 소인신호발생기를 포함한 필요한 전자스위치 등으로 구성된 가장 현대적인 분석 장치로서 총체적인 측정시스템이다. 실제 측정시스템은 완전하게

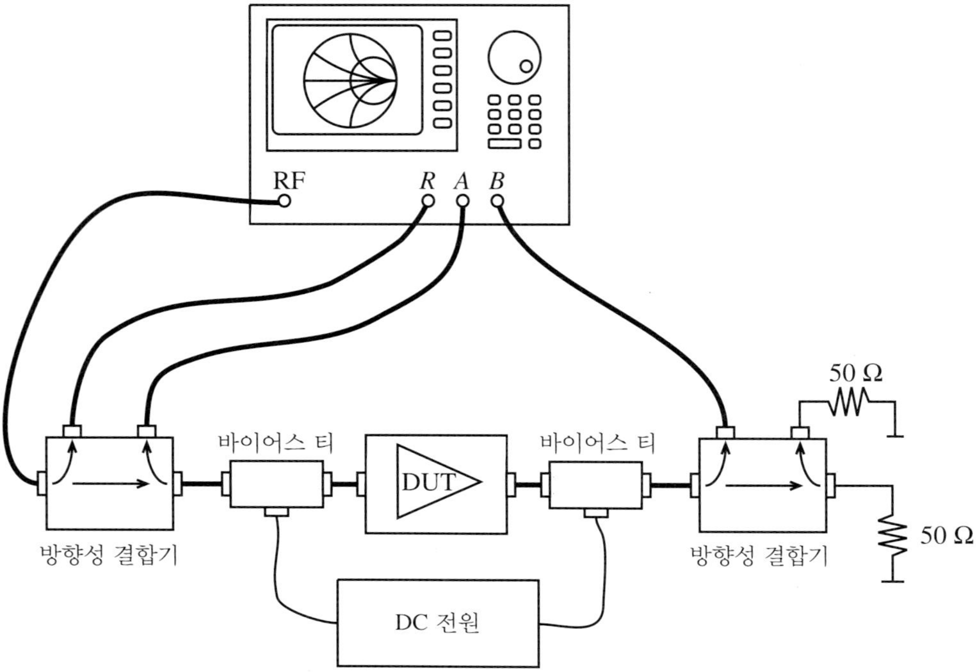

그림 4-28 • 회로분석기를 이용한 S_{11}과 S_{21} 측정시스템

정합된 전송 선로가 특성 임피던스와 동일하거나(제4.4.4절) 또는 동일하지 않은(제4.4.6절) 상태로 시험소자(DUT)와 연결되었다고 가정하고 제4.4.4절과 제4.4.6절에서 묘사한 단순한 이상적인 시스템과 비교하면 매우 복잡한 구조이다. 실제적인 측정시스템에서는 정합조건이나 소자의 이상적인 특성을 보장할 수 없다. 사실, 시험소자(DUT)의 입력단과 출력단에 연결된 외부소자 성분의 모든 효과를 고려해야 한다. 더욱, *S*-파라미터 값으로 변환되는 복수 전압의 측정을 위하여 1차 기준평면은 보통 회로분석기 내부 어느 곳인가를 기준점으로 하고 있다. 그 결과 외부소자로 인하여 나타나는 감쇠와 위상편이 뿐만 아니라 회로분석기 자체의 내부 구조 부분도 고려해야 할 필요가 있다.

일반적으로 측정시스템은 그림 4-29에서와 같이 세 부분으로 결합된 회로로 줄여 나타낼 수 있다.

그림 4-29에서 신호 *R*, *A*, *B*는 회로 분석기의 기준단, 채널 *A* 및 채널 *B*에 해당하며 RF_{in}은 신호원의 선로단이다. 가지 E_X는 신호원단과 채널 *B* 사이의 누설을 나타낸다.

회로분석기는 단일소자와 같이 측정기준 평면 사이의 모든 것을 다룬다. 그러므로

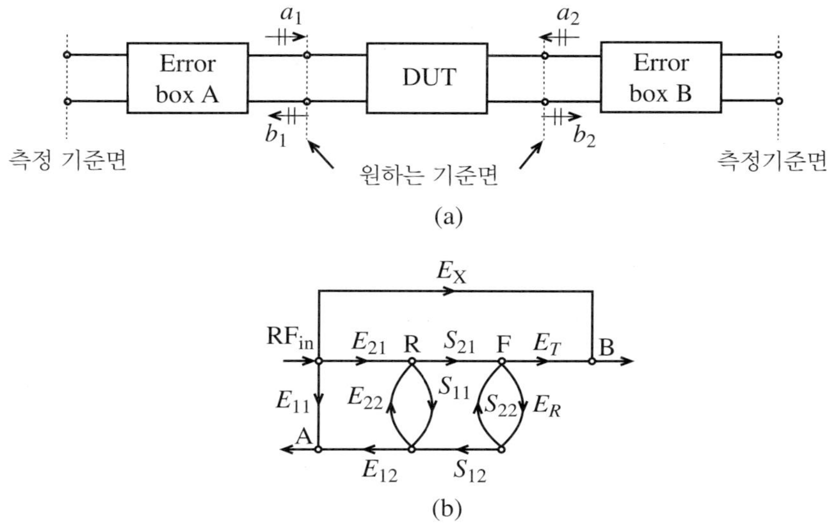

그림 4-29 • (a) 2-단자 회로의 *S*-파라미터 측정 시스템의 구성도 (b) 구성한 측정시스템의 신호흐름도

회로분석에서 원하지 않은 영향이나 모든 파생효과를 없앨 수 있도록 회로분석기를 미세조정(calibration)하는 방법을 알아내야 한다. **미세조정**의 주목적은 시험소자(DUT)를 측정하기 전에 오차박스(error box)를 분석하는 것으로, 이러한 정보는 실제 시험소자(DUT)의 오차 없는 *S*-파라미터를 나타내기 위하여 회로분석기에 장착된 내부 컴퓨터에서 사용된다. 오차박스 *A*회로가 상호교환(reciprocal)한다고 가정하면 $E_{12} = E_{21}$이 되므로 오차박스를 분석하기 위하여 여섯 개의 파라미터(E_{11}, E_{12}, E_{22}, E_X, E_R, E_T)를 구해야 한다.

가장 간단한 미세조정은 세 개 또는 그 이상의 알고 있는 부하(개방, 단락 및 정합된)를 포함하고 있으나 이러한 접근법의 문제는 이러한 표준이 일반적으로 완전하지 못하고 측정순서에서 추가적인 오차를 만들기 쉽다는 것이다. 이러한 오차는 특히 초고주파에서는 중요하다. 미세조정 표준의 정확성에 따라 달라지는 것을 피하기 위하여 여러 가지 방안이 간구되었다(본 장 끝에 있는 참고서적중 Eul, Schiek, Engen, 및 Hoer 참조). 본 절에서는 이른바 **관통-반사-선로**(TRL: Through-Reflect-Line) 기법(Engen 및 Hoer)만을 고려하기로 하자.

TRL 미세조정은 이미 알고 있는 표준부하에 의존하지 않으며 그림 4-30과 같이 세 개의 연결형태의 사용을 기본으로 한다.

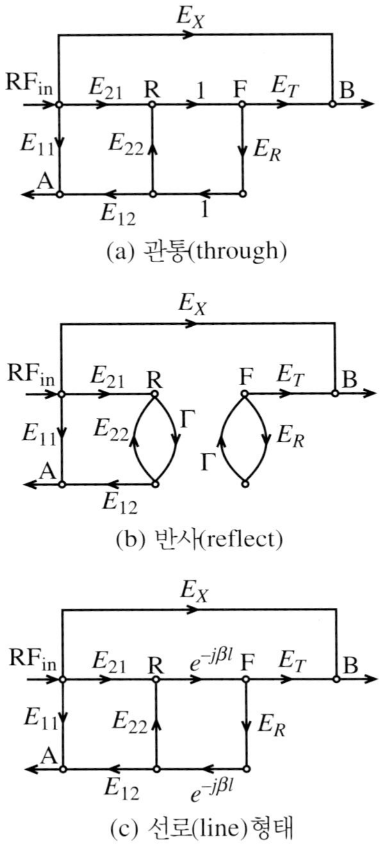

그림 4-30 • TRL 기법의 신호흐름도. (a) 관통(through) (b) 반사(reflect) (c) 선로(line) 형태

관통(through) 연결은 시험소자(DUT)의 단 1과 단 2를 직접적으로 연결하는 것이며 반사(reflect) 연결은 매우 큰 반사를 갖는 부하를 이용한다. 반사계수는 캘리브레이션(미세조정) 과정 동안에 결정할 수 있으므로 꼭 알고 있어야 할 필요는 없다. 단 한 가지 요구되는 것은 부하는 입력단과 출력단에서 똑같은 반사계수를 가져야 한다는 것이다.

선로(line) 연결은 단자 1과 단자 2를 오차박스의 임피던스에 정합된 전송 선로로 연결하여 구성한다. 보통 이 임피던스는 거의 50 Ω이다. 각 특정 연결형태의 실제적 분석을 계속하기 전에 일반적인 2-단자 회로에 대하여 우선 생각해 보자.

그림 4-29(b)에서 노드 B(확인)에서 신호는 입력 RF 신호와 노드 F에서의 신호의 선형조합임을 볼 수 있으므로

$$B = E_X + E_T F \tag{4.98}$$

이며 자기루프를 적용하여 노드 F에서 신호는 다음과 같이 표현할 수 있다.

$$F = \frac{S_{21}}{1 - E_R S_{22}} R \tag{4.99}$$

단자 R에서 신호를 계산하기 위하여 예제 4-8에서 논의한 것과 같은 동일한 방법을 사용할 수 있다. 이 예제에서 자기 루프를 통하여 신호 F를 갖는 루프로 우선 대치하고 신호 R에 대하여 동일한 변환을 수행하였다. 이러한 계산 결과는 다음과 같다.

$$R = \frac{E_{21}}{1 - E_{22}\left(S_{11} + \dfrac{S_{12}S_{21}E_R}{1 - E_R S_{22}}\right)} \tag{4.100}$$

식 (4.100)를 식 (4.99)에 대입하고 식 (4.99)을 식 (4.98)에 대입하면 신호 B에 대한 표현식은 다음과 같다.

$$B = E_X + E_T \frac{S_{21}}{1 - E_R S_{22}} \frac{E_{21}}{1 - E_{22}\left(S_{11} + \dfrac{S_{12}S_{21}E_R}{1 - E_R S_{22}}\right)} \tag{4.101}$$

마지막으로 노드 A의 신호는 합산법칙에 의하여 다음과 같이 구해진다.

$$A = E_{11} + \frac{E_{12}E_{21}}{1 - E_{22}\left(S_{11} + \dfrac{S_{12}S_{21}E_R}{1 - E_R S_{22}}\right)} \left(S_{11} + S_{12}E_R \frac{S_{21}}{1 - E_R S_{22}}\right) \tag{4.102}$$

만약 시스템이 어떠한 오차라도 발생되지 않았다면 이때 $E_{12} = E_{21} = E_T = 1$이며 $E_{11} = E_{22} = E_R = E_X = 0$이 된다. 이러한 값을 식 (4.100), 식 (4.101) 및 식 (4.102)에 대입하면 $R = 1$, $A = S_{11}$ 및 $B = S_{21}$를 구할 수 있으며 공식이 유효함을 증명한다.

이제 TRL 연결에 대하여 좀 더 자세히 분석하기로 하자. 혼동을 피하기 위하여 측정된 신호 R, A 및 B에 관통의 경우 T를 표시하고, 반사의 경우는 R, 선로의 경우는 L을 표기하기로 한다. 관통의 경우에는 $S_{11} = S_{22} = 0$ 및 $S_{12} = S_{21} = 1$임을 알 수 있으므로 $E_{12} = E_{21}$로 놓으면 다음과 같다.

$$R_T = \frac{E_{12}}{1 - E_{22}E_R} \tag{4.103a}$$

$$A_T = E_{11} + \frac{E_{12}^{\ 2}}{1 - E_{22}E_R}E_R \tag{4.103b}$$

$$B_T = E_X + E_T\frac{E_{12}}{1 - E_{22}E_R} \tag{4.103c}$$

연결 상태에서의 반사는 $S_{11} = S_{22} = \Gamma$ 및 $S_{12} = S_{21} = 0$이므로

$$R_R = \frac{E_{12}}{1 - E_{22}\Gamma} \tag{4.104a}$$

$$A_R = E_{11} + \frac{E_{12}^{\ 2}\Gamma}{1 - E_{22}\Gamma} \tag{4.104b}$$

$$B_R = E_X \tag{4.104c}$$

이다. 마지막으로 선로연결의 경우, $S_{11} = S_{22} = 0$ 및 $S_{12} = S_{21} = e^{-\gamma l}$이며 이때 l은 전송선로의 길이, γ는 복소 전파상수($\gamma = \alpha + j\beta$)이다. 결과는 다음과 같다.

$$R_L = \frac{E_{12}}{1 - E_{22}E_R e^{-2\gamma l}} \tag{4.105a}$$

$$A_L = E_{11} + \frac{E_{12}^{\ 2}E_R e^{-2\gamma l}}{1 - E_{22}E_R e^{-2\gamma l}} \tag{4.105b}$$

$$B_L = E_X + E_T e^{-\gamma l}\frac{E_{12}}{1 - E_{22}E_R e^{-2\gamma l}} \tag{4.105c}$$

식 (4.103a)~식 (4.105c)를 이용하면 오차박스의 알지 못한 계수 E_{11}, E_{12}, E_{22}, E_X, E_R, E_T, 반사계수 Γ 및 전송파라미터 $e^{-\gamma l}$를 구할 수 있다. 오차계수를 알고 있으므로, 오차가 없는 DUT의 S-파라미터 값을 구하기 위하여 측정데이터를 처리하는 단계가 있다.

RF&MW

실용적인 설명: 저항 감쇄기

이 절에서는 저항 감쇄기의 PCB에 대해 S-파라미터를 측정한다. 예제 4-7에서 설명한 T-구조와 다르게 Pi-구조로 구현되었다.

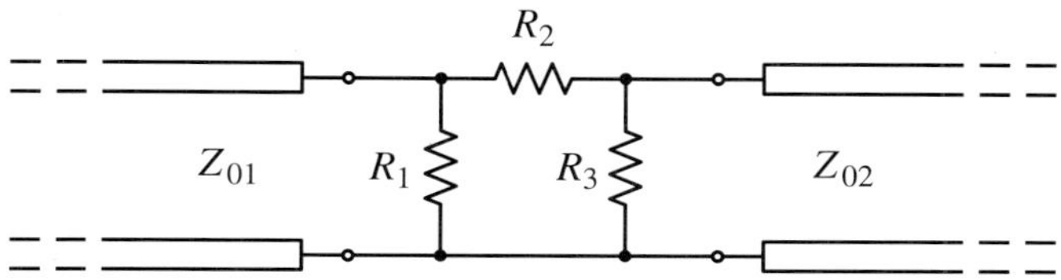

그림 4-31 • 임의의 특성 임피던스 포트를 갖는 Pi-형 저항 감쇄기

감쇄기의 원하는 S-파라미터 값은 $S_{11} = S_{22} = 0$ (정합된 입, 출력 포트)와 $S_{21} = S_{12} = a$이다. 이상적으로 주파수에 독립적인 전압이득 a는 1보다 적은 값이다. 이 감쇄기가 전송 선로에 삽입된다면 각 포트에서 반사가 발생하지 않으며, 삽입손실은 IL = −20log a가 된다. 앞에선 설명한 50 Ω포트의 3 dB T-형 감쇄기와는 달리, Pi-형 감쇄기는 50 Ω이 아닌 임의의 종단이 가능하고, 각 포트에 다른 특성 임피던스를 연결해도 된다. 이 감쇄기의 구성을 그림 4-31에 나타내었다.

포트의 임피던스가 Z_{01}과 Z_{02}인 감쇄기에서 세 개의 저항 R_1, R_2, R_3 는 수학적으로 다음과 같이 표현된다.

$$R_1 = \frac{Z_{01}(1-a^2)}{a^2 - 2a\sqrt{Z_{01}/Z_{02}} + 1}$$

$$R_2 = \frac{(1-a^2)\sqrt{Z_{01}Z_{02}}}{2a}$$

$$R_3 = \frac{Z_{02}(1-a^2)}{a^2 - 2a\sqrt{Z_{02}/Z_{01}} + 1}$$

그리고, $r = \max(Z_{01}, Z_{02})/\min(Z_{01}, Z_{02})$로 정의하면, 전압 이득 a는 $\sqrt{r} - \sqrt{r-1}$ 이하가 될 것이다(이 장의 마지막 문제 참조). 그러므로 서로 다른 특성 임피던스를 선택하면 최소 삽입 손실이 정해진다. 예를 들어, $Z_{01} = 50$ Ω과 $Z_{02} = 75$ Ω을 선택하면 전압 이득은 $a \le 0.518$이고, 삽입손실은 IL ≥ 5.72 dB가 된다.

그러나, 이 예제에서 두 포트의 임피던스가 50 Ω인 3 dB 감쇄기를 설계한다면, 위의 식에서 이득 $a = 1/\sqrt{2}$ 을 만족하기 위해서는 $R_1 = R_3 =$ 291.4 Ω이고 $R_2 = 17.68$ Ω이 된다. 삽입손실은 IL = 3.01 dB가 된다. 그림 4-32는 이 감쇄기를 PCB(FR4 재질)로 구현한 사진이다. 세 개의 저항

그림 4-32 • SMA 커넥터를 갖는 Pi-형 3 dB 감쇄기

각각은 기생 인덕턴스를 줄이기 위해 두 SMD(1206 사이즈) 저항을 병렬로 결합하여 구현하였다. 이 설계에서 576 Ω과 35.7 Ω의 탄소필름 저항(1%오차, 1/4 W)이 사용되었다. PCB의 밑면은 전체 접지면으로 처리하고 저항에 접지가 필요하면 비어-홀을 만들어 연결한다. 두 개의 SMA 커넥터는 감쇄기와 동축케이블을 연결하기 위해 사용된다. 회로 보드의 크기는 1.1 × 0.75 inch이다.

그림 4-33은 주파수 300 KHz부터 3 GHz까지에서 네트워크 분석기를

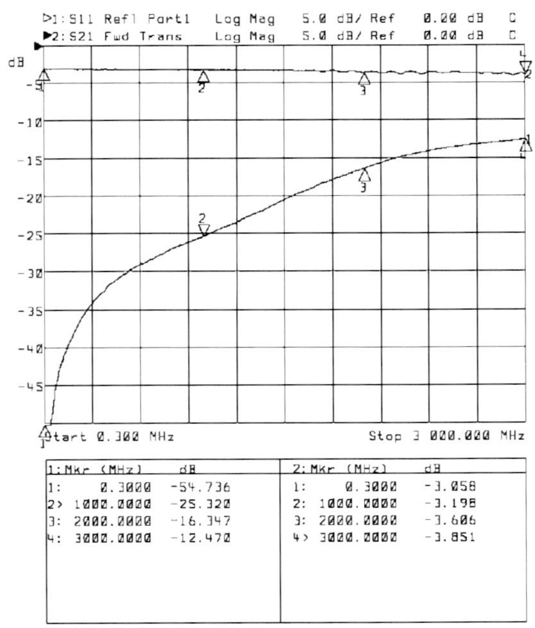

그림 4-33 • 감쇄기의 S_{11}과 S_{21}의 측정 값

이용하여 설계된 감쇄기의 S_{11}과 S_{21}(RL과 IL의 dB값) 측정 결과이다. 낮은 주파수에서는 IL ≈ 3.06 dB이고 RL > 40 dB로서 거의 이상적인 감쇄기와 같이 동작한다. 높은 주파수에서는 성능이 저하된다. RL 특성이 1.5 GHz에서 20 dB, 3 GHz에서 12.5 dB로 되고, IL이 3 GHz에서 3.8 dB로 점점 증가된다. 감쇄기의 성능은 500 MHz까지 매우 좋은 특성(RL > 30 dB, 3 dB < IL < 3.1 dB)을 갖고, 주파수 1.5 GHz까지는 대체로 양호(RL > 20 dB, 3 dB < IL < 3.3 dB)하며, 주파수 3 GHz까지는 보통의 특성(RL > 12 dB, 3 dB < IL < 3.9 dB)을 나타낸다.

이 감쇄기는 고주파 동작을 위해 최적화되어 있지 않다. *RF* 회로 시뮬레이터를 사용하면 *PCB* 레이아웃 모의해석에 의해 보다 좋은 회로 설계가 가능하고 성능 저하의 원인이 되는 기생성분을 최소화할 수 있다.

4.5 요 약

회로망 해석은 RF/MW 회로분야 뿐만 아니라 저주파 회로를 분석하는 데도 절대적으로 필요한 역할을 한다. 예로 N-단자 회로망에서 어드미턴스 또는 **Y**-파라미터는 원천적으로 다음과 같이 표현할 수 있다.

$$\begin{Bmatrix} i_1 \\ i_2 \\ \vdots \\ i_N \end{Bmatrix} = \begin{bmatrix} Y_{11} & Y_{12} & \cdots & Y_{1N} \\ Y_{21} & Y_{22} & \cdots & Y_{2N} \\ \vdots & \vdots & \ddots & \vdots \\ Y_{N1} & Y_{N2} & \cdots & Y_{NN} \end{bmatrix} \begin{Bmatrix} v_1 \\ v_2 \\ \vdots \\ v_N \end{Bmatrix}$$

여기에서 전류와 전압은 외부 단자 조건을 정의한다. 행렬 계수의 분석은 알맞은 다음과 같은 단자조건을 통하여 이루어진다.

$$Y_{nm} = \left.\frac{i_n}{v_m}\right|_{v_k = 0 \text{ (for } k \neq m)}$$

회로망의 **Z-, Y-, h-** 및 **ABCD**-행렬 표현에 대한 개념은 고주파 회로에 대하여 직접적으로 적용할 수 있으나, 각각의 파라미터를 정의하는 데 필요한 개방회로 조건, 단락회로조건에 대한 요구조건을 RF/MW 분야에 직접적으로 적용하는 데에는 실제적으로 어려움이 있으므로 다음 식과 같이 정규화된 순방향과 역방향 전력파로서 정의되는 산란계수를 이용하게 된다.

$$a_n = \frac{V_n^+}{\sqrt{Z_0}} = \sqrt{Z_0} I_n^+$$

$$b_n = \frac{V_n^-}{\sqrt{Z_0}} = -\sqrt{Z_0} I_n^-$$

2-단자 회로의 경우, 이 식을 행렬 형태로 표현하면

$$\begin{Bmatrix} b_1 \\ b_2 \end{Bmatrix} = \begin{bmatrix} S_{11} & S_{12} \\ S_{21} & S_{22} \end{bmatrix} \begin{Bmatrix} a_1 \\ a_2 \end{Bmatrix}$$

개방– 또는 단락–회로망 조건과는 다르게, 각 단에서 선로 임피던스 정합이 **S**-행렬을 설정하는 데 필요하다. S-파라미터는 2-단자 회로망의 입력과 출력에서의 반사계수와 직접적으로 관련되며(S_{11}, S_{22}) 순방향 및 역방향 전력이득은 쉽게 정의된다($|S_{21}|^2$, $|S_{12}|^2$).

S-파라미터는 신호흐름도를 취급할 때 매우 유용한 파라미터이다. 신호흐름 구성은 신호원과 종단 전송 선로에 대한 노드와 경로를 포함하여 다음 그림과 같은 회로로 표현된다.

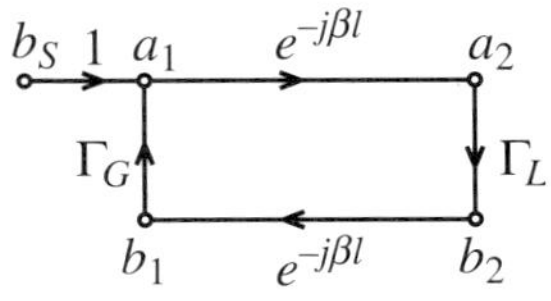

복잡한 시스템조차도 신호흐름 다이어그램을 이용하면 제어이론에서와 같은 방법으로 특정 입력출력관계에 대하여 알아낼 수 있다.

제4장은 실제적으로 벡터회로분석기(VNA)를 이용하여 2-단 회로(DUT)에 대한 S-파라미터를 측정 기록하는 것으로 내용을 끝맺었다.

측정장치의 측정을 위한 정리정돈에 관련된 다양한 오차발생원을 보상하기 위하여 이른바 TRL 방법을 제시하였다. 관통, 반사 및 선로 미세조정으로 다양한 오차를 설명하여 시험소자(DUT) 특성을 분석하는 데 필요한 실제 S-파라미터를 기록할 수 있게 하였다.

참고문헌

A. Cote, "Matrix Analysis of Oscillators and Transistor Application," *IRE Trans. on Circuit Theory*, Vol. 5, Issue 3, pp. 181–188, 1958.

S. Walker, "A Low Phase Shift Attenuator," *IEEE Trans. Microwave Theory and Techniques,* Vol. MTT-42, pp. 182–18, 1994.

G. Weiss, "Network Theorems for Transistor Circuits," *IEEE Trans. on Reliability,* Vol. 43, Issue 1, pp. 36–41, 1994.

G. F. Engen and C. A, Hoer, "Thru-Refect-Line: An Improved Technique for Calibrating the Dual Six-Port Automatic Network Analyzer," *IEEE Trans. Microwave Theory and Techniques,* Vol. MTT-27, pp. 987–998, 1979.

H. J. Eul and B. Schiek, "Thru-Match-Reflect: One Result of a Rigorous Theory for Deembedding and Network Analyzer Calibration," *Proceedings of the 18th European Microwave Conference*, Stockholm, Sweden, 1988.

R. Marks and D. Williams, "Characteristic Impedance Measurement Determination using Propagation Measurements," *IEEE Trans. Microwave and Guided Wave Letters*, pp. 141–143, 1991.

S-Parameter Design, Hewlett-Packard Application Note 154, 1972.

G. Antonini, A. C. Scogna, A. Orlandi, "S-Parameter Characterization of Through, Blind, and Buried Via Holes," *IEEE Trans. on Mobile Computing*, Vol. 2, Issue, 2, pp. 174–184, 2003.

J. Biernacki, D. Czarkowski, "High Frequency Transform Modeling," *IEEE Int. Symposium on Circuits and Systems*, Vol. 3, pp. 6–9, 2001.

D. V. Morgan and M. J. Howes, eds., *Microwave Solid State Devices and Applications*, P. Peregrinus Ltd., New York, 1980.

P. A. Rizzi, *Microwave Engineering-Passive Circuits*, Prentice Hall, Upper Saddle River, NJ, 1988.

D. Roddy, *Microwave Technology*, Prentice Hall, Upper Saddle River, NJ.

C. Bowick, RF *Circuit Design*, Howard Sams & Co., Indianapolis, IN, 1982.

R. S. Elliot, *An Introduction to Guided Waves and Microwave Circuits*, Prentice Hall, Upper Saddle River, NJ, 1997.

연습문제

4.1 아래의 일반적인 T-형 회로망에서 임피던스와 어드미턴스 행렬을 구하라.

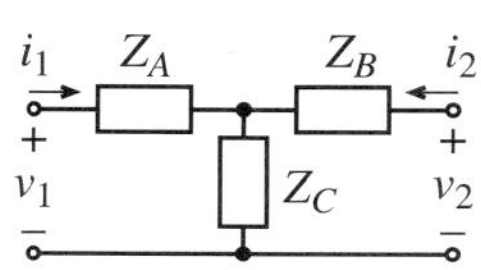

4.2 다음 그림은 이미터접지 트랜지스터 등가모델을 Z 네트워크 형태로 변환하여 나타낸 것이다.

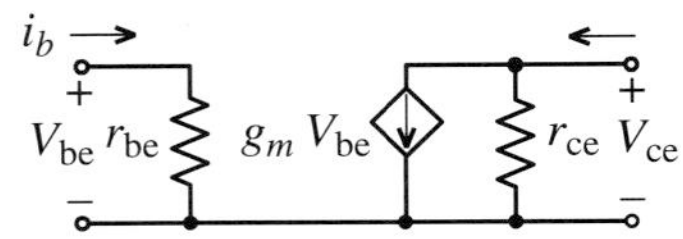

먼저 h 네트워크 파라미터로 나타내어, 이것을 본문의 변환표를 이용하여 Z 파라미터로 변환하라.

4.3 소신호 저주파조건(등가회로는 아래와 같음) 아래 베이스 접지의 쌍극자 트랜지스터(BJT)에 대하여 **h**-파라미터 행렬을 다음과 같이 나타낼 수 있음을 증명하라.

$$[\mathbf{h}] = \begin{bmatrix} \dfrac{r_{ce} r_{be}}{r_{be} + (1+\beta) r_{ce}} & \dfrac{r_{be}}{r_{be} + (1+\beta) r_{ce}} \\ -\dfrac{r_{be} + \beta r_{ce}}{r_{be} + (1+\beta) r_{ce}} & \dfrac{1}{r_{bc}} + \dfrac{1}{r_{be} + (1+\beta) r_{ce}} \end{bmatrix}$$

여기에서 각각의 트랜지스터 파라미터는 그림에 나타내었다.

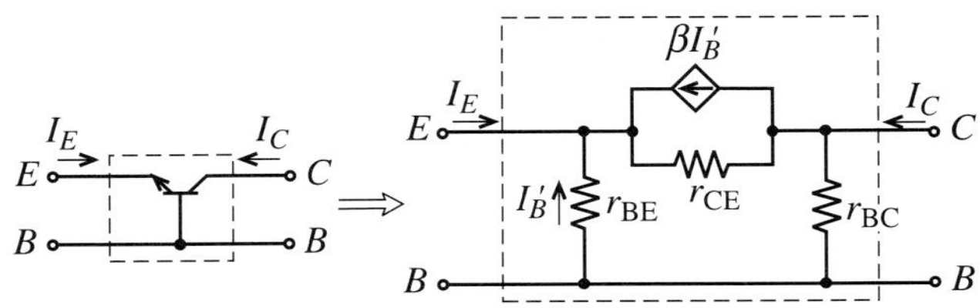

4.4 문제 4.4의 결과를 이용하여 BJT의 **h**-행렬이 다음과 같이 주어질 때 베이스 접지 BJT에 대한 등가회로 파라미터 값을 계산하라.

$$[\mathbf{h}] = \begin{bmatrix} 16.6 & 0.262 \times 10^{-3} \\ -0.99668 & 66.5 \times 10^{-9} \end{bmatrix}$$

4.5 2-단자 회로 표현 파라미터를 서로 다른 파라미터로 표현식을 변환시키는 테이블을 이용하여 그림 4-7의 회로에 대해 이상적인 트랜스포머라고 가정하고 **h**-행렬값을 구하라.

4.6 $ABCD$ 회로 표현식의 정의를 이용하여 Y-파라미터 표현식을 구하라.

4.7 이미터접지 구조의 BC108C *npn* 트랜지스터에 대한 저주파 *h*-파라미터는 다음과 같다. h_{11} = 10 kΩ, h_{12} = 1, h_{21} = −500, h_{22} = 80 μS; 이것을 파라미터 변환을 이용하여 Z-와 Y-파라미터로 변환하라.

4.8 문제 4.3과 예제 4-2의 결과로부터 베이스 접지와 이미터 접지 트랜지스터 형태에 대한 **h**-행렬 파라미터 사이에서 변환관계식을 세워라.

4.9 아래 그림의 이중 T 회로망을 *Y* 회로망으로 변환하라.

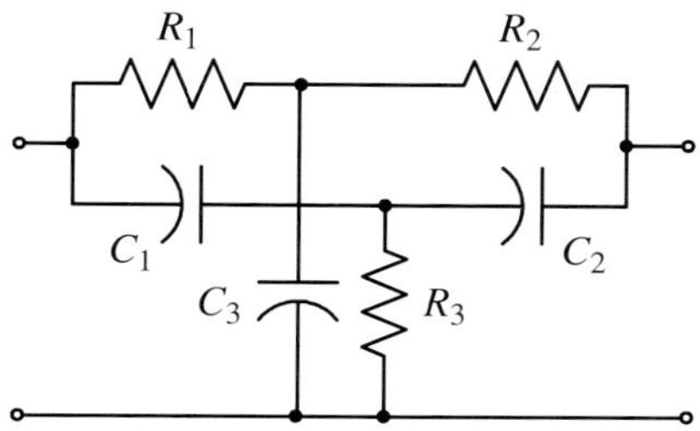

4.10 그림 4-2에서와 같이 세 소자 Pi-회로에 대하여 *ABCD*-행렬을 구하라.

4.11 다음 이상적인 트랜스포머의 1차 측과 2차 측의 권선비가 n:1 이다. (a) 트랜스포머에 대한 *ABCD*-파라미터를 구하라. (b) 부하저항(R_L)이 2차 권선에 연결되어 있을 때 입력 임피던스를 구하라.

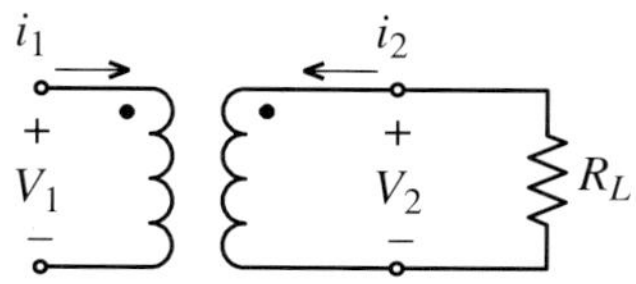

4.12 그림 4-12에서 보여준 고주파 하이브리드 트랜지스터 모델에 대한 **h**-행렬이 식 (4.31)과 같이 주어짐을 증명하라.

4.13 본 장에서 다른 주파수 조건에서의 쌍극자 트랜지스터의 **h**-행렬 표현식에 대하여 이미 언급하였으며 모든 경우에서 트랜지스터의 패키지에서 나타나는 기생소자의 영향을 무시하였다. 트랜지스터 패키지의 기생소자를 고려한 트랜지스터의 등가모델을 수정하면 아래 그림과 같다.

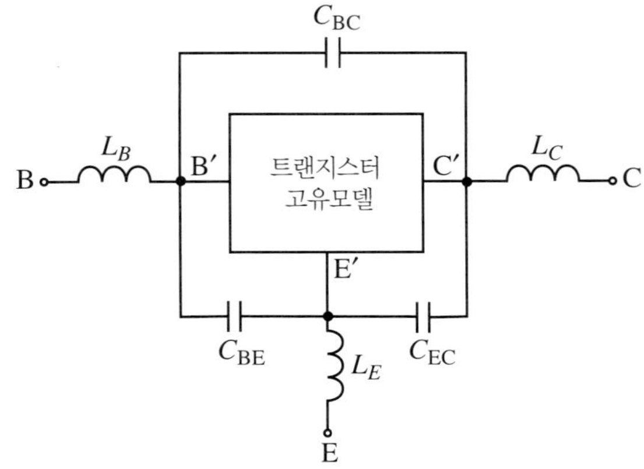

트랜지스터 자체의 고유모델(intrinsic model)은 **h**-매트릭스에 의하여 주어진다고 가정하여 캐스팅을 설명하는 수정된 모델을 유도하라.

4.14 무손실 전송 선로에 부하 임피던스가 연결되어 있을 때, 전송 선로와 부하 임피던스에 대한 **ABCD-**행렬식을 사용하여 전체 입력 임피던스를 구하라.

4.15 예제 4-7에서 논의한 회로의 순방향이득을 구하라. 입력과 출력이 50 Ω으로 종단되어 있다.

4.16 50 Ω 전송 선로를 이용하여 500 MHz에서 1/4파장 변환기를 구현하고자 하는데, 케이블의 위상속도가 빛의 속도의 70%인 케이블을 사용하면 케이블의 길이가 L = 10.5 Cm가 되어 길어서 비실용적이다. 그러므로 아래 그림과 같이 왼쪽의 분포형 시스템을 오른쪽의 집중형 Pi-회로망으로 변환하고자 한다.

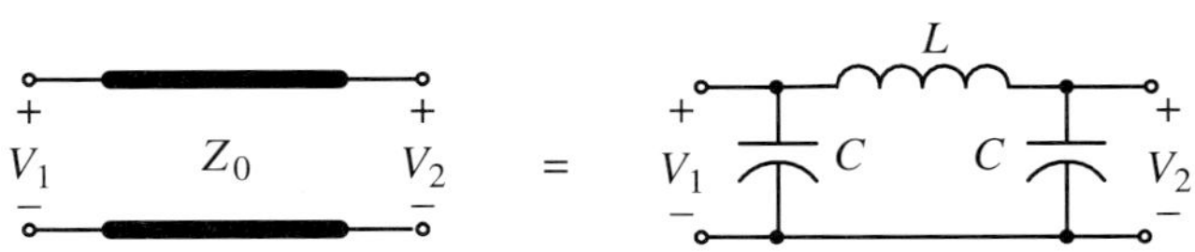

(a) 두 회로가 등가적 회로임을 보여라. (b) 오른쪽 회로, 집중 소자 회로망에서 L과 C 값을 구하라.

4.17 증폭기의 입력단에서 VSWR이 2이고 출력단은 VSWR이 3이다. 입력 및 출력 반사계수의 크기를 구하라. 구한 결과식은 S_{11}과 S_{22}에 관하여 어떤 의미가 있는가?

4.18 예제 4.4.4에서 묘사한 것과 같은 동일 접근법을 이용하여 회로의 S-파라미터는 다음 식을 이용하여 알고 있는 Y-파라미터로부터 구할 수 있음을 증명하라.

$$[\mathbf{S}] = ([\mathbf{Y}] + Y_0[\mathbf{E}])^{-1}(Y_0[\mathbf{E}] - [\mathbf{Y}])$$

또 역관계는 다음과 같다.

$$[\mathbf{Y}] = Y_0([\mathbf{E}] - [\mathbf{S}])([\mathbf{S}] + [\mathbf{E}])^{-1}$$

여기에서 $Y_0 = 1/Z_0$는 선로 특성 어드미턴스이다.

4.19 문제 4.11의 이상적인 변환기는 S-파라미터 형태로 나타낼 수 있다. **S**-행렬이 다음 식과 같음을 증명하라.

$$[\mathbf{S}] = \frac{1}{1+N^2}\begin{bmatrix} N^2-1 & 2N \\ 2N & 1-N^2 \end{bmatrix}$$

여기에서 $N = N_1/N_2$이다.

4.20 다음 두 수동형 회로에서 S-파라미터가 다음과 같이 주어짐을 증명하라.

$$[S] = \begin{bmatrix} \Gamma_1 & 1-\Gamma_1 \\ 1-\Gamma_1 & \Gamma_1 \end{bmatrix}, \quad [S] = \begin{bmatrix} \Gamma_2 & 1+\Gamma_2 \\ 1+\Gamma_2 & \Gamma_2 \end{bmatrix}$$

여기에서 $\Gamma_1 = (1+2Z_0/Z_1)^{-1}$이고, $\Gamma_2 = -(1+2Y_0/Y_1)^{-1}$이다.

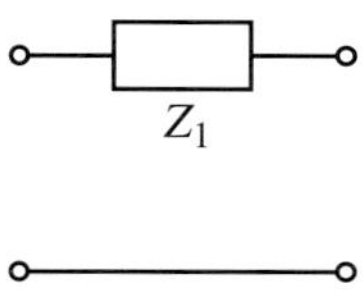

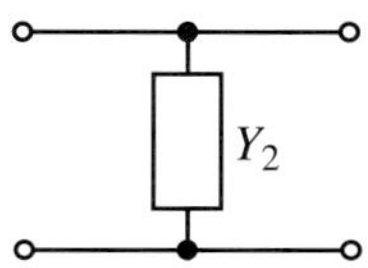

4.21 다음 그림의 T-회로가 특성 임피던스 $Z_0 = 50\ \Omega$인 전송 선로 사이에 삽입되었다. 세 저항은 각각 $R_1 = R_2 = 8.56\ \Omega$이고, $R_3 = 141.8\ \Omega$이다. 이 형태의 S-파라미터를 구하고 L을 0에서 100 nH까지 변화시킬 때 $f = 2$ GHz의 주파수에 대한 인덕턴스 L의 함수로서 삽입손실관계를 그림으로 나타내어라.

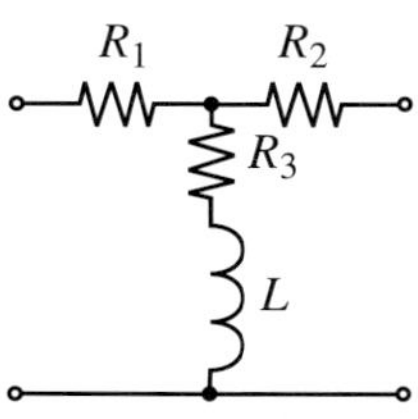

4.22 앞의 문제에서 실제적으로 T-회로의 저항은 주파수에 무관하지 않다. RF 주파수에서 기생효과를 고려해 주어야 한다. 모든 저항이 0.5 nH의 기생 직렬 인덕턴스를 가질 때 2 GHz에서 S-파라미터를 계산하라. 단 L은 10 nH의 고정값으로 가정한다.

4.23 BJT가 1.8 GHz 주파수로 50 Ω 회로에서 동작하고 있다. 바이어스 조건은 5 mA의 콜렉터 전류와 12 V의 콜렉터-이미터 전압이다. 제조사에서 S-파라미터의 크기와 위상은 다음과 같이 제공한다.

$$S_{11} = 0.6\ \angle -127^\circ,\ S_{21} = 3.77\ \angle\ 85^\circ,\ S_{12} = 0.039\ \angle\ 30^\circ,$$
$$S_{22} = 0.67\ \angle -35^\circ$$

(a) Z-파라미터를 구하고 (b) h-파라미터 표현을 구하라.

4.24 문제 4.18에 대한 일반화 작업으로서, 아래 그림에서와 같이 서로 특성 임피던스가 다른 n 개의 포트 회로망이 있다고 하자. 여기서 다음 두 관계식이 성립함을 증명하라.

$$[\boldsymbol{S}] = [\boldsymbol{Z_0}]^{-1/2}([\boldsymbol{E}]-[\boldsymbol{Z_0}][\boldsymbol{Y}])([\boldsymbol{E}]-[\boldsymbol{Z_0}][\boldsymbol{Y}])^{-1}[\boldsymbol{Z_0}]^{1/2}$$
$$[\boldsymbol{Y}] = [\boldsymbol{Z_0}]^{-1/2}([\boldsymbol{E}]+[\boldsymbol{S}])^{-1}([\boldsymbol{E}]-[\boldsymbol{S}])[\boldsymbol{Z_0}]^{-1/2}$$

여기서, $[Z_{01}]$는 n 포트에서 특성 임피던스 $(Z_{01}, Z_{02}, \cdots, Z_{0n})$에 대한 대각선 행렬이고, [E]는 단위행렬이다.

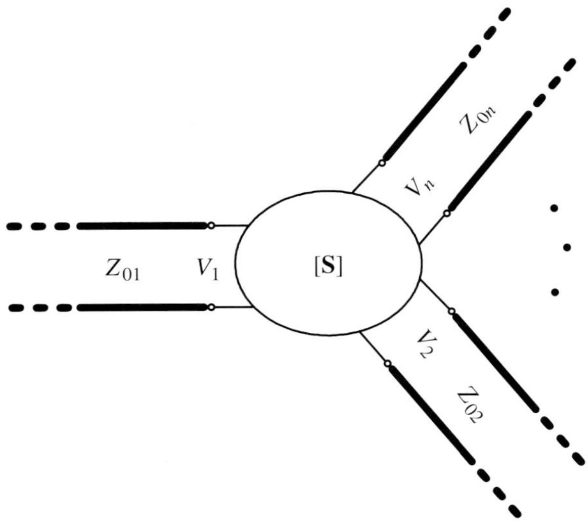

4.25 T-접속 전송 선로의 S-파라미터 행렬을 유도하라.

4.26 아래 그림에서와 같이 S-파라미터 값을 알고 있는 RF 소자가 입력 측에는 전압원과 정합된 소스 저항이 연결되어 있고, 출력 측에는 정합된 부하 저항이 연결되어 있다.

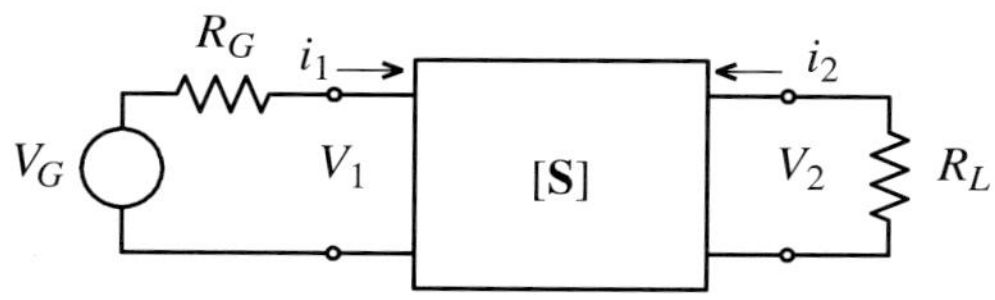

만일, 소스 저항을 갖고 있는 전원의 최대 가용 전력이 P_{max}라고 하고, 입력과 출력 전력이 각각 P_1과 P_2라고 할 때 다음을 증명하라.

(a) $P_2 = |S_{21}|^2 P_{max}$

(b) $P_1 = (1 - |S_{11}|^2) P_{max}$

4.27 본문의 "실용적인 설명"절에서 그림 4-31의 1/4 W 병렬저항쌍을 이용하여 3 dB 감쇄기를 설계하였다. 다음 조건일 때 포트 1에서 허용 가능한 최대 입력 전력을 계산하라. (a) 포트 2에 접합된 부하가 연결되었을 때 (b) 포트 2가 개방(open) 되었을 때

4.28 예제 4.7에서 소개한 T-형 감쇄기도 "실용적인 설명"절에서 소개한 그림 4-31의 Pi-형 감쇄기와 같이 임의의 서로 다른 포트 임피던스를 사용해도 된다. T-형 감쇄기에서 포트의 특성 임피던스가 각각 Z_{01}과 Z_{02}이고, S 파라미터가 $S_{11} = S_{22} = 0$, $S_{21} = S_{12} = a$일 때 세 저항값 R_1, R_2, R_3을 계산하라.

4.29 윌킨슨 전력 분배기(부록 G 참조)는 포트 1의 입력 전력을 포트 2 와 포트 3에 균등히 분배하거나, 포트 2와 3의 전력을 포트 1로 결합하기 위하여 설계된 세 포트의 수동소자이다. 이상적인 S-행렬은 다음과 같다.

$$[\mathbf{S}] = \frac{-1}{\sqrt{2}}\begin{bmatrix} 0 & j & j \\ j & 0 & 0 \\ j & 0 & 0 \end{bmatrix}$$

만일 포트 2가 75 Ω으로, 포트 3이 25 Ω으로 종단되어 있고, $Z_0 = 50\ \Omega$일 때 포트 1에서 반사 손실과 입력 임피던스를 구하라.

4.30 다음 그림은 감쇄기의 구성을 나타낸다. 이상적인 조건($Z_G = Z_{in} = Z_L = Z_o$)에서 감쇄기의 감쇄량(dB)은 $\alpha = -20\log_{10}|S_{21}|$이다.

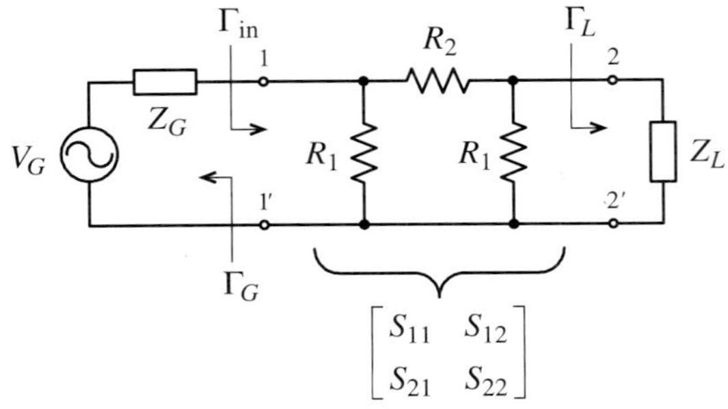

신호 흐름도 해석법을 이용하여 비이상적인 조건 ($Z_G \neq Z_{in} \neq Z_L$)에서 감쇄기의 감쇄량이 $\alpha = -20\log_{10}|T|$ 됨을 증명하라. 여기서,

$$T = \frac{S_{21}}{1 - \Gamma_G S_{11} - \Gamma_L S_{22} - \Gamma_G \Gamma_L S_{21}^{\ 2} + \Gamma_G \Gamma_L S_{11} S_{22}}$$

CHAPTER 05

RF 필터 설계

RF 필터를 설계하기 위하여 제4장에서 공부한 1-포트 및 2-포트 회로 이론을 응용하거나 확대할 필요가 있다. 고주파 신호에서 임의의 주파수범위 또는 주파수대역의 신호를 감소시키거나 강화시키려는 아날로그 회로 설계 방식에 특별히 관심을 집중하여 본 장에서는 아날로그 신호의 필터링에 대하여 알아보고자 한다. 기본적인 회로 과정을 통해 아는 바와 같이 필터의 종류에는 네 종류가 있다. **저역통과필터**(*low-pass* filter), **고역통과필터**(*high-pass* filter), **대역통과필터**(*band-pass* filter) 및 **대역저지필터**(*band-stop* filter)이다. 저역통과필터는 낮은 주파수의 신호는 입력에서 출력으로 전달될 때 적은 감쇠를 나타내지만, 차단주파수를 초과한 주파수 신호에서는 감쇠가 증가하여 신호의 진폭이 크게 줄어들어 출력단에 전달된다. 고역통과필터는 저역통과필터와 반대의 특성으로, 낮은 주파수의 신호 성분은 감쇠가 매우 크게 나타나며 진폭이 크게 줄어든다. 반면 차단 주파수를 초과하는 높은 주파수의 신호는 적은 감쇠로 필터를 통과한다. 대역통과필터와 대역저지필터는 특정한 저역 및 고역주파수점 사이의 통과대역 신호를 제한하며 나머지 주파수 대역신호와 비교하여 필터의 감쇠가 대역 내에서 낮게(대역통과필터) 나타나거나 높게(대역저지필터) 나타난다.

본 장에서는 필터와 공진기에 대한 기본적인 개념과 정의를 다시 거론한다. 특별히 부하가 있을 때와 부하가 없을 때의 양호도(quality factor)에 대한 주요개념을 상세히 분석하며, 두 가지 형태, 즉 버터워스(Butterworth) 필터 또는 최대평탄이항(maximaum flat binomial)특성과 체비셰브(Chebyshev)필터 또는 동일리플(equal ripple)특성을 나타내도록 개발된 수치표와 계수에 의한 기본적인 다단 저역통과필터 설계법을 도입한다.

필터의 분류

여파기는 동작 주파수와 사용되는 소자에 따라 수동형과 능동형 필터로 구분된다. 수동형 필터는 집중소자 시스템인 경우 *LC*소자, 크리스털 공진기를 사용하고, 분포소자 시스템에서는 동축 선로, 마이크로스트립 선로, 도파관, 헤리컬 공진기를 사용한다. 능동형 필터는 연산증폭기나 다른 능동형 소자로 구성된다.

제5장에서는 완전한 필터이론을 도입하고 계수를 유도하기보다는, 특정 필터 형태를 설계하는 데 관계정보를 어떻게 이용하는가를 소개하고자 한다. 네 종류의 필터 설계에서 가장 기본적이고 설계이론의 근간을 이루는 정규화된 저역통과필터를 공부하게 된다. 버터워스(Butterworth) 또는 체비셰브(Chebyshev) 형태의 표준 저역통과필터를 이용하여 설계하려는 특정 형태의 필터로 전환하는 과정을 분석하고 분포형 소자로 필터를 구현하는 방안에 대하여 공부한다. 500 MHz 이상의 주파수에서 집중형 형태의 인덕터와 커패시터 같은 소자는 적합하지 않으므로 분포형 소자로서의 구현 과정은 절대적이다. 실제적으로 실현 가능한 필터 형태를 개발할 수 있는 방안으로 집중형 소자를 분포형 소자값으로 변환시키는 데에는 Richard 변환이나 Kuroda의 동일성이론(identities)과 같은 우수한 이론이 있다.

5.1 기본적인 공진기와 필터 형태

5.1.1 필터 형태와 파라미터

저역통과필터, 고역통과필터, 대역통과 및 대역저지필터와 같은 네 가지 형태의 기본 필터의 이상적인 동작 특성을 도입하여 논의를 시작하는 것이 편리하다. 그림 5-1에는 필터에 대한 정규화 각주파수에 따른 삽입손실(IL)을 나타내었다.

저역통과와 고역통과필터에서는 **차단주파수**를, 그리고 대역통과와 대역저지필터에서는 **중심주파수**를 의미하는 각속도 ω_C로 정규화시킨 주파수 파라미터 $\Omega = \omega/\omega_c$를 도입하자. 이러한 정규화는 표준 필터설계에 접근하는 방법을 개발할 때 단순하게 처리할 수 있다. 실제적인 감쇄형태를 나타내는 **이항식형(버터워스형)**, **체비셰브형** 및 **타원형[elliptic(Cauer)]** 저역통과필터는 그림 5-2와 같다.

이항식 필터는 단조로운 감쇄형태를 보이나, 불행하게도 대역통과에서 저지대역으로 전환하는 데 아주 가파른 형태의 감쇠가 이루어져야 하므로 많은 수의 필터소자 성분이 필요하다. 통과대역 내에서 감쇄형태가 어느 정도의 변화 즉 리플을 나타냄으로

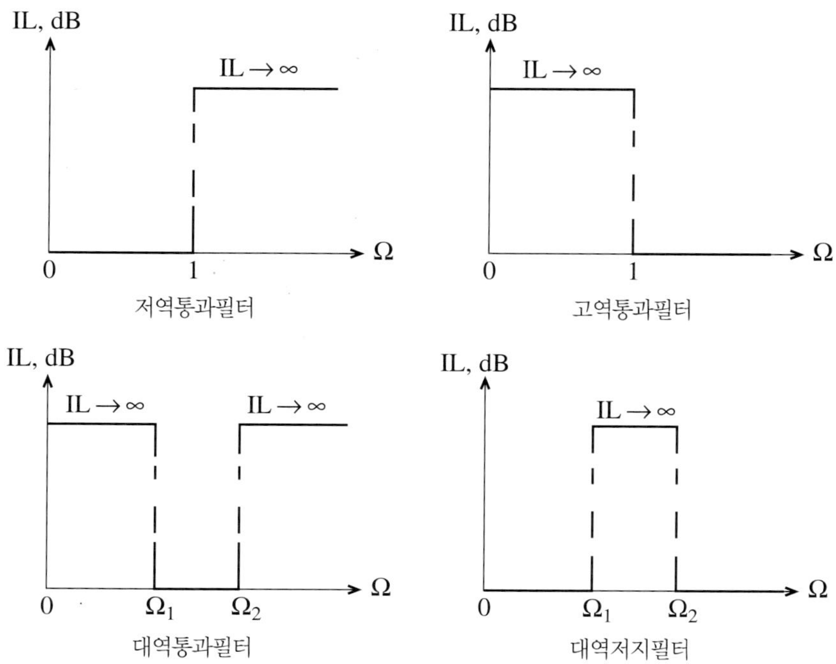

그림 5-1 • 네 가지 기본 필터의 형태

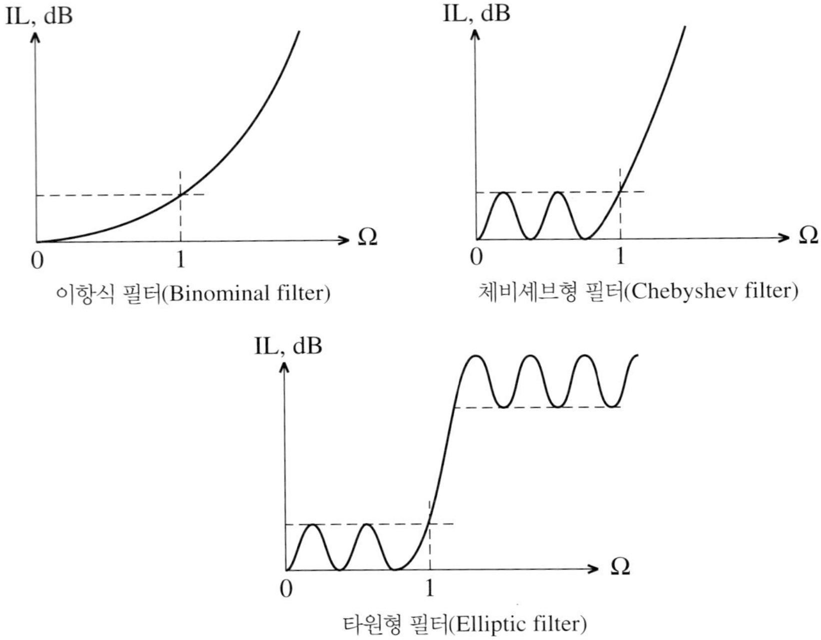

그림 5-2 • 세 가지 형태의 저역통과필터에 대한 실제 감쇄형태

> **스커트 선택도(skirt selectivity)**
> 여파기에서 통과대역에서 저지대역으로 또는 저지대역에서 통과대역으로 천이는 주파수에 대한 손실의 기울기, 또는 3 dB 점에서 기울기로 나타낸다. 일반적으로 좋은 필터일수록 스커트 선택도가 우수하다.

써 더 우수한 곡선(slope)을 만들 수 있다. 이러한 리플이 저지대역 또는 통과대역 내에서 동일크기가 되면 **체비셰브 필터**라 하며 이러한 설계는 체비셰브 다항식으로 설계한다. 이항식 형태와 체비셰브 형태의 두 필터의 경우, 정규화 주파수 Ω가 → ∞이면 감쇠는 거의 무한대에 접근함을 알 수 있다. 이와 같은 것은 두 대역에서 리플의 소비를 감수하고 통과대역에서 저지대역으로 가파른 전환이 가능하도록 하는 타원형 필터와 대조된다. 타원형 필터의 설계에 대해서는 수학적인 복잡성 때문에 더 이상 언급하지 않기로 한다(구체적인 이론은 본 장의 뒷부분에 있는 Rizzi책 참조). 필터를 설계함에 있어 여러 가지의 절충관계를 분석하는 데 다음과 같은 파라미터가 중요한 역할을 한다.

- **삽입손실(insertion loss):** 이상적으로 RF 회로 경로에 삽입되는 완전한 필터는 통과대역에서 전력손실은 없다. 다르게 표현하면 삽입손실은 영(0)이 된다. 그러나 실제적으로는 필터 특성과의 관계에서 어느 정도의 전력손실을 예측할 수 있다.

삽입손실은 전력의 반응 특성의 저하가 0 dB 이하로 얼마만큼 나타나느냐를 정량화시킨다. 필터는 소스임피던스가 $Z_s = Z_0$이고, 부하 임피던스가 $Z_L = Z_0$이라고 가정한다. 수학적으로는 다음과 같다.

$$\text{IL [dB]} = 10 \log \frac{P_A}{P_L} = -20 \log |S_{21}| \tag{5.1}$$

여기에서 P_L은 부하에 전달된 전력이며 P_A는 신호원으로부터의 가용전력, S_{21}은 필터의 S-파라미터로서 포트 1에서 포트 2로의 신호 전달 특성을 나타낸다.

- **리플(ripple):** 통과대역 내에서 신호의 평탄도(flatness)는 최대진폭크기와 최소진폭크기의 차이 또는 리플을 dB 또는 Neper로 규정하여 정량화시킬 수 있다. 이미 앞에서 언급하였고 또 후에 자세히 논의할 체비셰브 필터 설계에서 리플의 크기를 정밀하게 조정할 수 있다.
- **대역폭:** 대역통과필터의 경우 대역폭은 통과대역으로부터 3 dB 감쇄점을 나타내는 상한주파수와 하한주파수 사이의 차이로 정의된다.

$$\text{BW}^{3\text{dB}} = f_U^{3\text{dB}} - f_L^{3\text{dB}} \tag{5.2}$$

- **필터의 형상인자(shape factor):** 필터의 형상인자는 필터 특성의 형상을 나타내는 인자로서 대역폭에서 3 dB점과 60 dB점 사이의 비로서 정의된다.

$$\text{SF} = \frac{\text{BW}^{60\text{dB}}}{\text{BW}^{3\text{dB}}} = \frac{f_U^{60\text{dB}} - f_L^{60\text{dB}}}{f_U^{3\text{dB}} - f_L^{3\text{dB}}} \tag{5.3}$$

- **제거(rejection):** 이상적인 필터의 경우 원하지 않은 신호 주파수에서는 무한 감쇄레벨이 되어야 할 것이다. 그러나 실제적으로 필터 소자를 유한한 수로 채택하므로 상한선이 예측된다. 실제 설계에서는 필터의 형상인자와 쉽게 결합할 수 있으므로 제거비를 60 dB로 규정한다.

앞에서 정의한 필터 파라미터의 요약을 대역통과 감쇄 형태 표현으로 그림 5-3에 구체적으로 나타내었으며 정규화 주파수 Ω에 대하여 필터 감쇄특성의 크기를 나타내었다. 중심주파수 f_c는 $\Omega = 1$로 정규화되었으며 3 dB 하한 및 상한주파수는 중심주파수에 대하여 대칭임을 알 수 있다. 3 dB점을 초과한 감쇄 현상은 급속하게 증가하여 정지대역이 시작되는 60 dB 제거점에 도달한다.

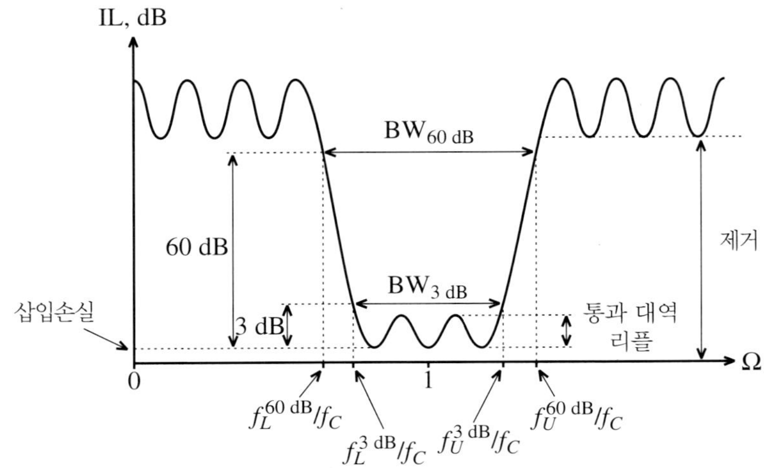

그림 5-3 ● 대역통과필터의 감쇄 형태

필터의 선택을 표현하는 또 다른 파라미터로서 공진주파수에서 단위 주기당 에너지 손실에 대한 축적에너지의 비로서 다음 식과 같이 정의되는 **양호도(qualilty) Q**가 있다.

$$Q = 2\pi \left.\frac{\text{평균 축적 에너지}}{\text{주기당 손실 에너지}}\right|_{\omega=\omega_c} = \omega \left.\frac{\text{평균 축적 에너지}}{\text{전력 손실}}\right|_{\omega=\omega_c} = \omega \left.\frac{W_{\text{stored}}}{P_{\text{loss}}}\right|_{\omega=\omega_c} \tag{5.4}$$

여기에서 전력손실 P_{loss}는 단위시간당 전력손실과 같다. 이와 같은 정의식을 응용할 때, 무부하필터(unload filter)인지 부하필터(load filter)인지를 구별해야 한다. 여기에서 의미하는 것은 그림 5-4와 같이 입력측은 신호원과 연결하고 출력측은 부하와 연결한 2단자회로로 필터를 나타내 보면 잘 알 수 있다.

전력손실은 외부부하와 필터 자체의 전력손실과 상관되어 구성된다고 생각하는 것

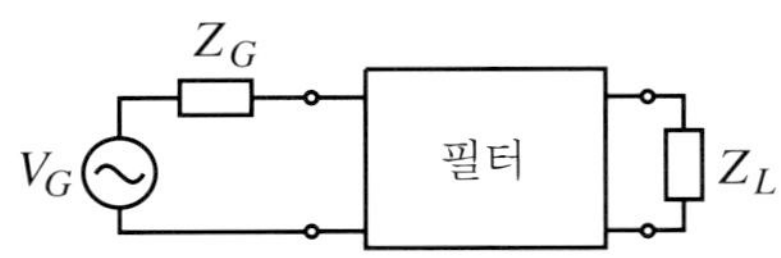

그림 5-4 ● RF 신호원과 부하가 연결된 2단자 회로로서의 필터

이 관례적이다. 이러한 양호도 Q를 **부하 Q** 또는 Q_{LD}라 한다. 부하 Q에 역함수를 취하면 다음과 같다.

$$\frac{1}{Q_{LD}} = \frac{1}{\omega}\left(\frac{\text{필터에서의 전력 손실}}{\text{평균 축적 에너지}}\right)\Bigg|_{\omega=\omega_c} + \frac{1}{\omega}\left(\frac{\text{부하에서의 전력 손실}}{\text{평균 축적 에너지}}\right)\Bigg|_{\omega=\omega_c} \tag{5.5}$$

전체 전력손실은 필터와 부하에서 나타난 손실을 포함하므로 다음 식과 같이 간략하게 나타낼 수 있다.

휴대폰 첫단의 양호도

주파수에 따라 양호도가 얼마나 영향을 받을는지는 관심 있는 일이다. 만일 1900 MHz 수신기가 중심 대역에서 30 kHz 채널의 대역통과 필터를 필요로 한다면, 이상적인 조건에서 60,000이상의 Q가 요구된다. 이것은 SAW 필터를 사용하더라도 현실적으로 구현이 불가능하다.

$$\frac{1}{Q_{LD}} = \frac{1}{Q_F} + \frac{1}{Q_E} \tag{5.6}$$

여기에서 Q_F는 **필터의 Q값**이며 Q_E는 **외부 Q값**이다. 식 (5.6)의 정확한 의미는 제5.1.4절에 해석하기로 한다. 식 (5.6)은 다음 형태로 나타낸다.

$$Q_{LD} = \frac{f_c}{f_U^{3\,\mathrm{dB}} - f_L^{3\,\mathrm{dB}}} \equiv \frac{f_c}{\mathrm{BW}^{3\,\mathrm{dB}}} \tag{5.7}$$

여기에서 f_c는 필터의 중심주파수 또는 공진주파수이다. 다음 절에서는 세 가지 가장 공통된 필터의 형태를 요약하였다. 제4장에서 공부한 것과 같이 회로망으로서의 표현으로 대치되는 것을 강조하였다.

5.1.2 저역통과필터

가장 간단한 형태로서 그림 5-5와 같이 부하저항에 연결된 1차항 저역통과필터를 분석해 보자. 이런 표준 필터 회로에서 신호원과 부하 임피던스는 일반적으로 50 Ω을 사용하는 특성 임피던스 Z_0와 같다. 여기서 Z_0는 신호원과 필터 또는 필터와 부하 사이에 전송 선로를 사용할 경우, 전송 선로의 특성 임피던스를 나타낸다. 또한 그것은 신호원 측을 포트 1, 부하 측을 포트 2로 하는 2단자 회로망으로 해석할 때 필터 블록의 S 파라미터를 결정하게 한다.

필터의 응답 특성을 결정하기 위하여 신호가 소스로부터 부하에 이르기까지 전달을 나타내는 S 파라미터인 $S_{21}(\omega)$를 결정해야한다. 그림 5-5와 같은 소스와 부하 구성에 대해 4장의 이론을 회상하면 S_{21}은 다음과 같다.

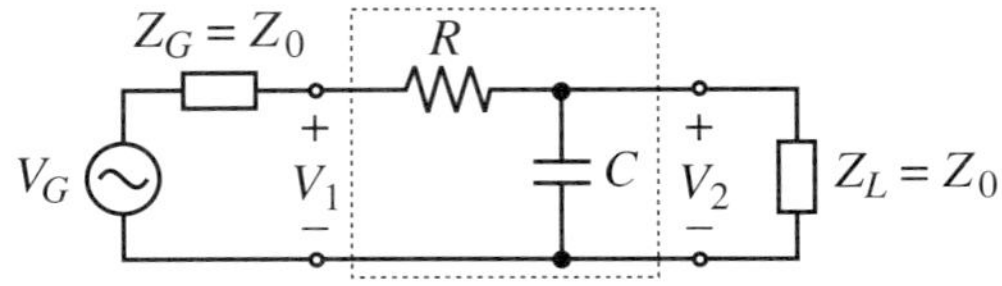

그림 5-5 • 신호원과 부하저항을 연결한 저역통과필터

$$S_{21} = \frac{2V_2}{V_G} \tag{5.8}$$

그림 5-6과 같이 간단한 회로에 대해, 우리는 네 개의 *ABCD*-회로 (1부터 4까지 표기된) 가 직렬로 연결된 것으로 볼 수 있다.

ABCD-회로 전체에 대하여

$$\begin{bmatrix} A & B \\ C & D \end{bmatrix} = \begin{bmatrix} 1 & Z_G \\ 0 & 1 \end{bmatrix} \begin{bmatrix} 1 & R \\ 0 & 1 \end{bmatrix} \begin{bmatrix} 1 & 0 \\ j\omega C & 1 \end{bmatrix} \begin{bmatrix} 1 & 0 \\ \dfrac{1}{Z_L} & 1 \end{bmatrix} = \begin{bmatrix} 1 + (R + Z_0)\left(j\omega C + \dfrac{1}{Z_0}\right) & R + Z_0 \\ j\omega C + \dfrac{1}{Z_0} & 1 \end{bmatrix} \tag{5.9}$$

이며, 여기에서 신호 임피던스와 부하 임피던스는 $Z_G = Z_L = Z_0$이다. A는 V_G/V_2이므로

$$S_{21}(\omega) = \frac{2}{A} = \frac{2}{1 + (R + Z_0)\left(j\omega C + \dfrac{1}{Z_0}\right)}. \tag{5.10}$$

이며 식 (5.10)은 주파수가 영(0) 또는 무한대로 접근하는 극한의 경우에 대하여 조사할 수 있으므로 $\omega \to 0$일 때

$$S_{21} = \frac{2}{1 + (R + Z_0)/Z_0} = \frac{2Z_0}{2Z_0 + R} \tag{5.11a}$$

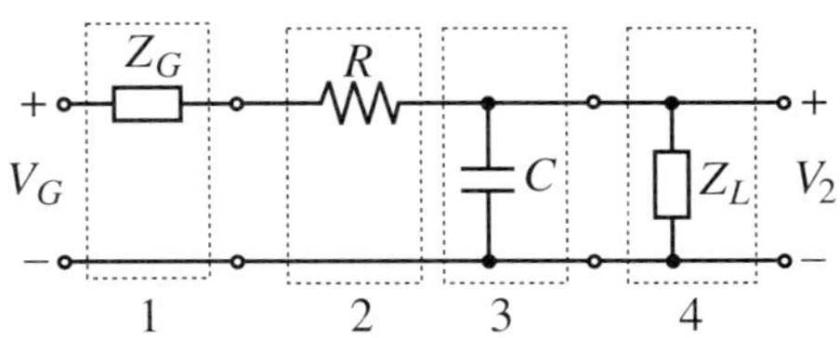

그림 5-6 • 네 개의 *ABCD*-회로의 직렬연결

이며 $\omega \rightarrow \infty$는 다음 식과 같다.

$$S_{21} = 0 \tag{5.11b}$$

위의 식에서 첫 번째 경우는, 기생저항 R은 DC에서 신호의 감쇄($S_{21} < 1$)를 일으키는 원인이 되는 것을 알 수 있다. 두 번째 경우, 필터가 높은 주파수에서 출력전압이 영(0)이 되므로, 예상할 수 있는 저역통과필터 동작 특성을 나타내고 있다.

이 해석에서 RF/마이크로파의 $S_{21}(\omega)$는 시스템 이론에서 **전달함수**로 사용되는 $H(\omega)$와 같은 의미다. 그것은 전달함수를 정의하는 것 외에 일반적으로 Neper(NP) 단위인 감쇄지수를 계산하는 데도 쓰인다.

$$\alpha(\omega)\ [\text{Np}] = -\ln|S_{21}(\omega)| = -\frac{1}{2}\ln|S_{21}(\omega)|^2 \tag{5.12a}$$

데시벨(dB) 단위로는

$$\alpha(\omega)\ [\text{dB}] = -20\ \log|S_{21}(\omega)| = -10\ \log|S_{21}(\omega)|^2 \tag{5.12b}$$

> **군지연 및 군속도**
>
> 군지연은 정보가 회로를 통과해 가는데 걸리는 시간이다. 협대역의 펄스의 포락선이 회로를 통과하는데 얼마나 걸리는지를 나타낸다. 전송선로에 대한 관련 개념은 펄스의 포락선의 속도를 나타내는 **군속도**이다.
>
> $$v_g = \left(\frac{\partial\beta}{\partial\omega}\right)^{-1}$$
>
> 군속도는 위상속도와 다르다. 위상속도는 분포형 전송 선로에서 파의 첫 부분의 속도를 나타내며, 주파수에 따라 변한다. 마이크로스트립 선로는 높은 주파수에서 약간 분산되고, 도파관은 많이 분산된다.

이것은 삽입손실(IL)과 같은 의미이다. 이것의 위상은 다음과 같다.

$$\phi(\omega) = \text{atan}2(\text{Im}(S_{21}(\omega)), \text{Re}(S_{21}(\omega))) \tag{5.12c}$$

위상과 직접적으로 관련이 있는 것은 **군지연(group delay)** t_g이다. 이것은 위상의 주파수에 대한 미분으로 정의된다.

$$t_g = -\frac{d\phi(\omega)}{d\omega} \tag{5.12d}$$

필터는 거의 선형적인 위상(즉 $\phi = -A\omega$, A는 임의의 상수)을 갖도록 설계하는 것이 바람직하므로 군지연은 간단하게 상수로서 $t_g = A$가 된다. 여러 종류의 R값과 $C = 10$ pF에 대한 대표적인 필터 특성을 그림 5-7에 나타내었다.

이런 필터 설계에서, 기생적으로 발생하는 저항 R은 통과 대역에서 원치 않는 삽입손실의 원인이 된다. 이상적인 RF/마이크로파 필터는 순수한 리액티브 성분만 존재한다($R = 0$). 대표적인 필터들은 소스저항과 부하저항이 어떤 값의 순수한 저항값만 가져야 한다. 그렇지 않으면 필터 특성에 왜곡이 발생한다.

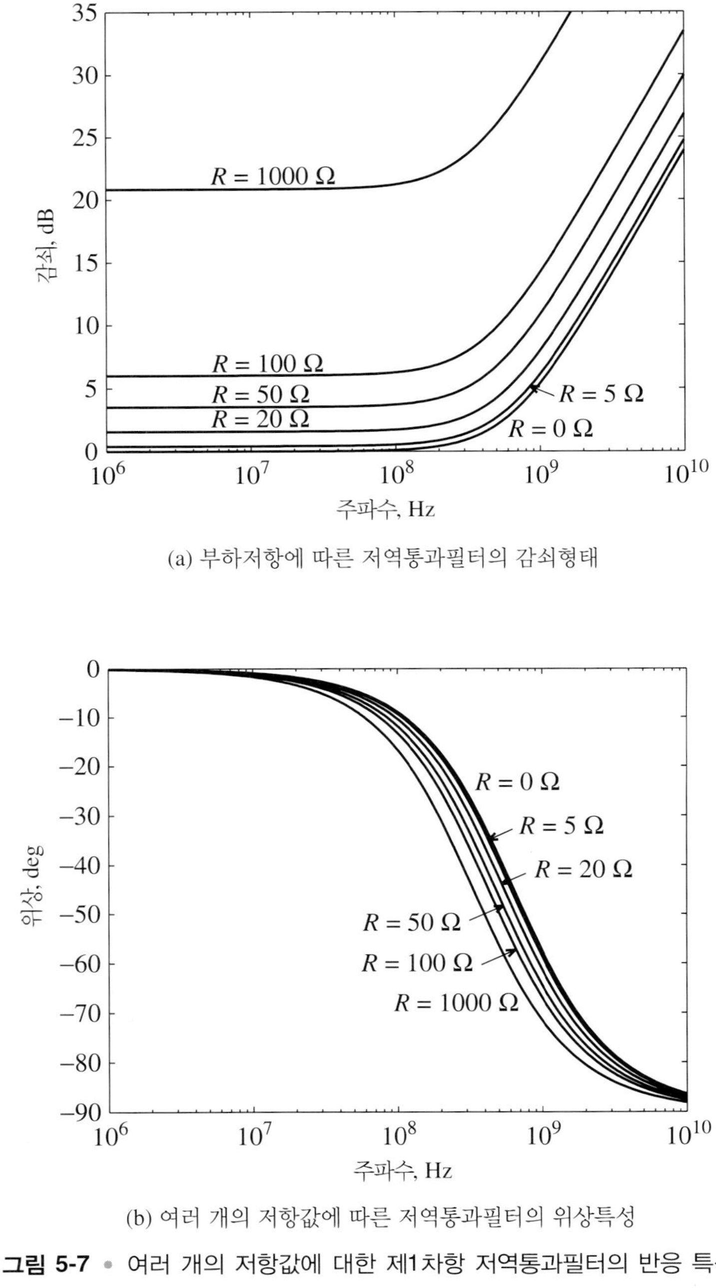

(a) 부하저항에 따른 저역통과필터의 감쇠형태

(b) 여러 개의 저항값에 따른 저역통과필터의 위상특성

그림 5-7 ● 여러 개의 저항값에 대한 제1차항 저역통과필터의 반응 특성

5.1.3 고역통과필터

그림 5-5에서 커패시터를 인덕터로 대치시키면 그림 5-8과 같이 제1차항 고역통과필터가 된다. 분석은 식 (5.9)에서의 방법과 동일하나 커패시티브한 리액턴스는 인덕티브한 리액턴스로 대치되었다. 그 결과는 다음과 같다.

$$\begin{bmatrix} A & B \\ C & D \end{bmatrix} = \begin{bmatrix} 1 & Z_G \\ 0 & 1 \end{bmatrix}\begin{bmatrix} 1 & R \\ 0 & 1 \end{bmatrix}\begin{bmatrix} 1 & 0 \\ \dfrac{1}{j\omega L} & 1 \end{bmatrix}\begin{bmatrix} 1 & 0 \\ \dfrac{1}{Z_L} & 1 \end{bmatrix} = \begin{bmatrix} 1+(R+Z_0)\left(\dfrac{1}{j\omega L}+\dfrac{1}{Z_0}\right) & R+Z_0 \\ \dfrac{1}{j\omega L}+\dfrac{1}{Z_0} & 1 \end{bmatrix} \tag{5.13}$$

이 식을 정리하면 다음과 같다.

$$S_{21}(\omega) = \frac{2}{A} = \frac{2}{1+(R+Z_0)\left(\dfrac{1}{j\omega L}+\dfrac{1}{Z_0}\right)} \tag{5.14}$$

이때 $\omega \to 0$이 되면

$$S_{21} = 0 \tag{5.15a}$$

이며 $\omega \to \infty$이면 다음 식과 같다.

$$S_{21} = \frac{2}{1+(R+Z_0)/Z_0} = \frac{2Z_0}{2Z_0+R} \tag{5.15b}$$

이 식에서 인덕터의 영향은 무시할 수 있음을 알 수 있고, 삽입손실은 기생적인 저항 R에 의해 나타난다. $L = 100$ nH 및 여러 개의 저항값에 대한 필터의 특성은 그림 5-9와 같다.

5.1.4 대역통과필터 및 대역저지필터

*RLC*직렬회로 또는 *RLC* 병렬로 연결하여 대역통과필터를 구성할 수 있다. 직렬회로 구

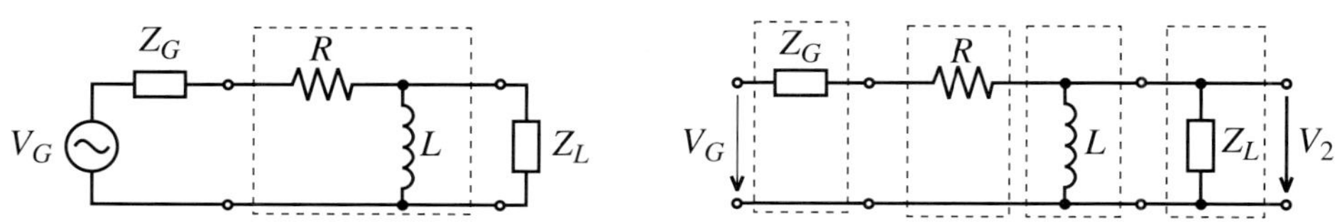

(a) 부하저항을 갖는 고역통과필터 (b) 입출력 전압과 회로

그림 5-8 • 제1차항 고역통과필터

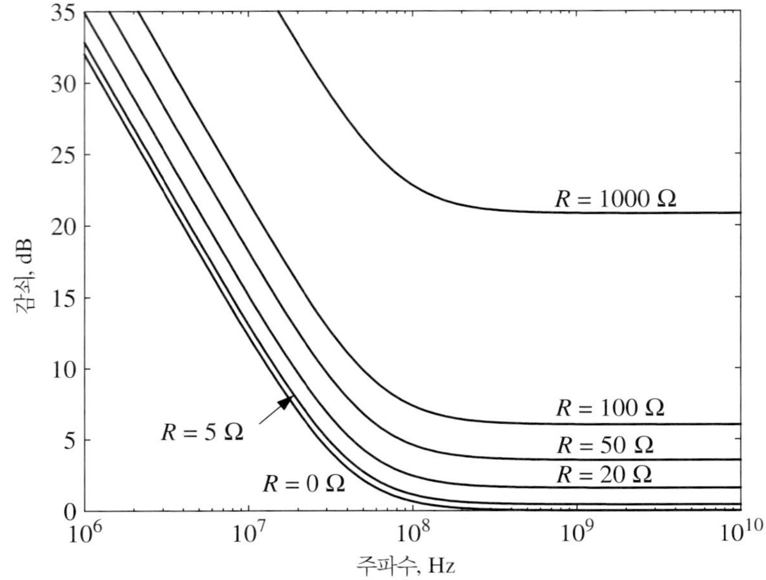

(a) 다양한 저항값에 따른 감쇠형태

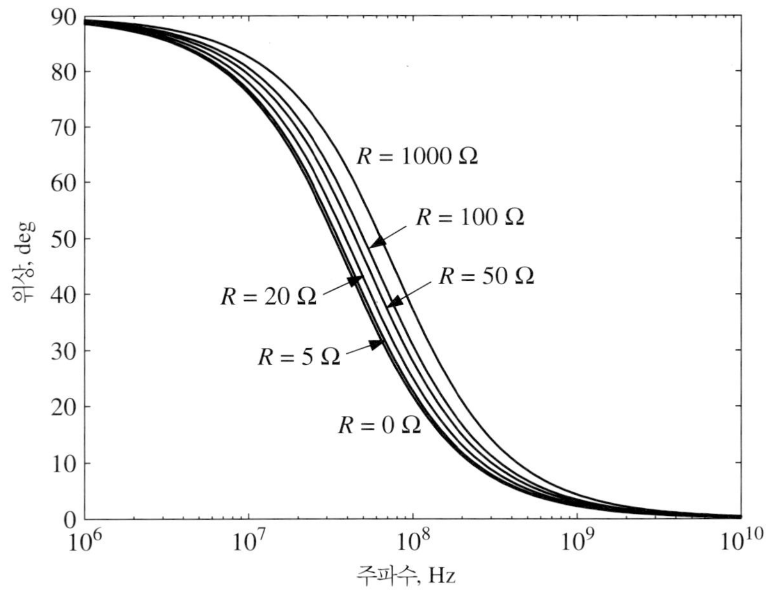

(b) 다양한 저항값에 따른 위상응답 특성

그림 5-9 • 다양한 부하 저항값에 따른 저역통과필터의 특성

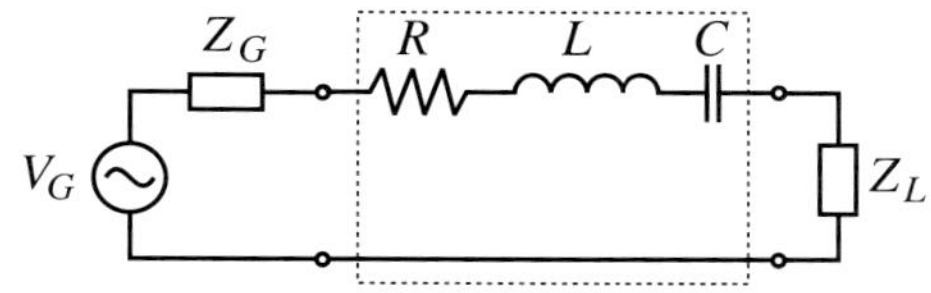

그림 5-10 • 직렬회로 형태의 대역통과필터의 구성

성은 신호원과 부하 임피던스를 포함하여 그림 5-10과 같다. 회로에 대하여 $ABCD$로 나타내면 다음과 같다.

$$\begin{bmatrix} A & B \\ C & D \end{bmatrix} = \begin{bmatrix} 1 & Z_G \\ 0 & 1 \end{bmatrix}\begin{bmatrix} 1 & Z \\ 0 & 1 \end{bmatrix}\begin{bmatrix} 1 & 0 \\ 1/Z_L & 1 \end{bmatrix} = \begin{bmatrix} 2 + \dfrac{Z}{Z_0} & Z_0 + Z \\ \dfrac{1}{Z_0} & 1 \end{bmatrix} \tag{5.16}$$

여기에서 $Z_G = Z_L = Z_0$이고, 임피던스 Z는 기존의 회로분석방법에 의하여 다음과 같다.

$$Z = R + j\left(\omega L - \frac{1}{\omega C}\right) \tag{5.17}$$

전달함수 $S_{21}(\omega) = 2V_2/V_G$는 다음과 같다.

$$S_{21}(\omega) = \frac{2}{A} = \frac{2Z_0}{2Z_0 + R + j[\omega L - 1/(\omega C)]} \tag{5.18}$$

전달함수의 구성과 감쇠의 형상은 다음 예제에서 논의하기로 한다.

RF&MW

예제 5-1 • 대역통과필터 특성

$Z_L = Z_G = Z_0 = 50\ \Omega$인 대역통과필터에 $R = 20\ \Omega$, $L = 5$ nH, $C = 2$ pF의 소자를 선택하였다. 공진주파수를 구하고 전달함수를 주파수 함수에 대하여 위상 및 감쇄 형상을 dB로 나타내어라.

풀이:

이 문제를 풀기 위하여 식 (5.18)에 나타난 것처럼 대역통과필터의 전달

함수의 정의식을 이용한다. dB로 나타나는 필터의 감쇄 형상은 IL = $-20 \log|S_{21}(\omega)|$으로 계산된다. 필터의 감쇠와 위상의 형상은 그림 5-11과 같다. 그래프에서 필터의 공진주파수 f_0는 대략 1.5 GHz이며, 정확히 계산하면 $f_0 = 1/(2\pi\sqrt{LC}) = 1.59$ GHz이다.

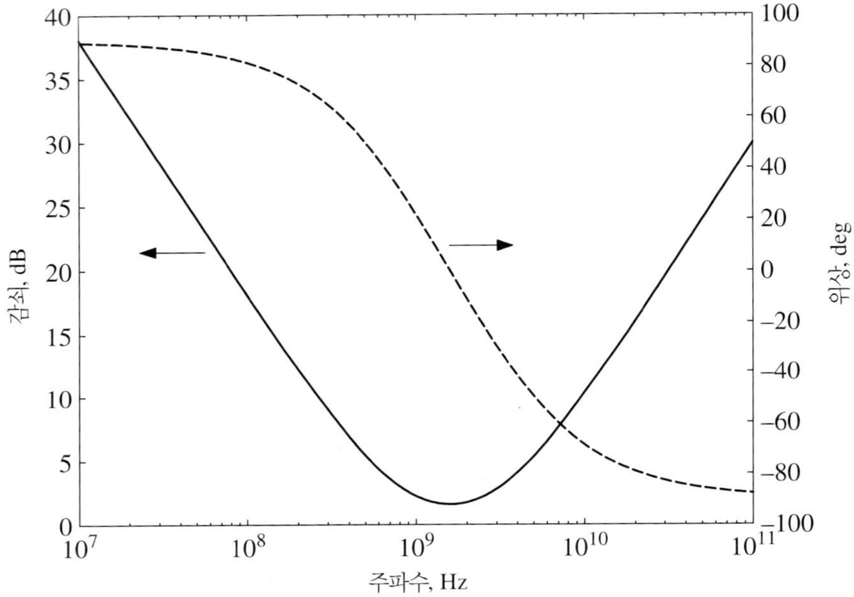

그림 5-11 • 대역통과필터 특성

기대한 바와 같이 대역통과필터의 공진점에서 감쇠는 최소가 된다. 그러나 저지대역에서 통과대역으로 전환될 때 점차적으로 증가된다.

협대역과 광대역 필터 특성

대역통과 필터 또는 대역저지 필터에서 대역폭이 중심주파수의 10% 미만이면 협대역 필터라고 한다. 광대역 필터는 대역폭이 중심주파수의 40% 이상인 경우를 말한다.

대역저지 필터는 만약 그림 5-12에서와 같이 직렬회로를 병렬회로로 대신한다면 구현이 가능하다. 식 (5.16)에서 Z가 $1/Y$로 대치되며, 전달함수는 다음과 같다.

$$S_{21}(\omega) = \frac{2Z_0}{2Z_0 + 1/Y} \tag{5.19}$$

여기에서 어드미턴스는

$$Y = G + j\left(\omega C - \frac{1}{\omega L}\right) \tag{5.20}$$

이다. 위 식을 식 (5.19)에 대입하면 전달함수는 다음과 같다.

$$S_{21}(\omega) = \frac{2Z_0[G + j(\omega C - 1/(\omega L))]}{2Z_0[G + j(\omega C - 1/(\omega L))] + 1} \tag{5.21}$$

예제 5-1에서의 소자 값에 따른 전달함수의 진폭크기와 위상은 그림 5-12와 같다.

2차수 에너지 축적시스템 또는 LC-기반회로의 작용으로 제5.1.1절에서 도입한 양호도 Q로 3 dB 통과대역 또는 저지대역의 대역폭을 규정할 수 있다.

$$\text{BW} = \frac{f_0}{Q} \tag{5.22}$$

여기에서 f_0는 공진주파수이다. 양호도 Q는 **분산도(dissipation factor)** d와 역수관계이며 직렬회로인지 병렬회로인지에 따라 달라진다. 표 5-1은 직렬과 병렬공진회로에 대하여 적절한 정의를 요약하였다.

양호도 Q는 특정한 공진회로형태에 따라 발생되는 손실을 알 수 있는 중요한 파라

표 5-1 • 직렬 및 병렬공진기

파라미터	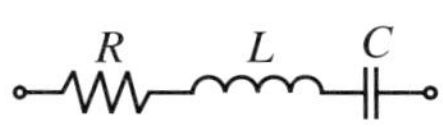	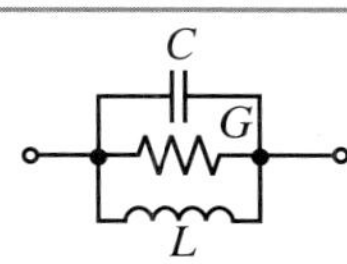
임피던스 또는 어드미턴스	$Z = R + j\omega L + \frac{1}{j\omega C}$	$Y = G + j\omega C + \frac{1}{j\omega L}$
공진주파수	$\omega_0 = \frac{1}{\sqrt{LC}}$	$\omega_0 = \frac{1}{\sqrt{LC}}$
분산도	$d = \frac{R}{\omega_0 L} = R\omega_0 C$	$d = \frac{G}{\omega_0 C} = G\omega_0 L$
양호도	$Q = \frac{\omega_0 C}{G} = \frac{1}{G\omega_0 L}$	$Q = \frac{\omega_0 C}{G} = \frac{1}{G\omega_0 L}$
대역폭	$\text{BW} = \frac{f_0}{Q} = \frac{1}{2\pi}\frac{R}{L}$	$\text{BW} = \frac{f_0}{Q} = \frac{1}{2\pi}\frac{G}{C}$

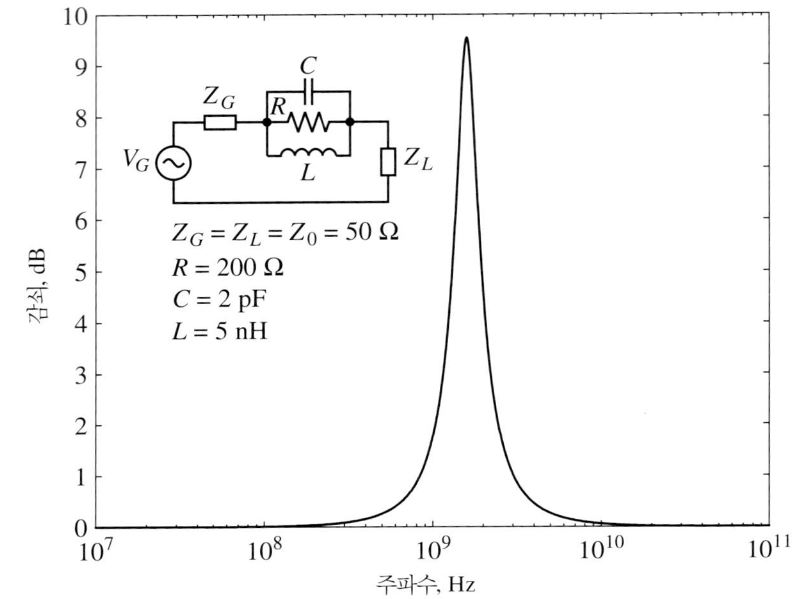

(a) 전달함수의 크기

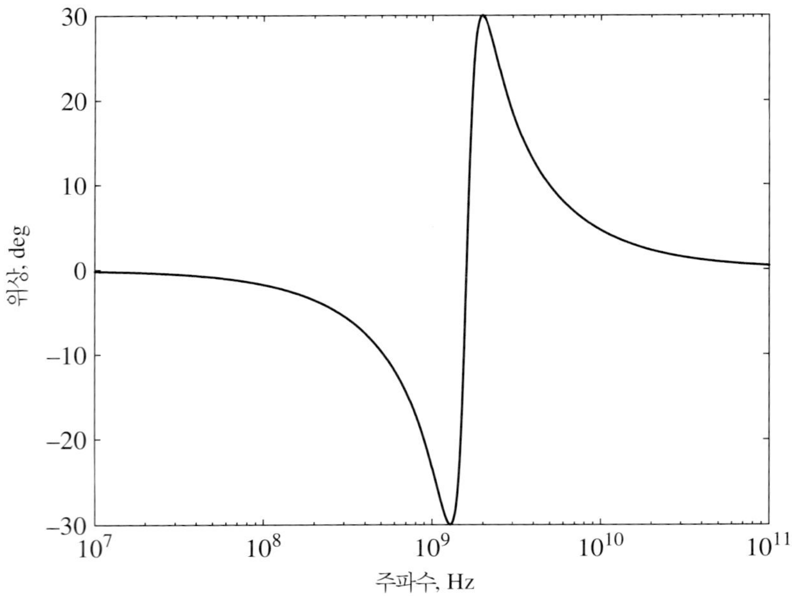

(b) 전달함수의 위상

그림 5-12 • 대역통과필터의 특성

미터이다. 표 5-1에서 보여준 회로는 무부하필터(외부 부하 연결이 없는 필터)를 나타내었다.

부하가 연결된 상태에서는 공진기에 연결된 신호원과 부하 임피던스의 복잡함에 직면하게 된다. 그림 5-10을 참고하여 어떻게 서로 다른 세 개의 양호도가 나타나는지 구체적으로 알아보자. 신호저항 R_G와 부하저항 R_L이 연결된 직렬공진, 즉 대역통과필터를 분석하는 것을 목적으로 한다. 일반적인 손실 없이, 그림 5-13에서 보여준 것과 같이 두 개의 저항을 연결할 수 있다.

그림 5-13에서, $R_E = R_G + R_L$이며 V_G는 테브닌 등가신호원(Thévenin equivalent source)이다. 손실은 외부저항 R_E에 의한 손실과 내부저항 R에 의한 손실 및 두 저항의 합에 의한 손실로 구분할 수 있다.

외부 양호도($R_E \neq 0, R = 0$)

$$Q_E = \frac{\omega_0 L}{R_E} = \frac{1}{R_E \omega_0 C} \tag{5.23}$$

내부 또는 필터 양호도($R_E = 0, R \neq 0$)

$$Q_F = \frac{\omega_0 L}{R} = \frac{1}{R \omega_0 C} \tag{5.24}$$

부하 양호도($R_E \neq 0, R \neq 0$)

$$Q_{\text{LD}} = \frac{\omega_0 L}{R + R_E} = \frac{1}{(R + R_E)\omega_0 C} \tag{5.25}$$

만약 R과 R_E를 G와 G_E로 대신한다면 병렬단락공진회로에 대하여 동일한 표현식을 유도할 수 있다. 공진점에서 편이된 정규화 주파수를 도입하자.

$$\varepsilon = \frac{\omega}{\omega_0} - \frac{\omega_0}{\omega} \tag{5.26}$$

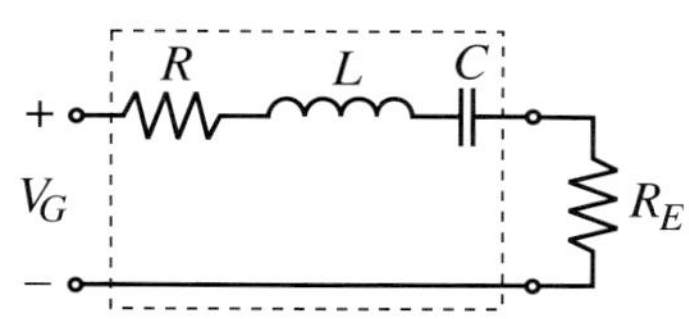

그림 5-13 • 부하 및 무부하 양호도 정의를 위한 회로

이 식을 전개하면

$$\varepsilon = \frac{f_0 + f - f_0}{f_0} - \frac{f_0}{f_0 + f - f_0} = \left(1 + \frac{\Delta f}{f_0}\right) - \left(1 + \frac{\Delta f}{f_0}\right)^{-1} \approx 2\frac{\Delta f}{f_0} \tag{5.27}$$

이며, 여기서 $\Delta f = f_0 - f$이다. 식 (5.24)에서 양호도의 미소변화분에 대한 식을 구하면 다음과 같다.

$$\Delta Q_{\mathrm{LD}} = Q_{\mathrm{LD}}\varepsilon \approx 2\frac{\Delta f}{f_0}Q_{\mathrm{LD}} \tag{5.28}$$

식 (5.28)을 Q_{LD}에 대하여 풀고 $X = \omega L - 1/(\omega C)$을 이용하면 직렬회로에서

$$Q_{\mathrm{LD}} = \frac{\Delta Q_{\mathrm{LD}}}{\varepsilon} = \frac{f_0}{2(R_E + R)}\frac{dX}{df}\bigg|_{f=f_0} \tag{5.29a}$$

가 된다. 한편 병렬회로의 경우 $B = \omega C - 1/(\omega L)$이므로

$$Q_{\mathrm{LD}} = \frac{\Delta Q_{\mathrm{LD}}}{\varepsilon} = \frac{f_0}{2(G_E + G)}\frac{dB}{df}\bigg|_{f=f_0} \tag{5.29b}$$

가 되며 식 (5.29a)와 식 (5.29b)는 복소 임피던스(어드미턴스)에 대한 부하 양호도를 다음 식과 같이 계산할 수 있음을 보여 준다.

$$Q_{\mathrm{LD}} = \frac{\Delta Q_{\mathrm{LD}}}{\varepsilon} = \frac{f_0}{2\mathrm{Re}(Z)}\frac{d\mathrm{Im}(Z)}{df}\bigg|_{f=f_0} \tag{5.30}$$

또는

$$Q_{\mathrm{LD}} = \frac{\Delta Q_{\mathrm{LD}}}{\varepsilon} = \frac{f_0}{2\mathrm{Re}(Y)}\frac{d\mathrm{Im}(Y)}{df}\bigg|_{f=f_0} \tag{5.31}$$

여기에서 Re(Z), Im(Z), Re(Y) 및 Im(Y)는 공진회로의 총 임피던스와 어드미턴스의 실수부분과 허수부분이다.

5.1.5 삽입손실

앞 절에서 도입된 양호도 식은 RF 회로 설계에서 매우 유용하게 이용된다. 필터의 Q값의 측정이 실제 필터의 임피던스 또는 어드미턴스의 측정보다 쉽기 때문이다. 그러므

로 대역통과와 대역저지필터의 임피던스와 어드미턴스의 값을 양호도 Q값으로 다시 표현하는 것이 더욱 효과적이다. 예로 직렬공진회로의 임피던스를 다시 표현하면

$$Z = R + j\left(\omega L - \frac{1}{\omega C}\right) = (R_E + R)\left[\frac{R}{R_E + R} + j\left(\frac{\omega L}{R_E + R} - \frac{1}{\omega C(R_E + R)}\right)\right] \tag{5.32}$$

위 식을 정리하면 다음과 같다.

$$Z = (R_E + R)\left[\frac{Q_{\mathrm{LD}}}{Q_F} + jQ_{\mathrm{LD}}\varepsilon\right] \tag{5.33}$$

직렬공진회로에 대하여 서술한 방법과 동일하게 병렬공진기의 어드미턴스 Y를 유도하면 다음과 같이 된다.

$$Y = (G_E + G)\left[\frac{Q_{\mathrm{LD}}}{Q_F} + jQ_{\mathrm{LD}}\varepsilon\right] \tag{5.34}$$

우리의 관심 사항을 바꾸어 특성 임피던스가 Z_0인 전송 선로 시스템이 그림 5-14(a)와 같이 부하단과 신호원 측에 정합($Z_L = Z_G = Z_0$)되어 있다고 하자.

그림 5-14(a)에서 부하에 전달된 전력 P_L은 신호원 전력 P_{in}으로부터의 총 가용전력이다.

$$P_L = P_{\mathrm{in}} = |V_G|^2/(8Z_0) \tag{5.35}$$

필터가 그림 5-14(b)와 같이 삽입되면, 부하에 전달된 전력은

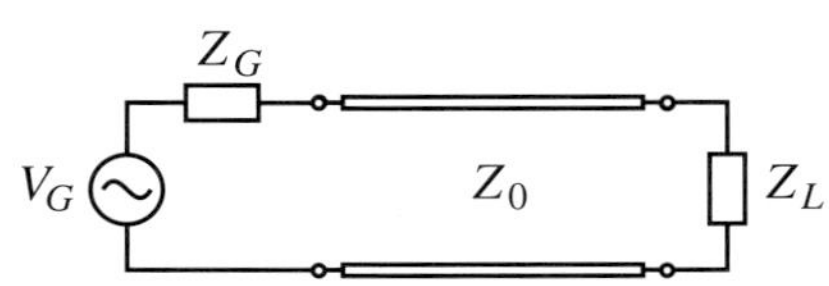

(a) 정합된 전송 선로 시스템

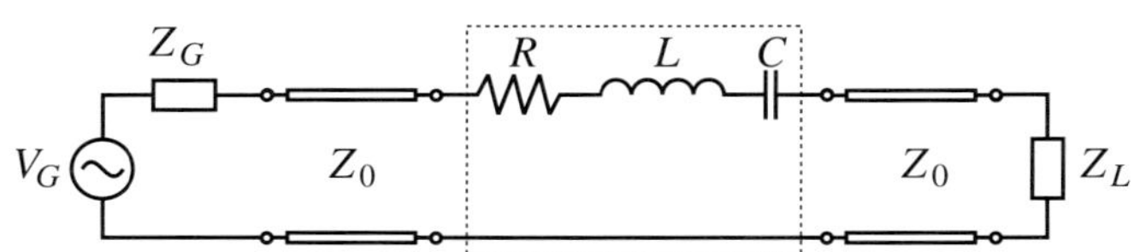

(b) 대역통과필터의 삽입

그림 5-14 • 삽입손실의 고려사항

$$P_L = \frac{1}{2}\left|\frac{V_G}{2Z_0 + Z}\right|^2 Z_0 = \frac{\left|V_G\right|^2/(8Z_0)}{\frac{1}{4Z_0^2}\left|2Z_0 + (2Z_0 + R)\left[\frac{Q_{\text{LD}}}{Q_F} + j\varepsilon Q_{\text{LD}}\right]\right|^2} \tag{5.36}$$

이며 대수적으로 정리하고 식 (5.6)을 이용하면 다음과 같다.

$$P_L = P_{\text{in}}\frac{1}{(1 + \varepsilon^2 Q_{\text{LD}}^2)Q_E^2/Q_{\text{LD}}^2} \tag{5.37}$$

정합된 회로에 필터를 넣어서 나타나는 삽입손실(dB)은 다음 식과 같이 계산된다.

$$\text{IL [dB]} = 10\ \log\left(\frac{1 + \varepsilon^2 Q_{\text{LD}}^2}{Q_{\text{LD}}^2/Q_E^2}\right) = 10\ \log(1 + \varepsilon^2 Q_{\text{LD}}^2) - 10\ \log(1 - Q_{\text{LD}}/Q_F)^2 \tag{5.38}$$

공진 시에는 $\varepsilon = 0$으로 위 식에서 첫 번째 항은 없어지며, 두 번째 항은 공진기 손실에 관련된 양이다. 그러나 필터가 공진을 벗어나면 첫 번째 항은 감도를 정량화한다. 부하에 전달된 전력의 주파수가 공진주파수 전력의 절반이거나 –3 dB라면 $1 + \varepsilon^2 Q_{\text{LD}}{}^2 = 2$임을 알 수 있으며, 식 (5.27)의 관계를 고려하면 다음 식과 같다.

$$\text{BW}_{3\,\text{dB}} = 2\Delta f = \varepsilon f_0 = f_0/Q_{\text{LD}} \tag{5.39}$$

제2.11절 내용에 의하여 무손실필터에 대해 식 (5.38)은 입력반사계수에 관계되어 다음과 같다.

$$1 - \left|\Gamma_{\text{in}}\right|^2 = 1 - \left|\frac{Z_{\text{in}} - Z_G}{Z_{\text{in}} + Z_G}\right|^2 = \frac{1}{1 + \varepsilon^2 Q_{\text{LD}}^2} = \frac{1}{\text{LF}} \tag{5.40}$$

여기에서 LF는 **손실계수(loss factor)**이다. 이 손실계수는 원하는 필터의 감쇄형상을 개발하고자 할 때 중심적인 역할을 한다.

예제 5-2 • 필터의 다양한 양호도 Q값 계산

그림 5-14(b)의 필터 형태에서 파라미터는 $Z_0 = 50\ \Omega$, $Z_G = Z_L = Z_0$, $R = 10\ \Omega$, $L = 50$ nH, $C = 0.47$ pF이며 신호원 전압은 $V_G = 5$ V이다. 부하와

무부하 필터의 양호도 Q값과 외부 양호도를 구하라. 신호원에서 발생한 전력을 구하고, 공진 시 부하에 흡수된 전력을 구하라. 공진주파수의 ±20% 범위에서 삽입손실을 나타내어라.

풀이:

문제의 해를 구하는 첫 번째 단계는 필터의 공진주파수를 구하는 것이다.

$$f_0 = \frac{1}{2\pi\sqrt{LC}} = 1.038 \text{ GHz}$$

이 값을 알고 있으므로 필터의 여러 가지 양호도를 계산할 수 있다.

외부 양호도: $Q_E = \dfrac{\omega_0 L}{2Z_0} = 3.26$

내부 또는 필터 양호도: $Q_F = \dfrac{\omega_0 L}{R} = 32.62$

부하 양호도: $Q_{\text{LD}} = \dfrac{\omega_0 L}{R + 2Z_0} = 2.97$

입력전력, 즉 신호원으로부터 최대 가용전력을 구하기 위하여 식 (5.35)를 이용하면

$$P_{\text{in}} = |V_G|^2/(8Z_0) = 62.5 \text{ mW}$$

이며 필터의 내부저항($R = 10\ \Omega$)에 의하여 신호는 공진주파수에서도 어느 정도의 감쇠를 가지므로 부하에 전달된 전력은 가용전력보다 작게 나타난다.

$$P_L = P_{\text{in}} \frac{1}{(1 + \varepsilon^2 Q_{\text{LD}}^2) Q_E^2 / Q_{\text{LD}}^2} \bigg|_{f = f_0} = P_{\text{in}} \frac{1}{Q_E^2 / Q_{\text{LD}}^2}$$

$$= 51.7 \text{ mW}$$

마지막으로 부하 양호도와 외부 양호도를 식 (5.38)에 대입하면 공진주파수(f_0)의 ±20% 범위에서 필터의 삽입손실을 구할 수 있으며 그림 5-15에서와 같이 주파수 대 삽입손실의 관계를 나타낼 수 있다. 그래프에서 알 수 있듯이 필터의 3 dB 대역폭은 약 350 MHz이며 이미 앞에서 구한 공식으로 계산한 값(즉 $\text{BW}_{3\text{ dB}} = f_0/Q_{\text{LD}} = 350.07$ MHz)과 일치한다.

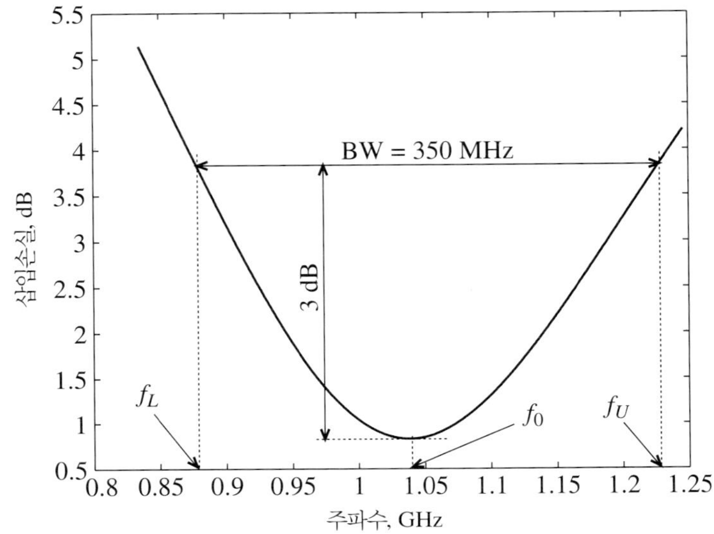

그림 5-15 • 삽입손실 대 주파수

실제적으로 확실하게 관찰할 수는 없지만, 예제에서 필터의 부하 양호도는 외부 양호도 및 내부 양호도보다 작음을 알 수 있다.

5.2 특정 필터의 구현

저역통과필터, 고역통과필터 및 대역통과/대역저지필터와 같은 특정한 필터의 해석적 합성법은 일반적으로 복잡해진다. 여기에서는 간단하게 두 개의 필터, 최대평탄 **버터워스(Butterworth)** 필터와 동일리플 **체비셰브** 필터 구현을 도입하고자 한다. 두 가지 형태의 필터는 주파수 변환을 통하여 원하는 필터 형태로 구현하기 위하여 거치는 주파수 스케일링 전에 우선적으로 정규화 저역통과형태로 해석된다.

5.2.1 버터워스 형 필터

이 형태의 필터는 필터의 감쇄형상에서 리플이 없기 때문에 최대평탄필터로 알려져 있다. 저역통과필터에서 삽입손실은 다음 식과 같이 손실계수를 통하여 결정된다.

$$\text{IL [dB]} = -10\log(1-|\Gamma_{\text{in}}|^2) = 10\log(\text{LF}) = 10\log(1+a^2\Omega^{2N}) \tag{5.41}$$

여기에서 Ω는 제5.1.1절에서 소개한 정규화 주파수이며 N은 필터의 차수를 나타낸다. 보통 $a = 1$을 선택하여 $\Omega = \omega/\omega_c = 1$이 되며 삽입손실은 IL = 10log(2)로서 차단주파수에서 3 dB점을 나타낸다. 그림 5-16에서 N에 따른 여러 개의 삽입손실을 나타내었다.

그림 5-17에서는 실현가능한 정규화 저역통과필터의 두 개의 형태를 보여주고 있다. 여기에서 $R_G = 1$로 하였다. 그림 5-17에서 회로의 각 소자는 신호원 측에서 g_0로 시작하여 부하 점에서 g_{N+1}로 번호화되었다. 회로에서 소자는 직렬 인덕턴스와 단락 커패시턴스를 교번하여 나타나고 있으며 이에 상응되는 g값은 다음과 같다.

$$g_0 = \begin{cases} \text{그림 5-17(a) 회로에서 내부 전원저항} \\ \text{그림 5-17(b)에서 내부 전원 콘덕턴스} \end{cases}$$

$$g_m = \begin{Bmatrix} \text{직렬 인덕터의 인덕턴스} \\ \text{단락 커패시터의 커패시턴스} \\ (m = 1, 2, 3. . . , N) \end{Bmatrix}$$

$$g_{N+1} = \begin{cases} \text{최종소자가 단락 커패시터이면 부하저항} \\ \text{최종소자가 직렬 인덕터이면 부하 콘덕턴스} \end{cases}$$

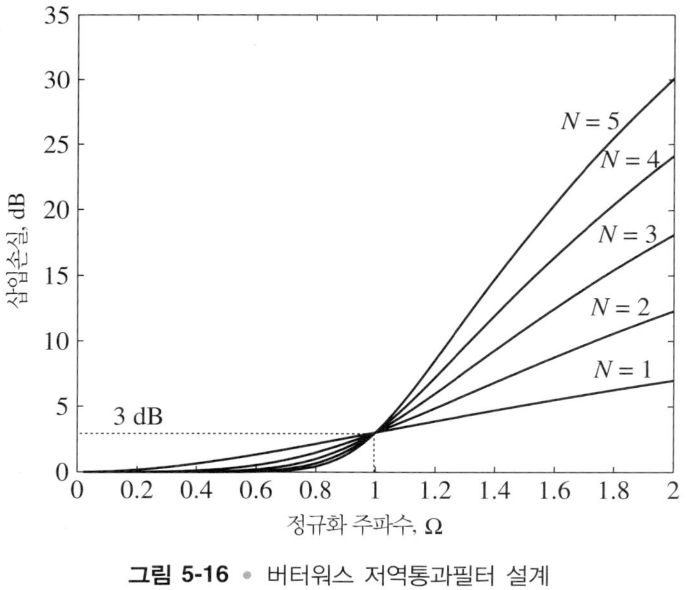

그림 5-16 ● 버터워스 저역통과필터 설계

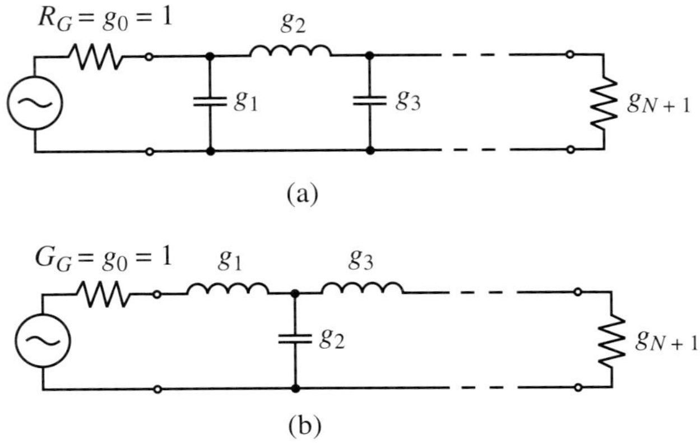

그림 5-17 • 정규화 다단 저역통과필터의 실현가능한 두 가지 형태

g에 대한 수치는 도표화되어 있으며 참고서적(Pozar 및 Rizzi)에서도 알 수 있다. N이 10까지에 대하여 표 5-2에서 $g_0 = 1$, 차단주파수 $\omega_c = 1$을 기본으로 최대균일 저역통과 필터에 대한 각각의 g값을 요약하여 나타냈다.

그림 5-18에서는 N차수에 따라 주파수에 대한 감쇄특성을 나타내었다. 이때 $\Omega = 1$은 3 dB 차단주파수점이다. 그림 5-18의 감쇄곡선은 필터의 설계에서 필요한 차수 N을 결정하는 데 매우 유용하다. 예를 들면, 최대평탄 저역필터를 설계하는데 $\Omega = 2$에서 적어도 60 dB의 감쇠가 나타나도록 설계한다면 $N = 10$의 차수가 필요함을 알 수 있다.

그림 5-18은 차단점 이후에서 감쇄곡선이 매우 가파르게 증가됨을 보여 주고 있다. $\Omega >> 1$ 또는 $\omega >> \omega_c$에서 손실인수는 Ω^{2N}으로 증가함을 알아야 한다. 이것은 $20N$ dB의 비율이 된다. 그러나 그런 필터의 위상특성에 대하여는 전혀 언급이 없다. 요즘 많은 무선통신시스템의 응용에서 급격한 진폭의 천이나 감쇄특성보다는 선형위상 특성이 더 중요하게 다루어진다. 불행히도 **선형위상** 특성과 급격한 진폭변화 특성은 서로 상충되는 조건이다. 선형위상이 요구된다면 식 (5.41)에서와 유사하게 위상함수의 특성을 다음과 같이 나타낸다.

균일한 군지연
여러 개의 다른 주파수 성분의 신호가 필터를 통과할 때 동일한 시간 지연을 갖는 다면, 이것은 필터의 이상적인 특성이다. 이렇게 되면 펄스가 필터를 통과해도 분산이 일어나지 않는다.

$$\phi(\Omega) = -A_1\Omega(1 + A_2\Omega^{2N}) \tag{5.42}$$

여기에서 A_1과 A_2는 임의의 상수이다. 관련된 군지연(group delay) t_g는 다음과 같다.

$$t_g = -\frac{d\phi(\Omega)}{d\Omega} = A_1[1 + A_2(2N + 1)\Omega^{2N}] \tag{5.43}$$

표 5-2 ● 최대 평탄 저역필터의 계수(N =1에서 10)

N	g_1	g_2	g_3	g_4	g_5	g_6	g_7	g_8	g_9	g_{10}	g_{11}
1	2.0000	1.0000									
2	1.4142	1.4142	1.0000								
3	1.0000	2.0000	1.0000	1.0000							
4	0.7654	1.8478	1.8478	0.7654	1.0000						
5	0.6180	1.6180	2.0000	1.6180	0.6180	1.0000					
6	0.5176	1.4142	1.9318	1.9318	1.4142	0.5176	1.0000				
7	0.4450	1.2470	1.8019	2.0000	1.8019	1.2470	0.4450	1.0000			
8	0.3902	1.1111	1.6629	1.9615	1.9615	1.6629	1.1111	0.3902	1.0000		
9	0.3473	1.0000	1.5321	1.8794	2.0000	1.8794	1.5321	1.0000	0.3473	1.0000	
10	0.3129	0.9080	1.4142	1.7820	1.9754	1.9754	1.7820	1.4142	0.9080	0.3129	1.0000

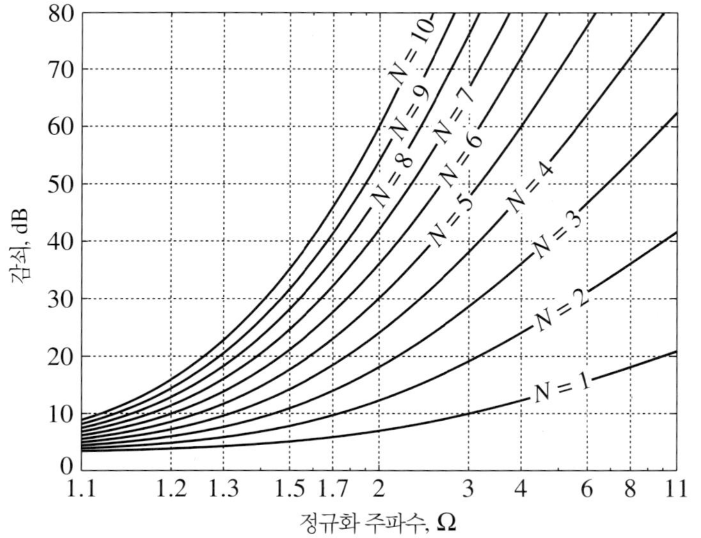

그림 5-18 ● 정규화 주파수에 대한 최대평탄 저역통과필터의 감쇄특성

표 5-3에서 $t_g = 1$인 선형위상특성에 대한 열 개의 계수를 나타내었다.

급격한 필터의 변화와 선형위상은 상대적인 요구사항이므로 형상지수가 감소됨을

표 5-3 ● 선형위상저역통과필터의 계수(N = 1에서 10)

N	g_1	g_2	g_3	g_4	g_5	g_6	g_7	g_8	g_9	g_{10}	g_{11}
1	2.0000	1.0000									
2	1.5774	0.4226	1.0000								
3	1.2550	0.5528	0.1922	1.0000							
4	1.0598	0.5116	0.3181	0.1104	1.0000						
5	0.9303	0.4577	0.3312	0.2090	0.0718	1.0000					
6	0.8377	0.4116	0.3158	0.2364	0.1480	0.0505	1.0000				
7	0.7677	0.3744	0.2944	0.2378	0.1778	0.1104	0.0375	1.0000			
8	0.7125	0.3446	0.2735	0.2297	0.1867	0.1387	0.0855	0.0289	1.0000		
9	0.6678	0.3203	0.2547	0.2184	0.1859	0.1506	0.1111	0.0682	0.0230	1.0000	
10	0.6305	0.3002	0.2384	0.2066	0.1808	0.1539	0.1240	0.0911	0.0557	0.0187	1.0000

예측해야만 한다. 표 5-2의 표준설계에 비교하여 어떻게 표 5-3에 의하여 선형위상을 설계하느냐는 문제에 관해 예제 5-3에서 $N = 3$인 경우를 예로 논의하였다.

5.2.2 체비셰브형 필터 설계

동일 리플 필터의 설계는 다음 식과 같이 **체비셰브 다항식(Chebyshev polynomials)** $T_N(\Omega)$으로 표현하는 삽입손실함수에 따른다.

$$\text{IL [dB]} = 10\log(\text{LF}) = 10\log(1 + a^2 T_N^2(\Omega)) \tag{5.44}$$

여기에서

$$T_N(\Omega) = \cos(N[\cos^{-1}(\Omega)]),\ \text{for } |\Omega| \le 1$$

$$T_N(\Omega) = \cosh(N[\cosh^{-1}(\Omega)]),\ \text{for } |\Omega| \ge 1$$

이다. $-1 < \Omega < 1$의 정규화 주파수 범위에서 체비셰브 다항식의 동작을 이해하기 위하여 초기 다섯 항의 값을 다음과 같이 나타내었다.

$$T_0 = 1,\ T_1 = \Omega,\ T_2 = -1 + 2\Omega^2,\ T_3 = -3\Omega + 4\Omega^3,\ T_4 = 1 - 8\Omega^2 + 8\Omega^4$$

처음 두 개 항의 함수 특성은 일정하며 선형함수이다. 나머지 세 개의 함수는 2차함수, 3차 함수 및 4차 함수로 그림 5-19와 같다.

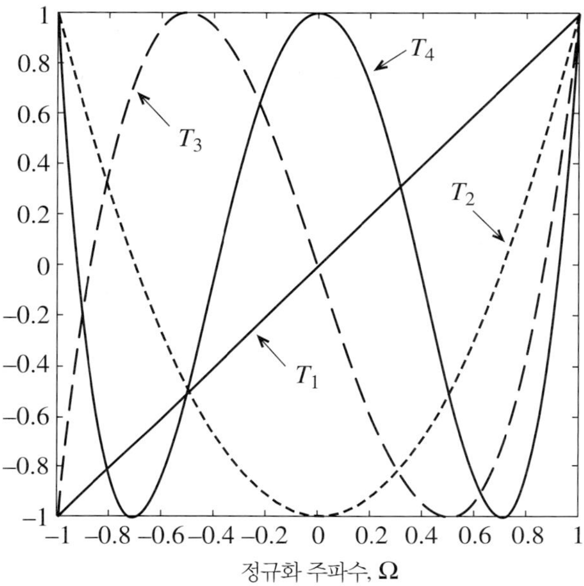

그림 5-19 • 정규화 주파수 범위 $-1 < \Omega < 1$에서 체비셰브 다항식 $T_1(\Omega) \sim T_4(\Omega)$

모든 다항식은 a ±1 범위에서 균일 진동하고 있음을 볼 수 있다, 특히 동일 리플 설계가 가능한 사실을 알 수 있다, 전달함수 $|H(\Omega)|$는 체비셰브 다항식으로부터 다음과 같이 구할 수 있다.

$$|H(\Omega)| = \sqrt{H(\Omega)H(\Omega)^*} = \frac{1}{\sqrt{1 + a^2 T_N^2(\Omega)}} \tag{5.45}$$

여기에서 $T_N(\Omega)$은 N차 체비셰브 다항식이며 a는 상수로서 통과대역 리플의 크기를 다루는 파라미터이다. 만약 $a = 1$을 선택한다면 이때 $\Omega = 1$이며 다음과 같이 된다.

$$|H(0)| = \frac{1}{\sqrt{2}} = 0.707$$

이 값은 통과대역 리플(동일)에서 3 dB 균일 리플을 의미한다. 체비셰브 필터 설계의 일반적인 이론으로 전개시킬 수는 없으므로 완전하게 이해하기 위하여 고전적인 참고도서(Matthaei 외)를 참고하는 것이 바람직하다.

그림 5-20에서는 계수 $a = 1$인 체비셰브 필터에 대하여 손실계수와 삽입손실을 나타내었다. 여기에서 다시 한 번 공진주파수($\Omega = 1$)에서 3 dB 감쇄특성을 나타내었다.

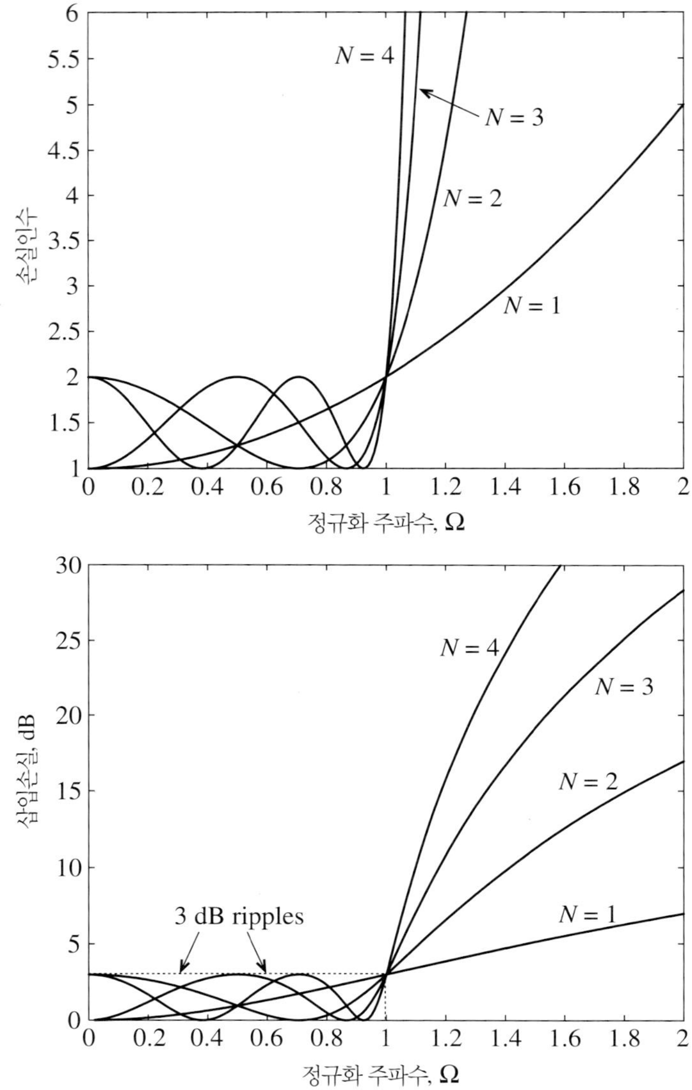

그림 5-20 • 체비셰브 저역통과필터의 주파수에 대한 손실계수와 삽입손실관계

이미 언급한 바와 같이 리플의 크기는 a값의 선택에 따라 그 크기를 조정할 수 있다. 체비셰브 다항식은 $-1 \le \Omega \le 1$의 범위에서 그 크기가 -1에서 $+1$까지 발진하므로 동일 주파수 범위에서 다항식의 제곱 값의 변화는 0에서 +1 사이이다. 그러므로 주파수 범

위 $-1 \le \Omega \le 1$에서 필터에 의하여 나타나는 최소감쇄는 0 dB이며 최대감쇄, 또는 리플의 동일한 크기는 IL [dB] = $10\log(1 + a^2)$이다. 원하는 리플의 크기를 RPL [dB]로 정의하면 이때 a는 다음과 같이 주어진다.

$$a = \sqrt{10^{(\text{RPL [dB]})/10} - 1}$$

예를 들면 0.5 dB의 리플을 얻기 위하여 $a = (10^{0.5/10} - 1)^{1/2} = 0.3493$이다. 3 dB 리플 감쇠를 나타내는 초기 10차 항에 대응되는 감쇄양상은 그림 5-21과 같으며 0.5 dB 리플에 대하여 그림 5-22와 같이 나타낼 수 있다.

그림 5-21과 그림 5-22를 비교하면 통과대역에서 리플이 크다는 단점은 저지대역까지 가파르게 전이된다는 이점이 되기도 한다. 예를 들면 $\Omega = 1.2$에서 3 dB 리플 체비셰브 필터설계의 제5차항은 20 dB의 감쇠를 나타내나 동일 차수와 동일조건의 0.5 dB 리플필터의 경우 동일 주파수점에서 12 dB이다. 이러한 경향은 주파수가 높아지고 차수가 달라져도 똑같이 나타난다. $\Omega = 5$인 제4차 0.5 dB 필터에서 감쇄는 65 dB이며 73 dB의 감쇠를 나타내는 3 dB의 경우와 비교된다. 그림 5-17의 원본형태의 필터설계를 참고하여 표 5-4에 상응되는 계수를 나타내었다.

앞에서 논의한 버터워스 필터와는 달리 체비셰브 필터는 가파른 통과대역/저지대역

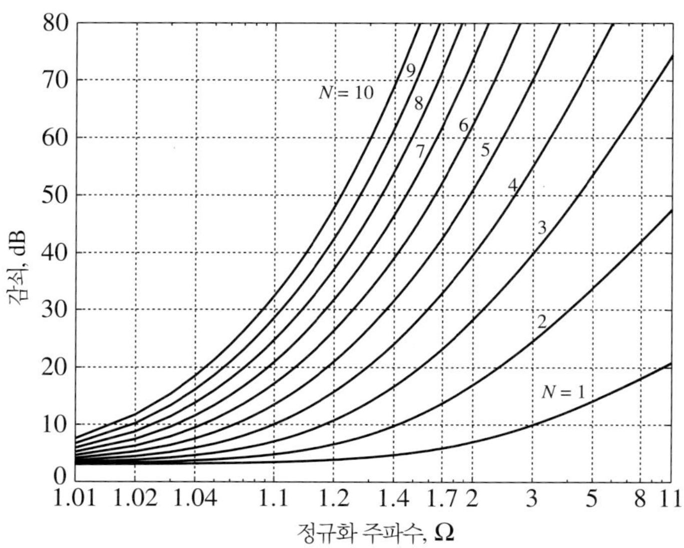

그림 5-21 • 3 dB 체비셰브 설계에서 감쇄동작 특성

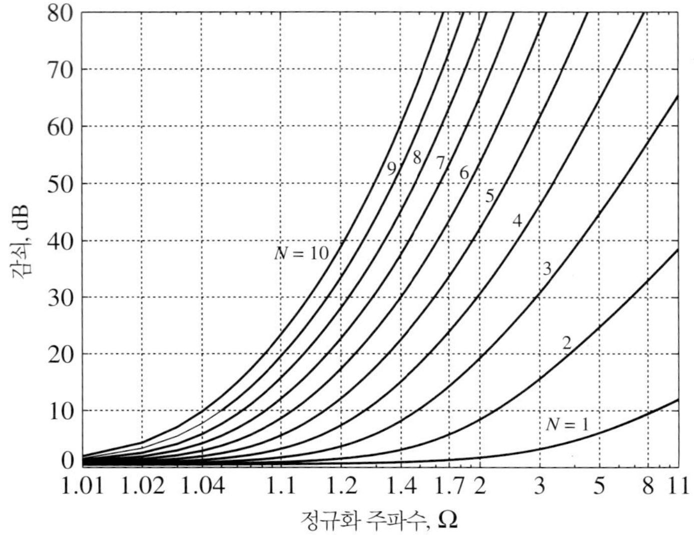

그림 5-22 • 0.5 dB 체비셰브 설계에 대한 감쇄특성

표 5-4(a) • 체비셰브 필터계수; 3 dB 필터 설계(N = 1에서 10까지)

N	g_1	g_2	g_3	g_4	g_5	g_6	g_7	g_8	g_9	g_{10}	g_{11}
1	1.9953	1.0000									
2	3.1013	0.5339	5.8095								
3	3.3487	0.7117	3.3487	1.0000							
4	3.4389	0.7483	4.3471	0.5920	5.8095						
5	3.4817	0.7618	4.5381	0.7618	3.4817	1.0000					
6	3.5045	0.7685	4.6061	0.7929	4.4641	0.6033	5.8095				
7	3.5182	0.7723	4.6386	0.8039	4.6386	0.7723	3.5182	1.0000			
8	3.5277	0.7745	4.6575	0.8089	4.6990	0.8018	4.4990	0.6073	5.8095		
9	3.5340	0.7760	4.6692	0.8118	4.7272	0.8118	4.6692	0.7760	3.5340	1.0000	
10	3.5384	0.7771	4.6768	0.8136	4.7425	0.8164	4.7260	0.8051	4.5142	0.6091	5.8095

전이를 나타내고 있다. 정규화주파수가 $\Omega >> 1$로 높으면, 체비셰브 다항식 $T_N(\Omega)$은 대략적으로 $(1/2)(2\Omega)^N$이 된다. 이와 같은 것은 버터워스 필터 설계에 비하여 거의 $(2^{2N})/4$ 만큼 감쇠가 개선되는 것을 의미한다.

표 5-4(b) • 체비셰브 필터계수; 0.5 dB 필터 설계(N = 1에서 10까지)

N	g_1	g_2	g_3	g_4	g_5	g_6	g_7	g_8	g_9	g_{10}	g_{11}
1	0.6986	1.0000									
2	1.4029	0.7071	1.9841								
3	1.5963	1.0967	1.5963	1.0000							
4	1.6703	1.1926	2.3661	0.8419	1.9841						
5	1.7058	1.2296	2.5408	1.2296	1.7058	1.0000					
6	1.7254	1.2479	2.6064	1.3137	2.4758	0.8696	1.9841				
7	1.7372	1.2583	2.6381	1.3444	2.6381	1.2583	1.7372	1.0000			
8	1.7451	1.2647	2.6564	1.3590	2.6964	1.3389	2.5093	0.8796	1.9841		
9	1.7504	1.2690	2.6678	1.3673	2.7939	1.3673	2.6678	1.2690	1.7504	1.0000	
10	1.7543	1.2721	2.6754	1.3725	2.7392	1.3806	2.7231	1.3485	2.5239	0.8842	1.9841

RF&MW

예제 5-3 • 버터워스 필터, 선형위상 버터워스 필터 및 체비셰브 필터 사이의 비교

제3차 저역통과필터를 (a) 표준 3dB 버터워스 필터 (b) 선형위상 버터워스 필터 (c) 3 dB 체비셰브 필터로 설계할 때 주파수에 대한 감쇄동작 특성을 비교하라.

풀이:

필터의 첫 번째 소자로 신호원과 직렬 연결되는 인덕터를 선택하면 제3차 필터 회로의 토폴로지는 다음과 같이 주어진다.

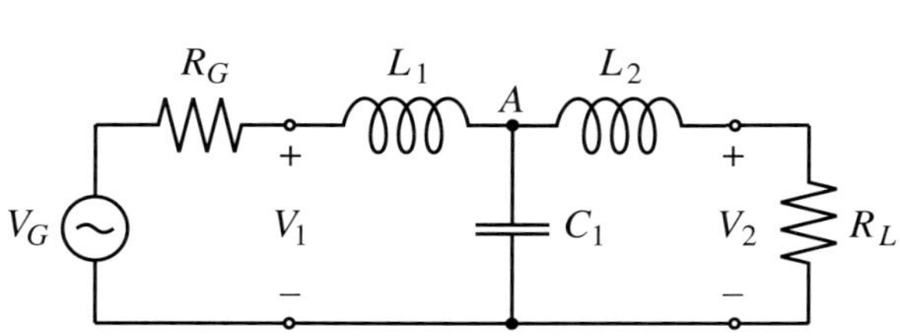

여기에서 인덕턴스와 커패시터는 표 5-2, 5-3 및 5-4에서 구했으며 다음과 같이 구체화된다.

- 표준 버터워스: $L_1 = L_2 = 1$ H, $C_1 = 2$ F
- 선형위상 버터워스: $L_1 = 1.255$ H, $C_1 = 0.5528$ F, $L_2 = 0.1922$ H
- 3 dB 체비셰브 필터: $L_1 = L_2 = 3.3487$ H, $C_1 = 0{,}7117$ F
- 신호원과 부하: $R_G = R_L = 1\ \Omega$

예제의 회로에서 DC 조건에서 인덕턴스는 단락회로(short circuit)로 작용하며 커패시터의 경우 개방회로와 같이 작용한다. 부하에 걸리는 양단전압은 신호원 임피던스와 부하 임피던스에 의하여 형성되는 전압분배에 의하여 신호원전압의 절반($V_2 = 0.5\ V_G$)이다. 주파수가 영(0)이 아니면 부하 양단전압은 전압분배 법칙을 두 번 적용하여 구한다. 우선, A 점에서의 전압은

$$V_A = \frac{Z_{C_1} \| (Z_{L_2} + R_L)}{Z_{C_1} \| (Z_{L_2} + R_L) + Z_{L_1} + R_G} V_G$$

이며 두 번째로 부하 양단전압은 V_A를 고려하여

$$V_2 = \frac{R_L}{R_L + Z_{L_2}} V_A$$

이다. DC 조건에서의 이득에 대한 AC 조건에서의 이득의 비를 구한다면 필터의 도입으로 나타나는 감쇠를 계산할 수 있다.

$$\alpha = 2\frac{R_L}{R_L + Z_{L_2}} \frac{Z_{C_1} \| (Z_{L_2} + R_L)}{Z_{C_1} \| (Z_{L_2} + R_L) + Z_{L_1} + R_G}$$

세 가지 형태의 필터에 대하여 감쇄계수를 dB로 나타낸 그래프가 그림 5-23이다. 기대했던 것처럼 체비셰브 필터는 감쇄형상에서 가장 가파른 슬로프를 나타내고 있으며 선형위상 필터는 주파수에 따라 가장 작은 슬로프를 나타내고 있다.

그러므로 통과대역에서 저지대역으로 가파른 전이가 필요하고 리플은 어느 정도 허용된다면 가장 적합한 필터의 선택은 체비셰브 필터의 구현이다. 차단주파수에서 체비셰브 필터의 감쇠는 통과대역에서의 리플 크기와 같음을 알 수 있다.

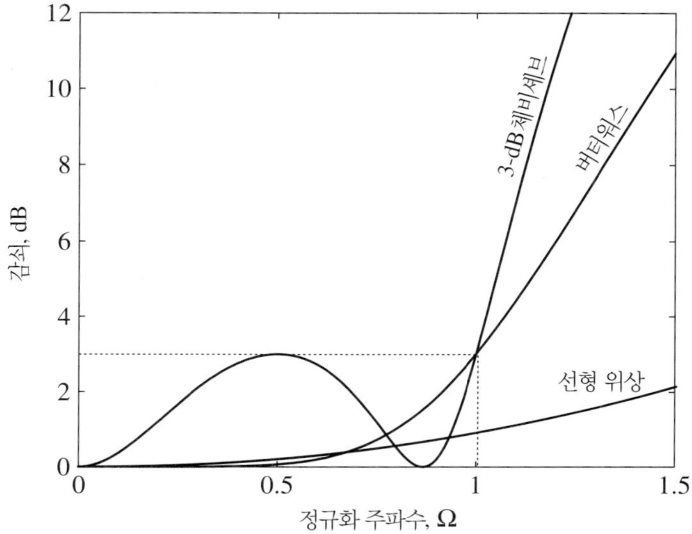

그림 5-23 • 버터워스 필터, 선형위상필터, 3 dB 체비셰브 3단 필터의 주파수 특성 비교

선형위상 버터워스 필터에서는 매우 완만한 전이가 일어남에도 불구하고 변조회로와 믹서회로에서 특별히 선호하는 필터는 선형위상필터이다.

5.2.3 표준 저역통과필터의 정상화 설계

설계한 필터를 실현시키기 위하여 이미 앞에서 설정한 정규화 과정을 풀어 실제 주파수와 임피던스의 조건으로 정상화시켜야 한다. 한편 표준설계된 저역통과필터를 가지고 응용목적에 맞게 고역통과필터, 대역통과필터 및 대역저지필터로 변환해야만 한다. 이러한 정상화 과정은 다음 두 가지 과정을 통하여 달성할 수 있다.

- **주파수 변환**으로 정규화 주파수 Ω를 실제주파수 ω로 바꾸는 과정으로 표준 인덕턴스와 커패시턴스의 스케일링을 의미한다.
- **임피던스 변환**은 표준 신호임피던스와 부하 임피던스 g_0및 g_{N+1}를 실제저항 R_G와 R_L로 변환시킨다.

주파수 변환을 면밀히 알아보고 다양한 필터 형태에 관련된 의미를 알아보자. 표기의 혼

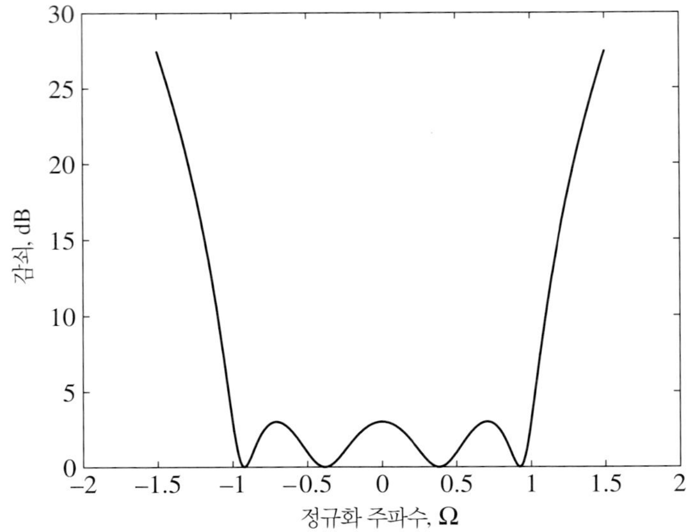

그림 5-24 • 통과대역에서 3 dB의 리플을 갖는 표준 제4차 저역통과 체비셰브 필터 특성

돈을 피하기 위하여 각 소자의 첨자를 없애기로 한다($L_n(n = 1, \ldots, N) \to L$및 $C_n(n = 1, \ldots, N) \to C$). 변환규칙은 모든 소자에 동일하게 적용할 수 있음을 알 수 있다.

주파수 변환과정

통과대역에서 3 dB의 리플을 갖는 표준 제4차 저역통과 체비셰브 필터특성을 그림 5-24에 나타내었다. 여기에서 음의 주파수는 주파수 영역에서 대칭관계를 명확하게 보이기 위하여 이용한 것이다. 이에 대하여 적절하게 주파수 스케일링과 주파수 이동을 하면 그림 5-25, 5-26, 5-28 및 5-29에서와 같이 네 가지 형태의 필터로 나타낼 수 있다. 자세히 알아보기로 하자.

저역통과필터에 대해서는 간단하게 차단 각주파수 ω_c를 곱함으로써 원하는 스케일링을 할 수 있다(그림 5-25 참조).

$$\omega = \Omega\omega_c \tag{5.46}$$

스케일링을 위하여 임의로 1 GHz의 차단주파수를 선정하였다. 이에 상응되는 삽입손실과 손실계수 표현에서, Ω는 $\Omega\omega_c$로 대치되었다. 인덕티브 및 커패시티브 소자에 대하여 정규화 값을 실제 리액턴스 값과 비교하면

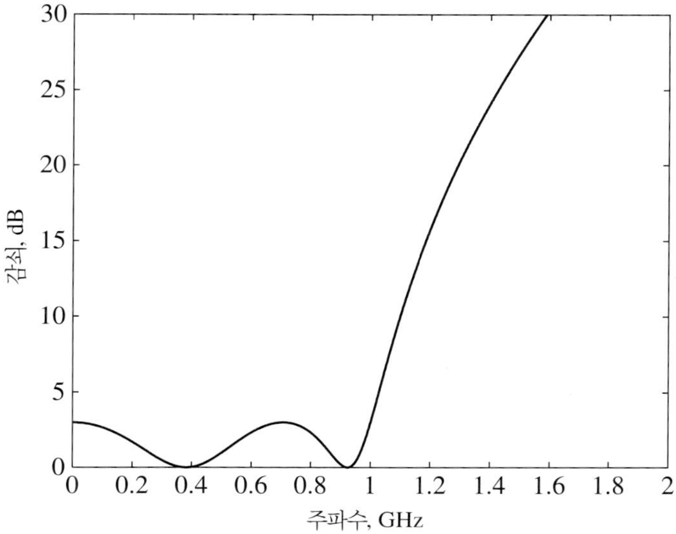

그림 5-25 • 표준 저역통과필터 원형을 저역통과필터로 실현하기 위한 변환. 차단주파수는 f_C = 1 GHz이다.

$$jX_L = j\Omega L = j(\omega/\omega_c)L = j\omega\tilde{L} \tag{5.47a}$$

$$jX_c = \frac{1}{j\Omega C} = \frac{1}{j(\omega/\omega_c)C} = \frac{1}{j\omega\tilde{C}} \tag{5.47b}$$

이 식에서 실제 인덕턴스와 커패시턴스 $\tilde{L}$ 및 $\tilde{C}$ 은 정규화 L과 C로부터 다음과 같이 계산된다.

$$\tilde{L} = L/\omega_c \tag{5.48a}$$

$$\tilde{C} = C/\omega_c \tag{5.48b}$$

고역통과필터의 경우, 파라볼릭(parabolic)한 형태 주파수 반응을 하이퍼볼릭(hyperbolic) 주파수 영역 동작 특성으로 나타내야 한다. 이러한 과정은 다음과 같은 변환을 통하여 이루어진다.

$$\omega = \frac{-\omega_c}{\Omega} \tag{5.49}$$

이 변환의 정확성은 정규화 차단주파수 $\Omega = \pm 1$을 식 (5.49)에 대입할 때 명백하게 알 수 있다. 고역통과필터에서 실제 차단주파수는 $\omega = \mp\omega_c$이 되며 그림 5-26과 같다.

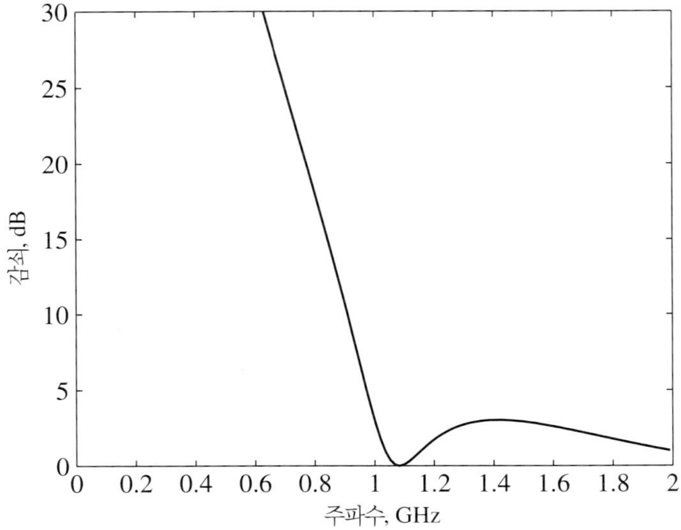

그림 5-26 ● 표준 저역통과필터 원형을 고역통과실현으로 변환. 차단주파수는 $f_C = 1$ GHz이다.

필터회로의 파라미터를 정상 값으로 환원하는 데 있어서 주의해야 하며 다음과 같다.

$$jX_L = j\Omega L = -j\frac{\omega_c}{\omega}L = \frac{1}{j\omega\tilde{C}} \tag{5.50a}$$

$$jX_c = \frac{1}{j\Omega C} = -\frac{\omega}{j\omega_c C} = j\omega\tilde{L} \tag{5.50b}$$

그러므로 다음과 같이 된다.

$$\tilde{C} = \frac{1}{\omega_c L} \tag{5.51a}$$

$$\tilde{L} = \frac{1}{\omega_c C} \tag{5.51b}$$

기본회로 이론으로부터 제1차 고역통과필터는 저역통과필터로부터 인덕터를 커패시터로 대치함으로써 얻을 수 있고 그 반대도 성립함을 직감적으로 알 수 있다. 식 (5.51)은 고차 항 필터로 적용할 수 있다.

대역통과필터는 좀 더 복잡한 변환과정을 필요로 한다. 스케일링 이외에 표준 저역통과필터의 동작을 이동시켜야 한다. 정규화 주파수 Ω에서 실제주파수 ω로의 매핑을 그림 5-27에서 가장 잘 표현하고 있다.

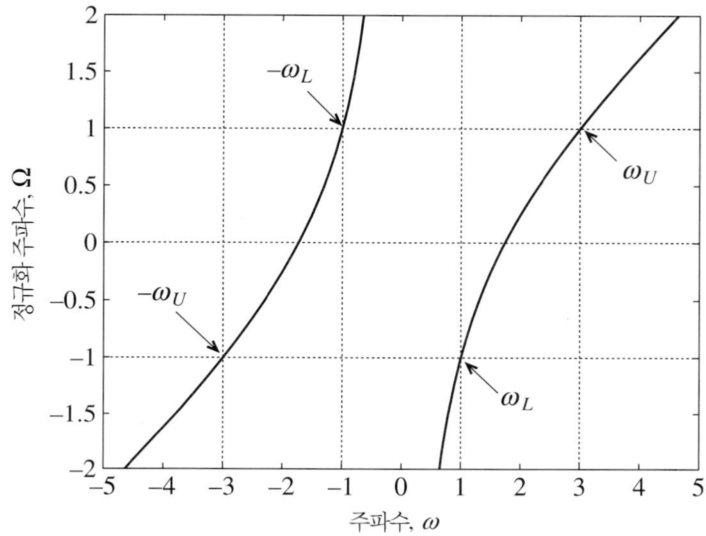

그림 5-27 • 표준 주파수 Ω를 실제 주파수 ω로의 표시. 하한 차단주파수는 $\omega_L = 1$이며 상한 차단주파수 $\omega_U = 3$이다.

주파수 스케일링과 주파수 이동에 대한 함수관계는 다음과 같다.

$$\Omega = \frac{1}{\omega_U/\omega_c - \omega_L/\omega_c}\left(\frac{\omega}{\omega_c} - \frac{1}{\omega/\omega_c}\right) = \frac{\omega_c}{\omega_U - \omega_L}\left(\frac{\omega}{\omega_c} - \frac{\omega_c}{\omega}\right) \tag{5.52}$$

여기에서 상한주파수(upper frequency) ω_U 및 하한주파수(lower frequency) ω_L는 $\omega_c = \omega_0$에서 rad/s로 표시하는 통과대역의 대역폭(BW = $\omega_U - \omega_L$)을 정의하며 앞에서 언급한 바와 같이 차단주파수 ω_c는 중심주파수로 ω_0를 정의한다. ω_0와 식 (5.26)을 이용하여 식 (5.52)을 다음 식으로 다시 표현할 수 있다.

$$\Omega = \frac{\omega_0}{\omega_U - \omega_L}\varepsilon \tag{5.53}$$

상한주파수 및 하한주파수는 서로가 역수관계로 다음과 같다.

$$\frac{\omega_U}{\omega_0} = \frac{\omega_0}{\omega_L} \tag{5.54}$$

중심주파수를 상한주파수와 하한주파수의 기하학적 평균으로, 즉 $\omega_0 = \sqrt{\omega_U \omega_L}$ 으로 규정하기 위하여 위 식의 관계가 채택되었다고 할 수 있다. $\Omega = 1$을 먼저 고려한다면 이러한 변환에 대한 매핑을 증명할 수 있다. 식 (5.52)는 $\omega = \omega_U$에 대해 +1이고 $\omega = \omega_L$일 때는 −1이다.

$$0 \le \Omega \le 1 \to \omega_0 \le \omega \le \omega_U$$

$$-1 \le \Omega \le 0 \to \omega_L \le \omega \le \omega_0$$

저역통과필터의 원형에 적용한 주파수 변환의 결과는 그림 5-28에 나타내었다.

필터회로의 파라미터는 다음과 같은 규정에 따라 변환된다.

$$jX_L = j\Omega L = j\left(\frac{\omega_0}{\omega_U - \omega_L}\varepsilon\right)L = j\omega\tilde{L} + \frac{1}{j\omega\tilde{C}} \tag{5.55}$$

식 (5.55)에서 직렬 인덕터 $\tilde{L}$에 대하여 정상으로 환원된 인덕터 $\tilde{L}$는

$$\tilde{L} = \frac{L}{\omega_U - \omega_L} \tag{5.56a}$$

이며 정상 환원된 직렬 커패시턴스 $\tilde{C}$는 다음과 같다.

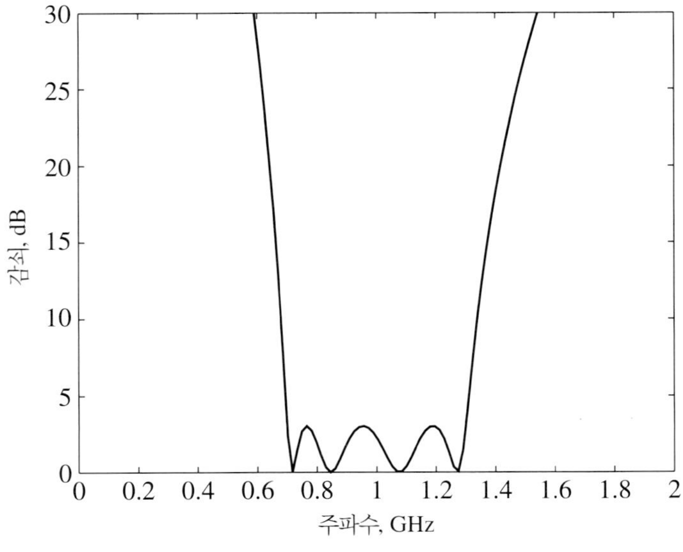

그림 5-28 • 표준 저역통과필터 원형의 대역통과실현. 하한차단주파수는 f_L = 0.7 GHz, 상한차단주파수는 f_U = 1.3 GHz, 중심주파수는 f_0 = 0.95 GHz이다.

$$\tilde{C} = \frac{\omega_U - \omega_L}{\omega_0^2 L} \tag{5.56b}$$

단락 커패시터는 다음 식과 같이 변환된다.

$$jB_C = j\Omega C = j\left(\frac{\omega_0}{\omega_U - \omega_L}\varepsilon\right)C = j\omega\tilde{C} + \frac{1}{j\omega\tilde{L}} \tag{5.57}$$

이에 따라 단락 소자는 다음 식과 같다.

$$\tilde{L} = \frac{\omega_U - \omega_L}{\omega_0^2 C} \tag{5.58a}$$

$$\tilde{C} = \frac{C}{\omega_U - \omega_L} \tag{5.58b}$$

그림 5-17을 참고하면, 정규화 인덕턴스는 식 (5.56)과 같이 주어진 직렬 인덕터와 커패시터로 변환된다. 또 정규화 커패시터는 식 (5.58)에서 주어진 값의 단락 인덕터와 커패시터로 변환된다.

대역저지필터 변환규칙은 식 (5.53)의 역변환을 통하거나 식 (5.55)의 응용과 앞에서 유도한 고역통과필터에 의하여 개발될 수 있으므로 명백하게 유도되지 않았다. 두 가지 경우에서 직렬 인덕터에 대하여 병렬 조합은

$$\tilde{L} = \frac{(\omega_U - \omega_L)L}{\omega_0^2} \tag{5.59a}$$

$$\tilde{C} = \frac{1}{(\omega_U - \omega_L)L} \tag{5.59b}$$

이며 단락 커패시터에 대하여 단락 조합은

$$\tilde{L} = \frac{1}{(\omega_U - \omega_L)C} \tag{5.60a}$$

$$\tilde{C} = \frac{(\omega_U - \omega_L)C}{\omega_0^2} \tag{5.60b}$$

그 결과 대역저지필터의 주파수 반응 특성은 그림 5-29에서와 같다. 표 5-5는 표준 저역통과필터에서 네 가지 필터의 실현을 위한 변환과정을 요약하였다.

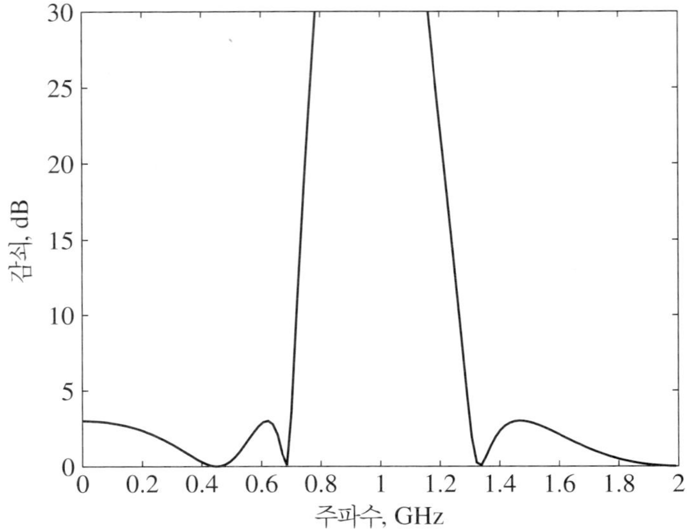

그림 5-29 • 표준 저역통과필터 원형에서 대역저지필터 실현으로 변환. 중심주파수 f_0 = 0.95 GHz, 하한 차단주파수는 f_L = 0.7 GHz, 상한 차단주파수는 f_U = 1.3 GHz이다.

표 5-5 • 정규화 저역통과필터와 실제 대역통과 및 대역저지필터 사이의 변환($\mathrm{BW} = \omega_U - \omega_L$, $\omega_0 = \sqrt{\omega_U \omega_L}$)

저역통과 형태	저역통과	고역통과	대역통과	대역저지
$L = g_k$	$\frac{L}{\omega_c}$	$\frac{1}{\omega_c L}$	$\frac{L}{\mathrm{BW}}$, $\frac{\mathrm{BW}}{\omega_0^2 L}$	$\frac{1}{(\mathrm{BW})L}$, $\frac{(\mathrm{BW})L}{\omega_0^2}$
$C = g_k$	$\frac{C}{\omega_c}$	$\frac{1}{\omega_c C}$	$\frac{C}{\mathrm{BW}}$, $\frac{\mathrm{BW}}{\omega_0^2 C}$	$\frac{1}{(\mathrm{BW})C}$, $\frac{(\mathrm{BW})C}{\omega_0^2}$

임피던스 변환

그림 5-17에 보여준 필터 원형에서 표 5-4에 수록한 우수 체비셰브 필터계수를 제외하면 신호 임피던스와 부하 임피던스의 크기는 1이다. 그러나 신호 저항값 g_0 또는 부하 저항 R_L둘 중의 하나는 1이 되지 않는다면 전체 임피던스 표현을 스케일할 필요가 있으며 모든 필터의 계수를 실제저항 R_G로 스케일하여 구한다. 즉

$$\tilde{R}_G = 1R_G \tag{5.61a}$$

$$\tilde{L} = LR_G \tag{5.61b}$$

$$\tilde{C} = \frac{C}{R_G} \tag{5.61c}$$

$$\tilde{R}_L = R_L R_G \tag{5.61d}$$

이다. 여기에서 실제 파라미터와 L, C 및 R_L은 원래 원형회로의 값이며 첨두값은 위 식의 결과와 같다. 예제 5-4에서 저역통과원형에 의한 체비셰브 대역통과필터의 설계를 증명하였다.

RF&MW→

예제 5-4 • 체비셰브 대역통과필터 설계

$N = 3$인 체비셰브 대역통과필터를 통신링크에 적용하기 위하여 통과대역에서 3 dB의 리플을 갖게 설계한다. 중심주파수는 2.4 GHz이고 필터는 20%의 대역폭을 나타내야 한다. 필터는 특성 선로 임피던스가 50 Ω인 선로 사이에 삽입된다. 필터의 인덕티브 소자와 커패시티브 소자의 값을 구하고 주파수 1∼4 GHz에서 감쇄특성을 나타내어라.

풀이:

표 5-4(a)로부터 통과대역에서 3 dB 리플을 갖는 표준 저역통과 $N = 3$ 체비셰브 필터의 계수는 $g_0 = g_4 = 1$, $g_1 = g_3 = 3.3487$이고 $g_2 = 0.7117$이다. 이 필터의 원형에서 신호원 임피던스와 부하 임피던스는 1과 같다고 가정

한다. 문제에서 필터는 50 Ω으로 정합되어야 하므로 식 (5.61)에 주어진 것과 같이 스케일링을 적용해야 한다. 그 결과 회로는 아래 그림과 같다.

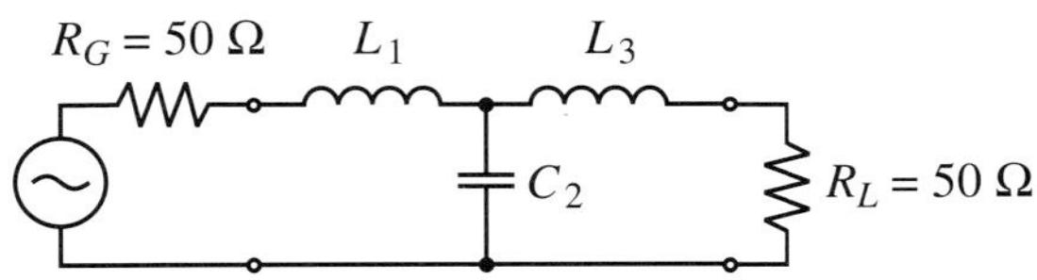

$L_1 = L_3 = 167.435$ H $\qquad C_2 = 14.234$ mF

아직까지는 $\omega_c = 1$ 또는 $f_c = 1/(2\pi) = 0.159$ Hz인 차단주파수를 갖는 저역통과필터이다. 다음은 저역통과필터를 대역통과필터로 변환시키기 위하여 주파수 변환을 적용시켜야 한다.

$$\omega_U = 1.1(2\pi 2.4 \times 10^9) = 16.59 \times 10^9 \text{rad/s}$$

$$\omega_L = 0.9(2\pi 2.4 \times 10^9) = 13.57 \times 10^9 \text{rad/s}$$

및

$$\omega_0 = \sqrt{\omega_L \omega_U} = 15 \times 10^9 \text{ rad/s}$$

실제 인덕턴스와 커패시티브 값은 식 (5.56)과 식 (5.58)에서 정의되었으므로

$$\tilde{L}_1 = \tilde{L}_3 = \frac{L_1}{\omega_U - \omega_L} = 55.5 \text{ nH}$$

$$\tilde{C}_1 = \tilde{C}_3 = \frac{\omega_U - \omega_L}{\omega_0^2 L_1} = 0.08 \text{ pF}$$

$$\tilde{L}_2 = \frac{\omega_U - \omega_L}{\omega_0^2 C_2} = 0.94 \text{ nH}$$

$$\tilde{C}_2 = \frac{C_2}{\omega_U - \omega_L} = 4.7 \text{ pF}$$

최종회로는 그림 5-30에 감쇄특성에 대한 그래프와 함께 나타내었다.

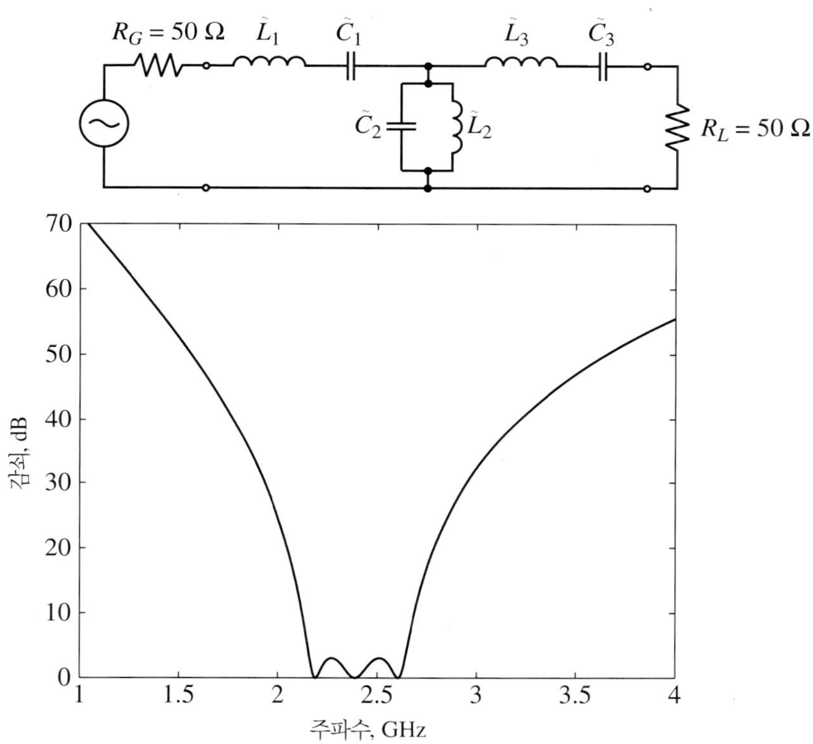

그림 5-30 • 2.4 GHz 중심주파수에서 제3차 3 dB 리플 대역통과 체비셰브 필터의 감쇄특성. 하한 차단주파수는 f_L = 2.16 GHz이고 상한 차단주파수는 f_U = 2.64 GHz이다.

표준 저역통과필터에서 시작하여 계속해서 적합한 주파수 변환과 소자의 스케일링을 적용하는 것이 거의 일반적인 필터 설계의 접근방법이다. 그러나 가끔 구현 불가능한 소자 값을 얻는 경우가 있다.

5.3 필터 구현

1 GHz 이상의 주파수대에서 필터 설계는 파장이 필터소자의 물리적인 크기에 근접하므로 집중 소자를 가지고 필터를 구현시키기가 어려우며 집중소자의 손실로 인하여 회

필터 응용의 주파수 범위

일반적으로 필요한 대역폭과 주파수 범위는 특별한 시스템 요구조건에 대한 필터 구현의 적합 여부를 결정하게 된다. 수동소자에 대한 개략적인 분류는 다음과 같다.

- **집중 LC-형 필터**
  대역폭: 1~2%
  주파수범위: 100 Hz~2 GHz
- **크리스탈, SAW 필터**
  대역폭: 0.01~5%
  주파수범위: 100 Hz~0.1 GHz
- **헤리컬, 동축 필터**
  대역폭: 0.1~15%
  주파수범위: 10 MHz~5 GHz
- **도파관 필터(또는 공진기)**
  대역폭: 0.1~10%
  주파수범위: 5 GHz~100 GHz

로 성능을 저하시킨다. 그러므로 실제 필터를 구현하려면 제5.2절에서 논의한 집중소자는 분포소자로 변환시켜야 한다. 본 절에서는 변환에 필요한 방법, 즉 단일 소자의 개념을 나타내는 리처드(Richard) 변환 및 구로다(Kuroda) 동일성 이론을 도입하고자 한다.

집중소자와 분포회로 사이의 변환을 달성하기 위하여 리처드는 개별적인 소자의 인덕티브 및 커패시티브 동작 특성이 전송 선로의 개방회로 또는 단락회로로 나타나게 하는 특별한 변환이론을 제안하였다. 특성 임피던스가 Z_0인 단락회로 전송 선로($Z_L = 0$)의 입력 임피던스 Z_{in}이 순수하게 리액티브 특성임을 기억하면 다음 식과 같다.

$$Z_{in} = jZ_0 \tan(\beta l) = jZ_0 \tan\theta \tag{5.62}$$

여기에서 전기적 길이 θ는 주파수 동작 특성을 명백하게 하는 방법과 같이 다시 쓸 수 있다. 특정한 참고주파수 $f_0 = v_p/\lambda_0$에서 선로길이를 $\lambda_0/8$로 선정한다면 전기적 길이는 다음과 같다.

$$\theta = \beta\frac{\lambda_0}{8} = \frac{2\pi f}{v_p}\frac{v_p}{8f_0} = \frac{\pi}{4}\frac{f}{f_0} = \frac{\pi}{4}\Omega \tag{5.63}$$

식 (5.63)을 식 (5.62)에 대입하여 전송 선로의 주파수에 따른 인덕티브 동작 특성과 집중소자의 표현식 사이의 직접적인 관계를 다음과 같이 설정할 수 있다.

$$jX_L = j\omega L \equiv jZ_0 \tan\left(\frac{\pi}{4}\frac{f}{f_0}\right) = jZ_0 \tan\left(\frac{\pi}{4}\Omega\right) = SZ_0 \tag{5.64}$$

여기에서 $S = j\tan(\pi\Omega/4)$는 실제 리처드 변환이다. 커패시티브 집중소자는 개방회로 전송 선로를 가지고 동일한 효과를 만들 수 있다.

$$jB_C = j\omega C \equiv jY_0 \tan\left(\frac{\pi}{4}\Omega\right) = SY_0 \tag{5.65}$$

그러므로 리처드(Richard) 변환은 집중소자형태의 인덕터를 특성 임피던스 $Z_0 = L$의 단락회로 스텁으로, 커패시터는 특성 임피던스 $Z_0 = 1/C$의 개방회로 스텁으로 대신할 수 있다.

여기에서는 선로의 임의적인 길이로 $\lambda_0/8$를 선정했음을 알아야 한다. 많은 저자들은 기본 길이로 다른 길이를 선정한다. 그러나 물리적으로 길이가 작고 표준 저역통과 필터 반응에서 차단주파수 점이 보존(즉 $f = f_0 = f_c$에서 $S = j_1$)되므로 선로길이를 $\lambda_0/8$로 선정하는 것이 편리하다. 제5.5.3절에서 대역저지필터의 경우 원하는 감쇄 형태를 만족시키기 위하여 $\lambda_0/4$의 선로 길이를 선정한다.

리처드 변환은 $0 \le f < \infty$ 범위의 집중소자 주파수 특성을 탄젠트 함수의 주기적인 특성과 모든 선로가 $\lambda_0/8$ 길이라는 것 때문에 $0 \le f \le 2f_0$ 범위에서 나타낼 수 있다. 이 성질은 보상 선로 길이로써 알려져 있다. 이런 주기성 때문에 이와 같은 필터의 주파수 응답은 광대역으로 고려될 수 없다.

5.3.1 고단위소자

집중소자를 전송 선로로 전환시킬 때, 전송 선로 소자를 실제적으로 실현가능한 형태로 나타내기 위하여 공간적으로 분리할 필요가 있다. 이것은 이른바 **단위소자(unit elements**, UEs)를 삽입시켜 완성할 수 있다. 단위소자의 전기적 길이는 $\theta = \frac{\pi}{4}(f/f_0)$이며 특성 임피던스는 Z_{UE}이다. 체인 파라미터로 표현된 2단자 회로망은 제4장에서 논의한 바와 같이 명백하게 나타낼 수 있으며 전송 선로에 대하여 다시 쓰면 다음과 같다.

$$[UE] = \begin{bmatrix} A_{UE} & B_{UE} \\ C_{UE} & D_{UE} \end{bmatrix} = \begin{bmatrix} \cos\theta & jZ_{UE}\sin\theta \\ \dfrac{j\sin\theta}{Z_{UE}} & \cos\theta \end{bmatrix} = \frac{1}{\sqrt{1-S^2}} \begin{bmatrix} 1 & Z_{UE}S \\ \dfrac{S}{Z_{UE}} & 1 \end{bmatrix} \tag{5.66}$$

여기에서 S의 정의는 식 (5.64)에서 주어졌다. 단위소자의 효과적인 사용에 대해서는 5.3.4절에서 몇 개의 예제를 이용해 상세하게 논의하였다.

5.3.2 Kuroda의 동일성

단위소자에 부가하여 실제적으로 구현하기 어려운 설계를 가장 적당한 필터로 실현시키는 것도 매우 중요하다. 예로 단락회로 전송 선로로 구현된 직렬 인덕턴스는 단락 스텁 선로보다 구현하기가 더 복잡하다. 다양한 전송 선로 실현 사이의 변환을 용이하게 하기 위하여 구로다는 표 5-6에 요약된 것과 같이 네 가지의 동일성을 개발하였다.

표 5-6에서 모든 인덕턴스와 커패시턴스는 등가의 리처드 변환으로 나타내었음을 알 수 있다. 예제에서 네 가지 동일성 중의 하나를 증명하였으며 나머지 세 가지의 증명은 본 장의 끝에서 문제로서 주어졌다.

예제 5-5 • 표 5-6에서 네 번째 구로다의 동일성을 증명하여라.

풀이:

단락연결 인덕터에 대하여 체인 매트릭스 표현(상응 **ABCD**-매트릭스에 대한 표 4-1 참조)을 이용하고 식 (5.66)에서 주어진 단위소자를 이용하면 네 번째 동일성의 좌측은 다음 식과 같다.

$$\begin{bmatrix} A & B \\ C & D \end{bmatrix}_L = \begin{bmatrix} 1 & 0 \\ \dfrac{1}{SZ_1} & 1 \end{bmatrix} \frac{1}{\sqrt{1-S^2}} \begin{bmatrix} 1 & Z_2 S \\ \dfrac{S}{Z_2} & 1 \end{bmatrix}$$

표 5-6 • 구로다의 동일성

초기 회로	구로다의 동일성
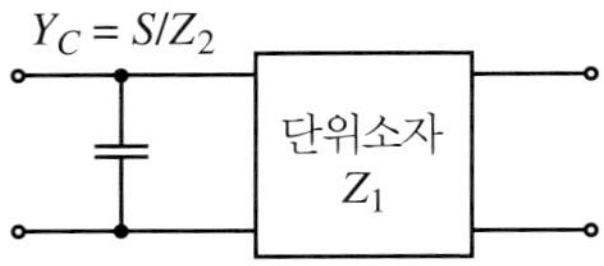	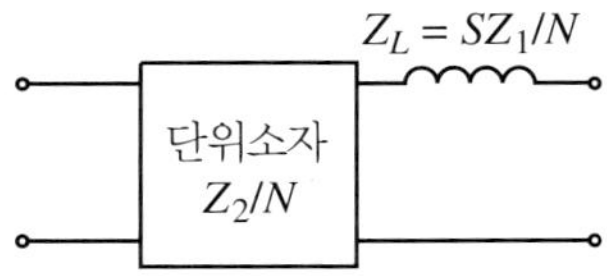
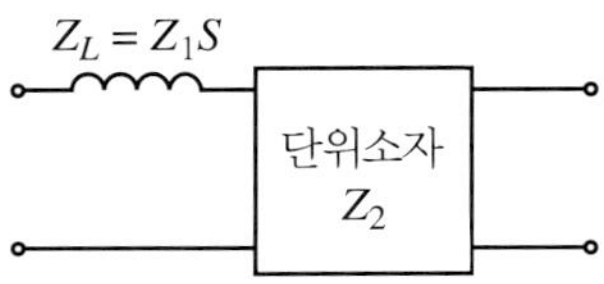	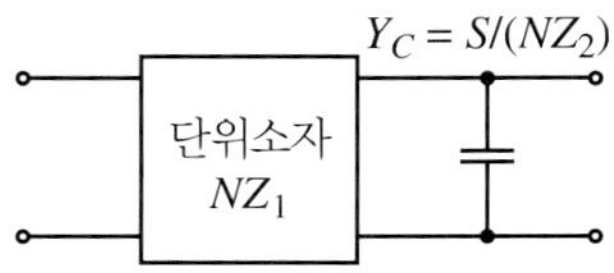
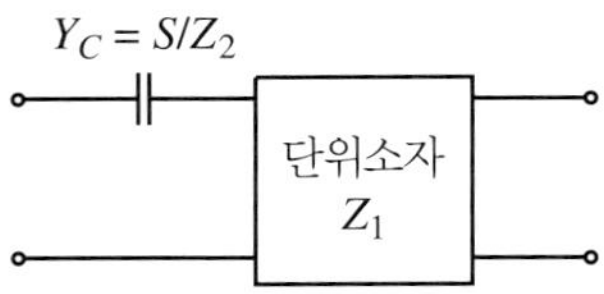	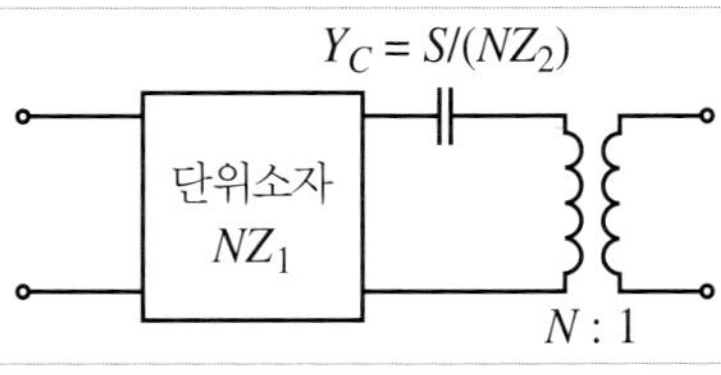
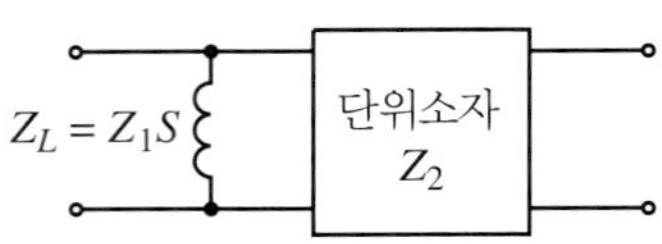	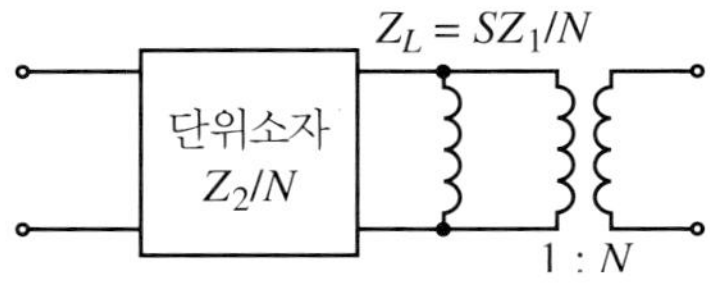
$N = 1 + Z_2/Z_1$	

$$= \frac{1}{\sqrt{1-S^2}}\begin{bmatrix} 1 & Z_2 S \\ \frac{1}{SZ_1}+\frac{S}{Z_2} & 1+\frac{Z_2}{Z_1} \end{bmatrix}$$

같은 방법으로 구로다의 네 번째 동일성에 대하여 **ABCD**-매트릭스로 표현하면 동일성의 우측은 다음 식과 같다.

$$\begin{bmatrix} A & B \\ C & D \end{bmatrix}_R = \frac{1}{\sqrt{1-S^2}}\begin{bmatrix} 1 & \frac{Z_2 S}{N} \\ \frac{SN}{Z_2} & 1 \end{bmatrix}_{\text{UE}} \begin{bmatrix} 1 & 0 \\ \frac{N}{SZ_1} & 1 \end{bmatrix}_{\text{ind}} \begin{bmatrix} 1/N & 0 \\ 0 & N \end{bmatrix}_{\text{trans}}$$

여기에서 첨자 UE, ind, trans는 각각 소자에 대한 체인파라미터 매트릭스, 인덕터, 변환기(transformer)를 의미한다. 매트릭스 사이의 곱셈을 한 후 정리하면 구로다 동일성에 대한 **ABCD**-매트릭스는

$$\begin{bmatrix} A & B \\ C & D \end{bmatrix}_R = \frac{1}{\sqrt{1-S^2}}\begin{bmatrix} \frac{1}{N}\left(1+\frac{Z_2}{Z_1}\right) & Z_2 S \\ \frac{S}{Z_2}+\frac{1}{SZ_1} & N \end{bmatrix}$$

이며 $N = 1 + Z_2/Z_1$으로 놓으면 네 번째 동일성의 좌측부분과 동일함을 알 수 있다. 나머지 세 가지의 구로다 동일성은 같은 형태로 증명할 수 있다.

여기에서 다시 한 번 각각의 소자회로를 직접 곱할 수 있게 하는 *ABCD* 회로망의 중요성을 알 수 있다.

5.3.3 마이크로스트립 필터 설계의 예제

다음 두 예제에서는 저역통과필터와 대역저지필터의 설계를 중점적으로 다루고자 한다. 대역저지필터는 구로다 동일성을 먼저 판단하고 다음에 리처드 변환을 실시하여 설계한다. 특별히 대역저지필터 설계에서 집중소자를 분포 소자로 변환시킬 때 주의해야 한다.

실제적으로 필터 설계에서는 다음 네 단계의 과정을 거친다.

1. 설계 조건을 만족시키는 필터의 정규화 파라미터를 선정한다.
2. 인덕턴스와 커패시턴스를 등가 $\lambda_0/8$ 전송 선로로 대치한다.
3. 구로다 동일성을 적용하여 직렬 스텁을 병렬 단락 스텁으로 변환시킨다.
4. 정규화 값을 정상값으로 환원시키고 등가 마이크로스트립 선로(길이, 폭 및 유전상수)를 선택한다.

특별히 네 번째 단계는 마이크로스트립의 기하학적인 구조와 크기 등 제2장에서 논의한 주제에 대하여 알아야 한다. 이와 같은 네 단계에 따라 다음 두 가지의 예제에 대하여 논의하자. 첫 번째 설계과제는 정규화된 저역통과필터에 관한 것으로 다음과 같다.

프로젝트 1

입력 임피던스와 출력 임피던스가 50 Ω으로 정합된 저역통과필터를 설계하라. 이때 설계조건은 다음과 같다. 차단주파수가 3 GHz, 0.5 dB의 균등리플, 차단주파수의 1.5 배에서 약 25 dB의 차단레벨이다. 광속의 60%인 위상속도 특성을 갖는 유전물질이라고 가정한다.

이 문제의 해를 구함에 있어서 앞에서 언급한 네 단계에 따라 진행시켜 보자.

PCB 보드의 재질

일반적으로 온도 안정도가 높고 저손실이며 유전율의 변화가 적은 기판 재질은 석영, 사파이어, 알루미나 등이 있다. 특히, 두로이드(Duroid)는 매우 높은 주파수에서 사용된다. 대중적인 FR4와 같은 에폭시-유리 기판은 가격은 저렴하지만 유전율 안정도가 낮고, 1 GHz에서 0.03정도의 손실 탄젠트를 갖는 상대적으로 높은 유전체 손실 특성을 갖는다.

1단계: 그림 5-22에서 필터는 $N = 5$차수이며 다음과 같이 계수를 나타낼 수 있다.

$$g_1 = 1.7058 = g_5,\ g_2 = 1.2296 = g_4,\ g_3 = 2.5408,\ g_6 = 1.0$$

정규화된 저역통과필터는 그림 5-31과 같다.

2단계: 그림 5-31에서 인덕턴스와 커패시턴스는 개방회로와 직렬 단락회로 및 병렬단락회로로 그림 5-32와 같이 대치된다. 여기에서는 식 (5.64)과 (5.65)의 리처드(Richard) 변환을 직접 적용한 결과이다. 특성 임피던스와 어드미턴스는 각각 다음과 같다.

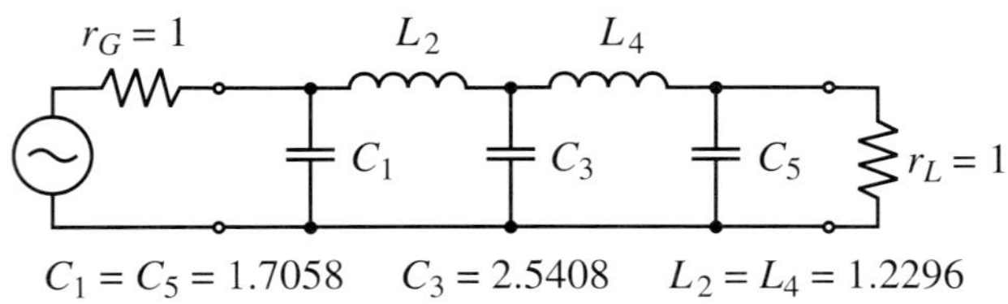

그림 5-31 • N =5차수의 정규화 저역통과필터

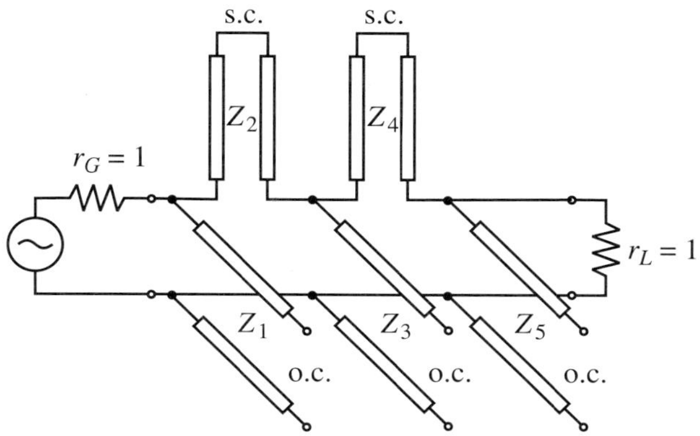

그림 5-32 • 인덕터와 커패시터를 직렬 및 단락 스텁으로 대치한 회로(o.c. = 개방회로 선로, s.c. = 단락회로 선로)

$$Y_1 = Y_5 = g_1,\ Y_3 = g_3,\ Z_2 = Z_4 = g_4$$

3단계: 신호원과 부하 측을 정합시키고 필터를 실현하기 위하여 구로다의 첫 번째 및 두 번째 동일성이론을 적용하며 모든 직렬 스텁을 단락 스텁으로 변환시키기 위하여 단위소자이론을 도입한다. 필터는 5차이므로 직렬로 연결된 모든 단락회로 스텁을 단락연결 개방회로 스텁으로 변환하기 위하여 전체 네 개의 단위소자를 채택해야 한다. 이 과정을 명확하게 하기 위하여 이 단계를 여러 개의 세부단계로 나누어 처리한다.

첫째, 그림 5-33에 보인 것과 같이 필터의 입력과 출력 단에 두 개의 단위소자를 도

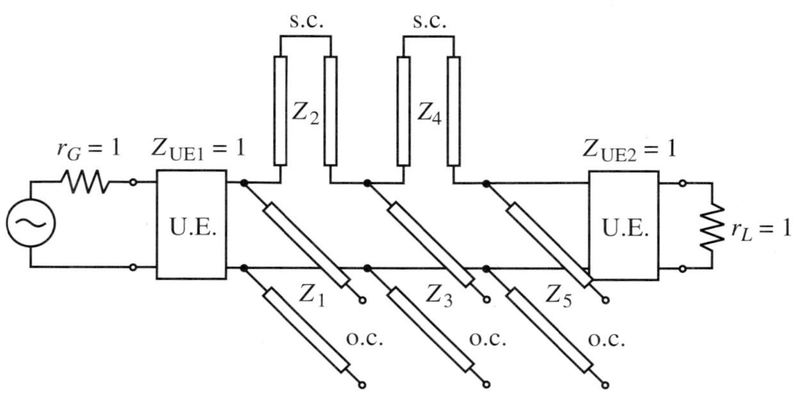

그림 5-33 • 단위소자의 첫 번째로 입력과 출력단에 도입(U.E. = 단위소자)

입하자.

단위소자의 도입은 필터의 입력과 출력 단에서 임피던스 정합을 시키기 때문에 필터의 성능에는 영향을 미치지 않는다. 구로다의 동일성을 첫째 단과 마지막 단의 병렬 스텁에 적용한 결과는 그림 5-34와 같다.

이러한 변환후의 회로도 아직 네 개의 직렬 스텁을 가지고 있기 때문에 실현할 수 없다. 이와 같은 직렬 스텁을 병렬연결로 변환시키기 위하여 그림 5-35에서와 같이 두 개

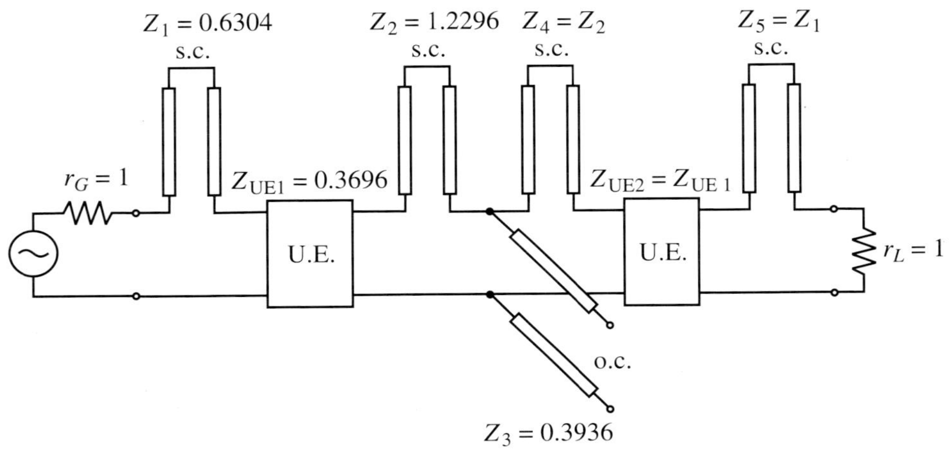

그림 5-34 ● 병렬 스텁을 직렬 스텁으로 변환한 회로

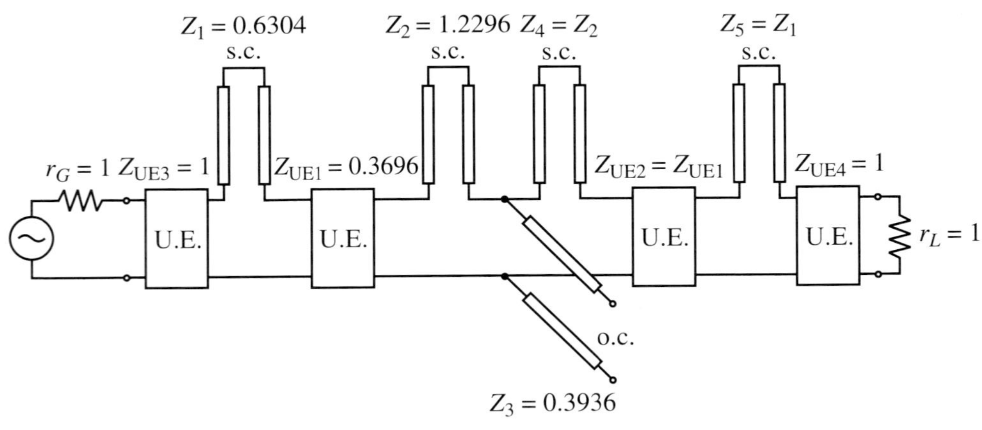

그림 5-35 ● 제5차 필터에서 두 번째로 단위소자를 선택한 후의 회로

의 단위소자를 더 선정한다.

다시 한 번 단위소자를 도입했지만 신호 단과 부하 단에 임피던스를 정합시켰기 때문에 필터의 성능에는 영향을 미치지 않는다. 그림 5-35에 보여준 회로에 구로다의 동일성을 적용하면, 그림 5-36에서와 같이 실현가능한 필터를 설계하게 된다.

4단계: 정규화 값을 정상값으로 환원하는 과정은 단위소자를 50 Ω의 입력과 출력 임피던스로 변환하는 스케일링과 식 (5.63)에 의한 선로의 길이 계산을 포함한다. $v_p = 0.6c = 1.8 \times 10^8$ m/s를 이용하면 길이는 $l = (\lambda_0/8) = v_p/(8f_0) = 7.5$ mm이다. 마이크로스트립 선로로 구현된 최종 설계는 그림 5-37(a)와 같다. 그림 5-37(b)는 주파수 0에서 3.5 GHz까지의 범위에서 감쇄형상을 나타내었다. 대역통과 리플은 3 GHz의 차단주파수까지 0.5 dB를 초과하지 않는다.

두 번째 설계프로젝트는 조금 더 복잡한 대역저지필터의 설계로서 단위차단 주파수로 나타난 표준 저역통과필터를 특정한 중심주파수 및 하한, 상한 3 dB 차단주파수점을 나타내는 설계과정으로 변환시켜야 한다.

프로젝트 2

50 Ω의 입력 임피던스와 출력 임피던스를 정합시킨 최대 균일 제3차 **대역저지필터**를 설계하라. 설계조건은 다음과 같다: 중심주파수는 4 GHz, 대역폭은 50%일 때 광속의 60%인 위상속도를 나타내는 유전체 물질로 가정한다.

회로설계에서 집중소자를 분포 소자로 변환할 때는 주의 깊게 분석해야 한다. 특별히 대역저지필터의 설계에서 중심주파수에서의 최소 및 최대 임피던스는 직렬연결이냐 병렬연결이냐에 따르며 이미 앞에서 정의한 $\lambda_0/8$ 선분에 대한 리처드 변환으로는

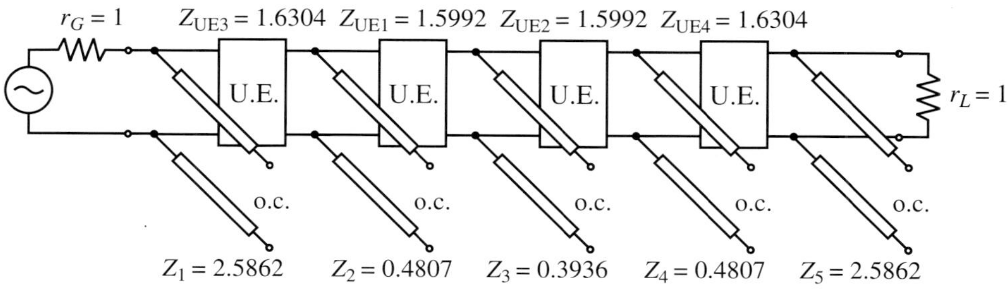

그림 5-36 • 구로다의 동일성을 이용한 스텁 변환의 실현가능한 필터회로

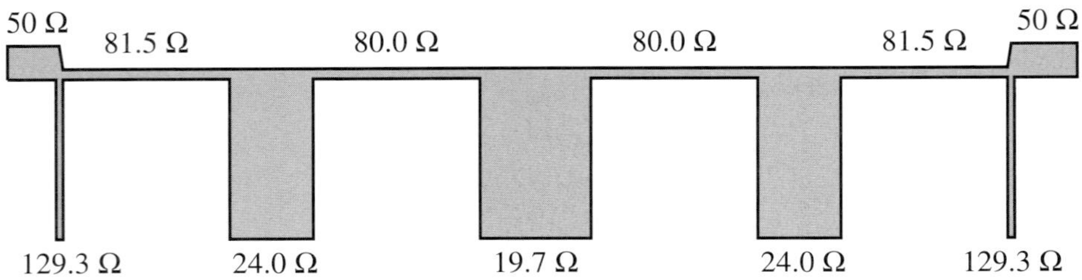

(a) 마이크로스트립 선로 저역통과필터의 구현

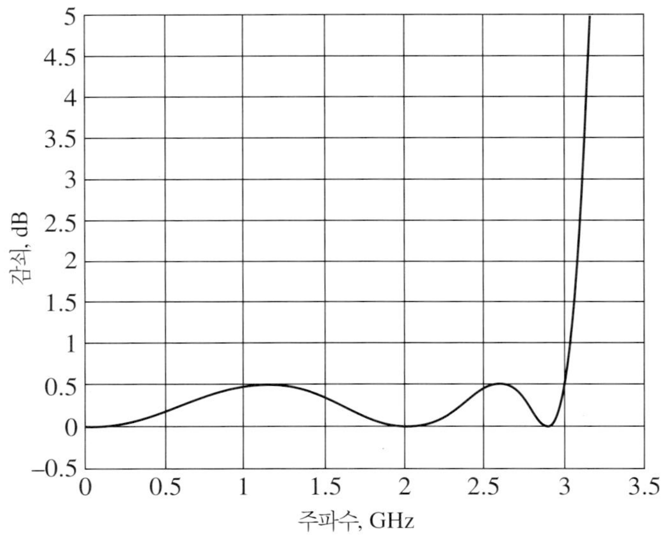

(b) 주파수에 따른 감쇄특성

그림 5-37 · 최종 설계된 저역통과필터

$f = f_0$ 에서 난관에 접하게 된다. 식 (5.64)의 탄젠트값은 1이 되어 최대값이 아니다. 그러나 $\lambda_0/4$의 선로 길이로 하면 탄젠트값이 무한대가 되어 대역저지의 설계조건을 만족하게 된다. 우리가 고려해야 할 또 다른 면은, 저역통과 원형필터의 $\Omega = 1$인 차단주파수를 대역저지필터의 하한 및 상한 차단주파수로 변환시켜야 한다는 점이다. 이것은 **대역폭 인수(bandwidth factor)** bf를 도입하여 해결한다. 즉

$$bf = \cot\left(\frac{\pi}{2}\frac{\omega_L}{\omega_0}\right) = \cot\left[\frac{\pi}{2}\left(1 - \frac{sbw}{2}\right)\right] \tag{5.67}$$

여기에서 $sbw = (\omega_U - \omega_L)/\omega_0$는 **저지대역 대역폭**이며 $\omega_0 = (\omega_U + \omega_L)/2$는 중심주파

수이다. 하한 및 상한주파수점에서 $\lambda_0/4$ 선로길이에 대하여 리처드 변환에 bf를 곱하면 곱의 크기는 1과 같다. 예로, 하한주파수 ω_L에 대하여

$$(bf)S|_{\omega=\omega_L} = \cot\left(\frac{\pi}{2}\frac{\omega_L}{\omega_0}\right)\tan\left(\frac{\pi}{2}\frac{\omega_L}{\omega_0}\right) = 1$$

이며 이 식은 정규화 저역통과필터의 동작에서 $\Omega = 1$인 차단주파수에 상응된다. 같은 방법으로 상한주파수 ω_U에 대하여

$$(bf)S|_{\omega=\omega_U} = \cot\left(\frac{\pi}{2}\frac{\omega_L}{\omega_0}\right)\tan\left(\frac{\pi}{2}\frac{\omega_U}{\omega_0}\right) = \cot\left(\frac{\pi}{2}\frac{\omega_L}{\omega_0}\right)\tan\left[\frac{\pi}{2}\left(\frac{2\omega_0-\omega_L}{\omega_0}\right)\right] = -1$$

이며 정규화 저역통과필터에서 $\Omega = -1$인 차단주파수에 대응된다. 지금까지의 과정은 다음 네 단계를 수행하기 위한 준비단계이다.

1단계: 표 5-2로부터 제3차 최대균일 정규화 저역통과필터의 원형계수는 다음과 같다.

$$g_1 = 1.0 = g_3, \quad g_2 = 2.0, \quad g_4 = 1.0$$

그림 5-38은 정규화 저역통과필터의 형태를 보여주고 있다.

2단계: 그림 5-38에서 인덕턴스와 커패시턴스는 단락회로와 개방회로 및 단락 스텁으로 그림 5-39에서와 같이 대치된다. 선로 임피던스와 어드미턴스는 식 (5.67)의 대역폭 인수 bf로 곱해지므로

$$Z_1 = Z_3 = bf \cdot g_1, \quad Y_2 = bf \cdot g_2$$

3단계: $\lambda_0/4$ 선로길이의 단위소자가 삽입되고 구로다(Kuroda) 동일성이 그림 5-40에서와 같이 모든 직렬 스텁을 단락 스텁으로 변환시키기 위하여 사용된다.

4단계: 단위소자에 대하여 정규화 값을 정상값으로 환원하는 것과 각각의 선분길이의 계산이 실행된다. 위상속도 $v_p = 0.6c = 1.8 \times 10^8$ m/s를 사용하면 길이는 $l = (\lambda_0/4) = v_p/(4f_0) = 15$ mm이다. 마이크로스트립 선로로 설계를 구현하면 그림 5-41과 같다.

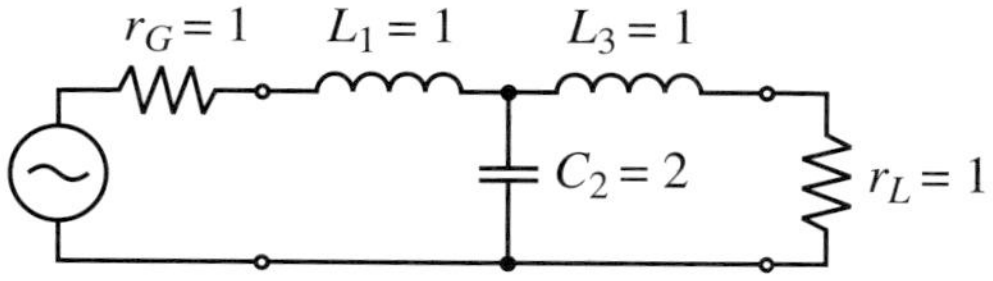

그림 5-38 • 정규화 제3차 저역통과필터

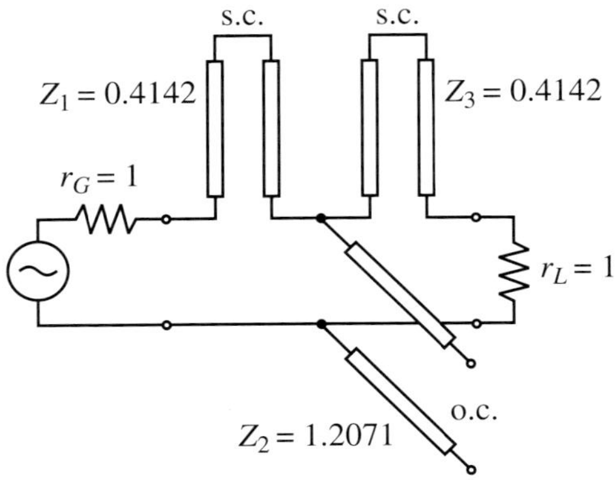

그림 5-39 • 인덕터와 커패시터를 직렬 및 단락 스텁으로 대치한 회로

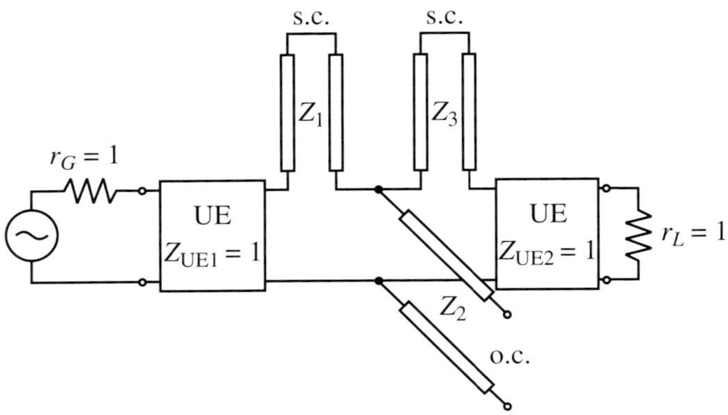

(a) 신호원과 부하단에 단위소자의 도입

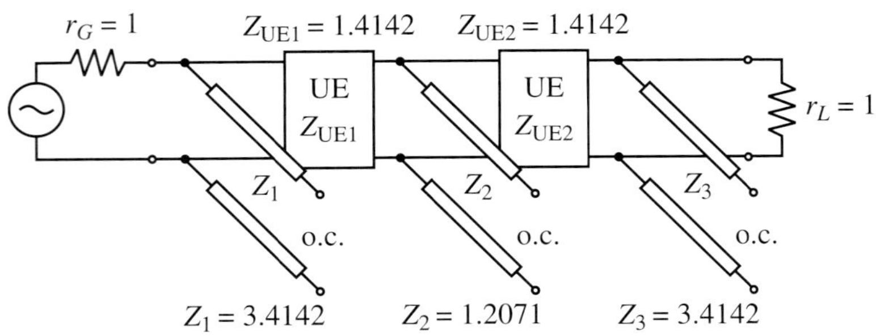

(b) 직렬 스텁의 단락 스텁 변환

그림 5-40 • 단위소자의 도입과 직렬 스텁의 단락 스텁 변환

마지막으로 설계된 대역저지필터에 대하여 상업용 마이크로파 프로그램 MMICAD를 이용하여 그림 5-41과 같이 구현된 마이크로스트립 필터의 동작을 모의실험한 결과 그림 5-42에 감쇄특성을 보여주었으며 필터의 설계조건을 만족하고 있음을 알 수 있다.

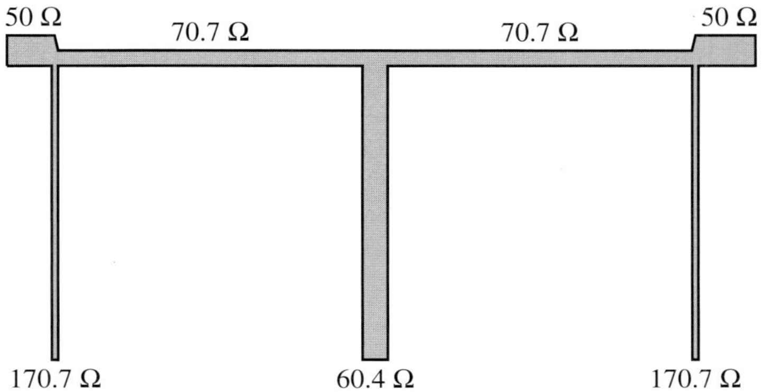

그림 5-41 • 대역저지필터 설계를 마이크로스트립 선로로 구현한 특성 임피던스 관계

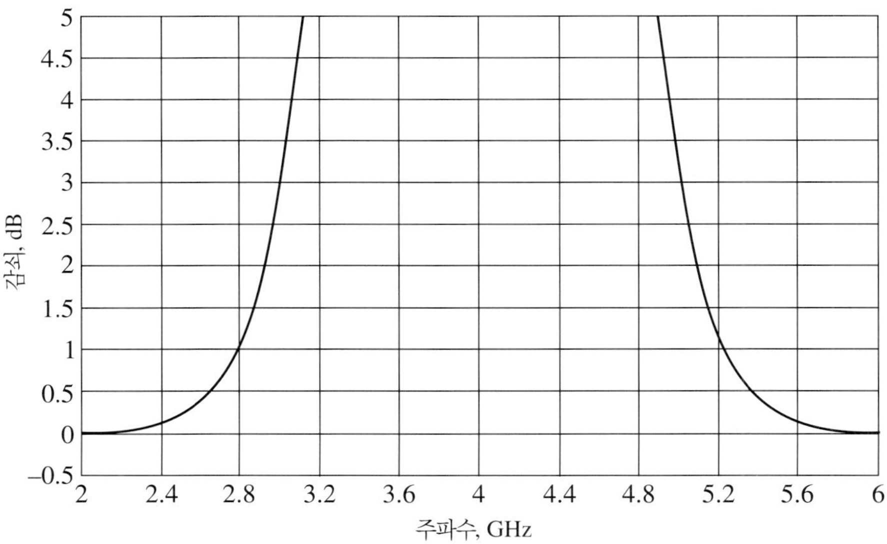

그림 5-42 • 제3차 대역저지필터의 주파수에 대한 감쇄특성

5.4 결합 필터

결합필터의 설계와 해석을 다루는 교재는 매우 많다. 여기에서는 호기심을 만족시키기 위하여 가장 중요한 부분만 도입하고 나머지는 뒷부분에 수록한 참고문헌을 참고하기로 하자.

논의의 요점은 공동 접지면을 통하여 기수와 우수 특성 임피던스를 나타내는 전송선로의 기수와 우수 파동결합이론을 포함하며, 두 개의 스트립 선로 사이의 결합에 대해 이해하고 2단자 체인 매트릭스 표현의 일부분으로서 두 선로 결합의 입력과 출력 임피던스를 이해하는 토대를 마련한다. 이러한 소자들의 케스케이드 연결(cascading)은 대역통과필터의 구조를 나타내며 RF 회로 설계 프로그램의 도움으로 쉽게 설계할 수 있다.

5.4.1 기수 및 우수모드 입력

결합 마이크로스트립 선로 사이의 상호작용에 대하여 간단하게 접근하는 모델은 그림 5-43에 나타난 기하학적인 구조를 고려할 수 있다. 구조는 거리 S만큼 떨어진 두 선로로 구성되어 있으며 두께 d이고 유전상수 ε_r인 유전체에 부착되어 있다. 마이크로스트립 선로의 폭은 W이며, 스트립 선로의 금속 두께는 유전체 물질의 두께 d에 비교하여 무시할 수 있을 정도이다. 두 선로 사이 및 접지면 사이의 커패시티브 및 인덕티브 현상을 여기에서 동일한 그림 5-44에 도식적으로 나타내었다. 여기에서 동일첨자는 자체 커패시턴스와 자체 인덕턴스를 나타내며 첨자 12는 선로 1과 선로 2 사이의 결합관계(또는 선로 2에서 선로 1과의 결합과 같다)를 나타낸다.

이제 우수모드 전압 V_e와 전류 I_e및 기수모드 전압 V_{od}과 전류 I_{od}를 단자 1과 2에서

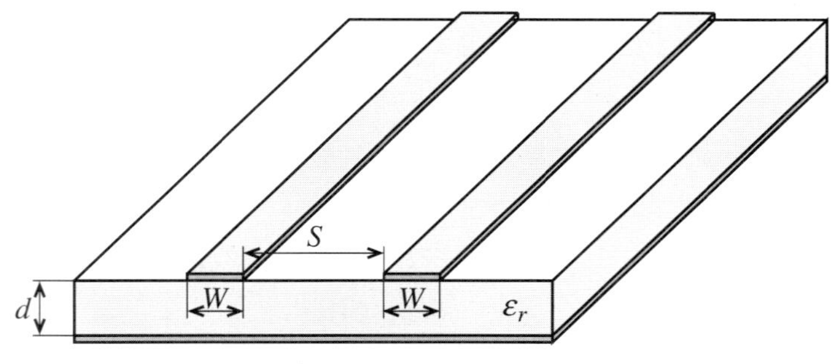

그림 5-43 • 결합 마이크로스트립 선로

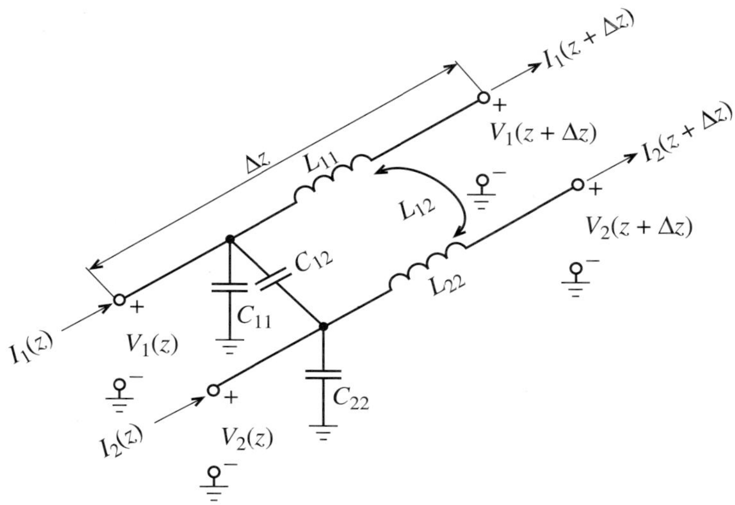

그림 5-44 • 두 개의 무손실 결합전송 선로 시스템에서 등가회로 다이어그램과 전압전류의 정의

의 전압과 전류에 관련시켜 다음과 같이 정의하자.

$$V_e = \frac{1}{2}(V_1 + V_2), \quad I_e = \frac{1}{2}(I_1 + I_2) \tag{5.68a}$$

및

$$V_{od} = \frac{1}{2}(V_1 - V_2), \quad I_{od} = \frac{1}{2}(I_1 - I_2) \tag{5.68b}$$

이것은 그림 5-44에 나타난 전압, 전류와 일치한다. 우수모드 동작(V_e, I_e)에서 전압은 더해지며(+) 전류는 동일방향으로 흐른다. 그러나 기수모드의 동작(V_{od}, I_{od})에서는 단자전압은 빼지며(–) 전류는 상호 반대 방향으로 흐른다.

우수모드 동작과 기수모드 동작의 도입에 따른 이점은 기본 방정식을 세울 때 알 수 있다. 두 개의 선로에서 제2장에서 배운 전송 선로 방정식과 유사한 제1차, 결합 상미분 방정식을 다음 식과 같이 만들 수 있다.

$$-\frac{dV_e}{dz} = j\omega(L_{11} + L_{12})I_e \tag{5.69a}$$

$$-\frac{dI_e}{dz} = j\omega C_{11} V_e \tag{5.69b}$$

및

$$-\frac{dV_{od}}{dz} = j\omega(L_{11} - L_{12})I_{od} \tag{5.70a}$$

$$-\frac{dI_{od}}{dz} = j\omega(C_{11} + 2C_{12})V_{od} \tag{5.70b}$$

결합 효과
마이크로스트립 선로 설계에서 우수와 기수모드의 유효 유전상수가 다르기 때문에 그것의 위상속도가 각각 다르다. 이 차이는 스트립 선로의 간격이 근접할수록 뚜렷이 나타난다. 그러나 결합도가 낮은 경우에 대해서 $v_{pe} \cong v_{po} = v_p$라고 가정하면 $\beta_e \cong \beta_o = \beta$가 된다.

주지해야 할 것은 우수모드와 기수모드에서 방정식을 분리할 수 있다는 사실이다. 우수모드와 기수모드에 대한 특성 임피던스 Z_{0e}와 Z_{0o}는 우수모드와 기수모드의 커패시턴스 C_e및 C_{od}, 그리고 위상속도에 의하여 정의되며 각각은 다음 식과 같다.

$$Z_{0e} = \frac{1}{v_{pe}C_e},\ \ Z_{0o} = \frac{1}{v_{po}C_{od}} \tag{5.71}$$

두 개의 컨덕턴스가 크기와 위치에서 동일하다면, 우수모드로 판단하여 다음과 같다.

$$C_e = C_{11} = C_{22} \tag{5.72a}$$

이며, 기수모드에 대하여 다음과 같다.

$$C_{od} = C_{11} + 2C_{12} = C_{22} + 2C_{12} \tag{5.72b}$$

일반적으로 커패시턴스는 가장자리의 전자계의 영향과 서로 다른 물질의 영향을 고려해야하기 때문에 정확한 값을 구하기가 매우 복잡하며 어렵다. 예를 들면, 유전체 기판 위의 마이크로스트립 선로 도체의 파라미터들도 단위길이당 간단한 커패시턴스 공식 $C_{11} = \varepsilon_0\varepsilon_r(\omega/d)$을 적용하여 구할 수 없다. 왜냐하면 마이크로스트립 선로의 폭과 두께의 비율이 이 식을 적용하기에 충분히 크지 않으므로 이 식으로 계산될 수 없다. 더욱 횡단 결합 커패시턴스 C_{12}는 매우 복잡한 계산과정을 요구한다. 이러한 이유로 실제적으로는 그림 5-45에 보여준 수치적으로 계산된 임피던스 격자계산에 의존한다.

5.4.2 대역통과필터

그림 5-46에서 나타낸 것처럼 대역통과필터의 주요 골격으로서 두 개의 마이크로스트립 선로에 관심을 기울여 보자. 이 그림은 입력과 출력단에 대하여 기하학적으로 정렬되어 있으며 개방회로 조건과 이에 상응되는 전송 선로의 표현을 나타내었다.

본 절에서는 복잡한 수식적 처리(Gupta 참고도서 참조)에 따른 자세한 논의를 하

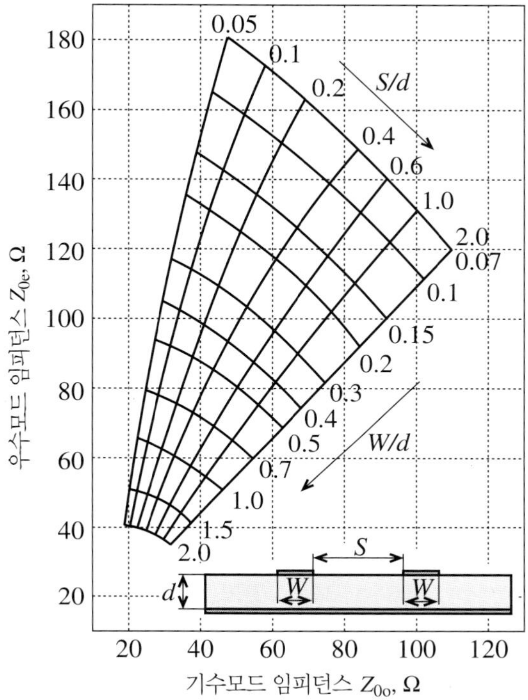

그림 5-45 • 마이크로스트립 선로의 우수 및 기수 특성 임피던스 계산

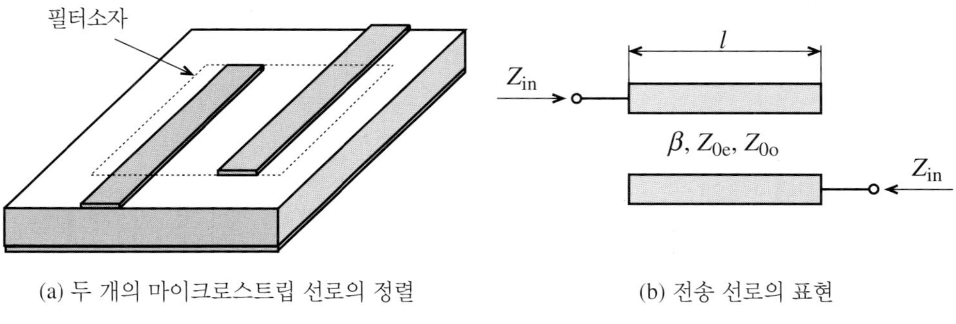

그림 5-46 • 대역통과필터의 소자

지 않기로 한다. 이러한 형태에 대하여 개방 전송 선로 선분에 대한 임피던스 행렬계수는 다음과 같이 나타낸다.

빗살형 필터

1 GHz 이하(예를 들어, 200~600 MHz)의 주파수에 대해, 작은 면적의 마이크로스트립 대역통과 여파기를 설계하기가 어렵다. 이런 문제는 빗살형 필터(combline filter)구조로 설계함으로써 극복할 수 있다. 이 구조는 마이크로스트립 선로가 한 쪽은 접지에, 다른 쪽은 커패시터에 연결되고 서로 겹쳐져 있다. 예를 들어, 500 MHz에서 40 dB 억압특성을 갖는 5소자 대역통과의 경우 면적이 1인치 × 1인치로 보고 되었다.

$$Z_{11} = -j\frac{1}{2}(Z_{0e} + Z_{0o})\cot(\beta l) = Z_{22} \tag{5.73a}$$

$$Z_{12} = -j\frac{1}{2}(Z_{0e} - Z_{0o})\frac{1}{\sin(\beta l)} = Z_{21} \tag{5.73b}$$

이러한 구조를 다단구조필터 형태로 캐스케이드 결합시키면, 이웃한 근접소자에 대하여 선분의 입력과 출력을 정합시켜야 한다. 이와 같은 것은 **영상 임피던스**를 구하는 것으로, 다음과 같다. 단자 1에서 입력 임피던스의 경우

$$Z_{in} = \frac{V_1}{I_1} = \frac{AZ_L + B}{CZ_L + D} \tag{5.74a}$$

이며 단자 2에서 출력 임피던스는 다음과 같다.

$$Z_L = \frac{-V_2}{I_2} = \frac{DZ_{in} + B}{CZ_{in} + A} \tag{5.74b}$$

$Z_{in} = Z_L$을 만족시켜야 하므로 식 (5.74)로부터 $A = D$가 되며 다음 식과 같다.

$$Z_{in} = \sqrt{\frac{B}{C}} \tag{5.75}$$

식 (5.73)이 체인 행렬 형태로 변환되면 계수 A, B, C, D를 결정할 수 있다. B와 C를 식 (5.75)에 대입하면 입력단에 대하여 영상 임피던스는 다음과 같다.

$$Z_{in} = \frac{1}{2\sin(\beta l)}\sqrt{(Z_{0e} - Z_{0o})^2 - (Z_{0e} + Z_{0o})^2\cos^2(\beta l)} \tag{5.76}$$

식 (5.76)의 대역통과필터 동작 특성은 $0 < \beta l < 2\pi$의 범위에서 전기적 길이에 대한 입력 임피던스의 동작 특성의 실수부를 구성하여 명백하게 나타낼 수 있으며 그림 5-47에서 특성을 보여주고 있다.

그림 5-47에 따르면 전기적 길이를 $\lambda/4$ 또는 $\beta l = \pi/2$으로 선정할 때 특성 대역통과 필터의 성능을 얻을 수 있다. 이 경우 상한 및 하한 차단주파수는 다음과 같다.

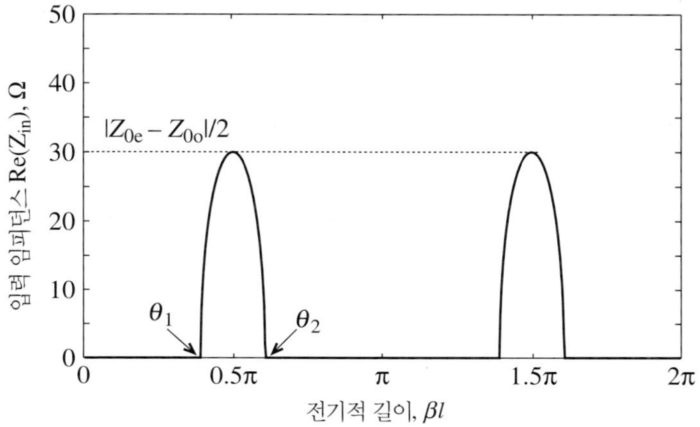

그림 5-47 • 식 (5.76)의 입력 임피던스 동작 특성. Z_{0e}, Z_{0o}는 임의적으로 120 Ω와 60 Ω으로 설정하였다.

$$(\beta l)_{1,2} = \theta_{1,2} = \pm\cos^{-1}\left[\frac{Z_{0e} - Z_{0o}}{Z_{0e} + Z_{0o}}\right] \tag{5.77}$$

그림 5-47에서 주목할 만한 것은 주기적인 임피던스 반응 특성으로, 상한 동작주파수는 보다 높은 주파수에서 다단 대역통과필터 반응을 피하기 위하여 대역이 제한되어야 함을 의미한다.

5.4.3 직렬연결된 대역통과필터 소자

앞 절에서 논의한 단일 대역통과소자 자체는 우수한 필터에서 나타나는 대역통과에서 저지대역으로의 가파른 변환을 보여주지 못한다. 그러나 이러한 소자를 직렬로 연결(cascade)함으로써 고성능 필터의 결과를 얻을 수 있다. 그림 5-48에서 일반적인 단일 대역통과소자를 여러 단 직렬로 연결한 설계를 보여주고 있다.

특정한 대역통과필터의 조건을 만족시키는 이러한 구조의 필터를 설계하려면 많은 계산이 수행되어야 한다. 설계 시 요구조건을 실제적인 필터로 실현시키기 위하여 파라미터를 전환시킬 때 다음과 같은 설계과정을 필요로 한다(Matthaei 등 참고도서 참조).

- **표준 저역통과필터 계수의 선정**: 버터워스 형이냐 체비셰브 형이냐에 따라 설계에서는 원하는 제거레벨과 리플레벨 등을 필요로 한다. 설계자는 표 5-2 또는 표 5-6

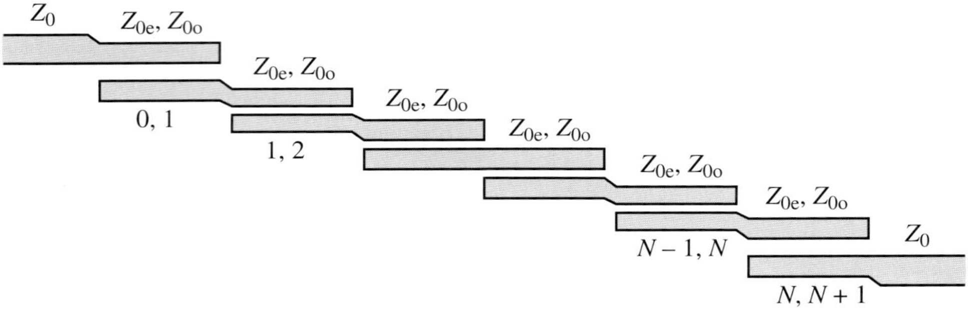

그림 5-48 • 5단 결합 선로 대역통과필터($N = 5$)의 다단형태

> **이중통신(Diplex) 필터**
>
> 다른 주파수 대역에서 동작하는 두 개의 라디오가 같은 안테나에 연결되어 있다면, 이것은 다이플렉스 필터에 의해 가능하다. 이것은 기본적으로 한 결합점이나 T-결합 점에 연결된 저역통과 와 고역통과 필터로 구성된다. 결과적으로 첫 째 라디오는 저역 통과 필터의 3 dB 차단점 아래에서 동작하고, 다른 것은 고역 통과 대역의 위 측에서 동작하도록 한다.

에 수록된 표준 저역통과 계수 $g_0, g_1, g_2, \ldots, g_N, g_{N+1}$에서 적합한 값을 직접 선정할 수 있다.

- **정규화 대역폭, 상한 및 하한 주파수에 대한 판정 확인:** 하한 및 상한 주파수 ω_L, ω_U및 중심주파수 $\omega_0 = (\omega_L + \omega_U)/2$에 대한 원하는 필터의 설계규격으로부터 필터의 정규화 대역폭을 정의한다.

$$\text{BW} = \frac{\omega_U - \omega_L}{\omega_0} \tag{5.78}$$

이 값으로부터 다음 파라미터를 계산할 수 있다.

$$J_{0,1} = \frac{1}{Z_0}\sqrt{\frac{\pi \text{BW}}{2g_0g_1}} \tag{5.79a}$$

$$J_{i,i+1} = \frac{1}{Z_0}\frac{\pi \text{BW}}{2\sqrt{g_ig_{i+1}}} \tag{5.79b}$$

$$J_{N,N+1} = \frac{1}{Z_0}\sqrt{\frac{\pi \text{BW}}{2g_Ng_{N+1}}} \tag{5.79c}$$

위 식은 우수 및 기수 특성 임피던스를 결정할 수 있다.

$$Z_{0o}\big|_{i,i+1} = Z_0[1 - Z_0J_{i,i+1} + (Z_0J_{i,i+1})^2] \tag{5.80a}$$

및

$$Z_{0e}\big|_{i,\,i+1} = Z_0[1 + Z_0 J_{i,\,i+1} + (Z_0 J_{i,\,i+1})^2] \tag{5.80b}$$

여기에서 첨자 i, $i+1$은 그림 5-48에서 보여준 겹치는 부분의 소자를 참고한다. 여기에서 Z_0는 필터구조에서 시작과 끝나는 점에서의 특성 임피던스이다.

- **실제 스트립 선로의 크기의 선정:** 그림 5-45를 근간으로, 각각의 우수 및 기수모드 선로 임피던스는 마이크로스트립 선로의 크기로 전환할 수 있다. 예로 유전체 물질과 PCB 보드의 두께가 주어진다면 스트립 선로의 간격 S, 동판의 폭 W를 결정할 수 있다. 각 결합 선로 선분의 길이는 제5.4.2절에서 논의한 바와 같이 중심주파수에서 $\lambda/4$와 같아야 한다.

진행되는 설계과정은 필터에 대한 원론적인 설계를 우선적으로 하며 가장자리의 전자파 효과를 고려하여 길이와 폭을 수정함으로써 정확하게 설계할 수 있다. 한편, 시뮬레이션을 위한 프로그램을 사용하면 더 정확하고 정밀한 튜닝을 하게 되며, 설계한 것이 실제로 설계규정에 맞는 성능을 나타내는지 확인할 수 있다.

5.4.4 설계 예제

다음 예에서는 앞에서 언급한 설계과정을 통하여 특정 대역통과필터를 설계하고자 한다.

RF&MW

예제 5-6 • 결합 전송 선로 선분을 갖는 대역통과필터 설계

중심주파수는 5 GHz, 하한주파수는 4.8 GHz, 상한주파수는 5.2 GHz이고 통과대역에서 3 dB의 리플을 갖는 결합 선로 대역통과필터를 설계하고자 한다. 이때 감쇠는 5.3 GHz에서 적어도 30 dB가 되어야 한다. 소자의 수를 결정하고 결합 전송 선로의 기수 및 우수 특성 임피던스를 구하라.

풀이:

제5.4.3절에 따라, 필터설계의 첫 번째 단계는 적합한 저역통과필터원형을 선정하는 것이다. 필터의 차수는 5.3 GHz에서 30 dB의 감쇄요구조건으로부터 선정할 수 있다. 대역통과필터에 대한 주파수 변환 식 (5.52)를 이용하여 5.3 GHz에서 저역통과필터 원형의 정규화주파수가 다음과 같음을 알 수 있다.

$$\Omega = \frac{\omega_c}{\omega_U - \omega_L}\left(\frac{\omega}{\omega_c} - \frac{\omega_c}{\omega}\right) = 1.4764$$

그림 5-21에서 $\Omega = 1.4764$일 때 30 dB 감쇠를 달성하기 위하여 필터의 차수는 적어도 $N = 5$로 결정된다. 3 dB 리플을 갖는 $N = 5$ 체비셰브 필터의 계수는 다음과 같다.

$$g_1 = g_5 = 3.4817, g_2 = g_4 = 0.7618, g_3 = 4.5381, g_6 = 1$$

설계의 다음 단계에서는 식 (5.80)과 같이 나타난 결합 전송 선로의 우수 및 기수 모드의 특성 임피던스를 구해야 한다. 이러한 계산의 결과를 다음과 같이 표로 나타내었다.

i	$Z_0 J_{i,\, i+1}$	$Z_{0o}(\Omega)$	$Z_{0e}(\Omega)$
0	0.1900	42.3056	61.3037
1	0.0772	46.4397	54.1557
2	0.0676	46.8491	53.6077
3	0.0676	46.8491	53.6077
4	0.0772	46.4397	54.1557
5	0.1900	42.3056	61.3037

이론적인 설계가 정확한가를 확인하고 설계한 대역통과필터의 성능을 분석하기 위하여 시뮬레이션 도구를 사용하였다. 모의실험의 결과는 그림 5-49와 같다.

그림 5-49의 필터 동작 특성은 f_L과 f_U및 5.3 GHz에서의 감쇠가 30 dB를 초과하는 설계규격을 만족시키고 있음을 확인할 수 있다.

이론적인 필터설계에서는 종종 실제 성능을 시험하기 위하여 *RF* 회로 모의실험으로 유효성을 이중으로 검토해야 하는 계수를 나타내기도 한다.

모의실험 프로그램으로 다시 검증하는 또 다른 이유는 설계방법이 독립적인가를 증명할 필요가 있고 또 필터의 기하학적 및 유전체 특성으로 파라미터가 변하는 범위에

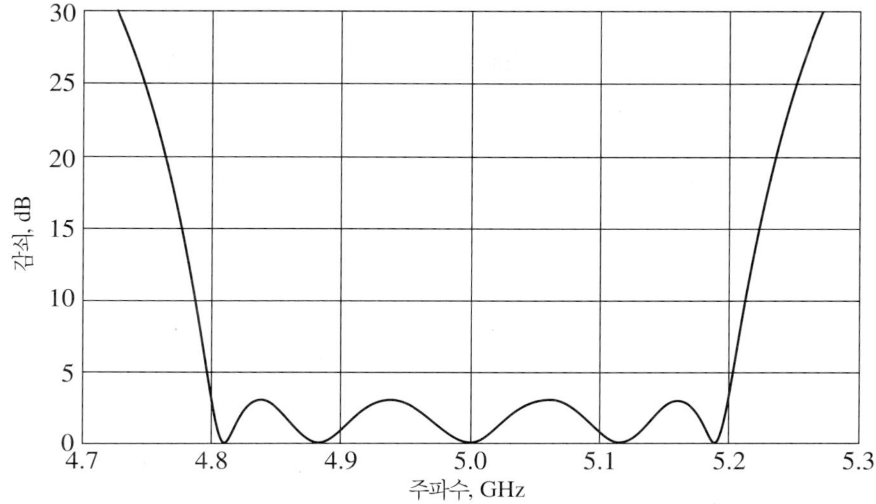

그림 5-49 • 통과대역에서 3 dB 리플을 갖는 제5차 결합 선로 체비셰브 대역통과필터의 MMICAD 모의실험 결과. 하한 차단주파수는 4.8 GHz이고 상한 차단주파수는 5.2 GHz이다.

서 필터의 성능을 테스트하기 위하여 필요하기 때문이다.

이러한 실용적인 공부는 대부분 컴퓨터를 이용하여 쉽게 달성할 수 있다. 초기 이론적인 아이디어를 설정해주면 컴퓨터 모의실험이 실제적으로 필터를 보드로 구현하고 시험하는 순서 과정을 나타낸다.

RF&MW→

실용적인 설명: 마이크로스트립 저역통과필터의 구현

이 절에서는 마이크로스트립 저역통과 필터에 대해 시험해보고자 한다. 저자에 의해 개발된 간단한 MATLAB 코드에 의한 결과와 ADS CAD 시뮬레이터에 의한 결과를 실제 측정한 필터 성능과 비교한다.

그림 5-37의 5단 저역통과필터는 차단주파수가 1.5 GHz로 조정되어 있다. 모든 선로의 특성 임피던스와 전기적 길이는 동일하지만 마이크로스트립 선로의 물리적 길이는 변한다. 그림 5-50(a)의 그래프는 일반적인 무손실 전송 선로에 의해 구현된 저역통과필터의 이론적인 S-파라미터

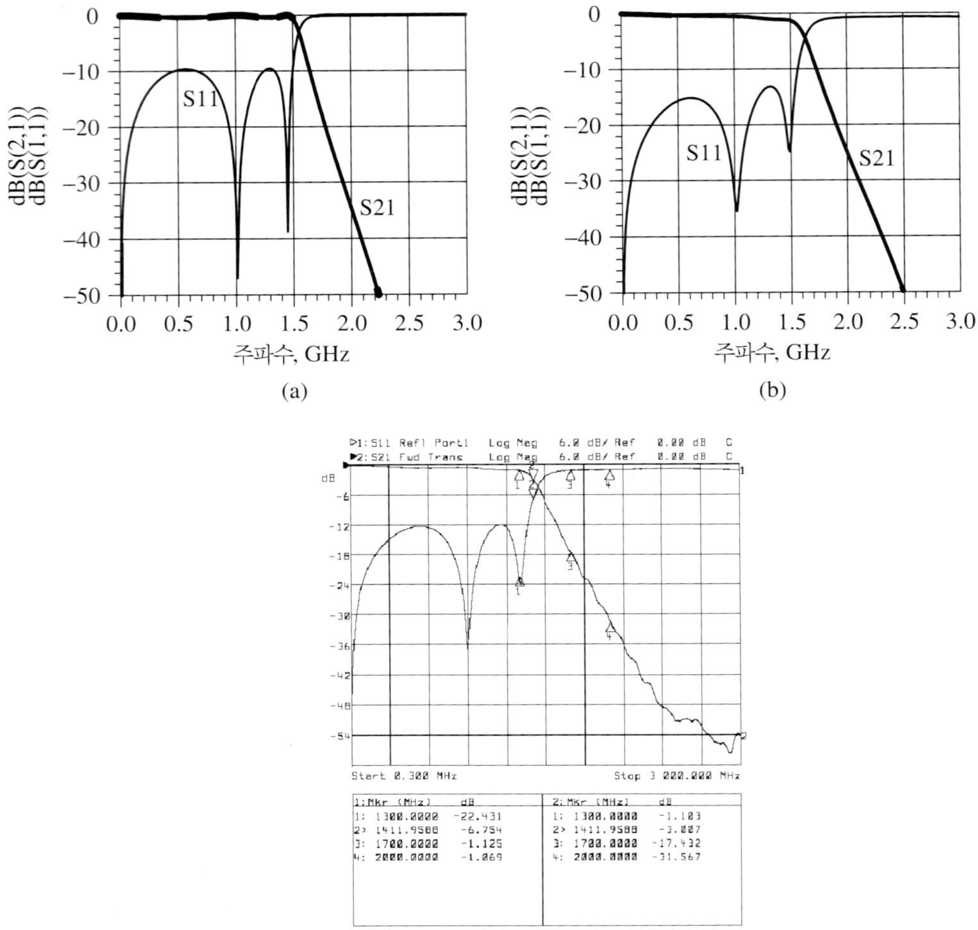

(c)

그림 5-50 ● 1.5 GHz 마이크로스트립 저역통과 필터의 *S*-파라미터 (a) 매트랩 시뮬레이션 (b) ADS 시뮬레이션 (c) 네트워크 분석기의 측정 결과

(dB 단위)를 나타낸다. 순방향 전압 이득 $|S_{21}|$은 0에서 1.5 GHz의 통과 대역내에서 0.5 dB의 리플을 나타내고 있다. 이 리플은 반사계수 $|S_{11}|$에서도 거의 반사가 없는 작은 값에서부터 최대 −9.6 dB까지 큰 변동으로 나타난다. 1.5 GHz 차단주파수 이상에서 5단 $|S_{21}|$은 상대적으로 매우 날카로운 감쇄 특성을 나타내며, 체비쉐브 필터 특성과 일치함을 알 수 있

다. 그리고 $|S_{11}|$은 차단대역에서 1에 접근함을 알 수 있다. 이것은 입력 신호가 완전히 소스 측으로 반사되어 돌아오는 것을 의미한다. 이것은 필터 설계와 같은 것에서 적절한 포트 임피던스 정합의 중요성을 의미한다.

그림 5-50(b)는 이 필터를 마이크로스트립 형태로 구현하여 ADS를 이용한 시뮬레이션 결과를 나타낸다. 마이크로스트립 필터의 레이아웃은 그림 5-51(a)에 나타내었다. 시뮬레이션에서 사용한 기판은 $\varepsilon_r = 4.6$이고 손실 탄젠트가 1 GHz에서 $\tan\Delta = 0.02$인 0.062 inch 두께의 FR4를 사용하였다. 시뮬레이션한 필터의 성능은 이상적인 경우와 상당히 차이가 난다. 결과에서 통과대역의 높은 주파수 대역에서 FR4의 유전체 손실과 구리의 도체 손실 때문에 삽입손실이 증가되었음을 알 수 있다. 차단 주파수 코너에서 특성이 날카롭지 않고, 차단 특성의 그래프 기울기가 이상적인 필터의 경우보다 가파르지 않다. 이런 결과의 차이는 상대적으로 짧아진 마이크로스트립 선로 길이의 비이상적 특성과 마이크로스트립들의 연결을 위해 추가된 동박 등의 원인에 의해 생긴 것이다.

그림 5-50(c)는 필터를 실제 PCB로 제작하여 네트워크 분석기를 통해 측정한 결과이다. 그림 5-51(b)는 제작된 PCB의 사진이다. 제작된 마이크로스트립 패턴은 케이블 접속을 위한 두 개의 커넥터를 제외하면 그림

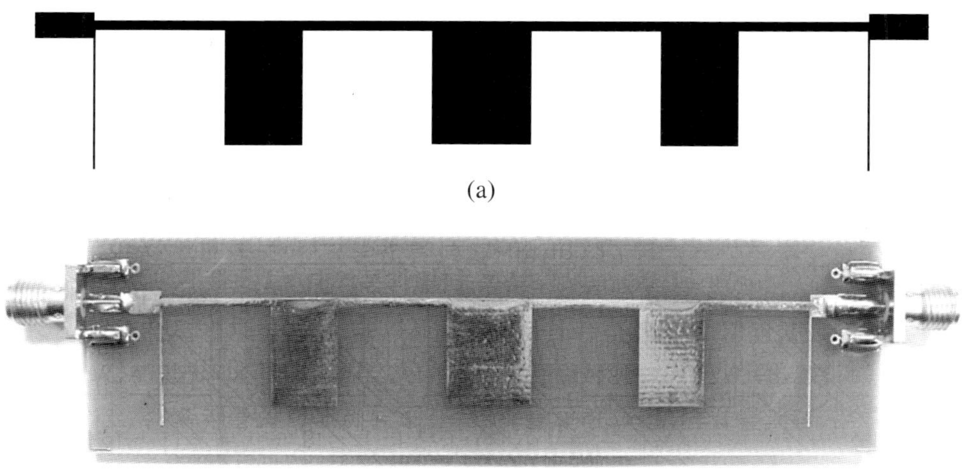

(a)

(b)

그림 5-51 • 1.5 GHz 저역통과 필터의 마이크로스트립 패턴 (a) ADS 시뮬레이션용 (b) PCB 제작

5-51(a)에서 시뮬레이션을 한 패턴과 같다. PCB의 크기는 가로 4.05, 세로 1.1 inch 이고, 밑면에는 접지면으로 구성되어 있다. 측정된 $|S_{21}|$의 특성은 차단 주파수가 약 1.4 GHz로 약간 낮은 것을 제외하면 시뮬레이션 결과와 비슷하다. 이것은 FR4 재질의 유전 상수가 시뮬레이션에서 실제보다 낮게 설정되었음을 나타낸다. 특성을 시뮬레이션 결과와 비교해보면 통과대역의 상단부에서 삽입손실이 1.3 GHz에서 1 dB정도로 증가되었고, 이상적인 5단 저역통과필터보다 차단 특성이 약간 완만하다. 그러나 차단대역에서 감쇄특성이 계속적으로 증가하지 않고 2.3 GHz에서 50 dB정도로 나타나고 있다. 이것은 실제 PCB 제작에서 불완전한 접지면이 주요 원인이다. 일반적으로 어떤 실제적인 필터 구조에서는 신호의 누화가 나타나기 때문에 차단대역에서 높은 감쇄특성을 얻기가 쉽지 않다. 설계에서 고려해야할 요소는 회로의 실제 크기에 관한 것이다. 크기가 4 × 1 inch인 구조는 대부분의 경우에 너무 크게 느껴진다. 높은 유전율의 기판을 사용하면 거의 절반 정도로 크기를 줄일 수 있다. 그러나 이와 같은 마이크로스트립 필터 형태는 5 GHz 이상의 주파수에서 응용하기 때문에 크기는 예제보다 현실적으로 줄어들게 된다.

5.5 요 약

본 장에서는 RF/MW 분야에서 항상 필연적으로 사용되는 필터의 설계개념에 대하여 공부하였다. 자세한 개념이론을 유도하기보다는 실제적 필터 형태를 구현하는 데 있어서 설계자들이 직면하는 주요사항에 대하여 근원적인 논의를 제시하였다.

필터를 고역통과필터, 저역통과필터, 대역통과필터 및 대역저지필터로 분류하고 필터의 규격을 개발할 때 공통적으로 이용되는 표현식을 이해하는 데 필요한 공통적인 용어를 도입하였다. 차단주파수, 하한 차단주파수, 상한 차단주파수 및 중심주파수, 감쇄형상 계수, 대역폭, 삽입손실 및 제거 등의 용어는 간단한 제1차 고역, 저역통과필터와 직렬, 병렬공진회로에서 관련 내용을 통하여 정의하였다. 공진회로는 대역통과 및 대역저지필터 설계를 실현가능하게 하므로 임피던스의 형태 또는 어드미턴스의 동작특성은 이른바 양호도를 통하여 정량화시킬 수 있다.

$$Q = 2\pi \left.\frac{\text{평균 축적 에너지}}{\text{주기당 손실 에너지}}\right|_{\omega = \omega_c}$$

양호도는 필터의 양호도 Q_F, 외부양호도 Q_E로 세분된다. 특별히 삽입손실의 정의는

$$\text{IL [dB]} = 10 \log \frac{P_A}{P_L} = -20 \log|S_{21}|$$

이며 신호원과 부하단 사이에 필터를 삽입하여 나타나는 전력의 손실량을 정의하고 고주파수 영역의 필터 설계에서 중요한 역할을 한다. 다양한 필터 형태를 구현하기 위하여 필요한 감쇄형상에 따라서 손실계수는

$$\text{LF} = \frac{1}{|S_{21}|^2} = 1 + \varepsilon^2 Q_{\text{LD}}^2$$

이며 특정 동작 특성을 실현시키는 데 이용된다. 그러나 위의 정의에서는 필터회로 자체에서 소비되는 전력은 없는 것으로 간주한다.

구체적이고 편리한 필터 설계방안으로 정규화 주파수 스케일을 기본으로 한 저역통과필터를 설계의 표준형으로 선정했으며, 주파수 스케일링과 주파수 이동(shift)을 이용하면 모든 형태의 필터를 쉽게 실현시킬 수 있다. 이러한 설계방법의 이점은 표준 저역통과필터 계수를 통과대역에서 최대형상을 갖는 버터워스(Butterworth) 필터로 하느냐 균일리플 감쇄형상을 나타내는 체비셰브 필터로 하느냐에 따라서 몇 개만 유도하면 되는 것이다.

실제적인 구현은 다음의 리처드 변환 식을 통하여 이루어진다.

$$S = j\tan\left(\frac{\pi}{4}\Omega\right)$$

이 변환은 집중 형태의 커패시티브 소자, 인덕티브 소자와 분포 전송이론 사이를 연계시키고 설정하는 데 중요한 핵심이론이다. 다양한 직렬 및 단락 전송 선로의 선분은 단위소자이론을 통하여 공간적으로 분리시킨 후 구로다 동일성을 이용하여 전송선분의 일부를 손쉽게 구현가능한 선분소자로 전환시킨다. 특별히, 병렬 마이크로스트립 스텁(stub)은 직렬 스텁보다 구현하기가 용이하다. 구로다의 동일성을 적용하여 서로 변환함으로써 아주 우수하게 실현할 수 있다.

마이크로스트립 선로에 근접하면 전자파 결합이 유도되므로 대역통과필터, 대역저지필터를 설계할 때 고려되어야 한다. 이론적으로 너무 깊숙한 설명은 생략하고 두 선로 선분을 2단자 회로를 표현하기 위한 기본구조로 이용했다. 우수와 기수모드 임피던

스 분석을 통하여 영상 임피던스(image impedance)를 구하면 다음과 같으며

$$Z_{\text{in}} = \frac{1}{2\sin(\beta l)}\sqrt{(Z_{0\text{e}} - Z_{0\text{o}})^2 - (Z_{0\text{e}} + Z_{0\text{o}})^2 \cos^2(\beta l)}$$

대역통과 동작으로 특성화된다. 이와 같은 단일 소자는 직렬로 연결하여 다양한 설계 규격을 만족시키는 다단필터를 구성할 수 있다. RF/MW 프로그램을 이용하여 동일 예제를 다시 모의실험하였으며 다양한 소자의 차수와 마이크로스트립 선로의 기하학적인 구조를 가지고 결합필터의 동작 특성에 대하여 모의실험하였다.

필터설계의 주제에 대하여 피상적으로 다루었지만, 제5장에서는 고주파대에서 기능성 필터를 실현하는 데 필요한 기본적인 필터 설계이론을 공부하였다. 적합한 필터 계수를 선택하고, 실제 주파수로 스케일링함으로써 마이크로스트립으로 필터를 구현하는 과정을 통하여 실제적으로 필터를 설계하고자 시도하였다. 제5장은 수치해석을 통하여 수행되는 상업적 프로그램을 이용하여 제시한 이론을 명확히 하였다. 대부분의 필터 설계에서 RF/MW프로그램은 필터성능을 예측하는 데 필수적인 도구가 되었으며 더욱, 회로도로부터 특정한 레이아웃 프로그램을 사용하여 물리적인 보드구축에 기본이 되는 실제적인 PCB 레이아웃을 직접 만든다.

참고문헌

R. Levy and S. B. Cohn, "A Brief History of Microwave Filter Research, Design and Development," *IEEE Trans, on Microwave Theory and Techniques*, MTT-32, pp. 1055–1067, 1982.

S. Kobakashi and K. Saito, "A Miniaturized Ceramic Bandpass Filter for Cordless Phones," *IEEE Internatinal Microwave Symposium Dig.*, pp. 249–252,1995.

C. C. You, C. L. Huang, and K. I. Sawamoto, "A Direct Coupled Lambda/4 Coaxial Resonator Bandpass Filter for Land Mobile Communication," *IEEE Trans. on Microwave Theory and Techniques*, MTT-34, pp. 972–976,1986.

M. Korber, "New Microstrip Filter Topologies," *Microwave Journal*, pp. 138–144, 1997.

B. Rawat, R. Miller, and B. E. Pontius, "Bandpass Filters for Mobile Communications," *Microwave Journal*, 27, pp. 146–152, 1984.

R. W. Rhea, *HF Filter Design and Computer Simulations*, Nobel Publishing, Atlanta, GA, 1994.

S. Butterworth, "On the Theory of Filter Amplifiers," *Wireless Eng.*, Vol. 7, pp. 536–541, 1930.

S. Darlington, "A History of Network Synthesis and Filter Theory for Circuits Composed of Resistors, Inductors, and Capacitors," *IEEE Transactions on Circuits and Systems*, Vol. 46, pp. 4–13, 1999.

B. Mayer and M. H. Vogel, "Design Chebyshev Bandpass Filters Efficiently," *RF Design*, pp. 50–56. September 2002.

D. Bradly, "The design, Fabrication and Measurement of Microstrip Filter and Coupler Circuits," *High Frequency Electronics*, pp. 22–30, July 2002.

C. A. Corral, C. S. Lindquist and P. B. Aronhtme, "Sensitivity of the Band-Edge Selectivity of Various Classical Filters," Proceeding of the 40th Midwest Symposium of Circuits and Systems, p. 324, 1997.

K. C. Gupta, R. Garg, and I. J. Bahl, *Microstrip Lines and Slot Lines*, Artech House, Dedham, MA, 1979.

G. L. Matthaei, et al., *Microwave Filters, Impedance-Matching Networks, and Coupling Structures*, McGraw-Hill, New York, 1964.

E. H. Bradley, "Design and Development of Stripline Filters," *IEEE Trans. on Microwave Theory and Techniques*, Vol. 4, No. 2, pp. 86-93, 1956.

A. Bhargava, "Combline Filter Design Simplified," RF Design, pp. 42–48, January 2004.

C. G. Montgomery, R. H Dicke, and E. M. Purcell, *Principles of Microwave Circuits*, MIT Radiation Laboratory Series, Vol. 8, McGraw-Hill, New York, 1948.

D. M. Pozar, *Microwave Engineering, 2nd ed.*, John Wiley, New York, 1998.

P. A. Rizzi, *Microwave Engineering: Passive Circuits*, Prentice Hall, Englewood Cliffs. NJ, 1988.

L. Weinberg, *Network Analysis and Synthesis*, McGraw-Hill, New York, 1962.

A. Zverev, *Handbook of Filter Synthesis*, John Wiley, New York, 1967.

연습문제

5.1 다음 그림과 같이 간단한 적분회로에 대하여 다음을 구하라.

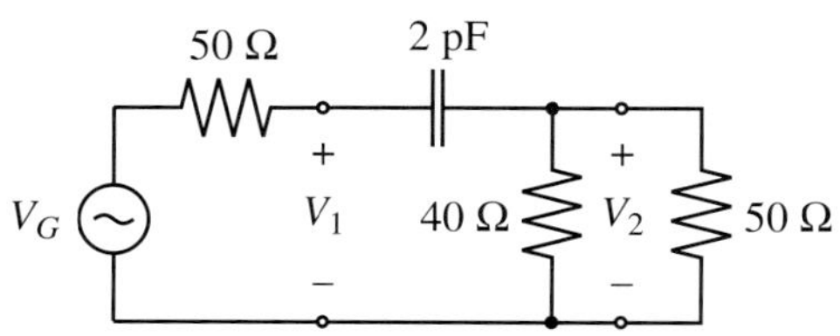

- 전달함수 $S_{21}(\omega)$
- 주파수 대 삽입손실

- 주파수 대 위상동작 특성 $\varphi(\omega)$
- 군지연 $t_g(\omega)$

DC에서 1 GHz까지의 주파수 범위에서 위에서 구한 값을 그림으로 나타내어라.

5.2 제5.1.4절에서 논의한 표준 직렬 및 병렬공진회로에 대하여 내부,외부 및 부하 양호도의 표현식을 유도하여라.

5.3 제5.1.5절에서 병렬공진회로의 어드미턴스는 양호도와 관련시켜 표현되었다. 결과식 (5.29)를 증명하라.

5.4 전송 선로에 소스와 단락 또는 개방된 부하를 연결하면 공진기로 사용될 수 있다. 아래 그림은 단락된 부하를 연결한 예를 보여 주고 있다. 선로의 손실은 $\alpha l < 0.1\ Np$로 낮다고 가정한다.

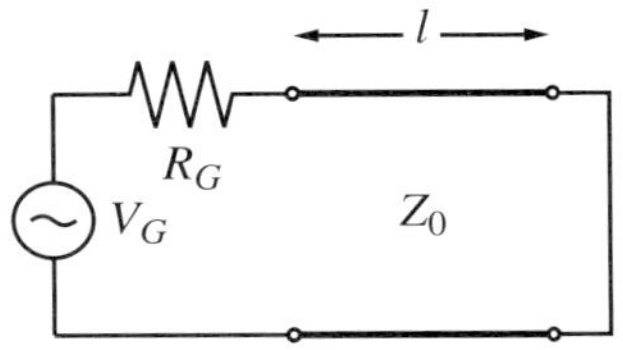

(a) 위 그림의 구조에서 입력 임피던스가 $Z_{in} = Z_0\alpha l + jZ_0\tan(\beta l)$가 됨을 보여라. 여기서 l은 선로의 길이, $\beta = \omega/v_p$는 위상정수, v_p는 위상 속도이다.

(b) 가장 낮은 공진에서 부하 양호도(loaded quality factor)와 무부하 양호도에 대한 식을 구하고, 공진주파수가 5 GHz, $Z_0 = R_G = 50\ \Omega$, 위상속도가 0.7 c, 감쇠가 5 mNp/m일 때 값을 계산하라.

5.5 그림과 같이 1단 대역저지 필터가 $R_L = R_G = 50\ \Omega$인 소스와 부하 사이에 삽입되었다. (a) $L = 20$ nH, $C = 80$ pF, $R = 50\ \Omega$일 때 필터의 삽입 손실을 구하고, dB 단위로 주파수 응답 특성을 그래프로 그려라. (b) 중심주파수와 3 dB 대역폭으로부터 부하 양호도(loaded quality factor)를 계산하라.

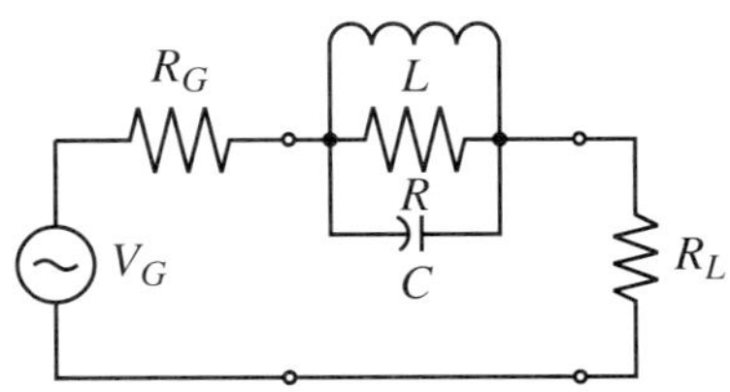

5.6 다음 그림의 필터에 대하여

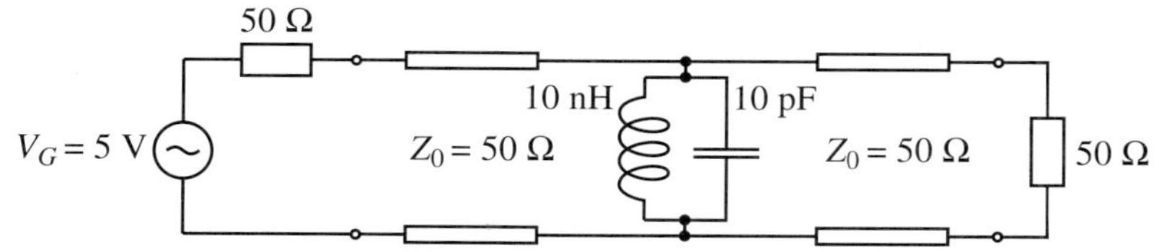

부하, 무부하 및 외부 양호도를 구하고 신호원에서 발생된 전력 및 공진 시 부하에 흡수되는 전력을 구하라. 공진주파수의 ±50% 범위에서 주파수 함수 대 삽입손실 관계를 그림으로 나타내어라.

5.7 다음 회로에 대하여 문제 5.4를 다시 풀어라.

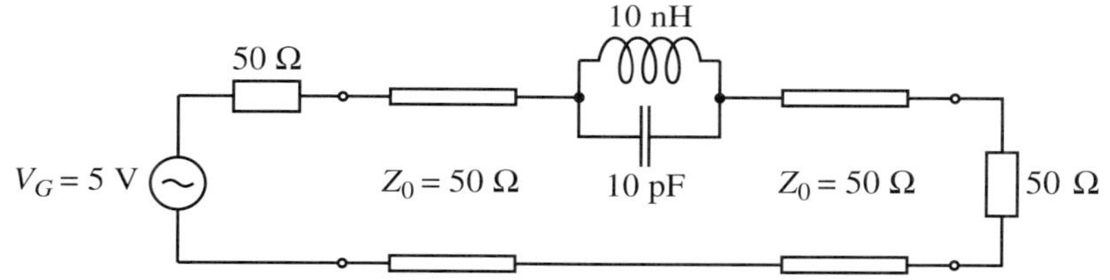

5.8 본 장의 앞부분에서 설명한 삽입 손실 방법은 회로의 입력 전력이 다음 식과 같이 입력 전력과 부하전력으로 표현될 때 일반화 될 수 있다(Rizzi 책 참조).

$$P_{\text{in}} = (1 - |\Gamma_{\text{in}}|^2)P_A \text{ 그리고 } P_L = (1 - |\Gamma_{\text{in}}|^2)P_A - P_d$$

여기서, P_A는 정합된 소스로부터의 가용 전력이고, P_d는 필터회로에서의 손실 전력이다. (a) 회로의 삽입 손실을 계산하라. (b) 무손실 회로($P_d = 0$)일 때 $\text{IL}[dB] = 10\log(1 - |\Gamma_{\text{in}}|^2)$임을 보여라.

5.9 $f = 1.6f_{3\text{dB}}$에서 적어도 40 dB의 감쇠를 나타내는 저역통과 버터워스 필터를 설계하려 한다. 몇 차의 필터를 구상해야 하는가? 이 필터를 실현시키기 위하여 몇 개의 인덕터와 커패시터 소자를 필요로 하는가?

5.10 앞의 문제를 같은 차단 주파수와 같은 형태의 고역통과 필터로 바꾸어 설계하라.

5.11 440 MHz에서 3 dB 차단 특성을 갖는 3 포트 버트워스 형 다이플렉스(diplex)를 설계하고자 한다. 저역통과필터(포트2)와 고역통과필터(포트3)는 3단으로 설계되고, 출력(포트1)에 연결된다. 필터의 구성을 그리고 선택된 주파수 범위에서 S-파라미터, S_{11}, S_{21}, S_{31}의 크기(dB)를 그래프로 그려라.

5.12 $f = 2f_{3\text{dB}}$의 주파수에서 적어도 20 dB의 감쇠를 갖는 원형 저역통과 버터워스 필터를 설계하라.

5.13 $f = 2f_{\text{cutoff}}$에서 적어도 50 dB의 감쇠를 갖고 통과대역에서 6 dB의 리플을 나타내는 저역통과 체비셰브 필터의 삽입손실과 주파수의 관계를 그림으로 나타내어라.

5.14 문제 5.12에서 설계한 원형 저역통과필터를 이용하여 1 GHz의 차단주파수를 갖는 고역통과필터를 설계하라.

5.15 디지털 통신시스템에서 잡음을 억압하기 위하여 1.7 GHz에서 2.1 GHz의 통과대역을 갖는 대역통과 RF 필터가 요구된다. 2.0 GHz과 1.8 GHz에서 필터의 최소감쇠는 30 dB여야 한다. 통과대역에서 0.6 dB의 리플 레벨은 허용된다고 가정한다. 최소한의 소자를 사용한 필터를 설계하라.

5.16 휴대전화에 응용하는 증폭기의 설계에서, 회로가 3 GHz에서 잡음이 초과해서 나타나고 있음이 발견되었다. f_c = 3 GHz의 중심주파수와 f_c ±10% 주파수에서 최소 30 dB의 감쇠를 나타내고, 3 dB의 대역폭은 중심주파수 f_c의 36.7%, 통과대역의 리플은 3 dB를 나타내는 대역저지필터를 설계하라.

5.17 앞 장에서 개방회로의 끝점에서 이상적인 동작을 한다는 가정 하에 개방회로의 스텁의 입력 임피던스 동작 특성에 대하여 조사하였다. 실제적인 실현에 있어서, 가장자리 효과에 의하여 전자파의 누설현상이 일어난다. 이와 같은 현상을 기생 커패시턴스로 모델링할 수 있으며 다음 그림과 같다.

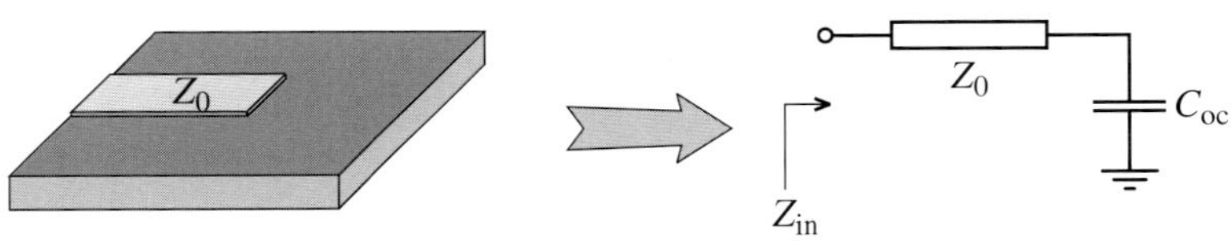

유용한 프로그램을 이용하여 주파수 f가 10 MHz에서 100 GHz인 범위에서 l = 1 cm인 50 Ω 개방 스텁의 입력 임피던스를 구하라. 계산에서 등가 부하 커패시턴스는 C_{oc} = 0.1 pF이고 선로의 위상속도는 $v_p = 1.5 \times 10^8$ m/s로 가정한다. 이상적인 개방회로와 단락회로의 입력 임피던스의 동작 특성을 비교하여라.

5.18 개방회로 스텁의 모든 물리적인 파라미터가 문제 5.17과 동일하다고 가정하여 하한 주파수(스텁의 입력 임피던스가 영에서)가 3.3 GHz라면 유효 가장자리 커패시턴스 C_{oc}를 구하라.

5.19 문제 5.17에서 설계를 다시 고려한 결과, 개방회로 스텁의 길이를 절반(l = 5 mm)으로 하여 사용하기로 하였다. 보드는 이미 1 cm의 스텁으로 제작되었으므로 스텁의 중앙을 절단하여 길이를 5 mm가 되도록 하여 아래 그림과 같이 되었다.

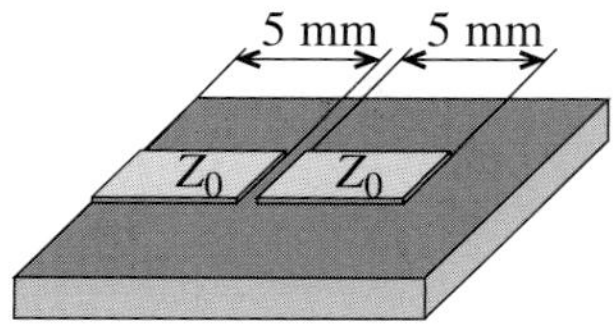

근접효과에 의하여 이 경우 등가회로는 아래 그림과 같이 나타낼 수 있다.

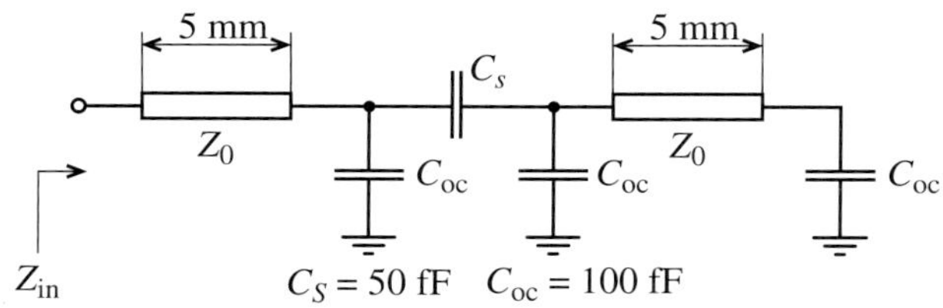

수학적 수표를 이용하여 주파수 10 MHz에서 20 GHz의 범위의 주파수에서 이 형태의 입력 임피던스를 계산하여라. 특성 임피던스는 50 Ω로 가정하며 위상속도는 $v_p = 1.5 \times 10^8$ m/s이다. $C_{oc} = 100$ fF (f = 10^{-15})의 가장자리 커패시턴스를 고려하여 5 mm 개방회로 스텁의 입력 임피던스 동작 특성과 비교하여라.

5.20 제2장에서 임의의 부하 임피던스를 다른 실수값의 임피던스로 전환시킬 수 있는 $\lambda/4$ 스트립 선로 변환기에 대하여 공부하였다. 분석함에 있어서 기생소자가 없는 것으로 항상 가정한다. 그러나 실제적으로 다른 임피던스값을 갖는 두 개의 전송 선로를 연결하면 전송 선로의 폭은 다음 그림과 같이 불연속이 발생된다.

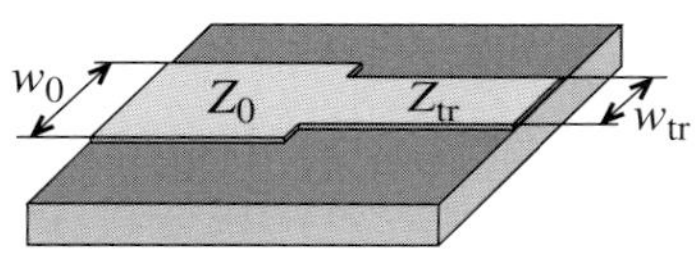

불연속에 의하여 부가적인 기생소자를 고려해야만 한다. 이러한 현상에 대한 등가회로는 아래 그림과 같다.

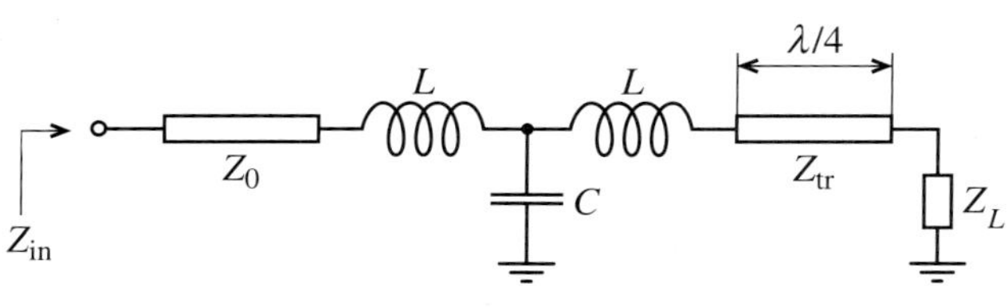

부하 임피던스는 $Z_L = 25\ \Omega$이며 $Z_0 = 100\ \Omega$이다. $\lambda/4$ 임피던스 변환기의 특성 임피던스 Z_{tr}을 구하고 주파수 10 MHz에서 20 GHz의 범위에서 전체시스템의 입력 임피던스를 계산하여라. 전송 선로길이는 $\lambda/4$이며 기생소자는 $L = 10$ pH, $C = 100$ fF 값을 갖는다고 가정한다.

5.21 표 5-6에서 주어진 처음 세 개의 구로다 동일성이론을 알맞은 **ABCD** 행렬을 계산하여 증명하여라.

5.22 차단주파수가 200 MHz이고 250 MHz에서 50 dB의 감쇠를 가지며 통과 대역에서 3 dB 리플을 갖는 저역통과필터를 설계해라. 필터의 균일 동작 특성은 고려 대상이 아니다. 필터를 구현함에 있어서 가장 적은 수의 소자를 선정한다.

5.23 통과대역에서 3 dB 리플을 갖는 3단 대역통과필터를 설계하여라. 중심주파수는 900 MHz이며 대역폭은 30 MHz이다. 수표를 이용하고 필터의 삽입손실을 그림으로 나타내어라.

5.24 제5.3.3절의 프로젝트 1에서 3 GHz 차단주파수를 갖는 체비셰브 저역통과필터를 마이크로스트립 선로로 구현하였다. $\varepsilon_r = 4.6$의 비유전율과 $h = 25$ mil의 두께를 갖는 FR4 기판를 사용하여 이 문제를 다시 풀고 각각의 마이크로스트립 선로의 물리적 폭과 길이를 구하라.

5.25 최대 균일 동작 특성을 나타내는 5단 대역저지필터를 설계하여라. 필터의 대역폭은 중심주파수 2.4 GHz의 15%이며, 이 필터는 양단에서 75 Ω 임피던스와 정합되어야 한다.

5.26 선형위상 동작 특성을 나타내는 5차 저역통과필터를 설계하여라. 필터의 차단주파수는 5 GHz이다. 두 가지 설계방안이 적용되는데, 첫 번째는 집중소자를 이용하는 방안이며 두 번째는 마이크로스트립 선로를 이용하여 설계하는 방안이다. 두 가지 경우에서 FR4 기판($\varepsilon_r = 4.6$, $h = 20$ mil)을 사용한다고 가정한다.

5.27 위성통신의 일부분으로, 위성통신의 하향변환기에서 이미지 신호 제거용 대역통과필터를 설계해야 한다. 신호의 대역폭은 300 MHz이며 중심주파수는 10 GHz이다. 통과대역에서 최대균일 동작 특성을 나타내어야 하며 10.4 GHz에서 적어도 40 dB의 감쇠를 나타내어야 한다.

5.28 식 (5.74a)와 식 (5.74b)를 증명하고 어떻게 식 (5.76)이 완성되는가를 보여라.

5.29 50 Ω 선로 임피던스 시스템에 적합한 결합 전송 선로 조각으로 구성된 최대 평탄(maximally flat) 특성을 갖는 대역통과필터를 설계하라. 설계조건은 4 GHz와 5 GHz에서 3 dB 감쇠를, 5.5 GHz에서 최소 30 dB의 감쇄 특성을 갖는 것이다. 특별히 다음을 결정하라. (a) 필터 소자의 차수 (b) 필터의 일반적인 계수 (c) 기수와 우수 모드 임피던스 (d) 필터 패턴의 레이아웃을 그려라.

CHAPTER 06

능동 RF 소자

앞에서 학습한 5개의 장에서 중점적으로 설명한 내용은 수동 RF 소자 및 전기회로 동작에 관한 것이었다. 이 장에서는 여러 가지 능동회로 소자에 대한 설명을 포함하여 그 범위를 넓히고자 한다. 증폭기, 믹서, 발진기를 설계하는 데 있어 특별히 흥미로운 내용 중 하나는 다이오드나 트랜지스터와 같은 반도체 소자이다. 그러나 현재 형성되어 있는 RF/MW 상업 시장에서 능동소자의 기술적 발전 속도가 매우 빠르므로 본 장에서는 능동소자의 기술발전 경향에 대하여 충분하게 다루지는 못하며 또 이러한 분석은 본 교재가 의도하는 것이 아니므로 여기에서는 RF/MW의 기술적 특성을 유도하는 여러 주요 개념만을 강조하고자 한다. 이러한 개념은 증폭기, 믹서, 발진기 및 앞으로 공부하는 여러 가지 능동 모듈의 설계에서 중요하게 이용된다. 제6장의 주요 목적은 아날로그 RF 회로의 적합한 모델을 구축하는 일부분으로서 RF 능동회로 표현을 공식화시키고 회로를 개발하는 데 있다.

능동소자에 대한 적합한 회로 모델을 개발하기에 앞서, *pn*-접합과 금속–반도체 접합을 포함한 반도체 물성론을 적용하며 능동소자를 물리적으로 유도한 전기적 등가회로로서 표현하여 RF 반도체의 특성을 나타내었다. 이와 같이 등가회로적인 표현에 대한 관점은 아래와 같은 이유로 반드시 필요하다.

- 고주파 동작모드에서는 부가적인 커패시티브 및 인덕티브 효과가 반도체 소자에 나타나며 반도체의 동작 특성에 영향을 미친다.
- 많은 능동소자의 고주파 동작은 저주파 소자의 동작 특성과는 아주 다르므로 특별한 취급을 해야 한다.
- SPICE 또는 관련된 RF CAD 프로그램에 의한 모의실험을 하기 위하여, 회로 동작 특성에 직접 또는 간접적으로 영향을 주는 능동소자의 물리적 파라미터에 대한 지식을 얻어야 한다.

제6장은 고주파에서 자주 사용되는 반도체의 가장 중요한 기본 개념에 대하여 간결하게 요약하였다. *pn*-접합과 쇼트키 접합(schottky contact)을 분석함으로써 정류기, 증

폭기, 튜닝 및 스위칭 시스템의 기본을 형성하는 전자회로적인 기능에 대하여 더욱 완전하게 이해하게 된다. 특별히 금속–반도체 접합은 고주파 동작에서 매우 유용하게 응용되며 RF 산업에서 많은 특정 다이오드 개발이 이루어져 왔다. 그러한 다이오드 중에 중요한 소자로는 쇼트키–다이오드, PIN 다이오드 및 터널 다이오드 등이 있다. 다음으로 *pn*-접합과 쇼트키 접합보다 복잡한 구조를 이루어진 쌍극자 트랜지스터 및 전계효과 트랜지스터에 대하여 중점적으로 공부하고자 하며 쌍극자 및 전계효과 트랜지스터의 구조와 기능성, 온도 및 잡음 동작 특성에 대하여도 공부하기로 한다.

6.1 반도체의 기본 이론

6.1.1 반도체의 물리적 특성

반도체 소자의 동작 특성은 반도체 자체의 물리적 특성에 따른다. 본 절에서는 반도체 소자 모델링에 대한 기본적인 체계를 소개하며 특별히 ***pn*-접합**의 동작 특성을 소개한다. 가장 많이 사용하는 게르마늄(Ge), 실리콘(Si) 및 갈륨비소(GaAs)의 세 가지 반도체를 중심으로 논의하기로 한다. 그림 6-1(a)는 순수 실리콘 반도체의 결합구조를 보여주고 있다. 개별적인 실리콘 원자는 4개의 가전자가 이웃한 원자와 같이 공유결합함으로써 4개의 가전자대를 형성한다.

열적 에너지가 없는 상태(즉 온도가 절대온도 영도($T = 0$ K $= -273.15$°C, 여기에서 T[K] $= 273.15 + T$[°C])에서 모든 전자는 원자와 결합되어 있고 반도체는 전도성 특성을 나타내지 않는다. 그러나 온도가 높아지면 많은 전자는 가전자대를 분리할 정도로 충분한 에너지를 얻게 되며 그림 6-1(b)과 같이 에너지 차 $W_g = W_C - W_V$를 얻게 된다(실온 $T = 300$ K에서 **에너지 차**는 Si에서 1.12 eV, Ge에서 0.62 eV이며 GaAs에서 1.42eV이다).

에너지 차를 뛰어넘은 자유전자는 음으로 대전된 반송자를 만들어 전하의 전도를 주도하고 전도전자의 농도 n을 형성한다. 전자가 가전자대를 이탈하게 되면 그 자리에 양으로 대전된 빈 자리가 형성되어 다른 자유전자에 의하여 채워질 수 있는데 이러한 형태의 빈 자리를 **홀(hole)**이라 하며 그 농도를 p라 한다. 전자와 홀은 열 에너지($T > 0$ K)의 결과에 의하여 반도체 격자를 통하여 임의의 운동을 한다. 전자가 홀을 만나게 되면 재결합 상태가 되어 전하로서 존재하지 않는다. 열적 평형상태에서는 전자와 홀의 농도와 재결합 농도는 같으며 페르미 통계이론에 의한 농도는 다음과 같다.

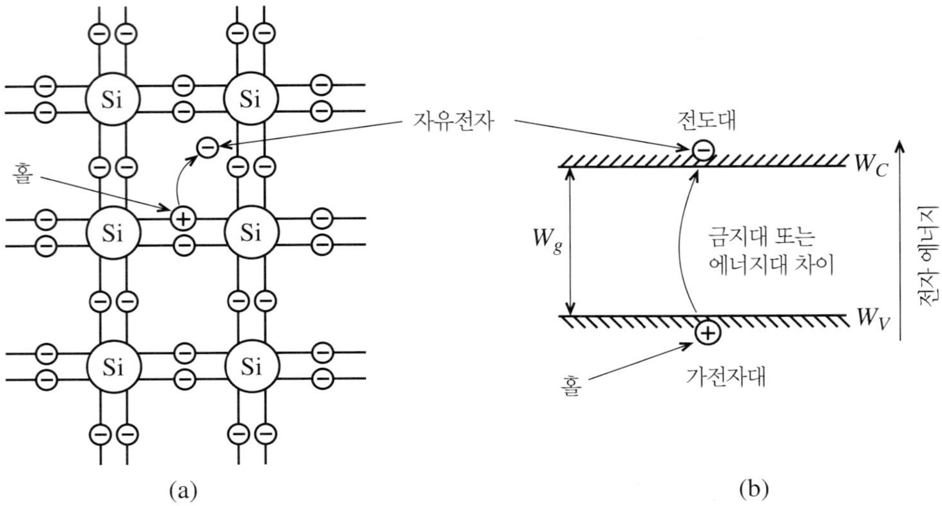

그림 6-1 • 실리콘의 격자구조와 에너지 레벨 (a) $T > 0$ K에서 열적으로 하나의 가전자대가 끊어진 상태로 홀이 발생되고 이동전자가 나타난 평면도 표현 (b) 등가 에너지 레벨의 표현으로 가전자대 W_V에서 홀이 발생되며 전도대 W_C에서 전자가 나타난다. 두 에너지대 사이의 에너지 차는 W_g로 표현된다.

RF 반도체 기술

RF 시스템 설계는 여러 가지 다른 반도체 기술들을 적용함으로써 완성시킬 수 있다. 일반적인 실리콘은 낮은 주파수 동작에서 더 선호되지만 SiGe, GaAs, InP를 바탕으로 한 매질은 집적회로에서 널리 사용되기 때문에 극히 높은 동작 주파수에서 사용된다. 예를 들면, InP는 200 GHz 혹은 그 이상의 주파수에서 광통신 시스템에 적용된다.

$$n = N_C \exp\left[-\frac{W_C - W_F}{kT}\right] \tag{6.1a}$$

$$p = N_V \exp\left[-\frac{W_F - W_V}{kT}\right] \tag{6.1b}$$

여기에서

$$N_{C,V} = 2(2m^*_{n,p}\pi kT/h^2)^{3/2} \tag{6.2}$$

는 각각 전도대에서의 **실효반송농도**(N_C)와 가전자대에서의 실효반송농도(N_V)이다. W_C와 W_V는 전도대와 가전자대의 에너지 레벨을 나타내며 W_F는 **페르미(Fermi) 에너지 레벨**로서 전자에 의한 점유상태의 확률 50%인 에너지 레벨을 의미한다. 실온에서 **순수(intrinsic)** 반도체의 페르미 레벨은 에너지 차(bandgap)의 절반에 가깝다. 식 (6.2)에서 m_n^*과 m_p^*는 반도체에서의 전자와 홀에 대한 실효질량을 나타내며 이 값은 반도체 격자의 상호 작용에 의한 자유전자 질량과는 다르다. k는 볼츠만(Boltzmann)상수, h는 프랭크(Planck)상수, T는 켈빈(Kelvin) 절대온도이다.

순수반도체에서 열적 자극으로 발생된 자유전자의 수는 홀의 수와 같으며(즉, $n = p = n_i$) 전자와 홀의 농도는 다음 식과 같이 농도법칙으로 나타낸다.

$$np = n_i^2 \tag{6.3}$$

여기에서 n_i는 순수 농도이다. 식 (6.3)은 순수반도체 뿐만 아니라 뒤에서 논의될 불순물이 도핑된 반도체에도 적용된다.

식 (6.1)을 식 (6.3)에 대입하면 다음과 같이 순수반도체 반송자 농도에 대한 관계를 나타낼 수 있다.

$$n_i = \sqrt{N_C N_V} \exp\left[-\frac{W_C - W_V}{2kT}\right] = \sqrt{N_C N_V} \exp\left[-\frac{W_g}{2kT}\right] \tag{6.4}$$

실효 전자와 홀 및 T = 300 K 실온에서의 농도 N_C, N_V 및 n_i에 대하여 표 6-1에 요약하였으며 부록 E의 표 E-1에 나타내었다.

고전 전자기학 이론에 의하여 물질의 전도도는 $\sigma = J/E$로 나타내며 여기에서 J는 전류농도, E는 인가전계이다. 고전 모델(Drude 모델)에서 전도도는 반송자 농도 N, 기본 전하량 q, 드리프트 속도 v_d 및 인가전계 E에 의하여 다음 식과 같다.

$$\sigma = qNv_d/E \tag{6.5}$$

반도체에서 전자와 홀은 물질의 전도도에 기여하고 있으며 전계가 낮은 경우 반송자의 드리프트 속도 v_d는 **반송자 이동도** μ로 알려진 비례상수에 관계되는 인가전계의 세기에 비례한다. 그러므로 반도체에 대해서 식 (6.5)를 다시 쓰면 다음과 같다.

$$\sigma = qn\mu_n + qp\mu_p \tag{6.6}$$

여기에서 μ_n, μ_p는 전자와 홀의 이동도이다. 순수반도체의 경우, 식 (6.6)을 $n = p = n_i$의 관계를 이용하여 간략화시키면 다음과 같다.

표 6-1 • T = 300 K에서 실효 농도 및 실효질량값

반도체	m_n^*/m_0	m_p^*/m_0	N_C, cm^{-3}	N_V, cm^{-3}	n_i, cm^{-3}
실리콘(Si)	1.08	0.56	2.8×10^{19}	1.04×10^{19}	1.45×10^{10}
게르마늄(Ge)	0.55	0.37	1.04×10^{19}	6.0×10^{18}	2.4×10^{13}
갈륨 비소(GaAs)	0.067	0.48	4.7×10^{17}	7.0×10^{18}	1.79×10^{6}

$$\sigma = qn_i(\mu_n + \mu_p) = q\sqrt{N_C N_V}\exp\left[-\frac{W_g}{2kT}\right](\mu_n + \mu_p) \tag{6.7}$$

RF&MW

예제 6-1 • 온도에 따른 순수반도체 전도도 계산

Si, Ge, GaAs 순수반도체에 대하여 온도에 따른 전도도 관계를 구할 필요가 있다. 계산을 쉽게 하기 위하여 $-50°\text{C} \le T \le 200°\text{C}$의 온도 범위에서 홀과 전자에 대한 이동도와 에너지 차는 일정한 것으로 가정한다.

풀이:

첫 번째 단계로 식 (6.7)에서 지수함수항을 제외한 나머지 값을 다음과 같이 $\sigma_0(T)$라 놓는 것이 편리하다. 즉

$$\sigma_0(T) = q\sqrt{N_C N_V}(\mu_n + \mu_p)$$

여기에서 전자와 홀 이동도는 표 E-1에서 구할 수 있으므로

$$\mu_n = 1350(\text{Si}), 3900(\text{Ge}), 8500(\text{GaAs})$$

$$\mu_p = 480(\text{Si}), 1900(\text{Ge}), 400(\text{GaAs})$$

이며 모든 값의 단위는 $\text{cm}^2/(\text{V} \cdot \text{S})$로 주어진다. N_C와 N_V는 식 (6.2)에 따라 다음과 같이 계산된다.

$$N_{C,V}(T) = N_{C,V}^{300}\left(\frac{T}{300}\right)^{3/2}$$

이 식은 다음 식과 같이 된다.

$$\begin{aligned}\sigma &= \sigma_0(T)\exp\left(-\frac{W_g}{2kT}\right) \\ &= q(\mu_n + \mu_p)\sqrt{N_C^{300}\ N_V^{300}}\ \left(\frac{T}{300\text{ K}}\right)^{3/2}\exp\left(-\frac{W_g}{2kT}\right)\end{aligned}$$

여기에서 에너지 차는 $W_g = W_C - W_V$이며 Si에서 1.12 eV, Ge에서 0.62 eV

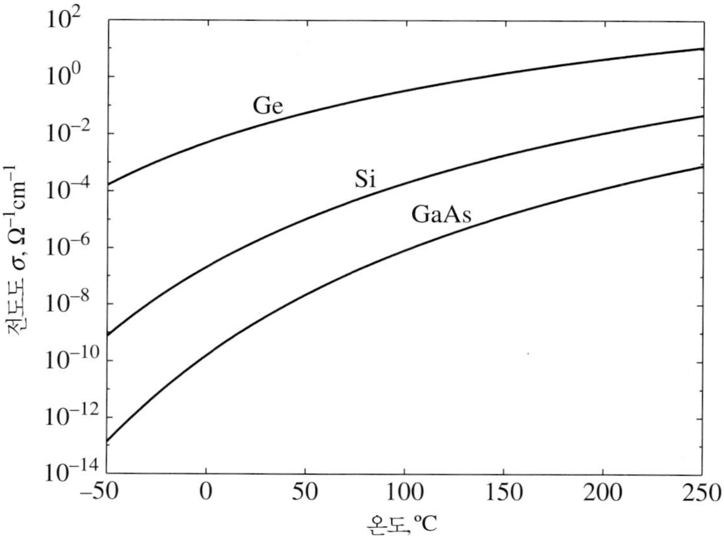

그림 6-2 • –50°C에서 200°C 사이의 Si, Ge 및 GaAs 반도체의 전도도 관계

및 GaAs에서 1.42 eV이다. 그림 6-2에 세 가지 반도체의 온도에 따른 전도도를 나타내었다.

반도체의 전기적 특성은 주위 온도에 아주 많은 영향을 받는다. 예제에서 온도에 따른 대역 에너지 차에 대하여 무시하였으나 제7장에서 이를 논의하기로 한다. 능동소자의 온도 특성에 대한 지식은 전력 분산(power dissipation)에 의해 반도체 내부의 열이 쉽게 100~150°C를 초과하는 곳에서 매우 중요한 설계 고려사항이 된다.

반도체는 불순물 원자를 주입함으로써 그 전기적 특성에 커다란 변화를 가져오게 된다. 이러한 과정을 **도핑**이라 한다. ***n*-형** 도핑(전도대에 추가적으로 전자가 공급된다)을 이루기 위해서는 순수 반도체 격자에 있는 원자의 수보다 가전자대의 원자의 수가 많은 상태를 만들어야 한다. 예로, 인(燐)(phosphorous, P) 원자를 Si 속에 주입시키면 그림 6-3(b)와 같이 중성인 반도체 격자에 느슨하게 구속된 전자를 갖게 된다.

이와 같은 여분의 전자에 의한 에너지 레벨은 4개의 가전자대에 의한 에너지대보다 전도대에 더 가깝게 나타난다는 것을 직관적으로 알 수 있다. 절대온도 0 이상으로 온

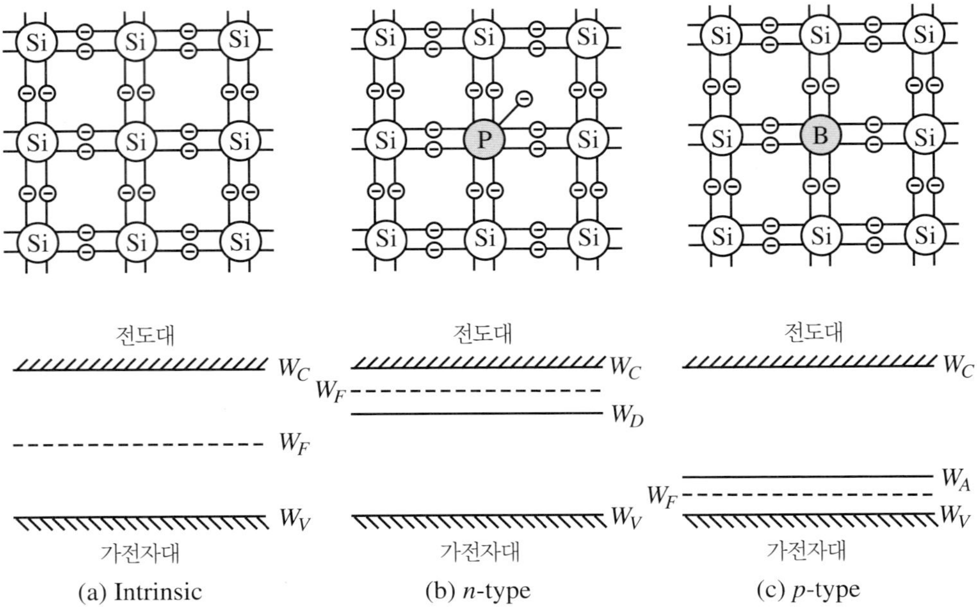

그림 6-3 • 격자구조와 에너지 대 모델 (a) 순수반도체, (b) n-형 반도체, (c) p-형 반도체. 열적 에너지가 없는 상태이며 W_D와 W_A는 도너(doner)와 억셉터(acceptor) 에너지 레벨이다.

도가 증가되면 느슨하게 구속된 전자는 원자로부터 분리되어 자유전자를 형성하며 인(phosphorous)은 고정된 양이온을 만들게 된다. 그러므로 원자는 중성적인 전하상태를 유지하면서도 가전자대에 홀을 형성시키지 않고 전자를 전도대에 내놓게 되며, 그 결과 많은 전자가 전도대에 위치하게 되므로 페르미 레벨이 증가하게 된다. 순수반도체(n_i, p_i)와는 다르게 ***n*-형** 반도체에서 전자농도는 홀의 농도를 사용하여 다음 식과 같이 된다.

$$n_n = N_D + p_n \tag{6.8}$$

여기에서 N_D는 도너 농도이며 p_n은 소수 홀 농도(minority hole concentration)를 나타낸다. n_n과 p_n을 구하기 위하여 식 (6.8)을 식 (6.3)과 함께 풀면 그 결과는 다음과 같다.

$$n_n = \frac{N_D + \sqrt{N_D^2 + 4n_i^2}}{2} \tag{6.9a}$$

$$p_n = \frac{-N_D + \sqrt{N_D^2 + 4n_i^2}}{2} \tag{6.9b}$$

도너의 농도 N_D가 순수 전자농도 n_i보다 훨씬 많다고 하면 다음과 같다.

$$n_n \approx N_D \tag{6.10a}$$

$$p_n \approx \frac{-N_D + N_D(1 + 2n_i^2/N_D^2)}{2} = \frac{n_i^2}{N_D} \tag{6.10b}$$

순수반도체 격자를 형성하는 원자의 수보다 작은 가전자 전자를 갖는 불순물 원자를 첨가시켜 보자. 이러한 원소를 **억셉터**라 하며, Si 격자에 첨가되는 보론(boron) 등과 같은 물질이 있다. 그림 6-3(c)에서 보는 바와 같이 공유결합 중의 하나는 비어 있는 상태로 되어 있음을 볼 수 있다. 이와 같이 비어 있는 상태의 결합은 에너지를 첨가시킬 수 있는 상태가 되므로 가전자대에 가깝게 놓여 있다. 다시 절대온도 영(0)도로부터 온도가 상승하면 전자는 비어 있는 결합을 채울 에너지를 얻게 되나 반도체의 에너지 차를 뛰어넘을 만큼의 에너지는 아니다. 그러므로 불순물 반도체는 전자를 받아들여 순수 음전하를 형성한다. 전자가 움직인 곳에는 홀이 형성되며, 이러한 홀은 이동이 자유로워 반도체에서 전도전류에 기여하게 된다. 억셉터 원자를 반도체에 도핑하여 ***p*-형** 반도체를 만들게 되며, *p*-형 반도체의 농도는

$$p_p = N_A + n_p \tag{6.11}$$

이며, 식에서 N_A, n_p는 각각 억셉터와 소수 전자 농도이다. 식 (6.11)을 식 (6.3)과 함께 풀면 *p*-형 반도체의 홀 농도 p_p와 전자농도 n_p는 각각 다음 식과 같다.

$$p_p = \frac{N_A + \sqrt{N_A^2 + 4n_i^2}}{2} \tag{6.12a}$$

$$n_p = \frac{-N_A + \sqrt{N_A^2 + 4n_i^2}}{2} \tag{6.12b}$$

식 (6.9)와 유사하게 $N_A >> n_i$일 때 높은 도핑레벨의 경우

$$p_p \approx N_A \tag{6.13a}$$

$$n_p \approx \frac{-N_A + N_A(1 + 2n_i^2/N_A^2)}{2} = \frac{n_i^2}{N_A} \tag{6.13b}$$

가 되며 소수 및 다수 농도는 반도체에서 전류 흐름을 형성하는 데 중요한 역할을 한다.

6.1.2 *pn*-접합

p-형 반도체와 *n*-형 반도체의 물리적인 접합은 능동소자를 이해하는 데 가장 중요한 개념 중의 하나이다. 두 가지 형태의 반도체 사이에서 각각이 가지고 있는 반송자 농도 차이에 의하여 전류는 ***pn* 경계**를 통과하여 흐르게 된다. 이와 같은 전류를 **확산전류 (diffusion current)**라 하며 전자와 홀로 구성된다. 논의를 간단히 하기 위하여 그림 6-4와 같이 일차원적인 *pn*-접합 모델을 고려하자.

확산전류는 $I_{n_{\text{diff}}}$과 $I_{p_{\text{diff}}}$으로 구성되므로

$$I_{\text{diff}} = I_{n_{\text{diff}}} + I_{p_{\text{diff}}} = qA\left(D_n\frac{dn}{dx} + D_p\frac{dp}{dx}\right) \tag{6.14}$$

이며, 여기에서 A는 x-축에 수직인 반도체 단면적이며 D_n과 D_p는 전자와 홀의 확산 상수로서 다음 형태(Einstein 관계)와 같다.

$$D_{n,p} = \mu_{n,p}\frac{kT}{q} = \mu_{n,p}V_T \tag{6.15}$$

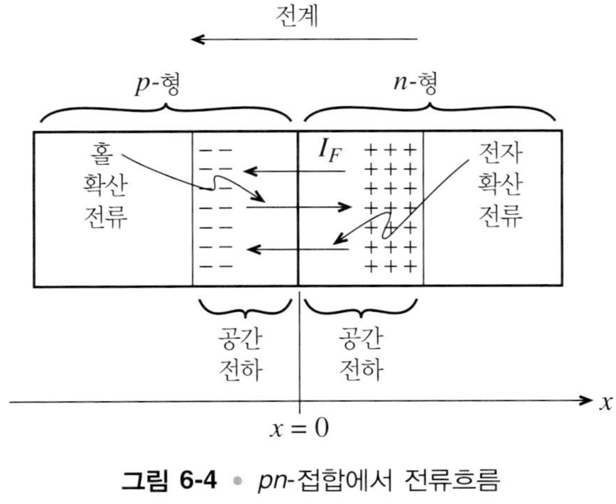

그림 6-4 ● *pn*-접합에서 전류흐름

열전위 $V_T = kT/q$는 300 K 실온에서 대략 26 mV이다.

p-형 반도체는 초기에 중성상태이며 홀의 확산전류는 음(−) 공간전하를 뒤로 남기고 전류가 흐르며 유사하게 n-형 반도체에서는 양 공간전하를 뒤로 남기고 전류가 흐른다. 확산 전류흐름이 일어나면 n-형 반도체에서의 순수 양전하와 p-형 반도체에서의 순수 음전하 사이에 전계 E가 형성된다. 이 전계에 의하여 전류 $I_F = \sigma AE$가 유도되며 확산 전류와 반대로 되어 $I_F + I_{\text{diff}} = 0$이 된다. 전도도에 대한 식 (6.6)을 대입하면

$$I_F = qA(n\mu_n + p\mu_p)E = I_{n_F} + I_{p_F} \tag{6.16}$$

이 되며 전체 흐르는 전류는 영이므로 전자에 의한 전류 역시 영이 된다. 즉

$$I_{n_{\text{diff}}} + I_{n_F} = qD_nA\frac{dn}{dx} + qn\mu_nAE = q\mu_nA\left(V_T\frac{dn}{dx} - n\frac{dV}{dx}\right) = 0 \tag{6.17}$$

여기에서 전계 E는 전위의 미분식 $E = -dV/dx$로 대치하였다. 식 (6.17)을 적분하면 아래와 같이 **확산장벽전압(diffusion barrier voltage** 또는 **built-in potential)**을 구할 수 있다.

$$\int_0^{V_{\text{diff}}} dV = V_{\text{diff}} = V_T\int_{n_p}^{n_n} n^{-1}\,dn = V_T\ln\left(\frac{n_n}{n_p}\right) \tag{6.18}$$

위 식에서 n_n은 n-형에서의 전자농도이며 n_p는 p-형 반도체에서의 전자농도이다. p-형에서 n-형 반도체로 흐르는 홀 전류를 고려하여 동일한 확산전압이 형성되고 이에 상응되는 유도전류 I_{PF}가 흐른다고 하면 이에 대한 장벽전압은 다음과 같다.

$$V_{\text{diff}} = V_T\ln\left(\frac{p_p}{p_n}\right) \tag{6.19}$$

p-형 반도체에서 억셉터의 농도는 $N_A >> n_i$이고 n-형 반도체에서 도너의 농도가 $N_D >> n_i$라 하면 $n_n \approx N_D$, $n_p \approx n_i^2/N_A$이며, 식 (6.13b)를 참조하여 식 (6.18)을 이용하면 다음과 같다.

$$V_{\text{diff}} \approx V_T\ln\left(\frac{N_AN_D}{n_i^2}\right) \tag{6.20}$$

$p_p \approx N_A$와 $p_n \approx n_i^2/N_D$를 대입하면 정확하게 동일한 결과를 식 (6.19)로부터 얻게 된다.

예제 6-2 • *pn*-접합의 확산장벽전압 결정

특정한 Si *pn*-접합에서 순수농도 $n_i = 1.5 \times 10^{10}\ \text{cm}^{-3}$의 도핑농도는 각각 다음과 같이 주어진다. $N_A = 10^{18}\text{cm}^{-3}$ 및 $N_D = 5 \times 10^{15}\ \text{cm}^{-3}$. 온도 $T =$ 300 K에서 장벽전압을 구하라.

풀이:
장벽전압은 식 (6.20)에 의하여 직접 구할 수 있다.

$$V_{\text{diff}} = V_T \ln\left(\frac{N_A N_D}{n_i^2}\right) = \frac{kT}{q}\ln\left(\frac{N_A N_D}{n_i^2}\right) = 0.796\ (\text{V})$$

장벽전압은 도핑 농도와 온도에 아주 크게 영향을 받음에 주지해야 한다.

GaAs, Si, Ge과 같은 서로 다른 반도체 물질에 대하여 도핑농도가 같더라도 장벽전압은 다르게 된다. 이것은 순수 반송자농도가 서로 다르기 때문이다.

---

x-축에 따른 전위분포를 구하기 위하여 푸아송(Poisson) 방정식을 적용하여 일차원적으로 표현하면

$$\frac{d^2V(x)}{dx^2} = -\frac{\rho(x)}{\varepsilon_r\varepsilon_0} = -\frac{dE}{dx} \tag{6.21}$$

이며, 여기에서 $\rho(x)$는 전하밀도, ε_r은 반도체의 비유전상수이다. 그림6-5(b)에서 보여준 것처럼 균일한 도핑과 급경사접합근사(abrupt junction approximation)인 것으로 가정하면 각 물질에서의 전하밀도는

$$\rho(x) = -qN_A, \quad \text{for} \ \ -d_p \le x \le 0 \tag{6.22a}$$

$$\rho(x) = qN_D, \quad \text{for} \ \ 0 \le x \le d_n \tag{6.22b}$$

이며 d_p와 d_n은 p-형과 n-형 반도체에서 확장된 공간전하 영역이다.

반도체에서의 전계분포는 식 (6.21)을 공간 $-d_p \le x \le d_n$에서 적분하여 다음과 같다.

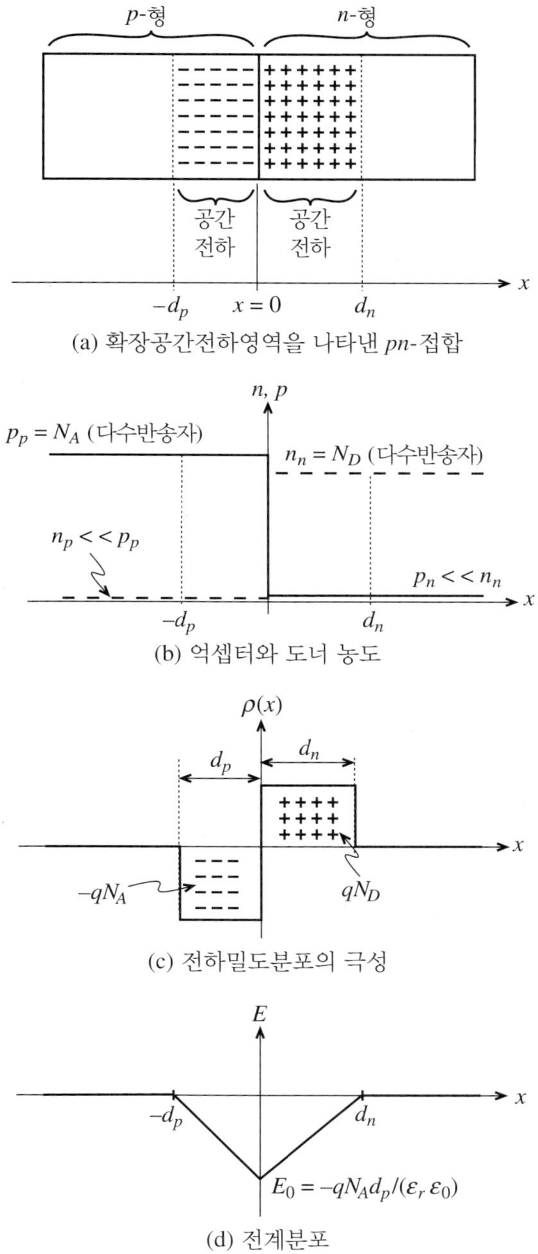

그림 6-5 • 외부 인가전압이 없을 때 급경사(abrupt) 전하 반송자 전이를 갖는 *pn*-접합 (계속)

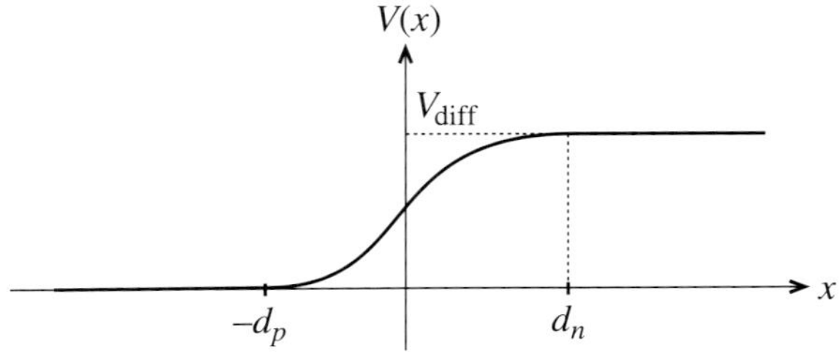

(e) 장벽전압분포

그림 6-5 • 외부 인가전압이 없을 때 급경사(abrupt) 전하 반송자 전이를 갖는 *pn*-접합 (계속)

$$E(x) = \int_{-d_p}^{x} \frac{\rho(x)}{\varepsilon_r \varepsilon_0} dx = \begin{cases} -\frac{qN_A}{\varepsilon_r \varepsilon_0}(x+d_p), & \text{for } -d_p \le x \le 0 \\ -\frac{qN_D}{\varepsilon_r \varepsilon_0}(d_n - x), & \text{for } 0 \le x \le d_n \end{cases} \tag{6.23}$$

그림 6-5(d)에 전계분포를 그림으로 나타내었다. 식 (6.23)을 유도할 때 반도체에서 공간전하는 전체적으로 영과 같다는 전하균등법칙을 적용하였으며 도핑된 반도체에서 균등조건식은 다음과 같다.

$$N_A \cdot d_p = N_D \cdot d_n \tag{6.24}$$

전압분포의 형태를 구하기 위하여 식 (6.23)을 적분하면 다음과 같다.

$$V(x) = -\int_{-d_p}^{x} E(x)dx = \begin{cases} \frac{qN_A}{2\varepsilon_r \varepsilon_0}(x+d_p)^2, & \text{for } -d_p \le x \le 0 \\ \frac{q}{2\varepsilon_r \varepsilon_0}(N_A d_p^2 + N_D d_n^2) - \frac{qN_D}{2\varepsilon_r \varepsilon_0}(d_n - x)^2, & \text{for } 0 \le x \le d_n \end{cases} \tag{6.25}$$

전압차는 확산장벽전압 V_{diff}와 동일하므로 다음과 같이 된다.

$$V(d_n) = V_{\text{diff}} = \frac{qN_A d_p^2}{2\varepsilon_r \varepsilon_0} + \frac{qN_D d_n^2}{2\varepsilon_r \varepsilon_0} \tag{6.26}$$

$d_p = d_n N_D / N_A$ 관계를 대입하고 식 (6.26)을 d_n에 대하여 풀면 다음 식과 같이 n-형 반도체로 확대된 양의 공간전하영역을 구하게 된다.

$$d_n = \left[\frac{2\varepsilon V_{\text{diff}}}{q}\frac{N_A}{N_D}\left(\frac{1}{N_A+N_D}\right)\right]^{1/2} \tag{6.27}$$

여기에서 $\varepsilon = \varepsilon_0\varepsilon_r$이며 $d_n = d_p N_A/N_D$에 대하여 동일한 유도과정을 통하여 p-형 반도체로 확대된 공간전하영역은 다음과 같다.

$$d_p = \left[\frac{2\varepsilon V_{\text{diff}}}{q}\frac{N_D}{N_A}\left(\frac{1}{N_A+N_D}\right)\right]^{1/2} \tag{6.28}$$

전체 길이는 식 (6.27)과 식 (6.28)의 합으로 되므로 다음과 같이 된다.

$$d_S = d_n + d_p = \left[\frac{2\varepsilon V_{\text{diff}}}{q}\left(\frac{1}{N_A}+\frac{1}{N_D}\right)\right]^{1/2} \tag{6.29}$$

이제 반도체에서의 pn-접합에 의한 **접합 커패시턴스**를 계산해 보자. 이 값은 RF 소자에서 매우 중요한 파라미터로서 작은 커패시턴스 값은 빠른 스위칭 속도와 고주파 동작에서 우수한 적합성을 나타낸다. 접합 커패시턴스는 잘 알려져 있는 커패시터의 공식으로부터 구할 수 있다.

$$C = \frac{\varepsilon A}{d_S}$$

거리 d_S 에 대하여 식 (6.29)에 대입하고 커패시턴스에 대하여 표현하면 다음과 같이 된다.

$$C = A\left[\frac{q\varepsilon}{2V_{\text{diff}}}\frac{N_A N_D}{N_A+N_D}\right]^{1/2} \tag{6.30}$$

외부 인가전압 V_A가 접합 양단에 인가되면 그림 6-6과 같이 다이오드의 정류작용을 설명하는 두 가지 현상이 일어난다. 그림 6-6(a)와 같이 역방향 극성은 공간전하영역을 증가시키며 소수 반송자(n-형에서 홀, p-형에서 전자)를 포함한 작은 누설전류를 제외하고 전류흐름을 억제한다. 반대로 순방향극성은 n-형에 과잉전자를 투입하고 p-형 반도체에 홀을 투입함으로써 공간전하영역을 감소시킨다. 이러한 상태를 나타내기 위하여 식 (6.27)과 식 (6.28)에서 확산장벽전압 V_{diff}을 $V_{\text{diff}} - V_A$로 대입시켜 정리하면 다음과 같은 식이 된다.

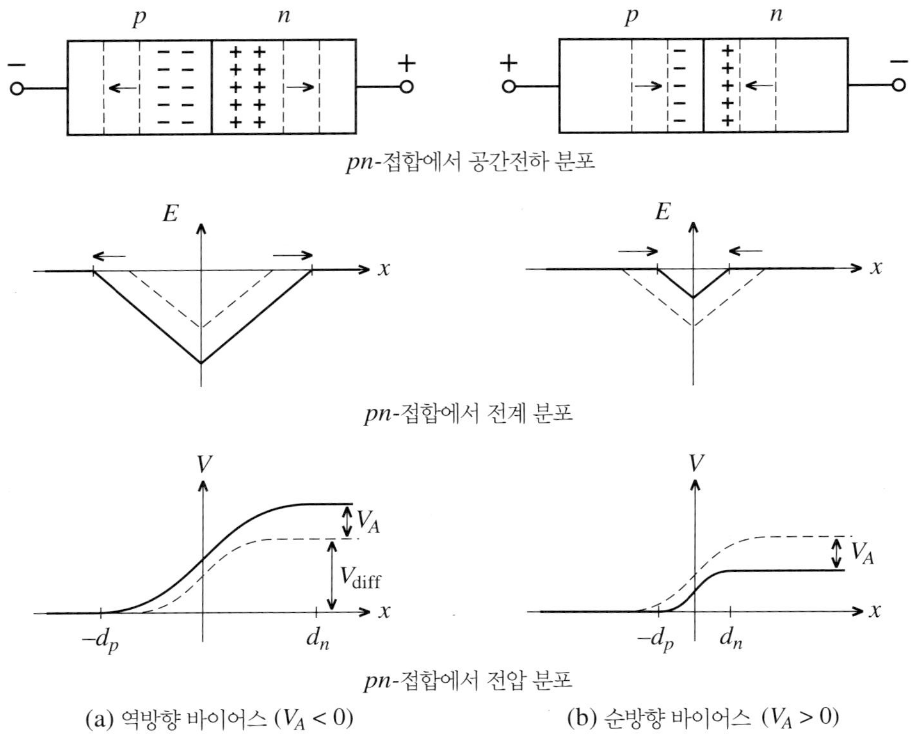

그림 6-6 • *pn*-접합에 인가된 역방향 및 순방향 외부전압

$$d_p = \left[\frac{2\varepsilon(V_{\text{diff}} - V_A)}{q}\frac{N_D}{N_A}\left(\frac{1}{N_A + N_D}\right)\right]^{1/2} \tag{6.31}$$

$$d_n = \left[\frac{2\varepsilon(V_{\text{diff}} - V_A)}{q}\frac{N_A}{N_D}\left(\frac{1}{N_A + N_D}\right)\right]^{1/2} \tag{6.32}$$

이 식에 의하여 공간전하영역 또는 공핍층의 전체 길이를 다음과 같이 나타낸다.

$$d_S = \left[\frac{2\varepsilon(V_{\text{diff}} - V_A)}{q}\left(\frac{1}{N_A} + \frac{1}{N_D}\right)\right]^{1/2} \tag{6.33}$$

식 (6.31)~식 (6.33)으로부터 V_A의 극성에 따라 공간전하 영역이 늘어나거나 축소되는 것을 알 수 있다.

RF&MW

예제 6-3 • 접합 커패시턴스와 *pn*-접합의 공간전하영역의 길이 계산

실온에서 급경사(abrupt) *pn*-접합 Si 반도체($\varepsilon_r = 11.9$, $n_i = 1.5\times 10^{10}\ \text{cm}^{-3}$)에 도핑된 도너와 억셉터 농도는 각각 $N_D = 5\times 10^{15}\ \text{cm}^{-3}$, $N_A = 5\times 10^{15}\ \text{cm}^{-3}$이다. 공간전하영역 d_n, d_p와 바이어스 전압이 없을 때 접합 커패시턴스를 구하라. *pn*-접합의 공핍층 커패시턴스가 다음과 같은 식으로 주어짐을 증명하고 C_{J0}을 구하라.

$$C_J = C_{J0}\left(1 - \frac{V_A}{V_{\text{diff}}}\right)^{-1/2}$$

인가전압에 따른 공핍층에서의 커패시턴스를 그림으로 나타내어라. 단 *pn*-접합의 단면적은 $A = 10^{-4}\ \text{cm}^2$으로 가정한다.

풀이:

인가전압 V_A를 도입하여 커패시턴스에 관한 식 (6.30)을 이용하면

$$C_J = A\left[\frac{q\varepsilon}{2V_{\text{diff}}(1 - V_A/V_{\text{diff}})}\frac{N_A N_D}{N_A + N_D}\right]^{1/2}$$

이 되며 공식으로서 알 수 있다. 만약 C_{J0}를 다음과 같은 식으로 놓는다면

$$C_{J0} = A\left[\frac{q\varepsilon}{2V_{\text{diff}}}\frac{N_A N_D}{N_A + N_D}\right]^{1/2}$$

$V_{\text{diff}} = V_T \ln(N_A N_D/n_i^2) = 0.616\ \text{V}$로 대입하면 $C_{J0} = 1.07\ \text{pF}$가 된다.

식 (6.28)과 식 (6.29)를 이용하면 공간전하영역은 다음과 같다.

$$d_n = \left[\frac{2\varepsilon V_{\text{diff}}}{q}\frac{N_A}{N_D}\left(\frac{1}{N_A + N_D}\right)\right]^{1/2} = 0.164\ \mu\text{m}$$

$$d_p = \left[\frac{2\varepsilon V_{\text{diff}}}{q}\frac{N_D}{N_A}\left(\frac{1}{N_A + N_D}\right)\right]^{1/2} = 0.821\ \mu\text{m}$$

인가전압에 대한 접합 커패시턴스는 그림 6-7과 같이 나타낼 수 있다.

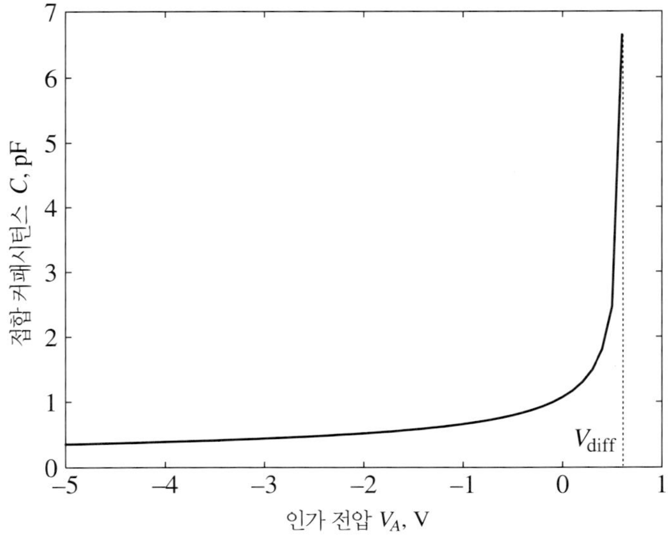

그림 6-7 • 인가전압에 대한 접합 커패시턴스

그림 6-7에서 장벽전압 근처의 인가전압에 대한 접합 커패시턴스는 급격히 무한대로 접근한다. 그러나 실제적으로 제7장에서 논의되는 바와 같이 값은 포화하기 시작한다.

다이오드를 통하여 흐르는 전류에 대해 부록 F에서 유도된 쇼클리 방정식을 다음과 같이 나타낼 수 있다.

$$I = I_0(e^{V_A/V_T} - 1) \tag{6.34}$$

여기에서 I_0는 **역포화전류** 또는 **누설전류(leakage current)**이다. 전류–전압 특성곡선, 즉 ***I-V* 곡선**은 일반적으로 그림 6-8과 같다.

이 곡선에서 음의 전압에 대하여 작고 전압에는 무관한 $-I_0$ 전류가 흐르고 양의 전압에 대하여 전류가 지수함수적으로 증가되는 것을 알 수 있다. 그림 6-8에서 보여준 함수는 항복현상에 대하여 고려하지 않았기 때문에 이상적인 것이며, 식 (6.34)는 AC 전압을 인가하였을 때 *pn*-접합의 정류작용에 대하여 나타내고 있다.

공핍층 또는 접합 커패시턴스가 존재하기 위해서는 예제 6-3에서 살펴본 바와 같이

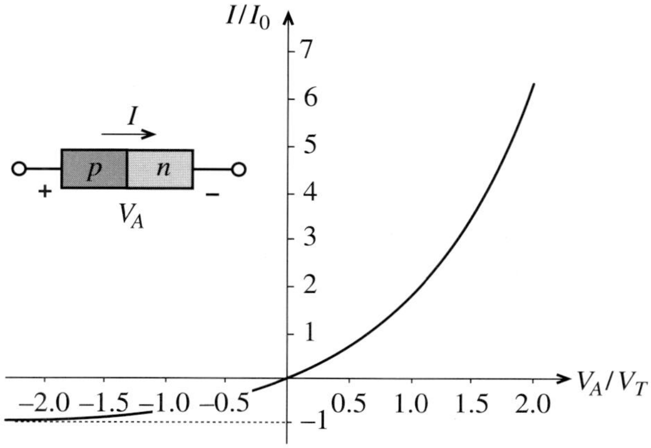

그림 6-8 • 쇼클리 방정식에 의한 *pn*-접합의 전류–전압 동작

$V_A < V_{\text{diff}}$의 조건이 필요하다. 그러나 순방향 바이어스 조건에서 반도체 층에 축적된 확산 전하 Q_d(소수 반송자)의 존재로 인해 추가로 **확산 커패시턴스**가 고려되어야 한다. 이러한 확산 전하 Q_d는 다이오드 전류 I에 다이오드를 통하는 반송자의 평균 전이시간 τ_T를 곱하여 다음 식과 같이 정량화할 수 있다.

$$Q_d = I\tau_T = \tau_T I_0 (e^{V_A/V_T} - 1) \tag{6.35}$$

확산전류는 인가전압과 접합온도와 관련하여 비선형관계로 가정하는 것이 당연하며 확산 커패시턴스는 다음과 같이 계산된다.

$$C_d = \frac{dQ_d}{dV_A} = \frac{I_0 \tau_T}{V_T} e^{V_A/V_T} \tag{6.36}$$

이 식에서 확산 커패시턴스는 동작전압에 강하게 의존하고 있음을 알 수 있다. 일반적으로 *pn*-접합의 전체 커패시턴스는 다음 세 가지 영역으로 구분할 수 있다.

1. $V_A < 0$: 공핍 커패시턴스만 주도하게 된다: $C = C_J$
2. $0 < V_A < V_{\text{diff}}$: 공핍 및 확산 커패시턴스가 결합된다: $C = C_J + C_d$
3. $V_A > V_{\text{diff}}$: 확산 커패시턴스만 주도하게 된다: $C = C_d$

다이오드는 $V_A = 1$ V에서 동작되고 $\tau T = 100$ ps $= 10^{-10}$ s의 평균 전이시간, $I_0 = 1$ fA $= 10^{-15}$ A의 역포화 전류로 가정한다면 실온 300 K(즉 $V_T = 26$ mV)에서의 확산 커패시턴스

의 영향을 알 수 있다. 이 값을 식 (6.36)에 대입하면 $C = C_d = 194$ nF을 구하게 되는데, 이 값은 다소 큰 값이며 역방향 복원과 관계되는 중요한 항목이다. 또한 이 값은 일반적인 *pn*-접합 다이오드가 높은 주파수대에서 사용되는 것을 제한한다. 역방향 복원은 확산 전하에 관련되어 있으며 모든 전하가 없어질 때까지 역방향에서 다이오드의 동작을 유지한다.

6.1.3 쇼트키 접합

W. Schottky는 금속물질인 전극과 반도체가 접합될 때 나타나는 물리적인 현상에 대하여 분석하였다. 예로 *p*-형 반도체가 구리나 알루미늄 전극과 접합된다면 전자는 금속물질 속으로 확산하려 하며, 반도체에서는 홀의 농도를 증가시킨다. 이러한 결과는 접합면 근처에서 가전자대와 전도대 에너지 레벨을 변경하게 하고 그림 6-9(a)에서와 같이 에너지대 구조에서 국지적인 변화를 일으킨다.

홀 농도의 증가로 인하여 가전자대는 페르미 레벨 쪽으로 변형되며, 낮은 전자 농도로 인하여 전도대는 페르미 레벨에서 멀어지는 쪽으로 변하게 된다. 이와 같은 구조로 인하여 인가전압의 극성과 관계없이 낮은 저항 접합을 얻게 된다(그림 6-9(b) 참조).

금속 전극이 *n*-형 반도체와 접합하게 되면 물리적으로는 점점 더 복잡해지지만 기술적으로는 점점 흥미로운 결과를 얻게 된다. 이미 잘 알고 있는 *pn*-접합 동작을 고려해 보자. 반도체에서 금속전극으로 전자가 이동하면 반도체 내에서는 소수의 양(+)의 체적 전하밀도가 형성되며 이러한 메커니즘은 두 물질이 서로 떨어져 있을 때 금속에서의 페르미 레벨(높은 일함수)이 반도체에서의 페르미 레벨보다 높다는 사실에 기인한다(낮은 일함수). 그러나 두 물질이 접합하면 페르미 레벨은 다시 동일한 상태가 되어 에너지대의

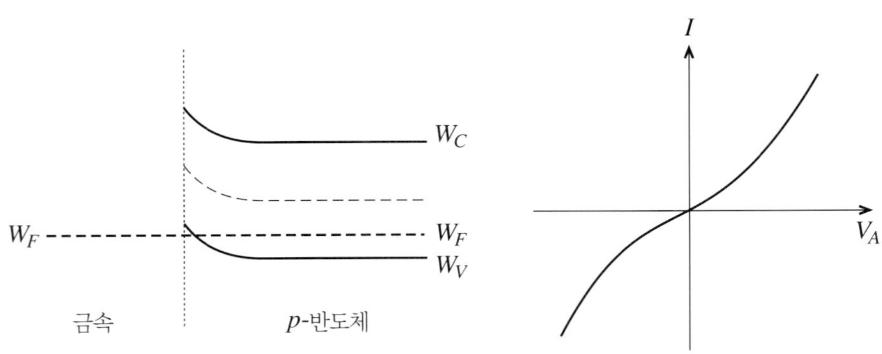

(a) 에너지 대 모델 (b) 전압–전류 특성

그림 6-9 • *p*-형 반도체와 접합하는 금속전극

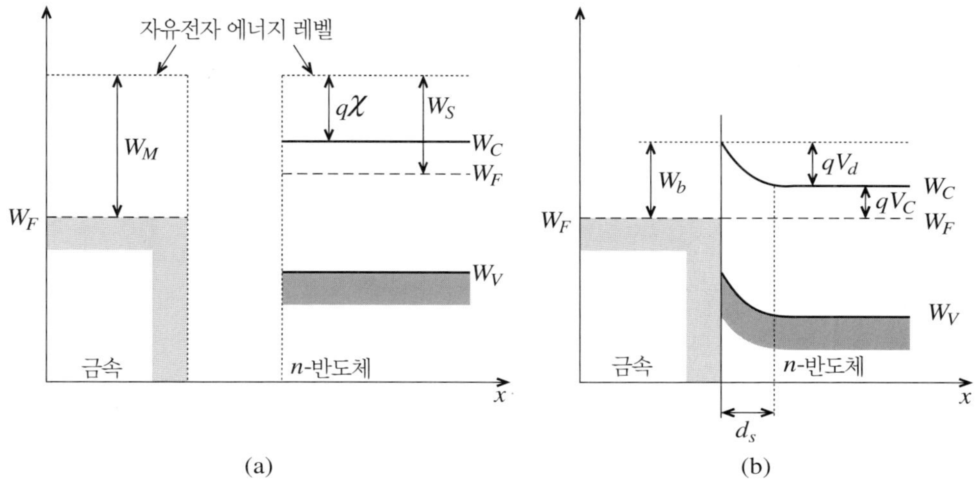

그림 6-10 ● 쇼트키 접합의 에너지 대 구성도, (a) 접합 전, (b) 접합 후.

왜곡이 일어난다. 전자는 n-형 반도체로 확산되며 양(+)의 공간전하를 뒤로 하여 움직인다. 공간전하의 정전기적 반발작용에 의하여 전자 확산이 더 이상 일어나지 않을 때까지 공핍층은 증가하게 된다. 금속과 n-형 반도체 접합에 관련된 내용을 명확하게 하기 위하여 그림 6-10은 두 물질을 접합하기 전과 접합한 후의 관계를 보여주고 있다.

에너지 $W_b = qV_b$는 금속 일함수 $W_M = qV_M$(V_M은 전자가 자유전자가 되는 곳에서 페르미 레벨로부터 기준레벨까지 측정되며 일반적으로 사용되는 금속물질에 대한 V_M은 표 6-2에 요약하였다)와 전자친화력(electron affinity) $q\chi$에 관계된다. 여기에서 χ는 Si에서 4.05 V, Ge에서 4.0 V, GaAs에서 4.07 V이다. 또 이 값은 전자가 자유반송자로 되는 곳에서 전도대로부터 동일 기준 레벨까지 측정되며 에너지는 다음과 같다.

$$W_b = q(V_M - \chi) \tag{6.37}$$

쇼트키 장벽전압 V_d는 pn-접합에서와 같이 식 (6.37)과 페르미 레벨과 전도대 레벨 사이의 부가전압 V_C를 포함하여 다음 식으로 설정된다.

$$V_d = (V_M - \chi) - V_C \tag{6.38}$$

여기에서 V_C는 도핑 N_D와 $N_C = N_D\exp(V_C/V_T)$에 따른 전도대 N_C에서의 농도상태에 따라서 결정되며 전압에 대하여 풀면 $V_C = V_T\ln(N_C/N_D)$이 된다. 실제 금속–반도체 접합

표 6-2 • 물질의 일함수 전위관계

물질	일함수전위, V_M
Silver(Ag)	4.26 V
Aluminum(Al)	4.28 V
Gold(Au)	5.10 V
Chromium(Cr)	4.50 V
Molybdenum(Mo)	4.60 V
Nickel(Ni)	5.15 V
Palladium(Pd)	5.12 V
Platinum(Pt)	5.65 V
Titanium(Ti)	4.33 V

면은 매우 협소한 격리층(isolation layer)을 포함하지만 이 층의 영향을 무시하고 단지 아래와 같은 반도체에서의 공간전하영역의 길이에 대하여 다루고자 한다.

$$d_S = \left[\frac{2\varepsilon}{q}\frac{(V_d - V_A)}{N_D}\right]^{1/2} \tag{6.39}$$

한편 쇼트키 접합의 접합 커패시턴스는

$$C_J = A\frac{\varepsilon}{d_S} = A\left[\frac{q\varepsilon}{2(V_d - V_A)}N_D\right]^{1/2} \tag{6.40}$$

으로 식 (6.30)과 동일하다. 다음 예제에서 나타난 것과 같이 간단한 계산으로 V_d의 대표적인 값을 예측할 수 있다.

RF&MW→

예제 6-4 • 쇼트키 다이오드의 전위장벽, 공핍 커패시턴스 및 공간 전하영역 폭에 대한 계산

표 6-1에서 보는 바와 같이 쇼트키 다이오드는 *n*-형 Si 반도체에 금으로 접합된 접합면을 구성하여 제조된다. 반도체는 $N_D = 10^{16}\ \text{cm}^{-3}$으로 도핑

되었으며 금의 일함수 (V_M)는 5.1 V이다. 앞에서 언급한 바와 같이 Si의 친화력(affinity)은 $\chi = 4.05$ V이다. 쇼트키 장벽전압 V_d, 공간전하의 폭 d_S및 Si의 유전상수 $\varepsilon_r = 11.9$일 때 접합 커패시턴스 C_J를 구하라. 다이오드의 단면적은 $A = 10^{-4}$ cm^{2}이고 온도는 300 K로 가정한다.

풀이:

Si의 전도대에서 농도상태는 $N_C = 2.8 \times 10^{19}$ cm^{-3}이므로 전도대 전위를 계산하면 다음과 같다.

$$V_C = V_T \ln\left(\frac{N_C}{N_D}\right) = 0.21\,\text{V}$$

위에서 구한 V_C 값을 식 (6.38)에 대입하면 장벽전압은 다음과 같다.

$$V_d = (V_M - \chi) - V_C = 0.84\ \text{V}$$

공간전하의 폭은 식 (6.39)에 의하여

$$d_S = \sqrt{\frac{2\varepsilon_0 \varepsilon_r}{q}\frac{V_d}{N_D}} = 0.332\ \mu\text{m}$$

이며 접합 커패시턴스는 식 (6.40)을 참고하면 평행-도체판 커패시터의 공식에 따라 다음과 같다.

$$C_J = A\frac{\varepsilon_0 \varepsilon_r}{d_S} = 3.2\ \text{pF}$$

작은 크기와 도핑을 갖도록 하기 위해 금속-반도체 접합 다이오드는 *pn*-접합의 접합 커패시턴스와 비례되는 접합 커패시턴스를 갖는다. 그러나 높은 주파수에서 동작하기 위해서는 확산 커패시턴스가 아주 작은 값을 갖도록 해야 한다.

6.2 RF 다이오드

본 절에서는 RF 및 마이크로파대에서 가장 많이 사용되고 있는 다이오드의 실용적인 구현에 대하여 알아보자. 앞 절에서 이미 제시한 것과 같이 고전적인 *pn*-접합 다이오드는 접합 커패시턴스가 매우 크기 때문에 고주파에서 이용할 수 없으며 금속-반도체 접합으로 형성된 다이오드는 작은 접합 커패시턴스 값을 나타내기 때문에 고주파에서 이용할 수 있다. 쇼트키 다이오드는 RF 검파기, 믹서, 감쇄기, 발진기 및 증폭기 등에서 광범위하게 응용되고 있다. 제6.2.1절에서는 쇼트키 다이오드에 대하여 논의한 후에 특별한 RF 다이오드에 대하여 알아보자. 6.2.2절에서는 PIN 다이오드를 분석하였으며 가장 기본적인 가변저항기와 고주파 스위치 응용에 대하여 다루었다. 다이오드의 정류 특성 이외에 전압제어 튜닝회로를 구현하기 위하여 인가전압에 대한 접합 커패시턴스의 관계를 적용할 수 있다. 다이오드를 가변 커패시터로서 이용한 다이오드의 예는 바랙터(varactor) 다이오드이며 제6.2.3절에서 공부한다.

본 절의 마지막에서 IMPATT, tunnel, TRAPATT, BARRITT와 Gunn 다이오드와 같은 좀 더 이색적인 다이오드 형태를 논의할 것인데, 이러한 다이오드의 응용은 많이 이용되고 있지 않지만 특이한 전기적 특성 때문에 아직까지 관심이 많다.

6.2.1 쇼트키 다이오드

기존의 *pn*-접합 다이오드와 비교하여 쇼트키 다이오드는 다른 역-포화 전류 메커니즘을 갖는다. 역-포화 메커니즘은 전위장벽을 가로지르는 다수반송자의 열 이온 방출에 의하여 결정된다는 것이다. 쇼트키 다이오드의 역-포화 전류는 이상적인 *pn*-접합 다이오드의 역-포화전류를 구성하는 확산-구동 소수반송자보다 매우 큰 값을 나타낸다. 예를 들면 Si *pn*-접합 다이오드는 10^{-11} A/cm^{2}임에 비하여 쇼트키 다이오드는 약 10^{-6} A/cm^{2}의 역-포화전류를 나타내고 있다. 그림 6-11에서는 이러한 회로 소자를 갖는 쇼트키 다이오드의 단면적 구조를 보여주고 있다.

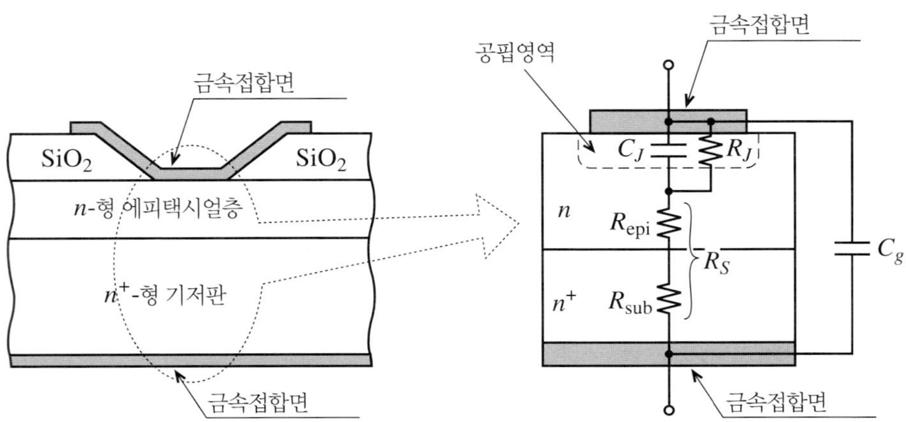

그림 6-11 • 쇼트키 다이오드의 단면적 구조

강하게 도핑된 n^+ 기저층(substrate) 위에 약하게 도핑된 n-형 반도체 층을 성장(에피택시얼 성장)시킨 층은 금속전극(텅스텐, 알루미늄, 금 등)과 접합을 이루고 있다. 유전체가 이상적인 것으로 가정하면, 이 유전체의 콘덕턴스는 영이 된다. 이때 전류–전압 특성은 다음 식과 같다.

$$I = I_S(e^{(V_A - IR_S)/V_T} - 1) \tag{6.41}$$

여기에서 역–포화 전류는 다음 식으로 주어진다.

$$I_S = A\left(R^* T^2 \exp\left[\frac{-qV_b}{kT}\right]\right) \tag{6.42}$$

R^*은 전위장벽 양단에 나타나는 다수반송자의 열 방출에 대한 **Richardson 상수**로서 Si의 경우 대략 100 A/cm^2K^2이다. 소자에 대한 **소신호** 등가회로는 그림 6-12에 나타내었다. 회로에서 에피택시얼 층과 기저층의 저항에 의하여 $R_S = R_{epi} + R_{sub}$으로 나타내는 다이오드의 직렬저항과 같이 접합저항 R_J도 바이어스 전류에 따라 달라진다. 본드–선 인덕턴스는 고정되어 있으며, 이 값은 대략 $L_S = 0.1$ nH이다. 위에서 논의한 바와 같이 접합 커패시턴스 C_J는 식 (6.40)과 같이 주어지며 저항 R_S 때문에 실제 접합 전압은 인가전압에서 다이오드 직렬저항 양단의 전압차를 뺀 값과 같으므로 식 (6.41)의 지수함수 표현은 바꾸어진다.

대표적인 쇼트키 다이오드의 등가회로 소자값은 $R_S \approx 2 \ldots 5\ \Omega$, $C_g = 0.1 \ldots 0.2$ pF 및 $R_J = 0.2 \ldots 2\ k\Omega$ 범위이다. 식 (6.41)에서 추가적인 IR_S항은 0.1 mA 이하의 작은 바이어스 전류 값이 되면 무시할 수 있다. 그러나 일부 응용에 대해서 직렬저항은 귀환루프를 형성하게 되고 이 저항은 잠정적으로 큰 이득 값으로 곱해지므로 이러한 상태에서는 IR_S항이 고려되어야 한다.

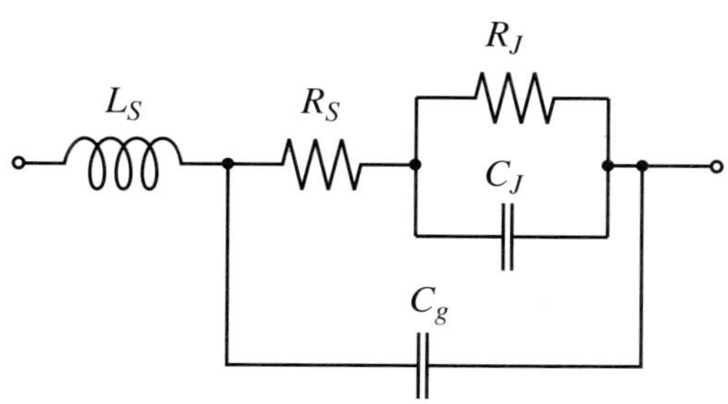

그림 6-12 • 대표적인 쇼트키–다이오드의 등가회로모델

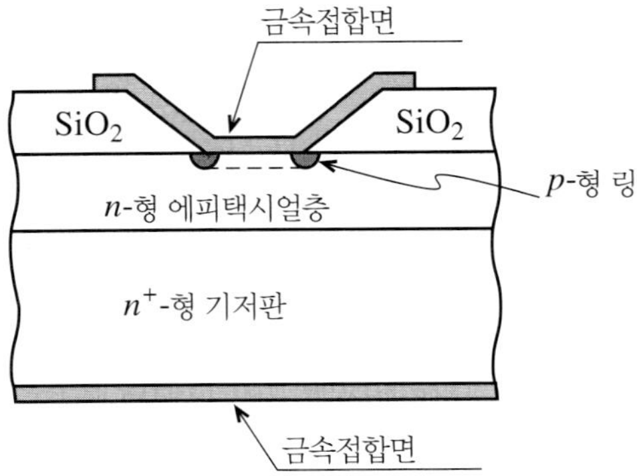

그림 6-13 • 고주파 응용에 적합한 분리 링을 부가시킨 쇼트키 다이오드

고주파수대역에서 동작하는 쇼트키 다이오드를 구현하는 경우 그림 6-11의 평면구조는 일반적으로 10 μm 또는 그 이하의 매우 작은 금속접합으로도 비교적 큰 기생 커패시턴스를 일으킨다. 표류 커패시턴스는 그림 6-13과 같이 분리 링을 추가시켜 어느 정도 최소화시킬 수 있다.

소신호 접합 커패시턴스와 접합저항은 **동작점** V_Q 주위에서 전류에 대한 식 (6.41)을 전개시켜 구할 수 있다. 다이오드 전압은 DC 바이어스 V_Q와 작은 AC 신호 반송주파수 성분 v_d로 나타낼 수 있으므로

$$V = V_Q + v_d \tag{6.43}$$

IR_S 항을 무시한 상태에서 식 (6.43)을 식 (6.41)에 대입하면 다음과 같다.

$$I = I_S(e^{V/V_T} - 1) = I_S(e^{V_Q/V_T}e^{v_d/V_T} - 1) \tag{6.44}$$

이 식을 Q 점에서 테일러(Taylor) 급수로 전개하고 처음 두 번째 항까지만 고려하면

$$I(V) \cong I_Q + \left.\frac{dI}{dV}\right|_{V_Q} v_d = I_Q + \frac{I_S v_d}{V_T}e^{V_Q/V_T} = I_Q + (I_Q + I_S)\frac{v_d}{V_T} = I_Q + \frac{v_d}{R_J} \tag{6.45}$$

이며, 이 때 접합저항 $R_J(V_Q)$는 다음과 같이 표현된다.

$$R_J(V_Q) = \frac{V_T}{I_Q + I_S} \tag{6.46}$$

접합 커패시턴스는 식 (6.40)에서 V_A를 V_Q로 대치하여 나타낸다.

6.2.2 PIN 다이오드

PIN 다이오드는 50 GHz까지의 RF 신호에 대하여 10 kΩ에서 1 Ω 미만까지 고주파 스위치와 가변저항기(감쇄기) 등으로 응용된다. PIN 다이오드는 높게 도핑된 p^+와 n^+층 사이에 가볍게 도핑시킨 샌드위치층 또는 순수층(intrinsic layer: ***I*-층**)을 포함하고 있다. PIN 다이오드의 응용과 사용주파수에 따라 중간층의 두께는 1 μm에서 200 μm의 두께를 가지며 그 이상의 두께를 가질 수도 있다. 다이오드의 순방향 바이어스 동작은 인가 전류에 의하여 제어되는 가변저항과 같이 동작한다. 그러나 역방향 바이어스의 경우, 가볍게 도핑된 내부 층은 공간전하영역을 형성하게 되며 높게 도핑된 외부 층까지 영역이 확대된다. 이 효과는 작은 값을 갖는 역방향 바이어스 전압에서도 일어나고 높은 전압이 될 때까지 일정한 상태로 남아 있어 결국 다이오드는 평행판 커패시터와 같이 동작한다. 예로 20 μm의 내부 *I*-층 두께와 가로 세로 각각 200 μm와 200 μm의 표면적을 갖는 Si형 PIN 다이오드의 경우 0.2 pF 범위의 확산 커패시터를 갖게 된다.

PIN 다이오드의 일반적인 형태와 **메사공정(mesa processing)기술**에 의해 제작된 PIN 다이오드 형태를 그림 6-14에 나타내었다. 기존의 구조에 비하여 메사구조 형태의 이점은 가장자리 커패시턴스를 크게 감소시킨다는 점이다.

I-V 특성곡선에 대한 수학적인 표현은 인가전압의 크기와 극성에 따라 달라지며, 이 표현을 간단하게 하기 위하여 *pn*-접합에서 이미 논의한 바를 좀 더 확장하여 제시하고자 한다. 순방향 바이어스의 경우, 약하게 도핑된 *n*-형 순수(I)층에서 다이오드의 전류는

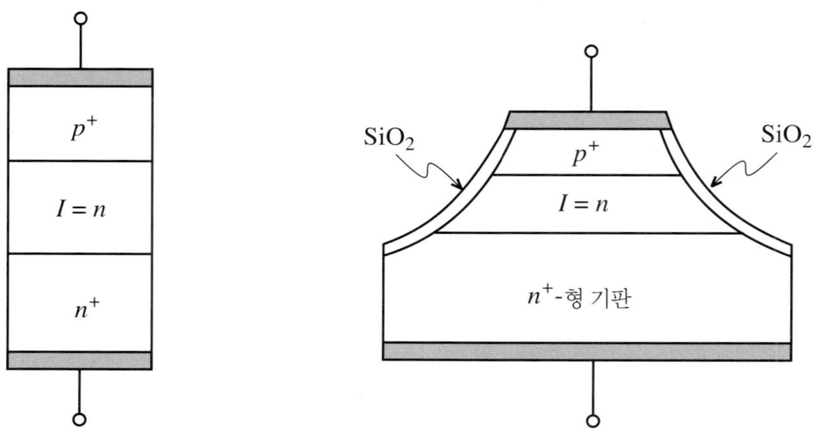

(a) 간단화된 PIN 다이오드의 구조　(b) 메사(mesa) 공정기술에 의한 PIN 다이오드

그림 6-14 • PIN 다이오드의 구조

$$I = A\left(\frac{qn_i^2 W}{N_D \tau_p}\right)(e^{V_A/(2V_T)} - 1) \tag{6.47}$$

로 나타내며, 여기에서 W는 순수층의 폭이다. τ_p는 **초과 소수반송자 수명시간**으로서 $\tau_p = 10\ \mu s$까지 될 수 있다. N_D는 가볍게 도핑된 n-형 반도체 중간층에서의 농도이다. 지수함수에서 2는 두 개의 접합을 고려한 것이다. 순수층 $N_D = n_i$에 대해서 식 (6.47)은 다음과 같은 형태가 된다.

$$I = A\left(\frac{qn_i W}{\tau}\right)\left(e^{V_A/(2V_T)} - 1\right) \tag{6.48}$$

총 전하는 $Q = I\tau_p$로 계산할 수 있으므로 확산 커패시턴스를 계산하면 다음과 같다.

$$C_d = \frac{dQ}{dV_A} = \tau\left(\frac{dI}{dV_A}\right) = \frac{I\tau}{2V_T} \tag{6.49a}$$

역방향 바이어스의 경우, 커패시턴스는 바이어스에 의한 I-층의 공간전하 길이에 따라 결정되며 작은 전압의 경우 C_J는 대략적으로

$$C_J = \varepsilon_I\left(\frac{A}{W}\right) \tag{6.49b}$$

이며, 여기에서 ε_I는 순수층의 유전상수이다.

PIN 다이오드의 RF 저항은 순수 I-층을 단면적 A와 길이 W을 가진 원통형 금속으로 설정함으로써 구할 수 있다. 그 결과는 다음과 같다.

$$R_J(I_Q) = \frac{W}{\sigma A} = \frac{W}{qp(\mu_n + \mu_p)A} = \frac{W^2}{(\mu_n + \mu_p)\tau I_Q} \tag{6.50}$$

여기에서 I_Q는 바이어스 전류이며 $p \approx n$이다.

순방향 바이어스(스위치 on 상태)에서 PIN 다이오드의 저항성 동작과 역방향 바이어스(스위치 off 상태)에서 PIN 다이오드의 커패시티브 동작 특성을 바탕으로 간단한 소신호 모델을 나타낼 수 있다. 등가 전기회로 모델은 그림 6-15에서 보는 바와 같이 직렬로 연결되어 있는 PIN 다이오드의 신호단과 부하단 저항을 종단시킨 형태이다. 식 (6.49)와 식 (6.50)에서 유도한 확산 커패시턴

고레벨 반송자 주입

순수층이 높게 도핑된 n^+와 p^+층 사이에 끼여 있을 때 순방향 바이어스 전류는 다수반송자 농도를 이 층으로 밀어넣는다. 그 결과 도전율 f¡도전율 변조로 알려진f¡이 급격히 증가하게 된다. 전하 중립 $n \approx p$이 유지되기 때문에, 도전율은 $\sigma \approx qp(\mu_n + \mu_p)$로서 근사될 수 있다.

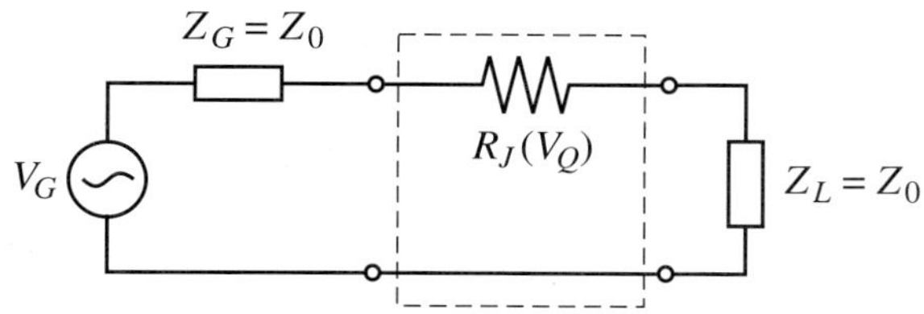

(a) 순방향 바이어스

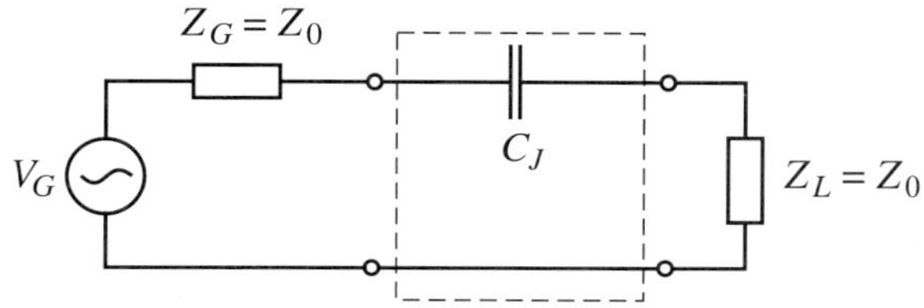

(b) 역방향 바이어스

그림 6-15 • 직렬연결 PIN 다이오드의 모델링

스와 접합저항은 대략적으로 PIN 다이오드 동작을 설명하는데 실제적인 모델이 될 수 있다. 가장 정량적인 정보는 측정과 정교한 수치적 모델링으로 구할 수 있다.

PIN 다이오드를 동작시키기 위한 바이어스는 RF 신호를 분리시킨 DC 회로를 통하여 이루어져야 한다. **RFC(radio frequency coil)**에 의하여 DC를 분리시키며, RFC는 DC에서 단락회로로서 동작하고 고주파 신호에 대하여 개방 상태(open)를 나타낸다. 반대로 DC **차단 커패시터(blocking capacitor: C_B)**는 DC에 대하여 개방회로 상태가 되고 RF 신호에 대하여 단락상태가 된다. 그림 6-16은 PIN 다이오드를 직렬연결과 단락연결시킨 감쇄회로를 보여주고 있다.

논의에서는 DC 바이어스를 이용하지만 AC 바이어스를 채택하여 이용할 수도 있다. 이 회로의 경우 다이오드 전류는 $I = (dQ/dt) + Q/\tau_p$와 같이 두 가지 성분으로 구성된다. 이것이 의미하는 것에 대해서는 연습문제로 남겨 놓았다.

순방향(positive) DC 바이어스 전압의 경우, 직렬연결된 PIN 다이오드는 RF 신호에 대하여 작은 저항 상태를 나타낸다. 그러나 단락 연결된 PIN 다이오드의 경우, 단락회로 조건을 나타내므로 출력단에서 무시할 정도로 아주 미미한 RF 신호만 나타난다. 단락연결은 아주 큰 삽입손실을 나타내는 큰 감쇄소자와 같이 동작한다. 역방향 바이어스 조건이 되면 이러한 현상은 반대로 이루어지며, 직렬연결된 PIN 다이오드는 아주 큰 임피던스 또는 아주 큰 삽입손실을 갖는 커패시터와 같이 동작하고 아주 큰 단락 임

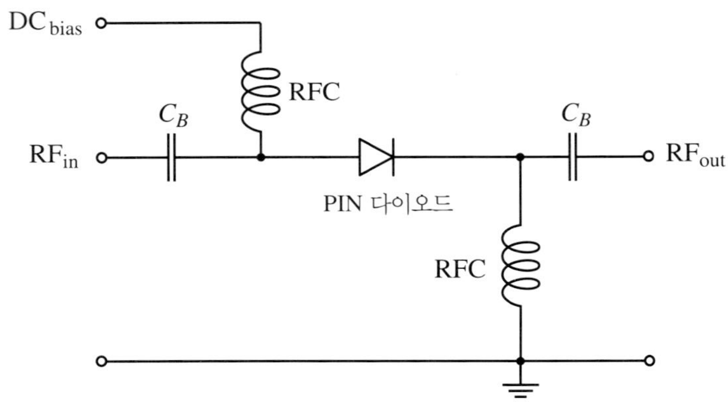

(a) PIN 다이오드의 직렬연결

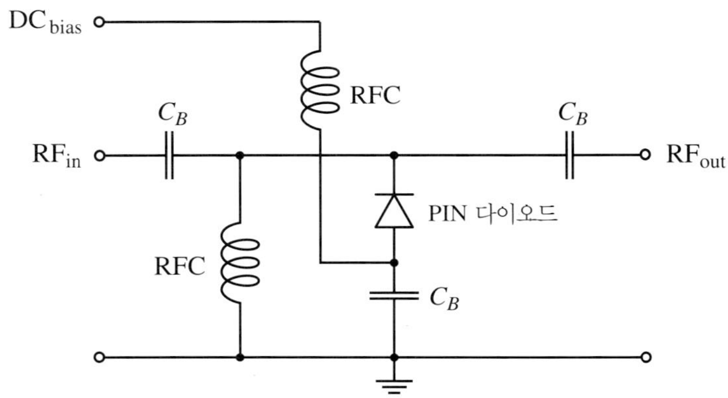

(b) PIN 다이오드의 단락연결

그림 6-16 • 직렬 및 단락연결 형태의 PIN 다이오드의 감쇄기회로

피던스를 갖는 단락 연결된 다이오드는 RF 신호에 아무런 영향을 주지 않는다.

데이터에서 자주 사용하는 문자 표기는 **트랜듀서 손실(transducer loss TL:** 삽입손실과 동일)로 S-파라미터 $|S_{21}|$로 표현되며 식 (4.52)에 의하여 다음과 같이 정의된다.

$$\text{TL [dB]} = -20\log|S_{21}| \tag{6.51}$$

다음 예제는 직렬연결 형태의 PIN 다이오드에 대한 트랜듀서 손실의 계산에 대한 예이다.

예제 6-5 • 직렬연결 PIN 다이오드에 대한 순방향 및 역방향 바이어스 조건에서 트랜듀서 손실의 계산

직렬연결된 PIN 다이오드회로($Z_G = Z_L = Z_0 = 50\ \Omega$)에 순방향과 역방향으로 바이어스를 인가할 때 트랜듀서 손실을 구하라. 순방향 바이어스 상태에서 접합저항 R_J는 1 Ω에서 20 Ω 사이에 있으며, 역방향 바이어스 동작조건으로 접합 커패시턴스는 $C_J = 0.1, 0.3, 0.6, 1.3$ 및 2.5 pF이고 10 MHz에서 50 GHz의 주파수 범위로 가정한다.

풀이:

식 (6.51)과 그림 6-15에 의하여 트랜듀서 손실은 전압분배법칙에 의하여 다음과 같음을 알 수 있다.

$$\mathrm{TL_{forward}}\,[\mathrm{dB}] = -20\log\left(\frac{100\ \Omega}{100\ \Omega + R_J}\right) = 20\log\left(1 + \frac{R_J}{100\ \Omega}\right)$$

및

$$\mathrm{TL_{reverse}}\,[\mathrm{dB}] = -20\log\left|\frac{100\ \Omega}{100\ \Omega - j1/(\omega C_P)}\right|$$

$$= 10\log\left[1 + \left(\frac{1}{(100\ \Omega)\omega C_P}\right)^2\right]$$

그림 6-17은 순방향 바이어스 조건에서 접합 저항의 범위에 대한 트랜듀서의 손실의 관계를 나타내었으며 그림 6-18은 PIN 다이오드가 순수 커패시티브 반응을 나타내는 역 바이어스 조건에서 주파수 관계를 보여주고 있다.

6.2.3 바랙터 다이오드

역방향 바이어스 상태에서 커패시티브한 동작 특성을 갖는 PIN 다이오드의 구조에서 중간층의 특정한 도핑형태를 선택하게 되면 전압에 따라 커패시턴스 값을 가변시킬 수 있다. 이러한 바랙터 다이오드(varactor diode)는 특정한 도핑분포 $N_D(x)$와 순수층의 두께 W의 적정한 선택에 의하여 전압에 따른 가변 커패시턴스를 나타낸다.

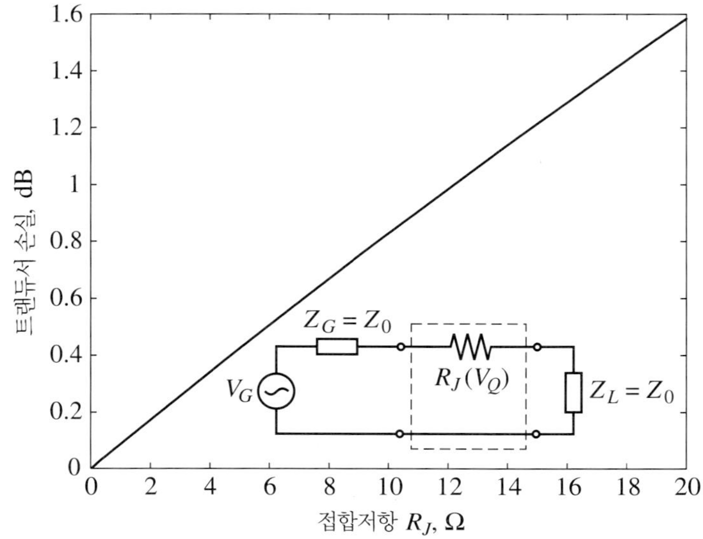

그림 6-17 • 순방향 바이어스 조건에서 직렬연결된 PIN 다이오드의 트랜듀서 손실. 다이오드는 저항으로서 동작한다.

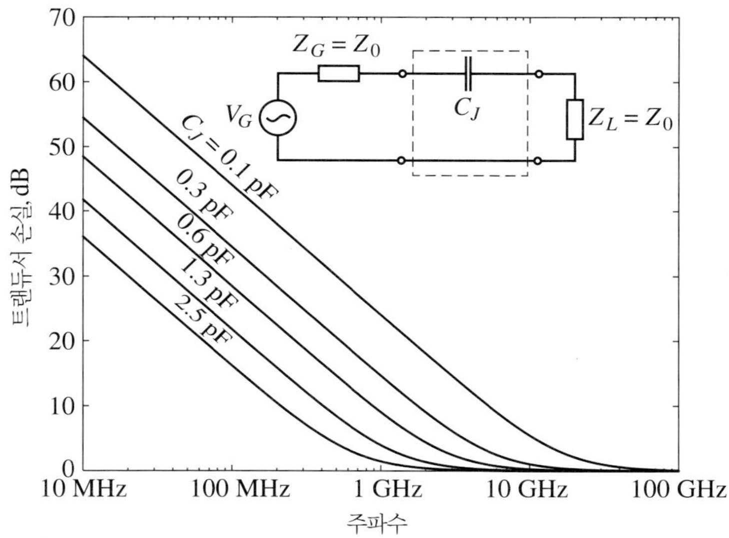

그림 6-18 • 역 바이어스 조건에서 직렬연결 PIN 다이오드의 트랜듀서 손실. 다이오드는 커패시터로서 동작한다.

예제 6-6 • 특정 커패시턴스–전압동작 특성을 나타내기 위한 도핑 형태의 결정

바랙터 다이오드의 커패시턴스가 인가된 역 바이어스전압에 따라 $C(V_A) = C_0'/(V_A - V_{\text{diff}})$와 같이 나타나도록 바랙터 다이오드의 적합한 도핑농도 형태 $N_D(x)$를 구하라. 위 식에서 $C_0' = 5 \times 10^{-12}$ FV이며 다이오드의 단면적은 $A = 10^{-4}\,\text{cm}^2$이다.

풀이:

공간전하영역의 확장 길이는 식 (6.39)에 의하여 다음과 같이 나타낼 수 있다.

$$x = \left[\frac{2\varepsilon_I(V_{\text{diff}} - V_A)}{q}\left(\frac{1}{N_D}\right)\right]^{1/2}$$

이 식에서 접합 커패시턴스 $C = \varepsilon_I A/x$를 결정한다. 이 공식을 유도함에 있어서 I-층의 도핑농도는 근접층의 도핑농도에 비하여 매우 낮은 것으로 가정하였다. 공간전하영역이 미소하게 ∂x만큼 증가되었다면 전하는 다음과 같이 변경된다.

$$\partial Q = qN_D(x)A\partial x$$

이와 같이 미소한 길이의 증가는 이에 상응되는 커패시턴스의 감소를 나타낼 수 있다. 커패시터 공식을 미분함으로써 다음과 같은 식을 얻는다.

$$\partial x = -\varepsilon_I A \partial C/C^2$$

앞에서 구한 ∂x를 ∂Q식에 대입하고 $\partial Q = C\partial V_A$임을 이용하면

$$\partial Q \equiv C\partial V_A = -qN_D(x)A^2\varepsilon_I\partial C/C^2$$

이 되며, 이 식은 도핑 형태를 나타내는 수식이다. 원하는 커패시턴스에 대하여 다음과 같다.

$$N_D(x) = -\frac{C^3}{q\varepsilon_I A^2}\left(\frac{\partial V_A}{\partial C}\right)$$

$$N_D(x) = \frac{C_0'}{qAx} = \frac{2\times 10^{11}}{x}\ \text{cm}^{-2}.$$

위 식에서 x가 I-층의 시작점에 근접할 때 도핑 형태가 무한대가 되도록 할 수는 없지만 *hyperbolic* 함수로 개략화하여 원하는 커패시턴스–전압동작 특성을 나타낼 수는 있다.

그림 6-19는 기저층의 저항과 $(V_{\text{diff}} - V_A)^{-1/2}$의 관계로 전압에 의존하는 커패시턴스로 구성된 바랙터 다이오드의 간단한 등가모델을 나타내고 있다. 이 모델은 도핑형태가 예제 6-6의 하이퍼–급경사(hyper-abrupt) 형태와 반대로 도핑형태가 급경사(abrupt) 경우이므로 일반적인 커패시터 표를 사용하여 커패시턴스를 나타내면

$$C_V = C_{V0}\left(1 - \frac{V_Q}{V_{\text{diff}}}\right)^{-1/2} \tag{6.52}$$

이며, V_Q는 역 바이어스 전압이다.

이 다이오드의 주요 응용 중의 하나는 마이크로파 회로에서 주파수 튜닝이며 제1차 바랙터 모델의 차단주파수 f_V는 다음 식과 같고 역 바이어스 V_Q에 의하여 제어된다.

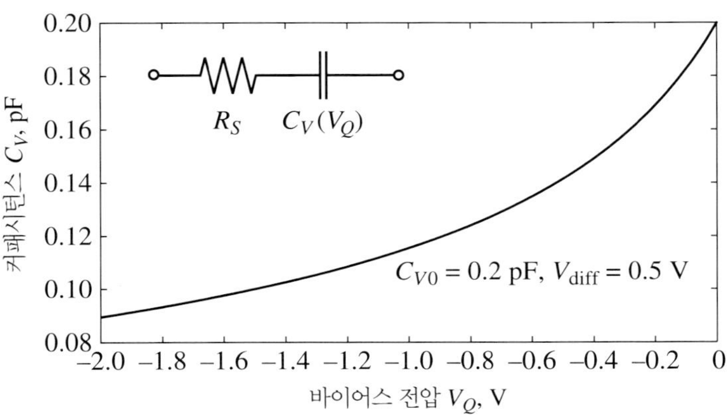

그림 6-19 • 바랙터 다이오드의 간략화된 등가모델과 커패시턴스 동작 특성

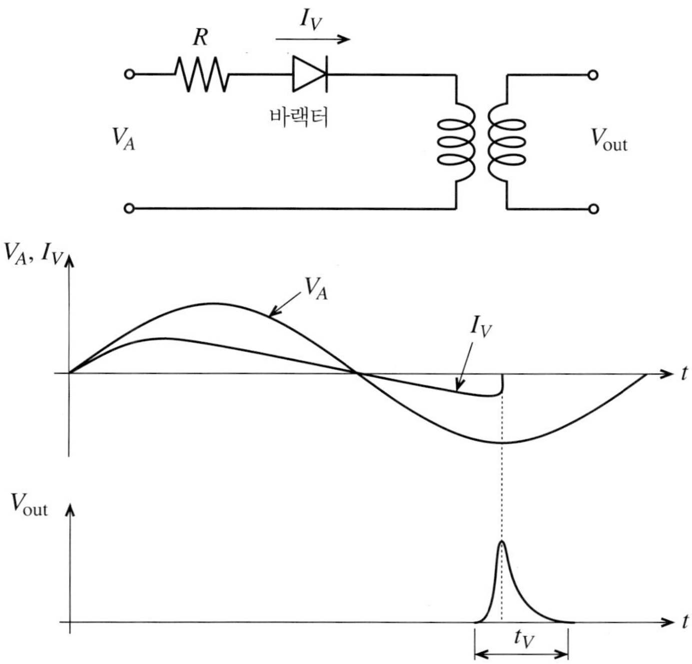

그림 6-20 ● 바랙터 다이오드에 의한 펄스 발생기

$$f_V = \frac{1}{2\pi R_S C_V(V_Q)} \tag{6.53}$$

바랙터 다이오드는 그림 6-20에서 설명하는 것과 같이 짧은 펄스발생기에 이용할 수 있다. 직렬연결된 저항과 다이오드에 인가한 전압 V_A는 I_V의 전류가 흐르게 되고 이 전류는 양의 사이클 동안 전압과 동위상이 되며 음의 사이클 동안에는 중간층에서 반송자를 축적하여 모든 반송자가 없어질 때까지 계속해서 전류가 흐르도록 기여한다. 반송자가 없어지면 전류는 갑자기 영으로 떨어진다. 회로에서 변환기(transformer)는 패러데이 법칙 $V_{out} = L(dI_V/dt)$에 의하여 전압펄스를 유도시킨다. 펄스 폭은 다이오드의 중간층 W의 길이와 투입된 반송자 농도의 포화 드리프트 속도 $v_{d\max}$에 의하여 대략적으로 추정될 수 있다.

만약 $W = 10\ \mu\text{m}$이고 $v_{d\max} \approx 10^6\ \text{cm/s}$라면 펄스 폭과 동일한 전이시간은 다음과 같다.

$$t_v = \frac{W}{v_{d\max}} = \frac{10\ \mu\text{m}}{10^4\ \text{m/s}} = 1\ \text{ns} \tag{6.54}$$

6.2.4 IMPATT 다이오드

IMPATT의 문자는 IMPact Avalanche and Transit Time diode의 첫 문자를 인용한 단어이며 Read에 의하여 제안된 항복효과(avalanche effect)를 이용하여 개발한 소자이다. 이 다이오드 구조와 원리는 PIN 다이오드와 유사하며 그림 6-21에 나타내었다. 주요 차이점은 n^+과 p형 층 사이의 접합면에서 아주 큰 전계강도를 발생시켜 충격이온화(impact ionization)를 통하여 반송자의 항복현상을 일으킨다는 점이다. 인가 RF 전압은 그림 6-22에서 나타낸 것과 같이 임계레벨을 초과하는 전계를 형성시킬 때 이온화 전류 I_{ion}를 발생시킨다. 이 전류는 반도체 내에서 과잉 반송자가 점차 제거됨에 따라 음의 사이클 동안 천천히 감소한다. 이온화 전류와 인가 전압 사이의 위상전이는 계속해서 위상이 변하여 결국 90° 에 도달한다. 전체 다이오드의 전류는 과잉 반송자가 순수층에서 p^+ 층으로 이동해야 하므로 이에 따른 추가 지연이 고려되어야 한다.

시정수는 드리프트 속도와 길이에 따라 결정된다. 적합한 도핑농도와 함께 알맞는 순수층의 길이를 선정함으로써 90°를 나타내는 추가 시간지연을 만들 수 있다.

그림 6-23의 IMPATT 다이오드의 전기적 등가회로는 PIN 다이오드에 비교하여 복잡하며 리액턴스는 다이오드의 공진주파수 f_0보다 작은 주파수에서는 인덕티브 동작을 하고 공진주파수보다 높은 주파수에서는 커패시티브 동작으로 변한다. 전체 저항성은 $f < f_0$에서는 양의 값을, $f > f_0$에서는 음의 값을 갖는다.

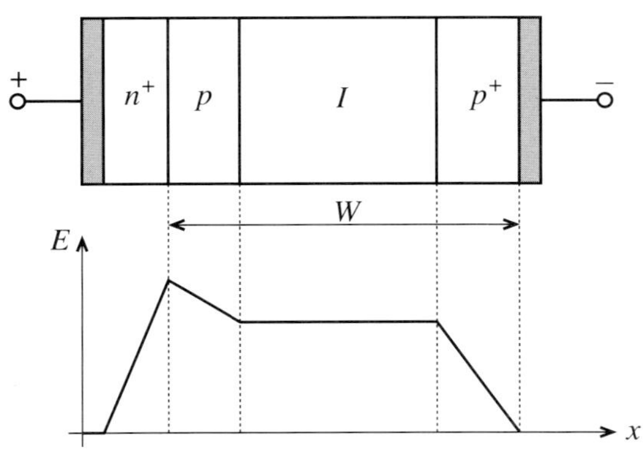

(a) 층 구조와 전계 형태

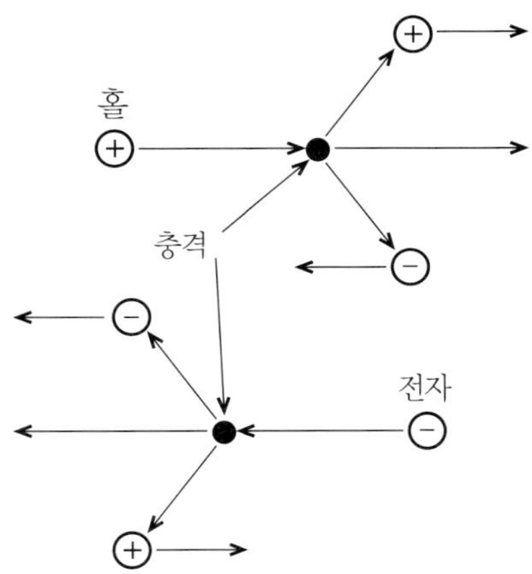

(b) 충격 이온화

그림 6-21 • IMPATT 다이오드의 동작 특성

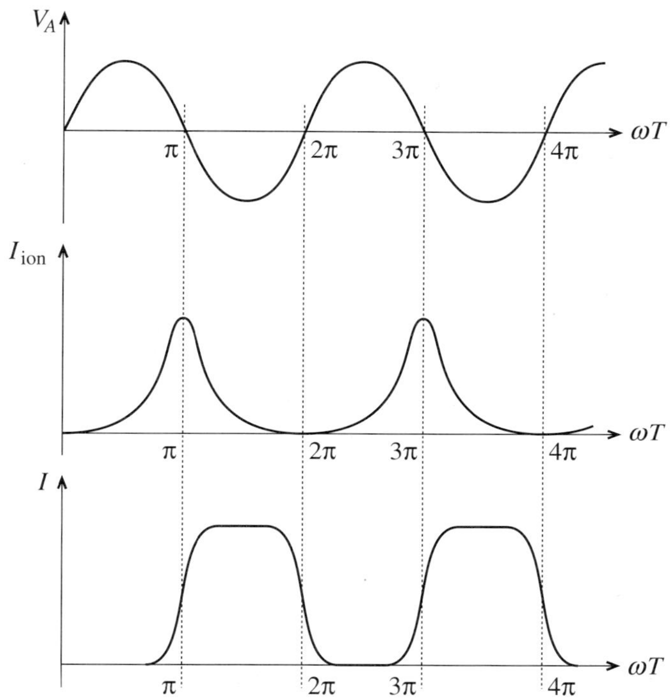

그림 6-22 • 인가전압, 이온화 전류 및 IMPATT 다이오드의 전체 전류 관계

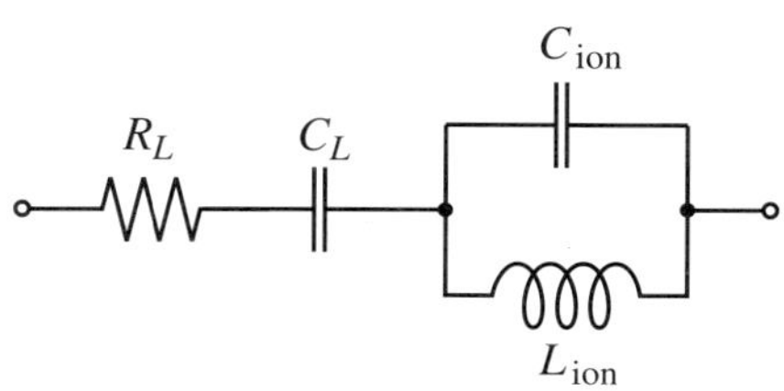

그림 6-23 • IMPATT 다이오드의 전기적 등가회로

공진주파수는 동작전류 I_Q, 유전상수, 포화드리프트 속도 $v_{d\max}$ 및 전계변화에 대한 이온화 계수 α의 미소 변화관계 $\alpha' = \partial\alpha/\partial E$에 의하여 결정되며 공진주파수는 다음과 같이 예측된다.

$$f_0 = \frac{1}{2\pi}\sqrt{2I_Q\frac{v_{d\max}}{\varepsilon}\alpha'} \tag{6.55}$$

부가적으로 회로 파라미터는 다음과 같다.

$$R = R_L + \frac{v_{d\max}}{2\pi^2 f_0^2 C_L W\left[1-(f/f_0)^2\right]} \tag{6.56a}$$

$$C_L = \frac{\varepsilon A}{W} \tag{6.56b}$$

$$C_{\text{ion}} = \frac{\varepsilon A}{d} \tag{6.56c}$$

$$L_{\text{ion}} = \frac{1}{(2\pi f_0)^2 C_{\text{ion}}} \tag{6.56d}$$

여기에서 R_L은 반도체 층의 결합 저항이며 d는 p-층의 항복영역의 길이, W는 전체 길이로 그림 6-21과 같다. 공진주파수보다 높은 주파수에서 다이오드의 음의 저항성은 RF 및 MW 공진회로로 전기에너지가 다시 변환된다는 것으로 이해할 수 있다. 이것은 다이오드가 능동소자로서 동작함을 의미한다. 그러므로 회로 감쇠는 전력이 부하 임피던스로 전달되는 점까지 점차적으로 감소될 수 있으나 위상이 180° 반전된다. 5 GHz에서 10 GHz의 주파수 범위에서 DC를 RF 전력으로 변환시키는 **효율**은 매우 낮으며 약 10%에서 15% 정도이다.

6.2.5 터널 다이오드

터널 다이오드는 아주 크게(10^{19}~10^{20} cm^{-3}의 농도) 도핑된 n 층과 p 층으로 만들며, 이로 인하여 매우 협소한 공간전하영역을 형성한다. 이와 같은 현상은 식(6.27)과 식(6.28)에 의하여 알 수 있다. 전자와 홀은 전도대와 가전자대의 실효 상태 농도를 초과하게 되고 페르미 레벨은 n^+ 층의 전도대 W_{Cn}과 p^+ 층의 가전자대 W_{Vp} 로 이동된다. 그림 6-24에서 양쪽의 반도체 층에서 투과될 수 있는 전자의 상태는 매우 협소한 전위장벽을 통하여 분리되어 있음을 알 수 있다.

작은 양의 순방향 전압에서 반송자는 쉽게 전위장벽 건너 전도대로부터 가전자대로 이동하게 된다. 이러한 현상을 터널링 현상이라 한다. 전압이 더 증가함에 따라 에너지대 구조는 더욱 더 이격되며 정합을 가로질러 터널링되는 반송자의 능력이 감소하게 된다. 임계 전압인 $V_A \approx V_{diff}$에 도달하게 되면 터널링 현상은 발생하기 않으며 다이오드는 일반적인 pn-접합과 같이 동작된다. 낮은 전압에서 전류는 급격히 상승하지만 전

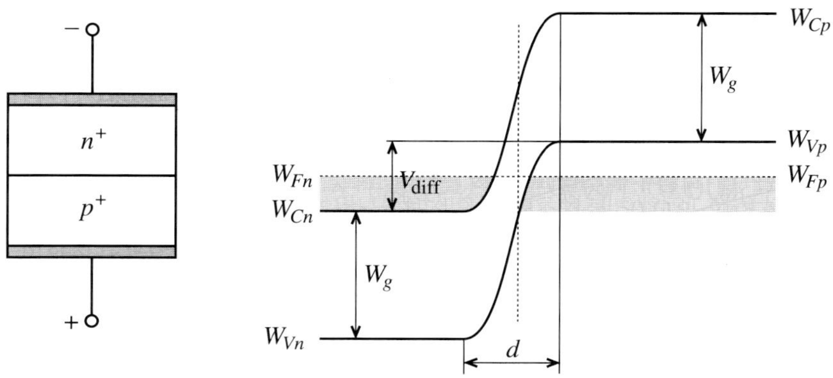

그림 6-24 • 터널 다이오드와 에너지대의 표현

압이 증가할수록 터널링 현상이 감소하고 전류도 감소하여 결국 음의 기울기를 나타내게 된다. 이러한 현상은 예를 들어 발진기와 같은 곳에서 음의 저항으로 이용된다.

6.2.6 TRAPATT, BARRITT 및 Gunn 다이오드

여기에서는 세 개의 다이오드에 대하여 회로표현이나 정량적인 전기적 파라미터의 유도 등 자세한 설명을 하지 않고 간단하게 언급하고자 한다.

TRApped **P**lasma **A**valanche **T**riggered **T**ransit(TRAPATT) 다이오드는 IMPATT 다이오드를 개선한 것으로 에너지대의 차 트랩(trap)과 전자의 포획(capture) 과정을 이용하여 효율을 아주 크게 높게(약 75%까지) 실현시켰다. 그러한 트랩(trap)은 대역차(bandgap)내에 위치한 에너지 수준(level)을 가지며 전자의 포획(capture)을 가능하게 한다. 외부 회로에 의하여 양의 사이클 동안 높은 장벽전압이 형성되어 전자–홀 플라스마의 반송자 증배현상이 일어난다. 그 결과로 음의 사이클 동안 다이오드의 정류 특성에 의하여 항복현상(breakdown)이 일어난다. 공진주파수는 IMPATT 다이오드보다 약간 낮다. 이것은 IMPATT 다이오드에서 중간층을 통하는 전이시간보다 느리게 전자–홀 플라스마가 형성된다는 사실에 기인한다.

BARRier **I**njection **T**ransit **T**ime(BARRIT) 다이오드의 경우, p^+np^+ 도핑형태로 베이스가 없는 트랜지스터와 같이 동작하는 다이오드의 전이시간에 대하여 주로 논의한다. 공간전하영역은 중간층을 통과하여 캐소드(cathod)에서 애노드(anode)까지 확장되며 소신호 등가모델은 저항과 DC바이어스에 따라 값이 결정되는 단락 커패시터로 구성된다. IMPATT 다이오드와는 달리 이 *RC* 회로는 5% 이하의 비교적 낮은 효율에서 −90도까지 음의 위상변이를 형성한다. BARITT 다이오드는 레이더의 믹서 및 검파회로로 이용되고 있다.

Gunn 다이오드는 1963년에 처음 고안한 J. B. Gunn의 이름을 사용한 것으로 일부 반도체(GaAs, Inp)에서 충분히 높은 전계는 대역차(bandgap)의 분리를 시작하는 곳에 전자를 분산시킨다는 점을 이용하였다. 이와 같은 결과는 대역차(bandgap) 에너지를 증가시키며 전자 이동도 μ_n의 손실을 갖게 된다. 이러한 현상은 GaAs의 경우 아주 크게 나타나 드리프트 속도($v_d = nq\mu_n$)는 5 kV/cm에서 7 kV/cm로 전계세기가 커짐에 따라 2×10^7 cm/s에서 10^7 cm/s 이하로 떨어진다. 음의 미소이동도는

$$\mu_n = \frac{dv_d}{dE} < 0$$

이며, 후에 다루게 될 발진기회로에서 부성 저항으로서 이용한다. Gunn 다이오드는 n^+nn^+으로 도핑형태를 갖는 하나의 반도체 형태로 구성된다. 가볍게 도핑된 중간층은 전압이 인가되는 능동층(active layer)이다. 충분히 큰 전압(연속적인 전계)이 인가되었을 때 감소된 이동도 효과는 중간층의 전도를 불안정하게 만들게 된다. 낮은 이동도(전도도)를 갖는 얇은 층이 캐소드에 형성되며 애노드를 향하여 이동하게 된다. 중간층의 나머지 부분에서 감소된 전계는 추가적인 얇은 층 형성을 방해하게 된다. 이 얇은 층이 애노드에 도달하게 되면 흡수되어 버리며 다시 중간층에서 전계가 인가되게 되면 결국 캐소드에서 또 다른 얇은 층을 연속적으로 형성하게 된다. 얇은 층이 중간층을 거쳐 전달되는 시간은 Gunn 다이오드의 동작 주파수에 따라 결정된다.

6.3 쌍극자 트랜지스터

트랜지스터는 전 AT&T 벨 연구소에서 1948년 Bardeen과 Brattain에 의하여 개발되었으며 50여 년이 지나는 동안 많은 개선과 정교함을 갖게 되었다. 초기에 개발된 단일 소자인 점-접합(point-contact) 트랜지스터는 **쌍극자 접합 트랜지스터**(BJT)를 비롯하여 **GaAs 전계효과 트랜지스터** 및 최근에 개발된 **HEMT(high electron mobility transistors)**에 이르기까지 매우 정교한 형태로 발전되었으며 계속하여 개발되고 응용되고 있다. 종종 집적회로(IC)를 구성하는 많은 수의 트랜지스터는 마이크로프로세서, 메모리 및 주변장치의 칩의 한 부분으로 분류되어 왔다. 그러나 RF 및 MW 응용에서는

단일 트랜지스터 자체로서 중요성을 내포하고 있다. 많은 RF 회로에서 트랜지스터는 저잡음 특성, 선형동작 특성 및 고전력 특성 형태의 트랜지스터로 구분하여 이용되고 있으므로 트랜지스터의 DC 및 RF 동작 특성에 대하여 자세하게 논의할 필요가 있다.

쌍극자 트랜지스터는 서로 다르게 도핑된 *npn* 또는 *pnp* 형태로 구성되며, 쌍극(bipolar)이라는 단어는 내부 전류의 흐름이 소수 및 다수 반송자에 의해 흐른다는 것을 의미한다. 다음 절에서는 트랜지스터의 고유한 특성에 대하여 알아보기로 한다.

6.3.1 구조

BJT는 저렴하게 제조되고, 비교적 동작 주파수가 높고, 저 잡음 동작 특성을 보이고, 아주 큰 전력조절 능력을 갖고 있어 RF 능동소자로서 가장 광범위하게 사용되는 소자 중의 하나이다. 아주 큰 전력 처리능력(high power capacity)은 평면구조의 일부로서 특별히 인터디지트 형태의 이미터–베이스를 제조함으로써 달성할 수 있다. 그림 6-25에서 평면구조의 단면적과 인터디지트 이미터–베이스 결합상태에 대하여 위에서 본 상태를 나타내고 있다.

그림 6-25(b)의 인터리브 형태의 형성으로 인하여 베이스–이미터 저항은 이득성능에 상관없이 최소상태를 유지한다. 후에 알게 되지만, 낮은 베이스 저항은 베이스–이미터 접합을 통한 전류밀도를 감소시키고 베이스에서 임의적인 열운동(열적 잡음)을 감소시킴으로써 신호–대–잡음 비를 직접적으로 개선시키는 역할을 한다. 더 자세한 내용은 7장에서 논의하겠다.

1 GHz 이상의 주파수에서 BJT을 응용하기 위하여, 베이스 저항을 감소시키고 전류이득을 향상시킬 수 있도록 도핑레벨을 10^{20}~10^{21} cm^{-3} 정도로 늘리며 이미터 폭을 1 μm 이하로 감소시키는 것이 매우 중요하다. 불행하게도 매우 엄격한 허용치를 보장하기 어렵게 때문에 자기정렬공정(self-aligning processes)이 필요하다. 특히 억셉터 및 도너의 농도는 Si 또는 GaAs 반도체 물질에서 아주 빠르게 용해성 제한(solubility limits)이 나타나므로 제조 공정에서 설정한 전류이득의 목표를 얻기에는 물리적으로 제한이 있다. 이러한 이유로 인하여 **이종쌍극자트랜지스터**(hetero bipolar transistor: HBT)가 점차적으로 많이 이용되고 있다. HBT는 이미터에 초과 도핑을 하지 않고 큰 전류이득을 달성할 수 있다. 추가된 반도체 층(예를 들면 GaAlAs-GaAs 샌드위치 구조)으로 인하여 베이스 단자에 강화된 전자주입이 이루어지는 반면, 이미터에 역으로 홀 주입은 억제된다. 그 결과 동일 전자전류와 역 이미터 홀 전류의 합에 대한 베이스에 흐르는 전자전류의 비로서 정의되는 **이미터 효율**이 크게 된다. 그림 6-26에 이러한

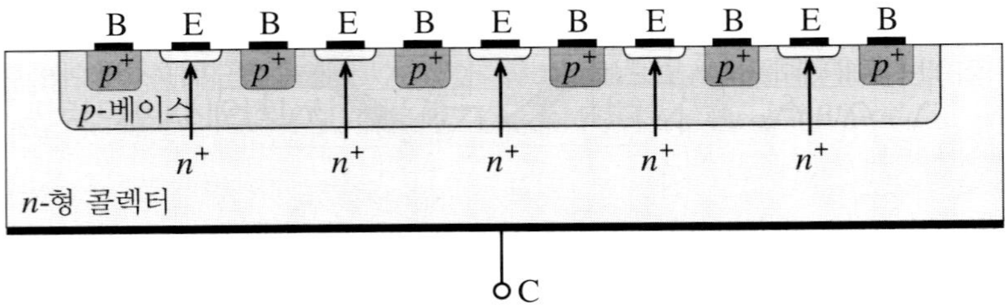

(a) 여러 개의 핑거를 나타내는 BJT의 단면도

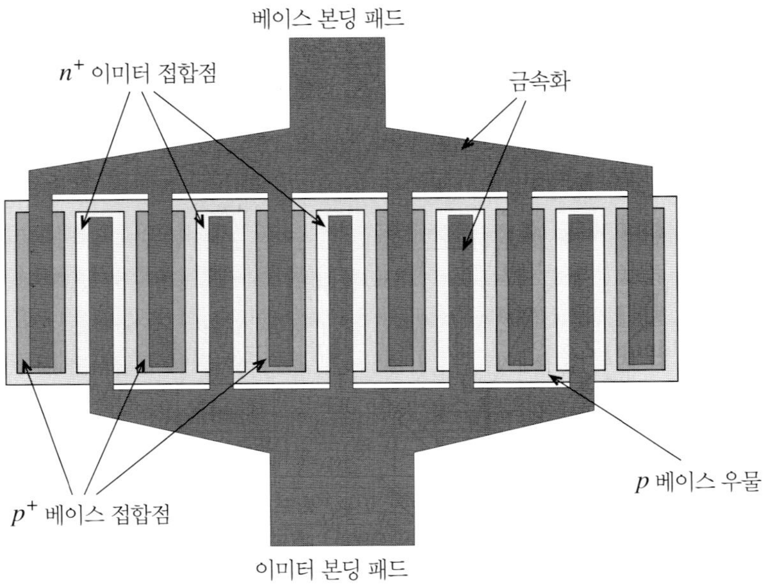

(b) 여러 개의 핑거를 나타내는 BJT를 위에서 본 형태

그림 6-25 • 고주파 BJT의 인터디지트 구조형태

구조의 단면도를 나타내었다.

GaAs 이외에 이종접합은 InP 이미터와 InGaAs 베이스의 접합면에서 이루어지고 있으며, GaInAs 베이스와 InP 콜렉터(이중이종접합) 사이에 추가적으로 이종접합을 만들기도 한다. InP 물질은 아주 높은 항복전압(breakdown voltage), 더 큰 반송자 속도 및 GaAs에 비교하여 아주 높은 열 전도도의 이점을 갖고 있다. 100 GHz 이상의 주파수에서 동작하며, 베이스와 콜렉터 사이의 반송자 전이시간이 0.5 ps 이하인 특성도 얻었다. 그렇지만 InP 물질은 다루기 어려운 물질이어서 제조공정이 보편화되지 않아 Si나

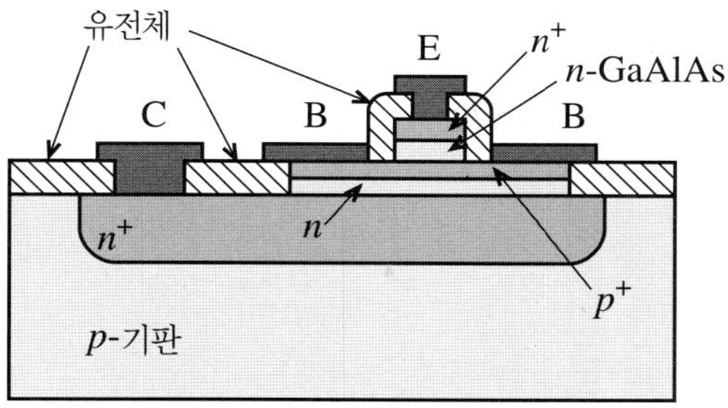

그림 6-26 • GaAlAs-GaAs 경계면을 포함한 GaAs 이종쌍극자 트랜지스터의 단면 구조

GaAs 기술과 경쟁하는 단계에는 이르지 못하고 있다.

6.3.2 기능성

일반적으로 BJT에는 두 가지 형태, 즉 *npn*과 *pnp*형 트랜지스터가 있다. 두 가지 형태의 차이점은 베이스 이미터 및 콜렉터를 만들기 위하여 사용되는 반도체의 도핑에 따라 구분된다. *npn* 트랜지스터의 경우, 콜렉터와 이미터는 *n*-형 반도체로 만들어지며 베이스는 *p*-형이다. *pnp* 트랜지스터는 반도체 형태가 반대이다(*n*-형 베이스, 이미터와 콜렉터는 *p*-형). 보통 이미터는 가장 높은 도핑 농도를 가지며 베이스는 가장 작은 도핑 농도를 갖는다. BJT는 **전류제어소자**로서 트랜지스터의 구조와 전기적 심볼 및 *npn*구조에서 전압과 전류 전달에 상응되는 다이오드 모델을 나타내는 그림 6-27을 참고하여 상세히 설명할 수 있다. *pnp* 트랜지스터의 경우 단지 전압극성과 다이오드 방향을 반대로 처리하면 되므로 자세히 논의하는 것은 생략하기로 한다.

전압표기법에서 첫 번째 첨자는 양(positive)을 나타내고 두 번째 첨자는 음(negative)의 전압 기준점을 나타낸다. 정상적인 동작조건에서(즉 **순방향 능동 모드**에서) 이미터–베이스 다이오드는 순방향으로 동작($V_{BE} \approx 0.7$ V임)되며 베이스–콜렉터 다이오드는 역방향으로 동작한다. 그러므로 이미터는 베이스로 전자를 주입하며, 역으로 홀 전류는 베이스에서 이미터에 도달한다. 콜렉터 이미터 전압을 **포화전압**(약 0.1 V)보다 크게 유지하면 베이스는 매우 얇고(약 $d_B \leq 1$ μm의 배수) *p*-형 층은 매우 낮게 도핑하기 때문에 베이스 전류를 통하여 전자는 홀과 아주 작은 양만이 재결합하게 된다. 아주 많은 대다수의 전자는 베이스–콜렉터 접합에 도달하게 되며 인가 역전압 V_{BC}에 의하여 모아진다.

역방향 능동모드의 경우, 콜렉터–이미터 전압은 음($V_{CE} < -0.1$ V)이며 베이스–콜렉

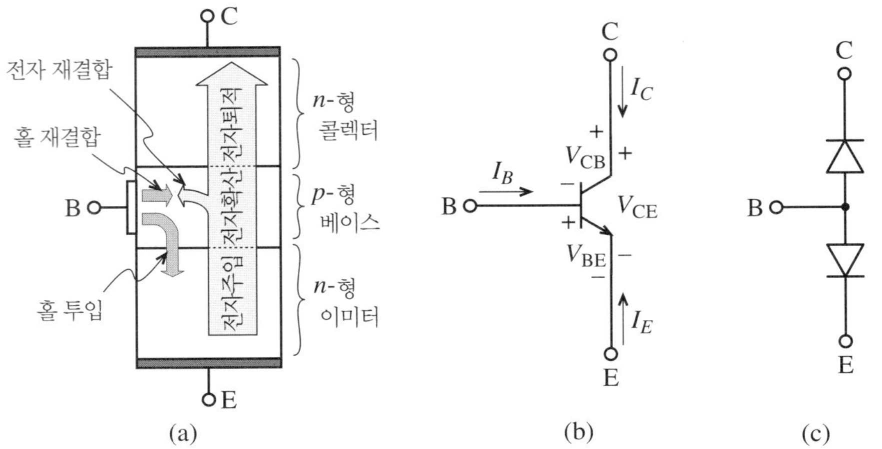

그림 6-27 • npn 트랜지스터 (a) 순방향동작모드상태에서의 전기적 전하의 구조, (b) 전류, 전압에 대한 트랜지스터 심볼, (c) 다이오드 모델

터 다이오드는 순방향 바이어스이고 베이스–이미터 다이오드는 역방향으로 동작하게 된다. 순방향 능동모드와는 다르게 전자의 흐름은 콜렉터에서 베이스를 거쳐 이미터에 도달한다.

마지막으로 **포화모드(saturation mode)**는 베이스–이미터와 베이스–콜렉터 접합 사이에 순방향 바이어스를 나타내며 후에 스위칭 회로를 논의할 때 매우 중요한 역할을 한다.

이미터 접지형태에서 그림 6-28(a)는 바이어스 회로 관계를 나타내고 있으며 적합한 Q-점에서 동작하도록 바이어스 저항 R_B와 전압원 $V_{\rm BB}$를 선정함으로써 베이스 전류는 일정하게 된다. 그림 6-28(b)의 베이스–이미터 전압에 대한 베이스 전류 관계는 전형적인 다이오드의 I-V 동작 특성을 따르며 트랜지스터의 입력 특성을 나타낸다. 부하선과 트랜지스터 입력 특성 사이의 교차점에서의 베이스 전류와 베이스–이미터 전압은 I_B^Q 와 $V_{\rm BE}^Q$ 이다. 트랜지스터의 출력 특성의 일부분으로서 콜렉터–이미터 전압에 대한 콜렉터 전류는 그림 6-28(c)에서와 같이 베이스전류($I_{B1} < I_{B2} \ldots$)에 따라 파라미터 곡선으로서 취급하며 좀 더 복잡한 패턴을 나타낸다. 정량적인 BJT의 동작은 세 가지 동작모드로써 분석된다. 이러한 분석은 적절한 동작점을 설정하고 여러 가지 전류흐름을 공식화함으로써 얻을 수 있다. 수식을 단순화하기 위해서 공간전하영역의 공간적 확장을 무시하며 전형적인 전압과 전류조건으로 가정하기로 한다. 세 가지 반도체 층에서의 서로 다른 다수/소수 반송자 및 도핑조건을 알아보기 위하여 표 6-3에 파라미터와 상응되는 값을 요약하였다.

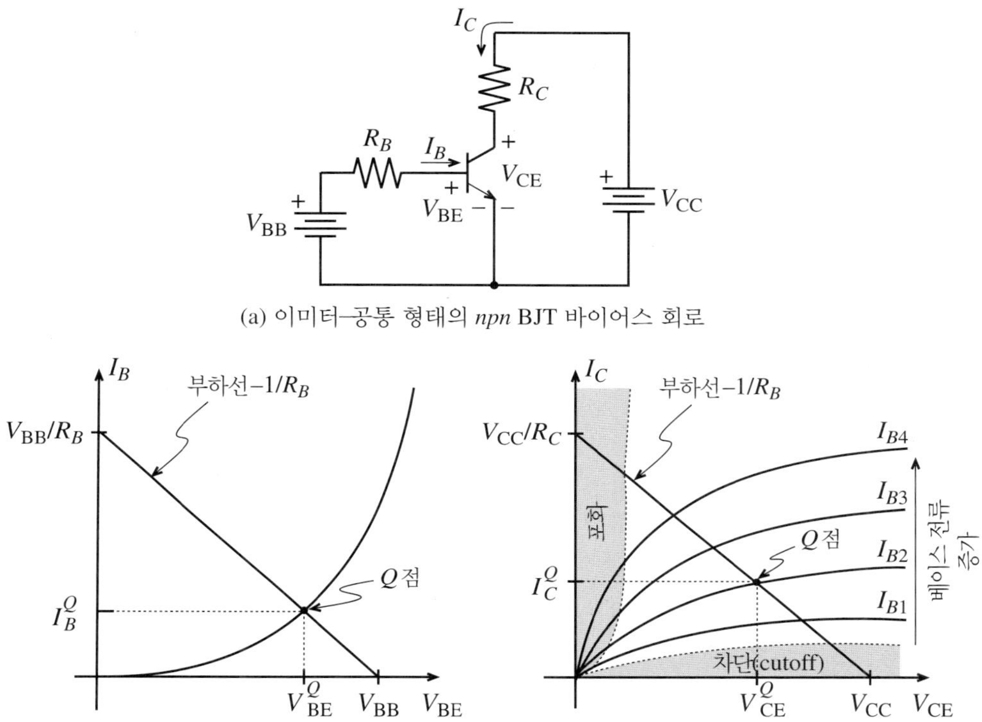

(a) 이미터–공통 형태의 *npn* BJT 바이어스 회로

(b) 트랜지스터 입력 특성

(c) 트랜지스터 출력 특성

그림 6-28 • *npn* BJT의 바이어스, 입력 및 출력 특성

표 6-3 • BJT 파라미터 명명

파라미터	**이미터(*n*-형)**	**베이스(*p*-형)**	**콜렉터(*n*-형)**
도핑레벨	N_D^E	N_A^B	N_D^C
열적평형 소수반송자 농도	$p_{n_0}^E = n_i^2/N_D^E$	$n_{p_0}^B = n_i^2/N_A^B$	$p_{n_0}^C = n_i^2/N_D^C$
열평형 다수반송자 농도	$n_{n_0}^E$	$p_{p_0}^B$	$n_{n_0}^C$
공간 확장	d_E	d_B	d_C

다음과 같은 BJT 분석으로부터 농도가 불평형 상태인 $p_{n0}^E << n_{p0}^B << p_{n0}^C$ 를 따르고 있음을 알 수 있다.

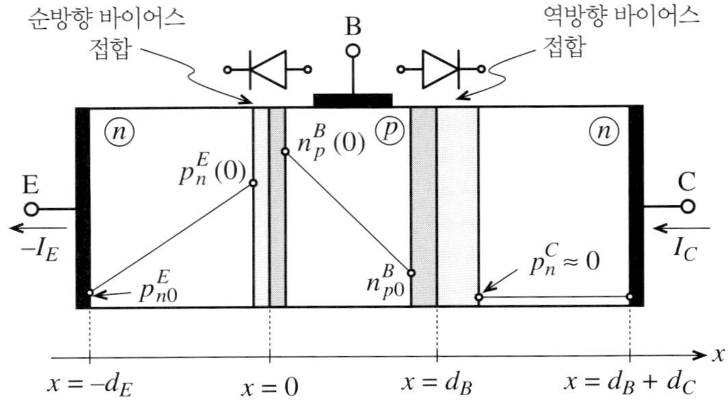

그림 6-29 • 순방향 능동모드 BJT에서 소수 반송자 농도

순방향 능동모드($V_{\text{CE}} > V_{\text{CEsat}} = 0.1$ V, $I_B > 0$)

소수 반송자 농도를 구하기 위하여 그림 6-29에서 나타나 있는 구조를 고려하자. 여기에서 농도는 세 가지 반도체 층에 대한 함수로서 나타내었다. 각각의 층에서 공간적으로 소수 반송자 농도를 예측하기 위하여 **쇼트 다이오드(short diode**, 부록 F 참조)의 특성으로 분석하며 선형적인 전하농도 기울기로서 지수함수로 특성을 나타낸다.

각 층에서의 소수 반송자 농도는 다음과 같이 주어진다.

- 이미터: $p_n^E(-d_E) = p_{n0}^E$이고 $p_n^E(0) = p_{n0}^E\, e^{V_{\text{BE}}/V_T}$
- 베이스: $n_p^B(0) = n_{p0}^B\, e^{V_{\text{BE}}/V_T}$이고 $n_p^B(d_B) = n_{p0}^B\, e^{V_{\text{BC}}/V_T} \approx 0$
- 콜렉터: $p_n^C(d_B) = p_{n0}^C\, e^{V_{\text{BC}}/V_T} \approx 0$

위 식에서 두 개의 농도는 영이 되는데, 이것은 베이스–콜렉터 전압이 음이 되기 때문이다(예로, $V_{\text{CE}} = 2.5$ V 및 $V_{\text{BE}} = 0.7$ V의 전형적인 트랜지스터의 경우 $V_{\text{BC}} = -1.8$ V이며 $\exp(V_{\text{BC}}/V_T) = \exp(-1.8/0.026) \to 0$이 된다). 앞에서 언급한 반송자 농도에 의하여 이미터에서 홀의 확산전류 밀도 $J_{p\text{diff}}^E$를 다음과 같이 예측할 수 있다.

$$J_{p\text{diff}}^E = -qD_p^E\left[\frac{dp_n^E(x)}{dx}\right] = -\frac{qD_p^E}{d_E}[p_n^E(0) - p_n^E(-d_E)]$$

$$= -\frac{qD_p^E\, p_{n0}^E}{d_E}(e^{V_{\text{BE}}/V_T} - 1) \tag{6.57}$$

베이스 층에서 전자의 확산전류밀도 $J_{n\text{diff}}^{B}$는 유사하게 다음과 같이 예측된다.

$$J_{n\text{diff}}^{B} = qD_n^B \left[\frac{dn_p^B(x)}{dx}\right] = \frac{qD_n^B}{d_B}[n_p^B(d_B) - n_p^B(0)] = -\frac{qD_n^B n_{p0}^B}{d_B} e^{V_{\text{BE}}/V_T} \tag{6.58}$$

예측한 두 개의 식으로부터 콜렉터와 베이스 전류는 다음과 같이 설정된다.

$$I_{\text{FC}} = -J_{n\text{diff}}^{B} A = \frac{qD_n^B n_{p0}^B}{d_B} A e^{V_{\text{BE}}/V_T} = I_S e^{V_{\text{BE}}/V_T} \tag{6.59}$$

$$I_{\text{FB}} = -J_{p\text{diff}}^{E} A = \frac{qD_p^E p_{n0}^E}{d_E} A (e^{V_{\text{BE}}/V_T} - 1) \tag{6.60}$$

여기에서 F는 순방향 전류이고 A는 접합 단면적, $I_S = (qD_n^B n_{p0}^B A)/d_B$는 **포화전류**이다. 이미터 전류는 식 (6.59)과 식 (6.60)을 합하여 구한다. 순방향 전류이득 β_F는 다음과 같이 정의한다.

$$\beta_F = \frac{I_{\text{FC}}}{I_{\text{FB}}} = \frac{D_n^B n_{p0}^B d_E}{D_p^E p_{n0}^E d_B} \tag{6.61}$$

식 (6.61)를 유도하기 위하여 식 (6.60)에서 지수함수를 1보다 매우 큰 것으로 가정하여 −1을 무시하였다. 콜렉터와 이미터 전류의 비 α_F는 다음과 같이 나타낸다.

$$\alpha_F = \frac{I_{\text{FC}}}{(-I_{\text{FE}})} = \frac{\beta_F}{1 + \beta_F} \tag{6.62}$$

RF&MW

예제 6-7 • 쌍극자트랜지스터에서 최대 순방향전류이득의 계산

다음과 같은 파라미터에서 Si-BJT의 최대 순방향 전류이득을 구하라. 이미터에서 도너 농도는 $N_D^E = 10^{19}\text{cm}^{-3}$, 베이스 억셉터 농도 $N_A^B = 10^{17}\ \text{cm}^{-3}$, 이미터에서 확장된 공간전하영역 $d_E = 0.8\ \mu\text{m}$; 베이스에서 확장된 공간전하영역 $d_B = 1.2\ \mu\text{m}$이다.

풀이:

식 (6.61)을 적용하기 위하여 아인슈타인 관계식 (6.15)로 나타낸 것처럼 베이스와 이미터에서 확산계수를 결정할 필요가 있다. 이 관계를 식 (6.61)에 대입하면, 순방향 전류이득은 다음과 같다.

$$\beta_F = \frac{\mu_n n_{p0}^B d_E}{\mu_p p_{n0}^E d_B}$$

특히 표 6-3에서 베이스와 이미터의 소수 반송자 농도 관계를 이용하면 β_F는 다음과 같다.

$$\beta_F = \frac{\mu_n N_D^E\ d_E}{\mu_p N_A^B\ d_B} = 187.5$$

제6.3.3절과 다음 장에서 논의되는 바와 같이 전류이득은 대략적으로 상수 값으로 나타낸다. 일반적으로 이득은 트랜지스터 동작 조건과 온도 특성에 따라 결정된다.

역방향 능동모드($V_{CE} < -0.1$ V, $I_B > 0$)

공간전하영역에 관련된 소수 반송자 농도는 그림 6-30과 같이 나타낼 수 있다(즉 베이스–이미터 다이오드는 역 바이어스, 베이스–콜렉터 다이오드는 순방향 바이어스).

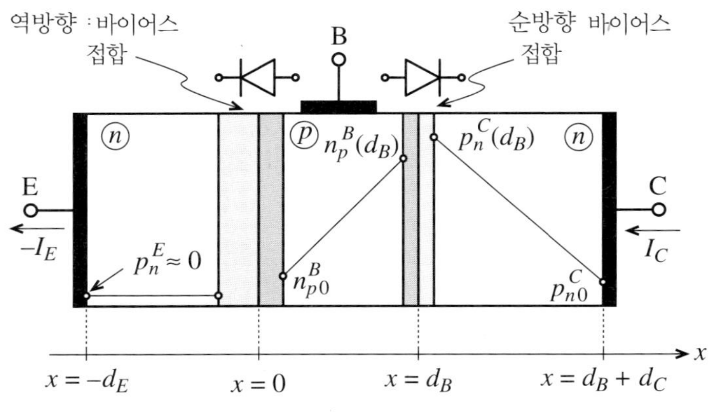

그림 6-30 • BJT의 역방향 능동모드

각 층에서의 소수 전하 농도는 다음과 같다.

- 이미터: $p_n^E(-d_E) \approx 0$ and $p_n^E(0) = p_{n0}^E e^{V_{\mathrm{BE}}/V_T} \approx 0$
- 베이스: $n_p^B(0) = n_{p0}^B e^{V_{\mathrm{BE}}/V_T} \approx 0$ and $n_p^B(d_B) = n_{p0}^B e^{V_{\mathrm{BC}}/V_T}$
- 콜렉터: $p_n^C(d_B) = p_{n0}^C e^{V_{\mathrm{BC}}/V_T}$ and $p_n^C(d_B + d_C) \approx p_{n0}^C$

확산전류밀도로부터 역 이미터 전류를 구하면

$$I_{\mathrm{RE}} = -J_{n\mathrm{diff}}^B A = -qD_n^B\left(\frac{dn_p^B}{dx}\right)A = \frac{qD_n^B n_{p0}^B}{d_B} A e^{V_{\mathrm{BC}}/V_T} = I_S e^{V_{\mathrm{BC}}/V_T} \tag{6.63}$$

이며, 역 베이스 전류는

$$I_{\mathrm{RB}} = -J_{p\mathrm{diff}}^C A = -qD_p^C\left(\frac{dp_n^C}{dx}\right)A = \frac{qD_p^C p_{n0}^C A}{d_C}\left(e^{V_{\mathrm{BC}}/V_T} - 1\right) \tag{6.64}$$

이다. 순방향 전류이득에서와 유사한 방법으로 **역 전류이득** β_R은 다음과 같으며

$$\beta_R = \frac{I_{\mathrm{RE}}}{I_{\mathrm{RB}}} = \frac{D_n^B n_{p0}^B d_C}{D_p^C p_{n0}^C d_B} \tag{6.65}$$

콜렉터 이미터 비 α_R은 다음과 같다.

$$\alpha_R = \left.\frac{I_{\mathrm{RC}}}{(-I_{\mathrm{RE}})}\right|_{V_{\mathrm{BC}}} = \frac{\beta_R}{1 + \beta_R} \tag{6.66}$$

포화모드($V_{\mathrm{BE}}, V_{\mathrm{BC}} > V_T, I_B > 0$)

이 동작모드는 두 개 다이오드의 순방향 동작을 의미하며 베이스에서 확산전류밀도는 순방향 전류와 역방향 전류흐름의 조합으로 식 (6.59)과 식 (6.63)에 의하여 다음과 같다.

$$J_{n\mathrm{diff}}^B = J_{\mathrm{RE}} - J_{\mathrm{FC}} = -\frac{I_S}{A} e^{V_{\mathrm{BE}}/V_T} + \frac{I_S}{A} e^{V_{\mathrm{BC}}/V_T} \tag{6.67}$$

식 (6.67)로부터 순방향 베이스 전류를 고려하여 이미터 전류를 구할 수 있다. 순방향 베이스 전류 (6.60)은 이미터에 홀을 주입하므로 양(+)의 이미터 전류 방향에 따르기 위하여 음(−)의 기호를 선택해야 한다. 식 (6.67)에서 지수함수 표현을 식 (6.60)에 대응할 수 있으며 식에서 1을 더하고 빼어 다음 식과 같이 얻을 수 있다.

$$I_E = -I_S\left(e^{V_{\mathrm{BE}}/V_T} - 1\right) - \frac{I_S}{\beta_F}\left(e^{V_{\mathrm{BE}}/V_T} - 1\right) + I_S\left(e^{V_{\mathrm{BC}}/V_T} - 1\right) \tag{6.68}$$

BJT는 대칭소자로 취급할 수 있으므로 콜렉터 전류는 세 가지 전류가 기여하는 방법으로 표현할 수 있다: 식 (6.67)의 음(negative)에 의해서 주어진 순방향 콜렉터와 역방향 이미터 전류 및 부가 홀 확산기여에 의한 역 베이스전류 I_{RB}이며 그 결과 식은 다음과 같다.

$$I_C = I_S\left(e^{V_{\mathrm{BE}}/V_T} - 1\right) - \frac{I_S}{\beta_R}\left(e^{V_{\mathrm{BC}}/V_T} - 1\right) - I_S\left(e^{V_{\mathrm{BC}}/V_T} - 1\right) \tag{6.69}$$

최종적으로 베이스 전류 $I_B = -I_C - I_E$는 앞의 두 식으로부터 구한다.

$$I_B = I_S\left[\frac{1}{\beta_R}\left(e^{V_{\mathrm{BC}}/V_T} - 1\right) + \frac{1}{\beta_F}\left(e^{V_{\mathrm{BE}}/V_T} - 1\right)\right] \tag{6.70}$$

내부 이미터 전류흐름은 일반적으로 외부 회로의 부호에 반대로 나타낸다는 것을 알아두는 것이 중요하다.

6.3.3 주파수 반응 특성

마이크로파 BJT의 **전이주파수** f_T(**차단주파수**로도 알려져 있다)는 중요한 소자 성능지표로서 이미터 접지에서 단락회로 전류이득 h_{fe}가 1로 되는 점의 동작주파수를 결정한다. 전이주파수 f_T는 반송자가 이미터–콜렉터 구조를 통하여 이동하는 데 필요한 전이시간 τ에 관계되어 다음과 같이 표현할 수 있다.

$$f_T = \frac{1}{\tau} \tag{6.71}$$

이 전이시간은 다음 세 가지 성분으로 구성된다.

$$\tau = \tau_E + \tau_B + \tau_C \tag{6.72}$$

여기에서 τ_E, τ_B및 τ_C는 각각 이미터, 베이스 및 콜렉터에서의 지연시간이며 베이스–이미터 공핍영역 충전시간은 다음과 같이 주어진다.

$$\tau_E = r_E C = \frac{V_T}{I_E}(C_E + C_C) \cong \frac{V_T}{I_C}(C_E + C_C) \tag{6.73a}$$

C_E, C_C는 이미터 및 콜렉터 커패시턴스이며 r_E는 이미터 저항으로 베이스–이미터 전압에 대한 이미터 전류를 미분하여 구한다. 식 (6.72)에서 두 번째 지연시간은 베이스 층 충전시간이며 다음 식과 같다.

$$\tau_B = \frac{d_B^2}{\eta D_n^B} \tag{6.73b}$$

이 식에서 η는 도핑형태로서 균일도핑 베이스 층은 η = 2에서부터 시작하여 비균일 도핑층일 때는 아주 큰 값의 η = 60까지 가변된다. 베이스–콜렉터 접합 공간전하영역 w_C를 통과하는 전이시간 τ_C는 다음 식으로 계산한다.

$$\tau_C = \frac{w_C}{v_S} \tag{6.73c}$$

v_S는 포화 드리프트 속도이다. 콜렉터 충전시간 $\tau_{CC} = r_C C_C$은 τ_E에 비하여 매우 작기 때문에 앞으로는 무시하기로 한다. 식 (6.73a)에서와 같이 이미터 충전시간은 콜렉터 전류에 역비례하므로 콜렉터 전류가 증가되면 높은 전이주파수(transition frequency)가 된다. 전류가 충분히 큰 값에 도달하면 베이스에 주입된 전하의 농도는 베이스 도핑레벨과 비교할 수 있을 정도가 되어 실효 베이스 폭을 증가시키게 되므로 전이주파수를 감소시키게 된다. 보통 BJT 특성에서는 콜렉터 전류에 따른 전이주파수 데이터 표를 제공한다. 한 예로 그림 6-31은 $V_{CE} = 2$ V, $f = 2$ GHz 및 25°C의 주변온도에서 측정한 광대역 *npn* 트랜지스터 BFG403W에 대한 콜렉터 전류와 전이주파수 관계를 나타내고 있다.

BJT가 RF 및 MW 주파수에서 동작할 때 고려되어야 할 또 다른 특성은 표피효과이다. 이 표피효과는 물리적으로 전류흐름을 억제하며 이미터의 외부직경으로 전류를 흐르게 한다(제1.4절 참조). 가능한 한 충전시간을 작게 하기 위하여 이미터는 아주 협소한(1 μm 이하의) 격자형태(grid pattren)의 띠로 제작하게 되는데 작은 면적에서 높은 전류밀도를 나타내기 위한 절충 방안으로 취급전력을 제한하고 있다. 차단주파수를 높이는 또 다른 방법으로 높은 도핑레벨에 의하여 베이스 전이시간 τ_B을 감소시키고 동시에 100 nm 이하의 매우 짧은 베이스 층을 만들어 주는 방법이 있다. 추가적으로 얇은 베이스 단자의 두께는 전력손실을 감소시키는 장점이 있다. f_T와 더불어 또 다른 유용한 정량적인 양은 발진기의 최대 주파수 f_{max}이다. 이 f_{max}는 직접적으로 수식유도가 되지는 않는다. 이 식이 의미하는 것은 전력이득이 1에 가깝게 될 때 증폭기로서 동작하는 장치(BJT 혹은 FET)의 하한계(upper limit)을 나타내는 것이다. 전이와 최대 주파

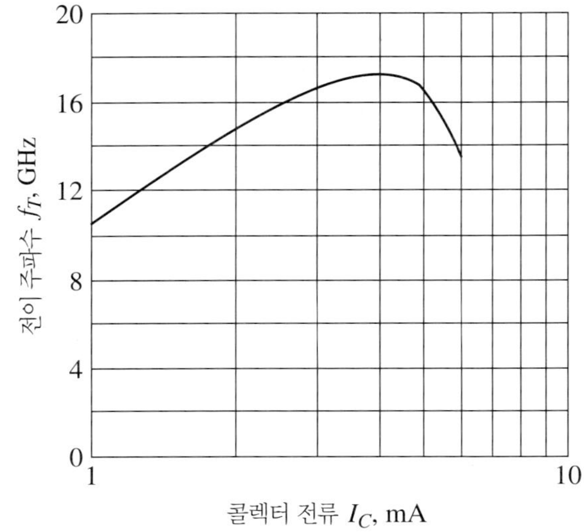

그림 6-31 • 17 GHz의 *npn* 광대역 트랜지스터 BFG403W에 대한 콜렉터 전류에 대한 전이주파수관계(philips 반도체 제공)

수 사이의 관계에 대한 더 자세한 내용은 문제 부분에서 찾을 수 있을 것이다.

6.3.4 온도동작 특성

본 장에서 반도체의 정적 및 동적 동작 특성을 나타내는 거의 모든 파라미터는 접합온도 T_j의 영향을 받고 있음을 보았다. 이와 같은 온도의존성에 대한 예로 그림 6-32에서 주어진 V_{CE}에 대해서 일반적인 트랜지스터의 순방향 전류이득 β_F를 여러 개의 접합온도 전류이득은 T_j에 대하여 콜렉터 전류 I_C의 함수로서 나타내었다. 이 그래프에서 알 수 있듯이 전류이득은 $T_j = -50°\text{C}$이고 $I_C = 3.5$ mA일 때 40에서 $T_j = 50°\text{C}$에서 약 80 이상으로 증가됨을 알 수 있다. 또 다른 예로서, 그림 6-33에서 베이스–이미터 전압에 대한 베이스 전류 함수관계는 트랜지스터의 입력 특성에 아주 큰 영향을 주는 온도에 의존하고 있음을 볼 수 있다.

$T_j = -50°\text{C}$에서의 트랜지스터의 동작 특성을 $T_j = 50°\text{C}$의 동작 특성과 비교한다면 $T_j = -50°\text{C}$와 1.25 V의 베이스–이미터 전압에서 트랜지스터는 차단상태(cut-off state)에 있으나 $T_j = 50°\text{C}$에서는 BJT는 이미 약 4 mA의 베이스 전류로 전도되고 있다. 이러한 두 개의 예는 RF 회로설계에서 온도의 중요성을 내포하고 있다. 한 예로 전 세계적으로 이용되고 있는 셀룰러 폰의 설계에서는 가능한 모든 온도조건에서 기술적 특성에

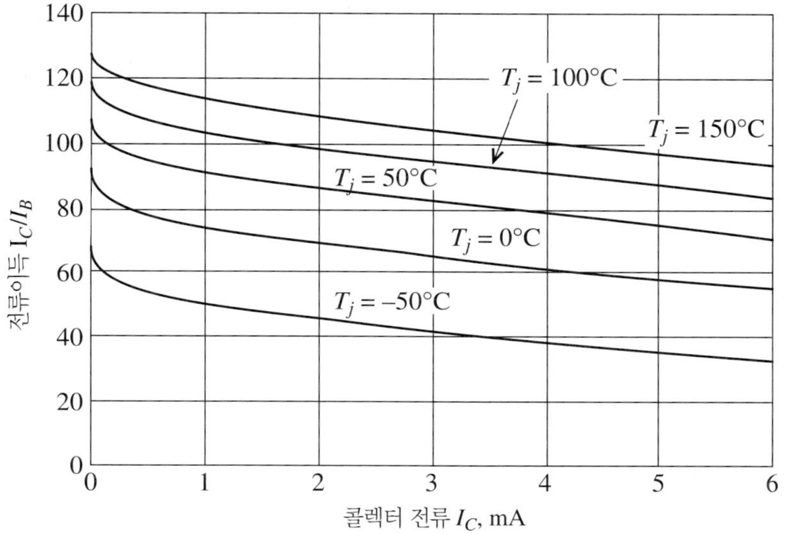

그림 6-32 ● 고정 V_{CE}에서 다양한 접합온도에 대한 콜렉터 전류와 전류이득 $\beta_F = \alpha_F/(1 - \alpha_F)$의 관계

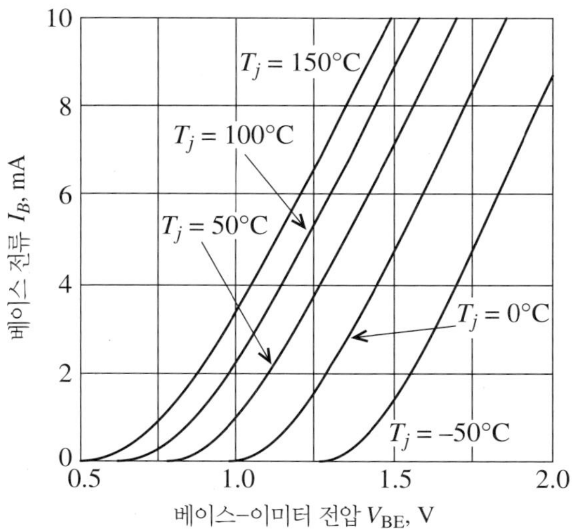

그림 6-33 ● 고정된 V_{CE}에서 다양한 접합온도에 대한 베이스–이미터 전압과 베이스 전류 함수관계

따라 회로가 동작되어야 함을 증빙할 수 있어야 한다. 기술적인 온도 특성의 기준은 보통 –50°C에서 80°C의 온도 범위이다.

접합온도는 최대 전력분산(power dissipation)을 취급할 때 중요한 역할을 한다. 일반적으로 제조사는 트랜지스터가 최대가용전력 P_{tot}에서 동작할 수 있는 점까지의 온도 T_S를 규정하는 **전력감소곡선(power derating curve)**을 제공한다. 접합온도 T_j가 이 값을 초과할 경우에는, 전력은 접합 점과 솔더링 점(또는 케이스) 사이의 열 저항 R_{thjs}에 의하여 다음 식으로 값이 감소되어야 한다.

$$P = P_{\text{tot}}\frac{T_{j\max} - T_j}{T_{j\max} - T_S} = \frac{T_{j\max} - T_j}{R_{\text{thjs}}} \tag{6.74}$$

여기에서 $T_{j\max}$은 최대 접합온도이며, 일반적으로 BJT에서 이 값은 150°C에서 200°C 사이이다.

RF 트랜지스터 BFG403W의 경우, 16 mW의 최대 전력 P_{tot}은 $T_s = 140°\text{C}$까지 유지할 수 있다. 최대온도 $T_S \le T_j \le T_{j\max}$의 경우, 전력은 최대접합온도 $T_{j\max}$가 150°C에 도달할 때까지 경감되어야 한다. 제조사는 트랜지스터에 의하여 발생되는 열 에너지를 분산시킬 수 있는 효과적인 방안을 마련해야 한다. 일반적으로 이러한 것은 방열판(heat sink)과 높은 열전도도를 나타내는 재질을 사용하여 처리한다. 솔더링 점에서의 열저항 R_{thjs} 대신에 제조사는 접합과 케이스 사이(R_{thjc}), 케이스–방열판 사이(R_{thcs}) 및 방열판–공간 사이(R_{thha})의 열 저항을 포함시킨 정보를 제공할 수 있다.

열 분석을 간단하게 하기 위하여 열 등가회로를 다음에 따라서 분류하는 것이 편리하다.

- 열 전력분산 = 전류
- 온도 = 전압

열적 평형상태에서 전형적인 열에 관련된 등가회로를 그림 6-34에 나타내었다. 여기에서 소자에 인가되는 전체 전원공급은 열저항을 포함한 열 등가회로를 통하여 균형상태를 이룬다.

$$R_{\text{thjc}} = \frac{T_j - T_s}{P_W} = \frac{1}{\gamma_{\text{th}} A_{\text{BJT}}} \tag{6.75}$$

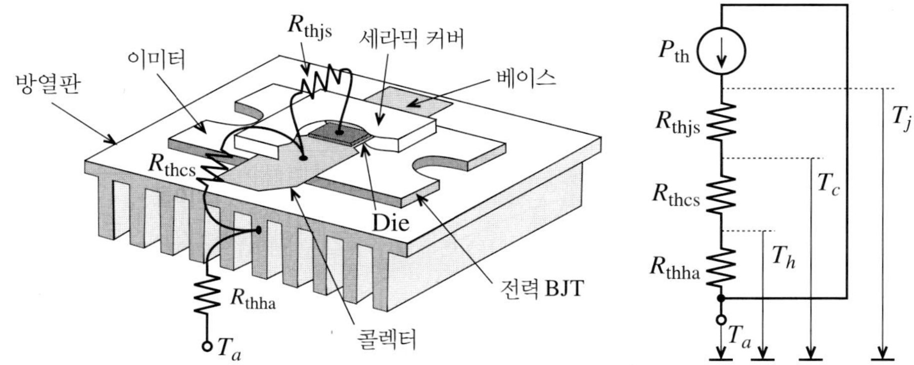

그림 6-34 • BJT의 열 등가회로

이 되며 여기에서 접합 및 솔더링 점 온도 T_j와 T_s 및 열 전력 P_W은 K/W의 단위로 열 저항을 결정하며, 이 값들은 열 전도도 γ_{th}와 BJT의 면적 A_{BJT}에 관련되어 표현할 수 있다. 솔더링 점 온도는 케이스와 방열판 사이의 온도전달에 영향을 끼치며 이것은 최대 5 K/W가 되는 열 저항 R_{thcs}으로 구성된다. 최종적으로 방열판은 다음 식의 열저항으로 표현된다.

$$R_{thha} = \frac{1}{\delta_{hs} A_{hs}} \tag{6.76}$$

여기에서 δ_{hs}는 대류계수(convection coefficient)로서 still 공기일 때 10 W/(k · m^2), forced 공기일 때 100 W/(k · m^2) 및 차가운 물에서 1000 W/(k · m^2)등과 같이 광범위하게 변할 수 있다. A_{hs}는 방열판의 총 면적이다.

다음의 예제는 설계에서 종종 접하게 되는 실제적인 문제를 보여주고 있다.

RF&MW

예제 6-8 • 방열판 위에 장착된 BJT를 포함한 열 분석

RF 전력용 BJT가 온도 25°C에서 15 W의 총 전력을 발생시키며 최대 접합온도는 150°C(받아들일 수 있는 최대 온도를 나타냄)이고 최대 주변 동작온도는 사용자에 의하여 T_a = 60°C로 지정되었다. 케이스–방열판 사이와 방열판–주변공기 사이의 열저항이 각각 2 K/W와 10 K/W라면 최대 열 소산전력(dissipated power)을 구하라.

풀이:

그림 6-34을 참고하여 세 가지의 열저항 R_{thjs}, R_{thcs}및 R_{thha}을 다루어야 한다. 접합–솔더링 저항은 식 (6.75)에 의하여 구할 수 있으므로

$$R_{\text{thjs}} = \frac{T_j - T_s}{P_W} = \frac{150°\text{C} - 25°\text{C}}{15\ \text{W}} = 8.3\ \text{K/W}$$

이며 모든 저항 성분을 합하여 다음과 같은 총 열 저항을 구할 수 있다.

$$R_{\text{thtot}} = R_{\text{thjs}} + R_{\text{thca}} + R_{\text{thhs}} = 20.3\ \text{K/W}$$

소산된 전력 P_{th}는 온도차(접합온도 T_j에서 주변온도 T_a를 뺀 것)를 총 열저항으로 나눈 값으로 다음과 같다.

$$P_{\text{th}} = \frac{T_j - T_a}{R_{\text{thtot}}} = \frac{150°\text{C} - 60°\text{C}}{20.3\ \text{K/W}} = 4.43\ \text{W}$$

열 평형 상태에서 BJT를 동작시키기 위해서는 총 전력 $P_{\text{tot}} = P_W$가 계산된 열전력 $P_{\text{tot}} = P_{\text{th}}$과 균형을 이루는 점으로 감소되어야 한다. 그러므로 15 W에서 4.43 W로 감소가 요구된다.

설계 시에 직접적으로 접합–솔더링 점의 열 저항에 영향을 받지 않도록 설계하는 것은 불가능하다. 일반적으로 열 성능을 개선시키는 주된 방법은 케이스와 방열판을 선택하는 것이다.

6.3.5 제한값

특정 온도에서 총 전력소산능력(power dissipation capabilities)은 BJT의 안정 동작의 범위를 제한시키게 된다. 이 절에서의 논의는 이미터 접지 형태의 능동모드에 한정하여 전개할 것이며 BJT의 포화 동작모드나 차단모드에서 동작하는 스위칭 모드 동작은 생략하기로 한다. 주어진 BJT의 최대 전력비에 대하여, 콜렉터–이미터 전압 V_{CE}을 가변시키고 허용 가능한 콜렉터 전류 $I_C = P_{\text{tot}}/V_{\text{CE}}$를 그림으로 나타낼 수 있다(이때 베이스–전류는 높은 β 때문에 콜렉터 전류에 비하여 무시할 정도로 작다). 또는 가변 I_C와 허용 가능한 콜렉터 이미터 전압 $V_{\text{CE}} = P_{\text{tot}}/I_C$을 그림으로 나타낼 수 있다. 이러한 결과는 **최대 전력 쌍곡선**을 의미한다. 이것은 I_C와 V_{CE}가 서로 결합해서 증가될 수 있다는 것을 의미한다. 사실 그림 6-35에서와 같이 $I_C \le I_{C\max}$과 $V_{\text{CE}} \le V_{\text{CE}\max}$을 나타낼

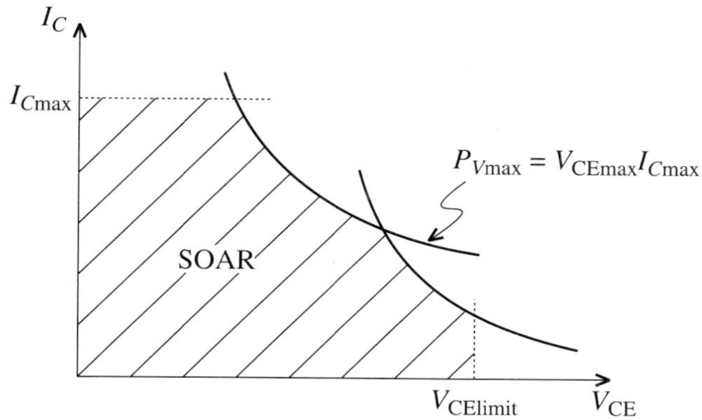

그림 6-35 • 항복 구조를 갖는 능동모드에서 BJT의 동작모드

수 있어야 한다. **안정 동작영역(safe operating area,** SOAR)은 트랜지스터가 소자에 치명적인 손상을 겪을 위험 없이 동작할 수 있는 바이어스 점을 의미한다. 그림 6-35에서 빗금 친 SOAR 영역은 최대 전력 쌍곡선으로 한정한 영역보다 더 제한적이다. 그러므로 다음 두 가지의 항복 구조를 고려해야만 한다.

1. **제1종 항복:** 여기에서 콜렉터 전류밀도는 균일하지 않은 분포를 나타내어 국지적으로 온도가 상승하는 결과를 초래하며 콜렉터 영역의 한 부분의 저항을 적어지도록 하여 채널을 만든다. 결과적으로 정 귀환이 결정구조를 파괴하기 시작할 때(아밸런치 항복)까지 이 채널을 통하여 전류밀도를 더욱 증가시키게 되며 궁극적으로 트랜지스터는 파괴된다.
2. **제2종 항복:** 이 항복 현상의 메커니즘은 제1종 항복과는 무관하게 일어나며 기본적으로 전력용 BJT에 영향을 미친다. 내부 과열은 일정한 V_{CE}에서 콜렉터 전류를 급격하게 증가시키는 원인이 될 수 있다. 이 항복현상의 메커니즘은 기본적인 반송자 농도가 콜렉터 도핑 농도와 같게 되도록 온도가 매우 높게 증가될 때 베이스–콜렉터 접합에서 일어난다. 이 점에서 접합 저항은 급격히 감소하게 되며 전류가 급격히 증가하게 되고 접합이 녹게 된다.

최대 전력 쌍곡선에서 온도 반응 특성이 전기적 시정수에 비하여 매우 큰 시정수(수 μsec 정도임)를 나타내므로 짧은 시간동안 BJT는 SOAR를 초과할 수 있다는 점에서 매우 흥미롭다. 설계에서 중요한 파라미터에 추가되는 것은 이미터 개방, 베이스 개방 및 콜렉터 개방 조건에서의 최대전압조건이다: 즉 V_{CBO}(이미터개방, 콜렉터–베이스전

압), V_{CEO}(베이스개방, 콜렉터–이미터전압), V_{EBO}(콜렉터개방, 이미터–베이스전압). 예를 들면 BFG403W에 대한 값은 다음과 같다: $V_{CBO}|_{max} = 10$ V, $V_{CEO}|_{max} = 4.5$ V 및 $V_{EBO}|_{max} = 1.0$ V.

6.3.6 잡음성능

통신 시스템의 수신단(예를 들어 저 잡음 증폭기와 혼합기)에서 매우 약한 신호를 고려해야 할 경우 트랜지스터의 잡음 성능은 매우 중요한 설계 이슈가 된다. 더불어 10장에서 설명하겠지만 잡음은 발진기 성능에 가장 영향을 많이 주는 파라미터이다. 이들 회로에서 수동소자(저항, 인덕터, 커패시터)와 능동소자(BJT 계열, FET 계열)로부터 많은 잡음성분들이 발생하게 되는데 특히 BJT는 세 가지 주요 메커니즘을 통하여 잡음을 발생시킨다: (a) 열적 잡음, (b) 산탄잡음, (c) $1/f$ 잡음. 이 절에서는 부록 H를 참조하여 이들 잡음을 정량적으로 논의할 것이며 더 자세한 내용들은 이 장 마지막 부분의 추가적인 참고문헌을 참조하기 바란다.

(a) 열적 혹은 Johnson 잡음은 모든 저항성 성분들의 특성이며 전류의 흐름과는 무관하다. 재료에서 전하의 불규칙한 열적 이동의 결과로서 발생된다. 열적 잡음의 전력 스펙트럼 밀도는 주파수에 대해서 일정하며(이 경우 백색잡음으로 알려져 있음) 소자(device) 온도에 비례한다. 비록 트랜지스터의 여러 위치에서 저항성 성분이 존재하지만 모델에 적용하기 위해서 이들 저항성 잡음원을 입력–참조(input-referred) 잡음원으로 변환한다. 2단자망의 더 자세한 잡음 분석은 부록 H를 참조하도록 하자.

(b) 산탄잡음(shot noise)은 pn-접합을 통하여 흐르는 전류로 인해 발생한다. 이 잡음원의 원인은 접합면에서 전위장벽을 넘어야 하는 각각의 전하때문이다. BJT에서 베이스–이미터 접합이 정상적인 동작하에서 순방향 바이어스된다면 상당히 많은 양의 산탄잡음이 발생하게 된다. 이러한 형태의 산탄잡음의 전력 스펙트럼 밀도는 주파수와 무관하며(백색잡음) 접합을 통과하는 전류에 비례한다(이 경우 베이스와 콜렉터 전류임). 산탄잡음은 BJT 계열과 FET 계열에서 주요한 불이익으로 작용된다. FET 계열의 경우 이와 같은 종류의 잡음에 영향을 받지 않는다. 그러므로 FET 계열의 소자는 저잡음 증폭기에서 더 선호된다.

(c) $1/f$잡음은 플리커(flicker) 혹은 핑크 잡음(pink noise)으로 알려져 있다. 이 잡음에 대한 정확한 메커니즘은 알 알려져 있지 않지만 반도체 표면과 전하의 상호작용으로부터 나온 결과로 생각되고 있다. 이름에서 함축하는 것처럼 이 잡음원의 전력 스펙트럼 밀도는 주파수에 따라 감소하는데 코너 주파수(coner frequency)는 $1/f$ 잡음 전력 스펙

트럼 밀도가 백색(열적 그리고 산탄) 잡음의 전력 스펙트럼 밀도와 동일한 곳에서 제시되는 주파수이다. 경험적으로 결정되는 코너 주파수는 일반적으로 낮은 수 kHz 범위에 깔려있다. 결과적으로 이 잡음원은 RF/마이크로웨이브 증폭기 응용에서 쉽게 무시될 수 있다. 그러나 발진기에서 낮은 주파수대역의 $1/f$ 잡음은 위상잡음으로 직접적으로 변환된다. 덧붙여 이 잡음원은 믹서에서 RF-베이스밴드 변환으로 발생하는 높은 비선형 특성 때문에 매우 중요하다. 이러한 경우에 BJT 계열은 FET 계열보다 더 이득이 있는데 반도체 표면에 더 작은 영향을 주기 때문에 기본적으로 $1/f$ 잡음이 더 낮다는 이유에서이다. 흥미롭게도 *pnp* BJT는 *npn*보다 더 낮은 $1/f$ 잡음을 가지고 있는 것으로 알려져 있다.

6.4 RF 전계효과 트랜지스터(FET)

전계효과 트랜지스터는 BJT와 달리 **단일극성**을 가진 소자이다. 단일극성이란 채널을 통하여 흐르는 전류의 반송자 홀 또는 전자의 극성을 의미한다. 만약 홀이 전류흐름에 주도한다면 ***p*-채널**이라 하며 전자가 주도할 때는 ***n*-채널**이라 한다. 특히 FET는 전압제어 소자이다. 가변전계는 **게이트** 전극에 인가되는 전압을 가변시켜 **소스**에서 **드레인**으로 흐르는 전류를 제어한다.

6.4.1 구조

게이트가 어떻게 전도채널에 연결되었는가에 따라 FET를 분류하며 특별히 다음 네 종류가 사용되고 있다.

1. **금속절연반도체 FET(Metal insulator semiconductor FET:** MISFET): 여기에서 게이트는 절연체층으로 채널과 구분되어 있다. 가장 많이 사용되는 형태는 **Metal Oxide Semiconductor FET**(MOSFET)가 이 부류에 속한다.
2. **접합FET(Junction FET:** JFET): 이 형태는 역 바이어스된 *pn*-접합에 따라 게이트를 채널로부터 분리시킨다.
3. **금속반도체 FET(Metal Semiconductor FET:** MESFET): 만약 역 바이어스된 *pn*-접합이 쇼트키 접합으로 대치된다면 채널은 JFET에서와 같이 제어될 수 있다.
4. **이종FET(Hetero FET)**: 명칭이 의미하는 바와 같이(Si, GaAs, SiGe 및 Inp와 같이 단일 반도체 물질에 의존하는 앞의 세 가지 FET와는 다르게, 이종구조는 서로 다른 반도체물질 층, 예를 들면 GaAs에서 GaAlAs 또는 GaAlAs에서 GaInAs 경

계면 사이의 급격한 전이를 이용하는 소자이다. **HEMT(High Electron Mobility Transistor)**가 여기에 속한다.

그림 6-36은 처음 세 가지 형태에 대하여 간단한 구조를 나타내고 있다. 모든 경우에서 전류 흐름은 소스에서 드레인으로 흐르며 전류흐름을 제어하는 게이트를 가지고 있다.

게이트 전극과 절연층 또는 역 바이어스된 *pn*-접합에 의하여 매우 큰 커패시턴스가 형성되므로 MISFET와 JFET는 비교적 낮은 차단주파수 특성을 나타내며, 1 GHz 이하의 비교적 낮거나 중간주파수의 범위에서 이용되고 있다. GaAs MESFET의 차단주파수는 60~70 GHz까지이며 HEMT는 100 GHz 이상의 차단주파수로 동작한다. 본 교재의 관심은 이러한 소자의 RF 응용에 있으므로 후자의 소자(MESFET와 HEMT)를 중심으로 설명하고자 한다.

앞에서의 물리적인 분류 이외에 **증강(enhancement)**과 **공핍(depletion)** 형태에 따라 전기적으로 FET를 분류하는 것이 통례이다. 이것은 채널에서 반송자(예로 *n*-형 채널은 전자가 주입된다)의 증강 또는 반송자의 공핍(예로 *n*-형 채널은 전자가 공핍된다)이 나타남을 의미한다. 그림 6-36(a)에서 FET는 충분한 양의 게이트 전압이 전도채널을 준비할 때까지의 비전도, 즉 **정상적으로 동작하지 않는(normally-off)** 상황을 나타내고 있다. 비전도 상태의 FET는 단지 증강모드로 동작된다. 바꾸어 표현하면 정상적으로 동작하는 FET는 증강모드와 공핍형태가 된다.

6.4.2 기능성

RF 및 MW의 증폭기, 믹서, 발진기 회로에서 능동소자의 중요성이 있으므로 여기에서는 JFET와 여러 면에서 유사한 MESFET에 대하여 분석하기로 한다. 그림 6-37에 공핍모드로 동작되는 FET의 기하학적인 구조를 나타내었다.

쇼트키 접합은 채널공간전하 영역을 형성하며 소스에서 드레인으로 흐르는 전류에 영향을 미친다. 공간전하 영역의 확장범위 d_s는 제6.1.3절에서 논의한 내용에 따라 게이트 전압을 통하여 조절되며 여기에서 식 (6.39)는 V_A를 게이트–소스전압 V_{GS}로 대치하여 다음과 같다.

$$d_S = \left(\frac{2\varepsilon}{q}\frac{V_d - V_{GS}}{N_D}\right)^{1/2} \tag{6.77}$$

위 식에서 장벽전압 V_d는 GaAs-Au 접합에서 약 0.9 V이다. 소스와 드레인 사이의 저항 R은 다음 식과 같다.

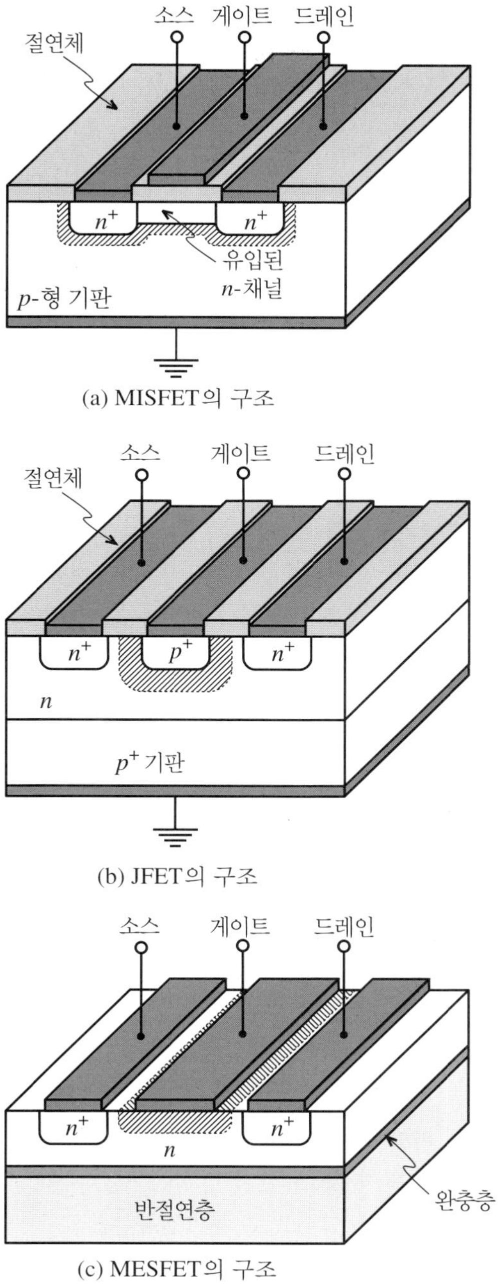

그림 6-36 • (a) MISFET (b)JFET 및 (c) MESFET의 구조. 음영영역은 공간전하영역을 나타내고 있다.

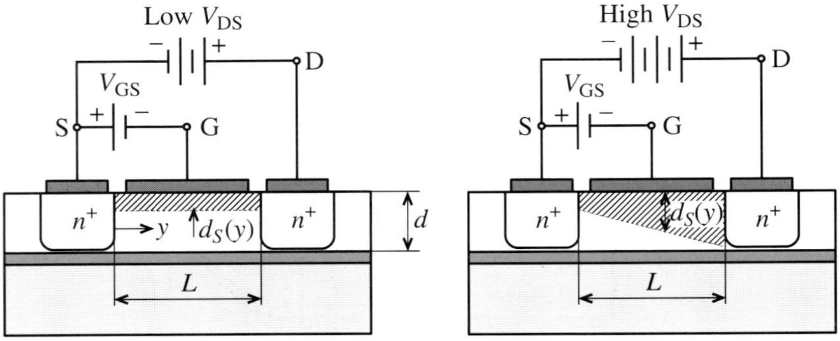

(a) 선형영역에서 동작 (b) 포화영역에서 동작

그림 6-37 • 서로 다른 드레인–소스 전압의 FET의 기능성

$$R = \frac{L}{\sigma(d - d_S)W} \tag{6.78}$$

여기에서 전도도는 $\sigma = q\mu_n N_D$이며 W는 게이트 폭(width)이다. 식 (6.77)을 식 (6.78)에 대입하면 다음과 같이 드레인 전류를 구한다.

$$I_D = \frac{V_{DS}}{R} = G_0\left[1 - \left(\frac{2\varepsilon}{qd^2}\frac{V_d - V_{GS}}{N_D}\right)^{1/2}\right]V_{DS} \tag{6.79}$$

여기에서 콘덕턴스는 $G_0 = \sigma Wd/L$로 정의하였다. 이 식에서 드레인 전류는 드레인–소스 전압에 선형적으로 관계됨을 알 수 있으며 사실 V_{DS}값이 작을 때에만 적용된다.

> **이중 게이트 FET 계열**
> 일부 응용에서는 공동 드레인 FET와 공동 게이트 FET를 결합하는 것이 더 이익이라는 사실이 증명되었다. 두 FET의 직렬연결은 7장에서 논의한 바와 같이 밀러효과를 줄임으로써 높은 주파수 특성을 개선시킬 수 있는 케스케이드 회로로서 알려져 있다. 두 FET의 직렬연결은 웨이퍼 집적을 통하여 만들 수 있으며 이것이 이중 게이트 FET로서 알려져 있다.

드레인–소스전압이 증가되면 그림 6-37(b)과 같이 드레인 접합 근처의 공간전하영역이 증가되며 채널에 따라 공핍영역은 균일하지 않게 분포된다. 채널에 따라 소스위치 점에서 0 V 전압이 드레인 끝점에서 전압 V_{DS}까지 변한다고 가정하면, 비균일 공간전하영역에서의 드레인 전류를 경사채널 접근법(**gradual-channel approximation**)으로 계산할 수 있다. 이 접근법은 채널을 따라 특정위치 y에서의 단면적은 $A(y) = (d - d_S(y))W$이며 전계 E는 y-방향이다. 그러므로 채널전류는

$$I_D = -\sigma EA(y) = \sigma\frac{dV(y)}{dy}(d - d_S(y))W \tag{6.80}$$

이며, 여기에서 $d_S(y)$에 대한 식에서 V_d와 V_{GS}의 차이값에는 채널에 따른 부가전압 $V(y)$항이 추가되어야 하므로, 식 (6.77)은 다음과 같이 된다.

$$d_S(y) = \left[\frac{2\varepsilon}{qN_D}(V_d - V_{GS} + V(y))\right]^{1/2} \tag{6.81}$$

식 (6.81)를 식 (6.80)에 대입하고 양측에 적분을 수행하면 다음과 같다.

$$\int_0^L I_D dy = I_D L = \sigma W \int_0^{V_{DS}} \left(d - \left[\frac{2\varepsilon}{qN_D}(V + V_d - V_{GS})\right]^{1/2}\right) dV \tag{6.82}$$

결과는 V_{GS}가 주어졌을 때 V_{DS} 함수에 대한 드레인 전류의 관계로 다음 식과 같이 MESFET **출력 특성**을 나타낸다.

$$I_D = G_0\left(V_{DS} - \frac{2}{3}\sqrt{\frac{2\varepsilon}{qN_D d^2}}[(V_{DS} + V_d - V_{GS})^{3/2} - (V_d - V_{GS})^{3/2}]\right) \tag{6.83}$$

이 식은 V_{DS}가 작다고 가정하면 식 (6.79)와 같다.

공간전하 영역이 채널깊이 d 전체로 확대되었을 때 드레인-소스전압을 **드레인 포화 전압** $V_{DS\,sat}$라 하며 다음 식과 같다.

$$d_S(L) = d = \sqrt{\frac{2\varepsilon}{qN_D}(V_d - V_{GS} + V_{DSsat})} \tag{6.84}$$

또는

$$V_{DSsat} = \frac{qN_D d^2}{2\varepsilon} - (V_d - V_{GS}) = V_P - V_d + V_{GS} = V_{GS} - V_{T0} \tag{6.85}$$

이며, 여기에서 **핀치오프(pinch-off) 전압** $V_p = qN_D d^2/(2\varepsilon)$과 **문턱전압(threshold voltage)** $V_{T0} = V_d - V_P$을 이용하였다. 이에 상응되는 드레인 포화전류는 식 (6.85)을 식 (6.83)에 대입하여 다음 식과 같이 나타낸다.

$$I_{Dsat} = G_0\left[\frac{V_P}{3} - (V_d - V_{GS}) + \frac{2}{3\sqrt{V_P}}(V_d - V_{GS})^{3/2}\right] \tag{6.86}$$

식 (6.86)에서 최대 포화전류는 $V_{GS} = 0$일 때 구할 수 있으며 $I_{Dsat}(V_{GS} = 0) = I_{DSS}$로 정의한다. 그림 6-38에서 전형적인 입력/출력 전달 특성과 출력동작 특성을 보여주고 있다.

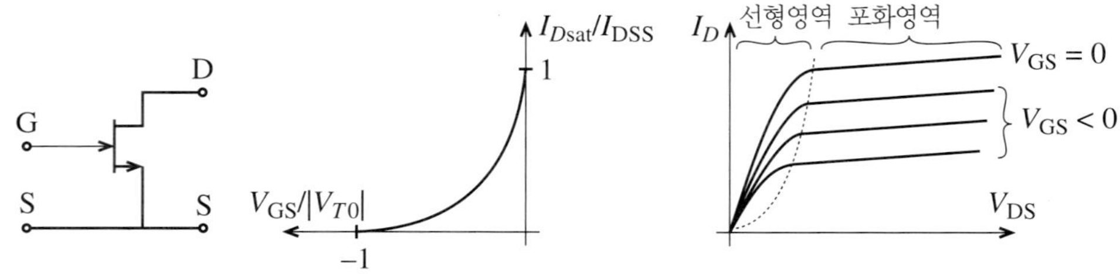

(a) 회로 기호 (b) 전달특성 (c) 출력특성

그림 6-38 • *n*-채널 MESFET의 전달 특성과 출력 특성

포화드레인 전류식 (6.86)은 종종 다음 식과 같이 간단하게 나타낸다.

$$I_{Dsat} = I_{DSS}\left(1 - \frac{V_{GS}}{V_{T0}}\right)^2 \tag{6.87}$$

식 (6.87)이 식 (6.86)에 얼마나 근접하는지는 다음 예제에서 논의하기로 한다.

예제 6-9 • MESFET에서 드레인 포화전류

GaAs MESFET의 특성파라미터는 다음과 같다. $N_D = 10^{16}\text{cm}^{-3}$, $d = 0.75$ μm, $W = 10$ μm, $L = 2$ μm, $\varepsilon_r = 12.0$, $V_d = 0.8$ V 및 $\mu_n = 8500\ \text{cm}^2/\text{Vs}$. (a) 핀치-오프 전압 (b) 문턱전압 (c) 최대포화전류 I_{DSS} 를 구하라. 그리고 V_{GS}를 −4 V에서 0 V까지 변화시킬 때 식 (6.86)과 식 (6.87)에 의한 드레인 포화전류를 그림으로 나타내어라.

풀이:

FET의 핀치-오프전압은 게이트-소스 전압에 무관하므로 다음과 같이 계산된다.

$$V_p = \frac{qN_D d^2}{2\varepsilon} = 4.24\ \text{V}$$

V_p를 알고 장벽전압 $V_d = 0.8$ V이므로 문턱전압은 $V_{T0} = V_d - V_p = -3.44$ V이다. 최대 드레인 포화전류는 인가 드레인-소스전압에 무관하므로 식 (6.86)에 의하여 다음과 같다.

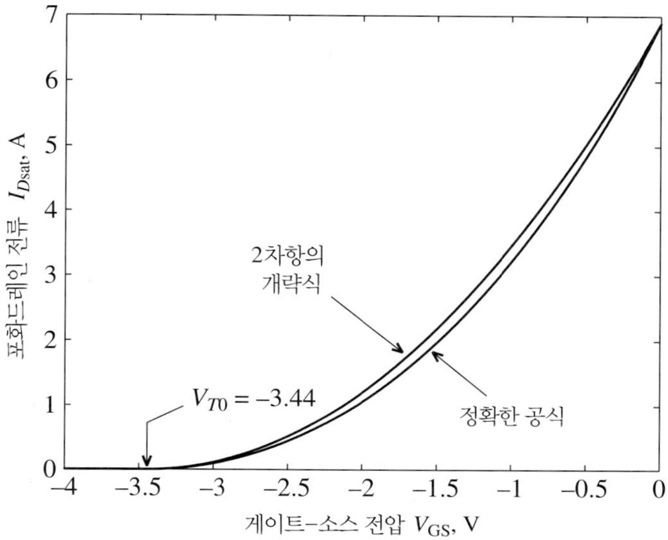

그림 6-39 • 정확한 식(6.86)과 대략적인 식(6.87)에 의한 드레인 전류 대 V_{GS}의 계산 결과

$$I_{\mathrm{DSS}} = G_0\left[\frac{V_P}{3} - V_d + \frac{2}{3\sqrt{V_P}}V_d^{\ 3/2}\right] = 6.89\ \mathrm{A}$$

여기에서 $G_0 = qN_D Wd/L = q^2\mu_n N_D^2\ Wd/L = 8.16\ \mathrm{S}$이다.

그림 6-39는 식 (6.86)의 정확한 공식을 사용한 포화드레인 전류와 식 (6.87)의 대략적인 공식을 이용한 포화드레인 전류의 결과를 나타내었다.

두 식을 비교한 결과 매우 우수하게 일치하므로 식 (6.87)의 이차방정식은 많은 참고 도서와 데이터 표에서 정확한 공식보다 더 많이 사용된다.

V_{GS}가 주어졌을 때 만약 V_{DS}가 포화전압 V_{DSsat}에 접근하면 공간전하는 채널을 핀치-오프 상태로 만들며 이것은 드레인 전류가 포화됨을 의미한다. 반송자의 흐름을 막는 전하장벽이 없기 때문에 핀치-오프는 I_D가 영(0)임을 의미하지 않는다. 인가전압 V_{DS}의 결과로 전계는 공핍 공간 전하 영역을 횡단하여 전자를 끌어당긴다. $V_{DS} > V_{DSsat}$가 되도록 전압이 증가하면 초기의 채널길이 L은 새로운 길이 $L' = L - \Delta L$로 줄어들게 되며 이러한 결과로 식 (6.86)은 다음과 같이 변경된다.

$$I'_D = I_D\left(\frac{L}{L-\Delta L}\right) = I_D\left(\frac{L}{L'}\right) \tag{6.88}$$

$V_{\rm DS}$ 함수에 따른 채널길이의 변화와 이른바 **채널길이 변화 파라미터** $\lambda = \Delta L/(L'V_{\rm DS})$의 관계를 고려하면 다음 식과 같이 포화영역에서 드레인 전류를 표현할 때 매우 유용하다.

$$I'_{D\rm sat} = I_{D\rm sat}(1 + \lambda V_{\rm DS}) \tag{6.89}$$

여기에서 측정에 의하면 $V_{\rm DS}$가 증가되면 드레인 전류는 약간 증가하게 된다.

RF&MW→

예제 6-10 • MESFET의 *I-V* 특성

게이트-소스 전압이 $V_{\rm GS} = -1, -1.5, -2$ 및 -2.5 V일 때 0 V에서 5 V의 드레인-소스 전압 $V_{\rm DS}$ 범위에서 MESFET의 드레인 전류 I_D를 그림으로 나타내어라. 소자의 파라미터는 앞의 예제에서와 동일하다고 가정하며 채널변화파라미터는 $\lambda = 0.03\ {\rm V}^{-1}$으로 놓는다. $\lambda = 0$일 때와 계산한 결과를 비교하여라.

풀이:

MESFET 동작을 분석함에 있어서 적합한 공식을 선택하는 데 신중해야 한다. 낮은 드레인 소스 전압에서 드레인 전류는 간단한 선형적인 관계식 (6.79)으로 나타낼 수 있지만 전압이 증가함에 따라 이러한 대략적인 식보다는 좀 더 복잡한 I_D에 대한 식 (6.83)를 적용해야만 한다. $V_{\rm DS}$를 더 증가시키면 채널 핀치-오프 상태가 되며, $V_{\rm DS} \geq V_{\rm DSsat} = V_{\rm GS} - V_{T0}$ 이다. 이 경우 드레인 전류는 식 (6.86)의 포화 드레인 전류와 같게 된다. $V_{\rm DS}$를 포화전압 이상으로 증가시키면 채널의 짧아짐에 의하여 드레인 전류는 작게 증가한다. 이 점에서 I_D는 $V_{\rm DS}$와 선형적인 관계가 된다. $V_{\rm DS} \geq V_{\rm DSsat}$에 대하여 식 (6.86)을 식 (6.89)에 대입하면 다음 식과 같다.

> **소자 확장**
>
> BJT에 비해 FET의 단점은 제조 공정과 관련된 소자 특성의 변동이다. 이것은 스위칭이 온/오프 상태만을 포함한 디지털 CMOS 기술에 대해서는 허용할 수 있지만 아날로그 회로에서 상당한 많은 문제들을 일으킨다. 드레인 전류와 게이트-소스 전압 변동은 적절한 바이어스 회로들을 사용하여 보상될 필요가 있다.

$$I_D = G_0\left\{\frac{V_P}{3} - (V_d - V_{\rm GS}) + \frac{2}{3}\frac{(V_d - V_{\rm GS})^{3/2}}{V_P^{1/2}}\right\}(1 + \lambda V_{\rm DS})$$

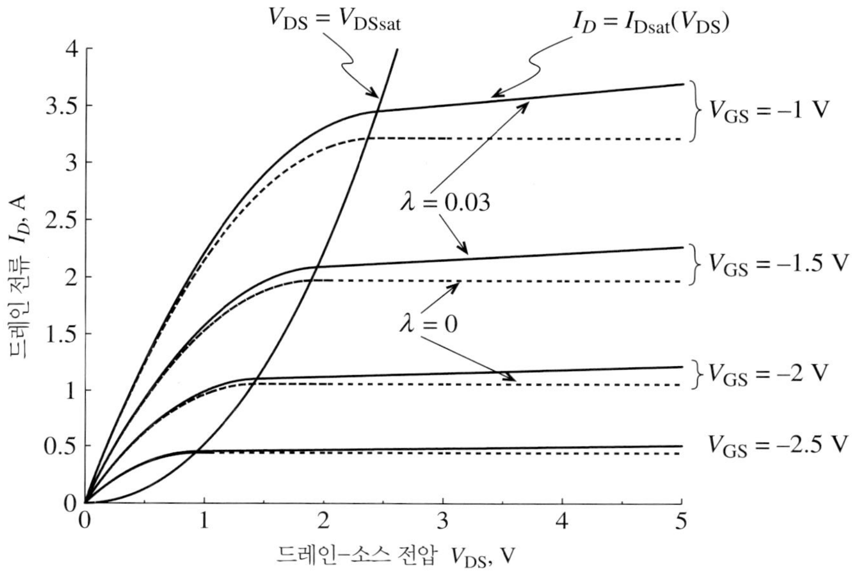

그림 6-40 • 서로 다른 게이트–소스전압 바이어스 조건에서 인가 드레인–소스전압 함수에 대한 드레인 전류

λ가 영이 아닐 때에 대하여 정상적인 상태에서 포화영역으로 유연한 전이를 나타내기 위하여 식 (6.83)에 $(1 + \lambda V_{DS})$를 곱하면 $V_{DS} \leq V_{DSsat}$ 에서 드레인 전류에 대한 최종 표현식은

$$I_D = G_0\left\{V_{DS} - \frac{2}{3}\frac{(V_{DS} + V_d - V_{GS})^{3/2} - (V_d - V_{GS})^{3/2}}{V_p^{1/2}}\right\}(1 + \lambda V_{DS})$$

이 된다. 이 식을 λ가 영일 때(점선)와 영이 아닐 때의 I_D를 예측하기 위하여 적용한 결과는 그림 6-40과 같다.

채널길이 변화는 BJT에서 초기 효과(early effect)와 유사하며 제7장에서 논의되는 바와 같이 콜렉터 이미터 전압의 증가에 대한 포화모드에서 콜렉터 전류의 증가는 매우 작다.

6.4.3 주파수 응답 특성

MESFET의 고주파 동작은 전하 반송자가 소스와 드레인 사이에 전달되는 전이시간 또는 소자의 *RC* 시정수에 의하여 결정된다. 여기에서 전이시간에 한정하며 시정수 계산은 채널 커패시턴스를 알아야 하므로 제7장으로 미루기로 한다. Si과 GaAs에서의 전자이동도가 홀의 이동도보다 빠르므로 N-채널 MESFET를 RF 및 MW응용에서 대부분 사용한다. 또 GaAs 전자 이동도가 Si의 전자이동도의 거의 5배 이상이 되므로 GaAs MESFET를 Si MESFET보다 선호한다. 길이가 L인 채널을 통하여 이동되는 전자의 전이시간 τ는 다음과 같이 계산된다.

$$\tau = \frac{L}{v_{\text{sat}}} \tag{6.90}$$

여기에서 고정속도 v_{sat}로 가정하였다. 예로서 1.0 μm의 게이트 길이와 약 10^7 cm/s에서 전이주파수 $f_T = 1/2\,\pi\tau$는 약 15 GHz이다.

6.4.4 제한값

MESFET는 최대 드레인 전류 $I_{D\text{max}}$, 최대 게이트–소스전압 V_{GSmax} 및 최대 드레인–소스 전압 V_{DSmax}로 제한되는 영역에서 동작한다. 최대전력 P_{max}를 V_{DS}와 I_D의 곱으로 나타내면 다음과 같다.

$$P_{\text{max}} = V_{\text{DS}} I_D \tag{6.91}$$

이 식은 채널온도 T_C와 주변온도 T_a 및 채널과 솔더링 점 사이의 열저항 R_{thjs}에 관련되어

$$T_C = T_a + R_{\text{thjs}} P \tag{6.92}$$

에 따른다.

그림 6-41는 이러한 관계를 명확히 나타낸다. 그림에서는 세 가지 동작점을 보이고 있다. 바이어스 점 3은 낮은 증폭도와 출력전류의 절단(clipping)가능성을 나타낸다. 그러나 전력소비는 최소가 된다. 바이어스점 2는 어느 정도의 증폭을 보이며 소비전력이 증가된다. 바이어스점 1은 높은 증폭도와 소비전력이 큰 상태를 나타내며 낮은 출력전류의 변동을 나타낸다. 특정한 응용목적에 따르는 적합한 바이어스 점의 선택은 다음 장에서 구체적으로 논의하기로 한다.

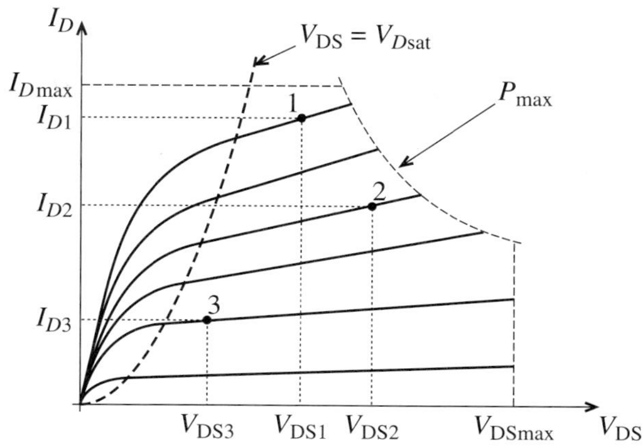

그림 6-41 ● MESFET의 대표적인 출력 특성과 세 개의 동작점

6.5 금속 산화물 반도체 트랜지스터

비록 디지털 마이크로 전기회로에서 널리 사용되지만 MOSFET은 RF 아날로그 설계에서 매우 중요하다. 그 이유는 물리적인 크기가 감소함으로써 수 GHz 대역에서 주파수 응답을 더 빨리 할 수 있기 때문이다. 금속 게이트를 현대 공정기술로서 높은 전도도를 갖는 폴리실리콘으로 교체하는 것도 역사적으로 매우 흥미로운 일이다. 얇은 절연체 층은 산화 실리콘(SiO_2)으로 구성되어 있으며 10 nm보다 더 작은 두께로부터 대략 50 nm의 범위를 가진다. 벌크 재료에 따라 n-채널(p-형태 벌크)과 p-채널(n-형태 벌크) 트랜지스터를 구별해야 한다. 두 트랜지스터 형태가 모두 모놀리식으로 제작되었을 때 이 과정을 상보 MOS 혹은 CMOS라고 한다.

6.5.1 구조

전자가 더 높은 이동도를 가지고 있다는 사실 때문에 n-채널 증대(enhancement) 트랜지스터를 RF 아날로그 회로에서 더 선호한다. 일반적인 구조는 그림 6-42에 나타내었으며 '증대'라는 단어의 의미는 소스와 드레인 사이에 전도성 채널을 얻기 위해서 (+) 게이트 전압이 요구된다는 것이다. 이것은 기본적으로 MOSFET이 벌크기판이 4번째 연결로 구성되어 있는 4 단자 소자라는 것을 알려주고 있다.

그림 6-42에서 보는 것과 같이 게이트는 매우 얇게 절연된 유전체 층을 통하여 벌크 반도체로부터 분리되어 있다. 이것은 마이크로 전기회로의 일부분으로서 집적된 커패

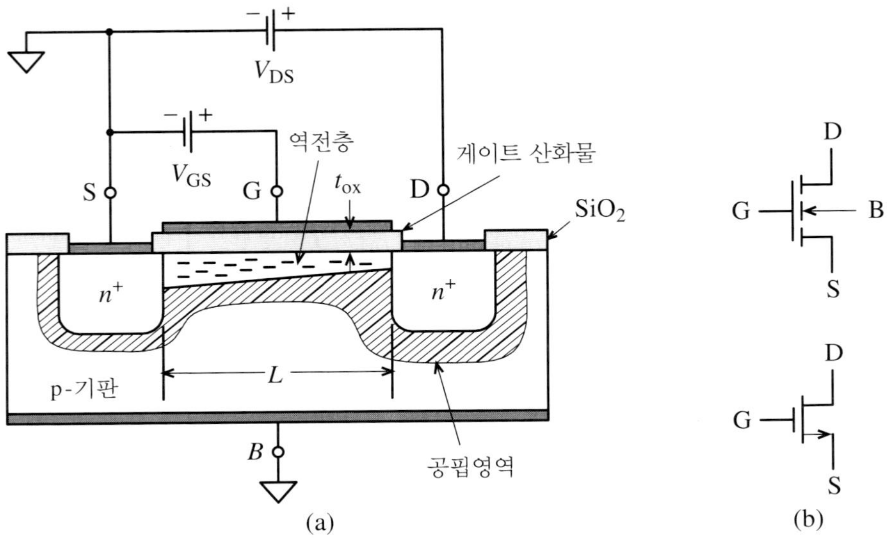

그림 6-42 • n-채널 MOS 트랜지스터의 단면적: (a) 물리적인 구조, (b) 기호

시터를 적용가능하게 한다. 예를 들면 만약 게이트가 음(−)으로 바이어스 되었다면 게이트의 음의 전하는 p 형태의 기판에서 게이트 영역 아래에 양의 전하를 축적함으로써 균형을 이루게 된다. 벌크기판은 축적된 채널이 되는데 이때의 단위 면적당 순수 커패시터 C_{ox}는 다음과 같이 예측될 수 있다.

$$C_{ox} = \frac{\varepsilon}{t_{ox}} = \frac{\varepsilon_0 \varepsilon_{rox}}{t_{ox}} \tag{6.93}$$

여기서 t_{ox}와 ε_{rox}는 각각 절연된 산화층의 두께와 이와 관련된 유전상수(SiO_2의 경우 약 3.9)를 나타낸다. 전체 게이트 커패시턴스는 채널 길이 L과 폭 W에 의해 다음과 같이 결정된다.

$$C_{GS} = C_{ox} WL \tag{6.94}$$

적당한 양(+)의 전압을 게이트에 인가할 때 게이트층에 있는 양의 전하가 p형으로 도핑된 벌크 채널에서 양(+)의 반송자와 반발하게 되어 공핍층이 형성되는 변화가 발생하기 시작한다. 뿐만 아니라 게이트 전압이 증가하게 되면 궁극적으로 소스 지역과 드레인 지역으로부터 음(−)의 전하를 끌어당기게 되어 게이트 아래의 채널은 뒤집어진다. 채널 역전이 일어나는 시점에서 게이트-소스 전압 V_{GS}을 임계 전압 V_{T0}라고 한다. 일반적으로 채널 역전은 점진적으로 일어나며 때때로 약하고, 적당하고, 강한 역전으로 나눌 수 있다. 경험적으로 게이트-소스 전압과 임계전압의 차이 혹은 유효 전압 $V_{\mathrm{eff}} = V_{\mathrm{GS}} - V_{T0}$가 200 mV보다 더 크다면 강한 역전을 가지며 이것은 회로 설계자들이 선호하는 상황이다.

6.5.2 기능성

앞 절에서는 전류가 흐르지 않는 것을 의미하는 등가전위 레벨 0 V에서 소스와 드레인 접촉을 유지했다. 각각의 V_{GS}(차례로 V_{T0} 이상이라고 가정한다)에 대해서 V_{DS}의 크기에 의존하는 두 가지 중요한 상황을 조사할 수 있다.

1. 선형영역

드레인 전류 I_D가 선형적으로 증가한다는 의미에서 V_{DS}는 적절하게 양(+)의 값을 갖는다고 볼 수 있다.

$$I_D = \mu_n C_{\mathrm{ox}} \frac{W}{L}\left[(V_{\mathrm{GS}} - V_{T0})V_{\mathrm{DS}} - \frac{1}{2}V_{\mathrm{DS}}^2\right] \tag{6.95}$$

소스와 드레인 사이의 채널은 연속적인 전하 반송자 층을 갖는다. 이 층에서 농도는 게이트-채널 전압이 최대인 소스 접촉점으로부터 가장 낮은 전압을 갖는 드레인 접촉점까지 감소하게 된다. V_{DS}가 증가함에 따라 식 (6.95)의 제곱항은 영향을 받으며 드레인 전류의 증가를 늦추게 된다.

2. 포화영역

이 동작모드에서 V_{DS}는 매우 강한 양(+)의 값을 가지며 결과적으로 드레인 전류 I_D에서 포화상태에 이른다. 전류표현식은 다음과 같은 형태로 나타낸다.

$$I_D = \mu_n C_{\mathrm{ox}} \frac{W}{L} \frac{(V_{\mathrm{GS}} - V_{T0})^2}{2} \tag{6.96}$$

이러한 형태는 게이트-드레인 전압 V_{GD}는 임계전압 아래로 떨어지기 시작한다는 사실이 기록되어야 한다는 것을 나타내며 반송자 역전 과정은 점차적으로 뒤집어지게 된다. 특히 드레인으로부터 시작함으로써 음(−)의 반송자는 더 이상 존재하지 않으며 이 채널의 반송자는 사라진 상태 혹은 핀치-오프(pinch-off)된다. 이러한 현상은 MOSFET를 논의하는 과정에서 이미 마주쳤다. 이것은 다시 전자가 포화속도에서 채널을 가로질러 움직인다는 것을 의미한다. 흥미롭게도 이 포화영역은 BJT의 순방향 능동 영역과 비슷하다. 그러나 지수함수적인 전류 응답과 다르게 MOSFET는 제곱 승 응답을 보여주고 있다. 더구나 MOSFET에서 논의한 바와 일치된 내용으로 유효 채널 길이를 감소시킴으로써 채널 길이 변조를 얻을 수 있다.

$$I_D = \mu_n C_{\text{ox}} \frac{W}{L} \frac{(V_{\text{GS}} - V_{T0})^2}{2} [1 + \lambda(V_{\text{DS}} - V_{\text{eff}})] \tag{6.97}$$

여기서 λ는 채널 길이 변조 파라미터이다.

MOS에 대한 위의 논의는 전원이 접촉될 때 벌크가 동일한 전압을 유지한다는 가정을 함축적으로 포함하고 있다. 특별히 능동소자가 좋은 제작과정을 거쳐 만들어지는 높은 기판 도핑을 가진 CMOS제작의 경우 이와 같은 경우에 해당되지 않는다. 바디 효과(body effect)로서 알려진 추가적인 전원 바디 전압(body voltage) V_{SB}의 인가로 인해 문턱 전압 V_{T0}이 영향을 받는다

6.6 HEMT

HEMT(high electron mobility transistor)는 **MODFET**(modulation doped field effect transistor)라고도 하며 저 잡음 특성과 고출력 특성을 유지하면서 MESFET의 상향주파수의 제한점을 극복하고자 GaAlAs와 GaAs와 같이 비동일 반도체 물질 사이의 에너지대의 차이를 이용해 개발한 소자이다. 현재까지 100 GHz 또는 그 이상의 전이주파수를 나타내고 있다. 이런 아주 높은 주파수에서의 동작 특성은 도핑된 GaAlAs와 도핑되지 않은 GaAs층(**양자우물: quantum well**) 사이의 경계면에서 거의 접합면에 평행 이동이 가능할 정도로 매우 협소한(약 10 nm 두께)층으로 한정된 도너 위치로부터 반송전자의 분리에 의하여 나타난다. 여기에서 언급하는 것은 **이차원적 전자가스(two dimensional electron gas, 2DEG)** 또는 9000 $\text{cm}^2/(\text{V} \cdot \text{s})$ 이상을 나타내는 높은 이동도의 플라스마이다. 이것이 $\mu_n \approx 4500\ \text{cm}^2/(\text{V} \cdot \text{s})$인 GaAs MESFET에 비하여 주요 개선된 점이다. 매우 얇은 층으로 인하여 반송자 밀도는 $10^{12} \sim 10^{13}\ \text{cm}^{-2}$ 정도의 면 밀도(surface density)로 나타낸다.

불순물에 의하여 반송자 분산을 더 많이 감소시키기 위하여 도핑하지 않은 GaAlAs로 20~100 nm의 공간 삽입층을 형성하는 것이 통상적이다. 이 층은 MBE (molecular beam epitaxial) 과정으로 성장되며, 게이트전압 V_{GS}으로 정전계 메커니즘을 통한 전자

프라즈마를 제어할 수 있을 정도로 충분히 얇아야 한다. 단일층 이종구조(GaAs 위에 GaAlAs) 이외에 여러 개의 2DEG를 포함한 다층 이종구조가 제안되고 있다. 예측할 수 있는 바와 같이 HEMT의 제조는 정밀하게 제어된 엷은 층 구조, 가파른 도핑경사도 및 반도체 물질의 구성의 어려움 등으로 GaAs MESFET에 비하여 매우 많은 경비가 든다.

6.6.1 구조

기본적인 이종구조는 그림 6-43과 같으며, 고저항 반절연 GaAs 기저층이 형성되고 그 위에 GaAs층이 있고 그 위에 도핑되지 않은 GaAlAs 공간 삽입층이 있고 그 위에 *n*-도핑된 반도체 GaAlAs를 형성시킨 구조이다.

협소한 전위우물에 전자를 축적시키기 위하여 페르미 레벨이 전도대 위에 있기 때문에 2DEG는 바이어스를 가하지 않은 조건에서 도핑하지 않은 GaAs층에서 형성된다. 나중에 논의하겠지만 인가하는 음전압을 계속해서 증가시켜 전자농도를 공핍시킬 수 있다.

HEMT는 기본적으로 층 사이에서 역학적인 장력을 피하기 위하여 정합격자상수의 이종구조로 제조된다. GaAlAs-GaAs와 InGaAs-Inp 경계면 구조가 특정한 예를 나타낸다. 이와 같은 제조 방안에 대하여 비정합 격자를 이용한 연구가 진행되고 있으며, 그 한 예가 매우 큰 InGaAs 격자를 작은 GaAs 격자에 압축시키는 것이다. 이러한 형태의 소자는 *p*-HEMT (**pseudomorphic HEMT**)이다.

HEMT의 진화

HEMT는 AlGaAs와 GaAs의 격자 정합된 층을 사용하여 처음으로 1978년에 발표되었다. 그러나 이 새로운 제작 기술은 InP 격자 정합 HEMT, 변화된 HEMT와 같이 소자의 확장이라는 결과가 가져왔다. 전도대의 불연속성을 증가시키는 방향으로 연구개발이 진행되고 있다. 낮은 잡음, 높은 주파수 범위 그리고 뛰어난 대신호(large-signal) 동작때문에 HEMT 계열은 좋은 특성이 요구되는 믹서 회로에 적합하다.

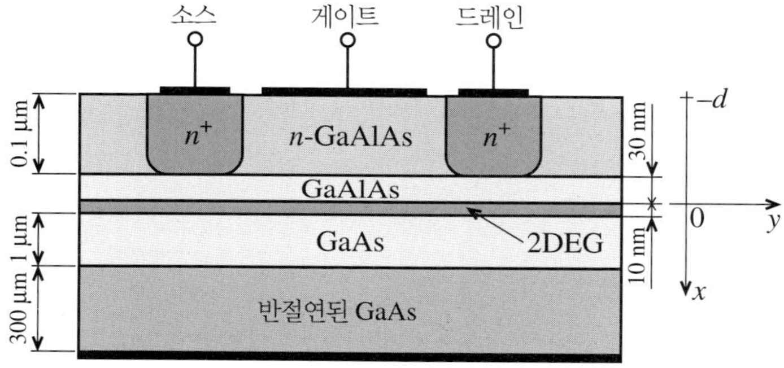

그림 6-43 • 공핍모드 HEMT의 원론적 이종구조

6.6.2 기능성

HEMT에서 드레인 전류흐름을 결정하는 주요사항은 GaAlAs와 GaAs 층 사이의 협소한 경계면이다. 단순하게 나타내기 위하여 공간 삽입층을 무시하기로 하고 그림 6-44의 에너지 대역 모델에 집중하기로 하자. 식 (6.21)과 유사한 수학적 모델은 1차원적 푸아송(Poisson) 방정식을 이용하여 다음과 같이 나타낼 수 있다.

$$\frac{d^2V}{dx^2} = -\frac{qN_D}{\varepsilon_H} \tag{6.98}$$

여기에서 N_D와 ε_H는 도너 농도와 GaAlAs 이종구조에서 유전상수이다. 전위에 대한 경계조건은 $V(x=0)=0$과 금속–반도체 점에서 $V(x=-d) = -V_b + V_G + \Delta W_C/q$이다. 여기에서 V_b는 식 (6.38)의 장벽전압이며 ΔW_C는 n-도핑된 GaAlAs와 GaAs 사이의 전도대 레벨에서 에너지 차, V_G는 게이트–소스 전압과 채널전압차 $V_G = -V_{GS} + V(y)$를 포함한다. 전위를 구하기 위하여 식 (6.98)를 두 번 적분한다. 금속–반도체 점에서 다음과 같이 놓으면

$$V(-d) = \frac{qN_D}{2\varepsilon_H}x^2 - E_y(0)d \tag{6.99}$$

이며, 이 식에서 다음과 같이 된다.

$$E(0) = \frac{1}{d}(V_{GS} - V(y) - V_{T0}) \tag{6.100}$$

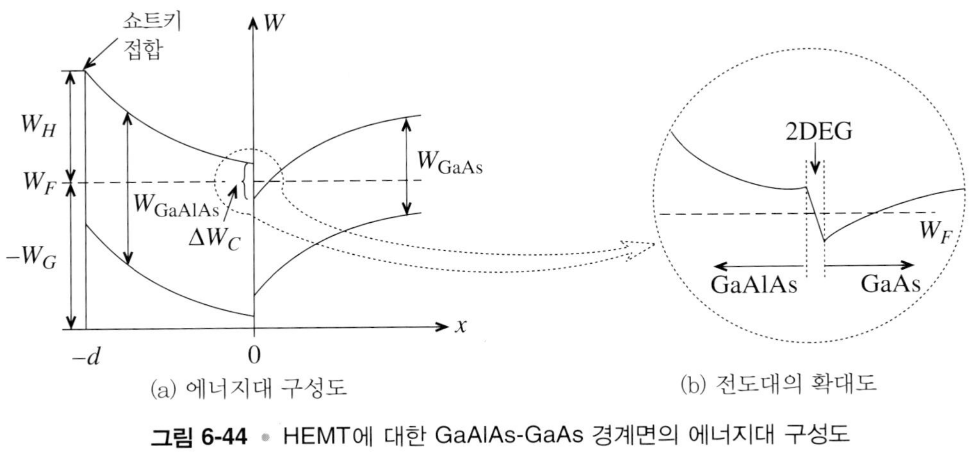

그림 6-44 ● HEMT에 대한 GaAlAs-GaAs 경계면의 에너지대 구성도

여기에서 HEMT 문턱전압 V_{T0}는 $V_{T0} = V_b - \Delta W_C/q - V_p$로 정의되며 이미 정의한 핀치-오프 전압 $V_P = qN_Dd^2/(2\varepsilon_H)$을 이용하였다. 식 (6.85)을 참조하라. 경계면에서 전계를 알고 있으므로 드레인 전류는 다음과 같다.

$$I_D = \sigma E_y A = -q\mu_n N_D EWd = q\mu_n N_D\left(\frac{dV}{dy}\right)Wd \tag{6.101}$$

앞에서 언급한 것과 같이, 전류흐름은 매우 얇은 층으로 제한되며 $x=0$에서 면 전하밀도 Q_S에 대하여 적분한다. 그 결과 $\sigma = -\mu_n Q/(WLd) = -\mu_n Q_S/d$가 된다. 면 전하밀도는 가우스(Gauss) 법칙을 적용하여 $Q_S = \varepsilon_H E(0)$이 된다. 식 (6.101)에 대입하면 다음과 같다.

$$\int_0^L I_D dy = \mu_n W \int_0^{V_{\mathrm{DS}}} Q_S dV \tag{6.102a}$$

식 (6.100)을 이용함으로써 드레인 전류는 다음과 같이 구할 수 있다.

$$I_D L = \mu_n W \int_0^{V_{\mathrm{DS}}} \frac{\varepsilon_H}{d}(V_{\mathrm{GS}} - V - V_{T0})dV \tag{6.102b}$$

또는

$$I_D = \mu_n \frac{W\varepsilon_H}{Ld}\left[V_{\mathrm{DS}}(V_{\mathrm{GS}} - V_{T0}) - \frac{V_{\mathrm{DS}}^2}{2}\right] \tag{6.102c}$$

핀치-오프는 드레인-소스 전압이 소스-게이트 전압에서 문턱전압을 뺀 전압과 같거나 작을 때 발생한다(즉 $V_{\mathrm{DS}} \geq V_{\mathrm{GS}} - V_{T0}$). 이 조건의 등식관계를 식 (6.102c)에 대입하면 다음과 같다.

$$I_D = \mu_n \frac{W\varepsilon_H}{2Ld}(V_{\mathrm{GS}} - V_{T0})^2 \tag{6.103}$$

HEMT가 공핍형 또는 증강형으로 동작한다면 문턱전압을 구할 수 있다. 공핍형의 경우 $V_{T0} < 0$ 또는 $V_b - (\Delta W_C/q) - V_p < 0$이어야 한다. 핀치오프 전압 $V_p = qN_Dd^2/(2\varepsilon_H)$을 대입하고 d에 대하여 풀면 다음과 같다.

$$d > \left[\frac{2\varepsilon_H}{qN_D}\left(V_b - \frac{\Delta W_C}{q}\right)\right]^{1/2} \tag{6.104}$$

만약 d가 위 표현식보다 작게 된다면(즉, $V_{T0} > 0$) 증강형 HEMT를 다루게 된다.

예제 6-11 • HEMT 관련 전기적 특성의 계산

HEMT 소자에서 핀치-오프 전압, 문턱전압 및 $V_{GS} = -1, -0.75, -0.5, -0.25$ 및 0 V에 대하여 드레인 소스전압 V_{DS} 함수에 대한 드레인 전류를 수치적으로 구하라. HEMT의 파라미터는 다음과 같이 가정한다. $N_D = 10^{18}\ \text{cm}^{-3}$, $V_b = 0.81$ V, $\varepsilon_H = 12.5\varepsilon_0$, $d = 50$ nm, $\Delta W_C = 3.5 \times 10^{-20}$ W·s, $W = 10$ μm, $L = 0.5$ μm, $\mu_n = 8500\ \text{cm}^2/\text{W}\cdot\text{s}$.

풀이:

HEMT의 핀치-오프 전압은 다음과 같이 계산된다.

$$V_P = qN_D d^2/(2\varepsilon_H) = 1.81\ \text{V}$$

V_p값을 알고 있으므로 문턱전압을 구하면 다음과 같다.

$$V_{T0} = V_b - \Delta W_C/q - V_P = -1.22\ \text{V}$$

이 값을 이용하고 $V_{DS} \le V_{GS} - V_{T0}$인 경우 식 (6.102c)를 이용하고 $V_{DS} \ge V_{GS} - V_{T0}$일 때는 식 (6.103)을 적용하여 드레인 전류를 계산한다. 이러한 계산의 결과를 그림 6-45에 나타내었으며 이 그림에서는 그림 6-43의

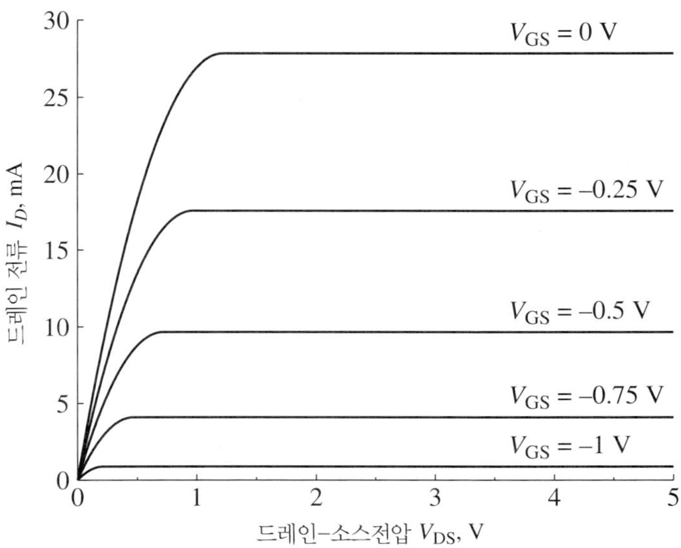

그림 6-45 • GaAs HEMT의 드레인 전류

GaAs 때와는 다르게 채널길이 변화를 고려하지 않았다. 실제적인 모의 실험에서는 자체적인 조절방안을 첨가시킬 수 있다.

GaAs MESFET와 HEMT는 유사한 출력 특성을 보이고 있으며 동일한 전기적 등가 회로 모델로서 나타낸다.

6.6.3 주파수 응답 특성

HEMT의 고주파 성능은 MESFET에서와 같이 전이시간으로 결정된다. 그러나 전이시간 τ는 전자이동도 μ_n과 드레인–소스 전압에 의한 전계 E에 의하여 다음과 같이 표현된다.

$$\tau = \frac{L}{\mu_n E_y} = \frac{L^2}{\mu_n V_{DS}} \tag{6.105}$$

그러므로 전이주파수는 $f_T = 1/(2\pi\tau)$로 나타내며 대표적으로 게이트 길이가 1.0 μm이고 1.5 V의 드레인 전압에서 전자이동도가 $\mu_n = 8000\ \text{cm}^2/(\text{V}\cdot\text{s})$일 때 전이주파수는 대략 190 GHz가 된다.

6.7 반도체 기술 동향

최근 수년간 RF/마이크로웨이브 반도체 산업은 응용분야의 확장으로 인해 폭발적인 성장세를 경험했다. 그 주요한 원인으로는 이동통신과 무선 네트워킹의 소비자 시장에 있으며 위성통신과 케이블 방송이 그 뒤를 따른다. 이들 응용분야 있어서 동작 주파수는 일반적으로 6 GHz 이상을 넘지 않는다. 흥미롭게도 이들 주파수에서는 더 이상의 특별한 처리과정을 요구하지 않는다. 현재의 표준 디지털 반도체 칩 제조로 충분하다. 결과적으로 가격, 크기 그리고 전력을 마이크로전기로 축소함으로써 얻는 이익은 지난 40여 년 동안 디지털 회로에 적용했던 것과 동일한 방법으로 완전하게 사용될 수 있다.

마이크로웨이브 회로에서 실리콘 기술을 이용한 것은 비교적 최근의 일이다. 이 기술은 특별히 CMOS(Complementary Metal Oxide)에 적용되는데 디지털 집적회로에서 보편적으로 적용되고 있다. 과감하게 게이트 길이를 줄임으로써 MOSFET은 적절한 RF 특성을 최근에 얻을 수 있었다. 최근에 200 GHz 이상의 주파수를 갖는 MOSFET의 전이 주파수(f_T)와 최대 발진 주파수(f_{max})가 발표되었고 일반적으로는 50 GHz에서 100 GHz범위의 값을 갖는다. MOSFET 계열의 f_{max}특성은 일반적으로 높은 게이트 저항 때

FINFET

FET 계열은 소스, 드레인 그리고 전류흐름을 조정할 수 있는 게이트를 가진 채널로서 구성되며 평면 구조를 갖는다. 소스-드레인 누설 효과가 더 이상의 채널감소를 막기 전에 채널감소는 10 nm까지 제한된다. 새로운 소자는 수직 면적을 이용하려고 시도하는데, 얇고 fin과 같은 층이 소스와 드레인 사이에 채널을 만든다. 이 소자를 적절히 FinFET라고 부른다.

문에 f_T보다 뒤떨어진다. 비록 MOSFET이 현재 사용되고 있는 다른 트랜지스터 제작 기술을 따라 잡을 수는 없지만 꾸준한 공정기술 개발을 통하여 MOSFET의 잡음과 전력 특성은 지속적으로 개선될 것이다. 기본적인 공정기술로서 실리콘의 장점은 분명하다. 극히 낮은 가격과 하나의 단일 칩(SoC)으로 디지털 로직을 갖도록 전체 RF/혼합 신호 회로를 구성하는 것이 가능하다는 점이다. 블루투스 단일 칩은 이미 광범위하게 활용되고 있으며 가까운 미래에 칩으로의 집적이 이동통신 전화나 무선 네트워크(IEEE 802.11) 분야에서도 이루어질 수 있을 것으로 예상된다. 현대 MOS 소자의 주파수 특성은 다음과 같은 방정식으로 추정된다.

$$2\pi f_T = \frac{v_{\text{eff}}}{L_G} \tag{6.106}$$

여기서 L_G는 게이트 길이이며 v_{eff}는 유효 포화 전자 속도이다(Si의 경우 $v_{\text{eff}} \approx 5 \times 10^6$ cm/s). 예를 들면 1 μm의 게이트 길이를 갖는 소자는 대략 8 GHz의 f_T를 가지며 현재 공정 노드 사이즈는 130 nm로서 80 GHz 그리고 그 이상의 f_T를 쉽게 얻을 수 있다. 낮은 잡음과 높은 전력 응용문제에 부딪쳤을때 불행하게도 낮은 벌크 저항(1~100 KΩ cm)과 낮은 항복 전계 강도(~300 KV/cm)의 특성을 얻는 것을 감수해야 한다.

MOSFET 계열에 덧붙여 고성능 쌍극자 트랜지스터와 실리콘-게르마늄(SiGe)은 1980년대 후반 이래로 실리콘 기술에 이용되어 왔다. 이런 형태의 트랜지스터는 일반적으로 RF 응용에서 MOSFET를 능가하는 특성을 가진다. 그러나 현재는 거의 같은 전이 주파수(100~200 GHz)를 갖는다. 고비용을 감당할 만큼 더 높은 전력특성과 더 높은 신뢰성을 가지므로 SiGe HBT는 더 선호되고 있다. 최근 수년간 SiGe HBT의 전체적인 성능은 대략 40 GHz까지 응용에 대하여 갈륨-비화물(GaAs)과 인듐 인화물을 바탕으로 둔 더 전통적인 마이크로웨이브 반도체 기술들을 대체하는 정도까지 향상되고 있다. SiGe HBT는 BiCMOS로서 알려진 결합된 쌍극자 CMOS 공정에서 사용될 수 있는데 BiCMOS는 단일 칩에 디지털과 RF회로를 효과적으로 집적할 수 있는 기술이다. SiGe HBT 계열은 전력증폭기와 발진기에서 커다란 장점을 가지고 있다. 반면에 MOSFET 계열은 우수한 잡음 특성을 가지므로 이상적인 저잡음 증폭기에 적합하다. 고전적으로 높은 주파수(> 10 GHz)와 고성능 마이크로웨이브 트랜지스터 시장은 GaAs와 InP 반도체 기술에 의해서 좌우되고 있다. 이 혼합물 반도체들은 실리콘보다 더 높은 전자 이동도를 가지고 있다(각각 5000 cm^2/Vs와 3000 cm^2/Vs이며, Si의 경우 1900 cm^2/V). 최근까지 간단한 GaAs MESFET이 성능 좋은 Si 바탕의 트래지스터보다 더 성능이 좋았다. MESFET 계열(1990년대까지 마이크로웨이브 트랜지스터 시장에서 우위를 차지했던)은 저비용 마이크로웨이브 회로의 응용에 아직까지 사용되고 있다. 그러나 최근 대부분의 개발은 GaAs와 InP 기판위에 HEMT와 HBT를 포함시킨 이종구조 소자에 집중되어 있다. 1 THz 근처의 전이 주파수를 갖는 State-of-the-art 트랜지스터가 발표되었으며 보다 일반적인 고성능 상업적 소자는 200 GHz에서 400 GHz의 f_{max}와 f_T를 나타낸다. 두 개의 반도체 기판 중에 GaAs는 공정기술의 완숙도와 낮은 비용 덕분에 현재 우위를 차지하고 있다. InP는 전체적인 성능면에서 GaAs보다 우수하다. 더 높은 주파수까지 다다를 수 있지만 제작 공정은 아직 완숙기에 들어서지 못했고 공정비용은 다소 비싼 경향이 있다. 현재 InP는 레이저, 광소자 그리고 100 GHz 이상의 주파수 스펙트럼에서 동작하는 마이크로웨이브 회로의 응용에서 찾아볼 수 있다. 그러나 제작 기술이 지속적으로 발전되어감에 따라 다른 분야로 더 확대될 것으로 판단된다. 일반적으로 회로는 GaAs와 InP에 집적되는데 그럼에도 불구하고 현재 Si에 바탕을 둔 칩에서 보는 것과 같은 밀도나 집적되는 규모를 얻을 수 없다.

많은 실험적인 반도체 기술들 중에서 가장 유망한 것은 대역차(bandgap) 반도체의 전력 증폭기 응용에 대한 것이다. 가장 일반적인 넓은 대역차 재료는 SiC(탄화규소)과 GaN(갈륨나이트라이드)이다. SiC(4 H 혹은 6 H 폴리타입) MESFET이 12 GHz까지의 낮은 주파수에 적합한 전력증폭기로서 등장하고 있다. SiC의 장점은 높은 전계 항복(SiC의 경우 > 2000 kV/cm, GaN의 경우 > 5000 kV/cm)과 뛰어난 열적 전도도, 높은 온도 허용치 그리고 낮은 유전상수이다. 좋은 항복과 열정 특성은 더 높은 바이어스 전압을 가진 더 작은 소자 구조로 제작을 허용한다. 낮은 유전상수를 가진 작은 소자 구조는 더 높은 입력과 출력 임피던스를 허용하게 함으로써 임피던스 정합을 더 단순화할 수 있다(반도체 전력증폭기의 주요 문제임). 추가적인 이득으로는 더 작아진 다이(die)로 인해 더 낮은 가격으로 제작이 가능하게 되며 높은 온도 동작으로 인해 열 싱크(heat sink) 요구를 감소시킬 수 있다. SiC는 Si와 비교하여 전자 전달 특성에 있어서 f_{max}을 60 GHz까지 얻을 수 있다. 4H 그리고 6H SiC 웨이퍼가(비록 높은 크리스털 결점 밀도가 중요한 문제로 남아 있지만) 활용가능하며 여러 가지 SiC MESPEF은 이미 RF 시장에 출시되었다.

GaN HEMT(GaAIN/GaN 이종구조)는 Si, 벌크 GaN 혹은 SiC와 비교하면 수 배의

전자이동도를 가진 또 다른 유망한 광대역 밴드갭 기술 소자이다. 게다가 GaN은 높은 온도 허용치와 극히 높은 저항성(> 10^{10} KΩ cm)을 가진다. 결과적으로 GaN HEMT는 40 GHz 혹은 제작 기술이 더 발전된다면 그 이상의 주파수(f_{max}가 120 GHz까지 도달한다고 발표되었다)까지 전력증폭기로서 채택될 것으로 기대되는 기술이다. 그러나 한 가지 불리한 점은 벌크 GaN 웨이퍼 기판의 부족이다. 대부분의 GaN 소자는 사파이어 혹은 SiC 기판에 제작되는데 사파이어는 성능이 안 좋은 열적 전도도(잠재적으로 전력증폭기에서 중요한 손실로서 인정된)를 가진 것으로 알려져 있다. 그리고 사파이어와 SiC 기판 모두는 기본적인 격자 불일치를 가지고 있으며 결국 신뢰성에 불리한 영향을 주게 된다. SiC와 사파이어의 또 다른 단점은 극히 나쁜 홀 이동도(예를 들면, GaN의 경우 $N_D = 10^{16}$ cm^{-3}과 T = 300 K에서 $\mu_p \approx 40$ $cm^2/(VS)$이다)를 가진다는 것이다. 이 사실은 회로 설계자로 하여금 *n*-채널 FET의 사용을 제한하며 쌍극자 혹은 *p*-채널 소자의 사용을 불가능하게 막는다. 일반적으로 넓은 밴드갭 기술은 시장에서 받아들일 수 있기 전까지 아직도 극복해야 할 많은 제작 장애물을 가지고 있다.

실용적인 설명: RF 전력 트랜지스터의 내부 구조

이 단락에서는 전력 트랜지스터의 구조에 대하여 살펴보도록 하자. 이 특별한 소자는 NXP에 의해 설계되었고 BLF4G22-100의 부품번호를 가지고 있다. 이 소자는 2.0~2.2 GHz 주파수대역의 W-CDMA(Wideband Code Division Multiple Access)용 셀룰러 기지국 응용을 위한 실리콘 LDMOS(Laterally Diffused Metal Oxide Semiconductor) 전력 FET이다. 이 소자는 24 W 평균출력과 150 W 최대전력을 가진다. 명목상의 드레인-소스 전압 28 V에서 동작되며 13.5 dB 이득까지 전달된다.

그림 6-46은 광학 마이크로스코프 아래에서 3배의 배율로 본 BLF4G22-100의 내부적인 구조를 보여주고 있다. 그림 6-46(a)은 보드 면에 구리 스트립과 같은 리드선을 가진 20 mm × 10 mm 정도의 직사각형 소자 전체를 보여주고 있다. 이들 스트립 리드선은 RF 입력단과 출력단이 있는 소자의 게이트와 드레인을 위해 존재한다. 신호원은 금속 기저부에 붙어 있으며 일반적인 회로에 접지된 열싱크(heat sink)위에 올려져 있다. 트랜지스터는 W-CDMA 응용에서 효율이 26%로 알려져 있기 때문에 기록된

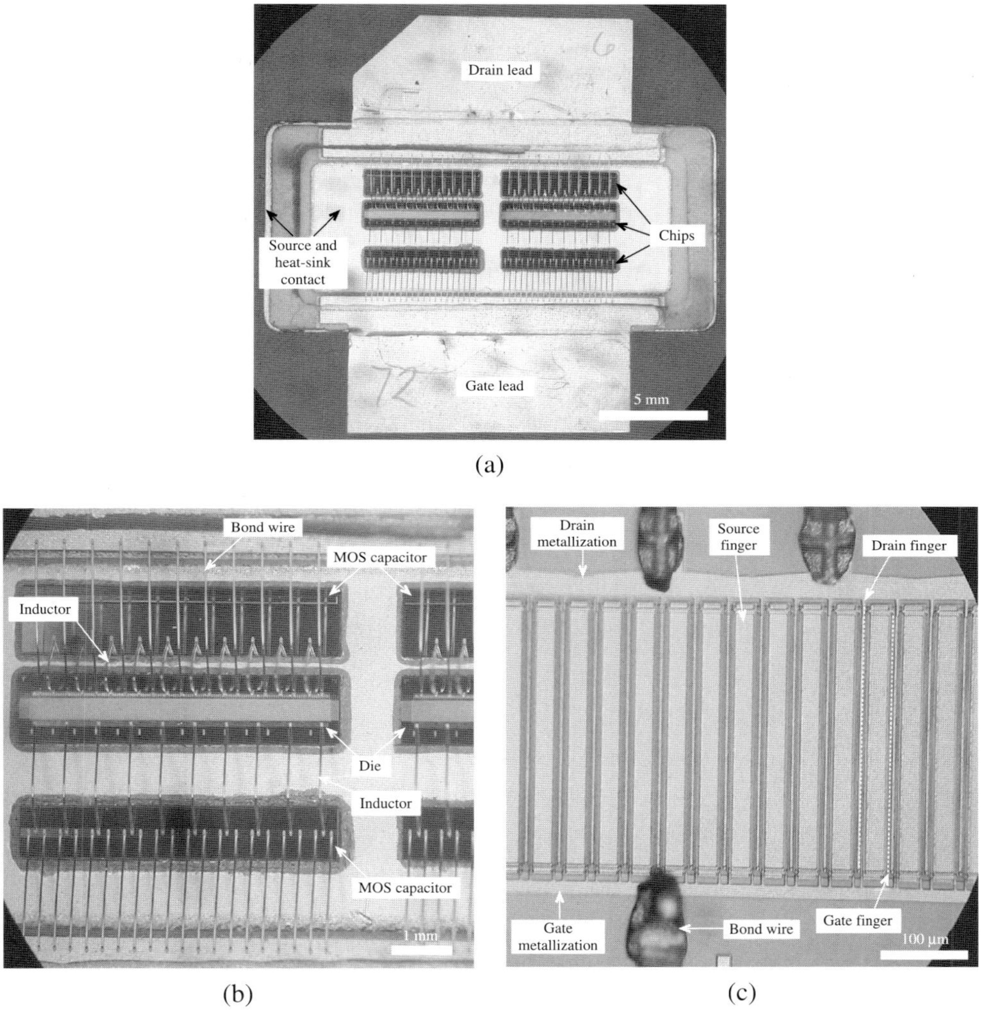

그림 6-46 • 3배의 배율로 확대된 LDMOS 전력 증폭기 BLF4G22-100의 내부 구조. (a) 전체적인 패키지, (b) 다이(die) 내부연결, (c) 트랜지스터 다이(die).

출력전력을 얻기 위해서는 기본적인 열 싱크가 필요하다. 최대 24 W의 RF 전력을 출력할 때 약 3배 이상의 전력 혹은 68 W가 열로 손실된다는 의미를 갖고 있기 때문이다. 금속 기저부는 패키지를 최소화하기 위해서 직접적으로 열 싱크(heat sink)에 납땜이 되도록 설계되어야 하며 이 패키지는 열적저항을 열 싱크(heat sink) 시켜야 하고 접지와 낮은 임피던스 연결을 제공해야 한다.

그림 6-46(b)는 실리콘 부품들의 내부 연결을 중점적으로 확대하여 보여주었다. 그림에서 보는 것과 같이, 이 소자는 평행하게 연결된 두 개의 동일한 트랜지스터로 구성되어 있다. 트랜지스터 다이(die)는 배열과 같은 금속 구조를 가진 실리콘의 가느다란 스트립을 가진다. 다른 실리콘 소자들은 실질적인 트랜지스터와 더불어 존재하고 있는 것을 볼 수 있다. 이 소자들은 간단하게 정합에 도움을 주는 회로들인 커패시터들이며 이 커패시터들은 연결선을 가지며 인덕터로서 동작한다. 트랜지스터와 입력과 출력 사이에 일반적인 50 Ω 정합을 할 필요가 없으며 소자의 임피던스가 약간 증가하게 된다. 이것은 이 소자가 일반적으로 약간의 저항 혹은 거의 저항이 존재하지 않는 경우 결과적으로 매우 작은 입력 그리고 출력 임피던스를 갖는데 도움이 된다. 더 작은 트랜지스터와 병렬결합을 하기 때문에 LC 매칭을 위한 회로는 소자의 입력과 출력 반사계수를 떨어뜨려서 결과적으로 외부 정합 회로망을 만드는 일을 단순화킬 수 있다(8장을 참조하라). 이 접근법의 단점은 간단한 LC 정합회로가 협대역을 갖는 경향이 있어 일부 주파수 대역에서는 트랜지스터가 동작되지 않다는 점이다.

그림 6-46(c)에서 트랜지스터 다이 위의 금속 패턴을 조사할 수 있다. 트랜지스터는 소스–게이트–드레인–게이트–소스 패턴을 반복하는 손가락 모양의 구조를 가진다. 물론 게이트는 매우 좁으며(규격에 의하면 0.6 μm 폭) 높은 배율의 확대경에서조차 확인하기 어렵다. 드레인 손가락 모양들은 그림상에서 넓고 명확하게 볼 수 있다. 소스 손가락 모양은 접지와 연결되어 매우 낮은 임피던스를 얻기 위해 제일 큰 모양을 가진다. 또한 다이위에 다른 형태와 비교했을 때 상당히 크게 나타나는 점들을 본드 선이 연결하고 있는 모양을 볼 수 있다.

그림 6-47은 바이어스와 정합회로를 포함한 회로 보드위에 설치된 전력 트랜지스터를 보여준다. 바이어스는 DC쪽에서 바이패스 커패시터에 의해서 단락된 $\lambda/4$ 마이크로스트립 라인을 통하여 공급된다. 정합회로망은 마이크로스트립 라인의 폭과 길이 비율을 변화시킴으로써 만들어진다. 소자에 인접한 마이크로스트립의 가장 넓은 부분은 매우 낮은 임피던스 특성을 가진다. 이것은 합리적인 수준으로 더 낮게 소자의 임피던스를 변환시키기 위해 필요하다. 여러 가지 자유롭게 떠 있는(free-

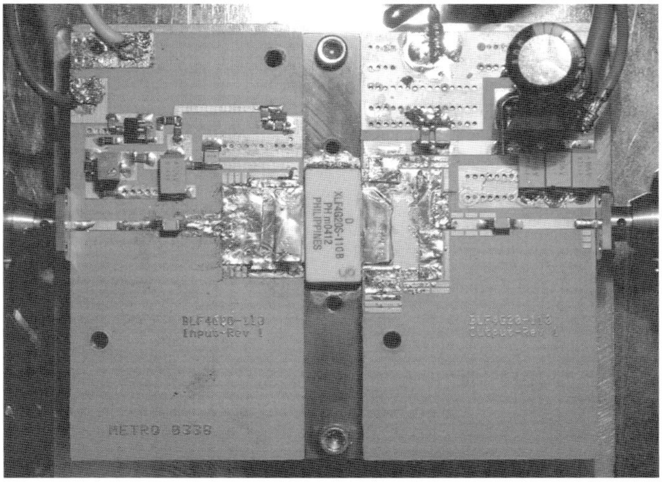

그림 6-47 ● 전시용 보드에 장착된 전력 트랜지스터.

floating) 동 패치가 정합회로 주위에 공급되는데 이들은 정합을 조절하기 위해 마이크로스트립에 선택적으로 연결되어 있다. 비록 이 그림에서는 보이지 않지만 동막(copper plate)은 물 냉각시스템에 붙어있다.

6.8 요 약

본 장에서는 가장 많이 이용되고 있는 능동 RF 반도체 소자의 특성과 제한성을 이해하기 위하여 반도체 물리의 주요한 원칙을 알아보았으며 에너지 대역 모델의 일부로서 전도대, 가전자대 및 페르미 레벨 등 다양한 반도체 역학을 적용하였다.

pn-접합으로 관심사를 돌려 전위 장벽전압을 다음과 같이 유도하였다.

$$V_{\text{diff}} = V_T \ln\left(\frac{N_A N_D}{n_i^2}\right)$$

또 공핍 커패시턴스와 접합 커패시턴스 C_d와 C_s는 다음 식으로 나타내었다.

$$C_d = \frac{C_0}{\sqrt{1 - V_A/V_{\text{diff}}}} \quad \text{그리고} \quad C_S = \frac{\tau I_0}{V_T} e^{V_A/V_T}$$

두 개의 커패시턴스는 전류가 다음 식과 같이 쇼클리 방정식으로 주어지는 pn-다이오드의 주파수 응답 특성을 구하는 데 가장 중요하다.

$$I = I_S\left(e^{V_A/V_T} - 1\right)$$

이 식은 비선형 전류–전압 다이오드 특성을 나타내고 있다. pn-접합과는 다르게 쇼트키 접합은 n-형 반도체와 금속의 접합을 나타내며, 쇼트키 장벽전위 V_d가 변화되어 금속의 일함수 qV_M, 반도체의 함수 $q\chi$ 및 전도대 전위 V_C를 필요로 하므로 다음과 같이 표현된다.

$$V_d = (V_M - \chi) - V_C$$

pn-접합에서 0.7 V인 반면 Si-Au 경계에서는 약 0.84 V가 되며 기술적으로 이러한 접합에 의하여 쇼트키 다이오드를 개발하게 되어 RF분야에서 변조기와 믹서 등에서 항상 광범위하게 이용되고 있다. I-V 특성은 pn-다이오드와 동일하나 역 포화전류 I_S는 이론적으로는 아주 복잡하게 된다.

특별한 RF 다이오드로서 PIN, 바랙터 및 터널 다이오드가 있다. PIN 다이오드는 p-층과 n-층 사이에 순수층을 삽입한 것으로 낮은 저항 순방향 바이어스에서 스위칭하여 커패시티브 역바이어스 또는 분리된 상태가 된다. PIN 다이오드는 스위치, 감쇄기 등으로 응용된다. 순방향 바이어스된 PIN 다이오드의 RF 저항은 다음과 같은 식으로 유추된다.

$$R_J(I_Q) = \frac{W^2}{(\mu_n + \mu_p)\tau I_Q}$$

바랙터 다이오드는 특정한 커패시턴스–전압 동작 특성을 달성하기 위하여 특별한 도핑형태의 I-층을 형성시킨다. 이와 같은 특성은 주파수 조절 및 매우 짧은 펄스 형성에 아주 이점이 있다. 터널 다이오드는 I-V 특성곡선에서 일정한 부분에서 음의 기울기 특성을 나타내므로 발진기 회로에 아주 적합하게 이용된다. RF 분야에서 이용되고 있는 다이오드로는 IMPATT, TRPATT, BARRITT, 및 Gunn 다이오드 등이 있다.

BJT의 NPN 구조는 두 개의 다이오드를 직렬 연결한 것으로 구성되므로 앞에서 논의한 다이오드의 확장으로 간주할 수 있다. 세 가지 트랜지스터 모드, 즉 순방향 능동모드, 역방향 능동모드 및 포화 모드가 이미터, 콜렉터 및 베이스 전류 표현식 (6.69)~(6.71)에 반영되었다.

$$I_E = -I_S(e^{V_{\mathrm{BE}}/V_T} - 1) - \frac{I_S}{\beta_F}(e^{V_{\mathrm{BE}}/V_T} - 1) + I_S(e^{V_{\mathrm{BC}}/V_T} - 1)$$

$$I_C = I_S(e^{V_{\mathrm{BE}}/V_T} - 1) - \frac{I_S}{\beta_R}(e^{V_{\mathrm{BC}}/V_T} - 1) - I_S(e^{V_{\mathrm{BC}}/V_T} - 1)$$

$$I_B = I_S\left\{\frac{1}{\beta_R}(e^{V_{\mathrm{BC}}/V_T} - 1) + \frac{1}{\beta_F}(e^{V_{\mathrm{BE}}/V_T} - 1)\right\}$$

BJT의 주파수 응답 특성은 단락회로 전류이득이 1이 되는 전이주파수 $f_T = 1/(2\pi\tau)$에 의하여 결정된다. 시정수는 이미터, 베이스 및 콜렉터 영역과 관련되는 세 가지 지연시간 $\tau = \tau_E + \tau_B + \tau_C$으로 구성된다.

BJT와는 다르게 FET는 단극소자이며 우수한 고주파 특성과 저잡음 특성을 나타낸다. 특히 n-채널 GaAs MESFET가 RF증폭기, 믹서 및 발진기 등으로 이용되고 있다. MESFET의 출력 특성을 결정하는 주요 수식으로는 식 (6.83)의 드레인 전류로 다음과 같다.

$$I_D = G_0\left(V_{\mathrm{DS}} - \frac{2}{3}\sqrt{\frac{2\varepsilon}{qN_Dd^2}}[(V_{\mathrm{DS}} + V_d - V_{\mathrm{GS}})^{3/2} - (V_d - V_{\mathrm{GS}})^{3/2}]\right)$$

채널이 핀치-오프상태가 되고 FET가 채널 길이 변화를 나타내는 포화영역에서 동작될 때 드레인 전류의 변화가 요구된다. 최종적으로 HEMT는 MESFET와 구조상으로 거의 동일하나 이종 반도체 사이의 에너지대 차이를 이용하여 개발되었다. HEMT에서 전류흐름은 매우 협소하고, 전하 이동도가 MESFET의 두 배가 되는 양자 우물층에 제한된다. 도너 위치에서부터 반송자를 분리하기 때문에 아주 높은 동작주파수(100 GHz를 초과한)가 발표되었다. 드레인-전류 표현식은 MESFET에서 논의한 식과 동일하다.

참고문헌

L. E. Larson, "Silicon technology tradeoffs for radio frequency/mixed-signal "systems-on-a-chip," *IEEE Transactions on Electron Devices*, Vol. 50, pp. 683-699, 2003.

D. L. Harme, et al. "Design automation methodology and RF/analog modeling for RF CMOS and SiGe BiCMOS technologies." *IBM J. Res. and Dev.*, Vol. 47, No. 2/3, pp. 139-175, 2003

D. Ueda, "Review of compound semiconductor devices for RF power applications." *IEEE Proceedings of the 14th International Symposium on Power Semiconductor Devices and ICs*, pp. 17-24, June 2002.

C. Nguyen and M. Micovic, "The state-of-the-art of GaAs and InP power devices and amplifiers." *IEEE Transactions on Electron Devices*, Vol. 48. pp. 472-478, 2001.

R. J. Trew, "Wide bandgap semiconductor transistors for miscrowave power amplifiers," *IEEE Micorowave Magazine*, Vol. 1, pp. 46-54, 2000.

F. Schwierz, "Microwave Transistors-the last 20 years," *IEEE Proceedings of the 2000 international Confersence on Devices, Circuits and Systems*, D28/1-D28/7, 2000.

J. J. Liou, "Semiconductor device physics and modeling. 1. Overview of fundamental theories and equations." *IEE Proceedings G. Vol.* 139, pp. 646-654, 1992.

R. Dingle et al., "Electron mobilites in modulation doped semiconductor hetrojunction superlattices." *Appl. Phys. Lett.*, 33, pp. 665-667, 1978.

R. S. Cobbold, *Theory and Aplications of Field-Effect Transistors*, John Wiley, New York, 1970.

A. M. Cowley and S. M. Sze, "Surface States and Barrier Height of Semiconductor Systems", *J. Appl. Physics*, Vol. 36, pp. 3212-3220, 1965.

M. B. Das, "Millimeter-Wave Performance of Ultra-Submicrometer Gate Field-Effect Transistors. A Comparison of MODFET, MESFET, and HBT-Structures", *IEEE Trans. on Electron Devices*, Vol. 34, pp. 1429-1440, 1987.

A. S. Grove, *Physics and Technology of Semiconductor Devices*, John Wiley, New York, 1967.

G. Massobrio and P. Antognetti, *Semiconductor Device Modeling with SPICE*, McGraw-Hill, New York, 1993.

J. L. Moll, *Physics of Semiconductors*, McGraw-Hill, New York, 1964.

D. V. Morgan and N. *Parkman, Physics and Technology of Heterojunction Devices*, P. Peregrinus Ltd., London, UK, 1991.

M. H. Norwood and E. Schatz, "Voltage Variable Capacitor Tuning-A Review," *Proceed. IEEE*, Vol. 56, pp. 788-798, 1968.

R. S. Pengelly, *Microwave Field-effect Transistors—Theory, Design and Applications*, Research Studies Press, London, UK, 1982.

C. T. Sah, "Characteristics of the Metal-Oxide Semiconductor Field-Effect Transistor," *IEEE Trans. on Electron Devices*, Vol. 11, pp. 324-345, 1964.

W. Schockley, *Electrons and Holes in Semiconductors*, Van Nostrand Reinhold, New York, 1950.

M. Shur, *GaAs Devices and Circuits*, Plenum Press, New York, 1987.

S. M. Sze, *Physics of Semiconductor Devices*, John Wiley, New York, 1981.

C. Weisbuch. *Physics and Fabrication of Microstructures and Microdevices*, Springer-Verlag, New York, 1986.

연습문제

6.1 반도체에서 많은 원자의 수를 판단하기 위하여 다음과 같이 간단한 계산법을 고려하자. 실리콘 반도체는 격자상수가 $a = 5.43 \times 10^{-8}$ cm인 체-중심의 입방체 반도체이다

(8 모서리, 6 면, 4 내부 원자). 구석원자(corner atom)는 여덟 번째 중의 하나에 중심 원자를 더한 상태와 같이 원자가 정렬되어 있다. 단위 센티미터 입방체에 대한 원자의 밀도를 구하라.

6.2 전도대와 가전자대의 반송자 농도는 다음 식과 같이 페르미 통계에 의하여 상태농도의 적분으로 결정된다.

$$N = \int g(E)dE$$

실효전자질량 m_n^*에 대하여 양자역학적인 고찰에 의하여 다음과 같이 밀도함수를 유도한다.

$$g(E) = 4\pi(2m_n^*)^{3/2}\sqrt{E}/h^3$$

(a) 1.5 eV까지의 에너지 값에 대한 상태 N의 원론적인 전자농도를 구하라.

(b) 1.08 m_n의 실효전자질량 또는 $1.08 \times 9.11 \times 10^{-31}$ kg인 경우 상태수를 구하라.

6.3 특별히 구분되는 입자에 대한 Fermi-Dirac 확률은 단위체적당 양자역학적 입자분포와 단위 전압당 양자상태의 수로 정규화된 단위에너지 $N(E)$및 다음 식에 따른 단위에너지 $g(E)$를 나타내는 기본적인 통계이론이다.

$$f(E) = \frac{N(E)}{g(E)} = \frac{1}{1 + \exp((E - E_F)/(kT))}$$

(a) 실온 $E_F = 5$ eV에서 점유 상태의 확률 $f(E)$와 비어 있을 때 확률 $1 - f(E)$을 나타내어라.

(b) 비어 있는 상태를 만날 확률이 5%일 때 온도를 구하라.

6.4 순수 반송자 농도는 전형적으로 실온에서 기록한다. GaAs의 경우 $T = 300$ K에서 상태의 실효 밀도 $N_C = 4.7 \times 10^6$, $N_V = 7.0 \times 10^{18}$ cm^{-3}이다. 1.42 eV의 에너지 차가 일정하게 유지된다고 가정하여

(a) 실온에서 순수 반송자 농도를 구하라.

(b) $T = 350$ K에서 n_i를 구하라.

(c) $T = 420$ K에서 n_i를 구하라.

6.5 확산 전류밀도는 적당한 반송자 농도의 기울기 함수로 만들어질 수 있다. p-형 Si 반도체가 거리 100 μm에 대하여 5×10^{17} cm^{-3}에서 10^{18} cm^{-3}로 선형적으로 변하는 홀 농도라고 가정한다. 확산 계수가 $T = 300$ K에서 $D_p = 12.4$ cm^2/s로 주어질 때 전류밀도를 구하라.

6.6 제6.1.2절에서 abrupt 접합을 갖는 pn 다이오드에서 전계와 전위분포의 식을 유도하

였다. 전하밀도가 다음 식과 같이 선형적으로 변할 때 경사형 접합의 *pn* 다이오드에 대하여 계산을 다시 하여라.

$$\rho(x) = \begin{cases} qN_A(x/d_p), -d_p \le x \le 0 \\ qN_D(x/d_n), 0 \le x \le d_n \end{cases}$$

6.7 *pn*-접합의 장벽전압은 도핑농도의 크기가 어느 정도 변한다고 해도 비교적 일정한 상태로 남아 있으며 반도체 회로에서 전형적인 장벽전위는 0.5~0.9 V 정도로 가정한다. 이 문제에서 어떻게 전위에 도달하는가를 증명하고자 한다. $N_D = 5 \times 10^{15}\ \text{cm}^{-3}$ 농도의 *n*-형 반도체에 $N_A = 10^{18}\ \text{cm}^{-3}$의 *p*-형 반도체가 접합되었다고 가정하자.

(a) 실온에서 장벽전위를 구하라($n_i = 1.45 \times 10^{10}\ \text{cm}^{-3}$).

(b) N_A가 $N_A = 5 \times 10^{16}\ \text{cm}^{-3}$으로 감소되었을 때 장벽전압을 다시 구하라.

6.8 억셉터 농도와 도너농도가 각각 $N_D = 10^{18}\ \text{cm}^{-3}$이고 $N_D = 5 \times 10^{15}\ \text{cm}^{-3}$인 Si 반도체로 abrupt *pn*-접합을 시켰다. 소자는 실온에서 동작한다고 가정하여 다음을 구하라.

(a) 장벽전압

(b) *p*-형과 *n*-형 반도체에서 공간전하폭

(c) 접합 양단의 최대전계

(d) 단면적 $10^{-4}\ \text{cm}^2$이고 비유전상수가 $\varepsilon_r = 11.7$일 때 접합 커패시턴스

6.9 abrupt 접합인 두 개의 *pn* 다이오드가 있다. 하나는 Si으로 만들었고 또 다른 하나는 GaAs로 만들었으며 양측에서 각각 $N_A = 10^{17}\ \text{cm}^{-3}$이고 $N_A = 2 \times 10^{14}\ \text{cm}^{-3}$이다.

(a) 장벽전압을 구하라.

(b) 최대전계와 공간전하영역의 폭을 구하라.

(c) 공간전하, 전위 및 전계분포를 다이오드 축에 따라 나타내어라.

6.10 실리콘 *pn*-접합은 *p* 층에서 10 S/cm의 전도도와 *n*-층에서 4 S/cm의 전도도를 각각 나타낸다. 실리콘의 필요한 특성을 이용하여 실온에서 장벽전압을 계산하라.

6.11 금속과 반도체 사이의 쇼트키 접합은 다양한 물질로 만들 수 있다. Si과 GaAs 두 물질에 대하여 금속물질을 알루미늄이나 금으로 사용하였을 때 장벽전압에 대하여 조사하고자 한다. 표 6-2와 부록의 표 E-1을 사용하여 4개 형태의 장벽전압을 구하고 이에 상응되는 공핍층의 두께를 실온에서 구하라. $N_D = 10^{16}\ \text{cm}^{-3}$이라 가정한다.

6.12 쇼트키 다이오드를 *n*-형 GaAs와 은으로 형성시켰다. 다이오드가 1 mA의 순방향바이어스 전류로 동작된다. 리처드 상수는 $R^* = 4\ \text{A/(cm}^2\text{K}^2)$이고 기생 직렬저항은 15 Ω, 소자의 단면적은 $A = 10^{-2}\ \text{nm}^2$이다. 장벽전압 V_d를 계산하고 1 MHz에서 100 GHz의 주파수에 대한 다이오드 임피던스의 크기와 위상을 나타내어라. 두 도핑 농도는 $N_D = 10^{15}\ \text{cm}^{-3}$와 $10^{17}\ \text{cm}^{-3}$이다. 소자는 실온에서 동작한다고 가정한다.

6.13 인가전압이 주어졌을 때 쇼트키 다이오드의 비선형 전류 특성을 분석 조사하기 위하여 관계식을 다시 쓰면

$$I = I_S\left(e^{(V_A - IR_S)/V_T} - 1\right)$$

이며, 역 포화전류는 $I_S = 2 \times 10^{-11}$ A로 주어진다. 기저층의 저항이 $R_S = 1.8\ \Omega$에 대하여 인가전압을 $0 \le V_A \le 1$ V의 범위에서 가변시킬 때 전류를 예측하는 컴퓨터 프로그램을 작성하여라.

6.14 PIN 다이오드는 높게 도핑된 n-형 물질과 p-물질 사이에 순수 반도체 층을 샌드위치시킨 반도체 소자이다. 순수 반도체 층에서 소수 반송자와 다수 반송자는 재결합이 일어나기 전에 일정한 수명 τ_p을 갖고 있다. 재결합 수명의 기본으로 간단한 PIN 다이오드 모델은 다이오드 전류 I와 축적된 전하 Q를 포함하여 나타낼 수 있다. 즉

$$I = \frac{Q}{\tau_p} + \frac{dQ}{dt}$$

(a) 제1차 시스템의 주파수반응에 대한 $Q(\omega)/I$ 를 설정하라.

(b) τ_p가 10 ps, 1 ns 및 1 μs일 때 각 주파수에 대한 정규화 전하응답 $20 \log[Q(\omega)/(I\tau_p)]$을 그림으로 그려라.

주의: 차단주파수 $f_p = 1/\tau_p$ 이하의 주파수에 대하여 PIN 다이오드는 정상적인 pn-접합 다이오드처럼 동작하나 f_p 이상의 주파수에 대하여 PIN 다이오드는 바이어스 전류에 의하여 제어되는 순수 저항처럼 동작한다.

6.15 서로 다른 형태의 두 바랙터 다이오드를 만들 때 다음과 같이 두 개의 커패시턴스–전압 동작 특성이 나타난다.

(a) $C = 5\text{ pF}\sqrt{V_A/(V_A - V_{\text{diff}})}$

(b) $C = 5\text{ pF}(V_A/(V_A - V_{\text{diff}}))^{1/3}$

필요한 순수반도체의 도너 도핑 형태를 결정하라. 바랙터 다이오드의 단면적은 10^{-4} cm^{2}으로 가정한다.

6.16 Si 쌍극자 트랜지스터의 이미터, 베이스 및 콜렉터에 다음과 같이 균일하게 도핑되었다고 하자. $N_D^E = 10^{21}\text{ cm}^{-3}$, $N_A^B = 2 \times 10^{17}\text{ cm}^{-3}$, $N_D^C = 10^{19}\text{ cm}^{-3}$. 베이스–이미터 전압은 0.75 V이고 콜렉터–이미터 전압은 2 V라고 가정한다. 양 접합의 단면적은 10^{-4} cm^{2}이고 이미터, 베이스 및 콜렉터 두께는 각각 $d_E = 0.8$ μm, $d_B = 1.2$ μm, $d_c = 2$ μm 이며, 소자는 실온에서 동작한다고 가정한다.

(a) 양쪽 접합에서 공간전하영역의 확장을 구하라.

(b) 베이스, 이미터 및 콜렉터 전류를 계산하라.

(c) 순방향 및 역 방향 전류이득 β_F와 β_R을 계산하라.

6.17 GaAs BJT에서 최대 접합온도는 420°C(Si의 최대접합온도 200°C에 비하여 매우 높다)이며 공급전원은 90 W이다. BJT와 방열판 사이의 열 저항은 1.5°C/W으로 예측된다.

(a) 주변동작온도가 50°C를 초과하지 않을 때 방열판의 최대 열 저항을 결정하라.

(b) 열 대류계수가 100W/°C · m^2일 때 요구되는 면적을 구하라.

6.18 BJT를 플라스틱으로 하우징하여 방열판(R_{thha} = 3.75°C/W) 위에 설치하였다. 이러한 조건에서 총 열소산은 20°C의 주변온도에서 20 W라 예상된다. 최대 접합온도가 175°C를 초과하지 않으려면 BJT 케이스를 선택하는 데 어떤 비율로 해야 하는가?

6.19 V_{DS}가 작을 때 경사채널 식 (6.79)으로 축소되는 MESFET의 드레인 전류 식 (6.83)를 증명하라.

6.20 식 (6.86)의 포화 드레인 전류 방정식을 유도하여라.

6.21 n-형 채널의 MESFET는 다음과 같은 파라미터를 나타낸다. $W/L = 10$, $\mu_n = 1000$ $m^2/(V \cdot s)$, $d = 2\ \mu m$, $\varepsilon_r = 11.7$ 및 $V_{T0} = -3$ V · $V_{\text{GS}} = -1$ V에서 포화 드레인 전류를 계산하여라.

6.22 문제 6.21에서 드레인-소스 전압이 0 V에서 5 V 범위이다. 트랜지스터의 V_{DS}에 대한 출력전류 I_D를 계산하라. 우선 채널길이 변화효과는 무시하고(즉 $\lambda = 0$) 계산한 뒤, $\lambda = 0.01$일 때 계산의 결과와 비교하여라.

CHAPTER 07

RF 능동소자의 모델링

복잡한 RF 회로설계는 설계 규칙을 만족하는지를 판단하기 위하여 실제 RF 회로를 실현시키기 전에 CAD 프로그램을 이용하여 모델링한다. 전기회로의 모의실험을 위하여 많은 분석 프로그램에서 능동소자의 전기적 성능을 보여주는 주요 등가회로 모델링을 제공하고 있다. 전기회로 모델은 저주파동작 또는 고주파동작, 선형 또는 비선형시스템 동작 등 매우 다양하며 정상동작 및 역동작 모드 등 중요한 설계 요구조건에 맞게 개발하고자 오래 전부터 모델링에 대한 연구가 진행되어 왔다.

본 장에서는 다이오드, 단일 및 쌍극자 트랜지스터에 대한 적합한 등가회로 표현을 검토하는 것을 목적으로 한다. 이러한 능동소자의 물리적인 기초는 제6장에서 취급하였으며, 앞 장에서의 내용을 발전시켜, 반도체 능동소자의 물리적인 동작에 대한 기본적인 해석을 한 후 대신호(비선형) 회로 모델을 이끌어 내는 방법을 검토할 것이다. 본 장에서는 이러한 모델을 어떻게 하여 선형화하고 고주파 동작에 대하여 어떻게 변형시켜야 하는지에 대하여 내용을 전개한다.

다양한 BJT 모델 중에서 본 장에서는 Ebers-Moll 모델 및 Gummel-Poon 모델과 같은 가장 일반적으로 널리 알려진 모델형태에 대해서만 논의한다. 두 가지 모델 형태와 선형모델을 유도하는 형태는 SPICE, ADS, MMICAD와 같은 모의실험 툴에서 광범위하게 응용되고 있다. 능동소자는 특별한 경우 40개 이상의 독립적인 파라미터들로 구성되기도 하는데, SPICE 모델로 나타낼 수 없는 파라미터가 존재하는 특별한 경우가 있으며 종종 능동소자 제조원에서 요구되는 전기적인 파라미터를 규정할 수 없는 상황이 발생되기도 한다.

이러한 상황에서, *S*-파라미터는 고주파 동작 특성을 나타내기 위하여 다양한 바이어스 조건과 여러 동작주파수에 따라 값이 주어진다. 설계 엔지니어는 이러한 *S*-파라미터를 이용하여 모의실험을 수행하기에 충분한 정보를 얻을 수 있다.

7.1 다이오드 모델

7.1.1 비선형 다이오드 모델

일반적으로 거시적인 회로모델은 *pn* 접합 및 쇼트키 다이오드를 그림 7-1에서 보인 것과 같이 동일한 형식으로 취급한다.

이 모델은 조금 변형시킨 쇼트키 다이오드 방정식 (6.34)의 비선형 *I*-*V*을 고려하여 다음 식으로 나타낼 수 있다.

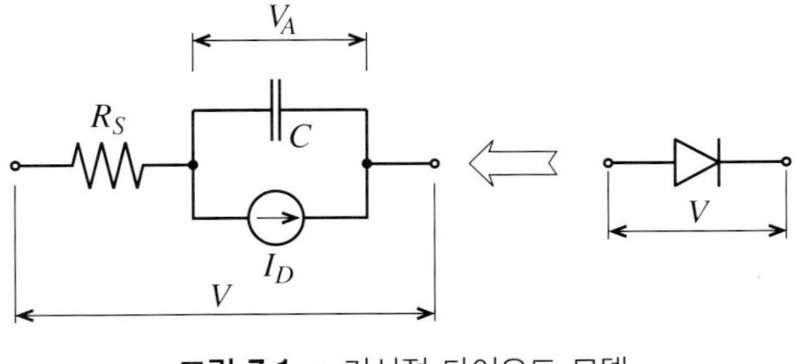

그림 7-1 • 거시적 다이오드 모델

$$I_D = I_S(e^{V_A/(nV_T)} - 1) \tag{7.1}$$

여기에서 **방출계수(emission coefficient)** n은 모델을 실제 측정한 값과 일치시키기 위하여 추가한 파라미터이다. 대부분의 경우에서 이 계수의 값은 1.0에 거의 가깝다. 제 6.1.2절에서 확산과 접합(공핍층) 커패시턴스 C_d와 C_J에 대하여 논의하였다. 두 개의 커패시턴스는 하나의 커패시턴스 C로 결합되지만 일반적인 형태는 아니다. 특별히 이들 접합 커패시턴스의 경우 공간전하 Q_J를 고려해야 하며, 이 값은 인가전압으로 미분되어 다음과 같다.

$$C_J = \frac{dQ_J}{dV_A} = \frac{C_{J0}}{(1 - V_A/V_{\text{diff}})^m} \tag{7.2}$$

여기에서 m은 **접합경사계수(junction grading coefficient)**이다. 제6.1.2절에서 분석한 급경사(Abrupt) 접합에 대하여 0.5로 가정하며 경사변이도(gradual transition) m은 실제적으로 $0.2 \le m \le 0.5$의 범위이다. 제6장에서 이미 나타낸 것처럼 식 (7.2)에서 주어진 공식은 임의의 양(+)의 인가전압의 경우에만 적용할 수 있다. 인가전압 V_A가 내부(built-in) 전위 V_{diff}에 접근하면 식 (7.2)를 이용하여 계산한 접합 커패시턴스는 무한대에 접근하게 되며 이것은 물리적으로 분명히 불가능한 상태이다. 실제적으로 접합 커패시턴스는 인가전압에 대하여 임계전압 V_m을 초과한 이후는 거의 선형적이며, 이때 임계전압은 내부 전위의 절반으로 $V_m \approx 0.5V_{\text{diff}}$이다. 그러므로 인가전압 전체 범위에 대하여 접합 커패시턴스를 나타내는 개략적인 공식은 다음과 같다.

$$C_J = \begin{cases} \dfrac{C_{J0}}{(1 - V_A/V_{\text{diff}})^m}, & V_A \le V_m \\ \dfrac{C_{J0}}{(1 - V_m/V_{\text{diff}})^m}\left(1 + m\dfrac{V_A - V_m}{V_{\text{diff}} - V_m}\right), & V_A \ge V_m \end{cases} \tag{7.3}$$

확산 커패시턴스 C_d는 V_A에 따라 변화됨을 알 수 있으며 **전이시간(transit time)** τ_T를 이용하여 다음과 같이 나타낼 수 있다.

$$C_d = \frac{dQ_d}{dV_A} = \frac{I_S\tau_T}{nV_T}e^{V_A/(nV_T)} \approx \frac{I_D\tau_T}{nV_T} \tag{7.4}$$

실제 다이오드의 경우 전하중립영역(charge neutral domain)에서 전압 차(voltage drop)를 발생시키는 전계에 의하여 전하의 주입과 추출이 이루어진다. 이 전압 차

(voltage drop)는 직렬저항으로 모델링되며 그림 7-1에서 전체 전압은 두 가지로 구분된다.

$$V = R_S I_D + nV_T \ln(1 + I_D/I_S) \tag{7.5}$$

온도 의존도 특성을 이 모델링에 도입시킬 수 있다. 온도 의존 특성은 열전압 $V_T = kT/q$ 이외에 기본적으로 역포화 전류 I_S가 있으며, 이 전류는 다음 식과 같이 온도에 따라 매우 강하게 영향을 받고 있음을 알 수 있다.

$$I_S(T) = I_S(T_0)\left(\frac{T}{T_0}\right)^{p_t/n} \exp\left[-\frac{W_g(T)}{V_T}\left(1 - \frac{T}{T_0}\right)\right] \tag{7.6}$$

여기에서 T_0는 포화전류가 기록되는 점의 기준온도이며 기본적으로 $T_0 = 300$ K(27°C)를 이용한다. **역포화전류 온도계수** p_t는 3 또는 2로서 *pn*-또는 쇼트키 다이오드의 모델에 의존한다. 모델 파라미터는 두 다이오드 형태 사이의 온도 동작 차이로서 설명할 수 있다. 또한 **대역에너지차(bandgap energy)** $W_g(T)$를 고려하면 온도가 증가할수록 대역차 에너지는 감소하며 전하 캐리어를 가전자대(valance band)에서 전도대역(conduction band)으로 쉽게 전이할 수 있게 한다. 반 경험적인 공식은 온도 $T = 0$ K에서 특정 대역차 에너지는 $W_g(0)$으로 가정하며 다음 식과 같이 정리된다.

$$W_g(T) = W_g(0) - \frac{\alpha_T T^2}{\beta_T + T} \tag{7.7}$$

SPICE

SPICE 단어는 Simulation Program with Integrated Circuit Emphasis의 약자를 나타낸다. 이 프로그램은 기본적으로 내부 연결된(이른바 네트리스트를 거친) 수동 및 능동회로 소자를 수치해석하기 위해 버클리에서 개발되었다. 선형 AC 분석뿐만 아니라 비선형 DC 그리고 과도전류 해석을 수행할 수 있다. SPICE는 많은 유사물(PSPICE, HSPCIE)이 나올 수 있게 했으며, Advanced Design System(ADS)의 시초가 된 프로그램이기도 하다.

한 예로 Si에 대하여 실험적으로 $W_g(0) = 1.16$ eV, $\alpha_T = 7.02 \times 10^{-4}$eV/K 및 $\beta_T = 1108$ K으로 파라미터값을 결정할 수 있다. 부가적으로 커패시턴스에 미치는 온도 의존도의 영향은 보통 매우 작으므로 무시한다.

산업적으로 대학연구실에서 가장 보편적으로 많이 이용되고 있는 회로 모의실험 프로그램은 **SPICE**이며 그림 7-1에서 제시한 비선형 다이오드 모델링을 고려하고 있다. 이 모의실험 프로그램은 물리적인 모델 파라미터의 범위를 포함하고 있으며 그들 중 일부는 매우 특별한 내용으로 본 교재의 취급 범위를 넘어선 것도 있다. 가장 중요한 파라미터를 표 7-1에 나타내었으며 표준 *pn* 및 쇼트키 다이오드 사이의 차이를 보여주고 있다.

표 7-1 ◦ 다이오드 모델 파라미터 및 상응 SPICE 파라미터값

기 호	기호명	설 명	대표값
I_S	IS	포화전류	1 fA~10 μA
n	N	방출계수	1
τ_T	TT	전이시간	5 ps~500 μs
R_S	RS	옴저항	0.1~20 Ω
V_{diff}	VJ	장벽전압	0.6~0.8 V (*pn*) 0.5~0.6 V(Schottky)
C_{J0}	CJ0	영 바이어스 접합 커패시턴스	5~50 pF (*pn*) 0.2~5 pF (Schottky)
m	M	경사계수	0.2~0.5
W_g	EG	대역에너지차	1.11 eV (Si) 0.69 eV (Si-Schottky)
P_t	XTI	포화전류 온도계수	3 (*pn*) 2 (Schottky)

7.1.2 선형 다이오드 모델

비선형 모델은 제6장에서 설명한 소자의 물리적 특성에 따른다. 이와 같은 모델은 능동 소자의 임의의 회로 조건에 대해서 정적(static) 및 동적(dynamic) 분석에 사용할 수 있다. 그러나 다이오드가 특정 DC 전압 바이어스 점에서 동작되고 이 동작 점을 중심으로 신호 변화가 작으면 선형 또는 **소신호 모델**을 개발할 수 있다. 선형화의 개념은 바이어스 점 또는 동작 Q점에서 접선성분으로 지수함수적 I-V 특성곡선의 개략적인 관계를 의미한다. 동작 Q 점에서의 접선성분은 미소 콘덕턴스 G_d로서 다음 식과 같다.

$$G_d = \frac{1}{R_d} = \left.\frac{dI_D}{dV_A}\right|_Q = \frac{I_Q + I_S}{nV_T} \cong \frac{I_Q}{nV_T} \tag{7.8}$$

접선성분은 그림 7-2에서와 같이 간단하게 선형모델로서 나타낼 수 있다. 미소 커패시턴스는 바이어스 점 V_Q에서 확산 커패시턴스로서 다음 식과 같다.

$$C_d = \frac{I_S \tau_T}{nV_T} e^{V_Q/(nV_T)} \approx \frac{I_D \tau_T}{nV_T} \tag{7.9}$$

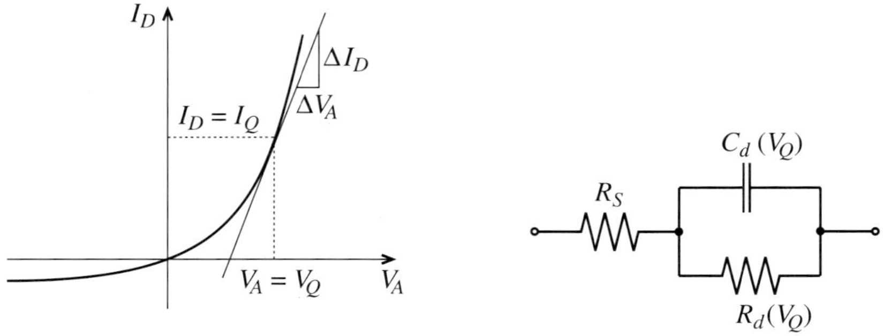

(a) Q점에서 접선 근사법 (b) 선형 회로 모델

그림 7-2 • 순방향 바이어스된 소신호 다이오드 모델

이와 같은 선형 회로 모델의 이점은 DC 바이어스 조건으로부터 RF 다이오드 동작을 분리시킬 수 있다는 점으로 다음 예제에서 나타내었다.

RF&MW

예제 7-1 • 소신호 *pn* 다이오드 모델의 유도

기존 Si에 의한 *pn* 다이오드가 300°K에서 동작하고 있으며 이 온도에서 전기적 파라미터는 다음과 같다. $\tau_T = 500$ ps, $I_s = 5 \times 10^{-15}$ A, $R_S = 1.5$ Ω, $n = 1.16$이다. DC 온도 조건은 $I_Q = 50$ mA와 같이 선택하였다. 이 다이오드가 사용하는 특정 RF 시스템의 성능특성을 나타내기 위하여 다음과 같은 사항을 구하라.

(a) 절대온도 300 K, 주파수 범위 10 MHz ≤ f ≤ 1 GHz에서 다이오드의 임피던스 동작

(b) 온도 250 K, 350 K, 400 K에서 동일 주파수 범위에서 다이오드의 임피던스 반응

풀이:

절대온도 300 K에서 $I_Q = 50$ mA로부터 식 (7.1)을 이용하여 V_Q를 구하면 다음과 같다.

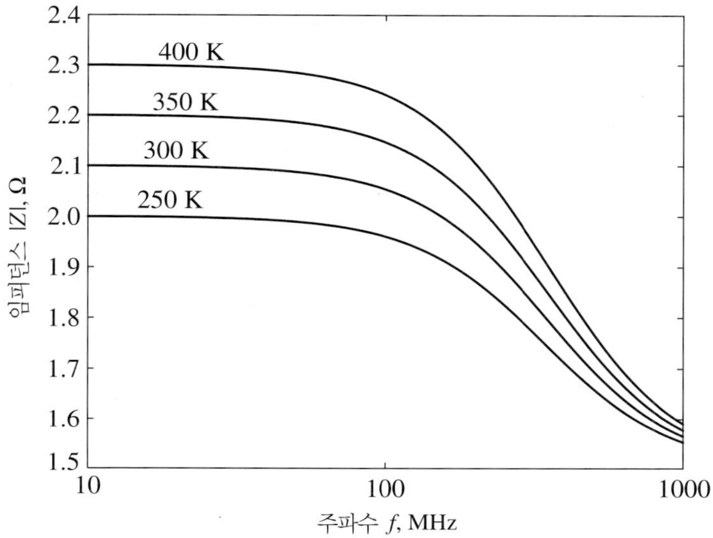

그림 7-3 • 접합온도에 따른 다이오드 임피던스의 주파수 동작 특성

$$V_Q = nV_T \ln(1 + I_Q/I_S) = 0.898 \text{ V}$$

다음, 미소 저항과 미소 커패시턴스를 계산하면

$$R_d = \frac{nV_T}{I_Q} = 0.6\ \Omega \text{ 그리고 } C_d = \frac{I_S \tau_T}{nV_T} e^{V_Q/(nV_T)} = 832.9 \text{ pF}$$

이러한 파라미터를 구했고 다이오드의 임피던스는 R_d와 C_d가 병렬연결된 후 저항 R_S와 직렬 연결되어 있으므로 다음과 같다.

$$Z = R_S + \frac{R_d}{1 + j\omega C_d R_d}$$

이 결과에 대하여 주파수 동작 특성은 그림 7-3과 같다.

온도가 변화되는데 바이어스 전류 I_Q는 일정함을 유지하고 있으면 열전위 $V_T = kT/q$, 식 (7.7)과 같은 대역차(bandgap) 에너지 W_g, 식 (7.6)에 의한 포화전류 I_S가 온도의존 함수이므로 바이어스 전압 V_Q는 변화되어야 한다. 이러한 계산의 결과를 표 7-2에 나타내었다. 다이오드 임피던스의 주파수 동작 특성은 그림 7-3과 같다.

표 7-2 • 온도에 따른 다이오드 모델의 파라미터값

T, K	250	300	350	400
$W_g(T)$, eV	1.128	1.115	1.101	1.086
$I_s(T)$, A	5.1×10^{-19}	5.0×10^{-15}	3.3×10^{-12}	3.8×10^{-10}
V_Q, V	0.979	0.898	0.821	0.748
R_d, Ω	0.5	0.6	0.7	0.8
C_d, pF	999.5	832.9	713.9	624.7

제6장에서 *pn*-접합에 대하여 개발된 물리적인 파라미터가 어떻게 직접적으로 소신호 모델로 변환되는지를 알아보았다. DC 바이어스 조건은 미소저항과 미소 커패시턴스에 직접적으로 영향을 미치므로 AC 동작에 영향을 미친다.

7.2 트랜지스터 모델

오랫동안 쌍극자 트랜지스터(BJT) 및 단일 극성 트랜지스터(UJT)에 대한 소신호 모델과 대신호 모델들이 개발되어 왔다. 이중 가장 잘 알려진 모델은 Ebers-Moll BJT 모델이며 초기에 능동소자의 저주파 동작과 정적 특성을 나타내기 위하여 도입하였으나 RF/ MW 주파수와 고전력 응용 등의 영역에까지 트랜지스터 모델에 대하여 확대되면서 낮은-전류, 고-주입 현상과 같은 매우 중요한 2차 항-효과들을 고려해야만 하는 필요성이 제기되었다. 이와 같은 현상이 더 개선된 BJT 회로 모델로 Gummel-Poon 모델이 있다.

7.2.1 대신호 BJT 모델

잘 알려진 대신호 모델 중의 하나인 정적 **Ebers-Moll 모델**로 논의를 시작하기로 하자. 이 모델은 1954년 12월에 도입되었지만 기본적인 모델 요구조건에 대한 이해와 대부분의 소신호 모델의 유도뿐만 아니라 더 확장하여 복잡한 대신호 모델을 이해하는데 꼭 필요한 모델이다. 그림 7-4는 Ebers-Moll 회로 모델로 상응되는 *npn* 트랜지스터를 보여주고 있다.

제6장에서 배운 바와 같이 그림 7-4에서 순방향 및 역방향으로 연결된 두 개의 다이오드를 볼 수 있다. 또 두 개의 전류제어 전류원은 베이스 접합의 일환으로 두 개의 다이오드를 상호 결합시킨다. 순방향 및 역방향 전류이득(일반적으로 베이스 접지형태)

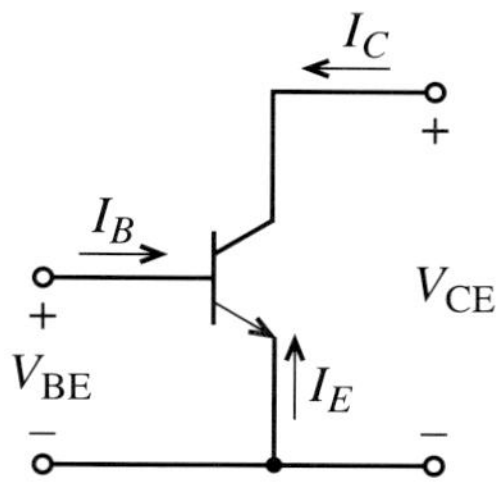

(a) *npn* 트랜지스터의 전압 전류

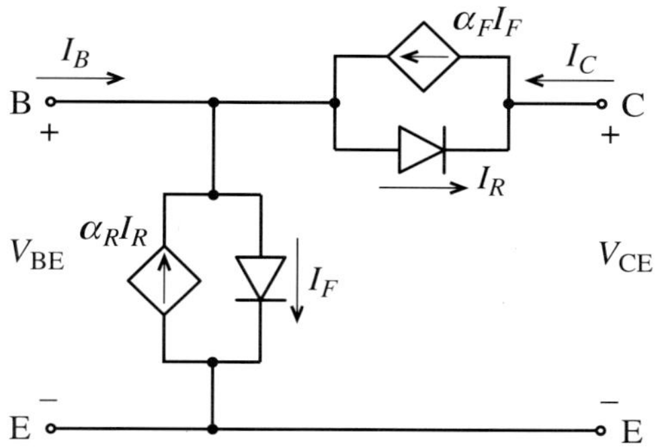

(b) Eber-Moll 회로모델

그림 7-4 • 대신호 Ebers-Moll 회로모델

α_F와 α_R는 각각 $\alpha_F = 0.95 \ldots 0.99$ 또는 $\alpha_R = 0.02 \ldots 0.05$의 값을 갖는다. 앞에서 논의한 단일 다이오드 모델을 직접 확장하면, 듀얼-다이오드 Ebers-Moll 식은 다음과 같은 형태가 된다.

$$I_E = \alpha_R I_R - I_F \tag{7.10}$$

$$I_C = \alpha_F I_F - I_R \tag{7.11}$$

이때 다이오드 전류는 다음과 같다.

$$I_R = I_{CS}(e^{V_{BC}/V_T} - 1) \tag{7.12}$$

$$I_F = I_{ES}(e^{V_{BE}/V_T} - 1) \tag{7.13}$$

여기에서 **역 콜렉터 전류** I_{CS}와 **이미터 포화 전류** I_{ES}(수치적으로 10^{-9}A에서 10^{-18}A 사이)는 트랜지스터 포화전류 I_S와 다음과 같은 관계를 나타낼 수 있다.

$$\alpha_F I_{\mathrm{ES}} = \alpha_R I_{\mathrm{CS}} = I_S \tag{7.14}$$

이러한 간략화 식에도 불구하고, Ebers-Moll 모델 식은 제6장에서 전개된 주요 물리적인 현상을 설명할 수 있다. 순방향 및 역방향 능동모드의 중요한 내용은 회로 모델을 간략화한다는 것이며, 다음과 같은 두 가지 상황이 발생된다.

- 순방향 능동모드($V_{\mathrm{CE}} > V_{\mathrm{CEsat}} = 0.1$ V, $V_{\mathrm{BE}} \approx 0.7$ V). 베이스–이미터 다이오드 전류 I_F는 전도상태이고 베이스 콜렉터 다이오드는 역방향 바이어스 되어 $I_R \approx 0$이 되며 $\alpha_R I_R \approx 0$이 된다. 베이스–콜렉터 다이오드와 베이스–이미터 전류원은 무시할 수 있다.
- 역방향 능동모드($V_{\mathrm{CE}} < -0.1$ V, $V_{\mathrm{BC}} \approx 0.7$ V). 여기에서 베이스–콜렉터 다이오드 전류 I_R는 전도상태이고, 베이스–이미터 다이오드는 역방향 바이어스(즉, $V_{\mathrm{BE}} < 0$ V)로 $I_F \approx 0$이 되며, $\alpha_F I_F \approx 0$가 된다.

그림 7-5는 이미터를 접지 기준점으로 선택하였을 때 두 가지 모델의 동작을 나타내었다.

이 모델은 베이스–이미터 및 베이스–콜렉터 확산 커패시턴스(C_{de}, C_{dc})와 접합 다이오드 커패시턴스(C_{je}, C_{jc})를 포함한 동적 동작 특성을 설명할 수 있도록 변경시킬 수 있다. 단일 다이오드 모델에서 제시된 간단한 전하 설명과는 다르게 BJT의 경우에는 더 구체적으로 설명되어야 한다. 한 예로 이미터 확산 커패시턴스를 설명하는 전하는 (a) 중립 이미터 영역 (b) 이미터–베이스 (c) 콜렉터–베이스 공간전하영역에 축적된 소수전하를 포함한다. 동일한 해석을 콜렉터 확산 커패시턴스에 적용할 수 있다. 그림 7-6에 동적 Ebers-Moll 모델을 나타내었다. RF 동작에 대한 동작모델은 그림 7-6(b)에서와 보는 바와 같이 단자 점 사이에서의 커패시턴스뿐만 아니라 트랜지스터 내부의 리드 선에 의한 저항과 인덕턴스 특성까지 포함시킴으로써 더 세밀한 분석이 가능하다.

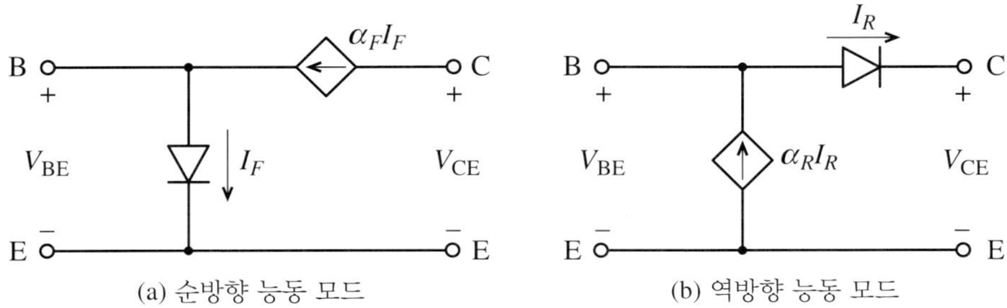

그림 7-5 • 순방향과 역방향 모드에 대한 간략화된 Ebers-Moll 모델 방정식

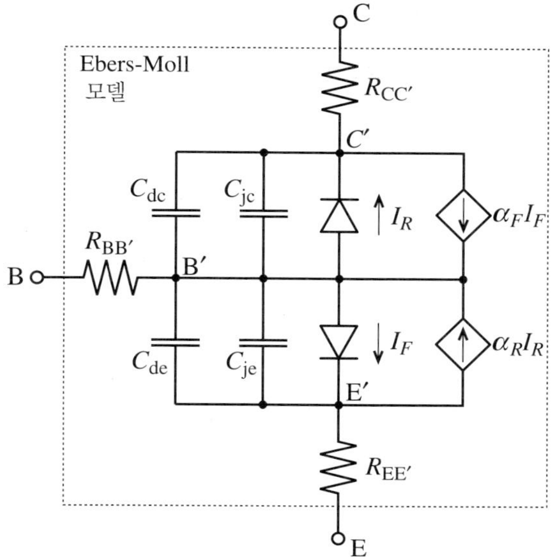

(a) 동적 Ebers-Moll 칩 모델

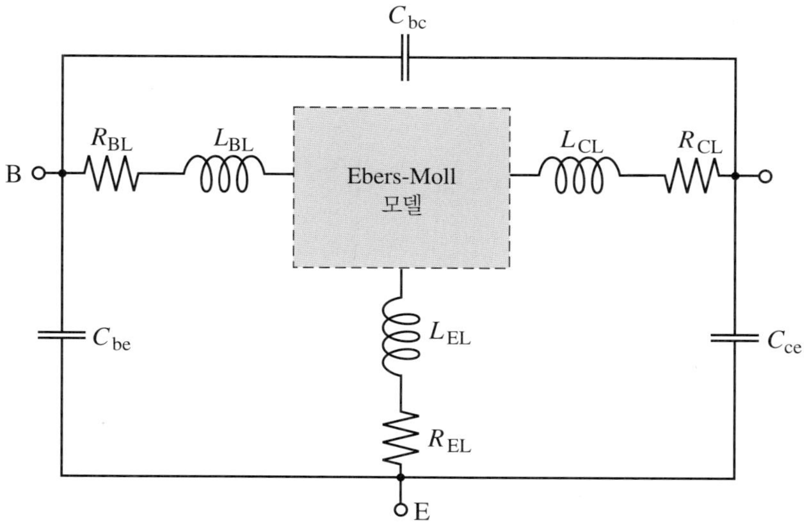

(b) 기생소자 효과를 고려한 RF모델

그림 7-6 • 동적 Ebers-Moll 모델 및 기생소자

예제 7-2 • Ebers-Moll 대신호 모델의 전하 전송과 주입

주입모델 대신에, SPICE 모의실험에서는 전송모델을 사용한다. 중요한 식을 나타내기 위하여 정량적인 단계를 검토하라.

풀이:

확산과 접합 커패시턴스의 유도과정은 나중에 첨부시키기로 하고, 정적인 BJT 모델에서부터 논의를 시작하자. 우선 그림 7-4의 주입모델은 그림 7-7의 전송모델과 동일함을 알 수 있다.

콜렉터와 이미터 전류를 다음 식과 같이 다시 나타내면 두 모델의 동일함을 설정할 수 있다.

$$I_C = I_{\text{CC}} - I_{\text{EC}}/\alpha_R$$

$$I_E = -I_{\text{CC}}/\alpha_F + I_{\text{EC}}$$

전류제어원은 다음과 같다.

$$I_{\text{CC}} = I_S(e^{V_{\text{BE}}/V_T} - 1)$$

$$I_{\text{EC}} = I_S(e^{V_{\text{BC}}/V_T} - 1)$$

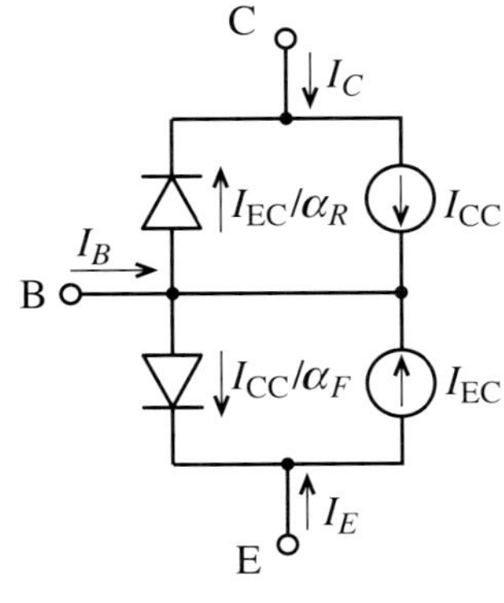

그림 7-7 • 정적인 Ebers-Moll 주입모델의 전송표현

두 전류원을 하나의 전류원 $I_{com} = I_{CC} - I_{EC}$에 결합한다면 아주 미소한 차이를 얻게 되며 다이오드 전류는 다음과 같이 표현된다.

$$\frac{I_{EC}}{\alpha_R} \to \frac{1-\alpha_R}{\alpha_R} I_{EC} = \frac{I_{EC}}{\beta_R}$$

$$\frac{I_{CC}}{\alpha_F} \to \frac{1-\alpha_F}{\alpha_F} I_{CC} = \frac{I_{CC}}{\beta_F}$$

이 모델의 형태를 베이스, 콜렉터 및 이미터 저항을 포함하여 그림 7-8에 나타내었다. 그림 7-8에서와 같이 확산 커패시턴스 C_{be}과 접합 커패시턴스 C_{bc}의 결합은 베이스-이미터 및 베이스-콜렉터 다이오드에 각각 대응된다.

그림 7-8의 구조는 순방향 능동모드 조건 아래에서 대신호 BJT 모델을 직접 나타내므로 매우 유용하다. 이 모델은 베이스-콜렉터 다이오드 전류를 무시하나 커패시턴스 효과는 무시하지 않는다. 전기적 파라미터를 다시 나타내면 그림 7-9와 같이 나타낼 수 있다. 여기에서 순방향 바이어스 다이오드는 등가 전류원으로 대치시켰다.

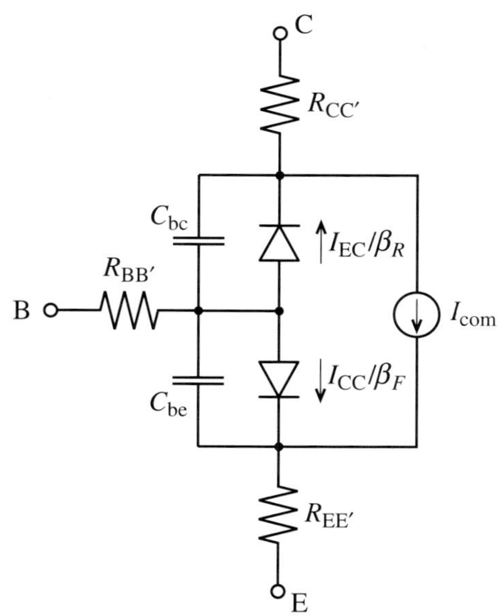

그림 7-8 • 단일 전류원을 갖는 동적 Ebers-Moll 전송모델

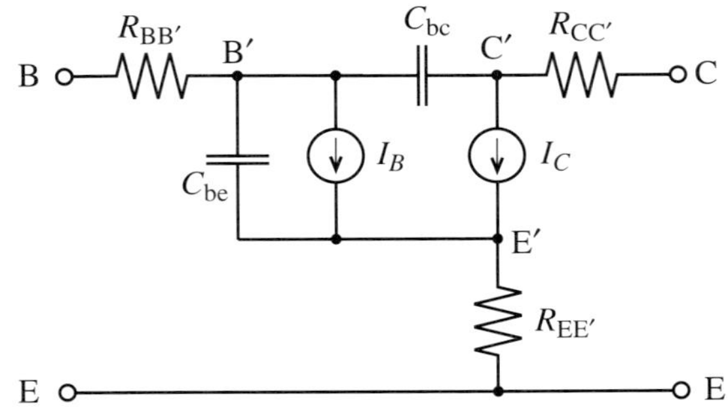

그림 7-9 • 순방향 능동모드에서 대신호 BJT 모델

최종 형태는 SPICE 라이브러리에서 표준 BJT의 비선형 표현으로 찾을 수 있다.

Ebers-Moll의 동적 전송모델의 방정식이 어떻게 SPICE의 대신호 모델을 나타내는지 주지해야 한다. 모든 회로 모델에 대한 본질적인 어려움은 적절한 측정 전략을 통하여 모델 파라미터를 결정하는 것이다.

Ebers-Moll 모델은 BJT 회로를 표현하는 모델 중 하나이며 광범위하게 이용되었으나 이 모델이 도입된 이후 매우 짧은 시간에 몇 가지 물리적 현상을 초기 모델로서는 설명할 수 없게 됨이 명백하게 드러났으며 특별히 다음과 같은 내용이 입증되었다. (a) β_F와 β_R은 전류에 의존하는 형태이며 (b) 포화전류 I_S는 베이스 콜렉터 전압(**초기 효과**)에 의하여 영향을 받는다. 이 두 가지 효과는 BJT 전체 동작 특성에 아주 중요하게 영향을 미치게 되므로 Ebers-Moll 초기 모델에 대하여 새로이 개념을 정리할 필요성이 도입되었으며 그림 7-10에서와 같은 Gummel- Poon 모델을 제시하게 되었다.

이 모델에서는 콜렉터 전류에 의한 순방향 및 역방향 전류이득 $\beta_F(I_C)$및 $\beta_R(I_C)$을 다루는 두 개의 추가 다이오드를 도입하고 있음을 알 수 있다. 그림 7-11은 β_F에 대한 대표적인 곡선을 나타내고 있다. 두 개의 **누설 다이오드(leakage diode)** $L1$, $L2$는 네 개의 새로운 파라미터를 제공하고 있다. 저-전류 정상모드 동작에서 $I_{L1} = I_{S1}(\exp[V_{BE}/(n_{EL} V_T)] - 1)$에 대한 I_{S1}, n_{EL}과 저-전류 역모드 동작에서 $I_{L2} = I_{S2}(\exp[V_{BC}/n_{CL}V_T)] - 1)$에 대한 I_{S2}, n_{CL}이다. Gummel-Poon 모델은 콜렉터-이미터 전압을 증가시키면 공간전하 영역이 베이스 영역으로 점차 확대되기 시작하는 초기 효과를 설명할 수 있다. 그 결과

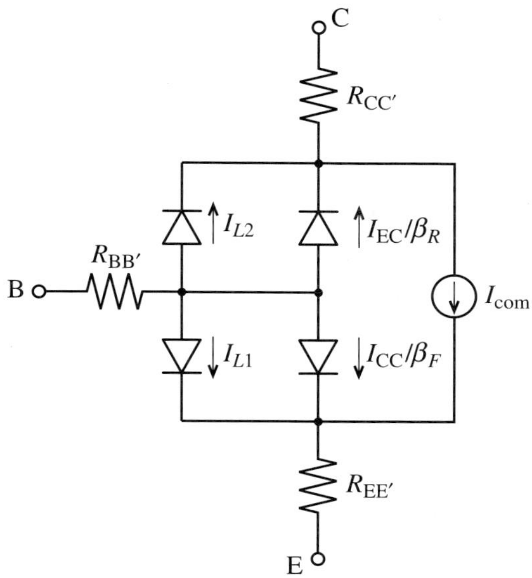

그림 7-10 • 정적 Gummel-Poon 모델

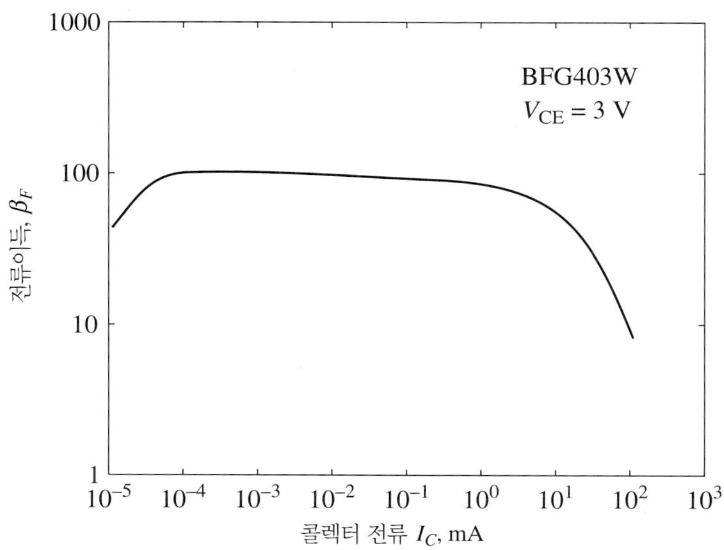

그림 7-11 • 고정 콜렉터–이미터 전압 V_{CE}에서 콜렉터 전류 I_C에 대한 대표적인 β_F관계

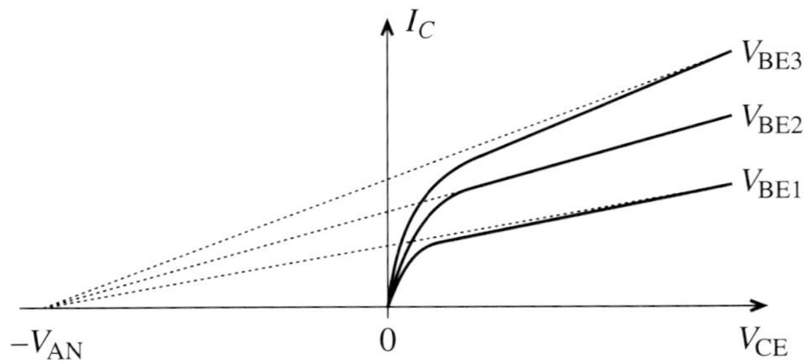

그림 7-12 ● V_{CE}에 따른 콜렉터 전류 및 개략적인 초기 전압 V_{AN}

로 고정된 베이스 전류에 대하여 콜렉터 전류는 증가하게 된다. 그림 7-12와 같이 각각의 콜렉터 전류곡선의 접선성분을 그리면, **순방향 초기 전압**으로 알려진 $-V_{AN}$ 단일 전압점에 수렴하게 된다. BJT가 역 능동모드로 동작한다면 동일한 분석을 적용하여 **역 초기 전압** V_{BN}을 나타낸다.

두 전압은 이 모델에서 추가적인 요소로 작용한다. Gummel-Poon 모델에서도 전류에 따른 베이스 저항의 특성과 분포된 베이스–콜렉터 접합 커패시턴스 C_{jbc}를 포함한다. 여기에서는 추가적으로 모델 파라미터를 유도하는 다양한 물리적 배경을 나타내는 것에 대하여 더 이상 상세하게 다루지 않기로 한다. 관심이 많은 독자는 본 장 끝에 나타낸 도서를 참고하기로 하자. 그림 7-10의 정적인 Gummel-Poon 모델을 다이오드 커패시턴스와 C_{jbc}를 포함한 동적인 형태로 변환시키면 그림 7-13과 같은 등가회로로 나타낼 수 있다.

이 등가회로는 그림 7-9의 대신호 Ebers-Moll 형태와 유사하나 베이스 저항 $R_{BB'}$이 전류에 따라 달라지며, 콜렉터 전류는 초기 효과를 고려해야 하고, 분포된 베이스–콜렉터 접합 커패시턴스 C_{jbc}가 도입되었다는 점이 다르다.

SPICE에서 두 가지의 BJT 모델을 이용할 수 있다. Ebers-Moll 모델은 26개의 회로 파라미터로 특성화되며 Gummel-Poon 모델은 41개까지의 파라미터로 특성을 나타낼 수 있다. 일반적으로 BJT 제조사는 특성 데이터 표에서 이러한 데이터를 제공하나 불행히도 일반적인 응용 SPICE 모델 파라미터 대신 단지 측정된 S-파라미터만 주어지는 경우가 증가되고 있다. 이러한 측정은 특정 동작 주파수와 특정 바이어스 조건에서 기록한 데이터만을 나타내고 있으므로 설계자가 데이터 표에 나타나지 않은 특정한 트랜지스터 동작조건에서 동작시킬 때는 이 데이터를 보완해야만 한다.

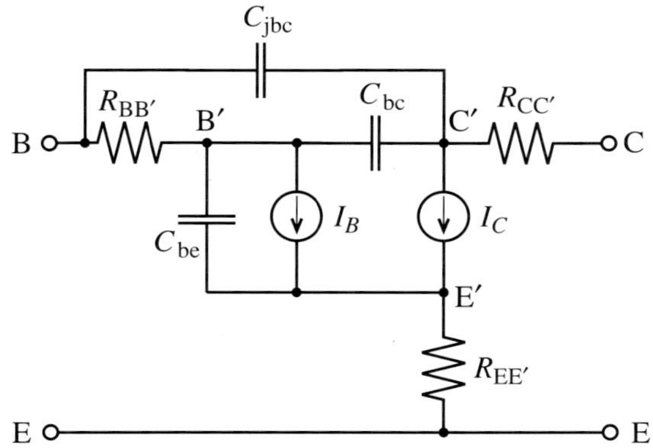

그림 7-13 • 정상적 능동모드에서 대신호 Gummel-Poon 모델

7.2.2 소신호 BJT 모델

BJT의 능동모드 동작에서 소신호 모델을 Ebers-Moll 대신호 모델로부터 유도하는 것은 쉽다. 그림 7-9의 대신호 모델은 그림 7-14에 보여준 선형 하이브리드-π 모델로 전환시킬 수 있다.

베이스-이미터 다이오드는 소신호 다이오드 모델로 대치되었으며 콜렉터 전류원은 전압제어 전류원으로 대치되었음을 볼 수 있다. 더 실질적인 모델을 구현하기 위해 저항 r_μ가 귀환 커패시터 C_μ에 단락 연결되었다. 또한 이 모델을 이용하여 바이어스 입력전압 V_{BE}, 출력전류 I_C 또는 소신호 AC 전압 v_{be}와 전류 i_c에 의한 동작 Q점을 확장하여 다음과 같이 회로 파라미터를 직접적으로 설정할 수 있다.

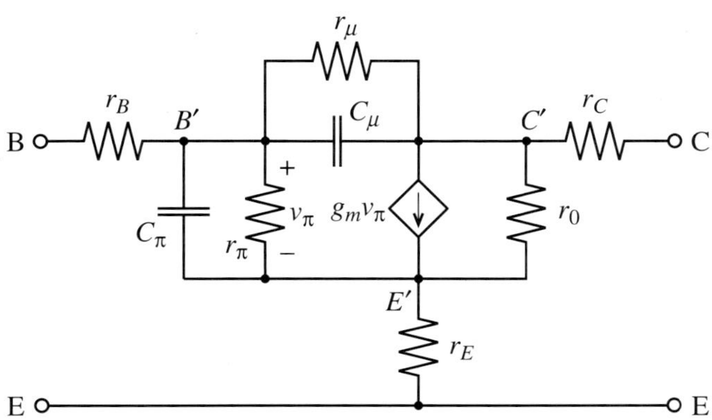

그림 7-14 • 소신호 하이브리드-π Ebers-Moll BJT 모델

$$V_{\mathrm{BE}} = V_{\mathrm{BE}}^{Q} + v_{\mathrm{be}} \tag{7.15a}$$

$$I_C = I_C^Q + i_c = I_S \exp[(V_{\mathrm{BE}}^Q + v_{\mathrm{be}})/V_T]$$

$$= I_C^Q \left[1 + \left(\frac{v_{\mathrm{be}}}{V_T}\right) + \frac{1}{2}\left(\frac{v_{\mathrm{be}}}{V_T}\right)^2 + \dots\right] \tag{7.15b}$$

위 식에 대하여 지수함수의 직렬전개를 선형항이 되도록 정리하면 소신호 콜렉터 전류는 다음과 같이 나타낼 수 있다.

$$i_c = \left(\frac{I_C^Q}{V_T}\right) v_{\mathrm{be}} = g_m v_{\mathrm{be}} \tag{7.16}$$

여기에서 **전달 콘덕턴스(transconductance)**를 구하면

$$g_m = \left.\frac{dI_C}{dV_{\mathrm{BE}}}\right|_Q = \frac{d}{dV_{\mathrm{BE}}} I_S e^{(V_{\mathrm{BE}}/V_T)}\Big|_Q \approx \frac{I_C^Q}{V_T} \tag{7.17}$$

이며, 동작점에서 **소신호 전류이득**은 다음과 같다.

$$\beta_F\big|_Q = \left.\frac{dI_C}{dI_B}\right|_Q = \beta_0 \tag{7.18}$$

입력저항은 다음과 같이 연계규칙으로부터

$$r_\pi = \left.\frac{dV_{\mathrm{BE}}}{dI_B}\right|_Q = \left.\frac{dI_C}{dI_B}\right|_Q \left.\frac{dV_{\mathrm{BE}}}{dI_C}\right|_Q = \frac{\beta_0}{g_m} \tag{7.19}$$

이며 **출력 콘덕턴스**는 다음 식과 같다.

$$\frac{1}{r_0} = \left.\frac{dI_C}{dV_{\mathrm{CE}}}\right|_Q = \frac{d}{dV_{\mathrm{CE}}}\left(I_S e^{V_{\mathrm{BE}}/V_T}\left[1 + \frac{V_{\mathrm{CE}}}{V_{\mathrm{AN}}}\right]\right)\Bigg|_Q \approx \frac{I_C^Q}{V_{\mathrm{AN}}} \tag{7.20}$$

이 식에는 공핍층이 베이스 영역까지 확장되기 때문에 **베이스-폭 변조(base-width modulation)**로서 알려져 있는 초기 효과(Early Effect)도 포함되었다.

이 모델에서 보면 저주파의 경우 정적인 상태에 대하여 B′–C′–E′단자에서의 간단한 형태는 감소되며 익숙한 저주파 트랜지스터 모델에서 콜렉터–이미터 저항이 감소되어

무시되고 있음을 볼 수 있다. 여기에서 출력전류는 입력전압 v_{be}를 사용하여 간단하게 표현하면 다음과 같다.

$$i_c = g_m v_{\mathrm{be}} = g_m r_\pi \frac{v_{\mathrm{be}}}{r_\pi} = \beta_0 \frac{v_{\mathrm{be}}}{r_\pi} \tag{7.21}$$

종종 h-파라미터 회로망 표현을 바탕으로 추가적인 소신호 BJT 회로 모델을 개발할 수 있다. 예를 들면, h-파라미터를 도입하여 이미터 접지 형태의 BJT에 적용하면 다음 식을 얻는다.

$$v_{\mathrm{be}} = h_{11} i_b + h_{12} v_{\mathrm{ce}} \tag{7.22}$$

$$i_c = h_{21} i_b + h_{22} v_{\mathrm{ce}} \tag{7.23}$$

위 식에 의하여 그림 7-15와 같이 원론적인 표현을 할 수 있다. 여기에서 문자는 11 ⇒ 입력, 12 ⇒ 역방향, 21 ⇒ 순방향 및 22 ⇒ 출력을 의미한다. 각각의 파라미터는 다음과 같은 관계로 계산된다.

$$h_{11} = \left.\frac{v_{\mathrm{be}}}{i_b}\right|_{v_{\mathrm{ce}}=0} \quad \text{입력 임피던스} \tag{7.24a}$$

$$h_{21} = \left.\frac{i_c}{i_b}\right|_{v_{\mathrm{ce}}=0} \quad \text{순방향 전류이득 } \beta_F \tag{7.24b}$$

$$h_{12} = \left.\frac{v_{\mathrm{be}}}{v_{\mathrm{ce}}}\right|_{i_b=0} \quad \text{역방향 전압이득} \tag{7.24c}$$

$$h_{22} = \left.\frac{i_c}{v_{\mathrm{ce}}}\right|_{i_b=0} \quad \text{출력 어드미턴스} \tag{7.24d}$$

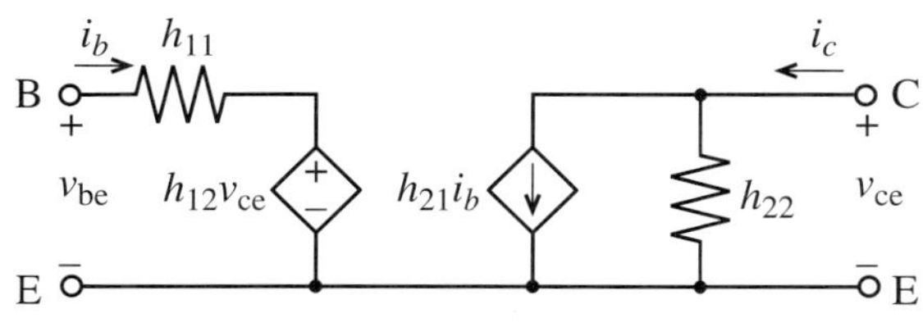

그림 7-15 • 두 개의 신호원을 갖는 BJT의 h-파라미터 표현

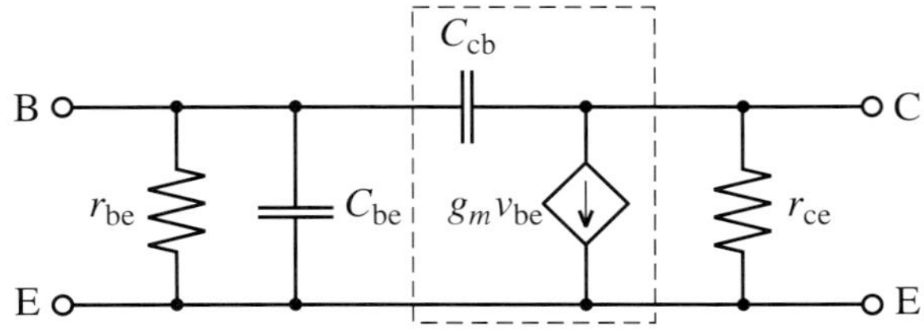

(a) RF 소신호 모델

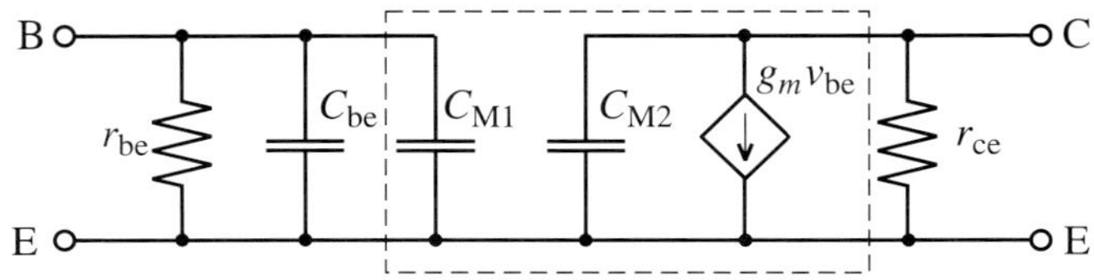

(b) 변환회로 모델

그림 7-16 • RF 소신호 모델과 밀러효과를 이용한 변환회로 모델

여기에서 h_{12}는 출력 전압이 전압제어 전압원의 일부로 입력단에 되돌아오는 영향을 의미하며, 반대로 h_{21}은 입력이 출력으로 순방향 전달, 즉 이득으로 전류제어 전류원의 일부가 되는 것을 나타낸다. 출력이 입력으로 귀환되는 것은 일반적으로 0.1에서 0.5 pF의 값을 갖는 역 바이어스된 콜렉터 베이스 접합 커패시턴스 C_{cb}와 수 MΩ의 값을 갖는 저항 r_{cb}로서 모델화된다.

그러므로 주파수 50 MHz까지의 저주파 대역에 대해서는 이 귀환 영향을 무시할 수 있으나 GHz 대역에서는 BJT 동작에 매우 큰 영향을 미치게 된다. 귀환저항 r_{bc}를 무시한다면 고주파 모델은 그림 7-16과 같이 나타낼 수 있다. 이 모델 그림에서 귀환 커패시터 C_{cb}는 입력과 출력 사이의 밀러 커패시턴스와 같이 보이며 밀러 효과는 다음 예제에서와 같이 입력과 출력단을 귀환 커패시턴스로 재분포시켜 분리할 수 있게 한다.

RF&MW

예제 7-3 • 밀러 효과

귀환 커패시턴스 C_{cb}를 입력단에서 $C_{M1} = C_{cb}(1 - v_{ce}/v_{be})$로 표현하고 출력단에서 $C_{M2} = C_{cb}(1 - v_{be}/v_{ce})$와 같이 나타낼 수 있음을 증명하라.

입력과 출력 전압은 일정하다고 가정하며, v_{ce}/v_{be}은 이미터 접지형태에서 음(−)의 값을 갖는 것을 기억하자.

풀이:

그림 7-17의 회로와 그림 7-16에서 강조한 두 회로가 동일하다는 것을 확인할 필요가 있다. 전류 I_P는 귀환 임피던스로 출력과 입력 사이의 전압차를 나누어 구하면

$$I_p = (V_1 - V_2)/Z_{12}$$

이며 등가 입력 임피던스와 출력 임피던스 Z_{11}, Z_{22}는 각각

$$Z_{11} = \frac{V_1}{I_p} = \frac{Z_{12}V_1}{(V_1 - V_2)} = Z_{12}(1 - V_2/V_1)^{-1}$$

및

$$Z_{22} = \frac{V_2}{(-I_p)} = \frac{Z_{12}V_2}{(V_2 - V_1)} = Z_{12}(1 - V_1/V_2)^{-1}$$

한편 $Z_{12} = 1/(j\omega C_{cb})$, $Z_{11} = 1/(j\omega C_{M1})$, $Z_{22} = 1/(j\omega C_{M2})$ 및 $V_1 = v_{be}$, $V_2 = v_{ce}$가 되며, 등가 커패시턴스는 각각 다음과 같다.

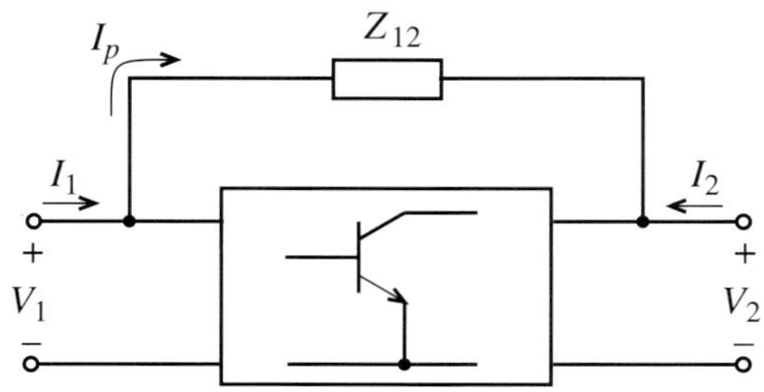

(a) 귀환 임피던스 Z_{12}회로

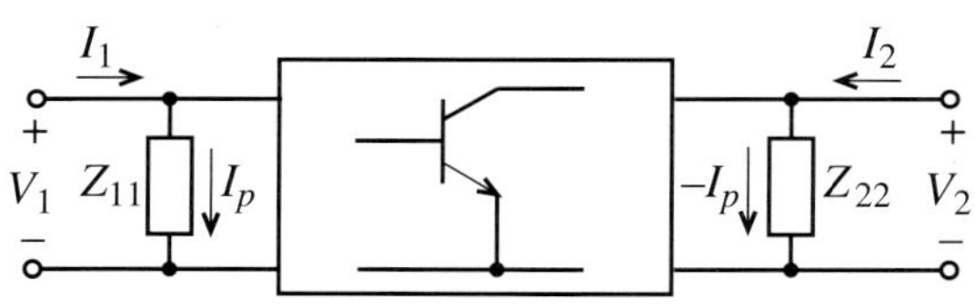

(b) 등가회로 형태

그림 7-17 • 귀환 임피던스의 밀러 변환

$$C_{M1} = C_{cb}(1 - v_{ce}/v_{be}) \tag{7.25}$$

및

$$C_{M2} = C_{cb}(1 - v_{be}/v_{ce}) \tag{7.26}$$

일정한 전압 증폭도 v_{ce}/v_{be}에 따른 등가 커패시턴스를 계산함으로써 입력단과 출력단을 분리시킬 수 있다.

BJT 주파수 동작 특성에 직접적으로 관련된 또 다른 중요한 요소는 단락회로 전류이득 $h_{fe}(\omega)$이며 그림 7-18에서와 같이 콜렉터를 이미터에 연결한 것을 의미한다. 출력단이 단락회로($v_{ce} = 0$)로서 구성되며 밀러효과는 분석할 수 없게 된다. 여기에서 $h_{fe}(\omega)$는 베이스 전류에 대한 콜렉터 전류의 비로서 계산하며 다음과 같다.

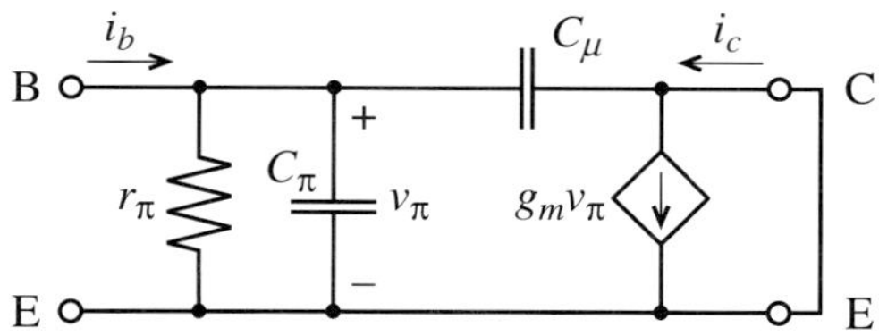

(a) 단락회로 하이브리드-π 모델

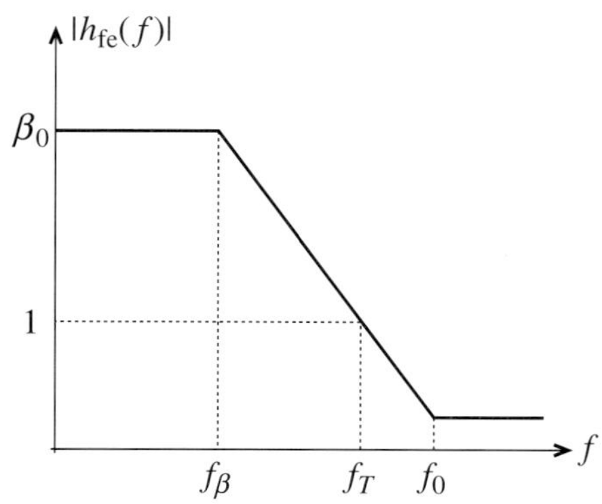

(b) 증폭도 대 주파수 특성

그림 7-18 • BJT 모델의 단락회로 전류이득

$$h_{\text{fe}}(\omega) = \frac{i_c}{i_b} = \frac{g_m Z_{\text{in}}(1 - j\omega C_\mu / g_m)}{1 + j\omega C_\mu Z_{\text{in}}} \tag{7.27}$$

여기에서 $Z_{\text{in}} = r_\pi / (1 + j\omega r_\pi C_\pi)$이다. Z_{in}을 식 (7.27)에 대입하고 식 (7.19)를 이용하면 다음과 같이 된다.

$$h_{\text{fe}}(\omega) = \frac{\beta_0(1 - j\omega C_\mu / g_m)}{1 + j\omega r_\pi (C_\pi + C_\mu)} = \frac{\beta_0[1 - j(f/f_0)]}{1 + j(f/f_\beta)} \tag{7.28}$$

최대 주파수 f_0와 베타 차단주파수 f_β는 각각

$$f_0 = \frac{g_m}{2\pi C_\mu} \text{ 그리고 } f_\beta = \frac{1}{2\pi r_\pi (C_\pi + C_\mu)} \tag{7.29}$$

이다. 전이주파수 f_T는 출력 단락회로 조건에서 전류이득의 크기가 1일 때(0 dB)의 주파수이다. 식 (7.28)의 절대값을 1로 놓으면 다음과 같다.

$$f_T = \frac{1}{2\pi} \sqrt{\frac{\beta_0^2 - 1}{r_\pi^2 (C_\pi^2 + 2 C_\pi C_\mu)}} \tag{7.30}$$

$\beta_0 >> 1$이고 $C_\pi >> C_\mu$이므로 식 (7.30)을 다시 정리하면 다음 식과 같다.

$$f_T \approx \frac{\beta_0}{2\pi r_\pi C_\pi} = \frac{g_m}{2\pi C_\pi} \tag{7.31}$$

제6장에서 이미 공부한 바와 같이 이 주파수는 이미터–콜렉터 사이의 시간지연에 관련되며 이 지연시간은 베이스, 이미터 및 콜렉터에 관련된 지연시간들로 구성된다. f_T에 관련된 또 다른 명칭은 **이득–대역폭의 곱**이라 하며 특정한 콜렉터–이미터 전압과 콜렉터 전류 바이어스 조건에 대하여 데이터 표에 규정된다. 또 다른 추가적인 특이점(figure of merit)은 트랜지스터의 전력이득을 고려하여 설정할 수 있다. 이러한 조건은 제9장에서 구체적으로 다루기로 한다. 마지막으로 BJT를 포함한 설계 프로젝트를 논의해 보자. 이 프로젝트에서 바이어스 조건을 결정하는 과정을 공부하고 주파수에 대한 입력과 출력 임피던스를 결정하며 임피던스값을 관련 S-파라미터로 변환하는 과정을 공부한다. 이 예제에서 사용되는 트랜지스터 SPICE 파라미터는 표 7-3에 요약하였다. Matlab ex7_4.m에서 자세한 계산과정을 보여준다.

표 7-3 • BJT 트랜지스터의 파라미터들

기호	설명	전형적인 값
β_F	순방향 이득	145
I_S	포화 전류	5.5 fA
V_{AN}	순방향 초기 전압	30 V
τ_F	순방향 전이 시간	4 ps
C_{JC0}	인가접합 전압이 영일 때 베이스–콜렉터 접합 커패시턴스	16 fF
C_{JE0}	인가 전압이 영일 때 베이스–이미터 접합 커패시턴스	37 fF
m_C	콜렉터 커패시턴스 경사계수	0.2
m_E	이미터 커패시턴스 경사계수	0.35
$V_{\mathrm{diff}_{\mathrm{BE}}}$	베이스–이미터 확산전위	0.9 V
$V_{\mathrm{diff}_{\mathrm{BC}}}$	베이스–콜렉터 확산전위	0.6 V
r_B	베이스 내 저항	125 Ω
r_C	콜렉터 내 저항	15 Ω
r_E	이미터 내 저항	1.5 Ω
L_B	베이스 리드 인덕턴스	1.1 nH
L_C	콜렉터 리드 인더턴스	1.1 nH
L_E	이미터 리드 인덕턴스	0.5 nH

예제 7-4 • 바이어스 조건의 설정, 입력 및 출력 임피던스의 결정과 BJT의 S-파라미터 계산

이동통신 시스템에 적용할 증폭기를 설계하고자 한다. 이 시스템은 3.6 V 전압원으로 동작시킨다고 가정한다. 최대 가용 전류와 전원의 수명을 고려하여 증폭기의 전류는 대략 10 mA를 초과하지 않아야 한다. $V_{\mathrm{CE}} = 2$ V 및 $I_C = 10$ mA를 트랜지스터의 바이어스 조건으로 가정하고 BJT의 파라미터는 표 7-3과 같이 주어진다고 가정한다. 하이브리드-π 모델을 결정하고, 입력/출력 임피던스의 결과와 1 MHz $< f <$ 100 GHz의 주파수 범위에서 S-파라미터를 구하라.

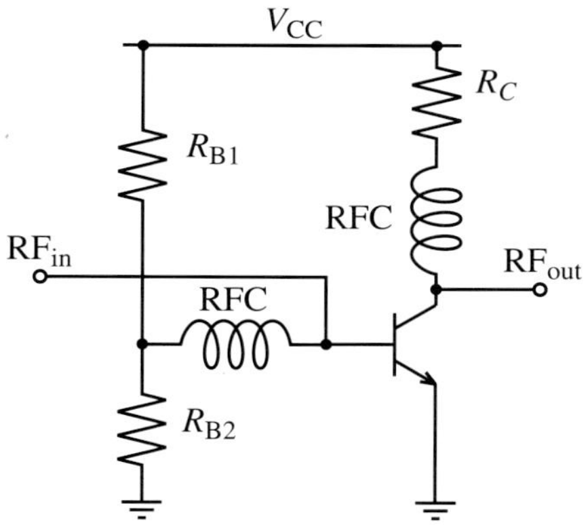

그림 7-19 • 이미터 접지 BJT의 바이어스

풀이:

그림 7-19에 나타난 것과 같이 바이어스 회로의 표준 전압분배 구성으로부터 설계를 시작해 보자. 전원 전압은 V_{CC} = 3.6 V이며 콜렉터–이미터 사이의 전압은 V_{CE} = 2 V, 콜렉터 전류 I_C = 10 mA를 원하므로 콜렉터 저항 R_C는 다음 식으로부터 구할 수 있다.

$$R_C = \frac{V_{CC} - V_{CE}}{I_C} = 160\ \Omega$$

β_0 = 145의 전류이득과 I_C = 10 mA의 콜렉터 전류에 의하여 베이스 전류는 $I_B = I_C/\beta_0 = 69\ \mu A$가 된다. 저항 R_{B1}에 흐르는 전류는 저항 R_{B2}에 흐르는 전류와 I_B의 합과 같으며, 실제적으로 I_B의 전류값이 저항 R_{B2}에 흐르는 전류값의 10%가 되도록 R_{B1}과 R_{B2}의 값을 선정한다. 베이스–이미터 전압차 V_{BE}가 대략적으로 베이스–이미터 내부(built-in) 전위 $V_{diff_{BE}}$와 같도록 해야 한다는 점을 고려해야 하므로 다음과 같이 식으로 구할 수 있다.

$$R_{B2} = \frac{V_{diff_{BE}}}{10 I_B} = 1300\ \Omega$$

및

$$R_{B1} = \frac{V_{CC} - V_{diff_{BE}}}{11 I_B} = 3560\ \Omega$$

이 바이어스 회로망은 온도변동과 소자 허용차를 고려하지 않았다는 의미에서 간단한다. 더 복잡한 회로망에 대해서는 8장에서 논의하도록 하자.

하이브리드-π 모델 파라미터를 계산하면 식 (7.17)~(7.20)으로부터 $g_m = I_C/V_T = 386$ mS, $r_\pi = \beta_0/g_m = 375\ \Omega$ 및 $r_0 = V_{AN}/I_C = 3\ k\Omega$가 된다. C_μ와 C_π를 구하기 위하여 pn-접합 분석으로부터 구할 수 있다. 베이스–콜렉터 전압은 음의 값(−)이고, 베이스 콜렉터 커패시턴스는 단지 접합 커패시턴스에 의하여 결정되므로 식 (7.3)으로부터 다음과 같다.

$$C_\mu = \frac{C_{JC0}}{(1 - V_{BC}/V_{\text{diff}_{BC}})^{m_C}} = 13\ \text{fF}$$

베이스–이미터 전압은 양의 값(+)이므로 C_π는 접합 커패시턴스와 확산 커패시턴스의 조합으로 구성된다. 식 (7.3)과 $V_{m_E} = 0.5\ V_{\text{diff}_{BE}}$을 가정하여 다음과 같이 나타낼 수 있다.

$$C_{\pi_{\text{junct}}} = \frac{C_{JE0}}{0.5^{m_E}}\left(1 + m_E\frac{V_{BE} - 0.5V_{\text{diff}_{BE}}}{0.5}\right) = 55\ \text{fF}$$

및

$$C_{\pi_{\text{diff}}} = \frac{I_S \tau_T}{V_T}e^{V_{BE}/V_T} = 1.085\ \text{pF}$$

그러므로 총 베이스–이미터 커패시턴스는 다음과 같다.

$$C_\pi = C_{\pi_{\text{junct}}} + C_{\pi_{\text{diff}}} = 1.14\ \text{pF}$$

하이브리드-π 모델의 모든 파라미터값을 설정한 다음, 식 (7.24)에 나타낸 h-파라미터 매트릭스를 계산할 수 있다. 그 결과는 트랜지스터 칩 다이(die)에 대한 하이브리드-π 파라미터이며 베이스, 이미터 및 콜렉터의 리드선에 의한 기생저항과 기생 인덕턴스는 포함하지 않는다.

리드 저항과 인덕턴스의 영향을 고려하면 제4장에서와 같은 회로분석을 해야 한다. 특별히 트랜지스터의 등가회로를 네 개의 2-포트 회로로 구분하여 그림 7-20과 같이 나타낼 수 있다.

구분한 회로에 대하여 다음과 같이 나타낼 수 있다. 전체 트랜지스터의 Z-파라미터를 구하기 위하여 우선 하이브리드-π 모델의 h-파라미터를 $ABCD$ 표현식으로 전환시킨 다음 변환된 하이브리드-π 모델을 베이스와

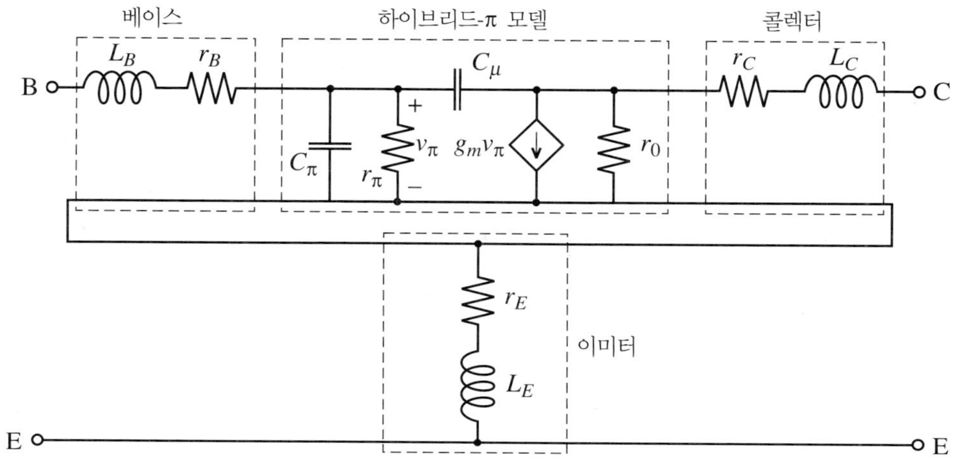

그림 7-20 • 네 개의 2-포트 회로로 구분한 완전한 트랜지스터 회로

콜렉터 리드에 대한 **ABCD**-매트릭스 표현식과 곱한다. 매트릭스에 대한 수식은 다음과 같다.

$$\begin{bmatrix} A & B \\ C & D \end{bmatrix}_{\text{트랜지스터}} = \begin{bmatrix} 1 & r_B + j\omega L_B \\ 0 & 1 \end{bmatrix}_{\text{베이스}} \begin{bmatrix} A & B \\ C & D \end{bmatrix}_{h\text{-model}} \begin{bmatrix} 1 & r_C + j\omega L_C \\ 0 & 1 \end{bmatrix}_{\text{콜렉터}}$$

최종적으로 베이스 및 콜렉터 리드를 포함한 트랜지스터의 $ABCD$ 표현식을 Z-파라미터로 변환하여 나타난 식을 이미터 리드에 대한 **Z**-매트릭스와 합산한다. 즉

$$\begin{bmatrix} Z_{11} & Z_{12} \\ Z_{21} & Z_{22} \end{bmatrix}_{\text{전달}} = \begin{bmatrix} Z_{11} & Z_{12} \\ Z_{21} & Z_{22} \end{bmatrix}_{\text{트랜지스터}} + \begin{bmatrix} r_E + j\omega L_E & r_E + j\omega L_E \\ r_E + j\omega L_E & r_E + j\omega L_E \end{bmatrix}_{\text{이미터}}$$

Z_{11}과 Z_{22} 계수의 주파수 반응은 그림 7-21에 나타내었다. 그림 7-21(a)에서 보는 바와 같이, 저주파에서의 기본 하이브리드-π 모델에 리드 임피던스를 부가시키면 매우 큰 베이스 저항에 의하여 입력 임피던스가 매우 크게 증가된다. 고주파에서 베이스와 이미터 인덕턴스의 영향은 임피던스의 급격한 상승에 관계된다는 점에 주목할 필요가 있다.

그러나 출력 임피던스의 상황은 매우 다르다. 베이스 저항은 Z_{22}에 아무런 영향을 미치지 않으므로 출력 임피던스는 리드를 부가시켜도 가상

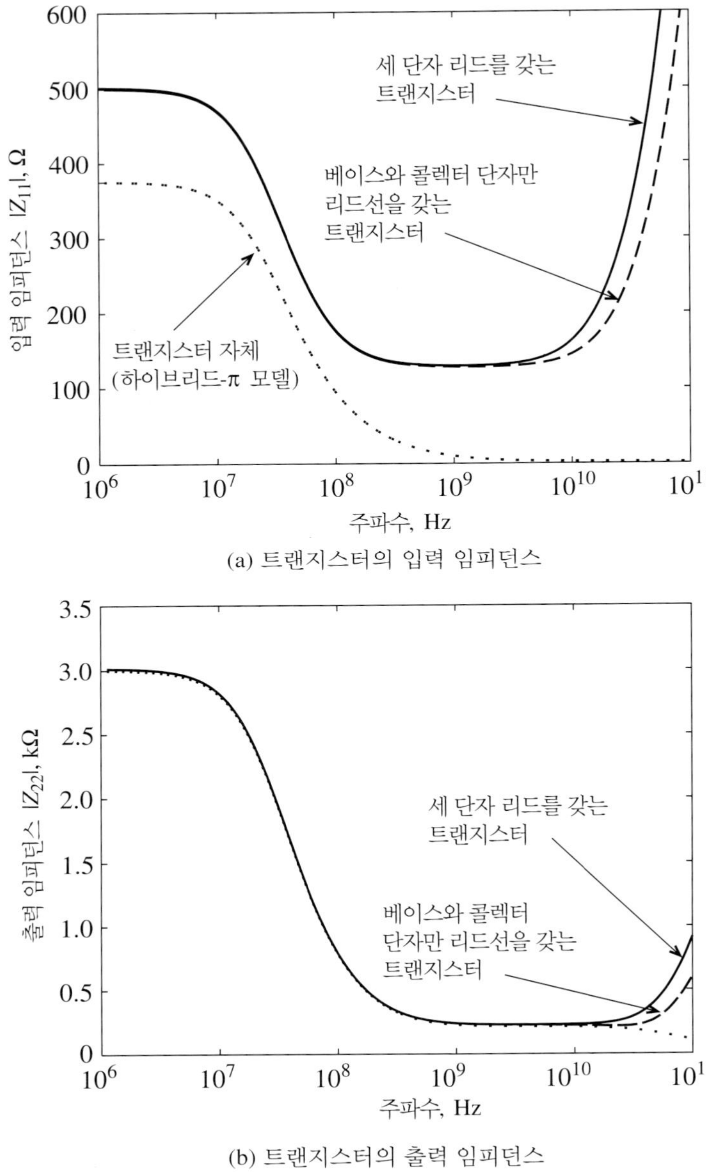

(a) 트랜지스터의 입력 임피던스

(b) 트랜지스터의 출력 임피던스

그림 7-21 • 주파수에 대한 입력과 출력 임피던스

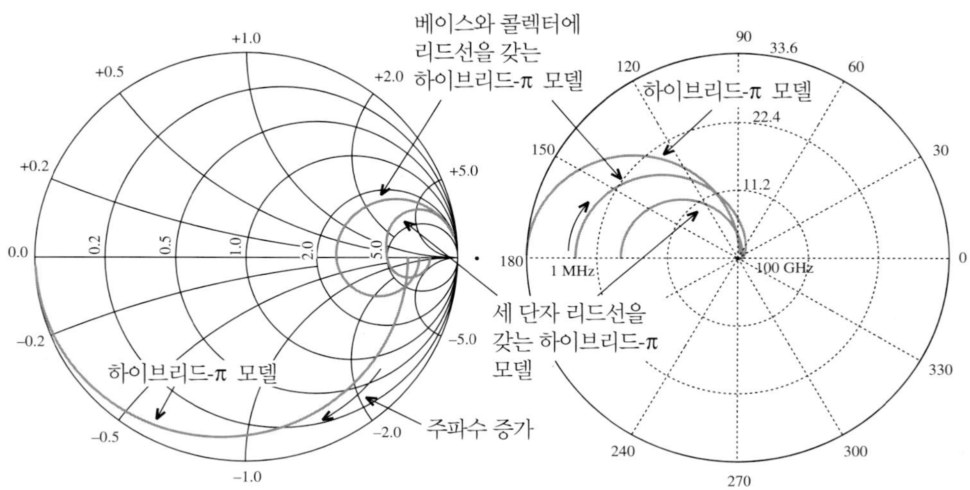

(a) 입력 반사계수 S_{11} (b) 트랜지스터의 이득 S_{21}

그림 7-22 • 다양한 모델 형태에 대한 BJT의 S_{11}과 S_{21}의 특성

적으로는 아무런 영향이 없으며 고주파에 대하여 저항 r_0가 출력 임피던스를 주도하게 된다. 이 점에서 리드의 인덕턴스의 효과가 주도한다.

알고 있는 트랜지스터의 Z-파라미터 표현식으로부터 제4장에 있는 변환식을 이용하여 S-파라미터를 쉽게 계산할 수 있다. 그 결과, 트랜지스터의 입력 반사계수 S_{11}, 이득 S_{21}을 각각 스미스 차트와 극좌표로 구성하여 그림 7-22에서와 같이 나타내었다.

그림 7-22(b)에서 주지한 바와 같이, 모델에서 이미터 저항과 인덕턴스는 다른 소자값에 비교하여 무시할 수 있을 정도라 할지라도 이 값을 부가시킴으로써 전체 주파수 범위에서 심각한 이득의 저하가 나타난다. 이러한 현상은 RF 회로에서 기생소자의 영향을 다시 한 번 보여준다.

SPICE 모델에 대해 알고 있는 동작조건으로부터 트랜지스터의 소신호 파라미터를 계산하는 방안을 제시하였다. 간단한 토폴로지에 대하여 조사하였지만, 이 모델을 여러 개의 2-포트 회로가 상호 연결된 세부회로로 구분하여 복잡한 회로의 내부 구조에 직접 적용할 수 있다.

7.2.3 대신호 FET 모델

FET는 BJT에 비하여 많은 이점이 있으며 또한 약간의 단점이 있다. 특정 회로에 적합한 능동소자를 선택하기 위하여 다음과 같은 FET에 관련된 이점을 고려할 필요가 있다.

- FET는 우수한 온도 특성을 나타낸다.
- FET의 잡음 특성은 일반적으로 우수하다.
- FET의 입력 임피던스는 매우 크다.
- BJT의 콜렉터 전류는 지수함수적임에 비하여 FET의 드레인 전류는 이차함수적인 동작을 한다.
- FET의 상향 주파수 제한은 실질적인 마진에 의하면 BJT의 상향주파수를 초과한다.
- FET의 소비 전력은 비교적 작다.

또한 단점에 대하여 다음과 같이 말할 수 있다.

- FET는 일반적으로 이득이 작다.
- 높은 입력 임피던스로 인하여 정합회로를 구현하기가 어렵다.
- 전력 조절능력은 BJT에 비하여 낮은 경향이 있다.

위에서 제시한 내용은 새로운 소자에 대한 개념과 제작 능력의 발전으로 여러 가지 트랜지스터 특성에 영향을 미치고 있으므로 더 많은 이론적 발전 논쟁 가능성이 있다.

여기에서 논의하는 FET는 **게이트가 비절연상태인 FET**에 집중하고자 한다. 이러한 FET는 MESFET으로 GaAs FET(gasfet로 발음함)와 동일하며 또한 HEMT가 해당된다. 두 가지 FET 형태는 제6장에서 논의하였다. 그림 7-23에서는 기본적인 *n*-채널, 공핍모드 MESFET 모델(음의 문턱전압인)의 전달과 출력 특성을 함께 보여 주고 있다.

순방향 또는 정상 동작모드에서 드레인 전류에 대한 주요 방정식은 제6.4절에서 전개한 분석에 따르며 선형영역과 포화영역에 대한 드레인 전류도 그곳에서 구하였다. 이러한 전류표현은 FET에 대한 모델을 유도하는 데 출발점이 된다.

(a) 포화영역$(V_{DS} \ge V_{GS} - V_{T0} > 0)$

식 (6.94)로 주어진 포화 드레인 전류를 편의상 여기에서 다시 쓰면

$$I_{D\text{sat}} = G_0\left(\frac{V_P}{3} - (V_d - V_{GS}) + \frac{2}{3\sqrt{V_P}}(V_d - V_{GS})^{3/2}\right) \tag{7.32}$$

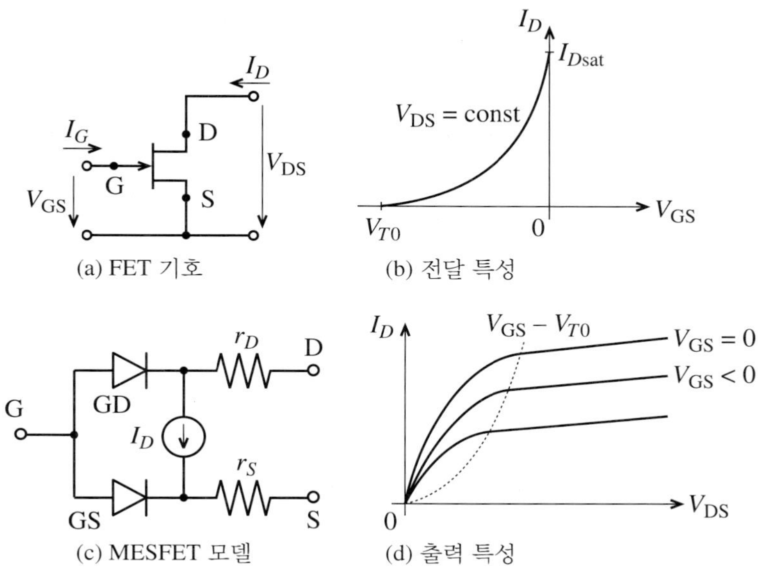

그림 7-23 • 정적 *n*-채널 MESFET 모델

문턱전압(threshold voltage)V_{T0}과 핀치-오프 전압 V_P (또는 $V_d = V_{T0} + V_P$)의 조합 식을 식 (7.32)에 대입하면 다음과 같은 표현식이 된다.

$$I_{D\text{sat}} = G_0 \frac{V_P}{3}\left(1 - 3\left(1 - \frac{V_{GS} - V_{T0}}{V_P}\right) + \left(21 - \frac{V_{GS} - V_{T0}}{V_P}\right)^{3/2}\right) \tag{7.33}$$

이항정리를 적용하고 2차항까지만 전개하면 식 (7.33)은 다음과 같이 된다.

$$I_{D\text{sat}} = G_0 \frac{V_P}{3}\left(\frac{3}{4}\right)\left(\frac{V_{GS} - V_{T0}}{V_P}\right)^2 \tag{7.34}$$

식 (7.34)의 제곱항 앞의 상수는 **전도 파라미터(conduction parameter)** β_n과 결합되어

$$\beta_n = \frac{1}{4}\left(\frac{G_0}{V_P}\right) = \frac{\mu_n \varepsilon Z}{2Ld} \tag{7.35}$$

이며, 여기에서 콘덕턴스는 $G_0 = \sigma Zd/L = \mu_n N_D qZd/L$으로 정의하고 제6.4절의 핀치-오프 전압 $V_P = (qN_D d^2)/(2\,\varepsilon)$식을 사용하였다. 만약 채널 변조 효과를 포함시킨다면 다음과 같다.

$$I_D = \beta_n(V_{\mathrm{GS}} - V_{T0})^2(1 + \lambda V_{\mathrm{DS}}) \tag{7.36}$$

여기에서 파라미터 $\lambda \approx 0.01 - 0.1\ \mathrm{V}^{-1}$이며 그림 7-23(d)에서 보는 바와 같이 포화영역에서 드레인-소스 전압의 증가에 대하여 드레인 전류는 약간 증가되도록 모델링된다.

(b) 선형 혹은 triode 영역$(0 < V_{\mathrm{DS}} < V_{\mathrm{GS}} - V_{T0})$

포화영역에서와 동일한 단계를 밟으면 제6장의 드레인 전류식(6.91)을 정리할 수 있으며 다음 식과 같이 나타낼 수 있다.

$$I_D = \beta_n[2(V_{\mathrm{GS}} - V_{T0})V_{\mathrm{DS}} - V_{\mathrm{DS}}^2](1 + \lambda V_{\mathrm{DS}}) \tag{7.37}$$

여기에서 채널 변조는 선형영역에서 포화영역으로 부드럽게 전이될 수 있도록 고려되어야 한다. 예를 들면 $V_{\mathrm{DS}} = V_{\mathrm{GS}} - V_{T0}$(선형영역에서 포화영역으로 전이되는)라 하면 두 개의 드레인 전류는 동일하게 된다.

FET는 $V_{\mathrm{DS}} < 0$이면 역방향 또는 역 모드로서 동작할 수 있다. 편의상 두 개의 드레인 전류 관계는 더 이상의 논의 없이 다음과 같이 주어진다.

(c) 역 포화영역$(-V_{\mathrm{DS}} \geq V_{\mathrm{GD}} - V_{T0} > 0)$

$$I_D = -\beta_n(V_{\mathrm{GD}} - V_{T0})^2(1 - \lambda V_{\mathrm{DS}}) \tag{7.38}$$

(d) 역방향 선형 혹은 triode 영역$(0 < -V_{\mathrm{DS}} < V_{\mathrm{GD}} - V_{T0})$

$$I_D = \beta_n[2(V_{\mathrm{GD}} - V_{T0})V_{\mathrm{DS}} - V_{\mathrm{DS}}^2](1 + \lambda V_{\mathrm{DS}}) \tag{7.39}$$

정적인 상태에서 동적인 상태의 FET 모델로 전환하기 위하여 단지 게이트-드레인 사이와 게이트-소스 사이의 커패시턴스만 추가시켜 그림 7-24와 같이 나타낼 수 있다. 이 모델에서 보인 바와 같이 소스와 드레인 저항은 소스-게이트 및 드레인-게이트 채널 저항에 관계된다. 게이트 저항은 일반적으로 포함되지 않는데, 이것은 금속 게이트 연결이 낮은 저항을 나타내기 때문이다.

표 7-4에서는 MESFET에 대한 가장 적절한 SPICE 모델링 파라미터를 요약하여 제시하였다.

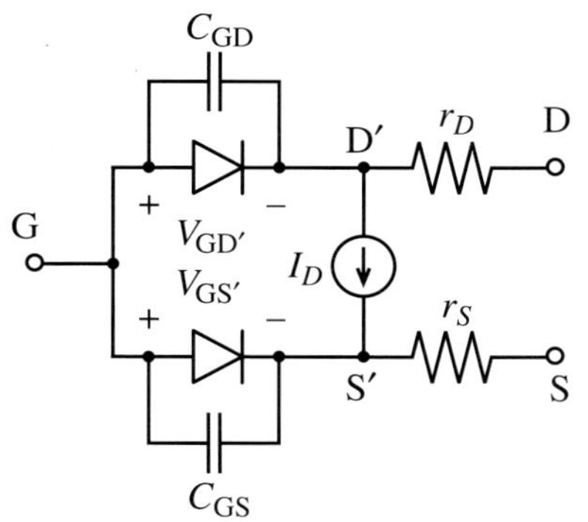

그림 7-24 • 동적 FET 모델

표 7-4 • MESFET에 대한 SPICE 모델링 파라미터

기호	SPICE	특 성
V_{T0}	VTO	문턱전압
λ	LAMBDA	채널-길이 변조계수
β	BETA	전도파라미터
C_{GD}	CGD	제로-바이어스 게이트-드레인 커패시턴스
C_{GS}	CGS	제로-바이어스 게이트-소스 커패시턴스
r_D	RD	드레인 저항
r_S	RS	소스 저항

7.2.4 소신호 FET 모델

소신호 FET 회로는 대신호 FET 모델(그림 7-24)에서 직접 유도할 수 있다. 이 모델에서 게이트-드레인 및 게이트-소스 사이의 다이오드는 제7.1절에서 유도한 소신호 표현으로 간단하게 대치된다. 또 전압제어 전류원은 전달 콘덕턴스 g_m과 단락 콘덕턴스 $g_0 = 1/r_{ds}$로 표현하였다. 이 소신호 모델을 물리적인 소자 구조에 대응시켜 그림 7-25와 같이 나타낼 수 있다.

이 모델은 2-포트 Y-파라미터 회로만으로 다음 식과 같이 묘사할 수 있다.

$$i_g = y_{11}v_{gs} + y_{12}v_{ds} \tag{7.40a}$$

$$i_d = y_{21}v_{gs} + y_{22}v_{ds} \tag{7.40b}$$

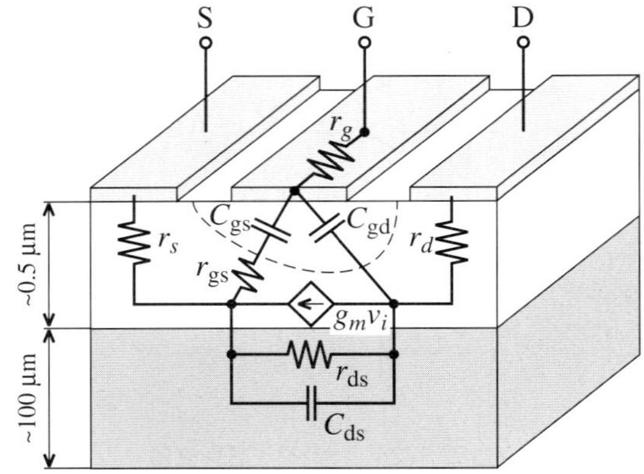

(a) 이상적인 MESFET 디바이스 구조

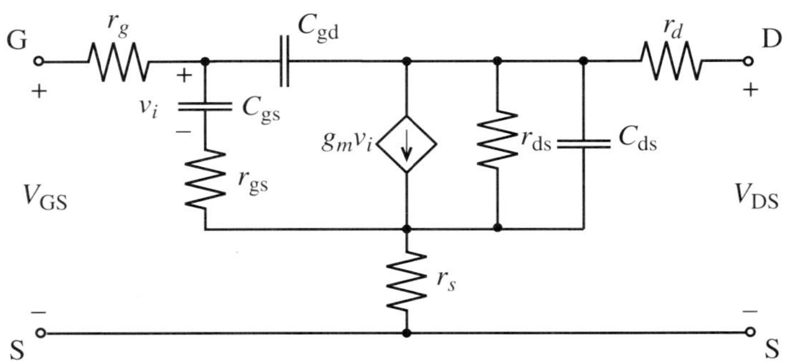

(b) 회로 모델

그림 7-25 • 소신호 MESFET 모델

낮은 주파수 조건 하에서 입력 콘덕턴스 y_{11}과 귀환 콘덕턴스 y_{12}는 매우 작으므로 무시할 수 있다. 이것은 게이트 전류가 너무 작아 실제적인 결과로 나타낼 수 없다는 사실과 일치한다. 그러나 고주파 동작에서는 일반적으로 커패시턴스들이 포함되며 그림 7-26과 같이 회로가 모델링된다.

DC 및 저주파 동작에서는 그림 7-26의 모델은 입력과 출력을 완전하게 분리하는 조건으로 간략화된다. 전달 콘덕턴스 g_m과 출력 콘덕턴스 g_0는 식 (7.36)의 드레인 전류 식으로부터 순방향 포화영역에 대하여 쉽게 계산할 수 있다.

$$y_{21} = g_m = \left.\frac{dI_D}{dV_{GS}}\right|_Q = 2\beta_n(V_{GS}^Q - V_{T0})(1 + \lambda V_{DS}^Q) \tag{7.41}$$

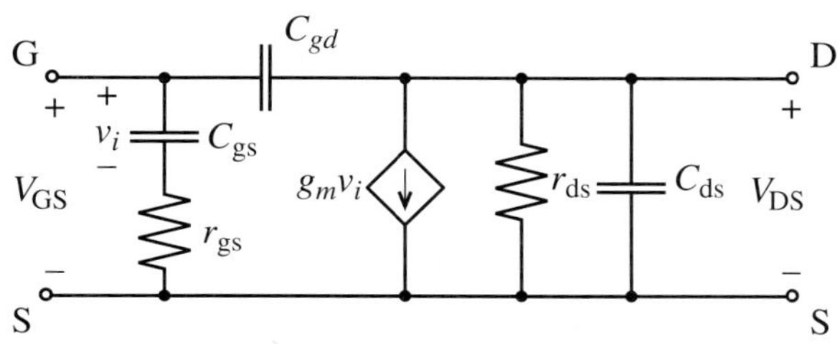

그림 7-26 • 고주파 FET 모델

$$y_{22} = \frac{1}{r_{ds}} = \left.\frac{dI_D}{dV_{DS}}\right|_Q = \beta_n \lambda (V_{GS}^Q - V_{T0})^2 \tag{7.42}$$

여기에서 동작점 또는 Q점은 V_{DS}^Q와 V_{GS}^Q로 표현하였다.

게이트–소스 및 케이트–드레인 커패시턴스는 주파수 동작성능을 확정하는데 결정적인 역할을 한다. 전이주파수 f_T는 입력 전류 I_G의 크기가 출력 전류 I_D의 크기와 동일하게 되는 포화영역에서 단락회로 전류이득을 고려해야만 하므로 다음 식으로 나타낼 수 있다.

$$|I_G| = \omega_T (C_{gs} + C_{gd})|V_{GS}| = |I_D| = g_m |V_{GS}| \tag{7.43}$$

여기에서 f_T는 다음과 같이 유도된다.

$$f_T = \frac{g_m}{2\pi(C_{gs} + C_{gd})} \tag{7.44}$$

저주파수 FET 응용의 경우, 주로 커패시턴스에 의하여 정의되는 충전시간 때문에 FET 주파수 동작 특성이 확실하게 제한된다. 이것은 제6.4.3절에서 정의된 채널 전이시간과 대조되며, 고주파 응용에서는 다음 예제에서와 같이 FET의 동작을 제한한다.

FET 계열의 전이주파수

상용적으로 가능한 고성능 GaAs FET는 200 GHz 혹은 더 이상의 전이주파수를 갖는다. 한편으로 실험적인 소자는 1 THz 이상에서 동작되었다고 알려졌다.

예제 7-5 • GaAs MESFET 차단주파수의 개략적인 값 결정

GaAs MESFET가 게이트의 길이는 1.0 μm이고 폭이 200 μm, 깊이는 d = 0.5 μm로 제조되었으며 전기적 특성은 다음과 같다. ε_r = 13.1, N_D =

10^{16} cm^{-3}, $\mu_n = 8500$ cm^2/V·s 적합한 선정으로 실온에서의 차단주파수를 구하라.

풀이:

식 (7.44)를 적용하기 위하여 전달 콘덕턴스와 커패시턴스에 대한 개략적인 표현식이 필요하다. 식 (7.33)의 드레인 포화전류가 $V_{GS} = 0$일 때 전달 콘덕턴스는 최대가 된다는 것을 알아야 구할 수 있다. 이로 인하여

$$g_m = \left.\frac{dI_{D\text{sat}}}{dV_{\text{GS}}}\right|_{V_{\text{GS}}=0} = G_0(1 - \sqrt{V_d/V_P})$$

여기에서 쇼트키 접합에 대한 내부 전압 V_d는 식 (6.39)에 의하여 다음과 같이 구한다.

$$V_d = (V_M - \chi) - V_C$$

여기에서 $V_C = V_T \ln(N_C/N_D) = 0.1$ V, $V_M = 5.1$ V 및 $\chi = 4.07$ V이다. 이 값을 대입하면 $V_d = 0.93$ V가 된다. 핀치-오프 전압과 콘덕턴스는 각각

$$V_P = \frac{qN_D d^2}{2\varepsilon_0\varepsilon_r} = 1.724 \text{ V} \quad \text{그리고} \quad G_0 = \frac{q\mu_n N_D W d}{L} = 136 \text{ mS}$$

이므로 $g_m \approx 36.126$ mS이다. 커패시턴스의 경우, 채널의 표면적에 유전상수를 곱한 값을 채널 두께로 나눔으로써 개략적으로 다음과 같이 계산한다.

$$C_{\text{gs}} + C_{\text{gd}} = \varepsilon_0\varepsilon_r\left(\frac{WL}{d}\right) = 0.046 \text{ pF}$$

이와 같이 계산한 값으로부터 차단주파수 f_T 를 예상하면:

$$f_T = \frac{g_m}{2\pi(C_{\text{gs}} + C_{\text{gd}})} = 123.93 \text{ GHz}$$

제6.4.3절에서 논의한 바와 같이 개략적인 15 GHz의 채널 전이 시간에 대조하여, RC 시정수가 작은 상황이 되었다. 다르게 표현하면 채널 전이시간은 MESFET의 고속동작을 제한하는 요소가 되었음을 의미한다.

때때로 사용한 식 (7.44)에 대한 개략적인 공식은 $g_m \approx G_0$로 하여 유도할 수 있다. 그 결과는 다음과 같다.

$$f_T \approx \frac{q\mu_n N_D d^2}{2\pi\varepsilon L^2} \tag{7.45}$$

이 표현식을 위 예제에 적용하면 466.5 GHz의 차단주파수를 구하게 된다.

7.2.5 트랜지스터 증폭기 형태(topology)

단일 트랜지스터 접지 증폭기 형태가 그림 7-27에 나타내어져 있다. 각 형태의 중요한 성능 특성은 표 7-5에 나열하였으며 근사적인 수식적 표현이 직관적으로 높은 수준의 설계 지침을 독자들에게 제공하기 위해 함께 제시되었다. FET 소자에 대한 이미터 접지(CE), 소스 접지(CS) 형태는 그림 7-27(a)에 가장 높은 전력 이득뿐만 아니라 낮은 잡음 특성을 제공하기 때문에 저 잡음 증폭기와 전력 증폭기의 표준 형태이다. 덧붙여 이러한 형태는 비록 주파수에 의존적이긴 하나 입력과 출력 임피던스에 더 호의적이다. 밀러 귀환과 입력신호가 베이스 접합(FET의 경우 덜 문제가 되는)으로 직접적으로 공급되기 때문에 이 단계의 안정성과 선형성은 상당히 좋다.

CE 단계의 일부 특성은 이미터 축퇴(degeneration)를 향상시킬 수 있다. 여기서 이미터에 직렬로 연결된 추가적인 임피던스는 선형성을 향상시킬 수 있으며 통제된 방법으로 입력 임피던스를 수정할 수 있다. 인덕티브 이미터 축퇴는 저항성 성분에 추가된 잡음 없이 입력 임피던스를 더함으로써 유리한 특성을 갖는다. 이미터 축퇴는 이득-수준 효과(Z_E)와 안정도를 향상시키는 부성귀환 회로를 구성한다. 이미터 축퇴의 단점은 (a) 감소된 이득 (b) 이미터 임피던스의 저항성 성분으로 인해 증가된 잡음 (c) 역 분리도가 감소되면서 높은 주파수에서 불안정해지는 것 등이다.

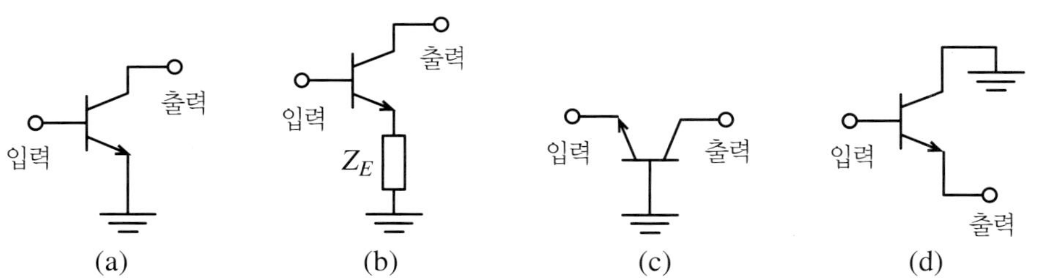

그림 7-27 ● 단일 트랜지스터 증폭기 형태: (a) 이미터 접지(CE), (b) 이미터 축퇴를 가진 CE, (c) 베이스 접지(CB) 그리고 (d) 콜렉터 접지(CC)

표 7-5 • 여러 가지 단일 트랜지스터 증폭기 형태의 성능지표

Topology	CE and CS	CE with emitter degeneration	CB and CG	CC and CD
입력임피던스	높음	$Z_{inCE} + (1 + h_{21})Z_E$ (인덕티브한 Z_E최대)	$1/g_m$ (낮음)	$h_{21}Z_L$ (매우 높음)
전압이득	$- g_m Z_L$ (높음)	$- g_m Z_L/(1 + g_m Z_E)$ (CE보다 더 낮음)	$g_m Z_L$ (높음)	거의 1임
전류이득	$- h_{21}$ (높음)	$- h_{21}$ (높음)	거의 1임	h_{21} (높음)
출력임피던스	높음	높음	$\propto h_{21}Z_S$ (매우 높음)	$1/g_m$ (낮음)
역 분리도	상당히 좋음 (밀러효과가 대역폭을 감소시킴)	CE보다 나빠짐 (귀환이 존재하기 때문에)	좋음	나쁨 (그러나 대역폭 증가)
잡음	낮음	만약 저항성 Z_E라면 CE보다 높음	CE와 같음	높음(출력잡음이 입력쪽으로 되돌아 옴)
안정도	상당히 좋음 (밀러효과)	CE보다 약간 더 좋음	좋음 (그러나 귀환에 의해 불안정해짐)	나쁨 (특별히 커패시티브한 부하를 가짐)
선형성	BJT에 대해서 상당히 좋음, FET에 대해서 좋음	CE보다 좋음(특히 BJT에 대해서)	CE와 같음	만약 $Z_L > 1/g_m$이면 좋음

FET 소자에 대해 베이스 접지(CB) 혹은 게이트 접지(CG)의 구별되는 특징은 그림 7-27(c)에 나타낸 것과 같이 예측할 수 있는 낮은 입력 임피던스, 매우 높은 출력 임피던스 그리고 밀러 효과의 제거로 인한 높은 대역폭 등이다. CB 단계는 또한 적어도 낮은 주파수(비록 임의의 기생 귀환이 일반적으로 양의 값을 갖고 결과적으로 불안정해지는 효과를 주지만)에서는 좋은 역 분리도와 연속적으로 더 나은 안정도를 갖는다. CB 단계의 주요 단점은 전류이득이 없기 때문에 전력 이득이 감소된다는 점에 있다. 또한 이 단계는 단자의 작은 직렬 임피던스(소자 내부의 임피던스가 포함된)에 의해 쉽게 불안정화되기 때문에 베이스(혹은 게이트)에 적절히 접지되어야 한다.

CB 단계는 **캐스코드(cascode)**로서 알려진 모양에서 CE 단계에 따른다. CB는 밀러 효과가 제거됨으로써 CE에 낮은 임피던스 부하를 제공한다. 급격하게 증가된 역 분리

도 캐스코드 회로의 안정도와 이득에 도움이 된다. 이 캐스코드는 저 잡음 증폭기에 접지되며 잡음 특성에 최소의 부성(negative) 영향을 가지고 더 높은 이득을 제공할 수 있다. CB 트랜지스터는 때때로 더 작은 면적과 폭을 가지고 있으며 출력 임피던스의 기생 용량성 성분을 감소시키는 데 도움이 된다.

FET 소자에 대한 콜렉터 접지(CC), 혹은 드레인 접지(CD)의 형태(그림 7-27(d))는 **이미터 폴로어**로서 알려져 있다. 이 단계에서 구별되는 특징은 예측할 수 있는 낮은 출력 임피던스, 매우 높은 입력 임피던스 그리고 좋은 선형성이다. 단점으로는 부족한 전압이득, 결과적으로 낮은 전력이득 그리고 나쁜 역 분리도를 포함한다. CC 단계는 증폭기 블록의 출력단계에서 일반적으로 적용되며 좋은 선형성을 갖는 낮은 부하 임피던스로 구동되는 증폭기가 요구된다. 결과적으로 저 잡음 증폭기의 첫 번째 단계로서 최선은 아니다. 비록 기생 귀환이 실질적으로 CC 단계(CE 단계와 반대로)의 대역폭을 개선할 수 있지만 특별히 용량성 부하를 가지고 불안정한 효과를 가진다. 이러한 불안정 효과는 발진기 회로의 일부분으로서 이용될 수 있다.

7.3 능동소자의 측정

7.3.1 쌍극자 트랜지스터의 DC 특성

식 (7.10)과 식 (7.11)의 Ebers-Moll 방정식으로부터 분석을 시작하자. 콜렉터와 베이스 전류식을 다시 쓰면 다음과 같다.

$$I_C = I_S(e^{V_{BE}/V_T} - e^{V_{BC}/V_T}) - \frac{I_S}{\beta_R}(e^{V_{BC}/V_T} - 1) \tag{7.46a}$$

$$I_B = \frac{I_S}{\beta_F}(e^{V_{BE}/V_T} - 1) + \frac{I_S}{\beta_R}(e^{V_{BC}/V_T} - 1) \tag{7.46b}$$

측정을 통하여 결정해야 할 미지의 계수는 I_S, β_R및 β_F이다. 또한 순방향 및 역방향 초기전압 V_{AN}과 V_{BN}은 BJT가 큰 V_{CE} 전압에서 동작할 때 중요한 특성이 된다. 순방향과 역방향 전류이득 측정을 분리하기 위하여 그림 7-28에서와 같이 측정 프로토콜을 두 가지로 구분한다.

순방향 측정조건 아래, 베이스–콜렉터 사이를 단락시켜($V_{BC} = 0$) 식 (7.46)을 간략하게 하면

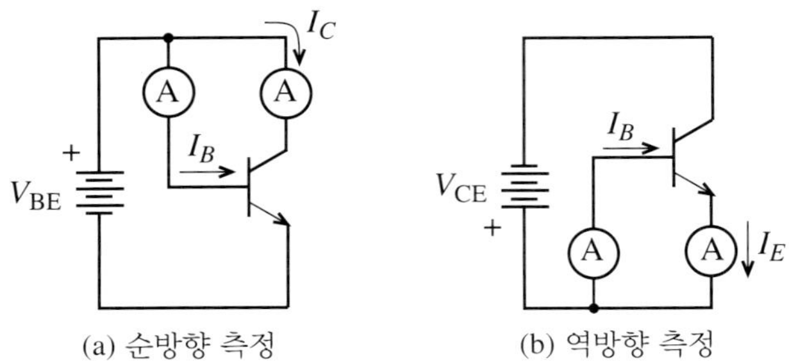

그림 7-28 • Ebers-Moll BJT 모델 파라미터를 결정하기 위한 순방향 및 역방향 측정

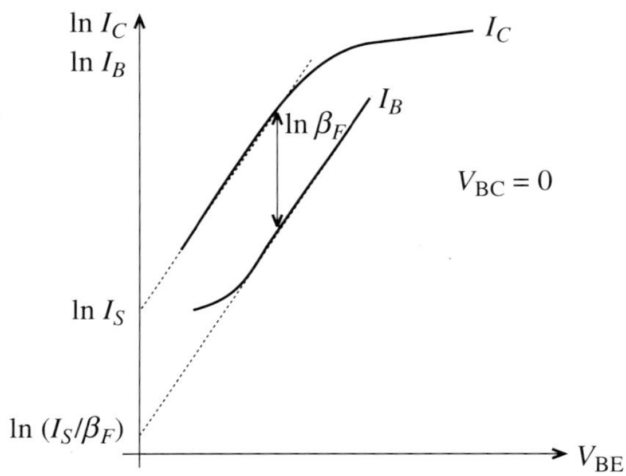

그림 7-29 • V_{BE}에 대한 I_C와 I_B 관계

$$I_C = I_S(e^{V_{BE}/V_T} - 1) \tag{7.47a}$$

$$I_B = \frac{I_S}{\beta_F}(e^{V_{BE}/V_T} - 1) \tag{7.47b}$$

이 되며 베이스와 콜렉터 전류를 V_{BE}의 함수로 관찰하면 그림 7-29와 같은 그래프를 얻게 된다.

두 전류를 대수 함수적으로 나타내었으며 충분히 큰 V_{BE} 전압값을 보여주고 있다. 두 개의 전류식에서 인수가 1을 초과할 때 지수함수 항이 전류식을 주도하게 됨을 알 수 있다. 두 개의 전류식이 다음 식과 같을 때 $1/V_T$의 선형적인 경사도를 구할 수 있다.

$$\ln I_C = \ln I_S + \frac{V_{\rm BE}}{V_T} \tag{7.48a}$$

$$\ln I_B = \ln I_S - \ln \beta_F + \frac{V_{\rm BE}}{V_T} \tag{7.48b}$$

이러한 두 곡선으로부터 우선적으로 $\ln I_S$ 와 I_S를 얻기 위하여 콜렉터 전류를 추정할 수 있다. 베이스 전류를 추정한 후 $\ln I_S - \ln \beta_F$에 대한 값을 나타내며 β_F를 결정할 수 있다. 일반적으로 전류이득은 매우 좁은 콜렉터–이미터 전압영역에서만 상수이다. 낮고 높은 전류를 인가함으로써 중요한 편차가 발생하게 되며, 초기 효과(Early effect)는 콜렉터 전류의 선형경사도로 표현된다.

$$I_C = I_S(e^{V_{\rm CE}/V_T} - 1)\left(1 + \frac{V_{\rm CE}}{V_{\rm AN}}\right) \approx I_S e^{V_{\rm CE}/V_T}\left(1 + \frac{V_{\rm CE}}{V_{\rm AN}}\right) \tag{7.49}$$

이 식에서 $V_{\rm AN}$은 동작영역에 있는 콜렉터 전류를 적용하여 제2상한의 $V_{\rm CE}$ 축과 교차하는 점에서 접선 방향의 투영에 의하여 구한다. 이 교차점은 그림 7-12에서와 보는 바와 같이 여러 개의 베이스 전류에 대해서도 동일하게 된다. 역방향 모드 파라미터 β_R과 $V_{\rm BN}$의 결정은 이미터 단자(그림 7-28(b) 참조)와 콜렉터 단자를 서로 바꾸어 구할 수 있으며, 그 이후는 순방향에서 진행된 절차와 동일한 과정을 거친다.

7.3.2 쌍극자 트랜지스터의 AC 파라미터 측정

AC 파라미터의 결정은 선정한 등가회로 모델과 얼마나 자세한 파라미터값을 요구하는가에 따라 추구해볼 만하다. 대신호 Ebers-Moll 또는 Gummel-Poon 회로 소자에 대한 분석적인 값을 추출하기 위하여 연구자의 적극적인 노력이 요구된다. 본 절에서는 그림 7-30에서와 같이 소신호, 저주파회로 모델에 집중하기로 한다.

이 모델은 그림 7-14의 하이브리드-π 모델과 관계가 있으나 출력단 귀환($h_{12} = 0$)과 관련된 저항 $r_B \approx r_E \approx r_C \approx 0$이 없다. 순방향 능동 영역에서 Q점에 대하여 식 (7.15)~(7.20)에 일치하는 다음 파라미터를 유도할 수 있다.

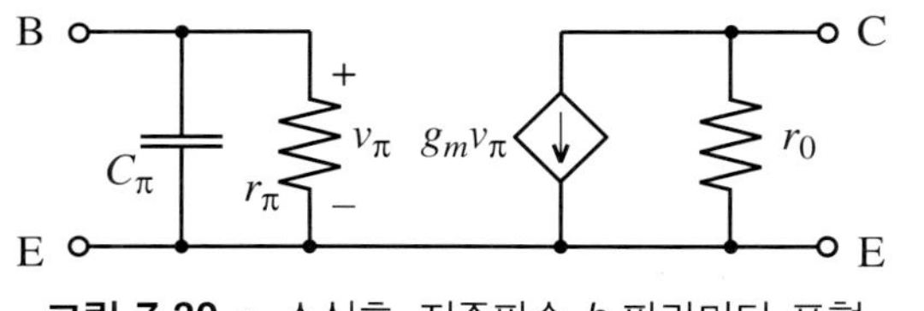

그림 7-30 • 소신호, 저주파수 *h*-파라미터 표현

전달 콘덕턴스
$$g_m = \left.\frac{dI_C}{dV_{\mathrm{BE}}}\right|_{V_{\mathrm{CE}}=0} = \frac{I_C^Q}{V_T} \tag{7.50a}$$

입력 커패시턴스
$$C_\pi = \tau_{\mathrm{be}}\frac{I_S}{V_T}e^{V_{\mathrm{BE}}^Q/V_T} = \tau_{\mathrm{be}}\frac{I_C^Q}{V_T} = g_m\tau_{\mathrm{be}} \tag{7.50b}$$

입력저항
$$r_\pi = \left.\frac{dV_{\mathrm{BE}}}{dI_B}\right|_{V_{\mathrm{CE}}^Q} = \left.\frac{v_{\mathrm{be}}}{i_b}\right|_{v_{\mathrm{ce}}=0} = \frac{\beta_0}{g_m} \tag{7.50c}$$

출력 콘덕턴스
$$\frac{1}{r_0} = \left.\frac{dI_C}{dV_{\mathrm{CE}}}\right|_{V_{\mathrm{BE}}^Q} = \frac{I_C^Q}{V_{\mathrm{AN}}} \tag{7.50d}$$

여기에서 초기 효과가 존재한다면 콜렉터 전류는 $I_C = \beta_0 I_B\,(1 + V_{\mathrm{CE}}/V_{\mathrm{AN}})$으로 주어지는 것을 알 수 있다. 순방향 능동모드에서 동작을 결정해야 하므로 C_π는 베이스–이미터 다이오드의 순방향 전이시간을 갖는 확산 커패시턴스를 의미한다.

이와 같이 간단한 하이브리드-π 모델에서 파라미터의 추출은 원하는 Q 점을 설정하는 과정으로부터 시작하여, 결과적으로 I-V곡선의 기울기로부터 I_C^Q, I_B^Q및 V_{AN}을 알 수 있다. 그러므로 측정 프로토콜은 다음과 같은 연속 과정을 따른다.

- 주어진 접합온도에 대하여 전달 콘덕턴스 $g_m = I_C^Q/V_T$
- DC 전류이득 $\beta_0 = I_C^Q/I_B^Q$
- $r_\pi = \beta_0/g_m$
- 출력저항 $r_0 = V_{\mathrm{AN}}/I_C^Q$
- 입력 임피던스 $Z_{\mathrm{in}} = (1/r_\pi + j\omega C_\pi)^{-1}$는 특정 각주파수와 커패시턴스 C_π를 풀어 기록된다.

입력 임피던스를 기록하고 간접적으로 C_π를 결정하는 대신에, 전이주파수와 C_π을 좀 더 쉽게 구할 수 있다. 이것은 전이주파수에서 AC 전류이득이 1임을 인식함으로써 구할 수 있다.

$$\frac{|i_c|}{|i_b|} = \left|\frac{\beta_0}{1 + j\omega_T r_\pi C_\pi}\right| \equiv 1 \tag{7.51}$$

$\beta_0 >> 1$이므로 $f_T \approx \beta_0/(2\pi C_\pi r_\pi)$가 되며, 이 식으로부터 다음 식을 구한다.

$$C_\pi \approx \frac{\beta_0}{2\pi f_T r_\pi} \tag{7.52}$$

이와 같은 접근법은 회로 분석기를 가지고 아주 쉽게 수행된다. 식 $|h_{fe}(\omega)|$이 1이 될 때까지 주파수를 소인시킴으로써 식 (7.51)이 되도록 한다. 얻어진 전이주파수는 식 (7.52)에 대입하여 C_π를 구할 수 있다. 일반적으로 단일 주파수 점 f_{meas}(f_T 보다 적은)을 기록하고 이득-폭 곱 $f_T = |h_{fe}(f_{meas})| f_{meas}$으로 f_T을 측정하는 것이 타당하다.

RF&MW

예제 7-6 • 밀러 효과를 고려하지 않은 소신호 하이브리드-π 파라미터 추출

npn-트랜지스터가 $I_C^Q = 6$ mA, $I_B^Q = 40$ μA의 DC 바이어스에서 동작하고 있으며 초기 전압은 $V_{AN} = 30$ V를 나타내고 있다. 회로망 분석기를 통하여 전이 주파수를 측정하였더니 실온에서 $f_T = 37$ GHz를 기록하였다. 하이브리드-π 파라미터 β_0, r_π, C_π, r_0및 g_m을 구하라.

풀이:

출력단에서 입력단으로 귀환되는 것을 무시하고 직접적으로 다음과 같은 수식을 사용할 수 있다.

$$g_m = \frac{I_C^Q}{V_T} = 232 \text{ mS}$$

트랜지스터의 순방향 DC 전류이득 β_0는 간단하게 베이스 전류에 대한 콜렉터 전류의 비로 구하므로 다음과 같다.

$$\beta_0 = I_C^Q / I_B^Q = 150$$

이미 구한 β_0과 전달 콘덕턴스 g_m으로부터 입력저항은 $r_\pi = \beta_0 / g_m = 647$

Ω이다. 출력저항은 콜렉터 전류에 대한 순방향 초기전압의 비율로 나타내므로 $r_0 = V_{AN}/I_C^Q = 5\ \text{k}\Omega$이다. 최종적으로 커패시턴스를 식 (7.52)로부터 구하면 다음과 같다.

$$C_\pi = \frac{\beta_0}{2\pi f_T r_\pi} = 1.00\ \text{pF}$$

소신호 파라미터의 결정은 설계과정에서 필수적이다. 그러나 일정한 순방향 전류이득은 실제 트랜지스터 동작 특성을 항상 반영하는 것은 아니다.

예제 7-6은 저주파수대 또는 중간주파수대역에 응용 가능하지만 주파수가 1 GHz 이상이 되면 매우 복잡하다. 여기에서는 밀러 효과를 무시할 수 없으며, C_μ를 구하기 위한 전략이 세워져야 한다. 제4장에서 논의한 것과 같이 고주파에서의 측정은 단락회로 및 개방회로 조건을 인가하는 데 따르는 어려움 때문에 임피던스, 어드미턴스, *h*-파라미터에 의존할 수 없게 된다. 이러한 주파수대역에서 *S*-파라미터 측정을 해야 한다. 귀환 커패시턴스 C_μ를 구하는 데 이용되는 *S*-파라미터에 대하여 다음 예제에서 설명한다.

RF&MW→

예제 7-7 • 밀러효과를 포함한 소신호 하이브리드-π 파라미터 추출

앞 예제를 다시 조사해 보자. 500 MHz에서 50 Ω의 특성 임피던스에 의한 *S*-파라미터를 다음과 같이 회로망분석기로 측정하였다.

$$[\mathbf{S}] = \begin{bmatrix} 0.86e^{-j19.5^\circ} & 0.002e^{j80.9^\circ} \\ 21.1e^{j170.9^\circ} & 0.98e^{-j1.5^\circ} \end{bmatrix}.$$

귀환 커패시터 C_μ를 구하기로 하자. 또한 C_μ가 제외된다면 입력 임피던스와 출력 임피던스에 어떤 영향이 미치는지 알아보기로 하자.

풀이:

DC는 변하지 않았으므로 DC 측정을 반복할 필요는 없을 것이다. 주어진 *S*-파라미터에 대하여 제4장의 매트릭스 변환공식을 이용하여 트랜지스터의 입력 임피던스(개방회로 출력하에서)를 쉽게 계산할 수 있다.

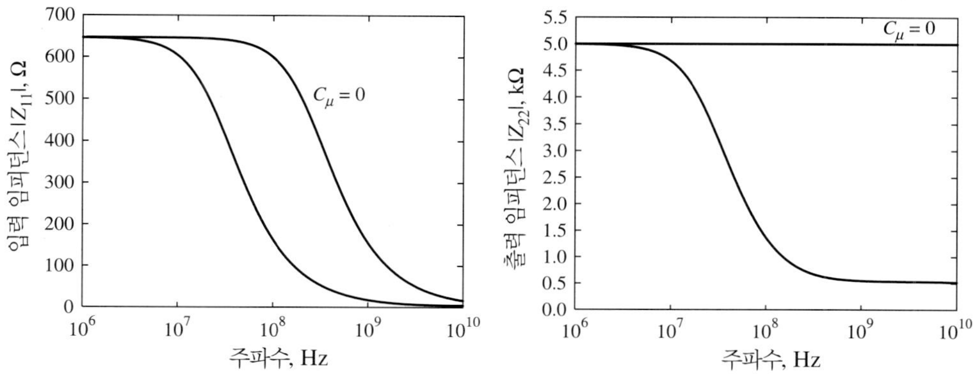

그림 7-31 • 귀환이 있을 때와 없을 때에 대한 입력 및 출력 임피던스의 주파수 특성

$$
\begin{aligned}
Z_{\text{in}} &= Z_{11} = Z_0\frac{(1+S_{11})(1-S_{22})+S_{12}S_{21}}{(1-S_{11})(1-S_{22})-S_{12}S_{21}} \\
&= R_{\text{in}} + jX_{\text{in}} = (6.1 - j29.4)\ \Omega
\end{aligned}
$$

위에서 구한 입력 임피던스를 회로모델에서의 입력 임피던스와 동일식으로 놓으면

$$
Z_{\text{in}} = \frac{1}{1/r_\pi + j\omega(C_\pi + C_{M1})}
$$

이며 여기에서 C_{M1}은 밀러 변형 커패시턴스이다. 이 식을 다시 정리하면 다음 식과 같이 된다.

$$
C_{M1} = \frac{1}{\omega}\,\text{Im}\left(\frac{1}{Z_{\text{in}}}\right) - C_\pi
$$

입력 임피던스의 실수 부분을 사용하였으며 $\omega = 2\pi f$는 S-파라미터에서의 각속도이다. 명확하게 C_{M1} = 10.4 pF − 1.00 pF = 9.4 pF이다. 개방회로 출력하에서 베이스–이미터 전압에 대한 콜렉터–이미터 전압의 비는 $(h_{12} - h_{11}h_{22}/h_{21})^{-1}$와 같으므로 실제 귀한 커패시턴스 C_μ를 계산하기 위하여 식 (7.25)를 이용할 수 있다. 최종적으로 C_μ = 6.9 fF가 된다.

입력 임피던스와 출력 임피던스의 주파수 특성을 계산하기 위하여 식 (7.24)에서 주어진 트랜지스터 h-파라미터를 우선적으로 계산하고 난 후 다시 Z-파라미터로 변환한다. 귀환 커패시턴스가 있을 때와 없을 때(C_μ = 0)의 입력 임피던스와 출력 임피던스는 그림 7-31에서와 같다.

이번 예제에서는 주파수가 100 MHz를 초과하기 시작할 때의 귀환효과를 포함한 중요한 특성들을 나타내고 있다.

이번 예제는 단순한 파라미터를 구하는 예이지만 SPICE로 파라미터를 추출하고자 한다면 실제적으로는 얼마나 어렵게 되는가를 알려주고 있다. 비선형 대신호 모델의 경우 명확한 해법이 없기 때문에 연구과제가 되기도 한다. 많은 제조사들은 *S*-파라미터 특성만을 제공하고 있다. 예제에서의 접근법은 적합한 테스트 장치(test fixture) 또는 지그(jig)를 이용하여 BJT 특성을 크게 간략화시키며 동작 주파수와 특정 바이어스 조건에서 *S*-파라미터를 측정하는 회로망분석기에 의존한다.

7.3.3 전계효과 트랜지스터(FET)의 측정

GaAs MESFET는 많은 RF 회로에서 탁월한 특성을 나타내기 때문에 파라미터 추출에 대하여 면밀히 알아보는 것이 매우 중요하다. 회로 모델이 HEMT와 동일하므로 두 소자를 동시에 취급할 수 있다. 선형영역에서의 드레인 전류에 대한 기본적인 식은 이미 제6장에서 유도하였다. 편의상 여기에서 다시 쓰면

$$I_D = \mu_n \frac{\varepsilon W}{d L}\left\{(V_{\mathrm{GS}} - V_{T0})V_{\mathrm{DS}} - \frac{1}{2}V_{\mathrm{DS}}^2\right\} \approx \beta(V_{\mathrm{GS}} - V_{T0})V_{\mathrm{DS}} \tag{7.53}$$

이며 MESFET와 HEMT의 차이점은 문턱전압 V_{T0}의 정의에 있다. 특별히 쇼트키 장벽 전압 V_d와 핀치-오프 전압 V_P및 HEMT에서 이종접합의 전도대 사이의 에너지차 ΔW_C에 대하여 다음 두 개의 표현식을 얻는다.

$$V_{T0} = V_d - V_P \quad \text{(MESFET)} \tag{7.54a}$$

$$V_{T0} = V_d - \Delta W_c/q - V_P \quad \text{(HEMT)} \tag{7.54b}$$

포화영역에서 $V_{\mathrm{DS}} \geq V_{\mathrm{GS}} - V_{T0}$일 때, 식 (7.53)은 다음과 같이 된다.

$$I_D = I_{D\mathrm{sat}} = \beta(V_{\mathrm{GS}} - V_{T0})^2 \tag{7.55}$$

식 (7.55)를 이용하고 전도 파라미터 β의 값과 인가 게이트-소스 전압 V_{GS}에 대한 드레인 전류로부터 문턱전압 V_{T0}값을 쉽게 구할 수 있다. V_{T0}와 β를 구하기 위한 측정구조는 그림 7-32에 나타내었다.

트랜지스터가 포화영역에서 동작하기 위하여 드레인-소스 전압이 V_{DS} = 일정 ≥ V_{GS}

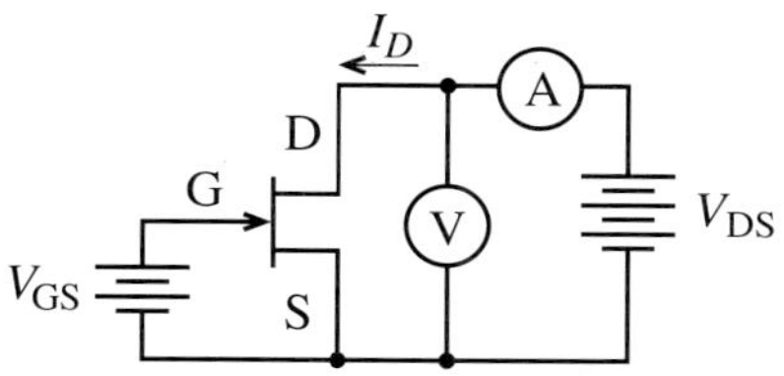

(a) 측정 배열

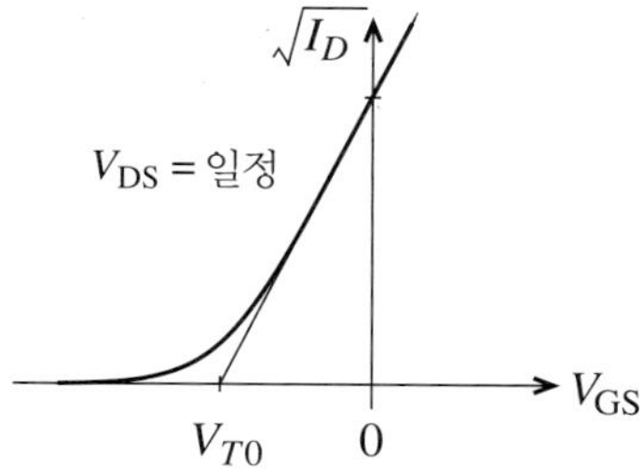

(b) I_D 대 V_{GS} 전달 특성

그림 7-32 • 측정시스템 구조와 포화영역에서의 전달 특성

– V_{T0}을 유지하는 동안에 두 개의 게이트–소스 전압 V_{GS1}과 V_{GS2}을 설정하여 문턱전압을 간접적으로 구할 수 있다. 이러한 두 번의 측정 결과는 다음과 같은 식으로 나타나게 된다.

$$\sqrt{I_{D1}} = \sqrt{\beta}(V_{GS1} - V_{T0}) \tag{7.56a}$$

$$\sqrt{I_{D2}} = \sqrt{\beta}(V_{GS2} - V_{T0}) \tag{7.56b}$$

여기에서 채널 길이 변조효과는 무시한다고 가정하였다. 그러므로 측정전류는 식 (7.55)와 같이 주어진 포화 드레인 전류와 매우 가깝다. 식 (7.56b)와 (7.56a)의 비를 만들고 V_{T0}에 대하여 풀면 다음과 같다.

$$V_{T0} = \frac{V_{GS1} - (\sqrt{I_{D1}}/\sqrt{I_{D2}})V_{GS2}}{1 - \sqrt{I_{D1}}/\sqrt{I_{D2}}} \tag{7.57}$$

다음 과정은 식 (7.57)을 식 (7.56a)에 대입하고 β에 대하여 푼다. 추출 과정은 식 (7.57)이 $V_{T0} = 2\,V_{GS1} - V_{GS2}$가 되도록 $I_{D2} = 4\,I_{D1}$을 택하면 더욱 간단하게 할 수 있다. 이 관계를 식 (7.56a)에 대입하면 $\beta = I_{D1}/(V_{GS2} - V_{GS1})^2$이 된다. 리액티브 소자들은 일반적으로 BJT에 대해서 추출했던 것과 같이 S-파라미터로부터 추출된다.

7.4 산란 파라미터 소자 특성

S-파라미터를 측정하는 방법은 적합한 테스트 장치(test fixture) 또는 지그(jig)를 이용하고 주파수와 바이어스에 따라 네 개의 S-파라미터값을 기록하기 위하여 벡터 전압계 또는 회로망 분석기를 이용함으로써 시험소자(DUT) 특성을 아주 간단하게 측정한다.

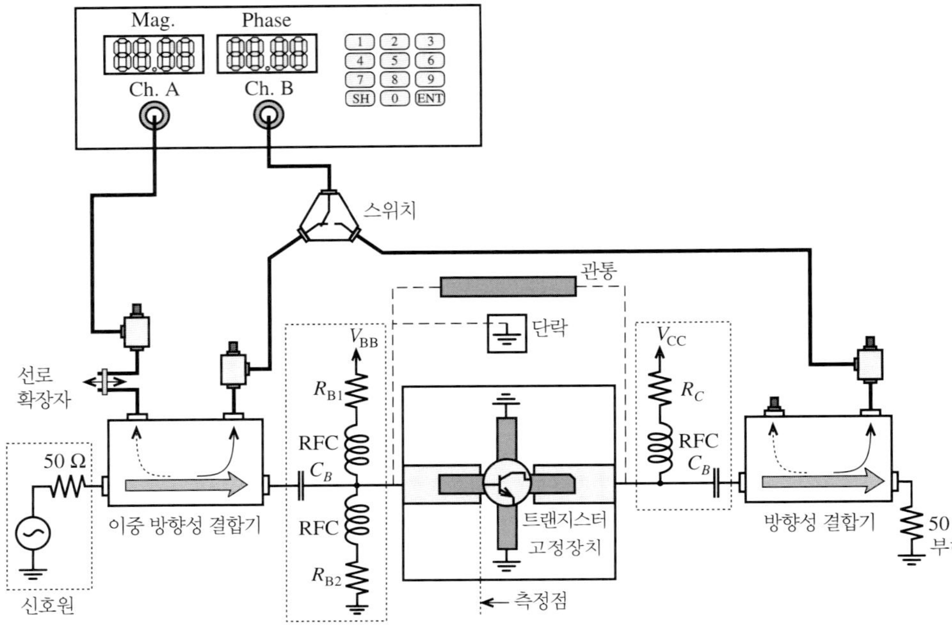

그림 7-33 ● 벡터 전압계에 의한 S-파라미터 측정

지금은 벡터 전압계가 S-파라미터값을 기록하는 데 잘 사용되지 않지만, 그럼에도 불구하고 회로망 측정기의 중앙부에 설치되어 기본 측정순서를 통찰할 수 있게 한다. 우선적으로 이러한 측정방법을 알아보기로 한다. 일반적으로 측정장치를 그림 7-33과 같이 나타낼 수 있으며 RF 신호 발생기와 이중 방향성 결합기, 트랜지스터 바이어스 회로, 실제 트랜지스터 측정 고정장치 및 단락회로와 관통회로 조건을 만들기 위한 캘리브레이션 키트 등이 필요하다.

그림 7-33에서 **이중 방향성 결합기**의 기능은 반사 전력파로부터 입력되는 것을 분리시키는 것이다. 어떻게 방향성결합기에 의하여 분리가 이루어지는가는 동축 결합기의 단면적을 나타낸 그림 7-34를 참고하여 설명할 수 있다. 주축을 통과하여 좌측에서부터 입사되는 입력전력파는 $\lambda/4$ 거리만큼 떨어져 있는 두 개의 슬롯을 통과하여 보조경로의 단자 4에서 에너지가 결합된다. 입사파는 단자 3의 방향에서는 어떤 결합도 일으키지 않는다. 슬롯 A와 슬롯 B를 통과하여 단자 3으로 들어온 신호는 서로 위상이 180° 지연이 일어나기 때문에 단자 3에서는 완전히 파가 상쇄되어 없어진다. 그러나 DUT로부터 반사된 파는 오른쪽에서부터 단자 2로 들어가 보조경로를 통하여 단자 3

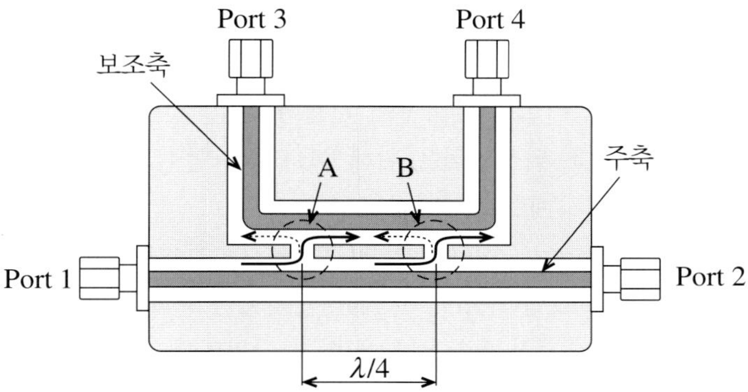

그림 7-34 • 방향성 결합기의 단면적과 신호 경로의 조정

에 들어오는 전력파 에너지와 계속해서 결합되어 나가며 단자 4에서 임의의 전력파는 상쇄된다. 그러므로 단자 4는 입사전력을 측정하게 되며 단자 3은 반사전력을 나타낸다. 방향성 결합기의 특이점(FOM: Figure of Merit)은 **결합계수(coupling factor**, *cf*)와 **방향계수(directivity factor**, *df*)이다. 결합계수(*cf*)의 정의는 다음 식과 같으며

$$cf\,[\text{dB}] = 10\log\left(\frac{P_i}{P_n}\right) \tag{7.58a}$$

보조 축 단자 3 또는 4 ($n = 3, 4$)의 전력에 대한 주 단자 1, 2($i = 1, 2$)에서의 전력의 비를 대수비율로 나타내었다. 방향계수(*df*)는 다음과 같이 정의된다.

$$df\,[\text{dB}] = 10\log\left(\frac{P_3}{P_4}\right) \tag{7.58b}$$

주 단자 1, 2에 동일한 순방향과 역방향 전력레벨을 인가하는 조건에서 보조 경로에서의 전력비의 관계로 나타난다. 매우 우수하게 신호 분리를 하려면 방향계수 값이 커야 함을 알 수 있다.

실제 신호 전달경로는 그림 7-33에서 볼 수 있다. 여기에서 벡터 전압계는 능동소자의 입력전력과 입력단에서 반사되는 반사전력을 각각 채널 A와 채널 B로 측정하며 각 크기의 비를 가지고 $|S_{11}|$을 나타낸다. 위상을 측정하기 위하여 적합한 기준위상을 구하는 것이 매우 중요하다. 이러한 이유로 DUT를 우선 제거하고 위상기준을 구하기 위하여 단락회로를 대신 삽입한다. 동일한 경로길이임을 확인하기 위하여(즉 신호원에서 채널 A까지와 단락에서 채널 B까지의 길이), 선로확장기를 사용하여 위상차가 영(0)이

되도록 필요한 미세조정을 한다.

동일한 테스트장치가 순방향 이득 S_{21}을 구하기 위해서도 이용된다. 채널 B를 DUT의 출력단에 위치한 방향성결합기에 바꾸어 연결하면 입력전압에 대한 출력전압의 비 또는 $|S_{21}|$를 구할 수 있다. 위상조절을 위해 DUT를 관통선로 소자로 대치하고 선로 확장기로 신호경로를 동일하게 조절한다.

나머지 두 개의 S-파라미터 S_{22}와 S_{12}는 DUT 지그를 역으로 하고 바이어스 회로를 교환하여 측정할 수 있다. 그림 7-33에서 나타낸 것처럼 S-파라미터 측정값은 적절한 바이어스 또는 Q점 및 신호 주파수의 설정에 따라 달라진다. 그러므로 매개 곡선을 매우 넓게 만드는 것이 가능하다.

더 일반적인 방법은 벡터 전압계를 이용하는 대신 회로망분석기를 이용하는 것이다. 이 측정장치는 단일 또는 이중-포트 RF 회로의 크기와 위상을 처리할 수 있다. 간단한 기능적인 구성도를 그림 7-35에 나타내었다.

측정순서에 따라 벡터 전압계와 관련된 분리된 모든 기능단위가 RF 또는 MW소자의

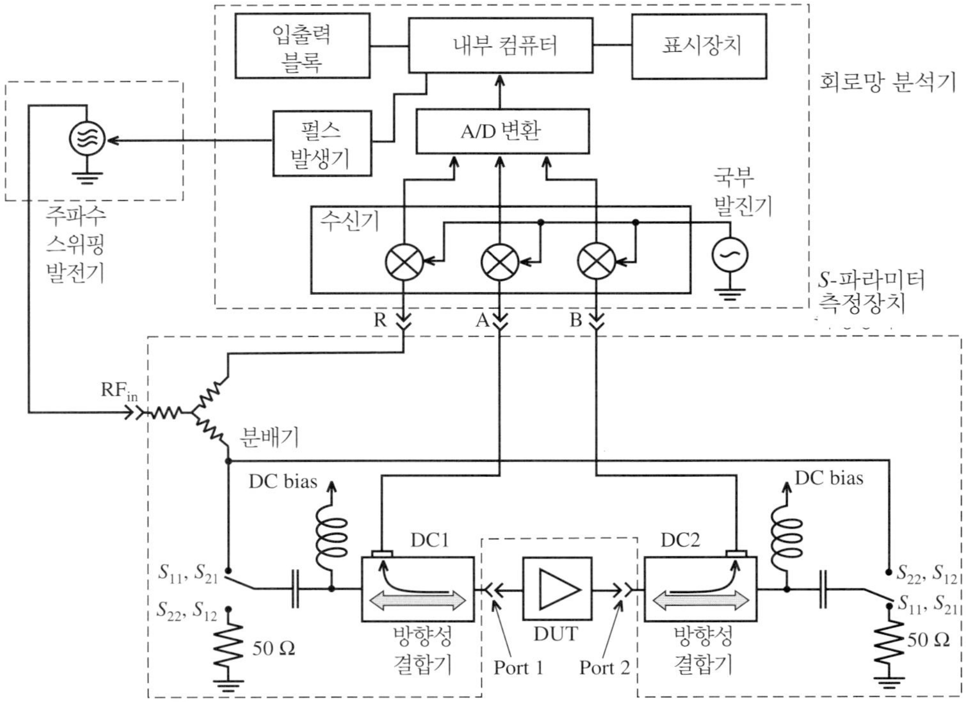

그림 7-35 • S-파라미터 측정을 위한 회로망분석기의 구성도

완전 자동 테스트를 위하여 단 하나의 장치에 집적되어 있다는 점이 회로망분석기의 이점이다.

동작은 다음과 같다. 소인하는(sweeping) RF 신호발생기를 방향성 결합기의 RF 신호측에 인가한다. 순방향에 대하여 기준채널 R은 입사전력파를 측정하며 채널 A는 방향성 결합기 1(DC1)을 통한 S_{11}을 지원한다. 동시에 파라미터 S_{21}은 방향성 결합기 2(DC2)을 통하여 측정한다. 역방향으로 전환하여, 기준채널 R은 DUT의 단자 2로 들어가는 입사전력을 측정하고 채널 B는 S_{22}를 측정하며, 채널 A에서 S_{12}를 구한다. 이와 같은 측정구조는 캘리브레이션과 테스트 조건 사이에서 전자적으로 전환되며 테스트 지그의 교환없이 완전한 S-파라미터의 측정을 하게 된다. 주파수 사이의 믹싱과 증폭단 신호는 A/D 변환기로 입력되고 계속해서 마이크로컴퓨터 및 출력장치로 신호가 처리된다. 컴퓨터는 사용자에게 계산된 S-파라미터(크기와 위상)와 측정하면서 나타난 군지연(group delay), 회구손실 및 삽입손실, 전압정재파비, 입력 및 출력 임피던스 등 많은 정보를 제공한다.

컴퓨터시스템은 테스트구조 설치 중에 발생되는 많은 불완전한 구성을 소프트웨어적으로 보상한다. 제4.4.7절에서 TRL기법을 이용하여 S-파라미터를 측정한 것을 상기하자. 이 방법은 측정과정에서 나타나는 다양한 오차를 보상하기 위하여 제안된 캘리브레이션 계획 중 한 방법이다.

RF&MW

실용적인 설명: 회로 모의실험 소프트웨어를 이용한 RF 트랜지스터의 모델링

이 단락에서는 최근의 회로 시뮬레이터가 어떻게 일반적인 RF 트랜지스터를 분석하는데 사용될 수 있는지를 알아보기로 한다. 비슷한 회로 시뮬레이터가 다른 회사에 의해 제공될 수도 있지만 본 단락에서 제공되는 소프트웨어 프로그램은 에이질런트사(Agilent Technology)의 ADS(Advanced Design System)를 적용한다. 상업적으로 활용 가능한 HEMT인 제조사에서 공급된 모델을 사용하여 간단한 증폭기의 도식적인 개략도를 만들고 그 도식적인 개략도의 S-파라미터를 모의실험하여 그 결과와 데이터 표에 있는 알려진 측정값을 비교한다. 또한 트랜지스터가 실제적으로 어떻게 모델링되는지도 더 가깝게 살펴보기로 하자.

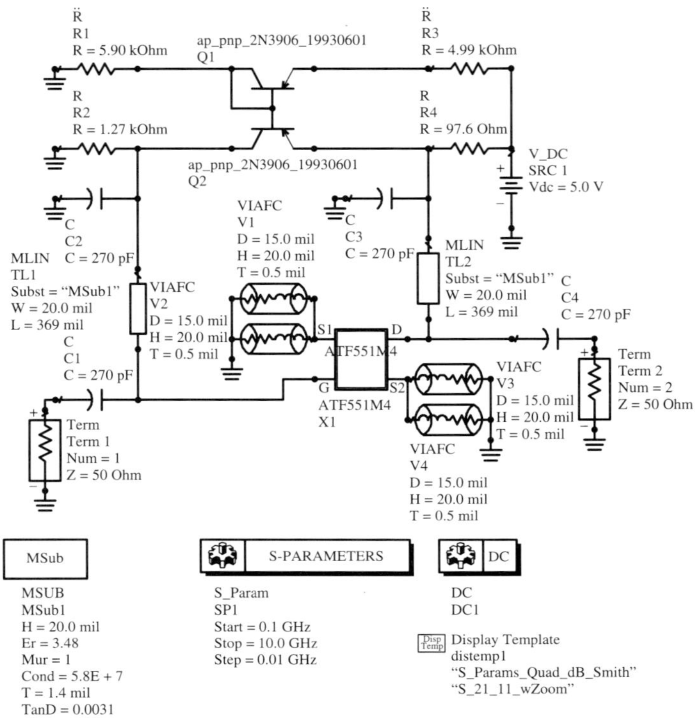

그림 7-36 • 바이어싱 네트워크와 *S*-파라미터 측정설정을 가지고 모의실험된 PCB 위에 놓여 있는 HEMT 소자를 가진 5 GHz의 회로 개략도

그림 7-36은 모델링된 증폭기의 도식적인 개략도를 나타내고 있다. 모의실험을 위해 선택된 소자는 450 MHz~10 GHz 범위에서 저잡음 증폭기 응용을 위해 설계된 에이질런트의 ATF551M4이며 이 소자는 이른바 E-pHEMT의 기술로 만들어졌다. 제조사는 이 트랜지스터의 비선형 ADS(에이질런트 웹사이트 www. agilent.com에서 입수할 수 있다)를 공급해 왔다. 이 트랜지스터 패키지는 두 개의 소스 연결을 가지고 있는데 이들 각각은 데이터표에서 언급되었던 것처럼 두 개의 비아 연결을 통해 접지와 연결되어 있다. HEMT는 두 개의 정합된 낮은 주파수 *pnp* 트랜지스터를 가진 능동 바이어스 회로를 사용하여 바이어스된다. 더 자세한 바이어싱 회로에 대한 설명은 8장으로 미루겠다. 그러나 공급된 바이어스 회로(에이질런트 응용노트에 제안된)는 온도와 소자-소자의 변동에 무관하게 합리적으로 HEMT 드레인 전압과 전류를 일정하게 유지한다고 언급하기에 충

분하다. 바이어싱 조건은 $V_{DS} = 3$ V 그리고 $I_D = 20$ mA 이다. 만약 데이터 표를 찾아본다면 단순한 단일접지 전력공급기(도식적인 개략도에서 5 V DC 소스에 의해 표현된)의 사용을 허가함으로써 이 바이어싱 점은 $V_{GS} \approx +0.53$ V이 된다. 이 바이어싱 점이 선택되면 트랜지스터는 최대 이득, 낮은 왜곡과 낮은 잡음에 가까운 값을 얻는다. 이 점은 데이터 표에서 나열된 것처럼 *S*-파라미터를 가진 몇 안 되는 바이어스 점 중에서 하나이다.

RF 신호가 DC 바이어싱 회로로 입력되는 것은 마이크로스트립 전송선로와 바이패스 커패시터로 구성되어 있는 필터를 사용하여 막는다. 전송선로 선 길이를 5 GHz에서 $\lambda/4$가 되도록 선택한다. 이것은 DC 바이어싱 회로가 개방회로와 같이 동작되도록 보증한다. 5 GHz 값은 증폭기의 중심주파수이며 모의실험되고 측정된 *S*-파라미터가 정합되어야 하는 값이다. 앞서 2장에서 배운 것처럼 다른 주파수 대역에서는 전송선로가 더 이상 개방회로와 같이 동작하지 않기 때문에 *S*-파라미터 계수에 영향을 준다. 개략적인 모양 MSub1은 마이크로스트립을 모의실험하기 위해 필요한 PCB 기판 파라미터들을 규정한다. 이 회로에 대하여 Rogers 4350기판이 사용되며, 파라미터들은 데이터 표로부터 유추된다.

HEMT의 게이트와 드레인은 *S*-파라미터 측정단자(회로망 분석기와 비슷한)에 DC 차단 커패시터와 연결되어 있다. 개략도 위의 다른 소자들은 0.1부터 10 GHz까지 주파수 천이를 규정하는 *S*-파라미터 설정 블록(SP1), DC 모의실험 블록(DC1)를 포함하고 있으며 *S*-파라미터를 위한 템플릿도 표시한다.

모의실험 결과를 살펴보기 전에 더 자세하게 HEMT 모델을 살펴보도록 하자. 그림 7-37은 ADS 개략도 편집자의 명령인 "Push Into Hierarchy"를 적용하여 더 자세한 회로도를 나타내고 있는 트랜지스터 모델을 표시하고 있다. 추가 회로는 트랜지스터 다이 모델과 커패시터, 인덕터 그리고 마이크로스트립 부분으로 모델링된 패키지를 포함하고 있다. 트랜지스터 모델은 모든 모델의 파라마타를 규정하는 모델 블록 MESFETM1에 연결되어 있는 소자 심볼 FET1을 나타내고 있다. 여기서 내장된 "Advanced Curtice Quadratic" GaAs FET 모델이 사용된다. 이것은 현재 사용되고 있는 가장 간단한 모델 중 하나이며 그림 7-24에 나타나 있는 모델과 비슷하다. 그림 7-38은 이 모델의 기본 회로 형태를 보여주고 있는데 대부분의 회로기반 MOSFET 모델들과 비슷하다. 이 모델에서 대부분의 회로소자는 바이어스 의존(비선형) 전류원 I_D과 관련된 R_D 그리고 접합 커패시턴스

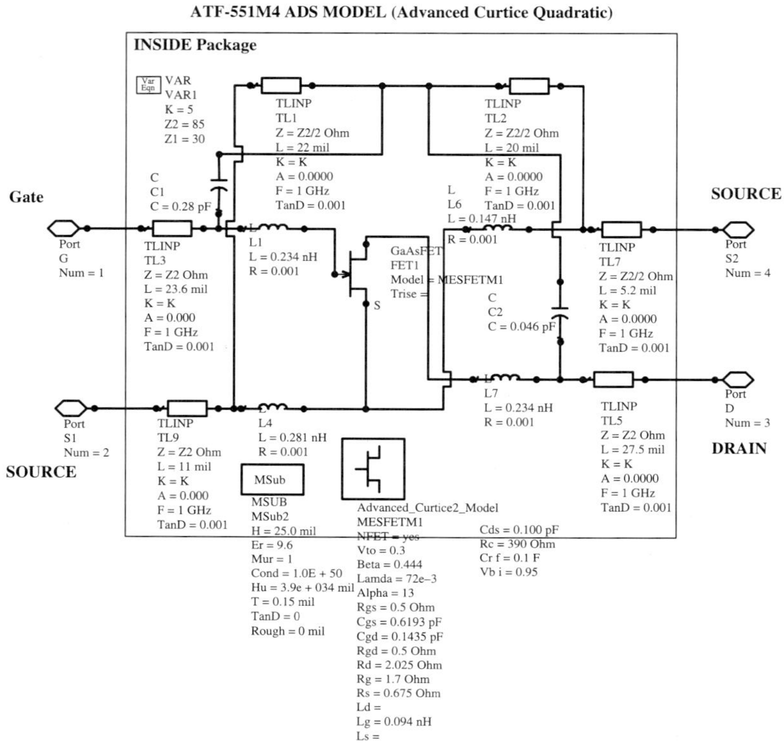

그림 7-37 • 트랜지스터 모델과 패키지 부품들을 포함한 HEMT에 대한 ADS 회로 모델

C_{GS}와 C_{GD}을 제외하면 단순한 저항/인덕터/커패시터를 가진다. Curtice Quadratic 모델에서 다음과 같이 전류를 나타낼 수 있다.

$$I_D = \beta(V_{\text{GS}} - V_{TO})^2(1 + \lambda V_{\text{DS}})\tanh(\alpha V_{\text{DS}})$$

그리고

$$C_{\text{GS}} = \frac{C_{\text{GS0}}}{\left(1 - \dfrac{V_{\text{GS}}}{V_{BI}}\right)^{0.5}}$$

여기서 파라미터들은 MOSFET1 블록에서 정의된다. α = Alpha = 쌍곡선 탄젠트 파라미터, β = Beta = 전달전도(transconduction) 파라미터, λ = Lambda = 채널 길이 변조, V_{TO}는 임계 전압, C_{GS0}는 제로-바이어스 게이

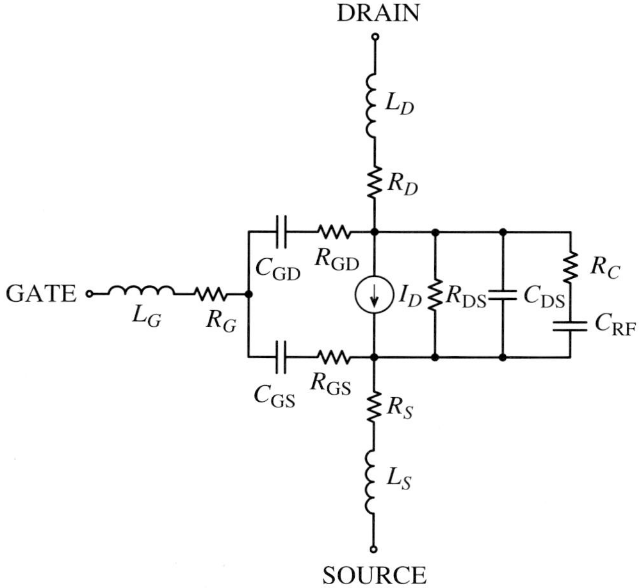

그림 7-38 • 트랜지스터 다이(die)를 적용한 Curtice Quadratic GaAs MESFET 모델에 대한 기본 회로 토폴로지

트 소스 커패시턴스를 의미한다(파라미터 표에서는 C_{GS}). 그리고 V_{BI}은 내장된 접합 전위를 나타낸다.

I_D의 공식에서 작은 차이를 살펴보도록 하자. 쌍곡선 탄젠트 요소가 포함되었다. 어느 정도의 정확성을 희생하면서 선형 혹은 3극 진공관(triode) 그리고 포화영역 모두에서 하나의 연속 공식에 의존하게 된다. 이 공식은 개별적인 트랜지스터에 대해 적합한 파라미터를 간단하게 만드는 연속적인 함수로서 때때로 편리하다.

ADS 모의실험을 수행하여 나온 S-파라미터에 대한 결과를 그림 7-39에 나타내었다. 추가적인 임피던스 정합 없이 트랜지스터는 5 GHz에서 약 13 dB의 이득(S_{21})을 얻으며 기대했던 대로 주파수에 따라 일반적으로 이득이 감소한다. 그러나 기본적으로 낮은 주파수와 10 GHz 근처에서 이득이 크게 감소하는데 바이어싱 급전이 이들 주파수에서 단락회로처럼 보이기 때문이다. 역방향 이득(S_{12})은 −20 dB이하이며 좋은 역방향 분리도로 생각될 수 있다. 입력과 출력 단자는 스마스 차트상에서 그려진 S_{11}과 S_{22}을 관찰함으로써 50 Ω으로 정합되지 않음을 알 수 있다. 그

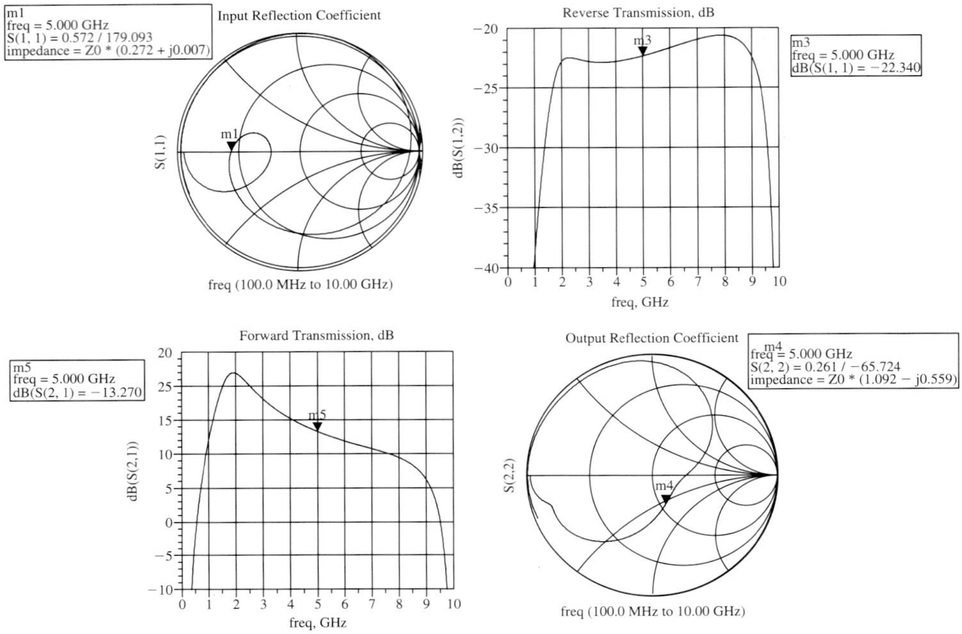

SP.freq[490]	S[490](1,1)	S[490](2,1)	S[490](1,2)	S[490](2,2)
5.000 GHz	0.572 / 179.093	4.608 / 55.345	0.076 / 23.208	0.261 / −65.724

그림 7-39 • 5 GHz 증폭기에 대한 ADS *S*-파라미터 천이 결과

러므로 추가적인 정합 회로가 마지막 LNA를 설계할 경우 필요하다. 이들 이슈는 8장과 9장에서 고려할 것이다.

5 GHz에서 숫자로 나타나는 *S*-파라미터 값을 파악하기 위해 각 그림에 표시를 달아두었다. 이것은 그래프 아래의 표에서도 볼 수 있다. 데이터 표 값을 가지고 모델 예측치와 비교하여 보자. $S_{11} = 0.662\angle 175.3°$, $S_{21} = 4.099\angle 59.4°$(12.25 dB), $S_{12} = 0.076\angle 19.2°$(−22.4 dB), $S_{22} = 0.270\angle -71.5°$. 값이 정확하게 일치하지는 않는다. 그러나 이것은 보편적으로 응용 가능한 모델을 만들어내기 위해서 정확성을 희생시킨 것으로 이해할 수 있다. 또한 관찰되는 일부 차이는 데이터 표의 *S*-파라미터를 측정할 때 발생되는 다른 단락-소스 연결 때문으로 보인다.

이 모의실험 결과는 증폭기의 이득, 안정도 그리고 잡음 성능을 더 자세히 검사할 수 있도록 도움을 준다. 이 주제에 대해서는 9장에서 논의될 것이다.

7.5 요 약

능동소자에 대한 전기회로 모델은 대부분의 CAD 소프트웨어 패키지의 근간을 이루고 있다. 이러한 회로는 간단한 선형 모델에서부터 복잡한 대신호 모델까지 다양하다. 특별히 온도의 영향을 고려한 대규모 BJT SPICE 모델은 약 40여 개의 매개 파라미터가 포함되며 파라미터값을 결정하는 것은 매우 힘든 일이다.

본 장에서는 기존의 *pn*-접합 다이오드 또는 쇼트키 다이오드에서 모델링하는데 사용되는 기본적인 대규모 다이오드 모델을 알아보았다. 접합 및 확산 커패시턴스와 온도의존 포화전류는 이 모델을 구성하는 주요 성분이다. 바이어스점 또는 Q 동작점을 인지하고 단지 소신호 동작만을 고려할 때 선형 다이오드 모델을 적용하며 이때 미소 콘덕턴스와 확산 커패시턴스는 다음 식과 같다.

$$G_d = \frac{1}{R_d} = \left.\frac{dI_D}{dV_A}\right|_{V_Q} = \frac{I_Q}{nV_T} \text{ 그리고 } C_d = \frac{I_S\tau_T}{nV_T}e^{V_Q/(nV_T)} \approx \frac{I_Q\tau_T}{nV_T}$$

다이오드 모델은 Ebers-Moll에 의하여 제안된 모델과 같이 정적 BJT 모델을 개발하는데 기본적인 초석으로서 이용된다. 순방향 동작 모드와 역방향 동작 모드 같은 주제는 기본 Ebers-Moll 식을 간략화하여 설명할 수 있다. Injection 모델로부터 시작하여 Ebers-Moll BJT 식을 전달 표현식과 순방향 동작 모드의 대규모 BJT 모델로 전환시켰다. 부가적으로 Ebers-Moll 모델의 수식을 다시 정리하고 변형시켜 좀 더 구체적인 Gummel-Poon 모델을 만들었다. 이 모델의 대신호 정상동작 모드 회로를 그림 7-13에서 나타내었다. 소신호 표현은 하이브리드-π 모델이며 대규모 Ebers-Moll 표현의 일반적인 선형화 표현이다. 하이브리드-π 파라미터는 주어진 콜렉터 전류 동작점에 대하여 다음과 같이 계산된다.

$$g_m = I_C^Q/V_T,\ \ r_\pi = \beta_0/g_m,\ \ \left.\beta_F\right|_Q = \beta_0,\ \text{그리고}\ 1/r_0 = I_C^Q/V_A$$

고주파 동작에 대하여 입력과 출력단 사이의 커패시티브 결합은 트랜지스터 동작에 중요한 영향을 끼친다. 이른바 밀러 효과를 고려하면 콜렉터–베이스 커패시턴스는 입력과 출력 커패시턴스로 전환되며 다시 2-포트로 분리된다. 리드선에 의한 인덕턴스와 저항은 고주파 동작에서 영향을 미치며 주파수가 높아짐에 따라 입력 및 출력 임피던스가 어떻게 영향을 받는지에 대한 프로젝트를 수행하였다.

FET 회로 모델 중에서 특별히 고주파 영역에 가장 적합한 MESFET와 HEMT에 대하여 매우 관심을 집중시켰다. 포화영역, 선형영역, 역포화영역 및 역선형영역에 대해 제6장과 밀접하게 관련지어 정의하였다. 특별히 포화영역에서의 드레인 전류는

$$I_D = \beta_n(V_{GS} - V_{T0})^2(1 + \lambda V_{DS})$$

이며 선형영역에서는

$$I_D = \beta_n[2(V_{GS} - V_{T0})V_{DS} - V_{DS}^2](1 + \lambda V_{DS})$$

과 같이 기본적인 정적 및 동적 회로 모델을 형성하였다. 차단주파수는 능동소자의 주파수 제한특성을 정성적으로 분석하게 하였으며 저주파에서 중간주파수대역까지 커패시터의 전하 충전시간으로 주파수 동작 특성을 결정하게 됨을 알았다. 여기에서 고속동작에 대하여 채널 전이시간이 제한요소가 된다.

최종적으로 능동소자의 전기적 파라미터를 추출하는 방법에 대하여 논의하였다. BJT의 DC특성의 경우, 베이스-이미터 전압에 대한 콜렉터 전류와 베이스 전류의 관계에 따르며 이러한 특성 곡선으로부터 포화전류, 전류이득 및 초기전압(Early voltage)를 구하였다. AC 파라미터의 측정은 더욱 구체적이어서 단지 선형 하이브리드-π 모델만이 필수적인 모델 회로이며 식 (7.50)과 같이 나타낸다. FET의 특성은 DC BJT 모델에서의 과정과 유사한 경로를 따르며 게이트-소스 전압에 대한 드레인 전류의 측정을 포함하였다. 많은 경우에서 BJT와 FET의 두 가지의 *S*-파라미터 표현은 주어진 바이어스와 동작주파수에 대하여 능동소자의 특성을 나타내는 가장 일반적인 방법이다. 이러한 목적으로 벡터 전압계 또는 회로망 분석기는 측정소자의 입력과 출력 전력파를 측정분석한다. 벡터 전압계에 의한 측정을 하는 데는 방향성 결합기, 신호원, 스위치 및 순방향, 역방향 측정 프로토콜을 필요로 한다. 회로망 분석기의 세 개의 채널에 *S*-파라미터 테스트 세트를 연결하여 자동측정이 가능하며 특정 바이어스 조건과 동작주파수에 대하여 S_{11}, S_{22}, S_{21} 및 S_{12}의 측정은 능동소자의 특성을 알아내는데 충분한 정보를 설계자에게 제공한다.

참고문헌

P. Antognetti and G. Massobrio, *Semiconductor Device Modeling with SPICE*, McGraw-Hill, New York, 1988.

J. J. Ebers and J. L. Moll, "Large-Scale Behaviour of Junction Transistors," *Proc. of IRE*, Vol. 42, pp. 1761-1778, December 1954.

H. K. Gummel and H. C. Poon, "An Integral Charge Control Model of Bipolar Transistors," *Bell System Tech, Journal*, Vol. 49, pp. 827-851, 1970.
T.-H. Hsu and C. P. Snapp, "Low-Noise Microwave Bipolar Transistor with Sub-Half-Micrometer Emitter Width," *IEEE Trans. on Electron Devices*, Vol. ED-25, No. 6, June 1978.
E. S. Yang. *Microelectronic Devices*, McGraw-Hill, NY, 1988.
B. Razavi, *RF Microelectronics*, Prentice Hall, 1998.
Y. Tsividis, *Operation and Modeling of the MOS Transistor*, McGraw-Hill, 2nd edition, 1999.
R. Jaeger and T. Blalock, *Microelectronic Circuit Design*, McGraw-HILL, 2nd edition, 2003.
R. T. Howe and C. G. Sodini, *Microelectronics: An Integrated Approach*, Prentice-Hall, 1997.
F. Ellinger, *Radio Frequency Integrated Circuits and Technologies*, Springer-Verlag, 2007.

연습문제

7.1 $T = 300$ K에서 실리콘 *pn*-접합 다이오드의 파라미터는 다음과 같다. $I_S = 5 \times 10^{-15}$ A, $n = 1.2$, $\tau_T = 100$ ps 및 $R_S = 10\ \Omega$. 다이오드는 인가된 접합전압이 0.7 V에서 유지되는 바이어스 조건에서 동작되고 있다고 가정한다. 200 K에서 450 K 범위에서 미소저항과 다이오드 커패시턴스를 구하라.

7.2 온도 $T_j = 25°\text{C}$에서 *pn* 다이오드의 역포화전류는 $I_S = 0.01$ pA이고 방출계수(emission coefficient)는 1.6이다. 접합온도가 120°C일 때, 역포화전류를 구하고 인가 다이오드 전압이 $V_A = 0.8$ V일 때 다이오드 전류 I_D를 구하라.

7.3 공정기사의 업무는 쇼트키 다이오드의 모델 파라미터를 구하는 것이다. 측정 데이터로부터 $I_S = 2$ pA인 포화전류를 구하였다. 나머지 파라미터(n과 τ_T)를 구하기 위하여 엔지니어는 다이오드의 미소 커패시턴스를 사용하기로 결정하여 실온에서 측정으로 인가된 접합 전압이 $V_A = 0.5$ V일 때 확산 커패시턴스가 $C_d = 0.329$ pF이고 $V_A = 0.7$ V일 때 $C_d = 0.371$ nF이라고 가정하였다. 방출계수 n과 전이시간 τ_T를 구하여라.

7.4 금으로 접합시킨 GaAs 쇼트키 다이오드가 80 mA로 동작되고 있다. 온도 300 K에서 다음과 같이 파라미터가 주어진다. $\tau_T = 40$ ps, $R_S = 3\ \Omega$, $n = 1.2$, $I_S = 10^{-14}$ A. (a) 주파수 1 MHz에서 5 GHz 범위에서 소신호 임피던스 동작 특성을 그림으로 나타내어라. (b) 온도 400 K에서 계산을 반복하라.

7.5 PIN 다이오드 형태는 아래 그림과 같다. 제어 전압이 +5 V 또는 −5 V이며, 주파수 범위는 1 MHz에서 10 GHz일 때 회로의 *S*-파라미터를 계산하라. 다이오드 모델 파라미터는 $I_S = 5 \times 10^{-15}$ A, $n = 1.2$, $\tau_T = 100$ ps, $m = 0.5$, $C_{J0} = 10$ pF, $V_{\text{diff}} = 0.7$ V이고 $R_S = 10\Omega$이다. 주변 동작온도는 $T = 300$ K이고 차단 커패시터와 RFC는 무한값이라고 가정한다.

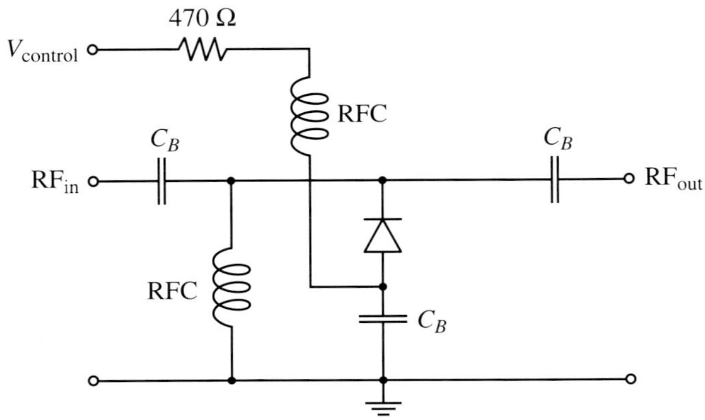

7.6 이상적인 *pn*-접합 다이오드의 파라미터가 예제 7-1과 같을 때 최대 동작 주파수를 구하라. $I_Q = 1$ mA라고 가정한다. 최대 주파수는 다이오드의 *RC* 값에 의하여 예측될 수 있다.

7.7 에너지 bandgap을 제외하고 모든 파라미터가 동일한 세 개의 이상적인 *pn*-접합 다이오드를 고려하자. 다이오드는 Ge, Si, GaAs로 각각 제조되었으며 인가전압의 경우는 동일하다면 이러한 다이오드에 대한 순방향 바이어스 전류의 비를 구하라.

7.8 *npn* BJT(개방회로 조건)에서 베이스 단자 전류는 영(0)으로 제한된다. 소자가 실온에서 동작하고 $\alpha_F = 0.99$ 및 $\alpha_R = 0.05$로 가정한다. 대신호 Ebers-Moll 모델을 사용하여 인가 콜렉터–이미터 전압 V_{CE}에 대한 베이스–이미터 전압의 관계를 구하라.

7.9 소신호 트랜지스터 모델이 그림 7-16과 같음을 증명하라. 개방회로 출력조건 하에서 입력 밀러 커패시턴스는 $C_{M1} = (1 + g_m r_{\text{ce}})C_\mu$와 같다. 또 이 공식을 아직까지 적용할 수 있는 제한점에서의 상한주파수를 구하라.

7.10 하이브리드-π BJT 모델에 대하여 주파수 10 MHz에서 10 GHz의 범위에서 단락회로 전류이득 h_{fe}를 도시하여라. $T = 300\,^\circ$K에서 20 mA의 콜렉터 바이어스 점에 주어진 파라미터는 $\beta_0 = 140$, $C_\mu = 0.1$ pF, $C_\pi = 5$ pF이다.

7.11 예제 7-4에서 리드선의 인덕턴스와 저항 등 파생소자와 연계된 효과를 고려하여 비교적 복잡한 마이크로파 트랜지스터에 대하여 논의하였다. 제조사에서 트랜지스터 하우징 속에 내부 정합회로와 안정화회로를 부가시키기 때문에 실제적으로는 더욱 복잡하다.

트랜지스터의 내부회로가 아래 그림과 같을 때 주파수 100 MHz에서 20 GHz의 범위에서 *S*-파라미터를 계산하여라.

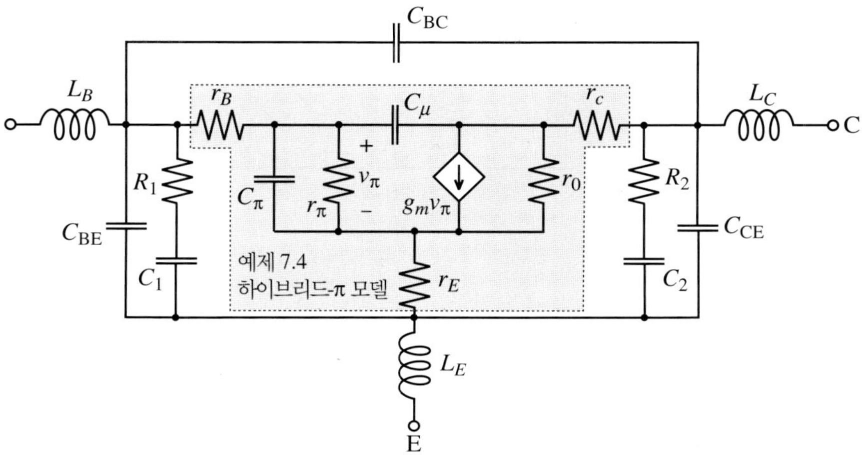

그림에서 회로소자값은 $R_1 = 25\ \Omega$, $R_2 = 20\ \Omega$, $C_1 = C_2 = 0.2$ pF, $C_{BE} = C_{CE} = 0.1$ pF이다. 바이어스 조건과 모든 인덕턴스값 및 하이브리드-π 모델의 소자값은 예제 7-4에서와 같다.

7.12 하이브리드-π BJT 모델에서 커패시턴스 C_μ를 구하는 가장 쉬운 방안은 베이스와 콜렉터 사이의 커패시턴스를 다음과 같이 측정하는 것이다.

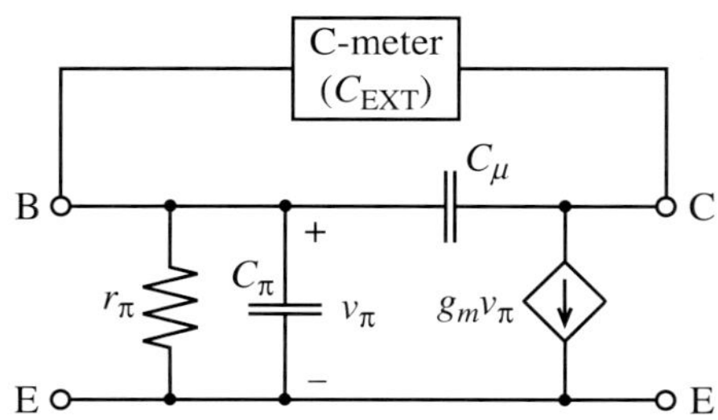

만약 주파수가 $1/(\omega C_\mu) >> r_B$가 되도록 충분히 낮다면 외부적으로 귀환 커패시턴스 C_μ에 대하여 측정한 커패시턴스에 직접적으로 관련된다. 전압 v_π은 영(0)이고 r_π, C_π및 g_m은 측정에 영향을 주지 않는다고 검증하는 것이 사실임을 증명하라. 만약 정밀측정장치로 측정하여 외부 커패시턴스는 1 MHz에서 $C_{ext} = 0.6$ pF였다면 일반적으로 25~200 Ω 범위의 r_B를 무시할 수 있을까?

7.13 하이브리드-π 모델에서 저주파 측정(C_μ와 C_π를 무시한)으로부터 r_π, r_B, g_m의 값을 구하라.

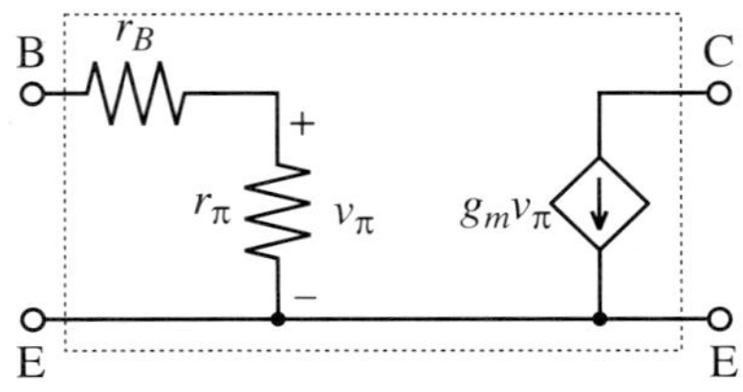

이때 실온(25° C)에서 트랜지스터의 동작점을 측정하였더니 베이스–이미터 전압 $V_{BE} = 1.0$ V에서 DC 베이스 전류는 $I_B = 100\ \mu A$, 콜렉터 전류는 $I_C = 25$ mA였다. 덧붙여 낮은 주파수 입력 임피던스는 356 Ω이다.

7.14 BJT 소신호 모델의 파라미터가 다음과 같다. $g_m = 40$ mS, $f_T = 600$ MHz, $r_{ce} = 2.5$ kΩ, $r_{bb'} = 125$ Ω이고 $C_{b'c} = 2$ pF이며, $R_L = 50$ Ω이 그림에서와 같이 연결되어 있다.

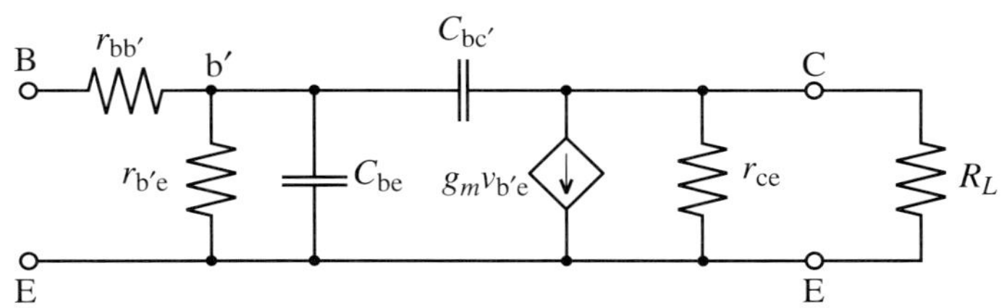

$V_L \approx -g_m V_{b'e} R_L$이라고 가정할 때, 밀러 커패시턴스 C_{M1}를 구하라. 입력회로는 아래의 그림과 같이 추정될 수 있다.

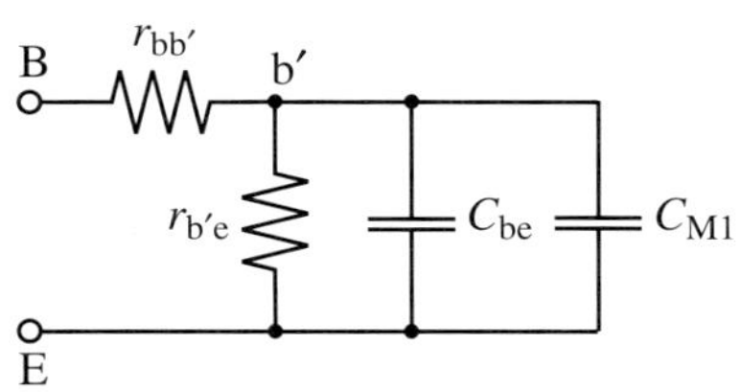

7.15 예제 7-4에 나타낸 트랜지스터의 베이스, 이미터 및 콜렉터 저항을 포함한 모든 기생소자를 무시할 때 최대 주파수 f_0, 베타 차단주파수 f_β및 전이주파수 f_T를 구하라.

7.16 베이스 접지 형태에서 BJT의 h-파라미터 표현식을 구하라. 베이스, 이미터 및 콜렉터 저항(r_B, r_E, r_C)은 무시한다.

7.17 다음 그림과 같이 고주파 FET 모델에 대하여 h-파라미터 표현식을 구하라.

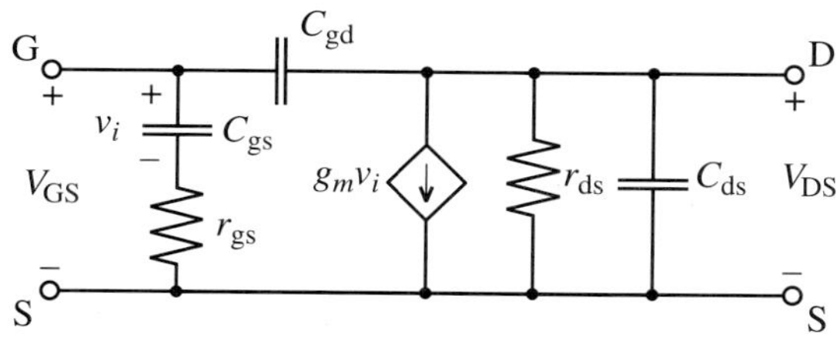

7.18 문제 7.17의 등가회로를 이용하여 게이트 접지 형태의 FET에 대한 h-파라미터 표현을 구하라.

7.19 문제 7.17의 FET 회로 모델에 대하여 C_{gd}를 등가 밀러 커패시턴스로 대신하여 등가 입력과 등가 출력 임피던스를 구하라. 개방회로 부하를 가정하자.

7.20 간단한 FET 모델이 아래 그림과 같다. 커패시턴스 C_{gs}와 C_{gd} 및 g_m을 구하기 위한 절차를 설계하라.

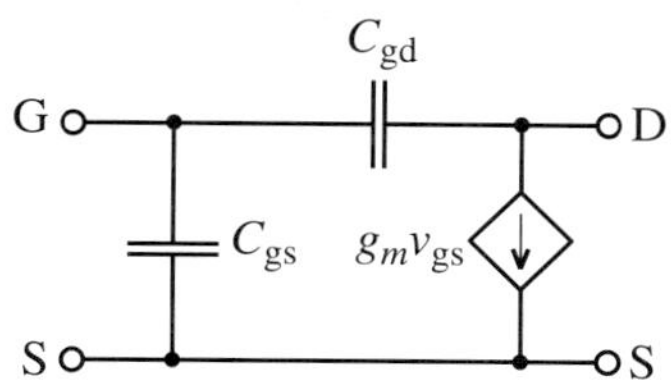

저주파 동작에서도 출력단 단락회로 조건하에서 드레인 전류와 게이트-소스 전압을 측정하는데 타당함을 보여라.

7.21 FET 모델은 종종 Y-파라미터로서 다음 그림과 같이 주어진다.

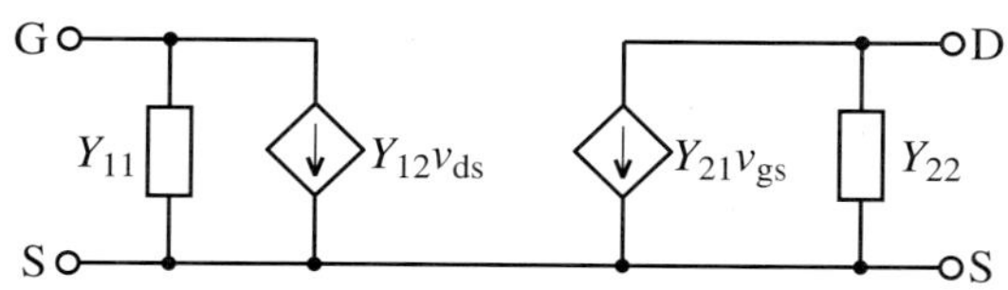

이 모델을 P_i-회로망으로 변환시키고 아래 그림의 계수 A, B, C 및 D를 결정하라.

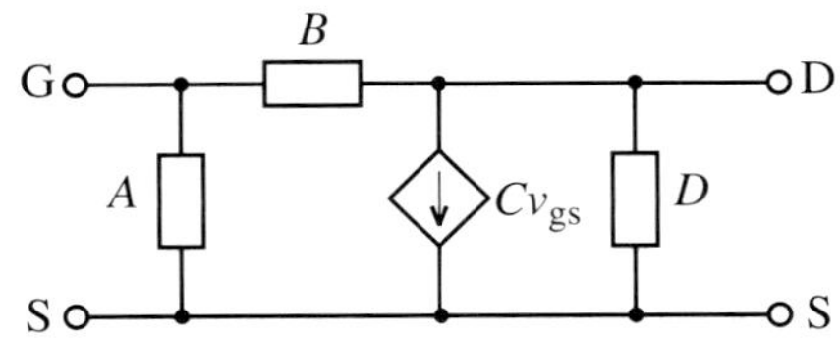

7.22 문제 7.14의 모델 파라미터에 대하여, 18 Ω ≤ R_L ≤ 180 Ω 범위의 부하 임피던스에 대한 차단주파수 f_T를 그림으로 나타내어라.

7.23 트랜지스터의 순방향 전류이득 h_{fe}의 주파수 의존성은 식 (7.28)과 식 (7.29)에 자세히 설명되었다. 예제 7-6과 7-7에서 분석된 트랜지스터에 대하여 $|h_{fe}(\omega)| \propto 1/f$의 상태로 추정되는 주파수 범위를 구하라.

7.24 예제 7-7의 S-파라미터가 주어졌을 때, 문제 7.23의 추정을 사용하여 f_T을 계산하라.

CHAPTER 08

정합 및 바이어스 회로

제 2장에서 언급한 바와 같이 최대 전력을 전달하기 위해서는 부하 임피던스와 신호원 임피던스를 정합시켜야 한다. 이와 같은 임피던스 정합은 신호원과 부하 사이에 수동 정합회로를 삽입시켜 이루어진다. 이러한 회로를 정합회로라 한다. 그러나 정합회로를 단지 최적의 전력을 전달하기 위해 임피던스를 정합시키는 것으로 한정시킬 수는 없다. 사실 실제 회로에서 정합회로는 원하는 최소 전력손실을 나타내게 설계될 뿐만 아니라 잡음의 영향 최소화, 최대 전력취급능력, 선형적인 주파수 반응 특성 등 부가적인 기능에 의하여 설계되어야 한다. 보다 일반적인 맥락에서 정합회로의 목적은 주어진 임피던스를 다른 값 또는 적합한 값으로 전환시키는 변환장치라고 정의할 수 있다.

본 장에서는 수동 정합회로를 이용하여 임피던스 전환을 수행하는 기법에 대하여 다루고자 한다. 강조해야 할 점은 신호원과 부하 사이의 최소 반사계수가 나타내도록 해야한다는 점이다. 잡음지수관계, 선형화 등은 제9장에서 논의하기로 한다.

여기에서는 분리된 집중소자에 의한 회로망에 대한 학습부터 시작하기로 한다. 이러한 회로망은 쉽게 분석할 수 있으며 비교적 낮은 GHz 대역까지 사용할 수 있다. 그 다음에 스트립 선로나 스트립 스텁과 같은 분포소자를 이용한 정합회로 설계와 분석에 대하여 공부하기로 한다. 이러한 분포형 회로는 1 GHz 이상의 주파수에서 적합하며 RF 집적회로 설계에서와 같이 수직회로크기(vertical circuit dimension)가 매우 중요한 분야에서도 적용이 가능하다.

임피던스 정합을 간략화시키고 설계방안의 명확성을 나타내기 위하여 스미스 차트를 광범위하게 사용하여 설계하기로 한다.

8.1 분리된 집중소자를 이용한 임피던스 정합회로

8.1.1 두 개의 소자를 이용한 정합회로

일반적으로 공학도는 두 가지의 주요 목적을 위하여 노력한다. 첫째는 시스템의 기술적인 특성을 만족시켜야 하는 것이며 둘째는 경제성을 만족시키면서 첫 번째 목적을 달성하기 위한 신뢰성 방안을 추구한다는 점이다. 그러므로 정합회로는 두 가지 목적을 달성하기 위하여 경제성이 있으며 신뢰성이 높은 정합회로는 회로를 구성하는 정합회로의 소자의 수가 가능한 한 적어야 한다.

본 절의 주제는 가능한 한 가장 간단한 형태의 정합회로, 즉 회로의 형태에 따라 **L-형** 또는 **두 소자 회로**에 대하여 설계하고 분석하고자 한다. 이러한 회로는 부하 임피던스(Z_L)에서 원하는 입력 임피던스(Z_{in})로 변환하는 데 두 개의 리액티브 소자가 사용된다. 부하 임피던스와 신호원 임피던스가 함께 있는 직렬과 단락형태의 구성은 그림 8-1과 같으며 커패시터와 인덕터를 서로 교번하여 8가지 형태로 연결된다.

정합회로의 설계에 있어서 다음과 같이 크게 두 가지의 접근법을 고려한다.

1. 소자의 값을 분석적 해법으로 유도한다.
2. 그래프적 설계 툴인 스미스 차트에 의존한다.

첫 번째 분석적 해법은 매우 정밀한 결과를 나타내므로 컴퓨터에 의한 회로합성에 적합하다. 다른 방안으로 두 번째 설계 접근법은 복잡한 계산을 하지 않기 때문에 비교적

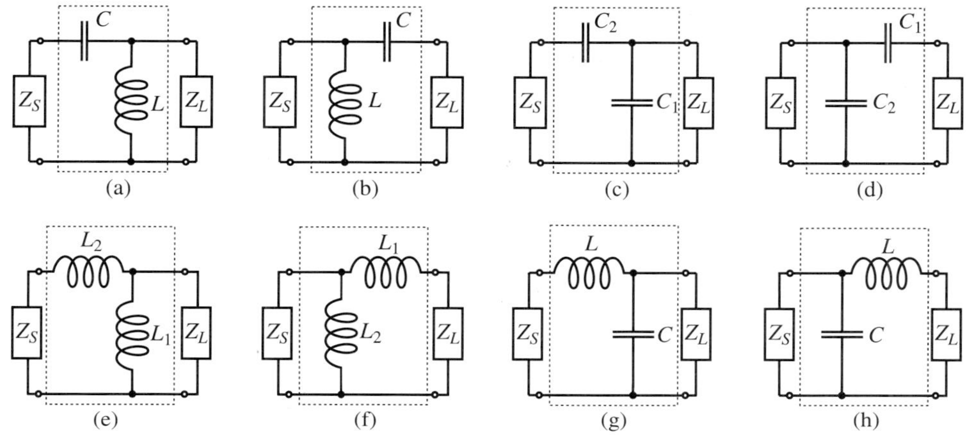

그림 8-1 • 분리형 두 소자 정합회로의 8가지 연결가능 형태

직관적인 방법이며 쉽게 증명되고 초기 설계를 매우 빠르게 할 수 있다. 다음의 예제는 특정 L-형 정합회로를 설계하기 위하여 분석적 해법을 상세히 설명한다.

예제 8-1 • L-형 정합회로의 분석적 해법

2 GHz의 주파수로 동작하고 있는 송신기의 출력 임피던스는 $Z_T = (150 + j75)$ Ω이다. 그림 8-2에서 보인 바와 같이 입력 임피던스 $Z_A = (75 + j15)$ Ω인 안테나에 최대전력을 전달하고자 할 때 L-형 임피던스 정합회로를 설계하라.

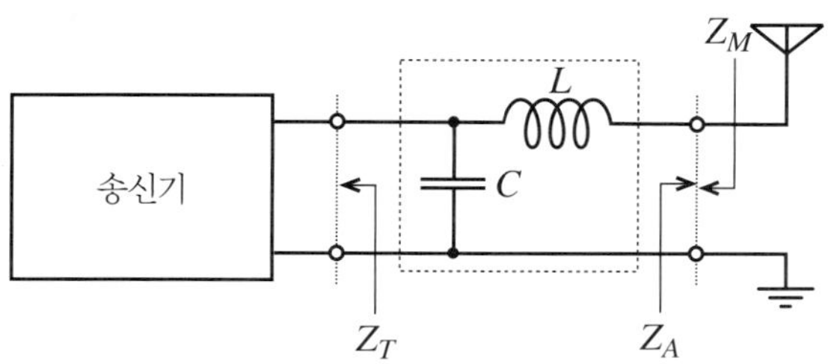

그림 8-2 • 송신기에서 안테나 사이의 정합회로 설계

풀이:

신호원에서 부하에 전달되는 최대전력 전달조건은 신호원 임피던스와 부하 임피던스가 공액복소수값과 같아야 한다는 것이다. 이 경우, 정합회로의 출력 임피던스 Z_M은 안테나의 입력 임피던스 Z_A의 공액복소수값과 같아야 한다. 즉, $Z_M = Z_A^* = (75 - j15)\ \Omega$이다.

임피던스 Z_M은 C와 Z_T가 병렬로 연결되고 인덕터 L과 직렬연결한 것으로 계산할 수 있으므로 다음 식과 같다.

$$Z_M = \frac{1}{Z_T^{-1} + jB_C} + jX_L = Z_A^* \tag{8.1}$$

여기에서 $B_C = \omega C$는 커패시터의 서셉턴스이며 $X_L = \omega L$은 인덕터의 리액턴스이다. 송신 및 안테나 임피던스를 실수부와 허수부로 표현하면(즉 $Z_T = R_T + jX_T$, $Z_A = R_A + jX_A$) 식 (8.1)을 다음과 같이 다시 쓸 수 있다.

$$\frac{R_T + jX_T}{1 + jB_C(R_T + jX_T)} + jX_L = R_A - jX_A \tag{8.2}$$

식 (8.2)를 실수부와 허수부로 구분하면 다음과 같이 두 개의 식을 만들 수 있다.

$$R_T = R_A(1 - B_C X_T) + (X_A + X_L)B_C R_T \tag{8.3a}$$

$$X_T = R_T R_A B_C - (1 - B_C X_T)(X_A + X_L) \tag{8.3b}$$

식 (8.3a)를 X_L에 대하여 풀고 식 (8.3b)에 대입하면 B_C에 대한 2차방정식이 나타나며, 해를 구하면 다음과 같다.

$$B_C = \frac{X_T \pm \sqrt{\frac{R_T}{R_A}(R_T^2 + X_T^2) - R_T^2}}{R_T^2 + X_T^2} \tag{8.4}$$

이때 $R_T > R_A$이므로 위 식의 평방근은 양의 값이며 X_T^2보다 크다. 그러므로 양(+)의 B_C값을 나타내기 위하여 식 (8.4)에서 (+)의 부호를 선택하며, 식 (8.4)를 식 (8.3a)에 대입하여 X_L을 구하면 다음과 같다.

$$X_L = \frac{1}{B_C} - \frac{R_A(1 - B_C X_T)}{B_C R_T} - X_A \tag{8.5}$$

수치적으로 값을 식 (8.4)와 식 (8.5)에 대입하면 다음과 같다.

$$B_C = 9.2 \text{ mS} \Rightarrow C = B_C/\omega = 0.73 \text{ pF}$$
$$X_L = 76.9\ \Omega \Rightarrow L = X_L/\omega = 6.1 \text{ nH}$$

이 예제는 C에 대한 *2*차방정식을 풀고 L에 대하여 선형방정식의 해를 구하여 L-형 정합회로를 설계하는 분석적 해법을 증명하고 있다. 과정은 조금 지루하나 표를 이용하여 쉽게 해를 구할 수 있다.

예제 8-1에서 예상한 바와 같이 정합회로를 설계하기 위한 분석적 해법은 간단한 L-형에 대하여 계산과정이 심도있게 전개되는 것을 알 수 있었다. 또 다른 방법으로 비교적 신속하고 정밀하게 스미스 차트를 이용하여 정합회로를 설계할 수 있다. 이와 같은 방법의 장점은 정합회로의 소자 숫자와 무관하게 설계의 복잡성이 거의 동일하다는 것이다. 더욱이 스미스 차트상에서 임피던스의 변환을 관찰하면 회로 각각의 소자가 특정 정합조건을 어떻게 만족시키고, 기여하는지를 짐작할 수 있다. 소자 선택에 있어서 발생되는 오차와 할당 값을 즉각적으로 알 수 있으므로 설계자는 즉시 회로 값을 조정할 수 있다. PC를 이용하면 이러한 과정은 실시간으로 이루어진다. 파라미터(*L*또는 *C*)의 선택과 값은 컴퓨터 스크린 상의 스미스 차트의 한 부분에 즉각적으로 표시할 수 있다. 복소수 값 부하에 단일 리액티브 소자(커패시터 또는 인덕터)를 연결하여 나타나는 효과는 제3.4절에서 아주 상세히 나타내었으며 여기에서는 단지 다음과 같은 점을 지적하고자 한다.

- 복소수 임피던스에 직렬로 부가적인 리액턴스를 연결하면 회로에 대응한 스미스 차트에서 일정한 저항 원을 따라 움직인다.
- 단락 연결은 일정한 콘덕턴스 원을 따라 움직이게 된다.

ZY-스미스 차트가 결합된 그림 8-3에 이것을 나타내었다. 회전 방향에 관하여 일반적인 규칙은 인덕터가 포함될 때마다 임피던스는 스미스 차트의 상반부 방향으로 회전한다. 반대로 커패시턴스의 경우는 하반부를 향하여 움직인다.

부하에 단일 소자를 연결하는 효과를 확인했으므로 임의의 부하 임피던스를 특정한 입력 임피던스로 변환시키는 데 적합한 정합회로를 개발할 수 있다. 일반적으로 *ZY* 스미스 차트에서 L-형 정합회로 또는 임의의 수동소자를 설계하는 것은 일정한 저항성 또는 일정한 콘덕턴스 원을 따라 이동하는 것으로 이루어진다. 다음의 예제에서 예제 8-1에서 논의한 분석적 해법과는 다른 방법으로 그래프적 설계법을 제시하였다. 대부

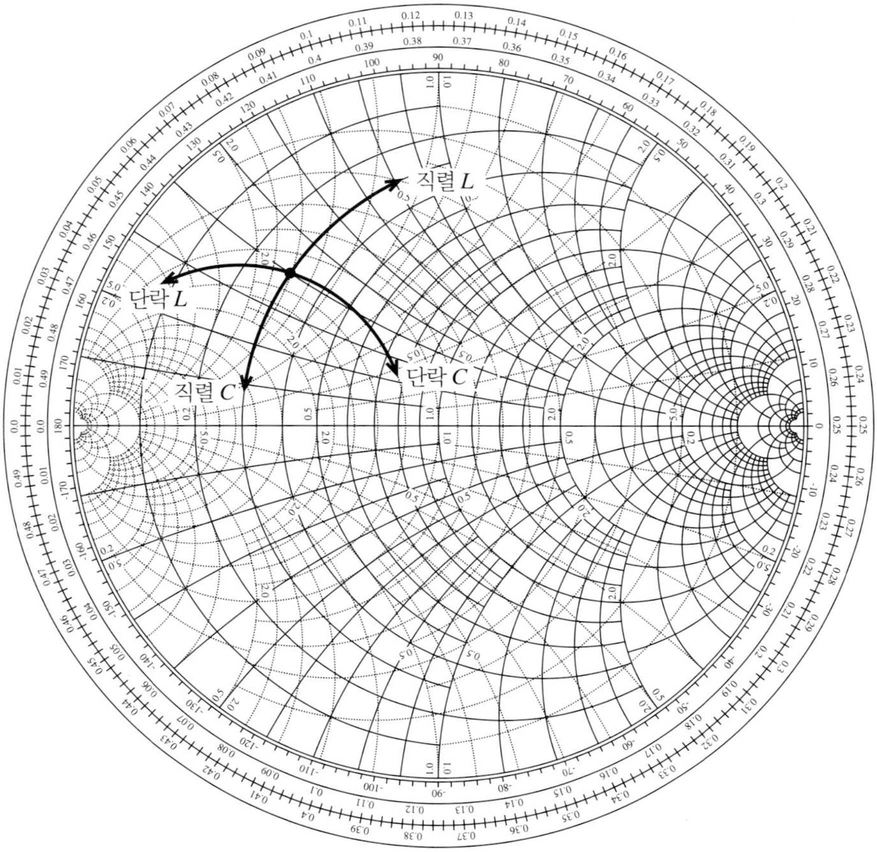

그림 8-3 • 스미스 차트에서 복소수 부하에 *L*과 *C*의 직렬 및 단락연결에 대한 효과

분의 CAD 프로그램은 이러한 그래프적 해법을 컴퓨터 모니터와 대화형태로 수행하게 한다. 사실 ADS와 같은 모의실험 패키지는 직접적으로 스미스 차트상에 나타난 임피던스의 동작 특성에 따라 소자를 대치할 수 있게 한다.

RF&MW→

예제 8-2 • L-형 정합회로의 그래프적 설계 방법

스미스 차트를 그래프적 설계도구로서 이용하여 예제 8-1에 주어진 L-형 리액티브 정합회로를 설계하라.

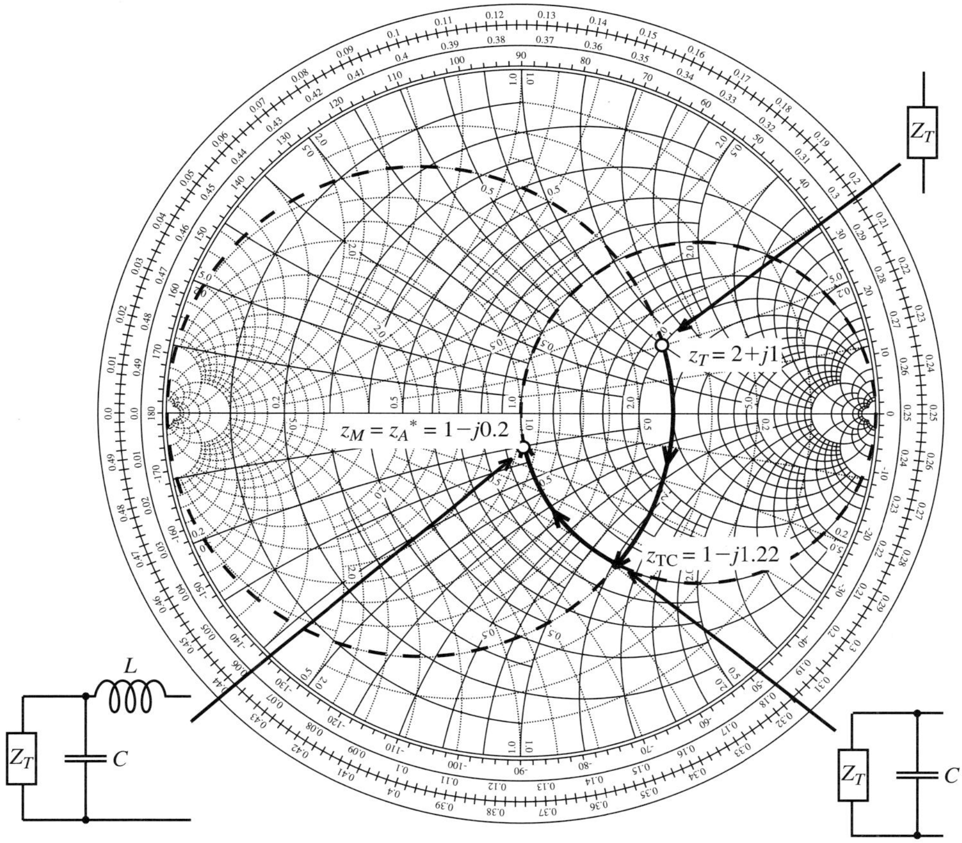

그림 8-4 ● *ZY* 스미스 차트에 의한 두 소자 접합회로의 설계

풀이:

첫 번째 단계는 송신기와 안테나의 정규화 임피던스를 계산하는 것이다. 특성 임피던스 Z_0가 주어지지 않았기 때문에 임의적으로 75 Ω을 선정하자. 이로 인하여 정규화된 송신기와 안테나의 임피던스는 각각 $z_T = Z_T/Z_0 = 2 + j1$과 $z_A = Z_A/Z_0 = 1 + j0.2$이다. 송신기에 연결한 첫 번째는 소자는 단락 커패시터이므로 병렬조합에 의한 합산 임피던스는 결합 스미스 차트에서 z_T점을 통과하는 일정한 콘덕턴스 원상의 임의의 점에 위치하게 된다(그림 8-4 참조).

다음 단계로 송신기의 임피던스 z_T와 커패시터의 병렬조합회로가 직렬로 인덕터와 연결되며, 그 결과 임피던스는 일정한 저항원을 따라 움직이게 된다. 최대 전력 이득을 위하여 정합회로의 출력 임피던스는 안테나 임피던스의 복소공액과 동일한 값으로 송신기에 연결되었다. 이와 같은 원은 그림 8-4에서와 같이 $z_M = z_A^* = 1 - j0.2$를 통과한다.

스미스 차트상에서 두 원의 교차점은 송신기와 커패시터의 단락연결에 의하여 형성된 정규화 임피던스를 결정한다. 스미스 차트를 판독하면 임피던스는 $z_{TC} = 1 - j1.22$이며 이에 대한 어드미턴스는 $y_{TC} = 0.4 + j0.49$이다. 그러므로 단락 커패시터의 정규화 단락 서셉턴스는 $jb_C = y_{TC} - y_T = j0.69$이며 인덕터의 정규화 리액턴스는 $jx_L = z_A^* - z_{TC} = j1.02$이다. 인덕터와 커패시터의 최종값은 각각 다음과 같다.

$$L = (x_L Z_0)/\omega = 6.09 \text{ nH}$$

$$C = b_C/(\omega Z_0) = 0.73 \text{ pF}$$

이 예제는 간단하고 정밀한 그래프적인 L-형 정합회로 설계법을 제시하고 있다. 이 방법은 더 복잡한 시스템에도 손쉽게 적용할 수 있다.

예제 8-2에서 언급한 설계순서는 그림 8-1에서 보여준 임의의 L-형 정합회로에도 적용할 수 있다. 최적 전력 전달을 위한 원론적인 해법의 과정은 다음 여섯 단계로 이루어진다.

1. 정규화 신호 임피던스 및 부하 임피던스를 구한다.
2. 스미스 차트상에 신호원 임피던스 점을 통과하는 일정한 저항원과 콘덕턴스 원을 도시한다.
3. 부하 임피던스의 복소공액점을 통과하는 일정한 저항원과 콘덕턴스 원을 나타낸다.
4. 단계 2와 3의 원 사이의 교차점을 확인하며, 교차점의 숫자는 L-형 정합회로의 수를 결정한다.
5. 신호원 임피던스점에서부터 교차점 까지의 원을 따라서 커패시터의 정규화 서셉턴스 값을 구한 다음 부하 임피던스의 복소공액점까지 인덕터의 정규화 리액턴스 값을 구한다.
6. 주어진 주파수에서의 실제 인덕터와 커패시터의 값을 구한다.

진행단계에서 신호원으로부터 복소공액 부하 임피던스까지 움직일 필요는 없다. 사실 부하 임피던스를 복소공액 신호 임피던스로 변환할 수도 있다. 다음 예는 첫 번째 방안을 나타내는 예이며, 제8.1.2절에서 두 번째 방법을 논의한다.

예제 8-3 • 일반적인 두 소자 정합회로 설계

신호 임피던스 $Z_S = (50 + j25)\ \Omega$와 부하 임피던스 $Z_L = (25 - j50)\ \Omega$사이를 스미스 차트를 이용하여 임피던스 정합시키려 한다. 두 개의 집중소자에 의한 설계가 가능한 정합회로를 구하라. 특성임피던스는 $Z_0 = 50\ \Omega$이고 동작주파수는 $f = 2$ GHz이다.

풀이:

앞에서 제시한 여섯 단계를 따르면,

1. 정규화 부하 및 신호 임피던스는 각각 다음 식과 같다.

$$z_S = Z_S/Z_0 = 1 + j0.5 \ \text{or}\ y_S = 0.8 - j0.4$$

$$z_L = Z_L/Z_0 = 0.5 - j1 \ \text{or}\ y_L = 3 + j0.8$$

2. 정규화 신호 임피던스를 지나는 일정한 저항원과 콘덕턴스의 원을 그리며(그림 8-5의 점선),
3. 복소공액 부하 임피던스에 대하여 일정한 저항과 콘덕턴스 원을 그린다(그림 8-5에서 연속선).
4. 이러한 원의 교차점 *A*, *B*, *C*, *D*에 대하여 정규화 임피던스와 어드미턴스는 각각 다음과 같다.

$$z_A = 0.5 + j0.6, \quad y_A = 0.8 - j1$$
$$z_B = 0.5 - j0.6, \quad y_B = 0.8 + j1$$
$$z_C = 1 - j1.2, \quad y_C = 3 + j0.5$$
$$z_D = 1 + j1.2, \quad y_D = 3 - j0.5$$

5. 교차점이 4개이므로 L-형 정합회로는 네 종류가 가능함을 예상할 수 있다. $z_S \to z_A \to z_L^*$로 이어지는 경로를 택하면, z_S에서 z_A까지 임피던스는 단락연결을 나타내는 일정한 콘덕턴스 원을 따라 변환된다. 또, 스미스 차트의 상반부를 향하여 움직인다(그림 8-3 참조). 이것은 신호측에 연결된 첫 번째 소자는 단락 인덕터가 되어야 함을 의미한다. 점 z_A에서 점 z_L^*까지 임피던스는 일정한 저항원을 따라 스미스 차트의 상반부를 향하여 변환되므로 인덕터의 직렬연결을 의미한다. 그러므로

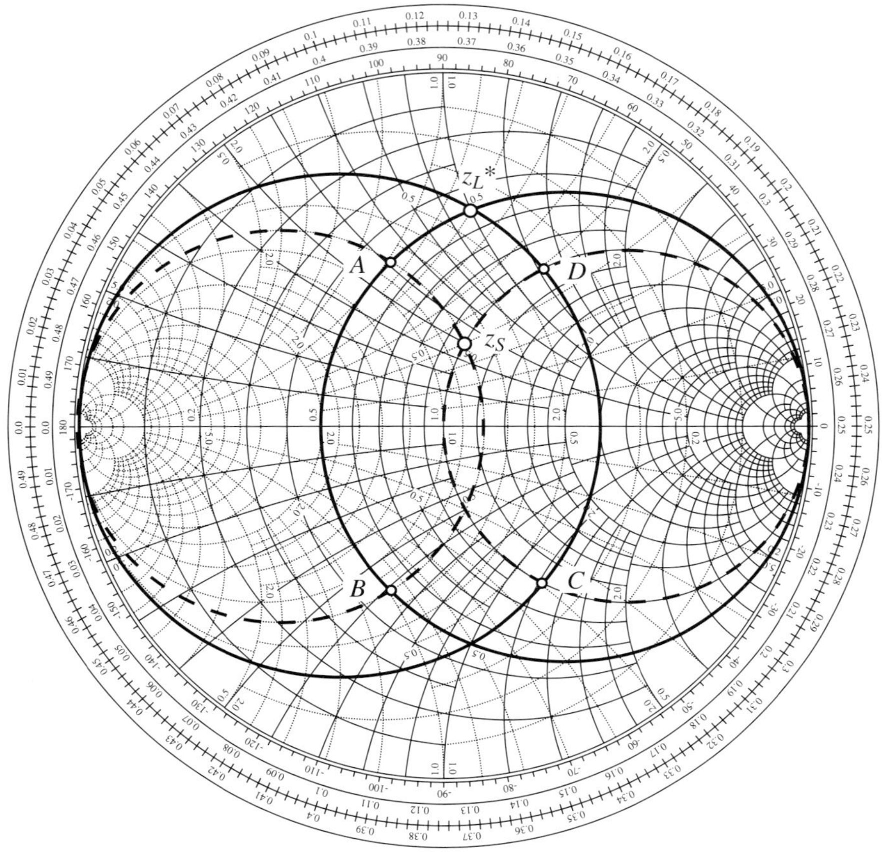

그림 8-5 • 스미스 차트를 사용한 정합회로의 설계

$z_S \to z_A \to z_L^*$ 임피던스 변환 경로는 **"단락 *L*과 직렬 *L*"** 정합회로로서 그림 8-1(f)와 같은 형태가 된다. $z_S \to z_B \to z_L^*$ 경로를 택한다면 **"단락 *C*, 직렬 *L*"** 연결로 그림 8-1(h) 형태의 정합회로가 되며, $z_S \to z_C \to z_L^*$ 경로는 **"직렬 *C*, 단락 *L*"** 연결로 그림 8-1(a)의 정합회로 형태가 된다. 마지막으로 $z_S \to z_D \to z_L^*$ 경로를 택하면 정합회로는 **"직렬 *L*, 단락 *L*"** 연결로 그림 8-1(e)와 같은 정합회로 형태가 된다.

6. 이제 앞 단계에서 구한 형태의 정합회로의 실제값을 구해야 한다. $z_S \to z_A \to z_L^*$ 경로를 중심으로 값을 구하면, 신호 임피던스에서 점 z_A까지의 정규화 어드미턴스는 다음과 같이 변환된다.

$$jb_{L_2} = y_A - y_S = (0.8 - j1) - (0.8 - j0.4) = -j0.6$$

여기에서 단락 인덕터의 값은 다음과 같다.

$$L_2 = -\frac{Z_0}{b_{L_2}\omega} = 6.63 \text{ nH}$$

점 z_A에서 z_L^*로 임피던스 변환은 임피던스 z_A에 직렬로 인덕터 연결을 부가함으로써 이루어진다. 그러므로

$$jx_{L_1} = z_L^* - z_A = (0.5 + j1) - (0.5 + j0.6) = j0.4$$

이 되며, 이 인덕터의 값은

$$L_1 = \frac{x_{L_1} Z_0}{\omega} = 1.59 \text{ nH}$$

이다. 나머지 세 가지의 정합회로의 소자 값은 위에서와 동일한 방법으로 구할 수 있으며 그림 8-6과 같이 나타내었다.

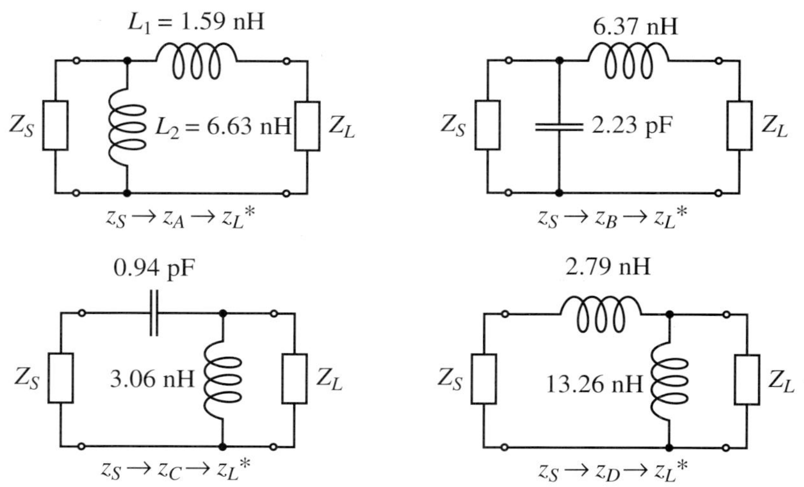

그림 8-6 ● 스미스 차트에서 서로 다른 네 개의 경로에 따른 정합회로

스미스 차트는 특정 임피던스 변환이 원하는 정합회로인지 아닌지를 즉각적으로 관찰할 수 있다. 덧붙여 가능한 회로연결의 전체 숫자를 쉽게 알 수 있다.

8.1.2 금지영역, 주파수 동작 특성 및 양호도 Q값

L-형 정합회로의 주파수 동작 특성에 대한 분석을 하기 전에 그림 8-1에 보여진 정합회로의 형태(topology) 전체가 원하는 임의의 부하와 신호 임피던스 사이의 임피던스 정합을 다 만족시키지는 않음을 알아야 한다. 예를 들면 신호 임피던스가 $Z_S = Z_0 = 50$ Ω이라 하고 그림 8-1(h)의 정합회로를 이용한다고 하자. 신호원 측에 병렬로 커패시터를 부가시키면 원점을 통과하는 일정한 저항원을 따라 시계방향으로 움직이게 된다. 이것은 모든 부하 임피던스가 그림 8-7(a)에서 나타난 것과 같이 음영영역에 들어가게 되고 이러한 정합회로로는 50 Ω 신호 임피던스와 정합시킬 수 없다는 것을 의미한다.

유사한 금지영역은 그림 8-1에 있는 모든 L-형 정합회로 토폴로지에 대해서도 전개될 수 있다. 50 Ω 신호 임피던스에 의한 여러 가지의 회로에서 금지영역의 예를 그림 8-7에 나타내었다. 여기에서 음영영역은 50 Ω 신호 임피던스에 정합시킬 수 없는 부하 임피던스의 값을 나타낸다. 이러한 영역은 신호 임피던스의 값에 따라 완전히 다른 형태를 갖게 된다.

예제 8-3에 설명하고 그림 8-7에 나타내 보인 것처럼, 임의적으로 주어진 부하와 입력 임피던스에 대하여 원하는 정합을 만족시키는 L-형 정합회로는 적어도 두 개 정도가 있다. 문제는 이러한 정합회로를 실질적으로 구현하는데 있어서 어떤 차이점가 있느냐 하는 것이며 또한 어떤 정합회로를 궁극적으로 선택해야 하느냐 하는 문제가 발생한다.

여러 다른 정합회로에도 불구하고 하나의 정합회로를 선택하는 명백한 이유(예로 요구되는 값을 가진 소자의 활용 등)를 잠시 남겨두고 주요 기술적 고려사항을 정리하면 DC 바이어스, 안정도, 주파수 동작 특성 등이 포함된다. 본 절의 나머지 부분에서는 L-형 정합회로의 주파수 동작 특성과 양호도 Q에 대하여 집중하고자 한다. 나머지 DC 바이어스는 제8.3절에서 다루기로 하고 안정도는 제9장에서 취급하기로 한다.

임의의 L-형 정합회로는 커패시터 또는 인덕터 소자의 직렬과 단락형태의 조합회로로서 구성된다. 이러한 정합회로의 주파수 동작 특성은 저역통과, 고역통과 또는 대역통과로 분류할 수 있다. 이러한 동작 특성을 증명해 보기 위하여, 저항 $R_L = 80$ Ω과 직렬로 $C_L = 2.65$ pF의 커패시터가 연결된 부하 임피던스를 50 Ω의 입력 임피던스로 변환시키기 위한 정합회로를 고려해 보자. 이 회로에서 동작주파수는 $f_0 = 1$ GHz라고 가정한다.

1 GHz에서 정규화 부하 임피던스는 $z_L = 1.6 - j1.2$이며, 그림 8-7에 따라 그림 8-7(c) 또는 그림 8-7(d) 중의 하나의 정합회로를 이용할 수 있으며 예제 8-2에서와 유사한 설

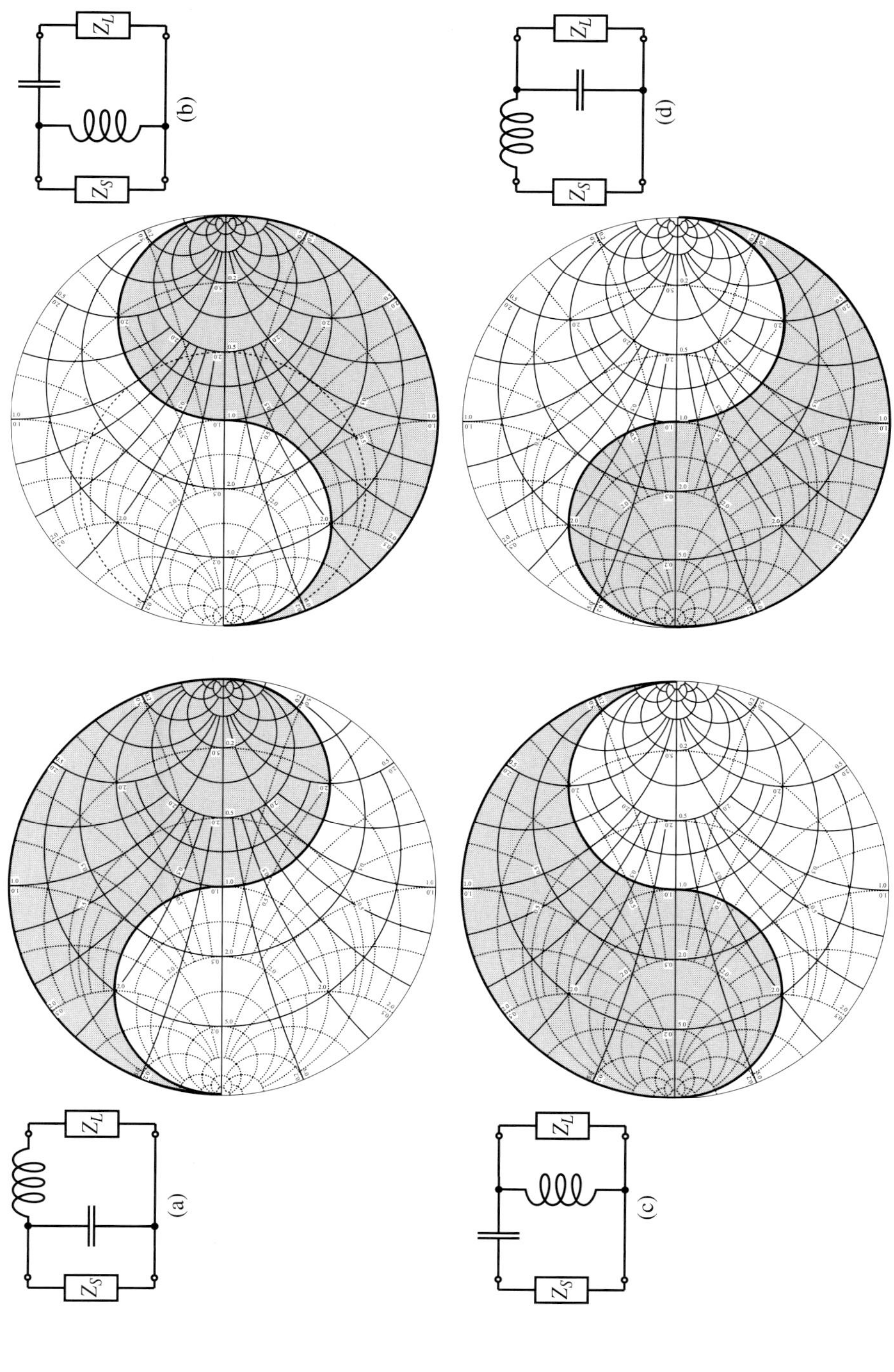

그림 8-7 • $Z_S = Z_0 = 50\ \Omega$을 갖는 L-형 정합 회로에 대한 금지 영역

계과정에 따른다. 그러나 신호 임피던스 z_S가 실수($z_S = 1$)이고 $z_S^* = z_S = 1$이므로 부하에서 신호 임피던스로 변환하는 것은 매우 쉽다. 이와 같은 과정을 그림 8-8(a)에 나타내었으며 이에 상응하는 정합회로는 그림 8-8(b)과 그림 8-8(c)에 나타내었다.

입력반사계수 $\Gamma_{\text{in}} = (Z_{\text{in}} - Z_S)/(Z_{\text{in}} + Z_S)$와 전달함수 $H = V_{\text{out}}/V_S$ (여기에서 출력전압 V_{out}는 부하저항 $R_L = 80\ \Omega$의 양단 측정전압이다)에 관련된 두 가지 형태의 주파수 동작 특성은 그림 8-9(a)와 (b)에 각각 나타내었다. 두 회로 모두 특정 주파수 $f_0 = 1$ GHz

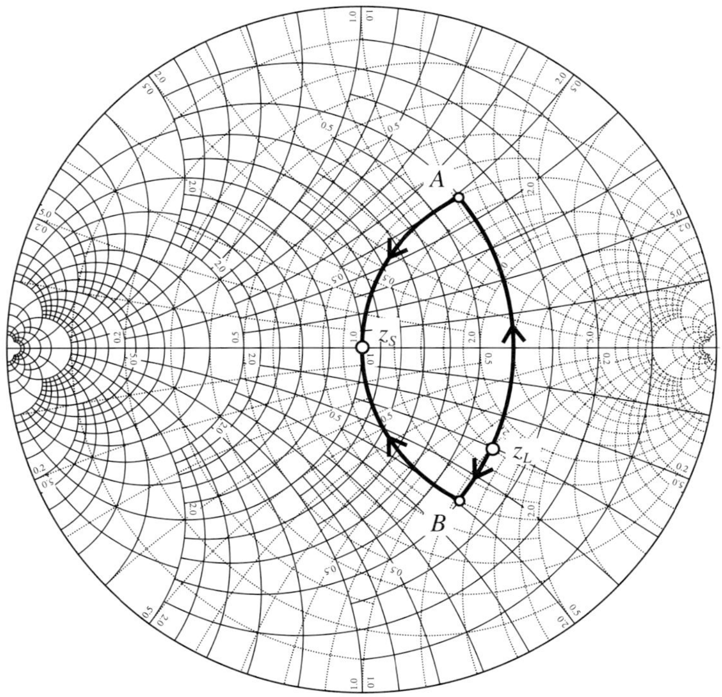

(a) 스미스 차트에 나타낸 임피던스 변환

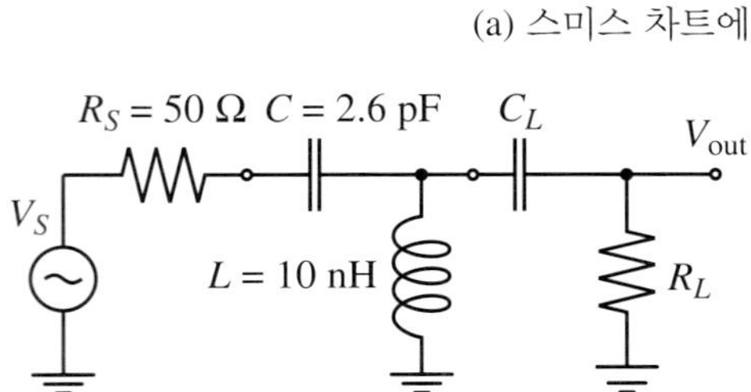

(b)

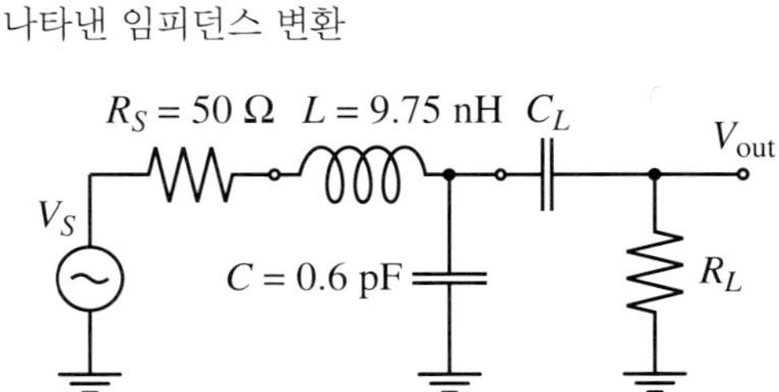

(c)

그림 8-8 • 구현된 두 개의 정합회로의 주파수 동작 특성

에서 완전한 임피던스 정합이 이루어져 있으며 f_0에서부터 벗어남에 따라 급격히 변하기 시작하는 것을 알 수 있다.

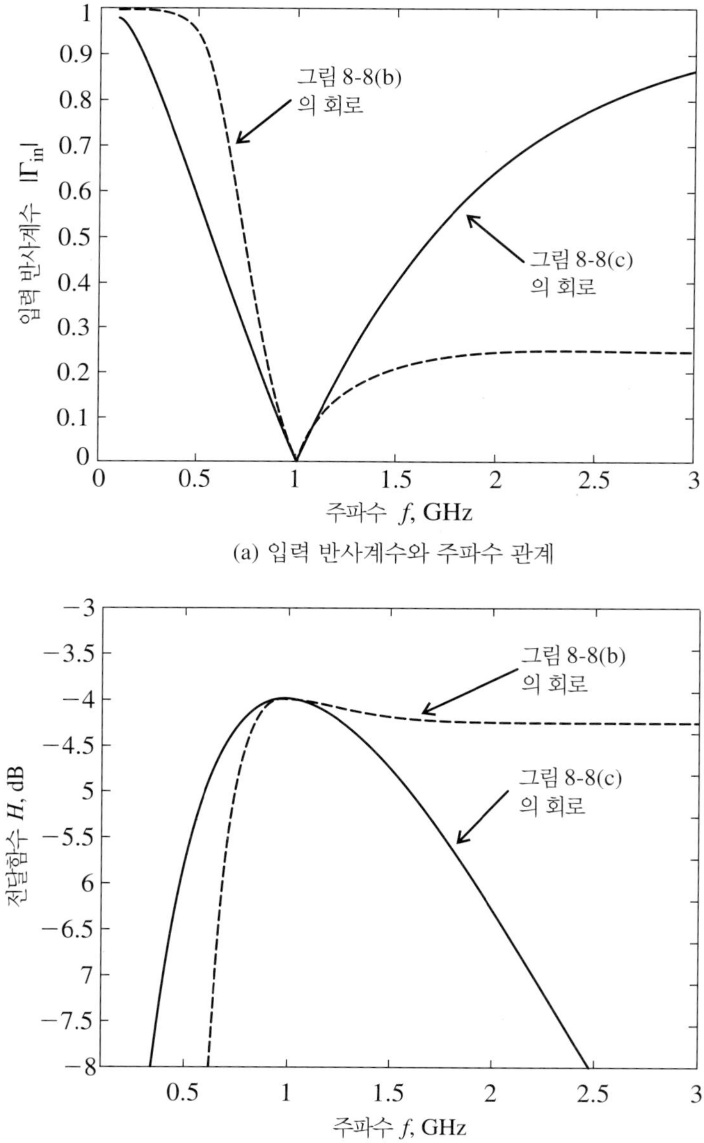

(a) 입력 반사계수와 주파수 관계

(b) 정합회로의 전달함수

그림 8-9 • 두 개의 정합회로 구현에 따른 주파수 특성관계

앞에서 구한 정합회로는 공진주파수 f_0인 공진회로로 볼 수 있다. 제5.1.1절에서 논의한 바와 같이 이러한 회로는 공진회로에서 3 dB 대역폭 BW에 대한 공진주파수 f_0의 비율로 나타내는 부하 양호도 Q_L에 의하여 특성을 나타낼 수 있다.

$$Q_L = \frac{f_0}{\mathrm{BW}} \tag{8.6}$$

문제는 정합회로의 대역폭을 어떻게 구할 수 있느냐에 있다. 이에 대한 해답은 f_0 근처에서 정합회로의 전달함수가 보이는 종 모양의 응답특성(그림 8-9(b) 참조)과 대역통과필터 형태의 주파수 동작 특성을 이용하여 구할 수 있다.

그림 8-8(c)의 정합회로는 공진주파수 f_0에 근접한 주파수에 대하여 식 (8.6)에 따라 계산되는 부하 양호도를 갖는 대역통과필터로서 다시 나타낼 수 있다. 등가 대역통과필터는 그림 8-10(a)와 같다. 이 회로에서 등가 커패시턴스 C_T는 그림 8-8(c)에서 R_L과 C_L의 직렬연결 조합을 R_{LP}와 C_{LP}의 등가 병렬연결로 대치하고 커패시턴스 C와 C_{LP}를 합하여(즉 $C_T = C + C_{\mathrm{LP}}$) 구할 수 있으며, 등가 단락 인덕턴스 L_{LN}은 우선 전압원 V_S, 저항 R_S 및 인덕턴스 L의 직렬연결을 콘덕턴스 G_{SN}과 인덕턴스 L_N의 병렬조합이 연결된 노튼 등가전류원 $I_N = V_S/(R_S + j\omega_0 L)$으로 대치함으로써 구해진다. 여기에서 어드미턴스는 $G_{\mathrm{SN}} + (j\omega_0 L_N)^{-1} = (R_S + j\omega_0 L)^{-1}$으로 주어진다. 그 다음에 전류원 I_N과 콘덕턴스 G_{SN}은 테브난 등가 전압원으로 다음 식과 같이 환원되며,

$$V_T = I_N/G_{\mathrm{SN}} = V_S \frac{R_S - j\omega_0 L}{R_S} = V_S(1 - j1.22) \tag{8.7}$$

직렬저항은 다음과 같다.

$$R_{\mathrm{ST}} = G_{\mathrm{SN}}^{-1} = \frac{R_S^2 + (\omega_0 L)^2}{R_S} \tag{8.8}$$

그림 8-10에서 공진회로는 결합된 저항 $R_T = R_L \| R_{\mathrm{ST}} = 62.54\ \Omega$에 의하여 부하가 된다. 그러므로 등가 대역통과필터의 부하 양호도 Q_L는 다음과 같이 주어진다.

$$Q_L = \frac{f_0}{BW} = \omega_0 R_T C = \frac{R_T}{|X_C|} = 0.61 \tag{8.9}$$

등가 대역통과필터의 최대이득은 본래 정합회로의 이득보다 더 크다는 것을 알 수 있다. 이것은 정합회로의 경우 부하 R_L에서의 출력 전압을 측정하였으나 등가 대역통과필터의 경우는 C_T와 병렬로 연결된 등가 부하저항 R_{LP}에 대하여 출력전압을 측정했

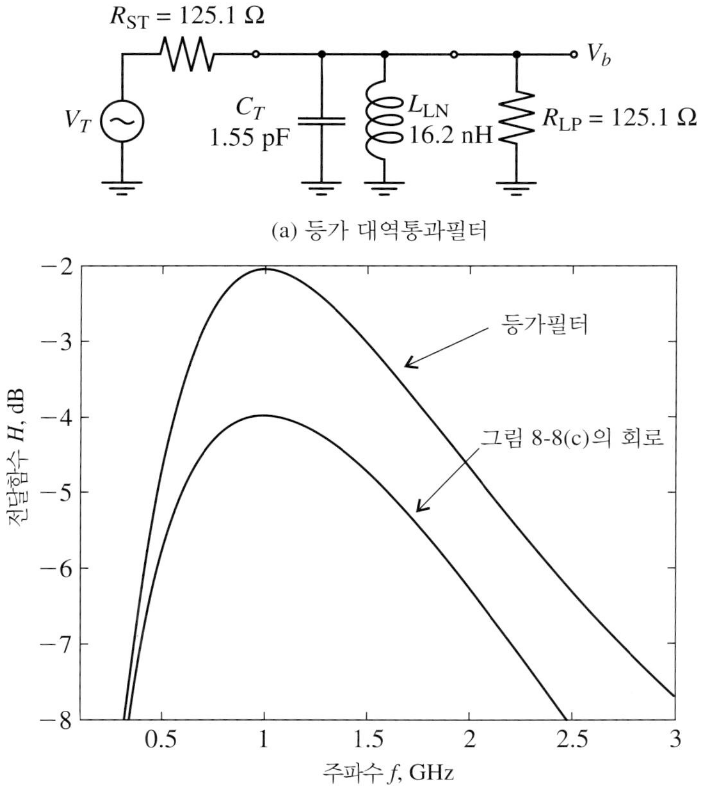

(b) 등가필터와 비교한 정합회로의 주파수 특성

그림 8-10 • L-형 정합회로와 등가 대역통과필터의 주파수 동작 특성 비교

기 때문이라고 설명할 수 있다. 그러므로 공진주파수에서 V_b에서 V_{out}으로의 전환은 전압분배규칙에 의하여 다음과 같이 구할 수 있다.

$$|V_{out}| = |V_b|\frac{R_L}{\left|R_L + \dfrac{1}{j\omega_0 C_L}\right|} = 0.7908|V_b|$$

이 식에 대하여 다음과 같이 나타낼 수 있으므로

$$20\log\frac{|V_{out}|}{|V_S|} = -2.0382 + 20\log\frac{|V_b|}{|V_S|} = -3.9794\text{ dB}$$

결과는 그림 8-9(b)와 매우 일치한다.

알려진 Q_L값 ($BW = f_0/Q_L = 1.63$ GHz)으로부터 필터의 대역폭을 직접적으로 구할 수 있다. 그림 8-9(b)에서 주파수 동작 특성은 $f < f_0$일 때 3 dB점은 $f_{min} = 0.40$ GHz에서 나타나고 $f > f_0$일 때의 3 dB점은 $f_{max} = 2.19$ GHz가 된다. 그러므로 정합회로의 대역폭은 $BW = f_{max} - f_{min} = 1.79$ GHz이며 등가 대역통과필터에서 구한 결과와 일치한다.

등가 대역통과필터 분석을 통해 f_0 근처에서 보이는 정합회로의 종-형태 응답특성을 설명할 수 있으며 회로의 대역폭을 아주 잘 예측할 수 있다. 이러한 접근법의 단점은 복잡하다는 것과 본질적으로 근사적이라는 것이다. 그러므로 우선적으로 등가 대역통과필터로 변환시키는 과정과 회로의 주파수 동작 특성계산 등을 하지 않고 정합회로의 양호도를 예측하는 간단한 방법을 개발하는 것이 매우 바람직하며 이른바 **노달 양호도 (nodal quality factor)** Q_n을 도입하여 해결할 수 있다.

그림 8-8(a)로 되돌아가자. 여기에서 임피던스 변환은 회로의 한 노드점에서 다른 노드점으로 변환시키는 것으로 볼 수 있다. 정합회로의 각 노드점에서 임피던스는 등가 직렬 임피던스 $Z_S = R_S + jX_S$ 또는 어드미턴스 $Y_P = G_P + jB_P$로서 나타낼 수 있다. 각 노드점에서 Q_n값은 저항 R_S에 대한 리액턴스 X_S의 절대값의 비로 구해진다.

$$Q_n = \frac{|X_S|}{R_S} \tag{8.10}$$

또는 콘덕턴스 G_P에 대한 서셉턴스 B_P의 절대값의 비로 구한다.

$$Q_n = \frac{|B_P|}{G_P} \tag{8.11}$$

식 (8.10)과 식 (8.11)을 이용하고 그림 8-8(a)에서 임피던스 변환을 이용하면 그림 8-8(c)에 있는 정합회로의 등가 노달 양호도는 점 B에서 구해지며, 이 점에서의 정규화 임피던스는 $1 - j1.23$으로 유추할 수 있다. 그 결과는 다음과 같다.

$$Q_n = |1.23|/1 = 1.23 \tag{8.12}$$

노달 양호도 Q_n와 부하 양호도 Q_L의 관계는 식 (8.12)을 식 (8.9)와 비교하여 다음과 같이 구할 수 있다.

$$Q_L = \frac{Q_n}{2} \tag{8.13}$$

이와 같은 결과는 임의의 L-형 정합회로에 대해서도 동일하며 좀 더 복잡한 형태의 정합회로에 대한 부하 양호도는 간단히 최대 노달 양호도로 예측한다. 이와 같은 방법은 회로의 대역폭을 정확하게 예측을 하지 못하지만 회로를 정성적으로 비교할 수 있으며 비교적 대역폭을 크게 하거나 낮게 하는 회로를 선택할 수 있게 한다.

정합회로 설계과정을 간단하게 설명하기 위하여 스미스 차트상에 일정한 Q_n값의 형태를 나타낼 수 있으며 그림 8-11에서 Q_n값 0.3, 1, 3 및 10에 대한 형태를 보여주고 있다.

이러한 형태의 수식을 얻기 위하여 제3장에서 보았던 스미스 차트의 일반적인 유도과정으로 돌아가보자. 여기에서 식 (3.6)과 식 (3.7)에서는 정규화 임피던스를 다음과 같이 쓸 수 있음을 보였다.

$$z = r + jx = \frac{1 - \Gamma_r^2 - \Gamma_i^2}{(1 - \Gamma_r)^2 + \Gamma_i^2} + j\frac{2\Gamma_i}{(1 - \Gamma_r)^2 + \Gamma_i^2} \tag{8.14}$$

그러므로 노달 양호도는 다음과 같이 쓸 수 있다.

$$Q_n = \frac{|x|}{r} = \frac{2|\Gamma_i|}{1 - \Gamma_r^2 - \Gamma_i^2} \tag{8.15}$$

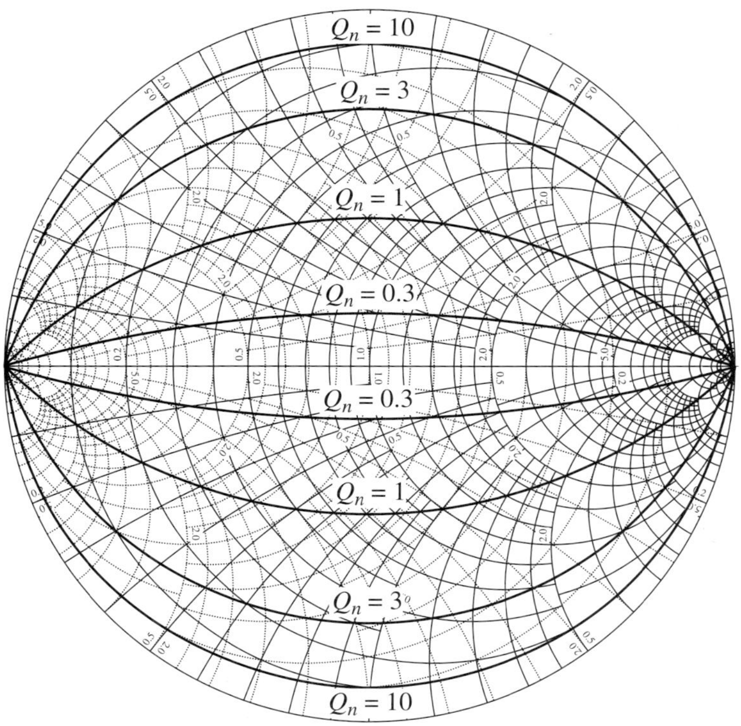

그림 8-11 ● 스미스 차트상에 보여준 일정한 Q_n값의 형태

식 (8.15)를 다시 정리하여 원의 방정식으로 고치면

$$\Gamma_i^2 + \left(\Gamma_r \pm \frac{1}{Q_n}\right)^2 = 1 + \frac{1}{Q_n^2} \tag{8.16}$$

이 되며 여기에서 (+) 부호는 양의 리액턴스 x일때 택하고 (–) 부호는 x가 음의 값일 때 선정한다.

스미스 차트상에서 이 일정한 Q_n값의 원을 이용하면, L-형 정합회로의 부하 양호도를 이에 상응되는 Q_n을 간단하게 판독하고 다시 2로 나누어 구할 수 있다. 이러한 과정은 예제 8-4에서 논의하였다.

예제 8-4 • 협대역 정합회로 설계

그림 8-7의 금지영역을 이용하여 1 GHz의 동작주파수에서 $Z_L = (25 + j20)\ \Omega$의 부하와 50 Ω의 신호 임피던스를 정합시키는 두 개의 L-형 회로를 설계하라. 스미스 차트로부터 두 개의 정합회로에 대한 부하 양호도를 구하고 두 개의 정합회로에 대하여 주파수 동작 특성으로 대역폭을 구하고 비교하라. 부하는 저항과 인덕터가 직렬로 연결된 것으로 가정한다.

풀이:

그림 8-7에서 보는 바와 같이, 정규화 부하 임피던스 $z_L = 0.5 + j0.4$는 $g = 1$인 일정한 콘덕턴스 원 내부에 놓여 있다. 원하는 조건을 만족시키는 두 가지 형태의 L-형 정합회로가 존재한다. 첫번째 정합회로는 그림 8-7(a)에서와 같이 직렬 인덕터와 단락 커패시터로 구성되며 두번째 정합회로는 그림 8-7(b)에서와 같이 직렬 커패시터와 단락 인덕터로 구성된다. 예제 8-2에 보여준 것과 동일한 과정을 따라서 설계하면 그림 8-12와 같이 정합회로를 설계할 수 있다.

그림 8-12(a)에 따르면 두 개의 회로에서 노달 양호도는 $Q_n = 1$로 같으므로, 대역폭은 $\text{BW} = f_0/Q_L = 2f_0/Q_n = 2$ GHz와 같아짐을 예측할 수 있다. 이것은 그림 8-13에서 보인 바와 같이 설계한 정합회로의 주파수 동작 특성을 나타내어 검토할 수 있다.

그림 8-12(c)에 대응되는 회로의 대역폭은 대략 $\text{BW}_c = 2.4$ GHz이다.

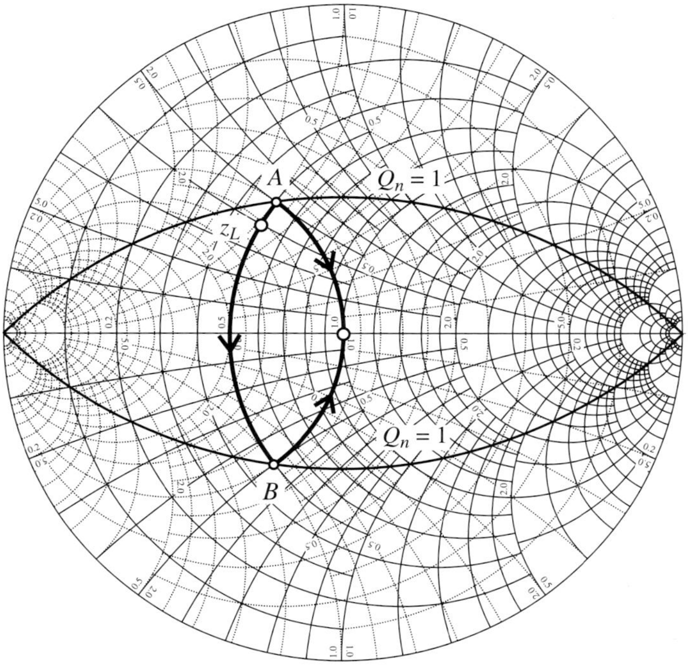

(a) 스미스 차트에서의 임피던스 변환

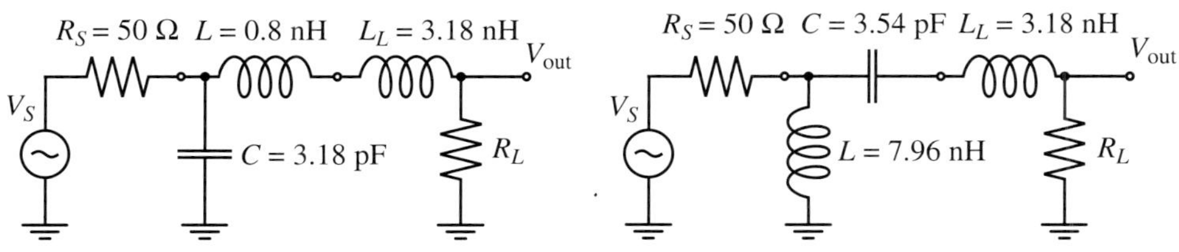

(b) (c)

결과적인 정합회로

그림 8-12 • 1 GHz의 주파수에서 동작되는 50 Ω 신호와 $Z_L = (25 + j20)$ 부하 임피던스에 대한 두 가지 L-형 정합회로.

흥미롭게도 그림 8-12(b)에 대응되는 정합회로는 하한 차단주파수를 가지지 못한다. 그러나 주파수 동작 특성이 공진주파수 $f_0 = 1$ GHz 주위에 대하여 대칭적이라고 가정하면 상한 차단주파수 $f_{max} = 1.95$ GHz에서 대역폭은 $BW_b = 2(f_{max} - f_0) = 1.9$ GHz가 된다.

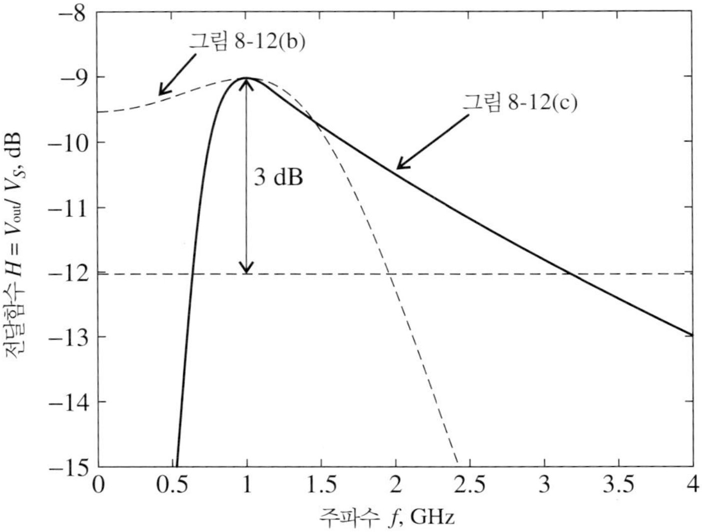

그림 8-13 • 두 개의 정합회로에 대한 주파수 동작 특성

동일한 공진주파수로 설계되었음에도 불구하고, 어떤 정합회로 형태는 그림 8-13의 예제와 같이 보다 높은 고역 또는 보다 낮은 저역 주파수 제거의 특성을 보여주고 있다.

실제적으로 많은 응용에 있어서 정합회로의 양호도는 매우 중요하다. 예로 광대역 증폭기를 설계한다면 대역폭을 증가시키기 위하여 낮은 Q값 특성을 나타내는 회로를 이용한다. 그러나 발진기 설계의 경우, 출력신호에서 원하지 않은 하모닉 신호를 제거하기 위하여 가능한 한 높은 Q값을 요구한다. 불행히도 앞의 예제에서 본 바와 같이 L-형 정합회로는 Q_n값을 제어할 수 없으므로 결과에 의한 양호도를 받아들이거나 없애야 한다. Q값을 자유롭게 선택하게 되면 그 Q값에 의해 정합회로의 대역폭에 영향을 주기 위해서 정합회로에 제3의 소자를 도입하며, 제3의 소자의 부가는 다음 절에서 논의하는 T-형 또는 Pi-형 회로가 된다.

8.1.3 T-형 및 Pi-형 정합회로

위에서 지적한 바와 같이 정합회로의 부하 양호도는 최대 노달 Q_n으로부터 예측할 수 있다. 정합회로에 제3소자를 부가하면 회로에서 노드가 첨가되고 노드에서 적합한 임피던스를 선정함으로써 Q_L값을 조절할 수 있다.

다음 두 개의 예제에서는 특정 Q_n을 갖는 T-형과 Pi-형 정합회로의 설계를 보여준다.

예제 8-5 • T-형 정합회로의 설계

부하 임피던스 $Z_L = (60 - j30)\ \Omega$를 입력 임피던스 $Z_{\text{in}} = (10 + j20)\ \Omega$로 변환하는 T-형 정합회로를 설계하라. 회로의 최대 노달 양호도 Q_n는 3으로 한다. 정합회로의 동작주파수를 1 GHz로 가정할 때 정합회로 소자의 값을 구하라.

풀이:

설계 조건을 만족시키는 설계의 해법은 여러 단계가 존재한다. 본 예제에서는 단 한 가지 설계단계에 대하여 조사하기로 하며, 동일한 방법을 적용하여 나머지 단계도 쉽게 구할 수 있다.

T-형 정합회로의 일반적인 토폴로지는 그림 8-14와 같다.

이 회로에서 첫 번째 소자는 부하 임피던스에 직렬로 연결되어 있다. Z_1이 순수 리액티브한 소자이기 때문에 부하와 결합된 임피던스 Z_A는 $r = r_L$인 일정한 저항원상에 있으며 같은 방법으로 Z_3는 입력과 직렬로 연결되어 있다. 결합된 임피던스 Z_B(Z_L, Z_1 및 Z_2로 구성됨)는 $r = r_{\text{in}}$인 일정한 저항원상의 어느 점인가에 위치한다. 회로가 노달 양호도 $Q_n = 3$을 가져야 하므로 Z_B가 $r = r_{\text{in}}$인 일정한 원과 $Q_n = 3$인 원의 교차점(그림 8-15의 B점)과 같은 임피던스값을 선정할 수 있다.

그 다음 단계는 앞에서 구한 점 B를 통과하는 일정한 콘덕턴스 원과 교차하는 점 A를 구하는 일이며, 그 후 $r = r_L$인 일정한 원을 이용하여 회

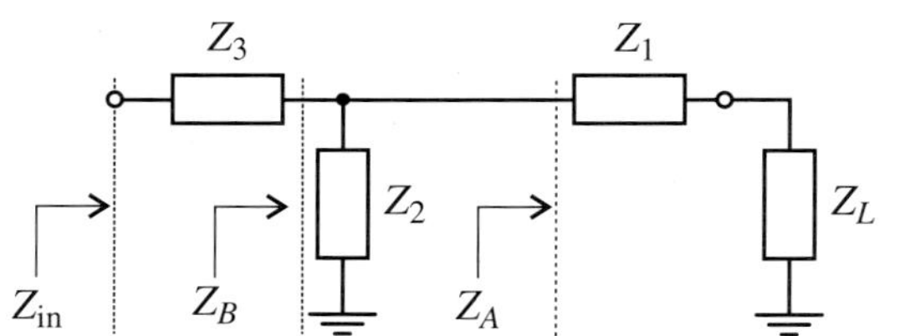

그림 8-14 • T-형 정합회로의 일반적인 토폴로지

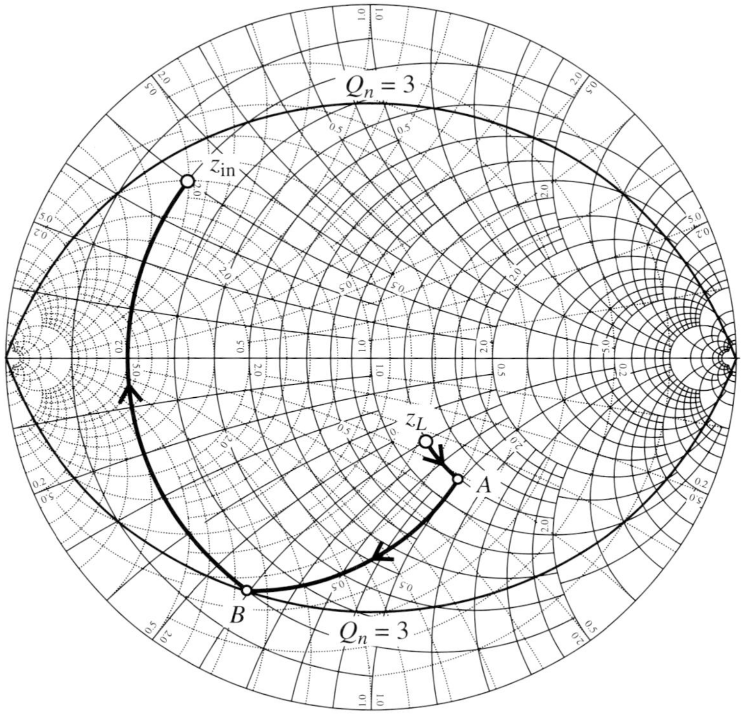

그림 8-15 • $Q_n = 3$으로 규정한 T-형 정합회로의 설계

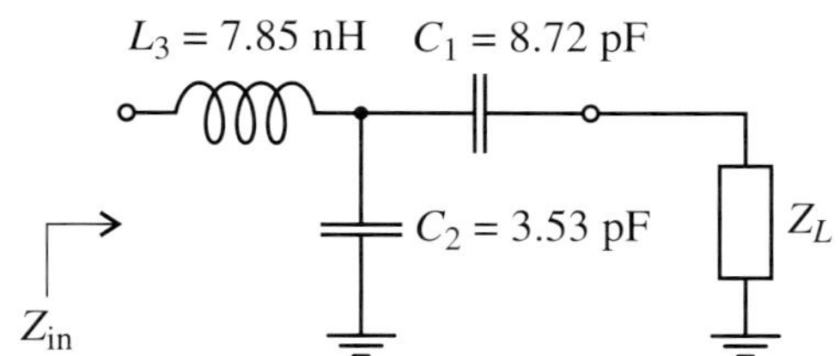

그림 8-16 • T-형 정합회로의 구성도

로의 나머지 소자 값을 결정함으로써 점 z_{in}에 도달할 수 있다.

실제 값으로 표현한 완전한 T-형 정합회로는 그림 8-16과 같다. 계산한 소자 값은 정합에 필요한 주파수 $f = 1$ GHz를 기준으로 구하였다.

정합회로의 양호도(대역폭)를 조정하기 위한 여유 정도는 부가적으로 회로 소자를 첨부하여 이룰 수 있다.

다음의 예제에서는 최소 노달 양호도를 갖는 Pi-형 정합회로를 설계하고자 한다. 낮은 양호도 설계는 광대역 FET 및 BJT 증폭기에서 요구되는 것과 같이 직접적으로 회로의 광대역 특성을 나타낸다.

RF&MW

예제 8-6 • Pi-형 정합회로의 설계

광대역 증폭기에서 부하 임피던스 $Z_L = (10 - j10)\ \Omega$를 입력 임피던스 $Z_{\text{in}} = (20 + j40)\ \Omega$로 변환시키는 Pi-형 정합회로를 개발할 필요가 있다. 설계는 가장 작은 노달 양호도를 나타내어야 한다. 정합회로는 주파수 $f = 2.4$ GHz에서 이루어진다고 가정하여 정합회로의 소자값을 구하라.

풀이:

부하 임피던스와 입력 임피던스가 고정되어 있기 때문에 정합회로는 Z_L 및 Z_{in}에서 계산한 가장 큰 Q_n보다 작은 양호도를 갖는 정합회로를 만들 수가 없다. 그러므로 Q_n의 최소값은 입력 임피던스에서 $Q_n = |X_{\text{in}}|/R_{\text{in}} = 40/20 = 2$로 결정된다. $Q_n = 2$에 의한 Pi-형 정합회로의 스미스 차트상의 설계는 그림 8-17에 나타내었다.

설계에서 예제 8-5에서 사용한 방법과 유사한 방법을 이용한다. 우선, $g = g_{\text{in}}$인 일정한 콘덕턴스 원을 그리고 스미스 차트상에서 $Q_n = 2$ 형태와의 교차점을 구한다. 교차점을 B로 표시하였다. 그 다음, $g = g_L$의 일정한 콘덕턴스의 원과 점 B를 통과하는 일정한 저항원과의 교차점을 구한다. 그림 8-17에서 교차점을 A로 표시하였다.

회로 소자는 스미스 차트를 실제 커패시턴스와 인덕턴스로 예제 8-2에서와 같이 변환하여 구할 수 있다. 그 결과 회로의 형태는 그림 8-18과 같다.

예제 8-5에서 논의한 내용과 다르게 이 예제에서는 Z_L과 Z_{in}의 상대 위치가 $Q_n = 2$에서 오직 하나의 Pi-형 회로형태로 나타내는 동일위치에 있다. 이 외의 나머지 Pi-형 회로의 실현은 증가된 노달 양호도를 나타내며, 특히 낮은 부하저항을 갖는다면, 주어진 Q_n에서 Pi-형 회로를 구현할 수 없다.

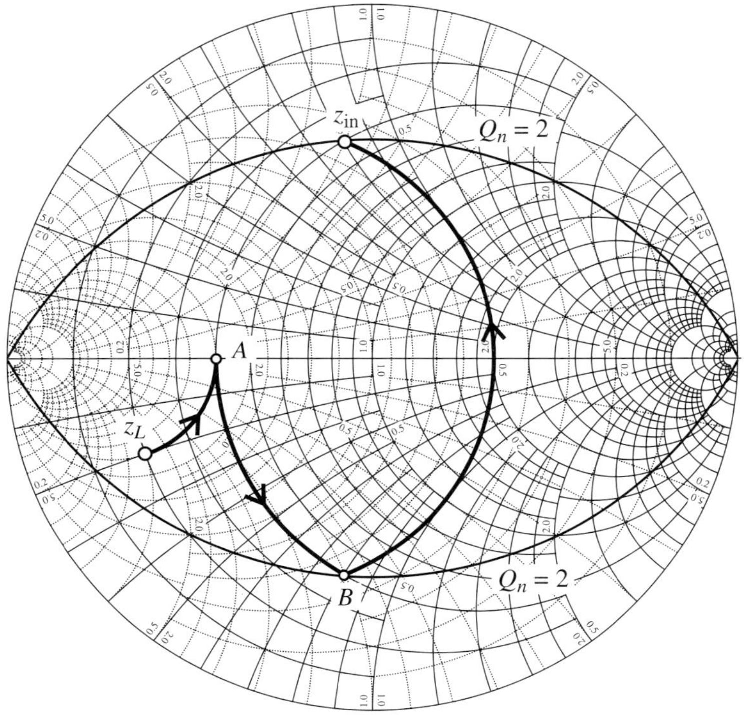

그림 8-17 • 최소 Q_n을 이용한 Pi-형 정합회로 설계

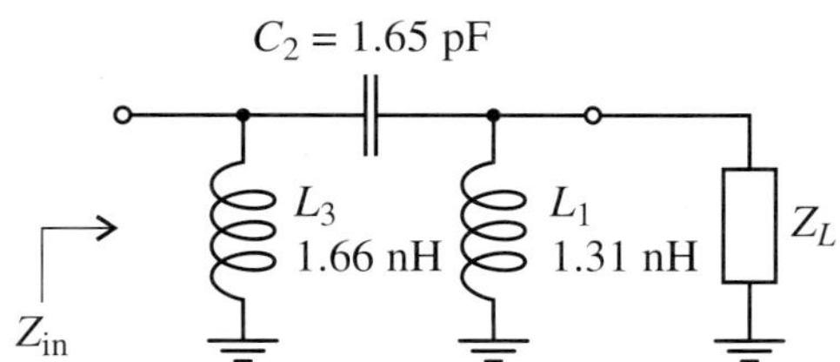

그림 8-18 • Pi-형 정합회로의 형태

이 예제에서 보여준 것과 같이 대역폭은 노달 양호도가 감소됨에 따라 임의적으로 증가시킬 수 없다. 이러한 제한은 원하는 복소 입력 임피던스와 출력 임피던스에 의하여 설정된다. 실수 임피던스의 경우 더 복잡한 기술을 사용하여 더 넓은 대역폭을 얻을 수 있다.

8.2 마이크로스트립 선로 정합회로

앞 절에서는 별도로 분리된 소자에 의한 정합회로 설계에 대하여 논의하였다. 그러나 주파수가 점점 높아질수록 이에 상응한 파장은 점점 작아지게 되는데 주파수가 높아짐에 따라 이러한 집중형 분리소자에서는 기생효과에 대하여 주목해야 한다. 여기에서는 이러한 기생효과를 고려하여 아주 복잡한 소자값을 계산한다. 분리소자는 어떤 특정 값으로만 이용될 수 있기 때문에 비교적 높은 주파수에서는 제한된다. 제2장에서 이미 논의했듯이 파장이 특성 회로소자 길이에 비교하여 충분히 작을 때, 집중소자의 대체소자로서 분포형 소자를 주로 많이 사용한다.

테이퍼된 정합
두 개의 다른 저항을 가진 $\lambda/4$ 변환 정합 장치는 유한한 대역폭을 조절함으로써 수정될 수 있다. 실수부 임피던스가 넓은 대역폭에 대해서 정합되어야 한다면 고정된 길이와 계단형태의 선로 임피던스 즉, 선로 임피던스가 점차적으로 변화하는, 이른바 테이퍼, 다중 전송선로가 사용된다.

8.2.1 분리소자에서 마이크로스트립 선로까지

수 GHz의 범위까지 설계자는 집중소자와 분포형 소자를 연결하여 혼성으로 종종 사용한다. 이러한 형태의 정합회로는 그림 8-19에서와 같이 여러 개의 전송선로를 직렬연결하고 일정 간격의 커패시터를 병렬 형태로 배치한다. 독자는 실제적인 예로 그림 1-2(a)를 참고하기 바란다.

인덕터는 이러한 설계에서는 적용하지 않는다. 그 이유는 캐패시터보다 큰 저항성 손실을 나타내기 때문이다. 일반적으로 양쪽 편을 직렬로 연결한 두 개의 전송선로에 적용된 단락 커패시터만으로도 임의로 주어진 부하 임피던스를 임의의 입력 임피던스로 변환하는데 충분하다. L-형 정합회로에서와 유사하게 이와 같은 형태는 회로의 양호도를 조절하기 위하여 소자를 추가시킬 필요성으로 인하여 고정된 Q_n를 추가로 요구하게 된다. 그림 8-19에서 보여준 소자의 정렬은 실제적으로 제작된 이후에도 조정(tunning)이 가능하며 커패시터의 값을 바꾸거나 전송선로를 따라 다른 곳으로 위치를

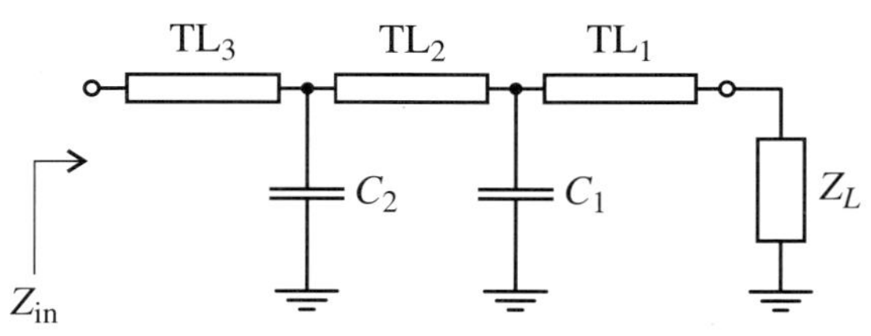

그림 8-19 • 전송선로와 분리 커패시터 소자에 의한 혼성형 정합회로

바꾸는 것은 매우 많은 설계의 다양성을 제공해준다. 미세조정을 할 수 있다는 것은 이러한 형태의 정합회로를 초기설계(prototype) 시 다양한 형태로 적용가능하다는 것을 의미한다. 그러나 보통 모든 전송선로는 실제 미세조정을 간단하게 하기 위하여 동일한 폭(즉 동일 특성한 임피던스)을 갖는다.

예제 8-7에서 직렬로 연결된 두 개의 50 Ω 전송선로 사이에 하나의 단락 커패시터가 연결된 정합회로의 스미스 차트 설계접근법에 대하여 논의하였다.

RF&MW

예제 8-7 ● 집중 및 분포형 소자에 의한 정합회로 설계

부하 임피던스 $Z_L = (30 + j10)$ Ω를 $Z_{\text{in}} = (60 + j80)$ Ω의 입력 임피던스로 변환시키는 정합회로를 설계하라. 정합회로는 두 개의 직렬 전송선로와 하나의 단락 커패시터로 구성되며 두 개의 전송선로의 특성 선로 임피던스는 50 Ω이고, 원하는 정합주파수는 1.5 GHz이다.

풀이:

첫 번째 단계는 정규화 부하 임피던스 $z_L = 0.6 + j0.2$를 스미스 차트에서 확인한다. 그 다음 50 Ω 전송선로에 연결된 결합된 부하 임피던스를 나타내는 SWR 원을 그린다. SWR 원상의 위치는 제3장에서 논의한 바와 같이 전송선로의 길이에 의하여 결정된다.

두 번째 단계는 그림 8-20에서와 같이 $z_{\text{in}} = 1.2 + j1.6$ 입력 임피던스 점을 통과하는 SWR 원을 그린다. 부하 SWR에서 입력 SWR로 전환시키는 점의 선택은 임의적으로 할 수 있다. 그림 8-20에서 점 A를 선정하였으며 이 점은 대략 $y_A = 1 - j0.6$ 정규화 어드미턴스에 해당한다. 병렬 커패시터를 추가함으로써 $g = 1$인 일정한 콘덕턴스 원을 따라 이동하게 되며 스미스 차트상에서 점 A에서 입력 SWR 원상의 점 B로 임피던스 변환을 한다. 점 B로부터 직렬로 연결된 전송선로를 추가시킴으로써 SWR 원상을 따라 임피던스 변환을 하게 된다.

최종단계는 전송선로의 전기적 길이를 결정하는 것이다. 이 값은 스미스 차트의 바깥직경에 나타난 **WTG**(신호원 방향 파장) 크기로 두 개의 길이 l_1과 l_2를 판독하여 구할 수 있다(그림 8-20 참조). 그 결로 얻은 정합회로의 구성을 그림 8-21에 나타내었다.

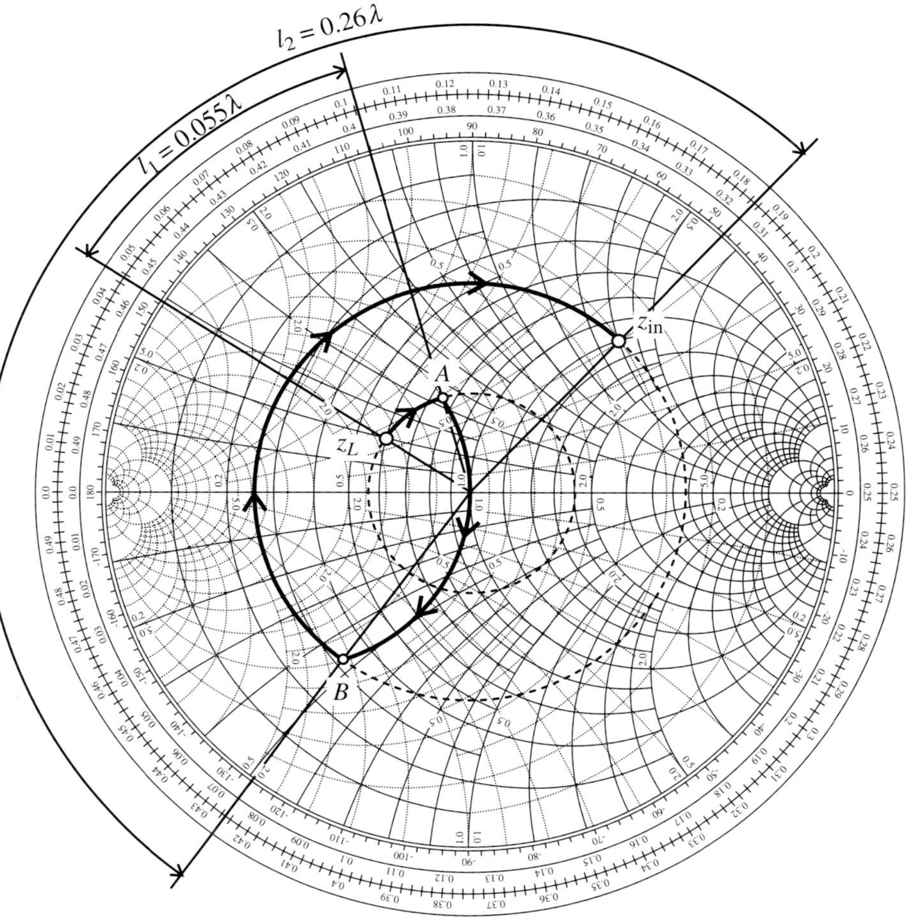

그림 8-20 • 예제 8.7의 정합회로 분산 설계

이 회로에서 튜닝 커패시터 범위에 대하여 알아보기로 하자. 그림 8-22에서는 입력 임피던스의 실수부 r_{in}과 허수부 x_{in}의 함수관계를 부하와 커패시터의 위치 사이 길이 l의 함수로서 보여 주고 있다. 다르게 표현하면, 전체길이 $l_1 + l_2$은 일정하게 유지하며 커패시터의 위치는 부하 끝에서부터 회로의 시작점(즉 $0 \leq l \leq l_1 + l_2$)까지 변화한다. 굵은 선은 초기 설계의 결과를 나타내고 있다. x_{in}은 인덕티브[양(+)의 값]에서 커패시티브[음(−)의 값]한 값으로 전환됨을 예측할 수 있다.

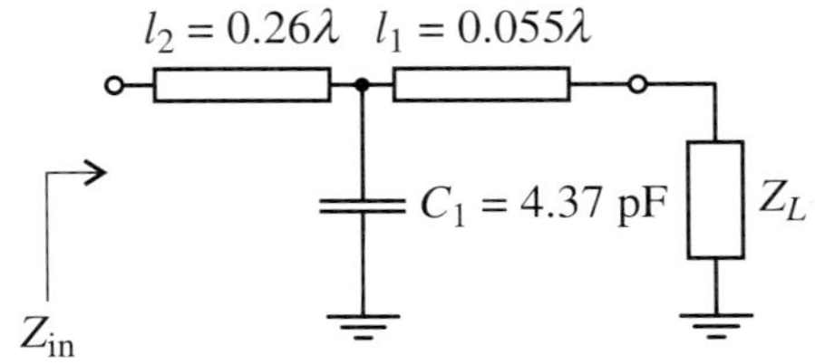

그림 8-21 • 직렬 전송선로와 단락 커패시터를 연결한 정합회로

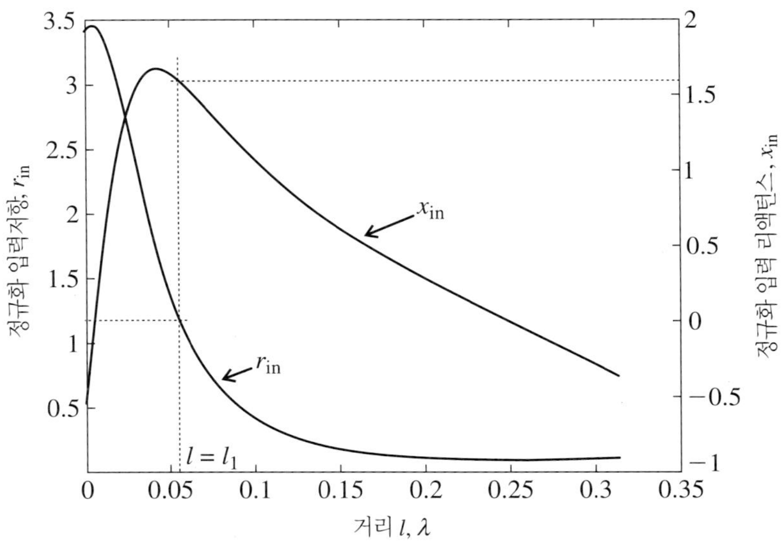

그림 8-22 • 예제 8-7에서 단락 커패시터의 위치에 따른 입력 임피던스

예제에서 두 개의 분포소자(전송선로)와 하나의 집중소자(커패시터)를 결합한 정합회로를 설계하였다. 이러한 형태의 정합회로는 매우 큰 범위에서 미세조정이 가능하나 전송선로에 따라 커패시터의 위치에 매우 민감하게 된다. 원하는 위치에서 조그마한 변화도 입력 임피던스의 큰 변화로 나타난다.

8.2.2 단일 스텁 정합회로

집중형 소자에서 분포형 소자 회로로 전환하는 다음 단계는 모든 집중형 소자를 없애는 것이다. 이러한 목표는 개방-및/또는-단락회로 스텁 선로를 구성하면 가능해진다.

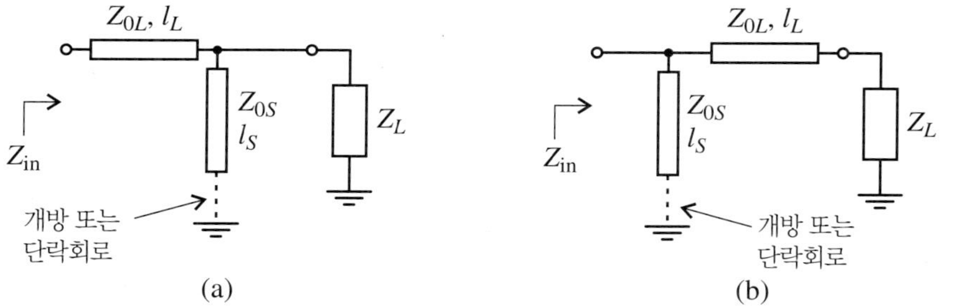

그림 8-23 • 단일 스텁 정합회로의 두 가지 형태의 토폴로지

본 절에서는 병렬로 개방회로 스텁 또는 단락회로 스텁을 갖는 직렬 전송선로로 구성된 정합회로에 대하여 고려하며, 두 가지 형태의 토폴로지에 대하여 분석하기로 한다.

첫째는 그림 8-23(a)와 같이 부하와 스텁회로가 병렬로 연결 조합된 회로에 직렬로 전송선로가 연결된 경우에 관한 것이며 두번째 회로는 그림 8-23(b)와 같이 부하와 전송선로의 직렬조합에 병렬 스텁회로가 연결된 경우에 관해서 분석하도록 하자.

그림 8-23의 정합회로는 다음과 같은 조정 파라미터가 있다. 스텁의 길이 l_S와 특성 임피던스 Z_{0S}, 전송선로의 길이 l_L과 특성 임피던스 Z_{0L}이다.

예제 8-8은 스텁 임피던스 Z_{0S}와 전송선로 임피던스 Z_{0L}가 동일한 임의의 값 Z_0으로 고정되고 특정 입력 임피던스 요구조건을 만족시키도록 전기적 길이가 가변되는 그림 8-23(a)의 정합회로 토폴로지에 대한 설계과정을 증명한다.

RF&MW

예제 8-8 • 고정된 특성 임피던스를 갖는 단일 스텁 정합회로 설계

부하 임피던스가 $Z_L = (60 - j45)\ \Omega$일 때, 부하를 입력 임피던스 $Z_{in} = (75 + j90)\ \Omega$로 임피던스 전환시키기 위하여 두 개의 단일 스텁 정합회로를 설계하라. 그림 8-23(a)에서 두 개의 스텁과 전송선로는 특성 임피던스가 $Z_0 = 75\ \Omega$이다.

풀이:

기본적인 개념은 스텁의 길이 l_S를 결정하여 그림 8-24에서와 같이 정규화 부하 어드미턴스 $y_L = 0.8 + j0.6$을 정규화 입력 임피던스 $z_{in} = 1 + j1.2$

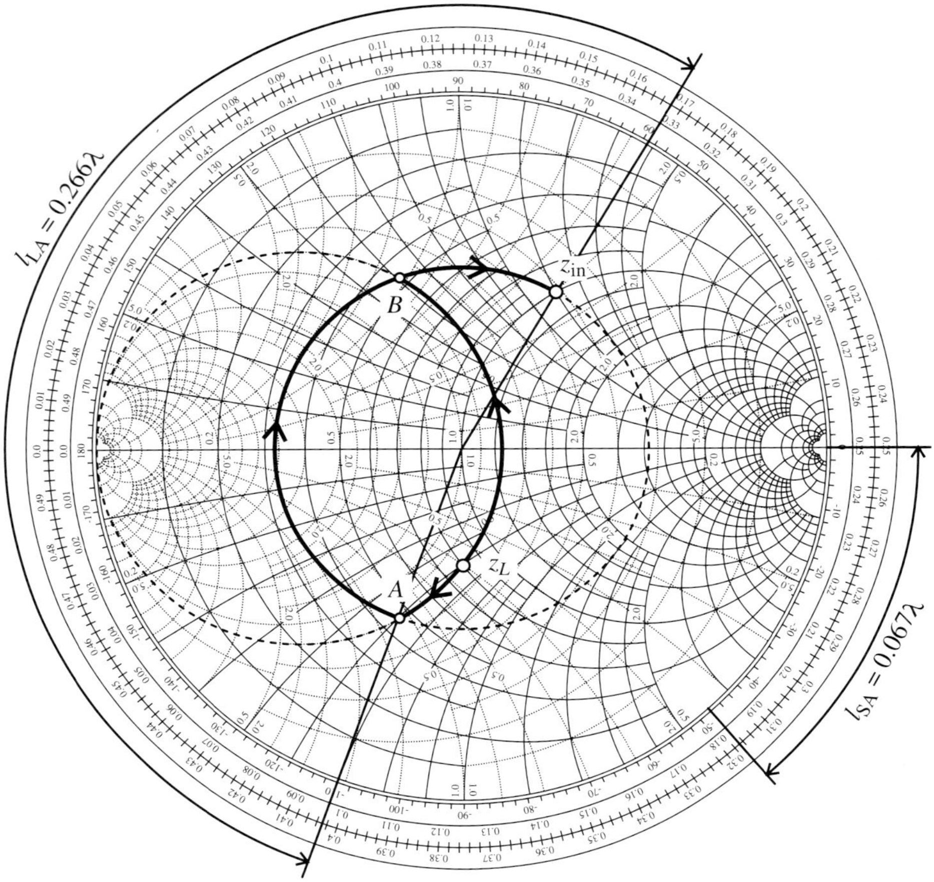

그림 8-24 ● 예제 8-8에 기초한 단일-스터브 정합회로에 대한 스미스 차트 설계.

를 통과하는 SWR 원으로 이동시키기 위한 서셉턴스 B_S를 형성하는 것이다.

$z_{in} = 1 + j1.2$와 상응하는 SWR 원은 정합회로의 해가 가능한 두 점($y_A = 0.8 + j1.05$와 $y_B = 0.8 - j1.05$)에서 $g = 0.8$인 일정한 콘덕턴스 원과 교차한다. 스텁에 대하여 상응하는 서셉턴스의 값은 $jb_{SA} = y_A - y_L = j0.45$와 $jb_{SB} = y_B - y_L = -j1.65$이다. 첫 번째 경우에서 개방회로 스텁의 길이는 스미스 차트에서 l_{SA}를 측정하여 알 수 있다. $y = 0$ 점(개방회로)에서 시작하여 $y = j0.45$의 점까지 신호원 방향(시계방향)으로 $g = 0$ 스미스 차트의 바깥쪽 직경을 따라 움직인다. 이 경우 길이는 $l_{SA} = 0.067\lambda$이다. 개방회로

스텁은 길이를 $\lambda/4$만큼 증가시킴으로써 단락회로 스텁으로 대신할 수 있다. 매우 큰 단면적으로 인한 초과 방사 손실 때문에 동축케이블이 사용될 때 이와 같은 대치가 필요하다. 프린트 기판에서 개방회로 스텁을 더 선호하게 되는데, 이것은 단락회로 스텁의 경우 접지면과 연결을 하기 위하여 필요한 기판의 관통을 하지 않아도 되기 때문이다.

첫 번째 해와 유사한 방법으로 b_{SB}의 개방회로 스텁은 길이 $l_{SB} = 0.337\lambda$가 되며 단락회로 스텁은 $l_{SB} = 0.087\lambda$가 된다. 이 경우, 개방회로 스텁은 음의 서셉턴스 모델링으로 나타난다는 사실 때문에 단락회로 스텁을 만들 때 개방회로보다는 짧은 길이를 가지는 것에 대하여 주지해야 한다.

직렬 전송선로 선분의 길이는 예제 8-7에서와 같은 방법으로 구하며, 첫 번째 해에 대해서 $l_{LA} = 0.266\lambda$이고 두 번째 해에 대하여 $l_{LA} = 0.07\lambda$가 된다.

회로 설계자는 종종 회로기판의 길이를 최소화시켜야 한다. 그러므로 가능한 한 전송선로의 선분을 짧게 하는 것에 대하여 관심을 가져야 하며 임피던스의 필요조건에 따라 개방회로 또는 단락회로 스텁 부분으로 구성할 수 있다.

다음 예제에서는 그림 8-23(b)와 같은 정합회로 형태의 원론적인 설계과정에 대하여 나타낸다. 앞에서의 예제와 다르게 스텁과 전송선로 선분의 길이를 고정시키나 특성 임피던스를 가변시켜 설계한다. 마이크로스트립 선로 회로설계에서 선로의 폭을 변화시킴으로써 이와 같은 설계를 실현하도록 한다.

RF&MW

예제 8-9 • 다른 특성 임피던스를 갖는 전송선로를 이용한 단일 스텁 정합회로의 설계

그림 8-23(b)의 정합회로 형태를 이용하여 부하 임피던스 $Z_L = (120 - j20)$ Ω을 입력 임피던스 $Z_{in} = (40 + j30)$ Ω로 변환시키고자 한다. 스텁과 전송선로의 특성 임피던스를 선정하여라. 전송선로의 길이는 $l_L = 0.25\lambda$이고 스텁의 길이는 $l_S = 0.375\lambda$로 가정한다. 또한 이 회로에서 단락회로가 필요한지 아니면 개방회로가 필요한지를 결정하라.

풀이:

부하 임피던스가 전송선로와 직렬로 연결된 조합회로의 임피던스 Z_1은

$\lambda/4$ 임피던스 변환 공식을 이용하여 계산할 수 있다.

$$Z_1 = Z_{0L}^2/Z_L \tag{8.17}$$

개방회로의 추가로 입력어드미턴스는 다음과 같게 된다.

$$Y_{\text{in}} = Y_1 + jB_S \tag{8.18}$$

여기에서 $Y_1 = Z_1^{-1}$은 앞에서 계산한 부하와 전송선로의 직렬조합 어드미턴스값이며 $jB_S = \pm jZ_{0S}^{-1}$는 스텁의 서셉턴스이다. (+)와 (−) 부호는 단락회로 스텁 또는 개방회로 스텁 인가에 따른다.

식 (8.17)과 식 (8.18)을 연계시키면 다음과 같으며

$$G_{\text{in}} = R_L/Z_{0L}^2 \tag{8.19a}$$

$$B_{\text{in}} = X_L/Z_{0L}^2 \pm Z_{0S}^{-1} \tag{8.19b}$$

이 식은 실수부와 허수부 성분에 의하여 입력 어드미턴스와 부하 임피던스 표현식에 다음과 같이 사용한다($Y_{\text{in}} = G_{\text{in}} + jB_{\text{in}}$, $Z_L = R_L + jX_L$).

식 (8.19a)를 이용하여 전송선로의 특성 임피던스가 다음과 같음을 알 수 있다.

$$Z_{0L} = \sqrt{\frac{R_L}{G_{\text{in}}}} = \sqrt{\frac{120}{0.016}} = 86.6\ \Omega$$

위에서 구한 값을 식 (8.19b)에 대입하면, (−) 부호를 사용해야 함을 알 수 있다. 이것은 특성 임피던스값이 다음과 같은 개방회로 스텁으로 수행되어야 한다.

$$Z_{0S} = \frac{1}{X_L/Z_{0L}^2 - B_{\text{in}}} = 107.1\ \Omega$$

이러한 설계 방법은 특성 임피던스가 약 20 Ω에서 200 Ω 범위 내에 있다면 쉽게 구현된다.

실제적인 구현에 있어서, 단일-측면 불평형 스텁은 종종 그림 8-25와 같은 평형 스텁 설계로 대체된다.

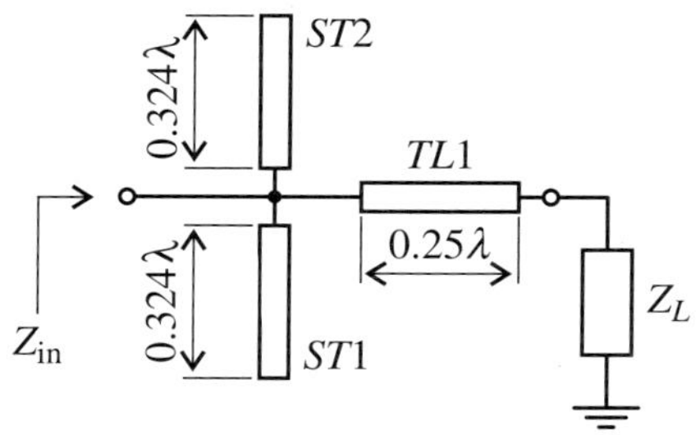

$Z_{0S} = 107.1\ \Omega \quad Z_{0L} = 86.6\ \Omega$

그림 8-25 • 예제 8-9에 대한 평형 스텁 설계

당연히 스텁 *ST*1과 스텁 *ST*2가 병렬연결된 결합 서셉턴스는 불평형 스텁의 서셉턴스와 같아야 한다. 그러므로 평형 스텁의 양 측면에서의 서셉턴스는 불균일 스텁의 서셉턴스의 절반이 되어야 한다.

각 측면의 길이 l_{SB}는 선형적으로 비례하지 않음을 알아야 한다. 다르게 말하면, 평형 스텁의 길이는 불평형 스텁의 길이에 꼭 절반이 되지 않음을 의미한다. 개방회로에 대하여 다음 식과 같이 계산되며

$$l_{\text{SB}} = \frac{\lambda}{2\pi}\tan^{-1}\left(2\tan\frac{2\pi l_S}{\lambda}\right) \tag{8.20}$$

단락회로에 대하여 다음 식과 같다.

$$l_{\text{SB}} = \frac{\lambda}{2\pi}\tan^{-1}\left(\frac{1}{2}\tan\frac{2\pi l_S}{\lambda}\right) \tag{8.21}$$

이러한 결과는 그래프적으로 스미스 차트를 이용하여 구할 수 있다.

8.2.3 이중 스텁 정합회로

앞 절에서 설명한 단일 스텁 정합회로는 용도가 매우 다양하며 임피던스의 실수부가 영(0)이 되지 않는 한 임의의 입력 임피던스와 부하 임피던스 사이에서도 정합이 가능하다. 이러한 정합회로의 단점 중의 하나는 입력단과 스텁 사이 또는 스텁과 부하 임피던스 사이에 가변 길이를 갖는 전송선로가 필요하다는 점이다. 보통 고정 정합회로에서는 이러한 문제로 어려움을 겪지 않지만 가변 튜

튜너 응용

스텁 선로 조절의 한 부분으로서 이동할 수 있는 단락선로를 가진 튜너는 고전력 응용분야에 있어서 넓은 범위의 부하 임피던스 정합이 가능하도록 해준다. 스텁선로의 전력증폭기 설계에서 튜너는 일반적으로 집중소자 조절보다 더 선호된다.

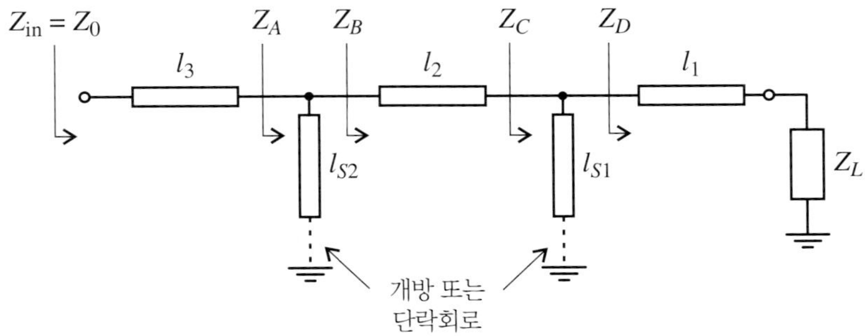

그림 8-26 • 이중 스텁 정합회로의 구성

너에서는 어려움이 발생한다. 본 절에서는 이중 스텁을 사용하여 이러한 단점을 극복하는 정합회로에 대하여 알아보고자 한다. 임의의 부하 임피던스를 $Z_{in} = Z_0$인 입력 임피던스에 정합시키는 회로의 일반적인 토폴로지는 그림 8-26에 나타내었다.

이중 스텁 정합회로는 두 개의 단락회로 또는 개방회로를 고정 전송선로 사이에 병렬로 연결하는 방식이다. 두 소자 사이의 고정 전송선로 길이 l_2는 1/8 파장, 3/8 파장 또는 5/8 파장을 선정한다. 그 중 3/8 파장, 5/8 파장 간격은 튜너의 구조를 간단하게 하는 고주파 응용에 적용된다.

여기에서는 두 스텁 사이의 선로 길이를 $l_2 = (3/8)\lambda$로 선정하여 진행하기로 한다. 분석을 편리하게 하기 위하여 튜너의 입력 측에서부터 시작하여 부하단 쪽으로 반대방향으로 진행한다. 완전한 정합을 위하여 $Z_{in} = Z_0$가 되어야 하므로 $y_A = 1$이 된다. 선로는 무손실로 가정하므로 정규화 어드미턴스 $y_B = y_A - jb_{S2}$는 스미스 차트상에서 $g = 1$인 일정한 콘덕턴스 원의 어느 점인가에 위치한다. 여기에서 b_{S2}는 스텁의 서셉턴스이며 l_{S2}는 이에 상응된 길이이다. $l_2 = (3/8)\lambda$ 선로에서 $g = 1$ 원은 $2\beta l_2 = 3(\pi/2) = 270°$만큼 부하방향(즉, 그림 8-27과 같이 반시계방향)으로 회전된다. 어드미턴스 y_C(스텁 l_{S1}과 병렬로 선로 l_1을 갖는 Z_L에 직렬 연결됨)는 확실한 정합을 위하여 회전되는 $g = 1$인 원(y_C원이라고 한다)에 놓여질 필요가 있다.

l_{S1}스텁의 길이를 가변시키면 점 y_D는 변환되며 y_C가 $g = 1$인 원 위에 놓이는 결과를 만들 수 있다. 이러한 과정은 점 y_D(Z_L과 선로 l_1의 직렬연결)가 $g = 2$인 원의 내부에 놓일 때를 제외하면 임의의 부하 임피던스에 대해서도 적용가능하다. 금지영역은 그림에서 빗금으로 표현하였으며 꼭 피해야 할 영역이다. 실제적으로 이러한 문제를 극복하기 위하여 상업적으로 이중 스텁 튜너의 입력과 출력 전송선로 길이를 $l_1 = l_3 \pm \lambda/4$에

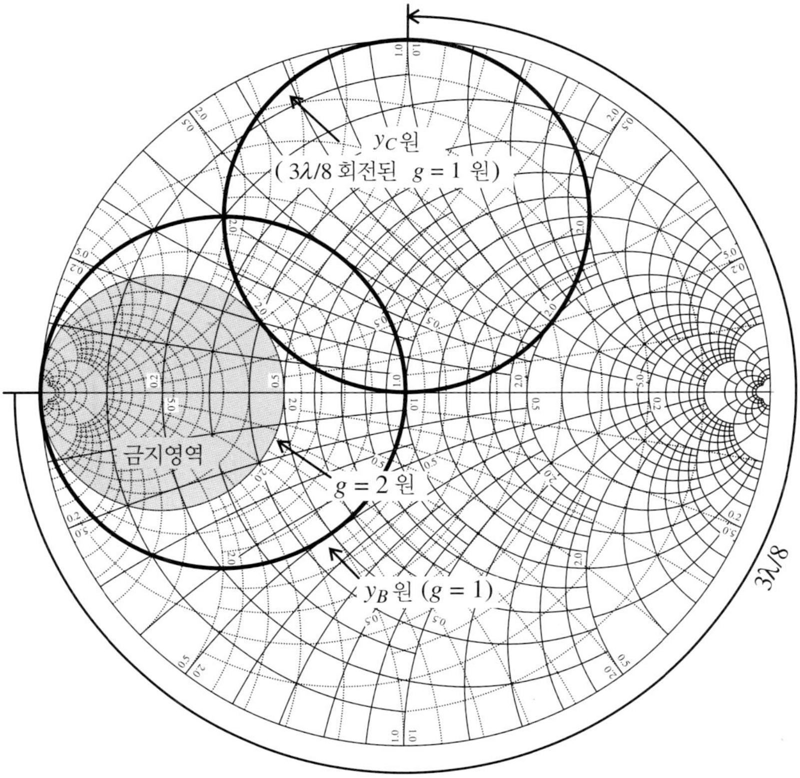

그림 8-27 • 그림 8-26의 이중 스텁 정합회로의 스미스 차트 분석

관계되도록 한다. 이 경우, 특정 부하 임피던스가 정합되지 못하였다면 이러한 튜너의 반대편에 부하를 연결시킴으로써 y_D가 금지영역에서 벗어나게 한다.

다음 예제는 특정 부하 임피던스를 정합시키기 위한 스텁 길이의 계산을 나타낸다.

RF&MW

예제 8-10 • 이중 스텁 정합회로 설계

그림 8-26의 이중 스텁 정합회로에서 전송선로의 길이를 $l_1 = \lambda/8$ 및 $l_3 = l_2 = 3\lambda/8$로 가정한다. 부하 임피던스 $Z_L = (50 + j50)\ \Omega$를 $50\ \Omega$의 입력 임

피던스에 정합시키려 할 때 단락회로 스텁의 길이를 구하라. 모든 소자의 특성 임피던스는 $Z_0 = 50\ \Omega$이다.

풀이:

첫 번째로 정규화 어드미턴스 y_D를 구하고 금지영역 내에 있는지를 판단해야 한다. 스미스 차트(그림 8-28 참조)를 이용하여 $y_D = 0.4 + j0.2$를 구하였다. $g_D < 2$이므로 어드미턴스 y_D는 금지영역에 들어가지 않음을 확인할 수 있다. 다음에는 앞에서 설명한 바와 같이 회전된 $g = 1$의 원을 그림으로써 점 y_D를 통과하는 일정한 콘덕턴스 원과 $g = 1$의 원이 교차하는 점을 구하며, 교차점은 y_C의 값이 된다. 사실 교차점은 두 개가 나타나며 두 개의 해가 가능하다. 여기에서 $y_C = 0.4 - j1.8$을 선정했다 하자.

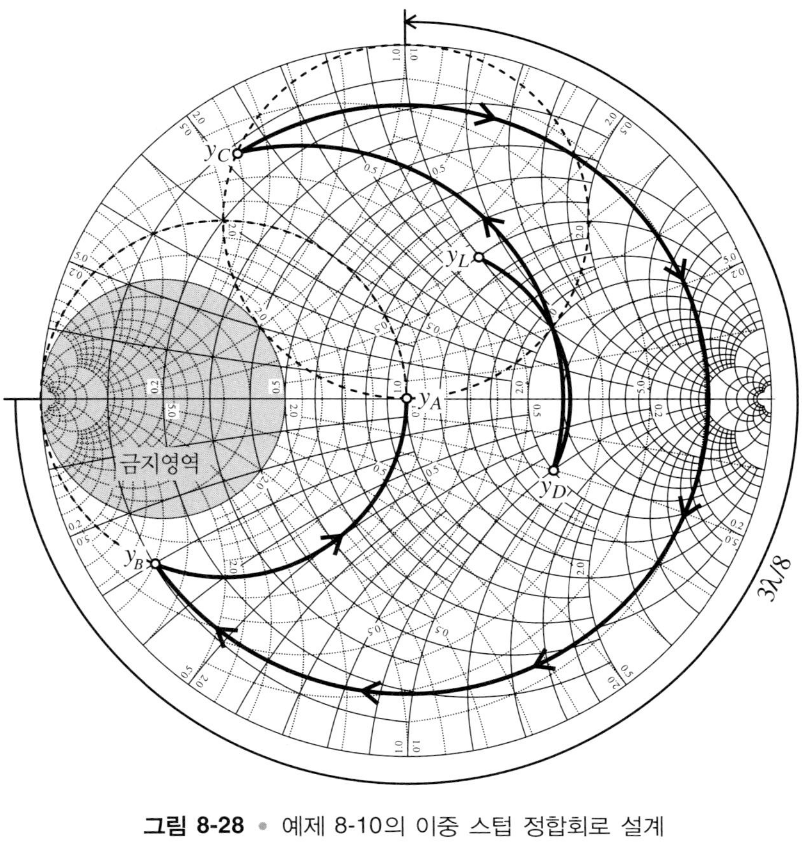

그림 8-28 • 예제 8-10의 이중 스텁 정합회로 설계

이때 첫 번째 스텁의 서셉턴스는 $jb_{S1} = y_C - y_D = -j2$가 되므로 첫 번째 단락회로 스텁의 길이를 구할 수 있다. 즉 $l_{S1} = 0.074\lambda$가 된다.

y_C를 $l_2 = 3\lambda/8$만큼 회전하면 $y_B = 1 + j3$을 구하게 되며, 이 값에 따라 두 번째 스텁의 서셉턴스를 $jb_{S2} = -j3$으로 함으로써 $y_{in} = y_A = 1$이 되도록 한다. 스미스 차트를 사용하여 두 번째 스텁의 길이 $l_{S2} = 0.051\lambda$를 구할 수 있다.

어떤 실제적인 구현에 있어서 스텁은 바랙터 다이오드로 대치되기도 한다. 이것은 다이오드 커패시턴스 또는 단락 어드미턴스에 대하여 전자적으로 튜닝할 수 있게 한다.

8.3 증폭기 동작급수와 바이어스 회로

RF 회로에서 필연적으로 있어야 할 부분은 능동 바이어스 또는 수동 바이어스 회로이다. 바이어스의 목적은 특정 동작조건 아래 능동소자가 구동에 적합한 동작점을 갖게 하고 트랜지스터 파라미터 변화와 온도 변동에 상관없이 일정한 상태가 유지되도록 하는 데 있다.

다음 절에서는 증폭기 동작에 따른 여러 가지 분류에 대한 일반적인 분석을 도입하며 어떻게 BJT와 FET에 알맞은 바이어스가 구성되는가에 대하여 이해한다.

8.3.1 동작급수와 증폭기 효율

설계할 증폭기의 응용에 따라 특정 바이어스 조건이 요구된다. 증폭기 동작은 여러 가지로 분류되며 RF 회로에서 능동소자의 바이어스를 규정한다.

그림 8-29에서 이상적인 트랜지스터의 전달함수 특성을 나타내었다. 트랜지스터는 포화상태 또는 항복영역(breakdown region)에 도달하지 않으며 선형동작 영역에서 출력전류는 입력전압에 비례한다. 전압 V^*는 FET의 경우 문턱전압에 해당하며 BJT의 경우 베이스–이미터 내부(built-in) 전위에 해당된다.

동작 급수의 구분은 이른바 **전도각(conduction angle)**에 따르며, 여기에서는 전류가 부하를 통하여 흐를 때 신호 사이클의 일부분을 표시한다. 그림 8-29(a)에서와 같이 **A급** 동작에서는 전류가 완전한 출력 신호 사이클 동안 나타난다. 이것은 $\Theta_A = 360°$의 전도각에 해당한다. 선형영역에서 트랜지스터의 전달 특성이 선형함수의 전달함수와 가

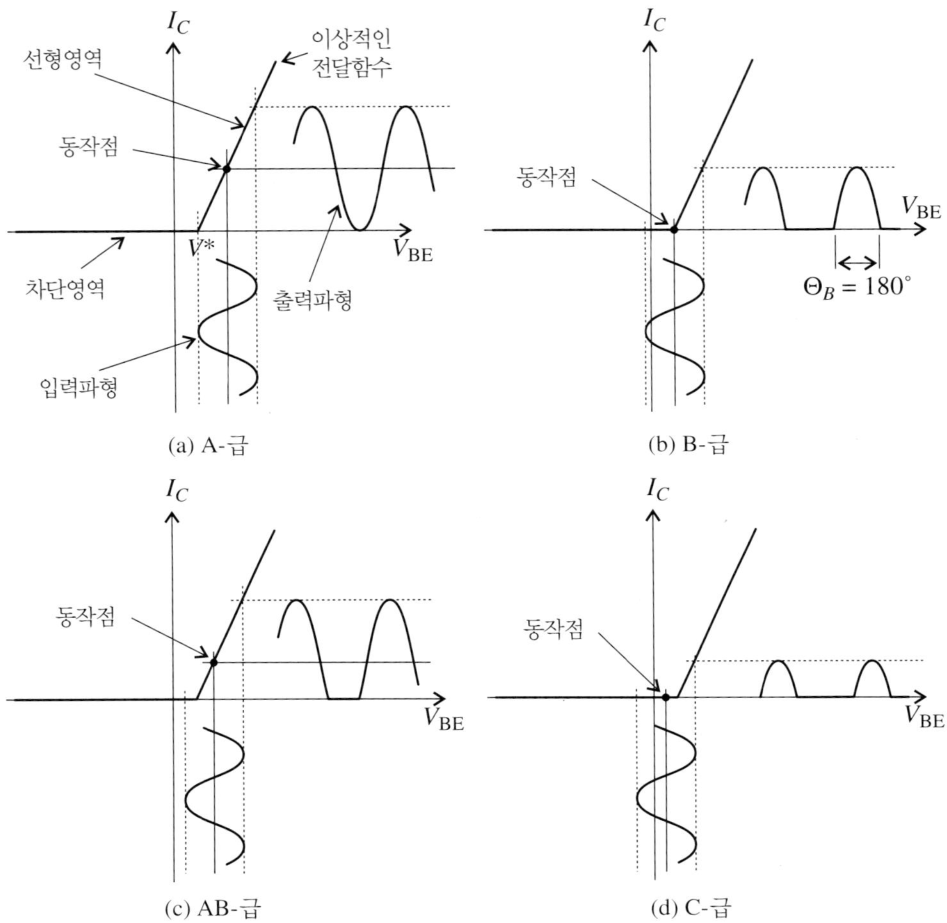

그림 8-29 ● 여러 가지 급수의 증폭기 동작

깝다면 출력신호는 어떠한 왜곡도 없이 입력신호를 그대로 증폭하게 된다. 그러나 실제적인 회로에서는 비선형성을 나타내는 임의의 각도가 존재하게 되며, 그 결과 증폭기의 출력에서 왜곡이 발생하게 된다.

B급 동작에서[그림 8-29(c)] 전류는 한 사이클의 절반 동안만 존재하며, 이것은 $\Theta_B = 180°$의 전도각에 해당한다. 사이클의 나머지 절반 동안 트랜지스터는 차단영역(cut-off region)에 있으며 소자에는 전류가 흐르지 않는다. **AB급**[그림 8-29(c)]은 A급과 B급의 특성을 결합시킨 것으로 전도각 Θ_{AB}는 180°에서 360° 사이에 있다. 이 형태의 증폭기는 RF 신호의 고출력 선형증폭을 할 때 이용된다.

C급 증폭기[그림 8-29(d)]는 사이클의 절반보다 작은 주기(즉, 전도각은 $0 < \Theta_C < 180°$) 동안에 전류가 흐른다. 그 결과 출력에서는 최대 왜곡이 발생한다.

A급 모드가 가장 적은 신호 왜곡을 일으키는데 왜 모든 증폭기를 A급으로 동작시키지 않는가라는 논리적인 의문점이 발생한다. 그 답은 증폭기의 효율에 직접적으로 연계된다. 효율 η는 신호원에서 공급되는 평균 전력 P_S에 대한 부하에 전달되는 평균 RF 전력 P_{RF}의 비로서 정의되며 보통 다음과 같이 백분율로 측정된다.

$$\eta = \frac{P_{RF}}{P_S} 100\% \tag{8.22}$$

A급 증폭기의 이론적인 최대 효율은 50%이며 C급 증폭기의 효율은 거의 100%에 도달한다. A급 증폭기의 50%의 효율은 신호원에서 공급된 전력의 절반은 열로 방출된다는 것을 의미한다. 이와 같은 상태는 모든 소자가 배터리로 동작되는 휴대 통신시스템에서는 거의 적용할 수 없다. 실제 응용에서 설계자는 증폭기가 최대 효율을 나타내면서도 RF 신호의 정보 내용은 보호되는 동작급수를 선정한다. 비록 C급 증폭기가 효율적이지만 출력 전력은 주어진 트랜지스터의 전력보다 낮아지는 경향이 있다. 이러한 이유 때문에 다른 등급(D, E, F)의 증폭기가 도입되었다. 이들 모두는 스위치된 모드에서 트랜지스터를 사용한다.

스위치된 증폭기

효율을 증가시키기 위한 시도로서 스위치된 트랜지스터 동작(이른바 클래스 D, E, F)은 고조파에 대한 적절한 필터링과 함께 DC전력을 RF 전력으로 100%로까지 변환할 수 있다. 그러나 전형적으로 0이 아닌 스위칭 시간과 저항 손실은 100%보다 작은 효율로 제한하게 한다.

다음 예제에서는 전도각의 함수에 대한 증폭기의 최대 이론적 효율 η을 유도한다.

RF&MW→

예제 8-11 • 증폭기 효율 계산

증폭기의 효율을 전도각 Θ_0의 함수로 표현한 식을 유도하고 A급 및 B급 증폭기에 대해 효율 η의 값을 기록하여라.

풀이:

전도각 Θ_0에 대하여 부하를 통하여 흐르는 전류파형은 그림 8-30(a)와 같다. 여기에서 코사인 전류 크기는 I_0로 주어졌다.

유사하게 전원공급 전류 I_S는 최대값 I_0에 동작 전류 I_Q를 합하여 다음 식과 같다.

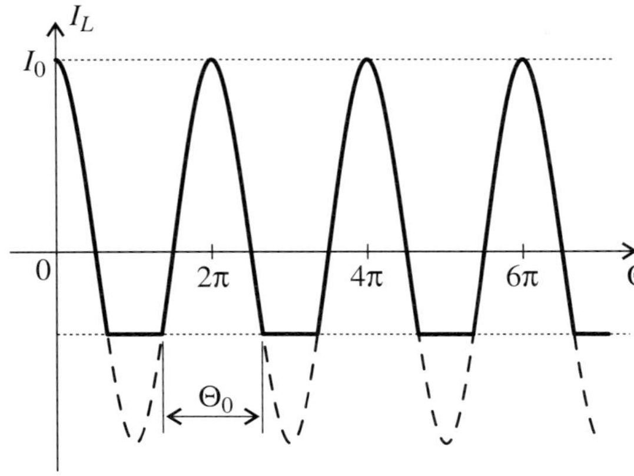

(a) 트랜지스터 출력단에서 부하전류파형

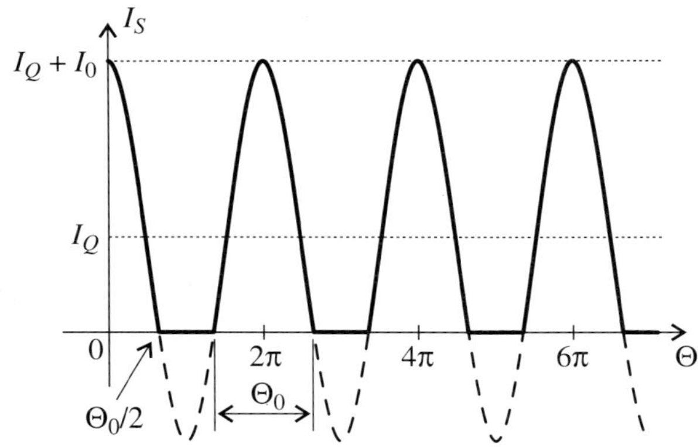

(b) 전원공급 전류파형

그림 8-30 • 전도각에 따른 부하와 전원공급의 전류파형

$$I_S = I_Q + I_0 \cos\Theta \tag{8.23}$$

특정 전도각 Θ_0를 확인하는 데 필요한 동작 전류의 값은 식 (8.23)에서 $\Theta = \Theta_0/2$일 때 $I_S = 0$로 놓아 다음 식과 같다.

$$I_Q = -I_0 \cos(\Theta_0/2) \tag{8.24}$$

평균 전원공급 전류는 $\Theta = -\Theta_0/2$에서 $\Theta = \Theta_0/2$ 사이의 전도각 범위로 적분하여 계산한다. 즉

$$\begin{aligned}\langle I_S\rangle &= \frac{1}{2\pi}\int_{-\Theta_0/2}^{\Theta_0/2} I_S d\Theta \\ &= -\frac{I_0}{2\pi}\left[\Theta_0\cos\left(\frac{\Theta_0}{2}\right) - 2\sin\left(\frac{\Theta_0}{2}\right)\right]\end{aligned} \tag{8.25}$$

그러므로 전원공급원의 평균전력은 다음 식과 같다.

$$P_S = V_{CC}\langle I_S\rangle = -\frac{I_0 V_{CC}}{2\pi}\left[\Theta_0\cos\left(\frac{\Theta_0}{2}\right) - 2\sin\left(\frac{\Theta_0}{2}\right)\right] \tag{8.26}$$

여기에서 V_{CC}는 전원전압이다.

RF 출력전류는 I_S의 기본적인 하모닉 성분이다.

$$I_{RF} = \frac{1}{\pi}\int_{-\pi}^{\pi} I_S\cos\Theta d\Theta = \frac{1}{\pi}\int_{-\Theta_0/2}^{\Theta_0/2}(I_Q + I_0\cos\Theta)\cos\Theta d\Theta$$

여기서 I_S의 우함수 대칭의 장점을 고려하여 위의 적분을 계산하면

$$I_{RF} = \frac{1}{2\pi}\left(4I_Q\sin\left(\frac{\Theta_0}{2}\right) + I_0(\Theta_0 + \sin\Theta_0)\right)$$

I_Q에 대하여 식 (8.24)를 대입하여 간단히 정리하면

$$I_{RF} = \frac{I_0}{2\pi}(\Theta_0 - \sin\Theta_0)$$

기본적인 파형이 아닌 모든 하모닉 성분들이 정합회로망에 의해서 단락된다면 RF 출력 전압은 $+V_{CC}$와 $-V_{CC}$사이에서 사인곡선으로 진동될 수 있다.

$$V_{RF} = V_{CC}$$

결과적인 RF 출력전력은

$$P_{RF} = \frac{1}{2}V_{RF}I_{RF} = \frac{I_0 V_{CC}}{4\pi}(\Theta_0 - \sin\Theta_0) \tag{8.27}$$

식 (8.27)을 식 (8.26)으로 나누면 증폭기의 효율을 구할 수 있다.

$$\eta = -\frac{\Theta_0 - \sin\Theta_0}{2[\Theta_0\cos(\Theta_0/2) - 2\sin(\Theta_0/2)]} \tag{8.28}$$

여기에서 전도각 Θ_0는 라디안으로 측정된다.

전도각 Θ_0에 대한 증폭기 효율 η의 그래프는 그림 8-31과 같이 나타낸다.

식 (8.28)에 $\Theta_0 = 2\pi$를 대입하면 A급 증폭기의 효율은 50%가 됨을 알

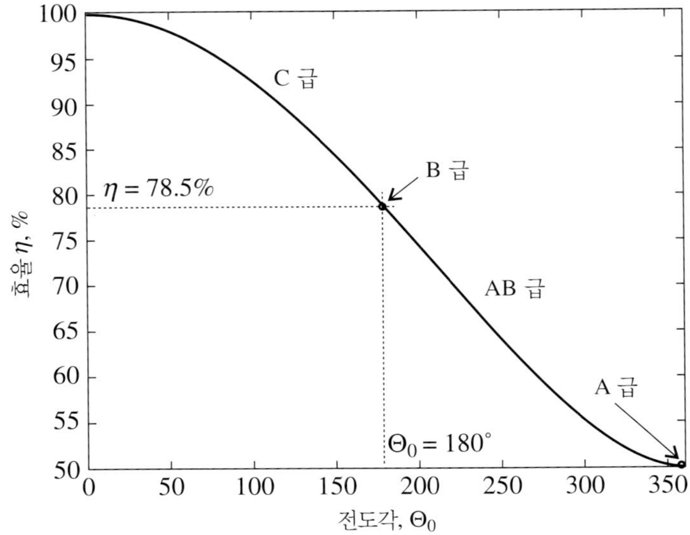

그림 8-31 ● 전도각의 함수로 표현된 이상적인 증폭기의 최대 이론적 효율관계

수 있다. B급 증폭기의 효율을 계산하기 위하여 전도각 $\Theta_0 = \pi$를 식 (8.28)에 대입하면 다음과 같다.

$$\eta_B = -\frac{\pi - \sin\pi}{2[\pi\cos(\pi/2) - 2\sin(\pi/2)]} = \frac{\pi}{4} = 0.785$$

이와 같이 B급 증폭기의 효율은 78.5%이다.

개인 휴대통신 시스템과 같이 배터리 수명을 최대로 해야 하는 곳에서 저 전력소비를 다룰 때 증폭기의 효율은 설계 시 매우 중요한 고려사항이다.

효율 측정

더 정확하게 증폭기 효율을 규정하기 위해서 입력 RF 전력을 고려해야 한다. 이 목적을 위하여 두 가지 일반적인 효율 측정이 존재하는데 효율-더해진 전력은

$$\text{PAE} = \frac{P_{\text{RFout}} - P_{\text{RFin}}}{P_{\text{DC}}} = \eta\left(1 - \frac{1}{G}\right)$$

총합 혹은 전체 효율은

$$\eta_{\text{total}} = \frac{P_{\text{RFout}}}{P_{\text{DC}} + P_{\text{RFin}}} = \left(\frac{1}{\eta} + \frac{1}{G}\right)^{-1}$$

여기서 G는 이득이다. 전체 효율이 더 정확하지만 효율–더해진 전력이 더 일반적으로 이용된다.

8.3.2 쌍극자 트랜지스터 바이어스 회로

일반적으로 바이어스 종류는 두 가지가 있다. 수동형과 능동형 바이어스 회로이다. **수동형**(또는 **자기 바이어스**) 바이어스 회로는 가장 간단한 바이어스 회로이며 저항성 회로로 구성되어 RF 트랜지스터 구동에 적합한 전압과 전류를 제공한다. 이와 같은 회로의

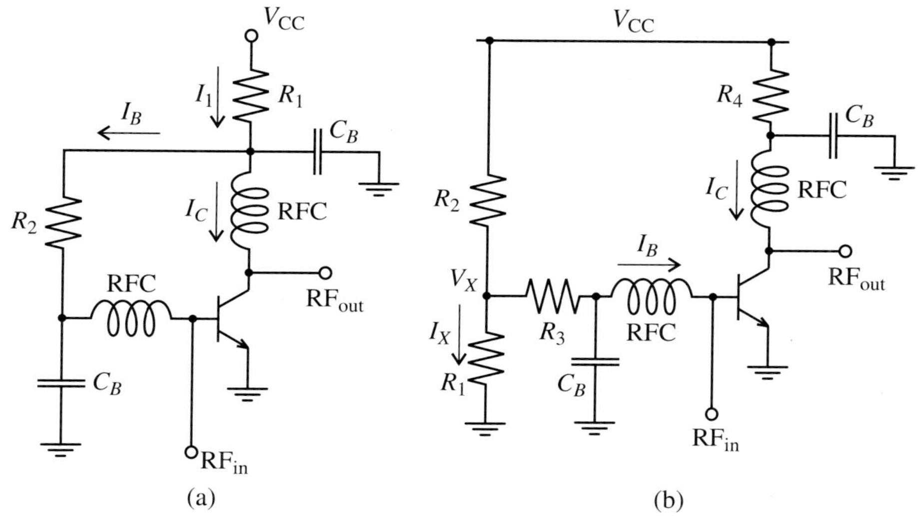

그림 8-32 • 이미터 접지 RF BJT에 대한 수동 바이어스 회로

단점은 트랜지스터 파라미터의 변화에 매우 민감하며 온도 안정도에 약한 점이다. 이러한 약점을 보완하기 위하여 **능동 바이어스** 회로를 적용한다.

본 절에서는 여러 형태의 RF BJT 바이어스 회로에 대하여 고려하기로 하자. 그림 8-32에서는 두 개의 토폴로지에 대하여 보여주고 있다.

그림 8-32에서 블록 커패시터(block capacitor) C_B와 트랜지스터의 베이스와 콜렉터 단자사이에 연결한 RFC의 조합은 DC 전원공급으로부터 RF 신호를 분리시키는 목적으로 작용한다. 높은 주파수에서는 RFC를 $\lambda/4$ 전송선로로 대치하여 C_B측면의 단락회로 조건을 트랜지스터 측면에서 볼 때 개방회로 조건으로 변환시켜 준다.

다음 예제에서 그림 8-32에 보여준 두 개의 바이어스 회로에서 저항값을 어떻게 계산하는가를 논의한다.

RF&MW→

예제 8-12 • 이미터 접지 형태의 BJT에 대한 수동 바이어스 회로 설계

BJT가 $I_C = 10$ mA, $V_{CE} = 3$ V 및 $V_{CC} = 5$ V로 동작할 때 그림 8-32(a)와 (b)의 바이어스 회로를 설계하라. 트랜지스터는 $\beta = 100$이고, $V_{BE} = 0.8$ V로 가정한다.

풀이:

그림 8-32(a)에서와 같이 저항 R_1을 통하여 흐르는 전류 I_1은 콜렉터와 베이스 전류의 합과 같다. $I_B = I_C/\beta$이므로 다음 식과 같다.

$$I_1 = I_C + I_B = I_C(1 + \beta^{-1}) = 10.1 \text{ mA}$$

R_1값은 다음 식에서 구해진다.

$$R_1 = \frac{V_{CC} - V_{CE}}{I_1} = 198 \ \Omega$$

같은 방법으로 베이스 저항 R_2는 다음과 같이 계산된다.

$$R_2 = \frac{V_{CE} - V_{BE}}{I_B} = \frac{V_{CE} - V_{BE}}{I_C/\beta} = 22 \text{ k}\Omega$$

그림 8-32(b)의 회로는 조금 복잡하다. 전압 분배 저항 R_2를 사용하여 임의적으로 전압 V_X와 전류 I_X값을 선정할 수 있다. 여기에서 V_X를 1.5 V로 설정하면 베이스 저항 R_3는 다음과 같이 계산된다.

$$R_3 = \frac{V_X - V_{BE}}{I_B} = \frac{V_X - V_{BE}}{I_C/\beta} = 7 \text{ k}\Omega$$

I_X의 값은 일반적으로 I_B의 10배 정도로 선정하므로 $I_X = 10I_B = 1$ mA이며 전압분배에 대한 저항값은 다음과 같이 계산된다.

$$R_1 = \frac{V_X}{I_X} = 1.5 \text{ k}\Omega \text{ 그리고 } R_2 = \frac{V_{CC} - V_X}{I_X + I_B} = 3.18 \text{ k}\Omega$$

최종적으로 콜렉터 저항은 다음과 같다.

$$R_4 = (V_{CC} - V_{CE})/I_C = 200 \ \Omega$$

1 GHz에서 C_B와 RFC에 대한 일반적인 값은 각각 200 pF 그리고 200 nH이다. 특정한 전압과 전류를 선택할 수 있는 자유도는 실질적으로 표준화된 저항값에 의하여 제한된다.

펄스된(pulsed) 신호를 측정하기 위한 바이어스

열적 영향을 막기 위해서 때때로 능동소자는 짧은 펄스된 동안에 측정되어야 한다. 작은 블로킹 커패시터(~20 pF) 그리고 RFC(~50 nH)를 가진 특별한 바이어스 회로망이 충분히 높은 시험 주파수(≥ 1 GHz)와 펄스 간격(≥ 100 ns)을 위해 사용된다.

이미터 접지 형태의 BJT 능동 바이어스 회로의 예는 그림 8-33과 같다. 여기에서 RF 트랜지스터 Q_2에 필요한 베이스 전류를 지원하기 위하여 저주파 트랜지스터 Q_1을 이용하고 있다. 만약 트랜지스터 Q_1과 Q_2가 동일한 열적 특성을 갖는다면 바이어스 회로는 우수한 온도 안정도를 나타낸다.

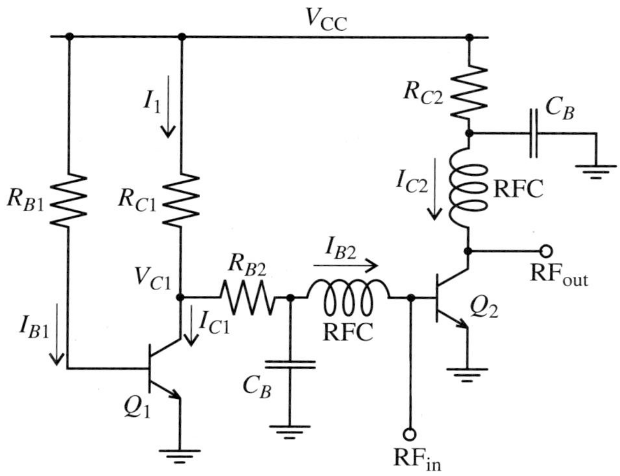

그림 8-33 • 이미터 접지 RF BJT에 대한 능동 바이어스 회로

예제 8-13은 그림 8-33의 능동 바이어스 회로의 각 소자값 결정을 보여준다.

RF&MW→

예제 8-13 • 이미터 접지 BJT 트랜지스터 능동 바이어스 회로 설계

트랜지스터의 동작전압과 전류가 $I_{C2} = 10$ mA, $V_{CE2} = 3$ V 및 $V_{CC} = 5$ V 일 때 그림 8-33의 바이어스 회로를 설계하라. 두 개의 트랜지스터는 온도의 함수로서 50과 150 사이에 변동할 수 있는 $\beta = 100$ 및 $V_{BE} = 0.8$ V를 갖는다고 가정한다.

풀이:

Q_2바이어스의 β-의존성을 결정할 필요가 있다. 특별히 Q_2의 콜렉터 전류는

$$I_{C2} = \beta I_{B2} = \beta \frac{V_{C1} - V_{BE}}{R_{B2}}$$

V_{C1}을 결정하기 위해서, 테브난 등가 전압원 V_{Th}와 저항 R_{Th}에 의하여 이 트랜지스터의 부하를 설명하면

$$V_{C1} = V_{\mathrm{Th}} - R_{\mathrm{Th}} I_{C1}$$

여기서

$$R_{\mathrm{Th}} = R_{C1} \| R_{B2} = \frac{R_{C1}R_{B2}}{R_{C1}+R_{B2}} \text{ 이고 } V_{\mathrm{Th}} = \frac{V_{\mathrm{CC}}R_{B2}+V_{\mathrm{BE}}R_{C1}}{R_{C1}+R_{B2}} \text{ 이다.}$$

이것은 V_{CC}와 $V_{B2} = V_{\mathrm{BE}}$ 사이에 R_{C1}와 R_{B2}에 의하여 형성된 전압 분배기로부터 유도된다. Q_1의 콜렉터 전류는 베이스 저항에 의해서 결정된다.

$$I_{C1} = \beta I_{B1} = \beta \frac{V_{\mathrm{CC}} - V_{\mathrm{BE}}}{R_{B1}}$$

위 식에 I_{C2}에 대한 표현을 대입하고 정리하면 다음과 같은 식을 얻는다.

$$I_{C2} = \frac{\beta(R_{B1} - \beta R_{C1})}{R_{B1}(R_{C1}+R_{B2})}(V_{\mathrm{CC}} - V_{\mathrm{BE}})$$

다음 단계는 β-의존성을 최소화하기 위해 I_{C2}의 미분식을 0으로 만드는 것이다.

$$\left.\frac{dI_{C2}}{d\beta}\right|_{\beta=\beta_0} = \frac{R_{B1} - 2\beta_0 R_{C1}}{R_{B1}(R_{C1}+R_{B2})}(V_{\mathrm{CC}} - V_{\mathrm{BE}}) = 0$$

이 식은 다음과 같이 줄일 수 있다.

$$R_{C1} = \frac{R_{B1}}{2\beta_0}$$

이제 모든 소자값들을 계산할 수 있다. Q_1 베이스 저항성분은 베이스 전류에 의하여 결정된다. 베이스 전류는 다음과 같은 식에 의하여 원하는 콜렉터 전류에 의존하게 된다.

$$R_{B1} = \frac{V_{\mathrm{CC}} - V_{\mathrm{BE}}}{I_{B1}} = \frac{(V_{\mathrm{CC}} - V_{\mathrm{BE}})\beta_0}{I_{C1}}$$

I_{C1}를 결정하는데 어느 정도의 자유로움이 있기 때문에 Q_2 베이스 전류의 10배 값을 선택하도록 하자. I_{C1}의 값이 줄어들게 되면 결국 V_{C1}값도

감소하게 된다. 그러므로 β변화를 고려하기 위해서 어느 정도 변화폭

(swing room)을 남겨둘 필요가 있다. $I_{C1} = 10\frac{I_{C2}}{\beta_0} = 1$ mA를 사용하여 $R_{B1} = 420$ kΩ을 얻는다.

위의 유추된 식으로부터 $R_{C1} = 2.1$ kΩ을 얻을 수 있다. $I_{B2} = \frac{I_{C2}}{\beta_0} = 100$ μA이고 $V_{C1} = V_{CC} - (I_{C1} + I_{B2})R_{C1} = 2.69$ V이기 때문에, 다음과 같은 식을 얻는다.

$$R_{B2} = \frac{V_{C1} - V_{BE}}{I_{B2}} = 18.9\ \text{k}\Omega$$

결과적으로

$$R_{C2} = \frac{V_{CC} - V_{CE2}}{I_{C2}} = 200\ \Omega$$

이 된다. β-의존성을 증명하기 위해 I_{C2}는 여러 점에서 측정된다.

β	50	75	100	125	150
I_{C2}, mA	7.5	9.38	10	9.38	7.5

능동 바이어스가 수동 바이어스에 비하여 많은 성능상의 이점을 제공하지만 특별히 다음과 같은 단점이 있다. 추가적인 회로상의 공간이 필요하고 이에 따른 설계상의 복잡성과 추가 전력 소비가 있다.

이미터 접지형 BJT에 대한 또 다른 능동 바이어스 회로를 그림 8-34에 나타내었다. 회로에서 다이오드 D_1과 D_2는 두 개의 트랜지스터의 베이스–이미터 양단전압에 고정된 기준값을 제공한다. 저항 R_1은 Q_1의 베이스 바이어스 전류를 조정하며 R_2는 조정의 범위를 제한하는 데 이용된다. 이상적으로 온도 보상을 위하여 트랜지스터 Q_1과 다이오드 중의 하나는 주변 온도 상태에 위치하고 두 번째 다이오드는 RF 트랜지스터 Q_2와 동일한 방열판(heat sink)에 놓는다.

최종적으로 모든 바이어스 회로에서 RF 주파수에서 트랜지스터의 동작조건(베이스 접지, 이미터 접지 또는 콜렉터 접지)은 DC 형태와는 완전히 독립적임을 지적할 필요가 있다. 한 예로 그림 8-33의 능동 바이어스 회로를 택하여 그림 8-35와 같이 베이스 접지 RF 동작으로 변경할 수 있다.

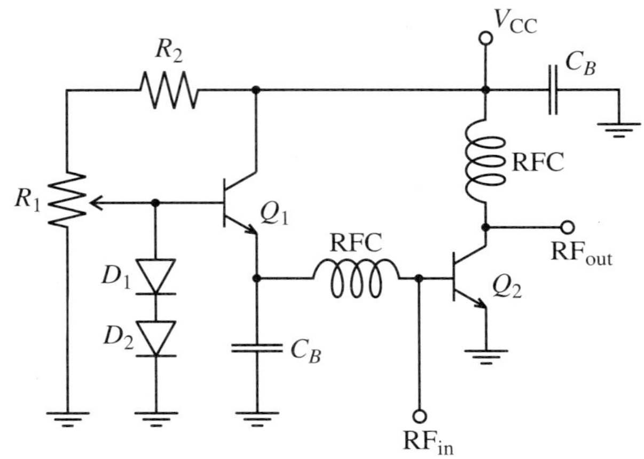

그림 8-34 • 저주파 트랜지스터와 두 개의 다이오드를 갖는 능동 바이어스 회로

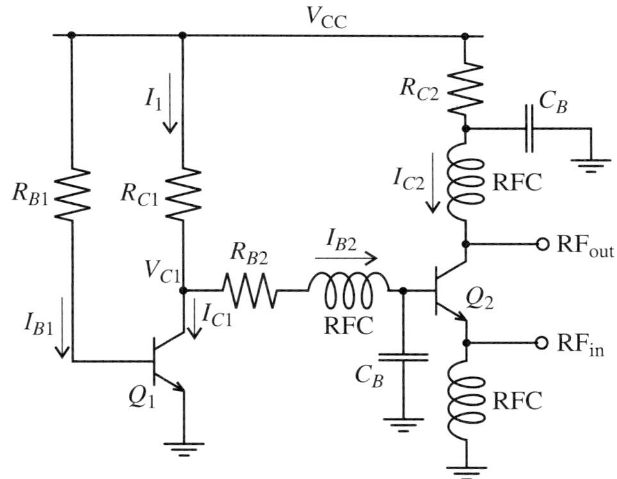

그림 8-35 • 베이스 접지 RF 동작에 대한 그림 8-33의 능동 바이어스 회로의 수정

DC에서 모든 DC 차단(blocking) 커패시터는 개방회로로서 동작하며 모든 RFC는 단락회로서 동작한다. 그러므로 이러한 바이어스 회로는 이미터 접지 형태를 나타내는 그림 8-36(a)과 같이 다시 나타낼 수 있다. 그러나 RF 주파수에서 모든 DC 차단 커패시터는 단락회로로서 동작하고 모든 RFC는 개방회로로서 동작한다. 이와 같은 동작은 그림 8-36(b)에 설명한 것과 같이 바이어스 회로를 베이스 접지 형태로 변환하게 한다.

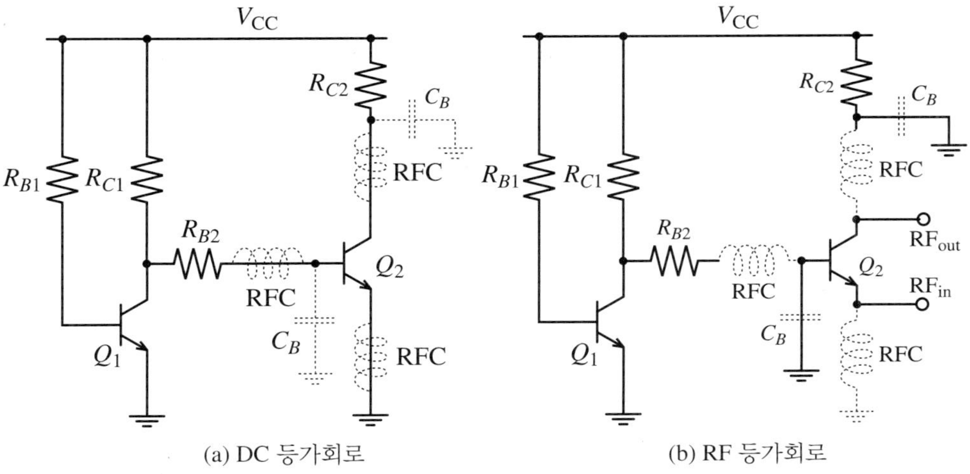

그림 8-36 • 그림 8-35에서 능동 바이어스 회로에 대한 DC 및 RF 등가회로

8.3.3 FET 트랜지스터 바이어스 회로

전계효과트랜지스터(FET)에 대한 바이어스 회로는 앞 절에서 배운 BJT 회로와 유사하게 여러 가지 방안이 있다. 주요 차이점은 MESFET의 바이어스 조건으로 마이너스(−) 게이트 전압을 사용한다는 점이다.

FET에 적용되는 가장 기본적인 수동 바이어스를 그림 8-37에 나타내었다.

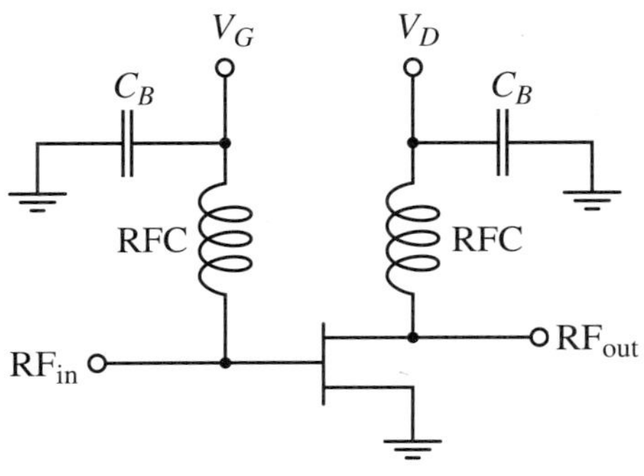

그림 8-37 • 두 개의 극성을 갖는 FET 수동 바이어스 회로

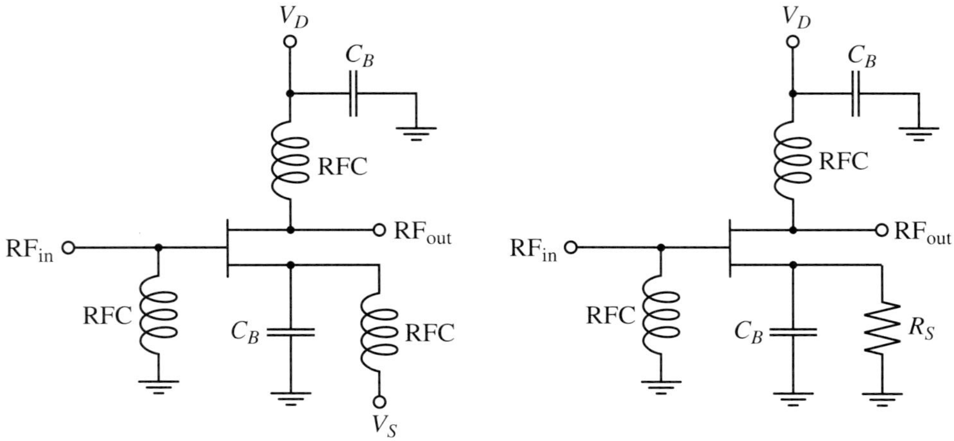

그림 8-38 • 단일 극성을 갖는 FET의 수동 바이어스 회로

이 회로의 주요 단점은 두 개의 극성 $V_G < 0$, $V_D > 0$의 전원이 필요하다는 점이다. 이와 같이 두 개의 전원공급이 가능하지 않다면 트랜지스터의 게이트 대신 소스단에 바이어스하는 전략을 이용할 수 있다. 이 경우 게이트는 접지되어야 있어야 하며 그러한 회로망의 두 가지 예를 그림 8-38에 보였다.

FET 바이어스 회로의 온도 보상은 서미스터(thermistor)와 같은 온도보상소자를 이용하여 구성한다.

RF&MW→

실용적인 설명: 정합과 바이어싱 네트워크를 가진 7 GHz HEMT 증폭기 설계

이 단락에서는 7 GHz에서 동작하는 HEMT 증폭기에 대한 바이어싱과 정합회로를 모의실험하고 설계할 것이다. 목표는 이 증폭기의 양쪽 단자에서 동시에 전력 정합을 얻고 최대 전력 이득을 얻는데 있다.

이 증폭기 설계를 위해 선택된 소자는 에이질런트의 ATF551M4 E-pHEMT이다. 이 트랜지스터는 18 GHz까지 좋은 잡음 지수, 높은 선형성 그리고 높은 이득을 제공하고 있으며 저 잡음 증폭기로부터 작은 송신부 전력 증폭기까지 다양한 응용분야에 사용되고 있다. 이 소자는 양(+)의 게이트–소스 전압 V_{GS}(증가모드로서 분류되는)에 대해서 설계되었으며 단락된 소스와 단일 선로 전력공급의 조건 하에서 쉽게 바이어싱된다. 높은 이득을 얻기 위해서 $I_D = 20$ mA의 드레인 전류와 드레인–소스 전압 $V_{DS} = 3$ V에서 소자를 동작시킬 것이며 이들 수치는 동작 범위의 높은쪽 끝부분에 해당한다. 더 높은 드레인 전압과 전류는 최대 출력 전력을 증가시키고 선형성을 증가시키지만 여기서 이들 파라미터들을 계산하지는 않을 것이다.

그림 8-39(a)에 자세하게 설명되어 있는 것처럼 E-pHEMT를 사용한 바이어싱 회로에 대한 분석을 시작해 보자, 이 능동–바이어스 회로는 소스 접지 혹은 이미터 접지를 가진 증가 모드 FET 혹은 BJT를 정확하게 바이어스 할 수 있는 유익한 능력을 가지고 있다. 만약 BJT가 바이어스 되어야 한다면 저항 R_2는 생략될 수 있다. 바이어스 회로에서 초기의 BJT, Q_2는 규정된 드레인 전압 V_{DS}과 전류 I_D을 얻기 위해 E-pHEMT 게이트 전압을 조절할 수 있는 귀환 루프를 만든다. 저항 R_1과 R_3을 가진 트랜지스터 Q_1은 드레인 전압을 위하여 참조로 만들어진다. 뿐만 아니라 Q_1은 추가적인 온도 안정도를 제공한다. 이것은 결국 회로의 성능이 절대적이지 않다는 사실을 알려주고 있다. DC 바이어스 해석에 대해서, 그림 8-39(b)에서 보는 것과 같이 BJT을 DC 모델(일정한 V_{BE}를 갖는 능동 영역 모델로서)로 교체할 수 있다. 온도에 대하여 최고의 높은 바이어스 안정도를 얻기 위하여서는 두 개의 BJT가 정합되고 콜렉터 전류가 같은 값을 가져야 하며, 결과적으로 $V_{BE1} = V_{BE2} = V_{BE}$이 된다. 이러한 가정으로부터 출발하고 베이스 전류(β가 매우 크다고 가정)를 무시하면 직접적으로 저항 값들을 결정하게 된다. 저항 R_1, R_2그리고 R_3에 I_{R3}로 표시된 같은 전류가 흐르는 반면에 R_4에 흐르는 전류는 다음과 같다. $I_{R4} = I_D + I_{R3}$와 같다. 여기서 I_D는 원하는 드레인 전류이다. R_3와 R_4에 걸리는 전압은 동일하며 $V_{R3} = V_{R4} = V_{DD} - V_D$로서 나타낼 수 있다. 여기서 $V_D = V_{DS}$는 원하는 드레인 전압이며 V_{DD}는 공급 전압이다. 그러므로

$$R_3 = \frac{V_{DD} - V_D}{I_{R3}}$$

$$R_4 = \frac{V_{DD} - V_D}{I_D + I_{R3}}$$

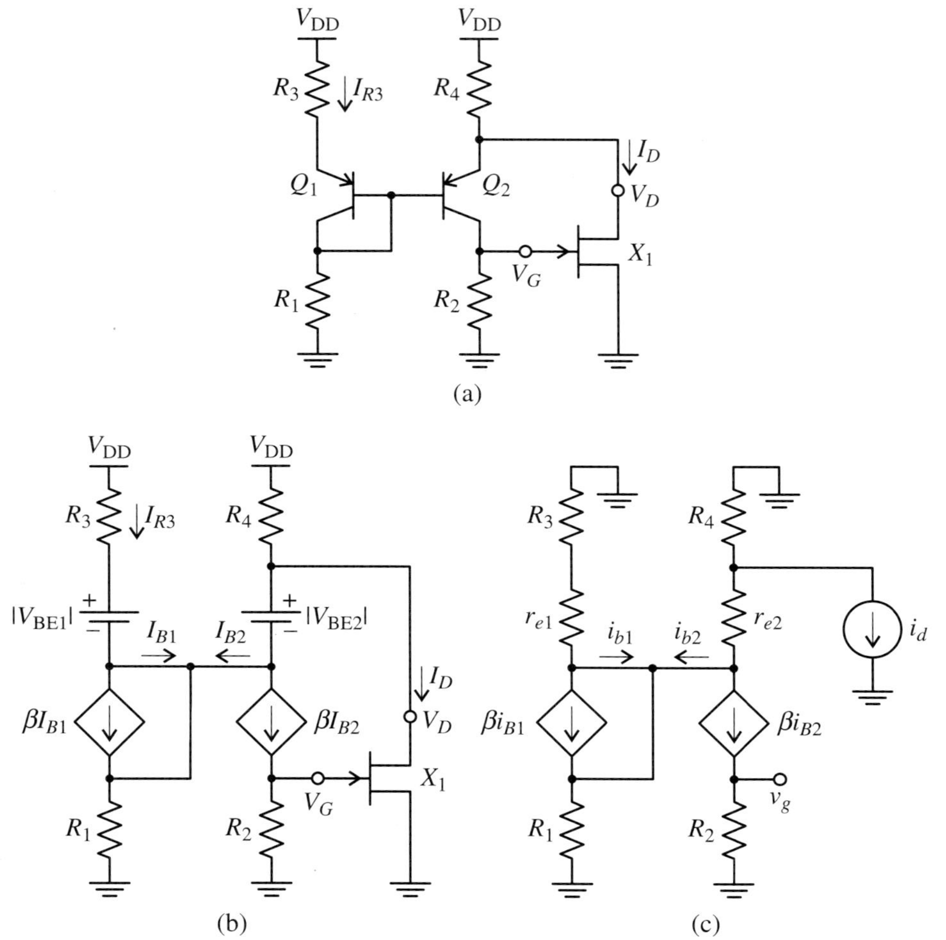

그림 8-39 ◦ E-pHEMT 바이어스 회로망: (a) DC 바이어스 회로, (b) DC 모델, (c) 낮은 주파수 소신호 모델

R_1에 걸린 전압이 $V_D - |V_{\text{BE}}|$로 계산되므로 다음과 같이 추정할 수 있다.

$$R_1 \approx \frac{V_D - |V_{\text{BE}}|}{I_{R3}}$$

R_2에 걸린 전압은 희망하는 게이트 전압 $V_G = V_{\text{GS}}$이며, 이 값은 추정한 값(데이터 표 제안 $V_{\text{GS}} \approx 500$ mV)으로 충분하다. 그러면

$$R_2 \approx \frac{V_G}{I_{R3}}$$

이 된다.

그림 8-39(b)의 회로에 대한 좀 더 엄격한 분석으로 저항 R_1과 R_2에 대한 약간 수정된 표현을 만들 수 있다(이 장의 마지막에 문제부분을 살펴보라).

$$R_1 = \frac{V_D - |V_{\mathrm{BE}}|}{I_{R3}}\left(\frac{\beta+1}{\beta+2}\right)$$

$$R_2 = \frac{V_G}{I_{R3}}\left(\frac{\beta+1}{\beta}\right)$$

위 식으로부터 β-의존성이 거의 중요하지 않고 R_1이 V_{BE}(온도 의존성을 나타냄)에 의존한다는 것을 알 수 있다. 이와 같이 모든 표현들에서 I_{R3}은 조정이 가능한 전류이다. 이 파라미터를 결정하는 데 도움을 주기 위해 그림 8-39(c)에서 보여준 낮은 주파수 소신호 모델을 사용하여 이 회로의 귀환 루프 기능을 검사한다. 여기서 동적 이미터 저항 $r_e = V_T/I_E$을 가진 소신호 T-모델을 사용한다. 여기서 V_T는 열적 전압으로 실내온도에서 $V_T = kT/q \approx 26$ mV이며 I_E는 DC 이미터 전류이다. 그림 8-39(c)의 회로는 개방루프 전달-저항(trans-resistance)(이득 형태) $r = \partial v_G/\partial i_D = v_g/i_d$을 결정하기 위해 배열되었다. 이 개방루프 전달-저항은 귀환 회로가 드레인 전류에서 작은 변화로 인하여 게이트 전압을 얼마만큼 움직일 수 있는지를 규정하고 있으며 부(negative) 귀환을 얻기 위하여 음(−)의 값을 가져야 한다. 더불어 크기는 온도와 소자-소자 변동을 가진 바이어스 안정도를 보장받기 위해 충분히 큰 값을 가져야 한다. 그림 8-39(c)를 분석하면 전달-저항(trans-resistance)은

$$r = \frac{v_g}{i_d} = -R_2 \frac{R_4}{R_4 + r_e + \dfrac{R_1 \| (R_3 + r_e)}{\beta+1}}\left(\frac{\beta}{\beta+1}\right)$$

앞서 유도된 저항값들을 대입하고 간단하게 근사시키면(예를 들면 $\beta + 1 \approx \beta$, $V_{\mathrm{DD}} + V_T \approx V_{\mathrm{DD}}$, $I_D + I_R \approx I_D$) 다음과 같은 결과를 얻는다.

$$r \approx -\frac{V_G}{I_{R3} + \left(\frac{V_T}{V_{DD} - V_D} + \frac{V_D - |V_{BE}|}{\beta(V_{DD} - |V_{BE}|)}\right) I_D}$$

위 식으로부터 귀환 이득을 최적화하기 위해 I_{R3}는 최소화해야 한다는 것을 알 수 있다. 그러나 BJT 콜렉터 전류의 감소로 인하여 β가 감소하며 누설전류의 영향은 증가하게 된다. 결과적으로 일정한 최소값 이상으로 I_{R3}가 정확하게 유지된다. I_{R3}와 더불어 분모는 I_D에 비례하고 바이어스 파라미터에만 의존하는 두번째 항을 포함한다. 이 항은 궁극적으로 전달-저항을 제한한다. 그러므로 I_D에 비례하는 항보다 작게 극히 소수의 배수를 갖도록 I_{R3}전류의 크기를 선택하는 것이 이치에 맞다. 그 이상의 반사가 발생하게 되면 귀환 루프가 쓸모없이 되어 버리며, 이것을 막기 위해 $V_{DD} - V_D$(R_4에 걸린 전압강하)가 너무 작은 값을 가져서는 안된다는 것은 분명하다.

다음으로 바이어스 파라미터 $I_D = 20$ mA, $V_D = 3$ V, $V_G \approx 500$ mV 그리고 전원공급 $V_{DD} = 5$ V를 바탕으로 저항 값을 결정할 수 있다. 2N3906 형태와 비슷한 파라미터 값들을 갖는다고 가정한 BJT는 $\beta \approx 100$, $|V_{BE}| \approx 0.6$ V, 그리고 $V_T = 26$ mV로 설정한다. 이 값들로부터 전달-저항 표현($\propto I_D$)의 분모에서 두번째 항은 369 μA이며 r은 −1.36 kΩ으로 제한된다. 적절한 동작을 위해 충분한 바이어스 전류를 BJT에 공급하려고 $I_{R3} =$ 100 μA을 선택하며, 전달-저항은 거의 최적화를 유지하게 된다. 결과적인 값 $r = -1.07$ kΩ은 드레인 전류 0.1 mA 증가에 대하여 게이트 전압은 0.107 V 감소한다는 것을 의미한다. 또 다른 한편으로 만약 요구되는 게이트 전압이 ±0.2 V(변동될 수 있는 최대 범위) 변동되면 드레인 전류는 ±0.187 mV 혹은 0.94% 정도만 변화된다. 이 저항들은 $R_1 = 23.77$ kΩ, $R_2 = 5.05$ kΩ, $R_3 = 20$ kΩ 그리고 $R_4 = 99.5$ kΩ이 되도록 계산되었으며, 거의 1%의 허용오차 값을 갖는다(혹은 각각 23.7 kΩ, 5.11 kΩ, 20 kΩ 그리고 100 Ω). ADS 회로 시뮬레이터에서 DC 분석을 실행하면 $I_D = 19.9$ mA 그리고 $V_D = 3.00$ V를 얻으며 수치는 원래 목표에 매우 근접한다.

7 GHz 증폭기를 위한 시작점으로서 제공되는 기본적인 마이크로스트립 배치도는 그림 8-40에 보여주고 있다. 바이어스 회로는 E-pHEMT의 RF 동작을 간섭하지 않는다는 가정이 필요하다. DC 바이어스는 DC쪽에

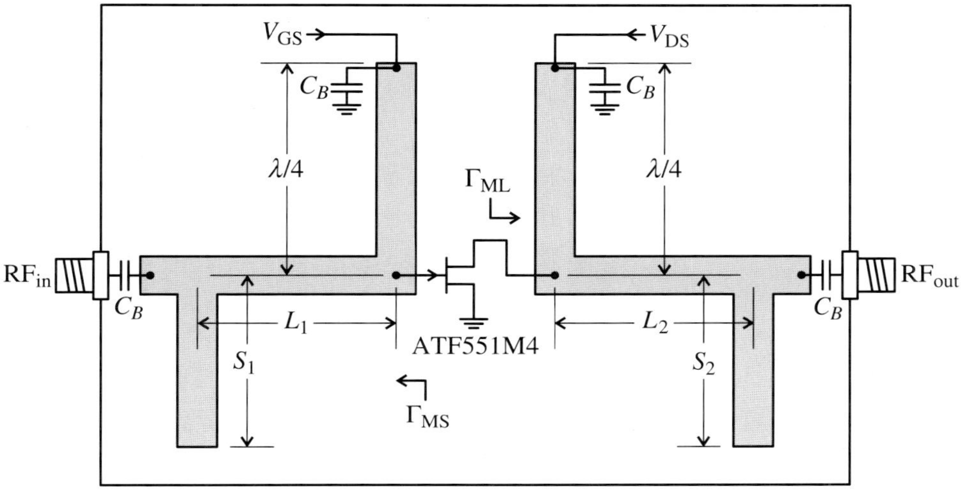

그림 8-40 • 마이크로스트립을 적용하여 바이어스 필터와 정합 네트워크를 보여주는 7 GHz 증폭기의 개념적인 PCB 설계도

단락되어 있는 큰 바이패스 커패시터(C_B)에 의해서 단락된 마이크로스트립의 1/4 파장 부분을 통하여 공급된다. 이들 마이크로스트립의 길이는 파장으로부터 결정되며 차례로 유효유전상수 ε_{eff}에 의존한다. 이 설계에 있어서 $Z_0 = 50\ \Omega$을 가진 마이크로스트립을 단순하게 배치하도록 하자. 유전율 $\varepsilon_r = 3.48$을 갖는 기판에 식 (2.46b)을 사용하면 마이크로스트립의 폭 45.3 mil과 기판의 두께 20 mil, 즉 $w/h = 2.266$의 폭-높이 비율의 마이크로스트립을 얻는다. 1.4 mil 스트립 두께(1 온스 구리)를 보상하기 위해서 식 (2.47)을 사용하여 마지막 스트립 폭을 43.4 mil로 설정한다. 유효유전 상수는 식 (2.44)에 의하여 $\varepsilon_{\text{ef}} = 2.734$이 되는 것을 알 수 있다. 이것은 파장 $\lambda = c/(f\sqrt{\varepsilon_{\text{eff}}}) = 1019.7$ mil이 되는 $f = 7$ GHz(중심주파수)에서 파장이 결정된다. $\lambda/4$바이어스 스텁은 254.9 mil의 길이가 된다.

이 점에서 7 GHz에서 S-파라미터를 결정하기 위해 임의의 정합회로망 없이 바이어스된 E-pHEMT을 모의실험한다.

$$S_{11} = 0.550\angle 147.25°, \qquad S_{12} = 0.092\angle 14.69°$$
$$S_{21} = 3.538\angle 29.13°, \qquad S_{22} = 0.200\angle -83.87°$$

모의실험은 $\mu = 1.09 > 1$을 가진 7 GHz에서 증폭기가 무조건적으로 안정화 상태인 것을 의미하며(안정화에 대한 논의는 9장을 보라) 입출력 단자는 최대 전력 전달을 위해 동시에 정합될 수 있고 최대 전력 이득을 얻는다는 것을 의미한다. 9장의 공식에 의해서 계산을 수행하면 트랜지스터에 의한 소스 반사계수는 $\Gamma_{MS} = 0.791 \angle -145.13°$이고 부하 반사계수는 $\Gamma_{ML} = 0.650 \angle 94.88°$이어야 한다. 소스쪽 정합을 위한 한 가지 방법은 50 Ω의 원하는 단자 임피던스를 변형하여 Γ_{MS}에 의해 규정된 연관된 소스 임피던스에 맞추는 것이다. 일반적으로 그림 8-40에 나타나 있듯이 마이크로스트립 직렬 길이에 연결된 단락 마이크로스트립 스텁에 의해 이루어진다. 개방 회로 스텁은($\lambda/4$보다 더 짧을 때 커패시티브하게 보이는) $g = 1$인 원을 따라서 스미스 차트의 원점으로부터 멀어져 소스 임피던스 아래로 움직이고 원하는 반사계수 크기를 얻을 수 있도록 맞출 수 있다. 임의의 희망하는 각도로 소스 반사계수를 회전시키기 위해서 50 Ω 마이크로스트립을 직렬로 연결하여 삽입할 수 있다. 희망하는 소스 어드미턴스 $y_{MS} = 1.14 + 2.76j$가 이미 $g = 1$인 원에 매우 가깝다는 것이 스미스 차트에 Γ_{MS}를 그려보면 밝혀진다. 작은 에러를 받아들인다면 단락 스텁은 소스쪽 정합을 얻기에 충분하다. 그러므로 $L_1 = 0$이라고 설정할 수 있다. 스미스 차트를 사용하여 y_{MS}의 허수부분이 0.195λ로 복사되는 병렬(shunt) 개방 회로 스텁의 길이를 결정한다. 실제 선로 길이에 관하여 이것은 $S_1 = 199$ mil로 해석된다.

스미스 차트에서 Γ_{ML}를 그려보면 정규화된 어드미턴스가 $y_{ML} = 0.440 - 0.988j$가 됨을 알 수 있다. 이 경우에 대해서 양쪽 병렬 스텁과 직렬 전송선로가 요구된다. 스텁 길이는 스미스 차트의 아래 반쪽에서 $g = 1$인 원과 $|\Gamma| = |\Gamma_{ML}|$ 원의 교차점을 정량화함으로써 결정된다. 이것은 $\Gamma = 0.650 \angle -130.5°$혹은 $y = 1 + 1.71j$에서 일어난다. 이 어드미턴스의 허수부분을 복사하는 병렬(shunt) 개방 회로 스텁의 길이는 $S_2 = 0.166\lambda = 169$ mil이다. 결과적으로 직렬 전송선로의 회전각도는 교차점에서 Γ의 위상으로부터 Γ_{ML}의 위상을 뺌으로써 결정선다. 즉 $-130.5° - 94.88° + 360° = 134.6°$이다. 선로 길이의 두 배(전진과 후진)로 신호가 전달되어 반사계수의 회전이 일어나기 때문에 요구되는 전송선로의 전기적 길이는 $134.6°/2 = 67.3°$가 되며 변환하면 $L_2 = 0.187\lambda = 191$ mil이 된다. 다른 한편으로 스미스 차트의 Wavelengths Toward Generator 스케일을 사용하여 도식적으로 파장으로 L_2을 결정할 수 있다.

그림 8-41에서 전에 설명한 단계를 사용하여 증폭기의 개략도를 나타

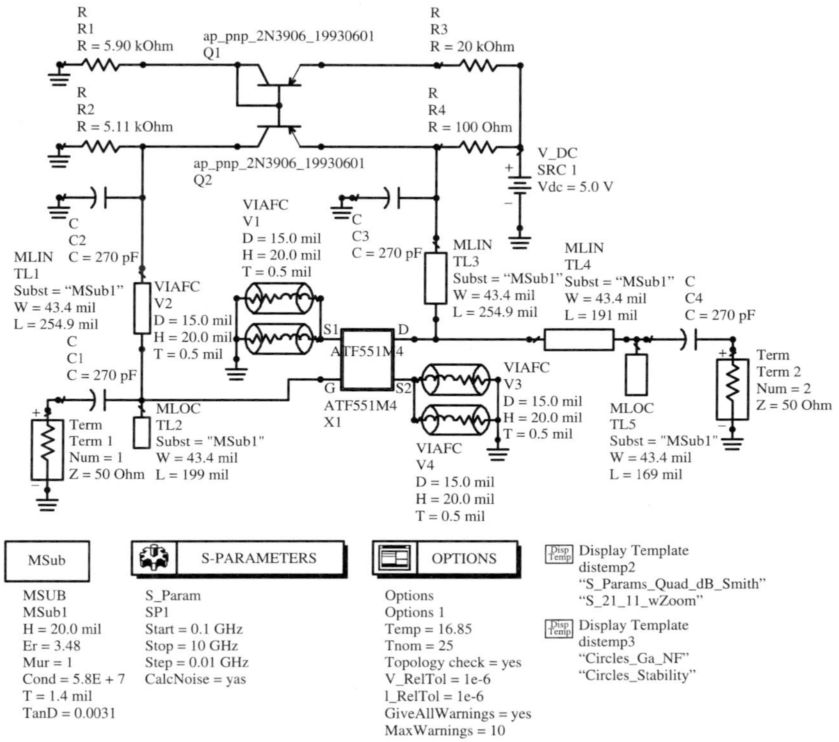

그림 8-41 • PCB 기판 설명과 *S*-파라미터 모의실험 설정을 포함하여 설계된 7 GHz 증폭기의 개략도

내었다. ADS에서 설계를 위한 모의실험은 그림 8-42에서 설명한 S-파라미터 결과를 만들어 낸다. 7 GHz에 입출력단자($S_{11} = S_{22} = 0$)에서 동시 전력정합의 목표를 거의 얻게 된다. S_{11}에서의 에러가 입력 정합 네트워크에서 직렬 전송선로 부분의 생략으로 인해 제일 크다. 그러나 실제 구현에 있어서는 허용차들이 더 악화될 것으로 예측되기 때문에 실제적인 항목에서 이 에러는 덜 중요하다. 13.8 dB의 $|S_{21}|^2$이득은 7 GHz에서 이 소자의 최대 가용 전력에 매우 근접하게 된다. *S*-파라미터로부터 계산하게 되면 14.0 dB가 된다. 이 모의실험은 마이크로스트립 상호 연결 패치(결합), 납땜 소자(관련된 마이크로스트립 폭 불연속) 그리고 개방 회로 스텁의 에지 효과에 대한 생략으로 인해 아주 큰 부적확성을 갖고 있다는 것을 알 필요가 있다. 정상적인 회로 부품으로서 ADS에 의해 제공된

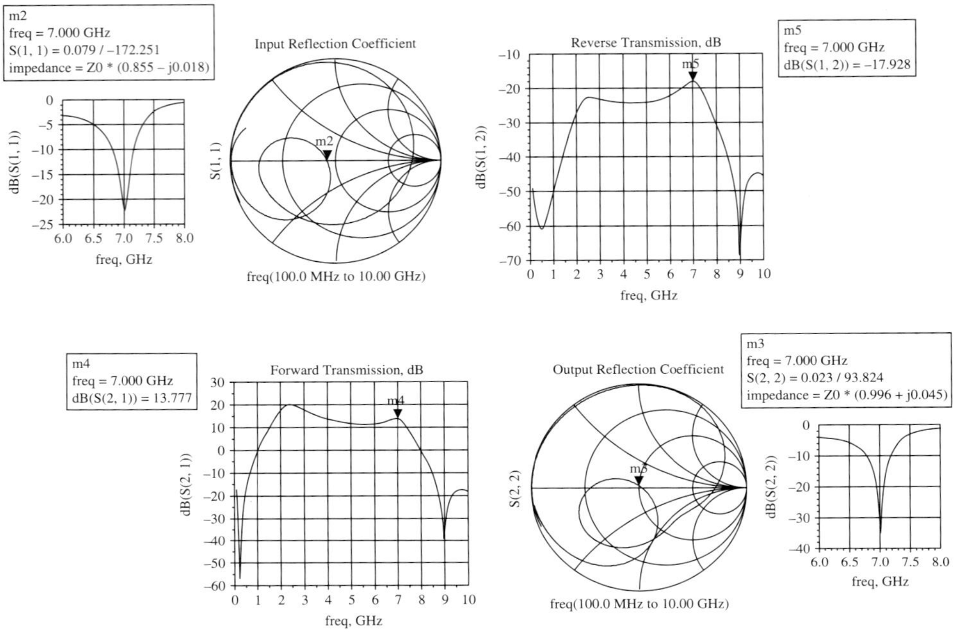

freq[690]	S[690](1, 1)	S[690](1, 2)	S[690](2, 1)	S[690](2, 2)
7.000 GHz	0.079 / −172.251	0.127 / −143.730	4.885 / −129.286	0.023 / 93.824

그림 8-42 ● 시뮬레이션된 7 GHz 증폭기의 S파라미터.

이들 형상은 파장에 비해 상대적으로 큰 면적으로 인해 7 GHz에서 중요한 효과를 가진다.

8.4 요 약

본 장에서 공부한 내용은 RF/MW 시스템에서 자주 접하는 두 개의 주요 주제에 대하여 이해를 향상시키도록 하였다. 즉, 서로 다른 임피던스에 대한 다양한 소자들의 접목과 능동소자의 동작급수에 따른 적합한 바이어스 회로이다.

서로 다른 임피던스 시스템에서 최적 전력전달을 나타내기 위하여 우선적으로 L-형 정합회로를 알아보았다. 2-포트 회로 분석에서 입력과 출력단에 공액복소수 정합을 적용하면 특정 목표 주파수에서 최적 전력 전달이 이루어짐을 알 수 있다. 정합 기법은 매우 간단하며 대역통과필터 또는 대역저지필터의 설계와 비교될 수 있다. 주어진 부하 임피던스를 입력 임피던스와 정합을 시킬 수 없는 금지영역을 피하기 위하여 적합

한 L-형 회로의 선택에 있어서 주의할 필요가 있다. 회로 전달함수에 대한 이해로부터 부하 양호도는

$$Q_L = \frac{f_0}{\mathrm{BW}}$$

이며 더 간단하게 노달 양호도의 계산은 다음과 같다.

$$Q_n = \frac{|X_S|}{R_S} = \frac{|B_P|}{G_P}$$

이 식은 정합회로의 주파수 동작 특성을 평가하는데 이용한다.

불행하게도 L-형 회로는 주파수 동작 특성에서 유연성이 없으므로 대부분 협대역 RF 설계에 이용될 뿐이다. 주파수 동작 특성에 영향을 주기 위하여 제3의 소자를 부가시켜 T-형 또는 Pi-형 회로를 형성할 수 있다. 이러한 형태에서 노달 양호도와 간접적으로 원하는 대역폭을 구할 수 있다.

집중소자 설계는 비교적 낮은 주파수에 적합하며 분포형 전송선로 소자는 주파수가 GHz 대역의 범위까지 확장되었을 때 이용된다. 직렬로 연결된 전송선로와 단락 커패시터의 혼합형 형태는 쉽게 가변시킬 수 있으며 커패시터를 개방회로 또는 단락회로 전송선로로 대치시키면 단일 스텁 또는 이중 스텁의 정합회로가 된다.

응용에 따라서(예로 선형 소신호 증폭 또는 비선형 대신호 증폭), 트랜지스터 증폭기의 다양한 동작급수를 확인하였다. 공급전원에 대한 RF 비를 계산하여 동작급수를 분류하였으며 효율 η는 다음과 같다.

$$\eta = \frac{P_{\mathrm{RF}}}{P_S} 100\%$$

효율은 부하에 흐르는 전류의 양을 정량화하는 전도각 Θ_0에 관계하여 다음 식과 같이 나타낼 수 있다.

$$\eta = -\frac{\Theta_0 - \sin\Theta_0}{2[\Theta_0 \cos(\Theta_0/2) - 2\sin(\Theta_0/2)]}$$

한 예로 A급 동작은 아주 높은 선형성을 나타내나 50%의 가장 작은 효율을 나타내고, B급 동작은 선형성에서 타협하나 효율은 78.5%로 높아진다.

동작급수를 확인한 다음, 트랜지스터가 적합한 동작점에서 동작하도록 바이어스 회로를 선택한다. 수동 바이어스 회로는 쉽게 구현되나 능동소자를 포함하여 바이어스 회로에서 유연성이 없다. 바이어스 회로는 DC 동작조건의 설정 뿐만 아니라 RFC와 DC차단 커패시터의 사용으로 RF 신호의 구분을 확실히 해야 한다.

참고문헌

W. A. Davis, *Microwave Semiconductor Circuit Design,* Van Nostrand Reinhold Company, New York, 1984.

N. Dye and H. Granberg, *Radio Frequency Transistors: Principles and Practical Applications*, Butterworth-Heinemann, 1993.

G. Gonzalez, *Microwave Transistor Amplifiers: Analysis and Design*, Prentice Hall, Upper Saddle River, NJ, 1997.

P. Horowitz and W. Hill, *The Art of Electronics*, Cambridge University Press, Cambridge, UK, 1993.

D. Pozar, *Microwave Engineering*, John Wiley & Sons, New York, 1998.

P. Rizzi, *Microwave Engineering: Passive Circuits*, Prentice Hall, Englewood Cliffs, NJ, 1988.

연습문제

8.1 그림 8-1(c)~(f)에서와 같이 두 소자 정합회로에 대한 금지영역을 구하라. 부하는 정규화 입력 임피던스에 정합된 것으로 가정한다($z_{in} = 1$).

8.2 해석적 접근법으로 $Z_L = (100 + j20)\ \Omega$ 부하 임피던스를 $Z_S = (10 + j25)\ \Omega$의 신호 임피던스에 주파수 $f_0 = 960$ MHz에서 정합시키려 할 때 두 소자 정합회로를 설계하라.

8.3 $Z_L = (30 - j40)\ \Omega$ 부하 임피던스와 50 Ω 신호 임피던스에 대한 두 소자 정합회로를 설계하라. 이때 이용 가능한 정합회로 토폴로지는 몇 개나 존재하는지 판단하고 주파수 $f_0 = 450$ MHz에서 완전 정합을 하고자 할 때 소자값을 구하라.

8.4 부하 임피던스 $Z_L = (40 + j10)\ \Omega$이고 정합 주파수가 $f_0 = 1.2$ GHz일 때 문제 8.3을 풀어라.

8.5 문제 8.3에서 신호 임피던스를 측정하였더니 순수 저항성분이 아니라 기생 인덕턴스 $L_S = 2$ nH가 발생하였다. 기생 인덕턴스 L_S의 존재를 고려하여 정합회로의 소자값을 다시 계산하라.

8.6 직렬 *R-L*의 조합으로 구성된 부하 임피던스 $Z_L = (20 + j10)\ \Omega$를 주파수 $f_0 = 800$ MHz에서 50 Ω 마이크로스트립 선로와 정합시키려 한다. 두 개의 2-소자 정합회로를 설계하고 소자값을 구하라. 두 개의 정합회로의 주파수 특성을 그림으로 나타내고 이에 대한 대역폭을 구하라.

8.7 예제 8-5에서 T-형 정합회로는 Q_n이 3을 초과하지 않는다는 제한상태에서 주파수 1 GHz에서 부하 임피던스 $Z_L = (60 - j30)\ \Omega$를 $Z_{in} = (10 + j20)\ \Omega$의 입력 임피던스와 정합시키는 것에 대하여 논의하였다. 이러한 설계의 단계를 나열하고 스미스 차트상에서 단계별로 나타나는 임피던스값 또는 어드미턴스값에 관계되는 각 점을 확인하

라. 그림 8-16에 나타난 최종 결과를 증명하여라.

8.8 예제 8-6을 다시 하여, 그림 8-17에서와 같이 스미스 차트상에서 각 점을 구하고 그림 8-18에 나타난 최종 정합회로의 소자값을 증명하라.

8.9 노달 양호도 $Q_n = 2.5$에 대하여 예제 8-6의 Pi-형 정합회로 설계를 다시 해라. Q_n에 대한 $Z_{in}(f)$를 그림으로 나타내고 예제 8-6에서 $Q_n = 2$일 때의 설계와 비교하라. 주파수 범위는 1 GHz < f < 4 GHz로 설정한다.

8.10 노달 양호도 $Q_n = 3.6$에서 부하 임피던스 $Z_L = 100\ \Omega$을 $Z_{in} = (20 - j25)\ \Omega$으로 변환시키는 두 개의 T-형 정합회로를 설계하라. 정합은 주파수 $f_0 = 500$ MHz에서 이루어져야 한다.

8.11 Pi-형 정합회로를 문제 8.10의 조건과 동일 상태에서 설계하라.

8.12 예제 8-7의 설계를 이용하여 비유전상수 $\varepsilon_r = 4.6$이고 높이가 $h = 25$ mil인 FR4 기판을 사용할 때 전송선로의 폭과 길이를 구하라. 정합회로에서 사용된 커패시터가 ±10%의 오차를 나타내고 자동 소자 삽입장치에서 ±2 mil의 정밀도(즉 커패시터는 의도한 위치에서 ±2 mil 이내에 놓임)일 때 정합회로의 입력 임피던스의 최대 변화량을 구하라.

8.13 예제 8.7에서 전송선로의 길이를 $\lambda/4$만큼 증가시켜 개방회로 스텁을 단락회로로 대신할 수 있음을 논의하였다. 정합은 단지 단일 주파수에서만 정합이 이루어지며 주파수 범위를 확장하였을 때의 회로 동작 특성은 목표 임피던스값과는 상당히 달라진다. 부하 임피던스 $Z_L = (80 + j20)\ \Omega$를 $Z_{in} = (30 - j10)\ \Omega$ 입력 임피던스로 변환하는 단일 스텁 정합회로를 설계하라. 두 개의 다른 정합회로 구현(개방회로 스텁과 등가 단락회로 스텁)에 의하여 $\pm 0.8 f_0$ 주파수 범위에 대하여 주파수 동작 특성을 비교하라. 정합 주파수는 $f_0 = 1$ GHz이고 부하는 저항과 인덕턴스의 직렬조합으로 가정한다.

8.14 그림 8-23(b)에 나타난 정합회로를 이용하여 부하 임피던스 $Z_L = (80 - j40)\ \Omega$를 50 Ω 신호 임피던스에 정합시킬 때 스텁의 길이, 특성 선로 임피던스 Z_{0L}, 전송선로 길이 l_L을 구하라. 스텁의 특성 임피던스는 $Z_{0S} = 50\ \Omega$으로 가정한다.

8.15 그림 8-26과 같은 이중 스텁 튜너에서 $l_1 = \lambda/8$, $l_2 = 3\lambda/8$ 및 $l_3 = 3\lambda/4$이다. 튜너의 어느 단에 $Z_L = (20 - j40)\ \Omega$ 부하를 연결해야 하는지 결정하고 부하를 60 Ω으로 정합시키려 할 때 단락회로 스텁의 길이를 구하라. 튜너의 모든 스텁과 전송선로의 특성 임피던스는 50 Ω으로 가정한다.

8.16 앞의 문제에서 스텁 튜너를 인덕터와 직렬인 바랙터 다이오드로서 대치시킬 수 있음을 논의하라. 바랙터 다이오드를 1 pF에서 6 pF 범위의 커패시턴스로 바꿀 수 있다면 적합한 인덕턴스를 선정하여라. 주파수 1.5 GHz에 대하여 부하 임피던스 변화에 대한 튜닝 능력을 논의하여라.

8.17 이상적인 증폭기가 다음 식과 같은 전달함수를 갖는다.

$$V_{\text{out}} = \begin{cases} 30(V_{\text{in}} - V^*), & V_{\text{in}} \geq V^* \\ 0, & V_{\text{in}} < V^* \end{cases}$$

여기에서 $V^* = 60$ mV이다. 동작점 V_{out}^Q를 구하고 증폭기가 AB급으로 동작하고 전도각이 $\Theta_0 = 270°$일 때 상응되는 최대 효율을 구하라. 입력신호는 100 mV 진폭을 갖는 정현파 전압으로 가정한다.

8.18 아래 그림과 같이 바이패스 이미터 저항 R_3를 갖는 BJT에 대하여 낮은 주파수에서 GHz 범위 바이어스 회로의 소자값을 구하라.

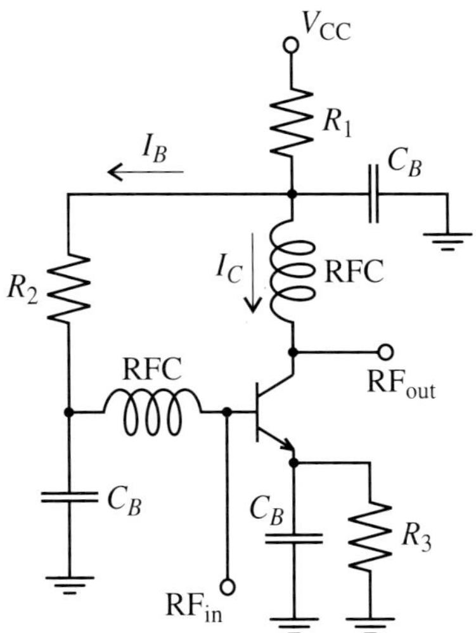

전원공급 전압은 $V_{CC} = 12$ V이고 트랜지스터의 파라미터는 $I_C = 20$ mA, $V_{CE} = 5$ V, $\beta = 125$ 및 $V_{BE} = 0.75$ V이라고 가정한다.

8.19 안정 목적으로 귀환저항 $R_F = 1$ kΩ을 그림 8-32(b)의 바이어스 회로에서 트랜지스터의 베이스와 콜렉터 사이에 부가시켰다. 다음과 같은 바이어스 조건을 만족시킨다면 바이어스 회로에서 모든 저항의 값을 계산하라. 공급전압 $V_{CC} = 5$ V, 콜렉터 전류 $I_C = 10$ mA, 콜렉터–이미터 전압 $V_{CE} = 3$ V. 트랜지스터는 $\beta = 100$이고 $V_{BE} = 0.8$ V로 가정한다.

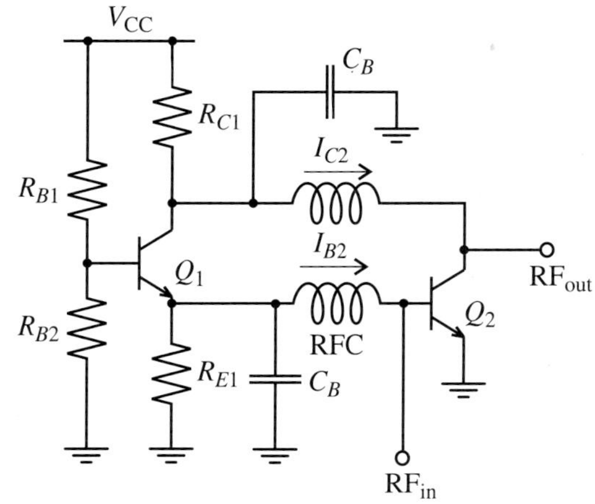

8.20 $I_{C2} = 9$ mA, $V_{CE2} = 4$ V이고 $V_{CC} = 6$ V일 때 아래 그림의 바이어스 회로를 설계하라. 두 개의 트랜지스터는 $\beta_1 = 120$, $\beta_2 = 80$ 및 $V_{BE} = 0.7$ V라고 가정한다.

8.21 베이스 접지와 콜렉터 접지인 동작모드에 대하여 각각 그림 8-34에 나타난 능동 바이어스 회로를 다시 그려라.

8.22 그림 8-38과 같은 수동 FET 바이어스 회로에서 $V_{GS} = -4$ V, $V_{DS} = 10$ V이고 드레인 전류가 $I_D = 50$ mA로 주어진다면 소스 저항 R_S를 구하라.

8.23 본 장의 실용적인 설명 부분에서 R_1과 R_2에 대한 표현식을 유도하였다. 즉

$$R_1 = \frac{V_D - |V_{BE}|}{I_{R3}}\left(\frac{\beta+1}{\beta+2}\right)$$

$$R_2 = \frac{V_G}{I_{R3}}\left(\frac{\beta+1}{\beta}\right)$$

단순화된 트랜지스터 회로 모델에 바탕을 둔 이들 설계 방정식의 타당성을 증명하라.

CHAPTER 09

RF 트랜지스터 증폭기 설계

RF 증폭기 설계는 기존의 저주파 증폭기 설계와는 접근법이 상당히 다르므로 RF 증폭기 설계에 대한 특별한 고려사항들이 요구된다. 특히 전압파와 전류파가 능동

소자에 입력되므로 VSWR의 감소를 피하기 위하여 적합한 임피던스 정합을 필요로 한다. 덧붙여 임의의 신호원과 부하 임피던스를 가지고 단락시킬 때 대부분의 증폭기가 발진할 수 있다는 것을 알 수 있을 것이다. 정합회로망은 적정한 범위 내에서 신호원과 부하 임피던스를 유지시킴으로써 증폭기를 안정화시키는데 도움이 될 수 있다.이러한 이유로 인하여 RF 증폭기의 안정도 분석이 설계과정에서 첫 번째 고려사항이며 이득, 이득의 균일도, 출력전력 및 바이어스 조건 등도 증폭기 설계에서 고려되어야 한다. 특히 이러한 파라미터에 의한 증폭기 설계에서 안정도는 이득과 잡음지수 원과 함께 고려되어야 할 가장 기본적인 요소이다.

본 장에서는 제2장과 제3장에서 공부한 내용을 확장하여 종단된 전송선로의 전력관계를 알아본다. 그러나 수동회로에서 표현한 식과 다르게 제9장은 능동소자에 대하여 살펴볼 것이며 이 장에서 매우 중요하게 고려되는 이득과 귀환에 대한 고찰을 할 것이다. 전력이득, 단방향성(unilateral)과 쌍방향성(bilateral)회로에 대한 설계를 공부하며, 이에 관한 내용을 스미스 차트상에서 그래프적으로 표현함으로써 고주파 트랜지스터 증폭기의 성능을 수치적으로 정량화시키는 등 광범위한 분석을 실행한다.

독자들은 제3장에서 논의한 반사계수와 임피던스 표현으로부터 증폭기의 일정한 이득, VSWR 및 안정도 원을 나타내는 스미스 차트의 유연성을 공부한다. 특히 잡음 분석은 증폭기의 잡음지수를 스미스 차트에 나타낸 원으로 전환시켜서 계산하게 된다.

제9장에서는 또 기본적인 설계 도구를 다뤄본 뒤에 다양한 전력증폭기와 이득 균일도, 대역폭, 혼변조 왜곡(intermodulation distortion), 단일 및 다단 증폭기 사이의 차이점 등 증폭기의 특성에 대하여 공부하기로 한다.

9.1 증폭기의 특성

아날로그 회로 이론에서 가장 중요하고 복잡한 일은 단일 또는 다단 트랜지스터 회로를 통한 입력신호의 증폭관계이다. 기본적으로 입력정합회로와 출력정합회로 사이에 존재하는 일반적인 증폭기의 형태는 그림 9-1과 같다.

입력과 출력 임피던스 정합회로는 제8장에서 논의한 바와 같이 원하지 않는 신호의 반사를 감소시켜 전력의 흐름을 원활하게 증진시킨다. 그림 9-1에서 증폭기는 특정 DC 바이어스에서의 *S*-매트릭스를 사용하여 특성을 나타낼 수 있으며 다음 항목은 증폭기의 설계에서 고려되어야 할 주요 파라미터이다.

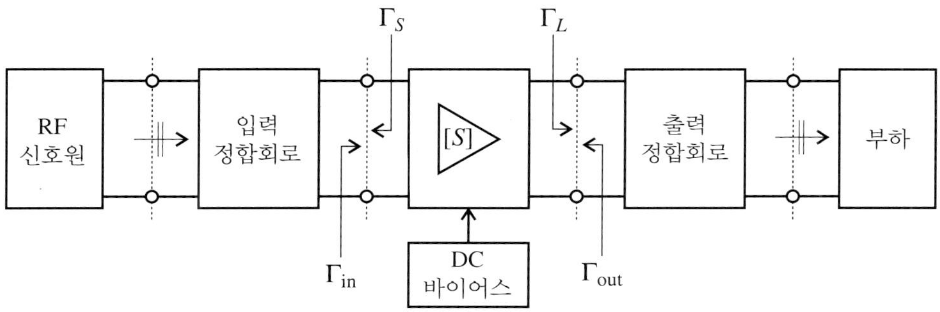

그림 9-1 • 기본적인 증폭시스템

- 이득과 이득 평편도(dB)
- 동작주파수와 대역폭(Hz)
- 출력전력(dBm)
- 전력공급원의 필요조건(V 및 A)
- 입력과 출력단의 반사계수(VSWR)
- 잡음지수(dB)

부가적으로 혼변조 왜곡, 하모닉신호, 귀환, 방열효과 등 증폭기 성능에 중요한 영향을 미치는 모든 파라미터들에 대해서도 종종 고려하기도 한다.

증폭기 설계 과정에 체계적으로 접근하기 위하여 다양한 증폭기 전력에 관련하여 정의를 설정할 필요가 있다. 이러한 것은 안정도, 이득, 잡음, VSWR 성능 등을 정의한 여러 가지의 분석 방법에 의하여 이루어진다. 가장 일반적인 네 개의 주제 모두에 대한 공통요소는 원의 방정식으로 표현되며 스미스 차트상에서 표현할 수 있다.

9.2 증폭기 전력이득 관계

9.2.1 RF 신호원

RF 증폭기 기능을 어떻게 이해하느냐에 따라 증폭기의 전력이득이 다양하게 정의된다. 이러한 이유로 그림 9-1에 대하여 신호 임피던스와 부하 임피던스를 포함한 두 개의 정합회로를 가정하여 전력흐름관계를 알아보기로 하자. 이와 같은 것은 그림 9-2(a)에 보여준 것과 같은 형태로 단순화시킬 수 있다. 증폭기 회로에 연결된 RF 신호원에서부터

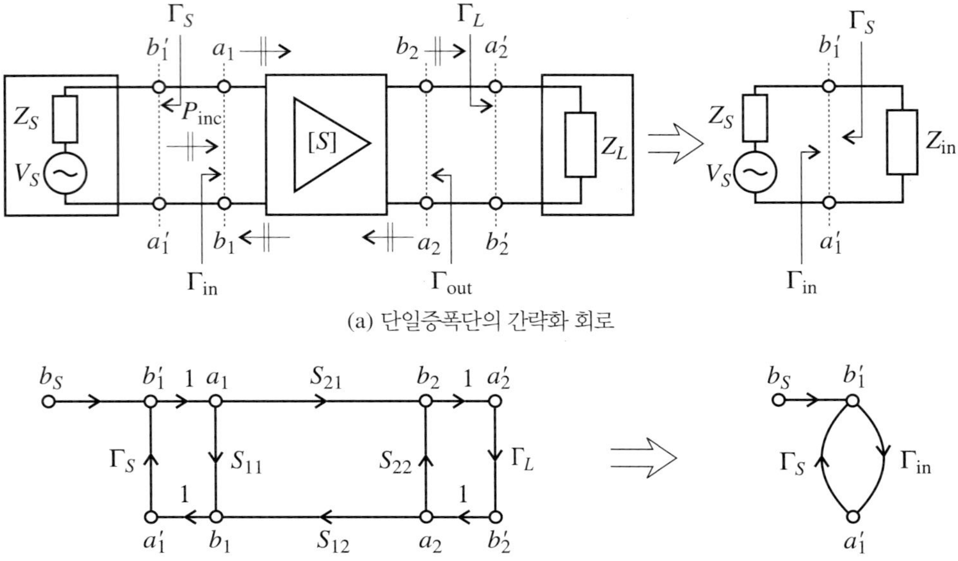

(a) 단일증폭단의 간략화 회로

(b) 신호 흐름도

그림 9-2 • 단일증폭단 회로에 연결된 신호 및 부하

전력 분석을 시작하기로 한다. 그림 9-2에 나타낸 것과 같이 제4.4.5절[식 (4.82) 및 식 (4.83) 참조]에서 논의한 신호흐름관계를 상기하여 신호원 전압에 대하여 쓰면

$$b_S = \frac{\sqrt{Z_0}}{Z_S + Z_0} V_S = b_1' - a_1' \Gamma_S = b_1' (1 - \Gamma_{in} \Gamma_S) \tag{9.1}$$

b_1'와 관련한 입사전력파는 다음과 같이 주어진다.

$$P_{inc} = \frac{|b_1'|^2}{2} = \frac{1}{2} \frac{|b_S|^2}{|1 - \Gamma_{in} \Gamma_S|^2} \tag{9.2}$$

이 식은 증폭기 쪽으로 전달되는 전력이다. 실제 입력전력 P_{in}은 증폭기의 입력단자에서 관찰되며 입사전력파와 반사전력파로서 구성된다. 입력 반사계수 Γ_{in}를 이용하여 입력전력을 다음과 같이 표현할 수 있다.

$$P_{\text{in}} = P_{\text{inc}}(1-|\Gamma_{\text{in}}|^2) = \frac{1}{2}\frac{|b_S|^2}{|1-\Gamma_{\text{in}}\Gamma_S|^2}(1-|\Gamma_{\text{in}}|^2) \quad (9.3)$$

전원으로부터 최대 활용가능한 전력
만약 전원이 전송선로에 의해 정합된다면($Z_0 = Z_S$) 다음 식을 얻는다.

$$P_A = \frac{|b_s|^2}{2} = \frac{|V_s|^2}{8Z_s}$$

위 식은 전원으로부터 최대 활용가능한 전력이다.

신호원에서 증폭기로 **최대 전력전달**은 입력 임피던스가 복소수 공액정합($Z_{\text{in}} = Z_S^*$)이 될 때, 또는 반사계수와 관련하여 $\Gamma_{\text{in}} = \Gamma_S^*$에서 이루어진다. 최대 전력전달 조건 상태에서 **가용전력(available power)** P_A를 다음과 같이 정의한다.

$$P_A = P_{\text{in}}\Big|_{\Gamma_{\text{in}}=\Gamma_S^*} = \frac{1}{2}\frac{|b_S|^2}{|1-\Gamma_{\text{in}}\Gamma_S|^2}\Bigg|_{\Gamma_{\text{in}}=\Gamma_S^*}(1-|\Gamma_{\text{in}}|^2) = \frac{1}{2}\frac{|b_S|^2}{1-|\Gamma_S|^2} \quad (9.4)$$

이 표현식은 Γ_S에 대한 의존성을 명확히 하고 있다. 만약 $\Gamma_{\text{in}} = 0$이고 $\Gamma_S \neq 0$ 으로 가정하면 식 (9.2)로부터 $P_{\text{inc}} = |b_S|^2/2$ 임을 알 수 있다.

9.2.2 트랜듀서 전력이득(transducer power gain)

다음에는 **트랜듀서 전력이득** G_T에 대하여 알아보자. 트랜듀서 전력이득은 신호단과 부하단 사이에 놓여 있는 증폭기 이득을 정량화시키는 것으로 다음과 같이 정의된다.

$$G_T = \frac{\text{부하에 전달된 전력}}{\text{신호원으로부터 가용전력}} = \frac{P_L}{P_A}$$

또는 $P_L = \frac{1}{2}|b_2|^2 \cdot (1-|\Gamma_L|^2)$을 이용하면 다음과 같다.

$$G_T = \frac{P_L}{P_A} = \frac{|b_2|^2}{|b_S|^2}(1-|\Gamma_L|^2)(1-|\Gamma_S|^2) \quad (9.5)$$

이 식에서 b_2/b_S의 비율은 결정되어야 한다. 그림 9-2에서와 제4.4.5절에서 논의한 신호흐름의 도움으로 다음 식과 같이 설정된다.

$$b_2 = \frac{S_{21}a_1}{1-S_{22}\Gamma_L} \quad (9.6a)$$

$$b_S = \left[1-\left(S_{11}+\frac{S_{21}S_{12}\Gamma_L}{1-S_{22}\Gamma_L}\right)\Gamma_S\right]a_1 \quad (9.6b)$$

그러므로 필요한 비율은 다음과 같다.

$$\frac{b_2}{b_S} = \frac{S_{21}}{(1 - S_{11}\Gamma_S)(1 - S_{22}\Gamma_L) - S_{21}S_{12}\Gamma_L\Gamma_S} \tag{9.7}$$

식 (9.7)을 식 (9.5)에 대입하면

$$G_T = \frac{(1 - |\Gamma_L|^2)|S_{21}|^2(1 - |\Gamma_S|^2)}{|(1 - S_{11}\Gamma_S)(1 - S_{22}\Gamma_L) - S_{21}S_{12}\Gamma_L\Gamma_S|^2} \tag{9.8}$$

이 되며 정의에 의하여 입력 반사계수와 출력 반사계수(문제 9.2 참조)를 다시 쓰면

$$\Gamma_{\text{in}} = S_{11} + \frac{S_{21}S_{12}\Gamma_L}{1 - S_{22}\Gamma_L} \tag{9.9a}$$

$$\Gamma_{\text{out}} = S_{22} + \frac{S_{12}S_{21}\Gamma_S}{1 - S_{11}\Gamma_S} \tag{9.9b}$$

과 같다. 이러한 두 개의 정의식으로 두 개의 트랜듀서 전력이득 표현식을 유도할 수 있다. 첫째 식 (9.9a)와 식 (9.8)의 관계에서 다음과 같이 된다.

$$G_T = \frac{(1 - |\Gamma_L|^2)|S_{21}|^2(1 - |\Gamma_S|^2)}{|1 - \Gamma_S\Gamma_{\text{in}}|^2|1 - S_{22}\Gamma_L|^2} \tag{9.10}$$

두 번째는 식 (9.9b)를 식 (9.8)에 이용하여 다음과 같이 표현된다.

$$G_T = \frac{(1 - |\Gamma_L|^2)|S_{21}|^2(1 - |\Gamma_S|^2)}{|1 - \Gamma_L\Gamma_{\text{out}}|^2|1 - S_{11}\Gamma_S|^2} \tag{9.11}$$

트랜듀서 전력이득에 대하여 **단방향 전력이득(unilateral power gain**, G_{TU}) 관계를 적용하면 증폭기의 귀환효과를 무시하게 되며($S_{12} = 0$), 식 (9.11)은 다음과 같아진다.

$$G_{\text{TU}} = \frac{(1 - |\Gamma_L|^2)|S_{21}|^2(1 - |\Gamma_S|^2)}{|1 - \Gamma_L S_{22}|^2|1 - S_{11}\Gamma_S|^2} \tag{9.12}$$

제9.4.1절에서 논의된 바와 같이 식 (9.12)는 증폭기 및 입력과 출력 정합회로의 개략적인 설계를 하는 데 기본적인 관계식으로 종종 이용된다.

9.2.3 부가적인 전력관계

트랜듀서 전력이득은 중요한 전력관계를 추가적으로 유도할 수 있는 기본적인 표현식이다. 한 예로 부하측 정합($\Gamma_L = \Gamma^*_{\text{out}}$)에 대한 **가용전력이득(available power gain)**은 다음과 같이 정의된다.

$$G_A = G_T\Big|_{\Gamma_L = \Gamma^*_{\text{out}}} = \frac{\text{네트워크로부터 가용전력}}{\text{신호원으로부터 가용전력}} = \frac{P_N}{P_A}$$

또는 식 (9.11)을 이용하면 다음과 같다.

$$G_A = \frac{|S_{21}|^2(1-|\Gamma_S|^2)}{(1-|\Gamma_{\text{out}}|^2)|1-S_{11}\Gamma_S|^2} \tag{9.13}$$

그리고 **전력이득(동작전력이득)**은 증폭기에 공급된 전력에 대한 부하에 전달된 전력의 비 관계로 정의하여 다음과 같다.

$$G = \frac{\text{부하에 전달된 전력}}{\text{증폭기에 공급된 전력}} = \frac{P_L}{P_{\text{in}}} = \frac{P_L}{P_A}\cdot\frac{P_A}{P_{\text{in}}} = G_T\frac{P_A}{P_{\text{in}}}$$

식 (9.3), 식 (9.4) 및 식 (9.10)을 연계하면 다음 식과 같다.

$$G = \frac{(1-|\Gamma_L|^2)|S_{21}|^2}{(1-|\Gamma_{\text{in}}|^2)|1-S_{22}\Gamma_L|^2} \tag{9.14}$$

식 (9.14)는 $P_{\text{in}} = P_A$이므로 $\Gamma_S = \Gamma^*_{\text{in}}$으로 놓으면 식 (9.10)으로부터 구할 수 있다. 다음 예제는 주어진 S-파라미터를 가지고 증폭기 이득에 대한 표현식의 계산을 나타내었다.

RF&MW

예제 9-1 • RF 증폭기에 대한 전력관계

증폭기의 S-파라미터가 $S_{11} = 0.3\angle{-70°}$, $S_{21} = 3.5\angle 85°$, $S_{12} = 0.2\angle{-10°}$ 및 $S_{22} = 0.4\angle{-45°}$이다. 증폭기의 입력측에 전원전압은 $V_S = 5\text{ V}\angle 0°$이며 신호 임피던스는 $Z_S = 40\ \Omega$이다. 출력은 73 Ω의 임피던스를 갖는 안테나를 구동시키는 데 이용된다. 증폭기의 S-파라미터는 특성 임피던스

$Z_0 = 50\ \Omega$의 기준으로 측정되었다고 가정하여 다음을 구하라.

(a) 트랜듀서 이득 G_T, 단방향성 트랜듀서 이득 G_{TU}, 가용이득 G_A, 동작 전력이득 G

(b) 부하에 전달된 전력 P_L, 가용전력 P_A, 증폭기에 입사되는 전력 P_{inc}

풀이:

우선적으로 특성 임피던스 $Z_0 = 50\ \Omega$으로 가정하여 신호 반사계수와 부하 반사계수를 구한다.

$$\Gamma_S = \frac{Z_S - Z_0}{Z_S + Z_0} = -0.111,\quad \Gamma_L = \frac{Z_L - Z_0}{Z_L + Z_0} = 0.187$$

다음 식 (9.9a)와 식 (9.9b)와 같이 주어진 입력 반사계수와 출력 반사계수는 다음과 같다.

$$\Gamma_{in} = S_{11} + \frac{S_{21}S_{12}\Gamma_L}{1 - S_{22}\Gamma_L} = 0.146 - j0.151$$

$$\Gamma_{out} = S_{22} + \frac{S_{12}S_{21}\Gamma_S}{1 - S_{11}\Gamma_S} = 0.265 - j0.358$$

S-파라미터와 구한 값을 식 (9.11), 식 (9.12), 식 (9.13) 및 식 (9.14)에 대입하면 트랜듀서 이득 G_T, 단방향성 트랜듀서 이득 G_{TU}, 가용이득 G_A, 동작 전력이득 G는 다음과 같이 계산된다.

$$G_T = \frac{(1 - |\Gamma_L|^2)|S_{21}|^2(1 - |\Gamma_S|^2)}{|1 - \Gamma_L\Gamma_{out}|^2|1 - S_{11}\Gamma_S|^2} = 12.56 \text{ 또는 } 10.99 \text{ dB}$$

$$G_{TU} = \frac{(1 - |\Gamma_L|^2)|S_{21}|^2(1 - |\Gamma_S|^2)}{|1 - \Gamma_L S_{22}|^2|1 - S_{11}\Gamma_S|^2} = 12.67 \text{ 또는 } 11.03 \text{ dB}$$

$$G_A = \frac{|S_{21}|^2(1 - |\Gamma_S|^2)}{\left|1 - |\Gamma_{out}|^2\right||1 - S_{11}\Gamma_S|^2} = 14.74 \text{ 또는 } 11.68 \text{ dB}$$

$$G = \frac{(1 - |\Gamma_L|^2)|S_{21}|^2}{\left|1 - |\Gamma_{in}|^2\right||1 - S_{22}\Gamma_L|^2} = 13.74 \text{ 또는 } 11.38 \text{ dB}$$

식 (9.1)과 함께 식 (9.2)를 이용하면 증폭기에 흐르는 입사전력을 구할 수 있다.

$$P_{\text{inc}} = \frac{1}{2}\frac{|b_S|^2}{|1-\Gamma_{\text{in}}\Gamma_S|^2} = \frac{1}{2}\frac{Z_0}{(Z_S+Z_0)^2}\frac{|V_S|^2}{|1-\Gamma_{\text{in}}\Gamma_S|^2} = 74.7 \text{ mW}$$

종종 P_{inc}는 dBm으로 다음과 같이 표현된다.

$$P_{\text{inc}}[\text{dBm}] = 10\log(P_{\text{inc}}/(1 \text{ mW})) = 18.73 \text{ dBm}$$

유사하게 식 (9.4)로부터 가용이득을 구하면 $P_A = 78.1$ mW 또는18.93 dBm이다. 최종적으로 부하에 전달된 전력은 가용이득에 트랜듀서 이득의 곱으로 표현되므로 그 결과는 $P_L = P_A G_T = 981.4$ mW 이며, dBm으로 표현하면 다음과 같다.

$$P_L[\text{dBm}] = P_A[\text{dBm}] + G_T[\text{dB}] = 29.92 \text{ dBm}$$

단방향 전력이득은 종종 실제적으로 트랜듀서 전력이득과 매우 가까운 값으로 일치된다. 후에 논의되겠지만, 단방향 증폭기 이득을 사용함으로써 증폭기 설계가 무척 단순화된다.

9.3 증폭기 안정도 고찰

9.3.1 안정도 원

증폭기 회로에서 첫 번째로 요구되는 사항 중 하나는 전체 주파수 범위에 걸쳐 안정된 성능을 얻는 것이다. 이러한 내용은 동작주파수와 종단에 따라 발진하는 경향이 있는 RF 회로를 취급할 때 특별 관심사항이다. 발진 현상은 전송선로에 따라 흐르는 전압파와 관련하여 해석할 수 있는데 만약 $|\Gamma| > 1$이면 되돌아오는 전압의 크기는 증가하게 되어(양의 귀환: positive feedback) 불안정의 원인이 되며 역으로 $|\Gamma| < 1$이면 되돌아오는 전압파가 감소하게(음의 귀환: negative feedback) 된다.

Γ_L과 Γ_S에 의해 설명되는 외부종단을 갖고 S-파라미터에 의해 특성을 나타낼 수 있는 2-단자 회로망으로서 증폭기를 고려해 보자. 이때 안정도는 반사계수의 크기가 1보다 작아짐을 의미하므로, 다음과 같다.

$$|\Gamma_L| < 1, |\Gamma_S| < 1 \tag{9.15a}$$

$$|\Gamma_{in}| = \left|\frac{S_{11} - \Gamma_L \Delta}{1 - S_{22}\Gamma_L}\right| < 1 \tag{9.15b}$$

$$|\Gamma_{out}| = \left|\frac{S_{22} - \Gamma_S \Delta}{1 - S_{11}\Gamma_S}\right| < 1 \tag{9.15c}$$

여기에서 $\Delta = S_{11}S_{22} - S_{12}S_{21}$이며 식 (9.9a)와 식 (9.9b)를 다시 표현하는 데 사용되었다. S-파라미터는 특정 주파수에 고정되어 있으므로 안정도에 영향을 주는 파라미터는 Γ_L과 Γ_S 뿐이다.

증폭기 **출력단**에 관련하여 식 (9.15b)를 만족시키는 조건이 요구된다. 이를 복소수로 표현하면

$$S_{11} = S_{11}^R + jS_{11}^I, S_{22} = S_{22}^R + jS_{22}^I, \Delta = \Delta^R + j\Delta^I, \Gamma_L = \Gamma_L^R + j\Gamma_L^I \tag{9.16}$$

식 (9.15b)에 대입하고 대수적으로 정리하면 다음 식과 같이 **출력단 안정도 원**을 구하게 된다.

$$(\Gamma_L^R - C_{out}^R)^2 + (\Gamma_L^I - C_{out}^I)^2 = r_{out}^2 \tag{9.17}$$

여기에서 원의 반경은 다음과 같으며

$$r_{out} = \frac{|S_{12}S_{21}|}{\left||S_{22}|^2 - |\Delta|^2\right|} \tag{9.18}$$

원의 중심점은 다음 식으로

$$C_{out} = C_{out}^R + jC_{out}^I = \frac{(S_{22} - S_{11}^*\Delta)^*}{|S_{22}|^2 - |\Delta|^2} \tag{9.19}$$

그림 9-3(a)와 같이 나타낸다. **입력단**에 관련하여 식 (9.16)을 식 (9.15c)에 대입하면 **입력 안정도 원**의 식이 다음과 같이 구해진다.

$$(\Gamma_S^R - C_{in}^R)^2 + (\Gamma_S^I - C_{in}^I)^2 = r_{in}^2 \tag{9.20}$$

여기에서 원의 반경과 중심점은 각각 다음 식과 같다.

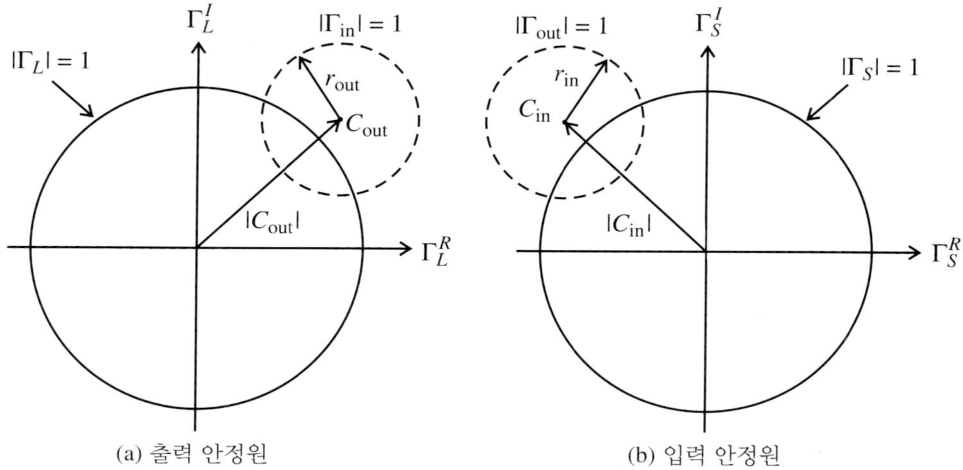

그림 9-3 ● 복소수 Γ_L에서 $|\Gamma_{in}| = 1$의 안정도 원과 복소수 Γ_S에서 $|\Gamma_{out}| = 1$의 안정도 원

$$r_{in} = \frac{|S_{12}S_{21}|}{\left||S_{11}|^2 - |\Delta|^2\right|} \tag{9.21}$$

$$C_{in} = C_{in}^R + jC_{in}^I = \frac{(S_{11} - S_{22}^*\Delta)^*}{|S_{11}|^2 - |\Delta|^2} \tag{9.22}$$

이러한 관계를 Γ_S-평면으로 나타내면 그림 9-3(b)에서와 같다.

그림 9-3의 의미를 올바르게 해석하기 위하여, 입력 원과 동일한 논의가 적용되지만 출력단 원[그림 9-3(a)]에 대하여 분석하는 것이 중요한 이슈가 된다. 만약 $\Gamma_L = 0$이면 $|\Gamma_{in}| = |S_{11}|$이며 $|S_{11}| < 1$ 또는 $|S_{11}| > 1$에 따라 두 가지 경우에 대하여 구분이 되어야 한다. $|S_{11}| < 1$의 경우, 그림 9-4(a)와 같이 원점($\Gamma_L = 0$인 점)은 안정영역 부분이다. $|S_{11}| > 1$의 경우, $\Gamma_L = 0$ 정합조건은 $|\Gamma_{in}| = |S_{11}| > 1$이 된다. 즉 원점은 불안정영역의 일부가 된다. 이 조건의 경우 안정영역은 그림 9-4(b)와 같이 출력 안정도 원 $|\Gamma_{in}| = 1$과 $\Gamma_L = 1$ 사이의 빗금을 친 부분 영역이다. 그림 9-5는 입력 안정도 원에 대한 두 개의 안정영역을 보여주고 있다. 만약 $|S_{22}| < 1$이라면 중심($\Gamma_S = 0$)이 안정된다는 것을 의미하며 그렇지 않으면 $|S_{22}| > 1$에서 중심은 불안정 상태에 있게 된다.

원의 반경이 $|C_{in}|$ 또는 $|C_{out}|$보다 크다면 안정 원을 올바르게 해석해야 할 필요가

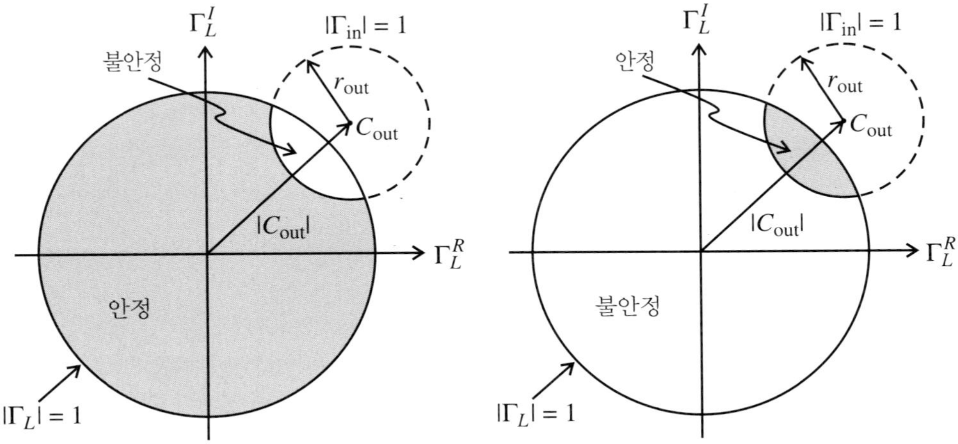

(a) $|S_{11}| < 1$이므로 음영 영역은 안정

(a) $|S_{11}| > 1$이므로 $\Gamma_L = 0$ 원점을 제외한 안정영역

그림 9-4 • 안정과 불안정 영역을 나타낸 출력 안정도 원

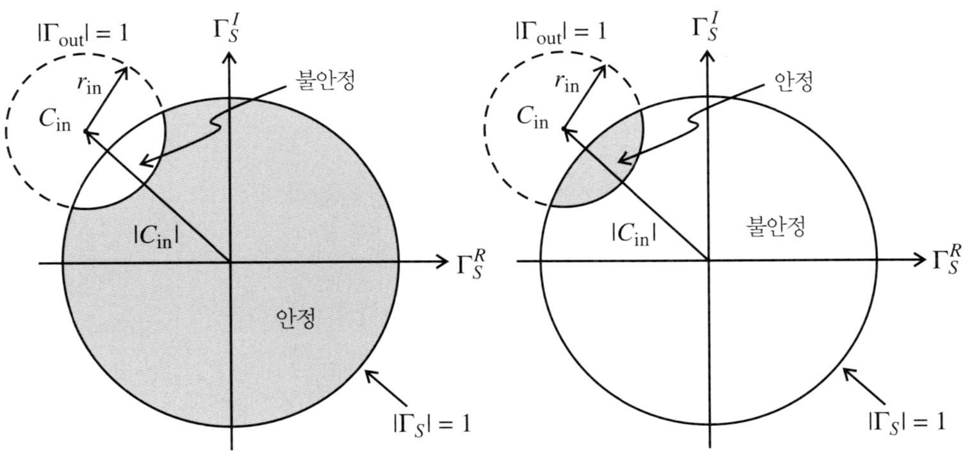

(a) $|S_{22}| < 1$

(b) $|S_{22}| > 1$

그림 9-5 • 안정과 불안정 영역을 나타낸 입력 안정도 원

있다. 그림 9-6에서는 $|S_{22}| < 1$에 대한 안정도 조건을 $r_{in} < |C_{in}|$과 $r_{in} > |C_{in}|$에 대하여 나타내고 있다.

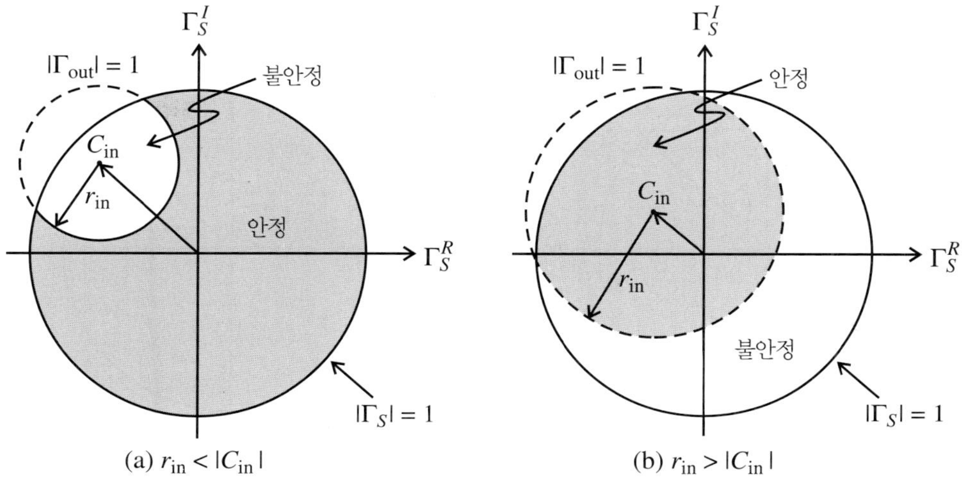

그림 9-6 • r_S와 $|C_{in}|$에 따른 $|S_{22}| < 1$에 대한 입력 안정도 영역

9.3.2 무조건적 안정(unconditional stability)

제목에서 나타나듯이 증폭기의 무조건적 안정은 선정한 주파수와 바이어스 조건 아래 증폭기가 임의의 수동 신호원과 부하에 대해서 안정화 상태에 있는 것을 의미한다. 이와 같은 무조건적 안정은 입력단과 출력단에 적용할 수 있으며 $|S_{11}| < 1$ 및 $|S_{22}| < 1$에서 다음과 같은 상태를 나타낸다.

$$||C_{in}| - r_{in}| > 1 \tag{9.23a}$$

$$||C_{out}| - r_{out}| > 1 \tag{9.23b}$$

다르게 표현하면 안정도 원은 $|\Gamma_S| = 1$과 $|\Gamma_L| = 1$인 원의 바깥에 존재해야만 한다. 다음 논의에서 그림 9-7(a)에서와 같이 $|\Gamma_S| = 1$ 원에 집중해 보기로 하자. 예제 9-2에서 보인 바와 같이 식 (9.23a)의 조건은 안정계수 또는 Rollett 계수 k로 다음과 같이 나타낼 수 있다.

$$k = \frac{1 - |S_{11}|^2 - |S_{22}|^2 + |\Delta|^2}{2|S_{12}||S_{21}|} > 1 \tag{9.24}$$

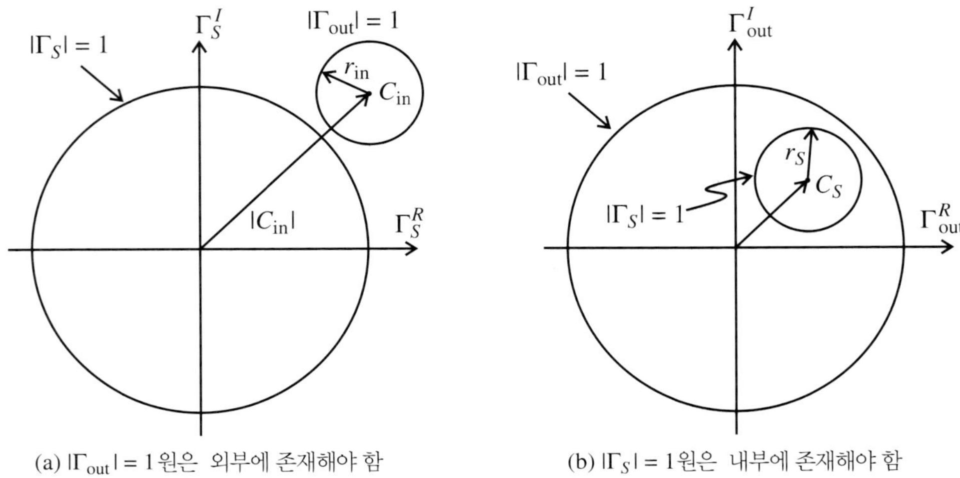

그림 9-7 • $|S_{11}| < 1$에서 Γ_S 평면과 Γ_{out} 평면에서의 무조건 안정관계

무조건적 안정은 복소수 $\Gamma_{out} = \Gamma_{out}^R + j\Gamma_{out}^I$에서 Γ_S의 동작에 관련되어 보일 수 있다. 여기에서 $|\Gamma_S| \le 1$인 영역은 그림 9-7(b)에서와 같이 완전히 $|\Gamma_{out}| = 1$인 원 내에 존재해야만 한다. Γ_{out}-평면에서 $|\Gamma_S| = 1$을 그리면 아래 식과 같은 중심점을 갖는 원이 된다.

$$C_S = S_{22} + \frac{S_{12}S_{21}S_{11}^*}{1 - |S_{11}|^2} \tag{9.25}$$

여기에서 반경은 다음과 같다.

$$r_S = \frac{|S_{12}S_{21}|}{1 - |S_{11}|^2} \tag{9.26}$$

여기에서 $|C_S| + r_S < 1$인 조건을 유지해야만 한다. 식 (9.25)는 $C_S = (S_{22} - \Delta S_{11}^*)/(1 - |S_{11}|^2)$과 같이 다시 나타낼 수 있다. $|C_S| + r_S < 1$과 식 (9.26)을 가지고 다음 식과 같음을 알 수 있다.

$$|S_{22} - \Delta S_{11}^*| + |S_{12}S_{21}| < 1 - |S_{11}|^2 \tag{9.27a}$$

$|S_{12}S_{21}| \le |S_{22} - \Delta S_{11}^*| + |S_{12}S_{21}|$이므로 다음과 같이 결론지을 수 있다.

$$|S_{12}S_{21}| < 1 - |S_{11}|^2 \tag{9.27b}$$

유사한 분석으로 복소수 Γ_{in}-평면에서 Γ_L에 대하여 설정할 수 있으며 이에 상응되는 원의 중심 C_L과 반경 r_L로부터, $|C_L| = 0$ 및 $r_S < 1$로 되므로 다음과 같다.

$$|S_{12}S_{21}| < 1 - |S_{22}|^2 \tag{9.28}$$

그러나 $|\Delta| < 1$이 되는 한 식 (9.24)는 무조건 안정을 나타나는데 충분한 요구조건을 만족시킨다. 이러한 것은 식 (9.27b)와 식 (9.28)을 더하였을 때 다음 식과 같이 됨을 알 수 있다.

$$2|S_{12}S_{21}| < 2 - |S_{11}|^2 - |S_{22}|^2$$

부등식관계 $|\Delta| = |S_{11}S_{22} - S_{12}S_{21}| \le |S_{11}S_{22}| + |S_{12}S_{21}|$ 를 도입하면

$$|\Delta| < 1 - \frac{1}{2}(|S_{11}|^2 + |S_{22}|^2 - 2|S_{11}||S_{22}|) \ = \ 1 - \frac{1}{2}(|S_{11}| - |S_{22}|)^2$$

이 되며 $(1/2)(\,|S_{11}| - |S_{22}|)^2 < 1$이므로 식 (9.27b)와 식 (9.28)은 다음 식과 등가로 볼 수 있다.

$$|\Delta| < 1 \tag{9.29}$$

RF & MW

예제 9-2 • 안정계수의 유도

식 (9.23a)로부터 안정계수 k (Rollett 계수)를 유도하라.

풀이:

식 (9.21)과 식 (9.22)를 식 (9.23a)에 대입하면 다음 식과 같이 된다.

$$\left|\frac{|S_{11} - S_{22}^*\Delta| - |S_{12}S_{12}|}{|S_{11}|^2 - |\Delta|^2}\right| > 1 \tag{9.30a}$$

이 식을 제곱하고 식 (9.30a)를 정리한 결과는

μ 안정도 요소

또 다른 안정도 요소는 기하학적인 고찰로부터 유도될 수 있다.

$$\mu = \frac{1-|S_{11}|^2}{|S_{22}-S_{11}^*\Delta| + |S_{21}S_{12}|}$$

$\mu > 1$ 조건은 무조건 안정도에 대해서 필요충분조건이 된다. μ의 물리적 의미는 스미스 차트의 원점으로부터 Γ_L-평면에서 안정도 원까지의 최소거리이다. μ가 크면 클수록 안정도 역시 크다. 음(−)의 값은 불안정한 영역이 원점을 포함한다는 것을 나타낸다. Γ_S-평면에 대한 이 안정도 요소의 이중형태는 S_{11}와 S_{22}을 교환함으로써 정의될 수 있다.

$$2|S_{11}-S_{22}^*\Delta||S_{12}S_{21}| <$$
$$|S_{11}-S_{22}^*\Delta|^2 + |S_{12}S_{21}|^2 - \left||S_{11}|^2 - |\Delta|^2\right|^2 \tag{9.30b}$$

가 되며 식 (9.30b)에서 $|S_{11}-S_{22}\Delta|^2$항은 다음과 같이 다시 표현할 수 있다.

$$|S_{11}-S_{22}^*\Delta|^2$$
$$= |S_{12}S_{21}|^2 + (1-|S_{22}|^2)(|S_{11}|^2 - |\Delta|^2) \tag{9.30c}$$

식 (9.30b)를 제곱하고 정리하면

$$(|S_{11}|^2 - |\Delta|^2)^2 \times$$
$$\{[(1-|S_{22}|^2) - (|S_{11}|^2 - |\Delta|^2)]^2$$
$$-4|S_{12}S_{21}|^2\} > 0 \tag{9.30d}$$

가 되며 대괄호 안의 항으로부터 원하는 안정계수를 나타낼 수 있다.

$$k = \frac{1-|S_{11}|^2 - |S_{22}|^2 + |\Delta|^2}{2|S_{12}||S_{21}|} > 1 \tag{9.30e}$$

식 (*9.23b*)로부터 시작되는 안정계수 분석은 정확하게 동일한 부등관계를 나타낸다. 그러므로 안정계수 k는 입력단과 출력단 양단에 적용할 수 있다.

$|\Delta| < 1$ 과 $k > 1$인 두 가지 조건을 충족시키면 항상 증폭기는 무조건 안정으로 설계되는 것을 확실히 결정할 수 있다. 다음 예제는 이미터 접지 트랜지스터의 입력과 출력단의 안정 동작에 대하여 조사하는 예이다.

RF&MW→

예제 9-3 • 동작주파수가 다를 때 BJT에 대한 안정도 원

쌍극자 트랜지스터 BFG505W(필립스반도체)에 바이어스가 $V_{CE} = 6$ V, $I_C = 4$ mA일 때 안정도 영역을 결정하여라. 주파수에 대한 S-파라미터 값은 표 9-1과 같다.

표 9-1 ● 주파수에 대한 BFG505W S-파라미터

주파수	S_{11}	S_{12}	S_{21}	S_{22}
500 MHz	$0.70\angle -57°$	$0.04\angle 47°$	$10.5\angle 136°$	$0.79\angle -33°$
750 MHz	$0.56\angle -78°$	$0.05\angle 33°$	$8.6\angle 122°$	$0.66\angle -42°$
1000 MHz	$0.46\angle -97°$	$0.06\angle 22°$	$7.1\angle 112°$	$0.57\angle -48°$
1250 MHz	$0.38\angle -115°$	$0.06\angle 14°$	$6.0\angle 104°$	$0.50\angle -52°$

풀이:

안정계수 k, $|\Delta|$, C_{in}, r_{in}, C_{out} 및 r_{out}에 대한 정의식을 바탕으로 MATLAB 프로그램(m-file ex9_3.m 참조)으로 그 값들을 계산한다. 표 9-2에서는 표 9-1에서 주어진 네 개의 주파수에 대한 결과를 요약하였다.

$f = 750$ MHz와 $f = 1.25$ GHz에 대한 입력과 출력 안정도 원의 예를 그림 9-8에 나타내었다. 모든 경우에서 $|S_{11}| < 1$이고 $|S_{22}| < 1$이 됨을 주지한다. 이것은 $\Gamma_L = 0$과 $\Gamma_S = 0$ 점은 안정하다는 것을 의미하며 안정도 원까지의 스미스 차트의 내부영역을 안정영역으로 나타낸다.

그림 9-8과 표 9-2에서 볼 수 있듯이 트랜지스터는 $f = 1.25$ GHz에서 무조건 안정이며 입력과 출력단의 안정도 원은 완전히 $|\Gamma| = 1$ 원의 외부에 위치하고 있다. 모든 주파수에서 트랜지스터는 잠정 불안정 상태가 된다.

안정도 원은 주파수와 바이어스에 의하여 영향을 받는다. S-파라미터는 특정 바이어스에 대하여 나타남을 상기하라. 전체 안정도에 대한 분석은 바이어스의 변환 또는 온도 변화에 대하여서도 반복되어야 한다.

표 9-2 ● 표 9-1에 나타난 주파수에 따른 BFG505W에 대한 안정도 파라미터

f, MHz	k	$\|\Delta\|$	C_{in}	r_{in}	C_{out}	r_{out}
500	0.41	0.69	$39.04\angle 108°$	38.62	$3.56\angle 70°$	3.03
750	0.60	0.56	$62.21\angle 119°$	61.60	$4.12\angle 70°$	3.44
1000	0.81	0.45	$206.23\angle 131°$	205.42	$4.39\angle 69°$	3.54
1250	1.02	0.37	$42.42\angle 143°$	41.40	$4.24\angle 68°$	3.22

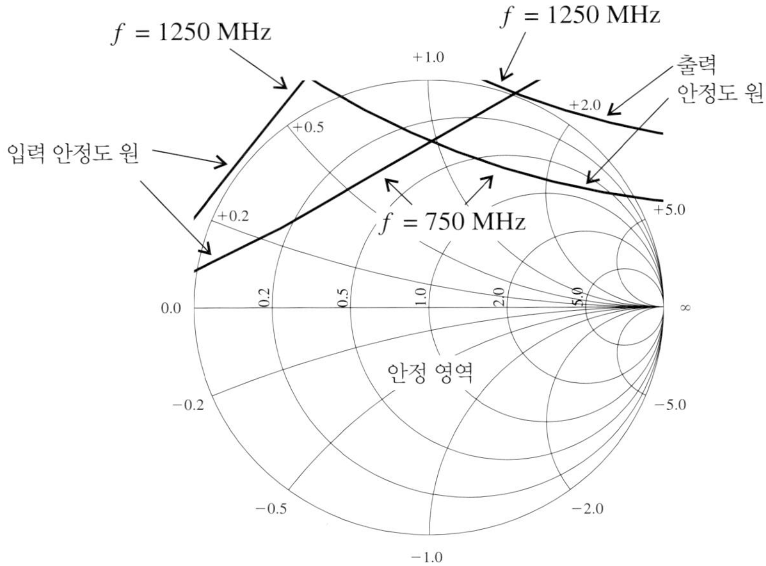

그림 9-8 • $f = 750$ MHz와 $f = 1.25$ GHz에서 계산한 BFG505W에 대한 입력과 출력 안정도 원

안정계수 k가 매우 광범위하게 값이 변한다 해도 불안정한 실제 설계는 대부분 $0 \le k \le 1$ 범위 내에 있게 된다. 제10장에서 논의되는 발진기는 스미스 차트의 불안정 영역을 목표로 하며 k는 음(−)의 값이 된다. 출력에서 입력으로 귀환이 없을 때에도($S_{12} = 0$) 안정도 $k \to \infty$이므로 트랜지스터는 고유하게 안정된다. 실제적으로 $|\Delta| < 1$에 대한 조건에 관심을 갖지 못하고 k 자체만을 고려하기도 한다. 이와 같은 것은 다음 예제에서도 나타나듯이 잠정적인 문제점들을 내포하고 있다.

RF&MW→

예제 9-4 • 트랜지스터의 안정과 불안정 영역

S-파라미터가 다음과 같이 주어지는 트랜지스터의 안정 영역을 조사하라.

$S_{11} = 0.7\angle{-70°}$, $S_{12} = 0.2\angle{-10°}$, $S_{21} = 5.5\angle 85°$ 및 $S_{22} = 0.7\angle{-45°}$

풀이:

다시 k, $|\Delta|$, C_{in}, r_{in}, C_{out} 및 r_{out}에 대하여 계산해야 한다. 그 결과는 $k = 1.15$, $|\Delta| = 1.58$, $C_{in} = 0.21\angle 52°$, $r_{in} = 0.54$, $C_{out} = 0.21\angle 27°$ 및 $r_{out} = 0.54$이다(그림 9-9 참조). $k > 1$이지만 트랜지스터는 $|\Delta| > 1$이기 때문에 잠정적으로 불안정 상태에 있다. 그 결과 스미스 차트의 내부에 입력 안정도 원과 출력 안정도 원이 놓이게 된다. $|S_{11}|$과 $|S_{22}|$가 1보다 작기 때문에 스미스 차트의 중심은 안정점이다. 그림 9-9와 같이 $|C_{in}| < r_{in}$ 및 $|C_{out}| < r_{out}$가 되므로 안정도 원의 내부는 안정영역을 나타낸다.

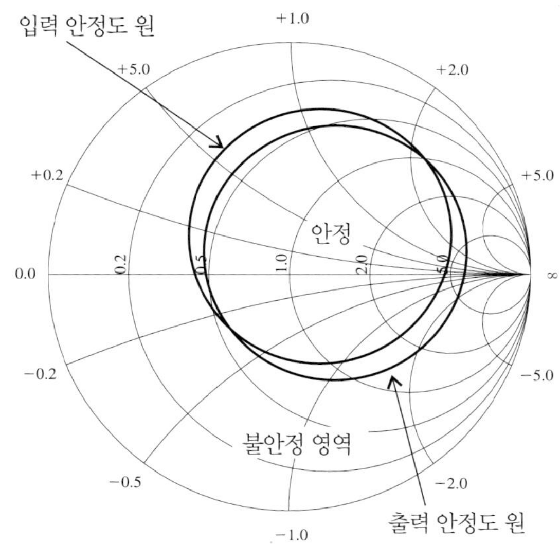

그림 9-9 • $k > 1$ 및 $|\Delta| > 1$에 대한 안정도 원

보통 제조사에서는 트랜지스터의 케이스 내부에 정합회로를 포함시킴으로써 $k > 1$ 및 $|\Delta| > 1$의 특성을 모두 갖는 트랜지스터가 생산되지 않도록 한다. μ 안정도 요소($\mu = 0.335$)는 정확하게 조건부 안정도 여부를 확인한다.

9.3.3 안정화 방법

FET나 BJT가 원하는 주파수에서 불안정하게 동작된다는 것을 알게 된다면, 트랜지스터가 안정화되도록 필요한 방법을 강구해야 한다. $|\Gamma_{in}| > 1$ 및 $|\Gamma_{out}| > 1$ 조건식을 입력과 출력 임피던스를 사용하여 표현할 수 있다.

$$|\Gamma_{in}| = \left|\frac{Z_{in} - Z_0}{Z_{in} + Z_0}\right| > 1, \quad |\Gamma_{out}| = \left|\frac{Z_{out} - Z_0}{Z_{out} + Z_0}\right| > 1$$

이 되며 이 식에서 $\mathrm{Re}(Z_{in}) < 0$과 $\mathrm{Re}(Z_{out}) < 0$임을 내포하고 있다. 능동소자를 안정화시키는 방법 중의 하나는 직렬저항 또는 단락 콘덕턴스를 입력단 또는 출력단에 부가시키는 것이다. 그림 9-10에 입력단에서 소자를 부가시킨 형태를 보여주고 있다. 이와 같은 형태는 $\mathrm{Re}(Z_S)$와 함께 부하작용으로 $\mathrm{Re}(Z_{in})$값을 감소시키는 보상작용을 한다. 이 관계를 수식으로 쓰면 다음과 같다.

$$\mathrm{Re}(Z_{in} + R'_{in} + Z_S) > 0 \text{ 또는 } \mathrm{Re}(Y_{in} + G'_{in} + Y_S) > 0 \tag{9.31a}$$

동일한 방법으로 그림 9-11은 출력단 안정화를 보여주고 있으며 이에 대한 조건식은 다음과 같다.

$$\mathrm{Re}(Z_{out} + R'_{out} + Z_L) > 0 \text{ 또는 } \mathrm{Re}(Y_{out} + G'_{out} + Y_L) > 0 \tag{9.31b}$$

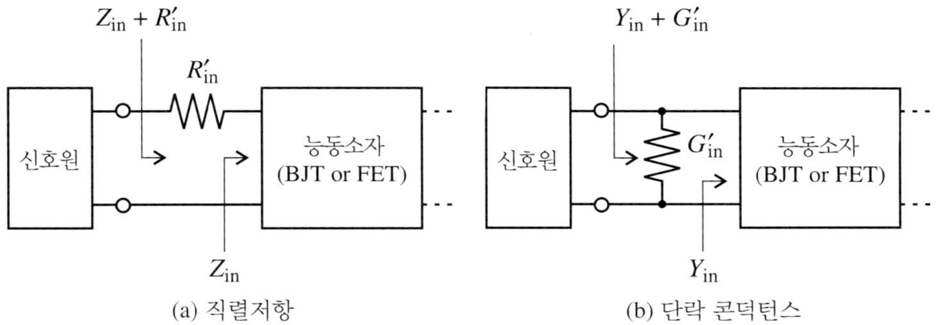

그림 9-10 • 직렬저항과 단락 콘덕턴스를 이용한 입력단 안정화

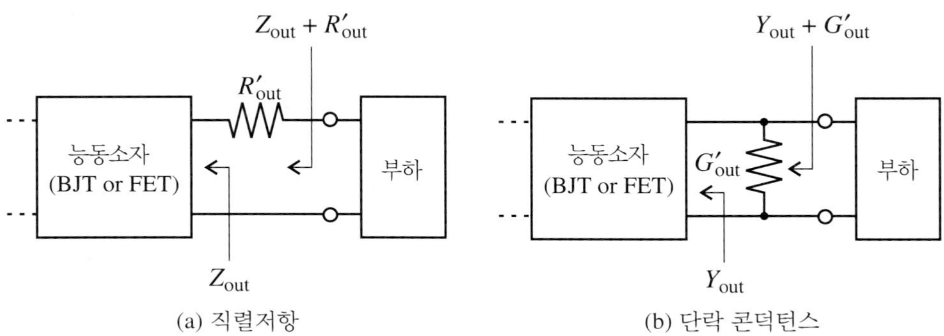

그림 9-11 • 직렬저항과 단락 콘덕턴스를 이용한 출력단 안정화

다음 예제는 트랜지스터 안정화에 대하여 설명을 하고 있다.

RF&MW→

예제 9-5 • BJT의 안정화

예제 9-3과 같이 $f = 750$ MHz에서 동작하는 트랜지스터 BFG505W(S-파라미터는 $S_{11} = 0.56\angle -78°$, $S_{21} = 0.05\angle 33°$, $S_{12} = 8.64\angle 122°$ 및 $S_{22} = 0.66\angle -42°$)를 이용하여 입력단과 출력단의 직렬저항과 단락 콘덕턴스를 구하여 트랜지스터 안정화를 시도하라.

풀이:

문제에서 주어진 S-파라미터로 입력과 출력 안정화원의 반경과 중심을 각각 계산하면 $C_{in} = 62.21\angle 119°$, $r_{in} = 61.60$, $C_{out} = 4.12\angle 70°$ 및 $r_{out} = 3.44$ 임을 확인할 수 있다. 이에 상응되는 원은 그림 9-12에 나타내었다. Z-차트에서 $r' = 0.33$인 일정한 저항원은 트랜지스터를 안정화시키기 위하여 입력단에 연결시키는 최소 직렬저항을 나타낸다. 만약 수동회로가 $R'_{in} = r'Z_0 = 16.5\ \Omega$의 값인 저항에 직렬로 연결된다면, 결합된 임피던스는 $r' = 0.33$ 내부에 위치하며 안정 영역에 있게 된다. 같은 방법으로 $g' = 2.8$인 일정한 콘덕턴스 원을 나타내어 트랜지스터의 입력단을 안정화시키는 단락 어드미턴스 $G'_{in} = g'/Z_0 = 56$ mS를 구한다. 이때 G'_{in}에 연결된 어떤 수동회로는 Y-차트에서 $g' = 2.8$ 원의 내부에 결합된 어드미턴스가 존재하게 될 것이며 이것은 트랜지스터의 입력단에 대하여 안정 영역에 존재한다.

동일한 과정에 따라서 트랜지스터의 출력단을 안정화시키는 직렬저항 $R'_{out} = 40\ \Omega$과 단락 콘덕턴스 $G'_{out} = 6.2$ mS를 구할 수 있다.

> **안정화의 감쇠기**
>
> 만약 스미스 차트의 원점이 안정도 내부에 존재한다면 감쇄는 안정영역에서 Γ_L 혹은 Γ_S을 제한하기 위해 사용될 수 있다. 또한 감쇄기가 출력과 부하 사이에 존재한다면 무조건 안정도를 위해 최소한의 감쇄는 다음과 같다.
>
> $$\alpha_{min}[\text{dB}] = -10\log\mu$$
>
> 언급한 것처럼 μ 안정도 요소가 스미스 차트의 원점으로부터 Γ_L-평면에서 안정도 원까지의 최소거리이다. 이러한 접근법은 넓은 주파수 대역에 걸쳐 회로를 안정화시키기 쉽다. 간단히 최소 μ를 찾아내면 된다.

트랜지스터의 입력단과 출력단 사이의 결합 때문에 보통은 한쪽 단에 안정화회로를 설치하는 것으로 충분하다. 어느 단을 선정하느냐는 설계자의 몫이나 입력단에 저항소자를 연결하는 것은 증폭기의 잡음이 증폭되므로 이용하지 않고 피한다.

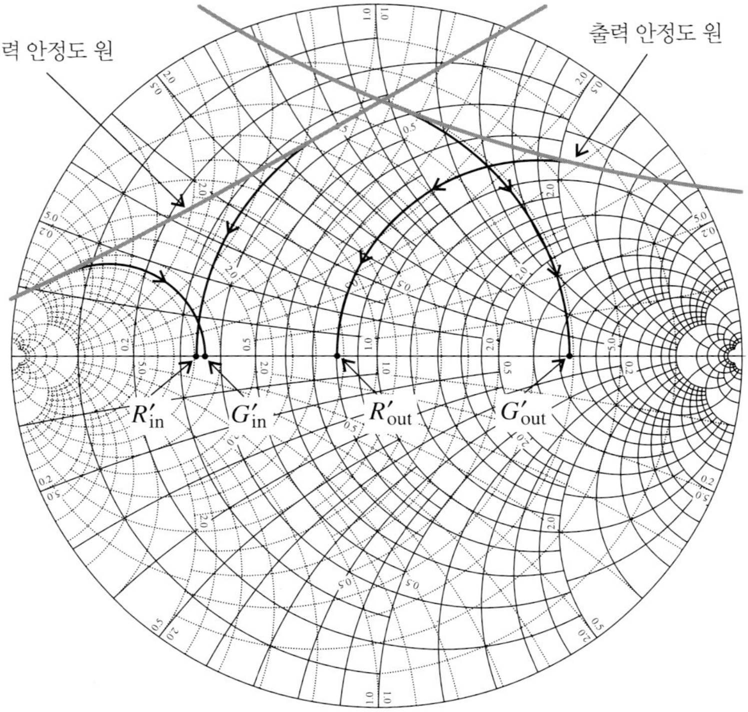

그림 9-12 • 입력과 출력단 원 및 직렬저항과 단락 콘덕턴스 안정화 값

저항을 부가시켜 안정화시키는 것은 다음과 같은 효과를 고려해야 한다. 임피던스 정합을 해칠 수 있고 전력흐름에 손실이 나타나며, 저항에서 나타나는 부가 열잡음원 때문에 잡음지수는 열악하게 된다.

9.4 일정한 이득

9.4.1 단방향 설계

증폭기 설계에 있어서, 증폭기의 안정도 이외에 원하는 이득성능을 얻기 위한 방안은 중요하게 고려되어야 할 또 다른 사항이다. 실제적으로 종종 이루어지고 있지만 트랜지스터의 귀환에 대한 영향을 무시한다면($S_{12} \approx 0$) 식 (9.12)에서 제시한 단방향 전력이득 G_{TU}를 적용할 수 있다. 이 식은 정합회로의 각 단의 관계식을 확인하여 다음 식과 같이 다시 표현할 수 있다. 그림 9-13을 참조하여 표현하면

$$G_{TU} = \frac{1-|\Gamma_S|^2}{|1-S_{11}\Gamma_S|^2} \times |S_{21}|^2 \times \frac{1-|\Gamma_L|^2}{|1-\Gamma_L S_{22}|^2} = G_S \times G_0 \times G_L \tag{9.32}$$

이며 각각의 구성단에서는 다음과 같다.

$$G_S = \frac{1-|\Gamma_S|^2}{|1-S_{11}\Gamma_S|^2}, \quad G_0 = |S_{21}|^2, \quad G_L = \frac{1-|\Gamma_L|^2}{|1-\Gamma_L S_{22}|^2} \tag{9.33}$$

대부분의 증폭기 이득 계산은 dB로 이루어지므로 식 (9.32)는

$$G_{TU}[\text{dB}] = G_S[\text{dB}] + G_0[\text{dB}] + G_L[\text{dB}] \tag{9.34}$$

와 같으며 여기에서 G_S와 G_L은 입력단 정합회로와 출력단 정합회로에 관련된 이득이고 G_O는 증폭기에 의한 삽입이득이다. 식 (9.33)에서 보는 바와 같이, 정합회로에서는 능동소자를 가지고 있지 않더라도 회로이득을 1보다 크게 할 수 있다고 생각할 수 있다. 이것은 정합회로 없이는 심각한 전력 손실이 증폭기의 입력단과 출력단에서 일어날 수 있다는 것을 역설적으로 강조한다. G_S와 G_L을 사용함으로써 고유한 손실을 감소시키며 이때 이득이 고려되어야 한다.

$|S_{11}|$과 $|S_{22}|$가 1보다 작다면, 최대 단방향 전력이득 $G_{TU\,max}$은 입력단과 출력단의 정합(즉 $\Gamma_S = S_{11}^*$ 및 $\Gamma_L = S_{22}^*$)될 때 나타난다. 이 경우에 다음과 같음을 알 수 있다.

$$G_{S\max} = \frac{1}{1-|S_{11}|^2} \tag{9.35}$$

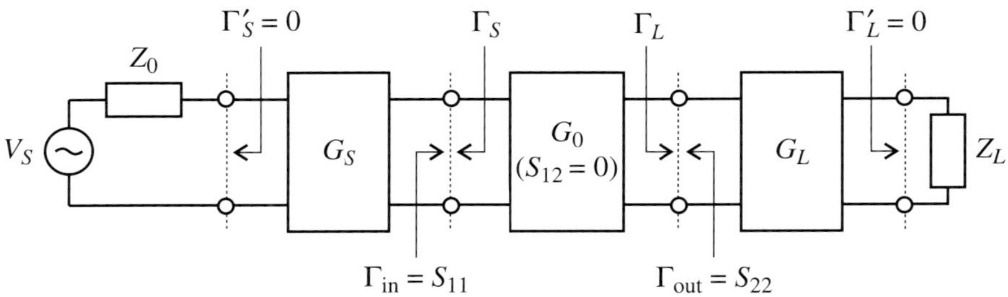

그림 9-13 · 단방향 전력이득 시스템 구성

$$G_{L\max} = \frac{1}{1-|S_{22}|^2} \tag{9.36}$$

G_S와 G_L의 역할은 다음 식과 같이 최대값으로 정규화시킬 수 있다.

$$g_S = \frac{G_S}{G_{S\max}} = \frac{1-|\Gamma_S|^2}{|1-S_{11}\Gamma_S|^2}(1-|S_{11}|^2) \tag{9.37a}$$

$$g_L = \frac{G_L}{G_{L\max}} = \frac{1-|\Gamma_L|^2}{|1-S_{22}\Gamma_L|^2}(1-|S_{22}|^2) \tag{9.37b}$$

여기에서 정규화 이득은 $0 \le g_i \le 1$이며 $i = S, L$인 두 가지 경우로 주어진다.

입력단과 출력단 정합회로에 대하여 명확한 이득에 관한 식을 갖고 있다 하더라도, 일정한 이득을 갖는 파라미터적 곡선으로 직접 이용할 수 없다. 가장 중요한 식은 다음과 같이 공식화 된다. S_{11}(또는 S_{22})과 원하는 정규화 이득 g_S(또는 g_L)가 주어진 경우에 특정한 이득을 달성하기 위하여 Γ_S(또는 Γ_L)의 값의 범위는 얼마나 될까? 이에 대한 해는 식 (9.37)을 환산하여 구한다.

$$g_i = \frac{1-|\Gamma_i|^2}{|1-S_{ii}\Gamma_i|^2}(1-|S_{ii}|^2) \tag{9.38}$$

반사계수 Γ_i에 대하여 $ii = 11, 22$는 $i = S, L$에 따른다. 이 결과는 중심이 다음 식과 같은 원으로 나타난다.

$$d_{g_i} = \frac{g_i S_{ii}^*}{1-|S_{ii}|^2(1-g_i)} \tag{9.39}$$

한편 반경은 다음과 같다.

$$r_{g_i} = \frac{\sqrt{1-g_i}(1-|S_{ii}|^2)}{1-|S_{ii}|^2(1-g_i)} \tag{9.40}$$

예제 9-6은 식 (9.39)와 식 (9.40)의 단방향 일정이득 원의 공식을 유도하는 데 필요한 단계에 대하여 상세히 설명한다.

예제 9-6 • 일정한 이득 원(gail circles)의 유도

식 (9.39)와 식 (9.40)과 같이 주어진 d_{g_i}와 r_{g_i}의 표현식을 구하라.

풀이:

유도는 식 (9.38)로부터 시작할 수 있다. 이 식을 전개하여 다시 쓰면 다음 식과 같다.

$$g_i(1 + |S_{ii}\Gamma_i|^2 - S_{ii}^*\Gamma_i^* - S_{ii}\Gamma_i)$$
$$= 1 - |S_{ii}|^2 - |\Gamma_i|^2 + |S_{ii}|^2|\Gamma_i|^2 \quad (9.41a)$$

반사계수 Γ_i는 다음 식과 같이 계수화시킬 수 있으며

$$|\Gamma_i|^2 - \frac{g_iS_{ii}}{1 - |S_{ii}|^2(1 - g_i)}\Gamma_i - \frac{g_iS_{ii}^*}{1 - |S_{ii}|^2(1 - g_i)}\Gamma_i^* \quad (9.41b)$$
$$+ \frac{g_i^2|S_{ii}|^2}{(1 - |S_{ii}|^2(1 - g_i))^2} = \frac{(1 - g_i)(1 - |S_{ii}|^2)^2}{(1 - |S_{ii}|^2(1 - g_i))^2}$$

이 식은 원에 대한 표현식의 복소수 형태로서

$$(\Gamma_i - d_{g_i})(\Gamma_i^* - d_{g_i}^*) = r_{g_i}^2 \quad (9.41c)$$

로 나타낼 수 있으며 이때 중심점과 반경은 각각 다음과 같다.

$$d_{g_i} = \frac{g_iS_{ii}^*}{1 - |S_{ii}|^2(1 - g_i)}, \quad r_{g_i} = \frac{\sqrt{1 - g_i}(1 - |S_{ii}|^2)}{1 - |S_{ii}|^2(1 - g_i)}$$

식 (9.41c)를 전개하고 정리하면 잘 알고 있는 식의 형태로 된다.

$$(\Gamma_i^R - d_{g_i}^R)^2 + (\Gamma_i^I - d_{g_i}^I)^2 = r_{g_i}^2 \quad (9.41d)$$

여기에서 첨자 R과 I는 Γ_i와 d_{g_i}의 실수부와 허수부를 나타낸다.

단방향성의 가정에 의하여 입력단과 출력단을 분리하여 이득에 대한 원의 방정식을 유도할 수 있다.

다음과 같은 견해를 일정한 이득에 대한 원의 방정식인 식 (9.39)와 식 (9.40)으로부터 나타낼 수 있다.

- 최대이득 $G_{i\max} = 1/(1 - |S_{ii}|^2)$은 $\Gamma_i = S_{ii}^*$일 때 구할 수 있으며 $d_{g_i} = S_{ii}^*$에서 중심을 갖고 $r_{g_i} = 0$에서 반경을 갖는 이득 원과 일치한다.
- 일정한 이득 원 모두는 원점에서 S_{ii}^* 점을 잇는 선상에 그 중심이 있으며, 이득값을 작게 할수록 중심 d_{g_i}은 원점에 가깝게 접근하고 큰 반경 r_{g_i}가 된다.
- $\Gamma_i = 0$인 특별한 경우는 정규화 이득은 $g_i = 1 - |S_{ii}|^2$이 되며 $|d_{g_i}|$와 r_{g_i}는 동일한 값 즉 $|d_{g_i}| = r_{g_i} = |S_{ii}|/(1 + |S_{ii}|^2)$을 갖는다. 이 식은 $G_i = 1$(또는 0 dB) 원이 항상 Γ_i-평면의 원점을 지나간다는 것을 의미한다.

예제 9-7은 단방향적 근사식에 의한 증폭기 설계에서 신호이득 원에 대하여 증명한다.

예제 9-7 • 단방향 설계에 의한 신호이득 원의 계산

FET가 $f = 4$ GHz에서 동작하고 있으며 $S_{11} = 0.7\angle 125°$가 되도록 바이어스되어 있다. 트랜지스터는 단방향 근사식을 적용할 수 있도록 무조건 안정상태로 가정한다. 최대신호이득 $G_{S\max}$를 구하고 여러 개의 G_S에 대한 일정한 신호이득 원을 그림으로 나타내어라.

풀이:

우선 최대 신호이득 $G_{S\max}$를 식 (9.35)를 이용하여 구하면 다음과 같다.

$$G_{S\max} = \frac{1}{1 - |S_{11}|^2} = \frac{1}{1 - 0.7^2} = 1.96 \text{ 또는 } G_{S\max} = 2.92 \text{ dB}$$

원의 중심 d_{g_s}와 반경 r_{g_s}의 계산을 위하여 식 (9.39)와 식 (9.40)을 이용하면 일정한 이득에 대한 원을 그릴 수 있다. 여러 개의 임의의 신호이득 G_S에 대한 요약을 표 9-3에 제시하였다.

표 9-3에서 보는 바와 같이 $G_S = 0$ dB 원의 반경 r_{g_s}는 원의 중심위치 d_{g_s}의 크기와 같으며, 원은 스미스 차트의 중심을 통과한다. 모든 G_S의 중

표 9-3 • 예제 9-7에서 일정한 이득 원에 대한 파라미터

G_S	g_S	d_{g_S}	r_{g_S}
2.6 dB	0.93	$0.67\angle-125°$	0.14
2 dB	0.81	$0.62\angle-125°$	0.25
1 dB	0.64	$0.54\angle-125°$	0.37
0 dB	0.51	$0.47\angle-125°$	0.47
−1 dB	0.41	$0.40\angle-125°$	0.56

심은 $\Theta = \angle S_{11}^{*} = -125°$ 선상에 위치하며, G_S가 $G_{S\max}$에 접근할수록 상응되는 원의 반경은 점점 영(0)으로 감소되고 그 중심의 위치는 $S_{11}^{*} = 0.7\angle-125°$가 된다.

그림 9-14는 표 9-3에서 주어진 수치값에 의하여 계산된 신호이득 원을 나타내고 있다. 입력 정합회로가 수동회로임에도 불구하고 그림에서 명확하게 지적하는 것은 이득은 증폭을 나타내는 것과 같이 0 dB보다 커질 수 있다는 점이다. 이러한 동작의 물리적인 의미는 정합회로가 전체 시스템의 입력 반사계수를 감소시켜 효과적으로 "첨가적인" 이득을 만들어 낸다는 사실에 있다.

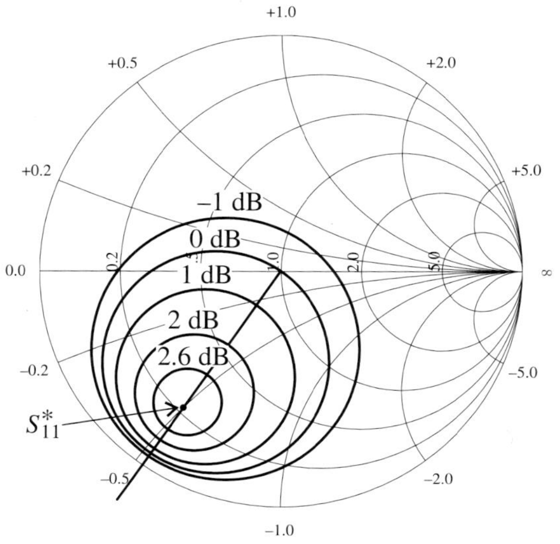

그림 9-14 • 스미스 차트상에서의 일정한 신호이득 원

이 예제를 뒷받침하는 가정은 단방향 근사식이 역방향 이득을 무시하기 때문에 정합된 입력단에 의한 이득은 출력단에 영향을 미치지 않는다는 것이다.

일정한 이득 원의 접근법에 대한 대표적인 응용을 논의하기로 한다. 특별히 미리 결정된 고정 이득값에 대한 단방향 증폭기를 개발하기로 한다.

RF&MW

예제 9-8 • 5.7 GHz에서 동작하는 단일단 18dB MESFET 증폭기의 설계

5.7 GHz에서 동작하는 MESFET는 다음과 같은 S-파라미터를 갖는다. $S_{11} = 0.5\angle -60°$, $S_{12} = 0.02\angle 0°$, $S_{21} = 6.5\angle 115°$ 및 $S_{22} = 0.6\angle -35°$.

(a) 회로가 무조건 안정인지를 결정하라.
(b) 반사계수의 최적선택으로 최대전력이득을 구하라. 단방향 설계($S_{12} = 0$)로 가정한다.
(c) 일정한 이득 원의 개념을 이용하여 원하는 이득이 실현되도록 부하 반사계수를 조정하라.

풀이:

(a) 능동소자의 안정도는 식 (9.24)와 식 (9.29)를 통하여 확인되며 그 결과는 다음과 같다.

$$k = \frac{1 - |S_{11}|^2 - |S_{22}|^2 + |\Delta|^2}{2|S_{12}||S_{21}|} = 2.17$$

및

$$|\Delta| = |S_{11}S_{22} - S_{12}S_{21}| = 0.42$$

$k > 1$이고 $|\Delta| < 1$이므로 트랜지스터는 무조건 안정한 상태이다.
(b) 다음은 반사계수의 최적선택에 대한 최대 이득값 계산이다(즉 $\Gamma_L = S_{22}^*$ 및 $\Gamma_S = S_{11}^*$).

$$G_{S\max} = \frac{1}{1 - |S_{11}|^2} = 1.33 \text{ 또는 } 1.25 \text{ dB}$$

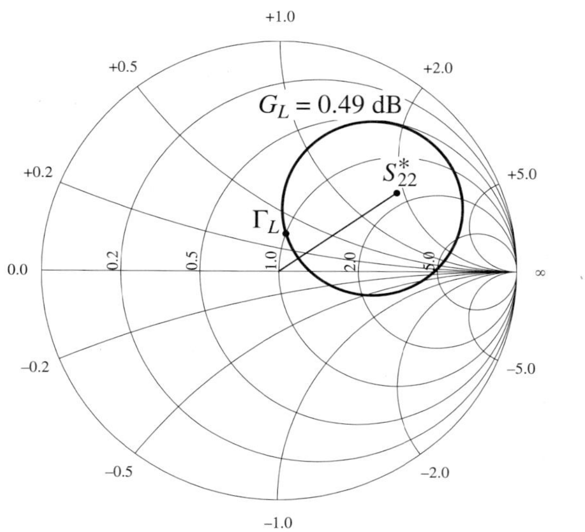

그림 9-15 • 스미스 차트상에서 일정한 부하이득 원

$$G_{L\max} = \frac{1}{1-|S_{22}|^2} = 1.56 \text{ 또는 } 1.94 \text{ dB}$$

$$G_0 = |S_{21}|^2 = 42.25 \text{ 또는 } 16.26 \text{ dB}$$

그러므로 최대 단방향 트랜듀서 이득은 다음과 같다.

$$G_{\mathrm{TU}\max} = G_{S\max} G_0 G_{L\max} = 88.02 \text{ 또는 } 19.45 \text{ dB}$$

(c)신호 정합회로($\Gamma_S = S_{11}^*$)와 트랜지스터는 이미 제공된 17.51 dB 이득과 결합되므로 Γ_L을 $G_L = 0.49$ dB가 되도록 선정한다. 이것은 그림 9-15와 같이 $r_{g_L} = 0.38$, $d_{g_L} = 0.48\angle 35°$ 인 원에 Γ_L이 존재해야만 한다는 것을 의미한다. 여기에서 $\Gamma_L = 0.03 + j0.17$을 선정한다면 출력 정합회로는 부하가 특성 임피던스와 같은($Z_L = Z_0$) 단일소자(즉 $L = 0.49$ nH인 직렬인덕터)로 줄어든다.

증폭기가 일정한 주파수 범위에서 동작된다면 S-파라미터의 변화에 따라 분리된 주파수에 대응하는 수만큼 이득이 결정되어야 한다.

$|S_{ii}| > 1$(입력단에서는 $ii = 11$, 출력단에서는 $ii = 22$)인 경우에는 수동회로로 무한대의 $G_i(i = S$ 또는 $L)$의 값을 만드는 것이 가능하다. 이러한 경우는 $\Gamma_i = S_{ii}^{-1}$일 때 일어나며, Γ_i에 관련된 임피던스의 실수부가 S_{ii}에 관련된 부성 저항의 크기와 같음을 의미한다. 그러므로, 두 개의 저항은 서로 상쇄되며 발진하게 된다. 증폭기는 불안정상태이다. 이러한 문제점을 피하기 위하여 $|S_{ii}| > 1$에 대한 일정이득 원과 이에 상응하는 안정도 원을 도시해야 하며, Γ_i 또한 원하는 이득 원상에 Γ_i 존재하면서 안정영역 내에 있도록 선정해야 한다.

9.4.2 단방향 설계지표(Figure of Merit)

예제 9-8에서 논의한 단방향 설계법은 증폭기의 귀환효과, 즉 역방향 이득은 무시하여 ($S_{12} = 0$) 나타내는 근사법을 포함하였다. 이러한 가정에 의한 오차를 예측하기 위하여 S_{12}를 고려한 트랜듀서의 이득과 단방향 이득의 비를 형성시킬 수 있어야 한다. 식 (9.8)과 식 (9.12)의 정의를 이용하여 다음 관계를 구할 수 있다.

$$\frac{G_T}{G_{TU}} = \frac{1}{\left|1 - \frac{S_{12}S_{21}\Gamma_L\Gamma_S}{(1 - S_{11}\Gamma_S)(1 - S_{22}\Gamma_L)}\right|^2} \tag{9.42}$$

여기에서 $G_T \le G_{TU}$이다. G_{TU}의 최대값, 그러므로 최대오차는 입력과 출력 정합조건(즉 $\Gamma_S = S_{11}^*$ 및 $\Gamma_L = S_{22}^*$)에서 구한다. 식 (9.42)는 다음과 같이 된다.

$$\frac{G_T}{G_{TU\max}} = \frac{1}{\left|1 - \frac{S_{12}S_{21}S_{22}^*S_{11}^*}{(1 - |S_{11}|^2)(1 - |S_{22}|^2)}\right|^2} \tag{9.43}$$

이 식은 오차변동의 한계를 설정하는 데 사용될 수 있다.

$$(1 + U)^{-2} \le \frac{G_T}{G_{TU}} \le (1 - U)^{-2} \tag{9.44}$$

여기에서 U는 주파수-의존 **단방향 설계지표**(FOM: Figure of Merit)로 다음 식과 같다.

$$U = \frac{|S_{12}||S_{21}||S_{22}||S_{11}|}{(1 - |S_{11}|^2)(1 - |S_{22}|^2)} \tag{9.45}$$

단방향 증폭기 설계법을 판단하기 위하여 이 FOM은 가능한 한 작아야 한다. 극한점에서 G_T는 $S_{12} = 0$인 이상적인 경우에서는 G_{TU}에 근접하며 오차는 없는 것(즉 $U = 0$)을 알 수 있다.

RF&MW

예제 9-9 • 단방향 설계 응용력 테스트

예제 9-8에서 논의한 증폭기에 단방향 설계법을 형성시킴으로써 나타나는 오차를 예측하라.

풀이:

식 (9.45)에 S-파라미터값을 대입하면 단방향 설계지표를 다음과 같이 구할 수 있다.

$$U = \frac{|S_{12}||S_{21}||S_{22}||S_{11}|}{(1-|S_{11}|^2)(1-|S_{22}|^2)} = 0.0812$$

최대오차는 식 (9.44)로부터 다음과 같이 예측할 수 있다.

$$0.86 \le \frac{G_T}{G_{\mathrm{TU}}} \le 1.18$$

위 식은 트랜듀서 이득의 이론값에 단방향 근사식으로부터 약 18% 만큼이나 편차가 있다는 것을 의미한다. 그러나 실제 회로에서는 종종 이득의 차이가 매우 작다. 이것은 예제 9-8에서 구한 값을 식 (9.8)에서 정의한 트랜듀서 전력이득에 대입함으로써 명백하게 나타난다. 이 값은 $G_T =$ 62.86 또는 17.98 dB이며 $G_{\mathrm{TU}} = 63.10$ 또는 18 dB값과 비교되므로 1% 이하의 오차를 나타나게 한다.

단방향 설계지표의 계산은 매우 신중하게 이루어지며 증폭기의 최악의 상태를 예측할 수 있다.

9.4.3 양방향 설계

많은 실제 상황에서 단방향 설계법은 $S_{12} = 0$으로 설정하고 발생되는 손실이 부정확한 설계의 결과를 가져오기 때문에 적합하지 않을 수도 있다. **양방향 설계**는 이러한 귀환효과를 고려하여 설계된다. 단방향 설계에서는 $\Gamma_S^* = S_{11}$ 및 $\Gamma_L^* = S_{22}$인 정합조건을 사용하지만 양방향 정합에서는 다음과 같이 입력과 출력 반사계수에 대한 완벽한 식(9.15b 그리고 9.15c를 보라)을 이용한다.

$$\Gamma_S^* = S_{11} + \frac{S_{12}S_{21}\Gamma_L}{1 - S_{22}\Gamma_L} = \frac{S_{11} - \Gamma_L\Delta}{1 - S_{22}\Gamma_L} \tag{9.46a}$$

$$\Gamma_L^* = S_{22} + \frac{S_{12}S_{21}\Gamma_S}{1 - S_{11}\Gamma_S} = \frac{S_{22} - \Gamma_S\Delta}{1 - S_{11}\Gamma_L} \tag{9.46b}$$

여기에서 **동시 공액정합**이 요구되며 동시란 단어는 정합 신호반사계수와 정합 부하반사계수 Γ_{MS}와 Γ_{ML}가 동시에 만족시키는 결합식을 구해야 한다는 것을 의미한다. 만약 소자가 잠정적 불안정상태에 있다면 동시 복소수 공액은 존재하지 않게 된다. 이러한 최적 계수를 얻기 위한 해는 예제 9-10에 나타내었다. **정합 신호반사계수** Γ_{MS}에 대한 최종결과는

$$\Gamma_{MS} = \frac{B_1}{2C_1} - \frac{1}{2}\sqrt{\left(\frac{B_1}{C_1}\right)^2 - 4\frac{C_1^*}{C_1}} \tag{9.47}$$

이며 여기에서

$$C_1 = S_{11} - S_{22}^*\Delta, \; B_1 = 1 - |S_{22}|^2 - |\Delta|^2 + |S_{11}|^2 \tag{9.48}$$

이다. 유사하게 **정합 부하반사계수** Γ_{ML}은

$$\Gamma_{ML} = \frac{B_2}{2C_2} - \frac{1}{2}\sqrt{\left(\frac{B_2}{C_2}\right)^2 - 4\frac{C_2^*}{C_2}} \tag{9.49}$$

이며 여기에서

$$C_2 = S_{22} - S_{11}^*\Delta, \; B_2 = 1 - |S_{11}|^2 - |\Delta|^2 + |S_{22}|^2 \tag{9.50}$$

이다. 식 (9.47)과 식 (9.49)의 해는 무조건 안정 상태의 가정 아래에서 유도되었다.

식 (9.47)과 식 (9.49)와 같이 주어진 Γ_{MS}와 Γ_{ML}로 최적 정합식을 다시 쓰면 다음과 같다.

$$\Gamma_{MS}^* = S_{11} + \frac{S_{12}S_{21}\Gamma_{ML}}{1 - S_{22}\Gamma_{ML}} \tag{9.51a}$$

및

$$\Gamma_{ML}^* = S_{22} + \frac{S_{12}S_{21}\Gamma_{MS}}{1 - S_{11}\Gamma_{MS}} \tag{9.51b}$$

입력단과 출력단을 분리시킨 단방향 접근법은 양방향 설계법의 일부분임을 알 수 있다.

예제 9-10 • 동시 공액정합 반사계수를 유도

식 (9.47)의 반사계수 표현식을 유도하라.

풀이:

식 (9.46a)와 식 (9.46b)로부터 시작하여 다음 식을 알 수 있다.

$$(1 - S_{22}\Gamma_L)(\Gamma_S^* - S_{11}) = \Gamma_L S_{12} S_{21} \tag{9.52a}$$

$$(1 - S_{11}\Gamma_S)(\Gamma_L^* - S_{22}) = \Gamma_S S_{12} S_{21} \tag{9.52b}$$

식 (9.52a)를 Γ_L에 대하여 풀면

$$\Gamma_L = \frac{S_{11} - \Gamma_S^*}{\Delta - S_{22}\Gamma_S^*} \tag{9.52c}$$

된다. 식 (9.52c)를 식 (9.52b)에 대입하고 정리하면 다음과 같이 된다.

$$\begin{aligned}&\Gamma_S^2(S_{11} - S_{22}^*\Delta) - \Gamma_S(1 + |S_{11}|^2 - |S_{22}|^2 - |\Delta|^2)\\ &= -S_{11}^* + S_{22}\Delta^*\end{aligned} \tag{9.52d}$$

$C_1 = (S_{11} - S_{22}^*\Delta)$, $B_1 = (1 + |S_{11}|^2 - |S_{22}|^2 - |\Delta|^2)$의 등식을 이용하여 다음과 같이 표준 이차함수식을 구할 수 있다.

$$\Gamma_S^2 - \frac{B_1}{C_1}\Gamma_S = -C_1^* \tag{9.52e}$$

이 해는

$$\Gamma_{\mathrm{MS}} = \frac{B_1}{2C_1} - \frac{1}{2}\sqrt{\left(\frac{B_1}{C_1}\right)^2 - 4\frac{C_1^*}{C_1}} \tag{9.52f}$$

이며 제곱근 앞의 마이너스 부호는 안정도($k > 1$)를 나타내기 위하여 택하였다.

부하 측에 대해 동일한 분석법을 적용함으로써 Γ_{L} 이차함수를 구할 수 있으며, 그 해는 Γ_{ML}이 된다.

최대이득을 갖는 증폭기의 설계에서 공액복소 반사계수의 응용을 예제 9-11에서 보여주고 있다.

RF&MW→

예제 9-11 • 최대이득 증폭기 설계

최대전력이득

회로가 무조건 안정($k > 1$, $|\Delta| < 1$)일 때 동시에 공액정합을 사용하여 최대 가용 이득(MAG)이라고 알려진 최대전력이득을 얻는다.

$$G_{A\max} = G_{T\max} = \frac{|S_{21}|}{|S_{12}|}\left(k - \sqrt{k^2 - 1}\right)$$

$k < 1$일 때 이득은 무한한 값을 가지며 이 경우 발진 상태를 의미한다. 여기서 최대안정이득(MSG)을 정의하면 다음과 같다.

$$G_{\mathrm{MSG}} = \frac{|S_{21}|}{|S_{12}|}$$

이 식은 불안정($k = 1$) 경계의 동작으로부터 나온 결과이다. 임의의 합리적인 설계는 MSG보다 낮은 이득을 목표로 해야 한다.

$I_C = 10$ mA이고 $V_{CE} = 6$ V인 BJT가 주파수 $f = 2.4$ GHz에서 동작하고 있다. 이때 S-파라미터가 $S_{11} = 0.3\angle 30°$, $S_{12} = 0.2\angle -60°$, $S_{21} = 2.5\angle -80°$ 및 $S_{22} = 0.2\angle -15°$이다. 트랜지스터가 무조건적 안정상태인지를 결정하고 최대이득을 갖기 위하여 신호 반사계수와 부하 반사계수를 구하라.

풀이:

트랜지스터의 안정도는 식 (9.24)와 식 (9.29)에 의하여 안정도 k와 $|\Delta|$를 계산하면 $k = 1.18$이고 $|\Delta| = 0.56$이 된다. $k > 1$이고 $|\Delta| < 1$이므로 트랜지스터는 무조건적 안정상태이다.

트랜지스터 S-파라미터에서 볼 수 있듯이 S_{12}는 비교적 큰 크기를 나타내므로 증폭기에는 단방향 설계법이 적합하지 않으며 양방향 설계법이 적합하다.

식 (9.48)과 식 (9.50)을 이용하여 계수를 계산하면 $C_1 = 0.19 + j0.06$, $B_1 = 0.74$ 및 $C_2 = 0.03 + j0.07$, $B_2 = 0.64$가 된다. 여기에서 동시 복소수공액 신호 반사계수와 복소수공액 부하 반사계수는 각각 $\Gamma_{\mathrm{MS}} = 0.30\angle -18°$과 $\Gamma_{\mathrm{ML}} = 0.12\angle 69°$로 계산된다. 이 값은 단방향 설계의 기본이 되는 S_{11}^* 및 S_{22}^*와 아주 다른 값이 됨을 알 수 있다.

Γ_L과 Γ_S를 Γ_{ML}와 Γ_{MS}로 대치하고 식 (9.8)을 응용하면 트랜듀서 이득은 $G_T = 8.42$ dB임을 알 수 있다. 이 값 역시 최대 트랜듀서 이득 $G_{T\max}$이 된다.

단방향과 양방향 이득 사이의 구분은 S_{11}^*와 Γ_{MS} 및 S_{22}^*와 Γ_{ML} 사이의 위상에 큰 차이가 있는 것으로 잘 알 수 있다.

9.4.4 동작전력이득과 가용전력이득

S_{12}의 역방향 이득을 무시할 수 없는 상태에 대하여 입력 임피던스는 부하 반사계수에 따라 변한다. 역으로 출력 임피던스는 신호 반사계수의 함수가 된다. 이와 같은 상호 작용 때문에 제9.4.1절에서 언급한 단방향 접근법은 미리 설정한 이득을 구하는 증폭기 설계에 적합하지 않다.

입력과 출력단의 상호결합관계를 고려하는 양방향의 경우, 규정한 이득을 갖는 증폭기를 설계하는 방법으로 두 가지 방안이 있다.

첫 번째 방안은 식 (9.14)에서 주어진 동작전력이득 G를 이용하는 방법이다. 여기에서 신호원이 입력 반사계수에 복소수공액정합(즉 $\Gamma_S = \Gamma_{\text{in}}^*$이며 Γ_{in}은 식 (9.9a)에 의하여 계산됨)된다고 가정할 때 부하 반사계수 Γ_L을 구해보기로 한다. 이 방법으로 입력전압정재파비는 $\text{VSWR}_{\text{in}} = 1$이 된다.

두 번째 방법은 식 (9.13)과 같이 정의된 가용전력이득을 이용한다. 이 경우 증폭기의 출력단을 완전 정합된 것으로 가정하며($\Gamma_L = \Gamma_{\text{out}}^*$), 부하는 이득의 조건을 만족시키는 방법으로 선정된다. 이 방법은 출력정재파비가 1(즉 $\text{VSWR}_{\text{out}} = 1$)이 된다면 바람직하다.

동작전력이득(operating pawer gain)

$\text{VSWR}_{\text{in}} = 1$의 특성을 확보하는 동작전력이득을 바탕으로 설계절차를 전개하기 위하여 식 (9.14)를 다시 표현하면

$$G = \frac{(1-|\Gamma_L|^2)|S_{21}|^2}{(1-|\Gamma_{\text{in}}|^2)|1-S_{22}\Gamma_L|^2} = \frac{(1-|\Gamma_L|^2)|S_{21}|^2}{\left(1-\left|S_{11}+\dfrac{S_{21}S_{12}\Gamma_L}{1-S_{22}\Gamma_L}\right|^2\right)|1-S_{22}\Gamma_L|^2} = g_o|S_{21}|^2 \tag{9.53}$$

이며, Γ_{in}에 대해서 식 (9.9a)를 이용한다. g_o 계수는 다음 식과 같이 주어지는 비율 계수로 정의한다.

$$g_o = \frac{1-|\Gamma_L|^2}{\left(1-\left|S_{11}+\dfrac{S_{21}S_{12}\Gamma_L}{1-S_{22}\Gamma_L}\right|^2\right)|1-S_{22}\Gamma_L|^2} = \frac{1-|\Gamma_L|^2}{|1-S_{22}\Gamma_L|^2-|S_{11}-\Delta\Gamma_L|^2} \tag{9.54}$$

예제 9-12에서 보인 것과 같이, 식 (9.54)를 부하반사계수 Γ_L에 대한 원의 방정식으로 다시 쓰면, 즉

$$\left|\Gamma_L - d_{g_o}\right|^2 = r_{g_o}^2 \tag{9.55}$$

여기에서 중심점 d_{g_o}은

$$d_{g_o} = \frac{g_o(S_{22} - \Delta S_{11}^*)^*}{1 + g_o(|S_{22}|^2 - |\Delta|^2)} \tag{9.56}$$

이며 반경 r_{g_o}는 다음과 같이 정의된다.

$$r_{g_0} = \frac{\sqrt{1 - 2kg_0|S_{12}S_{21}| + g_0^2|S_{12}S_{21}|^2}}{\left|1 + g_0(|S_{22}|^2 - |\Delta|^2)\right|} \tag{9.57}$$

k는 식 (9.24)에서 정의된 Roulett 안정계수이다.

RF&MW

예제 9-12 • 동작전력이득 원의 유도

식 (9.54)에서 시작하여 복소 평면 Γ_L에서 식 (9.55)의 원의 방정식을 유도하라.

풀이:

우선 식 (9.54)를 다음과 같이 다시 표현한다.

$$g_o = \frac{1 - |\Gamma_L|^2}{1 - |S_{11}|^2 + |\Gamma_L|^2(|S_{22}|^2 - |\Delta|^2) - 2\mathrm{Re}[\Gamma_L(S_{22} - \Delta S_{11}^*)]} \tag{9.58}$$

식 (9.58) 양변에 분모를 곱하고 재정리하면 다음과 같다.

$$\begin{aligned} |\Gamma_L|^2[1 + g_o(|S_{22}|^2 - |\Delta|^2)] - 2g_o\mathrm{Re}[\Gamma_L(S_{22} - \Delta S_{11}^*)] \\ = 1 - g_o(1 - |S_{11}|^2) \end{aligned} \tag{9.59}$$

식 (9.59)를 $1 + g_o(|S_{22}|^2 - |\Delta|^2)$으로 나누면

$$|\Gamma_L|^2 - \frac{2g_o\mathrm{Re}[\Gamma_L(S_{22} - \Delta S_{11}^*)]}{1 + g_o(|S_{22}|^2 - |\Delta|^2)} = \frac{1 - g_o(1 - |S_{11}|^2)}{1 + g_o(|S_{22}|^2 - |\Delta|^2)}$$

이 되며 이 식은 이미 $|\Gamma_L - d_{g_o}|^2 = r_{g_o}^2$의 형태로 원의 방정식임을 알 수 있었다. 여기에서 원의 중심 d_{g_o}는 식 (9.56)으로 주어지며 반경 r_{g_o}는 다음과 같이 계산된다.

$$\begin{aligned} r_{g_o}^2 &= \frac{1 - g_o(1 - |S_{11}|^2)}{1 + g_o(|S_{22}|^2 - |\Delta|^2)} + \left| \frac{g_o(S_{22} - \Delta S_{11}^*)^*}{1 + g_o(|S_{22}|^2 - |\Delta|^2)} \right|^2 \\ &= \frac{[1 - g_o(1 - |S_{11}|^2)][1 + g_o(|S_{22}|^2 - |\Delta|^2)] + (g_o|S_{22} - \Delta S_{11}^*|)^2}{[1 + g_o(|S_{22}|^2 - |\Delta|^2)]^2} \\ &= \frac{1 - g_o(1 - |S_{11}|^2 - |S_{22}|^2 + |\Delta|^2) - g_o^2 M}{[1 + g_o(|S_{22}|^2 - |\Delta|^2)]^2} \\ &= \frac{1 - 2g_o|S_{12}S_{21}|k - g_o^2 M}{[1 + g_o(|S_{22}|^2 - |\Delta|^2)]^2} \end{aligned}$$

여기에서 k는 식 (9.24)에서 정의한 안정계수이며 M은 다음과 같이 상수로서 주어진다.

$$M = (1 - |S_{11}|^2)(|S_{22}|^2 - |\Delta|^2) - |S_{22} - \Delta S_{11}^*|^2 = -|S_{12}S_{21}|^2$$

그러므로 원의 반경을 제곱하여 다음 식과 같이 구해진다.

$$r_{g_o}^2 = \frac{1 - 2g_o|S_{12}S_{21}|k + g_o^2\, |S_{12}S_{21}|^2}{[1 + g_o(|S_{22}|^2 - |\Delta|^2)]^2}$$

이 값은 식 (9.57)과 일치한다.

다음 예제는 양방향 방법에 의한 증폭기 설계를 설명하고 있다. 이 예제의 목표는 일정한 동작이득 접근법을 이용하여 규정한 이득을 얻고자 함이다.

RF&MW

예제 9-13 • 일정한 동작이득 원을 이용한 증폭기설계

예제 9-11에서와 동일한 BJT를 이용하여 $G_{T\max} = 8.42$ dB 대신 8 dB의 전력이득을 나타내는 증폭기를 설계하라. 부가적으로 증폭기 입력단의 완전한 임피던스 정합을 확인하라.

풀이:

예제 9-11에 보인 바와 같이 트랜지스터는 무조건 안정이다. 입력단에 완전한 임피던스 정합을 유지해야 하므로 설계에서는 동작전력이득을 사용한다. 첫째로 g_o값을 계산한다.

$$g_o = \frac{G}{|S_{21}|^2} = 1.0095$$

여기에서 $G = 6.31$은 8 dB의 동작전력이득값이다. g_o를 식 (9.56)과 식 (9.57)에 대입하면, Γ_L-평면에서 동작이득 원의 중심과 반경을 구하며 계산하면 $d_{g_o} = 0.11\angle 69°$이고 $r_{g_o} = 0.35$이다. 일정한 원은 그림 9-16에 나타내었다.

동작이득 $G = 8$ dB 특성을 확보하는 부하 반사계수를 선정하는 데 매우 많은 방안이 있다. 출력단 정합회로를 단순하게 하기 위하여 Γ_L점을 r

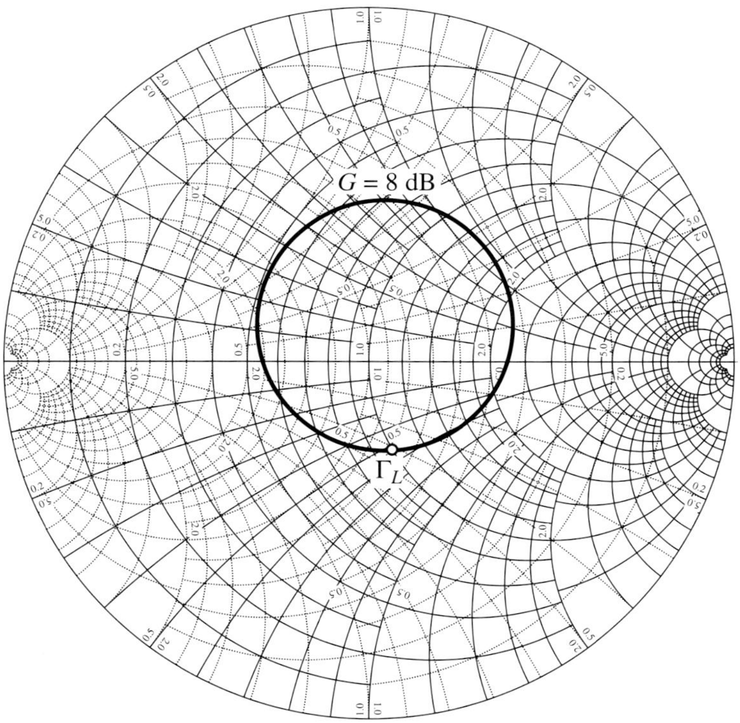

그림 9-16 • Γ_L-평면에서 일정한 동작이득 원

= 1인 원과 일정한 동작이득 원이 교차하는 점으로 선택하였다(그림 9-16 참조). 이 점에서 구한 값은 $\Gamma_L = 0.26\angle{-75°}$이다. Γ_L값을 알고 있으므로, 다음에는 식 (9.9a)와 같이 주어진 입력 반사계수와 공액정합되어야 하는 신호 반사계수를 구한다. 즉

$$\Gamma_S = \left(\frac{S_{11} - \Delta\Gamma_L}{1 - S_{22}\Gamma_L}\right)^* = 0.28\angle{-55°}$$

앞에서 계산한 값에 의하여 설계 접근법이 올바른가를 검토하자. 식 (9.10)에 Γ_{in}값과 Γ_L값을 대입하면 트랜듀서의 전력이득이 8 dB임을 알 수 있다.

Γ_{in}이 Γ_L의 함수일 때 $\Gamma_S = \Gamma_{\text{in}}^*$을 만족시켜야 하므로 입력정합회로의 복잡성은 적절한 Γ_L을 선택하는 것에 직접적으로 영향을 받는다.

예제 9-13에서 Γ_L값을 임의적(원하는 이득 원상에서)으로 선정하였으며 Γ_S의 값에 어떠한 제약도 없다는 것을 가정하여 $\Gamma_S = \Gamma_{\text{in}}^*$에 상응되는 입력 임피던스를 계산하였다. 그러나 불행하게도 실제의 응용에서는 Γ_S는 어떤 제약조건(예를 들면 원하는 잡음 성능 내에 존재해야 함)을 만족해야 한다. 이와 같은 부가된 조건은 Γ_S를 자유롭게 사용하는 것을 제한하며, 그 결과 Γ_L값을 선정하는 데에도 제약이 있게 된다. 이러한 두 가지 조건(Γ_L은 적합한 이득 원 내에 존재해야 한다는 것과 Γ_S는 특정 잡음조건을 만족해야 한다는 것)은 임의적으로 선정한 Γ_L에 의하여 계산한 Γ_S값이 설계의 요구조건을 만족시키는지 시행착오 과정을 거쳐서 구할 수 있다. 이러한 방법은 간단하나 매우 지루하고 시간을 많이 소비한다.

좀 더 과학적인 방법은 Γ_L-평면에서 식 (9.55)의 일정한 이득 원을 다음과 같은 Γ_S-평면상에 도시하는 방안이 있다.

$$|\Gamma_S - d_{g_S}| = r_{g_S} \tag{9.60}$$

여기에서 원의 반경 r_{g_s}과 중심 d_{g_s}의 식은 $\Gamma_S = \Gamma_{\text{in}}^*$의 조건으로부터 구한다. 이 식을 표현하면 다음과 같다.

$$\Gamma_S^* = \frac{S_{11} - \Delta\Gamma_L}{1 - S_{22}\Gamma_L} \tag{9.61}$$

또는

$$\Gamma_L = \frac{S_{11} - \Gamma_S^*}{\Delta - S_{22}\Gamma_S^*} \tag{9.62}$$

식 (9.62)를 식 (9.55)에 대입하면 다음 식과 같다.

$$\left|\frac{S_{11} - \Gamma_S^*}{\Delta - S_{22}\Gamma_S^*} - d_{g_o}\right|^2 = r_{g_o}^2 \tag{9.63}$$

위 식은 식 (9.60)의 형태로 다시 표현할 수 있다. 이때 원의 반경은

$$r_{g_S} = \frac{r_{g_o}|S_{12}S_{21}|}{\left||1 - S_{22}d_{g_o}|^2 - r_{g_o}^2|S_{22}|^2\right|} \tag{9.64}$$

이며 중심은 다음 식과 같이 주어진다.

$$d_{g_S} = \frac{(1 - S_{22}d_{g_o})(S_{11} - \Delta d_{g_0})^* - r_{g_o}^2\Delta^* S_{22}}{|1 - S_{22}d_{g_o}|^2 - r_{g_o}^2|S_{22}|^2} \tag{9.65}$$

식 (9.64)와 식 (9.65)의 유도는 이 장의 끝에 있는 연습문제로 남겨 놓았다. 일정한 이득 원을 나타내는 예는 제9.5절 예제 9-14에서 논의하기로 한다.

가용전력이득

증폭기의 출력단에서 완전한 임피던스 정합이 요구($VSWR_{out} = 1$)되는 경우에는 앞 절에서 논의한 동작이득 대신에 가용전력이득 방법이 사용되어야 한다. 이러한 상태에서 일정한 가용이득 원의 방정식은 식 (9.55)에서와 같은 방법으로 유도할 수 있다. 이와 같은 유도의 결과는 원하는 이득에 대한 신호 반사계수에 관련된 원의 방정식이 된다. 즉

$$|\Gamma_S - d_{g_a}| = r_{g_a} \tag{9.66}$$

여기에서 중심점 d_{g_a}은

$$d_{g_a} = \frac{g_a(S_{11} - \Delta S_{22}^*)^*}{1 + g_a(|S_{11}|^2 - |\Delta|^2)} \tag{9.67}$$

이며 반경 r_{g_a}은 다음과 같이 정의된다.

$$r_{g_a} = \frac{\sqrt{1 - 2kg_a|S_{12}S_{21}| + g_a^2|S_{12}S_{21}|^2}}{|1 + g_a(|S_{11}|^2 - |\Delta|^2)|} \tag{9.68}$$

비례계수 g_a는 다음과 같이 계산된다.

$$g_a = \frac{G_A}{|S_{21}|^2} \tag{9.69}$$

여기에서 G_A는 원하는 전력이득이다.

일정한 동작전력이득에서와 유사하게, 일정한 가용전력이득 원은 다음 식을 이용하여 Γ_L-평면상에 나타낼 수 있다.

$$|\Gamma_L - d_{g_l}| = r_{g_l} \tag{9.70}$$

여기에서 반경은 다음과 같이 주어지며

$$r_{g_l} = \frac{r_{g_a}|S_{12}S_{21}|}{\left||1 - S_{11}d_{g_a}|^2 - r_{g_a}^2|S_{11}|^2\right|} \tag{9.71}$$

중심점은 다음과 같이 정의된다.

$$d_{g_l} = \frac{(1 - S_{11}d_{g_a})(S_{22} - \Delta d_{g_a})^* - r_{g_a}^2 \Delta^* S_{11}}{|1 - S_{11}d_{g_a}|^2 - r_{g_a}^2 |S_{11}|^2} \tag{9.72}$$

$\mathrm{VSWR_{out}} = 1$에서의 r_{g_l}과 d_{g_l}은 식 (9.71)과 식 (9.72)에서 S_{11}을 S_{22}로 대치함으로써 $\mathrm{VSWR_{in}} = 1$에 대한 r_{g_s}와 d_{g_s}에 관계됨을 알 수 있다.

9.5 잡음지수의 원

많은 RF 증폭기 시스템에서 저 잡음 상태에서의 신호 증폭의 필요성이 점점 요구되고 있다. 그러나 불행하게도 저 잡음 증폭기의 설계는 증폭기의 안정도, 이득과 같은 요인과 서로 대응되는 관계가 된다. 예로 최대이득 상태에서 최소잡음의 동작은 이루어질 수 없다. 그러므로 이득과 안정도 사이의 절충관계를 관찰하고 비교하기 위해 스미스 차트에 잡음의 영향을 나타낼 방법을 개발하는 것이 매우 중요하다.

2단자망에서 발생된 잡음은 입력단으로부터 출력단까지 신호 대 잡음 비(SNR)의 감소를 조사함으로써 정량화될 수 있다. 잡음지수 $F(\geq 1)$는 입력 SNR과 출력 SNR의 비로 정의된다. 2단자망 증폭기에 대해서 잡음지수는 어드미턴스 형태로 다음과 같이 나타낸다.

$$F = F_{\min} + \frac{R_n}{G_S}\left|Y_S - Y_{\text{opt}}\right|^2 \tag{9.73}$$

또는 등가 임피던스 형태로 표현하면 다음과 같다.

$$F = F_{\min} + \frac{G_n}{R_S}\left|Z_S - Z_{\text{opt}}\right|^2 \tag{9.74}$$

여기에서 $Z_S = 1/Y_S$는 신호 임피던스이다.

이 표현들은 참고부록 H에서 유도되었다. 다음에 보여줄 예정이지만 식 (9.73)은 원으로 스미스 차트에 편리하게 표시된다. 트랜지스터를 사용할 때 대표적인 네 개의 잡음 파라미터는 FET 또는 BJT 제조사로부터 데이터를 통하여 알 수 있거나 직접 측정에 의하여 알 수 있는 방법이 있다. 네 가지의 파라미터는

잡음 요인과 잡음지수

정확한 값을 얻기 위해 잡음지수(때때로 NF라고 표기됨)는 dB로 기록되어야 하며 NF = 10 log (F)을 사용하여 잡음요인과 연결되어 있다. 그러나 실질적으로 새로운 차별성은 없으며 본 교재에서 나타낸 것과 같이 F는 dB로 알려져 있다.

- **최소잡음지수** $F_{\min}$. 바이어스 조건과 동작주파수에 따라 동작 성능이 나타나며 만약 소자가 잡음이 없다면 $F_{\min} = 1$이 된다.
- 소자의 **등가잡음저항** $R_n = 1/G_n$.
- **최적 신호 어드미턴스** $Y_{\text{opt}} = G_{\text{opt}} + jB_{\text{opt}} = 1/Z_{\text{opt}}$. 임피던스 또는 어드미턴스 대신에 **최적 반사계수** Γ_{opt}가 종종 사용된다. Y_{opt}와 Γ_{opt} 사이의 관계는 다음과 같다.

$$Y_{\text{opt}} = Y_0\frac{1 - \Gamma_{\text{opt}}}{1 + \Gamma_{\text{opt}}} \tag{9.75}$$

S-파라미터 표현은 고주파회로 설계에서 가장 적합한 파라미터의 선택이므로 식 (9.73)은 반사계수로 나타낸 어드미턴스로 대치한 형태로 변환할 수 있다. 이때 식 (9.75)와 더불어 식 (9.73)을 이용하면

$$Y_S = Y_0\frac{1 - \Gamma_S}{1 + \Gamma_S} \tag{9.76}$$

이다. G_S를 $G_S = Y_0(1 - |\Gamma_S|^2)/\ |1 + \Gamma_S|^2$와 같이 나타낼 수 있으므로 최종 결과는

$$F = F_{\min} + \frac{4R_n}{Z_0}\frac{\left|\Gamma_S - \Gamma_{\text{opt}}\right|^2}{(1 - |\Gamma_S|^2)\left|1 + \Gamma_{\text{opt}}\right|^2} \tag{9.77}$$

이 된다.

식 (9.77)에서 F_{min}, R_n 및 Γ_{opt}는 구할 수 있으며 일반적으로 설계자는 잡음지수에 영향을 주는 Γ_S를 자유롭게 조정할 수 있다. $\Gamma_S = \Gamma_{opt}$일 때 $F = F_{min}$으로 가장 작은 잡음지수임을 알 수 있다. 특별한 잡음지수 F_k가 얼마나 F_S에 관련되어 있는가를 알기 위하여 식 (9.77)을 다음의 형태로 놓자.

$$|\Gamma_S - \Gamma_{opt}|^2 = (1 - |\Gamma_S|^2)|1 + \Gamma_{opt}|^2\left(\frac{F_k - F_{min}}{4R_n/Z_0}\right) \tag{9.78}$$

위 식의 우측은 이미 원의 방정식 형태를 나타내고 있음을 알 수 있다. 상수 Q_k를 다음과 같이 도입하자.

$$Q_k = |1 + \Gamma_{opt}|^2\frac{F_k - F_{min}}{4R_n/Z_0} \tag{9.79}$$

위 식에 대하여 정리하면

$$(1 + Q_k)|\Gamma_S|^2 - 2\mathrm{Re}(\Gamma_S\Gamma_{opt}^*) + |\Gamma_{opt}|^2 = Q_k \tag{9.80}$$

이며 $(1 + Q_k)$로 나누고 대수적으로 처리한 후 완전한 제곱 형태를 나타내면 다음과 같다.

$$\left|\Gamma_S - \frac{\Gamma_{opt}}{1 + Q_k}\right|^2 = Q_k\left[\frac{1}{1 + Q_k} - \frac{|\Gamma_{opt}|^2}{(1 + Q_k)^2}\right] = \frac{Q_k^2 + Q_k(1 - |\Gamma_{opt}|^2)}{(1 + Q_k)^2} \tag{9.81}$$

이 식은 표준형 원의 방정식으로 스미스 차트상에 나타낼 수 있다.

$$|\Gamma_S - d_{F_k}|^2 = (\Gamma_S^R - d_{F_k}^R)^2 + (\Gamma_S^I - d_{F_k}^I)^2 = r_{F_k}^2 \tag{9.82}$$

원의 중심 d_{F_k}는 복소수 형태로 다음 식과 같이 나타난다.

$$d_{F_k} = d_{F_k}^R + jd_{F_k}^I = \frac{\Gamma_{opt}}{1 + Q_k} \tag{9.83}$$

또 반경은

$$r_{F_k} = \frac{\sqrt{(1 - |\Gamma_{opt}|^2)Q_k + Q_k^2}}{1 + Q_k} \tag{9.84}$$

이다. 식 (9.83)과 식 (9.84)로부터 다음 두 가지의 주요한 결론을 얻을 수 있다.

- $F_k = F_{\min}$에서 최소의 잡음지수를 구한다. 위치는 $d_{F_k} = \Gamma_{\text{opt}}$이고 반경은 $r_{F_k} = 0$인 점과 일치한다.
- 일정한 잡음 원은 원점에서 Γ_{opt} 점까지 그려진 선을 따라 위치한 중심점들을 갖고 있다. 큰 잡음지수일수록 중심 d_{F_k}는 원점에 가깝게 접근하며 큰 반경 r_{F_k}을 갖는다.

다음 예제는 소신호 증폭기를 설계하는데 있어서 잡음지수와 이득 사이의 절충 관계를 나타낸다.

RF&MW→

예제 9-14 • 특정이득과 최소잡음지수에 대한 소신호증폭기 설계

예제 9-13에서와 같은 트랜지스터를 이용하여 8 dB의 이득과 1.6 dB 이하의 잡음지수를 나타내는 저 잡음 전력증폭기를 설계하라. 트랜지스터는 다음과 같은 잡음지수 파라미터를 갖는다고 가정한다. $F_{\min} = 1.5$ dB, $R_n = 4\ \Omega$ 및 $\Gamma_{\text{opt}} = 0.5\angle 45°$.

풀이:

잡음지수는 부하 반사계수와는 무관하고 신호 임피던스에 대한 함수이다. 그러므로 예제 9-13에서 구한 일정한 이득에 대한 원의 방정식을 Γ_S-평면에 나타내기에 편리하다. 식 (9.64)와 식 (9.65) 및 예제 9-13의 값을 응용하면 일정한 이득 원을 나타내는 중심과 반경은 각각 $d_{g_s} = 0.29\angle -18°$, $r_{g_s} = 0.18$이다. 이 원의 어느 곳에서도 Γ_S는 존재하므로 이득 조건을 만족하게 된다. 그러나 제시한 잡음지수를 충족시키기 위하여 Γ_S는 $F_k = 1.6$ dB인 일정한 잡음지수 원 내에 존재함이 보장되어야 한다.

잡음 원의 중심과 반경은 식 (9.83)과 식 (9.84)를 이용하여 구하며, 계산된 값들과 식 (9.79)의 계수 Q_k는 아래와 같다.

$$Q_k = 0.2, \quad d_{F_k} = 0.42\angle 45°, \quad r_{F_k} = 0.36$$

구한 이득 $G = 8$ dB와 잡음지수 $F_k = 1.6$ dB 원은 그림 9-17에 나타내었다.

최대 전력이득은 $\Gamma_S = \Gamma_{\text{MS}} = 0.30\angle -18°$인 점에서 얻어진다(상세한 계

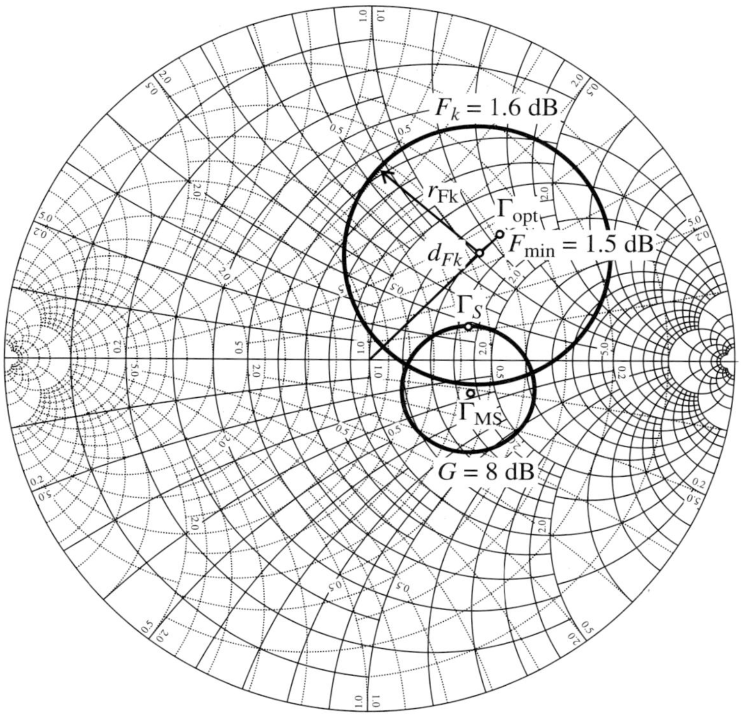

그림 9-17 • Γ_S-평면에 나타낸 일정한 잡음지수 원과 일정한 동작이득 원

산은 예제 9-11 참조). 그러나 최소잡음지수는 $\Gamma_S = \Gamma_{opt} = 0.5\angle 45°$에서 구해지므로 증폭기가 최대이득을 달성하고 동시에 최소잡음지수를 달성한다는 것은 불가능함이 본 예제에서 증명되었다.

따라서 주어진 이득에서 잡음지수를 최소화시키기 위해서는 일정한 이득 원의 위치에 있으면서 신호 반사계수를 가능한 한 Γ_{opt}의 위치에 가깝게 선정해야 한다. 임의적으로 $\Gamma_S = 0.29\angle 19°$점을 선정하자. 이에 상응되는 부하 반사계수는 식 (9.62)을 적용하여 $\Gamma_L = 0.45\angle 50°$가 된다. 증폭기의 잡음지수를 식 (9.77)을 이용하여 계산하면 다음과 같다.

$$F = F_{min} + \frac{4R_n}{Z_0} \frac{|\Gamma_S - \Gamma_{opt}|^2}{(1 - |\Gamma_S|^2)|1 + \Gamma_{opt}|^2} = 1.54 \text{ dB}$$

최대이득과 최소잡음지수의 충족조건은 항상 동시에 만족시킬 수 없으므로 이 값들 사이에서 절충하여 설계되어야 한다.

9.6 일정한 VSWR 원

많은 경우에서 증폭기는 증폭기의 입력과 출력단에서 측정된 규정 VSWR 값 이내에서 동작되어야 한다. 대표적으로 이 값은 $1.5 \le \text{VSWR} \le 2.5$의 범위이다. 제8장에서 논의한 바와 같이 정합회로의 목적은 입출력단에서 VSWR을 감소시키는 것이다. 입력 VSWR(또는 VSWR_{IMN})은 입력단 정합회로(IMN)에서 구하고 출력정합회로로부터 귀환되어 능동소자로부터 영향을 받으며, 반대로 출력 VSWR(VSWR_{OMN})은 출력정합회로로부터 구하고 입력정합회로로부터 다시 귀환된 신호의 영향을 받는다는 사실로 인해 복잡해진다. 이와 같은 이유로 제 9.4.3절에서 논의한 바와 같이 양방향 설계법이 요구된다.

그림 9-18과 같이 설정한 시스템을 생각해보자. RF 증폭기 설계규정의 일부분으로 두 개의 VSWR은 다음과 같다.

$$\text{VSWR}_{\text{IMN}} = \frac{1+|\Gamma_{\text{IMN}}|}{1-|\Gamma_{\text{IMN}}|},\ \ \text{VSWR}_{\text{OMN}} = \frac{1+|\Gamma_{\text{OMN}}|}{1-|\Gamma_{\text{OMN}}|} \tag{9.85}$$

반사계수 Γ_{IMN}과 Γ_{OMN}는 좀 더 명확하게 정의해야 한다. Γ_{IMN}에 집중한다면 제9.2.1절로부터 입력전력 P_{in}($\Gamma'_S = 0$으로 가정)은 가용이득 P_A의 함수로 다음과 같이 나타낼 수 있다.

$$P_{\text{in}} = P_A(1-|\Gamma_{\text{IMN}}|^2) \tag{9.86}$$

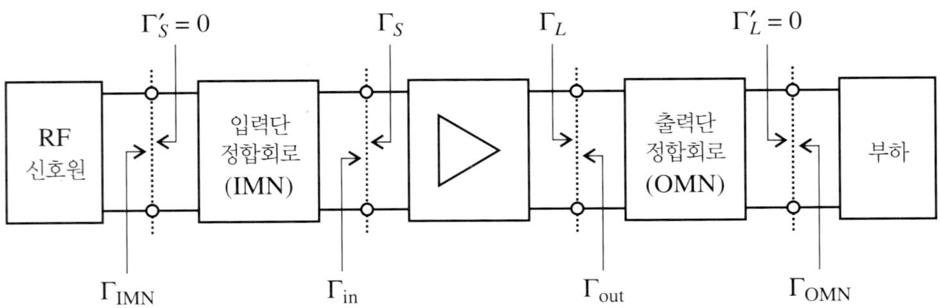

그림 9-18 ● 입력 VSWR과 출력 VSWR의 시스템 형태

정합회로를 무손실회로라고 가정하면 동일한 전력이 능동소자의 입력단에 나타나게 되므로 입력전력은

$$P_{\text{in}} = P_A \frac{(1-|\Gamma_S|^2)(1-|\Gamma_{\text{in}}|^2)}{|1-\Gamma_S\Gamma_{\text{in}}|} \tag{9.87}$$

이다. 앞의 식 (9.86)과 식 (9.87)을 동일하게 놓고 $|\Gamma_{\text{IMN}}|$에 대하여 풀면 다음과 같다.

$$|\Gamma_{\text{IMN}}| = \sqrt{1-\frac{(1-|\Gamma_S|^2)(1-|\Gamma_{\text{in}}|^2)}{|1-\Gamma_S\Gamma_{\text{in}}|}} = \left|\frac{\Gamma_{\text{in}}-\Gamma_S^*}{1-\Gamma_S\Gamma_{\text{in}}}\right| = \left|\frac{\Gamma_{\text{in}}^*-\Gamma_S}{1-\Gamma_S\Gamma_{\text{in}}}\right| \tag{9.88}$$

식 (9.88)은 다음 식과 같이 중심은 $d_{V_{\text{IMN}}}$이고 반경이 $r_{V_{\text{IMN}}}$인 Γ_S에 대한 원의 방정식으로 변환시킬 수 있다.

$$(\Gamma_S^R - d_{V_{\text{IMN}}}^R)^2 + (\Gamma_S^I - d_{V_{\text{IMN}}}^I)^2 = r_{V_{\text{IMN}}}^2 \tag{9.89}$$

여기에서

$$d_{V_{\text{IMN}}} = d_{V_{\text{IMN}}}^R + jd_{V_{\text{IMN}}}^I = \frac{(1-|\Gamma_{\text{IMN}}|^2)\Gamma_{\text{in}}^*}{1-|\Gamma_{\text{IMN}}\Gamma_S|^2} \tag{9.90}$$

이며 반경은 다음 식과 같다.

$$r_{V_{\text{IMN}}} = \frac{(1-|\Gamma_{\text{in}}|^2)|\Gamma_{\text{IMN}}|}{1-|\Gamma_{\text{IMN}}\Gamma_S|^2} \tag{9.91}$$

$d_{V_{\text{IMN}}}$, $r_{V_{\text{IMN}}}$에서 첨자 V_{IMN}은 입력 정합회로 위치에서 VSWR을 지정할 때 사용된다.

동일한 절차로 출력 VSWR에 대한 원의 방정식을 구할 수 있다.

$$|\Gamma_{\text{OMN}}| = \sqrt{1-\frac{(1-|\Gamma_L|^2)(1-|\Gamma_{\text{out}}|^2)}{|1-\Gamma_L\Gamma_{\text{out}}|}} = \left|\frac{\Gamma_{\text{out}}-\Gamma_L^*}{1-\Gamma_L\Gamma_{\text{out}}}\right| = \left|\frac{\Gamma_{\text{out}}^*-\Gamma_L}{1-\Gamma_L\Gamma_{\text{out}}}\right| \tag{9.92}$$

식 (9.92)를 Γ_L에 대한 원의 방정식으로 변환하면

$$(\Gamma_L^R - d_{V_{\text{OMN}}}^R)^2 + (\Gamma_L^I - d_{V_{\text{OMN}}}^I)^2 = r_{V_{\text{OMN}}}^2 \tag{9.93}$$

이 되며 원의 중심과 반경은 각각 다음과 같다.

$$d_{V_{\text{OMN}}} = d^R_{V_{\text{OMN}}} + jd^I_{V_{\text{OMN}}} = \frac{(1-|\Gamma_{\text{OMN}}|^2)\Gamma^*_{\text{out}}}{1-|\Gamma_{\text{OMN}}\Gamma_L|^2} \tag{9.94}$$

$$r_{V_{\text{OMN}}} = \frac{(1-|\Gamma_{\text{out}}|^2)|\Gamma_{\text{OMN}}|}{1-|\Gamma_{\text{OMN}}\Gamma_L|^2} \tag{9.95}$$

앞의 유도된 식으로부터 일정한 VSWR 원에 대하여 다음과 같은 결론을 이끌어 낼 수 있다.

- 최소 VSWR(입력측에서 $\text{VSWR}_{\text{IMN}} = 1$, $|\Gamma_{\text{IMN}}| = 0$이며 출력측에서는$\text{VSWR}_{\text{OMN}} = 1$, $|\Gamma_{\text{OMN}}| = 0$이다)의 경우, 원은 $d_{V_{\text{IMN}}}\big|_{|\Gamma_{\text{IMN}}|=0} = \Gamma^*_{\text{in}}$(입력에 대하여)와 $d_{V_{\text{OMN}}}\big|_{|\Gamma_{\text{OMN}}|=0} = \Gamma^*_{\text{out}}$(출력에 대하여)에 있고 반경은 두 경우 모두 영(0)이다.
- 모든 VSWR 원은 입력단의 경우 원점에서 Γ^*_{in} 점까지 확장하는 선상에 존재하고 출력단의 경우 원점에서 Γ^*_{out}까지 연장선상에 존재한다.

양방향 정합에서 입력과 출력 반사계수는 신호원과 부하 반사계수(Γ_S, Γ_L)의 함수라는 사실을 알고 있어야 한다. 그러므로 입력과 출력 VSWR 원은 동시에 나타낼 수 없으며 적절한 Γ_S, Γ_L의 반복적인 조정과정을 통해서 하나만 고려되어야 한다.

예제 9-15 • 주어진 이득과 잡음지수에 대한 일정한 VSWR 설계

예제 9-14의 결과를 이용하여 스미스 차트의 Γ_S-평면에서 $\text{VSWR}_{\text{IMN}} = 1.5$ 원을 나타내어라. 한편 $\text{VSWR}_{\text{IMN}} = 1.5$의 경우 Γ_S 위치의 함수로서 VSWR_{OMN}의 그래프를 그려라. 증폭기의 출력단에서 최소반사를 나타내도록 Γ_S를 구하고 상응되는 이득을 계산하라.

풀이:

예제 9-14에서 전력이득과 잡음지수의 규격을 만족시키는 신호원 반사계수와 부하 반사계수는 각각 $\Gamma_S = 0.29\angle 19°$와 $\Gamma_L = 0.45\angle 50°$임을 구하였다. 일정한 동작이득 원에 의한 설계법을 이용하므로 증폭기의 입력단에

서는 완전한 정합을 구해야 한다. 그러나 출력단에서는 부정합이고 $VSWR_{OMN}$은 $|\Gamma_{OMN}|$로부터 계산할 수 있으며 식 (9.9b)와 함께 식 (9.92)로부터 구한다. 즉

$$|\Gamma_{OMN}| = \left|\frac{\Gamma_{out}^* - \Gamma_L}{1 - \Gamma_L \Gamma_{out}}\right| = 0.26$$

그 결과는 다음과 같다.

$$VSWR_{OMN} = \frac{1 + |\Gamma_{OMN}|}{1 - |\Gamma_{OMN}|} = 1.69$$

$VSWR_{OMN}$을 개선하기 위하여 $VSWR_{IMN}$의 요구조건을 완화하여 입력단에서 약간의 부정합을 나타내기로 한다. $VSWR_{IMN} = 1.5$로 놓으면 상응되는 입력 VSWR 원은 그림 9-19와 같이 스미스 차트상에 나타낼 수 있다.

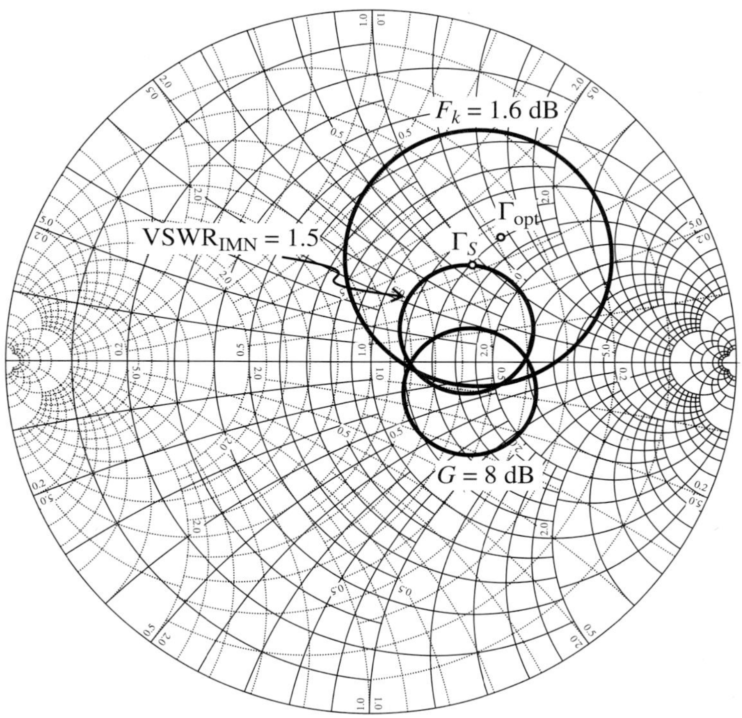

그림 9-19 • Γ_S 평면에서 일정한 상수로 동작하는 전력이득, 잡음지수 및 입력 VSWR 원

그림 9-19 $VSWR_{IMN} = 1.5$ 원의 중심과 반경은 각각 식 (9.90)과 식 (9.91)에서 구할 수 있다. 수치적인 계산에 의하여 $d_{V_{IMN}} = 0.28\angle 19°$, $r_{V_{IMN}} = 0.18$이 된다.

$VSWR_{IMN} = 1.5$원 상의 모든 점은 다음과 같이 극좌표 형태로 나타낼 수 있다.

$$\Gamma_S = d_{V_{IMN}} + r_{V_{IMN}} \exp(j\alpha)$$

여기에서 α는 0°에서 360°까지 변한다. α가 변하므로 가변하는 Γ_S이 구해지며 또 이에 상응되는 Γ_{out}를 얻고 $VSWR_{OMN}$을 계산한다. 이와 같이 연관되는 그래프를 그림 9-20에 나타내었다.

그림 9-20에서 보는 바와 같이 $VSWR_{OMN}$은 $\alpha = 85°$에서 최소점이 1.37에 도달한다. 이에 상응되는 신호와 부하 반사계수, 트랜듀서 이득 및 잡음지수는 다음과 같다.

$$\Gamma_S = 0.39\angle 45°, \quad \Gamma_{out} = 0.32\angle -52°$$
$$G_T = 7.82 \text{ dB}, \; F = 1.51 \text{ dB}.$$

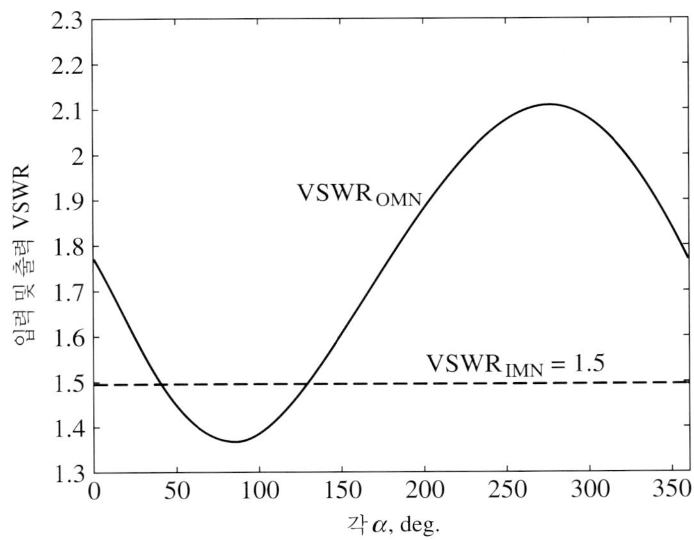

그림 9-20 • 각도 α의 함수로서 입력과 출력 VSWR

$VSWR_{OMN}$의 개선은 이득을 감소시켜 얻을 수 있다. 만약 이득의 감소를 허용할 수 없다면 신호와 부하 반사계수는 동시에 조정되어야만 한다.

설계 규정은 증폭기 설계에서 만족되어야 하는 최대 허용 *VSWR*을 명확히 설명하고 있다. 이것은 시스템의 각 단위를 직렬 연계하여 나타내는 시스템을 다룰 때 특별히 중요하다.

9.7 광대역 증폭기, 고출력 증폭기 및 다단 증폭기

9.7.1 광대역 증폭기

변조 및 코딩 기법의 회로들은 동작주파수가 넓은 광대역 특성을 갖는 증폭기를 필요로 하고 있다. RF 입장에서 보면 광대역 증폭기 설계의 주요 문제점 중의 하나는 능동소자의 이득–대역폭 곱 특성에 나타나는 제한성에 있다. 제7장에서 이미 지적한 바와 같이 고주파영역에서 능동소자는 기생 커패시터 때문에 이득이 저하되는 현상이 있다. 결국 주파수가 전이주파수 f_T에 도달하면 트랜지스터는 증폭소자로서의 동작을 멈추고 감쇄기로서 동작한다.

불행하게도 순방향 이득 $|S_{21}|$은 좀처럼 동작주파수의 넓은 범위에서 일정한 값을 유지하지 못하므로 이득에 대한 보상을 필요로 한다. 순방향 이득의 저하와 더불어 광대역 증폭기 설계에서는 다음 항을 포함한 복잡한 특성이 일어난다.

- 역방향이득 $|S_{12}|$가 증가한다. 결국 전체 이득의 저하가 나타나며 소자는 발진할 가능성이 높다.
- S_{11}과 S_{22}가 변동된다.
- 높은 주파수 대역에서 잡음지수가 저하된다.

f_T vs. f_{max}

엄격히 이야기 하면 발진기의 최대 주파수, f_{max}으로 최대 가용전력이득이 1에 근접하는 점에서 언급되며 트랜지스터는 증폭기로서의 더 이상 아니다 라는 점을 언급한다. 비록 일반적으로 정확한 값을 얻기 위해 f_{max}가 f_T에 근접할지라도 또 다른 방향으로 유추될 수 있다.

이러한 특성을 설명하기 위하여 서로 다른 두 개의 증폭기 설계법을 적용하자. 주파수 보상 정합회로와 부성귀환증폭기 방법이다. 다음 절에서 이러한 두 가지 설계법에 대하여 알아보기로 하자.

주파수 보상 정합회로

주파수 보상 정합회로는 *S*-파라미터에 의하여 나타난 주파수 변동특성을 보상하기 위하여 능동소자의 입력 혹은 출력단의 부정합을 도입한다. 이러한 형태의 정합회로는 설계하기가 어려우며, 그 설계과정은 우수한 결과를 나타내는 설계법이 아니라 어떤 면에서는 정합기법의 묘기에 더욱 가깝다. 주파수 보상 정합회로는 각각의 특정한 경우에 대하여 일일이 정합을 시켜야 하는 주문형 정합회로의 형태라고 할 수 있다.

다음 예제는 주파수 보상 정합회로 설계에서 요구하는 주요 설계 단계를 증명하고 있다.

RF&MW→

예제 9-16 ● 주파수 보상 정합회로를 이용한 광대역 증폭기 설계

2 GHz에서 4 GHz의 주파수 범위에서 7.5 dB 이득과 ±0.2 dB의 이득균일 특성을 갖는 광대역 증폭기를 설계하라. 아바고 테크놀로지(AvagoTechnologies)의 AT41410 BJT 트랜지스터를 이용하며 $I_C = 10$ mA, $V_{CE} = 8$ V로 바이어스되어 있다. 단방향으로 가정하여 주파수 2, 3, 4 GHz에서 측정된 S-파라미터는 표 9-4와 같다.

풀이

표 9-4의 데이터에 따라 트랜지스터의 삽입이득은 2 GHz에서 $|S_{21}|^2 =$ 11.41 dB이며 3 GHz에서 8.16 dB, 4 GHz에서 5.85 dB이다. 증폭기가 주파수 대역에서 지정한 7.5 dB의 이득을 실현하기 위하여 신호측 및 부하측 정합회로에서는 2 GHz에서 이득을 3.91 dB 감소시키고 3 GHz에서 0.66 dB만큼 이득을 증가시키며, 4 GHz에서 1.65 dB만큼 이득을 증가시키도록 설계해야 한다.

신호측과 부하측에서 나타내는 최대이득은 식 (9.35)와 식 (9.36)에 의하여 다음과 같다.

$$f = 2\text{ GHz: } G_{S\max} = 2.02\text{ dB},\ G_{L\max} = 0.98\text{ dB}$$

$$f = 3\text{ GHz: } G_{S\max} = 2.11\text{ dB},\ G_{L\max} = 0.93\text{ dB}$$

$$f = 4\text{ GHz: } G_{S\max} = 2.11\text{ dB},\ G_{L\max} = 1.14\text{ dB}$$

표 9-4 ● AT41410 BJT(I_C = 10 mA, V_{CE} = 8 V)의 S-파라미터

f, GHz	$\lvert S_{21}\rvert$	S_{11}	S_{22}
2	3.72	$0.61\angle165°$	$0.45\angle-48°$
3	2.56	$0.62\angle149°$	$0.44\angle-58°$
4	1.96	$0.62\angle130°$	$0.48\angle-78°$

일반적인 경우, 신호와 부하단 정합회로는 바로 설계되지만 이 예제에서는 증폭기 규격을 충분히 만족시킬 수 있도록 신호측 임피던스 정합회로에서 형성될 수 있는 이득 G_S가 나타나야 하므로 신호측 정합회로 설계에 한정시켜 개발하고자 하며 트랜지스터의 출력단의 정합회로를 설계하지 않고 없는 것으로 남겨두도록 한다.

트랜지스터의 출력은 부하에 직접적으로 연결되어 있기 때문에 출력단 임피던스 정합회로의 이득은 $G_L = 0$ dB이 된다. 입력 정합회로에서는 주파수 2 GHz에서 (-3.9 ± 0.2) dB, 3 GHz에서 (-0.7 ± 0.2) dB, 4 GHz에서 (1.7 ± 0.2) dB의 이득이 나타나야 한다. 이에 상응되는 일정한 이득원은 그림 9-21에 나타내었다.

입력단 정합회로는 그림 9-21에서 일정한 원상의 점을 스미스 차트의 원점으로 변환시켜야 한다. 이 과정을 수행하는 많은 정합회로가 있을 수 있다. 여기에서는 두 개의 커패시터를 이용하며, 하나는 트랜지스터와 단

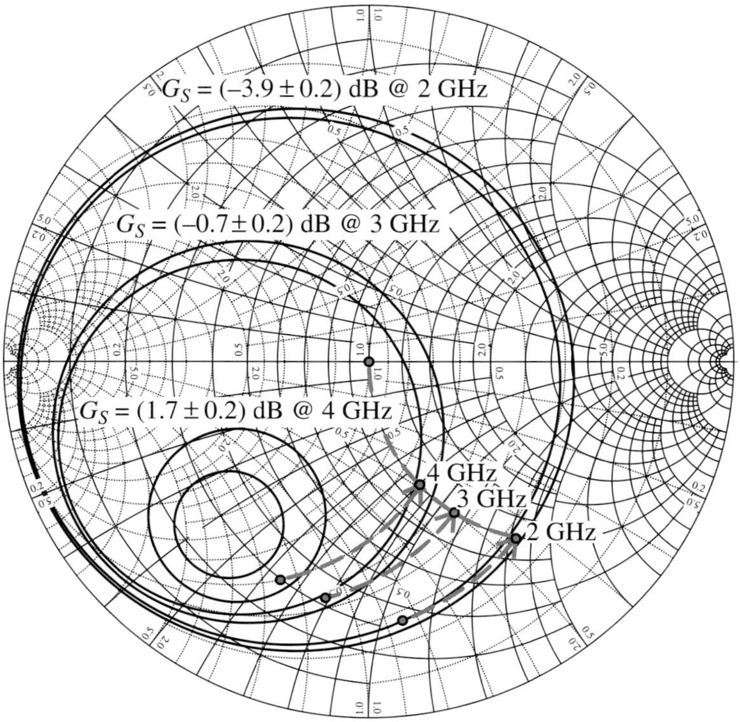

그림 9-21 • 예제 9-16 광대역 증폭기의 스미스 차트 설계

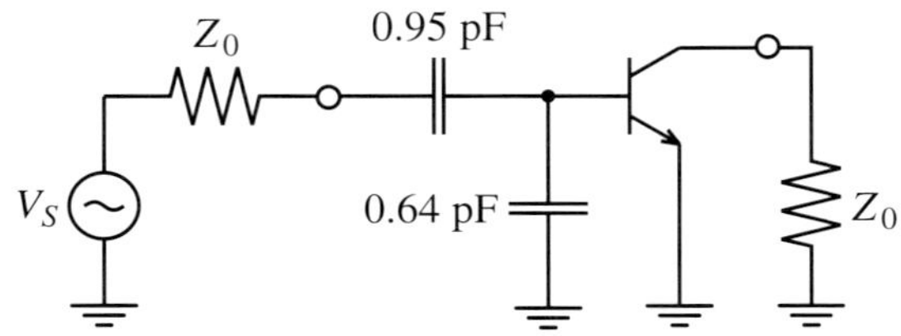

그림 9-22 • 2 GHz에서 4 GHz의 주파수대역에서 8.7±0.2 dB의 이득을 갖는 광대역 증폭기

락시켜 연결하고 하나는 증폭기의 입력단에 직렬로 연결하여 그림 9-22와 같이 정합회로를 형성하고자 한다. 이미 알고 있는 Γ_S로부터 식 (9.10)에서 $\Gamma_L = 0$으로 놓아 트랜듀서 이득을 계산할 수 있다. 다음은 입력단과 출력단 VSWR를 구할 수 있다. $\Gamma_L = 0$이므로 VSWR_{OMN}은 VSWR_{out}와 같으며 다음 식과 같다.

$$\text{VSWR}_{\text{out}} = \frac{1 + |S_{22}|}{1 - |S_{22}|}$$

입력단에서 VSWR 계산은

$$\text{VSWR}_{\text{IMN}} = \frac{1 + |\Gamma_{\text{IMN}}|}{1 - |\Gamma_{\text{IMN}}|}$$

여기에서 $|\Gamma_{\text{IMN}}|$은 식 (9.88)에 의하여 계산된다.

$$|\Gamma_{\text{IMN}}| = \left|\frac{\Gamma_{\text{in}}^* - \Gamma_S}{1 - \Gamma_S \Gamma_{\text{in}}}\right| = \left|\frac{S_{11}^* - \Gamma_S}{1 - \Gamma_S S_{11}}\right|$$

앞에서 구한 값을 표 9-5에 요약하였다.

표 9-5 • 광대역 증폭기의 파라미터

f, GHz	Γ_S	G_T, dB	VSWR_{IMN}	VSWR_{OMN}
2	$0.74\angle{-83°}$	7.65	13.1	2.6
3	$0.68\angle{-101°}$	7.57	5.3	2.6
4	$0.66\angle{-112°}$	7.43	2.0	2.8

표 *9-5*에 제시된 값으로부터 알 수 있듯이 이득의 선형성은 *VSWR* 값을 비교적 크게 나타내는 저하의 특성으로 이루어질 수 있다.

예제 9-16에서 증명한 바와 같이 개선된 이득평탄도를 얻기 위한 주파수 보상 종합 회로는 균일한 이득 특성을 얻으나 심각한 임피던스 부정합 특성이 발생하여 증폭기의 성능을 저하시킨다. 이와 같은 문제점을 극복하기 위하여 평형 증폭기(balanced amplifier)를 적용한다.

평형 증폭기 설계

3dB Lange 또는 하이브리드 결합기를 이용한 평형 증폭기와 3 dB Wilkinson 전력분배기 및 결합기를 이용한 대표적인 평형 증폭기의 구성도는 각각 그림 9-23(a) 및 (b)와 같다. 입력신호전력은 두 갈래로 나누어져 증폭되고 다시 출력단에서 결합되는 구성이다. 결합기의 동작과 전력 분배기에 대한 구체적인 논의는 본 교재의 부록 G에 남겨놓았다.

그림 9-23(a)의 평형 증폭기 동작에 대하여 우선적으로 논의하자. 여기에서 입력결합기의 단자 1에 입사되는 입력전력은 단자 2와 단자 3에서 동일한 크기로 나누어지나

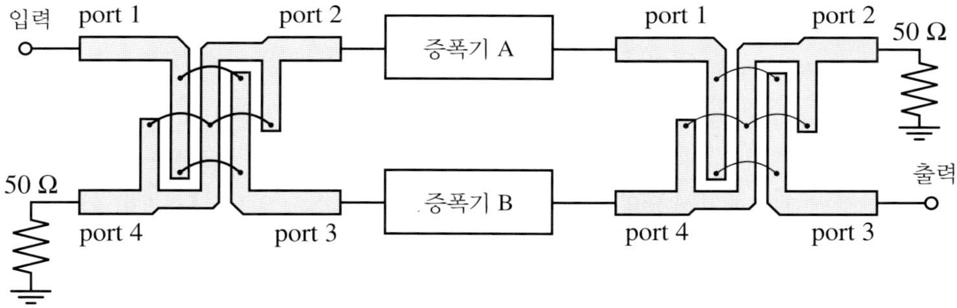

(a) 3 dB 결합기를 이용한 평형증폭기

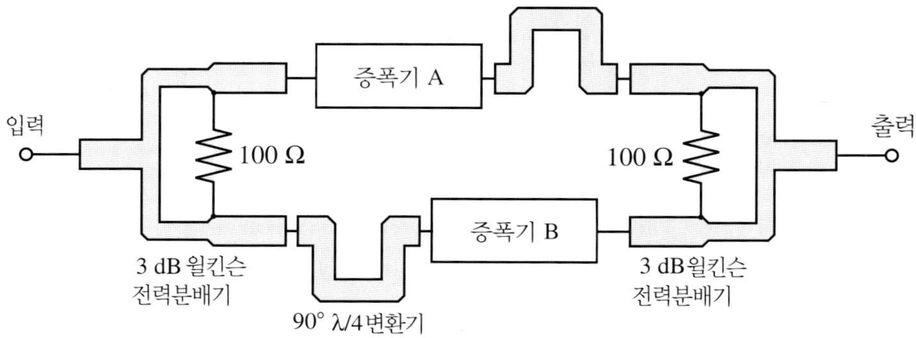

(b) 3 dB 윌킨슨 전력분배/결합기를 이용한 평형증폭기

그림 9-23 • 평형증폭기의 구성도

90°의 위상차가 발생된다. 출력결합기는 증폭기 A와 90°위상차로 증폭된 B의 신호를 결합시키며 결국 다시 동일 위상에서 값이 나타나게 한다. 증폭기 A의 *S*-파라미터값을 S_{11}^A, S_{12}^A, S_{21}^A, S_{22}^A라 하고 증폭기 B에 상응되는 *S*-파라미터는 문자 B로 표기하기로 하자. 각각의 모듈에서의 *S*-파라미터에 대한 전체 증폭단의 *S*-파라미터의 관계식은 다음과 같다.

$$\begin{aligned}|S_{11}| &= \frac{1}{2}|S_{11}^A - S_{11}^B| \\ |S_{21}| &= \frac{1}{2}|S_{21}^A + S_{21}^B| \\ |S_{12}| &= \frac{1}{2}|S_{12}^A + S_{12}^B| \\ |S_{22}| &= \frac{1}{2}|S_{22}^A - S_{22}^B|\end{aligned} \tag{9.96}$$

여기에서 계수 1/2은 3 dB 감쇄를 고려한 것이며 음의 부호는 단자 3에서 90°의 위상차를 두 번 하여 결국 180°의 위상차가 생긴 것에 의한 부호를 나타내었다.

만약 두 모듈의 증폭기가 동일하다면, $|S_{11}| = |S_{22}| = 0$이며 평형 증폭기의 순방향이득과 역방향이득은 각각의 결합기단에서 대응 이득과 동일하게 나타난다.

Wilkinson 분배기를 이용한 평형 증폭기(그림 9-23(b) 참조)의 동작도 동일하다. 전력분배기에 비교하여 차이점은 신호가 동위상이라는 점이다. 원하는 효과를 얻기 위해서 90°의 위상 천이가 필요하므로 분배기 사이에 $\lambda/4$ 변환기를 삽입할 필요가 있다.

평형 증폭기의 주요 이점은 입력과 출력단에서 매우 우수한 임피던스 정합특성(두 개의 결합기에서 증폭기는 동일한 특성을 가져야 한다)을 갖고 증폭기 중의 하나가 동작하지 않는다 해도 두 개의 증폭단 중의 다른 하나는 동작한다는 점이다. 주요 단점은 회로 크기가 커지고 결합기의 대역폭으로 인하여 주파수 반응 특성이 감소된다는 점이다.

부귀환 회로(negative feedback)

주파수 보상회로의 또 다른 방안은 부귀환을 이용하는 것이다. 이 방안은 균일한 이득특성을 나타내며 넓은 주파수 대역에서 입력과 출력 VSWR을 감소시킨다. 이 부귀환 회로의 이점은 트랜지스터–트랜지스터 파라미터 변동에 대하여 덜 민감하다는 것이다. 그러나 단점으로는 트랜지스터의 최대 전력이득을 제한하는 경향이 있으며 잡음지수를 증가시킨다.

부귀환이란 단어는 트랜지스터의 출력으로부터 반대 위상의 신호가 입력으로 되돌아오는 것을 의미하며 입력단에서 입사되는 신호와 결합되어 전체적으로 입력단 신호를 감소시킨다. 만약 귀환신호의 위상이 입사신호와 동위상이어서 신호가 합해지면 그 동작 결과는 커지게 되고 양귀환(positive feedback)현상이 된다. BJT 및 FET에서 일반적으로 가장 많이 사용되는 저항 귀환회로는 그림 9-24와 같으며, 여기에서 저항 R_1은 단락회로를 구성하고 R_2는 직렬귀환을 구성한다.

제7장에서 논의한 바와 같이 그림 9-24의 두 개의 회로를 저주파 동작으로 나타내면 그림 9-25와 같이 π-등가회로모델로 나타낼 수 있으며 여기에서 입력저항 r_π는 FET의 경우 무한대와 같다.

BJT에 대하여 다음과 같이 가정하면

$$r_\pi(1 + g_m R_2) >> R_1 \tag{9.97}$$

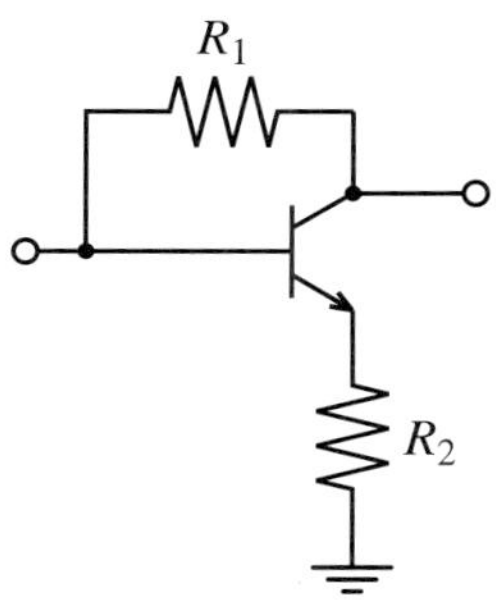

(a) BJT의 귀환

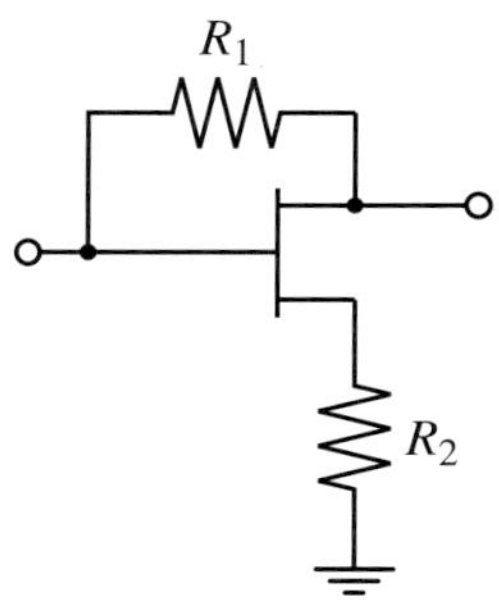

(b) FET의 귀환

그림 9-24 • 부성 저항귀환회로

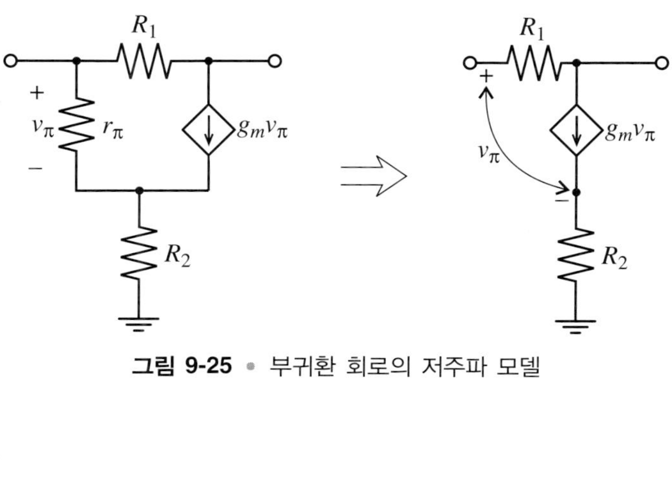

그림 9-25 • 부귀환 회로의 저주파 모델

그림 9-25에서 r_π는 개방회로로 대치할 수 있으며 h-파라미터로 표현하면 다음 식과 같다.

$$[\mathbf{h}] = \begin{bmatrix} R_1 & 1 \\ \dfrac{g_m R_1}{1+g_m R_2} - 1 & \dfrac{g_m}{1+g_m R_2} \end{bmatrix} \tag{9.98}$$

부록 D에 있는 매트릭스 변환공식을 이용하여 S-파라미터로 표현하면

$$[\mathbf{S}] = \frac{1}{\Delta}\begin{bmatrix} \dfrac{R_1}{Z_0} - \dfrac{g_m Z_0}{1+g_m R_2} & 2 \\ 2\left(1 - \dfrac{g_m R_1}{1+g_m R_2}\right) & \dfrac{R_1}{Z_0} - \dfrac{g_m Z_0}{1+g_m R_2} \end{bmatrix} \tag{9.99}$$

이며 여기에서

$$\Delta = 2 + \frac{R_1}{Z_0} + \frac{g_m Z_0}{1+g_m R_2} \tag{9.100}$$

이다. 이상적인 정합조건 $S_{11} = S_{22} = 0$ (즉, 입력과 출력 VSWR이 각각 1)으로 가정하면, 직렬귀환저항에 대한 단락귀환저항의 관계식은 다음과 같다.

$$R_2 = \frac{Z_0^2}{R_1} - \frac{1}{g_m} \tag{9.101}$$

여기에서 특성 임피던스 Z_0와 전달 콘덕턴스 g_m을 사용하였다.

식 (9.101)을 식 (9.100)과 식 (9.99)에 대입하면

$$[\mathbf{S}] = \begin{bmatrix} 0 & \dfrac{Z_0}{R_1 + Z_0} \\ 1 - \dfrac{R_1}{Z_0} & 0 \end{bmatrix} \tag{9.102}$$

가 된다. 식 (9.99)와 식 (9.102)로부터 귀환저항 R_1과 R_2를 적합하게 선정함으로써 균일이득과 완전한 정합특성을 달성할 수 있다. 식 (9.101)에서 R_2는 음의 값이 되지 않아야 한다는 요구조건에 대한 제한성만 있다. 이 제한성으로 인해 g_m값의 범위를 제한하는 최소 $g_{m_{\min}}$값은

$$g_m \ge g_{m_{\min}} = \frac{R_1}{Z_0^2} = \frac{1 - S_{21}}{Z_0} \tag{9.103}$$

이 되며 식 (9.103)을 만족시키는 g_m을 갖는 어떤 트랜지스터라도 그림 9-24에 보여준 부귀환 형태로 이용할 수 있다.

귀환회로의 분석은 모든 리액턴스를 무시하는 저주파수 대역에서 동작하는 이상적인 소자에 대하여 적용할 수 있다. 실제적인 응용에서 트랜지스터에서 기생저항의 나타남을 고려해야 하므로 귀환저항의 값을 바꾸어야 한다. RF 및 MW 대역에서 내부 인덕턴스와 커패시턴스의 영향은 무시할 수 없으므로 귀환루프에서 추가되는 리액턴스 성분에 대하여 분석할 때 포함되어야 한다. 가장 일반적인 실용화에서는 귀환저항 R_1에 직렬로 인덕터를 부가시킨다. 이와 같이 함으로써 고주파에서 귀환효과를 감소시키며 S_{21}에 관계된 주파수대 이득감소를 보상한다. 다음 예제는 부귀환을 이용한 광대역 증폭기 설계에서 귀환저항을 우선 이론적으로 계산하고 CAD 프로그램에 의하여 값을 조정한다.

RF&MW

예제 9-17 • 광대역 부귀환 루프의 설계

BJT BFG403W($\beta = 125$)가 $V_{CE} = 3$ V, $I_C = 3.3$ mA로 바이어스되어 있다. 이미터 접지 형태에서의 S-파라미터는 표 9-6과 같으며 500 Ω 저항은 안정도를 확실히 하기 위하여 부가시켰다. $G_T = 10$ dB이고 대역폭이 10 MHz에서 2 GHz인 광대역 증폭기를 부귀환루프를 시용하여 설계하라.

표 9-6 • 예제 9-17의 트랜지스터에 대한 S-파라미터

f, MHz	$\lvert S_{11}\rvert$	$\angle S_{11}$	$\lvert S_{21}\rvert$	$\angle S_{21}$	$\lvert S_{12}\rvert$	$\angle S_{12}$	$\lvert S_{22}\rvert$	$\angle S_{22}$
10	0.877	−0.3°	7.035	179.6°	1×10^{-4}	66.8°	0.805	−0.1°
100	0.876	−2.4°	7.027	176.1°	7×10^{-4}	85.9°	0.805	−1.4°
250	0.870	−5.9°	6.983	170.2°	0.002	84.3°	0.803	−3.4°
500	0.850	−11.5°	6.834	160.6°	0.003	80.5°	0.797	−6.6°
750	0.820	−16.9°	6.607	151.4°	0.004	76.0°	0.789	−9.8°
1000	0.783	−21.7°	6.327	142.8°	0.005	68.2°	0.777	−12.7°
1500	0.700	−29.6°	5.711	127.2°	0.007	74.1°	0.755	−18.1°
2000	0.619	−35.7°	5.119	113.8°	0.007	74.1°	0.735	−23.0°

풀이

표 9-6에서 보는 바와 같이 14.2 dB의 최소이득을 2 GHz에서 얻을 수 있으며 G_T = 10 dB의 트랜듀서 이득값보다 큰 값임을 알 수 있다. 개략적인 분석을 계속하기 전에 식 (9.103)의 조건을 만족시키는가에 대하여 확실히 할 필요가 있다. r_π의 값은 $r_\pi = \beta/g_m = 984\ \Omega$이며 이때 전달 콘덕턴스 g_m은 $g_m = I_C/V_T = 0.127$ S이다. 그러므로 부귀환 해석은 조건식 (9.103)을 $R_2 = 0$에서도 만족시키고 있어 적용 가능하다.

다음 단계는 저항 R_1과 R_2 값을 예측하는 것이다. 원하는 이득이 G_T = 10 dB이므로 저주파에서 S_{21} 계수는 −3.16과 같아야 한다. 이때 음의 부호는 이미터 접지에 의한 180° 위상차에 따른다. 이 값을 식 (9.103)에 대입하면

$$R_1 = Z_0(1 - S_{21}) = 208\ \Omega$$

이며 식 (9.101)을 응용하여 직렬저항 R_2를 계산하면 다음과 같다.

$$R_2 = \frac{Z_0^2}{R_1} - \frac{1}{g_m} = 4.1\ \Omega$$

귀환회로의 삽입이득은 표 9-7의 두 번째 난에 기록하였다. 부귀환 회로는 증폭기의 이득 특성을 저주파대역에서 좀 더 균일하게 하며 레벨을 매우 낮춘다. 기대한 이득값 10 dB와 $|S_{21}|^2 = 7.5$ dB로 구한 이득값 사이의 차이는 주로 트랜지스터에서 모든 기생저항을 무시하였기 때문에 나타나는 것으로 볼 수 있다. 이와 같은 기생소자는 r_π와 직렬로 연결되는 베이스 저항을 포함하며 실효 전달 콘덕턴스 g_m를 감소시킨다. 더욱 이미터 저항은 R_2와 직렬로 연결되며 R_2 값을 감소시킨다.

CAD 프로그램을 이용하여 주파수 500 MHz까지 회로를 최적화시키면 귀환저항은 $R_1 = 276\ \Omega$ 및 $R_2 = 1.43\ \Omega$과 같이 변경된 값이 된다. 이에 해당되는 삽입이득은 표 9-7의 세 번째 난에 기록하였다.

표 9-7에서 보는 바와 같이 귀환저항의 새로운 값은 트랜지스터 이득을 거의 낮은 주파수대역에서 10 dB 규격까지 나타내고 있음을 볼 수 있다. 그러나 주파수가 증가됨에 따라 이득이 감소한다. 이것은 $R_1 = 276\ \Omega$의 귀환저항이 높은 주파수 대역에서 매우 작기 때문이므로 값을 증가시켜야 한다. 이와 같은 것은 저항 R_1에 직렬로 인덕터 $L_1 = 4.5$ nH를 추가로 연결시켜 달성할 수 있다(L_1값은 CAD 최적화 프로그램에 의하여 예측하였다).

표 9-7 • 귀환 증폭기의 삽입이득

f, MHz	$\|S_{21}\|^2$, dB		
	$R_1 = 208\ \Omega$, $R_2 = 4.1\ \Omega$	$R_1 = 276\ \Omega$, $R_2 = 1.4\ \Omega$	$R_1 = 276\ \Omega$, $R_2 = 1.4\ \Omega$, $L_1 = 4.5$ nH
10	7.50	10.01	10.01
100	7.50	10.01	10.01
250	7.50	10.00	10.01
500	7.50	9.97	10.00
750	7.50	9.93	10.00
1000	7.50	9.88	10.00
1500	7.51	9.75	9.99
2000	7.54	9.59	9.99

최종적으로 나타나는 이득을 표 9-7의 마지막 난에 기록하였다. 표에 의하여 제시된 값을 보면 인덕터의 추가로 주파수 대역에서 이득이 균일해지고 전체 대역에서 0.1% 이상의 우수한 이득의 균일도를 나타내고 있다.

주파수가 증가함에 따라 부귀환 설계는 기생소자의 영향을 받기 쉬워진다. 약 *5 GHz* 이상에서는 이와 같은 집중소자는 더 이상 이용하는 것이 어려워진다.

9.7.2 고전력 증폭기

지금까지는 증폭기를 선형, 소신호 S-파라미터에 의하여 설계하는 것에 대하여 논의하였다. 그러나 고전력 증폭기를 취급할 때, 소신호 접근법은 증폭기가 비선형 영역에서 동작하기 때문에 적합한 설계를 위하여 **대신호**-S-파라미터 또는 임피던스를 구해야 한다. 소신호 S-파라미터는 A-급 증폭기 설계에서 사용할 수 있다. 여기에서 신호증폭은 주로 트랜지스터의 선형동작영역에 제한된다. 그러나 소신호 S-파라미터는 AB급, B급 및 C급 증폭기와 같이 포화영역에서 동작되는 증폭단에는 점차적으로 적합하지 않게 된다.

부하-PULL

가장 간단한 형태로서 전력증폭기의 정합회로를 설계하는데 부하-PULL이 포함된다. 입력단과 가변 부하에서 복소공액 정합으로부터 시작한다. 이 부하는 스미스 차트의 각각 많은 점들에 따라 바뀐다.

각각의 점에서 선형성, 효율, 이득, 안정도, VSWR과 같은 관심있는 파라미터들이 측정된다. 그러므로 설계자는 적절한 부하를 선택할 수 있으며 여러 가지 설계타협(tradeoffs)이 주어진다.

고출력 증폭기의 주요 특성 중의 하나는 이른바 **이득억압(gain compression)**이다. 증폭기의 입력신호가 포화점에 도달하면 이득은 점차 떨어져 억압을 시작한다. 입력전력과 출력전력의 대표적인 관계를 대수함수적으로 그림 9-26과 같이 나타낼 수 있다.

낮은 전력레벨에서 출력은 입력전력에 비례하나 입력전력이 어떤 임계점을 지나면 트랜지스터의 이득은 점차 감소하게 되며 결국 출력전력은 포화에 이르게 된다. 증폭기의 이득이 선형적인 선상에서 벗어나는 점 또는 소신호이득에서 1 dB 차이가 나는 점을 **1 dB 억압점**이라 하며 증폭기의 전력 취급능력의 특성을 나타낼 때 사용한다. 1 dB 억압점에 대응하는 이득을 G_{1dB}로 표현하며 $G_{1dB} = G_0 - 1(\text{dB})$로 계산한다. 여기에서 G_0는 선형적으로 증가하는 소신호이득이다. 만약 1 dB 억압점에서 출력전력 $P_{out,\ 1dB}$을 dBm으로 표현하면, 입력전력 $P_{in,\ 1dB}$에 의하여 다음 식과 같다.

$$\begin{aligned} P_{out,\ 1dB}[\text{dBm}] &= G_{1dB}[\text{dB}] + P_{in,\ 1dB}[\text{dBm}] \\ &= G_0[\text{dB}] - 1\ \text{dB} + P_{in,\ 1dB}[\text{dBm}] \end{aligned} \tag{9.104}$$

증폭기의 또다른 중요한 특성으로 **동작범위(dynamic range)** d_R이 있다. 증폭기의 동작범위는 증폭기의 1 dB 억압전력 $P_{out,\ 1\ dB}$와 **최소검지신호**의 출력전력 $P_{out,\ mds}$ 사이의 차이를 표현하는 선형전력이득의 영역을 의미한다. $P_{out,\ mds}$는 출력잡음전력 $P_{n,\ out}$

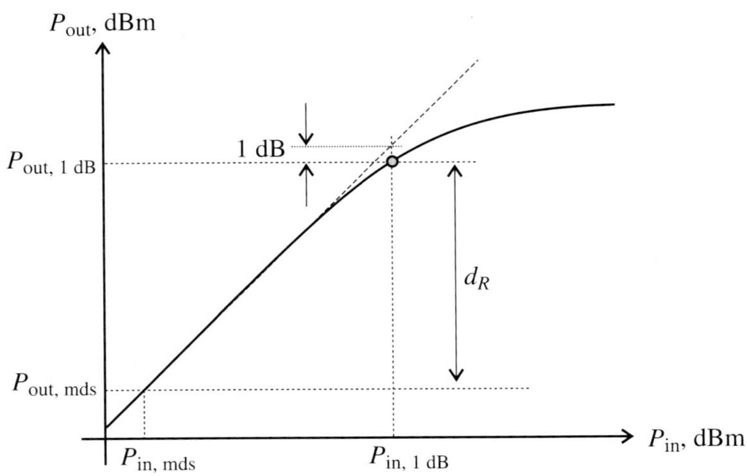

그림 9-26 ● 증폭기의 입력전력에 대한 출력전력함수관계

보다 높은 레벨 X dB로서 정의한다. 대부분의 규격에서 X는 3 dB로 선정한다. 증폭기의 출력잡음전력은 다음 식과 같이 주어진다.

$$P_{n,\,\mathrm{out}} = kTBG_0F \tag{9.105}$$

만약 dBm으로 표현한다면 다음 식과 같다.

$$P_{n,\,\mathrm{out}}[\mathrm{dBm}] = 10\log(kT) + 10\ \log B + G_0[\mathrm{dB}] + F[\mathrm{dB}] \tag{9.106}$$

어느 비선형 회로에서와 같이 고전력 증폭기는 **고조파 왜곡**(기본주파수의 체배)을 만든다. 고조파는 기본적인 주파수에서 전력손실로서 나타난다. 일반적으로 A급 동작에서 가장 작은 왜곡현상이 나타나며 효율 때문에 A급 동작을 이용할 수 없는 고전력 증폭기의 경우 AB급 push-pull 증폭기를 채택하여 비교가능한 왜곡정도의 특성을 갖는다. 고조파 왜곡은 기본주파수의 출력전력보다 낮은 고조파 성분의 출력전력을 가지며 dB로 출력 특성을 나타낸다.

전력증폭기의 바람직하지 않은 특성으로 **혼변조 왜곡[intermodulation distortion (IMD)]**의 발생이 있다. 모든 임의의 증폭기에서도 발생하지만(고조파 왜곡과 같은) 비선형 동작을 고려하는 능동소자의 고출력 영역에서는 특히 현저하게 나타난다. 고조파 왜곡과는 다르게 혼변조 왜곡(IMD)은 증폭기의 입력단에 근소한 주파수 차이를 갖는 두 개의 무변조 신호를 인가함으로써 나타나는 결과이며 그림 9-27에서와 같이 증폭기 출력신호를 볼 수 있다.

증폭기의 제3차항 비선형에 의하여 입력신호 $P_{\mathrm{in}}(f_1)$와 $P_{\mathrm{in}}(f_2)$는 예상되는 출력 $P_{\mathrm{out}}(f_1)$와 $P_{\mathrm{out}}(f_2)$ 이외에 $P_{\mathrm{out}}(2f_1 - f_2)$와 $P_{\mathrm{out}}(2f_2 - f_1)$으로 부가된 주파수성분을 만든다.

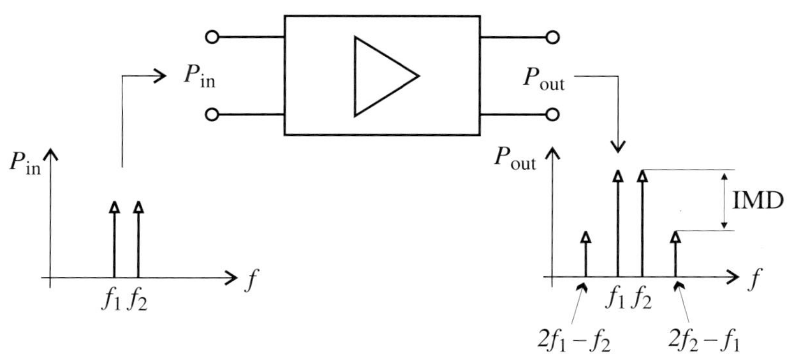

그림 9-27 • 증폭기의 혼변조 왜곡의 관찰

부가된 주파수 성분은 제10장에서 믹서회로를 공부할 때 원하는 목적을 나타낼 수 있다. 그러나 증폭기에서는 가능한 한 혼변조 신호는 작게 나타나야만 바람직하다. 증폭기 출력단에서 원하는 신호전력과 원하지 않은 전력의 차이(dBm으로)를 IMD로 정의하며 dB로 표현하면 다음과 같다.

$$\mathrm{IMD[dB]} = P_{\mathrm{out}}(f_2)[\mathrm{dBm}] - P_{\mathrm{out}}(2f_2 - f_1)[\mathrm{dBm}] \tag{9.107}$$

그림 9-28에서 $P_{\mathrm{in}}(f_2)$의 입력에 대하여 출력전력 $P_{\mathrm{out}}(f_2)$와 $P_{\mathrm{out}}(2f_2 - f_1)$의 관계를 지수–지수축으로 나타내었다. 선형 증폭 영역에서 출력전력 $P_{\mathrm{out}}(f_2)$는 입력전력 $P_{\mathrm{in}}(f_2)$에 선형적으로 증가된다. 그러나 제3차 혼변조 전력신호 $P_{\mathrm{out}}(2f_2 - f_1)$는 상수의 3승에 비례하여 증가된다[즉, $P_{\mathrm{out}}(2f_2 - f_1) \propto P_{\mathrm{in}}^3(f_2)$]. 그러므로 식 (9.107)과 일치되어 IMD는 입력신호에 역제곱으로 비례하여 감소한다. $P_{\mathrm{out}}(f_2)$과 $P_{\mathrm{out}}(2f_2 - f_1)$의 선형영역을 투시하여 가상적으로 두 선이 만나는 점을 IP점(**intercept point**)이라 한다.

그림 9-28에 나타낸 바와 같이 **슈프리어스가 없는 동작영역** d_f는 다음과 같이 정의한다.

$$d_f[\mathrm{dB}] = \frac{2}{3}(\mathrm{IP3[dBm]} - G_0[\mathrm{dB}] - P_{\mathrm{in,\ mds}}[\mathrm{dBm}]) \tag{9.108}$$

MESFET의 대표적인 값은 $P_{\mathrm{in,\ mds}} = -100$ dBm, IP = 40 dBm 및 $d_f = 85$ dB이다.

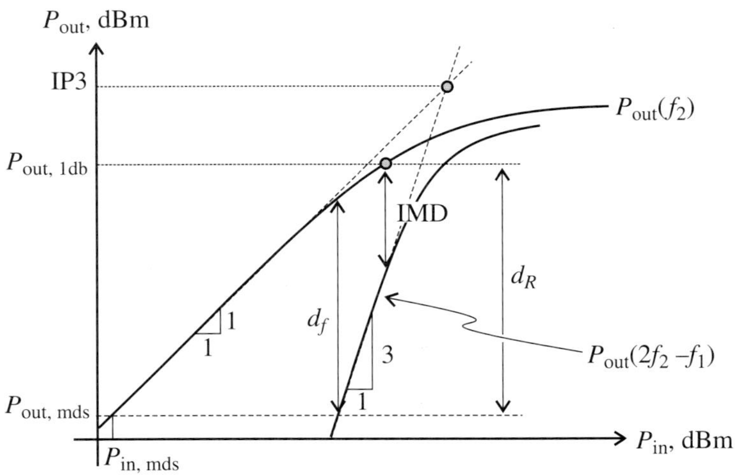

그림 9-28 · 입력과 출력전력의 관계에 따른 IMD 관계

9.7.3 다단 증폭기

단일 증폭기로서 목표한 만큼의 큰 이득을 나타낼 수 없을 때에는 다단 증폭기를 고려해야만 한다. 대표적인 2단 BJT 증폭기를 그림 9-29에 나타내 보였다.

입력과 출력단의 임피던스 정합회로(MN_1, MN_3) 이외에 그림에서는 증폭단 1의 출력과 증폭단 2의 입력단 사이의 **단간**(interstage)**정합회로**(MN_2)가 추가되어 있다. 적합한 정합회로를 추가적으로 나타내기 위하여 MN_2는 균일이득의 조건으로 이용할 수 있다.

최적 정합되고 무손실 회로라는 가정 아래, 2단 증폭단에서 가장 중요한 동작성능 파라미터를 요약해보자. 선형동작조건에서 2단증폭기의 전체 전력이득 G_{tot}은 각각의 증폭단 이득 G_1과 G_2의 곱으로 나타나므로 dB로 표현하면 다음과 같다.

$$G_{tot}[dB] = G_1[dB] + G_2[dB] \tag{9.109}$$

그러나 불행하게도 부록 H에서와 같이 이득의 증가는 잡음지수의 증가를 동반한다. 특별히 각 증폭단의 잡음지수를 각각 F_1과 F_2라 하면 전체 잡음지수는 다음과 같다.

$$F_{tot} = F_1 + \frac{F_2 - 1}{G_1} \tag{9.110}$$

부가적으로 입력에서 열잡음보다 3 dB 위의 최소탐지신호는 $P_{in,\,mds}[dBm] = kTB\ [dBm] + 3\ dB + F_1[dB]$으로 주어지며, 이에 따라 최소탐지출력전력 $P_{out,\,mds}$은 다음과 같다.

$$P_{out,\,mds}[dBm] = kTB[dBm] + 3dB + F_{tot}[dB] + G_{tot}[dB] \tag{9.111}$$

다단 증폭기의 동작 특성 역시 영향을 받게 되며 Rhode 및 Bucher (참고문헌 참조)는 다단 증폭기의 경우 앞에서 언급한 제3차 IP점은 다음 식과 같이 변화됨을 증명하였다.

$$IP3_{tot} = \frac{1}{1/IP3_2 + 1/(G_2 IP3_1)} \tag{9.112}$$

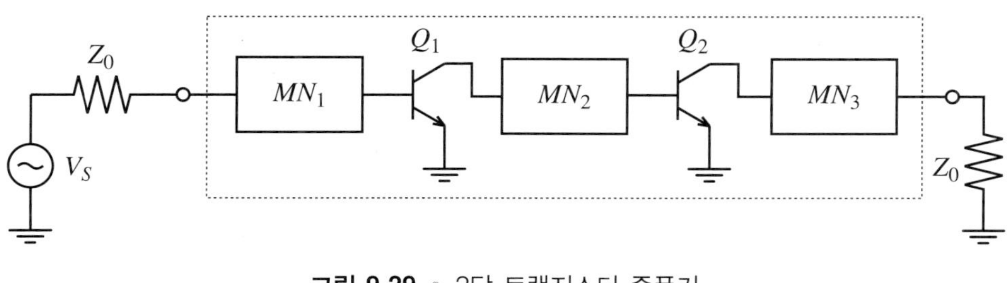

그림 9-29 • 2단 트랜지스터 증폭기

여기에서 $IP3_1$과 $IP3_2$는 증폭단 1과 증폭단 2에서의 제3차 IP점이다. 최종적으로 다단 증폭기의 슈프리어스가 없는 동작범위 $d_{f\text{tot}}$는 대략적으로 다음과 같다.

$$d_{f\text{tot}}[\text{dBm}] = \frac{2}{3}(\text{IP3}_{\text{tot}}[\text{dBm}] - P_{\text{out, mds}}[\text{dBm}]) \tag{9.113}$$

식 (9.113)은 두 번째 증폭단을 부가시킴으로써 전체 증폭기의 동작범위는 감소됨을 나타내고 있다.

RF&MW→

예제 9-18 · 다단 증폭기 설계에서 트랜지스터의 선택

$P_{\text{out, 1 dB}}$ = 18 dBm이고 전력이득이 20 dB보다 작은 증폭기를 설계하라. 2 GHz 동작주파수에서 적절한 특성을 나타내고 있는 표 9-8의 트랜지스터를 선택하여 이용한다. 목표를 달성하기 위하여 증폭단의 수를 결정하고 각단에 적합하도록 트랜지스터 선정에 대하여 논의하여라. 추가로 다단 증폭기의 전체 잡음지수 F_{tot}와 IP3_{tot} 점을 추정하라.

풀이

출력전력이 18 dBm이 되어야 하므로 증폭기의 출력단에 적합한 트랜지스터는 BFG540뿐이다. 증폭기의 출력전력 $P_{\text{out, 1dB}}$ = 18 dBm이 BFG540의 $P_{\text{out, 1dB}}$ 보다 작기 때문에 최대동작이득 G = 7 dB로 동작시킬 수 있다. 이것은 증폭단의 나머지 증폭기에서 적어도 20 dB − 7dB = 13 dB의 이득을 얻어야 함을 나타낸다. 그러므로 설계하려는 증폭단은 적어도 3단이 되어야 한다.

최종단에서 18 dBm의 출력전력을 나타내기 위하여, 두 번째 단 트랜지스터는 $P_{\text{out}_2\text{, 1dB}}$ = 18 dBm − 7 dBm = 11 dBm의 전력을 나타낼 수 있

표 9-8 · 예제 9-18을 위한 트랜지스터 특성

트랜지스터	F[dB]	G_{max}[dB]	$P_{\text{out, 1dB}}$[dBm]	IP3[dBm]
BFG505	1.9	10	4	10
BFG520	1.9	9	17	26
BFG540	2	7	21	34

어야 한다. 이에 따라 표에서 BFG505 제외한 트랜지스터를 가지고 설계할 수 있다. BFG540은 두 번째 증폭단에서 필요한 전력보다 매우 큰 전력을 나타내므로 BFG520이 적합하다.

$P_{out,\ 1dB}$ = 11 dBm이 BFG520의 1 dB 억압전력점보다 매우 낮으므로 두 번째 증폭단은 억압점 이하에서 동작하며 최대이득은 G_{max} = 9 dB과 같게 할 수 있다. 그러므로 첫 번째 증폭단은 G = 13 dB − 9 dB = 4 dB의 최소이득을 나타내게 되며 $Pout_1$ = 11 dBm − 9 dB = 2 dBm을 제공할 수 있게 된다. 그러므로 BFG505는 P_{out_1} = 2 dBm과 G_1 = 4 dB를 충분히 만족시키는 상태가 되며, 이때 증폭기의 입력전력은 P_{in} = −2 dBm이 된다.

부록 H에서 보여준 것과 같이, 전체 증폭기의 잡음지수는 다음과 같이 계산한다.

$$F_{tot} = F_1 + \frac{F_2 - 1}{G_1} + \frac{F_3 - 1}{G_1 G_2}$$

이 식에서 첫째 증폭단의 이득이 높으면 잡음지수는 최소화된다. 이 경우(P_{in}이 주어진) 억압점에 도달하게 되므로 BFG505는 6 dB보다 이득을 가질 수 없다. 그러나 BFG520을 첫째단 소자로 선정하여 이용하면 이러한 문제점을 해결할 수 있다. 첫 번째 증폭단은 최대이득을 나타내고 두 번째 단은 최종 출력단 증폭기를 구동시키는 데 필요한 전력을 나타도록 설계할 수 있다. 각 증폭단의 트랜지스터가 1 dB 억압점에 도달하지 않도록 각 증폭단의 이득을 조정할 수 있다.

이와 같은 설계방향에 의하여 최종 설계된 증폭단은 그림 9-30과 같으며 여기에서 각 증폭단의 이득은 앞에서 논의한 과정에 따라 선택하였다. 이 증폭기의 잡음지수는 다음과 같이 예측할 수 있다.

$$F_{tot} = F_1 + \frac{F_2 - 1}{G_1} + \frac{F_3 - 1}{G_1 G_2} = 2.13\text{ dB}$$

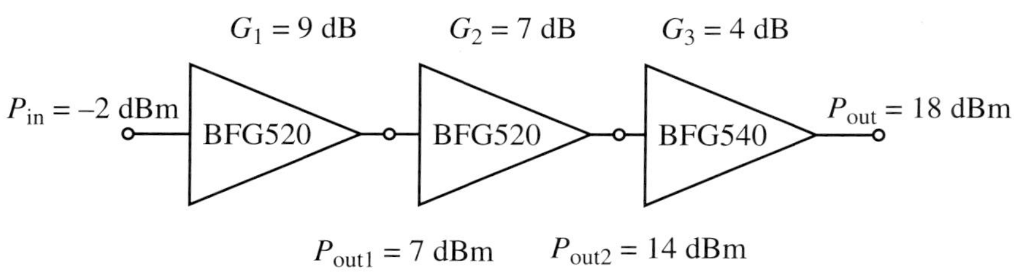

그림 9-30 • 3단 증폭기의 구성도

IP3, $P_{out, 1dB}$
IP3는 IP3[dBm] ≈ $P_{out, 1dB}$ + 10 dB를 통하여 IP3 [dB]와 연결되어 있다. 그러나 설계에 따라 이 오프셋은 실질적으로 ±3 dB까지 변화될 수 있다.

제3차 IP점에서 출력전력은 식 (9.112)을 이용하여 계산하며 3단증폭기의 경우 다음 식과 같이 된다.

$$\mathrm{IP3_{tot}} = \frac{1}{1/\mathrm{IP3}_3 + 1/(G_3\mathrm{IP3}_2) + 1/(G_3G_2\mathrm{IP3}_1)} = 28 \text{ dBm}$$

여기에서 앞의 계산식은 처음 두 증폭단의 IP3의 계산에 의하여 식 (9.112)로부터 얻은 값을 다시 식 (9.112)에 대입하여 구하였다.

위에서의 분석은 증폭단 설계과정에서 필요로 하는 첫 번째 단계 중의 하나이다. 여기에서 적합한 트랜지스터를 선정하고 증폭단의 수를 결정하는 단계를 보였다. 이와 같은 것은 상세한 성능분석의 시발점이 된다.

실용적인 설명 • 중간 전력 증폭기 모듈의 성능측정

이 단락에서는 상용 단일 칩 RF 전력 증폭기에 대한 측정을 수행한다. 회로망 분석기를 사용하여 커다란 주파수 범위에 걸쳐 *S*-파라미터를 수집하고 이 증폭기의 안정도를 결정한다. 전력 천이를 사용하여 1 dB 이득 압축점을 결정할 수 있다.

BGA6589 MMIC(Monolithic Microwave Integrated Circuit) 중간 전력 증폭기인 이 소자는 NXP로부터 구할 수 있다. 이 MMIC의 주요 장점은 매우 사용하기 쉽고 복잡한 정합, 바이어싱 혹은 안정화를 요구하지 않는다는 데 있다. BGA6589 소자는 200 MHz부터 3.5 GHz까지 넓은 주파수 범위에 걸쳐 50 Ω에 내부적으로 정합되어 있고 이들 주파수 대역에서 무조건적으로 안정하다. 이 증폭기는 20 dBm 출력 전력까지 감당할 능력이 있어 소형 무선 송신기를 위한 전력 증폭기 뿐만 아니라 RF 혹은 IF 버퍼 증폭기, 발진기 증폭기, 고선형 소신호 증폭기로서 응용에 유용하다는 것이 측정을 통해 확인되었다. 이 소자는 대략 3 dB 잡음지수를 가지고 있기 때문에 고성능 전치 증폭기에 적합하지 않다.

실험을 위하여 MMIC 소자는 그림 9-31에 보여준 개략도에서 테스트 보드에 장착되었다. 전력은 RF 초크 *L*1 바이패스 커패시터 조합 *C*3, *C*4,

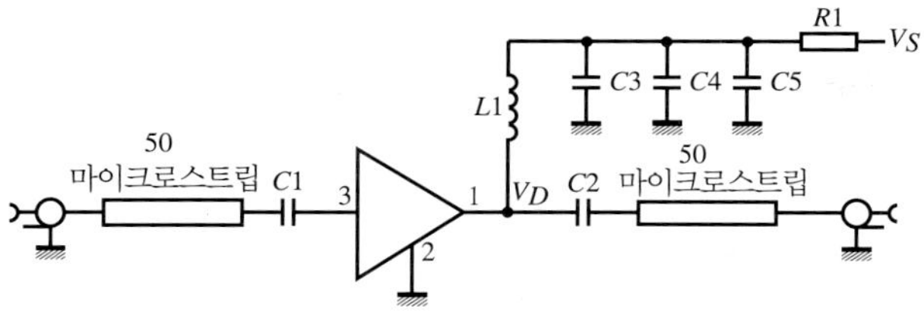

(a)

(b)

그림 9-31 • 전형적인 응용회로에 설치된 (a) MMIC 증폭기 개략도(MXP)와 (b) 관련된 설계

$C5$ 그리고 직렬 연결된 $R1$으로 증폭기의 출력에 공급되는 것을 볼 수 있다. 데이터 표에 의하면 저항은 외부온도에 따라 DC 바이어스 전류 안정을 보장한다. 바이어스 공급을 제쳐두면 DC 차단 커패시터가 입력과 출력단에 필요하다. $L1$, $C1$, $C2$ 그리고 $C4$에 대한 값은 더 좁아진 주파수 범위에서 미세 조정 정합을 위해 조정될 수 있다. 데이터 표에는 여러 중심 주파수에 대한 최적의 값을 나타내는 표가 포함되어 있다.

측정을 하기 전에 회로망 분석기는 제조사의 교정 절차를 거쳐 전체 주파수 범위에 대해 교정되어야 한다. 이 교정으로 인해 측정장치로부터 내부 연결된 케이블의 영향을 제거하게 된다. 그러나 마이크로스트립 전송선로와 PCB 기판 위에 증폭기와 함께 존재하는 다른 회로 부품들의 영향을 제거할 수는 없다. 결과적으로 측정된 S-파라미터는 MMIC 소자 자체보다는 전체 증폭기 블록의 S-파라미터이다. 데이터 표에는 측정장치와 소자 S-파라미터 사이에 작은 편차가 존재한다.

증폭기는 9V DC 전원공급에 연결되어 있으며 82 mA의 전류가 흐른다. 이 전류 값은 일반적으로 81 mA로 간주되며 데이터 표에는 73 mA에서 89 mA로 규정되어 있다.회로망 분석기는 –30 dBm 출력전력을 나타내고 있으며 데이터 표의 S-파라미터에 기록되어 있는 전력수준과 일치한다. 그림 9-32는 300 kHz에서 3 GHz까지 주파수 범위에 걸쳐 S-파라미터의 측정데이터를 나타내고 있다. S-파라미터 크기 값을 검토해 보면 300 kHz에서 3 GHz까지 주파수 범위에 걸쳐 입력(S_{11})과 출력(S_{22})단자에 적절한 정합이 이루어졌음을 확인할 수 있다. 출력단자에서 VSWR은 2 GHz에서 2:1 약간 위에 존재하며 정합이 이상적이지 않음을 의미한다. 그러나 제조사에서 주장하는대로 많은 응용제품에는 더 이상의 추가적인 정합을 필요로 하지 않는다. 삽입 전력 이득($|S_{21}|^2$)은 부드럽게 나아가며,

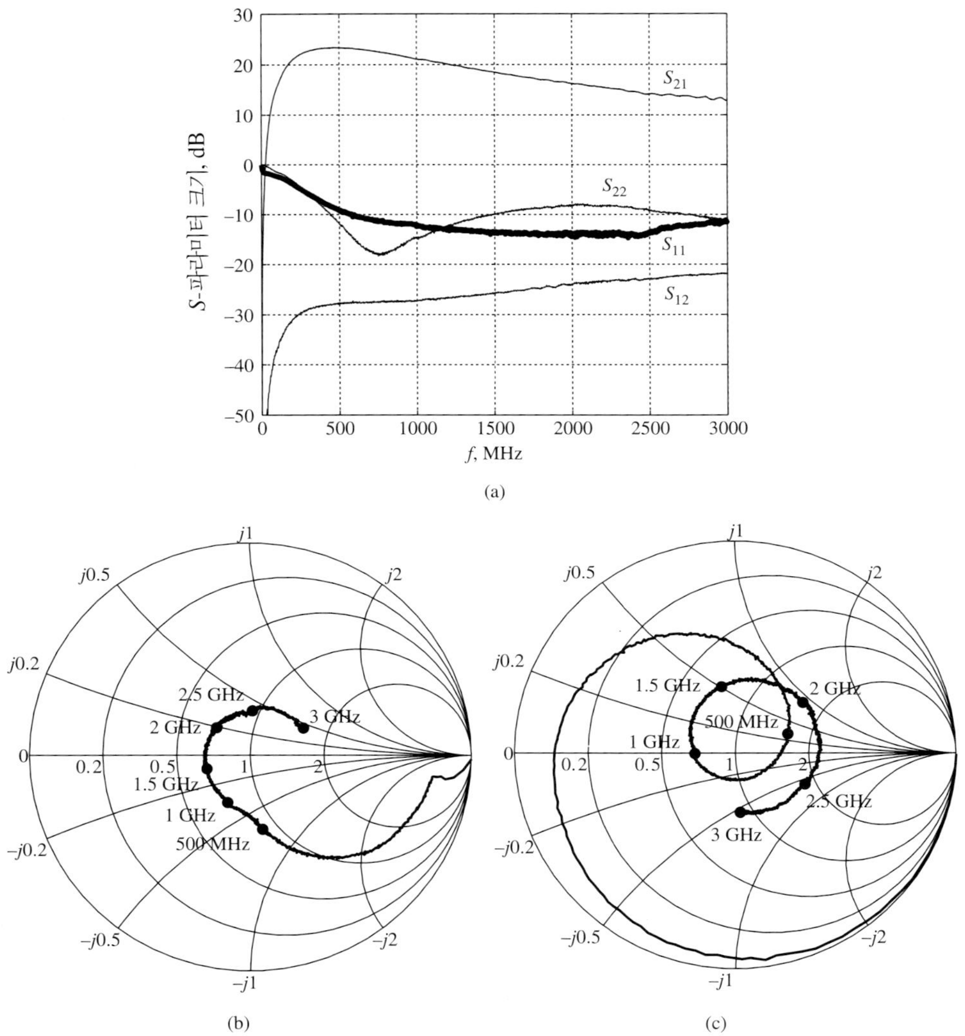

그림 9-32 • 측정된 MMIC 증폭기의 S-파라미터 (a) 진폭 (b) 스미스 차트에 표시된 (S_{11})값 (c) 스미스 차트에 표시된 (S_{22})값

1.2 GHz 근처에서 20 dB를 지나고 2.3 GHz에서 15 dB를 지난다. 역방향 이득($|S_{12}|^2$)은 −22 dB 아래로 머물고 있으며 대부분의 응용제품에서 받아들일 수 있는 값이다. 그러한 역방향 분리도는 전형적인 단일식 증폭기 혹은 귀환을 이용한 증폭기이다.

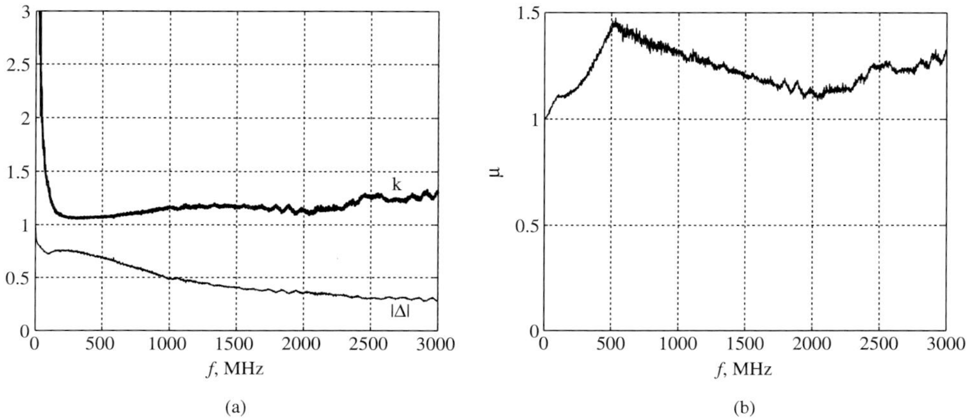

그림 9-33 • S-파라미터 측정으로부터 결정된 안정도 요소 (a) Rollett 안정도 요소 (b) μ-테스트

측정된 S-파라미터를 이용하여 많은 유용한 증폭기 특성을 평가할 수 있으며 가장 중요한 특성은 안정도이다. 그림 9-33은 두 가지 일반적인 안정도 배열을 나타내고 있다. Rollett 안정도 요소(9.3절에서 보듯이 무조건적인 안정도에 대해서 $k > 1$ 그리고 $|\Delta| < 1$ 조건이 요구되는)와 μ-실험(무조건적인 안정도에 대해서 $\mu > 1$)이다. 제조사의 요구 때문에 소자는 전체 측정 주파수 범위에 걸쳐 무조건적으로 안정되어야 한다. Rollet 요소 k와 μ-실험은 안정도에 대해서 두 가지 다른 관점을 나타내고 있다. 비록 k가 더 자주 인용되지만(데이터 표에서처럼) μ는 상대적 안정도를 나타내는 더 좋은 표시기이다. μ에 따르면 안정도는 500 MHz근처에서 최고이며 낮은 주파수대역에서 조건부 안정도의 경계선으로 점점 떨어지게 된다. 그러한 결론은 k 그리고 $|\Delta|$ 그림으로부터 직접적으로 얻을 수 없다.

회로망 분석기는 고정된 주파수에서 전력 천이를 이행함으로써 소자의 비선형 특성을 제한된 범위에서 평가가 가능하다. 그림 9-34는 데이터 표에서 인용된 비선형 특성을 가진 두 주파수인 850 MHz 그리고 1.95 GHz에서 입력전력의 함수로서 출력 전력을 나타내고 있다. 확실히 입력전력이 증가함에 따라 이득 압축과 출력전력이 평평해지는 것을 확인할 수 있다. 1 dB 이득 압축에서 측정된 출력전력은 850 MHz에서 20.3 dBm이며 1.95 GHz에서 19.9 dBm이다. 제3차 교차점의 결정과 같은 더 자세한 분석은 스펙트럼 분석기를 필요로 한다. 그러나 이 간단한 관계 ($IP3_{out}$[dB]

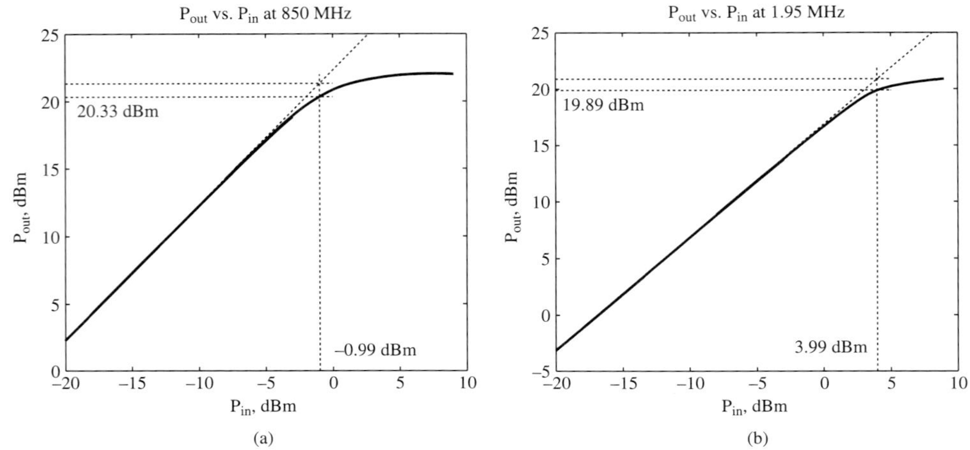

그림 9-34 • 각 주파수에서 전력 이동으로 관측된 이득 압축 (a) 850 MHz와 (b) 1.95 GHz

표 9-9 • 데이터 표와 회로망분석기 측정 사이의 비교

파라미터	850 MHz		1.95 GHz	
	데이터 시트 (datasheet)	측정값	데이터 시트 (datasheet)	측정값
삽입 전력이득$(S_{21})^2$	22 dB	22.1 dB	17 dB	16.6 dB
입력 반사손실	9 dB	11.7 dB	11 dB	13.8 dB
출력 반사손실	10 dB	17.2 dB	13 dB	8.4 dB
안정도 k	1.1	1.13	1.1	1.15
1 dB 이득 억압에서 출력전력	21 dBm	20.3 dBm	20 dBm	19.9 dBm

$- P_{\text{out, 1dB}}[\text{dB}] \approx 10$ dB)는 추정을 얻기 위해서 사용될 수 있다(그리고 다른 더 복잡한 방법들이 본 교재에서 활용될 수 있다).

마지막으로 표 9-9는 측정된 그리고 데이터 표에서 추론된 증폭기 성능 파라미터를 비교한다. 데이터 표는 소자에만 적용되고 측정은 포함된 바이어스 네트워크를 가진 완전한 증폭기에 적용되기 때문에 반사손실 결과에서 어느 정도의 차이가 있다. 그럼에도 불구하고 측정된 이득과 안정도 k는 데이터 표에서 예측된 값과 근접한다. 1 dB 이득 압축점에서 출력전력은 850 MHz에서 데이터 표의 값보다 약간 낮다. 바이어스 네트워크의 역작용은 더 높은 동작주파수에 대해서 조정된다.

9.8 요 약

본 장에서는 폭 넓게 주파수 스펙트럼을 도입하여 증폭기 설계개념을 다루었다. 우선적으로 증폭기의 다양한 전력이득 관계를 정의하였다. 특별히 다음 식과 같은 트랜듀서 전력이득

$$G_T = \frac{(1-|\Gamma_L|^2)|S_{21}|^2(1-|\Gamma_S|^2)}{|1-\Gamma_S\Gamma_{\text{in}}|^2|1-S_{22}\Gamma_L|^2}$$

과 가용이득, 동작이득은 매우 주요한 이득개념이다. 다음에 입력과 출력 안정도 원의 방정식을 설정하였으며 무조건 안정에 대한 의미를 알아보았다. 특별히 안정계수는

$$k = \frac{1-|S_{11}|^2-|S_{22}|^2+|\Delta|^2}{2|S_{12}||S_{21}|} > 1 \text{ 그리고 } |\Delta| < 1$$

로 주어지며 능동소자의 무조건 안정상태를 평가할 때 이용한다. 트랜지스터가 불안정상태로 판명되면 직렬저항 또는 단락저항을 부가시켜 능동소자를 안정화시킬 수 있다. 그 다음은 일정한 단방향이득 원을 설정하고 스미스 차트상에 도시하였다. 원의 중심점과 반경은 각각 다음 식과 같다.

$$d_{g_i} = \frac{g_i S_{ii}^*}{1-|S_{ii}|^2(1-g_i)}, \quad r_{g_i} = \frac{\sqrt{1-g_i}(1-|S_{ii}|^2)}{1-|S_{ii}|^2(1-g_i)}$$

이 식에서 단방향설계 조건(역방향이득을 무시한)에서 일정한 이득값의 원이 위치한 것을 볼 수 있다. 단방향설계법을 적용함으로써 양방향설계법에 대해 상대적으로 나타나는 오차는 단방향설계지표로 정량화하였다. 단방향설계법이 너무 오차가 많은 것으로 판명된다면, 입력과 출력단에서 동시에 반사계수를 공액정합시키는 양방향설계법을 추구해야 한다. 최적 정합조건은

$$\Gamma_{\text{MS}}^* = S_{11} + \frac{S_{12}S_{21}\Gamma_{\text{ML}}}{1-S_{22}\Gamma_{\text{ML}}} \text{ 그리고 } \Gamma_{\text{ML}}^* = S_{22} + \frac{S_{12}S_{21}\Gamma_{\text{MS}}}{1-S_{11}\Gamma_{\text{MS}}}$$

이며 증폭기 설계에서 최대이득을 나타낸다. 동작이득 표현식으로부터 최적신호정합상태에서 일정한 이득 원을 유도하였으며 또 다른 방안으로 가용이득 표현식으로부터 최적부하정합상태에서 일정한 이득 원을 유도하였다.

증폭기에서 발생하는 잡음의 영향을 알아볼 때 2단자 회로망의 잡음지수를 이용하면

$$F = F_{\min} + \frac{R_n}{G_S}|Y_S - Y_{\text{opt}}|^2$$

이 되며 스미스 차트상에 원의 방정식을 유도하였다. 잡음지수 원은 앞에서 제시한 일정한 이득분석으로 절충할 때 이용된다. 다양한 입력과 출력정합회로 전략으로 VSWR을 감소시키는 방안에 대한 연구의 결과로서 정합회로의 단에서 VSWR을 정량화시키는 원의 방정식을 다음과 같이 표현할 수 있었다.

$$\text{VSWR}_{\text{IMN}} = \frac{1 + |\Gamma_{\text{IMN}}|}{1 - |\Gamma_{\text{IMN}}|} \text{ 그리고 } \text{VSWR}_{\text{OMN}} = \frac{1 + |\Gamma_{\text{OMN}}|}{1 - |\Gamma_{\text{OMN}}|}$$

다양한 원의 표현을 결합한다면, 혼성하여 스미스 차트에 나타낼 수 있는 일정한 이득 원, 잡음지수 및 VSWR 원 등으로 소신호 증폭기 설계를 할 수 있게 된다.

광대역 설계의 경우, 동작 주파수 범위를 넓히려는 노력으로 주파수 보상회로를 개발할 필요성을 논의하였다. 부귀환 루프를 사용하여 광대역 주파수 범위에서 전력이득을 균일하게 하는 방법을 도입하였다.

고전력증폭기 응용에서 출력전력억압에 관련된 주요 사항은 증폭기의 동작범위를 제한하므로 주요 관심사항이며 주요 자료는 1dB 억압점으로 다음과 같다.

$$P_{\text{out, 1dB}}[\text{dBm}] = G_0[\text{dB}] - 1\text{ dB} + P_{\text{in, 1dB}}[\text{dBm}]$$

부가적으로 나타나는 원하지 않는 특성은 증폭기의 비선형성에 의하여 나타나는 혼변조 왜곡현상의 발생이며 다단 증폭기에서의 전력억압, 잡음지수 및 이득의 영향에 대하여 연구하였다.

참고문헌

P. L. D. Abrie, *Design of RF and Microwave Amplifiers and Oscillators*, Artech House, 1999, ISBN 0-89006-787-X.

S. A. Maas, *The RF and Microwave Circuit Design Cookbook*, Artech House, 1998, ISBN 0-89006-973-5.

S. Akamatsu, C. Baylis, and L. Dunleavy, "Accurate simulation models yield high-efficiency power amplifier design," *IEEE Microwave Magazine*, pp. 114–124, 2005.

I. Bahil and P. Bhartia, *Microwave Solid State Circuit Design*, John Wiley, New York, 1988.

G. Gonzalez, *Microwave Transistor Amplifiers, Analysis and Design*, Prentice Hall, Upper Saddle River, NJ, 1997.
K. C. Gupta, R. Garg, and R. Chada, *Computer-Aided Design of Microwave Circuits*, Artech, Dedham, MA, 1981.
Hewlett-Packartd, RF Design and Measurement Seminar, Seminar Notes, Burlington, MA, 1999.
Hewlett-Packard, S-Parameter Techniques for Faster and more Accurate Network Design, Application Notes 95-1, 1968.
H. Krauss, C. Bostian, and F. Raab, *Solid Radio Engineering*, John Wiley, New York, 1980.
M. L. Edwards and J. H. Sinsky, "A new criterion for linear 2-port stability using a single geometrically derived parameter," *IEEE Transactions on Microwave Theory and Techniques*, vol. 40, pp, 2303-2311, 1992.
S. Y. Liao, *Microwave Circuit Analysis and Amplifier Design*, Prentice Hall, Englewood Cliffs, NJ, 1987.
S. J. Mason, "Power Gain in Feedback Amplifiers, *IRE Trans.*, Vol. 1, pp. 20–25, 1954.
D. Pozar, *Microwave Engineering*, John Wiley, New York, 1998.
B. Razavi, *RF Microelectronics*, Prentice Hall, Upper Saddle River, NJ, 1998.
U. L. Rohde and T. T. N. Bucher, *Communication Receivers, Principle and Design*, McGraw-Hill, New York, 1988.
J. M. Rollett, "Stability and Power-Gain Invariants of Linear Two-Ports," *IRE Trans.*, Vol. 9, pp. 29–32, 1962.
G. D. Vendelin, *Design of Amplifiers and Oscillators by the S-Parameter Method*, John Wiley, New York, 1982.

연습문제

9.1 부하 $Z_L = 80\ \Omega$에 연결된 증폭기를 구동시키는 RF 신호원의 가용전력은 다음과 같이 나타낼 수 있다.

$$P_A = \frac{1}{2}\frac{|b_S|^2}{1-|\Gamma_S|^2}$$

그림 9-2(b)의 오른쪽에 보여준 신호흐름도를 바탕으로 Γ_L을 Γ_{in}로 교체하면

(a) 부하에 전달된 전력 P_L을 Γ_L, Γ_S 및 b_S로 나타내어라.

(b) $Z_S = 40\ \Omega$, $Z_0 = 50\ \Omega$, $V_S = 5\ V\angle 0°$일 때, 가용전력P_A, 부하에 전달된 전력 P_L을 구하라.

9.2 그림 9-2(b)의 신호흐름도를 이용하여 제 9.2.2절의 식 (9.8)의 유효성을 설정하여라.

9.3 증폭기의 S-파라미터가 다음과 같다. $S_{11} = 0.78\angle -65°$, $S_{21} = 2.2\angle 78°$, $S_{12} = 0.11\angle -$

21°, $S_{22} = 0.9\angle -29°$. 증폭기의 입력측이 $V_S = 4\ V\angle 0°$, 임피던스가 $Z_S = 65\ \Omega$인 전압원측과 연결되어 있다. 출력측은 $Z_L = 85\ \Omega$인 안테나를 구동하는데 이용한다. 증폭기의 S-파라미터는 $Z_0 = 75\ \Omega$의 특성 임피던스를 기준으로 측정된 것으로 가정한다. 다음을 구하라.

(a) 트랜듀서 이득 G_T, 단방향 이득 G_{TU}, 가용이득 G_A 및 동작이득 G

(b) 부하에 전달된 전력 P_L, 가용전력 P_A, 증폭기의 입사전력 P_{inc}

9.4 FET가 $f = 5.5$ GHz에서 $V_{DS} = 3.2$ V, $I_D = 24$ mA의 바이어스 조건으로 동작하고 있다. S-파라미터는 $S_{11} = 0.73\angle 176°$, $S_{21} = 3.32\angle 75°$, $S_{12} = 0.05\angle 34°$, $S_{22} = 0.26\angle -107°$이다. 정합회로가 없을 때 부하 임피던스 $Z_L = 75\ \Omega$과 신호원 임피던스 $Z_S = 30\ \Omega$이 연결되어 있다. 특성 임피던스 $Z_0 = 50\ \Omega$로 가정한다.

(a) G_{TU}, G_T, G_A를 구하고 $10\ \Omega \le Z_L \le 100\ \Omega$에 대한 G_{TU}의 크기를 도표로 나타내어라.

(b) 단방향의 경우에 대하여 입력측을 정합시키고 G_{TU}를 구하라.

(c) 단방향의 경우에 대하여 입력측과 출력측을 정합시키고 $G_{TU} = G_{TUmax}$를 계산하라.

9.5 복소 Γ_{out}-평면에서 무조건 안정은 $|\Gamma_S| < 1$ 영역이 $|\Gamma_{out}| = 1$ 원의 내부에 있거나 $||C_S| - r_S| < 1$을 만족해야 한다. 이때 C_S, r_S는 각각 다음과 같다.

$$C_S = S_{22} + \frac{S_{12}S_{21}S_{11}^*}{1 - |S_{11}|^2},\quad r_S = \frac{|S_{12}S_{21}|}{1 - |S_{11}|^2}$$

(a) 이 두 식을 유도하여라.

(b) C_L과 r_L에 대한 원의 방정식을 구하고 $|S_{12}S_{21}| < 1 - |S_{22}|^2$이 안정을 위한 필요조건임을 보여라.

9.6 $|S_{11} - S_{22}^*\Delta|^2 = |S_{12}S_{21}|^2 + (1 - |S_{11}|^2)(|S_{22}|^2 - |\Delta|^2)$을 증명하라. 이 식은 예제 9-2의 안정계수에서 주요한 동일관계식이다.

9.7 BJT가 4개 주파수의 함수로 다음 표와 같은 S-파라미터를 가졌다. 안정도 영역을 구하고 스미스 차트상에 그림으로 나타내어라.

9.8 특정 바이어스와 동작주파수에서 BJT의 S-파라미터는 다음과 같다: $S_{11} = 0.60\angle 160°$,

Frequency	S_{11}	S_{12}	S_{21}	S_{22}
500 MHz	$0.70\angle -57°$	$0.04\angle 47°$	$10.5\angle 136°$	$0.79\angle -33°$
750 MHz	$0.56\angle -78°$	$0.05\angle 33°$	$8.6\angle 122°$	$0.66\angle -42°$
1000 MHz	$0.46\angle -97°$	$0.06\angle 22°$	$7.1\angle 112°$	$0.57\angle -48°$
1250 MHz	$0.38\angle -115°$	$0.06\angle 14°$	$6.0\angle 104°$	$0.50\angle -52°$

$S_{21} = 2.28\angle 60°$, $S_{12} = 0.1\angle 80°$, $S_{22} = 0.47\angle 30°$. 트랜지스터의 안정도를 확인하고 필요하다면 안정화시킨 뒤 최대이득을 갖는 증폭기를 설계하라.

9.9 BJT가 f = 750 MHz에서 동작하고 있다(S-파라미터는 $S_{11} = 0.56\angle -78°$, $S_{12} = 8.64\angle 122°$, $S_{21} = 0.05\angle 33°$, $S_{22} = 0.66\angle -42°$이다). 입력과 출력단의 직렬저항과 단락 콘덕턴스를 구하여 트랜지스터를 안정화시켜라.

9.10 예제 9-2에서 안정계수 k는 입력안전도 원의 방정식에 의하여 구하였다. 출력안정도 원의 방정식으로부터 식 (9.24)와 동일한 결과임을 증명하라.

9.11 BJT가 f = 7.5 GHz에서 동작하고 있으며 S-파라미터가 $S_{11} = 0.85\angle 105°$가 되도록 바이어스되어 있다. 트랜지스터는 무조건적 안정상태로 단방향 설계법을 적용할 수 있다. 최대신호원 이득을 구하고 적합한 g_S를 여러 개 선정하여 일정한 신호원 이득 원을 그림으로 나타내어라.

9.12 MESFET가 2.25 GHz에서 단일 증폭단에 이용되고 있다. 이 주파수와 주어진 바이어스 조건에서 S-파라미터는 다음과 같다. $S_{11} = 0.83\angle -132°$, $S_{12} = 0.03\angle 22°$, $S_{21} = 4.9\angle 71°$, $S_{22} = 0.36\angle -82°$. 18 dB의 이득이 필요한 경우, $S_{12} = 0$으로 놓는 단방향 가정을 이용하여

(a) 회로가 무조건 안정인가를 결정하여라.

(b) 최적의 반사계수를 선정하여 최대전력이득을 구하라.

(c) 일정한 이득 원의 개념을 이용하여 원하는 이득을 실현할 수 있도록 부하 반사계수를 조정하여라.

9.13 BJT가 7.5 GHz의 주파수에서 증폭기로 이용되고 있다. 이 주파수와 주어진 바이어스 조건에서 S-파라미터가 다음과 같다. $S_{11} = 0.63\angle -140°$, $S_{12} = 0.08\angle 35°$, $S_{21} = 5.7\angle 98°$, $S_{22} = 0.47\angle -57°$. 단방향 설계법으로 19 dB의 이득을 설계하려고 한다.

(a) 반사계수를 최적점으로 선택하여 최대전력이득을 구하라.

(b) 안정동작 조건이 실현되는 상태에서 원하는 이득을 위한 부하 반사계수를 조정하여라.

9.14 4 GHz에서 동작하는 BJT에 의한 소신호 증폭기가 적합한 바이어스에서 S-파라미터는 다음과 같다. $S_{11} = 0.47\angle -157°$, $S_{12} = 0.12\angle 45°$, $S_{21} = 2.0\angle 56°$, $S_{22} = 0.35\angle -70°$. 단방향 설계법을 적용한다면 트랜듀서 이득 오차를 포함하여 계산하라.

9.15 바이어스 I_C = 10 mA, V_{CE} = 6 V이고 f = 2.4 GHz 주파수에서 동작하는 BJT의 S-파라미터가 $S_{11} = 0.54\angle -70°$, $S_{12} = 0.017\angle 176°$, $S_{21} = 1.53\angle 91°$, $S_{22} = 0.93\angle -15°$이다. 트랜지스터가 무조건 안정인지를 판단하고 최대이득을 나타내는 신호 및 부하 반사계수 값을 구하라.

9.16 문제 9.15의 BJT를 사용하여 트랜듀서의 전력이득이 $G_{T\max}$의 60%를 갖는 증폭기를

설계하라. 부가적으로 증폭기 입력단에 완전한 임피던스 정합을 시도하라.

9.17 적합한 바이어스와 주파수 $f = 9$ GHz에서 동작하는 MESFET의 S-파라미터가 다음과 같다. $S_{11} = 1.2\angle -60°$, $S_{12} = 0.02\angle 0°$, $S_{21} = 6.5\angle 115°$, $S_{22} = 0.6\angle -35°$. G_{TUmax}의 80% 내에 머무르는 이득을 갖는 증폭기를 설계하라. 또 $VSWR_{out} = 1$을 시도하라.

9.18 제9.4.4절에서 입력단 정합에 대한 일정한 이득 설계는 다음과 같은 원의 방정식을 나타낸다.

$$\left|\frac{S_{11} - \Gamma_S^*}{\Delta - S_{22}\Gamma_S^*} - d_{g_0}\right|^2 = r_{g_0}^2$$

중심 d_{g_S}와 반경 r_{g_S}는 각각 다음 식과 같음을 증명하라.

$$r_{g_S} = \frac{r_{g_0}|S_{12}S_{21}|}{\left||1 - S_{22}d_{g_0}|^2 - r_{g_0}^2|S_{22}|^2\right|}$$

$$d_{g_S} = \frac{(1 - S_{22}d_{g_0})(S_{11} - \Delta d_{g_0})^* - r_{g_0}^2\Delta^* S_{22}}{|1 - S_{22}d_{g_0}|^2 - r_{g_0}^2|S_{22}|^2}$$

9.19 일정한 가용이득 원 $|\Gamma_S - d_{g_a}| = r_{g_a}$(식 (9.66) 참조)에 대하여, 다음을 증명하여라.

$$d_{g_a} = \frac{g_a(S_{11} - \Delta S_{22}^*)^*}{1 + g_a(|S_{11}|^2 - |\Delta|^2)}, \quad r_{g_a} = \frac{\sqrt{1 - 2kg_a|S_{12}S_{21}| + g_a^2|S_{12}S_{21}|^2}}{|1 + g_a(|S_{11}|^2 - |\Delta|^2)|}$$

9.20 BFG33 BJT가 $V_{CE} = 5$ V, $I_C = 5$ mA로 바이어스되어 있으며 다음 표와 같이 잡음과 S-파라미터를 나타내고 있다.

최소이득 10 dB과 잡음지수 3.5 dB를 초과하지 않는 광대역 저잡음증폭기를 설계하라.

9.21 다음과 같은 S-파라미터를 나타내는 GaAs FET를 사용하여 마이크로파 증폭기를 설계하라. $S_{11} = 0.79\angle 100°$, $S_{12} = 0.20\angle -21°$, $S_{21} = 6.5\angle -73°$, $S_{22} = 0.74\angle 152°$. 일정한 $VSWR_{in} = 6.5$에 대하여 더 낮은 $VSWR_{out}$ 결과를 발생시키는 트랜듀서 이득을 구하라.

9.22 $VSWR_{in} = 4$, $VSWR_{out} = 2.8$ 및 $G_T = 10$ dB의 특성을 갖는 광대역 증폭기가 평형 증폭기의 한 부분으로 사용되고 있다. 최악의 경우를 나타내는 입력과 출력 VSWR을 계산하고 앞에서 나타낸 값이 최대 10%만큼 가변할 때 평형 증폭기의 삽입이득을 구하라.

	S_{11}	S_{12}	S_{21}	S_{22}	F_{min}, dB	Γ_{opt}	R_n, Ω
500 MHz	$0.72\angle -39°$	$0.05\angle 63°$	$6.22\angle 135°$	$0.78\angle -32°$	2.3	$0.64\angle 5°$	58.5
1000 MHz	$0.45\angle -70°$	$0.08\angle 56°$	$5.13\angle 109°$	$0.61\angle -43°$	2.5	$0.56\angle 13°$	67.5
2000 MHz	$0.18\angle -115°$	$0.12\angle 54°$	$3.24\angle 82°$	$0.49\angle -54°$	3.0	$0.52\angle 39°$	49.7

9.23 제9.7.3절에서 2단 증폭기의 IP3 정의에 대하여 식 (9.112)와 같이 나타내었다.

(a) N-단 증폭기에 대한 IP3 계산의 일반공식을 유도하여라.

(b) 모든 증폭단이 동일할 때, IP3 = 35 dBm, F = 2 dB, G = 8 dB로 가정하여 N-단 증폭기의 전체 IP와 잡음지수를 계산하라.

9.24 15 dB의 이득을 갖는 귀환루프 BJT 광대역 증폭기를 설계하라. 귀환저항값을 계산하고 트랜지스터의 최소 콜렉터 전류를 구하라. 트랜지스터는 T = 300 K 그리고 Z_0 = 50 Ω에서 동작한다고 가정한다.

9.25 트랜지스터가 다음과 같이 S-파라미터를 나타내고 있다. $S_{11} = 0.61\angle 152°$, $S_{12} = 0.1\angle 79°$, $S_{21} = 1.89\angle 55°$, $S_{22} = 0.47\angle -30°$. F_{min} = 3 dB, $\Gamma_{opt} = 0.52\angle -153°$, R_n = 9 Ω이라면 최소잡음지수를 갖는 증폭기를 설계하라.

9.26 슈프리어스가 없을 때 증폭기 동작범위를 나타내는 식 (9.113)을 증명하라.

9.27 증폭기의 트랜듀서 이득이 G_T = 25 dB이고 대역폭은 200 MHz이다. 잡음지수가 F = 2.5 dB로 주어지고 1 dB 억압점이 $P_{out,\,1dB}$ = 20 dBm으로 측정되었다. IP3 = 32 dBm이라고 가정한다면 증폭기의 동작범위와 슈프리어스가 없는 동작범위를 계산하라. 증폭기는 일반 실내 온도에서 동작된다고 가정한다.

9.28 증폭기가 1 GHz에서 G = 8 dB의 이득, 1 dB 억압점은 $P_{out,\,1dB}$ = 12 dBm, 제3차 교차점은 $IP3_{tot}$ = 25 dBm이다. 연속된 증폭기 2단과 3단에서 제3차 IP점을 구하라. 무한히 증폭단수를 늘이면 $IP3_{tot}$은 얼마가 되는지 계산하라.

9.29 평형 증폭기의 잡음지수에 대한 공식을 유도하라. 증폭기의 전력이득과 잡음지수는 개별에서 각각 G_A, G_B 및 F_A, F_B이다. 평형 증폭기는 입력과 출력단에서 3 dB의 하이브리드 결합기를 사용한다고 가정한다.

CHAPTER 10

RF 발진기와 믹서

무선기술과 레이더 시스템의 발달로 원하는 변조와 믹서 조건을 만족시키기 위하여 특정 반송주파수에서 안정된 발진을 요구하게 되었으며 초기의 반송주파수는 거의 낮은 MHz에서 중반 MHz의 범위까지 도달하였으나 오늘날의 RF 시스템에서는 1 GHz점을 쉽게 초과하게 되었다. 이와 같은 것은 RF 시스템에서 안정되고 순수한 정현파 동작을 갖는 특별한 발진기 회로를 필요로 하는 결과를 가져왔다. 발진기 설계가 어려운 것은 비선형 시스템을 완전하게 설명할 수 없었던 고유한 비선형 동작 특성이 적용되기 때문이다. 특별히 능동소자를 나타내는 데 이용한 소신호 모델은 복잡한 귀환 메커니즘을 다루는 데 제한이 있으며 특히 발진기는 다음 단 회로에 전력을 어느 정도 전달해야 하므로 주파수에 따라 나타나는 부하의 출력은 종종 중요한 역할을 한다. 이러한 이유로 발진기의 설계과정은 공학적인 것이라고 표현하기보다는 공학 예술적인 것이라고 표현할 수 있다. 특히 고주파 영역에서는 더욱 이와 같은 것이 사실적으로 나타난다. 고주파 영역에서 기생성분은 전체 시스템 성능에 매우 중요하게 영향을 미칠 수 있다. 추가적으로 공진현상에서 공진회로가 영향을 받으면 수동회로 소자에 영향을 미치게 된다. 공진기는 공진주파수에서 동작할 뿐만 아니라 고차 고조파 및 저차 고조파도 나타내며 어떤 시스템은 발진을 완전히 멈추기도 한다.

본 장의 앞부분에서는 부성저항과 귀환 고조파발진기, 여러 개의 쇼트키 다이오드 믹서에 대하여 공부한다. 발진기가 어떻게 발진하는가에 대한 기본적인 이론을 공부한 후, 다양한 회로 형태와 함께 능동소자의 *S*-파라미터에 의한 RF 회로 설계로 넘어가기 전에 기본적인 콜피츠(Colpitts) 발진기와 하트레이(Hartley) 발진기를 알아보기로 한다.

본 장의 후반부에서는 믹서에 의하여 이루어지는 주파수 변환을 집중적으로 공부하기로 한다. 매우 넓은 응용에서 다양하게 서로 다른 믹서 회로가 이루어지고 있으나, 본 장에서 강조하는 것은 하향변환기(downconverter)에 한정하기로 한다. 수신시스템에서 믹서의 대표적인 응용은 RF 신호를 중간주파수의 신호로 변환시키는 것이며 변환된 신호는 계속적으로 이어지는 다음 단의 신호처리를 이루기에 더 적합하게 된다. 이와 같은 주파수 변환은 RF 입력신호와 국부발진신호를 결합하여 만들어진다. 여기서 국부발진신호는 적어도 이차 전달함수의 비선형 동작이 요구되는 체배된 신호이다. 트랜지스터와 다이오드가 현재에도 사용되고 있으며, 현재의 FET 기술은 100 GHz에 이르는 믹서회로를 만들 수 있고 다이오드 믹서의 경우는 100 GHz를 훨씬 넘기도 한다.

10.1 기본적인 발진기 모델

10.1.1 귀환 발진기

어떤 발진기라도 발진회로의 핵심은 루프이며 선택한 주파수에서 정귀환(positive

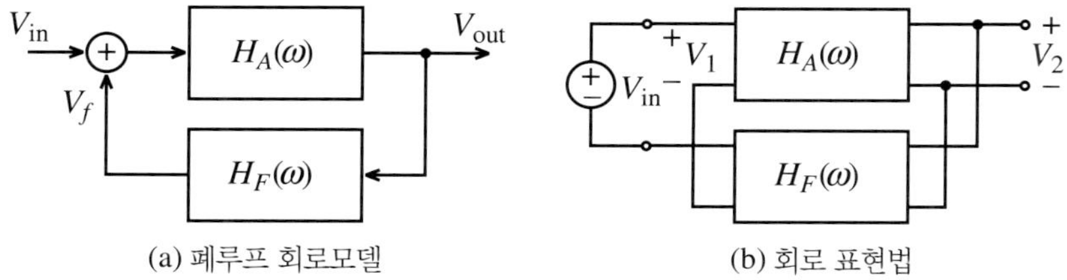

그림 10-1 • 기본적인 발진기 형태

feedback)을 한다. 그림 10-1(a)는 폐루프 시스템 표현을 나타내고 있으며 그림 10-1(b)는 2단자회로형태를 나타내고 있다.

회로가 발진을 하기 위한 수학적인 조건은 폐루프 전달함수에 대하여 증폭단 $H_A(\omega)$ 전달함수에 귀환단 $H_F(\omega)$을 결합하여 나타낼 수 있다.

$$\frac{V_{out}}{V_{in}} = H_{CL}(\omega) = \frac{H_A(\omega)}{1 - H_F(\omega)H_A(\omega)} \tag{10.1}$$

발진기에 입력이 없으므로 $V_{in} = 0$이며 영이 아닌 출력전압 V_{out}을 구하기 위하여 분모가 영이 되어야 한다. 이러한 요건은 **Barkhausen 기준**을 유도한다. 이것은 루프이득 방정식으로 다음과 같다.

$$H_F(\omega)H_A(\omega) = 1 \tag{10.2}$$

만약 귀환전달함수 $H_F(\omega)$가 복소수로 표현되고(즉 $H_A(\omega) = H_{Fr}(\omega) + jH_{Fi}(\omega)$) 증폭기 전달함수가 실수 이득값, $H_A(\omega) = H_{A0}$를 갖는다면 식 (10.2)를 다음과 같이 쓸 수 있다.

$$H_{A0} = \frac{1}{H_{Fr}(\omega)} \tag{10.3a}$$

$$H_{Fi}(\omega) = 0 \tag{10.3b}$$

식 (10.2), (10.3a)와 식 (10.3b)의 조건은 단지 정상상태(steady-state situation)에만 적용된다. 초기상태에서 $H_{A0}H_{Fr}(\omega) > 1$을 만족해야만 한다. 다르게 표현하면, 루프이득은 증가하는 출력전압을 얻기 위하여 1보다 커야만 한다. 그러나 전압은 정상상태에 도달해야만 한다(즉 크기는 결국 안정화된다). 이러한 발진기의 비선형 동작을 그림 10-2에 나타내었다.

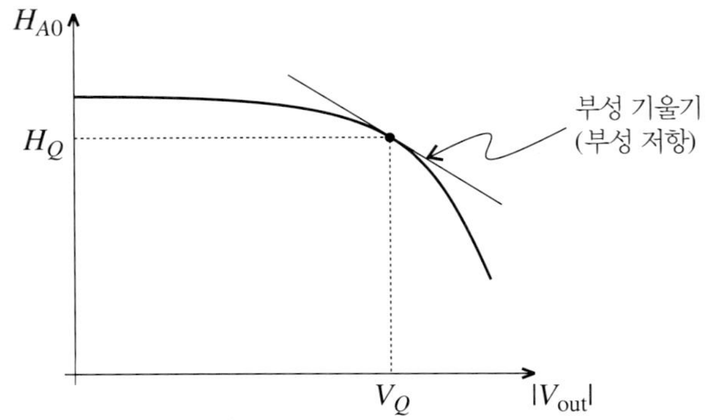

그림 10-2 • 출력전압 대 이득 특성

전압증가에 대하여 이득 감소를 나타내기 위하여 곡선의 기울기는 음이 되어야 한다. $H_{A0} = H_Q = H_{Fr}$일 때 $|V_{out}| = V_Q$인 점에서 안정동작점에 도달하게 된다. 유사한 곡선이 안정한 공진주파수 f_Q를 갖는 루프이득에 대하여 설정될 수 있다.

10.1.2 부성 저항 발진기

발진기는 "부성저항"을 만들어 내는 능동회로와 결합되는 공진기로 이해될 수 있다. 이 부성 저항은 정확히 공진기의 내부 저항을 없애고 공진주파수에서 무한히 발진되도록 한다. 그림 10-3은 일반적인 발진기 회로를 나타내고 있으며 이 회로에서 임피던스 $Z = R + jX$를 갖는 수동형 발진기가 입력 임피던스 $Z_{in} = R_{in} + jX_{in}$을 갖는 능동형 회로와 연결되어 있다. 발진 주파수에서 유한한 전류 I가 흐른다고 가정한다. 키르히호프의 전압법칙에 따르면

$$(Z + Z_{in})I = 0 \tag{10.4}$$

그러므로 유한한 전류를 얻기 위해서 $Z + Z_{in} = 0$의 조건이 요구된다. 이 식을 실수부와 허수부로 나누면 발진조건을 얻는다.

$$R_{in} = -R \tag{10.5a}$$

$$X_{in} = -X \tag{10.5b}$$

외부공진기가 수동형이기 때문에 $R > 0$은 $R_{in} < 0$임을 의미한다. 이 부성 저항은 발진 주파수 근처에서만 필요하며 식 (10.5b)의 조건이 공진 주파수를 결정한다.

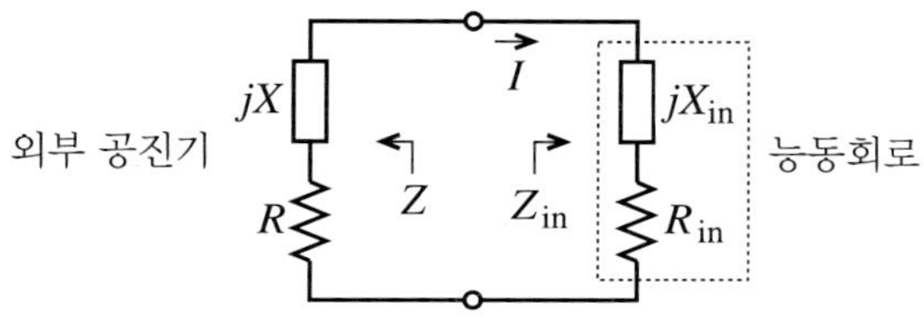

그림 10-3 • 일반적인 부성 저항 발진 회로

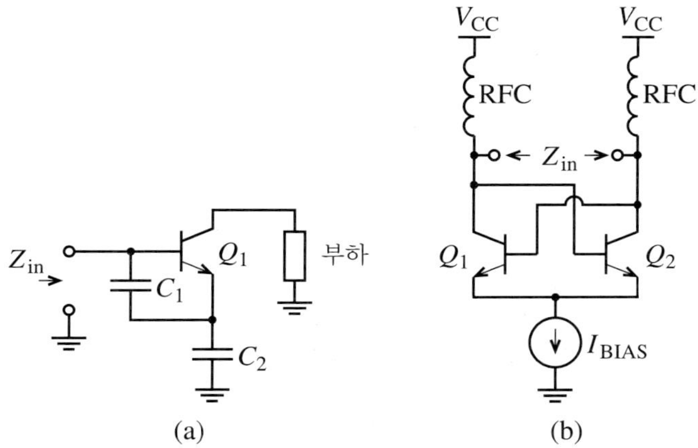

그림 10-4 • 발진기를 위한 단락 부성 저항 회로 (a) 이미터/소스 귀환(바이어스되지 않은) (b) 교차결합

요구되는 부성 입력 저항을 어떻게 만들어내고 유지할 수 있을까? 그림 10-4에서 2가지의 일반적인 부성저항 회로를 사용함으로써 트랜지스터 회로의 소신호와 점근선적(asymptotic) 대신호 부성 저항 모두를 예측하는 것이 가능하다는 것을 증명할 것이다. 간단한 근사와 회로 모의실험을 사용하여 신호크기의 함수로서 부성 저항이 예상대로 증가하거나 감소하는 것을 알 수 있을 것이다. 만약 이들 회로 중 하나로 발진기가 만들어진다면 발진기의 크기는 부성 저항의 크기가 공진기의 저항과 같아지는 지점에서 안정화된다. 결과적으로 발진기의 크기를 예측하고 조절할 수 있다.

증가하는 발진 크기에 따라 부성 입력 저항이 감소하거나 증가할 수 있다는 사실을 기억할 필요가 있다. 경험법칙으로 보면 소신호 조건하에서 부성 저항 크기는 외부의 공진기 직렬저항의 약 3배 정도 되어야 한다. 이 법칙은 부성 저항 크기가 증가하는 발진크기에 따라 감소하는 능동회로에 대해서만 유효하다. 그러한 회로는 그림 10-5(a)에

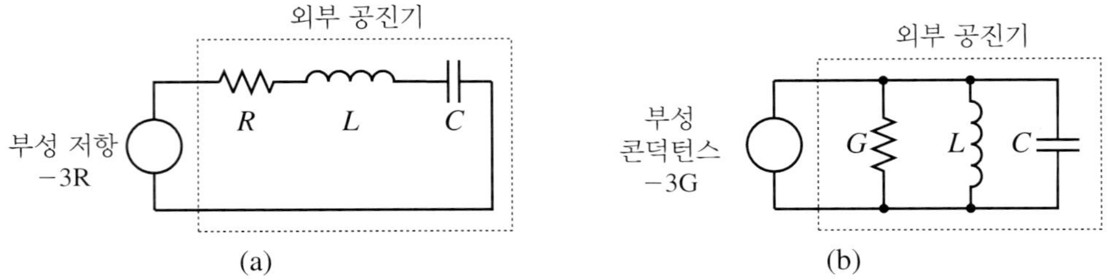

그림 10-5 • 부성 저항 발진기 (a) 그리고 부성 콘덕턴스 발진기 (b)

서 보여준 것처럼 직렬 공진기를 갖고 사용되는 것이 최상이다. 앞으로 밝혀지겠지만 경험에 따르면 발진 못하고 정확히 반대되는 동작을 갖는 부성저항 회로들이 있다. 증가하는 발진 크기에 따라 증가하는 부성 저항 크기를 갖는 회로들은 “부성 콘덕턴스” 회로로서 분류될 수 있다. 이런 형태의 회로는 그림 10-5(b)에서 보는 것처럼 병렬 공진기에 결합되는 것이 최상이며 소신호 부성 콘덕턴스 크기는 공진기 단락 콘덕턴스의 3배가 되어야 한다.

이미터/소스 귀환 회로

그림 10-6(a)는 이상적인 바이어스 배치를 갖는 그림 10-4(a)의 회로 버전을 나타내고 있다. 상자모양에 담긴 커패시터와 인덕터는 각각 이상적인 DC 블록과 RF 초크 조건을 의미한다. 신호원(SRC2~SRC4)은 베이스 전압, 이미터 전류, 그리고 콜렉터 전압에 각각 공급된다. 소신호 조건하에서 이 회로를 분석하기 위해 트랜지스터에 대한 가장 간단한 모델인 이상적인 전달콘덕터를 사용할 것이다. 이 회로에 대한 소신호 모델은 그림 10-6(b)에 보여준다. 이 회로를 입력 임피던스에 대해 분석하면 다음과 같다.

$$Z_{\mathrm{in}} = -\frac{g_m}{\omega^2 C_1 C_2} - j\frac{1}{\omega}\left(\frac{1}{C_1} + \frac{1}{C_2}\right) \qquad (10.6)$$

여기서 $g_m = I_E/V_T$은 트랜지스터 전달콘덕턴스, I_E는 DC 이미터 바이어스 전류이며 $V_T \approx 26$ mV는 실내온도에서 열적 전압이다. Z_{in}의 음의 실수 부분은 부성 저항에 관계된다. 이 저항은 두 개의 커패시터와 직렬 결합되어 있는 저항과 직렬로 연결되어 있다. 발

모델 범례

이 장에서 사용된 ADS 회로 요소

V_1Tone, I_1Tone – 각각 단일 주파수 사인파 전압과 전류원: 일반적으로 주파수 영역 분석에서 사용됨.

V_DC, I_DC – 각각 DC 전압과 전류원

DC_Block – DC에서 개방회로, 다른 주파수에서 단락회로

DC_Feed – DC에서 단락회로, 다른 주파수에서 개방회로

Term – Z_0에서 단자 종단. 일반적으로 *S*-파라미터를 계산하기 위해 사용됨. *S*-파라미터 모의실험에서 신호원으로 제공됨.

I_Probe – 전류측정 점. 단락회로로서 동작함.

OscPort – 발진기 분석을 위해 필요한 규정된 모의실험기 소자. 단락회로로서 동작함.

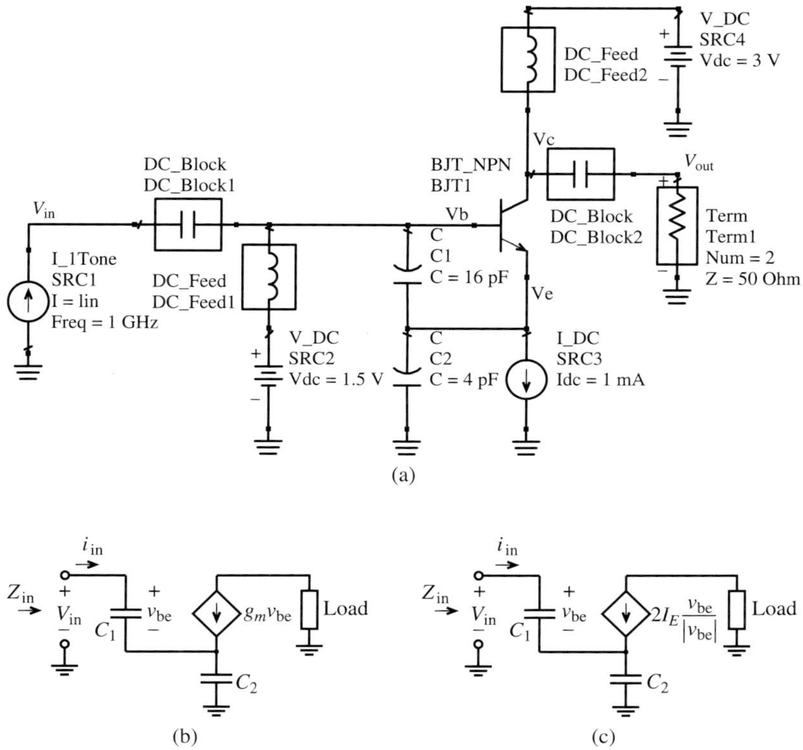

그림 10-6 • 이미터 귀환을 사용한 부성 저항회로: (a) 바이어스를 포함한 ADS 개략도 (b) 소신호 모델 (c) 첫 번째 고조파 주파수에서 대신호 모델. ADS 모델 설명문에 대해서는 다음 페이지를 참조하라.

진기를 만들기 위해 입력단자에서 (손실 있는)유도성(inductive) 임피던스를 외부적으로 연결하는 것이 필요하다. 발진의 진폭이 증가함에 따라 트랜지스터는 선형 A급 영역에서 벗어나게 되며 컷오프(cutoff)에 점점 더 많은 시간을 소비하게 된다. 컨덕션 각도(conduction angle)는 트랜지스터가 C 급 영역에서 동작될 때까지 감소하게 된다. C 급에서, v_{BE}가 거의 양(+)의 정점에 도달할 때 트랜지스터는 짧은 시간(short burst)에서 동작한다. 전류가 감소하는 동안 이미터 전류 파형은 DC 이미터 바이어스 전류와 동일한 값을 가질 때까지 DC 값을 갖는 임펄스 열과 비슷하게 된다. 이미터 전류를 퓨리에 급수로 나타내고 고려되어야 할 주파수에서만 회로를 분석할 것이다. 이미터 전류의 첫 번째 고조파의 위상표현은 다음과 같이 결정될 수 있다.

$$
\begin{aligned}
i_{e(1)} &= \frac{2}{T}\int_{-T/2}^{T/2} i_E e^{-j\omega t} dt \approx \frac{2}{T}\int_{-T/2}^{T/2} I_E \delta\left(t+\frac{\theta}{\omega}\right) e^{-j\omega t} dt \\
&= 2I_E e^{j\theta} = 2I_E \angle\theta
\end{aligned} \tag{10.7}
$$

여기서 θ는 i_E 펄스의 위상 천이이다. 파형 주기 동안에 단일 이미터 전류 펄스를 추정하는데 디락(Dirac) 델타 함수를 사용한다. C급 영역에서 볼 수 있는 것처럼 이미터 전류의 첫 번째 고조파는 입력 신호 진폭에 무관하게 된다. 간단하게 진폭에서 DC 바이어스 전류의 2배가 된다. 입력 신호는 나중에 결정되는 위상 θ에 의해서만 조절된다.

그림 10-6(c)는 첫 번째 고조파 주파수 ω에서 부성 저항 회로의 대신호 모델(C급)을 보여준다. 이 주파수에서 입력 임피던스를 결정하기 위해 입력단자에 사인파 테스트 전류 i_{in}을 인가하자. 이 테스트 전류는 커패시터 C_1을 통해 흐르며 전압 v_{be}는 다음과 같이 얻을 수 있다.

$$
v_{\text{be}} = -j\frac{1}{\omega C_1} i_{\text{in}} \tag{10.8}
$$

I_E펄스는 v_{be}의 (+) 영역 최대치에서 발생한다. 그러므로 첫번째 고조파 $i_{e(1)}$은 v_{be}과 동일한 위상을 갖고 i_{in}에 대하여 $\theta = -90°$을 갖는다. 그리고 조절되는 전류원은 다음과 같은 식을 갖는다.

$$
i_{e(1)} = -j2I_E \frac{i_{\text{in}}}{|i_{\text{in}}|} \tag{10.9}
$$

고조파 평형 분석

고조파 평형(HB)은 모의실험 비선형 시스템의 반복적인 방법으로 분석한다. ADS 모의실험기를 사용하여 회로는 선형과 비선형 부분으로 나누어진다. 비선형 부분은 퓨리에 변환을 통해 주파수 영역으로 다시 변환되고 선형 주파수 영역 회로와 결합되기 전에 시간 영역에서 반복적으로 해를 얻는다. 모든 신호는 주파수 조정을 통해 유한한 수로만 구성되어 있다.

v_{in}에 대하여 해를 구하고 i_{in}으로 나누면 첫 번째 고조파 주파수에서의 입력 임피던스를 얻는다.

$$
Z_{\text{in}(1)} = -\frac{2I_E}{|i_{\text{in}}|}\frac{1}{\omega C_2} - j\frac{1}{\omega}\left(\frac{1}{C_1}+\frac{1}{C_2}\right) \tag{10.10}
$$

이 회로는 부성저항을 만들어내고 있음을 알 수 있다. 그러나 그 크기는 입력 전류 진폭과 역비례 관계에 있다. 이 회로의 리액턴스는 소신호 모델의 경우에 변화되지 않고 남아 있으며 공진 주파수는 발진 진폭이 증가함에 따라 변화되지 않는다.

1 GHz에서 ADS를 사용하여 그림 10-6(a) 회로, 이른바 고조파 평형(Harmonic Balance) (대신호) 모의실험을 수행하면 식 (10.6)

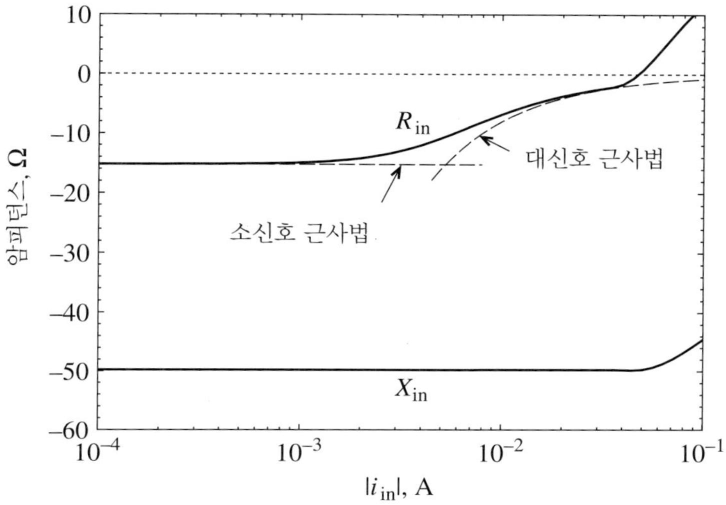

그림 10-7 • 1 GHz에서 이미터 귀환 회로 예제에 대한 고조파 평형 모의실험 결과

과 식 (10.10)으로부터 근사함으로써 그림 10-7의 입력 전류 진폭의 함수로서 입력 임피던스 $Z_{in} = R_{in} + jX_{in}$을 그릴 수 있다. 근사되고 모의실험된 입력 저항 R_{in}은 예상했던 것처럼 소신호와 대신호 영역에서 합리적으로 잘 정합된다. 가장 큰 입력 전류에 대해서, 회로는 베이스-콜렉터 접합이 순방향 바이어스를 시작할 때 정상적인 C급 동작에서 벗어나게 된다. 입력 리액턴스 X_{in}는 거의 전 대역에 걸쳐 식 (10.6)과 식 (10.10)에서 예상된 –49.7 Ω에 가깝게 지속되지만, 매우 큰 $|i_{in}|$에서는 R_{in}에서 살펴 본 바와 같은 이유로 벗어나게 된다.

저항 R에 직렬 연결된 외부 공진기를 추가하여 발진 진폭을 예측할 수 있다:

$$|i_{in}| = \frac{2I_E}{\omega C_2 R} \tag{10.11a}$$

$$|v_{in}| = |Z_{in}||i_{in}| \approx \frac{2I_E}{\omega^2 C_2 R}\left(\frac{1}{C_1} + \frac{1}{C_2}\right) \tag{10.11b}$$

외부 저항에 의해 손실되는 전력은

$$P = \frac{1}{2}|i_{in}|^2 R = \frac{2I_E^{\,2}}{\omega^2 C_2^{\,2} R} \tag{10.11c}$$

알고 있는 내용처럼, 발진기의 위상잡음을 줄이기 위해서 공진기 전력을 최대로 설정하는 것이 중요하다. 이것은 바이어스 전류를 감소시킴으로써 얻을 수 있으며, 마찬가지로 C_2 혹은 R을 감소시켜서도 얻을 수 있다. 경험적으로 $R = -R_{\text{in}}/3$(소신호)라 놓으면 발진 진폭은 다음과 같다:

$$|i_{\text{in}}| = 6\omega C_1 \frac{I_E}{g_m} = 6\omega C_1 V_T \tag{10.12a}$$

$$|v_{\text{in}}| \approx 6\frac{I_E}{g_m}\left(\frac{C_1}{C_2}+1\right) = 6V_T\left(\frac{C_1}{C_2}+1\right) \tag{10.12b}$$

$$P = 6\frac{I_E^2 C_1}{g_m C_2} = 6I_E V_T \frac{C_1}{C_2} \tag{10.12c}$$

여기서 V_T을 사용한 공식은 BJT 계열에서만 유효하며, 반면에 g_m을 사용한 공식은 임의의 트랜지스터에서 유효하다.

바이어스 전류를 증가시키거나 혹은 C_1/C_2 비율을 증가시킴으로써 공진기 전력을 증가시킬 수 있다. 또한 더 높은 C_1/C_2 비율은 직렬 저항과 연결된 더 낮은 공진기를 필요로 하는 것을 알 수 있다. 콜피츠 발진기(10.1.5절을 보라)를 갖는 실질적인 실험에서 적당한 C_1/C_2 비율이 4임을 보여주고 있으며 그림 10-6(a)의 회로에서 사용되었다. 이 비율을 사용하여 다음과 같이 간단한 식을 얻을 수 있다.

$$|v_{\text{in}}| \approx 30\frac{I_E}{g_m} = 30V_T \approx 0.78\ V \tag{10.13a}$$

$$P = 24\frac{I_E^2}{g_m} = 24I_E V_T \tag{10.13b}$$

이 시점에서 이 회로를 바탕으로 발진기의 모의실험을 준비해 보자. 실험법칙에 의하면 8 nH 인덕턴스(1 GHz에서 X = 50.3 Ω)와 직렬로 연결된 5 Ω의 저항이 그림 10-6(a)의 회로 입력측에 연결되어 있다. 근사방법을 사용하여 발진기는 0.995 GHz 주파수에서 발진 전압 진폭 $|v_{\text{in}}| = 0.78\ V_{\text{pk}} = 1.56\ V_{\text{p-p}}$을 갖고 안정화되어야 한다. 그림 10-8은 고조파 밸런스(Harmonic Balance)를 사용하여 모의실험된 트랜지스터의 베이스, 이미터 그리고 콜렉터 전압 파형을 보여준다. 모의실험은 0.9937 GHz에서 발진되는 것을 나타내 주고 있다. 베이스 전압 V_B는 v_{in}에 DC 바이어스를 더한 값이며 완전한 정현파는 아니다. 이 신호의 실질적인 진동은 1.457 $V_{\text{p-p}}$이며 반면에 첫번째 고조파는 1.438 $V_{\text{p-p}}$

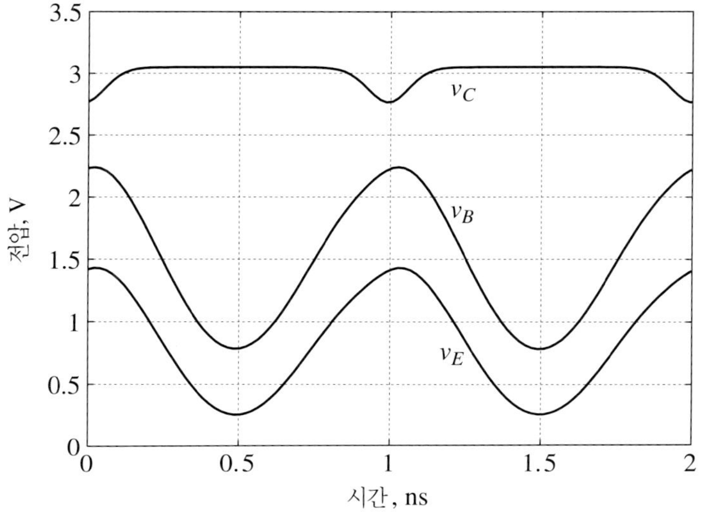

그림 10-8 ● 이미터 귀환 부성 저항 회로를 갖는 1 GHz 발진기의 고조파 평형 모의실험

으로 합리적으로 예측했던 값과 가깝게 값을 얻는다. 콜렉터 전압 V_C는 사인파 형태와는 멀어진다. 이것은 부하 저항에 펄스인 C급 콜렉터 전류가 흐르도록 한 결과이다.

C급 영역으로 더 깊이 이동함에 따라 트랜지스터의 바이어스 점이 약간 변화된다는 것을 아는 것이 중요하다. 입력 전압 진폭이 증가함에 따라 v_E는 v_B 첨두치로부터 대략 0.7 V 오프셋을 가지고 움직인다. v_E의 움직임이 커패시터에서의 전압 분배 효과 때문에 v_B의 움직임보다는 작아지게 되므로 DC 평균 V_E는 증가하게 되며 결국 V_{CE}는 감소하게 된다. 그러므로 만약 이 회로(보통 실질적인)를 바이어스하기 위해 전류원 대신에 이미터 저항을 사용한다면 발진하는 동안에 이미터 바이어스 전류는 DC 분석이 나타내고 있는 것보다는 좀 더 높아지게 된다.

회로가 C급 영역 깊숙한 곳에서 동작되므로 기본 주파수에서 이 발진기의 출력전력은 트랜지스터 바이어스 전류에만 의존하게 된다:

$$P_{\text{out}(1)} = \frac{1}{2}\left|i_{\text{load}(1)}\right|^2 R_{\text{load}} = 2I_E^2 R_{\text{load}} \tag{10.14}$$

여기서 $|i_{\text{load}(1)}| = 2I_E$는 이미터 전류와 같다. $I_E = 1$ mA 그리고 $R_{\text{load}} = 50\ \Omega$을 가진 출력전력은 −10 dBm이 될 것으로 예측되며 반면에 모의실험 결과는 −10.95 dBm이다.

이 회로에서 주목할 만한 특징은 부하가 공진기로부터 분리된 것이다. 동작 주파수가 트랜지스터의 전이주파수에 근접할수록, 그리고 소자 기생 이득이 더 영향을 줄수록 이 분리는 감소된다. 소자 기생의 또 다른 결과는 내부적인 베이스-이미터 커패시턴스가 충분히 커서 외부적인 커패시터 C_1이 요구되지 않는다는 것이다.

임피던스가 상대적으로 낮아야 한다는 부하에 대한 추가적인 항목에 유의한다. 만약 이 경우가 아니라면 콜렉터 전압 펄스(그림 10-8을 보라)는 너무 크게 성장하게 되어 트랜지스터가 C급 영역으로 나오는 원인이 된다. 또한 소자 기생이 공진기의 부하와 결합되기 때문에 낮은 부하 임피던스는 발진주파수에서 부하 변화의 영향을 최소화하게 된다.

교차 결합 회로

또 다른 일반적인 부성 저항 회로는 그림 10-9의 교차 결합 트랜지스터이다. 소신호 차동 입력 임피던스(트랜지스터에 대하여 이상적인 전달콘덕턴스 모델을 사용하는)에 대하여 이 회로를 분석하면 다음 식을 얻을 수 있다.

$$Z_{\text{in}} = -\frac{2}{g_m} = -\frac{4V_T}{I_{\text{BIAS}}} \tag{10.15}$$

여기서 $g_m = I_{\text{BIAS}}/(2V_T)$가 되며, 단락 바이어스 전류는 두 개의 트랜지스터 사이에 동일하게 분기된다. 이 회로는 순수한 부성 저항을 만들어 내며 리액티브 항목을 갖고 있지 않다(만약 소자 기생이 무시된다면 확실히 사실이다). 입력 전압 진폭이 증가함에 따라 트랜지스터 콜렉터 전류는 사각파로 근접하게 되며 반 주기 동안에 0이 되는 전

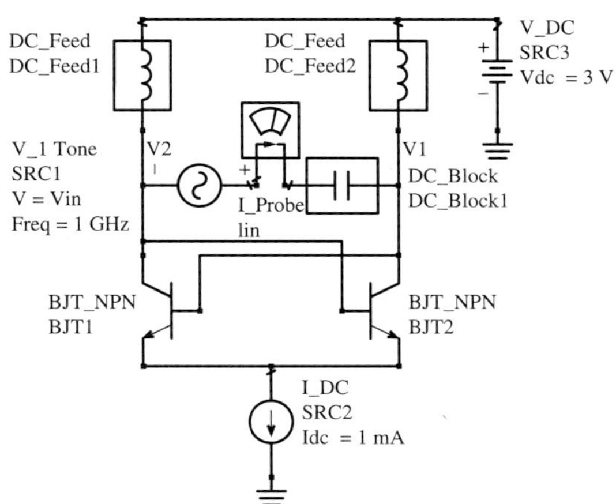

그림 10-9 • 바이어스를 가진 교차 결합 쌍으로 부성 저항을 만듦

류와 또 다른 반 주기 동안에 I_{BIAS}전류 사이를 교차하게 된다. 이와 같은 제한적인 경우에 있어서, 첫 번째 고조파 주파수에서 입력 임피던스는 다음과 같이 쓸 수 있다.

$$Z_{in(1)} = -\frac{\pi|v_{in}|}{2I_{BIAS}} \tag{10.16}$$

여기서 부성저항 크기는 입력 신호가 증가함에 따라 증가한다. 그러므로 이것은 "부성 콘덕턴스" 회로로서 고려될 수 있으며 그림 10-5(b)에서 보여준 것처럼 평행 공진기를 가지고 사용된다. 평행 공진기는 공진에서 가장 높은 분기 저항(혹은 가장 낮은 분기 콘덕턴스)에 도달하며, 이것이 주어진 회로에 대한 발진 목표가 된다.

그림 10-10은 첫 번째 고조파 주파수(1 GHz)에서 입력 임피던스에 대한 고조파 평형 모의실험을 나타내고 있으며 식 (10.15)와 식 (10.16)으로부터 근사되어 그래프가 그려졌다. 소신호 그리고 대신호 영역에서 좋은 정합을 얻을 수 있는데, 가장 큰 신호 수준에서 모델의 항복(breakdown) 사이에 전이 영역을 갖는다.

공진기의 분기 콘덕턴스 G를 알면 발진 전압과 전류 크기를 추정할 수 있다.

$$|v_{in}| = \frac{2I_{BIAS}}{\pi G} \tag{10.17a}$$

$$|i_{in}| = \frac{2}{\pi}I_{BIAS} \tag{10.17b}$$

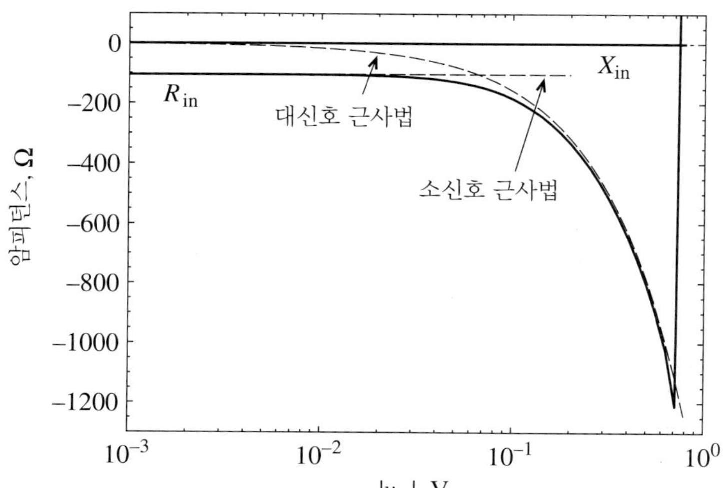

그림 10-10 • 1 GHz에서 교차 결합 부성 저항에 대한 고조파 평형 모의실험의 결과

그리고 관련된 전력 손실은

$$P = \frac{2I_{\text{BIAS}}^2}{\pi^2 G} \tag{10.17c}$$

만약 실험법칙에 의한 $G = -G_{\text{in}}/3$ (소신호)의 부성 콘덕턴스를 사용하면 다음과 같은 식으로 간단하게 만들 수 있다.

$$|v_{\text{in}}| = \frac{12I_{\text{BIAS}}}{\pi g_m} = \frac{24}{\pi}V_T \approx 0.20\ V \tag{10.18a}$$

$$P = \frac{12I_{\text{BIAS}}^2}{\pi^2 g_m} = \frac{24}{\pi^2}I_{\text{BIAS}}V_T \tag{10.18b}$$

그림 10-11은 교차 결합 부성 저항 회로를 사용하여 만들어진 발진기를 나타내고 있다. 평형 공진기는 인덕터 L_1과 L_2의 직렬연결에 커패시터 C_1을 병렬로 연결하여 구성되어 있다. 여기서 실험법칙에 의한 $G = -G_{\text{in}}/3 = 0.0032$ S = (1/312) Ω (소신호)을 사용한다. 그러나 312 Ω의 분기 저항이 명확히 나타나지 않는다. 오히려 유도성 임피던스는 3.1 Ω 저항과 직렬로 연결되어 있는 전체 5 nH를 가지고 있다. 1 GHz에서 이것은 321 Ω 저항과 분기된 5.05 nH의 인덕턴스와 동일하다. 근사 공식에 의하여 $|v_{\text{in}}| = 0.20$ $V_{\text{pk}} = 0.40$ $V_{\text{p-p}}$의 전압 크기를 갖는 0.992 GHz 발진주파수를 예측하였다. 그림 10-11에서 회로를 모의실험하면 그림 10-12에서 나타낸 파형을 만들 수 있다. 모의실험된 발진 주파수는 0.9913 GHz이다. 콜렉터 전압 파형 v_{C1}과 v_{C2}는 $|v_{\text{in}}| = |v_{c1(1)} - v_{c2(1)}| =$

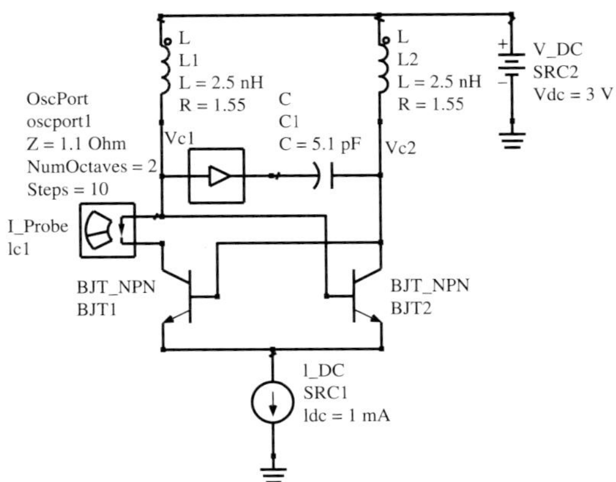

그림 10-11 • 교차 결합 발진기. OscPort와 I_Probe는 단락회로로 동작하는 모의실험 특성임

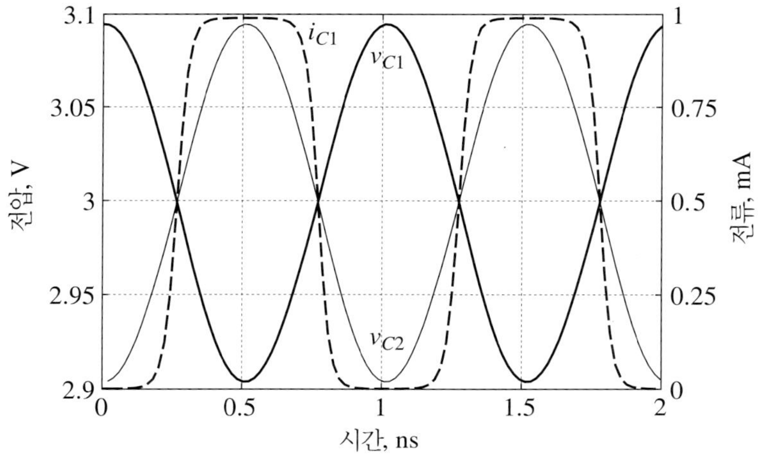

그림 10-12 ◦ 1 GHz 교차 결합 발진기의 고조파 평형 모의실험

0.382 $V_{p\text{-}p}$을 갖는 거의 완전한 사인파가 되며 예측했던 것과 비슷하게 일치된다. 콜렉터 전류 파형 i_{C1}은 예상했던 사각파로 근접한다.

앞선 회로와 달리 교차 결합 쌍은 부하가 직접적으로 공진기에 영향을 주기 때문에 발진기 전력을 끌어내어 부하로 전달하는 고전적인 방법을 제공하지 않는다. 그러므로 대부분의 응용에 있어서, 차동 혹은 단일-종단 버퍼 단계가 교차 결합 쌍 콜렉터와 부하 사이에 설치된다.

1/3 부성저항 실험의 기원

$R = -R_{in}/3$ (소신호)의 실험법칙은 공진기에서 전력 손실을 최대화하고 신호 크기에 대한 부성저항의 의존성을 간단하게 선형 근사하는 것을 바탕으로 한다.

$$R_{in(1)} = R_{in}\left(1 - \frac{|i_{in}|}{I_{max}}\right) \tag{10.19}$$

이 설명은 소신호 모델의 경우 R_{in}에서 부성 저항이 시작된다는 것을 간단하게 알려주고 있으며 발진이 더 이상 가능하지 않은 지점인 임의의 입력 전류 크기 I_{max}에서 부성저항은 0이 될 때까지 증가하는 입력 전류 크기를 가지면서 선형적으로 줄어든다. 만약 이 부성 저항과 $R = -R_{in(1)} < -R_{in}$ (소신호)의 직렬 연결된 저항을 가진 공진기를 결합한다면 $|i_{in}|$에 대한 식 (10.19)를 다음과 같이 풀 수 있다.

$$|i_{in}| = I_{max}\left(1 + \frac{R}{R_{in}}\right) \tag{10.20}$$

그리고 공진 전력을 다음과 같이 표현한다.

$$P = \frac{1}{2}|i_{in}|^2 R = \frac{1}{2}I_{max}^2\left(\frac{R^3}{R_{in}^2} + \frac{2R^2}{R_{in}} + R\right) \tag{10.21}$$

이들 표현을 살펴볼 때 R_{in}가 음의 값을 갖고 있음을 기억할 필요가 있다. 공진기 전력을 최대화시키기 위해서 R에 관련된 P의 미분값을 0으로 놓자.

$$0 = \frac{dP}{dR} = \frac{1}{2}I_{max}^2\left(\frac{3R^2}{R_{in}^2} + \frac{4R}{R_{in}} + 1\right) \tag{10.22}$$

R에 대하여 해를 구하면 두 개의 해를 얻는다

$$R = -R_{in}, \text{ 그리고 } R = -\frac{R_{in}}{3} \tag{10.23}$$

$|i_{in}|$이 $R = -R_{in}$에서 0으로 떨어지게 될 때 이 해는 일부 구간의 최소값이다. 다른 해는 공진기 전력을 최적화하는 점이 된다. 여기서 실험법칙은 정당하다.

앞서서 식 (10.19)의 선형 감소보다는 식 (10.10)의 역비례 관계와 가깝게 되는 입력 전류에 부성 저항의 의존성이 있다는 것을 알았다. 식 (10.11c)의 공진기 전력 표현은 R에 관하여 일부 구간 최대값을 가지고 있지 않다. 사실 직렬 저항 R은 공진기 전력을 최적화하기 위해 최소화되어야 한다. 그러나 그림 10-7의 입력 임피던스 그래프를 살펴보면 식 (10.10) 관계는 $R \approx -R_{in}/5$에서만 유지되며, 그 지점에서 발진 크기는 더 높아져 일반적인 C급 영역에서 벗어나고 부성저항은 빠르게 줄어들어 결국 0이 된다. 바이어스와 리액티브 부품을 다르게 선택하게 되면 식 (10.10) 관계는 훨씬 더 낮은 R/R_{in} 비율에서만 유효하다. 그러나 추가적인 내용이 있다. 발진 크기가 증가할수록 부성저항은 감소하게 되며 교대로 발진 크기는 감소하게 된다. 임의의 귀환루프를 가지면 이것은 순간적으로 적용되지 않으며 불안정성이 가능해진다. 불안정한 크기를 가진 귀환루프는 신호의 크기에 변화를 일으키며 기본적인 주파수보다 훨씬 더 낮은 주파수를 가지고 의사(quasi) 사인파를 만든다. 이 예측하기 어려운 현상은 "과도발진(squegging)"이라 부른다. 낮은 R/R_{in}과 높은 C_1/C_2 비율에서 이러한 현상이 두드러진다(그림 10-6의 회로에서 언급된 것처럼). 비록 더 낮은 위상 잡음 성능을 얻는다 하더라도 이러한 뜻하지 않은 발진을 피하기 위해 극단적인 상태를 피하고 $R \approx -R_{in}/3$과 $C_1/C_2 \approx 4$로 타협하는 것이 요구된다.

부성 저항 대 부성 콘덕턴스

부성 저항 회로에는 두 가지 형태가 존재한다. 증가하는 신호 크기에 따라 부성 저항이 증가하거나 혹은 감소하는 형태이다. 수학적인 전개에 대한 논의 없이 이들 두 가지 경우(그리고 실질적으로 약간 적절하지 않을 몇 가지 가능성) 모두 안정된 발진을 위한 쿠로카와의 조건(Kurokawa' s condition)에 포함된다.

$$\left.\frac{\partial R_{\text{in}}(I_{\text{in}},\,\omega_0)}{\partial I_{\text{in}}}\right|_{I_{\text{in}}=I_0}\left.\frac{dX(\omega)}{d\omega}\right|_{\omega=\omega_0}-\left.\frac{\partial X_{\text{in}}(I_{\text{in}},\,\omega_0)}{\partial I_{\text{in}}}\right|_{I_{\text{in}}=I_0}\left.\frac{dR(\omega)}{d\omega}\right|_{\omega=\omega_0}>0 \qquad (10.24)$$

여기서 R_{in}과 X_{in}은 능동 부성 저항 회로의 저항과 리액턴스이며 R과 X는 공진기의 저항과 리액턴스이다. 그리고 $I_{\text{in}} = |i_{\text{in}}|$은 능동회로에 대해 입력 전류 첫번째 고조파의 크기이다. 대부분의 공진기에서 저항은 주파수에 대해 거의 일정하다(적어도 중심주파수 주위의 작은 범위 내에서). 그러므로 식 (10.24)의 두 번째 항은 무시될 수 있다. 단순화되고 안정화된 발진 조건에서 이 결과는 다음과 같다.

$$\left.\frac{\partial R_{\text{in}}(I_{\text{in}},\,\omega_0)}{\partial I_{\text{in}}}\right|_{I_{\text{in}}=I_0}\left.\frac{dX(\omega)}{d\omega}\right|_{\omega=\omega_0}>0 \qquad (10.25)$$

위 식에서 볼 수 있듯이 각 미분계수의 부호는 중요하다. 만약 부성 저항 R_{in}이 증가하는 입력 전류에 따라 증가한다면 발진기 리액턴스는 주파수에 따라 증가해야만 한다(커패시브한 상태에서 인덕티브한 상태로 전이). 이러한 조건은 직렬 공진기에서 만족되며, 낮은 주파수에서는 커패시턴스가 우위를 차지하고 높은 주파수에서는 인덕턴스가 우위를 차지하게 된다. 증가하는 신호에 대해 감소하는 R_{in}의 경우, 공진기 리액턴스는 주파수에 대해서 감소해야 한다(인덕티브한 상태에서 커패시티브한 상태로 전이). 확실히 평행 공진기는 이 조건을 만족한다.

10.1.3 발진기 위상 잡음

발진기의 특성을 나타내는 성능 중에서 위상잡음은 아마도 가장 중요한 항목이 된다. 위상잡음과 위상잡음의 시간영역 항목인 지터(jitter)는 출력신호의 위상(혹은 주파수)의 랜덤 변화에 의존한다. 위상잡음은 때때로 위상과 진폭 잡음 사이를 구별하지 않는 스펙트럼 분석기를 사용하여 주파수 영역에서 측정된다. 진폭 변화가 발진기의 진폭귀환 메커니즘에 의해 감쇄되기 때문에 이 측정값은 “위상잡음”이라고 불린다. 반면에 위상잡음은 변경되지 않고 남아있게 되는데, 결과적으로 위상잡음이 반송자에 가깝게 위치한 전체 잡음을 지배하게 된다. 그러나 위상잡음이 반송자로부터 멀리 떨어지게 되면 상당한 양의 진폭잡음이 남아있게 된다.

발진기의 위상잡음은 열, 충격 그리고 $1/f$ 잡음을 포함한 발진기 회로의 여러 가지 잡음원에 기인한다. 위상잡음에 대해 직관적으로 이해하기 위해 정상상태의 병렬 공진기, 잡음성 콘덕턴스 그리고 잡음에서 완전히 자유로운 능동 부성 콘덕턴스 회로로 구성되는 이상적인 발진기를 고려해 보자. 이 공진기 콘덕턴스는 백색 열적(Johnson) 잡음에 의해서만 발생되며 다음 식의 평균제곱 스펙트럴 밀도를 가진 노턴 등가 전류원에 의해서 표현될 수 있다.

$$\frac{I_n^2}{\Delta f} = 2kTG \tag{10.26}$$

여기서 k는 볼츠만 상수, T는 온도, G는 공진기의 콘덕턴스이며 Δf는 잡음 대역이다. 발진기 주파수에 가깝게 되면 능동회로의 부(negative) 콘덕턴스는 효과적으로 공진기 콘덕턴스 G를 상쇄한다. 발진기의 출력이 공진기 양단의 전압(혹은 콘덕턴스 G에 전달되는 전력)이라고 가정하면 출력잡음은 순수한 리액턴스 병렬 공진기를 통해서 흐르는 잡음전류의 결과이다.

$$\frac{V_n^2}{\Delta f} = \frac{I_n^2}{\Delta f}|Z(\omega)|^2 \tag{10.27}$$

여기서 손실 없는 병렬 공진기의 임피던스는 다음과 같이 쓸 수 있다.

$$Z(\omega) = \frac{1}{j\omega C + \dfrac{1}{j\omega L}} = j\frac{1}{GQ\left(\dfrac{\omega_0}{\omega} - \dfrac{\omega}{\omega_0}\right)} \tag{10.28}$$

식 (10.28)에서 Q는 원래 손실 있는 병렬 공진기의 품질 요소이다. 만약 중심주파수로부터 아주 작은 주파수 편이($\Delta\omega << \Delta\omega_0$)를 고려한다면, 공진기 임피던스를 다음 식과 같이 유추할 수 있다.

$$Z(\omega_0 + \Delta\omega) \approx -j\frac{\omega_0}{2GQ\Delta\omega} \tag{10.29}$$

식 (10.29)을 식 (10.27)에 대입하면 다음 식을 얻는다.

$$\frac{V_n^2}{\Delta f} = 4kTG\left(\frac{\omega_0}{2GQ\Delta\omega}\right)^2 = \frac{4kT}{G}\left(\frac{\omega_0}{2Q\Delta\omega}\right)^2 \qquad (10.30)$$

여기서 Δf와 $\Delta\omega$은 다른 양으로서 언급된다. 각각 반송자로부터 잡음대역 및 주파수 편이이다. 위의 표현은 발진기의 위상잡음에 가깝다. 발진기에서 진폭 귀환을 고려할 필요가 있다. 열역학의 **등분배 이론**에 따라 잡음성 콘덕턴스는 진폭과 위상잡음 전력과 동일한 양만큼 발생된다. 그러나 진폭 귀환은 임의의 진폭 파동을 강하게 감쇄시킨다. 결과적으로 발진기 출력은 식 (10.30)에 의해서 나타난 평균–제곱 잡음의 절반만을 포함하고 있다.

등분배 이론

고전적 통계학 메커니즘에서, 등분배 이론은 열평형에서 열적 에너지가 평균적으로 여러 형태로 동등하게 공유되고 있다는 것을 말하고 있다. 예를 들면, 만약 가스 분자가 움직이고 회전한다면 물체의 이동과 회전이동에 따른 운동에너지는 평균적으로 같다. 발진기의 잡음은 같은 원리에 따른다. 직교성분, 크기와 위상 잡음, 공유 잡음 전력은 동등하다.

마지막으로 발진기의 평균 위상잡음 규격은 위상잡음 전력과 반송자 전력을 비교한다. 전형적인 규격은 반송자 주파수에서 반송자 전력까지 주어진 편이에서 1 Hz 대역폭 내의 잡음 전력 비율이다.

$$L(\Delta\omega) = \frac{P_n/(\Delta f)}{P_c} = \frac{V_n^2 G}{\Delta f}\frac{1}{P_c} = \frac{2kT}{P_c}\left(\frac{\omega_0}{2Q\Delta\omega}\right)^2 \qquad (10.31)$$

여기서 P_n은 잡음 전력이며 P_c는 반송자 전력이다(콘덕턴스 G에서 모두 손실되어 버리는). 위의 비율은 때때로 데시벨 단위로 주어지며 반송자로부터 주어진 주파수 오프셋에서 dBc/Hz로 쓴다. 비록 단위 dB/Hz가 기술적으로 올바르지 않다 하더라도 문헌에서 폭넓게 받아들여지고 있다.

발진기 위상잡음 스펙트럼 밀도는 백색 열적 잡음 원과는 다르게 주파수에 강하게 의존한다. 위상잡음 스펙트럼 밀도는 반송자에서 무한대로 접근하며 반송자로부터 멀어지면 주파수 오프셋의 제곱으로 떨어진다. 로그 스케일 그림에서, 이러한 형태의 그래프는 –20 dB/decade를 나타내고 있다. 주어진 주파수 오프셋에서 위상잡음은 공진기 특성 요소의 제곱과 역비례 관계에 있다는 것을 알 수 있다. 그러므로 공진기 Q를 증가시키는 것이 발진기의 위상잡음을 줄일 수 있는 가장 효과적인 방법이다. 또한 반송자 비율에 대한 위상잡음은 반송자 전력에 역비례에 의존한다. 이런 특이한 잡음 형태는 반송자 전력에 무관하며 공진기에서 손실되는 전력을 최대로 하는 것이 위상잡음을 줄이는데 도움이 된다. 마지막으로 위상잡음 전력이 발진 주파수의 제곱에 따라 증가하고 있음을 알아야 한다.

비록 위의 위상잡음 전개가 극히 단순하지만 실제 발진기에 적용되는 위상잡음의 비교적 정확한 양적 모델을 세운 것이다. 이 위상잡음 스펙트럼 밀도는 일반적으로 정확지만 실제 발진기는 식 (10.31)에 포함되어 있는 잡음보다 더 많은 잡음을 만들 것이다. 실제 발진기의 능동 부분은 비선형, 시간조화 회로이며 반송자 근처의 고조파 주파수로부터 기본 주파수까지 잡음을 상향 변환 혹은 하향 변환하는 믹서(mixer)로서 동작한다. 그러므로 위상잡음에 추가되는 열적 잡음의 양은 증가하게 된다. 추가적으로 능동 소자는 여러 열적 그리고 충격 잡음을 포함한 소자 자체의 백색 잡음의 일부를 첨가한다. 설상가상으로 트랜지스터의 1/*f* 잡음은 매우 낮은 주파수(kHz로부터 수 MHz까지)에서만 일반적으로 중요하며 반송자 근처로 상향 변환된다. 마지막으로 반송자로부터 비교적 큰 주파수 오프셋에서 잡음은 기저 잡음(noise floor)에 다다른다.

Leeson은 위에서 설명한 모든 효과들을 포함한 발진기 위상 잡음에 대한 방정식을 전개하였다.

$$L(\Delta\omega) = \frac{2FkT}{P_c}\left[1 + \left(\frac{\omega_0}{2Q\Delta\omega}\right)^2\right]\left(1 + \frac{\Delta\omega_{1/f^3}}{|\Delta\omega|}\right) \tag{10.32}$$

이 식은 식 (10.31)의 단순화된 형태라는 것을 알아야 한다. 잡음 요소 F는 잡음이 없는 부성 저항의 이상적인 경우와 비교하여 잡음이 증가되고 있다는 것을 설명하고 있다. 잡음 스펙트럼의 $1/\Delta\omega^2$ 항의 1의 추가적인 항목은 기저잡음(noise floor)을 나타내고 있으며 여기서 기저단 잡음은 공진기의 3 dB 대역폭 점에 근사적으로 접근한다. 오른쪽의 추가적인 곱셈 항은 반송자에 가까운 $1/\Delta\omega^3$(−30 dB/decade)에 따라 변하는 잡음을 발생시킨다. 이 항은 상향 변환과 변조 시 발진기에 의해 위상 잡음에 의해 저주파 1/*f* 잡음을 일으키는데 −30 dB/decade 감소로부터 −20 dB/decade 감소까지 전이되는 주파수 오프셋은 $\Delta\omega_{1/f^3}$이다. 이 항은 트랜지스터에 대한 1/*f* 잡음 주파수에 가깝다. 그러나 정확히 같지 않다. 그림 10-13은 식 (10.31)에서 이상적인 발진기의 위상잡음과 비교하여 도식적으로 식 (10.32)에 따라 Leeson의 위상잡음 스펙트럼의 형태를 설명하고 있다.

식 (10.32)인 Leeson의 위상잡음 모델은 위상잡음 스펙트럼 형태를 잘 근사화하고 있다. 그러나 회로로부터 이들 파라미터를 전개하는 방법을 제공하지 않는다. 잡음 요소 F는 이들 트랜지스터로부터 만들어진 증폭기의 잡음 지수와 관계를 가지고 있지 않다. 이 회로는 대신호 모델의 강하게 비선형인 영역에서 동작하기 때문이다. 비록 공식이 공진기의 3 dB 점에서 기저 잡음(noise floor)에 다다른다는 것을 이야기하고 있지만 실제적인 기저 잡음은 발진기 후의 버퍼 단계에 의존한다. 마지막으로 $\Delta\omega_{1/f^3}$ 코너 주파수 오프셋은 정확하게 트랜지스터에 대한 저주파 1/*f* 잡음 코너와 일치하지 않는다. 사실 정확히 최적화된 발진기에서 $\Delta\omega_{1/f^3}$ 코너는 1/*f*보다 상당히 낮다.

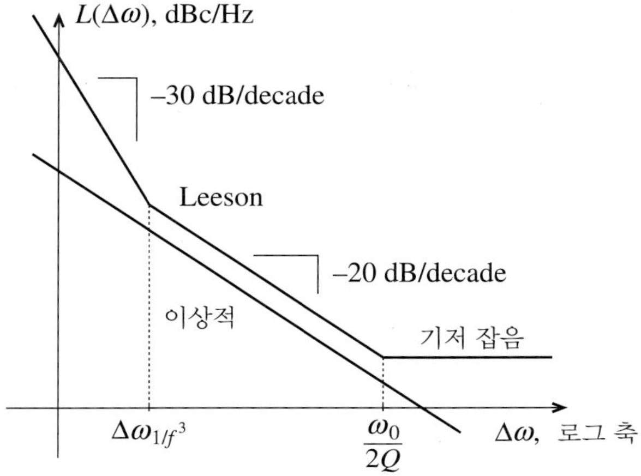

그림 10-13 • Leeson의 모델과 이상적인 발진기 모델에 따른 발진기 위상 잡음

발진기 회로로부터 Leeson의 공식 파라미터에 대한 값을 전개하려는 많은 시도가 있었다. 흥미로운 전개 중에 하나는 Hajimiri의 시간조화 잡음 모델이다. 직관적이지만 정확하게 잡음의 상향 그리고 하향 변환과 충격잡음 혹은 채널잡음과 같은 트랜지스터 잡음의 특별한 특성을 설명하고자 하였다. 충격잡음은 하나의 발진 주기 내에 상당히 변화되는 콜렉터 전류에 비례하기 때문에 시간조화함수이다. 지금까지 모의실험을 해 온 모든 발진기 회로에서 이러한 강한 변화를 마주하게 된다.

Hajimiri의 모델은 임펄스 감도 함수(Impulse Sensitivity Function)의 개념을 바탕으로 하며, 이 함수는 시간 영역에서 발진의 위상에 대한 잡음 펄스의 효과를 설명한다. 공진기 에너지가 주기적으로 공진기의 다른 에너지 저장 인자 사이를 이동하기 때문에, 단위 펄스(잡음) 전류원은 순간시간의 발생에 의존하는 다른 양에 의해서 파형 위상을 천이시킨다. 발진기에 바탕을 둔 이상적인 병렬 공진기를 고려해 보자. 잡음 전류 임펄스 순간에 만약 모든 에너지가 커패시터에 저장된다면 결과적으로 전압 크기에서 변화가 있을 것이다. 그러나 위상에서 변화는 없다. 크기 귀환 메커니즘이 곧 발진의 크기를 정확하게 이끌기 때문에 발진주기의 이 시점에서 ISF는 0이다. 다른 한편으로 만약 모든 에너지가 인덕터 내에 저장된다면 임펄스 전류원은 발진기가 보상할 수 없는 위상 천이를 도입하게 된다. ISF는 이 시점에서 극한(양의 첨두치 혹은 음의 첨두치)에 다다른다. 잡음의 상향 그리고 하향 변환이 ISF의 퓨리에 급수 계수에 의해 간단하게 설명될 수 있다는 것이 판명되었다. DC 근처로부터 발생하는 잡음은 ISF의 DC 값에 비례하는 반송자 근처로 상향 변환된다. 반송자 근처로부터 발생하는 잡음은 ISF의 첫 번째 고조파에 의해 곱해진다. 2배의 반송자 주파수로부터 발생하는 잡음은 ISF의 두 번째 고조파에 따라 반송파 근처로 하향 변환된다. 이러한 절차는 계속된다.

ISF는 아직 회로로부터 쉽게 전개될 수 없지만 Hajimiri는 ISF를 예측하는 세 가지 방법을 보여주고 있다. 이들 방법 중 하나에서, ISF는 간단하게 발진기 전압 파형(더 정확하게 이야기하면 공진기 커패시터 전압)의 도함수에 비례한다. ISF를 결정하는 최선의 방법은 회로 시뮬레이터를 사용하는 것이다.

ISF 이론으로부터 하나의 결론은 위상 잡음을 줄이기 위해 전체적인 ISF RMS를 최소화해야 한다는 것이며, 이것은 파형의 상승시간과 하강시간을 최소화하는 것으로 해석될 수 있다. 공진기 내에 저장된 에너지를 최대화—잡음 임펄스 확산이 덜 이루어지는—되기 때문에 P_c와 Q를 최대화하는 것은 아직도 위상잡음을 줄이기 위한 믿을 만한 방법으로 예측된다. 추가적인 결론은 $1/\omega^3$ 잡음이 ISF의 DC 값을 줄임으로써 최소화될 수 있는 것이다. 우수 대칭 혹은 반 파장 대칭을 가진 파형은 이론적으로 영이 아닌 ISF DC 값을 갖는다. 한 파장 대칭은 파형주기의 반이 또 다른 반 주기의 역 버전일 때이다. 우수 대칭은 실현하기 어렵지만 반 파장 대칭은 파형(예를 들면 모든 우수 고조파 주파수에서 단락회로로서 나타나는 단락회로 $\lambda/4$ 전송선로 스텁을 삽입함으로써)으로부터 우수 고조파를 제거하거나 혹은 CMOS 기술에서 평형된 보상 트랜지스터 쌍을 사용함으로써 증가시킬 수 있다.

충격 잡음을 정확하게 취급하기 위해서, 콜렉터 전류 파형의 형태가 고려되어야 한다. 이 잡음원에 대해서, 유효한 ISF는 일정한 인자 내에서 전개되었으며 보통의 ISF는 순간적인 콜렉터 전류에 의해 곱해진다. 이것으로부터 얻어진 추가적인 결론은 좋은 발진기에서 트랜지스터 전류가 짧은 시간(shot burst)에 발생해야 하므로 ISF가 0이 되는 시간과 일치해야 한다(모든 에너지가 커패시턴스 내에 있을 때). 만약 그림 10-8에서 고려했던 첫 번째 회로의 파형을 검토해 보면, 이 회로가 어떻게 동작하는지 정확히 알 수 있다. 이 잡음성 이미터 전류는 파형 전압 첨두치 주위에 짧은 순간에 발생하며 여기서 대부분의 공진기 에너지는 커패시터에 저장되어 있다. 그러므로 이 회로는 같은 Q와 P_c을 갖는 경우 다른 발진기 형태와 비교하여 더 낮은 위상잡음을 가질 것으로 예측된다. 이것은 실제적으로 타당하다. 그림 10-12의 교차 결합 회로 파형은 다른 형태를 나타내고 있다. 여기서 바이어스 전류는 연속적으로 충격잡음을 만들면서 항상 적어도 트랜지스터들 중 하나를 통해서 흐른다. 그러므로 이러한 발진기는 상대적으로 더 성능이 안 좋은 위상 잡음을 가진다.

실제적으로 가장 나쁜 위상잡음을 만들어내는 관련된 발진기는 링 발진기이다. 이 발진기는 링 내에 연결된 논리 변환장치로 구성된다. 동작하는 동안에, 논리 전이 체이스(chase)는 폐회로를 돈다. 발진 주파수는 변환장치의 전파(propagation) 지연에 의해서 결정된다. 이 변환장치는 부하 커패시터를 가질 수도 있고 그렇지 않을 수도 있다. 그러므로 이 회로의 성능요인 Q는 불행하게도 1 정도가 된다. 더불어 변환 트랜지스터는 파형 전압 전이 동안에(잡음성) 전류를 만들어 낸다. 여기서 발진기의 위상은 잡음 임펄스(ISF의 첨두치)에 매우 민감하다. 이것은 아마도 정확하게 발진기를 설계하는 데 있어 잘못된 방법이지만 상당한 크기의 인턱터가 요구되지 않기 때문에 집적 회로에서 아직도 유용하게 사용된다. 변환장치의 DC 전원 공급기는 이러한 형태의 발진기 출력 주파수를 조절할 수 있다. 링 발진기는 거의 항상 위상동기회로(PLL)에서 사용된다. 위상동기 내에서 귀환은 반송자에 근접해 있는 위상잡음을 상당히 줄일 수 있다.

PLL

위상동기회로(PLL)는 입력 신호(기준)의 주파수에 배수인 주파수를 갖는 출력 신호를 만들어내는 것이다. PLL의 핵심은 이른바 VCO라고 불리우는 발진기를 조절할 수 있는 위상/주파수 비교기이다. 두 개 신호의 주파수와 위상을 비교하는 것을 제외하면 동작하는 증폭기와 어느 정도 유사하게 작동하며 비교의 결과에 따라 주파수를 증가시키거나 감소시킨다. 비교기의 반전 입력 부성 귀환은 비 반전 증폭기에서 전압분배기와 유사하게 비교기의 반전 입력을 하는 중에 주파수 분배기(프로그래머블 카운터)를 통하여 출력신호를 지나감으로써 만들어진다.

10.1.4 귀환 발진기 설계

저주파 발진기 및 RF 발진기의 개발에서 기본적인 중요성 때문에 그림 10-14와 같은 2단자 귀환회로에 집중해 보자.

귀환루프의 전달함수를 직접 구할 수 있다. 예를 들면, 입력과 출력 임피던스가 크다

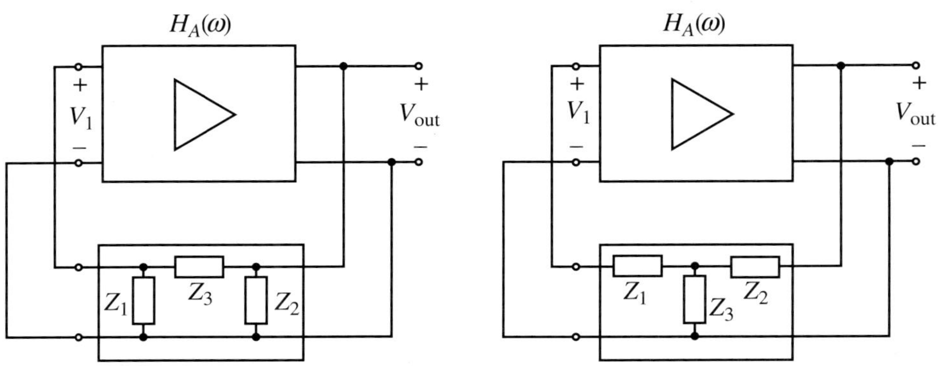

(a) Pi형 귀환 (b) T형 귀환

그림 10-14 • Pi와 T형 귀환 루프를 가진 귀환회로

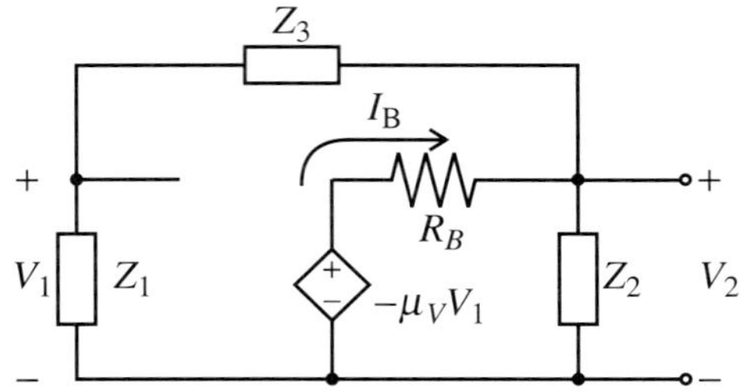

그림 10-15 • FET 전기회로 모델을 가진 귀환 발진기

는 가정 아래 Pi형 회로의 경우 전달함수는

$$H_F(\omega) = \frac{V_1}{V_{\text{out}}} = \frac{Z_1}{Z_1 + Z_3} \tag{10.33}$$

증폭기의 전달함수 $H_a(\omega)$의 계산은 좀더 복잡하다. 증폭기 전달함수는 능동소자의 선택과 등가회로 모델에 따라 달라진다. 이러한 개념을 증명하기 위하여 전압이득이 μ_V이고 출력저항이 R_B로 나타내는 간단한 FET의 저주파 모델을 이용하기로 한다. 그림 10-15과 같이 나타낸 회로에서 루프방정식을 구하면

$$\mu_V V_1 + I_B R_B + I_B Z_C = 0 \tag{10.34}$$

이며, 여기에서 $1/Z_C = Y_C = 1/Z_2 + 1/(Z_1 + Z_3)$이다.

식 (10.34)에서 I_B에 대하여 풀고 Z_C를 곱하면 출력전압 V_{out}를 구할 수 있으며 이로부터 전압이득은 다음과 같음을 알 수 있다.

$$H_A(\omega) = \frac{V_{\text{out}}}{V_1} = \frac{-\mu_V}{Y_C R_B + 1} \tag{10.35}$$

그러므로 폐-루프 전달함수는 다음과 같다.

$$H_F(\omega)H_A(\omega) = \frac{-\mu_V Z_1 Z_2}{Z_2 Z_1 + Z_2 Z_3 + R_B(Z_1 + Z_2 + Z_3)} \equiv 1 \tag{10.36}$$

이 식은 귀환루프에서 세 개의 임피던스의 선택에 따라 여러 종류의 발진기를 설계할 수 있게 한다. 저항성 손실을 없애기 위하여 순수한 리액턴스 성분 $Z_i = jX_i (i = 1, 2, 3)$을 선택하기로 한다. 이렇게 하면 이 식의 분자는 실수가 된다. 특히 분모를 실수로 만

들기 위하여 $X_1 + X_2 + X_3 = 0$이 되어야 한다. 이 관계식은 리액턴스 중의 하나는 다른 두 개 리액턴스의 마이너스 합이 되어야 함을 의미한다. 음의 리액턴스 값은 커패시터에 해당하며 양의 리액턴스 값은 인덕터에서의 값과 같다. 예를 들어 $X_3 = -(X_1 + X_2)$로 결정하고 식 (10.36)에 대입하면 그 결과는 다음과 같다.

$$\frac{\mu_V X_1 X_2}{-X_2 X_1 + X_2(X_1 + X_2)} = \frac{\mu_V}{X_2} X_1 = 1 \tag{10.37}$$

식 (10.37)에 따라 X_1과 X_2는 동일한 부호를 가지나 그 값은 다르다. 표 10-1에서는 귀환루프의 몇 가지 형태를 요약하여 나타내었다.

종종 사용되는 두 가지 형태를 소개하면 하나는 **Hartley 발진기**로 $X_1 = \omega L_1$, $X_2 = \omega L_2$ 및 $X_3 = 1/(\omega C_3)$로 구성되며 다른 하나는 **Colpitts 발진기**로 $X_1 = 1/(\omega C_1)$, $X_2 = 1/(\omega C_2)$, 및 $X_3 = \omega L_3$로 구성되어 그림 10-16과 같이 나타낼 수 있다. 여기에서 FET를 능동소자로서 선택하였다. 저항 R_A, R_B, R_D 및 R_S는 DC 바이어스점을 나타내기 위한 바이어스 저항이며 C_S는 RF 바이패스 커패시터, C_B는 DC 차단(blocking) 커패시터이다.

L과 C소자 결합의 다양한 선택은 실제적으로 주어진 주파수를 구현할 수 있는 범위로 제한되며 종종 혼합형태가 사용된다. 예로 인덕턴스가 매우 작다면 커패시터를 직렬로 연결하여 매우 큰 실효 인덕티브 리액턴스(**Clapp 발진기**)를 나타낼 수 있다.

표 10-1 • 그림 10-14(a)에 의한 발진기 설계의 다양한 귀환형태

X_1, X_2		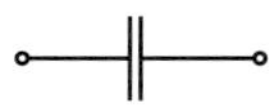
X_3	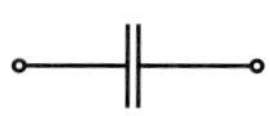	
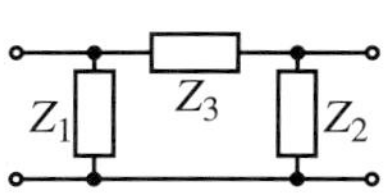	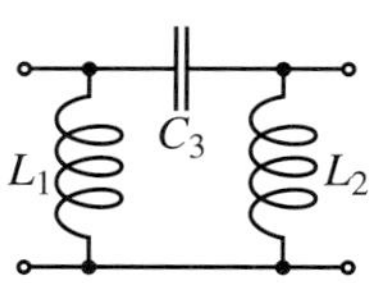 Hartley	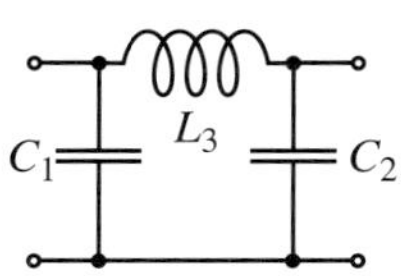 Colpitts 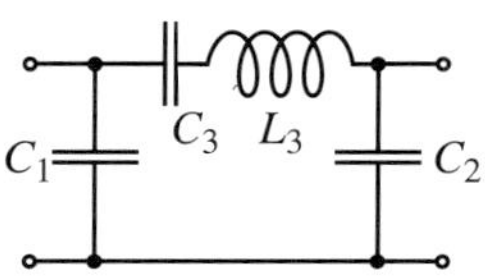 Clapp

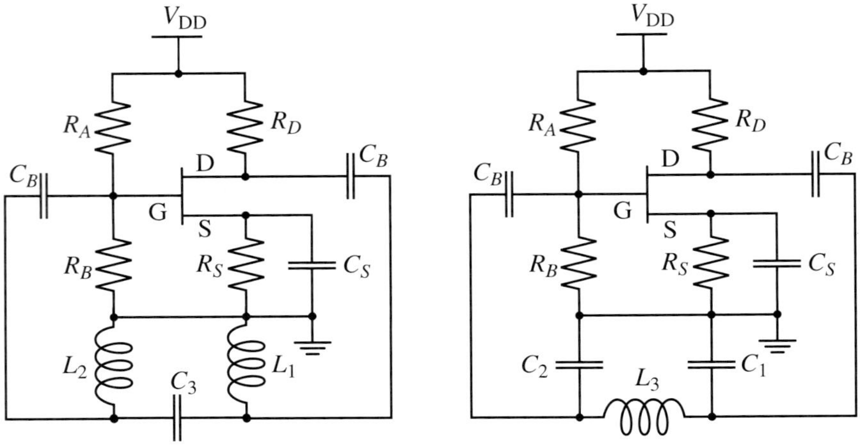

(a) Hatrley 발진기 (b) Colpitts 발진기

그림 10-16 • Hartley 및 Colpitts 발진기

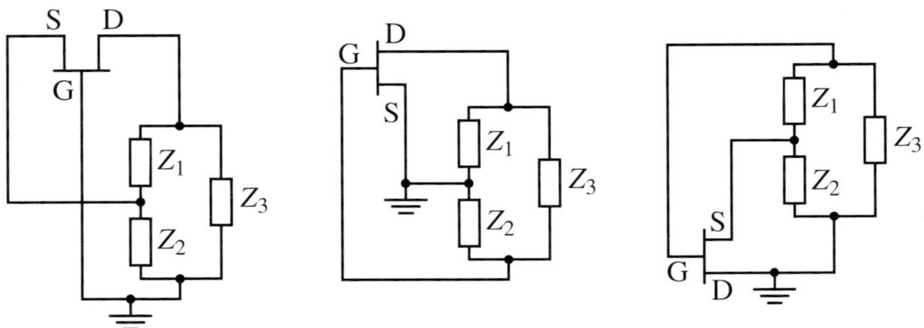

(a) 게이트 접지 (b) 소스 접지 (c) 드레인 접지

그림 10-17 • 게이트 접지, 소스 접지 및 드레인 접지 형태

소스 접지(BJT의 경우 이미터접지)형태 이외에 게이트 접지(베이스 접지)와 드레인 접지(콜렉터 접지)형 발진기는 그림 10-17에서와 같이 설계될 수 있으며 여기에서 모든 DC바이어스 소자들은 생략되었다.

10.1.5 설계과정

발진기 설계를 종종 복잡하게 만드는 것은 능동소자를 설명하는 비선형 등가회로가 주파수가 높아짐에 따라 복잡하게 표현되기 때문이다. 특히 발진기는 부가회로를 구동시켜야 하며 어느 정도의 전력을 제공해야 한다. 이와 같은 발진기의 출력부하는 주파수

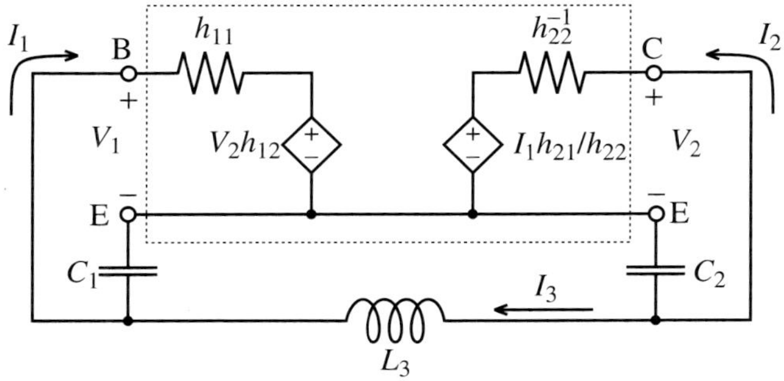

그림 10-18 • Colpitts 발진기 설계

안정도와 발진파형의 순수도에 대하여 영향을 미친다.

독자들로 하여금 주요 설계과정을 알아볼 수 있도록 저주파 Colpitts 발진기의 설계과정을 알아보자. 적합한 귀환루프를 가진 h-파라미터 형태를 그림 10-18에 나타내었다. 회로에서 입력, 출력 및 귀환루프를 포함시킨 키르히호프 전압 방정식은 출력전압 $V_2 = V_{out} = I_2/h_{22} - I_1(h_{21}/h_{22})$을 이용한 미지의 전류에 대한 매트릭스 형태로 다음과 같다.

$$\begin{bmatrix} \left(h_{11}-jX_{C1}-\dfrac{h_{12}h_{21}}{h_{22}}\right) & \dfrac{h_{12}}{h_{22}} & jX_{C1} \\ -\dfrac{h_{21}}{h_{22}} & \left(\dfrac{1}{h_{22}}-jX_{C2}\right) & -jX_{C2} \\ jX_{C1} & -jX_{C2} & j(X_{L3}-X_{C1}-X_{C2}) \end{bmatrix} \begin{Bmatrix} I_1 \\ I_2 \\ I_3 \end{Bmatrix} = \begin{Bmatrix} 0 \\ 0 \\ 0 \end{Bmatrix} \tag{10.38}$$

행렬식을 계산하고 허수부분을 영으로 놓아 정리하면 다음 식이 된다.

$$f = \frac{1}{2\pi}\frac{1}{\sqrt{C_1C_2}}\sqrt{\frac{h_{22}}{h_{11}}+\frac{C_1+C_2}{L_3}} \tag{10.39}$$

식 (10.38)의 행렬식의 실수부를 영으로 놓고 $h_{12} \ll 1$로 가정하면 커패시터의 비 C_1/C_2에 관련된 2차방정식으로 표현된다.

$$\frac{C_1^2}{C_2^2}(h_{11}h_{22}-h_{12}h_{21}) - \frac{C_1}{C_2}h_{21} + 1 = 0 \tag{10.40}$$

여기에서 $h_{21}{}^2 \gg 4(h_{11}h_{22}-h_{12}h_{21})$로 가정하면 다음 식과 같이 간략화된다.

$$C_1 \approx \frac{h_{21}}{h_{11}h_{22}-h_{12}h_{21}}C_2 \tag{10.41}$$

전개과정에서 h-파라미터를 실수로 취급하였다. 어느 정도로 높은 고주파에서 h-파라미터는 위상각을 나타내므로 실제 주파수 종속 동작관계를 나타내기 위하여 제4.3.2절에서의 식과 구분할 필요가 있다. 이러한 상황에서 식 (10.39)와 식 (10.41)의 공식을 유도하기는 거의 불가능하며 수치적 결과를 얻기 위하여 수학적 정산표에 의지해야만 한다.

RF&MW→

예제 10-1 • Colpitts 발진기 설계

200 MHz의 발진주파수를 갖는 이미터 접지 형태의 Colpitts BJT 발진기를 설계하고자 한다. 바이어스는 $V_{CE} = 3$ V, $I_C = 3$ mA이며 실온 25°C에서 회로 파라미터는 다음과 같다. $C_{BC} = 0.1$ fF, $r_{BE} = 2$ kΩ, $r_{CE} = 10$ kΩ, $C_{BE} = 100$ fF. 인덕턴스가 $L_3 = L = 50$ nH를 초과하지 않는다면 귀환루프에서 커패시턴스의 값을 구하라.

풀이:

첫 번째 단계는 h-파라미터의 결정이다. DC상태에서 값을 계산하면 아래와 같다.

$$h_{11} = h_{ie} = \frac{r_{BE}}{1 + j\omega(C_{BE} + C_{BC})r_{BE}} = 2000\ \Omega$$

$$h_{12} = h_{re} = \frac{j\omega C_{BC} r_{BE}}{1 + j\omega(C_{BE} + C_{BC})r_{BE}} = 0$$

$$h_{21} = h_{fe} = \frac{r_{BE}(g_m - j\omega C_{BC})}{1 + j\omega(C_{BE} + C_{BC})r_{BE}} = 233.32$$

$$h_{22} = h_{oe} = \frac{1}{r_{CE}} + \frac{j\omega C_{BC}(1 + g_m r_{BE} + j\omega C_{BE} r_{BE})}{1 + j\omega(C_{BE} + C_{BC})r_{BE}} = 0.1\ \text{mS}$$

DC상태에서 h-파라미터는 실수이며 식 (10.41)로부터 C_1과 C_2의 비를 다음과 같이 구할 수 있다.

$$C_1 = \frac{h_{21}}{h_{11}h_{22} - h_{12}h_{21}} C_2 = 1166.6 C_2$$

비례상수 K를 도입하여 $C_1 = KC_2$로 하면 식 (10.39)는 다음과 같이 다시 표현된다.

$$f = \frac{1}{2\pi}\frac{1}{C_2\sqrt{K}}\sqrt{\frac{h_{22}}{h_{11}} + (1+K)\frac{C_2}{L}} \tag{10.42}$$

C_2에 대해 식 (10.39)의 공진조건을 풀면 다음과 같다.

$$C_2 = \frac{\frac{1+K}{L} + \sqrt{\left(\frac{1+K}{L}\right)^2 + 16K\pi^2 f^2 \frac{h_{22}}{h_{11}}}}{8K\pi^2 f^2} = 12.68 \text{ pF}$$

여기서 인덕턴스 $L = 50$ nH가 사용되었다.

이미 알고 있는 C_2로부터 $C_1 = 1166.6C_2$, 혹은 $C_1 = 14.79$ nF을 얻는다. 앞으로의 설계에서 트랜지스터의 h-파라미터는 DC 조건에서 주어진다. 그러나 실제적으로 발진기는 공진주파수 200 MHz에서 동작하므로 여기에서 h-파라미터는 다음과 같다.

$$h_{11} = h_{ie} = \frac{r_{BE}}{1 + j\omega(C_{BE} + C_{BC})r_{BE}} = (1881 - j473)\Omega$$

$$h_{12} = h_{re} = \frac{j\omega C_{BC} r_{BE}}{1 + j\omega(C_{BE} + C_{BC})r_{BE}} = 5.9 \times 10^{-5} + j2.4\times10^{-4}$$

$$h_{21} = h_{fe} = \frac{r_{BE}(g_m - j\omega C_{BC})}{1 + j\omega(C_{BE} + C_{BC})r_{BE}} = 219 - j55$$

$$h_{22} = h_{oe} = \frac{1}{r_{CE}} + \frac{j\omega C_{BC}(1 + g_m r_{BE} + j\omega C_{BE} r_{BE})}{1 + j\omega(C_{BE} + C_{BC})r_{BE}}$$
$$= (0.11 + j0.03) \text{ mS}$$

위에서 보는 바와 같이 이 주파수에서 h-파라미터는 DC 조건에서의 값과는 약간 다르게 표현되었으므로 분석은 설정한 주파수에 동일하게 적용할 수 있으며 발진기는 단지 최소의 조정(tunning)만을 하게 된다.

실제적으로 주어진 발진주파수에서의 h-파라미터는 DC값과 상당히 다르게 나타나고 결국 상당한 튜닝이 필요하게 된다. 이 차이는 주파수가 높아지면 매우 심각하게 된다. 또한 무손실 리액티브 소자로 가정하는 것은 C_1/C_2 비율을 비현실적으로 크게 만든다. 전에 논의된 것처럼 이 비율은 일반적으로 4로 설정한다.

10.1.6 수정발진기

수정발진기는 전기공진회로에 비교하여 많은 이점을 나타내고 있다. 매우 높은 양호도(10^5 및 10^6 범위에서)를 보이고 있어 주파수 안정도가 높으며 온도 변화에 거의 무관하다는 것 등은 주요 이점이다. 그러나 수정체는 기계 역학적인 시스템이기 때문에 공진주파수 250 MHz 이상을 만들기가 매우 어렵다는 단점이 있다.

수정발진자는 전계를 가하면 수정체에서 일어나는 압전효과를 이용한 것으로 전계를 가하면 수정체의 기계적 변형을 일으키게 된다. 수정체의 기하학적인 형태와 수정체 절단방향에 따라 공진주파수에서 종파(longitudinal) 진동으로 동작한다.

대표적인 수정발진기의 전기회로적인 표현은 그림 10-19와 같다. 회로는 설계된 수정체의 공진점 중의 하나에서 전기동작을 나타낸 것이다.

R_q와 L_q와 함께 커패시터 C_q는 기계적 동작의 메커니즘을 나타내며 C_0는 수정체를 외부로 연결하는 전극에 의한 커패시턴스를 나타낸다. 일반적으로 C_q와 C_0의 비는 약 1000 이상으로 높으며 특히 인덕턴스 L_q는 약 0.1 mH에서 100 H까지의 범위를 갖는다.

이 모델의 어드미턴스를 구하면 다음과 같이 표현된다.

$$Y = j\omega C_0 + \frac{1}{R_q + j[\omega L_q - 1/(\omega C_q)]} = G + jB \tag{10.43}$$

각공진주파수 ω_0는 위 식에서 허수부 B를 영으로 놓고 구하며 다음과 같다.

$$\omega_0 C_0 - \frac{\omega_0 L_q - 1/(\omega_0 C_q)}{R_q^2 + [\omega_0 L_q - 1/(\omega_0 C_q)]^2} = 0 \tag{10.44}$$

테일러 급수의 전개식을 이용하면 이 방정식의 해는 직렬과 병렬 공진주파수에 대해 개략적으로 다음과 같이 표현하게 한다.

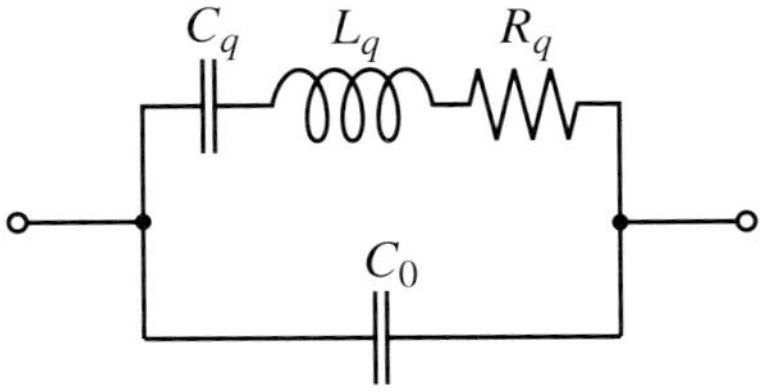

그림 10-19 • 수정공진기의 등가 전기회로 표현

$$\omega_0 = \omega_S \approx \omega_{S0}\left[1 + \frac{R_q^2}{2}\left(\frac{C_0}{L_q}\right)\right] \tag{10.45a}$$

$$\omega_0 = \omega_P \approx \omega_{P0}\left[1 - \frac{R_q^2}{2}\left(\frac{C_0}{L_q}\right)\right] \tag{10.45b}$$

여기에서 $\omega_{S0} = 1/\sqrt{L_q C_q}$ 이고 $\omega_{P0} = \sqrt{(C_q + C_0)/(L_q C_q C_0)}$ 이다. 모델 표현은 다음에 논의하기로 한다.

예제 10-2 • 수정체의 공진주파수 예측

수정체의 특성 파라미터는 $L_q = 0.1$ H, $R_q = 25\ \Omega$, $C_q = 0.3$ pF, $C_0 = 1$ pF과 같다. 직렬 및 병렬 공진주파수를 구하고 식 (10.43)에서 주어진 어드미턴스의 허수부와 비교하라.

풀이:

수정체의 직렬 공진주파수와 병렬 공진주파수를 계산하기 위하여 우선적으로 식 (10.45a)와 식 (10.45b)를 각각 사용한다.

$$f_S = f_{S0}\left[1 + \frac{R_q^2}{2}\left(\frac{C_0}{L_q}\right)\right] = \frac{1}{2\pi\sqrt{L_q C_q}}\left[1 + \frac{R_q^2}{2}\left(\frac{C_0}{L_q}\right)\right]$$

$$= 0.919 \text{ MHz}$$

$$f_P = f_{P0}\left[1 - \frac{R_q^2}{2}\left(\frac{C_0}{L_q}\right)\right] = \frac{1}{2\pi}\sqrt{\frac{C_q + C_0}{L_q C_q C_0}}\left[1 - \frac{R_q^2}{2}\left(\frac{C_0}{L_q}\right)\right]$$

$$= 1.048 \text{ MHz}$$

두 번째 방법은 그래프로 나타내는 것이다. 공진점에서 회로의 서셉턴스는 영이 되므로 식 (10.43)과 같이 주어진 어드미턴스의 허수 부분을 그림으로 나타낼 수 있다. 그림 10-20은 서셉턴스의 절대값과 주파수의 관계를 보여주고 있다.

그래프에 의한 결과와 식 (10.45a)와 식 (10.45b)의 분석적 방안을 비교하면 실질적으로 동일함을 볼 수 있다.

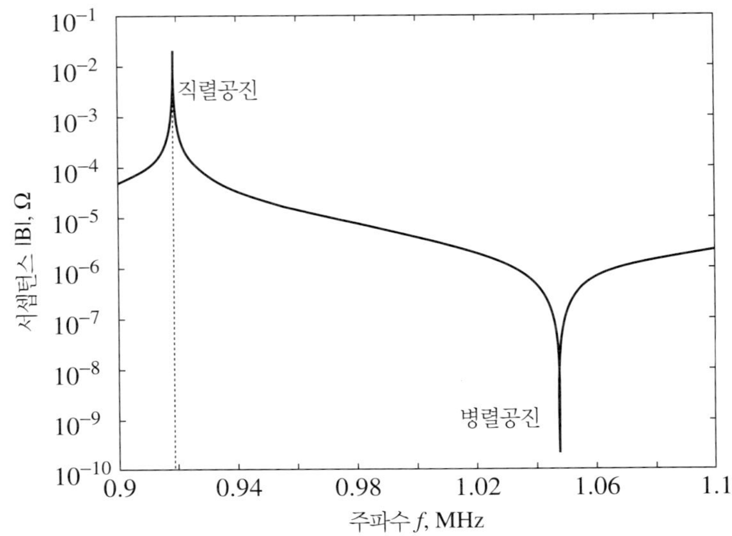

그림 10-20 • 수정체에 대한 서셉턴스 동작

수정체를 선정할 때는 여러 개의 공진에 대하여 많은 주의를 해야 한다. 수정체에 따라 그 동작은 아주 가깝게 나타날 수 있으며 원하지 않는 발진 주파수를 나타낼 수도 있다.

10.2 고주파 발진기 형태

동작주파수가 GHz에 도달하면 전압파와 전류파의 파의 개념을 무시할 수 없게 된다. 이미 앞 장에서 언급한 바와 같이 반사계수, 전달계수 및 S-파라미터 표현식이 회로의 기능을 나타내는 데 필요하며 전송선로의 개념으로 식 (10.1)을 다시 분석해야 한다. Barkhausen 기준은 반사계수의 개념을 포함하여 다시 공식화되어야 한다.

전송선로 원리로 루프의 이득을 다시 표현하기에 앞서 제4.4.5절에서 나타낸 신호흐름 표현 관계를 다시 알아보자(그림 10-21 참조).

신호 임피던스 정합($Z_S = Z_0$)을 위한 입력 반사계수는

$$\Gamma_{in} = \frac{b_1}{a_1} = S_{11} + \frac{S_{12}S_{21}}{1 - S_{22}\Gamma_L}\Gamma_L = \frac{S_{11} - \Delta\Gamma_L}{1 - S_{22}\Gamma_L} \tag{10.46}$$

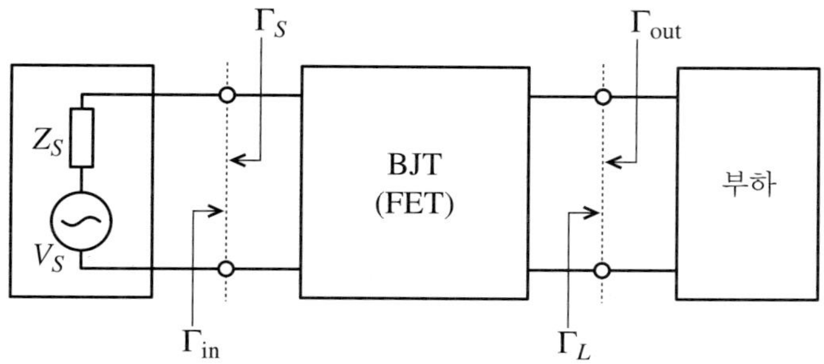

(a) 신호원과 부하가 연결된 트랜지스터

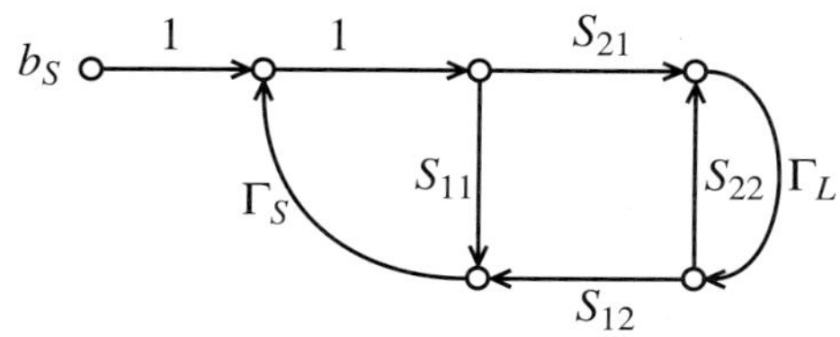

(b) 등가신호 흐름도

그림 10-21 • 신호원과 부하가 연결된 트랜지스터 그리고 그래프적 모델 흐름 .

이며 여기에서 $\Delta = S_{11}S_{22} - S_{12}S_{21}$이다. 이 관계는 예제 4-8에서 주어진 정의와 일치한다. 신호원을 중심으로 계산하면 $b_S = V_G\sqrt{Z_0}/(Z_G + Z_0)$이며 루프이득을 다음과 같이 정의할 수 있다.

$$\frac{b_1}{b_S} = \frac{\Gamma_{in}}{1 - \Gamma_S \Gamma_{in}} \tag{10.47}$$

특정 주파수에서 다음 조건이 이루어진다면

$$\Gamma_{in}\Gamma_S = 1 \tag{10.48}$$

회로는 불안정하게 되며 발진을 시작한다.

출력단을 고려할 경우에도 동일한 회로 상태가 적용되며, 발진을 일으키기 위해서는 다음 조건이 수반된다.

$$\Gamma_{out}\Gamma_L = 1 \tag{10.49}$$

제9장을 참조하여 안정계수$(1 - |S_{11}|^2 - |S_{22}|^2 + |\Delta|^2)/(2|S_{12}||S_{21}|)$를 포함시킬 때, 발진을 위한 조건은 다음과 같이 요약된다.

$$k < 1 \tag{10.50a}$$

$$\Gamma_{\text{in}}\Gamma_S = 1 \tag{10.50b}$$

$$\Gamma_{\text{out}}\Gamma_L = 1 \tag{10.50c}$$

안정계수는 능동소자의 S-파라미터에 따라 결정되므로 식 (10.50a)의 조건을 우선적으로 만족시키는지를 확실히 해야 한다. 원하는 주파수에서 S-파라미터가 이러한 조건을 보장해 주지 않으면 베이스 접지 또는 콜랙터 접지 형태로 바꾸거나 불안정 특성을 높이기 위하여 다음 예제에서와 같이 양의 귀환소자를 첨가시키는 등 회로를 바꾸어야 한다.

RF&MW→

예제 10-3 • 발진을 위한 양의 귀환소자의 첨가

BJT가 2 GHz에서 동작하고 있으며 베이스 접지 형태에서 다음과 같은 S-파라미터를 나타내고 있다. $S_{11} = 0.94 \angle 174°$, $S_{12} = 0.013 \angle -98°$, $S_{21} = 1.9 \angle -28°$ 및 $S_{22} = 1.01 \angle -17°$. 0에서 2 nH까지의 인덕터를 트랜지스터의 베이스에 부가시켰을 때 Rollett 안정계수에 어떻게 영향을 미치는가를 결정하라.

풀이:

인덕터가 없을 때 k의 정의식을 이용하면

$$k = (1 - |S_{11}|^2 - |S_{22}|^2 + |\Delta|^2)/(2|S_{12}||S_{21}|) = -0.25$$

이며 인덕터를 고려하여 그림 10-22와 같이 두 개의 회로를 합성하면 전체회로를 다시 나타낼 수 있다.

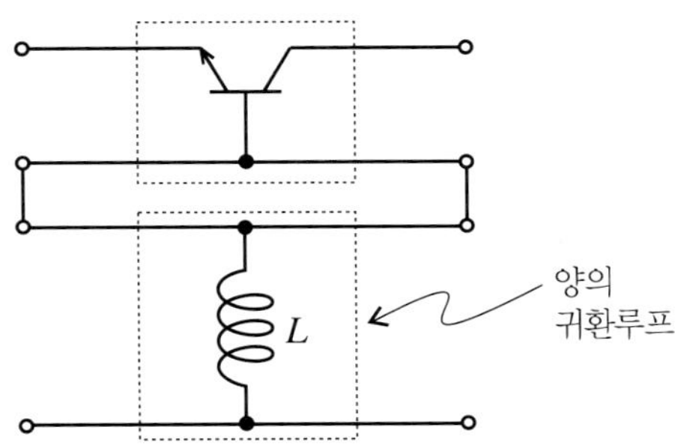

그림 10-22 • 베이스 인덕터를 갖는 BJT의 회로망 표현

이 경우 우선 트랜지스터의 S-파라미터를 임피던스 파라미터로 바꾸고, 다음에 인덕터의 Z-파라미터와 합하며, 그 다음에 다시 S-파라미터로 환원시킴으로써 전체 S-파라미터를 구할 수 있다. 제4장에서의 변환공식을 이용하여 베이스 접지 형태의 트랜지스터의 Z-표현식을 구하면 다음과 같다.

$$[\mathbf{Z}]_{\text{tr}} = \begin{bmatrix} -0.42 + j3.43 & -2.17 - j0.097 \\ -95.23 - j303.06 & -6.88 - j321.03 \end{bmatrix}$$

한편 인덕터에 대한 **Z**-파라미터를 구하면

$$[\mathbf{Z}]_{\text{ind}} = j\omega L \begin{bmatrix} 1 & 1 \\ 1 & 1 \end{bmatrix} = \begin{bmatrix} j\omega L & j\omega L \\ j\omega L & j\omega L \end{bmatrix}$$

이며 두 식 $[\mathbf{Z}]_{\text{tr}}$과 $[\mathbf{Z}]_{\text{ind}}$을 합하면 전체 회로의 Z-파라미터가 된다. 이 값을 다시 S-파라미터로 환원시킬 수 있다.

귀환 인덕터에 따른 Rollett 안정계수의 함수관계를 구하기 위하여 L의 각각의 값에 대한 계산 과정을 반복해야 한다. 계산의 결과를 그림 10-23에 나타내었다. 그림 10-23에서 알 수 있는 것과 같이 최대 불안정(최소 k값)은 0.6 nH의 인덕터를 부가시킴으로써 얻을 수 있다.

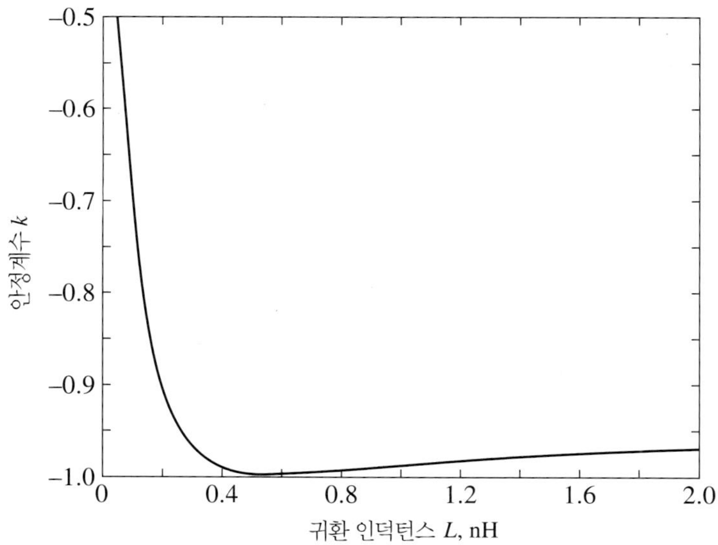

그림 10-23 • 베이스 접지 형태의 귀환 인덕턴스에 대한 Rollett 안정계수(k)의 관계

GHz 범위의 주파수에서는 트랜지스터의 베이스에서 전극 리드선 길이만으로도 원하는 인덕터 값을 만드는 데 충분하다.

만약 발진조건을 입력단과 출력단에서 만족시키면 회로가 두 단에서 발진하게 된다는 것이 흥미롭다. 이것은 입력단과 출력단의 반사계수를 직접 비교함으로써 알 수 있다. 입력 반사계수 식에 대하여 이미 알고 있으므로

$$\frac{1}{\Gamma_{\text{in}}} = \frac{1 - S_{22}\Gamma_L}{S_{11} - \Delta\Gamma_L} \equiv \Gamma_S \tag{10.51}$$

Γ_L에 대하여 풀면 다음과 같다.

$$\Gamma_L = \frac{1 - S_{11}\Gamma_S}{S_{22} - \Delta\Gamma_S} \tag{10.52}$$

또 Γ_{out}에 대하여 다음 식과 같이 쓸 수 있다.

$$\Gamma_{\text{out}} = \frac{S_{22} - \Delta\Gamma_S}{1 - S_{11}\Gamma_S} \tag{10.53}$$

식 (10.52)은 식 (10.53)의 역수관계가 됨을 결론지을 수 있으므로 다음 식

$$\Gamma_L = 1/\Gamma_{\text{out}} \tag{10.54}$$

은 식 (10.50c)에서와 같다.

10.2.1 고정-주파수 발진기

근사적 발진기 설계법은 2단자회로 설계법을 포함하며 우선적으로 $k < 1$(인덕티브 귀환이 추가될 수 있다)의 조건을 만족시키는 트랜지스터의 형태를 먼저 선정하고, 다음에 $|\Gamma_{\text{in}}| > 1$이 되도록 Γ_L을 선택하거나 또는 $|\Gamma_{\text{out}}| > 1$이 되도록 Γ_S를 선택한다. 원이 안정한 발진 지점에 도착하게 될 때, 두 가지 경우는 서로 상대편 조건을 의미한다. 예를 들면 $|\Gamma_{\text{out}}| > 1$이면 $|\Gamma_{\text{in}}| > 1$이라고 결론지을 수 있다. 증명은 연습문제로 남겨 두었다. 일단 하나의 단자에서 종단를 선택하게 되면 Barkhausen 기준을 바탕으로 다른 단자의 종단을 결정할 수 있다. 그러나 안정된 발진이 발생되는 동안에 *S*-파라미터가 이득 압축 때문에 변화한다는 것을 알아야 한다. 높은 *Q* 공진기와 결합된 실험법칙이 선형 *S*-

파라미터에서 발진기를 설계하는데 바탕을 제공하게 된다. 다음 예제는 이러한 과정의 구체적인 예이다.

예제 10-4 • 고정 주파수 집중소자 발진기 설계

NXP에서 제작한 BFQ65 BJT 트랜지스터는 베이스 접지 형태에서 사용된다.이때 트랜지스터의 S-파라미터는 1.5 GHz에서 다음과 같다. $S_{11} = 1.47 \angle 125°$, $S_{12} = 0.327 \angle 130°$, $S_{21} = 2.2 \angle -63°$, $S_{22} = 1.23 \angle -45°$. $f =$ 1.5 Hz에서 식 (10.50a)~(10.50c)를 만족하는 직렬 귀환 발진기를 설계하라.

풀이:

설계과정의 첫 번째는 트랜지스터가 적어도 잠정 불안정한 상태에 있는지 확인하는 것이다. Rollett 안정계수를 계산해 보면

$$k = (1 - |S_{11}|^2 - |S_{22}|^2 + |\Delta|^2)/(2|S_{12}||S_{21}|) = -0.975$$

이 되며 k는 1보다 작으므로 트랜지스터는 잠재적으로 불안정 상태에 있다.

다음은 입력측 안전 원을 도시하여 입력 정합회로에 대한 반사계수를 선정한다. 입력안정 원의 중심과 반경은 제9장에 의하여 공식을 적용하면 다음과 같다.

$$r_{\text{in}} = \left| \frac{S_{12}S_{21}}{|S_{11}|^2 - |\Delta|^2} \right| = 0.82$$

$$C_{\text{in}} = \frac{(S_{11} - \Delta S_{22}^*)^*}{|S_{11}|^2 - |\Delta|^2} = 0.27\angle -57°$$

여기에서 $|C_{\text{in}}| < r_{\text{in}}$ 및 $|S_{22}| > 1$이므로 안정영역은 그림 10-24에서와 같이 음영 영역의 바깥에 존재한다. 그림 10-24에 따라서 입력 정합회로의 반사계수를 선정하는데 매우 넓은 선택범위가 주어져 있으므로 이론적으로 안정 원 내부에 존재하는 어떤 Γ_S도 이러한 조건을 만족시킬 것이다. 그러나 실제적으로는 다음 식의 출력 반사계수를 최대로 하는 Γ_S를 선택해야 한다.

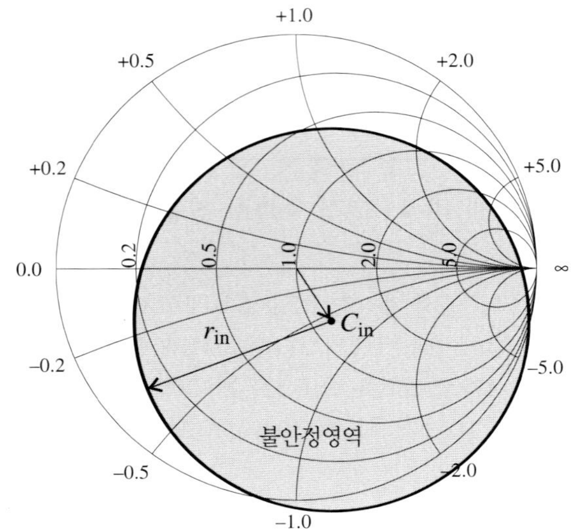

그림 10-24 • 발진기 설계를 위한 입력 안정도 원

$$\Gamma_{out} = S_{22} + \frac{S_{12}S_{21}}{1 - S_{11}\Gamma_S}\Gamma_S \tag{10.55}$$

식 (10.55)로부터 Γ_{out}은 $\Gamma_S = S_{11}{}^{-1}$에서 최대값이 된다. 이 경우 출력 반사계수를 계산하면 무한대가 되므로 식 (10.50c)로부터 $\Gamma_L = 0$ (즉, $Z_L = Z_0 = 50\ \Omega$)이 된다. 이와 같은 설계법의 문제점은 실제적으로 완벽한 50 Ω 임피던스 정합회로를 구현하기가 거의 불가능하다는 것이다. 특히 $\Gamma_S = S_{11}{}^{-1}$가 되어야 하므로 발진기는 부하 임피던스의 변화에 매우 민감하게 된다. $\Gamma_S = S_{11}{}^{-1}$의 상태에서 50 Ω보다 조금이라도 변이가 나타나면 발진을 중단하게 된다. 이러한 현상 때문에 Γ_S는 $S_{11}{}^{-1}$에서 멀리 떨어진 값을 선택하며 동시에 충분히 큰 $|\Gamma_{out}|$을 얻는다.

신호 반사계수에 대한 여러 개의 값을 시도해본 후에, $\Gamma_S = 0.65 \angle -125°$로 선정한다. Γ_S를 구함으로써 신호 임피던스를 구하면 $Z_S = (13 - j25)\ \Omega$이며 이것은 13 Ω 저항과 4.3 pF의 커패시터를 직렬연결하여 그림 10-25와 같이 나타낼 수 있다.

다음은 출력 반사계수를 식 (10.55)를 이용하여 계산하면 $\Gamma_{out} = 14.67\angle -36.85°$가 되며 출력 정합회로를 구하기 위하여 식 (10.50c)를 이용하면 $\Gamma_L = \Gamma_{out}{}^{-1} = 0.068 \angle 36.85°$을 구하게 된다. 이 값은 부하 임피던

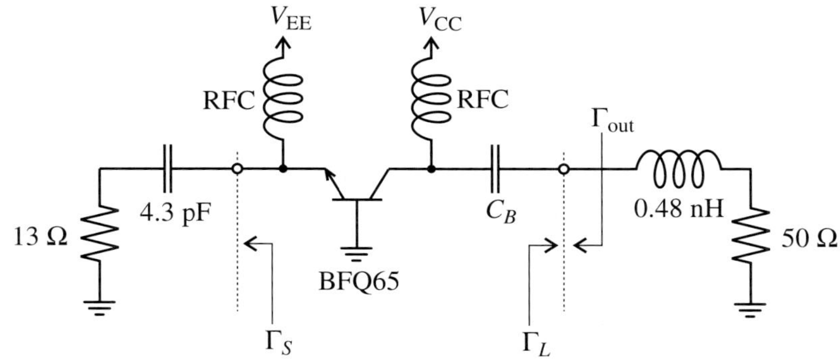

그림 10-25 • 직렬 귀환 BJT 발진기 회로

스 $Z_L = (55.6 + j4.57)\ \Omega = -Z_{out}$가 되므로 55.6 Ω의 저항과 0.48 nH의 인덕터를 직렬로 연결한 회로로 구현된다.

설계에서 고려해야 할 최종항목은 발진기의 출력전력이 형성되기 시작함에 따라 트랜지스터의 소신호 모델 S-파라미터가 더 이상 유용하지 않다는 사실이다. 일반적으로 전력 트랜지스터의 S-파라미터는 출력전력이 증가하면 아주 작은 마이너스의 $R_{out} = \text{Re}(Z_{out})$가 되므로 $R_L + R_{out} < 0$이 되도록 $R_L = \text{Re}(Z_L)$을 선정할 필요가 있다. 실제적으로 $R_L = -R_{out}/3$의 관계로 사용된다. 그러나 앞에서 논의한 바와 같이 Γ_S가 $S_{11}{}^{-1}$에서 충분히 멀리 있을 때에만 적용이 가능하므로 이와 같은 관계식의 값을 선정할 때 주의해야만 한다. $R_L \neq -R_{out}$의 또 다른 의미는 발진주파수의 이동을 나타낸다. 이러한 이동을 최소화하기 위해, 높은 Q 공진기가 거의 보편적으로 적용된다. 공진기 설계를 포함하여 더 이해하기 쉬운 예제들은 이 장의 뒷부분에 있는 실용적인 예제에서 나타내었다.

설계 규격에 적합하고 전기적인 동작이 성공적으로 모델화할 수 있는 소자값이 확보되었을지라도 최종 회로의 구현은 부가적인 문제점을 내포하고 있다. 예로 *0.48 nH*의 인덕터의 경우를 고려해보면 이 값은 *PCB* 쓰루 홀 연결(*Vias*)의 인덕턴스와 각개 소자의 기생 인덕터에 비교될 만한 값이다.

고주파 응용에서 좀 더 실제적인 설계는 분포형 소자를 이용한다. 50 Ω 부하에 연결된 FET를 포함한 대표적인 발진기의 예를 그림 10-26과 같이 나타내었다. 여기에서 TLi(i = 1, …, 6)는 마이크로스트립 선로를 나타낸다.

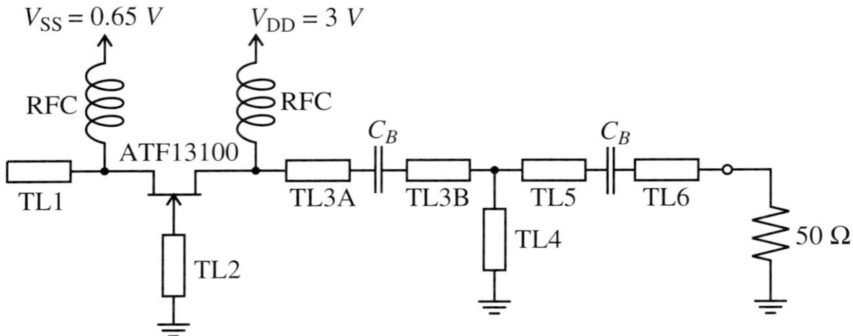

그림 10-26 • 마이크로스트립에 의한 GaAs FET 발진기 구현

다음 예제에서는 게이트 접지에 연결된 마이크로스트립 선로를 통하여 어떻게 불안정 특성을 증가시키는지를 그리고 부하 임피던스에 정합시키기 위하여 어떻게 마이크로스트립 선로를 선정하는지에 대하여 상세한 발진기 설계법을 제시하였다.

예제 10-5 • 마이크로스트립 GaAs 발진기 설계

아바고 테크놀로지(Avago Technologies)사의 ATF13100 GaAs MESFET를 게이트 접지시켜 10 GHz에서 S-파라미터를 측정한 결과 $S_{11} = 0.37 \angle -176°$, $S_{12} = 0.17 \angle 19.8°$, $S_{21} = 1.37 \angle -20.7°$, $S_{22} = 0.90 \angle -25.6°$이 되었다. 10 GHz의 발진주파수를 갖는 발진기를 설계하라. 특히 발진기의 출력을 50 Ω 임피던스에 정합시켜라.

풀이:

예제 10-4에서와 유사하게 우선적으로 Rollett 안정계수를 계산하여 트랜지스터의 안정도를 알아본다.

$$k = (1 - |S_{11}|^2 - |S_{22}|^2 + |\Delta|^2)/(2|S_{12}||S_{21}|) = 0.776$$

$k < 1$이지만 트랜지스터는 잠정 불안정한 상태를 나타내므로 트랜지스터의 게이트단에 귀환 인덕터를 연결하여 불안정 상태를 증가시킬 필요

가 있다. 예제 10-3에서 논의하였던 것과 같은 방법으로 귀환 인덕턴스에 따른 안정도계수의 관계를 그림 10-27과 같이 나타내었다.

계산에 의하여 $L = 0.9$ nH일 때 최대 불안정상태임을 알 수 있다. 발진기는 마이크로파대에서 동작되므로 집중소자를 사용하는 것은 바람직하지 않으며 인덕터를 등가 분포소자로 대치해야 한다. 인덕터를 대치시키는 방법 중의 하나로 단락회로 전송 스텁을 이용하는 법이 있다. 제2장을 참고하여 50 Ω 특성 선로 임피던스라 가정하고 전송선로의 전기적 길이를 계산하면 다음 식과 같다.

$$\Theta = \beta l = \tan^{-1}\left(\frac{\omega L}{Z_0}\right) = 48.5°$$

게이트단에 연결된 단락 스텁회로를 포함한 FET의 S-파라미터를 구하면 다음과 같다.

$$[\mathbf{S}] = \begin{bmatrix} 1.01\angle 169° & 0.29\angle 148° \\ 2.04\angle -33° & 1.36\angle -34° \end{bmatrix}$$

다음 단계는 입력 정합회로를 설계하는 것이다. 예제 10-4에서 나타낸

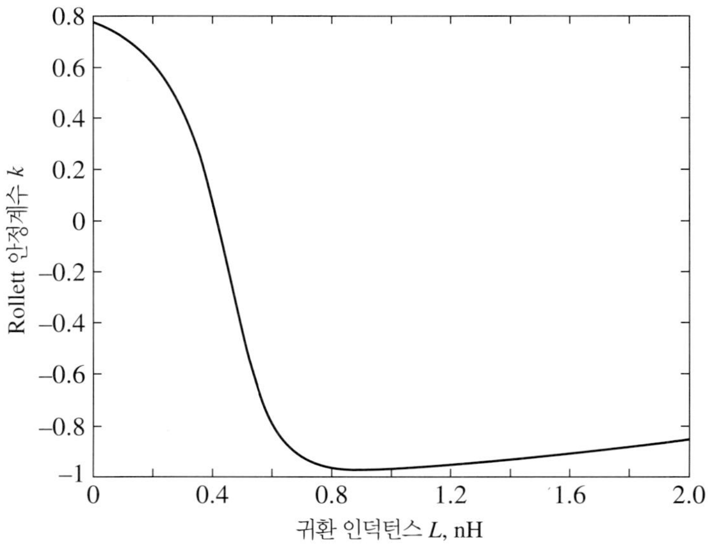

그림 10-27 • 게이트 인덕턴스에 따른 게이트–접지형 FET의 안정계수 관계

것과 같이 발진기를 구현하기 위하여 트랜지스터의 S_{11}에 역수로 신호 반사계수를 선택해야 한다. 본 발진기 설계에서는 $\Gamma_S = 1 \angle -160°$으로 선정하였다. 이 값은 $Z_S = -j8.8\ \Omega$에 해당하므로 50 Ω 특성 임피던스의 선로를 전기적 길이가 80°인 개방 스텁회로로서 구현할 수 있다.

출력 반사계수는 다음과 같이 계산된다.

$$\Gamma_{out} = S_{22} + \frac{S_{12}S_{21}}{1 - S_{11}\Gamma_S}\Gamma_S = 4.18\angle 26.7°$$

이 값은 $Z_{out} = (-74.8 + j17.1)\ \Omega$과 같다. 식 (10.50c)를 만족시키기 위하여 $Z_L = -Z_{out}$의 부하 임피던스를 선정해야 한다. 그러나 트랜지스터의 S-파라미터에 따른 전력관계(예제 10-4 참조)에 의하여 부하 임피던스의 실수부를 $-R_{out}$보다 약간 작게 다음 식과 같이 선택하였다:

$$Z_L = (70 - j17.1)\ \Omega$$

50 Ω의 부하 임피던스를 Z_L로 변환시키는 것은 67°의 전기적 길이를 갖는 50 Ω 전송선로와 66°의 전기적 길이를 갖는 단락회로로 정합회로를 구성하여 이루어진다.

전송선로의 전기적 파라미터를 물리적 크기로 바꾸는 변환은 제2장 예제 2-5에서와 같은 방법으로 이루어진다. 40 mil의 RF4 기판으로 계산된 선로의 크기는 표 10-2에 요약하였다.

표 10-2 • FET 발진기에서 전송선로의 크기

전송선로	전기적 길이, deg.	폭, mil	길이, mil
TL1	80	74	141
TL2	48.5	74	86
TL3	67	74	118
TL4	66	74	116

그림 10-26에서와 같은 발진회로에 의하여 TL3선로는 TL3A와 TL3B의 두 부분으로 나누어 차단(blocking) 커패시터를 수용한다. 선로 TL5와 TL6는 50 Ω부하에 연결되어 있으므로 임의의 길이로 할 수 있다.

마이크로스트립 설계는 각각의 선로 길이 치수로 알 수 있듯이 아주 작은 회로판 위에 구현할 수 있다.

10.2.2 유전체공진 발진기

마이크로스트립 선로로 발진기를 구현할 때, **유전체공진기**(dielectric resonator, DR)를 부가시켜 ±10 ppm/°C 이상의 아주 우수한 온도안정도를 나타내고 우수한 양호도 Q값(약 10^5까지)을 가질 수 있도록 할 수 있다. 이러한 공진기를 간단하게 DR소자(**puck**)라 하며 금속으로 캐비티를 형성하여 마이크로스트립 선로의 옆이나 위에 설치한다. 마이크로스트립 선로와 원통형의 DR공진기(그림 10-28 참조) 사이의 전기적인 결합은 병렬 RLC 공진회로로서 모델링할 수 있다. 그림에서 튜닝 나사는 공진주파수를 변경시킬 수 있도록 기하학적으로 조정한다.

여기에서는 공진기의 내부에 설치되는 다양한 도파관 모드(TE, TM모드)에 대하여 취급하지 않고 다만 TEM모드로 동작되는 DR 응용에 한정하여 공부하기로 한다.

일반적으로 DR의 회로모델(그림 10-29 참조)에서 각 공진주파수 $\omega_0 = 1/(\sqrt{LC})$ 일 때 **무부하 Q** 또는 Q_U는

$$Q_U = \frac{R}{\omega_0 L} = \omega_0 RC \tag{10.56}$$

이며 **결합계수** β는 다음과 같은 식으로 특성을 나타낼 수 있다.

$$\beta = \frac{R}{R_{\text{ext}}} = \frac{R}{2Z_0} = \frac{\omega_0 Q_U L}{2Z_0} \tag{10.57}$$

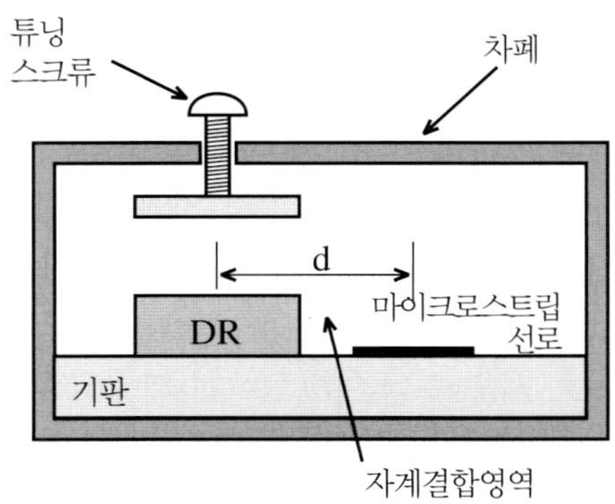

그림 10-28 • 마이크로스트립에 근접 설치한 유전체공진기

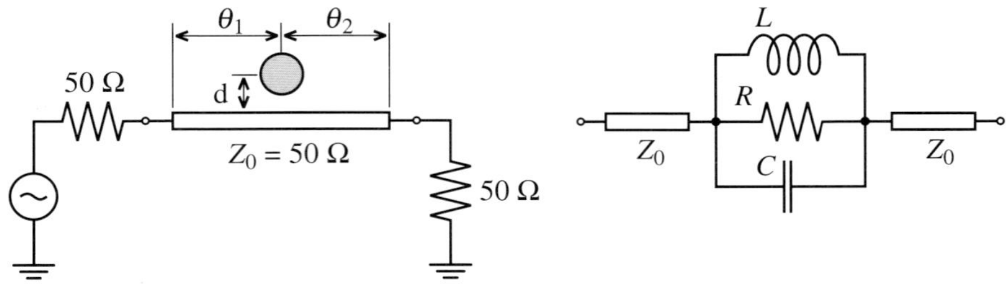

(a) DR과 결합된 마이크로스트립 선로 (b) 전송선로 모델

그림 10-29 • 전송선로에 DR 설치와 *S*-파라미터 계산을 위한 등가회로 표현

외부저항 R_{ext}은 선로 임피던스의 두 배와 같으며 이것은 Z_0에 대칭적으로 종단이기 때문이다. 변환기와 유사하게, 결합계수는 공진기와 마이크로스트립 선로 사이의 전자기적 누설로서 정량화되며 일반적으로 이 값은 2에서 20 사이이다. β는 무부하 Q_U와 부하 Q_L 및 외부 Q_E 양호도 사이의 관계를 나타낼 때 적용된다.

$$Q_U = \beta Q_E = (1+\beta)Q_L \tag{10.58}$$

발진기 설계에서 DR의 동작을 *S*-파라미터로 규정할 필요가 있으므로 결합 전송선로회로의 등가회로를 그림 10-29(b)와 같이 나타내었다.

제5.1.4절의 병렬공진회로에 대하여 논의하면, 임피던스 Z_{DR}은 다음과 같이 계산된다.

$$Z_{DR} = \frac{R}{1 + j\omega RC - jR/(\omega L)} = \frac{R}{1 + jQ_U(\omega/\omega_0) - jQ_U(\omega_0/\omega)} \tag{10.59}$$

이 식은 다음과 같이 간략화된다.

$$Z_{DR} = \frac{R}{1 + jQ_U\left(\dfrac{\omega^2 - \omega_0^2}{\omega\omega_0}\right)} \approx \frac{R}{1 + j2Q_U\Delta f/f_0} \tag{10.60}$$

여기에서 $\Delta f = f - f_0$는 중심 주파수로부터의 주파수 편이이다. 마지막 식은 $\omega + \omega_0 \approx 2\omega_0$인 공진점 근처에서만 적용가능하다. 공진점 근처에서 Z_0로 정규화시키면 다음과 같은 식이 된다.

$$z_{DR} \approx \frac{R/Z_0}{1 + j2Q_U(\Delta f/f_0)} = 2\beta \tag{10.61}$$

다음 식이 나오도록 전송선로 선분의 양측에 선로를 증가시키면

$$[\mathbf{S}]_{\mathrm{DR}} = \begin{bmatrix} 0 & e^{-j\theta_1} \\ e^{-j\theta_1} & 0 \end{bmatrix} \begin{bmatrix} \dfrac{\beta}{\beta+1} & \dfrac{1}{\beta+1} \\ \dfrac{1}{\beta+1} & \dfrac{\beta}{\beta+1} \end{bmatrix} \begin{bmatrix} 0 & e^{-j\theta_2} \\ e^{-j\theta_2} & 0 \end{bmatrix} = \begin{bmatrix} \dfrac{\beta e^{-j2\theta_1}}{\beta+1} & \dfrac{e^{-j(\theta_1+\theta_2)}}{\beta+1} \\ \dfrac{e^{-j(\theta_1+\theta_2)}}{\beta+1} & \dfrac{\beta e^{-j2\theta_2}}{\beta+1} \end{bmatrix} \tag{10.62}$$

이 되며 방향에 따라서 반사계수를 S_{11}^{DR} 또는 S_{22}^{DR}으로 결정할 수 있다. DR 양쪽의 전기적 길이가 동일하다면 $\theta_1 = \theta_2 = \theta = (2\pi/\lambda)(l/2)$가 되므로

$$\Gamma_{\mathrm{in}}(\omega_0) = \frac{\beta}{\beta+1}e^{-j2\theta} = \Gamma_{\mathrm{out}}(\omega_0) \tag{10.63}$$

이다. DR은 제조회사의 웹 사이트를 통하여 매우 용이하고 효과적으로 선택하고 구입할 수 있다. 설계자는 동작시키려는 주파수와 기판의 물질(두께, 비유전상수)에 대하여 특성을 설정하고 제조사에서 제공되는 DR의 직경과 길이, 튜닝 나사의 크기, 마이크로스트립으로부터 DR까지의 길이 d 및 캐비티 물질 등에 대한 자료를 이용한다. 또 CAD 모의실험 프로그램에 필요한 결합계수, 무부하 Q값 및 집중 병렬회로 소자값은 주어진다.

RF&MW→

예제 10-6 • 유전체공진발진기 설계

8 GHz 유전체공진발진기(DRO)를 GaAs FET를 사용하여 설계하라. S-파라미터는 8 GHz에서 $S_{11} = 1.1 \angle 170°$, $S_{12} = 0.4 \angle -98°$, $S_{21} = 1.5 \angle -163°$, $S_{22} = 0.9 \angle -170°$이다. 설계에서 사용한 유전체공진기의 특성은 공진주파수 $f_{\mathrm{res}} = f_0$에서 $\beta = 7$, $Q_U = 5000$이다. DR을 중앙에 놓을 때FET의 입력단에서 50 Ω 마이크로스트립 선로의 길이를 구하라. DR은 50 Ω으로 종단된다고 가정한다. 또 앞에서 논의한 기존 설계법과 비교하여 DRO의 주파수 변동에 대하여 조사하여라.

풀이:

8 GHz에서 FET의 입력안정 원은 그림 10-30과 같이 나타낼 수 있다. 발진조건을 만족시키기 위하여 신호 반사계수를 그림 10-30의 음영영역을 벗어난 영역의 임의의 점으로 선택한다. 유전체의 종단 저항은 특성 임

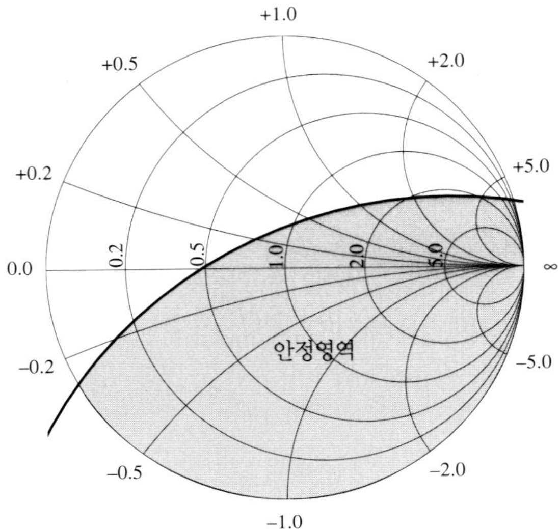

그림 10-30 • DRO 설계 예제에서 FET의 입력안정 원

피던스와 같으므로 DR의 출력 반사계수는 식 (10.63)에 의하여 다음과 같이 계산된다.

$$\Gamma_S = \frac{\beta}{\beta+1} e^{-j2\Theta} = 0.875 e^{-j2\Theta}$$

앞 예제에서 논의한 바와 같이 트랜지스터의 출력 반사계수를 최대로 하기 위하여 Γ_S를 S_{11}의 역함수 파라미터에 가깝게 선정해야 한다. Γ_S의 절대값은 고정되어 있으므로 최선의 방법은 Γ_S의 위상각이 $S_{11}{}^{-1}$의 위상각과 동일해지도록 Θ를 선택하는 것이며, 수식적으로 $-2\Theta = \angle S_{11}{}^{-1} = -\angle S_{11}$에 의하여 $\Theta = 85°$가 된다. 발진기 입력단 정합회로는 그림 10-31과 같다.

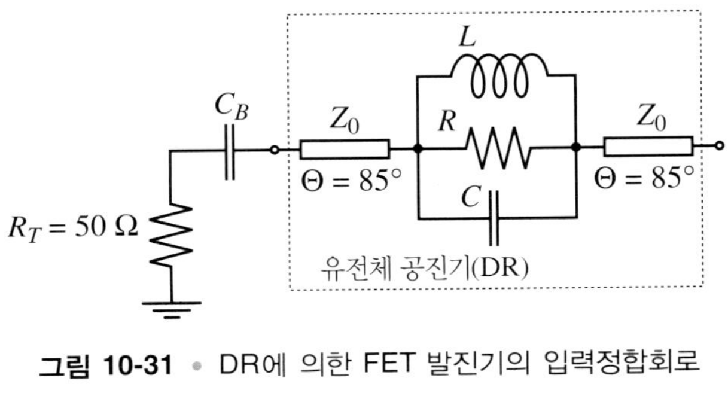

그림 10-31 • DR에 의한 FET 발진기의 입력정합회로

만약 DR을 트랜지스터의 입력단에 사용하지 않는다면, 발진주파수 f_0에서 동일한 $\Gamma_S = 0.875 \angle -170°$를 나타내는 간단한 회로는 3.35 Ω 저항과 4.57 pF 커패시터의 직렬 연결회로이다. DR에 대한 $|\Gamma_{out}|$과 DR이 없을 때에 대한 비교를 주파수 함수로서 나타내면 그림 10-32과 같다. 여기에서 FET *S*-파라미터는 주파수에 무관한 것으로 가정하였으며 DR은 그림 10-29의 등가회로에 의하여 식 (10.56)와 식 (10.57)을 이용해 계산한 다음과 같은

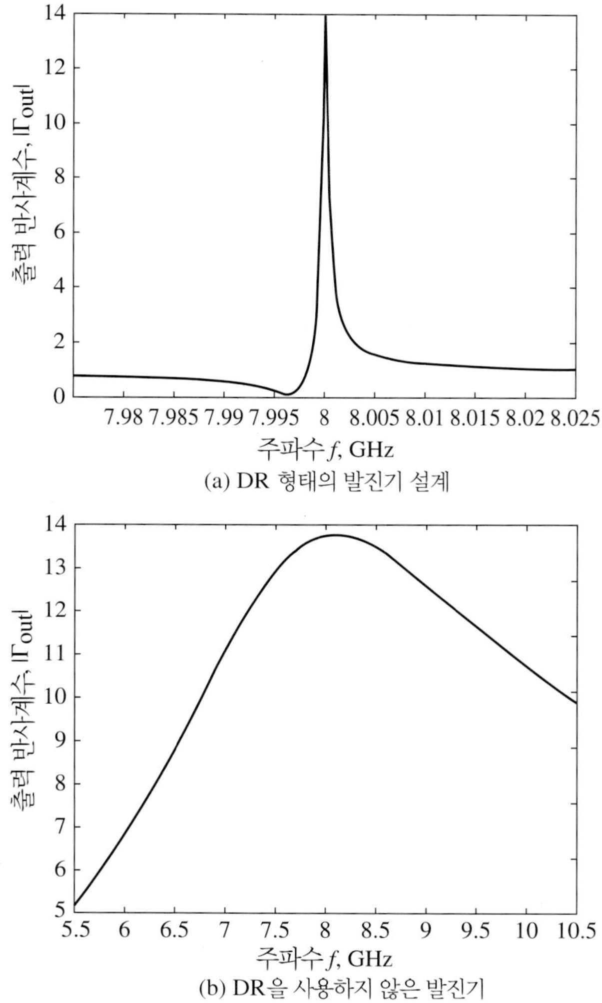

그림 10-32 • DR이 있을 때와 없을 때 발진기 설계에서 출력 반사계수의 주파수 특성

파라미터로 나타내었다.

$$R = 2\beta Z_0 = 700\ \Omega$$

$$L = R/(\omega_0 Q_U) = 2.79\ \text{pH}$$

$$C = \omega_0^{-2} L^{-1} = 14.2\ \text{nF}$$

그림 10-32에서 명확하게 볼 수 있듯이, DRO 설계는 DR이 없을 때 기존의 발진기에 비하여 매우 협소한 주파수 대역에서 $|\Gamma_{out}| > 1$을 나타낸다. 이와 같은 설계법은 매우 높은 선택도를 보이며 발진주파수의 표류를 감소시킨다. DR 위에서 튜닝 나사를 가지고 매우 작은 범위에서 주파수를 조정할 수 있으며 일반적으로 튜닝 범위는 목표한 주파수의 $\pm 0.01 f_0$이다.

유전체공진기는 저렴하며 발진기의 양호도를 개선시키는데 좋은 방안이다. 그러나 공진주파수에 따라 *DR*의 물리적인 크기가 결정되므로 저주파에서 물리적으로 아주 큰 기하학적 크기를 나타낸다.

10.2.3 YIG 발진기

유전체공진기의 주파수 동조 범위는 공진주파수의 약 0.01%에서 1% 범위로 주파수 동조폭이 매우 좁다. 동조범위를 넓히는 방법으로 자기소자를 사용하여 대역폭의 십 배 이상의 동조범위를 갖는 광대역 동조발진기를 설계하는 것이다. 이와 같은 동조소자로서는 둥근 구형(spherical shape: 球形)으로 **yittrium iron garnet**(YIG)의 첫 자를 인용한 YIG 페리자성체(ferrimagnetic)물질이 있으며 이 자기소자의 실효투자율은 외부 바이어스 정상자계 H_0에 의하여 제어된다. 이 인가 자계는 콘덕턴스 G_0, 인덕턴스 L_0 및 커패시턴스 C_0로 구성된 등가 병렬공진회로의 공진주파수에 직접적으로 영향을 미친다. 그림 10-33은 대표적인 YIG 발진기 회로를 나타내고 있다.

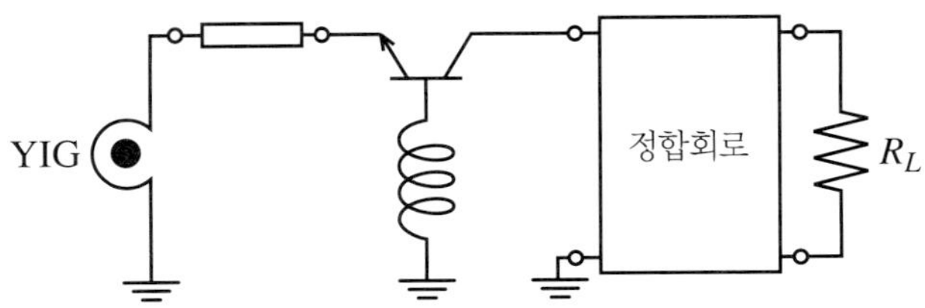

그림 10-33 • YIG 동조소자에 의한 발진기 설계

YIG 발진기의 무부하 양호도는 다음 식과 같다.

$$Q_U = \frac{-4\pi(M_s/3) + H_0}{H_L} \tag{10.64}$$

여기에서 M_s는 YIG구의 포화자화율이며 H_L은 공진선폭으로 0.2 Oe이다. 포화자화율은 각주파수 ω_m에서 자기모멘트의 진행 운동과 연계될 수 있으므로

$$\omega_m = 2\pi\gamma(4\pi M_S) = 8\pi^2\gamma M_s \tag{10.65}$$

이 되며 여기에서 γ는 자이로자화(gyromagnetic) 비로서 2.8 MHz /Oe이다. 공진주파수는 바이어스 자계에 의하여 다음 식과 같다.

$$\omega_0 = 2\pi\gamma H_0 \tag{10.66}$$

YIG 공진기

바이오 의약의 자기 공명 이미지와 비슷한 물리적 법칙을 가지고, YIG 공진기는 정적인 자계가 RF 공진에 수직적으로 방향이 주어진 매질(여기서 갈륨으로 도핑된 YIG 매질의 단일 크리스털)에 인가되었을 때 일어나는 자계 공진 현상을 이용한다. 공진주파수는 0.5에서 50 GHz사이를 범위로 할 수 있으며 크기와 매질의 혼합물에 의존한다. 정전계를 안정화시키는 전기전류를 변화시킴으로써 넓은 주파수 대역을 선형적으로 조절하는 것이 가능하다.

위 식으로부터 병렬공진회로의 회로소자를 정량화시킬 수 있으며 특별히 인덕턴스는 다음 식과 같다.

$$L_0 = \frac{\mu_0\omega_m}{\omega_0 d^2}\left(\frac{4}{3}\pi a^3\right) \tag{10.66a}$$

a는 YIG 구의 반경이다. $\omega_0^2 = 1/L_0C_0$의 공진조건으로부터 C_0를 다음과 같이 구할 수 있다. 즉

$$C_0 = 1/(L_0\omega_0^2) \tag{10.66b}$$

최종적으로 콘덕턴스는 다음과 같다.

$$G_0 = \frac{d^2}{\mu_0\omega_m Q_U\left(\frac{4}{3}\pi a^3\right)} \tag{10.66c}$$

식 (10.66a)~식 (10.66c)에서 d는 결합루프의 직경이다.

10.2.4 전압제어발진기

제6장에서 이미 제시한 바와 같이 어떤 다이오드는 인가 바이어스 전압에 따라 매우 큰 커패시턴스의 변화를 나타낸다. 대표적인 다이오드는 바랙터 다이오드(varactor diode)이며 가변 커패시턴스는 $C_V = C_{V0}(1 - V_Q/V_{\text{diff}})^{-1/2}$로 역바이어스 전압 V_Q의 영

향을 받는다. 그림 10-34는 Clapp 발진기의 귀환루프가 어떻게 변화되는가를 보여주고 있다. 그림 10-34(a)에서 C_3는 바랙터 다이오드와 적합한 DC 차단회로로 대치된다. 변형된 회로는 그림 10-34(b)와 같으며 이 회로는 간략화된 BJT모델($R_L << h_{22}$)를 적용하면 쉽게 분석된다.

그림 10-35에서 바랙터 다이오드와 길이가 인덕티브 특성을 나타내도록 조정한 전송선로 소자는 발진기의 입력단에 연결된 단자회로를 형성한다. 바랙터 다이오드와 전송선로 성분이 연결되지 않았다면 입력 임피던스 Z_{IN}은 두 개의 루프방정식으로부터 계산할 수 있다.

$$v_{IN} - i_{IN}X_{C1} - i_{IN}X_{C2} + i_B X_{C1} - \beta i_B X_{C2} = 0 \tag{10.67a}$$

$$h_{11}i_B + i_B X_{C1} - i_{IN}X_{C1} = 0 \tag{10.67b}$$

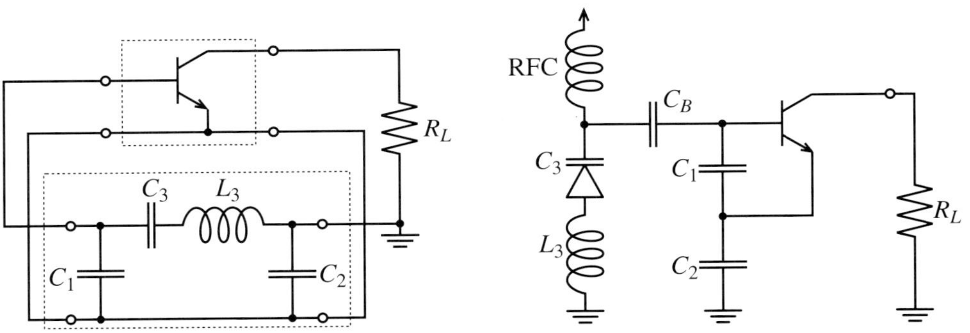

(a) Pi-형 귀환루프 (b) DC분리형 회로의 재구성

그림 10-34 • 바랙터 다이오드 발진기

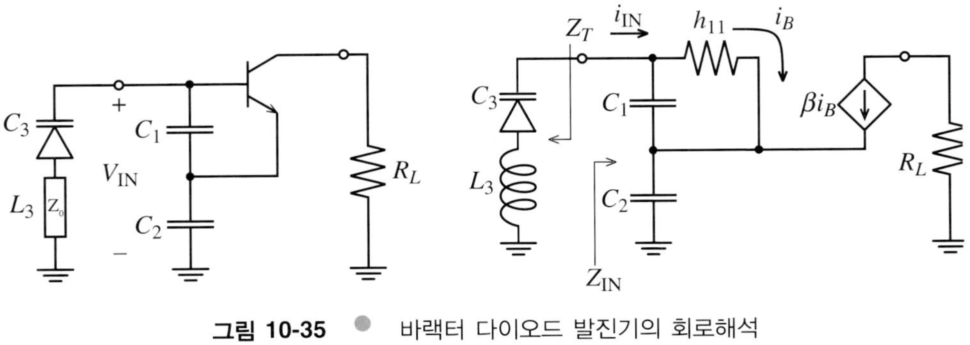

그림 10-35 • 바랙터 다이오드 발진기의 회로해석

위 식을 정리하면 다음과 같다.

$$Z_{\mathrm{IN}} = \frac{1}{h_{11} + X_{C1}}[h_{11}(X_{C1} + X_{C2}) + X_{C1}X_{C2}(1+\beta)] \tag{10.68}$$

위 식은 $(1+\beta) \approx \beta$와 $h_{11} >> X_{C1}$을 가정하면 다음과 같이 된다.

$$Z_{\mathrm{IN}} = \frac{1}{j\omega}\left[\frac{1}{C_1} + \frac{1}{C_2}\right] - \frac{\beta}{h_{11}}\left(\frac{1}{\omega^2 C_1 C_2}\right) \tag{10.69}$$

앞에서 논의한 것으로부터 예측할 수 있는 것과 같이 입력저항은 마이너스 값이 되므로 $g_m = \beta/h_{11}$의 관계식을 적용하면 다음과 같다.

$$R_{\mathrm{IN}} = -\frac{g_m}{\omega^2 C_1 C_2} \tag{10.70a}$$

및

$$X_{\mathrm{IN}} = \frac{1}{j\omega C_{\mathrm{IN}}} \tag{10.70b}$$

여기에서 $C_{\mathrm{IN}} = C_1C_2/(C_1 + C_2)$이다. 공진주파수는 앞에서 설정한 $X_1 + X_2 + X_3 = 0$의 조건(10.1.4절)을 따르며 다음 식과 같다.

$$j\left(\omega_0 L_3 - \frac{1}{\omega_0 C_3}\right) - \frac{1}{j\omega_0}\left[\frac{1}{C_1} + \frac{1}{C_2}\right] = 0 \tag{10.71}$$

그 결과 공진주파수는

$$f_0 = \frac{1}{2\pi}\sqrt{\frac{1}{L_3}\left(\frac{1}{C_3} + \frac{1}{C_2} + \frac{1}{C_1}\right)} \tag{10.72}$$

이 된다. 식 (10.70a)로부터 바랙터 다이오드에 연결된 저항은 발진을 지속시키기 위하여 $|R_{\mathrm{IN}}|$보다 다소 작거나 동일해야 한다는 결론을 얻을 수 있다.

RF&MW

예제 10-7 • 바랙터 제어 발진기의 설계

대표적인 바랙터 다이오드는 15 Ω의 등가직렬저항과 30 V에서 2 V 사이의 역 바이어스 전압에서 10 pF에서 30 pF 범위의 커패시턴스를 나타낸다. 중심주파수 300 MHz와 10% 튜닝범위를 갖는 Clapp-형 전압제어 발진기를 설계하라. 트랜지스터의 전달 콘덕턴스는 일정하며 g_m = 115 mS으로 가정한다.

풀이:

발진을 지속시키기 위하여 바랙터 다이오드의 직렬저항이 식 (10.70a)로 계산되는 것과 같이 전체 주파수 범위에서 $|R_{\rm IN}|$와 같거나 작아야 함을 확인해야 한다. 식 (10.70a)로부터 $|R_{\rm IN}|$은 최대 동작주파수에서 최소값을 나타내고 있음을 알 수 있다. $\omega_{\max} = 2\pi f_{\max}$($f_{\max} = 1.1 f_0 = 330$ MHz로 최대 발진주파수이다)을 식 (10.70a)에 대입하면 커패시턴스 C_1과 C_2는 다음 식과 같이 관련됨을 알 수 있다.

$$C_1 = -\frac{g_m}{\omega_{\max}^2 R_{\rm IN} C_2} = \frac{1}{kC_2} = \frac{1}{1.68 \times 10^{21}\,{\rm pF}^{-2} C_2} \tag{10.73}$$

여기에서 실험법칙에 따르면 $R_{\rm IN} = -3R_S = -45\ \Omega$이며 R_S는 바랙터의 등가 직렬저항이다. 바랙터 커패시턴스가 최소값일 때 최대 발진주파수가 되며 C_3가 최대가 될 때 최소 발진주파수가 나타난다. 식 (10.72)를 다시 쓰면

$$f_{\min} = \frac{1}{2\pi}\sqrt{\frac{1}{L_3}\left(\frac{1}{C_{3\max}} + \frac{1}{C_2} + kC_2\right)} \tag{10.74}$$

$$f_{\max} = \frac{1}{2\pi}\sqrt{\frac{1}{L_3}\left(\frac{1}{C_{3\min}} + \frac{1}{C_2} + kC_2\right)} \tag{10.75}$$

이 되며 여기에서 식 (10.73)의 관계를 C_1을 없애기 위하여 사용하였다. 식 (10.74)을 식 (10.75)로 나눈 값을 제곱하면 다음과 같은 C_2에 대한 이차방정식이 된다.

$$k(1-\alpha^2)C_2^2 + \left(\frac{1}{C_{3\max}} - \frac{\alpha^2}{C_{3\min}}\right)C_2 + (1-\alpha^2) = 0 \tag{10.76}$$

여기에서 $\alpha = f_{\min}/f_{\max}$이다. 식 (10.76)을 풀고 그 결과를 식 (10.73) 그리고 식 (10.74) 혹은 식 (10.75)에 대입하면 발진기 설계에서 원하는 값 C_1 = 12.4 pF, C_2 = 48 pF 및 L_3 = 46.9 nH을 구하게 된다.

유전체공진기의 기계적인 조정과 다르게 바랙터 다이오드는 넓은 주파수범위에서 동적인 튜닝을 할 수 있다.

10.2.5 Gunn 다이오드 발진기

Gunn 다이오드는 거의 1 W까지의 저전력으로 1 GHz에서 100 GHz까지 발진기를 만들 때 이용된다. 이 소자는 1963년 Gunn에 의하여 발견된 부성 저항 특성으로 개발되었다. 어떤 반도체 구조에서는 전계를 증가시키기 쉬우며 전계증가에 의하여 고유하게 반도체가 가지고 있는 에너지 밴드의 주 밸리(valley)에서 사이드 밸리로 전자가 이동하기 시작한다. 이러한 밸리에 전자밀도의 90%에서 95% 정도로 전자가 쌓이면 실효 캐리어 이동도가 점차 감소하게 되며 기술적으로 관심을 끄는 *I-V*특성이 나타난다. 이러한 구조를 갖는 반도체는 주로 GaAs와 InP이며 그림 10-36에 Gunn 다이오드의 전류 전압 관계를 보여주고 있다.

Gunn 다이오드에 인가 DC 전압이 있을 때, 저전계에서는 정상적인 다이오드와 같이 선형적으로 동작한다. 그러나 어떤 임계전압 V_0를 넘게 되면 **다이폴 영역(dipole domain)**이 전자의 도핑변동에 의하여 활성화되어 캐소드 트리거 아래에 형성되기 시작한다. 이러한 영역의 형성은 전류흐름을 그림 10-36(b)와 같이 저하시킨다. 그리고 전류는 다이폴 영역이 캐소드(cathode)에서 애노드(anode)로 움직이는 동안에는 일정하다. 애노드에 다이폴 영역이 모아진 후에는 이 과정이 되풀이된다. 이러한 다이폴 영역의 드리프트 이동속도 $v_d \approx 10^5$ m/s와 Gunn 다이오드의 활성영역의 길이 L에 의하여 주파수를 예측할 수 있다. 활성영역의 길이를 10 μm라 하면 주파수는 다음 식과 같다.

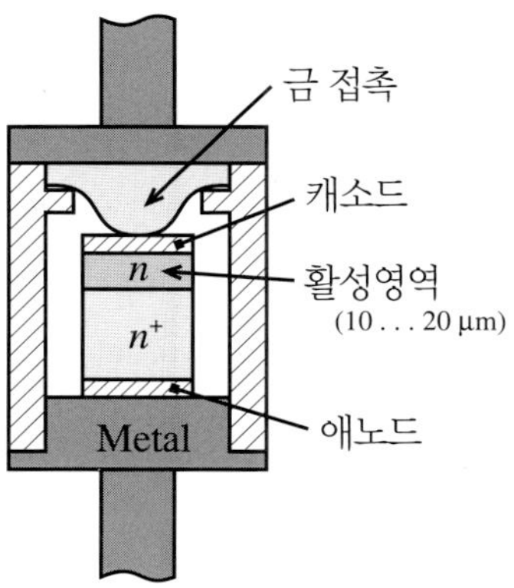

(a) Gunn 다이오드 구조

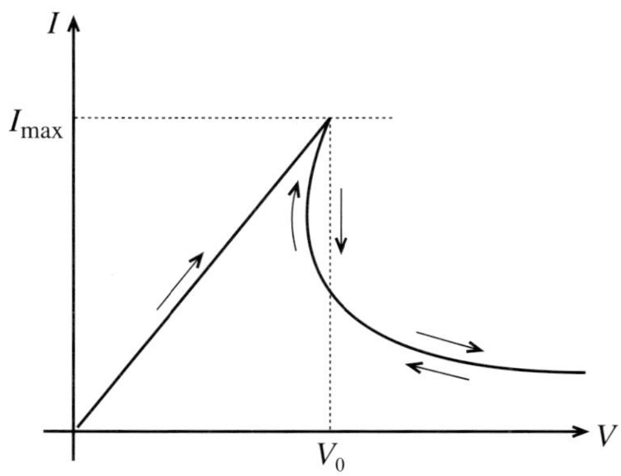

(b) 전류 대 전압 동작관계

그림 10-36 • Gunn 다이오드의 구조와 전류 대 전압 동작관계

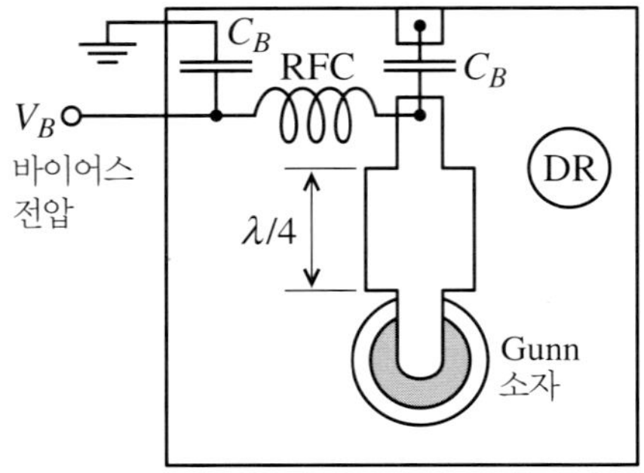

그림 10-37 ● DR을 갖는 Gunn 다이오드 발진기회로

$$f = \frac{v_d}{L} = \frac{10^5 \text{ m/s}}{10 \times 10^{-6} \text{ m}} = 10 \text{ GHz} \tag{10.77}$$

만약 외부 DC 전압이 인가된다면, 다이폴 영역 이동은 영향을 받게 되며 공진주파수는 변하게 된다. 주파수 동조범위는 공진주파수의 약 1% 이내이다.

그림 10-37은 Gunn 다이오드 발진기를 마이크로스트립으로 구현시킨 그림을 보여주고 있다. 여기에서 Gunn 다이오드는 $\lambda/4$ 마이크로스트립 선로와 연결되어 있으며, 이것 역시 DR과 결합되어 있다. Gunn 다이오드의 바이어스 전압은 마이크로스트립 선로와 연결된 RFC를 통하여 인가된다.

10.3 믹서의 기본 특성

믹서는 서로 다른 주파수를 갖는 여러 개의 신호를 이용하여 주파수 전환을 시키는 데 이용한다. 이러한 주파수 전환의 계기는 많은 채널신호가 조밀하게 집중되어 있는 가운데 중심이 되는 특정 RF 신호 채널을 제거한다는 사실로부터 유래하며 매우 협소한 주파수 간격을 이루고 있는 채널들은 아주 큰 Q값의 양호도를 필요로 한다. 한편 통신 시스템에서 믹서 동작으로 RF 신호 반송주파수를 변환시키거나 또는 주파수를 하향변환시킬 수 있다. 이와 같이 하향변환 작용으로 잘 알려진 시스템 중의 하나는 **헤테로다인 수신기**에서의 하향변환으로서 그림 10-38에 나타내었다.

여기에서 수신된 RF 신호는 저잡음 증폭단(LNA)에서 전치 증폭된 다음 믹서에 입력되며 믹서에서는 중심주파수 f_{RF}인 입력신호와 **국부발진기**에 의한 발진주파수 f_{LO}를

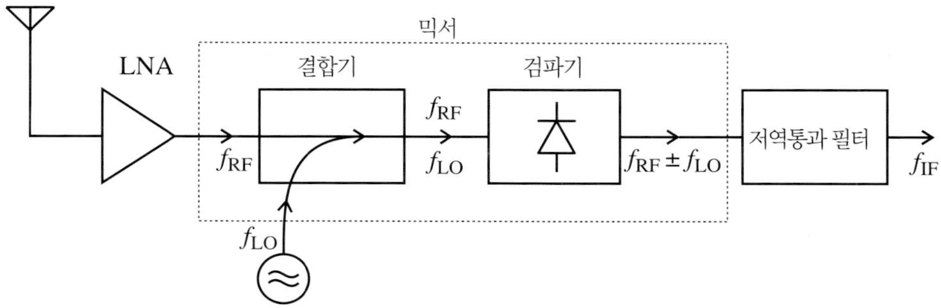

그림 10-38 • 믹서를 나타내는 헤테로다인 수신기

곱한다. **믹서** 작용 후의 신호는 $f_{RF} \pm f_{LO}$성분을 포함하고 있으며 이 신호는 저역통과필터(LPF)를 통과시킨다. 이때 낮은 주파수 성분 $f_{RF} - f_{LO}$은 잘 알려져 있는 **중간주파수 (intermediate frequency)**이며 수신단에서 이어지는 신호처리를 위하여 선택한다.

비록 10.3.6 절에서 다른 적용에 대해서 배울 예정이지만, 믹서를 구성하는 두 개의 주요 성분은 **결합기**와 **검파기**이다. 결합기는 90°(또는 180°) 방향성 결합기를 사용하여 구현된다. 결합기와 하이브리드 결합기(hybrid combiner)에 대한 논의는 부록 G에 수록하였다. 검파기는 전통적으로 다이오드를 채택하며 두 개의 다이오드를 서로 반대 방향으로 병렬구성(antiparallel)시키거나 또는 이중평형 4극 다이오드(double-balanced quadpole diode, DBQD) 형태를 이용하기도 한다. 다이오드 이외에도 저잡음과 매우 큰 변환 이득을 나타내는 BJT와 MESFET 믹서가 X-대역까지 설계되었다.

10.3.1 믹서의 기본개념

상세한 믹서회로 설계에 들어가기 전에 믹서가 두 개의 주파수를 입력시켜 어떻게 여러 개의 주파수 성분을 출력으로 내놓는가에 대하여 간략하게 알아볼 필요가 있다. 선형 시스템에서는 이러한 일이 절대 일어나지 못하므로 비선형 소자로서 여러 개의 고조파 신호를 발생시키는 다이오드, FET 및 BJT 중 하나를 선정할 필요가 있다. 그림 10-39에서는 RF 신호 $V_{RF}(t)$와 **펌핑신호(pumping signal)**로 알려진 국부발진신호 $V_{LO}(t)$가 연결된 믹서의 기본적인 형태를 보여주고 있다.

RF 입력신호는 국부발진신호 LO와 결합되어 반도체 소자에 입력되며 비선형 특성을 나타내는 반도체 출력단에서는 부하단에 전류를 구동시킨다. 다이오드와 BJT는 지수함수적으로 전달함수 특성을 나타내므로 제6장에서 논의한 바와 같이 쇼클리 다이오드 방정식에 의하여 다음과 같이 표현할 수 있다.

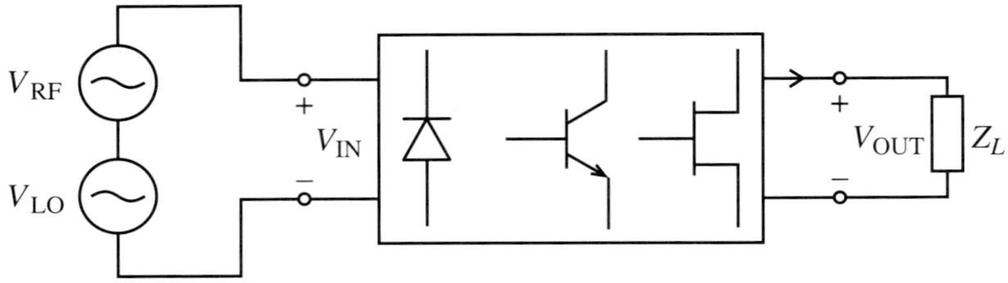

그림 10-39 • 기본 믹서개념: 두 개의 입력신호가 출력단에서 새로운 주파수를 만들기 위하여 사용되었다.

$$I = I_0(e^{V/V_T} - 1) \tag{10.78a}$$

다른 방안으로 MESFET의 경우, 제곱함수로 다음과 같이 나타낼 수 있다.

$$I(V) = I_{DSS}(1 - V/V_{T0})^2 \tag{10.78b}$$

여기에서 드레인 전류와 게이트–소스 사이의 전압을 나타내는 첨자는 간략화시키기 위하여 생략하였다. 입력전압은 RF 신호 $v_{RF} = V_{RF}\cos(\omega_{RF}t)$와 국부발진신호 $v_{LO} = V_{LO}\cos(\omega_{LO}t)$ 및 바이어스 V_Q의 합으로 다음과 같이 표현된다. 즉

$$V = V_Q + V_{RF}\cos(\omega_{RF}t) + V_{LO}\cos(\omega_{LO}t) \tag{10.79}$$

이 전압은 비선형 소자에 인가되며 소자의 전류출력 특성은 Q점 근처에서 테일러 급수 전개식에 의하여 다음과 같다.

$$I(V) = I_Q + V\left(\frac{dI}{dV}\right)\bigg|_{V_Q} + \frac{1}{2}V^2\left(\frac{d^2I}{dV^2}\right)\bigg|_{V_Q} + \dots = I_Q + VA + V^2B + \dots \tag{10.80}$$

여기에서 상수 A와 B는 각각 $(dI/dV)|_{V_Q}$ 및 $(1/2)\,(d^2I/dV^2)|_{V_Q}$이며, 바이어스 V_Q와 I_Q를 무시하고 식 (10.79)를 식 (10.80)에 대입하면 다음과 같다.

$$\begin{aligned} I = {} & A(V_{RF}\cos(\omega_{RF}t) + V_{LO}\cos(\omega_{LO}t)) \\ & + B(V_{RF}^2\cos^2(\omega_{RF}t) + V_{LO}^2\cos^2(\omega_{LO}t)) \\ & + 2BV_{RF}V_{LO}\cos(\omega_{RF}t)\cos(\omega_{LO}t) + \dots \end{aligned} \tag{10.81}$$

코사인 제곱을 갖는 항은 삼각함수 등식 관계에 의하여 $\cos^2(\omega t) = (1/2)(1 + \cos(2\omega t))$으로 표현할 수 있으며 DC항과 $2\omega_{RF}t$와 $2\omega_{LO}t$항을 포함하고 있다. 식 (10.81)의 마지막

줄의 관계식에 의하여 다음과 같이 정리된다.

$$I = \ldots + BV_{RF}V_{LO}(\cos[(\omega_{RF} + \omega_{LO})t] + \cos[(\omega_{RF} - \omega_{LO})t]) \qquad (10.82)$$

이 표현식은 다이오드 및 트랜지스터의 비선형 동작이 새로운 주파수 성분 $\omega_{RF} \pm \omega_{LO}$을 만들어 낼 수 있다는 것을 명확하게 하고 있다. 한편 신호의 진폭은 B에 의해 곱해지고 정규화된다는 것을 알 수 있으며 여기서 B는 소자에 의존하는 요인이다.

식 (10.82)는 테일러 급수를 제3차 항까지 전개한 식으로 **제2차 혼변조 곱(second-order intermodular product)** V^2B까지 나타낸다. **제3차 혼변조 곱** V^3C와 같은 고차항의 곱은 무시하였다. 다이오드와 BJT의 경우, 이러한 고차항의 고조파차수는 믹서동작에 아주 중요한 효과를 나타낸다. 그러나 제2차 혼변조 곱은 FET의 이차함수적인 전달함수특성을 이용할 때만 존재하는 항이다. 그러므로 FET는 원하지 않는 고차항 혼변조 곱을 덜 형성시킨다.

다음 예제는 주어진 RF 신호 주파수로부터 하향변환과정을 통하여 원하는 중간주파수를 구하는 과정에 대하여 논의하였다.

RF&MW→

예제 10-8 • 국부발진기 주파수 선택

중심주파수가 1.89 GHz이고 대역폭이 20 MHz인 RF 신호를 200 MHz의 중간주파수(IF)로 하향변환시키려 한다. 적합한 국부발진주파수 f_{LO}를 선정하여라. 하향변환을 하기 전 상태에서 RF 신호 채널을 선택하기 위한 대역통과필터의 양호도 Q를 구하고 하향변환 후 대역통과필터의 Q값을 결정하라.

풀이:

식 (10.82)에서 보는 바와 같이 RF 주파수와 LO 주파수를 비선형 소자를 통하여 혼합함으로써 $f_{IF} = f_{RF} - f_{LO}$ 또는 $f_{IF} = f_{LO} - f_{RF}$과 같은 IF 주파수가 형성되며 이 식은 f_{RF} 또는 f_{LO} 중 어느 신호가 더 높은 신호인가에 따른다. 그러므로 $f_{RF} = 1.89$ GHz에서 $f_{IF} = 200$ MHz를 구하기 위하여

$$f_{LO} = f_{RF} - f_{IF} = 1.69 \text{ GHz 또는}$$

$$f_{LO} = f_{RF} + f_{IF} = 2.09 \text{ GHz}$$

의 관계식을 이용한다. 이러한 두 식은 동일하고 실제적으로 사용되고 있다. $f_{RF} > f_{LO}$를 선택한다면 믹서는 **저역 삽입(low-side injection)** 상태라 하고, $f_{RF} < f_{LO}$를 선택한다면 **고역 삽입(high-side injection)** 상태 설계라 한다. 두 번째 접근법을 더 선호하는데, 그 이유는 LO 주파수가 RF 주파수보다 낮아 만들기와 처리하기가 쉽기 때문이다.

하향 변환시키기 전에, 신호는 중심주파수 f_{RF} = 1.89 GHz에서 BW = 20 MHz의 대역폭을 가지고 있으므로 원하는 신호를 제거시키려면 양호도가 $Q = f_{RF}/\text{BW} = 94.5$인 필터를 사용해야만 한다. 그러나 하향변환을 시킨 후 신호의 대역폭 20 MHz는 변하지 않으나 중심주파수는 IF 주파수 f_{IF} = 200 MHz로 이동되므로 대역통과필터의 양호도는 $Q = f_{IF}/\text{BW} = 10$을 필요로 한다.

이 예제는 믹서가 *RF* 신호를 하향변환시킨 후 양호도가 작은 선택성 필터를 필요로 함을 보여준다. 또한 *IF*가 고정되면 *RF*는 채널에 의존한다.

10.3.2 주파수 영역의 고찰

앞 절을 주파수 영역의 관점에서 논의하는 것이 매우 중요하다. 이와 같은 주파수 영역의 고찰을 위하여 RF 신호의 각주파수 ω_{RF}는 중앙에 위치하고 있으며 ω_{RF}의 위와 아래에 ω_W의 주파수 성분이 놓여 있는 것으로 가정하고 국부발진(LO) 신호는 ω_{LO}신호 성분만 가지고 있다 하자. 이러한 신호들이 믹싱 작용을 한 뒤에 식 (10.82)에 따라 나타나는 결과에 대한 주파수 스펙트럼은 **상향변환된** 신호와 **하향변환된** 신호로 구성되며 그림 10-40에 이 과정을 설명하고 있다.

대표적인 상향변환과정은 **송신기**에서 변조에 상응되며 반면에 하향변환과정은 **수신기**에서 접하게 된다. 특별히 변조과정을 다룰 때 다음과 같은 용어상 개념이 공통적으로 사용된다.

- 저측파대 또는 LSB($\omega_{RF} - \omega_{LO}$)
- 상측파대 또는 USB($\omega_{RF} + \omega_{LO}$)
- 양측파대 또는 DSB($\omega_{RF} + \omega_{LO}$, $\omega_{RF} - \omega_{LO}$)

결정적인 문제는 RF 주파수를 적합한 IF 레벨로 이동시키기 위한 국부발진 주파수의 선택이다.

이에 관련된 주제로서 하향변환된 주파수 범위 내에 나타나는 **이미지** 주파수(image

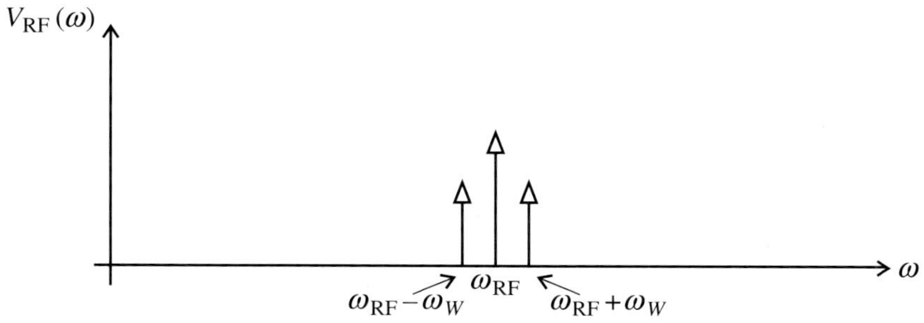

(a) RF 신호

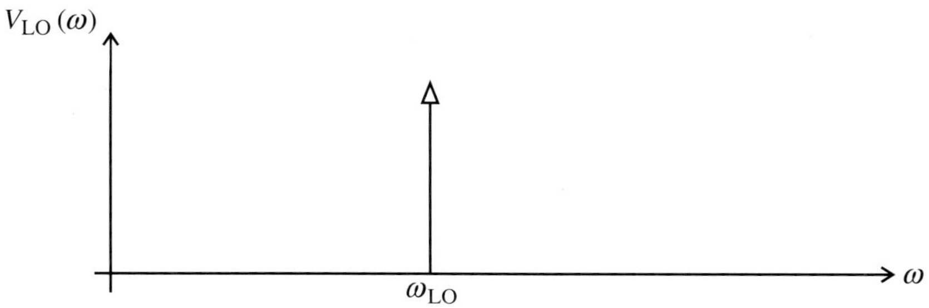

(b) LO 신호

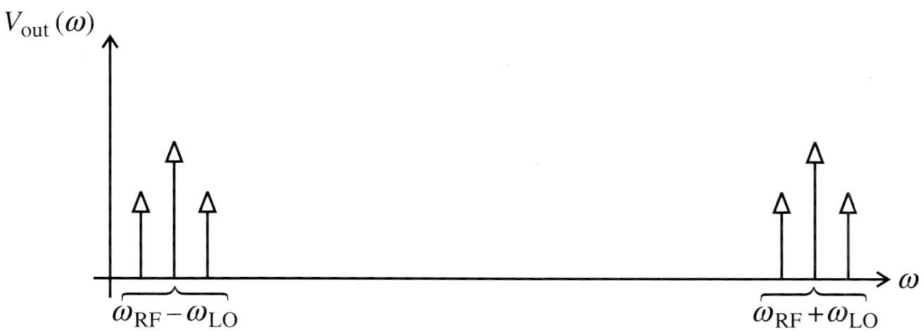

(c) 하향-상향 변환된 스펙트럼

그림 10-40 • 혼합기 과정의 스펙트럼 표현

frequency)의 문제가 있다. 이 문제를 이해하기 위하여 RF 신호가 주어진 국부발진 주파수에 의하여 하향변환된다고 가정하자. 원하는 신호 이외에 대칭적으로 IF를 간섭하는 신호가 나타난다(그림 10-41 참조). 원하는 RF 신호변환은 다음 식과 같이 예측된다.

$$\omega_{RF} - \omega_{LO} = \omega_{IF} \tag{10.83a}$$

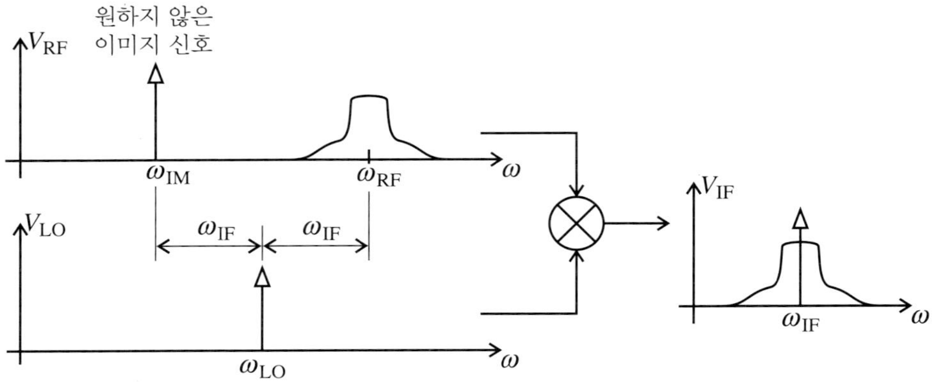

그림 10-41 ● 이미지 주파수 매핑의 문제

또한 이미지 주파수 ω_{IM} 변환은 다음과 같이 발생된다.

$$\omega_{IM} - \omega_{LO} = (\omega_{LO} - \omega_{IF}) - \omega_{LO} = -\omega_{IF} \tag{10.83b}$$

$\cos(-\omega_{IF}t) = \cos(\omega_{IF}t)$이므로 두 개의 주파수 스펙트럼은 그림 10-41에서와 같이 동일한 주파수 위치만큼 이동한다고 본다.

RF 신호보다 진폭에서 더 크게 나타날 수 있는 원하지 않는 이미지 신호의 존재를 피하기 위하여 이른바 이미지 필터를 믹서 앞단에 설치하여 이미지 신호의 영향을 억제시킴으로써 충분한 스펙트럼의 분리를 나타나게 할 수 있다. 더 구체적인 이미지 신호의 억제조치는 이미지 제거 믹서 설계부분에서 취급한다.

10.3.3 단일-종단믹서(single-ended mixer) 설계

가장 간단한 믹서는 그림 10-42(a)에서 보여준 것과 같은 쇼트키 다이오드를 포함한 단일-종단믹서이다. 바이어스된 다이오드에 RF 신호와 국부발진신호가 입력되고 다이오드 다음 단은 원하는 IF주파수 대역으로 동조된 공진회로로 구성된다. 대조적으로 그림 10-42(b)에서는 FET를 포함한 개선된 설계로서 다이오드와는 달리 입사되는 RF 신호 및 국부발진신호에 대하여 이득을 가질 수 있다.

그림과 같이 두 가지 회로에서 RF 신호와 국부발진신호의 결합은 지수함수적(다이오드) 또는 2차함수적(FET) 전달함수를 갖는 비선형 소자에 인가되며, 다음 단의 IF 신호와 분리시키는 역할을 하는 동조회로로 전달된다. 서로 다른 두 개의 믹서의 실현은 이에 적합한 믹서회로를 개발할 때 다음과 같은 상호 대조되는 중요한 파라미터를 나타낸다.

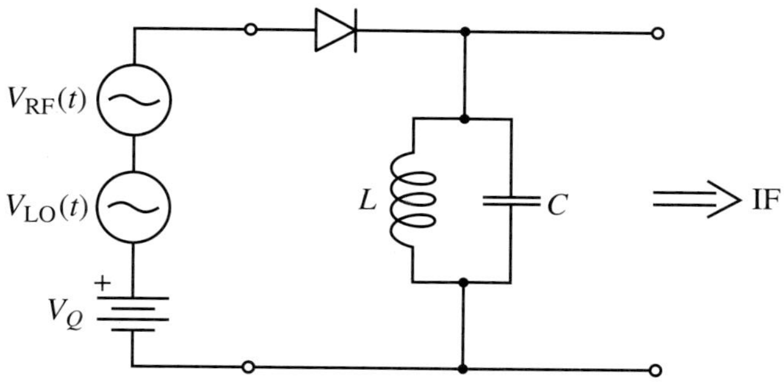

(a) 다이오드 믹서

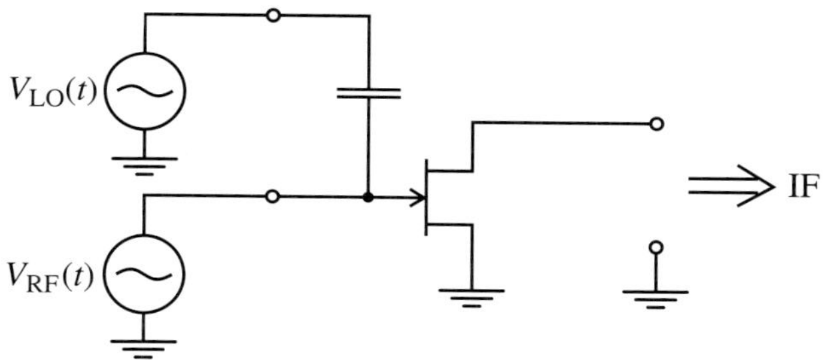

(b) FET 믹서

그림 10-42 • 두 개의 단일-종단 믹서 형태

- RF 신호와 IF 신호 사이의 변환 손실과 이득
- 잡음지수
- 국부발진신호단과 RF 신호단 사이의 분리도(isolation)
- 비선형성

그림 10-42(a)에서는 국부발진신호와 RF 신호가 전기적으로 분리되지 않았기 때문에 수신 안테나를 통하여 국부발진신호 일부가 다시 방사되는 것이 가능하여 국부발진신호가 RF 수신에 간섭할 수 있는 위험이 내재되어 있다. 다이오드 믹서와는 다르게 그림 10-42(b)의 FET 실현은 신호의 이득을 제공한다. 믹서의 변환 손실(**conversion loss**, CL)은 인가된 RF 전력 P_{RF}에 대한 IF 단 전력 P_{IF}의 비로 정의하며 dB로 표현된다.

$$\mathrm{CL}\ [\mathrm{dB}] = 10\log\left(\frac{P_{RF}}{P_{IF}}\right) \tag{10.84}$$

BJT 및 FET를 취급할 때는 두 전력비의 역수로서 **변환 이득(conversion gain**, CG)으로 특성을 나타내는 것이 타당하다.

한편, 믹서의 잡음지수는 일반적으로 다음과 같이 정의된다.

$$F = \frac{P_{n_{\text{out}}}}{\text{CG}P_{n_{\text{in}}}} \tag{10.85}$$

CG는 변환이득이며 $P_{n_{\text{out}}}$, $P_{n_{\text{in}}}$은 출력단(IF)의 잡음전력과 입력단(RF)의 잡음전력이다. FET는 BJT보다 작은 잡음지수를 가지며 거의 이차함수적인 전달 특성(제7.2절 참조) 때문에 고차 비선형항의 영향은 최소화된다. 높은 변환이득과 낮은 바이어스 전압 조건(예를 들면 배터리로 동작되는 시스템과 같은 응용)을 필요로 하는 믹서 응용회로에서는 FET 대신에 BJT를 적용하면 된다.

비선형성은 주로 **변환 억압**(conversion compression)과 **혼변조 왜곡**(intermodular distortion, IMD)을 정량화시킨다. 변환 억압은 RF 입력전력에 대한 IF 출력전압이 어떤 점에서부터 선형적 동작에서 벗어나기 시작한다는 사실에 관련된다. 선형동작에서 1dB 만큼 벗어난 점은 대표적인 믹서동작 특성을 나타낸다. 증폭기에서 이미 언급하였지만 혼변조 왜곡은 RF 입력신호에 대하여 두 번째 주파수 성분의 영향에 관련되어 왜곡을 일으킨다. 이러한 영향을 정량적으로 나타내기 위하여 두 개 신호에 의한 시험(two-tone test)이 적용된다. f_{RF}가 원하는 신호이고 f_2를 두 번째 입력신호라 하면 혼합과정에 의하여 $2f_2 - f_{\text{RF}} \pm f_{\text{LO}}$의 주파수 성분이 발생하며 이때 ±부호는 상향변환/하향변환을 의미한다. 이와 같은 혼변조 곱(intermodulation product)의 영향은 변환 억압과 동일한 그래프에 나타낼 수 있다(그림 10-43 참조).

원하는 선형 출력 특성을 나타내는 선과 원하지 않는 제3차 IMD 동작 특성 선 사이의 교차점은 IMD 영향을 억제시키는 믹서의 동작 특성을 나타내는 지표(figure of merit)이다.

추가적인 믹서의 특성에는 믹서 내부에서 발생하는 왜곡인 **하모닉 IMD(harmonic IMD)**가 있으며 마찬가지로 RF와 IF, LO와 IF, LO와 RF 단자 사이의 **분리도** 역시 포함된다. 특별히 RF와

수신기 특성

셀룰러 폰에 대한 RF 프론트-엔드 수신기는 이동 핸드폰 규격에 의존하는 다른 성능 파라미터를 요구한다. 예를 들면 925~960 MHz대역에서 동작하는 **GSM** (Global System Mobile)에 대한 전형적인 LNA 파라미터는 13 dB 이득, 3 B의 집음지수 그리고 −16 dBm의 1 dB 이득 압축을 가져야 한다. 반면에 1930~1990 MHz대역에서 동작하는 **UMTS** (Universal Mobile Tele-communication System) 규격은 16 dB 이득, 2 dB 잡음지수 그리고 11 dBm의 1 dB 이득 압축을 갖는다. 믹서의 경우, GSM과 UMTS 규격은 비슷하며 각각 5 dB의 변환이득과 12 dB의 단일 측파대 잡음지수를 갖는다. 그러나 1 dB(입력을 기준으로) 이득 압축은 GSM경우 −4 dB 그리고 UMTS의 경우 −12 dB로 각각 다르다.

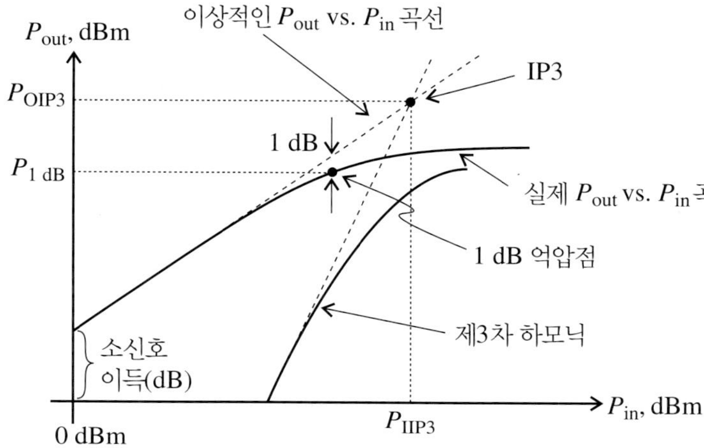

그림 10-43 • 믹서의 변환 억압과 혼변조 곱

LO분리도는 직접적으로 결합기의 영향과 연결되어 있다(부록 G의 하이브리드 결합기 참조). 또 다른 특성은 **동작범위(dynamic range)**로서 성능의 저하를 나타내지 않는 진폭범위를 규정한다.

RF 믹서회로 설계는 RF 증폭기를 설계할 때 논의한 방법과 유사하다. RF 신호와 LO 신호는 적정하게 바이어스된 트랜지스터나 다이오드의 입력단에 입사되며 믹서의 입력단과 출력단에서의 임피던스 정합은 제8장에서 이미 제시하였으며 믹서에 직접 적용할 수 있다. 그러나 입력단 RF신호와 국부발진신호 주파수 및 출력단에서의 IF 주파수 사이에는 매우 큰 주파수 차이가 있다는 사실을 주지해야 한다. 입력과 출력 양단은 일반적으로 50 Ω 선로 임피던스에 정합되어야 하므로 이러한 두 개의 주파수 차이에서 트랜지스터 단에서의 임피던스(또는 *S*-파라미터 표현값)를 구체적으로 알아야 한다. 소자의 출력에서 간섭을 최소화시키기 위하여 입력단을 IF로부터 차단(단락)시켜야 함이 중요하며 반대로 출력측에서는 RF 신호를 차단(단락)시켜야 한다(그림 10-44 참조). 정합회로에서 이러한 요건들을 포함시키는 것은 어렵다.

이러한 단락(차단)회로 조건은 트랜지스터의 내부귀환 메커니즘에 의하여 트랜지스터 동작 특성에 영향을 미친다. 이상적으로 $\Gamma_{in}(\omega_{RF})$는 출력측 단락회로 조건에 의하여 알 수 있어야 하며 같은 방법으로 $\Gamma_{out}(\omega_{IF})$ 역시 입력측 단락회로 조건에 의하여 알 수 있어야 한다. 일반적으로 변환이득을 조정하기 위하여 출력단에 부가 부하저항을 부가시킨다. 다음 예제에서 믹서의 설계과정에 대하여 설명하였다.

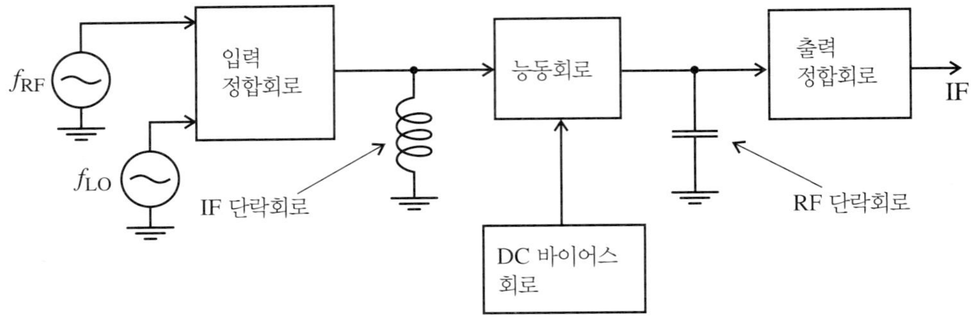

그림 10-44 • 일반적인 단일 소자 믹서 설계 방법

예제 10-9 • BJT에 의한 단일소자 믹서 설계

그림 10-45에서 보여준 형태에 대하여 바이어스 조건을 만족시키는 R_1과 R_2를 계산하라. 이 회로를 사용하여 f_{RF} = 1900 MHz와 f_{IF} = 200 MHz에 대한 저측파대 삽입 믹서(low-side injection mixer)를 설계하라. IF 주파수에서 측정된 BJT의 출력 임피던스는 입력 단락회로 조건에서 Z_{out} = (677.7 − j2324) Ω이며 RF 주파수에서 출력단락회로 조건으로 측정된 입

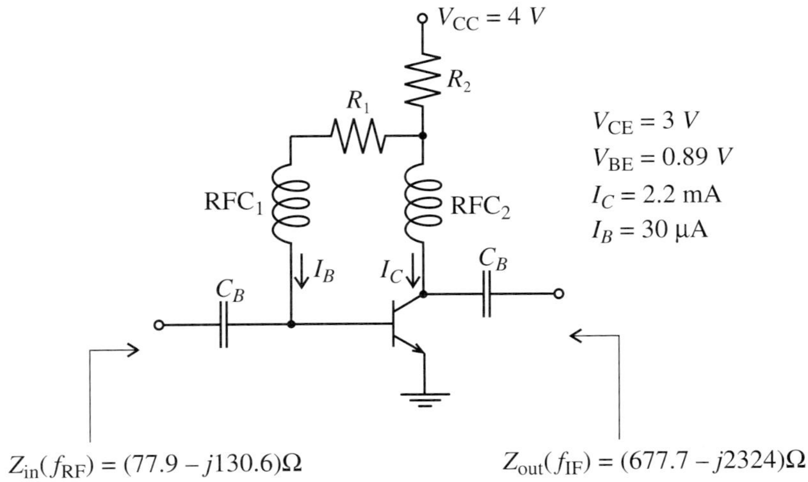

그림 10-45 • BJT 믹서 설계에 대한 DC 바이어스 회로

력 임피던스는 $Z_{in} = (77.9 - j130.6)\ \Omega$ 이다. 믹서설계에 사용되는 소자를 최소화시켜라.

풀이:

회로에서 R_2 양단에 형성되는 전압은 V_{CC}와 V_{CE} 전압 차이와 같으며 R_2에 흐르는 전류는 베이스와 콜렉터 전류의 합이 되므로 R_2는

$$R_2 = \frac{V_{CC} - V_{CE}}{I_C + I_B} = 448\ \Omega$$

이며 동일한 방법으로 베이스 저항 R_1은 베이스에 흐르는 전류에 대하여 $V_{CE} - V_{BE}$의 비로서 다음과 같이 계산된다.

$$R_1 = \frac{V_{CE} - V_{BE}}{I_B} = 70.3\ \mathrm{k\Omega}$$

입력정합회로를 설계하기에 앞서 국부발진신호를 어떻게 인가시켜야 할지를 결정해야 한다. 가장 간단한 방법은 그림 10-46에서와 같이 국부발진신호와 연결되지 않는 커패시터 C_{LO}를 통하여 직접 트랜지스터의 베이스에 연결하는 것이다.

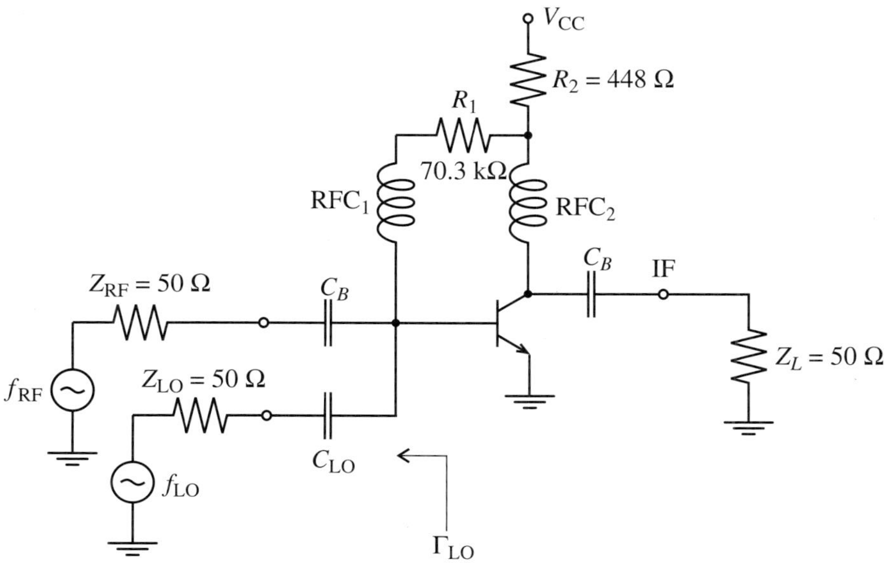

그림 10-46 • BJT에 RF 신호 및 국부발진신호의 연결

이 커패시터 C_{LO}의 값은 RF 신호가 국부발진신호에 들어가는 것을 방지하기에 충분할 정도로 작은 값을 선정한다. 여기에서는 $C_{LO} = 0.2$ pF를 선택하였다. 이때 C_{LO}와 Z_{LO}의 직렬결합으로 다음 식과 같이 0.24 dB의 반사손실(return loss) RL_{RF}가 발생한다.

$$RL_{RF} = -20\log|\Gamma_{LO}(f_{RF})| = -20\log(0.9727) = 0.24 \text{ dB}$$

불행히도 국부발진주파수는 f_{RF}에 매우 근접되어 있어 동일 커패시턴스는 RF 신호 뿐만 아니라 국부발진신호도 감쇄시킨다. 주파수 $f_{LO} = f_{RF} - f_{IF}$에서 이 커패시터에 의한 삽입손실(insert loss) IL_{RF}를 계산하면 다음과 같다.

$$IL_{RF} = -10\log(1 - |\Gamma_{LO}(f_{LO})|^2) = 13.6 \text{ dB}$$

그러므로 국부발진신호가 −20 dBm으로 입사되면 트랜지스터에는 −33.6 dBm의 전력값으로 입력된다. 이와 같은 큰 전력손실은 국부발진기가 가지고 있는 전력을 조정함으로써 허용될 수 있다. 그러나 RF 단자로 국부발진기 전력 결합을 알 수 있다; 추가적인 필터링이 요구될 수도 있다.

C_{LO}와 Z_{LO}가 존재함으로써 입력 임피던스는 변화된다. 전체 입력 임피던스 Z'_{in}는 C_{LO}와 Z_{LO}의 병렬결합으로 계산하며 국부발진신호를 연결한 트랜지스터의 입력 임피던스는 다음과 같다.

$$Z'_{in} = \left(Z_{LO} + \frac{1}{j\omega_{RF}C_{LO}}\right) \| Z_{in} = (47.2 - j103.5)\Omega$$

출력 임피던스 Z_{out}를 측정하는 동안 입력단이 단락되므로 출력 임피던스는 변하지 않는다.

Z'_{in}를 구함으로써 제8장에서 언급한 방법으로 입력단 정합회로를 설계할 수 있다. 가능한 여러 토폴로지 중의 한 방법으로 그림 10-47에서 나타낸 바와 같이 직렬 커패시터에 단락 인턱터를 가지고 회로를 구성시켰다. 여기서 $C_1 = 0.8$ pF, $L_1 = 5.2$ nH이다. 이 회로에서 C_{B1}은 접지에 DC 단락회로를 방지하는 차단 커패시터이다.

그림 10-47 회로에 대하여 몇 가지 변화를 적용할 수 있다. 첫째, RFC를 통하여 트랜지스터의 베이스에 바이어스를 인가시키는 대신에 C_{B1}과 L_1 사이에 저항 R_1을 연결한다. 이 경우 L_1을 통하여 트랜지스터의 베이

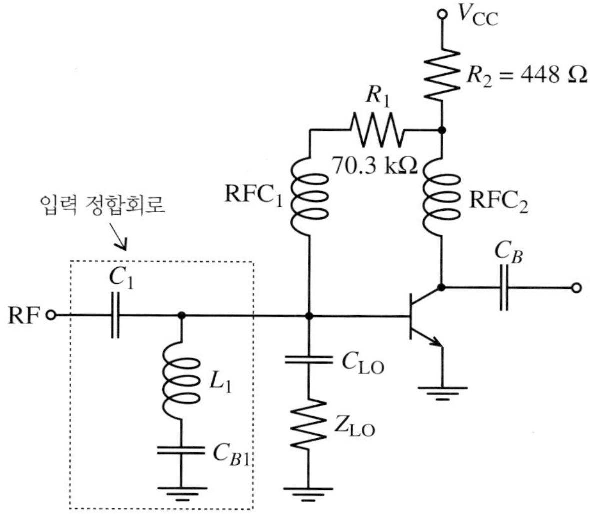

그림 10-47 • 단일소자 BJT 믹서에 대한 입력정합회로

스에 바이어스가 인가되며 C_{B1}을 가지고 RF 신호를 접지시킴으로써 DC 전원공급으로부터 RF 신호 분리를 유지하게 된다. 입력정합회로의 또 다른 임무는 IF 신호에 대한 단락(차단)조건을 나타내는 것이므로 인덕턴스 L_1의 임피던스가 주파수 f_{IF}에서 비록 작다하더라도 L_1과 C_{B1}이 IF 주파수에서 직렬공진을 나타내도록 C_{B1}값을 선택하여 임피던스값을 더 작게 할 수 있다. 예로, $C_{B1} = 120$ pF를 택하면 IF 신호에 대하여 확실한 단락회로를 구성하며 RF 신호를 접지시키는 경로를 유지하게 된다. 그림 10-48이 수정된 입력정합회로를 보여주고 있다.

출력정합회로는 비슷한 접근법을 이용하여 그림 10-49에 전개되었다. 출력정합회로는 단락 인덕턴스 L_2와 직렬 커패시턴스 C_2로서 구성되며 그 값은 $L_2 = 416$ nH 및 $C_2 = 1.21$ pF이다. 이 회로는 트랜지스터의 콜렉터 단에서 RFC를 제거하게 해주나 이러한 형태의 문제점은 출력측에서 간섭을 일으키는 RF 신호를 접지시키는 단락회로를 나타내지 못함에 있다. 이러한 단점을 수정하기 위하여 L_2 대신에 등가 LC 결합회로로 대치시키며 여기에서 $C_3 = 120$ pF는 f_{RF}를 확실하게 접지시키는 조건으로 선택하였으며 L_2는 $L_2 = 5.2$ nH로 조정하였다. 단일소자 BJT 믹서에 대하여 설계된 완전한 회로는 그림 10-49과 같다.

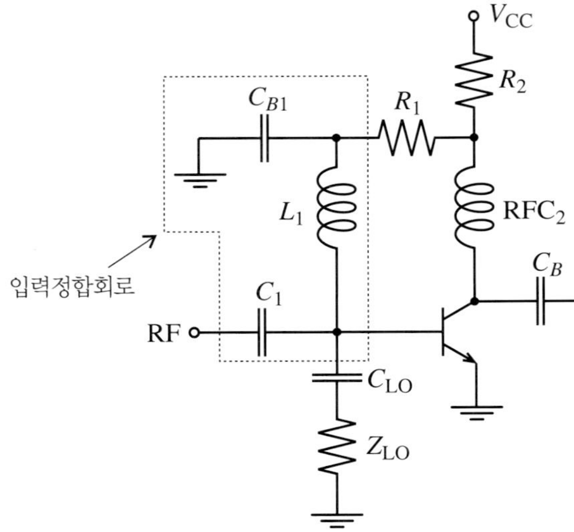

그림 10-48 • 변경된 입력정합회로

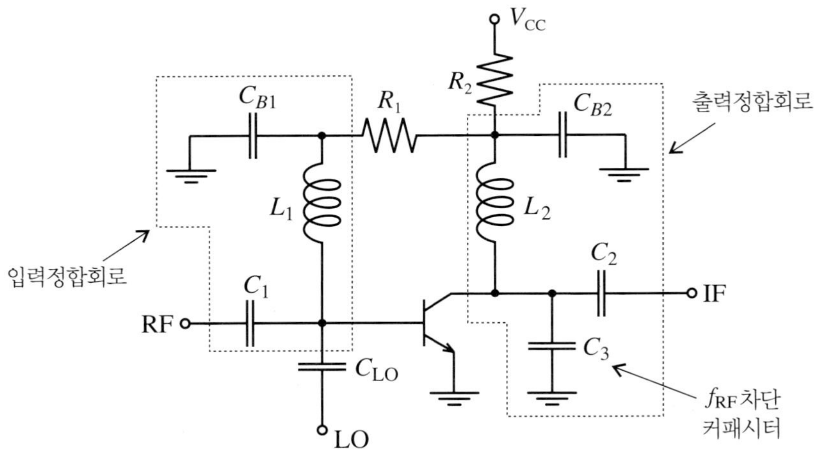

그림 10-49 • f_{RF} = 1900 MHz 및 f_{IF} = 200 MHz를 나타내는 단일소자 BJT 믹서의 완전한 회로구현

이 설계에서 정합회로는 여러 목적으로 동작되는 것을 보여 주고 있다. 언뜻 보기에는 이해하기가 어려울 것처럼 보이나 자세히 보면 임피던스 정합과 분리도를 나타내는 이중목표를 갖고 설계를 시도하였다.

10.3.4 단일-평형믹서

앞 절에서 단일-종단 믹서는 개념적으로 간단하지만 회로구현에 어렵다는 것을 보았다. 이 회로의 주요 단점은 광대역 응용에서 국부발진신호, RF 신호 및 IF 신호 사이의 확실한 분리도를 나타내기 위하여 이에 상응되는 국부발진신호 에너지를 유지시키기 어렵다는 점이다. 하이브리드 결합기와 평형된(balanced) 두 개의 다이오드 또는 두 개의 트랜지스터를 가지고 광대역에서 믹서동작을 수행하도록 할 수 있다. 이와 같은 회로는 잡음 억제능력과 스퓨리어스 모드를 제거시키는 이점을 갖는다. RF와 LO의 더 높은 고조파를 혼합함으로써 발생하는 스퓨리어스 적(product)은 잠재적으로 IF 대역 내에서 일어난다. 열잡음은 수신기에서 기저 잡음(noise floor)을 일으킨다. 그림 10-50은 하이브리드 결합기와 이중 다이오드 검파기 및 신호 수집점에 커패시터를 연결시킨 기본적인 믹서 형태를 보여주고 있다.

우수한 VSWR(부록 G 참조)이외에, 이 설계법은 90° 위상 차이와 함께 서로 반대 방향으로 정렬된 다이오드 회로때문에 아주 우수한 잡음제거능력이 있으므로 전체적으로 상당한 잡음을 억제시킨다. 이러한 증명은 연습문제로 남겨놓았다(문제 10.19 참조).

두 개의 MESFET와 90° 및 180° 하이브리드 결합기로 구성된 좀 더 복잡한 믹서설계는 그림 10-51과 같다. 서로 반대방향으로 병렬연결된 다이오드에서 동작하는 것과 달리 두 번째 MESFET가 역방향이 나타나지 않으므로 180° 위상변이를 이용하였다. 이 회로에 RF 신호와 IF 신호 사이의 분리가 존재하지 않음을 지적하는 것도 중요하다. 이러한 이유로 그림 10-51에서와 같이 각각의 트랜지스터 출력단의 정합회로는 저역통과 필터를 함께 설계한다. 좋은 LO와 RF 분리도를 얻기 위해서, 이 믹서는 90° 커플러 대신에 180° 커플러를 가지고 만들어져야 한다. 그러나 이것은 입력 VSWR가 더 나빠지는 대가를 치러야 한다.

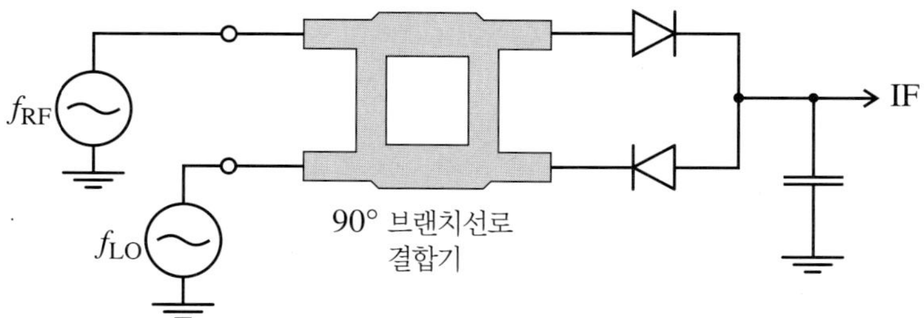

그림 10-50 • 하이브리드 결합기를 포함한 평형믹서

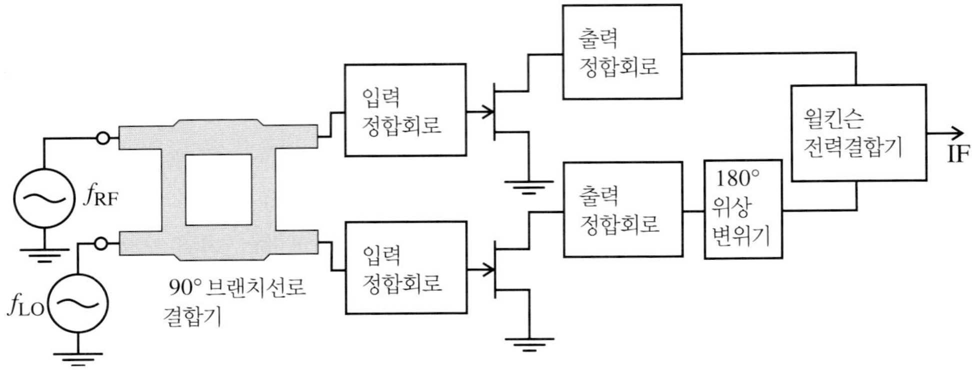

그림 10-51 • 결합기와 전력결합기를 갖는 단일–평형 MESFET 믹서

10.3.5 이중–평형믹서

이중–평형믹서는 정류회로 형태로 다이오드 4개를 이용하여 만들 수 있다. 다이오드를 추가시킴으로써 분리도를 좋게 하며 스퓨리어스 모드 억제를 증가시킨다. 단일–평형 방법과는 다르게 이중–평형 설계법은 국부발진신호와 RF 신호의 우수 하모닉 성분을 제거하나 아주 큰 국부발진 구동전력을 요구하며 변환 손실을 증가시키는 단점이 있다. 그림 10-52에 대표적인 이중–평형 믹서를 나타내었다. 세 개의 신호 경로는 모두 분리되어 있으며 입력과 출력 변환기는 국부발진신호에 대칭적으로 믹싱을 한다.

이중–평형믹서의 자세한 설계에 대하여 본 장의 참고문헌 중 Vendilin과 Mass의 책을 참고하기 바란다.

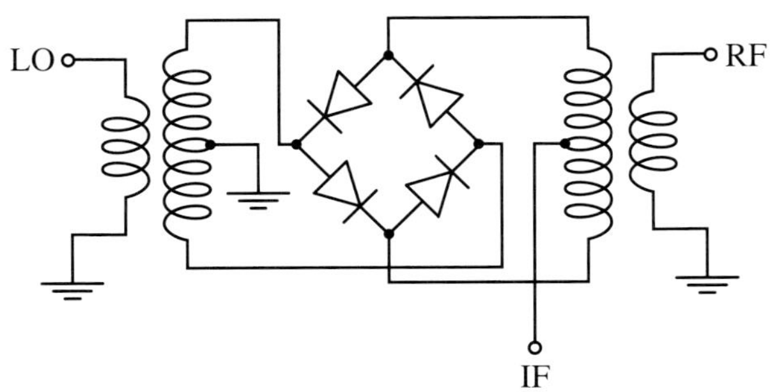

그림 10-52 • 이중–평형믹서 설계

10.3.6 집적 능동 믹서

집적 능동 믹서는 개인별 무선 통신기기(이동전화, 무선 랜, 블루투스)의 확산으로 인해 상당한 대중화되고 있다. 이러한 믹서의 주요한 장점은 하나의 칩으로 거의 전체 수신기를 집적화함으로써 낮은 가격의 CMOS 혹은 쌍극자 COMS(BiCMOS) 과정으로 적용이 용이하며 변환이득을 가진다는 데 있다. 표 10-3은 능동 대 수동 믹서의 장점과 단점 그리고 여러 가지 능동 믹서 형태를 나타내고 있다. 능동 믹서는 변환이득을 얻는 데 도움을 줄 뿐만 아니라 전형적으로 수동 믹서보다 더 낮은 LO 드라이브를 가진 더 좋은 선형성을 얻을 수 있다. 비록 능동 믹서가 이론적으로 다이오드 믹서보다도 더 좋은 잡음지수를 가질 수 있지만 실제적인 적용에서, 특히 CMOS에서, 일반적으로 더 낮은 잡음지수를 가진다. 추가적으로 능동 믹서 성능은 회로의 복잡성 때문에 다이오드 믹서보다도 구현하기 어렵다.

예제 10-9에서 이미 가능한 불평형 능동 믹서 형태를 살펴보았다. 이 형태는 믹서 기술의 간단화로 인해 가장 좋은 잡음지수를 얻을 수 있다. 비록 이 믹서 회로가 보기에

표 10-3 • 여러 능동 믹서 형태의 비교

믹서 형태	장점	단점
능동(vs. 수동)	• 변환 이득 • 더 좋은 선형성 • 더 낮은 LO 전력 • 적용할 경우 더 단순함	• 일반적으로 더 높은 잡음 지수 • 성능 예측 어려움 • 더 낮은 주파수 제한
불평형 (능동)	• 가장 낮은 잡음지수 • 모든 단자 단일–종단	• 낮은 단자–단자 분리도 • 낮은 선형성 • 적용하기 어려움
단일–평형(능동)	• LO-RF 분리도 • RF-IF 분리도 • 최상의 선형성 • 좋은 잡음지수	• 차동 IF 출력 • LO-IF 피드스루(feed-through)
이중–평형(능동)	• LO-RF, LO-IF 그리고 RF-IF 분리도 • 좋은 스퓨리어스 발생 제거 • 좋은 선형성 • 적용할 경우 단순함	• 높은 잡음지수 • 높은 전력 소비

는 단순하지만, 알맞게 적용하는 것은 어렵다. 이러한 설계는 성능이 저하된 고유한 단자–단자 분리도에 의해서 복잡해진다. 강한 RF-IF 그리고 LO-IF 피드스루(feed-through)는 전형적으로 IF 출력단에서 단락된 커패시턴스에 의해 여과된다. 동시 공존하기 어려운 LO-RF 분리도는 RF 그리고 LO 단자 모두에서 좋은 여과기능이 요구된다. 예제 10-9에서 지적했던 것처럼, 단자 분리도 이슈에 덧붙여 기저대역 잡음(1/*f* 잡음 때문에 커질 수 있다)을 가진 IF 주파수에서 LO 위상 잡음과 RF 단자 잡음은 혼합하여 IF에서 출력잡음에 더해진다. 좋은 잡음지수를 얻기 위해서, LO는 IF 주파수에서 낮은 위상 잡음을 가져야 하며 가능한 한 LO신호에 대한 추가적인 여파기능이 요구되고 있다. 또한 RF 주파수보다 낮은 IF 주파수에서 RF 단자 잡음에 대한 이득을 감소시키기 위해 커패시티브 성분을 저하시킴으로써 RF 단자에 의하여 구동되는 트랜지스터와 함께 사용된다. 그러나 이미터에 직렬로 연결된 커패시턴스는 회로를 불안정하게 만들며 발진을 일으킬 수 있으므로 조심할 필요성이 있다. 더불어 불평형 믹서에서 얻을 수 있는 선형성은 RF와 LO 신호가 같은 트랜지스터에 공급된다는 사실 때문에 다른 형태와 비교하여 낮다. 더 복잡한 믹서 형태는 선형 RF 증폭과 비선형 LO 스위칭에 대하여 최적화된 개별적인 트랜지스터 블록을 가진다.

단일–평형 능동 믹서

그림 10-53은 일부 바이어싱 부품들을 제외한 단일–평형 능동 믹서 형태를 나타내고 있다. 이러한 믹서의 첫 번째 단계는 RF 구동 단계(Q_1)이며 이득을 얻는데 도움이 되고 RF 신호를 전류만의 출력으로 변환한다. 이러한 이유 때문에 이 단계는 때때로 전송콘덕턴스로서 언급된다. 구동 단계의 전류 출력은 입력이 차동 LO인 차동 쌍(Q_2와 Q_3)을 바이어스한다. LO 신호는 충분히 커서 스위치 Q_2와 Q_3를 완전히 온/오프하며 거의 사각파 형태로 하나의 트랜지스터로부터 다른 트랜지스터까지 바이어스 전류를 이동시킨다. 결과적인 차동 IF 출력은 LO 주파수에서 사각파형이 곱해진 RF 신호(DC 바이어스가 더해진)이다. 그러므로 이 능동 믹서는 곱셉기처럼 동작하게 된다.

단일–평형 믹서의 주요한 장점은 좋은 잡음지수와 선형성이다. 잡음지수는 비평형 믹서를 가지고 얻어질 수 있는 것보다 더 나쁘며 복잡한 믹서보다는 더 좋다. 만약 LO 전압이 충분히 커서 차동 쌍을 완벽히 스위치할 수 있다면 RF 구동단이 대부분 이들 파라미터를 조절하기 때문에 선형성은 매우 좋아질 수 있다. 구동단은 선형성을 위하여 소자 파라미터, 바이어스 점 그리고 필요하다면 그림 10-53에서 보는 것처럼 이미터 축퇴 임피던스 Z_e을 인가하고 조심스럽게 선택함으로써 최적화될 수 있다. 일반적으로

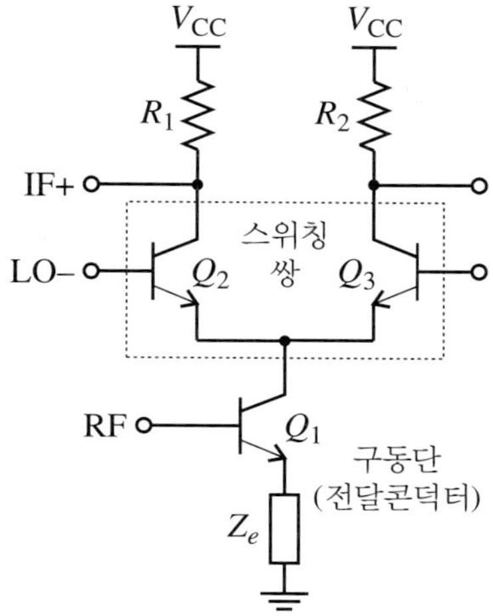

그림 10-53 • 구동 단계를 가진 단일–평형 능동 믹서

인덕티브 축퇴가 가장 효과가 좋은 것으로 증명되었다. 불평형 믹서는 선형성을 넘어서면 조절하기 어렵고 반면에 더 복잡한 믹서는 같은 선형성을 얻기 위해서 추가적인 전력이 필요하다.

단일–평형 믹서는 만약 IF 출력을 차동적으로 선택한다면 좋은 RF-IF 분리도를, 그리고 LO 입력이 차동적으로 구동된다면 좋은 LO-RF 분리도를 제공한다. 회로와 LO 구동의 대칭 함수인 LO-RF 분리도는 값비싼 필터를 사용하지 않아도 좋은 성능을 가진다. 차동적으로 LO 단자를 구동하는 것은 단일–종단 LO를 추가적인 버퍼단을 사용하여 차동적 형태로 변환시킬 수 있기 때문에 심각한 문제를 주지 않는다. 그러나 차동 IF 출력에 있어서는 장애물이다. 낮은 IF 주파수로 인해 수동소자를 가지고 다시 단일–종단 형태로 되돌아가는 변환은 어렵다. 믹서로부터 직접 단일–종단으로 IF 출력을 선택하는 것은 단락모드로 인한 잡음발생 때문에 높은 (> 6 dB) 잡음지수 손실을 가져온다. 능동 단일–평형 믹서의 주요 장점이 잡음 지수를 개선시킬 수 있다는 것이기 때문에 이 믹서의 IF 출력은 항상 차동적으로 취급된다. 차동 IF 필터는 IF 신호를 단일–종단(단일–종단 신호는 또한 단일 칩에서 또 다른 신호로부터 저하된 분리도로 인해 어려움을 겪는다)으로 변화시키는 것을 회피하기 위해서 설계되어야 한다.

그림 10-53의 회로를 보면 큰 LO 전류가 IF 출력(강한 LO-IF feed-through)에 존재한다는 것이 분명하다. 이 LO 전류는 커패시터에 의해 병렬로 연결되어야 하며, 그렇지 않

으면 IF 출력을 포화상태로 만들 것이다. 마지막으로, 불평형 믹서의 경우처럼 LO는 IF 주파수에서 낮은 잡음 전력을 가져야 한다. 만약 이와 같은 경우가 아니면, IF 주파수에서 LO 잡음은 기저대역 잡음을 가지고 혼합될 수 있으며 IF 출력에서 잡음 전력을 증가시킬 수 있다. 그러나 좋은 RF-IF 분리도로 인해 RF 신호에는 더 이상의 제약이 적용되지 않는다.

이중-평형 능동 믹서

그림 10-54는 Gilbert cell 믹서로서 널리 알려진 이중-평형 능동 믹서 형태(바이어스 회로 없이)를 나타내고 있다. 여러 가지 형태로 존재하며, 이 형태가 만족할 만한 이유로 인해, 가장 일반적인 믹서 형태이다. 이 믹서는 뛰어난 LO-RF, LO-IF 그리고 RF-IF 분리도를 가진다. 이것은 낮은 스퓨리어스 결과를 가진 곱셈기의 매우 좋은 근사이다. 전체적으로, 표면상 복잡하게 보이는 회로임에도 불구하고 이것은 쉽게 적용되며 관대한 믹서이다.

이중-평형(Gilbert cell) 믹서는 단일-평형 형태의 자연적인 확장을 통해서 얻는다. 단락 이미터 RF 구동 단계를 차동 쌍(Q_1와 Q_2)으로 교체하며, 단일-평형 믹서의 선형성과 변환이득을 재현하기 위해서 2개의 바이어스 전류가 요구된다. RF 구동 단계의 차

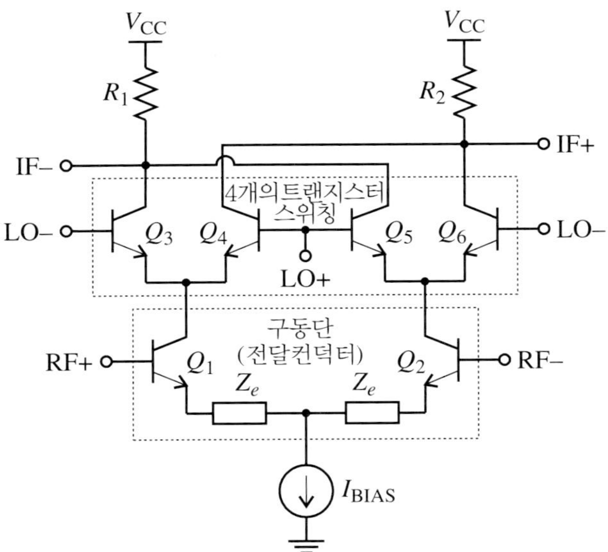

그림 10-54 • 이중 평형(Gilbert cell) 능동믹서

동 출력 전류(트랜스콘덕터)는 LO에 의해 구동된 4개의 트랜지스터(quad)에 의해서 방향을 바꾸게 된다. 그러므로 IF 출력은 LO 주파수에서 근사–사각파형에 의해 곱해진 간단한 RF 입력이다. 대칭으로 인해 IF 출력에서 RF와 LO 신호 모두 상쇄된다. LO 신호 역시 회로 대칭에 의해서 RF 단자를 통과하는 것을 방해 받는다.

최상의 결과를 얻기 위하여, Gilbert cell 믹서의 모든 단자는 차동적이어야 할 필요가 있다. 그러나 이 믹서는 단일–종단 신호를 허용할 수 있다. 예를 들면 RF 입력은 단락된 다른 입력 AC을 가지고 단일–종단이 될 수 있다. 이러한 대가는 선형성을 약간 감소시킨다. LO는 좋은 LO-RF를 분리도를 보장하기 위해 차동적이어야 한다. 그러나 단일–종단 형태로부터 버퍼단에 의해서 쉽게 변환된다. 이것은 원하는 LO 구동을 얻기 위해서 일반적으로 요구된다. IF 출력은 감소된 변환이득과 증가된 잡음지수의 비교적 적정한 조정으로 단일–종단을 직접 선택할 수 있다. 잡음지수의 증가는 바이어스 전류원의 단락 모드 잡음 때문이며 IF 주파수에서는 상대적으로 낮다.

Gilbert cell 믹서의 주요 단점은 더 높은 잡음지수와 더 높은 전력 요구이다. 비록 다른 형태에서 보다 크게 나쁘지는 않지만 그래도 잡음지수가 높은 것은 잡음 성분을 일으키는 대단히 많은 능동소자 때문이다. 잡음지수와 선형성은 일반적으로 LO 전력을 증가시키면 개선된다. 4개의 트랜지스터가 스위치 동작을 함으로써 LO 구동자의 전력 소비가 증가하게 되며 이에 따라 Gilbert cell 믹서는 다른 믹서 형태보다도 더 높은 전력을 요구하게 된다. 추가적으로 RF 구동 단계는 단일–평형 설계로 같은 변환이득과 선형성을 얻기 위해서 더 많은 바이어스 전류가 요구된다.

RF 구동단(그림 10-54에서 Z_e)은 선형성과 임피던스 정합에 도움이 되지만 변환이득은 감소하게 된다. 인덕티브 축퇴현상은 더 많은 추가적인 잡음을 일으키지 않으며 더 높은 RF 주파수에서 잡음을 감쇄시킴으로써 잡음지수를 개선시킬 수 있다. 인덕티브 축퇴현상은 더 높은 주파수에서 RF 이득을 감소시키기 때문에 높은 측면 주입(high-side injection)을 가지고 최대로 작용한다. 이러한 현상으로 이미지 주파수는 원하는 RF 주파수보다 더 낮은 이득을 얻게 된다. 또한 비록 잡음지수가 증가하기는 하지만 저항성 축퇴현상 역시 일반적으로 사용된다. 이 저항성 축퇴현상의 장점은 더 간단하게 적용이 가능하며 사용할 수 있는 RF 주파수 범위를 더 넓게 할 수 있다는 것이다. FET 믹서는 자연스러운 선형 응답 때문에 축퇴현상이 생략될 수 있다.

10.3.7 이미지 제거 믹서

단순하게 곱하는 믹서는 $(\omega_{LO} - \omega_{IF})$와 $(\omega_{LO} + \omega_{IF})$ 주파수 모두를 같은 ω_{IF}로 변환시

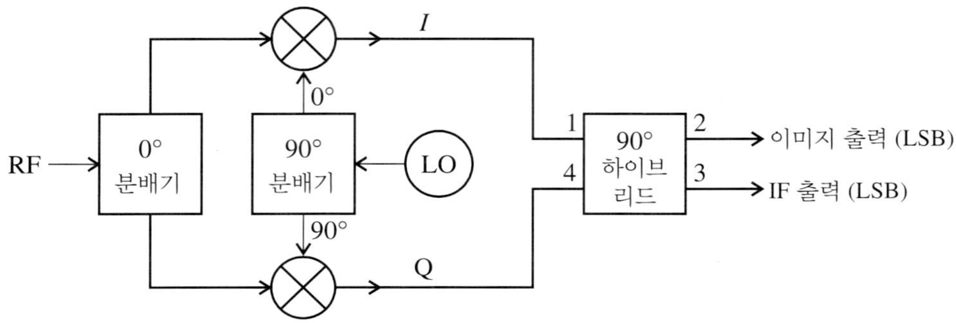

그림 10-55 • 이미지 제거 혼합기.

키는 것을 이미 알고 있다. 전형적인 높은 측면 주입(high-side injection) 그림에서 $(\omega_{LO} - \omega_{IF})$는 원하는 RF 신호이며 반면에 $(\omega_{LO} + \omega_{IF})$은 이미지 신호이다. 혼합 후에 이미지 신호는 원하는 신호로부터 구별할 수 없다. 그러므로 이미지 신호는 믹서에 다다르기 전에 조심스럽게 여과되어야 한다. 그러나 수신 칩 위에 높은 Q 이미지 필터를 집적화하는 것은 어려우며 외부적인 필터를 사용하는 것은 값이 비싸다. 이미지 필터에 대한 필요성을 없앨 수 있는 하나의 해답은 그림 10-55에서 보는 것과 같이 이미지 제거 믹서를 사용하는 것이다. 이 믹서는 희망하는 신호와 이미지를 IF 주파수에서 두 개의 독립적인 출력으로 나눌 수 있다.

또 다른 적용은 RF 회로에서 90° 분배기(하이브리드)를, 그리고 LO 회로에서 0° 분배기를 사용하는 것이다. 상향 변환을 위해 사용될 때(송신기), 이 믹서는 단측파대 변조기로서 알려져 있다. 이상적인 소자를 가지고 여기서 보여준 것처럼, 이미지 제거 믹서가 어떻게 동작하는지를 전개하는 것은 쉽다. RF 전압을 원하는 신호와 이미지 신호(높은 측면 주입)의 결합이라고 하자.

$$v_{RF}(t) = V_{Sig}\cos((\omega_{LO} - \omega_{IF})t) + V_{Img}\cos((\omega_{LO} + \omega_{IF})t) \tag{10.86}$$

크기가 1이라고 가정한 두 개의 LO신호를 혼합한 후 위상에서 90°차이가 발생하며 동상 브랜치(branch)로 알려진 상측 브랜치는 다음과 같은 전압을 포함한다.

$$\begin{aligned} v_I(t) &= v_{RF}(t)\cos(\omega_{LO}t) = \frac{1}{2}[(V_{Sig} + V_{Img})\cos(\omega_{IF}t) \\ &+ V_{Sig}\cos((2\omega_{LO} - \omega_{IF})t) + V_{Img}\cos((2\omega_{LO} + \omega_{IF})t)] \end{aligned} \tag{10.87}$$

IF 필터가 대역 외의 이들 신호를 강하게 감쇄하기 때문에 $(2\omega_{LO} \pm \omega_{IF})$ 항을 버릴 수 있다. 결국 신호와 이미지가 서로 겹쳐진 ω_{IF} 만이 남겨진다. 비슷하게 직각위상 브랜치로 알려진 하측 브랜치는 다음과 같다.

$$v_Q(t) = v_{\text{RF}}(t)\sin(\omega_{\text{LO}}t) = \frac{1}{2}[(V_{\text{Sig}} - V_{\text{Img}})\sin(\omega_{\text{IF}}t) + \ldots] \tag{10.88}$$

직각위상 하이브리드를 통하여 지나는 두 개의 출력 신호는

$$\begin{aligned} v_{\text{USB}}(t) &= \frac{1}{2\sqrt{2}}[(V_{\text{Sig}} + V_{\text{Img}})\cos(\omega_{\text{IF}}t - 90°) + (V_{\text{Sig}} - V_{\text{Img}})\sin(\omega_{\text{IF}}t - 180°)] \\ &= \frac{1}{2\sqrt{2}}[(V_{\text{Sig}} + V_{\text{Img}})\sin(\omega_{\text{IF}}t) - (V_{\text{Sig}} - V_{\text{Img}})\sin(\omega_{\text{IF}}t)] \\ &= \frac{1}{\sqrt{2}}V_{\text{Img}}\sin(\omega_{\text{IF}}t) \end{aligned} \tag{10.89}$$

그리고

$$\begin{aligned} v_{\text{LSB}}(t) &= \frac{1}{2\sqrt{2}}[(V_{\text{Sig}} + V_{\text{Img}})\cos(\omega_{\text{IF}}t - 180°) + (V_{\text{Sig}} - V_{\text{Img}})\sin(\omega_{\text{IF}}t - 90°)] \\ &= \frac{1}{2\sqrt{2}}[-(V_{\text{Sig}} + V_{\text{Img}})\cos(\omega_{\text{IF}}t) - (V_{\text{Sig}} - V_{\text{Img}})\cos(\omega_{\text{IF}}t)] \\ &= -\frac{1}{\sqrt{2}}V_{\text{Sig}}\cos(\omega_{\text{IF}}t) \end{aligned} \tag{10.90}$$

이것은 낮은 쪽 측파대가 높은 쪽 측파대의 이미지로 분리되었다는 것을 증명한다.

분명히 완벽히 부품만이 원하는 신호로부터 이미지를 완벽히 분리하는 결과를 가져온다. 이 믹서의 중요한 성능 파라미터는 이미지 제거이며 IF에서 원하는 신호와 이미지의 비율로 정의되고 일반적으로 dB로 표현된다. 아래와 같이 예측된다.

$$\text{IR [dB]} = 10\log\left(\frac{1 + A^2 + 2A\cos\theta}{1 + A^2 - 2A\cos\theta}\right) \tag{10.91}$$

여기서 A는 전압비 $A = 10^{(A[\text{dB}])/20}$로 표현되는 크기 불평형이며 θ는 위상 불평형이다. A는 이들 믹서의 모든 단계에서 크기 불평형의 곱(혹은 dB로 표현할 때 합)으로 계산되는 크기 불평형의 총계이다. 비슷하게 θ는 모든 단계에서 위상 불평형의 합이다. 그림 10-56은 두 개 불평형 함수로서 이미지 제거를 나타내었다. 그림에서 볼 수 있듯이

다상(polyphase)

다상 회로망은 N개의 입력과 출력을 갖는다. 단자 색인에 대해서 각 입력과 출력에서 교대로 대칭이 된다. 동일한 위상 간격에서 추출된 복합신호로서 N개의 입력을 다루기 위하여 다상 회로망은 양과 음의 주파수에 대한 비대칭적 응답을 갖는 필터로서 동작한다. 예를 들면 그림 10-55에서 두 믹서 차동 I와 Q 출력은 0°, 90°, 180°그리고 270°위상 오프셋을 가진 4상 신호로서 해석될 수 있다. 원하는 신호는 –IF에서 중심이 되며 이미지는 +IF에서 중심이 된다. 간단한 RC 다상 회로망은 +IF 주위의 양의 주파수를 제거할 수 있으며 반면에 –IF 주위에 음의 주파수를 수용한다. 다단의 여러 가지 RF 다상 단계는 전체 넓은 주파수 영역에서 진폭 응답 변화를 크게 줄일 수 있다. 같은 형태의 다상 필터는 LO의 0°와 90°위상을 발생시키는 데 사용될 수 있다.

만약 40 dB(최소한의 이미지 제거 필터로 교체할 필요가 있다)까지 얻을 수 있다면 좋은 이미지 제거를 위해 요구되는 사항은 확실하다. 예를 들면 40 dB 이미지 제거는 0.1 dB 크기 불평형과 1° 위상 불평형을 가지고 달성될 수 있다.

비록 그림 10-55에서 두 개의 믹서가 보여지지만 실제 적용에서는 일반적으로 RF 구동단과 같이 두 개의 믹서의 특징을 일부분 공유함으로써 임의의 크기 불평형을 줄일 수 있게 된다. 비교적 낮은 주파수 수신기는 90° 위상차를 갖는 두 개의 LO 신호를 만들기 위해 두 개의 회로로 분리된 이중-주파수 발진기를 사용할 수 있다. 낮은 주파수와 까다로운 허용오차 때문에 수동소자를 갖는 IF 사각 위상 하이브리드를 실현할 때 여러 문제들이 발생한다. 능동소자를 포함한 저항-커패시터 위상 천이(polyphase, 다상) 회로망이 대신 사용될 수 있다. 마지막으로 잠재적으로 강한 이미지 신호가 필터링되지 않은 믹서 단계를 통하여 지나기 때문에 이 믹서의 선형성은 더 중요하게 된다.

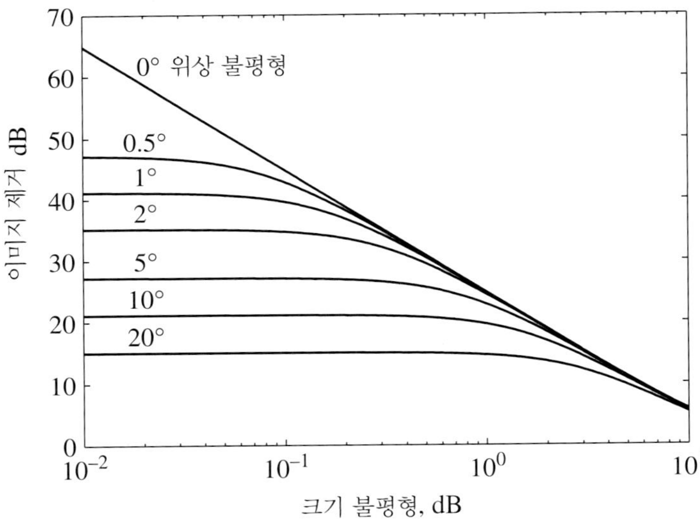

그림 10-56 • 불평형 크기와 위상의 함수로서 이미지 제거. 크기 불평형에 대해서 이중 대수 비율(로그 스케일에서 dB)이다.

실용적인 설명 • 고조파 평형 분석을 사용한 실제 발진기의 모의실험

이 단락에서 상용 회로 시뮬레이터인 ADS에서 Harmonic Balance 분석을 사용하여 단락-베이스 회로를 검사함으로써 발진기 논의로 되돌아오도록 한다. 두 가지 가능한 동작 모드로서 두 가지 다른 공진기 형태인 "부성 저항"과 "부성 콘덕턴스"를 고려해 보자. 모의실험 결과는 파형과 잡음지수를 포함한다.

그림 10-57(a)는 베이스 귀환 부성 저항 회로로, 앞서 논의한 커패시터 C_2의 관점으로부터 입력 임피던스를 선택하는 이미터 귀환 발진기의 간

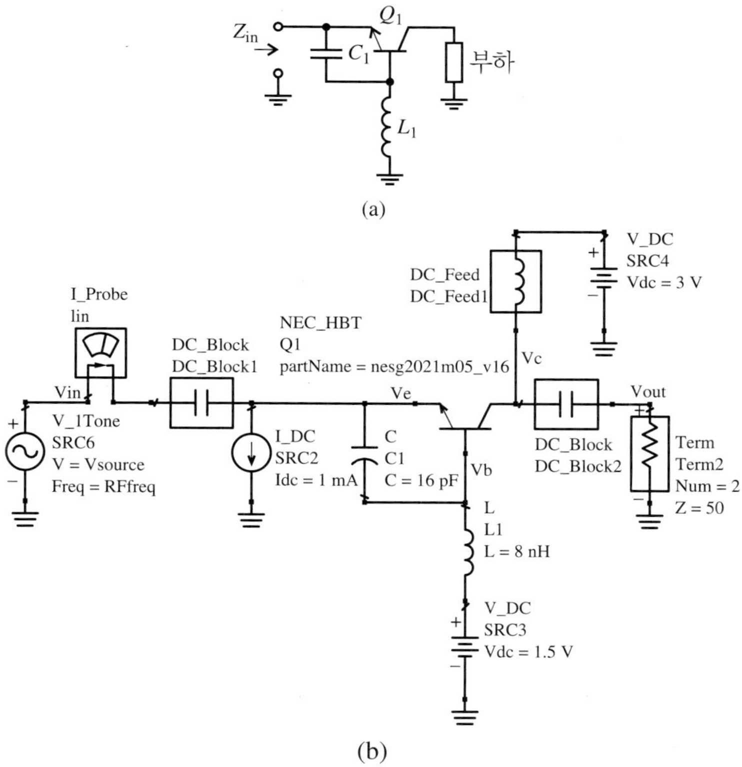

그림 10-57 • 베이스 귀환 부성 저항 회로 (a) 단순화된 모델 (b) 입력 임피던스 분석을 위한 바이어스와 여기 소자를 갖는 모델

단한 변화를 나타낸다. 앞 절의 경우와 같은 방법으로 간단한 소신호와 대신호 모델을 세움으로써 소신호 모델의 경우에서 입력 임피던스와 어드미턴스를 결정할 수 있다.

$$Z_{in} = (-g_m + j\omega C_1)\frac{\omega^2 L_1 C_1 - 1}{g_m^2 + \omega^2 C_1^2}$$

$$Y_{in} = \frac{-g_m - j\omega C_1}{\omega^2 L_1 C_1 - 1}$$

여기서 $g_m = I_E/V_T$, 그리고 깊숙한 C급 대신호 모델인 경우

$$Z_{in(1)} = (-g_{m(1)} + j\omega C_1)\frac{\omega^2 L_1 C_1 - 1}{g_{m(1)}^2 + \omega^2 C_1^2}$$

$$Y_{in(1)} = \frac{-g_{m(1)} - j\omega C_1}{\omega^2 L_1 C_1 - 1} = -\frac{2I_E}{|v_{in}|} - j\frac{1}{\omega L_1 - \frac{1}{\omega C_1}}$$

여기서 첫번째 고조파 주파수에서 대신호 전달콘덕턴스를 정의하면 다음과 같다.

$$g_{m(1)} = \frac{2I_E}{|v_{in}|}(\omega^2 L_1 C_1 - 1)$$

부성 저항이 $L_1 - C_1$ 공진 주파수 위로만 이용가능하다는 것을 알고 있다. 부성저항이 입력 전압 크기에 따라 어떻게 변화하는지를 살펴보면, 이 회로는 ωC_1와 비교하여 g_m의 크기에 의존하며 부성 저항이거나 혹은 부성 콘덕턴스로서 도움이 될 수 있다는 결론을 내릴 수 있다. 만약 $g_m < \omega C_1$이라면 회로는 "부성 저항"이며 여기서 $R_{in(1)}$은 대부분 음에서 시작하고 신호의 크기가 증가할수록 더 양이 된다. 다른 한편으로 만약 $g_m > \omega C_1$이라면 초기의 동작은 $g_{m(1)}$이 ωC_1보다 적게 될 때까지 증가하는 $|v_{in}|$을 가지고 더 음이 되는 $R_{in(1)}$을 갖는 "부성 콘덕턴스"로 동작한다. 그 점 $R_{in(1)}$에서 더 양(positive)의 값을 갖는 방향으로 움직이기 시작한다. 입력 콘덕턴스 $G_{in(1)} = \text{Re}(Y_{in(1)})$은 입력 신호가 증가할수록 크기에 있어서 항상 감소한다. 이 회로는 "부성 콘덕턴스"로 제안되었지만 이 회로가 Kurokawa의 조건에 따라서 병렬 혹은 직렬 공진기로 사용되는지의 여부를 결정하는 것은 초기 상태 혹은 $R_{in(1)}$이다. 이러한 형태는 이 회로를 다

방면에 사용할 수 있는 여지를 주지만 사용하기에는 까다롭다. 이 절에서 두 개 모드의 동작에 대하여 검토할 것이다. 만약 트랜지스터에 충분히 작은 바이어스 전류가 공급이 되고 충분히 큰 커패시터 C_1이 인가된다면 이 회로는 설정된 발진주파수에 직렬 공진기를 갖는 "부성 저항"으로서 동작할 수 있다. 예를 들면 $I_E = 1$ mA, $C_1 = 16$ pF, 그리고 $f = 1$ GHz(이미터 귀환회로에서 초기에 논의되었던 값과 같은 값)로 설정하면 회로가 순수한 "부성 콘덕턴스"로서 보장되며 $g_m = 0.0385$ S $< \omega C_1 = 0.101$ S의 결과가 나온다. 그림 10-57(b)는 8 nH 베이스 귀환 인덕턴스와 이상적인 바이어스를 추가한 회로를 보여주고 있다. NEC NESG2021M05의 트랜지스터가 사용되었으며 이 트랜지스터는 비선형 ADS 모델을 제공하고 f_T가 25 GHz까지 올라가는 저전력 SiGe HBT이다. 연속적인 예제에서 비교적 저주파인 1 GHz 발진기와 중간정도 주파수인 5 GHz 발진기 모두 이 트랜지스터를 사용하게 될 것이다. 그림 10-58은 그림 10-57(b) 회로의 Harmonic Balance 모의 실험된 입력 임피던스를 분석적 근사 결과와 함께 나타낸 것이다. 이 간단한 모델은 회로 동작을 비교적 잘 예측하며 특히 입력 저항에 대해서는 거의 일치한다. 리액턴스에서 보여준 전개는 주로 트랜지스터에 존재하는 기생 리액턴스에 의한 것이다.

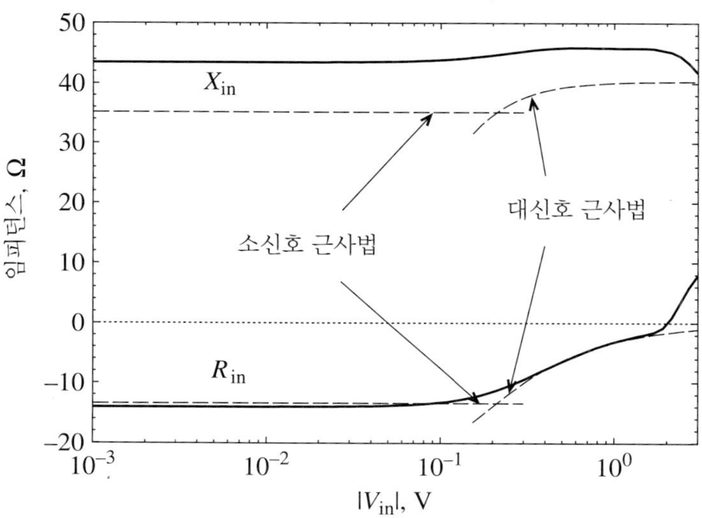

그림 10-58 ● 1 GHz에서 베이스 귀환 부성 저항 회로 예제에 대한 고조파 평형 모의실험

주어진 공진기 직렬연결 저항 R로부터 회로로 만들어진 발진기의 발진 크기를 예측할 수 있다.

$$|v_{\text{in}}| \approx \frac{2I_E}{R}\left(\omega L_1 - \frac{1}{\omega C_1}\right)^2$$

$$|i_{\text{in}}| \approx \frac{2I_E}{R}\left(\omega L_1 - \frac{1}{\omega C_1}\right)$$

$$P \approx \frac{2I_E^2}{R}\left(\omega L_1 - \frac{1}{\omega C_1}\right)^2$$

그러므로 바이어스 전류를 증가시키고 공진기 연결 저항을 감소시키거나 혹은 직렬연결 시 잔여 리액턴스 L_1 그리고 C_1을 최대화함으로써 공진기 전력을 최적화할 수 있다.

발진기를 만들기 위해 베이스 귀환 부성 저항 회로의 입력 단자에서 $Z = -Z_{\text{in}(1)} = (4.6 - j45.9)\ \Omega$ 임피던스를 설치하는 것이 필요하다. 여기서 실험법칙인 $R = -R_{\text{in}}/3$을 사용한다. 앞에서 언급한 것처럼 결과로서 발생되는 직렬 공진기의 양호도(quality factor)는 최대가 되어야 한다. 집중 소자를 사용하기 위해 선택을 하게 되는데 인덕터는 전형적으로 Q를 제한한다. $Q \approx 50$을 가진 인덕터를 고려하면 직렬로 연결된 L_1과 공진기 인덕턴스와의 결합인 $QR/\omega = 36.6$ nH의 전체 직렬 인덕턴스가 필요하다. 이것을 1 Ω 직렬 저항을 가진 $L_1 = 8$ nH와 3.6 Ω 직렬 저항을 가진 $L_2 = 28.6$ nH인 공진기 인덕터로 나눌 수 있다. 1 GHz에서 알맞은 임피던스를 보장하기 위해 공진기 커패시터 C_2는 0.706 pF가 되어야 한다.

그림 10-59는 1 GHz 발진기의 실질적인 구현을 보여주고 있다. ADS에서 Harmonic Balance 분석을 하기 위해 설정되었다. 이상적인 바이어스 소자는 더 실질적인 집중 소자로 교체되었다. 베이스 전압은 전압 분배기 R_2-R_3에 의해 설정되며 반면에 이미터 전류는 저항 R_1에 의해 조절된다. 큰 값의 인덕터(200 nH)와 커패시터(200 pF)는 각각 RF 초크와 DC 차단으로서 동작한다. 더 실질적인 회로에 있어서, L_3 그리고 C_3 는 생략할 수도 있지만 공진기의 Q를 감소시키는 데는 결국 R_1으로 귀착된다.

그림 10-60은 그림 10-59에서 발진기에 대한 Harmonic Balance의 결과를 나타내고 있다. 이 회로는 1.005 GHz에서 발진한다. 입력(이미터) 전압의 첫 번째 고조파 크기는 0.637 V이며 분석적 표현으로부터 얻어

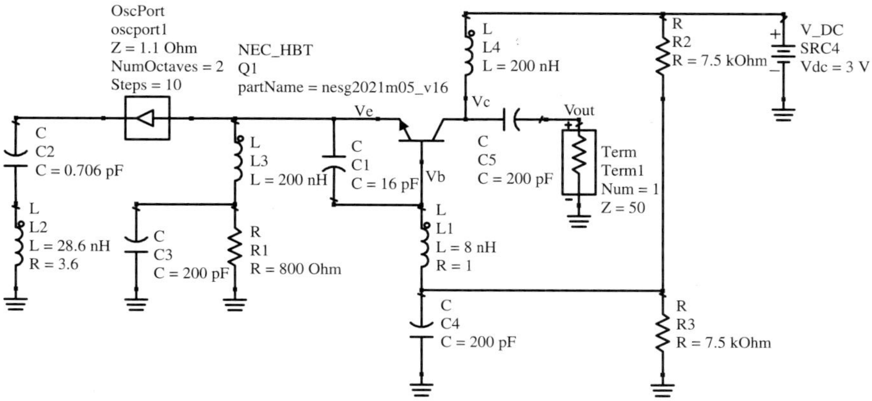

그림 10-59 • 베이스 귀환과 직렬 공진기를 이용한 1 GHz 발진기

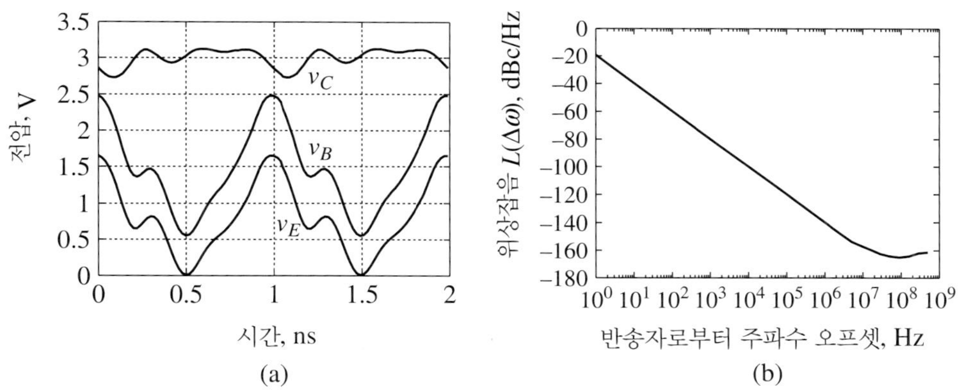

그림 10-60 • 1 GHz 발진기의 고조파 평형(Harmonic balance) 모의 실험 (a) 트랜지스터 전압파형, (b) 위상잡음.

진 0.71 V와 비교된다. 그림 10-60(a)에서 전압 파형은 부성 저항 회로와 직렬 공진기 모두의 특성을 강조하고 있다. 콜렉터 전압 v_C는 주로 $-i_C R_{\text{load}} + V_C$이며 전혀 사인파가 아니다. 트랜지스터에서 기생 리액턴스의 효과 C급 동작(펄스)을 볼 수 있다. 더 작은 두 번째 펄스로서 보여진, 트랜지스터에서 기생 리액턴스의 효과이며 C급 동작(펄스)으로 알 수 있다. 이미터 전압파형은 중요한 고조파를 포함하고 있으며 이것은 주파수에 따라 증가하는 임피던스를 가진 직렬 LC 회로로 펄스 이미터 전류가 흘러가는 결과를 가져온다.

여기서 실질적으로 트랜지스터의 기생 리액턴스는 더 높은 전압파형의 고조파를 줄이게 된다. 고조파의 존재는 발진기 회로의 원하는 특성을 허용할 수도 있고 그렇지 않을 수도 있다.

ADS Harmonics Balance 분석 툴은 그림 10-60(b)에서 나타낸 것처럼 발진기의 위상 잡음을 추정할 수 있는 능력이 있다. 반송자로부터 주파수 오프셋의 20 dB/decade에 의해서 일반적으로 감소되는 Leeson의 모델에 의해서 주어진 위상잡음 스펙트럼의 기본적인 형태를 알 수 있다. 기저 잡음(noise floor)의 형태는 극단적으로 큰 주파수 오프셋에 영향을 받는다. 낮은 주파수 오프셋에서 잡음 스펙트럼의 –30 dB/decade 부분은 임의의 회로 소자에 대해서 $1/f$ 잡음 모델의 부족으로 인해 빠트리게 된다.

이 발진기의 출력 전력은 이론적으로 –10 dBm보다 약간 더 높은 –8.6 dBm이며 이것은 트랜지스터의 기생효과 때문이다.

두 번째 예제에서 발진기는 더 높은 바이어스 전류 3 mA를 갖고 5 GHz에서 동작하며 커패시터 C_1을 생략한다. 트랜지스터에서 내부적인 베이스 이미터 커패시턴스 C_{BE}는 C_1의 역할을 넘겨받는다. 비교적 낮은 $C_1 = C_{BE}$와 높은 바이어스 전류 때문에 비교적 높은 g_m을 가짐으로써 이 회로가 "부성 콘덕턴스" 형태가 될 것임을 기대할 수 있다. 이러한 높은 주파수에서 더 큰 역할을 수행하는 트랜지스터의 기생 효과로 인해 더 정확한 양적인 예측을 하는 것은 분석적 표현에서는 기대할 수 없다. 그림 10-61은 이상적인 바이어스 소자와 베이스 귀환을 위해 사용된 1 nH 인덕터를 가진 회로를 보여주고 있다. 여기서 콜렉터 전압 변동과 발진기 부하의 영향을 줄이기 위해 10 Ω 부하 저항을 사용한다. 그림 10-62는 입력 임피던스와 어드미턴스에 대한 ADS Harmonics Balance 분석 결과를 보여주고 있다. 예상했던 대로 이 회로는 초기에 $|v_{in}|$가 증가함에 따라 더 음의 값을 갖는 부성 저항을 만들어 낸다. 그러므로 이 회로는 병렬 공진기를 갖는 "부성 콘덕턴스"이다. 결과적으로 R_{in}은 선회하다가 양의 값을 향하여 나아간다. 그러나 입력 콘덕턴스 G_{in}는 신호의 크기가 증가할수록 더 양의 값을 갖도록 변화없이 움직인다. 분석적 표현에서와 다르게 입력 서셉턴스 B_{in}은 트랜지스터에 존재하는 기생 리액턴스 때문에 신호 크기에 따라 일정하지 않다. 회로가 원하는 주파수에서 발진되는 것을 보장하기 위해 높은 Q 공진기를 사용하는 것이 가장 좋다. 높은 Q를 갖는 공진기는 발진기 위상 잡음을 최적화한다.

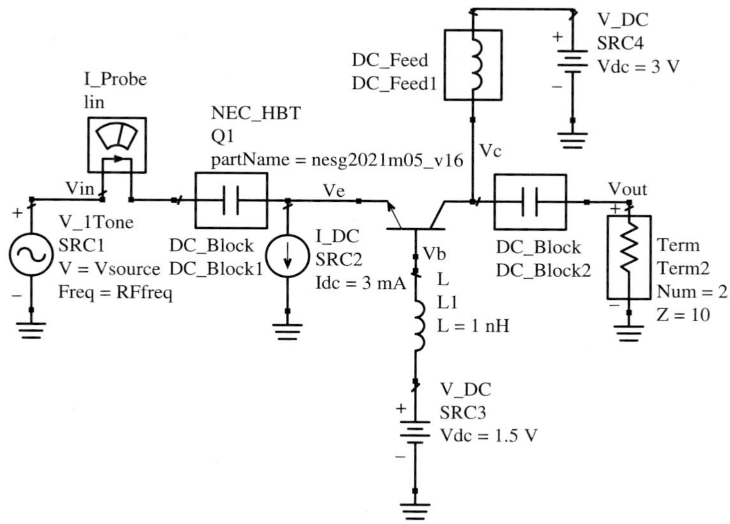

그림 10-61 • 5 GHz에서 입력 임피던스 분석을 위해 설정된 단순화된 베이스 귀환 부성저항 회로.

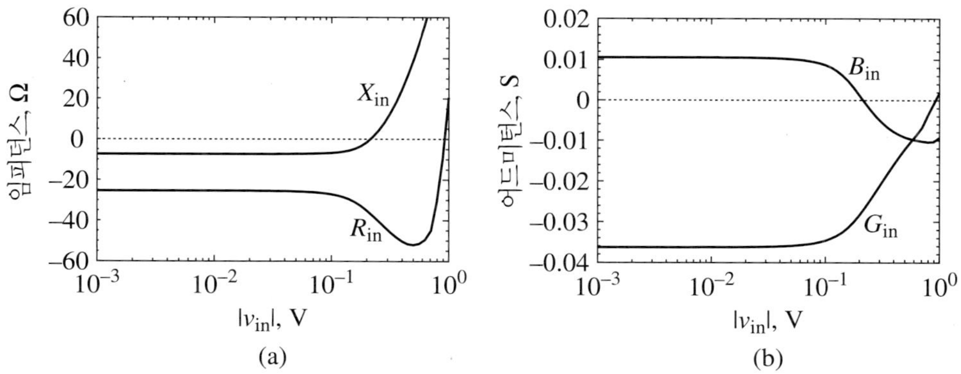

그림 10-62 • 5 GHz에서 베이스 귀환 부성 저항 회로에 대한 고조파 평형 모의실험 결과 (a) 입력 임피던스 (b) 입력 어드미턴스

병렬 공진기에 대해서, $l_+ = \lambda/4 + \Delta l$ 그리고 $l_- = \lambda/4 - \Delta l$의 길이를 가진 두 개의 개방 회로 마이크로트립 스텁으로 구성된 회로를 사용할 수 있다. 여기서 Δl은 매우 작다. 만약 전송선로가 무손실이라면 이 회로의 입력 어드미턴스는 다음과 같다.

$$Y = j\frac{1}{Z_0}\left[\tan\left(\frac{\omega}{\omega_0}\left(\frac{\pi}{2}+\Delta\theta\right)\right)+\tan\left(\frac{\omega}{\omega_0}\left(\frac{\pi}{2}-\Delta\theta\right)\right)\right]$$

여기서 Z_0는 마이크로스트립 특성 임피던스이며 ω_0는 중심주파수, $\Delta\theta$는 Δl의 전기적 등가 길이이다. 중심주파수에서 두 개의 탄젠트 항은 제거되며 결과적으로 병렬 공진이 된다.

회로에서 임의의 손실은 병렬 콘덕턴스 G(인위적으로 병렬 종단 저항을 삽입함으로써 설정될 수 있다)로서 모델링될 수 있다. 병렬 공진기의 양호도는 일반적으로 다음과 같이 정의된다.

$$Q = \frac{\omega_0}{2G}\frac{dB}{d\omega}\bigg|_{\omega=\omega_0}$$

여기서 B는 서셉턴스($Y = G + jB$)이다. 두 표현을 결합하면, 이 공진기의 양호도는 $\Delta\theta$가 작은 경우에 한해 다음과 같이 추정할 수 있다.

$$Q \approx \frac{\pi}{2GZ_0\Delta\theta^2}$$

이 공진기뿐만 아니라 간단한 $\lambda/4$공진기를 포함한 전송선로 공진기류의 무부하 양호도에 대해서 문헌에서 흥미로운 결과를 볼 수 있다.

$$Q_U = \frac{\pi}{\alpha\lambda} = \frac{\beta}{2\alpha}$$

여기서 α는 Np/m(1 Np/m = 8.686 dB/m)으로 나타내는 전송선로 감쇄상수이며 λ는 중심주파수에서 파장이다. 만약 최상의 가능한 Q에 대하여 외부 부하 저항 없이 공진기를 동작시킨다면 Q에 대한 두 가지 표현을 동등하게 다룰 수 있으며 병렬 콘덕턴스에 대하여 해를 구하면 다음과 같은 식을 얻을 수 있다.

$$G \approx \frac{\alpha\lambda}{2Z_0\Delta\theta^2}$$

단락 회로 $\lambda/4$ 공진기에 대하여 같은 과정을 거치면 다음과 같은 식을 얻을 수 있다.

$$G_{\lambda/4} = \frac{\alpha\lambda}{4Z_0}$$

그러므로 간단한 $\lambda/4$ 공진기와 비교하여 $\lambda/4 + \Delta l$ 공진기의 장점은 $\Delta\theta$를 사용하여 무부하 병렬 콘덕턴스를 유용한 범위 내에서 쉽게 조정할 수 있다는 점이다. 반면에 양호도는 같은 값으로 남아 있다.

PCB 기판에 대하여 안정된 유전 상수 3.48과 낮은 손실 탄젠트 0.0031(2.5 GHz에서 규정된)을 갖는 0.020 인치 두께의 Rogers 4350을 선택한다. 5 GHz에서 이 기판 위의 1 온스 구리 50 Ω 마이크로스트립에 대하여 계산된 전파 파라미터는 $\varepsilon_{\text{eff}} = 2.713$, 감쇄 = 3.68 dB/m이다. 그러므로 $\lambda = 36.4$ mm, $\alpha = 0.424$ Np/m 그리고 병렬 공진기의 양호도는 $Q_U = 204$이다.

그림 10-61에서 회로의 소신호 입력 콘덕턴스는 그림 10-62(b)에서 보는 것과 같이 $G_{\text{in}} = -0.0363$ S이다. 경험법칙에 의해 부성 콘덕턴스에 따르면 공진기 콘덕턴스는 $G = G_{\text{in}}/3 = 0.0121$ S가 되어야 한다. G에 대한 표현을 거꾸로 하면 $\Delta\theta = 0.113$ rad = 6.47°를 얻는다. 유용한 PCB 길이 단위를 변환하면 개방 회로 스텁 길이는 $l/4 \pm \Delta l = 358.3 \pm 25.8$ mil이 된다. 50 Ω 마이크로스트립 폭은 43.8 mil로 계산된다.

그림 10-63은 이중 개방 회로 스텁 병렬 공진기를 사용한 5 GHz 발진기의 구현을 보여주고 있으며 ADS에서 Harmonics Balance 발진기 분석

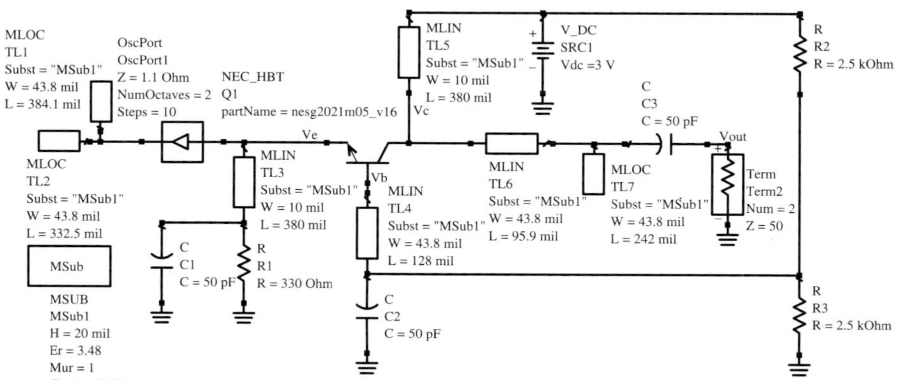

그림 10-63 • 베이스 귀환과 병렬 공진기를 사용한 5 GHz 발진기

을 위해 설정되었다. 여기서 큰 종단 커패시터를 가진 좁은(높은 Z_0) $\lambda/4$ 선로는 바이어스를 위한 RFC로서 사용되며 베이스 인덕턴스는 마이크로스트립의 적정한 길이에 의해 대체된다. 그리고 50 Ω 부하는 단일 스텁 정합 회로망을 사용하여 10 Ω으로 변환된다. 이상적인 바이어스 전압과 전류원은 단일 3 V 전력원과 저항에 의해 대체된다. 큰 값을 갖는 커패시터는 DC 차단을 위해 사용된다. 이 개략도가 마이크로스트립 접합 패치와 소자 패드를 추가함으로써 성능이 개선될 수 있다는 것은 주목할 만한 가치가 있다.

그림 10-64는 그림 10-63의 회로에 대한 Harmonics Balance 모의실험 결과를 나타낸 것이다. 이 회로는 공진기의 중심주파수로부터 약간 떨어져 있는 5.01 GHz에서 발진한다(능동 회로가 영이 아닌 입력 서셉턴스 B_{in}을 가지기 때문이다). 그림 10-64(a)는 트랜지스터 단자에서 시간 영역 전압파형을 보여주고 있다. 공진기의 전압과 동일한 이미터 전압은 0.511 V의 크기를 갖는 첫 번째 고조파 성분을 가지며 이 이미터 전압은 $G_{\text{in}} = -0.0121$ S인 점에서 그림 10-62(b)의 $|v_{\text{in}}|$과 일치한다. 추가적인 고조파가 파형에서 보이고 있다. 그리고 트랜지스터 동작 영역은 더 이상 명확하지 않으며 트랜지스터 기생 리액턴스에 의해 가려진다.

그림 10-64(b)는 반송자로부터 주파수 오프셋 함수로서 발진기의 위상잡음을 보여주고 있다. 다시 Leeson의 잡음 모델의 일반적인 형태를 고려한다. 이 모델에는 −20 dB/decade 부분과 기저단 잡음(noise floor)이 포함

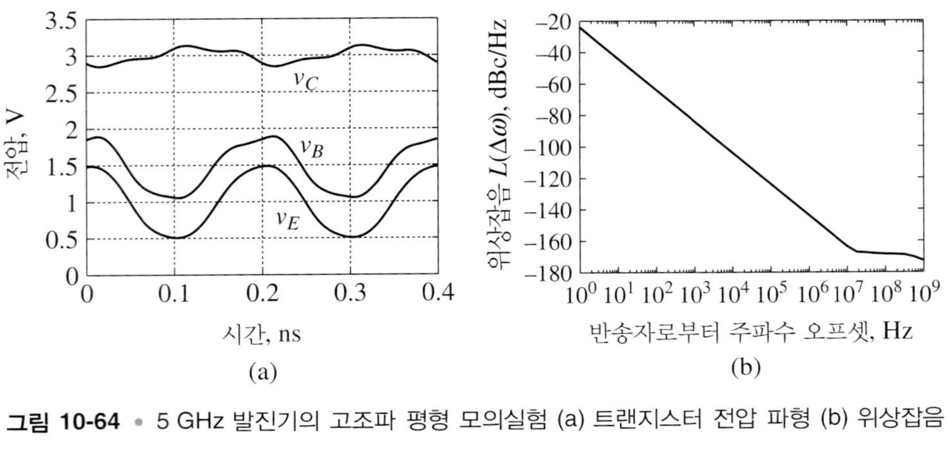

그림 10-64 • 5 GHz 발진기의 고조파 평형 모의실험 (a) 트랜지스터 전압 파형 (b) 위상잡음

되며 –30 dB/decade 부분은 $1/f$ 잡음이 모델화되지 않았기 때문에 제외된다. 비록 주파수가 5배로 증가되었지만 이 발진기에서 위상 잡음은 1 GHz 발진기(그림 10-60(b))의 위상 잡음보다 약간 낮다는 것을 알 수 있다. 이러한 성능 개선은 공진기 양호도가 50에서 204로 증가할 뿐만 아니라 공진기 전력도 0.44 mW에서 1.6 mW까지 증가하기 때문이다.

모의실험에 따르면 첫 번째 고조파에서 이 발진기의 출력 전력은 C급 근사로부터 예측된 –7.4 dBm보다 훨씬 더 높은 –1.7 dBm이다. 이러한 내용은 이런 높은 주파수에서 단순한 분석이 더 이상 양적으로 유용하지 않다는 것을 강조하고 있다.

이 예제는 Harmonics Balance 분석의 이용을 강조한다. 또한 회로 동작에서 고조파의 영향을 증명하고 있다. 뿐만 아니라 P, Q 그리고 중심주파수가 위상 잡음에 어떻게 영향을 주는지에 주목한다. 설계 기술자는 부성 저항과 부성 콘덕턴스 사이에 존재하는 차이를 유의해야 한다.

10.4 요 약

발진기와 믹서는 비선형 전달함수를 필요로 하므로 표준 선형증폭기 설계보다는 어려움이 있다. 원하는 동작성능을 나타내는 회로를 구현하기가 쉽지 않으며 종종 왜 이런 비선형 동작 특성이 일어나는지에 대하여 정확히 이해하지 못하나, 요즘에는 CAD 툴에 많이 의존함으로써 시행착오에 의한 설계 접근 방법을 많이 감소시켰다. 발진기와 믹서 RF 회로에서는 비선형 특성을 응용한다.

발진기 설계에서 필요로 하는 주요 요구 중의 하나는 귀환루프방정식에 의한 부성 저항 조건으로, 다음과 같은 Barkhausen 조건으로 공식화시킬 수 있다.

$$H_F(\omega)H_A(\omega) = 1$$

예로 귀환 Pi형 회로는 여러 서로 다른 발진기 형태를 주도하게 되며, 그 중에서 Hartley, Colpitts 및 Clapp 발진기 설계에 대하여 논의하였다. 대략적으로 250 MHz의 주파수까지는 수동 귀환소자의 하나를 수정발진자로 대치할 수 있으며 수정발진자의 기계적 진동은 주파수와 온도 안정도에서 우수한 개선효과를 나타낸다.

아주 높은 주파수대에서는 다시 주요 설계과정이 S-파라미터에 의하여 이루어진다. 2단자 발진기의 경우 발진 조건은 중요하며 다음과 같다.

$$k < 1,\ \Gamma_{\text{in}}\Gamma_S = 1,\ \Gamma_{\text{out}}\Gamma_L = 1$$

일반적인 설계는 안정도 요소 k를 시험하는 것으로부터 시작되며, 그 다음, 불안정 영역 내에서 특정 출력 부하로부터 출력 반사계수가 알고 있는 입력반사계수에 의해 결정된다. 한편 설계는 입력단에서부터 시행된다. 고주파수 동작에서 양호도 Q값을 증진시키기 위하여 유전체 공진기를 동작에 부가시킬 수 있으며, 고주파수 성능을 향상시키기 위해 유전체 공진기의 동작 특성은 다음 식과 같이 정규화 선로 임피던스를 갖는 병렬공진회로로서 나타낸다.

$$z_{\text{DR}} \approx \frac{R/Z_0}{1 + j2Q_U(\Delta f/f_0)} = 2\beta$$

유전체 공진기 대신에 자기적으로 유기된 공진조건을 YIG 소자에 의하여 나타낼 수 있다. Gunn 다이오드 응용은 아주 높은 주파수대에서 이루어진다. 주파수 튜닝의 가변성을 나타내기 위하여 바랙터 다이오드를 이용하며 커패시티브하게 공진회로를 조절한다.

발진기 이외에 믹서는 다이오드 및 쌍극자, 단일 극성 소자와 같은 능동 반도체 소자의 비선형 전달 특성으로 직접 개발된 실용회로의 두 번째 그룹이다. 믹서의 주파수 변환은 헤테로다인 수신기와 송신기 회로에 응용되며 국부발진주파수 ω_{LO}에 믹싱된 RF 주파수 ω_{RF}는 다음 식과 같이 주 전류의 곱으로서 나타난다.

$$I = \ldots + BV_{\text{RF}}V_{\text{LO}}(\cos[(\omega_{\text{RF}} + \omega_{\text{LO}})t] + \cos[(\omega_{\text{RF}} - \omega_{\text{LO}})t])$$

여기에서 첫 번째 항은 상향변환을, 두 번째 항은 하향변환을 의미한다. 예로 두 번째 항의 동작은 수신기에서 중간주파수 출력으로서 이용한다. 원하는 신호 주파수를 분리시키기 위하여 믹서의 입력단에서는 넓은 대역의 필터(이미지 필터)를 필요로 하며 믹서의 출력단에서는 저역통과필터를 필요로 한다. 단일–종단믹서와 단일–평형 및 이중–평형믹서 설계는 능동소자의 신호단과 과부하단에 적합한 임피던스 정합에 의하여 구현된다. 증폭기 정합회로 설계에 비하여 더 복잡한 것은 RF, LO, IF 단자 각각이 서로 분리되어야 할 필요성이 있기 때문이다. 제일 중요한 것은 LO-RF 분리도이다. 본래의 단자 분리도에 덧붙여 평형 믹서는 원하지 않는 고조파 반응을 제거시켜 주므로 동작 성능을 개선시킨다. 그러나 이들은 추가적인 복잡성을 요구하며 마찬가지로 잡음 지수와 전력에서 적절한 타협이 있어야 한다.

참고문헌

B. Gilbert, "A high performance monolithic multiplier using active feedback," *IEEE Journal of Solid State Circuits (JSSC)*, Vol. SC-9, No. 6, 1974.

C. D. Hul and R. G. Meyer, "A systematic approach to the analysis of noise in mixer," *IEEE Trans. on Microwave Theory and Technique (MTT)*, Vol. 40. NO. 12, pp. 909-919, 1933.

T. H. Lee, *The Design of CMOS Radio-Frequency Integrated Circuits*, Cambridge Press, 2004.

A. Hajimiri and T. H. Lee, "A General Theory of Phase Noise in Electrical Oscillators," *IEEE Journal of Solid-State Circuits*, Vol. 33, pp. 179-194, 1988.

D. B. Leeson, "A simple model of feedback oscillator noises spectrum," *Proc IEEE*. Vol. 54, pp. 329-330, 1966.

K. Kurokawa, "Some basic characteristics of broadband negative resistance oscillator circuits", *Bell System Tech*. J., Vol. 48, pp. 1937-1955, 1969.

K. L. Fong, and R. G. Meyer, "Monolithic RF Active Mixer Design," *IEEE Trans. on Circuits and Systems II: Analog and Digital Signal Processing*, Vol. 46, pp. 231-239, 1999.

G. Watanabe, H. Lau, and J. Schoepf, "Integrated mixer design," *Proc, Second IEEE Asia Pacific Conference on ASICs*, pp. 171-174, 2000.

Y. Anand and W. J. Moroney, "Microwave Mixer and Detector Diodes," *Proceedings of IEEE*, Vol. 59, pp. 1182-1190, 1971.

R. J. Gilmore and F. J. Rosenbaum, "An Analytical Approach to Optimum Oscillator Design Using S-Parameters," *IEEE Trans. on Microwave Theory and Techniques*, Vol. 31, pp. 633-639, 1983.

G. Gonzalez, *Microwave Transistor Amplifiers, Analysis and Design*, Prentice-Hall, Upper Saddle River, NJ, 1997.

J. B. Gunn, "Effect of Domain and Circuit Properties on Oscillations on GaAs," *IBM Journal of Res. Development*, Vol. 10, pp. 310-320, 1966.

J. M. Manley and H. E. Rowe, "Some General Properties of Nonlinear Elements," *Proceedings of IRE*, Vol. 44, pp. 904-913, 1956.

S. A. Mass, *Microwave Mixers*, Artech House, Dedham, MA, 1986.

M. A. Smith, K. J. Anderson, and A. M. Pavio, "Decade-Band Mixer Covers 3.5 to 35 GHz," *Microwave Journal*, pp. 163-171, Feb. 1986.

G. Vendelin, A. Pavio, and U. L. Rhode, *Microwave Circuit Design Using Linear and Nonlinear Techniques*, John Wiley, New York, 1990.

G. Vendelin, *Design of Amplifiers and Oscillators by the S-Parameter Method*, John Wiley, New York, 1982.

P. C. Wade, "Novel FET Power Oscillators," *Electronics Letters*, September 1978.

연습문제

10.1 제10.1.5절에서 이미터 접지 형태인 BJT의 h-파라미터를 중심으로 Colpitts 발진기를 유도하였다. 동일한 설계과정을 적용하여 Hartley 발진기를 유도하여라. L_1, L_2, C_3와 h-파라미터에 의한 발진주파수를 유도하고 L_2와 L_1의 비를 설정하라.

10.2 250 MHz의 Colpitts 발진기를 설계하려고 한다. $V_{CE} = 2.7$ V 및 $I_C = 2$ mA인 바이어스점에서 실온일 때 회로 파라미터가 다음과 같다. $C_{BC} = 0.2$ fF, $r_{BE} = 3$ kΩ, $r_{CE} = 12$ kΩ, $C_{BE} = 80$ fF. 만약 인덕턴스 값을 47 nH로 고정시킨다면, 귀환루프에서 커패시턴스의 값을 구하라. 또 DC 조건에서 구한 h-파라미터를 사용하는 것이 적합한지를 검토하라.

10.3 수정체 공진기는 직렬 및 병렬 공진주파수로서 특성을 나타낸다. 등가회로의 파라미터값이 $R_q = 50$ Ω, $L_q = 50$ mH, $C_q = 0.4$ pF 및 $C_0 = 0.8$ pF일 때 식 (10.45a)와 식 (10.45b)에 의한 직렬 및 병렬 공진주파수를 구하라. 주파수에 대한 수정공진기의 리액턴스를 그림으로 나타내어라.

10.4 병렬 공진모드로 동작되고 있는 특정한 수정발진기에 무손실 인덕터를 병렬로 연결하였다. 만약 인덕터와 수정발진기의 결합 리액턴스를 수정발진기 자체가 가지고 있는 리액턴스와 동일한 값으로 나타내고자 할 때 발진기의 발진주파수는 상승되는지 아니면 하향되는지를 판단하고 설명하여라.

10.5 GaAs MESFET의 칩을 소스 접지 형태로 6 GHz에서 측정한 S-파라미터가 다음과 같다. $S_{11} = 0.11 \angle -27°$, $S_{21} = 2.2 \angle -78°$, $S_{12} = 0.11 \angle 61°$, $S_{22} = 0.66 \angle -23°$. 앞 문제에서 유도한 변환 공식을 이용하여 베이스 접지 모드에서의 S-파라미터를 계산하라. 5 GHz에서 L = 0.6 nH가 있을 때와 없을 때에 대하여 두 형태의 접지모드에서 안정도 원을 구하라.

10.6 제10.2.1절에서 $|\Gamma_{in}|$이 1보다 크게 되도록 Γ_L을 선택하는 경우에 대하여 논의하였다. 공진조건이 만족될 때 $|\Gamma_{in}| > 1$은 $|\Gamma_{out}| > 1$ 을 의미하고 그 역도 성립함을 증명하라.

10.7 S-파라미터에 의하여 발진기를 설계할 때 다음 조건이 만족되는가를 먼저 알아보았다. $k < 1$ 및 $\Gamma_S\Gamma_{in} = \Gamma_L\Gamma_{out} = 1$. 입력 임피던스는 $Z_{in} = R_{in} + jX_{in}$, 출력 임피던스는 $Z_{out} = R_{out} + jX_{out}$, 신호 임피던스는 $Z_S = R_S + jX_S$, 부하 임피던스는 $Z_L = R_L + jX_L$로 표현된다. $R_{in} = -R_S$, $X_{in} = -X_S$ 및 $R_{out} = -R_L$, $X_{out} = -X_L$임을 증명하라. 이것은 S-파라미터에 의한 설계가 부성 저항 설계임을 증명한다.

10.8 3.5 GHz 발진기를 설계하려 한다. 베이스 접지 BJT의 S-파라미터가 다음과 같다: $S_{11} = 1.1 \angle 127°$, $S_{21} = 0.94 \angle -61°$, $S_{12} = 0.86 \angle 128°$, $S_{22} = 0.9 \angle -44°$. 베이스 단에 인덕터를 부가시켜 불안정 특성을 증가시킬 수 있다. Rollet의 안정도 k에 따라 BJT의 불안정 특성을 최대로 나타내는 인덕턴스를 구하라.

10.9 제10.2.2절에서 유전체 공진기를 도입하였고 각 주파수 ω_0에 대한 S-파라미터를 식 (10.62)와 같이 유도하였다. 공진점 근처에서 식 (10.62)는 다음 식과 같이 변경되어야 함을 증명하라.

$$[\mathbf{S}] = \begin{bmatrix} \dfrac{\beta}{1+\beta+j2(Q_U\Delta f/f_0)} & \dfrac{1+j2(Q_U\Delta f/f_0)}{1+\beta+j2(Q_U\Delta f/f_0)} \\ \dfrac{1+j2(Q_U\Delta f/f_0)}{1+\beta+j2(Q_U\Delta f/f_0)} & \dfrac{\beta}{1+\beta+j2(Q_U\Delta f/f_0)} \end{bmatrix}$$

10.10 $|\Gamma_{\text{in}}| > 1$ 및 $|\Gamma_{\text{out}}| > 1$이므로 이 관계를 기존의 스미스 차트에 나타낼 수 없다. 이러한 관계를 나타낼 수 있는 방안으로 스미스 차트를 확대해야 한다. 반사계수가 1보다 클 때 일정한 저항원에는 어떤 일이 일어날까?

10.11 이미터 접지 BJT로 7.5 GHz 발진기를 설계하려 한다. $V_{\text{CE}} = 5.0$ V, $I_C = 20$ mA에서 S-파라미터는 다음과 같다. $S_{11} = 0.87 \angle -40°$, $S_{12} = 0.25 \angle -32°$, $S_{21} = 0.6 \angle 100°$, $S_{22} = 1.21 \angle 165°$. DC 바이어스 회로($\beta = 80$)를 포함한 회로를 설계하고 그림으로 나타내어라.

10.12 베이스 접지 BJT가 $V_{\text{CE}} = 3$ V, $V_{\text{BE}} = 0.9$ V의 바이어스 조건에서 동작하고 있다. 2.5 GHz에서 트랜지스터의 S-파라미터가 $S_{11} = 1.41 \angle 125°$, $S_{12} = 0.389 \angle 130°$, $S_{21} = 1.5 \angle -63°$, $S_{22} = 1.89 \angle -45°$이다. 식 (10.50a)~(10.50c)의 세 가지 조건을 만족시키는 직렬 귀환 발진기를 설계하라.

10.13 소스접지 GaAs FET의 S-파라미터를 9 GHz에서 측정하였더니 다음과 같았다: $S_{11} = 0.30 \angle -167°$, $S_{12} = 0.15 \angle 21.3°$, $S_{21} = 1.12 \angle -23.5°$, $S_{22} = 0.90 \angle -25.6°$. 9 GHz 기본 주파수와 50 Ω 부하 임피던스에 정합시키는 발진기를 설계하라. 두께 40 mil인 FR 4 기판($\varepsilon_r = 3.6$)을 적용하여 마이크로스트립 선로를 이용하고 소자의 폭과 길이를 구하라.

10.14 바랙터 다이오드로 주파수 조절이 가능한 발진기를 설계하려 한다. 바랙터 다이오드의 특성 데이터는 다음과 같다. 5 Ω의 등가직렬저항, 역 바이어스 30 V에서 2 V 사이에서 커패시턴스는 15 pF에서 35 pF의 범위를 나타낸다. 중심주파수가 300 MHz이고 ±10%의 주파수 조절범위를 나타내는 전압제어 Clapp형 발진기를 설계하라. 트랜지스터의 전달 콘덕턴스는 일정하며 $g_m = 115$ mS이다.

10.15 발진기의 출력전력이 다음 식과 같이 나타난다.

$$P_{\text{out}} = P_{\text{sat}}\left[1 - \exp\left(\frac{G_0 P_{\text{in}}}{P_{\text{sat}}}\right)\right]$$

여기에서 P_{sat}는 포화출력전력이며, $G_0 = |S_{21}|^2 > 1$은 소신호 전력이득, P_{in}은 입력전력이다. 다음 관계식으로 최대출력전력을 구하였다.

$$d(P_{out} - P_{in}) = 0 \text{ or } \frac{dP_{out}}{dP_{in}} = 1$$

위 식으로 다음과 같은 최대발진 출력전력이 나오는지를 증명하라.

$$P_{out,\,max} = P_{sat}\left(1 - \frac{1}{G_0} - \frac{\ln G_0}{G_0}\right)$$

7 GHz에서 $G_0 = 7$ dB이고 $P_{sat} = 2$ W의 특성을 갖는 MESFET에 대하여 최대 발진 출력을 구하라.

10.16 기본적인 하향변환 수신시스템은 그림 10-38과 같다. 유사한 구성도를 나타내는 상향변환 송신시스템을 그리고 기능을 설명하라.

10.17 BJT와 다이오드를 가지고 믹서를 만들 때, 혼변조 왜곡(IMD)은 중요한 설계요소이다. 이상적으로 RF 입력신호 크기의 전체범위에 대하여 믹서는 어떤 혼변조신호를 만들지 않아야 한다. 그러나 실제적으로는 혼변조의 영향을 많이 받는다. 제10.3.1절에서 논의한 바와 동일한 유도에 따라 믹서 입력에 $V = V_{RF}\cos(\omega_{RF}t) + V_{LO}\cos(\omega_{LO}t)$과 같이 RF와 LO의 결합신호에 대하여 기본주파수, 제2차 하모닉, 제3차 하모닉 신호를 유도하라. 만약 RF 신호가 1.9 GHz이고 출력 IF가 2 MHz라면 이 믹서에 의하여 발생되는 제3차 하모닉 신호까지 모든 주파수 성분을 구하라.

10.18 그림 10-45와 같은 단일-종단 BJT 믹서를 설계하라. 전원전압 $V_{CC} = 4$ V에 의하여 바이어스 조건 $V_{CE} = 2.5$ V, $V_{BE} = 0.7$ V, $I_C = 3$ mA, $I_B = 32\mu$A를 만족시킬 때 저항 R_1과 R_2를 구하라. RF 주파수와 IF 주파수가 각각 $f_{RF} = 3$ GHz, $f_{IF} = 250$ MHz이다. IF에서 BJT를 측정한 결과 입력단락회로에서 출력 임피던스가 $Z_{out} = (600 - j2400)$ Ω이며, RF 주파수에서 출력단락회로의 입력 임피던스는 $Z_{in} = (60 - j126)$ Ω이다.

10.19 그림 10-50의 평형 다이오드 믹서에서 다음과 같이 전압관계를 가정한다.

$$v_{RF}(t) = V_{RF}\cos(\omega_{RF}t) \quad \text{그리고} \quad v_{LO}(t) = [V_{LO} + v_n(t)]\cos(\omega_{LO}t)$$

여기에서 진폭은 $V_{RF} << V_{LO}$이며 잡음전압 v_n은 V_{LO}에 비하여 무척 작다.

(a) 전달 특성이 다음 식과 같을 때 상측 다이오드 전류 $i_1(t)$와 하측 다이오드 전류 $i_2(t)$를 구하라.

$$i_n = C(-1)^{n+1}v_n^2, \; n = 1, 2$$

여기에서 C는 상수이며 v_1, v_2는 각각 다이오드의 전압이다.

(b) 어떻게 잡음이 상쇄되어 제거되는지 설명하고 다이오드 뒷단에서 저역통과 필터를 통과한 후 IF 전류를 다음 식과 같이 나타낼 수 있음을 증명하라.

$$\begin{aligned} i_{\mathrm{IF}} &= -2CV_{\mathrm{RF}}(V_{\mathrm{LO}} + v_n)\sin[(\omega_{\mathrm{RF}} - \omega_{\mathrm{LO}})t] \\ &\cong -2CV_{\mathrm{RF}}V_{\mathrm{LO}}\sin(\omega_{\mathrm{IF}}t) \end{aligned}$$

부록 A

물리량과 단위

표 A-1 • 물리상수

Quantity	Symbol	Units	Value
Permittivity in vacuum	ε_0	F/m	8.85418×10^{-12}
Permeability in vacuum	μ_0	H/m	$4\pi \times 10^{-7}$
Speed of light in vacuum	c	m/s	2.99792×10^{8}
Boltzmann's constant	k	J/K	1.38066×10^{-23}
Electron charge	e	C	1.60218×10^{-19}
Electron rest mass	m_0	kg	0.91095×10^{-30}
Electon volt	eV	J	1.60218×10^{-19}

표 A-2 • 물리표현 양과 단위 및 값

Quantity	Symbol	Units	Value
femto	f	—	10^{-15}
pico	p	—	10^{-12}
nano	n	—	10^{-9}
micro	μ	—	10^{-6}
milli	m	—	10^{-3}
kilo	k	—	10^{3}
mega	M	—	10^{6}
giga	G	—	10^{9}
tera	T	—	10^{12}
mil	mil	0.001 inch = 25.4 μm	

International System of Units

Quantity	Symbol	Units	Dimensions
Electric Charge	C	coulomb	A · s
Current	A	apmere	C/s
Voltage	V	volts	J/C
Frequency	Hz	hertz = cycles per second	1/s
Electric field	E	V/m	
Magnetic field	H	A/m	
Magnetic flux	Wb	weber	V · s
Energy	J	joule	N · m
Power	W	watt	J/s
Capacitance	F	farad	C/V
Inductance	H	henry	Wb/A
Resistance	Ω	ohm	V/A
Conductance	S	siemens	A/V
Conductivity	σ	S/m	
Resistivity	ρ	Ω · m	

표 A-3 • 유전체에 따른 손실 탄젠트값

Material	ε_r	Loss Tangent			
		f = 1 kHz	f = 1 MHz	f = 100 MHz	f = 3 GHz
Aluminum oxide	9.8	0.00057	0.00033	0.0003	0.001
Barium titanate	37	0.00044	0.0002		0.0023
Porcelain	5	0.0140	0.0075	0.0078	
Silicon dioxide	4.5	0.00075	0.0001	0.0002	0.00006
Araldite CN-501	3.35	0.0024	0.0190	0.0340	0.0270
Epoxy resin RN-48	3.52	0.0038	0.0142	0.0264	0.0210
Foamed polystyrene	1.03	< 0.0002	< 0.0001	< 0.0002	0.0001
Bakelite BM120	3.95	0.0220	0.0280	0.0380	0.0438
Polyethylene	2.3	< 0.0002	< 0.0002	0.0002	0.00031
Polystyrene	2.5	< 0.00005	0.00007	< 0.0001	0.00033
Teflon	2.1	< 0.0003	< 0.0002	< 0.0002	0.00015
Sodium chloride	5.9	< 0.0001	< 0.0002		< 0.0005
Water(distilled)	80		0.0400	0.0050	0.1570

표 A-4 • 미국 도선 게이지표

Wire Size (AWG)	Diameter in mils	Diameter in millimeters	Area in square mils	Area in square millimeters
1	289.3	7.34822	262934	169.6345
2	257.6	6.54304	208469	134.4959
3	229.4	5.82676	165324	106.6606
4	204.3	5.18922	131125	84.59682
5	181.9	4.62026	103948	67.06296
6	162.0	4.1148	82448.0	53.19212
7	144.3	3.66522	65415.8	42.20364
8	128.5	3.2639	51874.8	33.46752
9	114.4	2.90576	41115.2	26.52585
10	101.9	2.58826	32621.1	21.04581

(계속)

표 A-4 • 미국 도선 게이지표 (계속)

Wire Size (AWG)	Diameter in mils	Diameter in millimeters	Area in square mils	Area in square millimeters
11	90.7	2.30378	25844.2	16.67370
12	80.8	2.05232	20510.3	13.23244
13	72.0	1.8288	16286.0	10.50709
14	64.1	1.62814	12908.2	8.327859
15	57.1	1.45034	10242.9	6.608296
16	50.8	1.29032	8107.32	5.230518
17	45.3	1.15062	6446.83	4.159237
18	40.3	1.02362	5102.22	3.291754
19	35.9	0.91186	4048.92	2.612199
20	32.0	0.8128	3216.99	2.075474
21	28.5	0.7239	2551.76	1.646293
22	25.3	0.64262	2010.90	1.297354
23	22.6	0.57404	1604.60	1.035224
24	20.1	0.51054	1269.23	0.818860
25	17.9	0.45466	1006.60	0.649417
26	15.9	0.40386	794.226	0.512403
27	14.2	0.36068	633.470	0.408690
28	12.6	0.32004	498.759	0.321780
29	11.3	0.28702	401.150	0.258806
30	10.0	0.254	314.159	0.202683
31	8.9	0.22606	248.846	0.160545
32	8.0	0.2032	201.062	0.129717

표 A-4 • 미국 도선 게이지표 (계속)

Wire Size (AWG)	Diameter in mils	Diameter in millimeters	Area in square mils	Area in square millimeters
33	7.1	0.18034	158.368	0.102172
34	6.3	0.16002	124.690	0.080445
35	5.6	0.14224	98.5203	0.063561
36	5.0	0.127	78.5398	0.050671
37	4.5	0.1143	63.6173	0.041043
38	4.0	0.1016	50.2654	0.032429
39	3.5	0.0889	38.4845	0.024829
40	3.1	0.07874	30.1907	0.019478

부록 B

원형도체에 대한 표피방정식

원형도체에 대한 표피효과의 분석은 맥스웰 방정식 중 암페어 법칙과 패러데이 법칙의 미분식으로부터 유도할 수 있다.

$$\nabla \times \boldsymbol{H} = \boldsymbol{J} = \sigma \boldsymbol{E} \tag{B.1a}$$

$$\nabla \times \boldsymbol{E} = -\mu\left(\frac{\partial \boldsymbol{H}}{\partial t}\right) \tag{B.1b}$$

위 식 (B.1a)에서 도체 내부에 대한 관계식이므로 변위전류밀도 $\varepsilon(\partial \boldsymbol{E}/\partial t)$를 무시하였으며 이러한 관계는 유전상수와 함께 도체 내부에서의 전계가 전도전류에 비하여 그 영향이 매우 적기 때문이다. 원통좌표계에 대한 식을 분석하면 E_z, E_r 및 H_ϕ 성분만 값이 존재하므로 원통좌표계로 위 식을 전개하면

$$\frac{1}{r}\frac{\partial}{\partial r}(rH_\phi) = \sigma E_z \tag{B.2a}$$

$$-\frac{\partial H_\phi}{\partial z} = \sigma E_r = 0 \tag{B.2b}$$

$$\frac{\partial E_z}{\partial r} - \frac{\partial E_r}{\partial z} = \mu\frac{\partial H_\phi}{\partial t} \tag{B.2c}$$

위 식에서 두 번째 식 (B.2b)는 H_ϕ가 z-축의 함수가 아니므로 그 값은 영이 되고 E_r 역시 영이 된다. 마지막 수식을 r에 대하여 미분하고 첫 번째 식에 대입하면 다음과 같은 2차 미분 방정식이 된다.

$$\frac{\partial^2 E_z}{\partial r^2} + \frac{1}{r}\left(\frac{\partial E_z}{\partial r}\right) - \mu\sigma\left(\frac{\partial E_z}{\partial t}\right) = 0 \tag{B.3}$$

시변 전자계에 대하여 시간에 대한 미분은 $j\omega$로 대치시킬 수 있으며 $\mu\sigma$와 함께 새로운 파라미터식 $p^2 = -j\omega\mu\sigma$를 구할 수 있다. 최종적으로

$$\frac{d^2 E_z}{dr^2} + \frac{1}{r}\left(\frac{dE_z}{dr}\right) + p^2 E_z = 0 \tag{B.4}$$

가 된다. 이 식은 표준 베셀함수이며 $E_z = AJ_0(pr)$의 해를 갖는다. 여기에서 A는 상수이며 J_0는 영차 베셀함수이다. 해를 시변함수 (B.2c)에 대입하면 다음과 같이 된다.

$$j\omega\mu H_\phi = ApJ_0'(pr) \tag{B.5}$$

위 식에서 프라임은 종속변수에 대한 미분관계를 나타낸다. 본 논의에서는 원통의 외부직경에 따른 H_ϕ의 선적분에 관련되므로 $r = a$인 도체에 대하여 $H_\phi 2\pi a = I$가 되므로 다음 식과 같이 나타낼 수 있다.

$$H_\phi = A\left(\frac{p}{j\omega\mu}\right)J_0'(pa) = \frac{I}{2\pi a} \tag{B.6}$$

이 식으로부터 상수 A를 구할 수 있으며 상수 A를 베셀함수에 대입하면 다음과 같이 된다.

$$E_z = \frac{j\omega\mu}{2\pi pa} I\left(\frac{J_0(pr)}{J_0'(pa)}\right) \tag{B.7}$$

베셀함수에서 관심사항은 $J_0'(pa) = -J_1(pa)$의 관계이며 이 식에 대하여 정리하면 다음과 같이 최종 수식을 구할 수 있다.

$$E_z = \frac{p}{2\pi\sigma a} I\left(\frac{J_0(pr)}{J_1(pa)}\right) \tag{B.8}$$

이 수식은 제1장에서 사용하며 (B.8)의 타당성은 주파수 항이 없을 때, 즉 DC 조건에서 쉽게 증명할 수 있다. 저주파에서는

$$J_0(pr) = 1 - \left(\frac{pr}{2}\right)^2 + \frac{(pr)^4}{(2\cdot 4)^2} - \frac{(pr)^6}{(2\cdot 4\cdot 6)^2} + \ldots \approx 1 \tag{B.9a}$$

$$J_1(pa) = \frac{pa}{2}\left[1 - \frac{(pa)^2}{2 \cdot 4} + \dots\right] \approx \frac{pa}{2} \tag{B.9b}$$

이며 (B.9)를 (B.8)에 대입하면 균일전류밀도 J_z에 대한 옴의 법칙이 된다.

$$E_z = \frac{Ip}{2\pi a\sigma}\left(\frac{2}{pa}\right) = \frac{I}{\sigma\pi a^2} \equiv \frac{J_z}{\sigma} \tag{B.10}$$

선에 대하여 단위 길이당 저항을 알기 위해서, 저항에 대한 전력 손실 관계를 사용한다.

$$P = \frac{1}{2}|I|^2 R \tag{B.11}$$

그리고 금속에서 체적 전력 손실 밀도는

$$p = \frac{1}{2}\boldsymbol{E} \cdot \boldsymbol{J}^* = \frac{1}{2}\frac{|\boldsymbol{J}|^2}{\sigma} \tag{B.12}$$

단위 길이항목에서 (B.11)를 해석하면 단위길이당 전력 손실은(B.12)로 설명될 수 있다.

$$P = \int_A p\,ds = \frac{1}{2}\int_A \frac{|\boldsymbol{J}|^2}{\sigma} ds \tag{B.13}$$

여기서 A는 금속의 단면적을 나타낸다. (B.11)과 (B.13)의 오른쪽을 계산하면 단위길이당 저항은 다음과 같다.

$$R = \frac{1}{|I|^2}\int_A \frac{|\boldsymbol{J}|^2}{\sigma} ds \tag{B.14}$$

원형 선에 대하여 파라미터를 대입한 후에 단위길이당 저항은 다음과 같다.

$$R = \frac{|p|^2}{2\pi a^2 \sigma |J_1(pa)|^2}\int_0^a |J_0(pr)|^2 r\,dr \tag{B.15}$$

여기서 남아 있는 적분은 결과적으로 계산되어야 한다.

부록 C

복소수(complex number)

본 부록에서는 본 교재에서 여러 번 반복적으로 이용하고 있는 복소수함수에 대한 유용한 수식의 정의와 개념을 간략하게 정리하였다. 복소수에 대한 기본 정의식으로부터 복소수의 크기 계산과 원의 방정식에 대한 의미 등을 강조하였다.

C.1 기본정의식

정규화 임피던스와 같은 복소수값 z는 직교 형태와 극좌표 형태로 표현하면 다음 식과 같다.

$$z = x + jy = |z|e^{j\Theta} \tag{C.1}$$

여기에서 크기는 다음과 같이 정의된다.

$$|z| = \sqrt{z \cdot z^*} = \sqrt{(x+jy)\cdot(x-jy)} = \sqrt{x^2+y^2} \tag{C.2}$$

이때 위상은

$$\Theta = \text{atan}\,2(y, x) \tag{C.3}$$

이며 여기서 atan2는 $-\pi < \Theta < \pi$에 대한 역탄젠트를 의미한다. 그리고 공액복소수는 별첨(*) 표시를 하며 다음과 같이 정의된다($z^* = x - jy$).

C.2 크기 계산

앞에서 정의한 식을 다음과 같은 두 개의 복소수의 크기 계산에 적용시켜 보자.

$$|z + w^*|^2$$

여기에서 w는 또 다른 복소수로서 $w = u + jv$와 같다. w를 대입하면

$$|z + w^*|^2 = (z + w^*) \cdot (z^* + w) = |z|^2 + |w|^2 + 2\mathrm{Re}(z \cdot w) \tag{C.4}$$

가 되며 여기에서 $z \cdot w = ux - vy + j(uy + vx)$와 $z^* \cdot w^* = ux - vy - j(uy + vx)$ 항은 $2\mathrm{Re}(z \cdot w)$의 관계로 적용하였다. 여기에서 Re(…)은 실수부를 나타낸다.

C.3 원의 방정식

RF 회로에서 복소수를 포함하여 매우 유용하게 이용되는 방정식 중의 하나는 원의 방정식이다.

$$|z - w| = r \text{ 또는 } |z - w|^2 = r^2 \tag{C.5}$$

원의 방정식은 본문에서 스미스 차트를 형성하는 데 이용된다. 복소수의 크기를 구함에 있어서 원의 방정식이 이용됨을 다음과 같이 증명할 수 있다.

$$|z - w|^2 = (z - w) \cdot (z - w)^* = (x - u)^2 + (y - v)^2 = r^2 \tag{C.6}$$

u와 v는 z-평면에서 원 중심을 나타내는 좌표점이며 r은 반경임을 그림 C-1에 묘사된 바와 같이 알 수 있다.

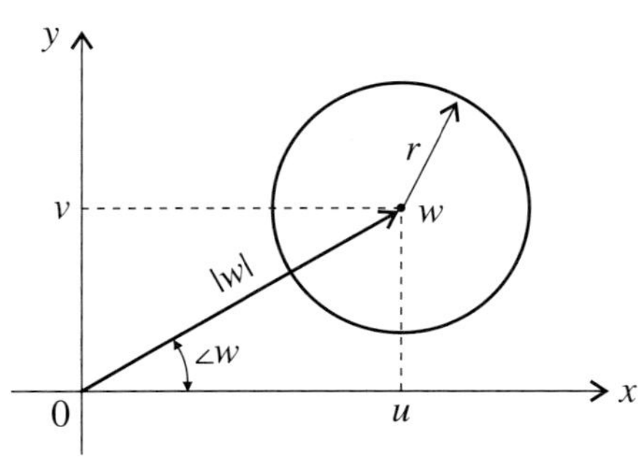

그림 C-1 ● 복소수 z-평면에서의 원의 방정식의 표현

부록 D

파라미터의 변환

표 D-1 • Z, Y, h 및 ABCD 파라미터의 변환

	[Z]	[Y]	[h]	[ABCD]
[Z]	$\begin{bmatrix} Z_{11} & Z_{12} \\ Z_{21} & Z_{22} \end{bmatrix}$	$\begin{bmatrix} \frac{Z_{22}}{\Delta Z} & -\frac{Z_{12}}{\Delta Z} \\ -\frac{Z_{21}}{\Delta Z} & \frac{Z_{11}}{\Delta Z} \end{bmatrix}$	$\begin{bmatrix} \frac{\Delta Z}{Z_{22}} & \frac{Z_{12}}{Z_{22}} \\ -\frac{Z_{21}}{Z_{22}} & \frac{1}{Z_{22}} \end{bmatrix}$	$\begin{bmatrix} \frac{Z_{11}}{Z_{21}} & \frac{\Delta Z}{Z_{21}} \\ \frac{1}{Z_{21}} & \frac{Z_{22}}{Z_{21}} \end{bmatrix}$
[Y]	$\begin{bmatrix} \frac{Y_{22}}{\Delta Y} & -\frac{Y_{12}}{\Delta Y} \\ -\frac{Y_{21}}{\Delta Y} & \frac{Y_{11}}{\Delta Y} \end{bmatrix}$	$\begin{bmatrix} Y_{11} & Y_{12} \\ Y_{21} & Y_{22} \end{bmatrix}$	$\begin{bmatrix} \frac{1}{Y_{11}} & -\frac{Y_{12}}{Y_{11}} \\ \frac{Y_{21}}{Y_{11}} & \frac{\Delta Y}{Y_{11}} \end{bmatrix}$	$\begin{bmatrix} -\frac{Y_{22}}{Y_{21}} & -\frac{1}{Y_{21}} \\ -\frac{\Delta Y}{Y_{21}} & -\frac{Y_{11}}{Y_{21}} \end{bmatrix}$
[h]	$\begin{bmatrix} \frac{\Delta h}{h_{22}} & \frac{h_{12}}{h_{22}} \\ -\frac{h_{21}}{h_{22}} & \frac{1}{h_{22}} \end{bmatrix}$	$\begin{bmatrix} \frac{1}{h_{11}} & -\frac{h_{12}}{h_{11}} \\ \frac{h_{21}}{h_{11}} & \frac{\Delta h}{h_{11}} \end{bmatrix}$	$\begin{bmatrix} h_{11} & h_{12} \\ h_{21} & h_{22} \end{bmatrix}$	$\begin{bmatrix} -\frac{\Delta h}{h_{21}} & -\frac{h_{11}}{h_{21}} \\ -\frac{h_{22}}{h_{21}} & -\frac{1}{h_{21}} \end{bmatrix}$
[ABCD]	$\begin{bmatrix} \frac{A}{C} & \frac{\Delta ABCD}{C} \\ \frac{1}{C} & \frac{D}{C} \end{bmatrix}$	$\begin{bmatrix} \frac{D}{B} & -\frac{\Delta ABCD}{B} \\ -\frac{1}{B} & \frac{A}{B} \end{bmatrix}$	$\begin{bmatrix} \frac{B}{D} & \frac{\Delta ABCD}{D} \\ -\frac{1}{D} & \frac{C}{D} \end{bmatrix}$	$\begin{bmatrix} A & B \\ C & D \end{bmatrix}$

$$\Delta Z = Z_{11}Z_{22} - Z_{12}Z_{21},\ \Delta Y = Y_{11}Y_{22} - Y_{12}Y_{21},$$
$$\Delta h = h_{11}h_{22} - h_{12}h_{21},\ \Delta ABCD = AD - BC$$

표 D-2 ● *S*–파라미터로부터 Z, Y, h 및 ABCD 파라미터의 변환

[Z]	$Z_{11} = Z_0\dfrac{(1+S_{11})(1-S_{22})+S_{12}S_{21}}{\Psi_1}$ $Z_{12} = Z_0\dfrac{2S_{12}}{\Psi_1}$ $Z_{21} = Z_0\dfrac{2S_{21}}{\Psi_1}$ $Z_{22} = Z_0\dfrac{(1-S_{11})(1+S_{22})+S_{12}S_{21}}{\Psi_1}$ where $\Psi_1 = (1-S_{11})(1-S_{22})-S_{12}S_{21}$
[Y]	$Y_{11} = \dfrac{(1-S_{11})(1+S_{22})+S_{12}S_{21}}{Z_0\Psi_2}$ $Y_{12} = \dfrac{-2S_{12}}{Z_0\Psi_2}$ $Y_{21} = \dfrac{-2S_{21}}{Z_0\Psi_2}$ $Y_{22} = \dfrac{(1+S_{11})(1-S_{22})+S_{12}S_{21}}{Z_0\Psi_2}$ where $\Psi_2 = (1+S_{11})(1+S_{22})-S_{12}S_{21}$
[h]	$h_{11} = Z_0\dfrac{(1+S_{11})(1+S_{22})-S_{12}S_{21}}{\Psi_3}$ $h_{12} = \dfrac{2S_{12}}{\Psi_3}$ $h_{21} = \dfrac{-2S_{21}}{\Psi_3}$ $h_{22} = \dfrac{(1-S_{11})(1-S_{22})-S_{12}S_{21}}{Z_0\Psi_3}$ where $\Psi_3 = (1-S_{11})(1+S_{22})+S_{12}S_{21}$
[ABCD]	$A = \dfrac{(1+S_{11})(1-S_{22})+S_{12}S_{21}}{2S_{21}}$ $B = Z_0\dfrac{(1+S_{11})(1+S_{22})-S_{12}S_{21}}{2S_{21}}$ $C = \dfrac{(1-S_{11})(1-S_{22})-S_{12}S_{21}}{2S_{21}Z_0}$ $D = \dfrac{(1-S_{11})(1+S_{22})+S_{12}S_{21}}{2S_{21}}$

표 D-3 • Z, Y, h 및 ABCD 파라미터로부터 S-파라미터로 변환

[Z]	$S_{11} = \dfrac{(Z_{11}-Z_0)(Z_{22}+Z_0)-Z_{12}Z_{21}}{\Psi_4}$ $S_{12} = \dfrac{2Z_{12}Z_0}{\Psi_4}$ $S_{21} = \dfrac{2Z_{21}Z_0}{\Psi_4}$ $S_{22} = \dfrac{(Z_{11}+Z_0)(Z_{22}-Z_0)-Z_{12}Z_{21}}{\Psi_4}$ where $\Psi_4 = (Z_{11}+Z_0)(Z_{22}+Z_0)-Z_{12}Z_{21}$
[Y]	$S_{11} = \dfrac{(1-Z_0Y_{11})(1+Z_0Y_{22})+Y_{12}Y_{21}Z_0^2}{\Psi_5}$ $S_{12} = \dfrac{-2Y_{12}Z_0}{\Psi_5}$ $S_{21} = \dfrac{-2Y_{21}Z_0}{\Psi_5}$ $S_{22} = \dfrac{(1+Z_0Y_{11})(1-Z_0Y_{22})+Y_{12}Y_{21}Z_0^2}{\Psi_5}$ where $\Psi_5 = (1+Z_0Y_{11})(1+Z_0Y_{22})-Y_{12}Y_{21}Z_0^2$
[h]	$S_{11} = \dfrac{(h_{11}/Z_0-1)(h_{22}Z_0+1)-h_{12}h_{21}}{\Psi_6}$ $S_{12} = \dfrac{2h_{12}}{\Psi_6}$ $S_{21} = \dfrac{-2h_{21}}{\Psi_6}$ $S_{22} = \dfrac{(h_{11}/Z_0+1)(1-h_{22}Z_0)+h_{12}h_{21}}{\Psi_6}$ where $\Psi_6 = (h_{11}/Z_0+1)(h_{22}Z_0+1)-h_{12}h_{21}$
[ABCD]	$S_{11} = \dfrac{A+B/Z_0-CZ_0-D}{\Psi_7}$ $S_{12} = \dfrac{2(AD-BC)}{\Psi_7}$ $S_{21} = \dfrac{2}{\Psi_7}$ $S_{22} = \dfrac{-A+B/Z_0-CZ_0+D}{\Psi_7}$ where $\Psi_7 = A+B/Z_0+CZ_0+D$

부록 E

반도체의 물리적 파라미터

다음 페이지의 표 E-1을 보라.

표 E-1 • 300 K에서 Ge, Si, GaAs, InP, 4H-SiC, GaN 그리고 SiGe의 특성

Properties	Ge	Si	GaAs	InP	4H–SiC	GaN	$Si_{.5}Ge_{.5}$
Dielectric constant	16	11.9	13.1	12.5	10	9.5	13.9
Energy gap, eV	0.66	1.12	1.424	1.344	3.23	3.39	0.945
Intrinsic carrier concentration, cm^{-3}	2.40×10^{13}	1.45×10^{10}	1.79×10^{6}	1.30×10^{7}	1.50×10^{-8}	3.00×10^{10}	1.20×10^{13}
Intrinsic resistivity, $\Omega \cdot cm$	47	2.30×10^{5}	1.00×10^{8}	8.60×10^{7}	1.00×10^{12}	1.00×10^{10}	1.15×10^{5}
Minority carrier lifetime, s	1.00×10^{-3}	2.50×10^{-3}	1.00×10^{-8}	2.00×10^{-9}	1.00×10^{-9}	1.00×10^{-9}	1.75×10^{-3}
Electron mobility (drift), $cm^2/(V \cdot s)$	3900	1350	8500	4600	1140	1250	7700
Normalized effective mass of the electron	0.55	1.08	0.067	0.073	0.29	0.2	0.92
Hole mobility (drift), $cm^2/(V \cdot s)$	1900	480	400	150	50	850	1175
Normalized effective mass of the hole	0.37	0.56	0.48	0.64	1	0.8	0.54
Saturated electron velocity, cm/s	6.00×10^{6}	1.00×10^{7}	1.00×10^{7}	1.00×10^{7}	2.00×10^{7}	2.20×10^{7}	1.00×10^{7}
Breakdown electric field, V/cm	1.00×10^{5}	3.00×10^{5}	6.00×10^{5}	5.00×10^{5}	3.50×10^{6}	2.00×10^{6}	2.00×10^{5}
Electron affinity χ, V	4	4.05	4.07	4.38	3.7	4.1	4.025
Specific heat, $J/(g \cdot K)$	0.31	0.7	0.35	0.31	0.69	0.49	0.505
Thermal conductivity, $W/(cm \cdot K)$	0.6	1.5	0.46	0.68	3.7	1.3	0.083
Thermal diffusivity, cm^2/s	0.36	0.9	0.24	0.372	1.7	0.43	0.63

부록 F

다이오드의 모델

제6장에서 순방향 바이어스 전압의 인가상태에서 다이오드를 통한 전류의 흐름은 다이오드 영역에서 투입 된 **초과전하반송자**의 농도에 의하여 평가할 수 있었다. 반도체 층의 길이에 따라서 확산길이가 긴 모델과 짧은 모델로 다이오드의 모델을 차별할 필요가 있다. 다음은 두 가지 경우에 대한 전류 흐름에 대하여 논의한다.

그림 F-1을 참조하여 순방향전압 V_A에서 pn-접합을 알아보자.

순방향 바이어스 상태에서 접합은 열적 안정상태가 되지 못하며 p-층에서의 평형조건 n_{p0}과 n-층에서의 평형조건 p_{n0}를 초과하는 소수 반송자가 형성된다. 열적 동작상태를 고려하여 각각의 층에서의 소수 송자 농도는 다음과 같이 예측된다.

$$p_n(d_n) = p_{n0}e^{V_A/V_T} \text{ 및 } n_p(-d_p) = n_{p0}e^{V_A/V_T} \tag{F.1}$$

이에 상응하는 초과전하농도는

$$\Delta p_n = p_n - p_{n0} \text{ 및 } \Delta n_p = n_p - n_{p0} \tag{F.2}$$

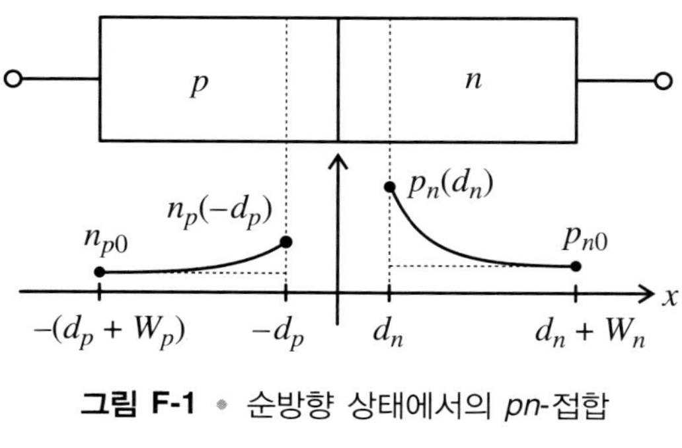

그림 F-1 • 순방향 상태에서의 *pn*-접합

이고 반도체 층으로 확산하기 시작하며 정상상태의 확산식에 의한 과정을 나타낸다. n-층의 경우 방정식은

$$\frac{d^2(\Delta p_n)}{dx^2} = \frac{\Delta p_n}{D_p \tau_p} \tag{F.3}$$

이 되며 여기에서 D_p, τ_p는 n-층에서의 홀의 확산상수와 초과 전하반송자의 수명(10^{-7}, $\ldots 10^{-6}$ 단위의)시간을 나타낸다. 이러한 현상을 **확산길이(diffusion length)**라 하며, 다음과 같다.

$$L_p = \sqrt{D_p \tau_p} \text{ 및 } L_n = \sqrt{D_n \tau_n} \tag{F.4}$$

각각의 반도체 층의 길이에 의하여 층이 긴 경우와 짧은 경우의 모델을 취급하기로 한다. 식 (F.3)의 일반적인 해는 $\Delta p_n = C_1 e^{x/L_p} + C_2 e^{-x/L_p}$ 이며 이 식에서는 반도체 층의 양쪽 끝에서의 경계조건으로 결정해야하는 미지의 상수 두 개 C_1과 C_2를 포함하고 있다. 다음 두 가지 경우에 대하여 고찰하기로 하자.

F.1 확산길이가 긴 다이오드의 경우 $(W_n > L_p, \Delta P_n \rightarrow 0 \text{ as } x \rightarrow -\infty)$

이 경우는 초과 반송자가 반도체 층의 끝에 도달하기 전에 완전히 소멸되므로 단지 C_2 값만을 규정지을 수 있으며 $C_1 = 0$이 된다. 경계조건으로 식 (F.1)을 적용하면 C_2를 구할 수 있으며 일반해에 대입하면 다음과 같다.

$$\Delta p_n = p_{n0}(e^{V_A/V_T} - 1)(e^{-(x-d_n)/L_p}) \tag{F.5}$$

동일한 방법으로 p-층의 경우($W_p > L_n$, $\Delta n_p \rightarrow 0$ as $x \rightarrow -\infty$)는 다음과 같다.

$$\Delta n_p = n_{p0}(e^{V_A/V_T} - 1)(e^{(x+d_p)/L_p}) \tag{F.6}$$

F.2 확산길이가 짧은 다이오드의 경우 $(W_n > L_p, \Delta P_n \rightarrow 0 \text{ as } x \rightarrow d_n + W_n)$

이 경우는 초과반송자의 감쇠가 일정한 거리에서 발생되므로 더욱 복잡해진다. 결과적

으로 두 개의 계수는 존속되어야만 하며 오른쪽 층에서의 부가적인 경계조건은 $p_n(d_n + W_n) = p_{n0}$이 되며 수학적인 과정을 거쳐 최종적으로는 다음과 같이 된다.

$$\Delta p_n = p_{n0}(e^{V_A/V_T} - 1)\ \frac{\sinh[(d_n + W_n - x)/L_p]}{\sinh(W_n/L_p)} \tag{F.7}$$

이 식은 하이퍼볼릭 사인함수(sinh)을 적용하여 더욱 간단하게 나타내었다. 반도체 층의 길이가 확산길이($W_n < L_p$)보다 짧은 경우에 가능하며 그 결과는 다음과 같다.

$$\Delta p_n = p_{n0}(e^{V_A/V_T} - 1)\ \frac{d_n + W_n - x}{L_p} \tag{F.8}$$

동일하게 p-층의 경우($W_p < L_n$, $\Delta n_p \to 0$ as $x \to -(d_p + W_p)$)

$$\Delta n_p = n_{p0}(e^{V_A/V_T} - 1)\ \frac{x - (d_p + W_p)}{L_p} \tag{F.9}$$

이 되며 식 (6.14)와 유사하게 식 (F.5), (F.6) 또는 (F.9)은 다이오드에서 총 전류를 구하는 데 이용할 수 있다.

$$I = A[J_p(d_n) + J_n(d_p)] = A\left[(-q)D_p\left(\frac{d\Delta p_n}{dx}\right)\bigg|_{d_n} + qD_n\left(\frac{d\Delta n_p}{dx}\right)\bigg|_{-d_p}\right] \tag{F.10}$$

식 (F.5)와 (F.6) 또는 (F.8), (F.9)를 식 (F.10)에 대입하면 다음과 같은 쇼클리 방정식(Shockley equation)을 구한다.

$$I = I_0(e^{V_A/V_T} - 1) \tag{F.11}$$

여기에서 역 포화전류는 확산길이가 긴 다이오드의 경우

$$I_0 = A\left(\frac{qD_p p_{n0}}{L_p} + \frac{qD_n n_{p0}}{L_n}\right) \tag{F.12}$$

이며 짧은 다이오드의 경우는 다음 식과 같다.

$$I_0 = A\left(\frac{qD_p p_{n0}}{W_n} + \frac{qD_n n_{p0}}{W_p}\right) \tag{F.13}$$

대표적인 짧은 Si 다이오드의 예는 다음과 같은 파라미터를 나타낸다.

$$A = 2\times 10^{-5}\ \text{cm}^2,\ D_n = 22\ \text{cm}^2/\text{s},\ D_p = 9\ \text{cm}^2/\text{s},\ N_A = 1.5\times 10^{16}\ \text{cm}^{-3},$$
$$n_i = 1.5\times 10^{10}\ \text{cm}^{-3},\ N_D = 3\times 10^{16}\ \text{cm}^{-3},\ \tau_p = \tau_n = 10^{-7}\ \text{s},$$
$$W_n = W_p = 25\ \mu\text{m}.$$

이러한 데이터를 가지고 소수반송자의 전자와 홀의 농도를 열적평형상태에서 구할 수 있으며

$$p_{n0} = n_i^2/N_D = 7.5\times 10^3\ \text{cm}^{-3},\ n_{p0} = n_i^2/N_A = 15\times 10^3\ \text{cm}^{-3}$$

식 (F.13)에 대입하여 0.5 fA의 역 포화전류를 구할 수 있다.

부록 G

결합기

브랜치 선로(branch line)형 전력결합기/분배기는 RF 회로와 측정시스템에서 고정된 위상 기준에서 RF 신호를 결합 또는 분배시키는 특성을 나타내므로 RF 회로에서 중요한 역할을 한다. 제10장의 믹서 동작 및 제4장의 능동소자의 특성 측정 프로토콜에서 전력결합기/분배기의 특성이 매우 유용함을 알 수 있었다. 부록의 목적은 *S*-파라미터와 기능에 관련되어 결합기와 분배기에 대한 이론적 논의를 하고자 한다.

G.1 윌킨슨

전력분배기의 전송선로 형태와 마이크로스트립 선로의 구현은 그림 G-1과 같다. 3단자회로망에 대한 *S*-파라미터를 매트릭스 형태로 나타내면 다음과 같다.

$$[\mathbf{S}] = \frac{-1}{\sqrt{2}}\begin{bmatrix} 0 & j & j \\ j & 0 & 0 \\ j & 0 & 0 \end{bmatrix} \tag{G.1}$$

부록에서 주목해야 할 사항은 단자 1과 2에서의 **반사손실(return loss)**로 다음과 같이 정의된다.

$$\mathrm{RL}_1\ [\mathrm{dB}] = -20\log|S_{11}| \text{ 및 } \mathrm{RL}_2\ [\mathrm{dB}] = -20\log|S_{22}| \tag{G.2}$$

단자 1과 2 사이에서의 **결합도**는

$$\mathrm{CP}_{12}\ [\mathrm{dB}] = 20\log|S_{21}| \tag{G.3}$$

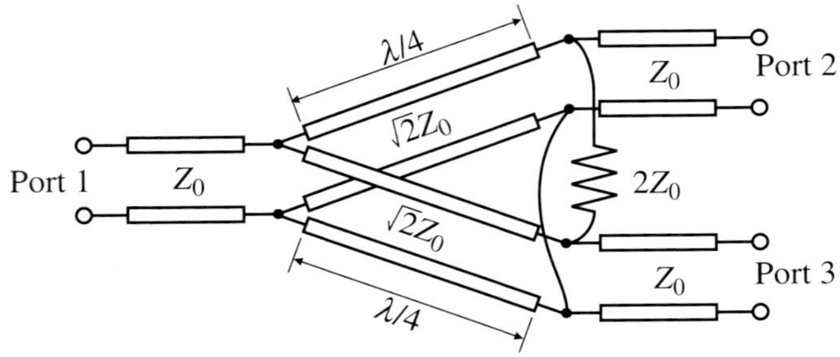

(a) 전송선로 모델

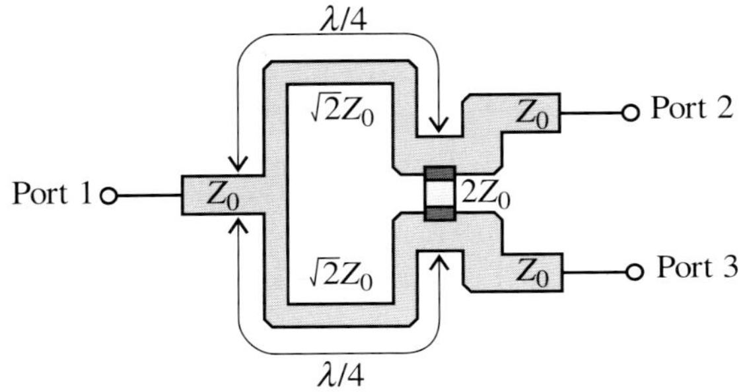

(b) 마이크로스트립 선로의 구현

그림 G-1 • 3 dB 윌킨슨 전력분배기

이며 단자 2와 3 사이에서의 **분리도(isolation)**는 다음 식과 같다.

$$\mathrm{IL}_{23}\ [\mathrm{dB}] = -20\log|S_{23}| \tag{G.4}$$

그림 G-2는 f_0 = 1 GHz에서의 대표적인 RL_1, CP_{12} 및 IL_{23}의 주파수 특성관계를 보여주고 있다.

이상적으로 반사손실과 분리도는 중심주파수에서 부성 무한점(negative infinitiy)에 근접해야만 하며 결합도는 가능한한 –3 dB점에 가깝게 근접되어야 한다. 한편 결합기는 광대역 특성을 나타내는 소자가 아님을 알 수 있다. 대표적인 예로 대역폭은 중심주파수의 20%를 초과하지 않는다.

식 (G.1)의 행렬의 유도는 S_{12}의 계수계산을 위한 그림 G-3에서와 같이 우수모드(even mode)와 기수모드(odd mode)를 구하여 나타낼 수 있다. 단자 2에 신호원 V_S를 부착시키고 나머지 두 단을 특성 임피던스 Z_0인 부하로 종단시키자. 단자 2에서 신호원 V_S를 대칭적으로 만들기 위하여 동위상으로 동작하는 두 개의 $V_S/2$를 그림과 같이 조

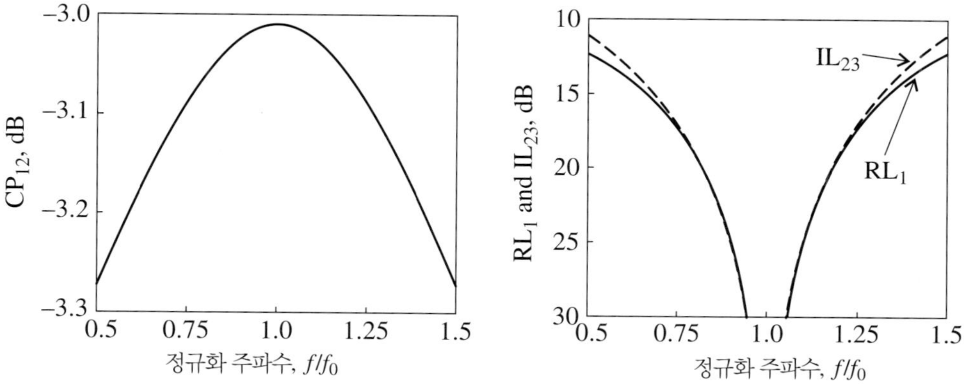

그림 G-2 • 윌킨슨 전력분배기의 주파수 특성

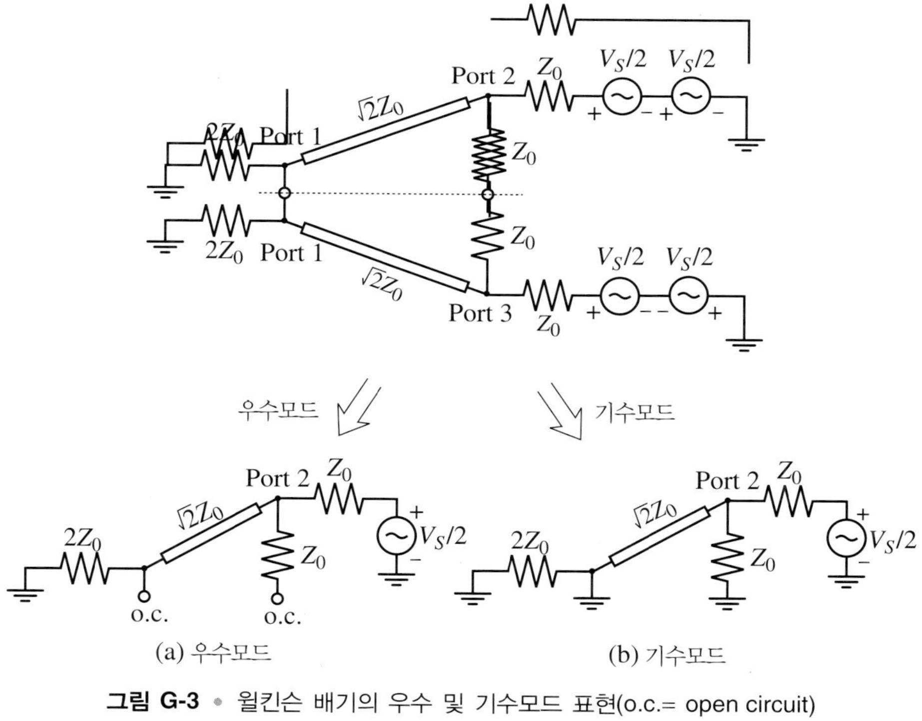

그림 G-3 • 윌킨슨 배기의 우수 및 기수모드 표현(o.c.= open circuit)

합시킬 수 있다. 단자 3에서 두 개의 $V_S/2$신호원은 180°의 위상전이를 나타내므로 두 신호의 합은 영이 된다. 또한 단자 1에 연결된 Z_0 부하 임피던스는 두 개의 $2Z_0$의 병렬 연결로 대신할 수 있다.

기수 및 우수모드 분리를 선택하는 주요 이유는 명백하다. 단자 2와 단자 3에서의 구동신호 동위상을 나타내는 우수모드 동작의 그림 G-3(a)를 고려해 보자. 이 경우 임피던스 양단에서 $2Z_0$는 동일한 전위를 나타내므로 전류가 흐르지 않으며 임피던스는 무시된다.

또한 단자 2에서의 입력 임피던스는 $\sqrt{2}Z_0$의 임피던스를 갖는 $\lambda/4$ 변환기가 $2Z_0$ 부하로 종단되어 있다(즉, $Z_2 = (\sqrt{2}Z_0)^2/(2Z_0) = Z_0$). 결과적으로 우수모드 조건에서 단자 2는 완전하게 임피던스 정합이 이루어지며 단자 2에서의 전압은 $V_2^e = 0.5(V_S/2) = V_S/4$가 된다. 단자 1에서의 전압은 전송선로(제2장) 전압분배에 대해 논의한 결과를 기본으로 구할 수 있다.

$$V_1^e = V^+(1 + \Gamma_0^e) \tag{G.5}$$

여기에서 $\Gamma_0^e = (2Z_0 - \sqrt{2}Z_0)/(2Z_0 + \sqrt{2}Z_0)$가 단자 1에서의 우수모드 반사계수이다. 그러므로 단자 1에서의 우수모드 전압은

$$V_1^e = V^+(1 + \Gamma_0^e) = jV_2^e \frac{\Gamma_0^e + 1}{\Gamma_0^e - 1} = \frac{-j\sqrt{2}}{4}V_S \tag{G.6}$$

이며 j는 $\lambda/4$ 전송선로로 인하여 발생된다.

기수모드의 동작은 단자 2와 단자 3에서 상호 반대 극성을 가지므로 회로 중간이 영전위를 나타내며 이것은 중간에 가상접지가 있다는 것을 의미한다. 단자 2에서 본 입력 임피던스는 Z_0이며 단자 1에서는 접지되므로 $V_1^0 = 0$, $V_2^0 = V_S/4$가 됨을 알 수 있다.

단자 1과 단자 2에서의 전체 전압은 우수모드 전압과 기수모드 전압을 합하여 구한다. 상응되는 S_{12}파라미터는 다음과 같이 계산한다.

$$S_{12} = \frac{V_1}{V_2} = \frac{V_1^e + V_1^o}{V_2^e + V_2^o} = -\frac{j}{\sqrt{2}} \tag{G.7}$$

단자 3과 단자 1 사이의 형태에 대한 이상적인 분석은 $S_{13} = -j/\sqrt{2}$ 이다. 더욱이 분배작용의 경우 선형적으로 동작하므로 수동회로에서는 $S_{12} = S_{21}$ 및 $S_{13} = S_{31}$이 된다. 또한 단자 2에서의 우수모드와 기수모드의 두 동작은 단자 3에서 볼 때 개방회로를 형성하거나 접지단에 단락되어 완전분리되므로 $S_{23} = S_{32} = 0$이 된다. 그러므로 (G.1)의 모든 행렬값을 구할 수 있게 된다. 부가적으로 $S_{22} = S_{33} = 0$은 기수모드와 우스모드에 대한 임피던스 정합으로 구해진다. 마지막으로 $S_{11} = 0$의 증명만 남게 된다. 단자 1에 신호를 구

동시키면 단자 2와 단자 3 사이의 $2Z_0$저항을 통한 전류는 다시 흐르지 않게 되어 회로에 영향을 미치지 않는다. 그러므로 단자 1에서 본 임피던스 Z_1은 $\sqrt{2}Z_0$의 $\lambda/4$ 변환기를 통하여 연결된 두 개의 Z_0 종단의 병렬로 연결한 임피던스와 같으므로

$$Z_1 = \frac{1}{2}\frac{(\sqrt{2}Z_0)^2}{Z_0} = Z_0 \tag{G.8}$$

이 되며 단자 1에서 임피던스가 정합(즉, $S_{11} = 0$)됨을 알 수 있다.

G.2 브랜치 선로 결합기

3 dB 브랜치 선로 결합기는 결합기의 위상전이(phase shift)에 따라서 90° 결합기와 180° 결합기의 두 종류로 구분된다. 90° 결합기의 S-파라미터 표현식은

$$[\mathbf{S}_{90}] = \frac{-1}{\sqrt{2}}\begin{bmatrix} 0 & j & 1 & 0 \\ j & 0 & 0 & 1 \\ 1 & 0 & 0 & j \\ 0 & 1 & j & 0 \end{bmatrix} \tag{G.9}$$

이며 구체적인 90° 위상전이 결합기의 구조는 그림 G-4와 같다.

식 (G.2)~(G.4)와 같이 주어진 회귀손실, 분리도 및 결합도 이외에 브랜치 결합기의 방향성(directivity)은 특성을 나타내는 주요 파라미터이며 다음과 같이 정의한다.

$$D_{34}\ [\text{dB}] = -20\log\left|\frac{S_{41}}{S_{31}}\right| \tag{G.10}$$

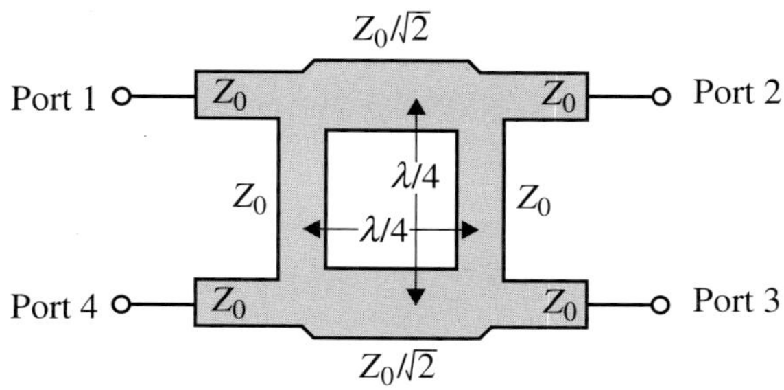

그림 G-4 ● Quadrature hybrid의 마이크로스트립 선로 구현

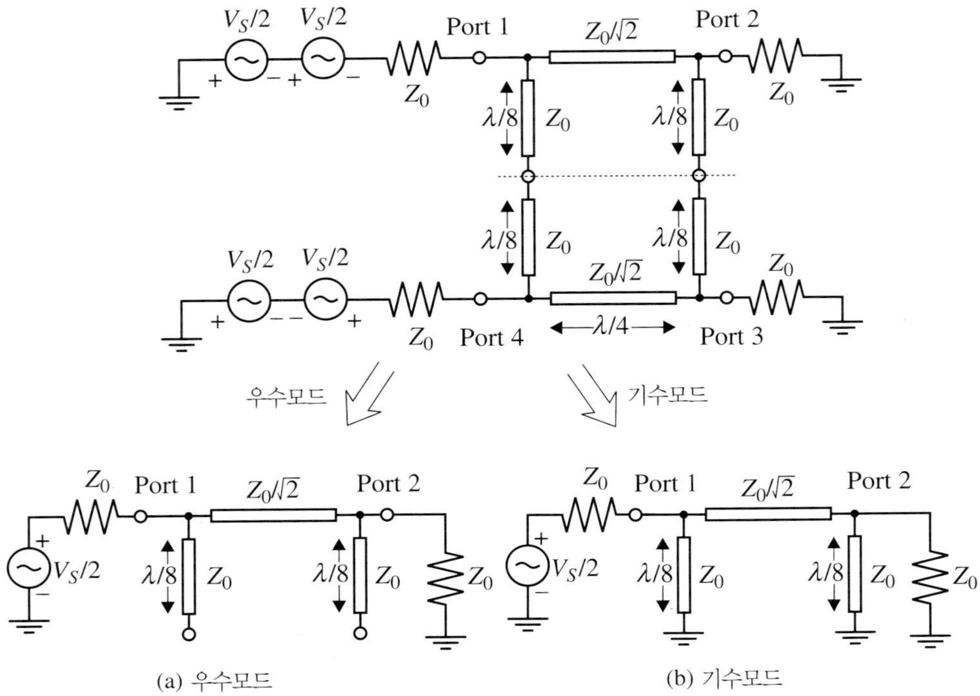

그림 G-5 • 브랜치 결합기의 구성도

여기에서 D_{34}는 주파수 f_0에서 이상적으로는 무한대에 접근한다.

식 (G.9)의 유도는 우수모드와 기수모드를 사용하여 그림 G-5에서와 같이 시작한다. 단자 1에서 RF 신호원을 연결하고 나머지 단자는 특성 임피던스 Z_0로 종단시킨다면 등가회로는 단자 1의 신호전압을 우수(V_{1e})와 기수(V_{1o})의 합 $V_1 = V_S = V_{1e} + V_{1o}$로 나타낼 수 있으며 여기에서 $V_{1e} = V_S/2$ 및 $V_{1o} = V_S/2$와 같다. 단자 4에서 영(0) 전압조건을 형성시켜 다음과 같이 만들 수 있다. $V_4 = 0 = V_{4e} + V_{4o}$, 이때 $V_{4e} = V_S/2$ 및 $V_{4o} = -V_S/2$이다. 단자 1의 입력전압에 의해 단자 2로 전달된 총 전압은 다음과 같이 나타낸다.

$$V_2 = (T_e + T_o)\frac{V_S}{2} = S_{21}V_S \tag{G.11}$$

같은 방법으로

$$V_3 = (T_e - T_o)\frac{V_S}{2} = S_{31}V_S \tag{G.12}$$

$$V_4 = (T_e - T_o)\frac{V_S}{2} = S_{41}V_S \tag{G.13}$$

이 되며 단자 1에서의 반사신호는 다음과 같다.

$$V_1 = (\Gamma_e + \Gamma_o)\frac{V_S}{2} = S_{11}V_S \tag{G.14}$$

우리의 관심점을 T_e, T_o 및 Γ_e와 Γ_o로 돌려보자. 그림 G-5(a)와 (b)의 전송선로는 길이가 $\lambda/8$인 개방 또는 단락형태로 종단된 스텁(open-ended stub)을 포함한 세 소자 모델로 나타낼 수 있다.

우수모드와 기수모드 스텁의 길이는 다음과 같은 어드미턴스를 갖는다.

$$Y_e = Y^{\text{oc}} = \frac{1}{Z_0}\tan\left(\frac{\pi}{4}\right) \quad \text{및} \quad Y_o = Y^{\text{sc}} = \frac{-1}{Z_0}\cot\left(\frac{\pi}{4}\right) \tag{G.15}$$

세 소자회로를 *ABCD* 파라미터로 나타내면 다음과 같다.

$$\begin{aligned}\begin{Bmatrix} V_{U1} \\ I_{U1} \end{Bmatrix} &= \begin{bmatrix} 1 & 0 \\ jY_{e,o} & 1 \end{bmatrix}\begin{bmatrix} \cos(\beta l) & jY_A^{-1}\sin(\beta l) \\ jY_A\sin(\beta l) & \cos(\beta l) \end{bmatrix}\begin{bmatrix} 1 & 0 \\ jY_{e,o} & 1 \end{bmatrix}\begin{Bmatrix} V_{U2} \\ -I_{U2} \end{Bmatrix} \\ &= \begin{bmatrix} A & B \\ C & D \end{bmatrix}\begin{Bmatrix} V_{U2} \\ -I_{U2} \end{Bmatrix}\end{aligned} \tag{G.16}$$

여기에서 $Y_A = 1/Z_A$는 $\lambda/4$ 길이소자의 특성 어드미턴스이다. 세 개의 행렬을 곱하고 그 결과를 *S*-파라미터로 변환시켜 대수학적 처리를 하면 다음과 같은 영이 아닌 계수를 얻는다.

$$S_{21} = S_{12} = -j(Z_A/Z_0),\ S_{43} = S_{34} = -j(Z_A/Z_0)$$

및

$$S_{31} = S_{13} = -[1 - (Z_A/Z_0)^2]^{1/2} = S_{42} = S_{24}$$

$Z_A = Z_0/\sqrt{2}$로 놓으면 식 (G.9)에서와 같이 원하는 행렬값을 구하게 된다. 이때 네 개의 단자는 모두 Z_0로 정합되었음을 주지해야 한다.

180° 결합기는 네 개의 전송선로의 선분길이를 조정하여 만들 수 있으며 그림 G-6와 같이 링 형태로 임피던스 값을 조정한다.

'rat-race' 형태 결합기의 *S*-파라미터는 다음과 같이 주어진다.

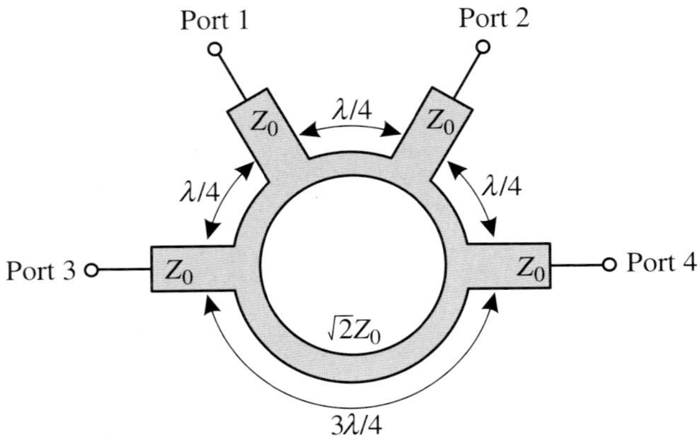

그림 G-6 • 180° 링 결합기

$$[\mathbf{S}_{180}] = \frac{-j}{\sqrt{2}}\begin{bmatrix} 0 & 1 & 1 & 0 \\ 1 & 0 & 0 & -1 \\ 1 & 0 & 0 & 1 \\ 0 & -1 & 1 & 0 \end{bmatrix} \tag{G.17}$$

G.3 Lange 결합기

가장 많이 사용되는 마이크로스트립 선로형태의 결합기의 구현은 그림 G-7과 같은 형태로 구성되는 Lange 결합기로서 네 개의 스트립 형태를 갖는다. 또 다른 형태로 6개 또는 8개의 스트립으로 구현할 수 있다. 마이크로스트립 선로의 인터디지트 형태는 매

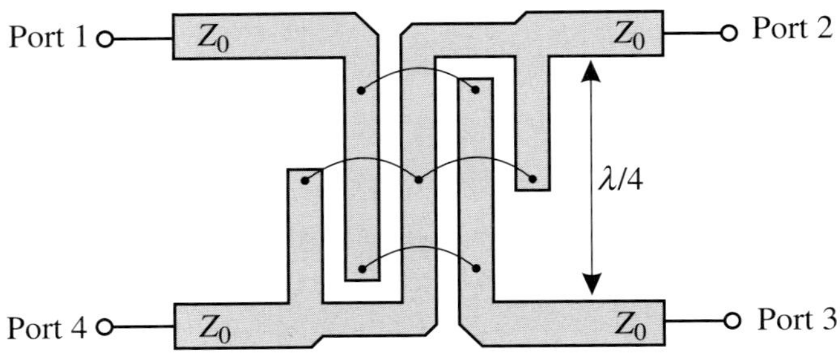

그림 G-7 • 3 dB Lange 결합기

우 간결한 기하학적인 크기와 우수한 결합도를 나타낸다. 대표적인 결합도는 대략 −5 dB에서 −1 dB 사이이며 마이크로스트립 선로의 소자 길이를 적합하게 선정함으로써 40% 범위까지의 광대역 특성을 실현할 수 있다.

참고문헌

P.Karmel, G.Colef, and R.Camisa, *Introduction to Electromagnetic and Microwave Engineering*, John Wiley, NewYork, 1998

J.Lange, "Interdigitated Stripline Quadrature Hybrid," *IEEE Trans. on MTT*, Vol. 17, pp. 1150–1151, 1969.

부록 H

능동소자 잡음

부록 H에서는 능동소자 잡음의 정의와 중요성에 대하여 언급하고 제9장에서 이미 언급한 잡음지수(noise figure)에 관련된 개념에 대하여 분석해 보고자 한다.

H.1 잡음에 대한 기본적 정의

넓은 의미에서 잡음은 원하지 않은 신호로서 원하는 주 신호를 간섭하는 신호로 특징을 나타낼 수 있다. 잡음신호의 예는 AC 전력결합신호로서 회로와 전자기 방사(electromagnetic radiation) 신호 사이의 누화신호와 같다. 수학적으로 가우시안(Gaussian)분포의 **랜덤변수(random variable)**를 이용하며, 잡음의 동작 특성을 나타내기 위하여 평균 제로(zero mean) 함수를 이용한다. 비록 평균값이 없더라도 잡음 전압의 RMS값 $v_n(t)$은 존재하게 된다. 이 값을 수학적으로 나타내면

$$V_{n\text{RMS}} = \sqrt{V_n^2} = \left(\lim_{T_M \to \infty} \frac{1}{T_M} \int_{t_1}^{t_1 + T_M} [v_n(t)]^2 dt\right)^{1/2} \neq 0 \tag{H.1}$$

여기에서, t_1은 시간영역에서의 임의의 점이며 T_M은 측정간격이다.

1928년에 Johnson은 저항에 외부에서 어떠한 전류를 인가시키지 않더라도 도체 내에서 전하의 임의 동작에 의하여 잡음이 발생된다는 사실을 알았다. 이러한 도체에서의 **잡음전력**은 다음 식과 같다.

$$P_n = kT\Delta f = kTB \tag{H.2}$$

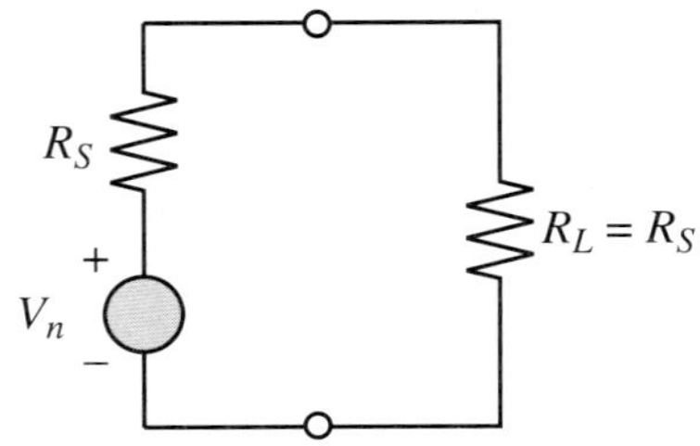

그림 H-1 • 회로의 잡음 전압

여기에서 k는 볼츠만(Boltzman) 상수이며, T는 절대온도 K, $\Delta f = B$는 측정시스템에서 **잡음대역폭**이다. 잡음대역폭은 측정기의 이득 $G(f)$를 전체 주파수 대역으로 적분하고 $G_{\max}$로 정규화시켜 다음 식과 같이 정의된다.

$$B = \frac{1}{G_{\max}}\int_0^{\infty} G(f)\,df \tag{H.3}$$

다시 잡음전압에 대하여 논의하기로 하자. 그림 H-1과 같은 간단한 회로를 고려하자.

이 회로에서 잡음전력은 잡음이 없는 저항 R_S에 구동하는 잡음전압원으로 취급된다. $R_S = R_L$의 임피던스 정합조건에서 저항의 잡음전력은 다음과 같이 주어진다.

$$P_n = \frac{V_{n\mathrm{RMS}}^2}{4R_S} = kTB \tag{H.4}$$

여기에서 RMS 잡음전압은 다음과 같다.

$$V_{n\mathrm{RMS}} = \sqrt{4kTBR_S} \tag{H.5}$$

표기를 단순화시키기 위하여 첨자 RMS를 제외시켰다(즉 $V_{n\mathrm{RMS}} \equiv V_n$). 일반적으로 잡음성 저항 R을 무잡음 저항 R(테브랑 등가회로)과 잡음전압원이 직렬로 연결된 것으로 나타내거나 잡음전류원 $I_n = \sqrt{4kTB/R}$ 이 무잡음 저항과 병렬로 연결된 상태인 그림 H-2와 같이 나타낸다.

식 (H.5)에서 대역폭을 없애면 이른바 **스펙트럼 잡음전압**과 **스펙트럼 잡음전류**를 다음과 같이 정의할 수 있다.

$$\overline{V_n} = V_n/\sqrt{B} \quad \text{및} \quad \overline{I_n} = I_n/\sqrt{B} \tag{H.6}$$

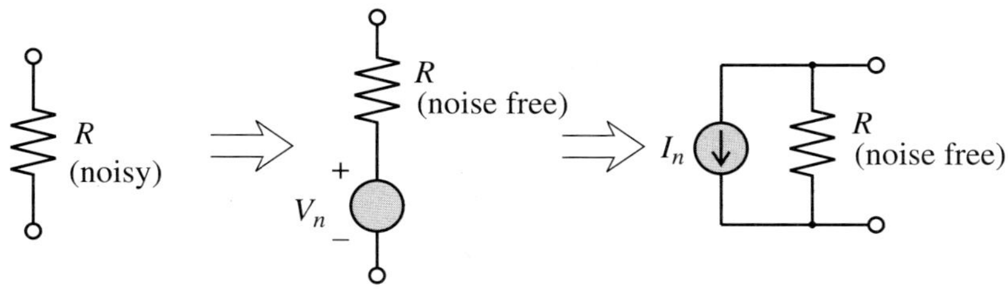

그림 H-2 • 잡음저항의 등가전압 및 전류모델

여기에서 단위는 $V/\sqrt{\text{Hz}}$ 및 $A/\sqrt{\text{Hz}}$ 이다.

종종 **스펙트럼밀도** $S(f)$를 사용하여 1 Hz 단위대역폭에서의 잡음내역을 정량화시킨다. 저항 R에 관련되는 열잡음원은 다음과 같다.

$$S(f) = \frac{V_n^2}{B} = 4kTR \tag{H.7}$$

$S(f)$가 일정할 때(주파수에 무관) 이러한 잡음을 **백색잡음(white noise)**이라고 말한다. 회로에 잡음원이 추가될 때 조심해야 할 필요가 있다. 한 예로 두 개의 잡음 저항 R_1, R_2가 부가되었다면 이에 상응되는 잡음원 V_{n1}과 V_{n2}는 선형적으로 합해질 수 없으며 전체 잡음전압 V_n은 다음 식과 같이 된다.

$$V_n = \sqrt{V_{n1}^2 + V_{n2}^2} \tag{H.8}$$

이 식은 두 개의 잡음원이 서로 **상관관계되지 않음(uncorrelated)**을 나타내며 단지 전력비례하는 전압의 제곱 양은 크기와 위상의 랜덤분포와 서로 다른 비조화 주파수에 의하여 서로 더해질 수 있음을 나타낸다.

만약 잡음원이 **상관관계(correlated)**된다면 상호관계 상수 C_{n1}, C_{n2}를 식 (H.8)에 포함시켜 다음과 같이 된다.

$$V_n^2 = V_{n1}^2 + V_{n2}^2 + 2C_{n1,n2}V_{n1}V_{n2} \tag{H.9}$$

여기에서 $-1 \le C_{n1,n2} \le 1$이다. V_{n1}과 V_{n2}가 100% 상관관계를 가지면($C_{n1,n2} = 1$), $V_n^2 = V_{n1}^2 + V_{n2}^2 + 2V_{n1}V_{n2} = (V_{n1} + V_{n2})^2$ 이며 전압은 합해지고, 키르히호프의 선형회로이론과 같아지게 된다.

외부 전류에 의한 잡음전압이 나타나지 않기 때문에 저항의 열잡음은 **내부 잡음**원

(**internal noise** source)으로 고려한다. 그러나 소자에 흐르는 외부 인가전류에 의하여 많은 잡음 메커니즘이 발생하며 이러한 잡음을 **외부잡음**이라 한다. 이들 중에서 가장 중요한 것은 $1/f$ 잡음(flicker 잡음, 반도체 잡음 또는 pink 잡음)과 산탄잡음(shot noise)이다. **$1/f$ 잡음**은 저주파대역에서 매우 크게 작용하며 주파수에 역 비례하여 스펙트럼 분포에서 나타난다. 이러한 잡음은 진공관에서 처음 관찰되었으며 양극판에서 flickering의 결과에 의하여 명칭되었다. **산탄잡음(shot noise)**은 반도체소자에서 매우 중요한 잡음이며 전위장벽 양단에 흐르는 불연속 전류에 의하여 나타나는 잡음이라고 할 수 있다. 예를 들면 반도체 다이오드에서 역바이어스 잡음 전류 I_{Sn}은 다음과 같이 주어진다.

$$I_{Sn} = \sqrt{4qI_SB} \tag{H.10}$$

여기에서 I_S는 역 포화전류이며 q는 전하량이다.

H.2 잡음성 2단자 회로

앞에서의 분석을 2단자 회로망에 적용시키면 그림 H-3에서와 같이 잡음성 회로 및 두 개의 잡음 전류원 I_{n1}과 I_{n2}로 논의된 등가 무잡음 회로와 같이 나타낼 수 있다.

Y-파라미터로 표현하면 다음과 같이 표현된다.

$$\begin{Bmatrix} I_1 \\ I_2 \end{Bmatrix} = \begin{bmatrix} Y_{11} & Y_{12} \\ Y_{21} & Y_{22} \end{bmatrix} \begin{Bmatrix} V_1 \\ V_2 \end{Bmatrix} + \begin{Bmatrix} I_{n1} \\ I_{n2} \end{Bmatrix} \tag{H.11}$$

가장 유용한 표현식은 식 (H.11)을 다시 정리하여 다음과 같이 나타낼 수 있다.

$$V_1 = -\frac{Y_{22}}{Y_{21}}V_2 + \frac{1}{Y_{21}}I_2 - \frac{1}{Y_{21}}I_{n2} \tag{H.11a}$$

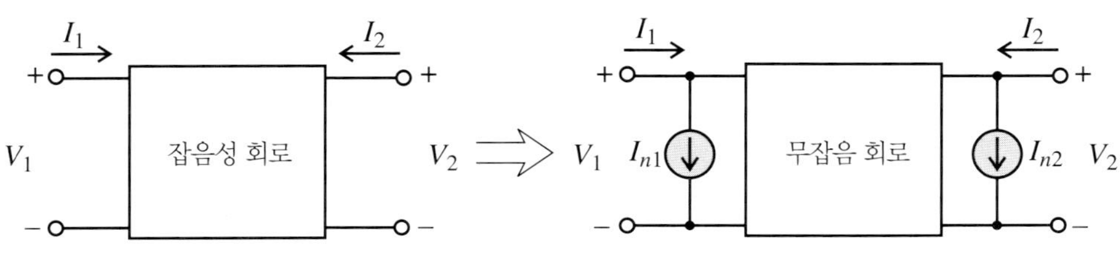

그림 H-3 ● 잡음성 2단자 회로 및 등가 회로

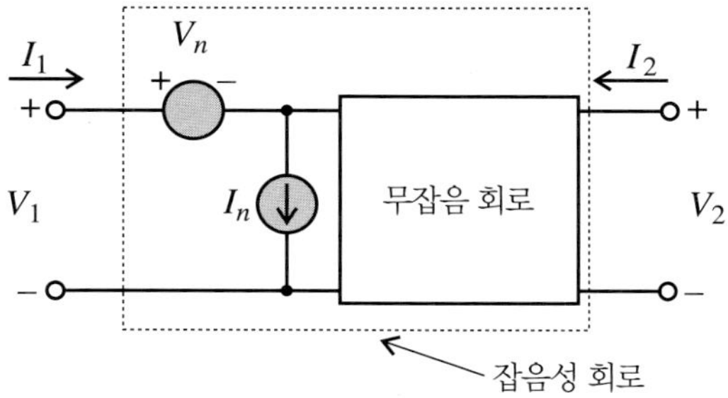

그림 H-4 • 입력단에 잡음원을 갖는 변환된 회로모델

및

$$I_1 = \frac{Y_{11}Y_{22} - Y_{12}Y_{21}}{Y_{21}}V_2 + \frac{Y_{11}}{Y_{21}}I_2 + I_{n1} - \frac{Y_{11}}{Y_{21}}I_{n2} \tag{H.11b}$$

변환된 전압과 전류 잡음원을 정의하면

$$V_n = -\frac{1}{Y_{21}}I_{n2} \text{ 및 } I_n = I_{n1} - \frac{Y_{11}}{Y_{21}}I_{n2} \tag{H.12}$$

이며 그림 H-4와 같은 회로 모델을 나타낸다.

다양한 잡음 정의와 개념을 실제적인 예에 적용하기 위하여 간략화된 BJT 증폭기를 고려해 보자.

예제 H-1 • 저주파 BJT 증폭기의 잡음 분석

그림 H-5에 간략화된 증폭기가 다음과 같은 파라미터로 구성된 2단자회로로서 나타내져 있다. $V_S = 25$ mA, $R_S = 50\ \Omega$, $R_{in} = 200\ \Omega$, 전압이득 $g_V = 50$이며 측정대역폭은 $B = 1$ MHz이다. 증폭기의 스펙트럼 잡음전압과 전류는 제조사로부터 $\overline{V_n} = 9\ \text{nV}/\sqrt{\text{Hz}}$ 와 $\overline{I_n} = 9\text{fA}\sqrt{\text{Hz}}$ 로 주어진다. 증폭기의 출력단에서 신호대 잡음비 SNR = $20\log(V_2/V_{n2})$를 구하라.

풀이:

출력전압 V_2는 $V_2 = g_V R_{in}/(R_{in} + R_S)V_S = 1$ V로 직접적으로 구할 수 있

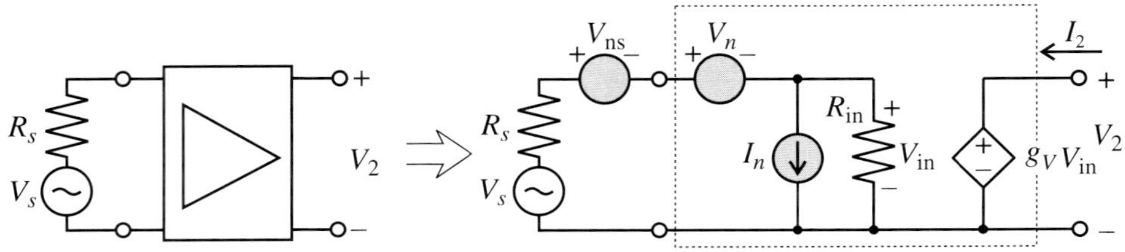

그림 H-5 • 증폭기 모델과 잡음원을 포함한 회로표현

다. 회로의 스펙트럼 잡음원은 RMS 잡음전압과 전류로서 다음과 같이 표현된다.

$$V_n = \overline{V}_n\sqrt{B} = 9\mu\text{V} \text{ 및 } I_n = \overline{I}_n\sqrt{B} = 9\text{ pA}$$

전압원은 전압분배 법칙에 의하여 구하며 R_{in}양단의 잡음전압은 다음과 같다.

$$\frac{R_{in}}{R_{in}+R_S}V_n = 7.2\text{ nV}$$

전류 잡음원은 다음 잡음전압원에 의하여 구해진다.

$$\frac{R_{in}R_S}{R_{in}+R_S}I_n = 0.36\text{ nV}$$

최종적으로 저항에 대한 잡음전압은 다음과 같다.

$$\frac{R_{in}}{R_{in}+R_S}V_{ns} = 728\text{ nV}$$

여기에서 $V_{ns} = \sqrt{4kTBR_S} = 910\text{ nV}$이며 절대온도 $T = 300°\text{K}$로 가정하였다. 그러므로 출력단에서의 총잡음전압은

$$V_{n2} = g_V\sqrt{\left(\frac{R_{in}}{R_{in}+R_S}V_n\right)^2 + \left(\frac{R_{in}R_S}{R_{in}+R_S}I_n\right)^2 + \left(\frac{R_{in}}{R_{in}+R_S}V_{ns}\right)^2}$$
$$= 36.4\ \mu\text{V}$$

이며 최종적으로 신호대 잡음비는

$$\text{SNR} = 20\log\left(\frac{V_2}{V_{n2}}\right) = 122.8\text{ dB}$$

이 되며 잡음전압이 신호원으로 크게 작용됨을 주지해야 한다.

예제는 어떻게 잡음전압이 출력잡음전압을 나타내기 위하여 개별적으로 계산되며, 더해지고, 증폭되는가를 명확하게 보여주고 있다. 이와 같은 것은 선형회로이론과 대조적이다.

H.3 2-단자회로의 잡음지수(noise figure)

잡음지수는 어떤 회로의 입력단에서의 SNR과 출력단에서의 SNR의 비로서 정의된다. 특별히 그림 H-6은 신호 임피던스 Z_S의 잡음 표현을 포함한 적절한 전력흐름관계를 나타내고 있다.

잡음지수 F는 여러 등가표현에서 주도하며 첫 번째 형태는 입력단과 출력단에서 잡음전력에 대한 신호전력의 비의 관계로 다음과 같다.

$$F = \frac{P_1/P_{n1}}{P_2/P_{n2}} = \frac{P_{n2}/P_2}{P_{n1}/P_1} \tag{H.13}$$

$P_2 = G_A P_1$ 및 $P_{n2} = G_A P_{n1} + P_{ni}$를 나타내기 위하여 제9.2.3절의 가용전력이득 G_A를 적용하면, 식 (H.13)은 다음과 같이 나타낼 수 있다.

$$F = 1 + \frac{P_{ni}}{G_A P_{n1}} \tag{H.14}$$

여기에서 P_{ni}는 증폭기 내에서 발생된 잡음전력이다. 그림 H-6에 의하여 신호전력 P_1은

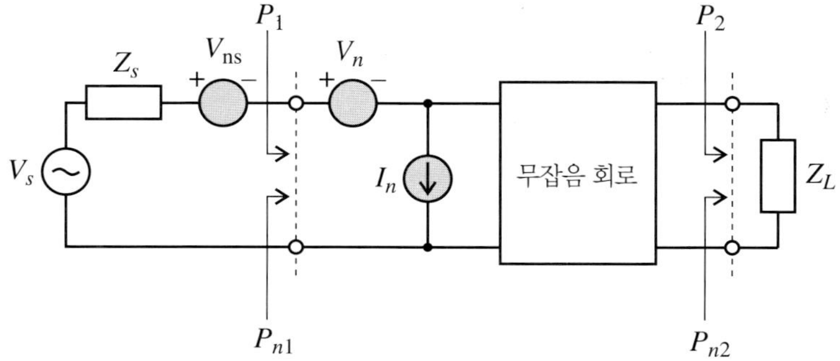

그림 H-6 • 잡음지수 계산을 위한 유전적 잡음모델

$$P_1 = \frac{1}{2}\frac{\text{Re}(Z_{\text{in}})}{|Z_S + Z_{\text{in}}|^2}V_S^{\ 2} \tag{H.15}$$

이며 신호 임피던스 정합($Z_S = Z_{\text{in}}^*$)상태에서의 전력보다는 작다:

$$P_1\big|_{Z_S = Z_{\text{in}}^*} = \frac{1}{2}\ \frac{|V_S|^2}{4\text{Re}(Z_{\text{in}})} \tag{H.16}$$

입력단에서의 열잡음은 $Z_S = R_S + jX_S$에서

$$P_{n1} = 4kTR_SB\frac{\text{Re}(Z_{\text{in}})}{|Z_S + Z_{\text{in}}|^2} = V_{\text{ns}}^{\ 2}\frac{\text{Re}(Z_{\text{in}})}{|Z_S + Z_{\text{in}}|^2} \tag{H.17}$$

이며, 전력비는 다음과 같다.

$$P_1/P_{n1} = \frac{V_S^2}{V_{\text{ns}}^{\ 2}} \tag{H.18}$$

신호전력 P_2는 간단하게 $P_2 = G_AP_1$이며 여기에서 P_1은 식 (H.15)로 주어진다. 잡음전력 P_{n2}의 경우는 $P_{n2} = G_AP_{n1} + P_{\text{ni}}$로 놓는다. 여기에서 내적으로 발생된 잡음전력 P_{ni}는 2단자 회로망 V_n과 I_n에 관계되는 잡음원을 고려해야만 한다. 그러므로 식 (H.17)에서 $V_{\text{ns}}^{\ 2}$는 세 개의 잡음원 $V_{\text{ns}}^{\ 2} + V_n^{\ 2} + (I_nR_{\text{in}})^2$으로 대치되어야 한다.

그러므로 이득은 신호와 잡음에 동일하게 적용되므로 약분되여 결국 다음과 같은 식을 얻는다..

$$P_2/P_{n2} = \frac{V_S^2}{V_{\text{ns}}^{\ 2} + V_n^2 + (I_n|Z_s|)^2} \tag{H.19}$$

그러므로 잡음지수는 다음과 같은 형식으로 주어진다.

$$F = \frac{V_{\text{ns}}^{\ 2} + V_n^2 + (I_n|Z_s|)^2}{V_{\text{ns}}^{\ 2}} = 1 + \frac{V_n^2 + (I_n|Z_s|)^2}{4kTBR_s} \tag{H.20}$$

이것은 동일한 잡음 메커니즘은 V_n과 I_n 두 개의 파라미터로 일반적으로 나타난다는 사실을 염두에 두지 않고 처리한 경우이며 이러한 잡음원은 어느 정도 상관관계(correlated)된다.

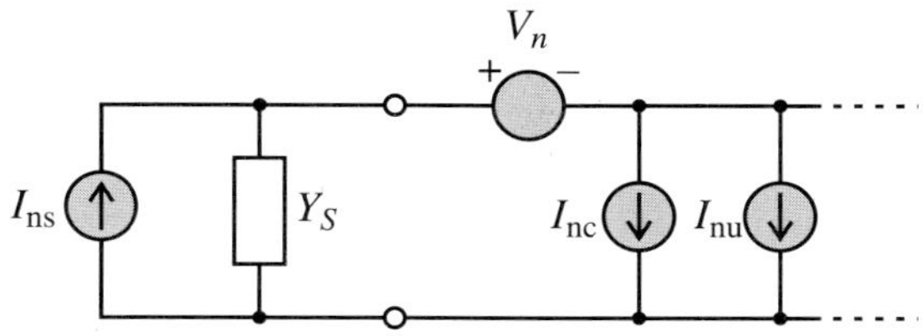

그림 H-7 • 회로 입력단에서의 잡음원 모델

이러한 사항은 I_n을 상관관계를 갖지 않는 경우의 잡음전류 I_{nu}와 상관관계를 갖는 경우의 잡음전류 I_{nc}로 각각 구분하여 잡음모델로 나타낼 수 있다. 상관관계를 갖는 잡음전류는 복소수 상관관계 계수 $Y_C = G_C + jB_C$를 통하여 잡음전압 V_n과 관련되어 $I_{nc} = Y_C V_n$의 관계를 갖게 된다. 회로에서 잡음전압보다는 잡음전류를 이용하는 것이 더 편리하므로 신호원을 그림 H-7과 같이 노턴(Norton) 등가회로로 변환시켰다.

단락회로 입력조건에서 총 RMS 잡음전류 I_{ntot}은 다음과 같이 나타낼 수 있다.

$$I_{ntot}^2 = I_{ns}^2 + V_n^2 |Y_S + Y_C|^2 + I_{nu}^2 \tag{H.21}$$

여기에서 $I_{nc} = Y_C V_n$ 및 $I_n = V_n Y_S$는 상호관계에 의하여 결합된다. 식 (H.20)은 다음과 같이 다시 표현된다.

$$F = \frac{I_{ns}^2 + V_n^2 |Y_S + Y_C|^2 + I_{nu}^2}{I_{ns}^2} \tag{H.22}$$

모든 잡음원은 등가 열잡음원으로 나타낼 수 있다는 가정 아래 식 (H.22)를 입증한다.

$$I_{ns}^2 = 4kTBG_S\text{: 신호원 } Y_S = G_S + jB_S\text{에 의한 잡음} \tag{H.23}$$

$$I_{nu}^2 = 4kTBG_u\text{: 등가잡음콘덕턴스 } G_u\text{에 의한 잡음} \tag{H.24}$$

$$V_n^2 = 4kTBR_n\text{: 등가 잡음 저항 } R_n\text{에 의한 잡음} \tag{H.25}$$

식 (H.23)∼식 (H.25)를 식 (H.22)에 대입하면 다음과 같다.

$$F = 1 + \frac{G_u + R_n |Y_S + Y_C|^2}{G_S} = 1 + \frac{G_u}{G_S} + \frac{R_n}{G_S}[(G_S + G_C)^2 + (B_S + B_C)^2] \tag{H.26}$$

이 식에서 신호원 어드미턴스 Y_S를 적절하게 선택함으로써 식 (H.26)을 최소화시킬 수 있다. 이러한 과정은 우선적으로 허수부분을 $B_S = -B_C$로 선택하여 구할 수 있으며 식 (H.26)에서 $(B_S + B_C)^2$을 제거할 수 있다. 다음 나머지항은 G_S에 대한 최소화 관계, 즉

$$\left.\frac{dF}{dG_S}\right|_{B_s=-B_c} = \frac{1}{G_{S\text{opt}}^2}\{R_n[2G_{S\text{opt}}(G_{S\text{opt}}+G_C)-(G_{S\text{opt}}+G_C)^2]\} = 0 \tag{H.27}$$

으로 구하며 확실하게 최적값은 다음과 같다.

$$G_{S\text{opt}} = \frac{1}{\sqrt{R_n}}\sqrt{R_nG_C^2+G_u} \tag{H.28}$$

최소 잡음지수는 최적 신호원 어드미턴스에 의하여 다음과 같이 구해진다.

$$Y_{S\text{opt}} = \left(\frac{1}{\sqrt{R_n}}\sqrt{R_nG_C^2+G_u}\right) - jB_C \tag{H.29}$$

식 (H.28)을 식 (H.26)에 대입하면 다음과 같이 표현된다.

$$F_{\min} = 1 + \frac{G_u}{G_{S\text{opt}}} + \frac{R_n}{G_{S\text{opt}}}(G_{S\text{opt}}+G_C)^2 \tag{H.30}$$

식 (H.28)로부터 $G_u = R_nG_{S\text{opt}}{}^2 - R_nG_C{}^2$을 이용하고 식 (H.30)에서 G_u를 없애면

$$F_{\min} = 1 + 2R_n(G_{S\text{opt}} + G_C) \tag{H.31}$$

가 된다. 이 식은 능동소자 제조자로부터 제공받는다. 동작 주파수와 바이어스 조건에 따라 달라지므로 식 (H.31)은 식 (H.26)과 함께 다음 식과 같이 된다.

$$F = F_{\min} - 2R_nG_{S\text{opt}} - 2R_nG_C + \frac{G_u}{G_S} + \frac{R_n}{G_S}[(G_S+G_C)^2 + (B_S - B_{S\text{opt}})^2] \tag{H.32}$$

$G_u = R_nG_{S\text{opt}}{}^2 - R_nG_C{}^2$을 G_u에 대입하고 나머지 항을 정리하면 최종적으로 다음 식과 같다.

$$F = F_{\min} + \frac{R_n}{G_S}[(G_S - G_{S\text{opt}})^2 + (B_S - B_{S\text{opt}})^2] = F_{\min} + \frac{R_n}{G_S}|Y_S - Y_{S\text{opt}}|^2 \tag{H.33}$$

이 식은 제9.5절에서 잡음원(noise circle)을 분석하는 시작점이다. 특성 임피던스 $Z_0 = 1/Y_0$에 따라 식 (H.33)을 정규화잡음저항 $r_n = R_n/Z_0$, 정규화 콘덕턴스 $g_S = G_S/Y_0$ 및 정규화 어드미턴스 $y_S = Y_S/Y_0$, $y_{S\text{opt}} = Y_{S\text{opt}}/Y_0$로 표현하면 다음 식과 같다.

$$F = F_{\min} + \frac{r_n}{g_S}|y_S - y_{S\text{opt}}|^2 \tag{H.34}$$

H.4 캐스케이드(cascade) 결합 다단회로에 대한 잡음지수

앞 절에서 논의한 입력단 잡음 P_{n1}과 출력단 잡음 $P_{n2} = G_A P_{n1} + P_{\text{ni}}$으로 나타내는 단일 2단자 회로에서의 잡음지수 관계를 확장하여 그림 H-8과 같이 다단 캐스케이드 결합 회로에 적용하기로 한다.

그림 H-8에서와 같이 G_{Ak}와 P_{nik}를 증폭기 단 $k = 1, 2, \ldots$에 의하여 나타나는 전력 이득과 내부잡음으로 명칭한다. 두 번째 증폭단에서의 잡음전력은 다음 식과 같이 나타낸다.

$$P_{n3} = G_{A2}(G_{A1}P_{n1} + P_{ni1}) + P_{ni2} \tag{H.35}$$

또 전체 잡음지수 F_{tot}는 다음과 같다.

$$F_{\text{tot}} = \frac{P_{n3}}{P_{n1}G_{A1}G_{A2}} = 1 + \frac{P_{ni1}}{P_{n1}G_{A1}} + \frac{P_{ni2}}{P_{n1}G_{A1}G_{A2}} \tag{H.36}$$

단일회로에서 유도한 것과 같이, 각각의 증폭단에서 동일 잡음지수 표현식을 갖는다고 하면

$$F_1 = 1 + \frac{P_{ni1}}{P_{n1}G_{A1}},\ F_2 = 1 + \frac{P_{ni2}}{P_{n2}G_{A2}},\ \ldots,\ F_k = 1 + \frac{P_{nik}}{P_{nk}G_{Ak}} \tag{H.37}$$

이 되며 두 개의 회로는 다음 식과 같이 된다.

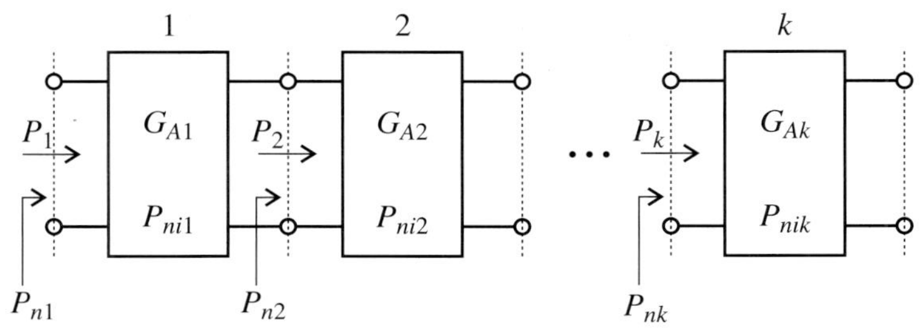

그림 H-8 • 캐스케이드 결합의 표현

$$F_{\text{tot}} = F_1 + \frac{F_2 - 1}{G_{A1}} \tag{H.38}$$

또는 다단 캐스케이드 결합 회로의 경우 잡음지수는 다음과 같다.

$$F_{\text{tot}} = F_1 + \frac{F_2 - 1}{G_{A1}} + \frac{F_3 - 1}{G_{A1}G_{A2}} + \ldots + \frac{F_k - 1}{G_{A1}G_{A2}\ldots G_{A(k-1)}} + \ldots \tag{H.39}$$

이러한 고찰은 실제로 중요한 의미를 나타낸다. 예를 들면 서로 다른 이득과 잡음지수 (F_1, G_{A1}과 F_2, G_{A2})를 갖는 두 개의 증폭기가 캐스케이드 결합한다고 하면 이러한 증폭단의 연속연결로 가장 작은 잡음지수를 나타낼 수 있을까? 라는 의문이 생긴다. 이러한 의문에 대한 해를 구하기 위하여 가상적으로 증폭단 1(F_1, G_{A1})이 증폭단 2(F_2, G_{A2})에 연속적으로 이어진다면 전체 잡음지수는 다음과 같으며

$$F_{\text{tot}}(1, 2) = F_1 + \frac{F_2 - 1}{G_{A1}} \tag{H.40}$$

만약 증폭단 2가 증폭단 1에 이어진다면 잡음지수는 다음과 같이 된다.

$$F_{\text{tot}}(2, 1) = F_2 + \frac{F_1 - 1}{G_{A2}} \tag{H.41}$$

$F_{\text{tot}}(1, 2)$가 $F_{\text{tot}}(2, 1)$에 비하여 낮은 잡음지수를 갖는다는 가정 아래 다음과 같은 비등관계를 갖는다.

$$F_1 + \frac{F_2 - 1}{G_{A1}} < F_2 + \frac{F_1 - 1}{G_{A2}} \tag{H.42}$$

식 (H.42)을 다시 쓰면

$$(F_1 - 1)\left(1 - \frac{1}{G_{A2}}\right) < (F_2 - 1)\left(1 - \frac{1}{G_{A1}}\right) \tag{H.43}$$

가 되며 다음 관계를 정의하게 된다.

$$\text{NM}_1 < \text{NM}_2 \tag{H.44}$$

여기에서 $\text{NM}_1 = (F_1 - 1)/(1 - G_{A1}^{-1})$과 $\text{NM}_2 = (F_2 - 1)/(1 - G_{A2}^{-1})$는 증폭기 1과 2의 **잡음척도(noise measure)**이다. 다르게 표현하면 증폭기의 잡음지수와 이득의 조화관계로 증폭기의 전체 잡음성능을 비교하는 단위로 잡음척도(noise measure)를 결정한다.

부록 I

MATLAB의 기본구성 및 응용

본 교재의 예제에서 제시된 결과를 매트랩(Matlab) 모의실험으로 다시 시도해 볼 수 있도록 상당부분을 재구성하였다. 더욱 **m-파일**에 의한 모의실험을 통하여 본 교재의 내용과 같이 10개의 장으로 구성된 RF 주제를 자신의 결과와 비교할 수 있는 코드를 개발하게 한다. 본 부록은 매트랩의 교과해설서가 아니며 본 교재의 내용을 보충하기 위한 소프트웨어의 논의과정도 아니다. 본 부록 내용은 매트랩의 루틴이 어떻게 만들어지고 결과를 나타내기 위하여 코드를 어떻게 작성하는지, 그리고 그래프를 어떻게 만드는지를 이해할 수 있도록 도와주는 기초적인 역할을 한다. 매트랩은 일반적인 목적의 수학적인 수표이므로 이미 상용화되어 마이크로파 회로 분석, 최적화 및 레이아웃 등에 이용되고 있는 MMICAD와 ADS와 같은 특정한 RF 및 MW CAD 프로그램으로 개발된 소프트웨어를 대신할 수 없다. 이와 같은 모의실험용 프로그램의 패키지는 일반적인 독자가 자유롭게 이용할 수 없으며 전문가들이 이용하는 프로그램이다. 이와 같은 이유로 저자는 학생들이 가장 합리적인 경비로 광범위하게 이용할 수 있는 패키지로서 매트랩을 이용하고자 하며, 매트랩의 사용에 대하여 더 많은 정보를 얻기 위하여 다음 웹사이트를 참고하기 권한다. *http://www.mathwarks.com*

본 부록에서는 일반적인 기본사항을 제시하며 어떻게 m-file을 만들고 제9장에서 제시한 것과 같이 증폭기 안정도분석의 내용에서 어떻게 사용되는가에 대한 간단한 예제 등을 나타내었다. 모든 m-파일은 다음 웹사이트로부터 자료를 받을 수 있다. *ece.wpi.edu/RF_Ciruit_Design.*

I.1 기본이론

매트랩은 교과에서 논의한 방정식을 평가하기 위하여 특정 루틴(routine)으로 구성된 수학적 응용프로그램이며 그 결과를 그래프로 나타낼 수 있는 도구이다.

매트랩을 수행하면 PC 윈도우가 열리고 명령라인을 알려주는 >> 표시가 나타난다. 적합한 디렉토리는 명령어 pwd를 가지고 확인할 수 있다.

```
>>pwd
ans =
d:\RF\simulations
```

위에서 디렉토리는 d-드라이브의 서브디렉토리 RF\simulation에 위치하고 있다. 다른 디렉토리로의 변경은 명령어 cd를 가지고 수행하며 디렉토리 내의 파일 리스트는 명령어 ls 또는 dir로 수행한다.

제2장의 예제로부터 다음과 같은 연속적으로 수행되는 명령어 라인를 고려하자. 각 라인은 **ENTER**키에 의하여 끝난다.

```
I=5
a=0.005
N=100
M=10
r=(0:N)/N*(M*a)
for k=1:N+1
  if(r(k)<=a)
    H(k)=I*r(k)/(2*pi*a*a)
  else
    H(k)=I/(2*pi*r(k))
  end
end
plot(r*1000,H,'k')
```

프로그램의 첫 번째 줄은 도선에 흐르는 전류를 나타내며 두 번째 줄은 도선의 반경을 정의한다. 변수 N과 M은 자계를 계산해야 하는 점의 수와 도선의 중앙으로부터 최대 거리를 의미한다. 여기에서는 M=10으로 도선반경이 0에서 10까지의 거리 범위이며 점의 수는 N=100으로 놓았다. 다섯 번째 줄은 1차원적 점의 행렬로서 도선의 중심으로부터 실제 위치를 결정한다. 명령어 (0:N)은 0,1,2,...,N 소자의 행렬을 만든다. 이 행렬을 N으로 나누면 0과 1 사이의 범위 값을 갖는다. 다음은 행렬값을 계량하여 0에서부터

M*a까지로 거리를 변환시킨다. 이 행렬을 정의하는 또 다른 방안은 r=(0:M*a/N:M*a) 이며 여기에서 두 콜론 사이의 파라미터는 스텝크기를 정의한다.

다음 줄은 k가 1에서 N+1까지인 범위에서 for 루프 사이클을 시작한다. 각각의 k에 대하여 행렬 r로부터 상응되는 반경을 구하며 도선의 반경보다 큰가 아니면 작은가를 검색한다. 제2장에서 논의한 바와 같이 도선 내부에서는 반경에 대하여 선형이므로

$$H = \frac{Ir}{2\pi a^2}$$

이며, 도선 외부에서는 다음과 같다.

$$H = \frac{I}{2\pi r}$$

마지막 줄은 반경 r에 대한 자계 *H*를 그래프로 나타낸다. 그래프는 검정으로 나타내며 plot 명령어의 마지막 파라미터로 정의한다. 'k'는 검정, 'r'은 빨강, "y"는 노랑, 'b'는 청색 및 'g'는 녹색으로 컬러를 선정할 수도 있다. 다음을 포함하여 그래프를 만드는 데 유용한 옵션들이 있다.

semilogx—logarithmic scale along *x*-axis, linear scale on *y*-axis
semilogy—logarithmic scale along *y*-axis, linear scale on *x*-axis
loglog—logarithmic scale on both axes
polar—polar plot.

명령어 전체의 리스트는 명령어 라인을 사용하여 상호인터랙티브 모드로 들어갈 수 있다. 다르게 표현하면 명령어는 배치-모드 수행 파일로 놓을 수 있다. 예를 들면 이 프로그램을 filed.m 파일로 저장할 수 있다. 이때 이 프로그램을 수행하려면 간단하게 매트랩의 명령어로 >>field를 타이핑한다. 파일에서 .m은 파일 확장자임을 주지해야 한다.

I.2 증폭기 안정도 평가에 대한 간단한 예

매트랩의 또 다른 특성은 함수를 만드는 것이다. 예를 들어 다음 작성된 프로그램 리스트는 S-파라미터 데이터(s_param)의 행렬로 두 개의 출력 파라미터, 즉 증폭기의 안정도 k와 $|\Delta|$를 계산한다.

```
function [K,delta] = K_factor(s_param)
% Usage: [K,delta] = K_factor(s_param)
%
% Purpose: returns K factor for a given s-parameter matrix
% if K>1 and delta<1 then circuit is unconditionally stable
% otherwise circuit might be unstable

s11=s_param(1,1);
s12=s_param(1,2);
s21=s_param(2,1);
s22=s_param(2,2);

delta=abs(det(s_param));

K=(1-abs(s11).^2-abs(s22).^2+delta.^2)./(2*abs(s12.*s21));
```

첫 번째 줄은 함수 K_factor를 정의하며, 이 함수는 하나의 입력 파라미터 s_param을 가지고 함수의 내부에서 계산하여 두 개의 결과 K와 delta를 나타낸다. 프로그램에서와 달리, 함수를 가지고 있는 파일은 함수 이름과 같은 이름이어야 한다. 그러므로 여기에서는 K_factor.m 파일로 저장된다.

만약 사용자가 함수를 어떻게 사용하는지 모른다면 매트랩의 명령어 라인에서

```
help K_factor
```

를 타이핑하면 함수의 첫 번째 줄에 상세한 언급이 나타난다.

특정 트랜지스터의 S-파라미터와 안정도 검색 및 안정도 원의 도시를 형성하는 프로그램을 다음 파일 test.m에 나타내었다.

```
% s-parameters for hypothetical transistor
close all;

s11=0.7*exp(j*(-70)/180*pi);
s12=0.2*exp(j*(-10)/180*pi);
s21=5.5*exp(j*(+85)/180*pi);
s22=0.7*exp(j*(-45)/180*pi);
```

```
s_param=[s11,s12;s21,s22];

% check stability
[K,delta] = K_factor(s_param)

% create a Smith Chart
smith_chart;

% plot input and output stability circles
input_stability(s_param, 'r');
output_stability(s_param, 'b');

% create PostScript copy of the figure
print -deps 'fig9_8.eps'
```

이 파일은 함수가 아니며 명령어를 모아 이용한 것으로 어떤 이름으로 해도 좋다. 여기에서는 `test.m`을 선정하였다. *S*-파라미터는 크기와 위상으로 주어지며 `s_param` 행렬에 저장되어 있다. 안정도 검색은 식 (9.24)와 식 (9.29)의 방정식을 기본으로 안정도와 델타를 구하는 m-파일 `K_factor.m`에 `s_param` 행렬을 적용하여 수행된다. 이 과정을 수행한 후에 사용자가 정의한 다음 함수를 호출한다.

- `smith_chart`—*Z* 스미스 차트를 가지고 있는 그림을 형성한다.
- `input_stability`—*S*-파라미터로부터 입력단 안정도 원을 그린다. 스미스 차트상에 원이 그려지며 특정 컬러를 선정할 수 있다(본 예의 경우 빨강).
- `output_stability`—스미스 차트상에서 출력안정도 원을 그린다.

프로그램의 마지막 줄은 `fig9_8.eps`라 하는 파일을 형성하여 포스트스크립트 형태로 그림을 저장한다. 본 교재에서는 모의실험 결과를 만드는 데 이 형식을 사용한다.

I.3 CD 소프트웨어 모의실험

I.3.1 전체적인 개략

본 교재에서 다루고 있는 내용을 지원하기 위하여 관련 소프트웨어를 CD로 제공하였다. 모든 프로그램은 매트랩 5.2버전으로 개발하고 테스트하였다. 저자는 프로그램의 모든 루틴이 매트랩 초기 버전과 양립할 수 있을 것이라 믿으나 그렇지 못할 경우도 있을 것이다. 소프트웨어는 정기적으로 웹 사이트 ece.wpi/edu/RF_Circuit_Design을 통하여 최근 형태로 변경하고 관리하였다.

I.3.2 파일의 구성

모든 파일은 아래와 같은 디렉토리 구조로 구성되어 있으며 각 폴더의 내용은 표와 같다.

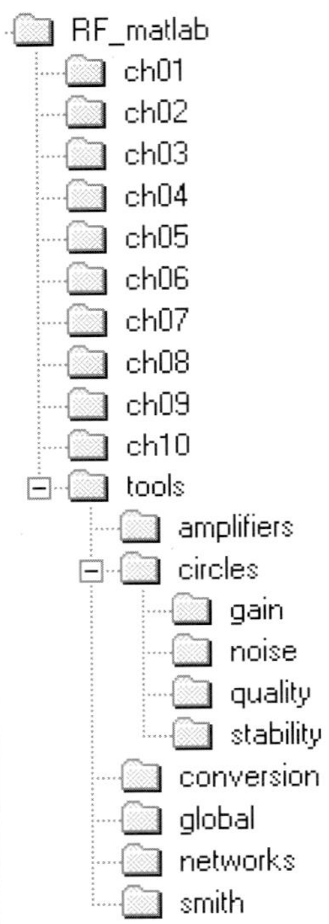

Folder name	Description
RF_matlab	Root directory
ch01-ch10	Selected examples and figures for chapters 1 through 10.
tools	Common files for simulations
amplifiers	Programs for computation of stability factor and simultaneous complex-conjugate matching for the bilateral design
circles	Various circle equations
gain	Constant gain circles
noise	Constant noise circles
quality	Constant Q_n circles
stability	Stability circles
conversion	Conversion routines between different two-port network representations.
global	Some useful routines for the computation of the input and output reflection coefficients, VSWR, etc.
networks	Routines for the definition of matching network circuit topologies.
smith	Programs related to the construction and plotting of various arcs in the Smith Chart

각 프로그램에 대한 정보는 help<program_name> 명령어를 수행하여 얻을 수 있으며, 여기에서 <program_name>은 특정 m-file의 이름이다. 예를 들면 프로그램 smith_chart.m에 관한 도움을 얻고자 하면 매트랩의 주 윈도우에서 help smith_chart 명령어를 수행하면 된다.

참고문헌

Student Edition of MATLAB, The MathWork, Inc., 1995.

찾아보기

ㅈ

ㅊ

ㅋ

ㅌ

ㅍ

ㅎ

기타

역자소개

김기래(공학박사)
- 현재 신라대학교 전자공학과 교수
- 주 연구분야: RF 설계 및 시스템 설계

윤중한(공학박사)
- 현재 신라대학교 전자공학과 교수
- 주 연구분야: RF설계 및 안테나

이영철(공학박사)
- 현재 경남대학교 정보통신공학부 교수
- 주 연구분야: 초고주파 능동소자 응용

RF 회로설계 이론과 응용 -제2판-

| 저 자 Reinhold Ludwig · Gene Bogdanov
| 역 자 김기래 · 윤중한 · 이영철
| 발행인 김지영
| 발행처 자유아카데미
| 주 소 경기도 파주시 회동길 37-42
파주출판도시
| 전 화 031-955-1321
| 팩 스 031-955-1322
| 홈페이지 www.freeaca.com
| 전자우편 main@freeaca.com(대표)
editor@freeaca.com(편집)
crm@freeaca.com(영업)
| 등 록 제406-2003-017호, 1980. 7. 12
| 제2판1쇄 2010년 2월 23일 발행
| 제2판3쇄 2021년 8월 1일 발행
| 정 가 34,000원

ISBN 978-89-7338-976-6 93560